獣医科領域における実際

執筆・監修
山根 義久

小動物の胸部疾患

Thoracic and Cardiovascular Diseases of
Small Animal Practice

ファームプレス

# 序　文

　我が国の小動物臨床医学は、比較的短期間の間に著しい発展を遂げてきました。それは、欧米の歴史ある小動物臨床の手本があったことが大きな要因であることは歪めません。しかし、この半世紀の間に我が国の臨床獣医学も日本独自の芽が育ってきたといえます。

　臨床形態をみても、初期の頃は動物別、いわゆる産業動物と一部小動物の時代から、徐々に産業動物でも牛、馬、豚、鶏と専門化が進み、小動物（伴侶動物）領域でも犬、猫、エキゾチック等と同様の分化が進展してきました。

　さらに、近年では小動物分野では循環器、呼吸器、整形、眼科、皮膚科、歯科等において専門化が進み、一部では専門医制度が確立されるまでになってきました。そのような状況下を考慮すると、当然のこと時代とともに使用される教科書や専門書も変遷することになります。

　此の度、そのような背景のもと、小動物の胸部疾患だけを取り上げた"小動物の胸部疾患"という専門書を企画してみました。

　内容は全8章からなり、胸部に関連する疾患を部位別に取り上げ、具体的には第Ⅰ章の心血管系から始まり、呼吸器系、食道、縦隔洞、胸郭と胸腔、横隔膜、リンパ管、胸腺からなります。さらに、各章毎にその部位の発生と解剖、生理から病態生理、各種検査と診断、最後に内科的、外科的治療について臨床例を中心に詳細に解説してあります。

　本書では、できるだけ理解しやすいように臨床例を中心にして、写真やイラストも多用させて頂きました。

　特に、獣医学を志す学生達や一般臨床家を中心に研究者や獣医学に関連ある公務員獣医師や動物看護師の方々にも配慮したつもりであります。

　ただ、胸部という一つの部位を取り上げている関係上、複数の章にまたがっている疾患もあり、重複している部分もありますが、執筆者の御努力によりそれなりの価値ある内容となっており、今後統一されることはあっても現時点では必要であると思います。

　用語は可能な限り統一し、さらに文章も書き方を統一したつもりであります。

　本書を企画するにあたり、膨大な企画にもかかわらず、心よくお引き受け頂いたファームプレス社の会長　野村　茂氏（当時、社長）、それを引き継がれた社長　金山宗一氏に衷心より厚く御礼を申し上げる次第です。

　さらに、この企画を達成するために、多忙の中長い年月をかけて執筆・校正にあたられた24名の先生方に敬意を表するとともに、心より感謝申し上げます。

　また、この企画の達成するために日々努力頂きましたファームプレス社の富田里美氏と公益財団法人動物臨床医学研究所東京事務所の村井千恵氏の両者の御協力に深甚の謝意を表します。

　最後になりましたが、本書が獣医学生や一般臨床獣医師の先生方をはじめ、多くの皆様に少しでもお役に立つことを願っている次第です。

平成28年11月吉日

山根　義久

# 執 筆 者

**執筆・監修**

## 山根義久　博士（医学、獣医学）
東京農工大学名誉教授
公益財団法人 動物臨床医学研究所 理事長
倉吉動物医療センター・山根動物病院／米子動物医療センター 会長

**執筆**

### 伊藤 博　博士（獣医学）
東京農工大学附属動物医療センター
センター長 専任教授（腫瘍科）

### 大石元治　博士（獣医学）
麻布大学獣医学部獣医学科
解剖学第一研究室 講師

### 小野 晋　博士（獣医学）
株式会社スカイベッツ 代表取締役
目黒どうぶつ画像診断センター
センター長

### 倉田由紀子　博士（獣医学）
七隈どうぶつ病院

### 鯉江 洋　博士（獣医学）
日本大学生物資源科学部獣医学科
獣医生理学・獣医病態生理学研究室
教授

### 小出和欣　修士（獣医学）
公益財団法人 動物臨床医学研究所 理事
井笠動物医療センター・小出動物病院
院長

### 小林正行　博士（獣医学）
東京農工大学大学院農学研究院
動物生命科学部門
東京農工大学農学部共同獣医学科
准教授（獣医臨床腫瘍学）

### 才田祐人　博士（獣医学）
矢田獣医科病院 勤務

### 柴﨑 哲　博士（獣医学）
関西動物ハートセンター 院長

### 島村俊介　博士（獣医学）
大阪府立大学生命環境科学域・附属
獣医臨床センター 准教授

清水美希　博士（獣医学）
東京農工大学大学院農学研究院
動物生命科学部門
東京農工大学農学部共同獣医学科
准教授（獣医整形外科学）

髙島一昭　博士
　　　　　（獣医学、医学）
公益財団法人 動物臨床医学研究所
所長（理事）
倉吉動物医療センター・山根動物病院
／米子動物医療センター 総院長

田中 綾　博士（獣医学）
東京農工大学大学院農学研究院
動物生命科学部門
東京農工大学農学部共同獣医学科
准教授（獣医外科学）

藤井洋子　博士（獣医学）
麻布大学獣医学部獣医学科
外科学第一研究室 教授
米国獣医内科学会心臓病専門医

松本英樹　博士（獣医学）
公益財団法人 動物臨床医学研究所 理事
まつもと動物病院 院長

山形静夫　博士（獣医学）
公益財団法人 動物臨床医学研究所
常務理事
山形動物病院 院長

山本雅子　博士（農学）
麻布大学獣医学部獣医学科
解剖学第二研究室 教授

下田哲也　博士（獣医学）
公益財団法人 動物臨床医学研究所
常務理事
山陽動物医療センター 院長

竹中雅彦
公益財団法人 動物臨床医学研究所 理事
竹中動物病院 院長

福島隆治　博士（獣医学）
東京農工大学大学院農学研究院
動物生命科学部門
東京農工大学農学部共同獣医学科
准教授（獣医外科学）

藤田道郎　博士（獣医学）
日本獣医生命科学大学獣医学部
獣医学科臨床獣医学部門
治療学分野Ⅰ 教授
日本獣医生命科学大学
付属動物医療センター センター長

水谷雄一郎
倉吉動物医療センター 医局長

山根 剛　博士（獣医学）
公益財団法人 動物臨床医学研究所
評議員
米子動物医療センター 院長

山谷吉樹　博士（獣医学）
日本大学生物資源科学部獣医学科
獣医麻酔・呼吸器学研究室 教授

（敬称略、五十音順、2016年10月現在）

# 目 次

## 第I章 心血管系 ... 1

### 心血管系の発生と解剖 ... 2
- **1　心血管の発生** ... 2
  - 1）胎生早期の発育 ... 2
  - 2）早期の胎子内血管発生 ... 4
  - 3）心筒の形成 ... 5
  - 4）心ループの形成 ... 6
  - 5）心臓の中隔の形成 ... 7
  - 6）大血管の発生（大動脈および大動脈弓、主な大静脈、肺静脈） ... 9
- **2　心臓血管の解剖** ... 11
  - 1）心血管系の臨床的有用性 ... 11
  - 2）心臓と胸腔（心臓の外形と胸腔内での位置） ... 12
  - 3）心臓の形態と構造 ... 14
  - 4）心膜 ... 15
  - 5）刺激伝導系 ... 16
  - 6）心臓の血管・リンパ管および神経支配 ... 17
  - 7）心臓に出入りする血管 ... 18
- **3　胎子期および分娩（出生）までの血液循環** ... 19
  - 1）原始心臓の発育と血液循環 ... 19
  - 2）胎子の血液循環 ... 19
  - 3）出生時の血流の変化 ... 20
  - 4）胎子と新生子における心筋細胞の発達 ... 20

### 心血管系の生理学 ... 22
- **1　心血管系（循環回路）** ... 22
  - 1）体循環 ... 22
  - 2）肺循環 ... 23
  - 3）血液量と血液循環 ... 23
- **2　心筋の代謝** ... 24
  - 1）脂質代謝 ... 24
  - 2）炭水化物代謝 ... 24
- **3　心筋の微細構造とその機能** ... 24
- **4　心筋の収縮機構と収縮蛋白** ... 26
  - 1）筋原線維を構成する収縮蛋白と調節蛋白 ... 27
- **5　心臓のポンプ機能** ... 27
  - 1）心臓の周期的活動 ... 27
  - 2）心臓収縮の調節機構 ... 29
  - 3）前負荷 ... 30
  - 4）後負荷 ... 30
  - 5）心（臓）肥大 ... 30
- **6　循環器系の調節** ... 32
  - 1）循環器調節機構（神経性および液性調節） ... 32
  - 2）中枢性調節機構 ... 32
  - 3）内分泌調節機構 ... 33
  - 4）局所性調節機構 ... 34

### 心血管系疾患に対する検査 ... 35
- **1　病歴** ... 35
  - 1）病歴の聴取 ... 35
  - 2）特徴 ... 35
  - 3）飼育環境の聴取 ... 35
  - 4）予防歴の聴取 ... 36
  - 5）既往歴の聴取 ... 36
  - 6）現病歴（治療歴） ... 36
- **2　特殊な心血管系の病歴と問診** ... 37
  - 1）心血管疾患の徴候 ... 37
  - 2）心疾患におけるその他の徴候 ... 38
  - 3）病歴の解釈 ... 39
- **3　一般身体検査** ... 39
  - 1）視診 ... 39
  - 2）打診 ... 41
  - 3）触診 ... 42
  - 4）聴診 ... 43
- **4　心音と心音図検査** ... 43
  - 1）心臓の聴診 ... 43
  - 2）心音 ... 46
  - 3）心音の強さとリズムの変化 ... 47
  - 4）心雑音 ... 47
  - 5）心音図検査 ... 49
- **5　心電図検査** ... 51
  - 1）心電図の基礎的概念 ... 51
  - 2）心電図の取り方　ホルター心電図 ... 51
  - 3）正常心電図、平均電気軸 ... 53
  - 4）異常心電図 ... 54
- **6　X線検査** ... 59
  - 1）胸部X線検査法 ... 59
  - 2）正常心陰影 ... 60
  - 3）正常肺血管系、正常肺野、正常気管支 ... 62
  - 4）心拡大のX線診断 ... 66
- **7　超音波検査** ... 67
  - 1）超音波検査法 ... 67
- **8　心臓カテーテル検査** ... 77
  - 1）心カテーテル検査法とその意義 ... 77
  - 2）心臓内圧検査所見 ... 81
  - 3）心臓内血液ガス分析 ... 82
  - 4）心血管造影法 ... 83
  - 5）心拍出量の測定 ... 83
- **9　CT検査** ... 83
- **10　MRI検査** ... 84

## 心不全の病態生理学 —— 86
- ■1 心不全とは？ …… 86
  - 1）収縮機能と機能障害 …… 86
  - 2）拡張機能と機能障害 …… 87
- ■2 心不全に陥ると？ …… 87
  - 1）神経内分泌系の亢進 …… 88
  - 2）末梢系の代償（機序） …… 90
  - 3）中枢系の代償（機序）（心臓） …… 91
- ■3 心不全時の炎症の役割 …… 91
  - 1）腫瘍壊死因子α …… 92
  - 2）インターロイキン …… 92
  - 3）核内因子κB …… 92
  - 4）活性酸素種 …… 92
- ■4 心不全の臨床的徴候 …… 93
  - 1）呼吸困難 …… 93
  - 2）発咳 …… 93
  - 3）運動不耐性 …… 93
  - 4）腹囲膨満 …… 93
  - 5）失神、虚脱 …… 94
  - 6）チアノーゼ …… 94
  - 7）四肢冷感（末梢の冷感） …… 94
- ■5 うっ血性心不全患者の臨床徴候の進展 …… 94
  - 1）無徴候期 …… 94
  - 2）有徴候期 …… 95
  - 3）治療困難期 …… 95
- ■6 心機能の臨床的評価 …… 95
  - 1）心不全の有無 …… 96
  - 2）どのような探査をすべきか？ …… 96
  - 3）臨床例において何の検査をすべきか？ …… 97
- ■7 心不全は進行性疾患にどうしてなるのか？ …… 98
  - 1）うっ血性心不全の不正確な周期 …… 98

## 心疾患に対する内科的治療 —— 102
- ■1 心不全の治療 …… 102
  - 1）心不全治療の原則 …… 102
  - 2）心拍出量を規定する5つの因子 …… 102
- ■2 心不全に対する薬物の影響 …… 104
- ■3 心疾患に対する各種薬物療法 …… 104
  - 1）ジギタリス（強心配糖体） …… 104
  - 2）ピモベンダン …… 105
  - 3）その他の強心薬 …… 106
  - 4）血管拡張薬 …… 107
  - 5）抗不整脈薬 …… 108
  - 6）利尿薬 …… 109
  - 7）心筋代謝賦活剤 …… 110
  - 8）ANP、BNP製剤 …… 110
- ■4 心不全治療薬としてのβ遮断薬の応用 …… 110
- ■5 各種薬物治療を組み合わせた実際の治療例 …… 111

## 心血管疾患に対する外科的治療 —— 116
- ■1 心血管手術に用いる器具・器械 …… 116
  - 1）はじめに …… 116
  - 2）開胸器（フィノチェット、榊原式、ウェイトラナーなど） …… 116
  - 3）各種ケリー鉗子、直角鉗子 …… 116
  - 4）木ベラ …… 116
  - 5）綿棒 …… 116
  - 6）血管用鉗子（サテンスキー鉗子、ブルドック鉗子） …… 117
  - 7）臍帯テープ …… 117
  - 8）プレジェット …… 117
  - 9）メッツェンバウム剪刀 …… 117
  - 10）ピンセット …… 118
  - 11）吸収性止血剤 …… 118
  - 12）ターニケット …… 118
  - 13）胸腔用ドレーンチューブ …… 118
  - 14）血管手術用器具 …… 119
  - 15）まとめ …… 119
- ■2 胸腔への各種アプローチ法 …… 119
  - 1）はじめに …… 119
  - 2）開胸手術法Ⅰ（肋間切開法、胸骨正中切開法、肋骨切除法） …… 120
  - 3）開胸手術法Ⅱ（胸骨横切開法） …… 126
  - 4）開胸手術法Ⅲ（胸部・腹部同時切開法） …… 128
- ■3 心血管外科における麻酔法 …… 129
  - 1）血行動態からみた各種心疾患動物における麻酔の注意点 …… 129
  - 2）麻酔前投薬 …… 134
  - 3）吸入麻酔薬 …… 139
  - 4）血行動態を変化させる心血管作動薬 …… 141
  - 5）呼吸管理 …… 142
- ■4 低体温麻酔法 …… 143
- ■5 人工心肺を用いての体外循環法 …… 144
  - 1）脱血回路 …… 144
  - 2）サクション（吸引）回路 …… 144
  - 3）ベント回路 …… 145
  - 4）注入回路 …… 145
  - 5）リザーバー（貯血槽） …… 145
  - 6）血液ポンプ …… 145
  - 7）人工肺 …… 145
  - 8）熱交換器 …… 146
  - 9）心筋保護法 …… 146
- ■6 血管の縫合法 …… 146
- ■7 閉胸法と術後管理 …… 148
  - 1）閉胸法 …… 148

2）術後管理 ･･････････････････････････････ 148

## 先天性心血管疾患 ───────────── 150
### ■1　先天性心血管疾患の疫学 ･･････････････ 150
　　1）動脈管開存症 ･･････････････････････････ 150
　　2）肺動脈（弁）狭窄症 ････････････････････ 151
　　3）大動脈（弁）狭窄症 ････････････････････ 151
　　4）心房中隔欠損症 ････････････････････････ 151
　　5）心室中隔欠損症 ････････････････････････ 152
　　6）弁膜疾患 ･･････････････････････････････ 153
　　7）三心房心 ･･････････････････････････････ 153
　　8）その他の先天性心疾患 ･･････････････････ 153
### ■2　各種先天性心血管疾患 ････････････････ 155
　　1）動脈管開存症 ･･････････････････････････ 155
　　2）右大動脈弓遺残症をはじめとした大動脈弓分枝異常
　　　 ････････････････････････････････････････ 164
　　3）肺動脈（弁）狭窄症 ････････････････････ 167
　　4）大動脈（弁）狭窄症 ････････････････････ 173
　　5）心房中隔欠損症 ････････････････････････ 178
　　6）心室中隔欠損症 ････････････････････････ 183
　　7）ファロー四徴症 ････････････････････････ 192
　　8）三心房心 ･･････････････････････････････ 202
　　9）エプスタイン奇形 ･･････････････････････ 214
　　10）大動脈縮窄症 ･････････････････････････ 220
　　11）心内膜床欠損症 ･･･････････････････････ 223
　　12）右室二腔症 ･･･････････････････････････ 228
　　13）大動脈弓離断症 ･･･････････････････････ 235
　　14）左前大静脈遺残症 ･････････････････････ 238
　　15）先天性僧帽弁狭窄症 ･･･････････････････ 239
　　16）先天性門脈体循環シャント ･････････････ 241
　　17）心膜欠損症 ･･･････････････････････････ 250

## 後天性心血管疾患 ───────────── 253
### ■1　後天性心血管疾患の疫学 ･･････････････ 253
　　1）犬猫の心筋炎 ･･････････････････････････ 253
　　2）弁膜症 ････････････････････････････････ 253
　　3）心筋症 ････････････････････････････････ 254
　　4）不整脈 ････････････････････････････････ 254
　　5）全身性高血圧と肺高血圧 ････････････････ 255
### ■2　各種後天性心血管疾患 ････････････････ 257
　　1）僧帽弁閉鎖不全症 ･･････････････････････ 257
　　2）心内膜断裂と左心房破裂 ････････････････ 267
　　3）腱索断裂 ･･････････････････････････････ 268
　　4）心膜滲出と心タンポナーデ ･･････････････ 270
　　5）心臓腫瘍 ･･････････････････････････････ 280
　　6）心筋炎、心筋膿瘍 ･･････････････････････ 288
　　7）心外膜炎 ･･････････････････････････････ 289
　　8）心内膜炎 ･･････････････････････････････ 291
　　9）左心房血栓 ････････････････････････････ 293
　　10）腹部大動脈血栓症 ･････････････････････ 294

## 原因不明の心筋疾患 ──────────── 297
### ■1　心筋症 ･･････････････････････････････ 297
　　1）犬の心筋症 ････････････････････････････ 298
　　2）猫の心筋症 ････････････････････････････ 307
### ■2　心内膜心筋線維症 ･･･････････････････ 322
　　1）病態と病因 ････････････････････････････ 322
　　2）臨床所見 ･･････････････････････････････ 322
　　3）診断 ･･････････････････････････････････ 322
　　4）治療 ･･････････････････････････････････ 322
### ■3　心内膜線維弾性症 ･･･････････････････ 322
　　1）発生要因と病態 ････････････････････････ 323
　　2）臨床所見 ･･････････････････････････････ 324
　　3）診断 ･･････････････････････････････････ 324
　　4）治療 ･･････････････････････････････････ 325
### ■4　過剰調節帯 ･･････････････････････････ 325
　　1）病態 ･･････････････････････････････････ 325
　　2）臨床所見 ･･････････････････････････････ 325
　　3）診断 ･･････････････････････････････････ 326
　　4）治療 ･･････････････････････････････････ 326

## 犬心臓糸状虫症 ────────────── 329
### ■1　疫学 ････････････････････････････････ 329
　　1）生活環 ････････････････････････････････ 329
### ■2　病因論 ･･････････････････････････････ 329
　　1）心臓糸状虫寄生に対しての宿主反応 ･･････ 329
　　2）死滅虫体に対しての宿主反応 ････････････ 331
### ■3　心臓糸状虫罹患犬の臨床的評価 ･･････ 332
　　1）感染犬に対する病態分類 ････････････････ 332
### ■4　心臓糸状虫症の診断 ････････････････ 333
　　1）免疫学的診断 ･･････････････････････････ 333
　　2）ミクロフィラリアテスト ････････････････ 333
### ■5　心臓糸状虫罹患犬の臨床診断 ････････ 333
　　1）臨床病理 ･･････････････････････････････ 333
　　2）X線所見 ･･････････････････････････････ 334
　　3）心電図所見 ････････････････････････････ 334
　　4）超音波所見 ････････････････････････････ 334
### ■6　心臓糸状虫に対する成虫駆除 ････････ 334
　　1）メラルソミン ･･････････････････････････ 334
　　2）チアセトラサマイド ････････････････････ 336
　　3）間欠的チアセトラサマイド療法 ･･････････ 336
　　4）イベルメクチン ････････････････････････ 336
### ■7　補助的薬物療法 ････････････････････ 336
　　1）ヘパリン ･･････････････････････････････ 336
　　2）アスピリン ････････････････････････････ 336
　　3）コルチコステロイド ････････････････････ 336
### ■8　重症心臓糸状虫症に対する治療 ･･････ 337
　　1）虫体摘出 ･･････････････････････････････ 337

2）メラルソミンの病態別治療 ･･････････････ 338
　3）アスピリンとケージレスト ･･････････････ 338
■9　殺成虫の血清免疫学的評価による判定 ･･･ 339
■10　心臓糸状虫症に関連した臨床における症候群
　　　　････････････････････････････････････ 339
　1）心臓糸状虫感染犬における肺病変 ･･･････ 339
■11　大静脈症候群 ･････････････････････････ 343
　1）殺成虫後の肺動脈血栓塞栓症 ･･･････････ 344
■12　ミクロフィラリア駆除療法 ･････････････ 346
　1）イベルメクチン ･･･････････････････････ 346
　2）ミルベマイシン ･･･････････････････････ 346
　3）その他の薬剤 ･････････････････････････ 347
■13　心臓糸状虫予防 ･･･････････････････････ 347
　1）マクロライド系抗生物質による月1回予防 ･･･ 347
　2）モキシデクチン徐放性注射薬 ･･･････････ 348
　3）連日投与によるジエチルカルバマジン ･･･ 349

## 猫の心臓糸状虫症 ─────────── 351
■1　成虫 ･････････････････････････････････ 351
　1）感染子虫 ･････････････････････････････ 351
　2）ミクロフィラリア ･････････････････････ 351
■2　病態生理 ･････････････････････････････ 351
■3　臨床発現 ･････････････････････････････ 351
　1）疫学 ･････････････････････････････････ 351
　2）病歴 ･････････････････････････････････ 352
　3）臨床所見 ･････････････････････････････ 352
　4）一般身体検査所見 ･････････････････････ 352
■4　診断的検査 ･･･････････････････････････ 352
　1）ミクロフィラリア検査 ･････････････････ 352
　2）血清学的検査 ･････････････････････････ 352
　3）胸部X線検査 ･････････････････････････ 352
　4）心エコー検査 ･････････････････････････ 355
　5）鑑別診断 ･････････････････････････････ 355
■5　治療 ･････････････････････････････････ 355
　1）内科的治療 ･･･････････････････････････ 355
　2）外科的治療 ･･･････････････････････････ 356
　3）予防 ･････････････････････････････････ 357

## 末梢血管疾患 ─────────────── 358
■1　末梢血管疾患の診断 ･･･････････････････ 358
　1）左心系血栓 ･･･････････････････････････ 358
　2）右心系血栓 ･･･････････････････････････ 359
■2　血栓症のメカニズム ･･･････････････････ 360
　1）末梢動脈血栓症 ･･･････････････････････ 360
　2）静脈の血栓および肺動脈血栓症 ･････････ 361
■3　血栓塞栓症に関連している疾患 ･････････ 362
　1）高凝固状態 ･･･････････････････････････ 362
　2）播種性血管内凝固症候群（DIC） ････････ 362
　3）犬の蛋白喪失性腎症 ･･･････････････････ 363

　4）副腎皮質機能亢進症 ･･･････････････････ 363
　5）肥大型心筋症 ･････････････････････････ 363
　6）免疫介在性溶血性貧血 ･････････････････ 363
■4　血栓塞栓症の治療 ･････････････････････ 363
　1）動脈血栓症の治療 ･････････････････････ 364
　2）静脈血栓の治療 ･･･････････････････････ 365

## 不整脈 ────────────────── 368
■1　特殊刺激伝導系と心臓の調律 ･･･････････ 368
　1）特殊刺激伝導系の構造 ･････････････････ 368
　2）特殊刺激伝導系の電気生理と心臓の調律 ･･･ 369
　3）異所性刺激生成と興奮伝導異常 ･････････ 371
　4）刺激伝導異常 ･････････････････････････ 373
■2　不整脈心電図の見方 ･･･････････････････ 377
■3　不整脈治療 ･･･････････････････････････ 377
　1）不整脈治療の原則 ･････････････････････ 377
　2）不整脈治療 ･･･････････････････････････ 381
　3）人工ペースメーカによる治療 ･･･････････ 385
　4）電気的除細動 ･････････････････････････ 388
■4　不整脈各論 ･･･････････････････････････ 389
　1）洞調律とその異常 ･････････････････････ 389
　2）上室期外収縮 ･････････････････････････ 393
　3）発作性上室頻拍 ･･･････････････････････ 394
　4）心房細動 ･････････････････････････････ 395
　5）心房粗動 ･････････････････････････････ 397
　6）心室期外収縮 ･････････････････････････ 397
　7）心室頻拍 ･････････････････････････････ 400
　8）心室細動 ･････････････････････････････ 402
　9）洞停止と洞房ブロック ･････････････････ 403
　10）房室ブロック ･････････････････････････ 404
　11）房室解離 ･････････････････････････････ 407
　12）心室内変更伝導 ･･･････････････････････ 408
■5　不整脈が問題となる症候群・病態 ･･･････ 410
　1）洞不全症候群 ･････････････････････････ 410
　2）QT延長症候群 ････････････････････････ 412
　3）早期興奮症候群と頻拍性不整脈 ･････････ 413
　4）強心配糖体による中毒と不整脈 ･････････ 415
　5）電解質異常と不整脈 ･･･････････････････ 415

## ショックと心肺・脳蘇生法 ─────── 419
■1　ショックの病態生理 ･･･････････････････ 419
　1）酸素需要と血流分布の中心化 ･･･････････ 419
　2）微小循環障害 ･････････････････････････ 419
　3）虚血再灌流障害 ･･･････････････････････ 421
　4）サイトカイン ･････････････････････････ 421
■2　ショックの分類 ･･･････････････････････ 422
　1）血液分布異常性ショック ･･･････････････ 422
　2）循環血液量減少性ショック ･････････････ 427
　3）心原性ショック ･･･････････････････････ 428

- 4）心外閉塞・拘束性ショック ……………… 429
- ■3 ショックの検査・治療 …………………… 430
  - 1）ショックの全身管理 ……………………… 430
  - 2）ショックのモニタリング ………………… 434
  - 3）ショックの薬物治療 ……………………… 440
  - 4）各臓器へのショックの影響 ……………… 446
- ■4 心肺・脳蘇生法 …………………………… 448
  - 1）心肺停止 …………………………………… 448
  - 2）蘇生のための準備 ………………………… 449
  - 3）基本的生命維持（支持） ………………… 450
  - 4）高度生命維持 ……………………………… 451
  - 5）心肺停止に対する効果的インターベンション … 452
  - 6）心肺蘇生の薬物 …………………………… 452
  - 7）除細動 ……………………………………… 457
  - 8）臨床的モニタリングと評価 ……………… 459

# 第Ⅱ章　呼吸器系　465

## 呼吸器系の発生と解剖 ── 466

- ■1 肺と気管支の発生 ………………………… 466
  - 1）腺様期 ……………………………………… 466
  - 2）管状期 ……………………………………… 466
  - 3）終末肺胞嚢期 ……………………………… 466
  - 4）肺胞期 ……………………………………… 466
- ■2 肺と気管支の解剖 ………………………… 468
  - 1）気管、気管支 ……………………………… 468
  - 2）肺 …………………………………………… 470
  - 3）肺動脈・静脈と気管・気管支の走行 …… 471

## 呼吸器系の生理学 ── 473

- ■1 呼吸機能 …………………………………… 473
  - 1）換気 ………………………………………… 473
  - 2）肺循環 ……………………………………… 473
  - 3）換気-血流比 ………………………………… 475
  - 4）拡散 ………………………………………… 477
- ■2 非呼吸性肺機能 …………………………… 477
  - 1）代謝機能 …………………………………… 477
  - 2）防御機構 …………………………………… 478

## 呼吸器系疾患に対する検査 ── 482

- ■1 問診 ………………………………………… 482
  - 1）年齢と品種 ………………………………… 482
  - 2）飼育環境と管理状況 ……………………… 482
  - 3）既往歴と現病歴 …………………………… 482
- ■2 視診・触診 ………………………………… 483
  - 1）歩行状況 …………………………………… 483
  - 2）呼吸様式 …………………………………… 483
  - 3）疼痛の有無と部位 ………………………… 484
- ■3 打診 ………………………………………… 484
- ■4 聴診 ………………………………………… 484
  - 1）正常呼吸音と異常呼吸音 ………………… 485
  - 2）ラ音（rale）肺の聴診（一般臨床検査） …… 485
- ■5 画像検査 …………………………………… 486
  - 1）X線検査法 ………………………………… 486
  - 2）核医学診断 ………………………………… 486
  - 3）核磁気共鳴診断（MRI） ………………… 486
- ■6 機能検査 …………………………………… 486
  - 1）肺気量分画 ………………………………… 486
  - 2）換気量 ……………………………………… 487
  - 3）換気のメカニクスの検査 ………………… 488
  - 4）血液ガス分析 ……………………………… 490
- ■7 病理検査 …………………………………… 495
  - 1）意義 ………………………………………… 495
  - 2）検体の採取方法 …………………………… 495
- ■8 内視鏡検査 ………………………………… 496
  - 1）気管支鏡検査 ……………………………… 496
  - 2）胸腔鏡検査 ………………………………… 497
  - 3）経皮的針生検 ……………………………… 497
- ■9 外科的検査 ………………………………… 497
  - 1）胸腔穿刺 …………………………………… 497
  - 2）心嚢穿刺 …………………………………… 498
  - 3）経皮的針生検 ……………………………… 498
  - 4）経皮的気管吸引 …………………………… 498
  - 5）胸腔鏡 ……………………………………… 499
  - 6）開胸生検 …………………………………… 499
  - 7）術中検査 …………………………………… 499

## 症候と所見 ── 500

- ■1 胸部疾患の症候と所見 …………………… 500
  - 1）呼吸器疾患による症候と所見 …………… 500
- ■2 胸部疾患以外の呼吸器症候と所見 ……… 505
  - 1）クッシング症候群 ………………………… 506
  - 2）肝肺症候群 ………………………………… 506
  - 3）肥満 ………………………………………… 506

## 手術適応と術前管理 ── 507

- ■1 手術適応 …………………………………… 507
  - 1）肺癌 ………………………………………… 507
  - 2）損傷、異物 ………………………………… 507
  - 3）炎症性疾患 ………………………………… 508
  - 4）その他の呼吸器疾患 ……………………… 508
  - 5）良性腫瘍 …………………………………… 509
  - 6）転移性腫瘍 ………………………………… 509
  - 7）肺損傷 ……………………………………… 509
- ■2 術前管理 …………………………………… 510
  - 1）手術適応と判断されたら ………………… 510
  - 2）入院後の管理 ……………………………… 510
  - 3）手術当日の管理 …………………………… 511

## 手術と術後管理 — 512
- **1 胸膜癒着剥離術** — 512
  - 1）胸膜内剥離 — 513
  - 2）胸膜外剥離 — 514
- **2 肺切除術** — 514
  - 1）肺部分切除術 — 514
  - 2）全肺葉切除術 — 516
  - 3）術後経過および合併症 — 517
- **3 気管造瘻術** — 517
  - 1）一時的気管造瘻術 — 518
  - 2）恒久的気管造瘻術 — 519
- **4 閉胸法と術後管理** — 521
  - 1）閉胸法 — 521
  - 2）術後管理 — 521

## 呼吸器系疾患（肺・気管・気管支） — 522
- **1 先天性異常** — 522
  - 1）気管低形成 — 522
  - 2）気管支肺形成不全 — 523
- **2 異物と損傷** — 523
  - 1）気管・気管支内異物 — 523
  - 2）気管・肺の損傷 — 524
- **3 炎症と感染** — 526
  - 1）肺炎 — 526
  - 2）肺化膿症 — 530
  - 3）肺真菌症（真菌性肺炎） — 532
  - 4）アレルギー性肺疾患（好酸球性肺疾患） — 533
  - 5）肺寄生虫症 — 534
- **4 腫瘍** — 536
  - 1）気管の良性腫瘍 — 536
  - 2）気管の主な悪性腫瘍 — 537
  - 3）肺の腫瘍 — 538
  - 4）その他 — 545
  - 5）肺の腫瘍に対する外科的治療・内科的治療（免疫療法） — 547
- **5 機能・形態異常** — 549
  - 1）嚢胞性肺疾患 — 549
  - 2）気管狭窄 — 555
  - 3）気管虚脱 — 557
  - 4）気管支拡張症 — 562
  - 5）気管支瘻（気管支食道瘻） — 564
  - 6）肺血腫 — 565
  - 7）肺葉捻転 — 569
  - 8）肺動静脈瘻 — 571
  - 9）肺気腫 — 572
  - 10）肺水腫 — 574
  - 11）肺高血圧症 — 578
  - 12）過換気 — 584
  - 13）低換気 — 584
  - 14）肺血管性疾患（肺血栓塞栓症など） — 585

# 第Ⅲ章　食道 — 593

## 食道の発生と解剖 — 594
- **1 食道の発生** — 594
- **2 食道の解剖** — 595
  - 1）胸部食道 — 595
  - 2）食道の壁の構造 — 595
  - 3）血管、リンパ、神経支配 — 596
  - 4）食道周囲の構造物 — 597
  - 5）生理的狭窄部位 — 600

## 食道の生理と病態生理 — 601
- **1 食道の運動生理** — 601
  - 1）嚥下 — 601
  - 2）上部食道括約筋 — 601
  - 3）食道体部の運動 — 601
  - 4）下部食道括約筋 — 602
- **2 食道の病態生理** — 602
  - 1）食道機能の異常 — 602

## 食道の検査と診断 — 603
- **1 問診と鑑別診断** — 603
- **2 各種検査法** — 605
  - 1）X線検査 — 605
  - 2）内視鏡検査 — 606
  - 3）CT検査 — 607

## 手術適応と術前管理 — 608
- **1 手術適応** — 608
  - 1）食道の外傷 — 608
  - 2）食道内異物 — 608
  - 3）食道アカラシア — 609
  - 4）食道憩室 — 609
  - 5）食道裂孔ヘルニア — 610
  - 6）食道炎 — 610
  - 7）腫瘍 — 611
- **2 術前管理** — 611
  - 1）脱水と低栄養状態の把握およびその管理 — 611
  - 2）術前呼吸機能の把握と呼吸管理 — 611
  - 3）術前循環管理 — 611
  - 4）術前肝機能不全患者の管理 — 611
  - 5）術前腎機能不全患者の管理 — 612

## 手術と術後管理 — 613
- **1 手術に必要な器械、器具、材料** — 613
  - 1）開胸操作で使用する器械 — 613
  - 2）開腹操作で使用する器械 — 614

- 3）吻合に使用する器械 ················ 614
- ■2　食道再建術 ································ 614
  - 1）吻合法 ·········································· 614
  - 2）食道再建術 ·································· 616
- ■3　術後管理 ···································· 616
  - 1）標準的な術後管理 ························ 616
  - 2）術後合併症とその対策 ················ 616
  - 3）術後後期の管理 ·························· 616

## 食道疾患 ———————————— 618
- ■1　先天異常 ···································· 618
  - 1）胎生期の食道 ······························ 618
  - 2）先天異常の分類 ·························· 618
  - 3）食道閉鎖と食道気管支瘻（気管支食道瘻） 618
  - 4）先天性食道狭窄 ·························· 619
  - 5）先天性血管異常による食道圧迫狭窄 619
- ■2　損傷および異物 ·························· 621
  - 1）病態 ············································ 622
  - 2）診断 ············································ 622
  - 3）治療 ············································ 622
- ■3　炎症 ············································ 623
  - 1）定義 ············································ 623
  - 2）原因 ············································ 623
  - 3）病態 ············································ 623
  - 4）診断 ············································ 623
  - 5）内科的治療 ·································· 624
  - 6）外科的治療 ·································· 624
  - 7）予後 ············································ 625
- ■4　食道腫瘍 ···································· 626
  - 1）定義 ············································ 626
  - 2）原因 ············································ 626
  - 3）組織学的分類 ······························ 626
  - 4）病態 ············································ 626
  - 5）診断 ············································ 627
  - 6）内科的・外科的治療 ···················· 627
  - 7）予後 ············································ 628
- ■5　食道アカラシア ·························· 629
  - 1）病態 ············································ 629
  - 2）診断 ············································ 629
  - 3）治療 ············································ 630
- ■6　胃食道重積症 ······························ 630
  - 1）病態 ············································ 631
  - 2）診断 ············································ 631
  - 3）治療 ············································ 631
- ■7　食道憩室 ···································· 631
  - 1）病態 ············································ 632
  - 2）診断 ············································ 632
  - 3）治療 ············································ 632
- ■8　食道狭窄 ···································· 633
  - 1）定義 ············································ 633
  - 2）分類と原因 ·································· 633
  - 3）病態 ············································ 633
  - 4）鑑別診断 ···································· 634
  - 5）臨床症状 ···································· 634
  - 6）診断 ············································ 634
  - 7）治療 ············································ 635
  - 8）予後 ············································ 638

# 第Ⅳ章　縦隔洞　641

## 縦隔洞の発生と解剖 ———————— 642
- ■1　縦隔の発生（胸腔の発生を含む） ···· 642
- ■2　縦隔の解剖 ································ 643

## 縦隔洞の検査と診断 ———————— 646
- ■1　縦隔洞疾患 ································ 646
  - 1）画像診断 ···································· 647
  - 2）生化学検査 ·································· 648
  - 3）組織学的検査 ······························ 648

## 縦隔洞の基本的手術手技 —————— 649
- ■1　縦隔の手術 ································ 649
  - 1）縦隔の到達法 ······························ 649
  - 2）縦隔洞腫瘍摘出の基本的手術手技 ···· 652

## 縦隔洞の疾患 ———————————— 653
- ■1　縦隔の損傷 ································ 653
  - 1）縦隔洞気腫（気縦隔） ················ 653
  - 2）縦隔洞血腫 ·································· 656
- ■2　縦隔の炎症 ································ 656
  - 1）縦隔洞炎 ···································· 656
- ■3　縦隔洞腫瘍 ································ 658
  - 1）定義 ············································ 658
  - 2）胸腺腫 ········································ 658

# 第Ⅴ章　胸郭と胸腔　665

## 胸郭と胸腔の発生と解剖 —————— 666
- ■1　胸郭と胸腔の発生 ······················ 666
  - 1）胸郭の発生 ·································· 666
  - 2）胸腔の発生 ·································· 667
- ■2　胸郭と胸腔の解剖 ······················ 667

## 胸郭と胸腔の生理と病態生理 ———— 670
- ■1　胸郭と胸腔の生理 ······················ 670
  - 1）胸郭の運動機能 ·························· 670
  - 2）胸膜の生理機構 ·························· 670

■2　胸郭と胸腔の病態生理 ―――――――― 670

## 胸郭疾患の検査と診断 ――――――――――― 671
■1　診療（問診から聴診） ―――――――― 671
■2　検査 ―――――――――――――――― 671
　1）胸部X線検査 ――――――――――― 671
　2）超音波診断法 ―――――――――― 671
　3）CT検査法 ―――――――――――― 671
　4）核磁気共鳴診断法（MRI） ――――― 671
　5）生検 ―――――――――――――― 671

## 胸郭の疾患 ――――――――――――――― 672
■1　胸椎の異常（先天性） ―――――――― 672
　1）定義 ―――――――――――――― 672
　2）原因・病態 ――――――――――― 672
　3）診断 ―――――――――――――― 673
　4）内科的・外科的治療 ――――――― 674
■2　胸椎の骨折 ―――――――――――― 674
　1）検査 ―――――――――――――― 674
　2）治療 ―――――――――――――― 675
　3）術後管理 ―――――――――――― 677
　4）予後 ―――――――――――――― 678
■3　肋骨骨折 ――――――――――――― 678
　1）定義 ―――――――――――――― 678
　2）原因 ―――――――――――――― 678
　3）病態 ―――――――――――――― 678
　4）検査 ―――――――――――――― 679
　5）治療 ―――――――――――――― 680
　6）疼痛管理 ―――――――――――― 681
　7）予後 ―――――――――――――― 681
■4　連枷様胸、動揺胸郭
　　（Flail chest：フレイルチェスト） ―――― 681
　1）定義 ―――――――――――――― 681
　2）原因 ―――――――――――――― 681
　3）病態 ―――――――――――――― 682
　4）診断 ―――――――――――――― 683
　5）治療 ―――――――――――――― 683
　6）予後 ―――――――――――――― 684
■5　漏斗胸 ―――――――――――――― 684
　1）定義 ―――――――――――――― 684
　2）原因 ―――――――――――――― 684
　3）病態 ―――――――――――――― 684
　4）臨床症状 ―――――――――――― 684
　5）診断 ―――――――――――――― 685
　6）治療 ―――――――――――――― 686
　7）合併症 ――――――――――――― 686
　8）予後 ―――――――――――――― 686
■6　胸壁の腫瘍 ―――――――――――― 689
　1）定義 ―――――――――――――― 689

　2）症状 ―――――――――――――― 690
　3）診断 ―――――――――――――― 690
　4）治療 ―――――――――――――― 690
■7　胸膜炎 ―――――――――――――― 690
　1）定義 ―――――――――――――― 690
　2）症状 ―――――――――――――― 691
　3）診断 ―――――――――――――― 691
　4）治療 ―――――――――――――― 692

## 胸腔の疾患 ――――――――――――――― 693
■1　水胸 ――――――――――――――― 693
　1）定義 ―――――――――――――― 693
　2）原因 ―――――――――――――― 693
　3）病態 ―――――――――――――― 693
　4）診断 ―――――――――――――― 693
　5）内科的治療 ――――――――――― 695
　6）外科的治療 ――――――――――― 695
　7）予後 ―――――――――――――― 695
■2　膿胸 ――――――――――――――― 695
　1）定義 ―――――――――――――― 695
　2）原因 ―――――――――――――― 696
　3）病態 ―――――――――――――― 696
　4）診断 ―――――――――――――― 696
　5）内科的治療 ――――――――――― 696
　6）外科的治療 ――――――――――― 697
　7）予後 ―――――――――――――― 697
■3　血胸 ――――――――――――――― 697
　1）定義 ―――――――――――――― 697
　2）原因 ―――――――――――――― 697
　3）病態 ―――――――――――――― 697
　4）診断 ―――――――――――――― 698
　5）内科的治療 ――――――――――― 698
　6）外科的治療 ――――――――――― 698
　7）予後 ―――――――――――――― 698
■4　乳び胸 ―――――――――――――― 698
　1）定義 ―――――――――――――― 698
　2）原因 ―――――――――――――― 698
　3）病態 ―――――――――――――― 699
　4）診断 ―――――――――――――― 700
　5）内科的治療 ――――――――――― 700
　6）外科的治療 ――――――――――― 700
　7）予後 ―――――――――――――― 703
■5　気胸 ――――――――――――――― 703
　1）定義 ―――――――――――――― 703
　2）原因 ―――――――――――――― 703
　3）病態 ―――――――――――――― 704
　4）診断 ―――――――――――――― 705
　5）内科的治療 ――――――――――― 706
　6）外科的治療 ――――――――――― 706

7）予後 ......706

# 第Ⅵ章　横隔膜　709

## 横隔膜の発生と解剖　710
- 1　横隔膜の発生 ......710
- 2　横隔膜の解剖 ......711

## 横隔膜の機能　713
- 1　解剖学的機能 ......713
  - 1）横隔膜の解剖 ......713
  - 2）呼吸運動に関連する胸郭の筋肉 ......713
- 2　生理学的機能 ......714
  - 1）横隔膜の呼吸運動への役割 ......714
  - 2）横隔膜の嚥下に果たす役割 ......714

## 横隔膜疾患の検査と診断　716
- 1　はじめに ......716
- 2　検査方法 ......716
  - 1）稟告 ......716
  - 2）臨床症状・身体検査 ......716

## 横隔膜の基本的手術手技　718
- 1　横隔膜への到達法 ......718
  - 1）腹部正中切開法 ......718
  - 2）肋間切開法 ......720
  - 3）胸骨正中切開法 ......722
  - 4）胸骨横切開法 ......723
- 2　横隔膜に対する縫合の原則 ......726
- 3　横隔膜疾患に対する術前・術中・術後の管理 ......727
  - 1）術前管理 ......727
  - 2）手術前の検査 ......727
  - 3）麻酔管理 ......728
  - 4）術後管理 ......729

## 横隔膜の疾患　731
- 1　形態異常 ......731
  - 1）横隔膜ヘルニア ......731
- 2　機能異常 ......738
  - 1）横隔膜麻痺 ......738
  - 2）横隔膜弛緩症 ......738
  - 3）横隔膜炎 ......738
  - 4）横隔膜下膿瘍 ......739

# 第Ⅶ章　リンパ管　741

## リンパ節とリンパ管の発生と解剖　742
- 1　リンパ節とリンパ管の発生 ......742
  - 1）リンパ管の発生 ......742
  - 2）リンパ節の発生 ......742
- 2　リンパ節とリンパ管の解剖 ......743

## リンパ形成とリンパ流の生理と病態生理　746
- 1　リンパ形成 ......746
- 2　リンパ流の生理と病態生理 ......746
  - 1）間質液圧 ......746
  - 2）リンパポンプ機能 ......747

## リンパ管造影検査　748
- 1　間接的リンパ管造影検査 ......748
- 2　直接的リンパ管造影検査 ......748

## リンパ節とリンパ管の疾患　750
- 1　リンパ管の先天性異常 ......750
  - 1）先天性リンパ水腫（リンパ浮腫） ......750
  - 2）リンパ管拡張症 ......750
- 2　リンパ節の異常 ......751
  - 1）リンパ節形成不全 ......751
- 3　リンパ管とリンパ節の後天性異常 ......751
  - 1）リンパ管炎 ......751
  - 2）二次性リンパ水腫 ......752
  - 3）リンパ節過形成 ......752
- 4　腫瘍性疾患 ......753
  - 1）リンパ管腫瘍 ......753
  - 2）リンパ腫 ......753
  - 3）リンパ節の転移性腫瘍 ......758

# 第Ⅷ章　胸腺　761

## 胸腺の発生と解剖　762
- 1　胸腺の発生 ......762
- 2　胸腺の解剖 ......763

## 胸腺の生理と病態生理　765
- 1　胸腺の生理 ......765
- 2　病態生理 ......765

## 胸腺の関連疾患　766
- 1　胸腺の縮小に関連する疾患 ......766
  - 1）免疫不全症候群 ......766
  - 2）ワイマラナーの免疫不全性矮小症 ......767
  - 3）胸腺の特発性出血 ......767
- 2　胸腺の増大に関連する疾患 ......768
  - 1）胸腺嚢胞（鰓性嚢胞） ......768
  - 2）胸腺肥大と胸腺過形成 ......768
  - 3）胸腺腫瘍 ......768

# 第 I 章
# 心血管系

- 心血管系の発生と解剖
  Cardiovascular Embryology and Anatomy
- 心血管系の生理学
  Cardiovascular Physiology
- 心血管系疾患に対する検査
  Examination of the Cardiovascular Diseases
- 心不全の病態生理学
  Pathophysiology of Heart Failure
- 心疾患に対する内科的治療
  Cardiac Medical Treatment
- 心血管疾患に対する外科的治療
  Cardiovascular Surgery
- 先天性心血管疾患
  Congenital Cardiovascular Diseases
- 後天性心血管疾患
  Acquired Cardiovascular Diseases
- 原因不明の心筋疾患
  Myocardial Diseases of Unknown Etiology
- 犬心臓糸状虫症
  Canine Heartworm Disease
- 猫の心臓糸状虫症
  Feline Heartworm Disease
- 末梢血管疾患
  Peripheral Vascular Diseases
- 不整脈
  Arrhythmia
- ショックと心肺・脳蘇生法
  Shock, Cardiopulmonary and Brain Resuscitation

# 心血管系の発生と解剖

Cardiovascular Embryology and Anatomy

## ■ 1 心血管の発生

### 1）胎生早期の発育
（図I-1）

#### i）受精

　犬の排卵は、発情期の早期に自然発生的に起きる。このとき、他のほ乳類と違って一次卵母細胞の状態で排卵される（まだ、一次極体、二次極体を放出していない。他の動物は、二次卵母細胞の状態で排卵される）。卵母細胞は、多糖類を主たる成分とする透明帯によって覆われている。透明帯は、1個の精子頭部が突入した時点で他の精子が進入できないように構造的に変化する（多精防止）。犬の精子は、少なくとも子宮内で7日間は生存可能であるが、受精能力を有する期間はこの半分と推定され（約3.5日）、他の動物に比較して受精能力を有する期間が長い。受精は、通常卵管内（ほとんどは卵管の頭側1/2の部位）で起きる。

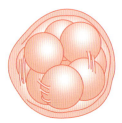

第1週：受精 → 着床
　受精卵が卵割しながら、子宮へ向かう。子宮に到着後、透明帯がとれて着床を開始する。内胚葉が分化し、中胚葉の分化が始まる。

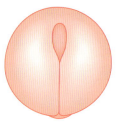

第2週：心筒、原始心ができる
　循環器系の起源である血島が卵黄嚢に発生し、卵黄嚢、尿膜、そして胚内に毛細血管網が形成される。心筒が出現し、心臓への分化が開始する。体節形成が開始される。

第3週（6〜30体節）：神経管が閉鎖し始め、中枢神経系の分化が開始される。四肢の原基が出現する

第4週（5〜10mm）：消化管の分化が開始

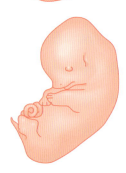

第5週（20〜35mm）：胚から胎子へ
　生殖器系を除く主要な器官の発生はほぼ終了し、これ以降は諸器官の機能が成熟する。

図I-1　胎齢と発生（犬の場合）

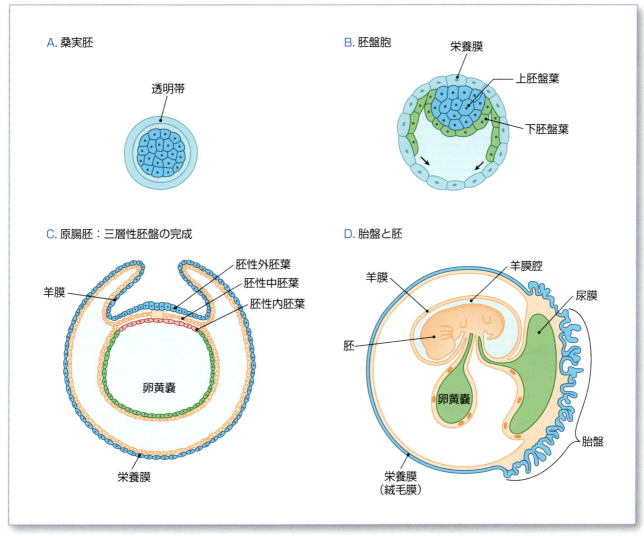

図Ⅰ-2　卵割から胚発生

### ⅱ）卵割

受精卵が子宮壁に接着（着床）するまでの細胞分裂を卵割（卵分割）という。卵割は、同調的に進行しない。卵割してできた細胞は球形であり、個々の細胞（割球）は互いに緩やかに接着しているが、卵割が進んで8～16細胞になると細胞間接着が緊密になる。この現象を緊密化（コンパクション）といい、細胞の分化が開始することを意味する。つまり、E-カドヘリン（細胞間接着分子）が出現して細胞間同士を緊密に接着して、互いの細胞の位置を確定する。緊密化が起きる前後の胚を桑実胚という（図Ⅰ-2A）。卵割はさらに進行し、胚の中に腔所ができた胞胚となり、細胞は外細胞塊（栄養膜細胞に分化）と内細胞塊胚（胚に分化）となり、実体顕微鏡下で形態的に細胞および胚の分化を確認できる状態となる。動物種によって異なるものの、受精卵は桑実胚あるいは胞胚の状態で子宮に到着する。子宮に到着した胚はさらに卵割し続け、受精後2週間前後（犬は11～18日、猫は12～14日）で透明帯から胞胚が脱出して、胚盤胞となる（図Ⅰ-2B）。透明帯は、卵割しつつ卵管内を移動している期間に、受精卵が卵管上皮へ接着するのを防止するため（着床防止）に存在している。

透明帯がとれた胚盤胞の最外層の細胞（栄養膜細胞）は、急速に子宮内膜に進入し着床を開始する。

### ⅲ）着床および胎盤形成（犬、猫の場合）

栄養膜細胞層の表面には、まず細かい多数の絨毛が形成され、個々の絨毛には毛細血管が分布する。次いで栄養膜（絨毛を形成するので絨毛膜ともいわれる）細胞は盛んに細胞分裂し、栄養膜合胞体層と

いう子宮内膜に進入する能力をもつ細胞層に変化する。この栄養膜合胞体層が母体子宮内膜を分解することによって、胚盤胞全体が子宮内膜内に潜り込む。このとき、子宮内膜には妊娠準備のために多数の毛細血管が発達しており、進入した栄養膜合胞体層はこれら血管と衝突するが、毛細血管壁を破壊することなく、合胞体層内に母体の毛細血管を誘導し、合胞体層内に母体由来の毛細血管の細かい網目をつくる。これに呼応するかのように、合胞体層には胎子毛細血管網が形成され、母体由来の毛細血管と胎子毛細血管は隣接して分布するようになる。胚（胎子）発生に必要な酸素や栄養素は、母体血管から隣接する胎子血管へと移送される。これらの組織構造は尿膜に裏打ちされており、したがって胎盤と胚（胎子）は尿膜の血管を経由して物質の移行を行う（図Ⅰ-2D）。食肉類の胎盤は、栄養膜表面に帯状に分布しているので、帯状胎盤と称される。

### iv）胚の発生

透明帯がとれると、胚は栄養分の吸収が可能となり、飛躍的に成長し始める。上胚盤葉から下胚盤葉が発生する。次いで上胚盤葉（原始線条部分）から胚性内胚葉が発生して次第に下胚盤葉に置き換わり、胚性内胚葉となり、いずれ消化管に分化する。胚性内胚葉が発生した後、胚性中胚葉が発生し、胚の筋組織、真皮、皮下組織、泌尿生殖器系上皮などに分化していく。中胚葉はさらに胚の外へと伸展し、羊膜と卵黄嚢を裏打ちする（図Ⅰ-2B、C）。

## 2）早期の胎子内血管発生

### i）血島（図Ⅰ-3）

透明帯がとれて、子宮腺分泌物を吸収して胚が飛躍的に大きくなると、栄養膜から吸収された栄養素は、胚の中心部へ行き渡らなくなるので、酸素や栄養素を運搬する血管系が必要となってくる。

下胚盤葉と胚外中胚葉臓側層の二層構造である卵黄嚢を裏打ちする中胚葉において、二層の細胞層の間に中胚葉由来の細胞（間葉細胞ともいう）が存在するようになる。これら中胚葉細胞うちの一部が血球血管芽細胞に分化し、集合する。この細胞集団の周囲の細胞は内皮芽細胞

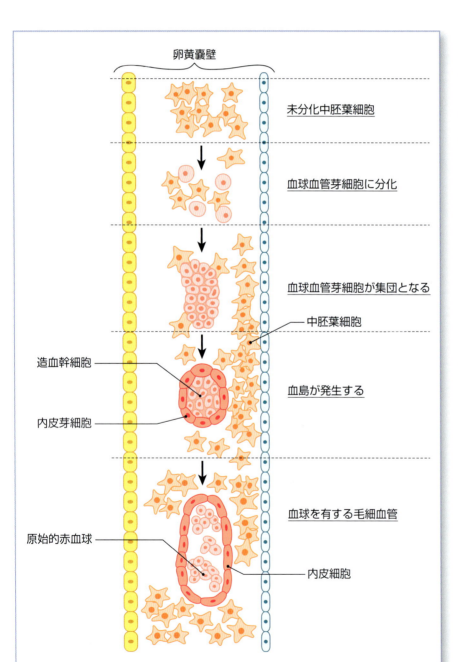

図Ⅰ-3　血島の発生

に、中心の細胞は造血幹細胞（血球芽細胞）へと分化する。この状態の細胞集団を血島（blood island）という。血島内の造血幹細胞は、さらに分化して原始的な赤血球となり、周囲の内皮芽細胞は内皮細胞へと分化し、血島内に空間もでき、血島は原始的な袋状の血管となる。血島は、出芽する能力を有しているので、まず隣接する血島と出芽しつつ結合してネットワークを作る。血島は、まず卵黄嚢に出現し、次いで尿膜、胚周囲、胚内へと分布を広げていく。胚内での血管の分化は幾分異なる。つまり、中胚葉細胞が血管芽細胞に分化して、次いで内皮細胞となり、小胞状構造の血管嚢胞を次々作り、これらが次第につながり長い血管を作る。血島では造血幹細胞が発生するが、胚内では造血幹細胞は、発生初期では大動脈－生殖腺－中腎形成領域由来の細胞が肝臓や脾臓に移動して造血幹細胞に、発生中期以降は骨髄でも造血が開始し、この場合は肝臓から血液幹細胞が供給されると考えられている。卵黄嚢および尿膜には、卵黄嚢血管網と尿膜血管網が形成され、それらと胚をつなぐ血管が卵黄嚢動静脈、尿膜動静脈となる。

### 3）心筒の形成（図Ⅰ-4）

胚盤が扁平な時期に、神経板の頭外側の外側中胚葉臓側層（臓側中胚葉）が心臓形成域として分化開始し、心内膜管と呼ばれる馬蹄型の一対の血管が形成される（図Ⅰ-4A）（この時期に同時に背側大動脈を含む胚子の主要な血管が発生している）。胚の屈曲（頭屈および側屈）運動に伴い、左右の心内膜管は胸部で融合し1本の血管となり（プログラム細

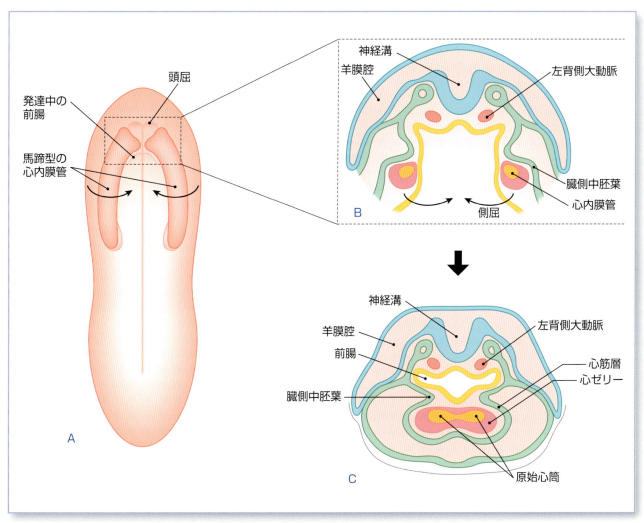

図Ⅰ-4　心内膜および原始心筒の発生
A：胚の背側面　B：Aの□部の横断面　C：原始心筒が完成

第Ⅰ章　心血管系

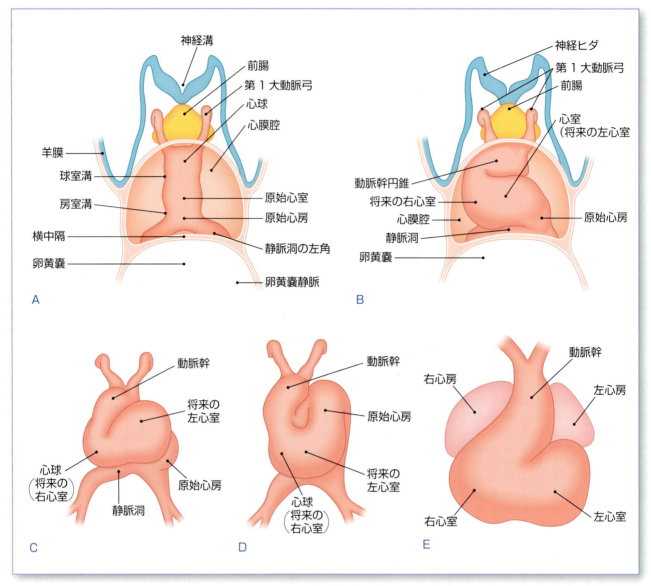

図Ⅰ-5　原始心の発生
A〜E：腹側面からの図

胞死によって融合する）、原始心筒と呼ばれるようになる（図Ⅰ-4B、C）。と同時に側屈が完了すると、胚内の空間（胚内体腔）と胚外の空間（胚外体腔）の連絡が絶たれ、融合した原始心筒の周囲は胸部の胚内体腔である心膜腔となる。つまり、臓側中胚葉と壁側中胚葉由来の心膜に囲われて心膜腔が形成される。

原始心筒は、最初は内皮のみから形成されているが、臓側中胚葉に由来する心筋の層が原始心筒を覆い、さらに心筋と心ゼリーとに分化する（図Ⅰ-4C）。心ゼリーは心筋細胞が分泌する細胞外基質である。さらにその外側に、静脈洞あるいは横中隔から移動してきた中皮細胞が心筋外膜を形成する。

### 4）心ループの形成（図Ⅰ-5）

原始心筒には図Ⅰ-5に示すように、頭端から、球室溝と房室溝という溝が形成され、心筒は心球、原始心室、原始心房の3室に区分される。心筒は同時に伸張しつつ、ループを形成し、屈曲し始める。心球の頭端は動脈幹（大動脈と肺動脈に分化）に、心球の下部は右心室となる。原始心室は左心室に、原始心房は左右心房へと分化する。原始心房は次第に原始心室の頭方へ移動し、原始心筒はS状心といわれる形態となる。

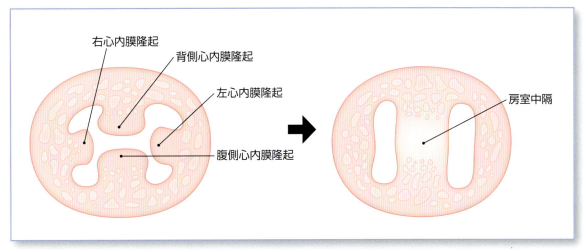

図Ⅰ-6　心臓横断面（心房と心室間）

### 5）心臓の中隔の形成

S状心の内部は連続的な空間であり、房室中隔、心房中隔、心室中隔、さらには肺動脈と大動脈の区切りが順次形成されていく。

胎子は、母親の体内で生育するため、出生するまで呼吸しないので、肺循環は必要ないが、出生直後には呼吸を開始する。そこで、これら条件を満たすために、心臓およびその周囲の血管にはいくつかの特別な仕組みもまた形成される。

#### ⅰ）房室中隔と心房中隔

心房の中隔は、心内の上壁から三日月型の壁が発生する。これが一次心房中隔である。同時期に、心房と心室の連絡部位である房室管周囲の壁から4つの隆起が形成される（図Ⅰ-6）。これらは左・右・背側・腹側心内膜隆起であり、このうち背側および腹側心内膜隆起が連絡して、房室中隔となり、左および右房室管ができる。一次心房中隔はこの房室中隔に連絡し、左右の心房を分割するが、しばらくは三日月型のままであるため、左右の心房は一次心房間孔で連絡している。一次心房中隔はさらに成長し、ついに一次心房間孔は閉鎖してしまう。しかし、一次心房間孔が完全に閉鎖する前に、中隔の上部にプログラム細胞死による小孔が多数生じ、やがて小孔は1つの新しい孔、二次心房間孔を形成する。したがって左右の心房の連絡は継続される。

次いで、一次心房中隔の右心房側の上壁から、また新しい三日月型の壁、二次心房中隔が発生する。二次心房中隔は、一次心房中隔に比べて厚い筋性である。二次心房中隔は、房室中隔に連絡する直前に成長を停止し、卵形の孔ができる。これを卵円孔と呼ぶ。このとき、左右の心房は2枚の中隔で隔てられているが、2つの孔によって血液は交通できる。全身の血液は、静脈洞を経由して右心房へ流入する。成体であれば、血液はさらに右心室ならびに肺動脈を経由して肺へ送られる肺循環が機能する。しかし、胎子は自身で呼吸してはいないので、機能していない肺の血管抵抗が大きく、わずかな血液しか肺循環を流れない。そのため、左右の心房内の血圧を比較すると、右心房の方が高血圧となり、血液の多くは卵円孔および二次心房間孔を経緯して左心房へ流れることになる（図Ⅰ-7D）。この回路は出生直後に閉鎖する。つまり、出産直後の最初の呼吸をするや否や、左右の心房内の血圧には差がなくなり、左右心房間の血液の出入りは中止される。結果として、薄い一次心房中隔と厚い筋性の二次心房中隔は、左右の心房内の血圧に押されて融合し、二次心房間孔および卵円孔は閉鎖する。

#### ⅱ）心室中隔および房室弁

まず、球室溝の内側の左右心室境界面に沿って球室ヒダが形成され、やがてこれが成長して心室中隔筋性部となり、房室中隔に向かう。しかし、この中隔は房室中隔まで到達せずに、形成が止まる。このとき、左右心室は心室間孔で連絡している。

房室管周囲の新筋層が発達するとともに、心室筋層が厚くなる。図Ⅰ-7Aが示すように筋層内にアポトーシスによっていくつかの空洞ができる。その

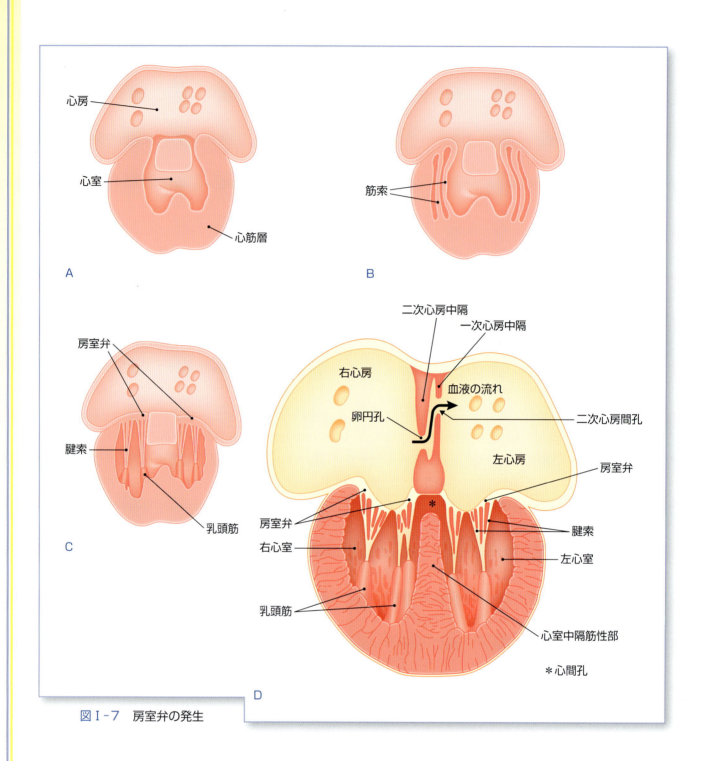

図Ⅰ-7　房室弁の発生

空洞が連続し（図Ⅰ-7B）、結果として房室弁、弁尖の自由縁に付着する腱索、腱索を心室壁につなぎ止める乳頭筋が形成される（図Ⅰ-7C：これら細胞の由来は、心外膜あるいは心内膜のどちらか、あるいは両者であるとの緒論があり、未だ確定していない）。右房室管には三尖弁、左房室管には二尖弁が形成される（図Ⅰ-7D）。

### ⅲ）動脈幹（図Ⅰ-8）

動脈幹の境界部分あたりの内部の対岸から中心に向けて、大動脈肺動脈中隔が形成され（図Ⅰ-8A、B）、らせん状の中隔が上下（前後）に伸張し、後端は心室中隔筋性部とつながる。この連絡した部分は、心室中隔膜性部ともいわれるが、動物では膜性部に心筋が多く存在する。らせん状の中隔は、さらに動脈幹に伸張し、大動脈と肺動脈につながる2つの流出路となる。中隔は、動脈円錐および動脈幹内にらせん状に形成されるので、動脈幹がねじれた状態の大動脈と肺動脈に2分割される（図Ⅰ-8B〜

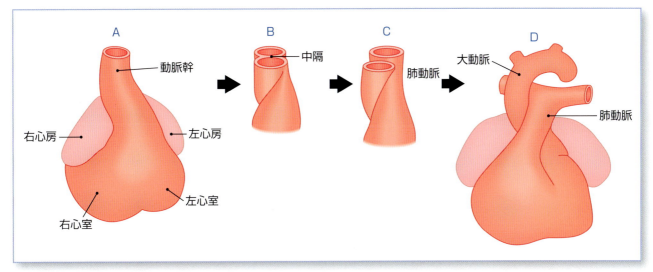

図I-8　心臓流出路の分割

D)。結果として、右心室と肺動脈がつながり、左心室と大動脈がつながる。

### 6) 大血管の発生（大動脈および大動脈弓、主な大静脈、肺静脈）

#### i) 心臓周囲の大血管（図I-9）

　心内膜管が発生する頃、胚子の主要な血管も発生する。脊索の両側に発生した一対の背側大動脈は、胚の屈曲の際に心内膜管と連絡し、主要な血液流出路となる。頭屈が進むと心内膜管の位置も頭方へ移動し、結果として背側大動脈も頭方へ移動する。そこで背側大動脈と心内膜管の連絡路がループ状となり、第1大動脈弓（第1鰓弓動脈）を形成する。大動脈弓は、哺乳動物の発生過程では、魚の鰓の血管の名残であり、6対の大動脈弓が発生する。このうち第3、4、6大動脈弓が頭部から胸部に至る重要な血管となる。これら6対の血管はいっせいに生じるわけではなく、第1、2大動脈弓は第6大動脈弓が形成される前に消失してしまう（図I-9A、B）。第1、2大動脈弓が消失すると、大動脈の腹側根と背側根はそれぞれ、外頸動脈と内頸動脈として残り、頭部への血液を供給し続ける。左右の第3大動脈弓は内頸動脈に統合される。第3と第4大動脈弓の間に存在する大動脈腹側根は総頸動脈として残る。しかし第3と第4大動脈弓の間に存在する大動脈腹側根は消失する。このことによって、頸部と体幹の血流が完全に分離される（図I-9B）。

　第4大動脈弓が分化する時点から心臓周囲の大血管は左右対称ではなくなる。左側の第4大動脈弓は、太くなって大動脈弓の基盤となり、右側第4大動脈弓は右鎖骨下動脈の基部として残る（図I-9C）。

　第6大動脈弓も左右で運命が異なる。左右とも第6大動脈弓から肺へ向かって枝が伸びる。右側では大動脈弓と背側大動脈は連絡を失ってしまうが、左側では、同じ部位が動脈管として残り、胎子循環において重要な役割を担う（図I-9C）。

　第6大動脈弓以降では、左右の背側大動脈はやがて正中で1本の血管となる（胸大動脈と腹大動脈）。

#### ii) 胚の初期循環（図I-10）

　卵黄嚢および尿膜の毛細血管を集めた血管が、卵黄嚢動脈および尿膜動脈として背側大動脈に流入し、胚に連絡する。

　心臓へは、一対の総主静脈が原始心房へ流入する。総主静脈は、前主静脈（頭部血液を集める）と後主静脈（体幹の血液を集める）が合流した血管であり、総主静脈の流入部位は静脈洞（図I-5C参照）と呼ばれる。

　尿膜静脈は、尿膜が胎盤組織を裏打ちするようになると、胎盤において母体から移行した栄養素や酸素を運ぶ臍静脈に、尿膜動脈は、胚から胎盤へ血液を運ぶ臍動脈となる。

　肺静脈は、初期胚の循環器系が組み替えられてできた血管ではない。肺発生の際、多数に分岐した肺

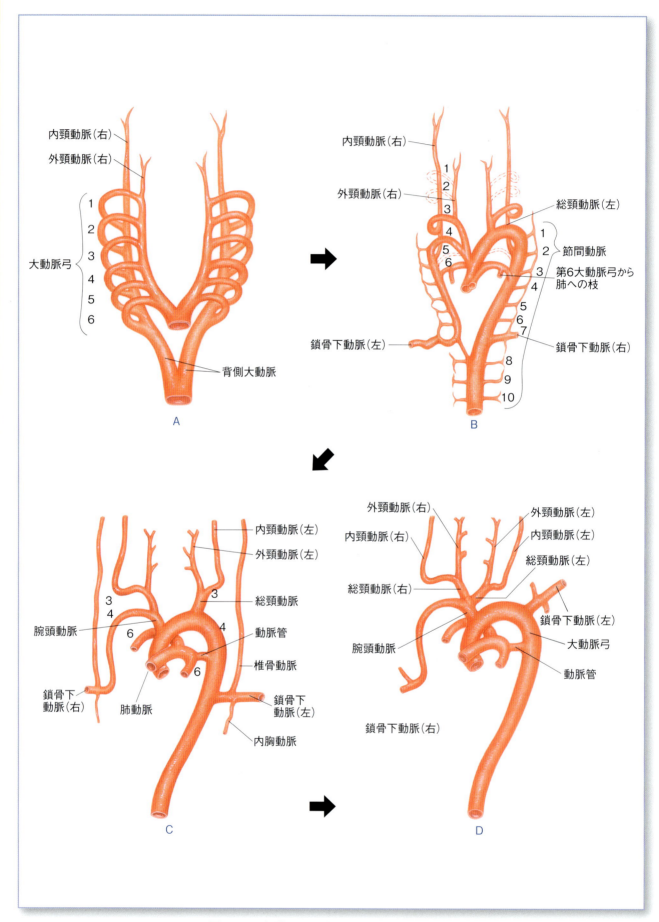

図 I-9　心臓周囲の大血管の発生（腹側面）

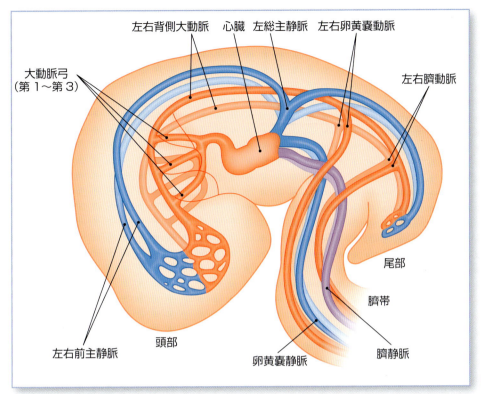

図Ⅰ-10　初期胚の主な血管

芽が分岐するのに従い、血管も一緒に発生する。このときに肺の血液を集める血管として発生し、最終的に1本の共通な静脈幹となったものである。心臓が成長するに従い、次第に左心房に取り込まれていく。

（山本雅子）

---

推奨図書

[1] Hyttel P, Sinowatz F, Vejlsted M, Betteridge K.：カラーアトラス動物発生学．（監訳／山本雅子，谷口和美）：緑書房；2014．東京．
[2] Latshaw WK.：Veterinary Developmental Anatomy：BC Decker Inc.；1987．
[3] Evans HE.：Miller's Anatomy of the Dog, 3rd ed.：WB Saunders；1993．
[4] Schoenwolf GC, Bleyl SB, Brauer PR, Francid-West PH.：Larsen's Human Embryology, 5th ed.：Elsevier；2014．Churchill Livingstone．
[5] Carlson BM.：Patten's Foundations of Embryology, 6th ed.：McGraw-Hill Inc.；2003．

---

## ■ 2　心臓血管の解剖

### 1）心血管系の臨床的有用性

　心臓は、血液の流れを生み出すポンプであり、体循環と肺循環の2つの経路がつながる（図Ⅰ-11）。心臓には右心系と左心系が存在し、それぞれ流入路（大静脈、肺静脈）と流出路（大動脈、肺動脈）をもつ。右心系は、体循環からの二酸化炭素の多い血液（静脈血）を大静脈によって受け止め、肺動脈を介して肺循環に送る。左心系は、肺循環から心臓に戻ってくる酸素の多い血液（動脈血）を肺静脈によって受け止め、大動脈を介して体循環に送る。全身を循環している血液中には、細胞代謝に必要な酸素やその他の物質、また各細胞で排泄された老廃物や分泌されたホルモンなどが含まれており、心臓はこれらの物質を肝臓、腎臓、肺などの各臓器に運搬することにより、代謝、泌尿、呼吸、運動などの多くの機能と関係している。さらに、細胞周囲の間質液や特定の腔所（胸腔、腹腔、脳脊髄腔など）を流れる体液の排液路として、血管や、最終的に血管に合流するリンパ管が使われており、心臓は血液以外の体液の循環にも影響を及ぼす。すなわち、心臓の機能

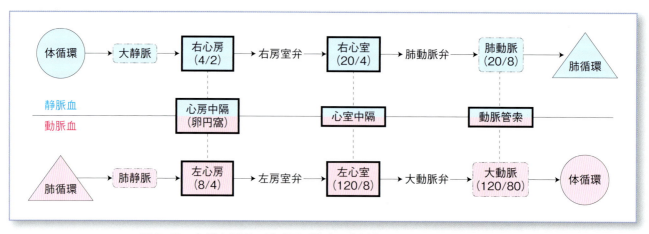

図Ⅰ-11　心臓と循環の模式図（数字は収縮期圧/拡張期圧を示す）

障害は体液の流れの異常として現れるが、その種類は心臓の障害の部位や種類によって様々である。体循環か肺循環か、流出路か流入路か、短絡が起こるならどこからどこへ流れるのか、そして、それは静脈血か動脈血かなどを理解することが初期の病態の把握に有効である。また症状の長期化により病態が大きく変化する場合もあるので注意が必要である。

### 2）心臓と胸腔
（心臓の外形と胸腔内での位置）

　心臓は、胸腔を左右に二分する縦隔内に左右非対称に位置する。頂点が下方を向いた円錐形をしており、背側の底面（心底部）からは大動脈、大静脈あるいは肺動脈、肺静脈が出入りする。心底部の高さは第1肋骨長の約半分の高さの水平延長線に一致する。後腹側に傾いた心臓の先端（心尖部）は、正中よりやや左側に寄った位置で胸骨や横隔膜に結合する。胸郭前方に向く面を前縁といい、ほぼ第3肋骨の位置に一致する。また、心臓の後方の後縁は横隔膜の最前部で第6から第7肋骨にほぼ一致する。心臓の長軸は、胸骨と約45°の角度をなすといわれるが、犬種や体格によって変異が大きい。相対重量は平均で体重の約0.7％であるが、犬種や個体により変動する[1]。例えば、運動の激しい動物の心臓は相対的に大きくなる。猫の心臓は犬よりもやや小さく（体重の約0.55％）、傾いていることが多い[2]。

　成体の心臓の内腔は、左右の心房と心室の4部屋からなる。左心系（左心房、左心室）と右心系（右心房、右心室）は中隔によって仕切られており、心房間、心室間の中隔をそれぞれ心房中隔、心室中隔と呼ぶ。さらには、左右の房室弁が心房と心室を分けている。これら4部屋は、左心系、右心系として胸腔内でそれぞれ正中を境に左側と右側に分かれて位置しているわけではない。特に、"右心室"が心臓の右側から"前面"をまたいで"左側"に広がることに注意が必要である。すなわち、右心室の出口である肺動脈弁が右側ではなく、心臓の左前部に位置する（図Ⅰ-12）。そのため、左心房は心臓の左後部に変位しており、左心室も左後部から一部が右後部に現れる。心臓の4部屋は、表層の溝によっても確認することができる。心底部の近くにある冠状溝により、背側の心房と腹側の心室に区別される。さらに、冠状溝から縦に走る溝が左右の心室間に存在している。円錐傍室間溝（左縦溝）が心臓の左側面に、洞下室間溝（右縦溝）が右側面に認められ、これらの室間溝の前方が右心室、後方が左心室となる（図Ⅰ-12、13）[3]。冠状溝には、大動脈弓の付根から分岐した冠状動脈と右心房につながる心臓静脈が走っており、室間溝には動脈・静脈からの室間枝が存在する。溝には血管以外にもリンパ管や結合組織によって埋められており、特に冠状溝には脂肪組織が発達している。また、冠状溝の位置には心房筋と心室筋を分けている線維性骨格（線維輪）が存在し、房室口や動脈口を取り囲み、房室弁や半月弁の付着部となる（図Ⅰ-14）。

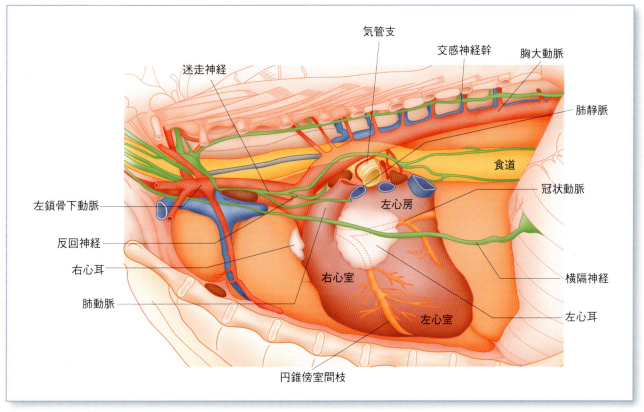

図 I-12　胸腔左側観（左肺を除去）[3]

右心室が心臓の前面を通って左側に回り込み、肺動脈を出す。円錐傍室溝（円錐傍室間枝の位置）によって前方の右心室と後方の左心室に分けられる。冠状溝（冠状動脈の位置）により心房と心室が分けられる。

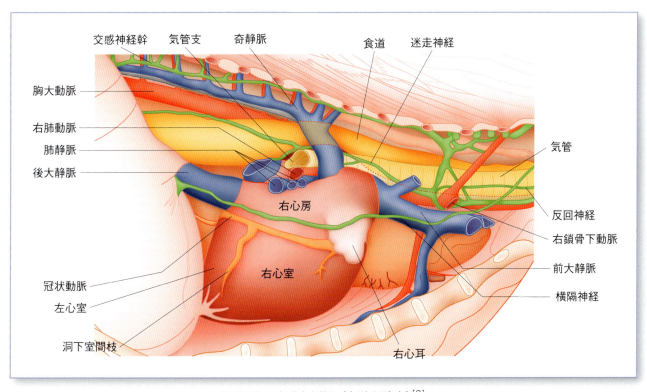

図 I-13　胸腔右側観（右肺を除去）[3]

洞下室間溝（洞下室間枝の位置）によって前方の右心室と後方の左心室に分けられる。冠状溝（冠状動脈の位置）により心房と心室が分けられる。奇静脈が前大静脈基部に合流する。

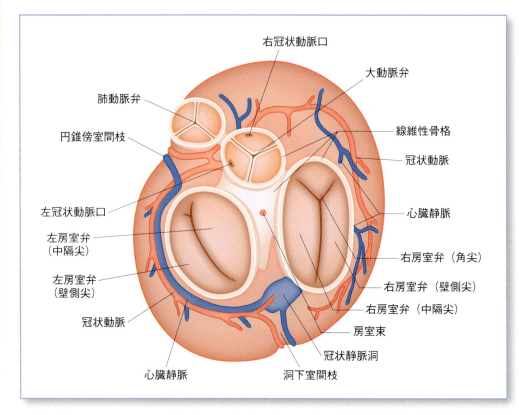

図Ⅰ-14 心臓の横断図（背側観、冠状溝レベル、心基底部）
左右の房室弁、大動脈弁、肺動脈弁の周囲とその中央には線維性骨格が存在し、心房筋と心室筋を分けている。房室束のみが線維性骨格を通過する。

### 3）心臓の形態と構造

#### ⅰ）右心系（右心房、右心室）

　右心房は、全身あるいは心臓自身からの酸素の乏しい静脈血を受け入れ、それを右心室が肺に送る（図Ⅰ-11）。右心房と右心室の間は"右房室口"と呼ばれる連結部があり、ここには壁側尖、中隔尖、角尖の3枚の弁からなる右房室弁（三尖弁）が付着している。心室の心筋層は心房のものより厚い。

#### ①右心房

　右心房は、大きく拡張した部位と小さい耳状の盲嚢部（心耳）に分かれる。拡張部は心臓の右側にみられ、全身（前大静脈、後大静脈）、心筋（冠状静脈洞、心臓静脈）からの大量の静脈血を受け入れる部屋（大静脈洞）になる。心房の背壁には隔壁（静脈間隆起）があり、前大静脈と後大静脈からの血流が直接ぶつかることを防ぎ、流れを右房室口（弁）の方向へ逸らす役割がある。静脈間隆起の後大静脈側（後方）の心房中隔には窪んだ領域（卵円窩）があり、胎子期に右心房と左心房をつないでいた卵円孔の位置に相当する。卵円窩の後腹側で、後大静脈との連結部の下方には冠状静脈洞の開口部（冠状静脈口）が存在する。右心耳は、前大静脈の腹側に位置し、心臓の前面に突き出た盲嚢である。右心耳の入口は外観的にくびれており（分界溝）、それに対応する内腔への突出部（分界稜）によって大静脈洞と区別される。心耳の内部は、櫛状筋によって作られる不規則な面からなっている。

#### ②右心室

　右心室は、心臓の右側から前面を通り左側、すなわち左心室の頭側に広がる。右心室の入口（右房室口）には右房室弁が、出口（肺動脈口）には肺動脈弁がある（図Ⅰ-14）。右房室弁（三尖弁：壁側尖、中隔尖、角尖）の先端は、腱索によって乳頭筋に固定されており、収縮期においても右心房側に反転することはない（図Ⅰ-15）。肺動脈弁は3枚の半月弁（左半月弁、右半月弁、中間半月弁）からなる。半月弁には、腱索や乳頭筋は存在しないが、動脈壁との間にポケット状の盲嚢部を形成する（図Ⅰ-15）。収縮期において肺動脈方向への血流を妨げることはないが、血流が逆になったとき（拡張期）には盲嚢部に血液が溜まることにより弁が広がり、3枚の弁の辺縁がぴったりと接触して逆流を防ぐ。心室壁や心室中隔の内面には多数の小さな筋稜（肉柱）が乳頭筋を避けるように走っている。また、心室壁と心

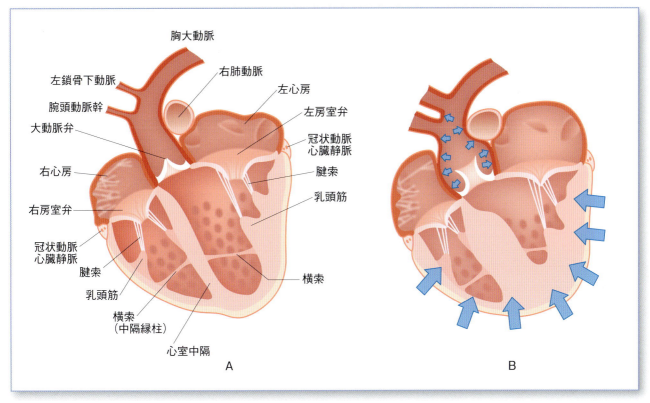

図Ⅰ-15 心臓の拡張期（A）と収縮期（B）の変化
収縮期には大動脈、肺動脈の基部が膨らみ、拡張期に膨らみが戻る弾力によって血液を末梢に送る。房室弁は腱索によって乳頭筋に付着しているが、大動脈弁、肺動脈弁などの半月弁には腱索や乳頭筋はない。

室中隔の間を結ぶ筋束（横索）がみられ、特に太い1本を中隔縁柱と呼び、内部には刺激伝導系のプルキンエ線維を通す。右心室の内腔が心臓の前面から左側の肺動脈口（弁）に向かうにつれて円錐状になっており、動脈円錐と呼ばれる（脇を走る円錐傍室間溝の名前の由来となっている）。

### ⅱ）左心系（左心房、左心室）

左心房は、肺からの動脈血を受け入れ、それを左心室が全身に送る（図Ⅰ-11参照）。左心房と左心室の間には"左房室口"と呼ばれる連結部があり、ここには壁側尖、中隔尖の2枚の弁からなる左房室弁（二尖弁、僧帽弁）が付着している。左心室の心筋層は左心房のものよりも遥かに厚く、右心系よりもその差が顕著であり、心臓の4部屋のなかで左心室壁が最も厚い。

#### ①左心房

左心房は肺動脈の尾側、すなわち心臓の左後部を占める。右心房と同様に拡張した部位と耳状の盲嚢部（心耳）に分かれるが、右心房ほど大きくはない。拡張部には肺静脈の開口部が数カ所存在する。左心耳は肺動脈後縁に沿って、左心房の比較的前方に位置する。左心耳の内部は、右心耳と同様に櫛状筋によって作られる不規則な面からなる。

#### ②左心室

左心室は左心房の腹側で、右心室の尾側に位置する。左心室は、動脈血を全身の体循環に送り出すところで、血液の拍出の原動力になる心筋壁が厚くなり、心尖部を形成する。入口（左房室口）には左房室弁（二尖弁、僧帽弁：壁側尖、中隔尖）が、出口（大動脈口）には大動脈弁があり、右心室と同様に腱索と乳頭筋が左房室弁の反転を防ぎ、大動脈弁は3枚の半月弁（左半月弁、右半月弁、中隔半月弁）からなる（図Ⅰ-14、15参照）。ただし、左房室弁は右房室弁とは異なり2枚の弁からなる。その他、肉柱、横索などの構造は右心房と類似している。

### 4）心膜

心臓は、表層から縦隔胸膜、線維性心膜、漿膜性

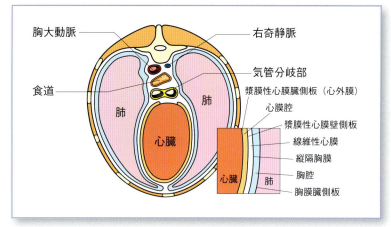

図Ⅰ-16 胸腔横断図（尾側観、第5〜6胸椎レベル、心基底部）
心臓は外側から縦隔胸膜、線維性心膜、漿膜性心膜によって包まれており、漿膜性心膜の臓側版と壁側板の間に存在する心膜腔内の漿液によって心臓と周りの臓器の摩擦を軽減させている。

心膜によって包まれている。漿膜性心膜は、臓側板と壁側板の二重構造を示し、両者は心底部の大血管の基部で癒合することにより、心臓を包み込む漿膜嚢（心膜腔、心嚢腔）を形成する（図Ⅰ-16）。臓側板は心筋の表面と接しており、直下の疎線維性結合組織内には血管やリンパ管、神経を含む。壁側板は外側の線維性心膜と密着する。線維性心膜は、外側の縦隔胸膜と内側の漿膜性心膜壁側板の間に位置する。心基底部では大血管の外膜に移行し、心尖部では集束して靭帯化し、横隔膜や胸骨に付着することで心臓の胸腔内での位置の保定に役立っている。通常は、個々の膜を識別することは困難であり、縦隔胸膜、線維性心膜、漿膜性心膜壁側板が心臓を取り巻く1枚の膜（心膜、心嚢）として認識される。この膜は、心臓の過度の拡張を防ぐと同時に、胸腔内において心臓を隔離し、感染あるいは腫瘍の波及を最小限に抑えている。漿膜性心膜臓側板は、心臓壁の外側面を覆うので心外膜と呼ばれることがあり、心臓壁内側面（血液に接する部位）を覆う心内膜に対応する用語である。漿膜性心膜臓側板と壁側板との間の心膜腔内は、少量の漿液（心膜液、心嚢液：約0.25mL/kg、0.3〜5.5mL）で満たされている[1,4]。心膜液は、光沢のある淡黄色の液体であり、1.7〜3.0g/dLの蛋白質を含み、細胞成分には乏しい[4-6]。心膜液は、心臓と周りの胸腔臓器との摩擦を軽減する潤滑油として働く。

## 5）刺激伝導系

心臓は、規則的に収縮と拡張を繰り返し（心周期）、ポンプとしての機能を果たしている。心臓の動きは、周辺から心臓に入る自律神経を切断してもすぐに止まることはない。これを心臓の自動能と呼ぶ。さらに、心臓は心房と心室を同時に収縮させることはない。もし、同時に収縮すると房室弁が閉じてしまい心房から心室に血液が流入しない。そのため、心房がまず収縮し、やや遅れて心室が収縮する。このような心臓の自動能や、心房と心室の収縮と拡張のタイミングを調節しているのが、特殊に変化した心筋線維（特殊心筋細胞）が作る刺激伝導系である。特殊心筋は、血液の排出を役割とする固有心筋（心房筋、心室筋）とは組織学的にも生化学的にも異なり、興奮の自動的発生とその伝導を担う。刺激伝導系は洞房結節、房室結節、房室束、プルキンエ線維（左脚、右脚）からなる（図Ⅰ-17）。洞房結節は、心拍動のペースメーカーで、ここで発生した興奮が心房筋に伝わり、右心房と左心房を順次収縮させる。洞房結節は、右心房の大静脈洞と右心耳の境界をなす分界稜の腹側の心内膜下に位置する。心房には、比較的優先的に興奮する経路がいくつか存在するとされているが、後述する心室にあるプルキンエ線維のように特殊な伝導経路の詳細は明らかになっていない。心房を伝わった興奮は、心室との間にある線維性骨格によって遮断されるため、直接心室筋に伝わるのではなく、房室結節や房室束を介して伝達される。房室結節は、冠状静脈洞開口部の前位の心房中隔底部に位置し、続く房室束（ヒス束）が線維性骨格を貫通して心室中隔に達する（図Ⅰ-14参照）。房室束は、心室中隔上部で左脚と右脚に分かれ、左右の心室の心内膜下を走行し、多数の枝を出して網目状となり心室筋に広く分布する。房

室束に始まるこれらの線維はプルキンエ線維と呼ばれ、一部は中隔縁柱や横索を通って心室腔を横切る[1,7]。

## 6）心臓の血管・リンパ管および神経支配

### ⅰ）心臓の血管およびリンパ管分布

心臓には、左心室での血液の拍出量の約5％（3～15％）の血液が供給される[8-10]。この血液は、大動脈口にある3枚の大動脈弁（半月弁）に広がる3つの大動脈洞のうちの2つの洞内にある冠状動脈口から起こる左右の冠状動脈によって血液供給される（図Ⅰ-14参照）。左冠状動脈は、左半月弁の上から起こり、左心耳と肺動脈の間を通り冠状溝に達し、回旋枝、円錐傍室間枝、中隔枝に分かれ、回旋枝からはさらに洞下室間枝が分岐する。左心房、心室中隔、左心室と右心室の一部の外壁に血液を供給する。左冠状動脈は、右冠状動脈よりも太い。右冠状動脈は、右半月弁の上から起こり、右心耳と肺動脈の間を通って冠状溝に達し、右心耳の下で回旋枝となる。主に右心房と右心室の外壁に血液を供給する。冠状動脈の分岐には、種差、個体差があり、猫では洞下室間枝が右冠状動脈から分岐することがしばしば認められる[10]。各心筋組織から還流してきた静脈血は、心臓静脈を経て、主に冠状溝で膨らんだ冠状静脈洞から右心房に戻る。それ以外も心臓の4部屋の壁には非常に細い心臓静脈が内腔に直接開口し交通している（主に右心房、右心室に認められる）。冠状動脈の分岐と同様に、静脈においても種差、個体差が認められ、冠状静脈洞や心臓静脈が前・後大静脈に開口することがある。リンパ管も心臓壁全層に豊富に分布しており、それらは心外膜下層に集合して前縦隔リンパ節もしくは気管気管支リンパ節に入る。

### ⅱ）心臓の神経支配

心臓は、交感神経と副交感神経（迷走神経）の二重支配を受けている（図Ⅰ-17)[11]。これらは特殊心筋線維が集まる各結節内やその周辺、さらには脈管の周りを中心に分布している。交感神経は、第1～第4もしくは第5胸髄腹角から起始し、胸腔内の交感神経幹、神経節を経由して心臓に入る[8]。交感

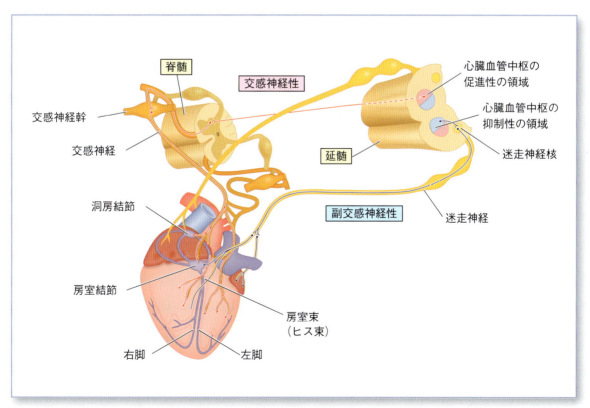

図Ⅰ-17　胸腔右側観（右肺を除去）

心臓には心筋が特殊化した刺激伝導系が存在し、心臓の収縮リズムをつくると同時に、より上位の調節も受けている。

神経の調節作用は、収縮能力の増強や心拍数を高めることである。心臓への副交感神経は、迷走神経として延髄から起こり、迷走交感神経幹として頸部を走行し胸腔に入る。迷走神経は直接、あるいは反回神経内を少し走行してから心臓に向かう。副交感神経の調節作用として、心拍数の減少、房室伝導の遅延、収縮能力（主に心房）の低下などがある。迷走神経心臓枝のうち洞房結節は、主に右側が強く影響するといわれていたが[2]、左右で違いがないという報告もある[12-14]。しかし、房室結節に対しては左側の迷走神経心臓枝の影響が大きい[12]。知覚性の神経線維も、わずかではあるが心臓に分布している。

### 7) 心臓に出入りする血管

　左心室から、まず上行大動脈が立ち上がるが、起始部（大動脈口）には3枚の半月弁が存在し、3つ大動脈洞が形成される（図Ⅰ-15参照）。この部位は、拡張しているので大動脈球と呼ばれる。左右半月弁のすぐ上に開く2つの穴（冠状動脈口）から、太い左冠状動脈と細い右冠状動脈が起こり（図Ⅰ-14参照）、心筋を栄養する。大動脈はその後、左側にある肺動脈と右側にある右心房の間から大動脈弓を形成して胸大動脈になり、胸腔背部を後走し横隔膜に向かう（図Ⅰ-12参照）。大動脈弓の途中では腕頭動脈（幹）と、そのやや後方で左鎖骨下動脈が分岐する。腕頭動脈は、食道と気管の腹側に位置し、それらの器官に伴って胸郭前口を通過する左右の総頸動脈を分ける。腕頭動脈はその後、右鎖骨下動脈となる。左および右鎖骨下動脈は椎骨動脈、肋頸動脈、浅頸動脈、内胸動脈を分けた後、胸郭前口を出て腋窩動脈になって前肢に入る。肺動脈は、大動脈の左側で心底の左前面から起こり、後背側に進み左右の肺動脈に分かれる。その分岐部のやや前位で動脈管索によって胸大動脈と結合する。大動脈などの心臓に近い動脈は、弁が閉まる拡張期には心室からの血流が停止する。しかし、拍出量の一部を動脈内に蓄えると同時に血管壁の弾性線維網を引き伸ばし、拡張期に弾性線維に蓄えられたエネルギーを血流に与えることにより、血液の連続的な流れを可能にしている（図Ⅰ-15参照）。静脈系としては、前大静脈、後大静脈、右奇静脈がある。前大静脈は鎖骨下動脈の分枝に対応する静脈が合流した2本の腕頭静脈の連合によって形成され、気管の腹側を通過して腕頭動脈の右側を走行する。後大静脈は、右心房と横隔膜の間の短い静脈で大静脈ヒダの中に位置する。右奇静脈は、前位数本の腰静脈が合流して形成され、大動脈とともに横隔膜（大動脈裂孔）を通って胸腔に入る。胸腔では、中位から後位の背側肋間静脈を集め、前大静脈、もしくは前大静脈と右心房の接合部の背面に流入する（図Ⅰ-13参照）。

（大石元治）

---

**参考文献**

[1] Evans HE.: Miller's Anatomy of the Dog, 3rd ed.: WB Saunders; 1993. London.
[2] Ardell JL, Randall WC.: Selective vagal innervation of sinoatrial and atrioventricular nodes in canine heart. *Am J Physiol*. 1986; 25: H764-H773.
[3] Done SH, Goody PC, Evans SA, Stickland NC.: Color Atlas of Veterinary Anatomy, Volume 3, The Dog and Cat, 2nd ed.: Mosby. Elsevier; 2009. London.
[4] Gibson AT, Segal MB.: A study of the composition of pericardial fluid, with special reference to the probable mechanism of fluid formation. *J Physiol*. 1978; 277: 367-377.
[5] Feldman BF, Ruehl WW.: Examination of body fluids. *Mod Vet Pract*. 1984; 65: 295-298.
[6] Sisson D, Thomas WP.: Pericardial disease and cardiac tumors. In: Fox PR, Sisson D, Moise SN. (eds): Textbook of Canine and Feline Cardiology, 2nd ed.: WB Saunders; 1999: 679-701. Philadelphia.
[7] Lazzara R, Yeh BK, Samet P.: Functional anatomy of the canine left bundle branch. *Am J Cardiol*. 1974; 33: 623-632.
[8] Cunningham JG.: Textbook of Veterinary Physiology: WB Saunders; 1991. Philadelphia.
[9] Dyce KM, Sack WO, Wensing CJG.: Textbook of Veterinary Anatomy: WB Saunders; 1996. Philadelphia.
[10] Nickel R, Schummer A, Seiferle E.: The Anatomy of the Domestic Animals, Volume 3. The Circulatory System, the Skin, and Cutaneous Organs of the Domestic Mammals: Verlag Paul Parey; 1981. Berlin.
[11] 井上貴央／監訳.: カラー人体解剖学 構造と機能：ミクロからマクロまで：西村書店；2003. 東京.
[12] Hamlin RL, Smith CR.: Effect of vagal stimulation on S-A and A-V nodes. *Am J Physiol*. 1968; 215: 560-568.
[13] Krahl SE, Senanayake SS, Handforth A.: 2003 Right-sided vagus nerve stimulation reduces generalized seizure severity in rats as effectively as left-sided. *Epilepsy Res*. 2003; 56: 1-4.
[14] 小澤瀞司, 福田康一郎.: 標準生理学：医学書院；2009. 東京.

## ■ 3　胎子期および分娩（出生）までの血液循環

### 1）原始心臓の発育と血液循環

　循環器系は胎子において、最初に発生する器官系ではないが、機能を発揮する段階に至るのは、いずれの器官よりはるかに早い。いわゆる、発生段階の初期より機能を開始する。血管系は、初期において左右対称の単純な血管網から発生し、徐々に非対称的で複雑な動脈、静脈および毛細管の血管系に成長する。血管系は胎子の発育とともに成長し、他の臓器や器官の著明な変化や、発育変化に適合していかなければならない。また、心臓はその機能を果たしながら、初期は単純な管状のものから複雑な器官（4組の弁と4室）に発育分化する。

　胎子期の血液循環も心筋の収縮により生じるもので、その運動は心筒（heart tube）の発生に、引き続き心ループ（heart loop）が形成される初期に始まる。この段階では、原始心房と心室の筋層は連続しており、心筒に沿って静脈洞から大動脈嚢に向かって収縮することにより血流が生じる。初期の血流は、二方向性（⇄）であるが妊娠4週目の終わりまでには、協調性収縮によって一方向性の血流になる。静脈血は単一の房室管を経由して心室に入り、心室から心球、動脈幹、動脈弓さらに背側大動脈へと拍出され、最終的には臍動脈および卵黄嚢動脈へと送られる[1]（図Ⅰ-10参照）。

### 2）胎子の血液循環

　胎子のガス交換（酸素と二酸化炭素）は、母親の肺で行われる。よって胎子の代謝のほとんどは母親と胎子を連結している胎盤を経由しての臍帯動静脈に依存している。そのため、胎子は自分の肺でガス交換する必要はなく、よって胎子の肺への血流はほとんど必要とされない。胎子の循環は、胎盤循環と体循環の二重の回路から形成されている（図Ⅰ-18）。

　臍静脈は、胎盤の絨毛膜から酸素を豊富に含有した血液［酸素飽和度（$O_2Sat$）：85％］を受け取り、後大静脈を経由して心臓に送る。

　臍静脈の血液のうち、50％のみが肝循環に入り、残りは静脈管を通って直接後大静脈に流れる。静脈

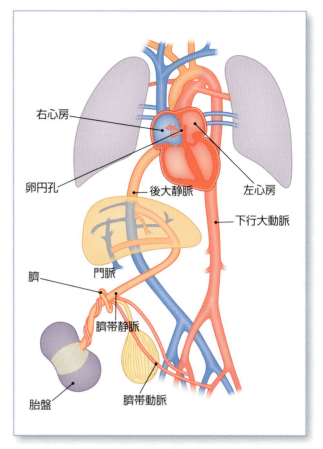

図Ⅰ-18　胎子循環

管にある括約筋は、静脈管の血液量を調節し、収縮時にはより多くの血液を肝臓（門脈）に送ることができる。よって、後大静脈から右心房に入る血液は、静脈管、肝静脈および後駆の静脈からの血流で構成される。まず、血流は右房壁にある小さい陵で方向づけられ、卵円孔を経由して左心房、左心室さらに大動脈へと送られる。その結果、心臓、頭部および頸部の組織には、酸素の豊富な血液（混合血 $O_2Sat$：65％）が供給されることになる。

　右心房中の酸素の乏しい血液（$O_2Sat$：50％）は、ほとんどが前大静脈からの血液であり、右心室を経由して肺動脈に入る。胎子期の肺での呼吸は、不必要なので肺血管抵抗も大きく、右心室から駆出される血液のわずか5～10％のみが肺循環に入り、残りは肺動脈を経由して大動脈へ流入する。

　大動脈血流の40～50％が臍（帯）動脈に入り、胎盤の絨毛膜に戻る。残りは、胎子の後駆を循環し最終的には後大静脈へ戻る。

### 3）出生時の血流の変化

胎子期の循環は、胎盤循環と体循環の二重の回路から成り立っていたが、出生時とそれに続く新生子期には循環系の変化によりその回路は連続したものになる。

出生と同時に胎盤循環が消失すると肝臓と肺における血流をバイパスなどにより迂回させていた短絡（静脈管、動脈管、卵円孔）も機能を停止する。まず、静脈管にある括約筋が緊縮するため、肝臓に入るすべての血液が肝類洞を通過するようになる。また、肺呼吸が始まると血管系の周囲の液状物が変化し、血管外圧が低下し、肺血管抵抗は急激に減少する。また、酸素分圧の上昇により肺血管系は拡張し、肺血流は増大する。同時に、動脈酸素分圧の上昇により中膜平滑筋が収縮し、動脈管の生理学的閉鎖が惹起されることが明確になってきた[2,3]。具体的には、酸素分圧の上昇が出生時動脈管の筋組織に存在しているプロスタグランジンの作用を阻害し、中膜平滑筋の収縮を誘起することで動脈管における機能的閉鎖をもたらすとされている。

プロスタグランジンは、肺で代謝される生理活性物質であり、肺循環がわずかな胎子期には、血中プロスタグランジン濃度は高く維持されており、胎子期の動脈管の開存を維持している[4,5]。動脈管の生理的（機能的）閉鎖（出生時数日以内）に続き、解剖学的閉鎖が2～3週間以内に完了する。

一方、出生後徐々に体血管抵抗が増大するため、動脈管を経由しての右-左短絡血流は減少することになる。

出生時の犬では、左心室収縮期圧は35～50mmHg、右心室収縮期圧23～40mmHgであり、出生後3～7ヵ月で左心室収縮期圧は75～90mmHgに上昇し、さらにその3～4週後では120mmHgと急速に上昇し、右心室収縮期圧は20～30mmHgを維持していたとしている[6]。

動脈管の閉鎖とともに肺血管抵抗は減少し、その結果、肺血流の増大のため左心房への流入血流が増大し、左心房圧が上昇する。

さらに、体血管抵抗の増大により、後大静脈圧と右心房圧が低下するため、卵円孔に存在している弁（一次心房中隔：右心房から左心房への一方通行の

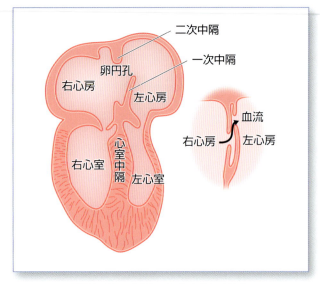

図Ⅰ-19　心房・心室中隔の形成

弁状構造）が第二次心房中隔へ圧排されることになり、卵円孔も機能的に閉鎖することになる[7]。いわゆる、左心房圧の上昇と右心房圧の低下のために閉鎖が加速されることになる。以上の胎子期より出生後の循環の変化は、急激に進むものではなく生後も開孔し、しばらく血液の流れる余地は維持される（図Ⅰ-19）。

これらの短絡の閉鎖は、初期では単に機能的なものであるが、新生子期の後期になって内皮と線維組織の増殖による解剖学的閉鎖が始まる。

### 4）胎子と新生子における心筋細胞の発達

胎子期では右心室の血流量は、左心室に比較して約2倍である[6]。

そのため、右心室の心筋重量は、出生時までは左心室のそれと同等か、それ以上である。また、子宮内での胎子期における両心室の圧は、大きな短絡があるため同等であるか、出生後は左心室圧が急速に上昇し、右心室圧は安定した状態で維持される。

#### ⅰ）新生子の心室の変化

新生犬における体重あたりの右心室自由壁の重量は、生後10日で急速に減少し、その後安定した推移を示す。一方、体重あたりの左心室重量（左心自由壁と中隔）は、生後、持続的な増加傾向を示す。

#### ⅱ）心筋細胞の増生から肥大への変化

胎子の成長期や新生子期の初期における心臓の増

大は、主に細胞数の増加（増生）によって生じる。最終的には細胞自身の肥大が主流となる。

犬ではこの転換は、おおむね2週齢から始まり6週齢まで続き、80〜85％の心筋細胞は二核である[8]。

この後は、細胞の肥大により心臓の大きさが増大することになる。

（山根義久）

---

**参考文献**

[1] Netter FH.：医学図譜集 心臓編.（監修／榊原 仟. 監訳／今野草二）：日本チバガイギー；1981. 東京.
[2] Barn GVR, Dawes GS, Motto JD, Rennick BR.：The constriction of the ductus arteriosus caused by oxygen and by asphyxia in newborn lambs. *J Physial*. 1956；132：304.
[3] Knight DH, Patterson DF, Melbin J.：Constriction of the fetal ductus arteriosus induced by oxygen, acetylcholine, and norepinephrine in normal dogs and those genetically predisposed to persistent patency. *Circulation*. 1973；47：127.
[4] Concani F, Olley PM, Bodach E.：Lamb dustus on the muscle tone and the respons to prostaglandin EZ, Prostaglandins P. 1975；299.
[5] Friedman WF, Hirschklau MJ, Printz MP.：Pharmacologic closure of patent ductus arteriosus in the premature infant. *N Engl J Med*. 295：526.
[6] Bishop SP.：Emblryologic development-The heart and great vessels. In：Fox PR, Sisson D, Moise SN.（eds）：Textbook of Canine and Feline Cardiology, 2nd ed.：WB Saunders；1999：3-12. Philadelphia.
[7] Friedman WF.：Congenital heart diseases in infancy and childhood. In：Brounwald E.（ed）：Heart diseases. a textbook of cardiovascular medicine, 4th ed.：WB Saunders；1992. Philadelphia.
[8] Bishop SP, Hine P.：Cardiac muscle cytoplasmic and nuclear development during canine neonatal growth. In：Roy P.（ed）：Recent Advances in Studies on cardiac Structure and Metabolism, vol 8, The Cardiac Sarcoplasm：university Park Press；1975：77. Baltimore.

# 心血管系の生理学

Cardiovascular Physiology

## ■ 1　心血管系（循環回路）

心血管系（cardiovascular system）は、循環器系（circulatory system）ともいわれ、心臓と血管から構成される。

本章では、臨床診断を行ううえで必要と思われる心血管系の機能について、その基本的な原理について記述する。

心血管系の基本的な役割は、血液などの輸送機能である。すなわち、血流によって身体の各器官、組織、細胞の活動に必要な酸素や栄養物質を輸送し、そこで産生された代謝産物を運び去ることである。

心血管系は、閉鎖した連続回路を構成し、心臓の収縮により左心室から拍出された血液は、血管系を一巡したあと、再び心臓に戻ってくる。

全身の循環系は、体循環（systemic circulation）と肺循環（pulmonary circulation）の2系統の循環系から構成されており、血液は左心室→体循環→右心室→肺循環→左心室と循環する。また、その血液循環は、循環系内に存在している弁組織の働きにより、一方向性に流れるように維持されている（図Ⅰ-20）。

### 1）体循環

体循環（systemic circulation）は、別名大循環（greater circulation）とも呼ばれ、大動脈、全身の動脈、細動脈、毛細血管、細静脈によって構成されており、体組織に血流を与える。

体循環は、大動脈で約100mmHgの平均血圧を有しており、この高圧で心臓より上部に位置する臓器へ重力に抗して血流を維持することが可能であり、血管抵抗の大である血管床（心臓、腎臓、脳など）にも血液を循環させることになる（図Ⅰ-21）。

体重20 kgの犬では、約10万本の動脈、300万本の細動脈、3兆本の毛細血管を有している[1]。

その場合、大動脈の直径は2.5cm、横断面積の合計は5 cm$^2$であり、体循環の中動脈は20 cm$^2$、細動脈40 cm$^2$、さらに毛細血管に至っては8μmで2,500 cm$^2$とされている[2]。

この横断面積の差により、体循環における動脈の血流速度は、大動脈の約10％にまで低下し、毛細血管では1％以下となる。通常、大動脈の血流速度は1 m/秒である。

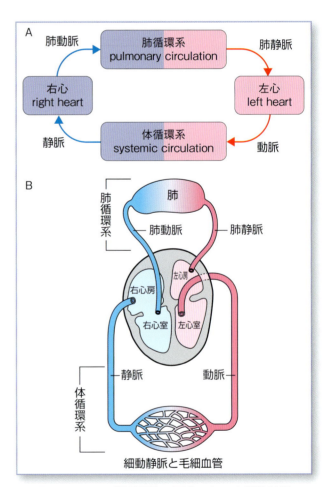

図Ⅰ-20　A：循環回路の区分、B：力学的特性

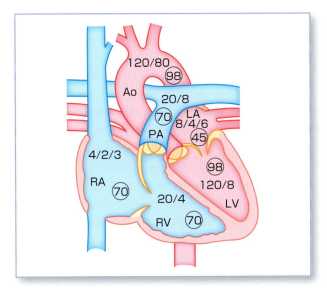

図Ⅰ-21　心臓内腔、体循環、肺循環の正常血圧（収縮期／拡張期／平均）および酸素飽和度
RA：右心房、RV：右心室、PA：肺動脈、LA：左心房、LV：左心室、Ao：大動脈

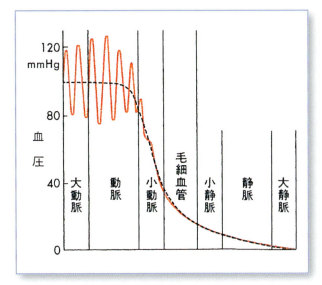

図Ⅰ-22　血管各部の血圧

また、個々の細動脈の直径は約30μmであり、小動脈の4mmよりも小さく、全身に分布する細動脈の血管抵抗は最大となる。その結果、全身の細動脈床を通過すると、平気血圧は100mmHgから20mmHgにまで低下する（図Ⅰ-22）[3]。さらに、動脈部の血圧は、心拍動の周期で上下しており、血流速度もそれに伴って変化している。それに対して毛細血管および静脈部では、そのような圧変動がみられず、ほぼ定常的な流れになっている。

血管抵抗（vascular resistance）は、血管内の2点間の血圧差と血流により次式により求められる。

　　　血管抵抗　＝　血圧差／血流
　　　（血圧差＝血流×血管抵抗）

血管抵抗は、血管内の血流を妨げる物理的要因である。粘性を有している血液が、限られた血管内を移動するために抵抗が生じ、エネルギーの一部が熱となって消失する。

一方、血圧は血流の駆動力であるから、血管内の2点間の血圧差は血流の推進力として作用する。

血圧差が1mmHg、血流が1mL／秒のときの血管抵抗が1PRU（末梢抵抗単位：Peripheral Resistance Unit）とされている[2]。

## 2）肺循環

肺循環（pulmonary circulation）は、小循環（lesser circulation）とも呼ばれ、ガス交換のため肺組織に血流を与える。肺循環も体循環の原則にあてはまるが、肺循環の循環抵抗は体循環のそれに比べると著しく小さいので（約1/5）、正常の循環について全体として考えるときは、ほとんど無視することができる。

## 3）血液量と血液循環

左心室から拍出された血液、すなわち心拍出量（Cardiac Output：CO）は、各器官に分配され、再び右心室に戻ってくる。全血液量のうち、約80％が体循環、約15％が肺循環に関与しており、その残りの約5％は心臓が保有している[1]。

また、大動脈から細動脈に至る動脈系に存在する血液量は、総血液量の約10％であり、毛細血管が約5％を保有している。一方、静脈系は、血液の大部分を占める約65％を保有している。

その結果、心血管の収縮・拡大により、各組織において多量の血液の移動が可能になる。各器官に必要とされる血流を供給するためには、心拍出量を調節し、さらに各器官への血流配分を調節する必要がある。運動時では、COは安静時の5倍にもなる。

また、安静時と運動時に左心室から拍出された血流分布は、各器官において異なる。安静時では、肝

臓と腎臓への血流配分が最も大きく、いずれも20～30％とされている。次いで、骨格筋、脳への血流配分で、いずれも約15％であり、肝臓、腎臓、脳は安静時でも血流の必要度が高い。骨格筋は、体重の多くを占めているが、安静時には比較的少量であり、運動時には4～6倍に増える。

## ■ 2　心筋の代謝

　脂肪酸は、心臓の主要なエネルギー源であり、心筋の産生するエネルギーの約90％は脂肪酸、ブドウ糖、乳酸に由来する。特に、空腹時では全エネルギーの2/3は脂肪酸によるものであり、運動時には骨格筋で産生される乳酸が重要なエネルギー源となる。

　ATP（adenosine triphosphate：アデノシン三リン酸）は、主に心筋収縮のためのエネルギーを供給する。心収縮のためには大量のATPの合成が必要である。つまり、心筋エネルギーの90～95％は脂肪酸、ブドウ糖、乳酸などの酸化的リン酸化によって産生されるATPによって供給される。無酸素状態での解糖過程では、ピルビン酸→乳酸代謝に必要なエネルギーの5～7％しか供給できないため、十分なエネルギー供給のためにはそれなりの酸素が供給されなければならないとされている。

　その心筋の酸素消費量は、基礎代謝、心筋収縮性、心室壁の張力、さらに心拍数などに依存しており、心拍動と相関関係を有している[4]。

　また、非収縮時の心臓の基礎代謝量は、収縮時の約20％程度とされている[5]。

　もし、心筋の血流が阻害され酸素の供給が不十分になると、嫌気性代謝によりATPを産生してエネルギーを供給する。しかし、乳酸レベルの上昇とpHの低下などにより、細胞環境の悪化が生じATPの産生能が低下して、その結果、最終的には心臓の仕事に必要な量のエネルギーを供給できなくなる。

### 1）脂質代謝

　安静状態では心臓のエネルギー源は、基本的には遊離脂肪酸（FA）である。なかでも長鎖脂肪酸は、アルブミンと結合し血中に移行し、受動的に細胞内に取り込まれる。心筋は、エネルギー源として脂肪酸を優先的に利用する。

　脂肪酸は、ATP、CoA、マグネシウムを消費してチオキナーゼにより、FAアシルCoAへと変換される。さらに、FAアシルCoAは、トリグリセリドへも変換され、カルニチンと結合してアシルカルニチンを産生する。また、アシルカルニチンはミトコンドリア内膜経由で移送される。さらに、アシルカルニチンは、再びアシルCoAへと変換される。アシルCoAは、$\beta$酸化によりアセチルCoAに変換され、同時にATPを産生する。アセチルCoAは、Krebs回路内でATP産生のために代謝される。

### 2）炭水化物代謝

　心筋組織における炭水化物代謝も、他組織における主要な過程と比較的類似している。

　まず、ブドウ糖の細胞膜通過により心臓の活動は増大し、細胞質内の余剰ブドウ糖はグリコーゲンへと合成される。心臓のグリコーゲン量は、新陳代謝によって一定に維持されている。

　グリコーゲンの分解は、2種類のブドウ糖産生酵素により、協調的に行われる。その分解は、サイクリックAMPなどの減少により促進されることになる。解糖は、細胞質内のブドウ糖からピルビン酸への生成過程であり、その解糖により、ピルビン酸の他にATPなどが生成される。

　ATPは、無酸素下でも産生され、ピルビン酸は乳酸に転換される。有酸素下ではピルビン酸は、ミトコンドリア内においてアセチルCoAに転換され、クエン酸回路に入る。無酸素下では乳酸あるいはアラニンへと転換され代謝される。アセチルCoAは、Krebs回路へと入る。

　炭水化物代謝は、心臓への負荷などにより調節される。

## ■ 3　心筋の微細構造とその機能

　心筋は、横紋のある筋線維細胞とこの間にある結合組織から構成されている。心筋細胞は直径約$25\mu m$、長さ$100\mu m$の筋線維を多く含んだ細胞である。各細胞の中心には核があり、細胞の外周は心筋細胞膜（筋線維鞘：サルコレンマ salcolemma）で境されている。このなかには、一定間隔で収縮性の

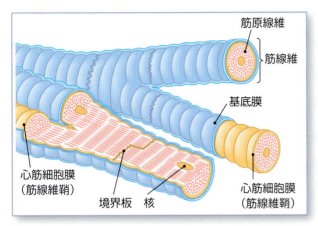

図Ⅰ-23　筋原線維の模式図
文献［11］より改変

ある筋原線維が配置されている（図Ⅰ-23）。筋原線維は、長軸に並行して走行し、境界板の細胞側の面に接着斑（desmosome）を形成して付着している。筋原線維は、サルコメア（sarcomea）と呼ばれる基本的な収縮ユニットが縦につながって（繰り返し構造）、筋原線維を構成している。

サルコメアは、1.5μm〜2.2μmの長さの筋収縮で太いフィラメントのミオシンと細いフィラメントのアクチンで形成されており、筋収縮の最小単位（ユニット）である。サルコメアの境目は、Ｚ帯（暗帯）と呼称し、Ｚ帯とＺ帯の間には太いミオシン細糸と細いアクチン細糸が交互に並んでいる。アクチン細糸は、Ｚ帯からサルコメアの中央に向かって走行しており、ミオシン細糸は中央部から両側に向かって走行している。光学顕微鏡下では、暗いＺ帯により挟まれた間で太いミオシン細糸が多いために暗くなるＡ帯と細いアクチン細糸のみの明るいＩ帯からなる。サルコメアの両端すなわちＺ帯はそろって並列しているため、特徴的な横紋構造が認められる。アクチン細糸は、拡張期にミオシン細糸のＡ帯部分の両末端と突起で咬合している。Ａ帯の中央部には、アクチン細糸とミオシン細糸が重なり合わない部分があり、この部分は明るくみえＨ帯と呼ばれる。Ｈ帯の中央部にミオシン細糸の結節状に厚くなった部分があり、Ｍ帯を形成している（図Ⅰ-24）。

Ａ帯においてアクチンとミオシン細糸が重なり合っている部分では、1本のミオシン細糸の周囲に6本のアクチン細糸が規則的に配列している（図Ⅰ-25）。

ミオシン細糸は、表面が平滑であるアクチン細糸と異なり、微細な棘（突起）が散在しており、これらの棘は、ミオシン細糸を中心に周囲の6本のアクチン細糸の間に、一定間隔で規則的な連絡橋（架橋：cross-bridge）を掛けている。結果的には、この棘の方向が変わる動きが心臓の拡張、収縮に関与

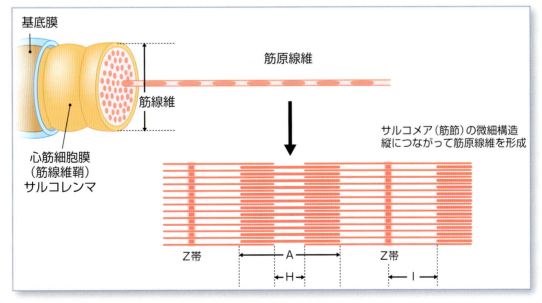

図Ⅰ-24　筋原線維および筋節の微細構造

アクチン細糸は、Ｚ帯からサルコメアの中心に向かって走行。ミオシン細糸は、中央部から両側に向かって走行。Ａ帯は太いミオシン細糸と細いアクチン細糸が重なり合う部分。Ｈ帯はミオシン細糸のみで少し明るくみえる部分。（文献［11］より改変）

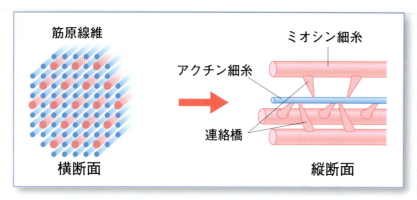

図I-25 筋原線維の横断面と縦断面
横断面：A帯においてアクチン細糸とミオシン細糸が重なり合っている部分では、1本の太いミオシン細糸の周囲に6本のアクチン細糸が規則的に配列する。
縦断面：ミオシン細糸はアクチン細糸と異なり、微細な棘（突起）を有し、周囲の6本のアクチン細糸の間に突起様の規則的な連絡橋（cross-bridge）を掛けている。いわゆるこの突起が方向転換することにより心筋の収縮と弛緩が生じる。

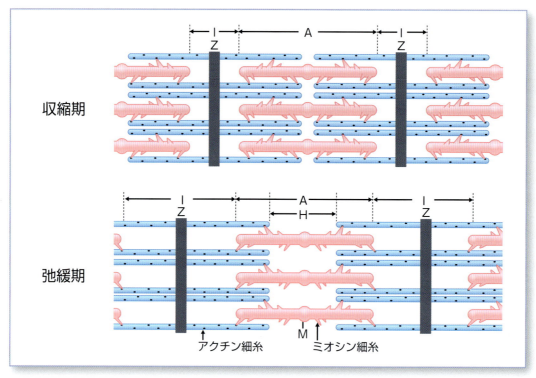

図I-26 心筋の収縮期と弛緩期のサルコメア変化
突起様の連絡橋が左右に方向転換することにより、収縮、弛緩が生じ、サルコメアの単位でもZ間を比較すれば、収縮期と弛緩期で大きな差が生じる。（文献［11］より改変）

している。考えられていることは、この棘いわゆる連絡橋が存在し方向転換することでアクチンフィラメントを筋節の中心方向へ（収縮）、あるいは辺縁の方向へ異動させる（拡張）（図I-26）。

　筋の収縮時には、A帯は一定に維持されるが、I帯は著明に短縮し、同時にH帯の長さも減少する。逆に筋節は厚くなるとされている。

　また、心筋細胞はいくつもの並走した筋線維とその周囲のミトコンドリアから構成されており、心筋細胞膜（サルコレンマ）には、筋小胞体（sarcoplasmic reticulum）と呼称されている細胞内深く隔凹した特殊な管状構造のT-tubulesが存在し、それは細胞膜の活動電位の伝達とイオン輸送の役割をもつ。また、その内腔は細胞外に開口している。

　筋小胞体は、筋線維を網目状に覆う管状の細胞内の膜構造である。

　筋小胞体がT-tubulesあるいは、心筋細胞膜と直角に接する部分は、膨大部と称し心筋収縮に必要不可欠な$Ca^{++}$が貯蔵されている。

## 4　心筋の収縮機構と収縮蛋白

　心筋の収縮は、骨格筋のそれと類似しており、収

縮の最小単位である筋線維を構成する筋節（サルコメア）のフィラメントの滑走（slide）により生じる。その生化学的機序は、ミオシン細糸とアクチン細糸の結合により形成される複合体が、ATP の有する化学的エネルギーを利用して立体構造（連絡橋または架橋）の変化によりアクチン細糸（フィラメント）を中心部に引き寄せることによる。

この収縮機構を直接制御する生化学的な因子は、細胞内（筋小胞体）$Ca^{++}$とミオシン細糸の有するATPase 活性であり、それぞれ収縮張力と収縮速度を規定する。

## 1）筋原線維を構成する収縮蛋白と調節蛋白

心筋の収縮機構としての筋原線維の太いミオシン細糸と細いアクチン細糸の滑走は、細糸（フィラメント）を構成する4種類の蛋白分子の相互間の物理化学的な反応により行われている。その反応とは以下の3つの過程から構成されている。

(1) ATP を加水分解して、化学的エネルギーを遊出
(2) そのエネルギーを用いて蛋白分子が立体構造の変化をきたす
(3) $Ca^{++}$が蛋白分子相互間の反応を制御

それには、作用に関与する蛋白のそれぞれの構造と機能を分子レベルで把握する必要がある。

### ⅰ）ミオシン細糸

ミオシンは、収縮蛋白で筋原線維の太いフィラメント（細糸）を構成しており、化学的エネルギーを収縮という変化のある物理的なエネルギーに直接変換する機能を有した収縮機序の中心的な役割を担う蛋白である[6]。

ミオシン分子は、分子量約47万の巨大な収縮蛋白で、化学的エネルギーを収縮という物理的エネルギーに直接変換する機能を有している。その形状は頭部と尾部に分かれており、その全長は160nm にもなる。

細糸（フィラメント）の頭部は、球状の2個に分かれて、外側に突出しており、アクチン細糸の分子と接し、細糸を滑走させる原動力を生じる。

具体的には、ミオシン細糸の頭部にはATP を加水分解して化学的エネルギーを遊出する酵素活性基（ATPase）があり、ATP のエネルギーを用いて立体構造の変化をきたしてフィラメントを滑走させる。収縮運動は、ミオシン細糸の棘（架橋）がアクチン細糸の表面に並んだ受容体と離れたり、結合したりしながら方向を変えながら（方向転換）、滑っていくことにより生じるものと推察されている。すなわち、ミオシンは収縮の中心的な分子機能を行う。

### ⅱ）アクチン細糸

アクチン分子は、ミオシン分子と比較してはるかに小さく、分子量は約42,000で直径5.5nm の小さい球状の蛋白質である。この単分子であるGアクチンが重合し、真珠のネックレスのようにつながったものをFアクチンと呼称し細いフィラメントを構成する。

このようなアクチン細糸の重合にもATP の存在が必要不可欠となる[6]。アクチン分子は、酵素活性を有していないがミオシン分子と結合するとATPase 活性を著しく賦活化する作用があるとされている。

## ■ 5　心臓のポンプ機能

### 1）心臓の周期的活動

心臓は、血液を静脈系（低圧系）から動脈系（高圧系）に送り出す一種のポンプの役目をしている。その働きは、生涯にわたって続くものであり、程度の差はあれ、収縮（contraction）と弛緩（relaxation）を周期的に行っている。この周期的な動きが心拍動（heart beat）であり、心拍動の周期を心周期（cardiac cycle）と呼称している。また、心臓が収縮している時期を収縮期（systole）、拡張（弛緩）して血液が流入する時期を拡張期（弛緩期：diastole）と呼ぶ。さらに、心房の収縮・弛緩は心室の動きに先駆けて行動する。しかし、心房の動きより心室のそれは強力であり、単に収縮期および拡張期（弛緩期）と呼ぶときは、心室の動きを指す。

心臓のポンプ機能が低下した状態を心不全と呼称するが、心不全は、収縮機能障害と拡張機能障害、あるいは解剖学的に左心不全、右心不全、その両者が合併した両心不全に分類される。収縮機能障害とは、心室の駆出障害による病態であり、拡張機能障

害は、心室に流入する血液の充満障害による。左心不全も右心不全もそれぞれ収縮および拡張機能障害が存在するが、右心不全単独の病態は左心不全に比較してまれであり、よく左心不全に続発した右心不全がみられる。犬における右心不全の代表的疾患は、心臓糸状虫症であり、左心不全のそれは僧帽弁閉鎖不全症（mitral insufficiency）である。

心臓の周期的活動を理解するためには、心周期に伴って、動脈圧、左心室圧、左心室容積、さらに心房内圧などがどのように変化するかを、心電図や心音図と関連づけてみることが、重要である（図Ⅰ-27）。

### ⅰ）心房の周期的活動

#### ①心房の収縮期

心房筋の脱分極に伴い、心電図上にP波が描出され始めて心房収縮期（atrial systole）に入る。この時期は、未だ心室は収縮期に入っておらず心房の収縮により心房圧曲線に"a波"と呼ばれる上昇がみられる。心房圧はいずれにしても低いが（右心房圧：4〜6mmHg）、右心房圧より左心房圧がやや高いとされている。

心房収縮が、心室内血液充満に役立つことは確かであるが、その心房収縮による心室充満度は30％程度であるとされている。

#### ②心房の拡張期

心房の収縮期に続いて心房拡張期（弛緩期：atrial diastole）が始まる。この時期は、心室が収縮期に入る頃であり、心室内圧は急速に上昇する。そうなると一時的に房室弁が心房側に突出することになり、心房圧曲線上にc波となって描出されることになる。

また、この時期は房室弁が閉じた状態で心房内に静脈より血液が流入してくるので、心房圧は緩やかに上昇し、v波を形成する（図Ⅰ-27）。

なお、これらの右心房のa、c、v波は、右心房と直結している頸静脈波でも描出される。

### ⅱ）心室の周期的活動

#### ①心室の収縮期

心電図上のQRS群に引き続き心室の収縮が始まる。僧帽弁の閉鎖に続いて大動脈弁が開き、心室圧が急速に増加し始めて、さらに大動脈が閉鎖し、僧

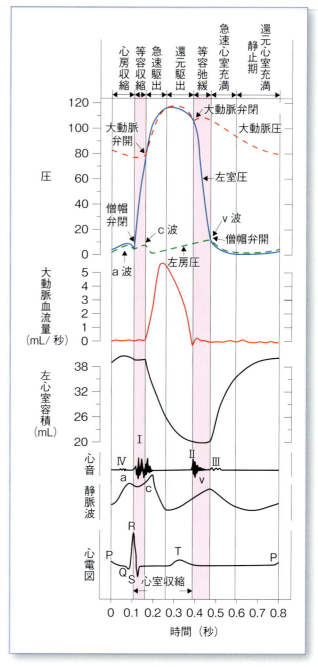

**図Ⅰ-27　心周期に伴う各種パラメーターの変化**

等容収縮相（isovolumic contraction phase）とは、心室圧は急速に上昇するが、大動脈弁は未だ閉鎖しており、大動脈への血流はなく、よって、左心室容積も減少していない時相である。いわゆる、房室弁が閉じて、左心室圧が大動脈圧を超えて半月弁を押し開くまでの間である。一方、等容弛緩相（isovolumic relaxation phase）は、大動脈が閉鎖して僧帽弁が開くまでの時相であり、当然大動脈血流はなくなり、左心内圧は急速に減少するが、未だ左心室容積は減少したままの時相である。

心音図では、僧帽弁の閉鎖音と大動脈弁の開放音を描出するⅠ音が等容収縮に確認され、Ⅰ音に比べ、弱いが大動脈の閉鎖音と僧帽弁の開放音の時相である等容弛緩期にⅡ音が認められる。

帽弁が開くまでを心室収縮期（ventricular systole）という。心室収縮期はさらに、等容収縮期、駆出期、前弛緩期（大動脈弁の閉鎖）に分類される。

②心室の拡張期

心室の収縮が峠を越し、心拍出が終わり、次の収縮が始まるまでの時期を心室拡張期（弛緩期）（ventricular diastole）と呼称する。この拡張期は、等容性弛緩期、充満期（流入期）に分かれる。さらに充満期は、急速充満期、減速充満期（または血行静止期）と心房収縮期の2つに分類されている。

ⅲ）心音

聴診器を用いて胸壁より心音を聴取すると、心周期に一致した2つの音を聞き分けることができる。それらはⅠ音とⅡ音と呼ばれる音で、時にはⅡ音に引き続いてⅢ音が聴取されることもある。これらは正常な心音（cardiac sound）であり、正常では聴取されない異常心音のことを心雑音（heart murmur）と呼ぶ。

心音は、心臓から発生する心拍動の振動が胸壁に伝わったもので、その伝わる方向は血流に沿っている。そのため、心音、特に心雑音と心疾患の関連は、診断上とても重要となる。

①Ⅰ音

Ⅰ音は、収縮期の初め、いわゆる等容性収縮期に聞こえるものである。それは、房室弁が閉鎖するとき、大動脈へ駆出された血流による大動脈部の振動、拡張期から収縮期に移行するときの心室筋が発することによるそれらの集合した振動音とされている。

②Ⅱ音

Ⅱ音は、心室収縮期の終わりに発生し、主に大動脈弁と肺動脈弁の半月弁の閉鎖音とされている。大動脈弁と肺動脈弁が同時に閉鎖しないときには、Ⅱ音は分裂して聴取される。これをⅡ音の分裂と呼び、比較的臨床において聴取されることがある。

③Ⅲ音

Ⅲ音は、心房から心室に急速に血液が移動することにより生じるとされており、特に運動を負荷し血流速度が増大したときに生じる。

## 2）心臓収縮の調節機構

心臓の収縮の強さは、生体そのものの状態や環境の変化によって調節され、全身の組織や必要とする心拍出量を維持するようになっている。

心臓の収縮は、常に2種類の調節機構によってコントロールされている。

ⅰ）内因性機構（スターリングの心臓の法則）

これは心筋に内在的に備わっている基本的な特質、すなわちフランク・スターリング機構*に基づくものである。

*フランク・スターリング機構：心室が収縮により発生する機械的エネルギーは、拡張期の心室容積または静止時の心室筋長と関係があり、ある範囲内では筋長（容積）が増大すると、発生する機械的エネルギーも増大する。

具体的には、心室内に流入する血液量が増加すると心室壁が伸展する。その結果、静止時心筋長や筋節（サルコメア）長が増すと心筋の収縮張力が増大し、心室が強く収縮することになり、1回拍出量が増大する。そうなると、心臓の1回仕事量（1回拍出量×平均血圧）が増加することになり、心臓はバランスをとることになる。

また、心拍数が変化したときも、この法則に基づいて心臓の流入量と拍出量のバランスがとられる。

具体的には、心拍数が低下すると心臓の拡張期が延長し、心室への流入量も増大し、筋節長も大きくなり、1回拍出量が増える。心拍数が増加すると逆の現象が起きる。

このような自己調節機能のメカニズムが心臓の内因性機構、またはフランク・スターリング機構である。

ⅱ）外因性機構

心臓神経や血中のカテコールアミン、さらにイオン濃度や種々の強心薬などの心臓以外の因子によって、心筋の収縮性を変えて、その活動を調節するものである。

右心房圧を上昇させると心拍量は増大する。これは、右心房圧の上昇が心室の拡張終末期圧と筋長を増加させ、フランク・スターリング機構により心拍出量が増大することによる。

しかし、その機構による心拍出量の増大には限りがあり、それ以外については外因性機構により心臓の収縮性を高め、心拍出量を増大させることになる。具体的には、心臓交感神経の興奮や副腎髄質からのカテコールアミン分泌などがこの作用を有している。

①心臓神経：心臓機能の神経性調節（図Ⅰ-28）

心臓神経は、心臓の電気的活動と機械的活動の両者を調節する。心臓に対する作用としては、電気的

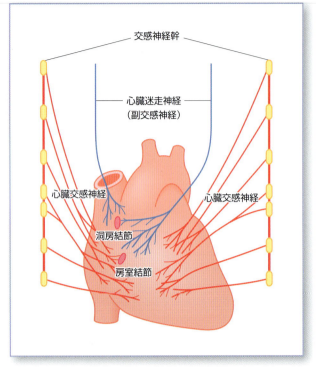

図Ⅰ-28　心臓の神経支配
左右の心臓交感神経と主に洞（房）結節と房室結節に分布する心臓迷走神経（副交感神経）。（文献［2］より改変）

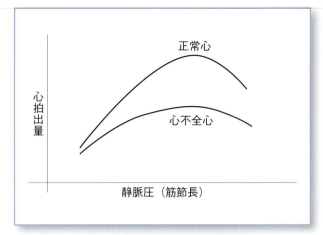

図Ⅰ-29　スターリング曲線
入力の静脈還流量が増加し静脈圧が上昇すると出力である心拍出量が増加する。しかし、上昇脚はある程度まで入力が増加すると出力（心拍出量）は下行脚となる。

活動に対する作用（変換作用、変伝導作用、変閾作用）と機械的活動に対する作用（変力作用、変弛緩作用）の2つに分類される。

心臓交感神経は、心房、心室に促進的に作用し、その収縮性、弛緩性を増大させる。心臓迷走神経は、抑制的に働き、心房の収縮性を低下させる。

②心臓機能の液性調節

心機能を外因性に調節する機序として、前述の神経性調整の他に内分泌系からのホルモンや体液のイオン濃度による液性調節がある。具体的には、副腎髄質から分泌されるアドレナリンとノルアドレナリンであり、これらは心臓交感神経と同様に心拍数を増加させ、収縮性を高める。一方、体液中のイオンでいえば、血中の$K^+$および$Na^+$濃度が高くなると収縮性は低くなり、$Ca^{++}$濃度が高まると収縮性は増大する。

### 3）前負荷

前負荷は、心臓の収縮期の収縮（心室壁の動き）に大きく関与する因子である。静脈還流量いわゆる前負荷が増加すると心臓の拡張期におけるサルコメア（筋節）を伸長させる力を増加させ、心臓の拡張期容量は増加し、心拍出量（収縮性）は、静脈還流量と等しくなるまで増加する。

ある程度まで静脈還流量が増加し、静脈圧が上昇すると心拍出量は減少することになる（スターリング曲線：図Ⅰ-29）。

### 4）後負荷

後負荷は、心筋収縮に対する抗力である。いわゆる流出（拍出）抵抗であり、心室壁の動き（収縮）を決定する第2の要因でもある。

収縮期に心室壁にかかる応力は、心筋の収縮の最大の情報であり、後負荷の最適な評価となる。心室内圧の上昇、心室容積（半径）の増加、それに伴う拡張期中の心室壁厚の低下などにより後負荷は増大する。また、後負荷（流出抵抗）を増大させると1回拍出量（収縮性）は減少するが、この減少は一過性で、拡張期容量が増大することにより心拍出量は前値に戻る。

収縮させる力と収縮に対抗する力は逆向きの、かつ等しい力である。したがって、後負荷は収縮期中の心室内圧を発生させる力でもある。

### 5）心（臓）肥大

心肥大は、慢性心疾患時にみられる対応の1つである。細胞数は、変化せずに個々の細胞がサイズを

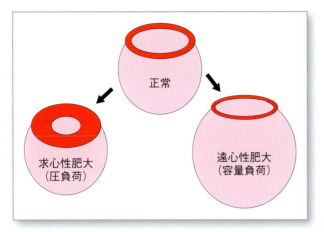

図 I-30 求心性肥大と遠心性肥大の模式図

増大することにより、心臓重量が増加した状態であり、心肥大は収縮期圧（圧負荷）の増大や拡張期圧および容積の増大（容量負荷）などの血行力学的負荷が加わることによって生じる。

また、心臓肥大は求心性肥大（圧負荷）と遠心性肥大（拡張性、容量負荷）とに分類される（図 I-30）。

i ) 求心性肥大

求心性肥大は、臨床上心疾患でよく遭遇するタイプであり、心臓心室の容積はあまり変化しないのに心筋壁のみが肥大（肥厚）するものである。具体的には、求心性肥大は、圧負荷（心室内圧の上昇）と収縮期の心室壁応力の増大、例えば大動脈（弁）狭窄症などの疾患時にみられる肥大である。

収縮期心室内圧は増加し、後負荷が増大しているときに、後負荷を正常化させるために求心性肥大が発生する。

求心性肥大では、サルコメア（筋節）は横列に並行して並び、細胞そのものが幅広く太くなり、いわゆる心筋線維の直径が増大し、その結果、心室壁は肥大する。時には、求心性肥大で細胞増殖が生じているものがある[7]。

犬では、重度な圧負荷であっても求心性肥大により効果的に代償されるといわれている。犬の大動脈狭窄症で、同時に心筋疾患によって収縮力が減退している症例はまれである。このことは、求心性肥大時に必ずしも心筋疾患が存在するわけではないことを示唆している。しかし、筆者らの経験では、従来の報告と異なり、求心性肥大を示す犬の突然死の剖検例で、多くの心筋へのカルシウム沈着や石灰化病巣を観察している。おそらく突然死と石灰化の関連性は否定できないようである（図 I-31）。

ii ) 遠心性（拡張性）肥大

遠心性肥大は、求心性肥大とは全く異なった血行力学的負荷が加わることにより生じるものであり、心室拡張末期容量（EDV）を増加させることによって対応する肥大である。したがって、遠心性肥大は左心内容積の増大、あるいは心室壁厚は正常のままか少し薄くなり心室径を増大することが特徴である[8]。

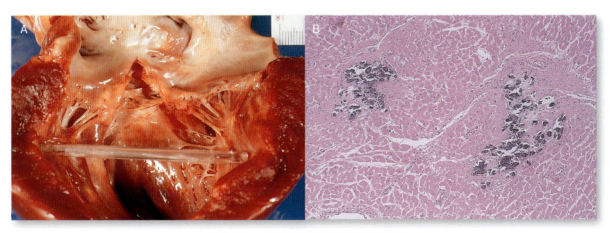

図 I-31 大動脈狭窄症犬の剖検所見

ゴールデン・レトリーバー、8.5ヵ月齢、雄、17.2kg。3ヵ月齢のワクチン接種時に心雑音を指摘され、その後、5ヵ月齢で大動脈狭窄症と診断された。内科的治療を継続していたが、突然死した。
A：左心室の剖検所見。大動脈弁下に狭窄がみられ、左心室壁は重度に肥大している。また、心室筋が散在性に白っぽく変色。B：左心室心筋において重度な心筋線維化と散在性に石灰化が確認される（HE染色：10×3.3）。

遠心性肥大も左心室重量は明らかに増大し、その重量増加は心筋細胞の肥大である。その肥大はサルコメア（筋節）を直列に複製されることによるものとされている。

心室拡張期末容量（EDV）の増大は、多くの心疾患において有益に作用する。遠心性肥大の具体例としては、拡張型心筋症、僧帽弁閉鎖不全症などにおいてみられるものであり、病態が進展すると他の多くの因子により両性肥大も進むことが多い。

このタイプの肥大は、心筋収縮力低下や逆流などの原因により心拍出量が減少した際に発生するものである。この場合、腎臓は血液量の減少を感知し、ナトリウムと水分を体内に保持しようと働く。その結果、血液量は増加し、静脈還流血流も増加する。その静脈血流の増加は、前負荷を増大させ慢性的に心筋を伸張させることになる。いわゆるサルコメア（筋節）が直列に複製されることになる[8]。

前負荷の増大が持続し、静脈帰還血流が増大した状況が続くと、神経体液性因子であるカテコールアミンをはじめ、多くの因子が作用し複雑な病態がかもし出されることになる。

中でも末梢血管の収縮による後負荷の増大は、両性肥大につながることになる。

## ■ 6　循環器系の調節

### 1）循環器調節機構（神経性および液性調節）

正常な個体では、心血管系の調節のために中枢神経系や内分泌系、さらに局所的な調節機構が存在する。それにより血管や心筋の緊張や収縮性、心拍数、各種臓器の血圧や血液量などの変化に対応する。

### 2）中枢性調節機構

#### ⅰ）中枢神経系と循環系

中枢神経系は、交感神経、副交感神経、さらに視床下部、下垂体系によるバソプレッシンの分泌などにより調節される（図Ⅰ-32）。

いわゆる、以下の調節機能である。
- 交感神経による直接的な心臓と血管の調節
- 交感神経の副腎髄質への作用によってアドレナリン、ノルアドレナリンの分泌が起こり、この液性

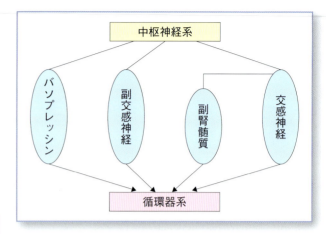

図Ⅰ-32　中枢性調節機構による循環器系への調節

によって循環系を調節する
- 副交感神経による直接的な心臓およびその他の部位の血管の調節
- 視床下部系の分泌によるバソプレッシンの血管と副腎への働きかけによる血管収縮および血液量増加

この中で交感神経と副交感神経による循環器系への調節は相互に作用することが多く、これらを合わせて神経性調節機構と呼称している。

#### ⅱ）血管の神経性調節

血管を構成する血管平滑筋は、常時ある程度は緊張状態を維持し収縮状態、いわゆる基礎緊張（basal tone）を維持している。

この基礎緊張の調節機序としては、外因性のものに、以下の2つがある。

(1) 血管に分布している血管運動神経による神経性調節
(2) 血流によって運ばれるホルモンなどによる液性調節

また、組織で生成される物質による局所性調節もある。

(1)の血管運動神経には、さらに以下の3つがある。
- 交感神経性血管収縮線維
  神経終末からノルアドレナリンを放出し、血管平滑筋の$α_1$受容体に作用して血管の収縮を生じる。
- 交感神経性血管拡張線維

血管には血管収縮線維の他に血管の拡張線維も分布している。猫では、この線維の神経終末からアセチルコリンが伝達物質として放出されるとされている。この線維は、運動を開始する前や予期したときにすでに血管が拡張し、筋血流が増加した状態にある。

- 副交感神経性血管拡張線維

副交感神経は、心臓に分布していることは知られているが、血管系においても唾液腺や外生殖器など限られた部分のみに分布している。

### ⅲ）循環反射

#### ①圧受容体反射による血圧の調節

血圧は、頸動脈洞と大動脈弓にある動脈圧受容器により常にモニターされ中枢神経系に伝導され、血圧の変動に対し急速に対応する循環反射である。この機構により血圧は常時正常範囲内に維持される。

#### ②心肺部圧受容器による血液量の調節

左右の心房とその周囲に分布している圧受容器を心房圧受容器（atrial baroreceptor）と呼称し、受容器は前・後大静脈間と右心房、肺静脈と左心房の接合部に多く分布する（図Ⅰ-33）。

これらの受容器は類似の性質を有しており、その存在部位から心肺部圧受容器（cardiopulmonary baroreceptor）とも、また低圧系受容器（low pressure receptor）とも呼ばれている。

この部位の圧は、とりもなおさず血液量の変化を反映しており、この部位からの反射により血液量調節機構が誘起されることから容量受容器（volume receptor）とも呼称されている。

しかし、動脈圧受容器同様に、この作用は壁にかかる圧の変化により壁の伸展を感知するものであることに変わりはない。

この受容器の血液量調節機構はガウエル・ヘンリー反射（Gauer-Henry reflex）と呼称されており[9]、腎交感神経、バソプレッシン、レニン・アンジオテンシン系などを介して尿量などの排泄調節に重要な役割を果たしている。

### 3）内分泌調節機構

#### ⅰ）交感神経副腎系およびバソプレッシン系

交感神経副腎系およびバソプレッシン系の両者は、中枢神経の調節のもとに、それぞれカテコールアミン、バソプレッシンを分泌して循環動態への調節を行っている。

##### ①交感神経副腎系と循環調節

交感神経副腎系は、副腎髄質からアドレナリンとノルアドレナリンを分泌する機構である。また、この機構は心臓交感神経および前述した交感神経性血管収縮線維と類似した作用を有しており、その作用を通して循環調節に対応することになる。

##### ②バソプレッシン系と循環調節

バソプレッシンは、9個のアミノ酸からなるペプチドであり、視床下部にある神経核の神経細胞で産生され、軸索中を経由して下垂体後葉に他の1種のオキシトシンと貯えられ、神経終末から血中に放出される。循環血液量が増加すると心肺部圧受容器がこれを検出してバソプレッシンの分泌を抑制し、尿の排泄を増大させ、血液量を減らす。逆に、循環血液量が減少したときは、バソプレッシンの分泌を増やし、尿の排泄を抑制し循環調節を行う。

#### ⅱ）レニン・アンジオテンシン系による循環調節

レニン・アンジオテンシン系は、腎血流が減少すると強力な血圧上昇機構をもって対応する。

レニンは、血圧が下降し腎血流が減少すると腎臓

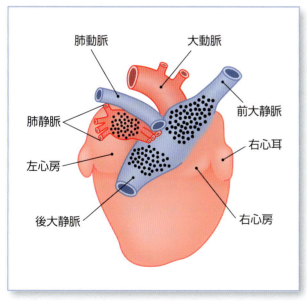

図Ⅰ-33　心肺部圧受容器（心房受容器）の分布図（猫）
心肺部を背側後位からみたもので、…印（黒い点々）が受容器の分布を示す。（文献［9］より改変）

の傍糸球体装置より血中に分泌され、アンジオテンシンⅡを産生させて血管収縮、その結果、血圧を上昇させる。アンジオテンシンⅡは、最も強力な血管収縮物質の1つである。

### ⅲ）心房性ナトリウム利尿ペプチド

前述の交感神経副腎系、バソプレッシン系、レニン・アンジオテンシン系は、いずれも血圧を上昇させる調節系であるが、逆に血圧を下降させる調節系でもある。

心房と一部の心室筋細胞は、心房性ナトリウム利尿ペプチド（以下ANP）を分泌する内分泌器官でもあり、静脈帰還血流の増大による（右）心房壁の伸展が起こると、この刺激によりANPの分泌が増大する。

ANPは、28個のアミノ酸からなるペプチドホルモンであり、右心房で最初に発見されたのでこの名がついたが、その後、心室筋細胞でも産生されることがわかっている。このANPは、血管平滑筋に作用して$Na^+$の排泄を増加させ、犬に投与しても尿量は有意差をもって増量する。人ではこの作用を利用してうっ血性心不全に応用されているが、筆者らの研究では犬心臓糸状虫症のうっ血性心不全への投与では、利尿作用は確認されているが、心不全の改善は確認されていない[10]。

## 4）局所性調節機構

局所性調節機構とは、局所組織に備わっている循環器調節機構であり、これには代謝性血管拡張や傍分泌による血流調節であり、これらはいずれも極めて短時間に起こる短期的機構である。

一方、血管の新生、腎臓-体液系による血圧調節は、かなりの日時をかけて起こる長期的機構である。

この局所性調節機構は、心臓機能の調節にもみられる。

短期的な機構としてはフランク・スターリング機構による心拍出量の調節であり、高血圧などが原因となる心臓肥大は長期的機構である。

（山根義久）

---

##### 参考文献

[1] Berne RM, Levy NL.：Cardiovascular physiology 7th ed：Mosby；1992.
[2] 小澤瀞司，福田康一郎/総編集．：標準生理学第7版，循環系の基本的性質：医学書院；2009：538-645．東京．
[3] 真島英信．小生理学書 改訂第3版（改訂/松村幹郎）：金芳堂；1987：190．京都．
[4] Monroe RG, French GN.：Left ventricular pressure-volume relationships and myocardial oxygen consumption in the isolated heart. *Circ Res*. 1961；9：362.
[5] Braunworld E.：Control of myocardial oxygen consumption: physiologic and clinical considerations. *Am J Cardial*. 1971；27：416.
[6] Harrington WF, Rogers ME.：Myosin. *Annu Rev Biodrem*. 1984；53：35.
[7] Olivetti G, Ricci R, Anversa P.：Hyperplasia of myocyte nuclei in long-term cardiac hypertrophy in Rats. *J Clin Invest*. 1987； 80：1818.
[8] Grossman W, Jones D, Mclaurin LP.：Wall stress and patterns of hypertrophy in the human left ventricle. *J Clin Invest*. 1975；56：56.
[9] 森田啓之．：循環系の調節. In：標準生理学 第7版（総編集/小澤瀞司，福田康一郎）：医学書院；2009：626-628．東京．
[10] 鶴野光興，上月茂和，小出和欣，小出由紀子，桑原康人，金尾 滋，榎本浩文，山根義久，野一色泰晴．：犬糸状虫症における病態と血漿ANP濃度との相関性および合成α-hANPの投与効果について．第10回小動物臨床研究会プロシーディング．1989；382-392．
[11] Netter FH.：医学図譜集（心臓編）．In：The CIBA Collection of Medical Illustration, 心筋の組織像Ⅰ（監修/榊原 仟）：日本チバガイキー；1975：20-21．東京．

# 心血管系疾患に対する検査

Examination of the Cardiovascular Diseases

## ■ 1　病歴

　診療に際して、常時動物と一緒にいる飼い主から病歴の聴取を行うことは非常に重要である。病歴の聴取の目的は、動物の入手経路や動物種、性別、年齢、飼育期間、飼育環境、食事の内容、ワクチンなどの予防歴、既往症、治療歴を含む現病歴などを正確に聴取することにある。

### 1）病歴の聴取

　まず、飼い主の話を十分聞くことから始める。病歴の聴取は、必ずしも獣医師が行う必要はないものの、飼い主の話の中に病気に関連した事柄が多く隠れており、それらを把握するために、病歴の聴取はやはり獣医師が行うことが望ましい。まず、動物の体調や、食欲の有無、下痢・嘔吐の状態など、動物の一般臨床所見について聴取する。特に、飼い主の話の中で病気に関連する事項については、詳細に聞いていく。その場合は、過去から現在に至る経過を含め、その変化が把握できるような問いかけを行う。例えば、発咳の有無だけでなく、「夜間のみに3日に1回くらい喉の奥にものが詰まったような咳を2週間前からしている」などという具合に、丁寧な稟告を取る必要がある。病歴の聴取に際しては、誘導質問にならないように注意しなくてはならない。また、医学領域と異なり、獣医科領域では病歴として聴取できるのは、自覚症状ではなく、あくまでも飼い主などが感じた他覚症状であることを認識しておくべきである。特に、先天性の心疾患などでは、その動物を飼い始めたときから運動不耐性、不活発などの症状を発症していても、もともと大人しい性格の動物であると飼い主が勘違いしている場合がある。老齢動物でも同様の傾向にあり、心不全徴候を呈していても加齢に伴い運動量が低下しているものと飼い主が捉えていることもありうるため、飼い主の話をすべて鵜呑みにすべきではない。

### 2）特徴

　特徴（シグナルメント）とは、その動物の種類、品種、名前、性別、年齢などであり、動物の診断、治療計画を決定するうえで、当然把握しておくべき重要な項目である。犬猫では純血化が進み、遺伝的な要因から特定の心疾患を疑うことが可能であるため、品種の確認は重要である。また、年齢も多くの情報をもたらしてくれる。例えば、先天性心疾患は必ずしも若齢時に発見されるとは限らないが、その多くは若齢時の身体検査で発見される。性別の把握も重要であり、動脈管開存症などは雌に極めて多く、逆に拡張型心筋症は雄に多発する。また、雄雌のみならず中性化手術を行っている場合には、その日時を把握し、不妊手術の場合は可能であればその術式も聴取し、去勢の場合は潜在精巣の有無も含めて聴取しておく。また、ペットショップで購入した場合には困難であるが、ブリーダーや知人から動物を譲り受けた場合、その動物の親や兄弟の情報などの家族歴が得られるので、動物の入手経路も必ず聴取しておく。遺伝的要因や環境要因などが影響を与えている可能性のある疾患の場合には、後日で構わないので、飼い主にその動物の家族歴を調べてもらう。

### 3）飼育環境の聴取

　飼育頭数および飼育場所の聴取を行う。飼育場所については、室内飼育か屋外飼育か、または猫にみられるような屋内外飼いなどを聴取する。また、犬の場合は散歩の回数や散歩場所の聴取も行い、アジ

リティなどへの参加も含めて他の動物との接触の有無やその頻度を聴取する。また、近年動物を連れた旅行が多くなっているので、最近の旅行で立ち寄った土地での河川や森林、公園などでの散歩の有無なども聴取しておく。これらの情報は、ウイルスや寄生虫などの感染性疾患や中毒性疾患などの鑑別の一助になる。特に、農業地域が近くにある場合は、定期的な除草剤や農薬の散布が行われているので、その症状の出現した時期などの把握も重要である。公園などで故意的な毒物事件もみられるため、動物の行動範囲の把握も必要である。また、食事内容も重要であり、市販のフードを与えているのか、自家食なのかということも聴取する。市販のフードであればそのメーカー名と商品名とその形状（ドライ、缶詰、半生など）、自家食であればその食事内容も記録し、食事回数やその量も聴取しておく。飼い主はあまり言いたがらないが、人の食べ物を与えられている場合やおやつを与えられている場合も多いので、実際にその動物が食べている主食と副食の割合なども聴取しておく。水に関しても同様で、与えている水の種類（水道水やミネラル飲料など）や水の交換頻度を聴取する。散歩時などの拾い食いや水溜りの水など非衛生的な水の飲水の有無の把握も行っておく。

### 4）予防歴の聴取

犬では、ワクチン接種歴とフィラリア予防歴の確認が重要である。ワクチンは、その種類と頻度を確かめることが重要で、狂犬病のワクチンと混合ワクチンとを勘違いしている飼い主も多いため、その確認は、飼い主の申告で確認するのではなく、できればワクチン接種した各動物病院のワクチン証明書をみせてもらい、ワクチンメーカーやその種類、接種日などを確認する。また、ワクチン接種には様々なプログラムが知られているが、屋外に出ることが多い犬では2～3年前にワクチン接種を行っていても感染する事例を経験するため、過信すべきでない。また、フィラリア予防の有無の確認も非常に重要である。フィラリア予防に関しては、その有無もちろんであるが、予防を行っていると飼い主が言う場合でも、毎年の予防期間や、過去も継続した予防が行われていたかどうかを確認する。猫の場合は、ワクチン接種歴の確認が重要となる。

### 5）既往歴の聴取

既往症とは、以前に罹患した疾患や健康状態に関する事柄であり、既往歴とはそれらの経過である。過去の疾患やその経過を含む治療内容、その時期などを聴取する。手術を行っている場合も、その時期や手術の内容を聴取しておく。

### 6）現病歴（治療歴）

現病歴の聴取が最も重要であり、偶然発見される病気以外では、この現病歴に関する動物の異常を主訴に来院する。多くの飼い主がこの現病歴の話から始めるが、いつから、どの頻度で、どのような症状をどのような状況で呈したかということを聴取する。また、その症状は良化しているのか、悪化しているのか、その頻度は増加しているのか、減少しているのかなどを経時的に聞いていくことで、その病状が改善傾向なのか悪化傾向なのかを判断し、また、その病態を把握する一助にもなる。

心疾患の初期には、症状を呈することはほとんどないため、ワクチン接種時や健康診断の際に、他院にて心雑音を指摘されていたかなど、必ず過去まで逆のぼりその手がかりを探しておく。動物と一緒に寝ていたり、よく接触している飼い主では、心臓の音の異常に気づいていることもある。心疾患の犬の最も一般的な症状として、発咳があげられるが、飼い主が動物の発咳を勘違いして、喉に何か物が詰まったようだと消化器疾患を疑わせる主訴で受診することもある。その他、呼吸促迫や開口呼吸、チアノーゼ、腹囲膨満（腹水貯留）、浮腫、失神発作、卒倒（運動時など）、循環器系および呼吸器系疾患を疑いやすい症状もあるが、元気減退（消失）や食欲不振、体重減少（削痩）など、直接的には循環器疾患と結びつかない症状のみで来院する場合も多い。また、喀血を吐血と勘違いしている場合など、主訴と症状（病状）が必ずしも一致しないこともあるので、主訴を鵜呑みにすべきではない。また、猫の心筋症では、血栓塞栓症を合併し、後大動脈や外腸骨動脈などに血栓が詰まり、突然の後肢の跛行や

麻痺を伴うことがあるので、リンパ腫を含む神経疾患との鑑別が重要になる。

　他院にて心疾患の治療経過を有する場合は、その経過を詳細に聴取する。特に、いつからどのような診断のもと、どのような薬剤を用いて治療を行ったのか、そのときの薬剤の反応はどうであったか、それらの薬剤に対する副作用がなかったかなど、詳しく聞いていく。可能であれば、治療を行った病院の治療経過を持参してもらうとよい。また、食欲の低下を伴った動物の場合には、飼い主が様々なものを与えているため、何を食べているのかを詳細に聞いておく。もし、入院治療になった場合には、その情報は非常に有用となる。

## ■ 2　特殊な心血管系の病歴と問診

　心血管系疾患では、病気の初期では臨床症状を呈することはまれである。そのため、飼い主が動物の不具合に気づいて来院したという事実は、それだけで心血管疾患が重症化してきていると捉えるべきである。一方、心血管疾患ではその多くに心雑音を伴うため、ワクチン接種時や他の病気で受診したときの身体検査の中で偶然発見されることも多い。飼い主の認識の有無にかかわらず、動物が心血管疾患の症状を呈している可能性があるため、飼い主からの十分な病歴の聴取に引き続いて、獣医師から具体的な問診を行い、その動物の状態の把握に努める。

### 1）心血管疾患の徴候

　心血管疾患に特徴的な臨床徴候としては、呼吸困難、発咳、チアノーゼ、運動不耐性、失神、腹囲膨満（腹水）、浮腫などがあげられる。

#### ⅰ）呼吸困難

　動物の心血管疾患では、呼吸異常は、最も一般的にみられる症状の1つである。犬や猫での呼吸困難は、肺水腫や胸水貯留の結果、酸素の拡散能が低下し、低酸素症に陥ることが主要因である。診察時に、開口呼吸や努力性呼吸、前肢の外転、起座呼吸などを呈している場合であれば呼吸困難（努力性呼吸困難）を診断することは容易であるが、安静時には呼吸困難を呈していない場合も多いため、飼い主からの稟告の聴取は重要である。また、呼吸困難といっても病態の程度によって様々な臨床症状を呈しているため、どのような程度の症状なのか、いつ起こるのか、どの程度持続するのか、いつから起こっているかなどを問診する。犬は、人に合わせた生活をしており、また、その習性から、飼い主の呼びかけや散歩、ボール拾いなど、飼い主が意図していなくても人為的な運動負荷を犬に課しており、犬はそれに積極的に応じることになる。そのため、散歩中に呼吸が悪くなったとか、ボール拾い時に呼吸困難になったなど、人でいう労作性呼吸困難を犬が呈している場合がある。病態把握のためには、そのときの状況などについて丁寧に問診を行っていく。逆に、猫の場合は犬のような人為的な運動負荷が難しいため、安静時にも呼吸困難を呈するほど重症になって初めて飼い主が気づくことがほとんどである。特に、猫が開口呼吸を呈している場合は、エマージェンシーになる可能性があるので、問診を中止してでも、猫を酸素室などに入れて安静に保つことが重要である。

#### ⅱ）発咳

　犬の心血管疾患でみられる一般的な症状の1つが発咳である。犬の発咳は人の発咳と異なり、「何か物が喉に詰まったようだ」と飼い主が言ってくることがある。発咳は、うっ血性心不全などによる肺水腫や、左心房拡大による気管支の圧迫などにより生じる。また、フィラリア症や心タンポナーデなどの発咳は、非常に大きな音になるので、院内で犬が発咳をしている場合は、それらの疾患が示唆される。また、発咳に伴う喀血が確認されたり、ピンクの泡沫が鼻に付着していたりする場合には、飼い主に詳細な問診を行う必要がある。喀血は肺出血（フィラリアや交通事故、中毒など）を意味し、鼻腔からのピンクの泡沫は、重度な肺水腫を意味する。また、小型犬などでは、気管虚脱による発咳も多いため注意が必要である。また、頸部や心基底部腫瘍、肺炎、気管支炎などによる発咳も認められる。

　また、発咳を生じる時間帯やその頻度、運動に関係があるかないか、発咳の際にチアノーゼがないかなども聴取していく。なお、主訴として犬の発咳は一般的であるが、猫の発咳が主訴となることは滅多にない。猫の場合、嘔気のような発咳を示すため、

嘔気（嘔吐）が主訴である場合には、発咳である可能性も含めて問診、診察を行うことが重要である。

### iii）失神

心血管疾患の悪化に伴って、全身の酸素要求量を満たすことができなくなれば、失神をきたすようになる。一般的に、初めは散歩などの運動時や興奮したときに虚脱を生じ、重症になれば失神に至る。重度な頻脈、徐脈や短時間の心停止などの不整脈が原因であれば、運動や興奮などとは関連性がみられない失神が特徴である。失神は、院内で観察することが難しいため、問診として、どのようなときに起こったか、倒れた姿勢はどのようだったか（のけぞるような姿勢か、ぐったりしているような姿勢かなど）、意識はあったのか、失禁や脱糞はあったのか、呼びかけに答えたか、痙攣のような震えはあったか、どのくらいそれが持続したのか、失神から回復した後はどのような様子であったか、その失神はどのような頻度かなどを詳細に聴取する。鑑別診断が要求されるのは、神経系の疾患であり、痙攣や意識の有無、その間隔などを十分に問診する。動物が失神すると、多くの飼い主は気が動転するため、その状態を正確に観察できていないことがほとんどであるため、そのような場合の問診はあまり参考にならないかもしれない。頻回に失神が生じるようであれば、スマートフォンやビデオカメラなどで動画として録画してもらうことにより、詳細に状態を把握することが可能となる。何であれ、失神の場合は、犬も猫も飼い主がその異常に気づき、また、その重大性から早期に来院する傾向にある。

### iv）運動不耐性

運動不耐性や活動性の低下を主訴に来院する飼い主は多いが、貧血性疾患や腫瘍など様々な疾患で同症状を呈するため、決して心血管系疾患に特異的な症状ではない。犬で最も多い心疾患は、僧帽弁閉鎖不全症であるが、僧帽弁閉鎖不全症は加齢性の心疾患であるため、徐々に活動性の低下がみられても、年齢的な変化として捉えている飼い主が多いため、運動不耐性のみで来院することはまれで、発咳や呼吸困難、卒倒などの他の症状を合併してから来院する場合が多い。飼い主が運動不耐性に気づいていなくても、心血管疾患の治療により心不全が改善すると、活動性の改善がよくみられる。また、先天性心疾患の動物でも同様に、飼い主が入手したときには、既に運動不耐性や活動性の低下がみられていても、それを病気のためと思うのではなく、多くの飼い主が大人しい子犬と認識してしまう危険性があるので、問診においてはそれらを差し引かなくてはならない。先天性心疾患の動物では、その根治術を行った後、ほとんどの動物に活動性の増加がみられ、飼い主も初めてその犬の本来の性格や活動性を知ることになる。なお、猫の場合、開口呼吸や呼吸困難を主訴に来院する場合がほとんどで、飼い主が猫の運動不耐性を認識するのは難しいため、丁寧な問診が必要である。

### v）チアノーゼ

チアノーゼは、診療時に確認されることが一般的である。酸素飽和度が低下したヘモグロビンが増加したことにより発現するものであり、歯肉や舌、包皮、陰部などの粘膜が青色や暗紫色に変化する。右−左短絡の先天性心疾患（ファロー四徴症など）時に、程度の差はあれ必発する。また、分離チアノーゼといわれるアイゼンメンジャー化した末期の動脈管開存症に特徴的にみられるチアノーゼがある。これは、肺動脈から動脈管を経て大動脈から腹部大動脈血に静脈血流が流れることにより起こり、動脈管より尾側にチアノーゼを生じるという現象である。眼結膜や口腔結膜にはチアノーゼが認められないが、陰部粘膜などにはチアノーゼがみられる。

通常、チアノーゼが発現する前に、動脈血酸素飽和度は70％以下、動脈血酸素分圧は40mmHg以下に低下している。いわゆる低酸素血症に陥っていることになる。

## 2）心疾患におけるその他の徴候

心疾患によりうっ血性心不全が進行してくると、フィラリア症や三尖弁閉鎖不全症、肺動脈狭窄症などの右心系の疾患（右心不全）では、前負荷の増加による四肢（特に後肢）の浮腫がみられ、腹水や胸水、心嚢水の貯留がみられることになる。猫では腹水の貯留はまれで主に胸水の貯留である。四肢の浮腫や腹水の貯留は、その外貌の変化により飼い主が発見可能であるが、胸水貯留は呼吸状態の悪化とし

て顕在化する。いわゆる右心不全は、浮腫すなわち水の貯留が特徴的所見である。左心系の心疾患（左心不全）では、肺水腫が主であるため、発咳や呼吸困難の症状をきたす。大動脈狭窄症などでは低血圧が観察されることがある。また、運動時に犬の舌の色がどす黒くなったと、チアノーゼを主訴に来院する場合もある。なお、チャウ・チャウ犬の舌は、正常でも紫色である。

　症状を呈している動物は、程度の差はあれ悪液質に陥っており、食欲低下（廃絶）、体重減少などの非特異的な症状を示している。腎不全を合併している場合には、嘔吐がみられる。また、猫で最も多い心疾患は心筋症であるが、血栓塞栓症を合併し、腹部大動脈に血栓が塞栓した場合には、疼痛を伴う急性の後肢麻痺を呈する。

### 3）病歴の解釈

　動物の病歴は、飼い主から聴取するが、飼い主の観察力や動物の飼育環境、動物と飼い主が一緒にいる時間の長短などにより、その病歴は変化する。飼い主の家族の中でも、動物の症状や病歴に対しての意見が分かれることは日常的に経験することであるので、飼い主が言うことがすべてだと思うべきではない。意識的、無意識的に事実と異なった事柄が稟告の中に混在している可能性を考えながら病歴を聴取し、解釈していくことが重要である。

## ■ 3　一般身体検査

　問診を行った後に、十分な身体検査を行う。問診により様々な疾患が疑われるかもしれないが、身体検査は、どの動物に対しても常に一定の手順にて行う必要がある。まず、動物の全体的な観察を行う。そして、歩様や体格、栄養状態（Body Condition Score：BCS）、被毛の状態、呼吸状態、腹水や浮腫の有無、掻爬痕や外傷の有無などを一様に観察する。また、その動物の性格や緊張度も観察し、過度に緊張している場合や性格に難がある動物では、触診をしようと手を出した途端に咬傷事故につながることがあるので、性格的なことも飼い主に問診しておく。全体的な観察に引き続いて、体重と体温を測定する。多くの施設では、体重計付の診察台を使用しているために容易に測定できる。体温測定（直腸温）は、動物が興奮する前に測定しておく。獣医師が問診をしている間に、別のスタッフが体温測定を行っておくとスムーズな診察が行える。その後、触診検査、聴診検査に進む。

　一般身体検査で何か異常があれば、必要に応じて飼い主にそれに関連した質問をしていく。例えば、削痩が認められている場合には、食欲の有無やその程度を問診する。食欲がない場合、多くの飼い主が通常与えている食事ではなく動物が食べてくれるものを与えていることが多いため、今、食べているものも聞いておく。食欲があって痩せている場合には、食事の内容を再度確認する。良質のフードを与えているのか、量的（カロリー的）に十分であるのか、下痢や嘔吐をしているのではないかなどを確認する。食欲があって適切な食事管理がなされているにもかかわらず体重減少が認められているのであれば、蛋白漏出性腸症など循環器疾患以外の合併症があるのかもしれない。心血管疾患を有している動物でも、他の疾患を合併している可能性があるので、先入観をもたずに検査をすることが重要である。

### 1）視診
#### ⅰ）呼吸

　心血管疾患の動物の診察時、呼吸状態の把握は非常に重要である。犬を歩かせて来院した場合や犬が興奮している場合、夏季などでは、特に大型犬の場合には一般的に浅速呼吸をしている。しかし、そのような状況になく、安静にしているのにもかかわらず呼吸回数が多い場合（20回／分以上）、呼吸不全がある可能性が高い。診察時に、開口呼吸や努力性呼吸、前肢の外転、起座呼吸などを呈している場合であれば、呼吸不全は明らかであるが、安静時には症状を呈していないこともあるため注意が必要である。また、特に猫が明らかな呼吸困難を呈している場合は重症のことが多い（図Ⅰ-34）。動物種にかかわらず、診察時に明らかな呼吸不全徴候を示す場合には、呼吸停止、心停止する可能性を考えて、その危険性を飼い主に短く伝えた後に、速やかに動物を酸素室に収容し、安静に心がけることが重要である。診察時、動物が興奮する前に呼吸数を数えてお

図Ⅰ-34　猫の呼吸困難

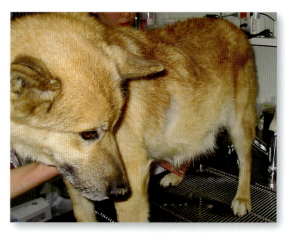

図Ⅰ-35　削痩と腹水貯留

く。呼吸困難は、動脈酸素分圧（$PaO_2$）が60mmHg以下になったり、動脈二酸化炭素分圧（$PaCO_2$）が50mmHg以上になったりした場合に起こるといわれている[1,2]。具体的には、呼吸不全は、肺水腫や低血圧、胸水、心タンポナーデ、貧血などによって生じる。

### ⅱ）運動不耐性

病院内で運動不耐性を観察することは難しいが、重度の場合は、診察中でも興奮時などに運動不耐性が認められることがある。いずれにしろ、運動不耐性の有無や程度は、常時動物と接している飼い主の説明が中心となる。

### ⅲ）体重減少

栄養状態の把握は、ボディコンディションスコア（BCS）などを基準にして判断する。慢性もしくは中等度から重症の心血管疾患では、心臓性悪液質に陥っているため、削痩や体重減少が観察される（図Ⅰ-35）。先天性心血管疾患を有している場合でも、重度の場合は、削痩とともに成長遅延や矮小化がみられることがあるが、正常な成長を示し、栄養状態もよい動物も多く認められる。いずれにせよ、毎回、診察時に体重を測定し、その体重の推移を記録することで、動物の栄養状態を把握することは重要である。

### ⅳ）腹水

重度の腹水貯留は一目瞭然であるが、わずかな腹水の貯留は視診のみでは判断がつかないことが多い。心臓性の腹水の貯留は、右心系の心血管疾患を示す（図Ⅰ-35）。具体的には、フィラリア症や三尖弁閉鎖不全症、肺動脈狭窄などに起因している。また、鑑別診断として、妊娠、腹膜炎、低蛋白血症、腫瘍、出血などがあげられる。猫では心臓性に腹水の貯留を示すことはあまりなく、猫伝染性腹膜炎（FIP）などとの鑑別が重要である。

### ⅴ）頸静脈

右心系の心血管疾患では、病状の進行に従って全身の静脈圧の上昇がみられるようになる。静脈圧の上昇は、静脈の怒張や拍動として観察される。被毛の上からは観察できないので、頸静脈が確認できるように頸部を剪毛するか、水で濡らし、動物を立位とする。右心系の心疾患があれば、胸隔の入り口から頸静脈の怒張が観察され、また、頸部の約1/3以上の高さで頸静脈の拍動が認められれば異常な拍動があると判断する。また、頸静脈拍動と頸動脈拍動を間違えないように、まず頸静脈を胸隔の入り口のあたりで圧迫してみる。頸静脈拍動であれば拍動はなくなり、動脈拍動に影響されているのであれば拍動は止まらない。なお、横臥位では、正常でも頸静脈の怒張や拍動がみられるため体位は重要である。頸静脈の怒張や拍動が認められる疾患として、三尖弁閉鎖不全症、フィラリア症、肺動脈狭窄症、肺高血圧症、心嚢水貯留などがあり、その場合は心拍動に同期して発現する。また、第3度房室ブロックや心室期外収縮時にもしばしば観察されるが、その場合は心拍動とは関係なく突然に、かつ散発的に発現する。

### ⅵ）末梢の浮腫

犬や猫の左心系心疾患では、末梢浮腫を生じるこ

心血管系疾患に対する検査

図Ⅰ-36　犬心臓糸状虫症における重度右心不全症例
皮下浮腫や胸水、腹水が貯留
（写真提供：山根義久先生）

図Ⅰ-37　血栓症による後肢麻痺

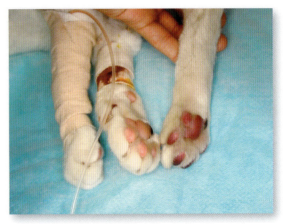

図Ⅰ-38　大動脈血栓症。右側後肢のパッドの変色（一番右側）

とはまずないが、右心系心疾患では、四肢（後肢）の浮腫が時折みられる。犬の場合は腹水を伴っていることが多く（図Ⅰ-36）、また、後肢の浮腫のみが顕著である場合、下腹部に存在する腫瘍の鑑別が重要になる。猫では、血栓塞栓症が進行した場合に後肢の浮腫がみられることがあるが、後肢麻痺に陥っているので鑑別は容易である（図Ⅰ-37、38）。

vii）チアノーゼ

体の皮膚の色や可視粘膜（眼結膜、口腔粘膜、包皮粘膜、膣粘膜）を観察する。全身性のチアノーゼの原因として、心血管疾患はもとより、肺疾患、気道疾患、ショックなどがあげられる。動脈管開存症（Patent Ductus Arteriosus：PDA）では、アイゼンメンジャー症候群に陥ると、右-左短絡が生じ、下半身のみに分離チアノーゼ（differencial cyanosis）が認められる。

分離チアノーゼは、PDAが進行し肺高血圧に至ると、逆短絡が生じることになり、肺動脈から動脈管を経て後大動脈へ静脈血が流入する。そのため、その部位より尾側にチアノーゼが認められる。動脈管と大動脈の接続位置（第4肋間付近）より頭側には左室からの駆出された酸素化された血液が供給されているので、チアノーゼを認めない。このように、全身性ではなく、頭側は正常で尾側はチアノーゼを呈する。分離チアノーゼは、PDAの末期の症状であり、また肺高血圧に陥っているために心雑音が消失していることも少なくない。したがってチアノーゼの確認は、口腔粘膜のみならず、必ず包皮粘膜など後躯の観察も必要である。黒い皮膚の犬ではわからないが、マルチーズなどでは可視粘膜を確認するまでもなく、皮膚のチアノーゼを認識できることがある。

2）打診

打診とは、指槌などで胸部や腹部を叩いて、その

打診音から病態を推察する診断法である。打診音として、音の強度や音質、その音の長さを聞きわけることにより、臓器の大きさや胸腔内貯留物の有無、腫瘤性病変、肺病変の広がりなどを判断する。また、打診音には、濁音（完全、不完全）、清音、鼓音があり、液体が貯留していると濁音領域が拡大する。大動物獣医科領域では、いまだに重要な診断法の１つであるが、小動物獣医科領域ではその対象動物が小さいということもあり、現状ではより客観的なX線検査や超音波検査などの画像診断に置き換わっているのが現状である。

### 3）触診

一般的には頭部から尾側へ向けて順に触診していく。触診は、両手で動物の左右同じ部位を触知し、左右で差がないかどうかを確かめる。局所的な腫脹などは必ず左右差が確認される。

まず頭部は、左右対称であるかをみて、鼻、鼻梁部、口唇、眼、頭頂部、耳、下顎、下顎リンパなどをチェックする。動物を開口させ、粘膜の色調をチェックし、毛細血管再充満時間（Capillary Refilling Time：CRT）を評価する。CRTは、指で粘膜を圧迫して、白くなった歯肉が圧迫を解除してから再度赤色に戻るまでの時間であり、正常では、約２秒以内に元に戻る。心血管疾患を有している場合やショック時には、末梢循環が遅滞している場合が多い。若齢動物では、口蓋裂の有無や遺残乳歯の有無なども確認しておく。唾液が粘性であったり、口腔粘膜が乾燥していたりすると脱水を示唆している。

次に頸部に移行し、背側頸部の被毛や皮膚、皮下に異常がないかを触診する。そして、腹側頸部を触知する。発咳が主訴としてある場合は、人工発咳試験を行う。気管虚脱などの症例では容易に発咳が誘発できる。また、高齢の猫では、特に甲状腺機能亢進症を合併している場合が多いので、甲状腺を触知しておく。普通、甲状腺は触知できないが、甲状腺の腫大により触知される。その場合は、猫の頭を片手で持ち、喉を伸ばすように猫の顎を上方に向け甲状腺を触知する。

頭部から頸部と触知し、そのまま肩甲骨や肩関節を確認し、動物の左右の前肢を同時に触診していく。浅頸リンパ節や腋窩リンパ節も確認しておく。

その後、動物の横もしくは後ろに立ち、胸部全体を触知する。動物の右側胸壁に右手を、左胸壁に左手をもっていき、心臓を左右の手で挟むように触知する。心拍動の心音最強点（Point of Maximal Impulse：PMI）が左右どちらにあるのか、またその拍動のリズムが一定か、不整であるかを触診する。また、スリルの有無も確認しておく。猫や小型犬の場合は、片手で胸骨側から手をくの字にして心拍動を触知するとよい。胸部は、動物の栄養状態を判断しやすい部位なので、肋骨を触知し、BCSを評価しておく。また、背側の皮膚を持ち上げて皮膚脱水の有無やその程度を把握する。

腹部は、上腹部から下腹部にかけて触診していく。胸部と同様に両手で挟んで触知するが、小さな動物では片手で触知する。肝臓腫大やマス病変、腹水貯留の有無も同時に確認する。また、小型犬や猫などでは、膀胱の触診や大腸の触診が可能であり、尿貯留や便の硬さなどを触知しておく。猫では背側から左右の腎臓を触知することが可能であるため、必ず行っておく。腎臓の腫大や萎縮、また、左右不対称がみつかることもある。

股動脈を触知し、左右の股動脈圧を同時に確認する。血圧の触知は、動物が安静にしているときに行う必要があるので、身体検査の始めに股動脈圧のみ触知しておくのも１つの方法である。血圧以外に不整脈の把握や、奇脈、バウンディングパルスなどもわかる。また、非観血式にマンシェットにて血圧を測定する場合も同様に安静時に行い、マンシェットが心臓の高さに来るように前肢や尾で測定を行う。"伏せ"もしくは"お手"の状態で測定する。

次に、尾や尾根部、肛門、陰部などを確認し、後肢を触診する。股動脈圧が減弱し、後肢に冷感もしくは、後肢のパッドの色が暗赤色を示す場合には、血栓塞栓症や犬心臓糸状虫による奇異性塞栓症などの可能性がある。後肢の浮腫は、足根関節が最も確認しやすい。左右対称の冷静浮腫や肝腫、脾腫、腹水の貯留などがあれば、右心系の心血管疾患の鑑別を十分に行う必要がある。

### 4) 聴診

胸部の聴診にて、心音の有無および心音の強弱、心拍数や心臓のリズム（不整脈の有無）、さらに、心雑音の有無や性状、呼吸音などを評価する。正常な心臓では、リズムの乱れや雑音は一般に認められない。しかしながら、短頭種などでは呼吸性の不整脈がリズムの異常として認められるかもしれないし、子犬に機能性（無害性）雑音が認められるかもしれない。心雑音が聴取された場合には、最も大きく聞こえる部位の確認や、その音の大きさを評価する。心雑音の大きさは、LevineⅠからⅥに分類されており、弱い心雑音であればグレードⅠ、強い心雑音であればグレードⅥというように6段階にて評価する。また、雑音のタイプにも注意を払う必要がある。心雑音が生じているタイミングをⅠ音とⅡ音との関係から判断し、収縮期性雑音なのか拡張期性雑音なのか連続性雑音かということを聴診していく。また、明らかにリズムの異常がある場合、触診による股動脈の脈拍数が心拍数より少ない場合には、重度の不整脈の存在を示唆していることになる。その場合は、直ちに不整脈の性状を把握するため心電図検査を行う。その他、心音が減弱して聞こえた場合は、胸水症や心膜液貯留、ショックなどの疾患が疑われるため、胸部X線検査や心エコー検査を実施する。

このように、聴診により心音やリズムの異常が認められた場合、何らかの心疾患を有している可能性があるので、詳細な心臓の検査をするよきインディケーターになる。ただし、聴診で異常が認められないからといって、心臓疾患がないというわけではないことに注意が必要である。

（髙島一昭）

---
参考文献
[1] Robert JM.：重症患者の管理と診療テキスト（監訳／山根義久）：ファームプレス；2005．東京．
[2] Lesley GK.：犬と猫の呼吸器疾患（監訳／多川政弘，局 博一）：インターズー；2007．東京．

## ■ 4　心音と心音図検査

### 1）心臓の聴診

心臓の拍動に際して生じる、各弁の閉鎖音、開放音あるいは血流による振動音を心音といい、心音を胸壁などから聴診器を使って注意深く聴き取ることを聴診という。聴診は、心拍数、心調律、心音の大きさ、心音の可聴範囲、心雑音の有無などを確認することによって、心疾患や大血管疾患の診断を行うことができる検査法で、問診、視診、打診、触診などと並んで一般身体検査に分類される検査である。一般に心臓の聴診は、動物を起立位あるいは犬座位として行い、なるべく動物が落ち着いた状態のときに静かな場所で、検者自らが聴診器のチェストピースを動物に当てて実施する。聴診時に動物の呼吸音が邪魔になるときは、嚥下などによって動物の呼吸が一時的に停止する時相や、検者自身が動物の呼吸を制御して最もよい条件下で実施することが望ましい。

### ⅰ）胸部聴診の原則

聴診の方法に決まったものはなく、対象動物の聴診所見がもれなく得られれば目的は達成される。しかし、ある程度の聴診手順を決めておくことは重要であり、各自で聴診手順をパターン化し、日常的にその手順に従って実施するとよい。一般的な心臓の聴診を行う部位は、左側胸壁で僧帽弁、肺動脈弁、大動脈弁、右側胸で三尖弁の閉鎖音が聴取できるそれぞれの領域である（図Ⅰ-39、40）。ただし、症例や疾患ごとに、あるいは必要に応じて他の聴診部位を設定し、適宜変更、追加して所見を得る。

まず、僧帽弁部の心音を聴取するために、左側第5肋間の肋軟骨結合部付近に聴診器のチェストピースを当てる。この部位は、触診によって最も強く心拍動を感じる部位であり（PMI：Point of Maximum Impulse；心音最強点）、動物の心臓に異常が認められない場合には、心音が最も大きく聴取できる部位である。この部位では、Ⅰ音の僧帽弁成分とⅡ音に加えて、時にはⅢ音や僧帽弁口部の心雑音が聴取できる。続いてチェストピースを左側第3～4肋間の

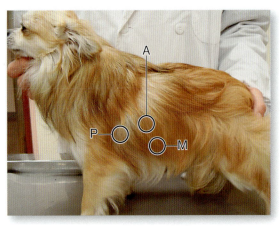

図Ⅰ-39 一般的な心臓の聴診部位（左側胸壁）
左側胸壁では、僧帽弁（M）、大動脈弁（A）、肺動脈弁（P）の聴診が可能である。

図Ⅰ-40 一般的な心臓の聴診部位（右側胸壁）
右側胸壁では、三尖弁（T）の聴診が可能である。

図Ⅰ-41 一般的な聴診器
イヤーチップ、耳管、チューブおよびチェストピースにより構成される。

図Ⅰ-42 Rappaport型チェストピース
ベル型と膜型が一対となっている。

肋軟骨結合部付近に移動させて、肺動脈弁口部の心音を聴取する。この部位では、解剖学的に位置の近い肺動脈弁より生じる心音（Ⅱ音の肺動脈成分：Ⅱp）や心雑音がよく聴取できる。そして、そこからわずかにチェストピースを尾背側に移動させて、大動脈弁口部の心音を聴取する。この部位では、解剖学的に位置の近い大動脈弁より生じる心音（Ⅱ音の大動脈成分：Ⅱa）や心雑音がよく聴取できる。ただし、小型犬や猫などでは、肺動脈弁部と大動脈弁部の聴診部位はほとんど同じ部位となるため、Ⅱ音の肺動脈成分と大動脈成分の聴き分けは困難を伴うことが多い。この3ヵ所の聴診に際しては、チェストピースを胸壁から離さずに、胸壁を滑らせるように移動させる（インチング）。最後に、反対側の右側第3〜5肋間の肋軟骨結合部付近に聴診器のチェストピースを当てることで三尖弁口部の心音を聴取する。この部位では、Ⅰ音の三尖弁成分とⅡ音（大動脈成分）に加えて、疾患によっては三尖弁口部や大動脈弁口部の心雑音が聴取できる。一般身体検査において、これらの聴診部位が著しく偏位している場合には、胸腔内の心臓の位置に異常をきたす疾患（横隔膜ヘルニアや胸腔内腫瘍、心膜欠損など）や著しい心臓の肥大などを考慮する。

ⅱ）聴診器

一般的な聴診器は、動物に当てるチェストピース、検者の耳に差し込むイヤーチップ、およびそれらを連結するチューブにより構成されている（図Ⅰ-41）。

チェストピースは、動物に当てて心音を直接採取する部分である。獣医療で汎用されているのはベル

心血管系疾患に対する検査

図Ⅰ-43 一体型チェストピース
皮膚面へ押しつける力によりベル型と膜型を使い分けることができる。

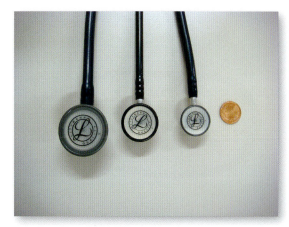

図Ⅰ-44 様々なサイズのチェストピース
超小型犬や猫などに使用するときは小型のものを選択すると詳細な聴診所見を得ることができる。しかし、小型のチェストピースは広い領域の聴診を行うには不向きである。

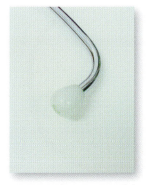

図Ⅰ-45 プラスチック製のイヤーチップ

図Ⅰ-46 ゴム製のイヤーチップ
装着時に最もフィットするものを選択する。

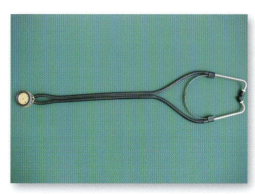

図Ⅰ-47 ダブルチューブタイプの聴診器
心音がステレオ情報として聴診可能である。

型と膜型の2つのタイプが一対となったRappaport型（図Ⅰ-42）で、その他に一体型（図Ⅰ-43）などがある。ベル型のチェストピースは低音域（40～200 Hz程度）に分布する心音、あるいは拡張期性雑音などを聴診するのに優れ、膜型のチェストピースは高音域（約200 Hz以上）に分布する心音、あるいは収縮期性雑音や連続性雑音などの聴取に優れている。小動物の聴診においては、心音や心雑音のほとんどが高音域に分布するため、膜型のチェストピースで聴診を実施し、必要に応じてベル型を使用して低音域を確認するとよい。また、可能であれば、動物の大きさに合わせて大小のチェストピースの聴診器を使い分けると、詳細な聴診所見を得ることができる（図Ⅰ-44）。ただし、極端に小型のチェストピースは、限局した部位の心音しか聴診できないた

め慎重に使用すべきである。

イヤーチップは、検者の両耳に当てて検者と聴診器とを連結させる部分である。硬いプラスチック製のもの（図Ⅰ-45）や柔らかいゴム製のもの（図Ⅰ-46）などがあり、検者の好みにより選択される。また、イヤーチップを取り付ける耳管は、検者の外耳道に合わせて角度を調整し、聴診時に周囲の音が混入しないようにする。

チューブは、内径3～5 mm程度のゴム製で、チェストピースまで2本のチューブで連結するダブルチューブタイプと（図Ⅰ-47）、1本のチューブで連結するシングルチューブタイプがある（図Ⅰ-48）。チューブの長さは50～70 cm程度の長さのものが使いやすく、音の減衰を避けるために短めを選択するとよい。1つのチェストピースで複数名が聴診でき

第Ⅰ章　心血管系

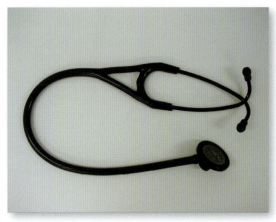

図Ⅰ-48　シングルチューブタイプの聴診器
一般的に使用されている聴診器は、このタイプが多い。

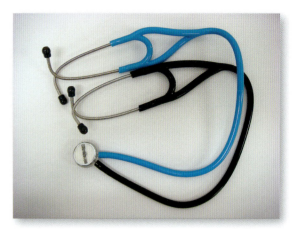

図Ⅰ-49　2名が聴診できるタイプの聴診器
複数名で同時に聴診することができるため、教育あるいは説明用として用いられている。

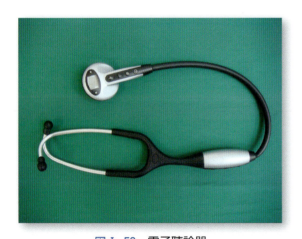

図Ⅰ-50　電子聴診器
録音や出力機能も備えるため、教育用や飼い主への説明用のみならずデータ管理などに有用である。

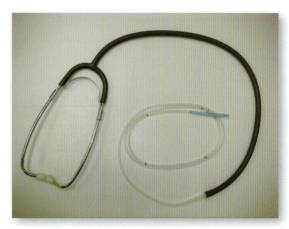

図Ⅰ-51　食道聴診器
麻酔中の心拍数や心音のモニターとして使用される。

る聴診器が、教育あるいは飼い主への説明用に利用されている（図Ⅰ-49）。

### ⅲ）電気（電子）聴診器

聴診した心音を電気的に増幅して検者に聴かせる聴診器で、近年小型のものが販売されている（図Ⅰ-50）。電気聴診器は、騒がしい環境で聴診せねばならない場合や心音を録音したりする場合に用いるが、一般の聴診器に比べて重量があるのが難点である。録音した心音を外部へ出力できる機能を有する聴診器は、教育用や説明用のみならずデータ管理などにも重宝である。

### ⅳ）食道聴診器

全身麻酔中の心音のモニターとして麻酔医が使用する聴診器で、様々なサイズのものが販売されている（図Ⅰ-51）。全身麻酔後に経口的に動物の食道内に挿入し、先端を心基底部付近におくことで心音を聴取することができる。挿入時には、あらかじめ先端に潤滑ゼリー（キシロカインゼリーなど）を塗布する。食道聴診器は、麻酔中の心拍数モニターの役目を担うだけでなく、手術中に心音の変化を観察することが求められる手術（動脈管開存症の結紮術など）に用いると有効である。

## 2）心音

心臓の拍動に際して生じる、各弁の閉鎖音あるいは血流による振動音を心音といい、心臓周期に伴って発生する順に、Ⅰ、Ⅱ、Ⅲ、Ⅳ音として呼称される（図Ⅰ-52）。Ⅰ音は、房室弁（僧帽弁と三尖弁）の閉鎖および半月弁（大動脈弁）の開放に関連して発生し、収縮期の開始時に発生する。前半は僧帽弁

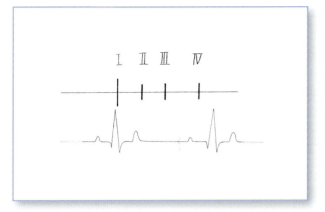

図Ⅰ-52　心音および心雑音の諸型図
心臓の拍動に際して生じる、各弁の閉鎖音あるいは血流による振動音を心音といい、心臓周期に伴って発生する順に、Ⅰ、Ⅱ、Ⅲ、Ⅳ音と呼称される。

閉鎖音、後半は三尖弁閉鎖音および大動脈弁開放音により構成される。Ⅱ音は、半月弁（大動脈弁と肺動脈弁）の閉鎖に関連して発生し、収縮期の最後に発生する。前半は大動脈弁閉鎖音（Ⅱa）、後半は肺動脈弁閉鎖音（Ⅱp）により構成される。Ⅲ音は、心室の急速充満期（拡張早期）に心房から心室へ血液が急速に流入して心室が振動することによって発生する。正常な犬猫では聴取することができない心音で、聴取できた場合には奔馬調律（ギャロップリズム）と称される異常心音である。Ⅳ音は、心房収縮期（拡張末期）に心房が強く収縮し、心室への血液流入が増加して心室筋が伸展するときに発生する。Ⅲ音と同様に正常な犬猫ではほとんど聴取することができない心音で、心室コンプライアンスが低下して左心房に負荷がかかったときなどに聴取されるが、心拍数の速い小動物では聴取できることはまれである。

### 3）心音の強さとリズムの変化

心音の強さは、動物の体位、栄養状態、心臓の拍動状態、あるいは心臓内の血流状態など様々な要因によって増減することが知られている。心音の増強は、削痩、頻脈、甲状腺機能亢進、著しい心拡大、炎症性疾患などで認められ、特にⅠ音増強は、交感神経興奮、僧帽弁狭窄など、Ⅱ音増強は、高血圧症、肺高血圧症などで認められる。一方、心音の減弱は、肥満、胸水貯留、心嚢水貯留、甲状腺機能低下症、ショックなどで認められ、特にⅠ音減弱は心機能低下など、Ⅱ音減弱は大動脈弁狭窄症などで特異的に認められる。また、聴診時に動物が横臥位であると胸腔内で心臓が偏位するために、動物の下側からの聴診では心音が増強し、上側からの聴診では心音が減弱して聴こえる。

心音のリズムは、心音と心音の間隔や音量の変化によって決まり、多くの要因に影響を受ける。リズムが速くなるのは、交感神経興奮や副交感神経抑制状態であり、年齢により定義された正常値を超えて心拍数が多くなることを頻脈（頻拍）という。リズムが遅くなるのは、副交感神経興奮や交感神経抑制状態であり、正常値を超えて心拍数が少なくなることを徐脈（徐拍）という。呼吸や心臓の拍動ごとに心音の大きさが変わるためにリズムに変調が認められる場合には、心臓に異常が認められる可能性（奇脈や二段脈など）がある。また、犬では、平常時において心拍数のリズムにある程度の乱れ（ゆらぎ）が観察されることが多い。これは、呼吸運動に伴う心臓への帰還血液量の増減に反射的に反応したもので、吸気時に心拍数が増加するが、心音の大きさに変化は認められない。このような不整脈は一般に呼吸性不整脈と呼ばれ、副交感神経興奮時によく観察される臨床上問題のないリズムの変化である。

### 4）心雑音

心雑音とは、聴診において正常心臓では発生しない異常な音を示し、循環器疾患の診断の目安となる徴候の1つである。心臓あるいは大血管内の血液の流れは、一般に層流と呼ばれる整った流れ（血管内をほぼ平行に流れる血流）であり、血流音は発生しない。しかし、組織の突出、折れ曲がり、狭窄などによって血液の流れが乱流や渦流となると、血流とともに周辺の組織が共振して様々な音を生じ心雑音が発生する。心雑音は、原因となる血流の速度が速いほど、また血液の粘稠度が低いほど大きくなり、圧較差が大きいほど高音に、血流量が多いほど中低音になる傾向がある。心雑音の大きさは、客観的に評価すべきで、獣医科領域では慣例的にレバイン（Levine）分類が多く用いられている（表Ⅰ-1）。

心雑音は、その発生部位によって心臓内の異常な

表Ⅰ-1　心雑音の分類（Levine分類）

| |
|---|
| グレードⅠ：極めて微弱で、静かな部屋で注意深い聴診により確認できる雑音 |
| グレードⅡ：微弱だが、聴診により容易に確認できる雑音 |
| グレードⅢ：聴診により明確に確認できる中等度の雑音 |
| グレードⅣ：聴診により明確に確認できる強い雑音（胸壁振戦なし） |
| グレードⅤ：聴診により明確に確認できる強い雑音（胸壁振戦あり） |
| グレードⅥ：聴診器を胸壁より少し離しても確認できる強い雑音（胸壁振戦あり） |

表Ⅰ-2　器質性および機能性心雑音の分類

| | 器質性（病的）心雑音 | 機能性（無害性）心雑音 |
|---|---|---|
| 雑音の大きさ | 大きい（グレードⅢ以上） | 小さい（グレードⅢ以下） |
| 出現タイミング | 全収縮期性や連続性 | 収縮期性 |
| 心音の変化 | 伴うことが多い | 一般に伴わない |
| 原因 | 心疾患など | 貧血、心悸亢進など |

血流によって生じる心内性雑音と、心臓の外側に起因する心外性雑音とに分類される。また、明らかに疾患が存在するために生じる器質性（病的）心雑音と、疾患が認められないにもかかわらず血液成分や血流速度がわずかに変化したことによって生じるとされる機能性（無害性）心雑音とに分類される（表Ⅰ-2）。心雑音は、心音と比較して出現時相を確認することになるが、聴診のみならず後述する心音図検査を行うことで鑑別が容易となる。心雑音は、心臓周期による出現時相によって以下のように分類される。

### ⅰ）心雑音の出現時期による分類と心雑音を伴う疾患

#### ①収縮期性心雑音

心臓周期の収縮期（心音のⅠ音からⅡ音までの間）に出現する心雑音の総称である。原因となる血流の方向によって以下の2つに分類される。

・収縮期逆流性雑音

心臓の収縮とともに心室から心房へ血液が逆流する、あるいは欠損孔を介して心室から血液が短絡するときに生じる心雑音で、房室弁の閉鎖不全や心室短絡孔の存在に起因する。Ⅰ音からⅡ音まで持続する全収縮期性の心雑音であり、病態の悪化に伴って音量が大きく低音化する傾向がある。心尖部で最も大きく聴取することができる。僧帽弁閉鎖不全症、心室中隔欠損症、三尖弁閉鎖不全症、拡張型心筋症などで出現する。

・収縮期駆出性雑音

心臓の収縮に伴って心室から大血管に血液が駆出されるときに生じる心雑音で、半月弁、流出路、大血管の狭窄に起因する。Ⅰ音から離れて始まり、Ⅱ音の直前で終わる漸増漸減性の心雑音が一般的で、病態の悪化に伴って音量が大きく高音化する傾向がある。心尖部から心基底部、さらに前胸部にわたる広い範囲で聴診することができる。大動脈弁狭窄症、肺動脈弁狭窄症、肥大型心筋症などで出現する。

#### ②拡張期性心雑音

心臓周期の拡張期（Ⅱ音からⅠ音までの間）に出現する心雑音の総称である。原因となる血流の方向によって以下の2つに分類される。

・拡張期逆流性（早期）雑音

半月弁の閉鎖とともに大血管から心室に血液が逆流するときに生じる心雑音で、半月弁の閉鎖不全に起因する。Ⅱ音に始まり漸減する心雑音で、病態の悪化に伴って音量が大きく低音化する傾向がある。心基底部で最も大きく聴診することができる。大動脈弁閉鎖不全症、肺動脈弁閉鎖不全症などで出現するが、特に後者では雑音が小さく聴取できないことが多い。

- 心室充満性雑音（拡張中期雑音）

　房室弁の開放とともに心房から心室へ血液が流入するときに生じる心雑音で、房室弁の狭窄に起因する。Ⅱ音に遅れて始まり漸減する心雑音で、病態の悪化に伴って音量が大きく、高音化する傾向がある。心尖部で最も大きく聴診することができる。僧帽弁狭窄症、三尖弁狭窄症などで出現するが、小動物における発生頻度は低くまれである。時に僧帽弁奇形を伴いやすい、心内膜線維弾性症（EFE）に合併してみられることがある。

③連続性心雑音

　収縮期、拡張期を通じて出現する心雑音の総称である。原因となる血流の発生部位によって以下の2つに分類される。

- 連続性雑音

　高圧の動脈系と低圧の静脈系が異常な短絡路を介して吻合し、収縮期、拡張期を問わずに生じる短絡血流のために出現する心雑音である。Ⅱ音に最強点をもち、病態の悪化に伴って音量が大きくなる傾向がある。機械様雑音などとも表現され、多くは心基底部で聴診することができる。動脈管開存症、冠動脈-静脈系短絡（冠動脈瘻）、動脈系-静脈系短絡（大動脈-肺動脈窓）などで出現する。

- to and fro 雑音

　収縮期性雑音と拡張期性雑音が連続して生じるために出現する心雑音で、心室内短絡と半月弁の閉鎖不全の合併、あるいは半月弁の狭窄と閉鎖不全の合併に起因する。Ⅰ音以降に収縮期性雑音が出現し、Ⅱ音以降に拡張期性雑音が出現するために連続性雑音として聴取されるが、各雑音の間にわずかに間があることもあるために、この雑音を厳密には連続性雑音に定義しない分類もある。疾患によって心臓の様々な部位で聴取することができる。心室中隔欠損症と大動脈弁閉鎖不全症の合併、大動脈弁狭窄症と大動脈弁閉鎖不全症の合併、僧帽弁閉鎖不全症と大動脈弁閉鎖不全症の合併などで出現する。

## 5）心音図検査

　心音図検査は、動物に直接集音マイクを当てて心音を記録する検査法のことで、心音を客観的に記録、可視化することができる検査法である。また、

図Ⅰ-53　一般的な心音図計
集音マイクを用いて心音を聴取しながら記録する

耳では聴取できない波長域の心音を記録することもでき、聴診を補完する性質ももっている。心音図検査は、心音図計を用いて実施され（図Ⅰ-53）、心音を周波数ごとにグラフ化して心電図と同時に記録される（図Ⅰ-54）。

### ⅰ）心音図検査の原則

　あらかじめ聴診を行い、心音や心雑音の所見から、心音図検査の目的（心音の確認、心雑音の鑑別など）を明確にしておく。検査を実施する際には、できるだけ静かな部屋で行い、動物は無麻酔で起立位とし、落ち着いた状態で実施する。動物の被毛が集音マイクに触れて記録の邪魔をする場合には、被毛をアルコールなどで湿らせたり、剃毛することで対応する。検者は、心音図計に付属する聴診器と集音マイクを用い、聴診と同じ要領で動物の心音を聴診しながら、最適部位にマイクを誘導して記録する。心音図の記録は、目的とする心音あるいは心雑音の最強点に集音マイクを当てて行い、連続した複数の心音が明確に記載された時点で終了とする。記録速度は、心電図検査と同様に50 mm/秒で行うことが多いが、若齢動物などで心拍数が著しく速い場合は100 mm/秒で記録することにより、時相を明確に区別することができる。また、複数の周波数で記録することができる心音図計であれば、周波数を適宜変更して最も明確に記録できる周波数を選択して記録を行う。小動物の心音は、一般に高音であるために高周波数域での記録が好条件となることが多い。

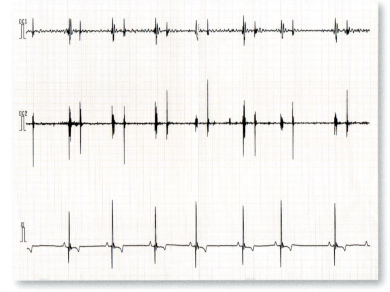

図I-54 正常な心音図
小動物の正常な心音図は、Ⅰ音とⅡ音が明瞭に記録される。

## ii）心音図検査の解釈

前述したp48「心雑音の出現時期による分類と心雑音を伴う疾患」における心臓周期と心音の関係と同様に解釈する。心雑音の発生原理を理解し、聴診と心電図検査、あるいは血圧モニターを併用することで、心雑音出現メカニズムを理解することができる。表I-3に心音と心雑音との関係を示す。

〈柴﨑　哲〉

表I-3　心雑音の出現時期による分類と原因疾患

| |
|---|
| 収縮期性雑音　心音のⅠ音から始まり、Ⅱ音で終わる雑音 |
| 1）収縮期逆流性雑音 |
| 　Ⅰ音からⅡ音まで同じ大きさで持続する全収縮期性の心雑音 |
| 　　僧帽弁閉鎖不全症、心室中隔欠損症など |
| 2）収縮期駆出性雑音 |
| 　Ⅰ音から離れて始まり、Ⅱ音の直前で終わる漸増漸減性の心雑音 |
| 　　大動脈弁狭窄症、肺動脈弁狭窄症など |
| 拡張期性雑音　心音のⅡ音から始まり、Ⅰ音で終わる雑音 |
| 1）拡張期逆流性（早期）雑音 |
| 　Ⅱ音に始まり漸減する心雑音 |
| 　　大動脈弁閉鎖不全症、肺動脈弁閉鎖不全症など |
| 2）心室充満性雑音（拡張中期雑音） |
| 　Ⅱ音に遅れて始まり漸減する心雑音 |
| 　　僧帽弁狭窄症、三尖弁狭窄症など |
| 連続性雑音　収縮期、拡張期を通じて出現する心雑音 |
| 1）連続性雑音 |
| 　収縮期、拡張期問わず出現し、Ⅱ音に最強点をもつ心雑音 |
| 　　動脈管開存症、冠動脈瘻など |
| 2）to and fro 雑音 |
| 　Ⅰ音以降に収縮期性雑音、Ⅱ音以降に拡張期性雑音が出現する心雑音 |
| 　　心室中隔欠損症と大動脈弁閉鎖不全症の合併など |

## ■5　心電図検査

### 1）心電図の基礎的概念

心電図は、心臓の電気的な活動を記録したものであり、体表面に電極を置き、記録するのが一般的である。心内にカテーテル電極を置いて記録する心内心電図は、不整脈診断で実施される電気生理学的検査においては不可欠であるが、動物では、実施する施設はあるものの[1]、一般的に広く行われている検査ではない。

図Ⅰ-55は、心電図の記録の原理について簡単に示したものである。心筋細胞の両側に陰極と陽極の電極が配置されている（A）。心筋の脱分極が陰極側から陽極側に向かって生じる場合、心電図上で陽性の波形が形成される（QRS群）（B）。心筋細胞全体が脱分極すると電位差がなくなるため、波形は基線に戻る（C）。再分極過程は、電位的に脱分極と逆になるため、再分極波は陰性に表わされている（D）。

心筋細胞1つの活動電位と心電図の関係を図Ⅰ-56に示す。心臓は、個々の心筋細胞が集合したものであるため、心電図上に表わされる電位は個々の活動電位の合計となる。心内膜側の細胞の活動電位持続時間は、心外膜側のそれより長いことから、人ではQRS群が陽性に表示される誘導ではT波も陽性となる。

### 2）心電図の取り方　ホルター心電図

心電図からわかることは、不整脈の発生と種類、心房・心室負荷、心筋虚血など様々であるが、不整脈の発生と種類を確認する目的には、心電図が必須となる。心電図検査が適応となるのは、身体検査上で不整脈が認められた場合、心疾患、薬物中毒（ジギタリスなど）、電解質異常が疑われる場合などである。麻酔中や重篤症例のモニターとしても心電図は使用される。

モニターとしてではなく、体表面心電図を記録する方法は以下のとおりである。まず動物をゴム製のマットの上に右側横臥で保定する。その際、前肢、後肢は体躯に対して90°になるようにする。標準四

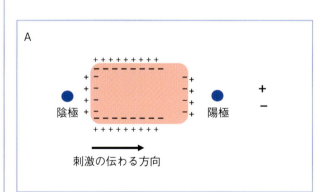
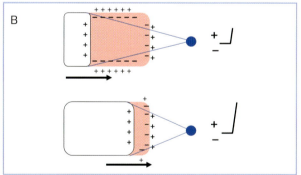
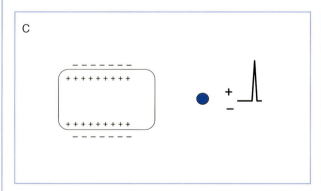
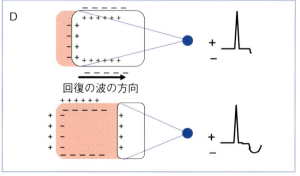

図Ⅰ-55　心電図記録の原理。各図の解説は本文参照

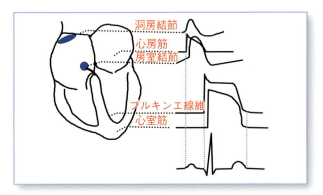

図Ⅰ-56 心筋細胞の活動電位と心電図の関係

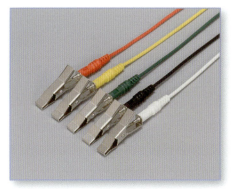

図Ⅰ-57 ワニ口電極
（写真提供：フクダ エム・イー工業㈱）

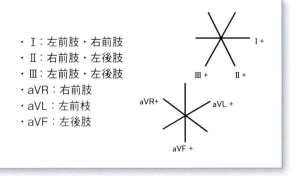

- Ⅰ：左前肢・右前肢
- Ⅱ：右前肢・左後肢
- Ⅲ：左前肢・左後肢
- aVR：右前肢
- aVL：左前枝
- aVF：左後肢

図Ⅰ-58 標準双極四肢誘導と増幅単極四肢誘導

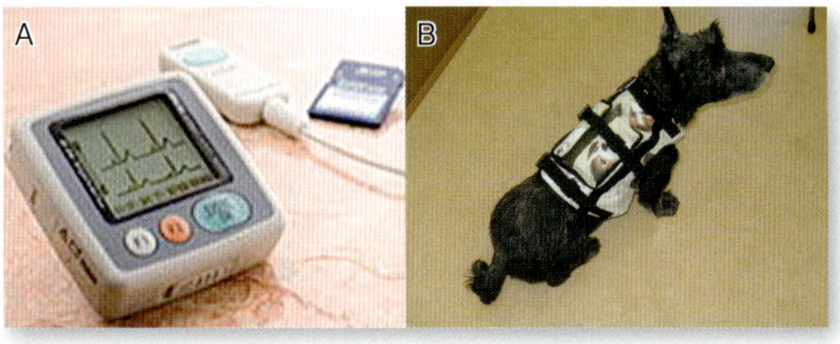

図Ⅰ-59 ホルター心電図
A：ホルター心電図本体、B：専用ジャケット
（写真提供：フクダ エム・イー工業㈱）

肢誘導と増高単極肢誘導では、電極は肘および膝付近に装着し、アルコール、電解質液あるいは専用のペーストなどで湿らせる。電極は（図Ⅰ-57）、体幹に近い位置や四肢の先端にならないようにする。前者は呼吸によるアーティファクトが乗ったり、電位が増高したりする原因となり、後者は体動によるアーティファクトが出やすくなる。電極コードが体幹上を横切るように置かれると、基線が揺れやすいので避ける。幼齢犬などが電極を嫌がる場合は、電極と皮膚の間にガーゼを挟むなどしてクリップの強度を緩和する。交流障害により基線にアーティファクトが乗る場合はアースを取る。

心電図の誘導は、通常標準双極四肢誘導（Ⅰ、Ⅱ、Ⅲ誘導）と増幅単極四肢誘導（aVR、aVL、aVF）が使用されている。標準双極四肢誘導法は、アイントーベンの三角形と呼ばれる両手および左後肢の3点間で作られた三角形を基に考えられた。この三角形は、中心に心臓を置き、心臓の起電力を三角形の各辺に投影できるという理論に基づいたものである。これに増幅単極四肢誘導（三角形の中心部を0電位とした誘導）を加えた6誘導が、誘導法として汎用されている（図Ⅰ-58）。

胸部単極誘導は、心肥大をより反映しやすいため、記録されることがあるが、他の画像診断の発達により多用はされていない。記録する場合は、胸部単極用の電極を右側第5肋間胸骨縁（CV5RL）、左側第6肋間胸骨縁（CV6LL）、左側第6肋間肋軟骨結合部（CV6LU）および第7胸椎（V10）に装着し、それぞれの誘導の記録を行う。

ホルター心電計は（図Ⅰ-59）、長時間心電図が記録できる心電計で、ホルター心電図検査は不整脈による症状が疑われる場合、不整脈を治療するかどうかの判断をする場合、抗不整脈薬の治療効果を評価する場合などで適応となる。記録には専用ジャケットの装着が必要となるが、動物によってはジャケットに抵抗感を示すことがあるため、数日間ジャケットを装着して馴化したのちにホルター心電計を装着する。猫では、ジャケットや電極装着に抵抗感を示す性質を保有する個体が多いため、バイアスのない記録を難しくしている。必要に応じて1～3日の心

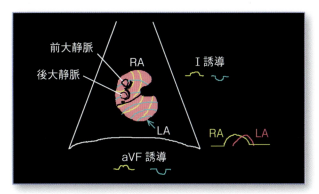

図Ⅰ-60　犬の胸部の前額面からみた心房レベルでの興奮伝導と心電図波形（Ⅰ、aVF誘導）
RA：右心房、LA：左心房。

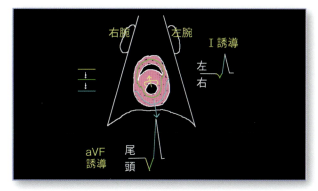

図Ⅰ-61　心室レベルでの興奮伝導と心電図波形（Ⅰ、aVF誘導）
RV：右心室、LV：左心室。

電図記録を行い、のちに専用解析ソフトで解析を行う。24時間以上記録された心電図は、不整脈の発生を長時間にわたってモニターできるということ以外にも、RR間隔の変動から自律神経機能を評価することもできる。

## 3）正常心電図、平均電気軸

図Ⅰ-56に示したように、心電図は心臓全体の電気活動の総和を体表面で記録したものである。詳しくは不整脈の項で述べるが（p368～参照）、洞（房）結節から生じた興奮は、結節間伝導路を通って心房筋に広がり、心房筋の興奮を引き起こす（P波）。そして房室結節・接合部を通過する際伝導が緩徐となるため基線が現れる（P波終了点からQRS群の間）。興奮はヒス束を介して心室に伝導し、心室筋の脱分極（QRS群）が生じ、続いて心室が再分極する（T波）。

正常な個体では、洞結節が心臓の調律のペースメーカとなり（洞調律）、各波形の電位と持続時間も基準値範囲内である。図Ⅰ-60は、犬の胸郭を正面から見たもので、胸腔内には心房レベルにおける心臓が描かれている。洞結節は、前大静脈付近に存在し、そこから興奮が発せられ、まず右心房の心房筋が脱分極し、左心房へと心房全体へ興奮が広がっていく（黄色い波形）。aVF誘導は、横隔膜側から心臓を見上げている誘導であるが、興奮はaVF誘導に向かってくる方向に生じるため、この誘導では陽性波としてP波は描かれる。Ⅰ誘導は左側から心臓をみている誘導であるが、aVFほどではないも

のの、やはり向かってくる方向に興奮波は広がるため、Ⅰ誘導においてもP波は陽性に描かれる。P波の前半部分は右心房の、後半部分は左心房の脱分極を表していることがわかる。一方、左心房側から異所性刺激により興奮が引き起こされると、左心房から右心房側へ興奮波が広がっていくため、aVFおよびⅠ誘導ともに陰性波のP波が心電図上に描かれることになる（青い波形）。

図Ⅰ-61に、心室の脱分極波の流れを示した。胸腔内に描かれた心臓は、心室レベルを示している。ヒス束を通過して心室の右脚および左脚に興奮が伝導される。心室の興奮は、心室中隔から開始するが（黄色）、それが心内膜面全体に広がり（黄緑）、そして右心室の脱分極が終了したのちに左心室の脱分極（青）が終了する。aVFおよびⅠ誘導におけるQRS群の模式図に各段階によって形成される波形を色で示した。心内膜全周が脱分極すると、脱分極の方向が360°方向に広がっているため電位はゼロとなることから、黄緑のラインはゼロに復する様子を示している。

平均電気軸とは、おおまかに心臓の起電力のベクトル方向を知ろうというもので、通常QRS群の平均電気軸のことを指す。正常な犬では+40から100°、猫では0から160°とされている。この電気軸が右側（犬で100°から-90°、猫で+160°から-90°）に偏位したものを右軸偏位、左側（犬で+40°から-90°、猫で0°から-90°）に偏位したものを左軸偏位といい、心室肥大・拡張、心室内伝導障害（脚ブロック）などの診断の一助となる。図

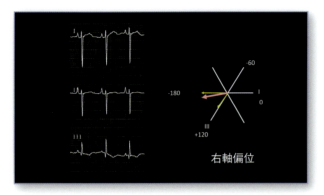

図Ⅰ-62　平均電気軸の算出。解説は本文参照

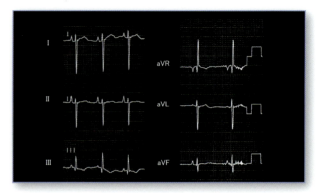

図Ⅰ-63　図Ⅰ-62と同症例の6誘導心電図
ペーパースピード50mm/秒、2mV=1cm。

Ⅰ-62に平均電気軸の算出法の例をあげた。Ⅰ誘導では、QRS群のR波は0.4 mV、S波は−1.7 mVであるので、両者の和は−1.3 mVである。そこでⅠ誘導上に−1.3 mVとプロットする（黄色矢印）。次にⅢ誘導のQ波は−0.2 mV、R波は0.8 mVであるので、和は0.6 mVとなり、Ⅲ誘導上にプロットする（黄色矢印）。矢頭からそれぞれ垂線をおろし、交差したところが平均電気軸である（約−170°）。もう少し簡単に求めるには、6誘導中、陽性陰性問わずQRS群の電位が最も高い誘導を探す。その誘導上に平均電気軸が乗っていると大まかに把握できる。図Ⅰ-63は図Ⅰ-62と同様の症例である。6つの誘導中最も電位が高いのはⅠ誘導であることから、平均電気軸はⅠ誘導近くに存在すると想像でき、実際に計算して得られた値（−170°）と近似することが確認される。本症例では右軸偏位が認められた。

### 4）異常心電図

心電図の異常は、不整脈（p368～不整脈を参照）と各波形の電位、あるいは持続時間の異常に大別される。心電図上の各波形の形態に異常が認められる場合、器質的、生理的、あるいは機能的な異常を反映していることがある。これらを心電図のみで判断しようとせずに、他の画像診断（X線検査、心エコー検査）とともに評価することは重要である。

#### ⅰ）心房・心室拡大

##### ①右房拡大（肺性P波：図Ⅰ-64）

前述のように、P波の前半成分は右心房筋の脱分極からなる。前半成分の脱分極が延長すると、後半

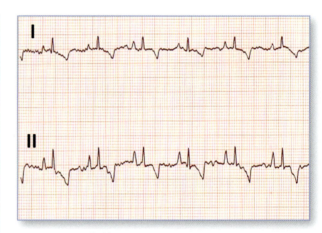

図Ⅰ-64　気管虚脱のヨークシャテリアの心電図
Ⅱ誘導にてP波が0.5mVと増高し、右房拡大パターンを呈している。ペーパースピード50mm/秒、1mV＝1cm。

部分と重なり心電図上では電位が増大する。P波が犬で0.4 mV、猫で0.2 mV以上に増高しているものを右房拡大あるいは肺性P波といい、慢性呼吸器疾患、右心系に負荷を及ぼす心疾患、心筋疾患などの背景疾患に起因することがある。

##### ②左房拡大（僧帽性P波：図Ⅰ-65）

左房拡大が生じると、左心房の脱分極が構成するP波の後半成分の持続時間が延長する。P波の幅が犬猫で40ms以上に延長したものを、左房負荷あるいは僧帽性P波という。P波にノッチが認められても、持続時間の延長が認められなければ異常ではない。

##### ③右室拡大（負荷）

以下の所見のうち3つ以上当てはまる場合は右室拡大（負荷）を疑う[3]（引用文献を一部改変）。

犬：⑴CV6LL誘導のS波が0.8 mV以上

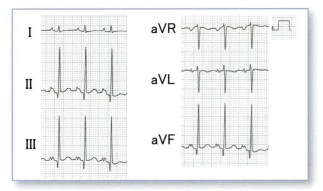

図Ⅰ-65 僧帽弁異形成のゴールデン・レトリーバーの心電図
P波の持続時間の延長（僧帽性P）および左室負荷所見が認められる。ペーパースピード50mm/秒、2mV＝1cm。

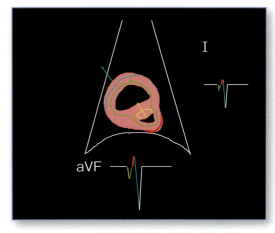

図Ⅰ-66 右室拡大例の心室興奮伝播

　(2)右軸偏位
　(3)CV6LU誘導のS波が0.7 mV以上
　(4)Ⅰ誘導のS波が0.05 mV以上
　(5)CV6LU誘導のR/S比が0.87 mV以上
　(6)Ⅱ誘導のS波が0.35 mV以上
　(7)Ⅰ、Ⅱ、ⅢおよびaVF誘導でS波が存在する
　(8)V10誘導で陽性T波
　(9)V10でW型のQRS群
猫：(1)Ⅰ、Ⅱ、Ⅲ、aVF誘導でS波が0.5 mV以上
　(2)右軸偏位
　(3)CV6LL、CV6LUでS波が0.7 mV以上
　(4)V10で陽性T波

　このように、左心系側の誘導からみると、S波が増高しているパターンが診断基準の多くを占めるが、この波形の成り立ちを図Ⅰ-66に示した。図Ⅰ-61と同様に胸腔内に心室レベルにおける心臓が描かれており、黄色、黄緑、赤と興奮が広がっていく。正常では左心室側の興奮が最後まで残ったのと比較し、右心室が肥大あるいは拡大すると右心室の興奮が最後まで残るため、aVFやⅠ誘導からみると脱分極波が遠ざかっていく波形、つまりS波が形成される（青で表示）。前述の図Ⅰ-62の症例は、上記クライテリアの(2)、(4)、(6)が当てはまるため右室負荷を呈しているといえる。この症例の基礎疾患には肺動脈狭窄症が存在したが、他にも右心室に圧負荷あるいは容量負荷を生じる疾患では右室拡大所見

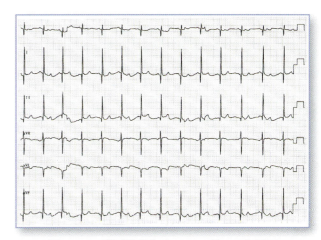

図Ⅰ-67 動脈管開存症のコーギーの心電図
ペーパースピード50mm/秒、2mV＝1cm。

が心電図上で生じる可能性がある。

④左室拡大（負荷）

　左心室の拡大あるいは肥大によって左室重量が増大した場合に、心電図上でR波の増高（Ⅱ、aVF誘導において大型犬で3.0 mV以上、小型犬で2.5 mV以上、猫ではⅡ誘導で0.9 mV以上）、QRS群持続時間の延長、ST分節の変化、T波の形態の変化、左軸偏位などが認められる。左軸偏位単独所見のみでは通常左室負荷とはしないが、猫の肥大型心筋症では左軸偏位だけ認められることがある（左脚前枝ブロックのパターン、後述）。図Ⅰ-67は、動脈管開存症のウェルシュ・コーギー、3ヵ月齢の心電図である。Ⅱ、Ⅲ、aVFでR波の増高が認められ、左室拡大所見を呈している。

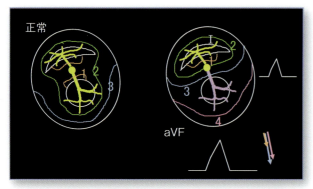

図Ⅰ-68　左図は正常例。右図は左脚ブロックの興奮伝播様式を示す

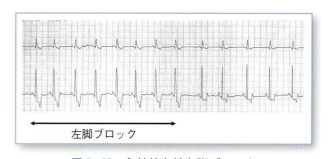

図Ⅰ-69　心拍依存性左脚ブロック
心拍数に依存して、左脚ブロックと正常な QRS 群の混在が認められる。ペーパースピード25mm/秒。

### ⅱ）心室間・心室内伝導障害

心室間（右脚ブロック、左脚ブロック）や心室内（左脚前枝ブロック、左脚後枝ブロック）が生じた場合、脱分極が心室内に広がる順序や方向が変化するため、QRS 群の形態に異常をきたす。

完全右脚ブロックおよび完全左脚ブロックでは、QRS 群の持続時間が延長し、幅の広い QRS 群を呈するようになるが、P 波と QRS 群の関係には異常をきたしておらず、調律は当然洞調律である。幅の広い QRS 群を呈することから、心室異所性刺激による心室頻拍、心室期外収縮、あるいは心室補充調律などと混同しないように注意する。

#### ①左脚ブロック

心室間伝導障害では、右心室あるいは左心室の刺激伝導系にブロックが生じるため、罹患側の心室の興奮は心筋から心筋へと伝導される。したがって、興奮伝播に比較的時間がかかるため、QRS 群は顕著に延長する。左脚ブロックの心電図上の特徴は以下のとおりである[4]。

(1) QRS 群持続時間の延長（犬で70 msec 以上、猫で60 msec 以上）
(2) Ⅰ、Ⅱ、Ⅲ、aVF 誘導の QRS 群が陽性波
(3) aVR、CV 5 RL 誘導の QRS 群が陰性波
(4) 心室中隔の興奮を表す Q 波の欠如。図Ⅰ-68は、左脚ブロック時の心室における興奮の広がりを示す。左脚ブロックでは、右室から興奮が広がり始め、心筋から心筋への興奮伝導により左室へ脱分極が広がるため、aVF 誘導側からみると興奮はすべて aVF へ向かう方向となるため、心電図上では陽性波として描かれる。

心拍数に依存して左脚ブロックが生じることもある（図Ⅰ-69）。左脚ブロックが認められた症例は、通常重篤な器質的心疾患を抱えていることが多い。

#### ②右脚ブロック

右脚ブロックは、右脚の近位で生じているもの（完全右脚ブロック）と、比較的遠位で生じている場合（不完全右脚ブロック）があり、後者では QRS 群の顕著な延長が認められない。左脚ブロックとは異なり、右脚ブロックが認められも必ずしも重篤な背景心疾患が存在するわけではなく、心臓が形態的・機能的に正常な犬猫でも認められることがある。しかし、心室中隔欠損や心筋疾患、心臓腫瘍などが背景に認められることもある。心電図上の特徴として、(1) QRS 群、特に S 波の持続時間の延長（犬で80 msec 以上、猫で60 msec 以上）、(2) 右軸偏位、(3) aVR、aVL で QRS 群が陽性、(4) Ⅰ、Ⅱ、Ⅲ、aVF、CV 6 LL、CV 6 LU で広い S 波があげられる。図Ⅰ-70は、右脚ブロック時の心室における興奮の広がりを示す。右脚ブロックでは、左心室から興奮が広がり始め、心室筋から心室筋への興奮伝導により右心室へ興奮が到達する。したがって、aVF 誘導側からみると心室に最後に残る興奮（4：ピンクで表示）は、aVF から遠ざかる方向となるため、心電図上では持続時間の長い陰性波として描かれる。

このような心電図上の異常と同時に、画像診断で顕著な右室肥大・拡大がないことが確認されたときに右脚ブロックと診断される。図Ⅰ-71は、心室中隔欠損症の猫の心電図である。Ⅰ、Ⅱ、Ⅲ、aVF

## 6 X線検査

### 1）胸部X線検査法

動物を手で保定して撮影する際には、必ずX線防護衣とX線防護手袋を着用し、必要に応じて甲状腺防護用具や防護メガネを装着する。線量計は、男性では胸部（例：白衣の胸ポケット）、女性では腹部（例：白衣のポケット）に装着する。このとき、線量計が防護衣の内側になるよう注意する。防護衣や防護手袋はあくまで散乱線（二次X線）の遮蔽が目的であるため、たとえ防護手袋を装着していたとしても、保定者の手を照射野内に入れてはならない（図Ⅰ-75）。

胸部X線検査では、直交する2方向撮影（右ラテラル像または左ラテラル像とDV像またはVD像の組み合わせ）が最低限必要であるが、最近ではルーチン検査として3方向撮影（右ラテラル像、左ラテラル像とDV像またはVD像の組み合わせ）が一般的になりつつある。フィルムスクリーン法を用いて胸部を撮影する際には、骨組織（肋骨、脊椎、胸骨など）、軟部組織（心臓、血管など）、空気（肺野）間のコントラストが少ない（＝寛容度の広い）画像を得るために高KVp、低mAs撮影を行う。低KVp、高mAs撮影（腹部や四肢の撮影に用いられる）では寛容度が狭く、コントラストが過剰となるために胸部の病変を見落としやすくなる。

CRやDRなどのデジタルシステムの場合は、寛容度が広くなるような画像処理法を用いる（図Ⅰ-76）。呼吸や心拍動による肺血管や心臓辺縁部ボケを防ぐため、撮影時間（s）は可能な限り短くし、mAの設定はX線管の負荷を考慮したうえで、小焦点で使用可能な最大電流を用いる。体厚が

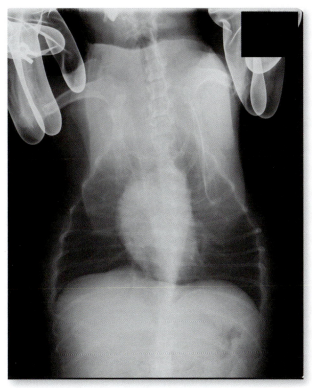

図Ⅰ-75　保定者の手が撮影領域に含まれた胸部X線VD像
管球から照射された一次X線が防護手袋を通過し、手袋の中にある保定者の指が描出されている。

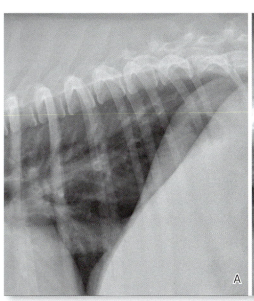 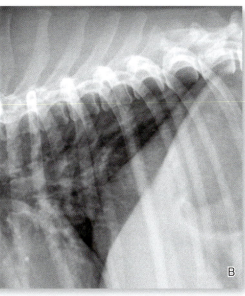

図Ⅰ-76　画像処理法によるX線画像の違い（DR）
A：胸部撮影用の画像処理。B：腹部撮影用の画像処理。腹部撮影用の画像処理では肺血管、気管支、脊椎および肋骨が明瞭にみられる反面、肺実質の微妙な不透過性の変化を検出することは困難である。

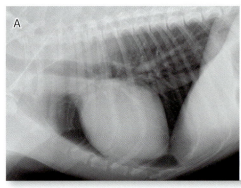
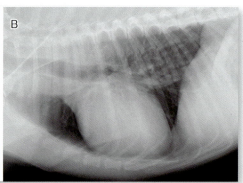

図Ⅰ-77 同一個体（犬）における最大吸気時（A）および最大呼気時（B）の胸部ラテラル像
Bでは心臓と横隔膜が接触するとともに、肺含気量の低下によって胸腔内の不透過性が亢進し、肺野全域が気管支パターンを呈している。

12cmを超える場合にはグリッドを使用する。X線の照射は最大吸気時に行う。犬がパンティングをしている場合には、数秒間手で口を塞いだ後に離し、深呼吸をしている間に撮影するとよい。呼気撮影では肺野のコントラストが顕著に低下し、病変を見落としたり、正常な肺野に異常なパターンが出現したりするため、正確な読影が困難となる。最大吸気時に撮影された胸部ラテラル像では、肺後葉の尾側縁がT12より尾側に位置し、肺副葉の含気量の増加とともに心臓と横隔膜が解離する（図Ⅰ-77）。また、肺の頭側縁は第1肋骨レベルに達する。最大吸気時に撮影されたVD/DV像では、横隔膜頂部がT8椎体の中央部よりも尾側に位置し、肺後葉の尾側縁がT10よりも尾側となる。

胸部の撮影範囲は、頭尾側方向は胸骨柄～肺後葉尾側縁の1～2椎体尾側、DV方向は胸郭全体が入るように設定する（図Ⅰ-78）。撮影する際には、胸骨を少し持ち上げるようにして、撮影された画像上で左右の肋骨が重なるようにする（図Ⅰ-79）。腋窩に楔型のスポンジを置いてもよい。前肢は頭側へ軽く牽引し、頭頸部は軽く伸ばす。照射野の中心は、犬では肩甲骨の尾側縁、猫では肩甲骨の2cmほど尾側に設定する。適切に撮影された画像では胸腔外の構造物（肋骨、胸骨、胸椎など）とともに肺血管が肺野の末梢まで描出されるが、露出過多の画像や過飽和したデジタル画像では肺野が暗く、肺血管が消失してみられるため、気胸と誤診したり、肺野の病変を見落としたりしてしまう（図Ⅰ-80）。また、呼気撮影では肺野の不透過性が亢進するため、肺野の正確な評価は困難である（図Ⅰ-77B）。

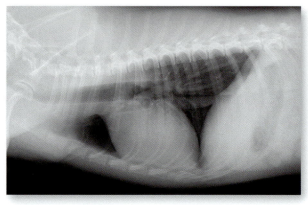

図Ⅰ-78 胸部X線ラテラル像の適切な撮影範囲
頭尾側方向は胸骨柄～肺後葉尾側縁の1～2椎体尾側、背腹方向は胸郭全体が入るように設定する。

## 2）正常心陰影

心陰影は、心臓、血液、心膜、大血管（上行大動脈、大動脈弓、主肺動脈）からなり、ラテラル像では中縦隔の面積のおよそ2/3を占める。わずかなポジショニングのずれによって、心陰影が著しく変化するため、その正確な評価には正しいポジショニングで撮影することが必要である。

また、犬では個体、犬種による様々な正常心陰影のバリエーションがあることを理解しておく。ドーベルマン・ピンシャーのような胸郭の深い犬のラテラル像では、心臓が直立し、胸郭の面積に対して相対的に心陰影が小さく、VD/DV像では心陰影が円形状を呈する（図Ⅰ-81）。これに対し、標準的な体格の犬（ゴールデン・レトリーバー、雑種犬など）では、ラテラル像で心基底部がやや頭側へ傾斜し、心臓の頭側縁がやや胸骨に沿ってみられる。VD/DV像では、心陰影が楕円形状を呈する（図Ⅰ-82）。胸郭の浅い犬（短頭種、軟骨異栄養性犬種など）では心臓が全体的に頭側に傾いており、ラテ

心血管系疾患に対する検査

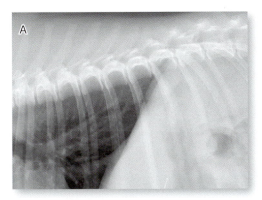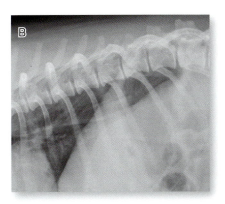

図Ⅰ-79　犬の胸部X線ラテラル像。A：適切なポジショニング、B：不適切なポジショニング
A：左右肋骨の背側縁がほぼ完全に重複している。B：左右肋骨の背側縁にずれが生じており、胸椎と肺、横隔膜、胃が重複している。このようなずれは撮影時に胸骨を少し持ち上げることで簡単に解決する。

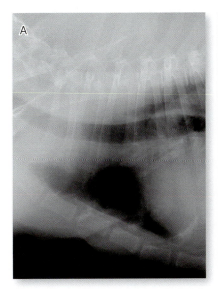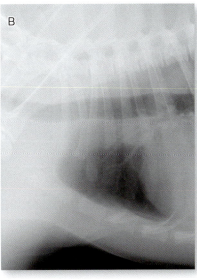

図Ⅰ-80A　胸部の読影に不適切なデジタル画像処理
コントラスト、明るさを手動で調整しても肋骨と肺野を同時に描出することができない。

図Ⅰ-80B　胸部の読影に適切なデジタル画像処理
肺野、肺血管、心陰影、骨が同時かつ明瞭に描出されている。

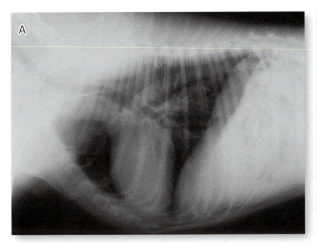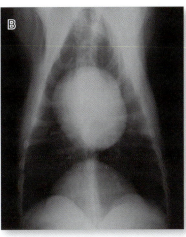

図Ⅰ-81　ドーベルマン・ピンシャーの胸部X線画像
A：ラテラル像では心臓が直立している。B：VD像では心陰影が円形状を呈している。

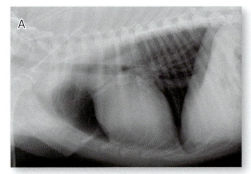
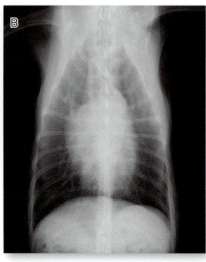

図Ⅰ-82 ゴールデン・レトリーバーの胸部X線画像
A：ラテラル像では心基底部がやや頭側へ傾斜し、心臓頭側縁が胸骨に沿っている。
B：VD像では心臓は楕円形状を呈している。

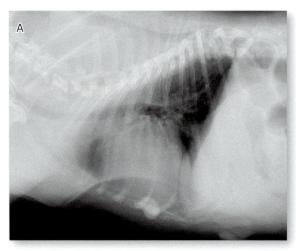
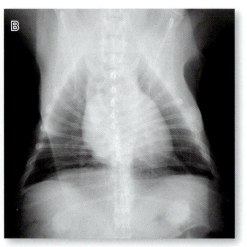

図Ⅰ-83 ブルドッグの胸部X線画像
ラテラル像（A）では心臓が胸郭の大部分を占拠しているようにみえるが、VD像（B）における心胸郭比は正常である。

ラル像では心陰影が胸郭の面積の大部分（場合によっては60〜70％）を占めるようになる。しかしながら、VD/DV像では、胸郭の大きさに対する心陰影の相対的な大きさは正常であることが多い（図Ⅰ-83）。このことから、心拡大の評価には直交した2方向の撮影が必要である。

猫の心陰影は、犬と比較して小型であり、個体差はあまりみられないが、加齢とともに心臓が頭側へ傾斜する（図Ⅰ-84）。一般的に、胸部DV像では腹圧によって横隔膜がより頭側へ突出するため、VD像よりも心臓（特に心尖部）が左側へ変位する。また、左ラテラル像では右下ラテラル像よりも、心臓と胸骨との接触面が少ない。心陰影は、均一な軟部組織デンシティーであり、心腔、弁、血管などの内部構造を区別することは不可能であるが、VD/DV像で心臓を時計のように見立てることで、心臓の輪郭、大きさ、形状をある程度評価することが可能である（クロックフェイスアナロジー）（図Ⅰ-85）。ラテラル像では右心が心陰影の頭側に、左心が尾側に位置する。また、左右の心房は背側に、心室は腹側に位置する（図Ⅰ-86）。

### 3）正常肺血管系、正常肺野、正常気管支

肺野は、血管、間質、肺胞および気管支からなる。ラテラル像では、気管支を挟んで肺前葉の肺動脈が背側に、これに対応する肺静脈が腹側に位置す

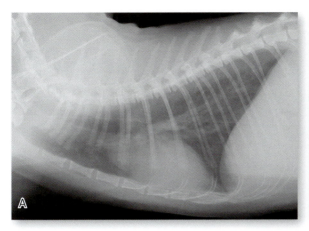
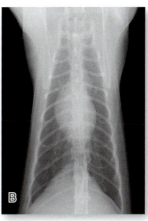

図Ⅰ-84　老齢猫の胸部Ｘ線画像
A：ラテラル像では心臓が頭側へ傾斜しており、大動脈弓が頭側へ突出している。B：VD像では心臓の12時～１時方向に突出した大動脈の陰影が認められる。

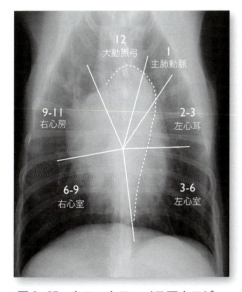

図Ⅰ-85　クロックフェイスアナロジー
12時：大動脈弓。１時：主肺動脈。２～３時：左心耳、３～６時：左心室、６～９時：右心室、９～11時：右心房。

る。右前肺動静脈は、左前肺動静脈より腹側に位置しているが、右下ラテラル像では両者が重複しやすいため、左右の肺血管を見分けることが困難となる（図Ⅰ-87）。また、ラテラル像では肺中葉～後葉の肺動静脈を区別できない。VD/DV像では左右の肺動脈が肺静脈よりも外側に位置する。左右の後肺動静脈はVD像よりもDV像の方が明瞭に描出される（図Ⅰ-88）。同じレベルにある肺動脈と肺静脈の太さは同様であるため、両者の比較により肺血管の太さを相対的に評価する。どちらか一方の拡張あるいは縮小は、重大な心疾患の初期に認められる所見であり、見落とさないように注意する。肋骨の太さとの比較による、肺血管の絶対的な評価も可能である。ラテラル像では前肺動静脈は第４肋骨近位の太さを超えない。また、DV/VD像では、後肺動静脈

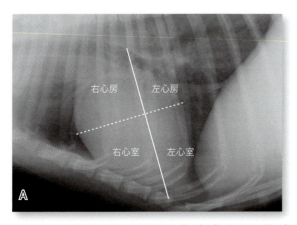
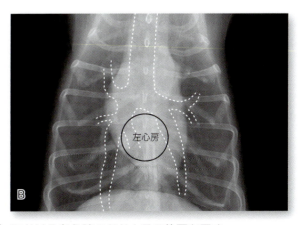

図Ⅰ-86　ラテラル像（A）とVD像（B）における各心腔のおおよその位置を示す

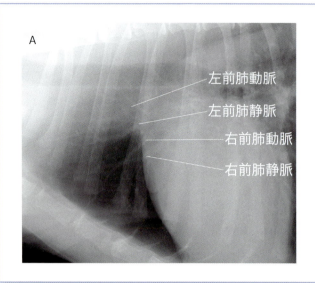
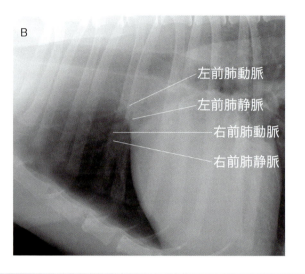

図Ⅰ-87　A：左下ラテラル像、B：右下ラテラル像
A：右前肺動静脈が左側と比較して腹側に位置している。B：Aと比較して、左右の前肺動静脈が重複している。

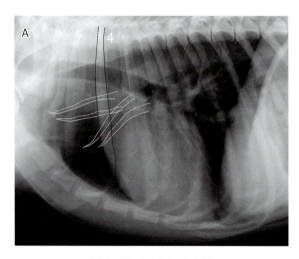
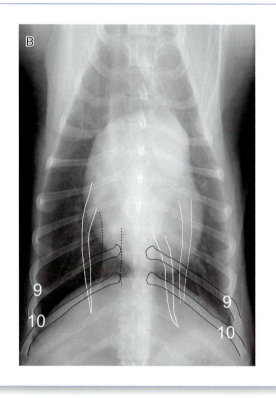

図Ⅰ-88　正常な肺血管
ラテラル像（A）において、左右の前肺動静脈は第4肋骨近位の太さを超えない。VD/DV像（BはVD像）では、左右の後肺動静脈が第9肋骨と交わる部分において肋骨の太さを超えない。

は第9肋骨を交わる部分において肋骨の太さを超えない（図Ⅰ-88）。

　肺間質は、肺を構成する疎性結合組織であり、気管支および血管周囲の疎性結合組織、肺胞隔壁、小葉間隔壁からなる。X線画像上では血管や気管支の間の淡い網状の不透過性陰影としてみられる。

　肺は左右の葉に分かれており、右肺は前葉、中葉、後葉、副葉の4葉に、左肺は前葉（さらに前部と後部に分かれる）と後葉の2葉に分かれる。葉間裂は通常みられないが、X線画像における各肺葉の位置を覚えておくとよい（図Ⅰ-89）。

　気管は、DV/VD像で正中線のやや右側（図

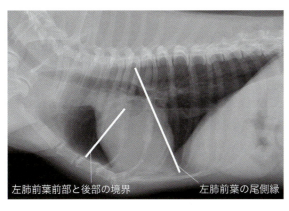
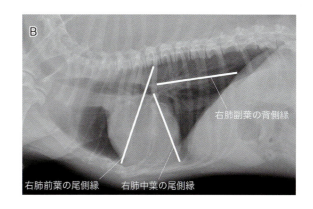
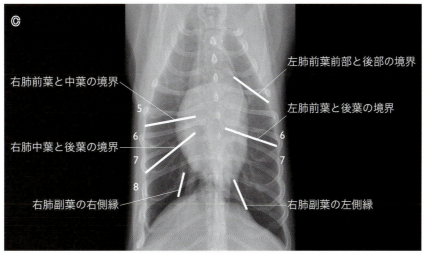

図I-89 ラテラル像（A、B）およびVD/DV像（CはVD像）における各肺葉のおおよその位置を示す

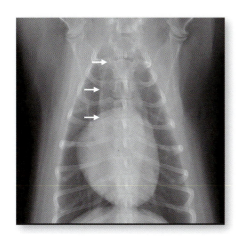

図I-90 気管（矢印）はVD/DV像（図はVD像）で正中線のやや右側を走行する

I-90）、ラテラル像で食道の腹側を走行する。多くの犬種で胸部気管は、胸郭前口から気管分岐部にかけて徐々に脊椎と離れて走行するが、ダックスフンドやウェルシュ・コーギーなどの、胸郭が背腹方向に狭い犬種では、気管分岐部の直前まで気管が脊椎とほぼ平行に走行する（図I-91）。正常な気管径／胸郭前口の比は、短頭種以外の犬種で0.2±0.03、ブルドッグ以外の短頭種で0.16±0.03、ブルドッグで0.13±0.13である。気管は、気管分岐部で左右の主気管支に分岐する。主気管支はさらに右肺前葉、右肺中葉、右肺副葉、右肺後葉、左肺前葉および左肺後葉の各葉気管支へと分岐していく（図I-92）。

第Ⅰ章　心血管系

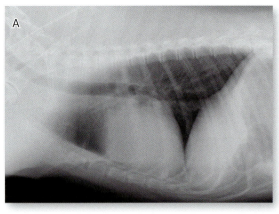 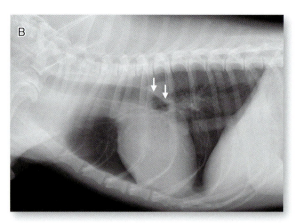

図Ⅰ-91　A：ラブラドール・レトリーバーの胸部ラテラル像。B：ウェルシュ・コーギーの胸部ラテラル像
A：胸郭前口から気管分岐部にかけて気管が徐々に脊椎と離れて走行している。B：気管はおおむね脊椎と平行であるが、気管分岐部の直前で腹側へ変位している（矢印）。

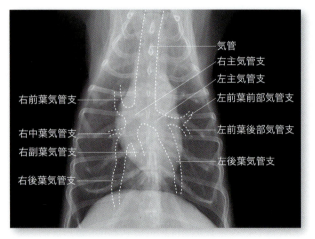 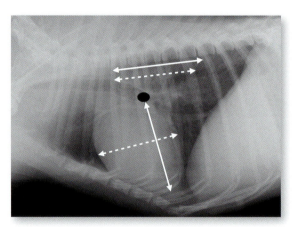

図Ⅰ-92　正常犬の胸部VD像
気管および気管支の分岐を示す。

図Ⅰ-93　VHS法（正常犬の胸部ラテラル像）
気管分岐部（黒丸）の腹側縁から心尖部までの距離を心臓の長さ（実線両矢印）、これと直行する最大心横径を心臓の幅（点線両矢印）として、それぞれの距離を、第4胸椎を起点とした椎体の個数で計測する。

### 4）心拡大のX線診断

　ラテラル像における最大心横径は、犬ではおおむね肋間3〜3.5個分、猫では2〜3個分であり、心基底部から心尖部までの距離は、胸郭の高さの約60％である。また、VD/DV像では最大心横径が第9肋間レベルでの胸郭の幅の50％を超えない。しかしながら、犬では犬種あるいは個体によって正常心陰影の形状が著しく異なることから、これらの主観的な方法による評価は必ずしも正確ではない。

　一方、vertebral heart score（VHS）は、胸椎の長さを指標とした心拡大の客観的な評価法である。この方法では、気管分岐部の腹側縁から心尖部までの距離を心臓の長さ、これと直行する最大心横径を心臓の幅として、それぞれの距離を、第4胸椎を起点とした椎体の個数で計測する。正常犬のVHSは9.7±0.5で、10.6を超えた場合に心拡大と判定する。また、正常猫のVHSは7.5±0.3で、8.1を超えた場合に心拡大と判定する（図Ⅰ-93）。VHSの正常値も、犬種、個体によって大きく異なるため、先に述べた主観的な方法と比較して常に優れているわけではないが、同一個体に対して長期的な経過観察を行う場合にはVHS法の有用性が高い。

（小野　晋）

## ■ 7 超音波検査

### 1）超音波検査法

　初めに心得ておかなければならないのは、心エコー検査は、身体検査、心電図検査や他の画像検査と並列の生体検査の1つであり、他の検査所見と包括して動物の診断治療をしていかなければならないことである。さらに、心エコー検査で何を知りたいのかを心エコーをとる前に絞っておくことで、効率的に動物を評価することができる。

　心臓超音波検査（心エコー検査）は、非侵襲的で心臓形態および心機能が評価できる検査法である。本法は、断層像から心臓の構造および血流の情報を評価するものであるため、欠点としては冠動脈といった血管の3D走行している構造の評価には弱い。心臓は、拍動していることから空間移動すること、また心臓は捻れながら収縮・弛緩することも、断層法で評価しづらい理由である。この領域については、心血管造影法やCTの方が現在のところ優れているが、近年3Dエコー法も進化してきていることから、今後の発展によっては評価可能となるだろう。

　心エコー検査の画質は、使用する超音波診断装置、超音波の組織透過性、機械のセッティング、トランスデューサーのセッティング、検査者（走査者）の技術などに依存する[1]。特に、経胸壁心エコー図法では、胸壁や肺などの障害物が存在するため、それらが画質や断層描出に影響を与える。その点、経食道心エコー図法は、心臓までの距離が近く、超音波組織透過性もよいので（食道直下の心臓にアプローチするため）、また高周波のトランスデューサーの使用が可能となるため、高画質の画像が得やすい。さらに、超音波ビームの入射範囲（ウィンドウ）も広く、肺による画像獲得上の障害もないことも利点である。獣医科領域では経食道心エコー図法を実施するには全身麻酔が必要となるので、これが欠点となる。

　心エコー検査法における基本断面は、Thomasらの報告や[2]、アメリカ心エコー図学会（American society of echocardiography）のガイドライン[3]などに沿って実施されている。検査者は、2Dの超音波画像を何枚も重ね頭の中で3Dに組み立てて、立体的な解剖構造を想像しなければならない。したがって、胸腔内の心血管系の解剖学を熟知したうえで検査に臨む必要がある。

#### ⅰ）準備

　まず、心エコー検査においてプローブはセクタ型が望ましい。犬は小型犬から大型犬まであるため、できれば低周波数から高周波数のプローブまで複数あると理想的である。胸腔内臓器は、肋骨や肺に囲まれていることから、音響窓が小さく、また人のように息止めなどで協力が得られないことから、様々な工夫が必要である。動物が興奮していると音響窓がますます小さくなることがあるので、非協力的な動物に適切な鎮静剤を使用することは有効である。エコー測定値に影響を及ぼさず、ストレスを最小限に抑えられる投与量による鎮静剤の使用は、心疾患動物には特に有用になることがある。緊張によるパンティングも場合によっては障害になる。

　保定法もかなり重要である。横臥位にすると、立位よりもより大きな音響窓を得ることができる。心臓が胸壁に接触する領域は前肢の内側に当たるため、下になる前肢を前方に牽引して保定する（図Ⅰ-94）。この場合、肩甲骨がテーブルに当たると動物が不快を訴え嫌がることがあるため、プローブ用の窓があいた低反発マットなどを使用し、動物への不快感を軽減するように努める。剪毛するときれいな画像が得られる。トランスデューサーを当てる位置は、左右の胸骨縁第4-5-6肋間領域であるこ

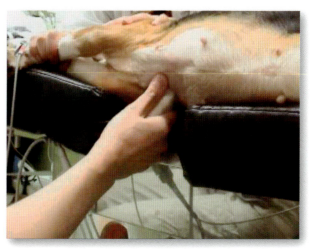

図Ⅰ-94　超音波像描出の準備
動物を低反発マット上に横臥位に保定している。

とが多いため、その周辺の剪毛をする。心エコー検査では、心周期を診断上知る必要があることから、心電図を装着する。エコーゼリーを皮膚に浸透させてから心臓が拍動している位置にプローブを当てるが、脂漏症やその傾向のある動物の場合は、エコーゼリーの浸透が悪くきれいな画像が得られないことがある。得られた画像があまりきれいでない場合、以下の点を確認する。

・プローブの周波数の選択は適切か
・フレームレートやゲインは適切か
・フォーカスは合っているか
・ゼリーは十分か
・ハーモニックを使用しているか
・深度の設定は適切か　など

ⅱ）画像の描出

　Bモード像には、基本となる標準的な画像がいくつかある。これにより、解剖学的な形態を把握し、Mモードおよびドップラー検査を組み合わせて機能評価することができる。正確な評価をするには、画面上での心臓の見え方が一定にエコー画像をとれるようにならなければならない。特に、Mモードを用いた計測には、基本画像が正確でなければ過大あるいは過小評価の原因となる。また、ドップラーによる評価でも、描出画像が正確に得られないと血流速測定上誤差を招く結果となる。右側胸壁から描出する画像は、長軸断面、短軸断面ともいくつか標準断面がある。左側胸壁からの画像は、四腔断面、五腔断面、心基底部などがあげられるが、前2者は主にドップラー検査に供されることが多い。ドップラー法には、パルスドップラー法、連続波ドップラー法、カラードップラー法、組織ドップラー法があるが、前3者は血流速度と血流方向の情報から血行動態を評価することができる。組織ドップラー検査は、獣医科領域では特に拡張機能の評価に使用されているが、一般施設で広く実施されている検査ではない。

ⅲ）基本画像

　Bモードの標準像には長軸像と短軸像があり、長軸像とは、左心室の長軸に平行に描出する像、短軸像とは心室長軸像と直交する像である（図Ⅰ-95）。標準像があるとはいえ、病変がその間に存在することもあるので、標準像から標準像へ移行する間も検査者は観察を行い、異常所見を見逃さないようにしなければならない。

①右側傍胸骨長軸像

　トランスデューサーのインデックスマーカー（プローブマーク）を自分側とは逆の方向に向け、右側第4あるいは5肋間の傍胸骨領域（図Ⅰ-96）にトランスデューサーを当て、心臓の長軸方向に超音波ビームを当てると四腔断面が描出される（図Ⅰ-97）。この像では、左心房、僧帽弁、左心室とい

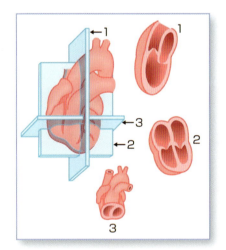

図Ⅰ-95　超音波の基本画像
長軸像と短軸像

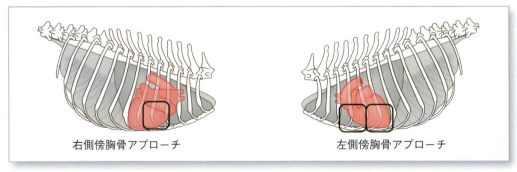

図Ⅰ-96　犬の音響窓（エコーウィンドウ）

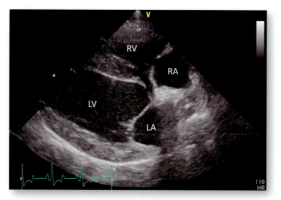

図Ⅰ-97　右側傍胸骨長軸像（流入路）
RA：右心房、RV：右心室、LA：左心房、LV：左心室

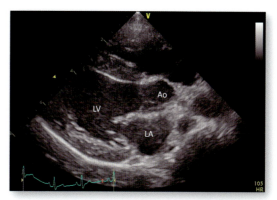

図Ⅰ-98　右側傍胸骨長軸像（流出路）
LV：左心室、Ao：大動脈、LA：左心房

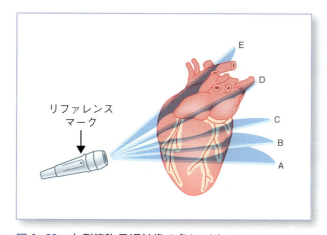

図Ⅰ-99　右側傍胸骨短軸像の各レベル
A：乳頭筋レベル、B：腱索レベル、C：僧帽弁レベル、D：大動脈レベル、E：肺動脈レベル

った左心系の流入路の観察をすることができる。右心系の流入路の観察も可能であるが、右心房すべてを描出するのは困難である。超音波ビームを頭側方向に少し回転させると、続いて左室流出路断面が描出される（図Ⅰ-98）。ここでは、左心房の一部、左室流出路から大動脈弁、大動脈基部から上行大動脈の基部が観察できる。

②右側傍胸骨短軸像

①の像からトランスデューサーを90°反時計回りに回転させると、断層は短軸像となる。超音波ビームを心尖部から心基底部まで振ると、心尖部、乳頭筋レベル、腱索レベル、僧帽弁レベル、大動脈レベルと、短軸像による心臓の観察が可能となる（図Ⅰ-99）。計測に汎用される標準像としては、左心房/大動脈比のBモード計測法[4-6]に使用するレベル（図Ⅰ-100）、右心房、右心室、右室流出路および肺動脈を観察するレベル（図Ⅰ-101）、左心室壁およ

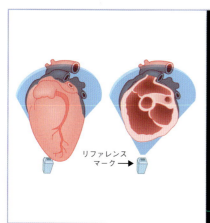 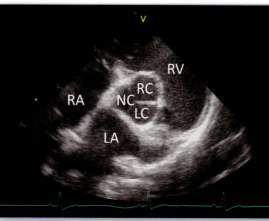 

図Ⅰ-100　右側傍胸骨短軸像
RA：右心房、LA：左心房、NC：大動脈無冠尖、RC：右冠尖、LC：左冠尖（写真提供：杉本佳介先生）

第Ⅰ章　心血管系

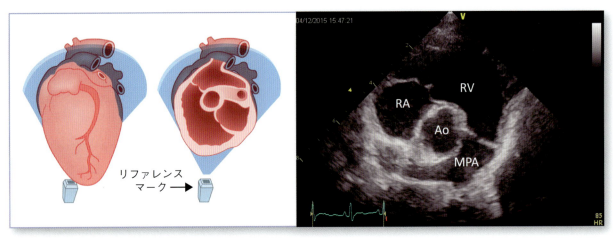

図Ⅰ-101　右側傍胸骨短軸像（肺動脈）
RA：右心房、RV：右心室、Ao：大動脈、MPA：主肺動脈

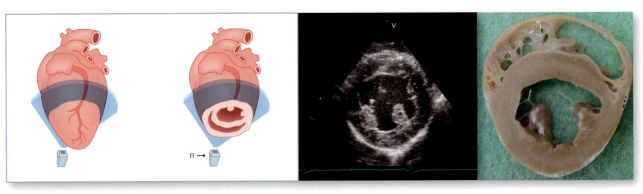

図Ⅰ-102　右側傍胸骨短軸像（腱索レベル）

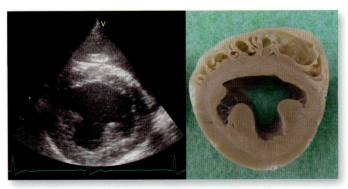

図Ⅰ-103　右側傍胸骨短軸像（乳頭筋レベル）

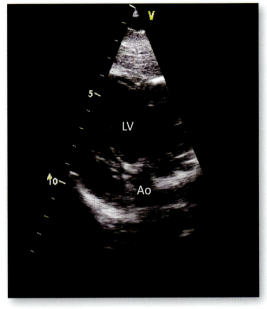

図Ⅰ-104　胸骨下像
LV：左心室、Ao：大動脈

び内腔をMモード法で計測するのに使用する腱索レベルがあげられる（図Ⅰ-102）。乳頭筋レベル（図Ⅰ-103）および腱索レベルでは、左心室形態は通常円形で、前および後乳頭筋は左右対称に描出される。描出が斜めであると正確な左室内腔の計測が実施できないため注意する。

③胸骨下像（図Ⅰ-104）
　インデックスマーカーを背側に向け、剣状突起尾側から肝臓および横隔膜越しに頭側にビームを向け

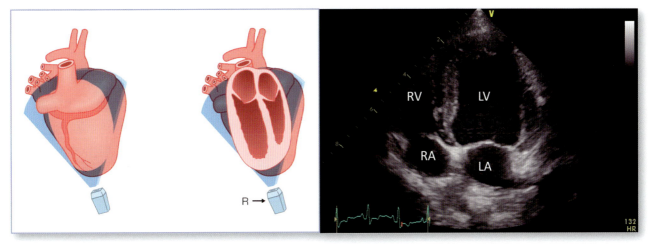

図Ⅰ-105　左側四腔断面像
RV：右心室、RA：右心房、LV：左心室、LA：左心房

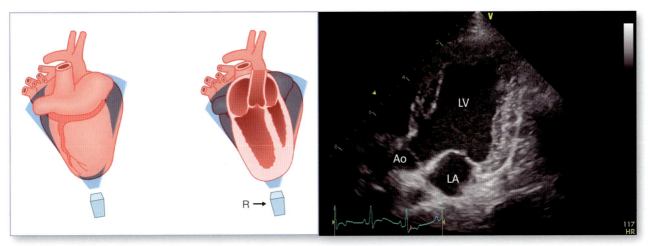

図Ⅰ-106　左側五腔断面像
LV：左心室、Ao：大動脈、LA：左心房

ると、左心尖部から大動脈にかけての長軸像を描出することができる。この像では、大動脈と超音波ビームの入射角度が平行になるため、ドップラー法を用いて大動脈血流速を測定するには理想的な像となる。ただし、胸郭の深い犬では横隔膜と心尖部が接していないこともあるため、この場合は画像を描出することは困難となる。

④左側傍胸骨像

左側からの描出は、主にドップラー検査によく使用される。心尖部拍動の位置を確認し、その上にトランスデューサーを当て心臓の長軸方向に超音波ビームを当てると長軸像が描出される。右心系を向かって左側、左心系を向かって右側に描出する。四腔断面は（図Ⅰ-105）、両心室の流入路が超音波ビームに平行に描出される。この像では、ドップラー法を用いて左心房から左心室へ流入する血流速の測定、組織ドップラー法による拡張機能評価などに使用される。超音波ビームを頭側に少し傾けると大動脈が描出される（五腔断面：図Ⅰ-106）。また、ルーチンで描出しないものの、頭側方向にトランスデューサーをずらしていくと心基底部が描出される（左頭側傍胸骨像）。この像では、心基底部の構造がよく描出でき、特に主肺動脈および左右分岐部まで描出されるため、その部位の観察が必要な場合に用いる。動脈管開存症の場合、この像が動脈管を最も描出しやすい。

iv）Mモード法

Mモードは、Bモードと比較しフレームレートが極めて高く時間分解能に優れていることから、各種計測にBモードが用いられる場面が多いとはいえ、

重要な評価方法である。サンプリングレートが早いことから、心拍が早い場合や繊細な動きをする構造物の動きの観察には適している。例えば、猫の心筋症における収縮期僧帽弁前方運動（SAM）などである。また、弁や心房壁に付着する腫瘤様構造物に対し、感染性心内膜炎の疣贅を疑う場合、その腫瘤病変が細動するといった異常エコー（Shaggy pattern）を検出できることがある。中等度以上の大動脈弁逆流が認められる場合、僧帽弁前尖が振動（細動）するのを捉えることができることもある。

Mモードが最もよく使用されるのは、左心室の計測である（図Ⅰ-107）[7-12]。左室短軸の腱索レベルにおいて、左心室の中心を通過するように描出すると、左室壁厚と内腔の計測ができる。この場合、左心室を正円形にきれいに描出しなければならない（ただし、右室収縮期圧が中等度以上に上昇する症例では正円にはならない）。左心室に容量負荷がかかると、通常は対称性に左心室形態を変化させるので、左室計測ラインとしては1断面であっても病的な変化を捉えることができる。しかし、非対称性な変化は、Mモードのみの計測だけでは評価が十分ではないことがある（例：肥大型心筋症など）[13]。

心腔計測をする場合、計測しようとしている組織に直行するように超音波ビームを投入する。Mモード法では、プローブに近い側のエコー境界面からエコー境界面までの距離を測定し、計測値とする（leading edge to leading edge）。

左室内腔の計測は、収縮末期および拡張末期、中隔壁厚および左室後壁厚は、収縮および拡張末期で行う。拡張末期のタイミングは、心電図のQあるいはR波のタイミングとするので、心電図を装着する必要がある。アメリカ心エコー図学会（American society of echocardiography）のガイドラインでは[3]、収縮末期は心室中隔が収縮したタイミングとしているが、左室後壁が収縮したタイミングとする施設もあり、その施設あるいは個体で統一した計測ができればよい。

心室中隔の奇異性運動とは、収縮期のタイミングにもかかわらず心室中隔が左室内腔方向ではなく右心室側に動く現象で、右室負荷疾患で認められることがある。心室中隔と左室自由壁の収縮するタイミングのずれ（非同期性）もMモードで観察することが可能である。

Mモードエコー法は、Bモードと組み合わせて使用されるのみならず、カラードップラー法に合わせて使用されることがあり（カラードップラーMモード法）、特に左室流入血流のカラードップラーMモード法は、拡張機能評価に有用であるとされている。

### v）ドップラー法

ドップラー法は、物体の動いている速度に比例して周波数が偏位する現象を応用し、物体（主に血液と組織）の移動速度と方向を検知する検査法である。これにより心腔内の血流速と方向を知ることができ、心内圧の推察、心機能評価（収縮機能、拡張機能）、弁逆流量や短絡量の評価、弁口面積の推測などが可能となる。主なドップラー法には、カラードップラー法、パルスドップラー法、連続波ドップラー法、パルスドップラー法を組織に応用した組織ドップラー法がある。

カラードップラー法は、心腔内の血流の速度と方向をBモード像上にカラーマッピングで表示し、異常血流を検出するスクリーニングとして有用な方法である。血流速度が非常に遅い場合はカラー表示されず、複雑な流路の表示は難しい。血流速がナイキストリミットを超えると折り返し現象が生じ、カラー表示が逆転する。

パルスドップラー法は、超音波をパルス状に発射し、目的距離からの反射波のみをとらえるものである。すなわち特定部位からのドップラー信号を取り

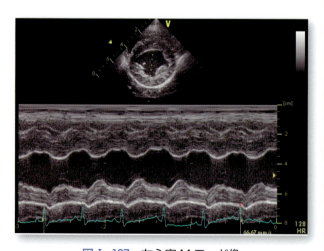

図Ⅰ-107　左心室Mモード像

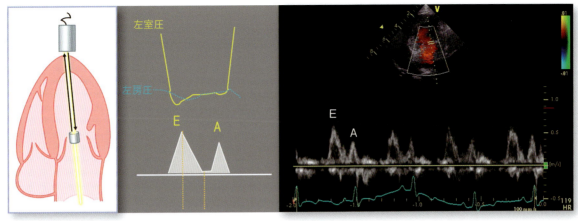

図Ⅰ-108　僧帽弁流入速波形（Transmitral flow）。パルスドップラー法
E波は急速流入期、A波は心房収縮期に生じる。

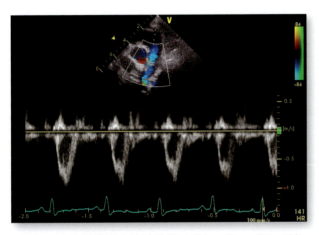

図Ⅰ-109　主肺動脈血流速波形（パルスドップラー法）
血流波形は層流を示している。

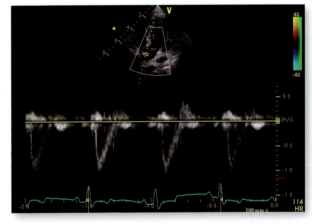

図Ⅰ-110　大動脈血流速波形（パルスドップラー法）

出すことで距離分解能を獲得できる反面、測定可能な血流速度には限界があり、連続波ドップラーのように高速血流を測定することができない。測定可能な最大血流速度は、パルス繰り返し周波数によって規定される（診断最大深度と最大血流速の積は一定である）。つまり、プローブから遠い（深い）位置における血流速の測定は限られているということである。すなわち、比較的浅い位置での高速ではない血流速を測定するのに向いている。測定できる血流速度の上限をナイキストリミットといい、ナイキストリミットよりも速い血流が存在する場合は折り返し現象が生じる。これは、血流信号が逆方向から表示されるもので、この場合、血流速を測定するには連続波ドップラーを用いなければならない。パルスドップラー法は、左心房から左心室に流入する血流速（図Ⅰ-108）[14,15]、左右心室の流出路血流速（図Ⅰ-109、110）などを測定する際よく使用される[16,17]。

連続波ドップラー法は、超音波シグナルを連続的に送受信することで高速な血流の定量が可能となる方法である。一方、特定の場所における血流速の測定ができないことが欠点となる。どのドップラー法を使う場合も、超音波ビームは測定しようとする対象物（血流あるいは組織）の方向に平行に入るようにして測定することが重要である。入射角が20°では、血流速の測定エラーは6％であるが、入射角が60°になると50％もの過小評価を生じる。

組織ドップラー法は、心筋の局所の壁運動速度を測定するもので、局所心筋の拡張機能、収縮機能の評価に用いられている。

最後に、心エコー検査の一般的な参照値を表Ⅰ-4〜6に示した。ここには示さないが、品種ごとに基準値が報告されている猫種[18-20]、犬種[21-31]が存在することに注意する。

表 I-4 犬の体重別 M モード基準値（cm）：95%内の平均値[7]

| 体重(kg) | 左心室拡張末期径 | 左心室収縮末期径 | 左心室拡張末期自由壁厚 | 左心室収縮末期自由壁厚 | 心室中隔拡張末期壁厚 | 心室中隔収縮末期壁厚 | 大動脈径 | 左心室直径 |
|---|---|---|---|---|---|---|---|---|
| 3 | 2.1<br>1.8〜2.6 | 1.3<br>1.0〜1.8 | 0.5<br>0.4〜0.8 | 0.8<br>0.6〜1.1 | 0.5<br>0.4〜0.8 | 0.8<br>0.6〜1.0 | 1.1<br>0.9〜1.4 | 1.1<br>0.9〜1.4 |
| 4 | 2.3<br>1.9〜2.8 | 1.5<br>1.1〜1.9 | 0.6<br>0.4〜0.8 | 0.9<br>0.7〜1.2 | 0.6<br>0.4〜0.8 | 0.8<br>0.6〜1.1 | 1.3<br>1.0〜1.5 | 1.2<br>1.0〜1.6 |
| 6 | 2.6<br>2.2〜3.1 | 1.7<br>1.2〜2.2 | 0.6<br>0.4〜0.8 | 1.0<br>0.7〜1.3 | 0.6<br>0.4〜0.9 | 0.9<br>0.7〜1.2 | 1.4<br>1.2〜1.8 | 1.4<br>1.1〜1.8 |
| 9 | 2.9<br>24.〜3.4 | 1.9<br>1.4〜2.5 | 0.7<br>0.5〜1.0 | 1.0<br>0.8〜1.4 | 0.7<br>0.5〜1.0 | 1.0<br>0.7〜1.3 | 1.7<br>1.3〜2.0 | 1.6<br>1.3〜2.1 |
| 11 | 3.1<br>2.6〜3.7 | 2.0<br>1.5〜2.7 | 0.8<br>0.5〜1.1 | 1.1<br>0.8〜1.5 | 0.7<br>0.5〜1.1 | 1.0<br>0.8〜1.4 | 1.8<br>1.4〜2.2 | 1.7<br>1.3〜2.2 |
| 15 | 3.4<br>2.8〜4.1 | 2.2<br>1.7〜3.0 | 0.8<br>0.6〜1.2 | 1.2<br>0.9〜1.6 | 0.8<br>0.6〜1.1 | 1.1<br>0.8〜1.5 | 2.0<br>1.6〜2.4 | 1.9<br>1.6〜2.5 |
| 20 | 3.7<br>3.1〜4.5 | 2.4<br>1.8〜3.2 | 0.9<br>0.6〜1.3 | 1.2<br>0.9〜1.7 | 0.8<br>0.6〜1.2 | 1.2<br>0.9〜1.6 | 2.2<br>1.7〜2.7 | 2.1<br>1.7〜2.7 |
| 25 | 3.9<br>3.3〜4.8 | 2.6<br>2.0〜3.5 | 0.9<br>0.6〜1.3 | 1.3<br>1.0〜1.8 | 0.9<br>0.6〜1.3 | 1.3<br>0.9〜1.7 | 2.3<br>1.9〜2.9 | 2.3<br>1.8〜2.9 |
| 30 | 4.2<br>3.5〜5.0 | 2.8<br>2.1〜3.7 | 1.0<br>0.7〜1.4 | 1.4<br>1.0〜1.9 | 0.9<br>0.7〜1.3 | 1.3<br>1.0〜1.8 | 2.5<br>2.0〜3.1 | 2.5<br>1.9〜3.1 |
| 35 | 4.4<br>3.6〜5.3 | 2.9<br>2.2〜3.9 | 1.0<br>0.7〜1.4 | 1.4<br>1.1〜1.9 | 1.0<br>0.7〜1.4 | 1.4<br>1.0〜1.9 | 2.6<br>2.1〜3.2 | 2.6<br>2.0〜3.3 |
| 40 | 4.5<br>3.8〜5.5 | 3.0<br>2.3〜4.0 | 1.0<br>0.7〜1.4 | 1.5<br>1.1〜2.0 | 1.0<br>0.7〜1.4 | 1.4<br>1.0〜1.9 | 2.7<br>2.2〜3.4 | 2.7<br>2.1〜3.5 |
| 50 | 4.8<br>4.0〜5.8 | 3.3<br>2.4〜4.3 | 1.0<br>0.7〜1.5 | 1.5<br>1.1〜2.1 | 1.1<br>0.7〜1.5 | 1.5<br>1.1〜2.0 | 3.0<br>2.4〜3.6 | 2.9<br>2.3〜3.7 |
| 60 | 5.1<br>4.2〜6.2 | 3.5<br>2.6〜4.6 | 1.1<br>0.7〜1.6 | 1.6<br>1.2〜2.2 | 1.1<br>0.8〜1.6 | 1.5<br>1.1〜2.1 | 3.2<br>2.5〜3.9 | 3.1<br>2.4〜4.0 |
| 70 | 5.3<br>4.4〜6.5 | 3.6<br>2.7〜4.8 | 1.1<br>0.8〜1.6 | 1.6<br>1.2〜2.2 | 1.1<br>0.8〜1.6 | 1.6<br>1.2〜2.2 | 3.3<br>2.7〜4.1 | 3.3<br>2.6〜4.2 |

表 I-5 猫のMモード基準値[12, 32-34]

| | Jacobs | Pipers | Sisson | Moise 平均±SD |
|---|---|---|---|---|
| 右心室拡張末期径（cm） | 0.00〜0.70 | — | 0.0〜0.83 | — |
| 右心室収縮末期径（cm） | 0.27〜0.94 | — | — | — |
| 右心室壁（cm） | 0.23〜0.43 | — | — | — |
| 左心室拡張末期径（cm） | 1.20〜1.98 | 1.12〜2.18 | 1.08〜2.14 | 1.51±0.21 |
| 左心室収縮末期径（cm） | 0.52〜1.08 | 0.64〜1.68 | 0.40〜1.12 | 0.69±0.22 |
| 左室内径短絡率（％） | 39.0〜61.0 | 23〜56 | 40.0〜66.7 | 55±10.2 |
| LVET（秒） | 0.10〜0.18 | 0.11〜0.19 | — | — |
| Vcf（cm/秒） | 2.35〜4.95 | 1.27〜4.55 | — | — |
| VSd（cm） | 0.22〜0.40 | 0.28〜0.60 | 0.30〜0.60 | 0.50±0.07 |
| VSs（cm） | 0.47〜0.70 | — | 0.40〜0.90 | 0.76±0.12 |
| VS%Δ | — | — | — | 33.5±8.2 |
| 左心室壁拡張末期径（cm） | 0.22〜0.44 | 0.32〜0.56 | 0.25〜0.60 | 0.46±0.05 |
| 左心室壁収縮末期径（cm） | 0.54〜0.81 | — | 0.43〜0.98 | 0.78±0.10 |
| LVW%Δ | — | — | — | 39.5±7.6 |
| 大動脈径（cm） | 0.72〜1.19 | 0.40〜1.18 | 0.60〜1.21 | 0.95±0.15 |
| 左心房径（cm） | 0.93〜1.51 | 0.45〜1.12 | 0.70〜1.70 | 1.21±0.18 |
| LA/Ao 比 | 0.95〜1.65 | — | 0.88〜1.79 | 1.29±0.23 |
| EPSS（中隔からE点までの距離：cm） | 0.00〜0.21 | — | 0.00〜0.20 | 0.04±0.07 |
| 心拍数 | 147〜242 | 120〜240 | 120〜240 | 182±22 |
| 体重（kg） | 1.96〜6.26 | 2.3〜6.8 | 2.7〜8.2 | 4.3±0.5 |
| 計測数 | 30 | 25 | 79 | 11 |

### vi）心筋ストレイン（図 I-111）

ストレインとは、組織の歪みをいい、ストレインレートとは、ストレインの時間微分（歪みの速さ）を示す。心室が収縮するとき、長軸（longitudinal）および円周（circumferential）方向には短縮し（陰性のストレイン）、中心（Radial）方向には厚みを増す（陽性のストレイン）。従来の心エコー検査による指標においても心機能を評価することはある程度できるものの、ストレインの指標を利用することにより心筋の生理的あるいは組織的な異常を検出する能力が向上した。ストレインの計測法には、組織ドップラー法により求めた任意の2点の速度差を利用するものと、2D画像上の任意のスペックルを追跡して算出する方法の大きく2つの方法がある。後者

表Ⅰ-6 犬の心臓弁を通過する正常なドップラー算出速度（血流速度）[35]

| 弁 | Brown et al.[a] | Gaber[a] | Yuill and O'Grady[b,c] |
|---|---|---|---|
| 僧帽弁 | | | |
| 　E波 | ― | 75.0±11.8 | 86.2±9.5 |
| 　A波 | ― | 53.8±8.7 | ― |
| 三尖弁 | | | |
| 　E波 | ― | 56.2±16.1 | 68.9±8.4 |
| 　A波 | ― | ― | ― |
| 肺動脈弁 | 84.0±17 | 99.8±15.3 | R98.1±9.4 L95.5±10.3 |
| 大動脈弁 | 106.0±21 | 118.9±17.8 | 118.1±10.8 |

単位はcm/秒
a：パルス波ドップラー心エコー検査法で測定した速度
b：持続波ドップラー心エコー検査法で測定した速度
c：R＝右側傍胸骨短軸断面から測定、L＝左側傍胸骨長軸断面から測定

は、近年の2Dデジタル画質の向上により可能になった方法で（2Dストレイン法）、隣接組織の動きに引きつられる（tethering）、心臓や呼吸運動の影響、角度依存性があるために、特定の心筋領域しか測定できないという組織ドップラー法の欠点を有さないものである。さらに、左心室を6分割し、各分画ごとの局所動態を評価することができることも、スペックルトラッキング法の大きな利点である。これにより、左室収縮様式の非同期性（dyssynchrony）の評価も可能である。さらには、心基底部および心尖部の円周方向の回転角度を計測することにより、心臓の捻れの定量化も可能となった。

ストレインの指標には、タイミング（収縮・拡張期）、大きさ（収縮あるいは拡張時のピーク）、タイミングと大きさのコンビネーションなど様々ある。これらの指標が人では虚血性心疾患（心筋虚血、心筋生存能、再還流後の転帰の予測など）および非虚血性心疾患（心筋症、非同期運動の評価、弁膜疾患、ストレス心エコー評価など）に臨床応用されているが、主たるは虚血性心疾患である。

犬猫では、虚血性心疾患が少ないため、このモダリティをどのように臨床応用するのかを見極める必要がある。従来の指標では評価ができなかった早期病変の把握（無症状の僧帽弁閉鎖不全症[Mitral Regurgitation：MR]における潜在的な左室機能障害、肥大性疾患の臨床的に顕性化していない機能障害など）や心肥大の病因（etiology）の鑑別（圧負荷による代償性心肥大vs肥大型心筋症）などに本指標は有用ではないかと思われる。

犬では、犬種によって体格が大きく異なるが、ストレインの指標の多くは体格の影響を受けることに注意をしなければならない。大きな体格の犬は、体格が小さな犬と比較して、左心室のストレイン指標の多くは有意に低下する[36]。これは従来の指標の

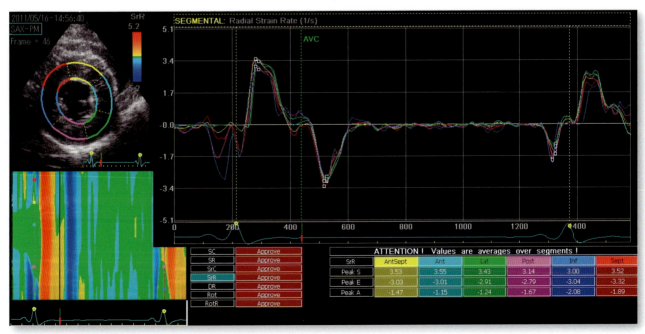

図Ⅰ-111　ストレインレートの計測。左上図では、左心室を6分画に分け、それぞれの分画ストレインレートが右図に示されている。

1つである左室内径短縮率と同じ傾向である。さらに、心拍数、前負荷および後負荷の影響を受ける指標もある。

2Dストレイン法は、局所心筋機能の定量評価を可能としたことから、近年の医学領域に大きく進歩をもたらした。しかし、多数のストレイン指標が次々と提唱され、それらの意義について各疾患で議論される中、獣医科領域ではどの指標がどのような疾患に有用なのかしっかりと見極め、非侵襲的で安全な診断方法として確立されることが望まれる。

(藤井洋子)

### 参考文献

[1] Chetboul V, Concordet D, Pouchelon JL, Athanassiadis N, Muller C, Benigni L, Munari AC, Lefebvre HP. : Effects of inter- and intraobserver variability on echocardiographic measurements in awake cats. J Vet Med A Physiol Pathol Clin Med. 2003 ; 50 : 326-331.
[2] Thomas WP, Gaber CE, Jacobs GJ, Kaplan PM, Lombard CW, Moise NS, Moses BL. : Recommendations for standards in transthoracic two-dimensional echocardiography in the dog and cat. Echocardiography Committee of the Specialty of Cardiology, American College of Veterinary Internal Medicine. J Vet Intern Med. 1993 ; 7 : 247-252.
[3] Lang RM, Badano LP, Mor-Avi V, Afilalo J, Armstrong A, Ernande L, Flachskampf FA, Foster E, Goldstein SA, Kuznetsova T, Lancellotti P, Muraru D, Picard MH, Rietzschel ER, Rudski L, Spencer KT, Tsang W, Voigt JU. : Recommendations for cardiac chamber quantification by echocardiography in adults : an update from the American Society of Echocardiography and the European Association of Cardiovascular Imaging. J Am Soc Echocardiogr. 2015 ; 28 : 1-39 e14.
[4] Abbott JA, MacLean HN. : Two-dimensional echocardiographic assessment of the feline left atrium. J Vet Intern Med. 2006 ; 20 : 111-119.
[5] Hansson K, Häggström J, Kvart C, Lord P. : Left atrial to aortic root indices using two-dimensional and M-mode echocardiography in Cavalier King Charles spaniels with and without left atrial enlargement. Vet Radiol Ultrasound. 2002 ; 43 : 568-575.
[6] Rishniw M, Erb HN. : Evaluation of four 2-dimensional echocardiographic methods of assessing left atrial size in dogs. J Vet Intern Med. 2000 ; 14 : 429-435.
[7] Cornell CC, Kittleson MD, Della Torre P, Häggström J, Lombard CW, Pedersen HD, Vollmar A, Wey A. : Allometric scaling of M-mode cardiac measurements in normal adult dogs. J Vet Intern Med. 2004 ; 18 : 311-321.
[8] Jacobs G, Knight DH. : M-mode echocardiographic measurements in nonanesthetized healthy cats : effects of body weight, heart rate, and other variables. Am J Vet Res. 1985 ; 46 : 1705-1711.
[9] Goncalves AC, Orton EC, Boon JA, Salman MD. : Linear, logarithmic, and polynomial models of M-mode echocardiographic measurements in dogs. Am J Vet Res. 2002 ; 63 : 994-999.
[10] Pipers FS, Reef V, Hamlin RL. : Echocardiography in the domestic cat. Am J Vet Res. 1979 ; 40 : 882-886.
[11] Moise NS, Dietze AE. : Echocardiographic, electrocardiographic, and radiographic detection of cardiomegaly in hyperthyroid cats. Am J Vet Res. 1986 ; 47 : 1487-1494.
[12] Sisson DD, Knight DH, Helinski C, Fox PR, Bond BR, Harpster NK, Moise NS, Kaplan PM, Bonagura JD, Czarnecki G, et al : Plasma taurine concentrations and M-mode echocardiographic measures in healthy cats and in cats with dilated cardiomyopathy. J Vet Intern Med. 1991 ; 5 : 232-238.
[13] Paige CF, Abbott JA, Elvinger F, Pyle RL. : Prevalence of cardiomyopathy in apparently healthy cats. J Am Vet Med Assoc. 2009 ; 234 : 1398-1403.
[14] Petric AD, Rishniw M, Thomas WP. : Two-dimensionally-guided M-mode and pulsed wave Doppler echocardiographic evaluation of the ventricles of apparently healthy cats. J Vet Cardiol. 2012 ; 14 : 423-430.
[15] Santilli RA, Bussadori C. : Doppler echocardiographic study of left ventricular diastole in non-anaesthetized healthy cats. Vet J. 1998 ; 156 : 203-215.
[16] Brown DJ, Knight DH, King RR. : Use of pulsed-wave Doppler echocardiography to determine aortic and pulmonary velocity and flow variables in clinically normal dogs. Am J Vet Res. 1991 ; 52 : 543-550.
[17] Yuill CD, O'Grady MR. : Doppler-derived velocity of blood flow across the cardiac valves in the normal dog. Can J Vet Res. 1991 ; 55 : 185-192.
[18] Drourr L, Lefbom BK, Rosenthal SL, Tyrrell WD Jr. : Measurement of M-mode echocardiographic parameters in healthy adult Maine Coon cats. J Am Vet Med Assoc. 2005 ; 226 : 734-737.
[19] Kayar A, Ozkan C, Iskefli O, Kaya A, Kozat S, Akgul Y, Gonul R, Or ME. : Measurement of M-mode echocardiographic parameters in healthy adult Van cats. Jpn J Vet Res. 2014 ; 62 : 5-15.
[20] Mottet E, Amberger C, Doherr MG, Lombard C. : Echocardiographic parameters in healthy young adult Sphynx cats. Schweiz Arch Tierheilkd. 2012 ; 154 : 75-80.
[21] Crippa L, Ferro E, Melloni E, Brambilla P, Cavalletti E. : Echocardiographic parameters and indices in the normal beagle dog. Lab Anim. 1992 ; 26 : 190-195.
[22] Kayar A, Gonul R, Or ME, Uysal A. : M-mode echocardiographic parameters and indices in the normal German shepherd dog. Vet Radiol Ultrasound. 2006 ; 47 : 482-486.
[23] Lobo L, Canada N, Bussadori C, Gomes JL, Carvalheira J. : Transthoracic echocardiography in Estrela Mountain dogs : reference values for the breed. Vet J. 2008 ; 177 : 250-259.
[24] Morrison SA, Moise NS, Scarlett J, Mohammed H, Yeager AE. : Effect of breed and body weight on echocardiographic values in four breeds of dogs of differing somatotype. J Vet Intern Med. 1992 ; 6 : 220-224.
[25] O'Leary CA, Mackay BM, Taplin RH, Atwell RB. : Echocardiographic parameters in 14 healthy English Bull Terriers. Aust Vet J. 2003 ; 81 : 535-542.
[26] Page A, Edmunds G, Atwell RB. : Echocardiographic values in the greyhound. Aust Vet J. 1993 ; 70 : 361-364.
[27] della Torre PK, Kirby AC, Church DB, Malik R. : Echocardiographic measurements in greyhounds, whippets and Italian greyhounds-dogs with a similar conformation but different size. Aust Vet J. 2000 ; 78 : 49-55.
[28] Misbach C, Lefebvre HP, Concordet D, Gouni V, Trehiou-Sechi E, Petit AM, Damoiseaux C, Leverrier A, Pouchelon JL, Chetboul

V. : Echocardiography and conventional Doppler examination in clinically healthy adult Cavalier King Charles Spaniels : effect of body weight, age, and gender, and establishment of reference intervals. *J Vet Cardiol*. 2014 ; 16 : 91-100.
[29] Muzzi RA, Muzzi LA, de Araujo RB, Cherem M. : Echocardiographic indices in normal German shepherd dogs. *J Vet Sci*. 2006 ; 7 : 193-198.
[30] Gooding JP, Robinson WF, Mews GC. : Echocardiographic assessment of left ventricular dimensions in clinically normal English cocker spaniels. *Am J Vet Res*. 1986 ; 47 : 296-300.
[31] Koch J, Pedersen HD, Jensen AL, Flagstad A. : M-mode echocardiographic diagnosis of dilated cardiomyopathy in giant breed dogs. *Zentralbl Veterinarmed A*. 1996 ; 43 : 297-304.
[32] Jacobs G, Knight DH. : M-mode echocardiographic measurements in nonanesthetized healthy cats : Effects of body weigh, heart rate, and other variables. *Am J vet Res*. 1985 ; 46 : 1705-1711.
[33] Pipers FS, Reef V, Hamlin RL. : Echocardiography in the domestic cat. *Am J Vet Res*. 1979 ; 40 : 882-886.
[34] Moise NS, Dietz AE, Mezza LE, Strickland D, Erb HN, Edwards NJ. : Echocardiography, electrocardiography, and radiography of cats with dilation cardiomyopathy, hypertropic cardiomyopathy, and hyperthyroidism. *Am J Vet Res*. 1986 ; 47 : 1476-1486.
[35] Boon JA. : Manual of veterinary echocardiography : Lippincott Williams & Wilkins ; 1998. Baltimore.
[36] Takano H, Fujii Y, Ishikawa R, Aoki T. Wakao Y. : Comparison of left ventricular contraction profiles among dogs of different body size using two-dimensional speckle tracking echocardiography. *Am J Vet Res*. 2010 ; 71（4）: 421-427.

## ■ 8　心臓カテーテル検査

　心臓カテーテル（以下「心カテーテル」）検査は、その検査自体が侵襲的であるということもあって、心エコー検査の普及に伴い実施されることが比較的少なくなってきた検査である。しかし、心カテーテル検査では心エコーにおいて網羅できない部分も検査可能であるため、確定診断のためにはぜひ実施すべき検査でもある。本章では、心カテーテル検査の意義とその実施方法について述べたい。

### 1）心カテーテル検査法とその意義

　心カテーテル検査には、血圧測定、血液ガス測定、血管造影といった3つの大きな目的がある。医学領域でよく行われる冠状動脈のカテーテル検査は動物ではほとんど行われないため、獣医科領域における心カテーテル検査は、主に先天性心疾患において行われることが多く、それ以外では肺高血圧症の診断にも用いることが可能である。その場合は、留置も可能なバルーン付のSwan-Ganz Catheter（スワン・ガンツのカテーテル）を使用し、楔入圧（Pulmonary Capillary Wedge Pressure：PCWP）を測定することも可能である。また、獣医科領域においては、犬糸状虫症において虫体吊り出しという治療を兼ねて検査が行われることもあるが、これは心カテーテル検査としては特殊なケースである。先天性心疾患においては、狭窄による圧較差の測定や、短絡の有無の判定を前述の血圧測定、血液ガス測定、血管造影を組み合わせて診断するわけであるが、複合心奇形であるほど心カテーテル検査を行うメリットが活かされるので、心エコーだけで診断が確定できない症例に対しては、積極的な心カテーテル検査の実施が推奨される。

### i）心カテーテル検査の実施方法

#### ①必要な器具、機材

・X線透視装置

　カテーテル先端の心臓内における位置の確認は、多くの場合X線透視装置によって行い、補助的に血圧の測定を実施する。術中のX線の透視検査には、移動式の外科用X線透視装置（Cアーム）が有用である（図Ⅰ-112）。当然であるが、手術中は手術台も金属のものは使用できず、X線を透過する素材のも

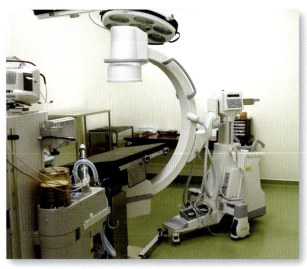

図Ⅰ-112　外科用X線透視装置
心カテーテル検査において透視装置は不可欠である。特に撮影方向を自由に変えることの可能な外科用X線透視装置（Cアーム）は非常に有用な機器である。

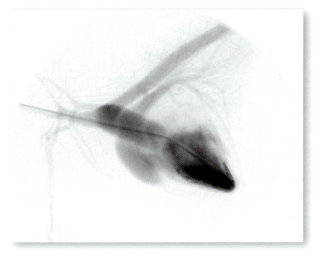

**図Ⅰ-113** Digital subtract angiography（DSA）
通常の透視機能以外に、画像処理によってもともとの背景を消去する機能はDigital subtract angiography（DSA）と呼ばれている。造影剤だけを描出することが可能なため、血管の走行の判別が非常にわかりやすい。

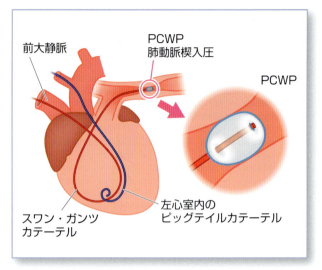

**図Ⅰ-114** 心臓カテーテル検査実施のイメージ図

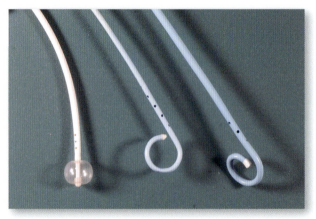

**図Ⅰ-115** 心カテーテル検査に使用するカテーテルのいろいろ
心カテーテル検査ではいくつかの種類のカテーテルを使い分けることが多い。径の太さ、先端の形状、側孔の有無、バルーンの有無などによって使用目的が異なるため、使用目的にあった適切なカテーテルを使用することが重要である。左側は先端バルーン付血管造影（バーマン）カテーテル。右側の2つは、左心系の造影に用いるピッグテイルカテーテル。

のを用意する必要がある。
　近年では、X線透視装置もデジタル化が進んでおり、ハードディスクに記憶した動画をその場で何度でも確認することが可能となっている。Digital subtract angiography（DSA）という技術では、造影剤以外の背景を画像処理によって不可視にしているため、造影剤のみが映し出され、骨や組織によって造影剤が見えづらくなるという問題が改善されている（図Ⅰ-113）。ただ、呼吸などによる体動があるとDSAはきれいに作用しないため、造影時の呼吸管理には注意が必要である。
　透視装置を使用するうえでの一番の問題点は、X線被爆が避けられない点である。Cアームを用いることにより、X線線量、透視時間の両方の面から被曝量は減少されているものの、頻回に検査を行っていると被曝量の蓄積はやはり問題となってくる。被曝の影響を最小限にするためには、防護服の着用を徹底するとともに、照射時間をできるだけ少なくする努力が不可欠である。

• カテーテル
　アプローチする血管、検査する心臓部位によって適切なカテーテルを使用すべきである。形状によりピッグテイルカテーテル、多目的カテーテル、バルーンカテーテル、ジャドキンスカテーテル、アンプラッツカテーテルなどに分類される（図Ⅰ-114、115）。また、心拍出量を測定するためのカテーテルとしてスワン・ガンツカテーテルがある。特殊な例では、心室内容積を計測するコンダクタンスカテーテルというカテーテルを使用している施設もある。獣医科領域では、冠動脈造影や経中隔アプローチはあまり行われないため、主に右心系と左心系の心カテーテル検査に使用されるバルーンカテーテル、ピッグテイルカテーテル、多目的カテーテルを用意しておけばほとんどの検査に対応することが可能である。カテーテルサイズは、動物のサイズに応じて4〜7Frが汎用される。

**図I-116　ガイドワイヤー**
ガイドワイヤーはカテーテルの操作性を向上させるために不可欠な道具である。

• **ガイドワイヤー**

　カテーテル検査では、心臓の目的の場所にカテーテルを誘導することが非常に重要となるが、この操作性を向上させる際に重要な役割を果たすのがガイドワイヤーである。あらかじめ先行させたガイドワイヤーに沿わせてカテーテルを挿入することで、カテーテルの操作性が格段に向上し、目的の部位に簡単にカテーテルを入れることが可能となる。ガイドワイヤーには太さ（0.035インチ、0.025インチなど）があるため、使用するカテーテルにあったガイドワイヤーを選択する必要がある。また、ガイドワイヤーにも先端の形状、ソフトチップの有無、コーティングの有無などのバリエーションがあり、必要に応じて使い分ける必要がある（図I-116）。特に、硬すぎるガイドワイヤーの使用は、穿孔につながる恐れがあるため、注意が必要である。

• **血圧計とトランスデューサー**

　血圧をより正確に測定するという点においては、カテーテルの先端にトランスデューサーが付いているのが理想的であるのだが、一般的には、体外にトランスデューサーがあり、測定回路に液体を満たして間接的に圧を測定するタイプ（water-filled圧測定システム）が主流である。この方法では、カテーテルの中にヘパリン入り生理食塩液を満たし、そこ

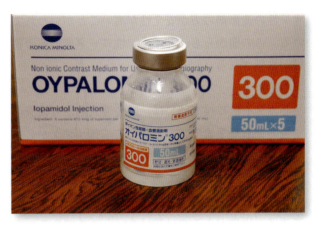

**図I-117　造影剤**
造影剤として必要な条件は、副作用がないこと、造影効果が十分で、粘稠性が適度であることがあげられる。まずは、ヨード濃度300mgI/mLのイオパミドール製剤を基準に考えるのがよい。

を伝搬した圧を測定する。そのため、圧伝搬時間という多少の時間のずれや圧力の減衰が生じることになる。このずれはカテーテルの内径の大きさ、長さ、カテーテルの弾性、カテーテル内の空気や造影剤の存在などの影響を強く受ける。また、心臓の高さと圧トランスデューサーの高さを同じレベルに設定することが重要であり、基準点の位置が約1.3cmずれると測定される圧は1mmHgの誤差が生じる。

• **造影剤**

　造影剤は、非イオン性ヨード造影剤が一般的に用いられる（図I-117）。例えば、イオパミドール製剤であるイオパミロン®には150、300、370 mgI/mLの規格がある。ヨード濃度によって造影効果が異なるため、注意が必要である。また、ヨード濃度だけでなく、粘稠性も造影効果に影響を与える要素の1つである。例えば、イオパミロン®に比べ、イマジニール®は粘稠性が低く、同じヨード濃度でも造影効果は大きく異なる。用途に合わせて適切な造影剤を用いるのが理想であるが、まずはイオパミロン®、オイパロミン®などのヨード濃度300mgI/mLのイオパミドール製剤を基準に考え、必要に応じて他の製品も試していくのがよいと思われる。

　造影剤による副作用の発生は、動物ではあまり一般的ではない。理論的には人と同様に嘔気、熱感、嘔吐、かゆみ、蕁麻疹、発赤、血管痛などが生じる可能性がある。医学領域でも副作用の発生率は、イオン性では12.66％、非イオン性では3.13％と非イ

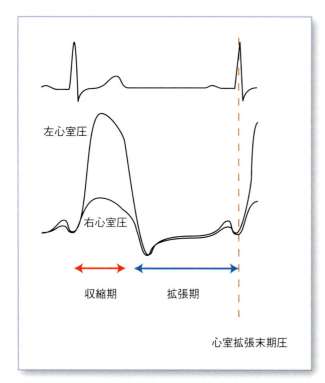

図Ⅰ-121　右心室圧および左心室圧

右心室および左心室の血圧の変動を示したもの。収縮期圧だけではなく、拡張期圧にも着目したい。

②拡張期

等容弛緩期、急速充満期、緩速充満期、心房収縮期に分類される。

③拡張末期圧

心室拡張が終了し、次の収縮開始の直前の心室圧。前負荷の指標となる。左室拡張末期圧は心電図のR波のタイミングとほぼ同じである。正常値は右室5〜7mmHg、左室5〜12mmHg。

ⅲ）動脈圧

肺動脈圧と大動脈圧は、収縮期圧と拡張期圧に分類される（図Ⅰ-122）。

①収縮期圧

肺や末梢の血管抵抗が増大する場合、末梢動脈の狭窄などで上昇する。高度の動脈弁狭窄で血流量が低下すると、収縮期圧は低下する（特に肺動脈圧）。正常値は肺動脈15〜35mmHg、大動脈90〜130mmHgである。

②拡張期圧

動脈弁があるため心室圧ほど低値を呈さないが、動脈弁逆流があると低値になる。高度な肺高血圧症の場合には、収縮期圧は非常に高いが拡張期圧は少

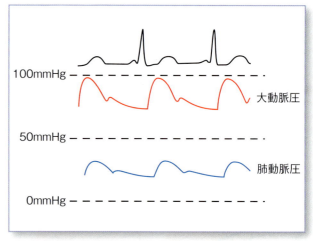

図Ⅰ-122　肺動脈圧および大動脈圧

肺動脈圧と大動脈圧も心室同様、収縮期圧と拡張期圧に分類されるが、心室と比べて拡張期圧が高いことに気をつけたい。

表Ⅰ-7　基準値（参考値）

| 動脈血酸素分圧（$PaO_2$） | 80〜100 Torr |
|---|---|
| 動脈血二酸化炭素分圧（$PaCO_2$） | 35〜45 Torr |
| pH | 7.36〜7.44 |
| 重炭酸イオン（$HCO_3^-$） | 22〜26 mEq/L |
| 塩基余剰（BE） | −2〜＋2 mEq/L |
| 酸素飽和度（$SaO_2$） | 93〜98% |

し低い場合が多い。血管拡張薬を投与した場合にも肺動脈圧の下降は拡張期圧から始まる。正常値は肺動脈5〜10mmHg、大動脈60〜90mmHgである。

③肺動脈楔入圧

カテーテルを肺動脈末梢へ楔入し、得られる圧。この圧は、間接的に左心房圧を反映するため、左心房圧の代用として利用される。肺動脈狭窄症や肺高血圧における楔入圧の測定には問題がある。正常値は5〜15mmHgである。

**3）心臓内血液ガス分析**

血液ガス測定の一般的な目的としては、呼吸状態を調べること、肺における酸素化を調べること、体内の酸-塩基平衡を調べることの3つが主な目的としてあげられるが、心カテーテル検査時には純酸素吸入下での検査となるため、特に酸素分圧に関しては正常値から大きくかけ離れた値を示すことに注意

すべきである（表Ⅰ-7）。むしろ心カテーテル検査時においては、心臓の各部位の酸素飽和度を測定することにシャントの有無を確認できることが大きなメリットとなる。

### 4）心血管造影法

前述の造影剤をカテーテルに注入しながらX線撮影を行うことによって、心臓や血管内の形状を把握したり、心室中隔欠損症、心房中隔欠損症、動脈管開存症、さらにファロー四徴症などの短絡疾患や狭窄性疾患などが容易に診断できる。古典的には造影剤を注入するタイミングでX線のシャッターを切って撮影していたが、現在ではX線透視中の動画を録画することによって最適のタイミングを後から選ぶことが可能なシステムがある。前述のDSAを装備したシステムがあれば、造影した画像がよりみやすくなる。

### 5）心拍出量の測定

スワン・ガンツカテーテルを用いた心拍出量の測定が古くから行われているが、心エコーが普及してからはカテーテルによる心拍出量の測定の必要性は減少していると思われる。スワン・ガンツカテーテルを用いた心拍出量の測定は、カテーテルから冷却した水（通常は5℃）を急速注入し、カテーテルの先端の温度変化より心拍出量を算出するシステムになっている。

（田中　綾）

## 9　CT検査

造影CT検査では、4つの心腔に加え、大動脈、主肺動脈と、これらの分岐を描出することが可能である（図Ⅰ-123）。大動脈起始部と主肺動脈幹は、ほぼ同様の太さである。左右の房室弁、大動脈弁およ

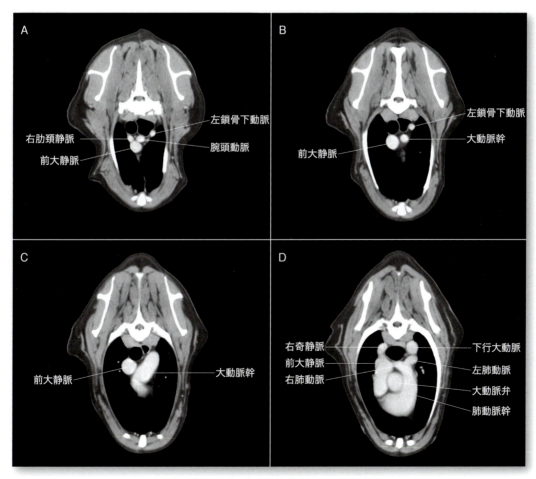

図Ⅰ-123　正常な犬の胸部造影CT横断像
A：頭側レベル～G：尾側レベル（E～Gは次ページ）を連続的に示す。

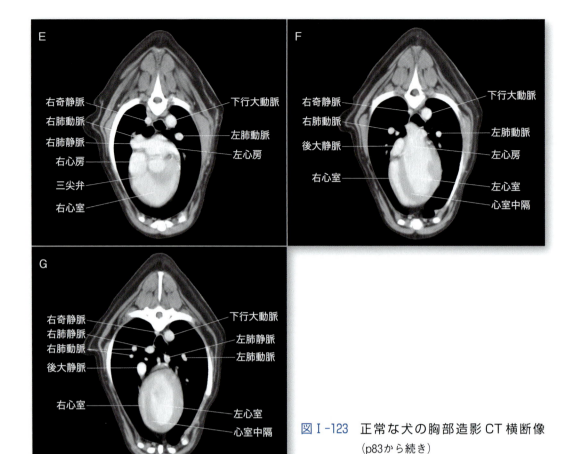

図Ⅰ-123　正常な犬の胸部造影CT横断像
　　　　　（p83から続き）
E、F：頭側レベル、G：尾側レベル

び肺動脈弁を明瞭に観察するためには、マルチスライスCTで撮影された、薄いスライス厚によるMPR像が必要である。肺動脈幹と肺動脈は、静脈内への造影剤投与後に速やかに造影される。その後（造影剤投与開始後約10秒）で大動脈が造影される。前大静脈と後大静脈の造影増強効果は、造影剤投与部位ならびに投与速度に依存する。前大静脈内への投与は、大量の造影剤を急速に投与可能である反面、ビームハードニングアーティファクトやストリークアーティファクト（図Ⅰ-124）の発生が問題となる。

## ■ 10　MRI検査

　獣医科領域においては、未だ一般的ではないが、心基底部腫瘤、心膜疾患、心奇形、心筋症に対するMRI検査の有用性が報告されている[1-4]。

（小野　晋）

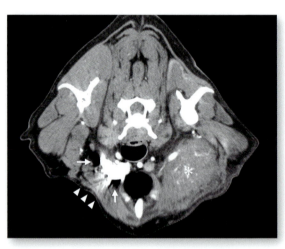

図Ⅰ-124　左橈側皮静脈から造影剤を投与して撮影された胸部CT横断像

右腕頭静脈内に集簇した造影剤によって、ビームハードニングアーティファクト（矢印）およびストリーキングアーティファクト（矢頭）が発生している。左腋窩部には軟部組織腫瘤（組織球性肉腫）が認められる（*）。

―― 参考文献 ――

[1] Mai W, Weisse C, Sleeper MM.：Cardiac magnetic resonance imaging in normal dogs and two dogs with heart base tumor. *Vet Radiol Ultrasound*. 2010 ; 51 (4) : 428-435.
[2] Boddy KN, Sleeper MM, Sammarco CD, Weisse C, Ghods S, and Litt HI.：Cardiac magnetic resonance in the differentiation of neoplastic and nonneoplastic pericardial effusion. *J Vet Intern Med*. 2001 ; 25 : 1003-1009.
[3] García-Rodríguez MB, Granja MAR, García CCP, Orden JMG, Rábano MJC, Prieto ID.：Complex cardiac congenital defects in an adult dog: An ultrasonographic and magnetic resonance imaging study. *Can Vet J*. 2009 ; 50 : pp933-936.
[4] Baumwart RD, Meurs KM, and Raman SV.：Magnetic resonance imaging of right ventricular morphology and function in Boxer dogs with arrhythmogenic right ventricular cardiomyopathy. *J Vet Intern Med*. 2009 ; 23 : 271-274.

# 心不全の病態生理学

Pathophysiology of Heart Failure

## ■ 1 心不全とは？

心臓が全身へ血液を送り出すポンプ機能は、静脈から心臓へ血液が還流し、洞結節刺激が心臓各部へ伝導して心筋が規則的に収縮し、弁膜装置が血流方向を制御して動脈へ血液が駆出されることで達成される。心不全とは、このポンプ機能が何らかの原因によって障害され、末梢主要臓器の需要に見合うだけの血液量を絶対的、あるいは相対的に送り出すことができなくなった病態を示し、肺または体静脈系にうっ血をきたして様々な臓器障害や臨床徴候を呈する症候群と定義される。心不全に陥った心臓の罹患側を接頭語に用いて、左心不全や右心不全、あるいは両心不全と分類されたり、心不全に至った時間経過から、急性心不全や慢性心不全などと分類される。また、心不全は一般に種々の心疾患の末期的な病態を示す語であるが、慣例的に"軽度"や"重度"、あるいは"初期"や"末期"などの程度や進行を表す言葉を用いて循環器疾患に起因した病態の総称を表したり、"うっ血性""不整脈性"などの最も特徴的な病態を併記することがある。小動物臨床では、循環器疾患の終末像として遭遇する機会が多く、その診断法、治療法が変遷を繰り返していることなどから、本病態を理解することは重要である。

### 1）収縮機能と機能障害

心臓のポンプ機能のうち、心筋が規則的に収縮して心室の血液を動脈へ送り出す機能が収縮機能である。収縮機能は、洞刺激に付随した心室筋の収縮、血液流出、末梢血管床のコンプライアンスに着目した心臓の仕事量を表す機能であり、心臓の主たる機能として心不全の病態評価に利用される。一般に、収縮機能は心カテーテル検査あるいは心エコー検査による1回拍出量（stroke volume）や心拍出量（cardiac output）、左室内径短縮率（fractional shortening）や駆出率（ejection fraction）などによって定量化される。機能不全を示さない健常な心臓は、動物種ごとに特定範囲の収縮機能を示すが、何らかの原因によりその範囲を下回ると収縮機能障害と認識される。収縮機能は、生体の様々な負荷に対応して変動する適応性をもち、その負荷は容量負荷と圧負荷とに大別される。

#### ⅰ）容量負荷

容量負荷（volume load）は、前負荷（preload）とも呼ばれ、心臓が収縮する直前にかかる負荷の総称である。この負荷は、心室へ流入する血液が心筋を伸展させることで発生するため、左室拡張末期圧（Left Ventricular End-Diastolic Pressure：LVEDP）や左室拡張末期容積（Left Ventricular End-Diastolic Volume：LVEDV）がよい指標となる。心臓は、容量負荷が増加するとフランク・スターリングの法則に従って、より強い心筋収縮が生じて収縮機能が亢進し、心拍数や心拍出量を増加させて循環動態を正常に維持しようとする。容量負荷が一過性であれば負荷の減少とともに収縮機能は復するが、継続した負荷の場合には、時間の経過とともに分子生物学的メカニズムに基づいて、心筋線維は伸長および肥大し、心臓に遠心性（拡張性）肥大が引き起こされる。

#### ⅱ）圧負荷

圧負荷（pressure load）は、後負荷（afterload）とも呼ばれ、心臓が収縮を開始した直後よりかかる負荷（抗力）の総称である。この負荷は、大血管へ流出する血液が心筋収縮に抵抗することで発生するため、収縮期血圧（Systolic Arterial Pressure：SAP）や収縮期左心室圧（Left Ventricular Systolic

Pressure：LVSP）がよい指標となる。心臓は、圧負荷が増加するとフランク・スターリングの法則に従って、より強い心筋収縮が生じて収縮機能が亢進し、心拍数や心拍出量を増加させて循環動態を正常に維持しようとする。圧負荷が一過性であれば、負荷の減少とともに収縮機能は復するが、継続した圧負荷の場合には、時間の経過とともに分子生物学的メカニズムに基づいて心筋線維は肥大、心筋間質が線維化し、心臓に求心性肥大が引き起こされる。

### ⅲ）心筋不全

　変化する負荷に機能を対応させながらポンプ機能を担っている心臓の最小単位が、固有心筋細胞である。固有心筋細胞は、動物の出生以降ほとんど増殖せず、個々の細胞容積の増大（肥大）によって成長し、上述の負荷に対応していると考えられている。100μmほどの固有心筋細胞は、太いミオシンフィラメントと細いアクチンフィラメントから構成されており、筋小胞体からのカルシウムイオン放出によって収縮が誘起されている[1]。心不全の概念をこの固有心筋細胞までに焦点を絞った概念が心筋不全（myocardial failure）である。心筋不全には、心筋細胞アポトーシス、β受容体ダウンレギュレーション、間質線維化、カルシウムイオン輸送障害など、多くの要因が関与しており、上述の負荷に対する心筋の変化の終末像として認められたり、急性心不全による循環動態の悪化によって生じ、心機能悪化の主たる原因であると考えられている。

　心筋不全は、心不全症状の現れる前段階から発生していることが報告されており[2]、この段階で病態を把握できれば早期治療が可能となることが示唆されている。現在、不顕性心不全を評価するには、血液検査や超音波検査などが有用であると考えられており、各種ナトリウム利尿ペプチドファミリーやトロポニンなどのバイオマーカーや、心エコー検査による拡張機能評価などが注目されている。本検査法を小動物医療に応用するためには、さらなるエビデンスの集積が必要である。

### 2）拡張機能と機能障害

　心臓のポンプ機能のうち、心房内あるいは心房に続く静脈系の血液を心室が受け取る機能が拡張機能である。拡張機能は、再分極による心筋の弛緩、血液充満、心筋のコンプライアンスに着目した心臓の仕事量を表す機能であり、近年、心臓の主たる機能として注目され、心不全の病態評価に利用され始めている。拡張機能は、心エコー検査による経僧帽弁血流速度（transmitral flow velocity）や肺静脈血流速度（pulmonary venous flow velocity）、僧帽弁輪運動速度（mitral annulus velocity）などから定量化される。機能不全を示さない健常な心臓は、動物種ごとに特定範囲の拡張機能を示すが、何らかの原因によりその範囲を下回ると拡張機能障害と認識される。近年、拡張機能障害によっても心不全が生じることが明らかになり、さらに心不全の機能障害として収縮機能よりも早期に変化を示す機能として注目されている[3]。拡張機能障害をきたす要因としては、心室壁のコンプライアンス増大、心室壁の弛緩能低下、心臓外からの圧迫や拘束などがあげられている。

## ■ 2　心不全に陥ると？

　心臓は、刻々と変わる身体の血液要求量に対応し、心拍数や心拍出量を変化させて適当な血液量を送り出している。何らかの原因によって心拍数や心拍出量が減少すると、様々な代償機構が出現して循環動態を維持する機序が働くが、病態がそれを凌ぐ度量や速度で進行すると適応不全となり、ついには心不全に陥り臨床徴候が出現する[4]。

　心不全時には、心筋細胞数の減少、心筋線維化、個々の心筋細胞の機能不全およびそれらの複合の関与が考えられる。心筋細胞数の減少は、心筋細胞の壊死によるもので、虚血性障害やアポトーシスが関係している[5]。心筋細胞の機能不全は、形態変化に伴う心筋変性や間質線維化および交感神経刺激の効果制限などが認められることによる[6]。心不全の代償機構は、神経内分泌系の亢進、末梢系の代償および中枢系の代償に分類され、循環動態の恒常性維持の目的で活性化するが、心不全の病態悪化の原因ともなっており、心不全治療の対象となることがある。

## 1）神経内分泌系の亢進

　神経内分泌系の働きは、心拍出量低下の代償機構として最も注目されている。その中でも自律神経系（交感神経系）、レニン・アンジオテンシン・アルドステロン系、その他の血管収縮因子、血管拡張因子などは、心不全の際に活性化して、水やナトリウム（Na）貯留に関与して容量負荷、圧負荷を変動させるため、神経体液性因子として総括されている。これらメカニズムの解明は、心不全の病態解析や治療薬の開発、さらには治療指針の確立に有用である。

### i ）自律神経系（交感神経系）

　心臓には、自律神経系（autonomic nervous system：交感神経系と副交感神経系）の分布があり、心拍数や心筋収縮力を制御し、心臓の収縮、弛緩の調節機構として役立っている。急性期の心不全症例では、心不全の病態に比例して血漿ノルエピネフリン濃度が上昇しており、交感神経系が活性化していることが報告されている[7]。交感神経系は、圧受容体や化学受容体などから動脈圧、血中酸素濃度、血中二酸化炭素濃度などの変化を感知し、急性のストレスに対して$\alpha$受容体を介して末梢血管抵抗を増加させ、脳、心臓、腎臓などの主要臓器への血流を維持し、$\beta$受容体を介して心拍数を増加、心収縮力を高めて心拍出量を維持させる。この機構は生体内で最も強力で、ストレスや生命の危機的状況を回避するのに非常に効果的な代償機構である。しかしながら、この機構が長期的に活性化していると病態の悪循環を招き、最終的には心不全の進展を助長させることも知られている。慢性的な交感神経系の活性化は、心筋酸素消費量の増加による虚血性心筋傷害を誘発し、最終的には心筋エネルギー代謝を破綻させ、末梢循環障害から多臓器不全をもたらす。交感神経系は、$\alpha$および$\beta$受容体を介して心筋細胞の病的肥大や間質の線維化に関与し[8, 9]、$\beta$受容体刺激は、拡張型心筋症の心筋ではアポトーシスが引き起こされることが報告されている[10]。また、交感神経刺激によってマトリックスメタロプロテアーゼが活性化され、心筋の構築変化（リモデリング）の進行が引き起こされることが報告されている[11]。心不全に陥った心筋では、$\beta_1$受容体数が減少しており、交感神経作動薬の効果が制限（ダウンレギュレーション）されることが知られるようになった[12]。

　以上より、人においては$\beta$遮断薬を用いた心不全の治療が実施され、予後を改善させる結果を実証した大規模試験が報告されている[13, 14]。小動物獣医科領域において同様の効果が得られるかは不明であるが[15]、ラットにおける基礎的実験で、小林らは容量負荷による心不全に効果が確認されたと報告している[16]。今後も詳細な病態評価に基づいた投薬プロトコールによるデータの集積が望まれている。

### ii ）レニン・アンジオテンシン・アルドステロン系

　レニン・アンジオテンシン・アルドステロン（Renin-Angiotensin-Aldosterone：RAA）系は、肝臓で産生されるアンジオテンシノーゲンに、腎臓より分泌されるレニン、肺より分泌されるアンジオテンシン変換酵素（ACE）あるいは肥満細胞顆粒中のキマーゼが作用して、アンジオテンシンⅠ（Ang Ⅰ）からアンジオテンシンⅡ（Ang Ⅱ）が産生され、Ang Ⅱ受容体刺激を介して心不全の病態に様々な作用を示す内分泌系路である。

　心不全に陥るとRAA系は活性化し、心不全の病態生理に深く関与する。循環血液中のAng Ⅱは、強い血管収縮物質であり、RAA系の活性は、血管平滑筋の収縮、腎近位尿細管におけるナトリウム再吸収促進、副腎皮質からのアルドステロン分泌促進、脳下垂体からのバソプレッシン分泌の増加により、末梢血管抵抗増大や循環血液量を増加させて臓器灌流量を維持し、ナトリウムの再吸収を促進して水分排泄を低下させることによって、体循環の血圧上昇に関与する。

　また、心筋組織中に存在するRAA系は、直接的あるいは間接的に心筋肥大、心筋間質の線維化、血管平滑筋増殖、腎糸球体メサンジウム細胞増殖などを促進する。組織中のAng Ⅱは、細胞膜にあるホスホリパーゼCを活性化し、その後イノシトールリン酸代謝物であるジアシルグリセロールの産生亢進、またプロテインキナーゼC（PKC）を活性化する。PKCは、分裂促進因子活性化蛋白キナーゼ（Mitogen-Activated Protein Kinase：MAPK）ファミリーなどをリン酸化することで蛋白合成が亢進

し、心筋肥大や心筋間質の線維化など心筋リモデリングを促進する組織障害因子として関与することが知られている[17]。いずれの作用もAng II受容体を介して発現するが、Ang II受容体には、主にタイプ1（$AT_1$）とタイプ2（$AT_2$）が存在し、そのほとんどが$AT_1$受容体を介して出現する。$AT_2$受容体は、$AT_1$受容体と相反する効果を示し、心筋保護作用を有すると考えられている[18-20]。

このようなRAA系の活性により生じる作用を阻害すると、循環系では末梢血管抵抗が減少して後負荷が軽減し、血液量の減少によって前負荷も軽減されることが期待できる。また、心筋組織においては、心筋肥大が抑制されるとともに、心筋線維芽細胞や細胞外マトリックス産生が抑制されるため、心筋線維化が抑制されることが期待できる。小動物医療における慢性心不全の治療は、このRAA系の阻害によって実施されることが多く、ACE阻害薬や$AT_1$受容体遮断薬、抗アルドステロン薬など、様々な経路に効果を示す薬剤が用いられている。現在、さらなる治療効果を期待して、選択的アルドステロン受容体拮抗薬、レニン阻害薬などの新しい薬剤が開発されている[21,22]。

長期にわたってACE阻害薬や$AT_1$受容体遮断薬によるRAA系の抑制を実施していると、低下していたアルドステロン濃度が再び上昇してくることが知られるようになり、アルドステロンエスケープ（ブレイクスルー）現象といわれている。明確な原因は不明であるが、不全心におけるアルドステロンの分泌や[23]、多岐にわたるRAA系カスケードの関与が考えられており、上記薬剤に抗アルドステロン薬が加えられる理由となっている。

### iii) バソプレッシン

バソプレッシン（vasopressin）は、下垂体後葉より分泌される抗利尿ホルモンで、心不全で血中濃度が上昇することが知られている[24]。バソプレッシンは、主に血管平滑筋に存在する$V_1$受容体を介して血管収縮や心筋肥大作用を示し、腎集合管に存在する$V_2$受容体を介して水やナトリウムを貯留して体液調節をする。これらの作用から、バソプレッシン拮抗薬による心不全治療が期待されている[25]。

### iv) その他の血管収縮因子
#### ①エンドセリン

エンドセリン（Endothelin-1：ET-1）は、主に血管内皮細胞で生成分泌される血管収縮物質である。ET-1は、心不全において血中濃度が上昇することが報告されており、RAA系同様に心不全の病態生理に密接に関与している[26]。ET-1の受容体には、$ET_A$受容体と$ET_B$受容体が存在し、$ET_A$受容体を介してAng IIと同様にPKCを活性化して血管収縮、血管平滑筋増殖、心筋肥大、心筋間質の線維化を生じる。$ET_B$受容体を介しては、血管内皮由来であるプロスタサイクリンや一酸化窒素の生成増加を促し、血管拡張作用を示す。ET-1の作用はAng IIよりも強力であり、近年、ET-1は心筋組織においても産生されて心筋肥大作用により心不全の病態に深く関係する物質と考えられている[27,28]。

### v) 血管拡張因子

心不全時に変化のみられる血管拡張因子（vasodilator）には、ナトリウム利尿ファミリー、一酸化窒素、アドレノメデュリンなどがあげられる。これらの因子は、冠血流量増加作用、心筋代謝軽減作用、血小板・好中球活性化抑制作用、$\beta$-アドレナリン受容体遮断作用、RAA系抑制作用、サイトカイン系抑制作用などを有し、心不全に対する代償機能の改善因子と考えられ、近年注目されている[29,30]。

#### ①ナトリウム利尿ペプチドファミリー

ナトリウム利尿ペプチドファミリー（natriuretic peptide family）は、特徴的な環状構造の分子構造をもつ3種のペプチドの総称で、主に心房筋より分泌される心房性ナトリウム利尿ペプチド（Atrial Natriuretic Peptide：ANP）、心室から分泌される脳性ナトリウム利尿ペプチド（Brain Natriuretic Peptide：BNP）、および主に血管内皮から分泌されるC型ナトリウム利尿ペプチド（C-type Natriuretic Peptide：CNP）などが含まれる[31-34]。このうち、ANPとBNPは、グアニル酸シクラーゼを介して細胞内のcGMP濃度を上昇させ、強力な血管拡張作用、ナトリウム利尿作用、交感神経系やRAA系の抑制作用などを示し、血管収縮因子に拮抗的に作用する。これらは、人において心不全時に

末梢血中の濃度が上昇していることが報告されており[35,36]、近年では利尿作用や心筋保護作用などを期待して、薬剤として使用されている。小動物臨床においても、循環器疾患のバイオマーカーおよび治療薬として注目されている。

ANPは、主に心房筋にて合成された後に顆粒として蓄えられ、心房負荷に伴う心房筋の伸展刺激で血中に放出される。心不全の進行とともに、心房筋に加えて心室筋でも合成、放出されるようになり、血中濃度が上昇する。犬において、左心房径あるいは肺動脈楔入圧と血中ANP濃度の相関が報告されている[37,38]。ANPは、国内において薬剤として入手可能であり、急性心不全に対する治療薬として用いられているが、小動物獣医科領域において明確に予後改善や延命効果を示した報告は認められていない。

BNPは、主に心室筋にて合成され血中に持続的に放出されているが、心不全の進行とともに分泌量が増加して血中濃度が上昇する。犬において、肺動脈楔入圧とBNP濃度の相関が報告されている[39]。BNPは、前駆体であるpro-BNPより分離されるN末端BNP（NT-proBNP）が、半減期が長く安定した測定が可能であるため、小動物臨床の循環器疾患のバイオマーカーとして広く使用されている。

②一酸化窒素

一酸化窒素（Nitric Oxide：NO）は、血管内皮細胞の一酸化窒素合成酵素（eNOS）の働きにより生合成され、ナトリウム利尿ペプチドファミリーと同様にグアニル酸シクラーゼを活性化して細胞中のcGMP濃度を上昇させ、平滑筋細胞の弛緩、血小板の凝集抑制などを引き起こす。心不全の病態では、NO産生が減少していることが報告されており、低心拍出量に伴う組織への血液灌流量の低下や[40]、サイトカイン、TNF-αの血中濃度上昇に起因しているとの報告も認められる[41]。しかし、近年、心不全ではNO産生はむしろ増加しており、酸化ストレスである活性酸素種（Reactive Oxygen Species：ROS）の増加によりNO活性が低下していると報告され、抗酸化物質による心不全治療の可能性が指摘されている[42]。血管は、心臓から送り出された血液を各組織へ供給する役割を担っており、血管内皮障害は心不全の病態形成に重要な役割を果たしていると考えられている[43]。

③アドレノメデュリン

アドレノメデュリン（adrenomedullin）は、副腎髄質、心臓、腎臓、血管などで産生される血管拡張作用、利尿作用を有する循環調節ペプチドである[44]。心不全やエンドトキシンショックなどの際に血中濃度が上昇し、代償的に作用している可能性が指摘されている[45]。今後の研究成果が求められる。

## 2）末梢系の代償（機序）

末梢系の代償は、心不全の代償機構として神経内分泌系の亢進に引き続いて生じる重要な機序である。これらは、血管、骨格筋、腎臓などにおいて認められ、心不全の出現に伴って活性化し、平均動脈圧の変動を最小として各臓器への血液還流を適切に維持するべく作用する。

ⅰ）血管と血管収縮

心不全時には、動脈圧、動脈壁伸展、血中酸素分圧（$PO_2$）や二酸化炭素分圧（$PCO_2$）、血液pHなどが変化することによって動脈圧受容体、化学受容体などが活性化し、強力な全身の末梢血管収縮が認められる。これらは、交感神経を介して伝達されるが、主に血管平滑筋細胞の$α_1$受容体を介して行われる。静脈系に比べ、動脈系には交感神経が豊富に分布しており、特に腹部臓器、皮膚などの血管床に強く発現する機構である。

ⅱ）骨格筋

骨格筋（skeletal muscle）は、体重の50％以上を占め、安静時の心拍出量の15〜20％を受け入れている。この血流は、正常時には運動により数倍から数10倍に増加する。この反応は、心拍出量の増加と血流の再分布に起因するが、心不全時には交感神経支配下に制限され、上述の$α_1$受容体を介した骨格筋血管床の収縮により、骨格筋の血流量は低下する[46]。その結果、嫌気的代謝や乳酸産生などが亢進してtypeⅠ線維の萎縮やミトコンドリア密度の減少など骨格筋の構造的な変化が生じ、心不全状態が持続すると、筋量減少や運動不耐性などの臨床症状が認められる。

### ⅲ）腎臓とナトリウム、水分保持

腎臓は、ナトリウムと水の排泄を制御して、循環血液量を調節する主要な臓器である。心不全に陥ると活性化する多くの神経内分泌系（交感神経系やRAA系など）は、腎臓に作用してナトリウムや水の排泄を減少させる。これにより、体液は増加して循環血液量は増大し、代償的に心拍出量や血圧が維持される。過度の体液貯留は前負荷を増大させ、うっ血や浮腫を誘発し、病態を悪化させることになるが、前負荷増大による心房筋の伸展刺激により、ナトリウム利尿ペプチドファミリーの分泌が亢進し、腎臓からのナトリウムや水の排泄を増加させ、心臓の前負荷および後負荷を調節すべく作用する。いずれの調節も、腎臓の糸球体と尿細管を介して行われる電解質（Na）と水の代謝に依存して体液量の調節は行われている。

心不全の治療では、腎臓におけるナトリウム、水分保持の均衡を調節することで行われることが多く、近年、心臓と腎臓との密接な関係が"心腎連関"という言葉を用いて注目されている。

### 3）中枢系の代償（機序）（心臓）

心不全時の代償機序には、前述の機序の他に、心臓自らのポンプ機能亢進も含まれる。心不全に陥ると、心臓は、前述の自律神経系（交感神経系）によって、反射的に心拍数増加、心筋収縮力増大などによって毎時あたりの仕事量を増加させ代償する。さらにその状態が継続すると、心筋線維は伸長あるいは肥大などの形態的変化を呈し、病的な負荷に適応した形状へと成長する。

#### ⅰ）頻拍

心臓の仕事量を示す心拍出量は、心拍数×1回拍出量で決定する。心臓機能に応じて最も速やかに対応できるのは心拍数であり、心不全時には交感神経系を介して$β_1$受容体が刺激され、房室伝導亢進不応期短縮によって速やかに心拍数は上昇（頻拍）して心臓機能が代償される。生理的範囲内の頻拍は、心拍出量を直線的に増加させるが、過度の頻拍は、心室充満時間の不足によって、逆に心拍出量を低下させる。長期的には心筋酸素要求量の増大、心筋内血流量の減少などから心筋障害を引き起こし、心筋壊死や頻脈性不整脈を誘発することになる。

#### ⅱ）変力作用

心拍出量を増加させるもう1つの要因は、1回拍出量である。心不全時には、心拍数と同様に$β_1$受容体刺激によって心筋収縮力が増加し、陽性変力作用によって心臓機能が代償される。心筋の収縮や弛緩にかかわる細胞内シグナル伝達は、心筋細胞内外へのCaイオン輸送によって行われ、Caチャネルや筋小胞体などが担っており、Caイオン輸送を亢進させることで陽性変力作用を得ることができる。頻拍と同様に、過度かつ長期的な陽性変力作用は、心筋酸素要求量の増大、心筋内血流量の減少などから心筋障害を引き起こし、心筋壊死や頻脈性不整脈を誘発することになる。

#### ⅲ）心筋の成長

心不全時には、様々な負荷に対して心臓のポンプ機能を維持させるべく、心臓は頻拍、陽性変力作用などの機能変化により対応するが、過度の伸展により、次第に伸長あるいは肥大などの心筋細胞の形態的変化を示すようになる。この変化は、心筋細胞の肥大と細胞外マトリックスの分解および生産による変化とされ、心筋リモデリングと呼ばれる。一般に、容量負荷では遠心性肥大、圧負荷では求心性肥大が認められ、心不全時の代償機能と解釈されている。これらには、RAA系やET-1などが密接に関与しており、心筋細胞内では主にMAPK経路を介していることが報告されている[47]。肥大した心室は柔軟性に欠け、能動的な筋弛緩による拡張機能が低下し、血液充満に高い圧が必要となる。心筋容積も増大するために酸素要求量が増加して、虚血性変化を生じやすくなるため、心筋の成長と平行して心筋壊死や線維化などの病変が進行することになる。

### ■ 3　心不全時の炎症の役割

心不全時には上述した交感神経系、RAA系、神経液性因子などが増悪因子となって関与し、心肥大や心筋リモデリングを生じて最終的には、不可逆的な心筋不全に至っていることは明確である。近年、これら機序に加えて、炎症機序や免疫反応が心不全の病態に関与し、重要な役割を演じていることが明らかとなり、新しい心不全の治療としての期待が高

まっている。

### 1）腫瘍壊死因子α

腫瘍壊死因子α（Tumor Necrosis Factor-α：TNF-α）は、主にマクロファージより産生される代表的な炎症性サイトカインである。心不全ではTNF-αが活性化することが知られており、人において慢性心不全や心筋症症例の血中あるいは心筋組織内で高値を示すことが報告されている[48,49]。TNF-αは、血管内皮細胞の内皮型一酸化窒素（NO）合成酵素（eNOS）発現を減少させて、NO産生を減弱させたり、内皮細胞のアポトーシスを誘発したりして、血管内皮障害をもたらすと考えられている[50]。このTNF-αの濃度上昇は、心不全の原因であるのか結果であるのかは明確になっていないが、心不全症例の生存率と密接な関係をもち、実験的なTNF-αの長期投与は、拡張型心筋症様の病態を誘発させることなどから、TNF-α濃度を低下させる治療が心不全症例の予後を改善させる可能性があると考えられている[51,52]。しかし、これまで開発された抗TNF-α剤（エタナセプト、インフリキシマブなど）は、人の大規模臨床試験において心不全治療に対して有用性が確認されておらず、今後の研究報告が期待されている[53,54]。

### 2）インターロイキン

インターロイキン（Interleukin：IL）は、細胞の増殖、分化、活性化を調節するうえで重要な働きをする炎症性サイトカインである。これまでに、心不全症例ではIL-1α、IL-1β、IL-6、IL-10、IL-12などが活性化していることが知られている[49,55]。また、IL-2のように心筋細胞に機能障害をもたらすILも報告され[56]、ILは心不全の病態に深く関与していると考えられている。中でもIL-6は、心不全悪化時に血中濃度や心筋組織中での発現が上昇し、症状の改善に伴って減少することから、TNF-αと同様に心不全症例の予後判定因子としての可能性が報告されている[57]。IL-6の受容体サブユニットであるgp130を欠損させたマウスに、実験的に圧負荷モデルを作成すると、代償性心肥大が形成できずに高い死亡率を示した[58]。その一方で、IL-6を心不全の心筋に遺伝子導入すると、心機能の改善が認められたことなどから[59,60]、IL-6は心筋肥大作用に関与するものの、心不全病態下では保護的な作用を有している可能性も示唆されている。またIL-6は、肝臓におけるCRP産生を誘導し、IL-6とCRP血中濃度との間にも相関が認められていることからも、心不全の予後予測因子となりうると報告されている[61,62]。その他にも、比較的副作用が少なく、種々のサイトカイン産生に抑制的に作用するIL-10を用いた、抗炎症作用による心不全治療が検討されている[63]。

### 3）核内因子κB

核内因子κB（Nuclear Factor-kappa B：NF-κB）は、転写因子として作用する蛋白複合体で、細胞質内においてI-κB（Inhibitor-κB）と結合して不活性化されて存在している[64]。心不全の心筋内では、ストレスや炎症などによってI-κBよりNF-κBが遊離して活性化する。活性化したNF-κBは、細胞質から核内へ移動し、炎症性サイトカインやNADPHオキシダーゼ、誘導型NO合成酵素（iNOS）などの炎症進展にかかわる物質の増加に関与していると報告されている[65]。

### 4）活性酸素種

活性酸素種とは、スーパーオキサイド（$\cdot O_2^-$）、ヒドロキシラジカル（$\cdot OH$）、過酸化水素（$H_2O_2$）などのフリーラジカルを有する反応性の著しく高い酸素化合物の総称である。これらは、心筋細胞のシグナル機構の一端を担うため、細胞内代謝と関連したミトコンドリアの電子伝達系、細胞質の還元型ニコチンアミドアデニンジヌクレオチドリン酸（NADPH）オキシダーゼ、キサンチンオキシダーゼ、一酸化窒素合成酵素（NOS）、あるいは好中球内の酸化過程によって生産され、スーパーオキサイドジスムターゼ（SOD）やグルタチオンペルオキシダーゼ、カタラーゼなどの酵素によって消費されている。ROSは、通常限られた空間内で生成、消費されるため、生体には障害を及ぼさないが、代謝異常により過剰となると様々な組織障害を引き起こす。

近年、ROSが心不全の病態に関与することが報告され、その機序が注目されている。機能不全に陥った心筋では、ミトコンドリアや細胞質のNADPHオキシダーゼでのROS産生が有意に増加し、心筋細胞の酸化損傷が引き起こされている[66,67]。また、心不全により増加したAng Ⅱやアルドステロンが、ROS濃度上昇に関与するという報告も認められる[68,69]。

ROSは、心筋肥大や心筋アポトーシスを誘発し、これにより心機能がさらに障害され、心不全の病態を進めている可能性が指摘されている。これらの観点から、ROSの産生を抑制するキサンチンオキシダーゼ阻害薬やミトコンドリアDNA保護薬などが、新しい心不全治療として期待されている[70]。

## 4 心不全の臨床的徴候

心不全によって生じる臨床的徴候は、各臓器のうっ血や水腫、末梢循環の低下、動脈血酸素分圧の低下などに起因して発生するが、低心拍出量に関連するものと、肺や全身性の静脈うっ滞に関連するものに大別される。これらには心不全に特徴的なものは少なく、呼吸器、脳神経、腫瘍、代謝性疾患などとの鑑別を要することが多い。

### 1）呼吸困難

呼吸困難（respiratory distress）は、動脈血酸素分圧が低下して、頻呼吸や努力性呼吸を呈するもので、特に左心不全において最も一般的な徴候である。肺うっ血や胸膜滲出による肺機能の減少に起因し、酸素要求量の増加する運動負荷や興奮により徴候が悪化する。病態初期には無処置により一過性に改善するが、中期〜末期では、動脈血酸素分圧のさらなる低下に加え、呼吸運動や不安による激しい体動や緊張が酸素要求量を増大させる悪循環を招き、死に至る可能性がある重大な臨床徴候である。動物は立位や座位を好み、長い吸気と短い呼気による胸式もしくは腹式呼吸を呈する。可視粘膜色は、末梢血中の酸化ヘモグロビン濃度の低下によって暗赤色、あるいは末梢循環不全によって蒼白に認められる。

### 2）発咳

発咳（cough）は、種々の要因により咳受容体が刺激されて延髄にある咳中枢に達し、そこから舌咽神経、迷走神経などの遠心性神経を経由して、声帯、肋間筋、横隔膜、腹筋などの運動が生じることによって発生する特徴的な呼吸器症状である。

呼吸器疾患、循環器疾患などで認められる非特異的な症状であるが、心不全において一般的かつ頻繁に観察され、本症状を主訴とする症例も少なくない。うっ血性心不全に起因して増加した肺胞、あるいは気管支内の分泌物の排泄を促すためや、左心房あるいは心臓全体の拡大による気管支への圧迫刺激などに起因して発生することが多い。犬において頻繁に認められ、気管虚脱や呼吸器感染症などの呼吸器疾患との鑑別が必要である。

### 3）運動不耐性

運動不耐性（exercise intolerance）は、通常耐えうる運動負荷が実施できない状態を呈するもので、運動時に座り込む、横臥になるなどの主観的な特徴であるため、軽度の徴候は見逃される傾向がある。低心拍出量、末梢循環障害、低酸素血症などに起因して認められる心不全の代表的な臨床徴候である。分離チアノーゼ（differencial cyanosis）や腹部大動脈血栓塞栓症などに起因した運動不耐性は、後肢のみに現れることもあり、脳神経疾患や代謝性疾患との鑑別が必要になることもある。

### 4）腹囲膨満

腹囲膨満（abdominal distension）は、主に肝臓や脾臓腫大、腹水貯留などにより動物の腹部が大きく腫脹した状態を示し、特に右心不全において一般的な徴候である。右心房圧上昇や心タンポナーデによる中心静脈圧上昇に起因し、淡赤色の漏出性あるいは変性漏出性腹水が貯留する。多量の腹水貯留を伴う腹囲膨満では、腹部打診により波動感を認めることが多く、確認は容易である。液体貯留により体重が増加し、運動不耐性、呼吸促迫、下痢、末梢浮腫などの徴候を伴うことも多い。消化器疾患や腫瘍性疾患、代謝性疾患との鑑別が必要となることがある。

### 5）失神、虚脱

失神（syncope）や虚脱（collapse）は、意識や姿勢緊張が一過性に消失した状態を示し、不整脈や左心不全において一般的な徴候である。著しい徐脈や頻脈により、脳への血流が一定時間途絶することに起因し、多くは血流の回復とともに短時間で回復するが、そのまま死亡して突然死となることもある。興奮や緊張によって誘発される場合や、誘発要因がない場合など様々である。代謝性疾患や脳神経疾患との鑑別が必要になることもある。

### 6）チアノーゼ

チアノーゼ（cyanosis）は、酸素化不足により末梢血中の還元型ヘモグロビン濃度が上昇（＞5 g/dL）することで出現する。程度の差はあるが、粘膜色が、濃い青紫色に認められる特徴的な臨床徴候である。原因によって、動脈血の酸素分圧低下に起因する中心性チアノーゼと、毛細血管の血液うっ滞に起因する末梢性チアノーゼとに大別される。中心性チアノーゼは、短絡性心疾患の右−左短絡化やファロー四徴症など特定の疾患で認められ、多くは多血症も合併する。末梢性チアノーゼは、心拍出量減少に伴う末梢血管収縮によって認められる。心不全の臨床的徴候としてよく知られるが、動物においては末梢性チアノーゼが出現する以前に、その他の心不全徴候が出現することが多い。

### 7）四肢冷感（末梢の冷感）

四肢冷感（peripheral coldness）は、心不全に伴う末梢循環の低下により四肢末端の皮温が低下するもので、心不全に一般的な臨床徴候である。四肢以外に、耳介、口唇、陰茎、尾などに認められることがあり、右心不全では浮腫を伴うことも多い。心不全による四肢冷感は、前後および左右対称性に認められることが多く、血栓塞栓症などの血流障害による局在性の冷感とは異なる性質をもつ。

## ■ 5　うっ血性心不全患者の臨床徴候の進展

心不全については、いくつかの分類があるが、その1つは出現する臨床徴候や薬物に対する反応に基づいて、無徴候期、有徴候期、治療困難期に大別される。動物の循環器疾患は、ISACHC分類（表Ⅰ-8）によって臨床徴候が分類されているが、近年、特定疾患においては、ACVIM consensus statement（表Ⅰ-9）[71]などによって、より細分化された分類に基づいて診断治療が進められている。一般に、循環器疾患は時間経過とともに進展、もしくは悪化するため、臨床徴候もこの病変分類にしたがって段階的に悪化する。それゆえ、心不全診断時の病態の程度を明確にすることは、治療における投薬プロトコールの決定や予後判定に大いに役立つ。

### 1）無徴候期

無徴候期（asymptomatic stage）は、聴診にて心雑音、X線検査にて心臓拡大、心エコー検査にて弁口部逆流などの病変が認められるにもかかわらず、症例に明らかな徴候が認められず、投薬や生活制限などを必要としていない時期を示す。ISACHC分類

表Ⅰ-8　ISACHC分類

| 分類 | 内容 |
|---|---|
| Class Ⅰa | 心雑音、不整脈、逆流血流など心疾患の徴候が認められるものの、それに伴う代償徴候が認められない無徴候の時期 |
| Class Ⅰb | 心疾患の徴候が認められ、それに伴う心室や心房の拡大、機能亢進などの代償徴候が出現している無徴候の時期 |
| Class Ⅱ | 心疾患に伴う臨床徴候（発咳、呼吸促迫、運動不耐性など）が認められる時期。心不全治療が推奨される状態 |
| Class Ⅲa | 重度なうっ血性心不全による臨床徴候（呼吸困難、腹水、重度運動不耐性、安静時循環障害）が出現しているが、自宅での管理が可能な時期。適切な治療が実施されなければ衰弱、死亡する状態 |
| Class Ⅲb | 重度なうっ血性心不全による臨床徴候が出現しており、入院による管理が必須な時期。心原性ショック、重度の肺水腫や胸水などが認められ、適切な治療が実施されなければ衰弱、死亡する状態 |

**表 I-9　慢性房室弁疾患の診断治療ガイドラインにおける ACVIM consensus statement**

**Stage A**
現在は器質的心疾患を認めないが、将来的に生じる高いリスクをもつ症例（心雑音の認められないキャバリア・キング・チャールズ・スパニエルなど）

**Stage B**
典型的な心雑音があり器質的心疾患を認めるが、心不全による臨床徴候を伴わない症例。予後と治療の臨床的意味合いから、さらに B1 と B2 に分類する。
　Stage B1：無徴候で、X 線検査や心エコー検査により器質的心疾患による心拡大などのリモデリングが認められない症例
　Stage B2：無徴候であるが、弁の逆流によって血行動態に変化を来たし、X 線検査や心エコー検査により容量負荷による左心拡大が確認される症例

**Stage C**
過去あるいは現在において、器質的心疾患によって心不全徴候を呈したことのある、あるいは呈している症例。入院治療が必要な犬と自宅管理が可能な犬で心不全治療が異なる。初めて心不全を発症した症例では、さらなる後負荷減治療や一時的な呼吸補助などの積極的な治療を要する重度な臨床徴候を示すこともある。治療により症状が消失しても、Stage C のままとする。より典型的な治療は、難治性の症例（Stage D 参照）に実施される。

**Stage D**
慢性房室弁疾患による心不全徴候が末期的で、標準的な心不全治療に難治となった症例。臨床的に安定した状態を維持するには、より積極的な特殊な治療計画が必要である。Stage C の症例に比べ、集中した入院中心の治療が必要である。

---

では、左室内径拡大や収縮率亢進などの代償性変化の有無によってさらに細分化（Ia 期および Ib 期）される。この時期より心臓に機能低下が生じ、不顕性の代償機能が作動し始めているため、延命効果や QOL 維持を目的としたより早期の治療が検討される時期である[72,73]。無徴候期の治療は、その効果判定に臨床徴候を用いることができないため、バイオマーカーや心エコー検査などが使用されることが多い。この時期からの治療開始については、さらなるデータ集積が必要であるが、小動物獣医科領域においては、治療効果のみならず費用なども問題となる。疾患によっては、外科療法の最適期である。

### 2）有徴候期

有徴候期（symptomatic stage）は、心疾患に伴って発咳、呼吸障害、運動不耐性、腹水貯留などの臨床徴候が認められ、投薬や生活制限などが必要とされる時期を示す。ISACHC 分類では II 期に相当し、比較的広い時期が割り当てられる。無徴候期に比較して心臓機能は低下しており、代償機能によって循環は維持されているものの、激しい運動やストレスなどによって容易に均衡を崩し、心不全を発症する時期である。明らかな治療適期であり、病態に応じて様々な薬剤処方や生活制限が指導される。疾患によっては、外科療法も適期である。

### 3）治療困難期

治療困難期（refractory stage）は、様々な治療に反応を示さず、しばしば容易に心不全に陥り、生命の危機に瀕している時期を示す。有徴候期に比較して、さらに心臓の機能低下が認められ、まもなく代償機能の破綻が訪れることが予想される。ISACHC 分類では、自宅療養の可否によって III a 期と III b 期に分類され、瀕死の状態と定義づけられる。内服薬と生活制限のみによる治療の限界であり、酸素吸入、点滴治療などが行われる。この時期は全身麻酔のリスクも高まるため、外科療法の適応から除外されることが多い。

## 6　心機能の臨床的評価

心機能を評価する検査法は、客観的あるいは主観的な検査法、安静下での検査に協力を得られないために、物理的あるいは化学的保定を要する検査法など多岐にわたる。臨床的評価には、診断の感度や特異度が高く再現性の高いものが選択され、さらに侵襲性が低いことが望まれる。これまでは、臨床徴候

に大きく依存していた臨床的評価であるが、低侵襲の心エコー検査が加わり、心機能の臨床的評価は飛躍的に向上している。

## 1）心不全の有無

心不全を呈しているか否かの判断は、第一に臨床徴候によって判断される。心臓ポンプ機能の低下による肺または体静脈系のうっ血に起因した徴候は、呼吸困難、発咳、運動不耐性、腹囲膨満、失神、虚脱、チアノーゼ、四肢冷感などであり、これら徴候の出現をもって心不全と診断する。ただし、呼吸困難や運動不耐性などは、基礎的な動物の運動量や活動状況によって、徴候の出現が見逃されることもあり、慎重な評価が必要である。循環器疾患の疫学的な調査によって心不全が認められる年齢を把握すると、臨床徴候が認められなくとも探査を行うことが可能となる。

## 2）どのような探査をすべきか？

心不全の有無を把握するためには、以下の心臓機能について探査を行う。近年では無徴候期からの心不全治療が検討されたり、実施されていることから、臨床徴候の有無に依存しない探査の開始が望ましい。

### ⅰ）収縮機能

収縮機能（systolic function）の評価は、心カテーテル検査や心エコー検査によって実施する。

心カテーテル検査では、1分間あたりの心臓の駆出量を表す心拍出量（cardiac output）が収縮機能の指標として測定される。測定はスワン・ガンツカテーテルと専用の測定器を用いる。スワン・ガンツカテーテルは、先端より約30cmの部位に冷水の注出孔が開口しており、注入された一定量の冷水がここから放出され、右心房、右心室で希釈されて、心拍出量に応じた温度変化をカテーテル先端の温度センサーが感知し、心拍出量が算出されるようになっている。全身麻酔下に、スワン・ガンツカテーテルを末梢の静脈より右心房経由で肺動脈まで挿入し、規定量の冷却した5％ブドウ糖液を急速注入すると心拍出量が算出される。体重差の大きい動物では、心拍出量を体表面積で除した心係数（cardiac index）で評価されることも多い。本測定法は、三尖弁逆流症、心房細動などの不整脈疾患、短絡性心疾患を合併すると不正確となる。

心エコー検査では、左室内径短縮率（fractional shortening）や駆出率（ejection fraction）などが指標として測定される。左心室Mモード法で計測するのが一般的であるが、近年では断層法から求める技術も広まりつつある。左室内径短縮率は、左室拡張末期径より左室収縮末期径を引き、左室拡張末期径で除した値であり、収縮機能の低下で低値を示す。計測が簡便であることから、小動物獣医科領域では多用されている。駆出率は、左室拡張末期径および左室収縮末期径から左室拡張末期容積と左室収縮末期容積を求め、その差を左室拡張末期容積で除した値で、内径から容積を求める際に誤差が大きくなることから小動物医療ではあまり利用されていない。容積変換法には、Pombo法、Gibson法、Teichholz法などが存在する。近年では、心尖部四腔像や二腔像から、左室内腔を20等分した楕円盤の総和として算出するmodified Simpson法により算出する方法も実施されている。

### ⅱ）前負荷

前負荷（preload）は、中心静脈圧や肺動脈楔入圧などが指標に用いられる。それぞれの測定には、カテーテルと圧トランスデューサーを備えた観血血圧計を用いて、経皮的あるいは外科的なカテーテル挿入手技が必要となる。前負荷は、頸静脈に代表される体表静脈の視診によっても確認可能で、明らかな怒張は前負荷の亢進を表している。中心静脈圧の測定は、経皮的に挿入したカテーテルの先端を右心房内に留置し、内腔を開放すると中心静脈圧が記録される。犬と猫の参考値は0～10cm$H_2O$と報告されており[74]、前負荷の上昇で高値を示す。

肺動脈楔入圧の測定は、先端孔かつカテーテル先端に小さな風船のついた専用バルーンカテーテル（スワン・ガンツカテーテルなど）を用いる。透視下にカテーテル先端を遠位肺動脈内に留置し、バルーンを拡張させて肺動脈に楔入して遠位の圧を測定することで肺動脈楔入圧が測定される。犬と猫の参考値は4～13mmHgと報告されており[74]、前負荷の上昇で高値を示す。

### ⅲ）後負荷

後負荷（afterload）は、収縮期血圧や収縮期左心室圧などが指標に用いられる。測定には、非観血血圧計、あるいはカテーテルと圧トランスデューサーを備えた観血血圧計を用いる。非観血血圧計による測定では、安静下の動物の肢端や尾根部にマンシェットを取り付けて計測する。計測部が心臓位と同じ高さであることが望ましく、安静が得られなかったり、不適切なサイズのマンシェットを用いたりすると正確な値が得られない。観血血圧計による測定では、経皮的あるいは外科的に動物の動脈内にカテーテルを挿入し、圧トランスデューサーと接続することで動脈圧が測定できる。カテーテル先端を末梢動脈内に留置すれば収縮期血圧が測定され、大動脈弁を越えて左心室内に留置すれば収縮期左心室圧が計測される。左室流出路狭窄などが認められなければ、両者はほぼ同じ値を示し、後負荷の上昇で高値を示す。

## 3）臨床例において何の検査をすべきか？

臨床例の検査の目的は、スクリーニング検査、精密検査、追跡検査などである。いずれも心不全を鑑別する完璧な検査法は存在せず、心不全が疑われた場合には、症例ごとに最も適した検査法を選択して実施すべきである。以下に心機能評価の検査法を解説するが、詳細は後述の各事項を参照されたい。

### ⅰ）一般身体検査

最初に実施するべき検査法で、問診、視診、触診、打診、聴診などを組み合わせることによって循環器疾患の存在を疑い、時に病態を評価し、さらなる検査を実施するか判断する。非侵襲的で特殊器具を要さず、短時間で実施できる長所をもつが、確定診断に至らない短所をもつ。緊急時の心不全診断では、唯一実施できる検査である。

### ⅱ）血液検査

心不全にかかわる変化を、血球検査や血液生化学検査項目を測定することで把握し、循環器疾患の存在を疑い、時に病態を評価する。客観的なデータを得ることができ、心不全のみならず、全身状態の把握に優れた検査である。一般的な血液検査項目に加え、心不全のバイオマーカーとしてナトリウム利尿ペプチドファミリーの血中濃度による心不全病態の検出が商業ベースで実施されており、スクリーニング検査で心疾患の有無を評価するのに有用である。

### ⅲ）非観血的血圧測定

オシロメトリック法やドップラー法などにより血圧を測定し、心不全状態の確認を行う。非侵襲的に実施できるが、全身拘束や著しい緊張下での測定では、安定した正確な値を得ることは難しい。心エコー検査と組み合わせて評価すると詳細な心機能評価が可能である。

### ⅳ）Ｘ線検査

最低2方向以上の撮影を行うことで、心陰影、大血管、肺野などの評価が可能となる。心陰影はあくまでも心臓形態の投影像であるため、心臓内部の詳細な評価は難しい。肺野においては、多くの情報を得ることができる。胸水貯留によって、情報は著しく減少する。

### ⅴ）心電図検査

四肢に電極を装着し、右側横臥位で記録した6誘導心電図が最も一般的である。不整脈疾患においては最も有効な検査法で、疾患の存在を明らかとし、電気生理学的に多くの情報を得ることができる。非侵襲的に実施できるが、全身拘束や著しい緊張下での測定では安定した正確な値を得ることは難しい。

### ⅵ）心音図検査

胸壁に集音器を装着し、心電図検査に同期した心音を記録する検査法で、聴診結果を客観的に得ることができる。心雑音を呈する心疾患においては、有効な検査法である。非侵襲的に実施できるが、聴診により十分な所見を得ることができれば、省略されることも多い。

### ⅶ）心エコー検査

経胸壁に探触子を当てて断層像を得る検査法で、循環器疾患の存在を明らかとし、病態評価をも可能な検査法である。非侵襲的に心臓の形態、動き、機能の評価を行うことが可能で、いずれの検査目的でも実施可能で、心機能の臨床的評価を行うためには最も適した検査法である。近年では、心筋組織の動きに注目した検査が実施されており、心臓機能検査として様々なデータを得ることができる。検査を行う者の技術によって結果が異なる特徴をもつ。

viii）心カテーテル検査

　適当な血管へカテーテルを挿入して、関心部位の血圧、血液ガス値を測定し、選択的血管造影や心筋生検などを行う検査法である。全身麻酔、血管へのカテーテル挿入などの侵襲を伴うため、心不全症例の本検査の適応については慎重に評価する。

## ■ 7　心不全は進行性疾患にどうしてなるのか？

　心不全は、心臓機能が損なわれることによって相応量の血液拍出ができない状態を示し、様々な心疾患やその他多くの疾患が原因となり末期的に発生する。心不全を治療すると、病態進行が制御され慢性経過を辿るものと、反応を示さず経時的に病態が悪化し進行性疾患となる症例に遭遇する。同様の疾患であっても、代償機構により病態が維持される場合や、急激な進行を認めることもあるため、心不全進行の周期を理解することは重要である。

　自覚症状を訴えない小動物では軽微な徴候は無視され、病態に先行した治療が行われにくいことも、心不全が進行性疾患になる一因としてあげられる。また、治療に際して動物の協力が得にくく、検査や投薬時に著しい緊張や興奮を招いていることもあげられるかもしれない。以下にあげる過剰な代償機構を発現させることによって病態を制御するようになると、心不全は進行性疾患として生命の危機を危ぶむ重大な疾患となる。

### 1）うっ血性心不全の不正確な周期

#### ｉ）左心室後負荷と心筋酸素消費の増大（周期1）

　交感神経系、RAA系、バソプレッシン、ET-1などは、心不全で賦活化されて、末梢血管を収縮させ、動脈血圧や臓器灌流量を維持する作用を示す。これらは短期的には病態改善に作用し、心不全を代償するのに役立つが、過剰に作用すると、左心室後負荷を増大させ、心筋の仕事量を増やし心筋酸素消費の増大を招く。

#### ⅱ）ナトリウムと水保持、さらに左心房圧の増大（周期2）

　また、交感神経系、RAA系、バソプレッシン、ET-1などは心不全時に神経体液性因子として、腎臓遠位尿細管に作用してナトリウムと水の再吸収を促進させる作用を示す。これらは、循環血液量を増大させ、心不全を代償するのに役立つが、過剰に作用すると、左心室前負荷を増大させ、拡張末期左心室容積を増大し、左心房圧の増大を招く。

#### ⅲ）左心室と血管のリモデリング（周期3）

　心臓への持続的な負荷に対して、心臓や血管はより適応した形態へと変化し、構造、形態、質を変化させる。この変化をリモデリングといい、これまでは心不全への代償機構の1つであると考えられてきた。しかし近年、このリモデリングこそが心臓機能を低下させ、心不全に陥る要因であると考えられるようになり、リモデリングを抑制させる治療法が心不全治療の主流となっている。交感神経系、RAA系は、心筋や血管局所にも作用して心筋肥大や心筋間質の線維化などを引き起こすことから、中心的な治療対象となっている。

#### ⅳ）過負荷の心筋症

　心臓への過負荷が持続すると、前述の代償機構が破綻して血行動態の危機的な不均衡が生じる。心不全はさらに悪化し、多臓器不全、悪液質などの末期的な病態を示すとともに、心筋細胞は心筋不全に陥り、変性や消失が進行する。この変化は、末期心不全症例の心筋細胞内にDNA断片化が見出されていることから、アポトーシスが関与していると考えられている[75]。この変化は、拡張型心筋症、肥大型心筋症拡張相、不整脈原性右室心筋症の心筋内にも認められており、心臓への過負荷が心筋症類似の病態を引き起こしていると考えられている。近年、心筋細胞のアポトーシスを抑制することによる心不全治療の可能性が指摘されている。

（柴﨑　哲）

---

参考文献

[1] Wier WG.: Cytoplasmic [Ca2+] in mammalian ventricle : dynamic control by cellular processes. *Annu Rev Physiol*. 1990 ; 52 : 467-485.
[2] Bursi F, Weston SA, Redfield MM, Jacobsen SJ, Pakhomov S, Nkomo VT, Meverden RA, Roger VL.: Systolic and diastolic heart

failure in the community. *JAMA*. 2006 ; 296 (18): 2209-2216.
[ 3 ] Bers DM. : Cardiac excitation-contraction coupling. *Nature*. 2002 ; 415 (6868): 198-205.
[ 4 ] Kurrelmeyer K, Kalra D, Bozkurt B, Wang F, Dibbs Z, Seta Y, Baumgarten G, Engle D, Sivasubramanian N, Mann DL. : Cardiac remodeling as a consequence and cause of progressive heart failure. *Clin Cardiol*. 1998 ; 21 (12 Suppl 1): 114-19.
[ 5 ] Kang PM, Izumo S. : Apoptosis and heart failure. A critical review of the literature. *Circ Res*. 2000 ; 86 (11): 1107-1113.
[ 6 ] Baandrup U, Florio RA, Roters F, Olsen EG. : Electron microscopic investigation of endomyocardial biopsy samples in hypertrophy and cardiomyopathy. A semiquantitative study in 48 patients. *Circulation*. 1981 ; 63 (6): 1289-1298.
[ 7 ] Cohn JN, Levine TB, Olivari MT, Garberg V, Lura D, Francis GS, Simon AB, Rector T. : Plasma norepinephrine as a guide to prognosis in patients with chronic congestive heart failure. *N Engl J Med* 1984 ; 311 (13): 819-823.
[ 8 ] Engelhardt S, Hein L, Wiesmann F, Lohse MJ. : Progressive hypertrophy and heart failure in beta1-adrenergic receptor transgenic mice. *Proc Natl Acad Sci U S A* 1999 ; 96 (12). 7059-7064.
[ 9 ] Zou Y, Yao A, Zhu W, Kudoh S, Hiroi Y, Shimoyama M, Uozumi H, Kohmoto O, Takahashi T, Shibasaki F, Nagai R, Yazaki Y, Komuro I. : Isoproterenol activates extracellular signal-regulated protein kinases in cardiomyocytes through calcineurin. *Circulation*. 2001 ; 104 (1): 102-108.
[10] Communal C, Singh K, Sawyer DB, Colucci WS. : Opposing effects of beta (1)- and beta (2)-adrenergic receptors on cardiac myocyte apoptosis : role of a pertussis toxin-sensitive G protein. *Circulation*. 1999 ; 100 (22): 2210-2212.
[11] Coker ML, Jolly JR, Joffs C, Etoh T, Holder JR, Bond BR, Spinale FG. : Matrix metalloproteinase expression and activity in isolated myocytes after neurohormonal stimulation. *Am J Physiol Heart Circ Physiol*. 2001 ; 281 (2): H543-551.
[12] Yoshikawa T, Handa S, Suzuki M, Nagami K. : Abnormalities in sympathoneuronal regulation are localized to failing myocardium in rabbit heart. *J Am Coll Cardiol*. 1994 ; 24 (1): 210-215.
[13] Packer M, Coats AJ, Fowler MB, Katus HA, Krum H, Mohacsi P, Rouleau JL, Tendera M, Castaigne A, Roecker EB, Schultz MK, DeMets DL. : Carvedilol Prospective Randomized Cumulative Survival Study Group : Effect of carvedilol on survival in severe chronic heart failure. *N Engl J Med*. 2001 ; 344 (22): 1651-1658.
[14] A randomized trial of beta-blockade in heart failure. The Cardiac Insufficiency Bisoprolol Study (CIBIS). CIBIS Investigators and Committees. *Circulation*. 1994 ; 90 (4): 1765-1773.
[15] Marcondes-Santos M, Tarasoutchi F, Mansur AP, Strunz CM. : Effects of carvedilol treatment in dogs with chronic mitral valvular disease. *J Vet Intern Med*. 2007 ; 21 (5): 996-1001.
[16] Kobayashi M, Machida N, Tanaka R, Yamane Y. : Effects of Beta-Blocker on left ventricular remodeling in rats with volume overload cardiac failure. *J Vet Med Sci*. 2008 ; 70 (11) : 1231-1237.
[17] Varagic J, Frohlich ED. : Local cardiac renin-angiotensin system : hypertension and cardiac failure. *J Mol Cell Cardiol*. 2002 ; 34 (11) : 1435-1442.
[18] Lopez JJ, Lorell BH, Ingelfinger JR, Weinberg EO, Schunkert H, Diamant D, Tang SS. : Distribution and function of cardiac angiotensin AT1- and AT2-receptor subtypes in hypertrophied rat hearts. *Am J Physiol*. 1994 ; 267 (2 Pt 2): H844-852.
[19] Ohkubo N, Matsubara H, Nozawa Y, Mori Y, Murasawa S, Kijima K, Maruyama K, Masaki H, Tsutumi Y, Shibazaki Y, Iwasaka T, Inada M. : Angiotensin type 2 receptors are reexpressed by cardiac fibroblasts from failing myopathic hamster hearts and inhibit cell growth and fibrillar collagen metabolism. *Circulation*. 1997 ; 96 (11): 3954-3962.
[20] Inagami T, Kambayashi Y, Ichiki T, Tsuzuki S, Eguchi S, Yamakawa T. : Angiotensin receptors : molecular biology and signaling. *Clin Exp Pharmacol Physiol*. 1999 ; 26 (7): 544-549.
[21] Cook CS, Zhang L, Fischer JS. : Absorption and disposition of a selective aldosterone receptor antagonist, eplerenone, in the dog. *Pharm Res*. 2000 ; 17 (11): 1426-1431.
[22] Westermann D, Riad A, Lettau O, Roks A, Savvatis K, Becher PM, Escher F, Jan Danser AH, Schultheiss HP, Tschöpe C. : Renin inhibition improves cardiac function and remodeling after myocardial infarction independent of blood pressure. *Hypertension*. 2008 ; 52 (6): 1068-1075.
[23] Yoshimura M, Nakamura S, Ito T, Nakayama M, Harada E, Mizuno Y, Sakamoto T, Yamamuro M, Saito Y, Nakao K, Yasue H, Ogawa H. : Expression of aldosterone synthase gene in the failing human heart : quantitative analysis using modified real-time polymerase chain reaction. *J Clin Endocrinol Metab*. 2002 ; 87 (8): 3936-3940.
[24] The SOLVD investigators : Effect of enalapril on mortality and the development of heart failure in asymptomatic patients with reduced left ventricular ejection fractions. *N Engl J Med*. 1992 ; 327 (10): 685-691.
[25] Gheorghiade M, Konstam MA, Burnett JC Jr, Grinfeld L, Maggioni AP, Swedberg K, Udelson JE, Zannad F, Cook T, Ouyang J, Zimmer C, Orlandi C. : Efficacy of Vasopressin Antagonism in Heart Failure Outcome Study With Tolvaptan (EVEREST) Investigators. Short-term clinical effects of tolvaptan, an oral vasopressin antagonist, in patients hospitalized for heart failure : the EVEREST Clinical Status Trials. *JAMA*. 2007 ; 297 (12): 1332-1343.
[26] Krum H, Gu A, Wilshire-Clement M, Sackner-Bernstein J, Goldsmith R, Medina N, Yushak M, Miller M, Packer M. : Changes in plasma endothelin-1 levels reflect clinical response to beta-blockade in chronic heart failure. *Am Heart J*. 1996 ; 131 (2): 337-341.
[27] Sakai S, Miyauchi T, Kobayashi M, Yamaguchi I, Goto K, Sugishita Y. : Inhibition of myocardial endothelin pathway improves long-term survival in heart failure. *Nature*. 1996 ; 384 (6607). 353-355.
[28] Komuro I. : Molecular mechanism of cardiac hypertrophy and development. *Jpn Circ J*. 2001 ; 65 (5): 353-358.
[29] Shimamura S, Ohsawa T, Kobayashi M, Hirao H, Shimizu M, Tanaka R, Yamane Y. : The effect of intermittent administration of sustained release isosorbide dinitrate (sr-ISDN) in rats with volume overload heart. *J Vet Med Sci*. 2006 ; 68 (1) : 49-54.
[30] Shimamura S, Endo H, Kutsuna H, Kobayashi M, Hirao H, Shimizu M, Tanaka R, Yamane Y. : Effect of intermittent administration of sustained release isosorbide dinitrate (sr-ISDN) in rats with pressure-overload heart. *J Vet Med Sci*. 2006 Mar ; 68 (3) : 213-217.
[31] Kangawa K, Tawaragi Y, Oikawa S, Mizuno A, Sakuragawa Y, Nakazato H, Fukuda A, Minamino N, Matsuo H. : Identification of rat gamma atrial natriuretic polypeptide and characterization of the cDNA encoding its precursor. *Nature*. 1984 ; 312 (5990): 152-155.
[32] De Bold AJ. : Atrial natriuretic factor : a hormone produced by the heart. *Science*. 1985 ; 230 (4727): 767-770.
[33] Sudoh T, Kangawa K, Minamino N, Matsuo H. : A new natriuretic peptide in porcine brain. *Nature*. 1988 ; 332 (6159): 78-81.
[34] Sudoh T, Minamino N, Kangawa K, Matsuo H. : C-type natriuretic peptide (CNP) : a new member of natriuretic peptide family identified in porcine brain. *Biochem Biophys Res Commun*. 1990 ; 168 (2): 863-870.
[35] Gottlieb SS, Kukin ML, Ahern D, Packer M. : Prognostic importance of atrial natriuretic peptide in patients with chronic heart failure. *J Am Coll Cardiol*. 1989 ; 13 (7): 1534-1539.
[36] Tsutamoto T, Wada A, Maeda K, Hisanaga T, Maeda Y, Fukai D, Ohnishi M, Sugimoto Y, Kinoshita M. : Attenuation of compensation of endogenous cardiac natriuretic peptide system in chronic heart failure : prognostic role of plasma brain natriuretic peptide concentration in patients with chronic symptomatic left ventricular dysfunction. *Circulation*. 1997 ; 96 (2): 509-516.

[37] Koie H, Kanayama K, Sakai T, Takeuchi A.：Evaluation of diagnostic availability of continuous ANP assay and LA/AO ratio in left heart insufficient dogs. *J Vet Med Sci*. 2001；63（11）：1237-1240.
[38] Asano K, Masuda K, Okumura M, Kadosawa T, Fujinaga T.：Plasma atrial and brain natriuretic peptide levels in dogs with congestive heart failure. *J Vet Med Sci*. 1999；61（5）：523-529.
[39] Oyama MA, Rush JE, Rozanski EA, Fox PR, Reynolds CA, Gordon SG, Bulmer BJ, Lefbom BK, Brown BA, Lehmkuhl LB, Prosek R, Lesser MB, Kraus MS, Bossbaly MJ, Rapoport GS, Boileau JS.：Assessment of serum N-terminal pro-B-type natriuretic peptide concentration for differentiation of congestive heart failure from primary respiratory tract disease as the cause of respiratory signs in dogs. *J Am Vet Med Assoc*. 2009；235（11）：1319-1325.
[40] Katz SD, Khan T, Zeballos GA, Mathew L, Potharlanka P, Knecht M, Whelan J.：Decreased activity of the L-arginine-nitric oxide metabolic pathway in patients with congestive heart failure. *Circulation*. 1999；99（16）：2113-2117.
[41] Smith CJ, Sun D, Hoegler C, Roth BS, Zhang X, Zhao G, Xu XB, Kobari Y, Pritchard K Jr, Sessa WC, Hintze TH.：Reduced gene expression of vascular endothelial NO synthase and cyclooxygenase-1 in heart failure. *Circ Res*. 1996；78（1）：58-64.
[42] Farré AL, Casado S.：Heart failure, redox alterations, and endothelial dysfunction. *Hypertension*. 2001；38（6）：1400-1405.
[43] Katz SD.：The role of endothelium-derived vasoactive substances in the pathophysiology of exercise intolerance in patients with congestive heart failure. *Prog Cardiovasc Dis*. 1995；38（1）：23-50.
[44] Kitamura K, Kangawa K, Kawamoto M, Ichiki Y, Nakamura S, Matsuo H, Eto T.：Adrenomedullin：a novel hypotensive peptide isolated from human pheochromocytoma. *Biochem Biophys Res Commun*. 1993；192（2）：553-560.
[45] Kanno N, Asano K, Teshima K, Seki M, Edamura K, Uechi M, Tanaka S.：Plasma adorenomedullin concentration in dogs with myxomatous mitral valvular disease. *J Vet Med Sci*. 2012；74（6）：739-743.
[46] Zelis R, Sinoway LI, Musch TI, Davis D, Just H.：Regional blood flow in congestive heart failure：concept of compensatory mechanisms with short and long time constants. *Am J Cardiol*. 1988；62（8）：2E-8E.
[47] Komuro I, Yazaki Y.：Intracellular signaling pathways in cardiac myocytes induced by mechanical stress. *Trends cardiovasc*. 1994；4（3）：117-121.
[48] Levine B, Kalman J, Mayer L, Fillit HM, Packer M.：Elevated circulating levels of tumor necrosis factor in severe chronic heart failure. *N Engl J Med*. 1990；323（4）：236-241.
[49] Torre-Amione G.：Immune activation in chronic heart failure. *Am J Cardiol*. 2005；95（11A）：3C-8C.
[50] Smith CJ, Sun D, Hoegler C, Roth BS, Zhang X, Zhao G, Xu XB, Kobari Y, Pritchard K Jr., Sessa WC, Hintze TH.：Reduced gene expression of vascular endtherial NO synthase and cyclooxygenase-1 in heart failure. *Circ Res*. 1996；78（1）：58-64.
[51] Bryant D, Becker L, Richardson J, Shelton J, Franco F, Peshock R, Thompson M, Giroir B.：Cardiac failure in transgenic mice with myocardial expression of tumor necrosis factor-alpha. *Circulation*. 1998；97（14）：1375-1381.
[52] Deswal A, Petersen NJ, Feldman AM, Young JB, White BG, Mann DL.：Cytokines and cytokine receptors in advanced heart failure：an analysis of the cytokine database from the Vesnarinone trial（VEST）. *Circulation*. 2001；103（16）：2055-2059.
[53] Mann DL, McMurray JJ, Packer M, Swedberg K, Borer JS, Colucci WS, Djian J, Drexler H, Feldman A, Kober L, Krum H, Liu P, Nieminen M, Tavazzi L, van Veldhuisen DJ, Waldenstrom A, Warren M, Westheim A, Zannad F, Fleming T.：Targeted anticytokine therapy in patients with chronic heart failure：results of the Randomized Etanercept Worldwide Evaluation（RENEWAL）. *Circulation*. 2004；109（13）：1594-1602.
[54] Chung ES, Packer M, Lo KH, Fasanmade AA, Willerson JT.：Randomized, double-blind, placebo-controlled, pilot trial of infliximab, a chimeric monoclonal antibody to tumor necrosis factor-alpha, in patients with moderate-to-severe heart failure：results of the anti-TNF Therapy Against Congestive Heart Failure（ATTACH）trial. *Circulation*. 2003；107（25）：3133-3140.
[55] Adamopoulos S, Parissis JT, Kremastinos DT.：A glossary of circulating cytokines in chronic heart failure. *Eur J Heart Fail*. 2001；3（5）：517-526.
[56] Zhang J, Yu ZX, Hilbert SL, Yamaguchi M, Chadwick DP, Herman EH, Ferrans VJ.：Cardiotoxicity of human recombinant interleukin-2 in rats. A morphological study. *Circulation*. 1993；87（4）：1340-1353.
[57] Tsutamoto T, Hisanaga T, Wada A, Maeda K, Ohnishi M, Fukai D, Mabuchi N, Sawaki M, Kinoshita M.：Interleukin-6 spillover in the peripheral circulation increases with the severity of heart failure, and the high plasma level of interleukin-6 is an important prognostic predictor in patients with congestive heart failure. *J Am Coll Cardiol*. 1998；31（2）：391-398.
[58] Hirota H, Chen J, Betz UA, Rajewsky K, Gu Y, Ross J Jr, Müller W, Chien KR.：Loss of a gp130 cardiac muscle cell survival pathway is a critical event in the onset of heart failure during biomechanical stress. *Cell*. 1999；97（2）：189-98.
[59] Zou Y, Takano H, Mizukami M, Akazawa H, Qin Y, Toko H, Sakamoto M, Minamino T, Nagai T, Komuro I.：Leukemia inhibitory factor enhances survival of cardiomyocytes and induces regeneration of myocardium after myocardial infarction. *Circulation*. 2003；108（6）：748-753.
[60] Toh R, Kawashima S, Kawai M, Sakoda T, Ueyama T, Satomi-Kobayashi S, Hirayama S, Yokoyama M.：Transplantation of cardiotrophin-1-expressing myoblasts to the left ventricular wall alleviates the transition from compensatory hypertrophy to congestive heart failure in Dahl salt-sensitive hypertensive rats. *J Am Coll Cardiol*. 2004；43（12）：2337-2347.
[61] Sato Y, Takatsu Y, Kataoka K, Yamada T, Taniguchi R, Sasayama S, Matsumori A.：Serial circulating concentrations of C-reactive protein, interleukin（IL）-4, and IL-6 in patients with acute left heart decompensation. *Clin Cardiol*. 1999；22（12）：811-813.
[62] Vasan RS, Sullivan LM, Roubenoff R, Dinarello CA, Harris T, Benjamin EJ, Sawyer DB, Levy D, Wilson PW, D'Agostino RB.：Inflammatory markers and risk of heart failure in elderly subjects without prior myocardial infarction：the Framingham Heart Study. *Circulation*. 2003；107（11）：1486-1491.
[63] Nishio R, Matsumori A, Shioi T, Ishida H, Sasayama S.：Treatment of experimental viral myocarditis with interleukin-10. *Circulation*. 1999；100（10）：1102-1108.
[64] Nolan GP, Ghosh S, Liou HC, Tempst P, Baltimore D.：DNA binding and I kappa B inhibition of the cloned p65 subunit of NF-kappa B, a rel-related polypeptide. *Cell*. 1991；64（5）：961-969.
[65] Murdoch CE, Zhang M, Cave AC, Shah AM.：NADPH oxidase-dependent redox signalling in cardiac hypertrophy, remodelling and failure. *Cardiovasc Res*. 2006；71（2）：208-215.
[66] Ide T, Tsutsui H, Kinugawa S, Utsumi H, Kang D, Hattori N, Uchida K, Arimura K, Egashira K, Takeshita A.：Mitochondrial electron transport complex I is a potential source of oxygen free radicals in the failing myocardium. *Circ Res*. 1999；85（4）：357-363.
[67] Heymes C, Bendall JK, Ratajczak P, Cave AC, Samuel JL, Hasenfuss G, Shah AM.：Increased myocardial NADPH oxidase activity in human heart failure. *J Am Coll Cardiol*. 2003；41（12）：2164-2171.
[68] Rajagopalan S, Kurz S, Münzel T, Tarpey M, Freeman BA, Griendling KK, Harrison DG.：Angiotensin II-mediated hypertension in the rat increases vascular superoxide production via membrane NADH/NADPH oxidase activation. Contribution to alterations of vasomotor tone. *J Clin Invest*. 1996；97（8）：1916-1923.
[69] Bauersachs J, Heck M, Fraccarollo D, Hildemann SK, Ertl G, Wehling M, Christ M.：Addition of spironolactone to angiotensin-con-

verting enzyme inhibition in heart failure improves endothelial vasomotor dysfunction : role of vascular superoxide anion formation and endothelial nitric oxide synthase expression. *J Am Coll Cardiol.* 2002 ; 39 (2): 351-358.

[70] Kinugawa S, Tsutsui H, Hayashidani S, Ide T, Suematsu N, Satoh S, Utsumi H, Takeshita A. : Treatment with dimethylthiourea prevents left ventricular remodeling and failure after experimental myocardial infarction in mice : role of oxidative stress. *Circ Res.* 2000 ; 87 (5): 392-398.

[71] Atkins C, Bonagura J, Ettinger S, Fox P, Gordon S, Haggstrom J, Hamlin R, Keene B, Luis-Fuentes V, Stepien R. : Guidelines for the diagnosis and treatment of canine chronic valvular heart disease. *J Vet Intern Med.* 2009 ; 23 (6): 1142-1150.

[72] Kvart C, Häggström J, Pedersen HD, Hansson K, Eriksson A, Järvinen AK, Tidholm A, Bsenko K, Ahlgren E, Ilves M, Ablad B, Falk T, Bjerkfås E, Gundler S, Lord P, Wegeland G, Adolfsson E, Corfitzen J. : Efficacy of enalapril for prevention of congestive heart failure in dogs with myxomatous valve disease and asymptomatic mitral regurgitation. *J Vet Intern Med.* 2002 ; 16 (1): 80-88.

[73] Atkins CE, Keene BW, Brown WA, Coats JR, Crawford MA, DeFrancesco TC, Edwards NJ, Fox PR, Lehmkuhl LB, Luethy MW, Meurs KM, Petrie JP, Pipers FS, Rosenthal SL, Sidley JA, Straus JH. : Results of the veterinary enalapril trial to prove reduction in onset of heart failure in dogs chronically treated with enalapril alone for compensated, naturally occurring mitral valve insufficiency. *J Am Vet Med Assoc.* 2007 ; 231 (7): 1061-1069.

[74] Reems MM, Aumann M. : Central venous pressure. principles, measurement, and interpretation. *Compend Contin Educ Vet.* 2012 ; 34 (1): E1-E10.

[75] Narula J, Haider N, Virmani R, DiSalvo TG, Kolodgie FD, Hajjar RJ, Schmidt U, Semigran MJ, Dec GW, Khaw BA. : Apoptosis in myocytes in end-stage heart failure. *N Engl J Med.* 1996 ; 335 (16): 1182-1189.

# 心疾患に対する内科的治療

Cardiac Medical Treatment

## ■1 心不全の治療

### 1）心不全治療の原則

　心不全とは、生体が必要とする十分な血液量を拍出・運搬できない心臓の機能不全であり、結果としてうっ血、水腫、末梢循環障害、低血圧などの臨床徴候を呈している状態である。心不全は、主に心拍出量の減少によって生じるが、心拍出量が正常ないし増加している状態においても、静脈系に血液が過度に貯留した場合には起こりうる（高拍出性心不全）。心疾患が存在しても代償機序が働き、生体にとって十分な血液量の拍出・運搬が保たれている状態は心不全ではない。

　心不全の治療の原則は、薬剤などを用いて心拍出量を維持しつつ、余剰な体液を排除することである。しかしながら、心拍出量は多くの因子により規定されているため、各個体の状態に応じた治療が求められる。以下に心拍出量を規定する因子について解説する。

### 2）心拍出量を規定する5つの因子（図I-125）

　心拍出量とは、1分間に心臓から駆出される血液量である。この心拍出量は、主に心臓への血液流入、すなわち静脈還流量により制御されている。正常な心臓は、静脈から還流してきた血液と同量の血液を駆出する。すなわち、静脈還流量が減少すれば心拍出量も減少し、静脈還流量が増加すれば心拍出量も増加する。具体的には、心不全は心拍出量を規定する5つの因子（心拍数、心筋収縮力、前負荷、後負荷、循環の協同性）と大きく関係している。この5つの因子のどれか1つか、あるいは複数が侵されると心不全へと進展することになる。

　心拍出量は、その他に運動、代謝、年齢、体格などの様々な要因で変化する。心臓は運動などによる急激な静脈環流量の増大に対しても迅速に対応する。すなわち、心臓は容量負荷が増大するとより強い心筋の収縮機能が働き、心拍出量を増加させる。しかし、心不全になるとその効率は悪くなる。この機序は、フランク・スターリングの法則と呼ばれている（図I-126）。心臓への血液流入量が増加し心筋が伸展すると、駆出量を増加させるためにより強い収縮が生じる。その結果、一定の限界はあるが拡張した心腔はより強力に収縮し、静脈還流量の急激な増加にも迅速に心拍出量を増加させて対応する。以下に、心拍出量を規定する5つの因子について述べる。

#### i ）心拍数

　心拍数は、右心房壁の洞結節の伸展により増加する。また、右心房壁そのものの伸展は、心臓を支配する神経反射（bainbridge反射）を介して心拍数を増加させる。一般的に心拍数の増加は、状況に応じた生体の維持に必要な反応であるが、継続的な心拍数の増加は心臓に対して負担をかける。

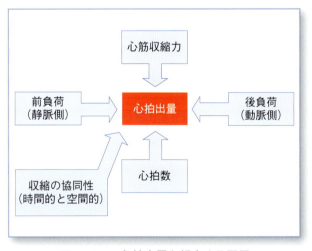

図I-125　心拍出量を規定する因子

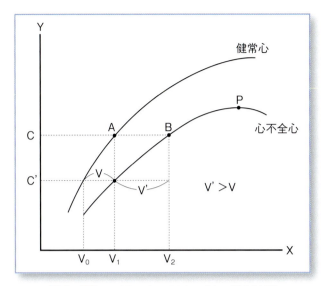

図Ⅰ-126　フランク・スターリングの法則
健康な心臓の場合はV₀の容量の場合は、C'の心拍出量を維持し、V₁に拡大することによりCの心拍出量となる。しかし、心不全心では、C'からCの心拍出量を維持するためには、V₀からV₂まで容量を増大させないとCの心拍出量は維持できない。その結果は、非常に効率の悪い仕事をすることになる。X：左室末期容積、Y：心拍出量。

心拍数の増加により心拍出量は増大するが、ある一定以上の心拍数になると、心収縮力は減弱する。加えて拡張期が短縮するため、心房から心室へ血液が流れ込む十分な時間がなくなるため、心拍出量も減少する。

### ⅱ）心筋収縮力

心筋の収縮力を決定する因子としては、筋小胞体から放出されるCaイオンの総量および放出速度、細胞内蛋白のリン酸化、細胞内のATP合成などがあげられる。この中でも筋小胞体から放出されるCaの総量と放出速度の増加は、心筋収縮力の上昇に深く関与している。ジゴキシンやピモベンダンなどの強心薬は、心筋細胞内のCaイオン濃度の上昇あるいはCaイオンの感受性を増強させ心筋の収縮力を増大させる。心筋収縮力の増大により、心拍出量は増加する。

### ⅲ）前負荷

前負荷とは、収縮開始時の心筋の緊張の程度（拡張終末期圧：End-Diastolic Pressure；EDP）であり、心臓をポンプに例えるとポンプに戻ってくる水量が前負荷となる（図Ⅰ-127）。したがって、ポンプに戻ってくる水量（静脈環流量）が増えるほど、前

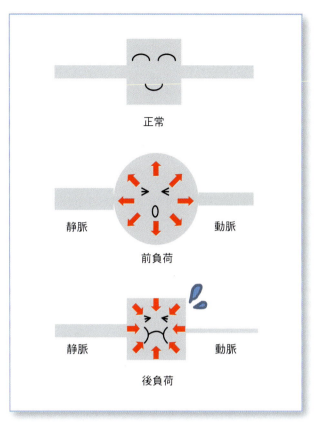

図Ⅰ-127　心筋収縮を表す模式図
前負荷：静脈環流量の増加に応じて前負荷は増大する。前負荷の上昇は、筋節を伸展させ拡張末期容積が増大する。
後負荷：血管抵抗、血液粘稠度、動脈壁の弾性の上昇により後負荷は増大する。動脈に血液を送り出すためにより強い力が必要となる。

負荷は増大する。前負荷の上昇は、拡張期の筋節（サルコメア）を伸展させるため、左室拡張末期容積（Left Ventricular End-Diastolic Volume：LVEDV）を増大させる。正常な心臓では、前負荷の上昇に伴うLVEDVの増大により1回拍出量は増加するが（フランク・スターリングの法則）、収縮力が低下している心臓では、前負荷増大に対する1回拍出量の増加率は少なく、また前負荷がある一定レベルを超えるとむしろ1回拍出量は減少する。

### ⅳ）後負荷

後負荷とは、心臓の収縮時に心筋に加わる負荷であり、心臓をポンプに例えるとポンプから水を送り出す際に必要な力が後負荷となる（図Ⅰ-127）。後負荷は、末梢血管抵抗、血液粘稠度、動脈壁の弾性、心室容積などで規定される。後負荷の増大に対して、心臓は心収縮力を増すことで1回拍出量を保とうとするが、心筋収縮力が低下してくると1回拍出

量は減少する。心不全の治療では、後負荷の軽減が非常に重要となってくる。

### v）収縮の協同性

収縮の協同性には、2つの要素がある。その1つは、時間的な収縮の協同性の失調であり、具体的には不整脈があげられる。

#### ①不整脈

心拍出量に影響を及ぼす主な不整脈としては、徐脈性不整脈、頻脈性不整脈などがあげられる。徐脈性不整脈としては、洞不全症候群、房室ブロック、洞停止などがあるが一定以上の心拍があれば心拍出量には大きな影響を及ぼさない。前項でも述べたように、心拍数の減少は代償的に1回拍出量を増大させるからである。頻脈性不整脈としては上室頻拍、心室頻拍、心房細動などがあるが、一定以上の心拍数になると心室の収縮・拡張時間が減少するため1回拍出量は減少し、結果として心拍出量も減少する。

#### ②短絡性心疾患

もう1つの要素は空間的な失調であり、具体的には短絡性疾患などがあげられる。

この多くは先天性の疾患であり、根治には外科的治療に頼る他ない。

## ■ 2　心不全に対する薬物の影響

心不全の多くは、心拍出量を規定する5つの因子が何らかの影響を受けて発生するものであるから、当然その治療に対しては、それぞれの因子に作用する薬物を投与し治療することになる。図Ⅰ-128に各因子に作用する薬物を表示する。

## ■ 3　心疾患に対する各種薬物療法

### 1）ジギタリス（強心配糖体）

ジゴキシンは、細胞膜の$Na^+/K^+$ ATPase活性を抑制して細胞内のNaイオン濃度を高め、細胞内のNaイオンと細胞外のCaイオンとの交換を増加させる。その結果、心筋細胞内のCaイオン濃度の上昇が生じ、心筋の収縮力が増大する（陽性変力作用）。また、洞房結節からの放電頻度を遅延させ心拍数を減少させる陰性変時作用も有している。加えて、房室結節の伝導を遅延させ不応期を延長する作用、利尿作用、神経内分泌系への作用なども有している[1]。

ジゴキシンには、経口剤（錠剤、エレキシル剤）

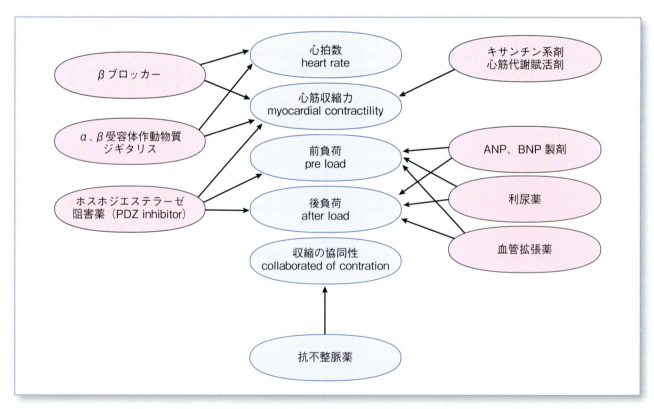

図Ⅰ-128　心拍出量を規定する5つの因子に作用する薬物

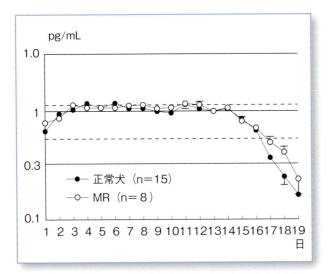

図I-129 ジゴキシン投薬後、血中濃度が飽和状態になるまでの時間の決定

正常犬、僧帽弁閉鎖不全症犬とも、投薬後3～4日で飽和状態になる。（文献［2］を改変）

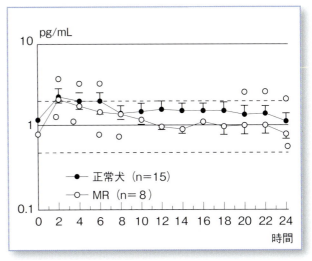

図I-130 ジゴキシン投薬後、血中濃度測定のための採血時間の決定

血中濃度が安定するのは、正常犬、僧帽弁閉鎖不全症犬のいずれも投薬後8～10時間である。（文献［2］を改変）

および注射剤があるが、一般的には経口剤が用いられている。消化管からの吸収は良好であるが、経口投与によるジゴキシンの吸収率は剤形により異なる。一般的に錠剤よりもエレキシル剤（液体）のほうが、バイオアベイラビリティーは10～20％ほど高い。吸収されたジゴキシンは、心臓、腎臓、肝臓、腸管に幅広く分布するが、脂肪への分布は少ない。このため、肥満症例に投与する場合は、肥満による体重増加を考慮する必要がある。最終的にジゴキシンは、血中から糸球体濾過を経て尿細管に分泌され尿中に排泄される。

ジゴキシンは、安全域が狭い薬剤であり、高容量投与、利尿薬の併用、腎不全、低カリウム血症などでは中毒が生じやすくなるため特に注意が必要である。ジゴキシン投与中に食欲不振、元気消失、嘔吐、下痢、徐脈、不整脈などが認められた場合は、中毒の可能性を考慮しなければならない。

僧帽弁閉鎖不全症（Mitral Regurgitation：MR）の犬に対するジゴキシンの血中濃度は、人と大きく異なり、投薬後3～4日で飽和状態に達し（図I-129）[2]、また、投薬後8～10時間以降は血中濃度は安定し、その後22時間にわたり日内血中濃度が維持されると報告されている（図I-130）[2]。これらのことから、ジゴキシンの血中濃度の測定は投与5日後以降、投与後10～22時間後に行うことが望ま

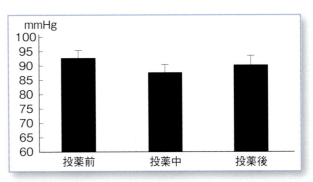

図I-131 ジゴキシン投薬前中後の血圧の変化（テレメトリーシステムによる）

投薬中は、有意差をもって血圧は低下する。（文献［2］を改変）

しいと考えられる。また、ジゴキシンは経口投与時には血管拡張作用も有しており、血圧を低下させ後負荷減少作用を有している（図I-131）。さらに、僧帽弁閉鎖不全症犬において、心拍数減少作用も有している[2]（図I-132）。

### 2）ピモベンダン

ピモベンダンは、心筋のトロポニンCのCaイオン感受性増強作用とホスホジエステラーゼ（phosphodiesterase：PDE）活性抑制作用を併せもつ薬剤である。トロポニンは、トロポミオシンとの結合部（トロポニンT）、Caイオンとの結合部（トロポニンC）、ミオシンのATP分解酵素抑制部（トロポニンI）からなる。トロポニンやトロポミオシ

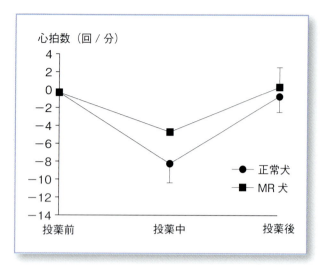

図Ⅰ-132 正常犬、僧帽弁閉鎖不全症犬におけるジゴキシン投薬による心拍数の変化

投薬中は僧帽弁閉鎖不全症犬において著明な心拍数減少がみられる。(文献[2]を改変)

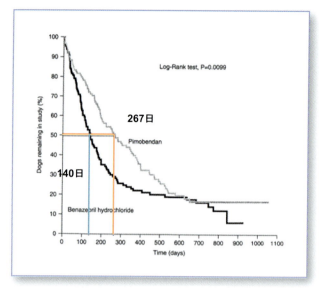

図Ⅰ-133 自然発症MR犬を用い、ベナゼプリルおよびピモベンダンに既存治療を組み合わせ比較検討したQUEST study。ベナゼプリル群の生存中央値は140日、ピモベンダン群の生存中央値は267日であり、MR犬に対するピモベンダンの有効性が認められた[6]。

ンは調節蛋白質と呼ばれ、トロポニンはCaと結合して、筋肉の収縮を開始させる。よってジゴキシンと異なりCaイオン濃度の増加なくして収縮力を高める作用がある。また、PDE Ⅲ阻害作用もあるため、血管を拡張させ後負荷を軽減する作用も期待できる。

犬の無症候性MRに対するピモベンダンの有効性に関しては、有効とする報告もあるが[3]、その他の研究では明らかな有効性は認められていない[4, 5]。2008年に報告された自然発症MR犬を用いた大規模試験（QUEST Study）では、ベナゼプリル＋既存治療と比較して、ピモベンダン＋既存治療の方が、突然死、心疾患に起因する安楽死、治療停止などを長引かせる効果が認められた（図Ⅰ-133）[6]。これらのことから、現時点においては心不全徴候が認められている症例に対して使用するのが妥当だと考えられる。

## 3）その他の強心薬

### ⅰ）ドパミン

ドパミンは、内因性カテコールアミンであり、$\alpha$受容体、$\beta$受容体、ドパミン受容体に作用する。ドパミンの半減期は数分と短く、肝臓、腎臓、血漿中で代謝される。ドパミンの薬理作用は、用量依存性であり、低用量ではドパミン受容体を興奮させ、腸間膜、冠状血管、腎臓の血流を増加させる。用量依存性に血圧および尿量を増加させ[7]、高用量になるほど催不整脈作用が増強する。先にも述べたように半減期が短く、生体内で速やかに代謝されてしまうため、持続点滴で血中濃度を維持しながら使用する。

### ⅱ）ドブタミン

ドブタミンは、合成カテコールアミンであり、$\beta_1$受容体に直接作用し、$\alpha$受容体、$\beta_2$受容体にはほぼ影響を及ぼさず、腎臓のドパミン受容体にも作用しない。用量依存性に心筋の収縮力、心拍出量、冠状動脈血流量および心拍数を増加させるが、血圧および尿量には顕著な影響はみられない[7]。ドパミンと比較して催不整脈作用はないため、不整脈を有する症例には有効である。

### ⅲ）PDE阻害薬

ホスホジエステラーゼ（PDE）は、アデニル酸シクラーゼ（Adenylate Cyclase：AC）によりアデノシン三リン酸（Adenosine Triphosphate：ATP）から生成される環状アデノシン一リン酸（cyclic Adenosine Monophosphate：cAMP）、あるいはグアニル酸シクラーゼ（Guanylate Cyclase：GC）によりグアノシン三リン酸（Guanosine Triphosphate：

GTP）から生成される環状グアノシン一リン酸（cyclic Guanosine Monophosphate：cGMP）を加水分解する酵素である。これらの酵素活性の変化により、細胞内のcAMP、cGMP濃度の調節がなされているが、病的状態ではPDE活性亢進、もしくはACならびにGC活性が低下し、細胞内cAMPあるいはcGMPが不足した状態に陥る。PDE阻害薬は、PDEを阻害することにより、cAMPあるいはcGMPの細胞内濃度を上昇させる薬剤である。

PDE阻害薬は、PDEアイソザイムに対する特異性により分類され、それぞれ特徴的な薬理作用を発現する[8, 9]。PDE非選択的阻害薬としては、テオフィリン、パパベリンが知られている。PDE III阻害薬であるミルリノンは、陽性変力作用および血管拡張作用を有し、急性心不全治療薬として用いられている。ミルリノンは、心拍数および心筋酸素消費量を増加させず肺動脈圧を低下させ、またβ受容体を介さないため、低拍出、肺うっ血、カテコールアミン抵抗性症例などが適応となる。ただし、低血圧症例での使用には注意が必要である。PDE V阻害薬であるシルデナフィル（バイアグラ）は、強力な血管拡張作用を有し、急性心不全および肺高血圧症などに用いられる。作用機序がニトログリセリンと類似しているため、両者の併用により急激な血圧低下が現れることがあるため注意が必要である。

### 4）血管拡張薬

#### ⅰ）アンジオテンシン変換酵素（ACE）阻害薬

心不全時には、レニン・アンジオテンシン・アルドステロン系（Renin-Angiotensin-Aldosterone：RAA系）が活性化し、血管収縮、交感神経緊張およびアルドステロン分泌の亢進が生じる。これらの作用により、心収縮力の増加、心拍出量ならびに血圧が維持され、生体の恒常性を維持する。心不全初期にはRAA系の活性化は有益であるが、長期間のRAA系の亢進は心臓に対し様々な負の影響を及ぼす。人ならびに動物の心疾患に対し、RAA系の活性を抑制することは長期的には有効であることが証明され[10]、ACE（Angiotensin-Converting Enzyme）阻害薬は多くの心疾患に対し第一選択薬として用いられている。

ACE阻害薬は、臨床徴候を有する犬のMRならびに拡張型心筋症（Dilated Cardiomyopathy：DCM）に対しての第一選択薬である。しかしながら、臨床徴候のないこれらの犬にACE阻害薬を投与すべきかどうかは非常に難しい問題である。臨床徴候のないMR犬にACE阻害薬の有効性を検討した主な研究としてはSVEP試験[11]ならびにVETPROOF試験[12]がある。この両者の結果は異なり、前者は無徴候期におけるACE阻害薬の投与は無効であるとし、後者はある程度の有効性があるとしている。SVEP試験はキャバリア・キングスチャールズ・スパニエルのみを用いた試験であり、犬種により有効性に差があるとする報告もなされている[13]。

#### ⅱ）硝酸薬

硝酸薬の代表的なものとしては、ニトログリセリンおよび硝酸イソソルビドがあげられる。ニトログリセリンは、作用時間が短く強力な血管拡張作用を有するのに対し、硝酸イソソルビドは、作用時間が長く血管拡張作用も軽度である。一般に硝酸薬は、動脈系より静脈系に強く作用し、静脈環流量を減少させ前負荷を軽減する。獣医領域ではニトログリセリンは緊急薬として、硝酸イソソルビドは慢性心不全の維持治療に用いられている。

硝酸イソソルビドには、経口薬、経口徐放薬、スプレー薬、静注薬などの剤型がある。硝酸薬の慢性投与は、耐性発現が問題とされていたが、ラットにおける硝酸イソソルビドの長期投与ではある一定の休薬期間（約12時間）を設ければ耐性発現はみられず、長期の降圧効果に加え心筋保護効果が得られたとの報告がなされている[14]（図Ⅰ-134）。MR犬に対する徐放性硝酸イソソルビド投与でも、前負荷・後負荷が2 mg/kg投与で軽度に、8 mg/kgの投与で顕著に減少することが報告されている[15]。これらの報告から、犬における徐放性硝酸イソソルビドの投与量は2〜8 mg/kgの1日2回が適当であると考えられる。

#### ⅲ）アンジオテンシンⅡ受容体拮抗薬（angiotensin reseptor blocker：ARB）

人および犬などにおけるアンジオテンシンⅡの産

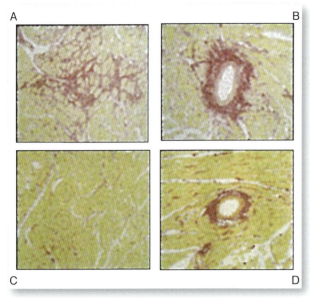

**図 I -134　心筋の病理所見**[14]

硝酸イソソルビドを併用した群（C、D）では、病理組織学的に血管周囲性にも心筋内組織においても心筋線維化が抑制されており、顕著な心筋保護効果が確認されている。
A、B：併用なし、A、C：心筋内組織、B、D：血管周囲。

生は、ACEによるもの以外にキマーゼを介しても産生されている[16]。ARBは、アンジオテンシンⅡ受容体に拮抗的に作用し、産生経路に関係なくレセプターレベルにおいてアンジオテンシンⅡの作用を阻害する。人の慢性心不全に対する大規模試験（CHARM試験）では、ARB単独、ACE阻害薬＋ARBの併用、ACE阻害薬＋β遮断薬＋ARBの併用すべてで予後の改善が報告されている[17, 18, 19]。

### 5）抗不整脈薬

抗不整脈薬の代表的な分類法であるVaughan Williams分類は、心筋細胞に対する電気生理学作用により抗不整脈薬を大きく4つのクラスに分類している。不整脈の治療は、不整脈の発生部位や発生機序に応じて、それに適した抗不整脈薬を選択する必要がある（表 I -10）。

クラスⅠの薬剤は、Naチャネルを抑制し、活動電位の立ち上がり速度を低下させることで伝導速度を遅らせる。このクラスⅠの薬剤は、さらに活動電位持続時間（Action Potential Duration：APD）へ及ぼす影響により、クラスⅠa、Ⅰb、Ⅰcに分類される。クラスⅠaは、上室性および心室性の両者の不整脈に有効である。クラスⅠbは、心室性不整脈に有効であるが上室性不整脈には無効である。クラスⅠcは、上室性および心室性不整脈の両者に有効である。

クラスⅡの薬剤は、β遮断薬である。心拍数を抑制し、房室結節の不応期を延長することにより房室

**表 I -10　抗不整脈薬の分類**

| 第Ⅰ群 | | | |
|---|---|---|---|
| Ⅰa群（APD延長） | キニジン | 経口・静注・筋注 | 上室性・心室性 |
| | プロカインアミド | 経口・静注・筋注 | 上室性・心室性 |
| Ⅰb群（APD短縮） | リドカイン | 静注 | 心室性 |
| | メキシレチン | 経口 | 心室性 |
| Ⅰc群（APD不変） | フレカイニド | 経口 | 上室性 |
| 第Ⅱ群（β遮断薬） | | | |
| | プロプラノロール | 経口・静注 | 上室性 |
| | メトプロロール | 経口 | 上室性 |
| | アテノロール | 経口 | 上室性 |
| | エスモロール | 静注 | 上室性 |
| 第Ⅲ群（再分極遅延薬） | | | |
| | アミオダロン | 経口 | 心室性 |
| | ソタロール | 経口 | 心室性 |
| 第Ⅳ群（Ca拮抗薬） | | | |
| | ベラパミル | 経口 | 上室性 |
| | ジルチアゼム | 経口 | 上室性 |

伝導を遅延させる。

クラスⅢの薬剤は、活動電位持続時間および不応期を延長する。主な作用は、Kチャネルの抑制であり、プルキンエ線維および心室筋に強く作用する。肺線維症、肝障害、甲状腺機能障害などの重篤な副作用があるため、使用に対しては注意が必要である。

クラスⅣの薬剤は、Caチャネルブロッカーである。Caチャネルブロッカーは、洞房結節および房室結節の活動電位の立ち上がり速度を遅延させ、洞房結節および房室結節の伝導時間を延長させる。

### 6) 利尿薬

#### ⅰ) ループ利尿薬

ループ利尿薬は、心疾患の治療に用いられる利尿薬のなかで、最も利尿作用が強い薬物である。ループ利尿薬は、ヘンレ係蹄上行脚においてNaイオンとClイオンの再吸収を抑制することで尿濃縮を阻害し、利尿効果を発揮する。ループ利尿薬の代表的なものとしてはフロセミドとトラセミドがあげられる。

フロセミドの利尿作用は、経口投与では30分程度、静脈投与では5～10分程度で現れる。利尿作用のピークは約2時間であり、効果は約6時間にわたり持続する。副作用としては、脱水、低カリウム血症などがあげられる。食欲不振あるいは高容量投与の動物では、電解質や腎機能のモニタリングを定期的に実施し、必要があればKの補充を行う。

トラセミドは、抗アルドステロン作用を有し、フロセミドと比較して作用時間が長い利尿薬である。トラセミドの利尿作用は、投与後約4時間で最大となり、効果は約12時間にわたり持続する。また、トラセミドは、フロセミドの1/10量で同等の効果が得られると報告されている[20]。作用時間から考えれば、トラセミドは1日2回の投与により、24時間継続して利尿作用を得ることが可能である。

#### ⅱ) カリウム保持性利尿薬

カリウム保持性利尿薬は、遠位尿細管および集合管での$Na^+/K^+・H^+$交換系を阻害し利尿作用を発揮する。利尿作用は弱いため、単独で使用するより、ループ利尿薬と併用して用いられることが多

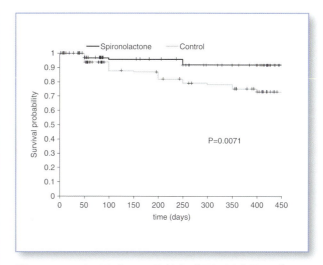

図Ⅰ-135 NYHAクラスⅡおよびⅢに対するスピロノラクトンの有効性に関する研究。スピロノラクトンの投与により心疾患に起因する死亡リスクが69%減少した[22]。

い。カリウム保持性利尿薬であるスピロノラクトンは、アルドステロンと受容体との結合に拮抗する抗アルドステロン薬でもある。医学領域では、重症心不全患者に対し従来の治療にスピロノラクトンを加えることで予後が改善することが報告されている[21]。また、獣医領域においてもスピロノラクトンの心不全症例に対する予後改善効果が報告されており（図Ⅰ-135）[22]、むしろ利尿薬としてではなく心不全の治療薬として使用されている。

#### ⅲ) サイアザイド系利尿薬

サイアザイド系利尿薬は、遠位尿細管でのNaイオンの再吸収を阻害することにより利尿作用を発現する。Naイオンは、遠位尿細管に到達するまでにほとんど再吸収されているため、利尿作用としては弱い。サイアザイド系利尿薬は、利尿作用が弱いため単独で使用するより、ループ利尿薬と併用して用いることが多い。ループ利尿薬のみでは、胸水・腹水の貯留が消失しない症例あるいは低カリウム血症の症例に対してある程度有効な利尿薬である。

#### ⅳ) 浸透圧利尿薬

浸透圧利尿薬の代表的なものとしてはマンニトールがあげられる。マンニトールは、血液を高浸透圧にするため、細胞および細胞間質の水分を血管内に引き込む。その結果、循環血液量が増加するため、心疾患の治療薬としては使用しない。

### 7）心筋代謝賦活剤

#### ⅰ）L-カルニチン

カルニチンは、筋肉細胞内において脂肪酸をミトコンドリア内部に運搬する役割を果たしている。拡張型心筋症のボクサー犬家系において、L-カルニチン欠乏が報告されており、L-カルニチンの投与によりある程度の反応が認められている[23]。

#### ⅱ）タウリン

心筋に対して$Ca^{++}$ Modulatorとして機能し、低Ca状態では陽性変力作用を、高Ca状態では陰性変力作用を発揮する。心筋代謝の改善に加え、うっ血性心不全に対し心機能の恒常性を維持する作用がある。

猫は、タウリンを合成することができないため、食事により摂取する必要がある。以前は、タウリンを含有していないフードを食べている猫に拡張型心筋症が多くみられたが[24]、タウリンが添加されるようになった現在では、ほとんど認められなくなった。

### 8）ANP、BNP製剤

心房性ナトリウム利尿ペプチド（Atrial Natriuretic Peptide：ANP）製剤には強心作用はないが、血管拡張作用および利尿作用を有する。ANP受容体に結合し、膜結合型グアニル酸シクラーゼを活性化させることにより、細胞内cGMPを増加させ血管拡張作用および利尿作用を発現させる。ループ利尿薬と比較して電解質への影響が少ない。利尿薬ならびに血管拡張薬との併用する際は、過度の利尿、血圧低下に注意が必要である。獣医科領域での報告は少ないが（図Ⅰ-136）[25]、ミルリノンとの併用による有効性が報告されている[26]。脳性ナトリウム利尿ペプチド（Brain Natriuretic Peptide：BNP）製剤は、実験的には臓器保護効果を示し有効性が期待されたが、硝酸薬との比較したVMAC試験などにおいて有効性が証明されなかった[27, 28]。

## ■ 4　心不全治療薬としてのβ遮断薬の応用

βブロッカーは、心拍数の減少など陰性変力作用を有する薬剤であり、古くはその陰性変力作用のため心不全には禁忌とされていた。しかし、1990年代から人医領域において大規模試験が数々実施され、軽度〜重度慢性心不全に対する有効性が相次いで報告された。βブロッカーは、予後の改善効果だけでなく、心機能の改善効果も認められている[29, 30, 31]。

近年、獣医領域においても心不全治療薬としてのβブロッカーの有効性が報告されている。小林らは、高血圧症ラットにおける効果を報告している[32]。犬のMRによる慢性心不全に対しメトプロロールを投与した報告では、投与後より臨床ステージの改善が認められている[33]。また、人と同様に、心機能の改善および心筋の線維化抑制効果も報告されており[34]、獣医科領域においても心不全治療薬として認知されてきている。心不全犬を用いたアテノロールとメトプロロールとの比較研究では、メトプロロールの左室機能改善および心室リモデリング抑制効果が優れていると報告されている[35]。

βブロッカーを使用する際は、先にも述べたように陰性変力作用を有するため、導入時の心不全の増悪には十分な注意が必要である。また、徐脈ならびに重度の心不全症例に対しての使用は控えるべきである。初期投与は、0.25〜0.5mg/kg/日の低用量でスタートし、状態を観察しながら数週間かけて1〜2mg/kg/日まで増量を行う方法が一般的である。

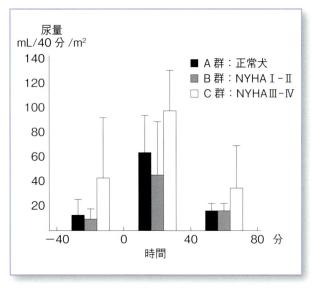

**図Ⅰ-136　α-hANP投与による尿産生量の変化**
犬心臓糸状虫症に対するα-hANP投与による心機能への効果は、人医領域と異なり、すべてのパラメーターにおいて確認されていないが、尿の産生はα-hANPの投与中は、すべての病態のものに著明な増加が確認された。（文献[25]を改変）

また、投与前よりジギタリスを投与しておけば合併症を防止できる。

## 5　各種薬物治療を組み合わせた実際の治療例

症例1　MR
犬種：雑種犬、性別：避妊雌、年齢：10歳齢、
体重：9.6kg

　4、5日前から何度も嘔吐様動作をしており、喉に何かが引っかかっている感じがするとの主訴で来院。呼吸状態はパンティング、聴診では左側心尖部よりLevine Ⅳ / Ⅵの逆流性雑音が聴取された。MRからの肺水腫が強く疑われたため、フロセミド2mg/kgの投与後、酸素吸入下において胸部X線検査を実施した（図Ⅰ-137）。重度の肺水腫を認めたため、フロセミド2mg/kgの追加投与に加えドブタミン5μg/kg/分の持続点滴を実施し酸素室にて管理を行った。心エコー検査では左心房・左心室の拡大、重度の僧帽弁逆流が認められた（図Ⅰ-138）。翌日には食欲も出てきたことから、エナラプリル

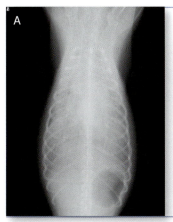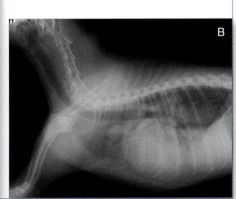

図Ⅰ-137　来院時の胸部X線写真
A：DV像およびB：ラテラル（RL）像ともに重度の肺水腫が認められた。

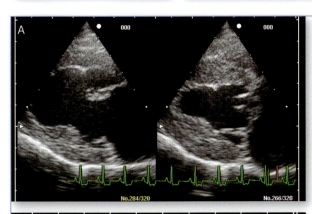

図Ⅰ-138　図Ⅰ-137と同症例
左室長軸断面において僧帽弁の肥厚、左心室・左心房の拡大（A）、左心房全域に逆流シグナルが認められた（B）。また、心基底部断面におけるLA/Ao比は1.7であった（C）。

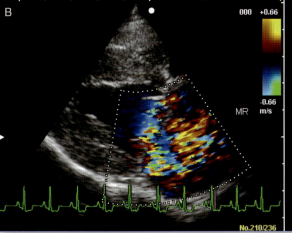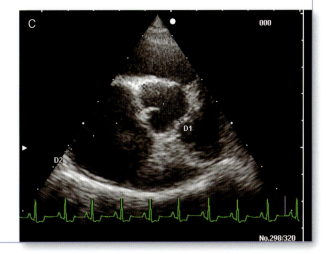

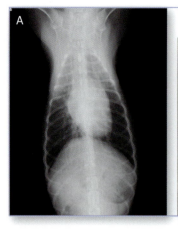
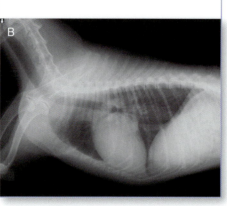

図Ⅰ-139 内科治療後の胸部X線写真（図Ⅰ-137と同症例）
A：DV像およびB：ラテラル（RL）像ともに肺水腫が改善し、心陰影も明瞭化した。

0.5mg/kg、1日1回、スピロノラクトン1 mg/kg、1日2回、フロセミド1mg/kg、1日2回、ベトメディン0.25mg/kg、1日2回の経口投与を行った。肺水腫も改善し（図Ⅰ-139）、全身状態も良化したことから、上記の薬剤（フロセミドのみ0.5mg/kgに減量）を処方し入院から5日目に退院とする。

**症例2　PDA（動脈開存症：Patent Ductus Arteriosus）**
犬種：ミニチュア・ダックスフンド、性別：雌、
年齢：3歳齢、体重4.6kg

若齢時、他院にて心雑音を指摘されたが、心疾患の特定はされずACE阻害薬のみを処方されていた。3歳齢時、元気・食欲消失を主訴に当院に来院される。聴診では左側心基底部よりLevine Ⅴ/Ⅵの連続性雑音が聴取された。また、大腿動脈の触診によりバウンディングパルスが触知された。胸部X線検査では、左心系の重度拡張ならびに肺水腫が認められた（図Ⅰ-140）。心エコー検査では、左心系の重度拡張ならびに肺動脈内に動脈管からの短絡血流が認められ、大動脈-肺動脈の圧較差は75mmHgであり、軽度の肺高血圧所見が認められた（図Ⅰ-141）。PDAの手術を勧めるが希望されなかったため、エナラプリル0.25mg/kg、1日1回、硝酸イソソルビド10mg/kg、1日2回、フロセミド1mg/kg、1日2回（肺水腫改善後0.5mg/kgに減量）、ベトメディン0.25mg/kg、1日2回を用いて内科治療を行った（図Ⅰ-142）。その後も状態に応じて利尿薬の増量、ジピリダモール2.5mg/kg、1日2回を追加処方する。初診より約3年後には心拡大は進行し（図Ⅰ-143）、大動脈-肺動脈の圧較差のさらなる低下から肺高血圧の進行も疑われた（図Ⅰ-144）。この時点でベラプロストナトリウム4μg/kgを追加、約1年後に死の転機をとった。

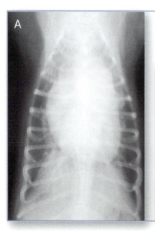
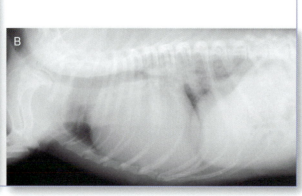

図Ⅰ-140 初診時の胸部X線写真
A：DV像では左心系の重度拡大、主肺動脈領域の突出が認められた。B：ラテラル（RL）像では心臓は円形化しており、左心房領域の突出ならびに肺水腫が認められた。

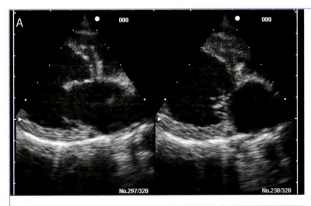
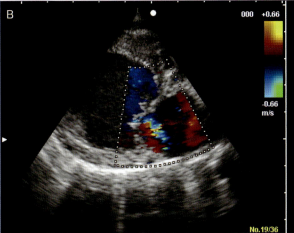
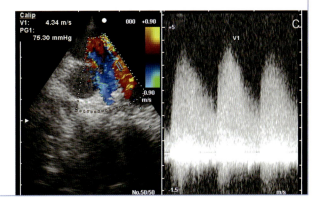

図Ⅰ-141 左室長軸断面において左心系の拡大（A）、弁輪拡大に伴う軽度MRが認められた（B）。左胸壁からの心基底部断面において、肺動脈分岐部から肺動脈弁に向かう短絡血流が認められた（血流速4.34m/秒、圧較差75.3mmHg）（C）。

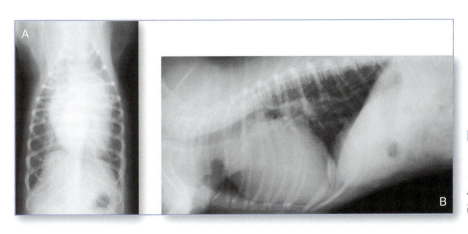

図Ⅰ-142 内科的治療後の胸部X線写真

A：DV像、B：ラテラル像。心陰影の縮小ならびに肺水腫の改善が認められた。

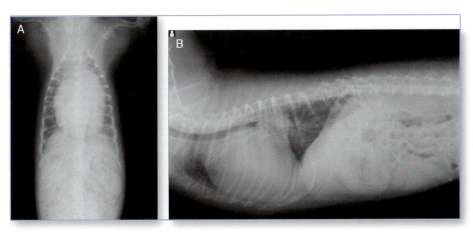

図Ⅰ-143 初診時より3年後の胸部X線写真

心拡大はさらに進行し、左心房領域の突出ならびに気管の挙上がより進行している。

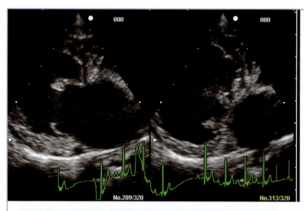
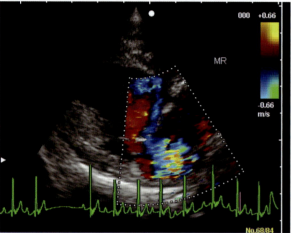
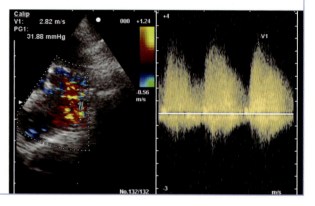

図Ⅰ-144 左室長軸断面においてさらなる左心系の拡大および弁輪拡大に伴うMRの悪化が認められた。短絡血流速は2.82m/秒、圧較差は31.9mmHgであり肺高血圧の進行が認められた。

(山根 剛)

---
参考文献

[1] 藤井洋子.：心不全犬におけるジゴキシンの使用. 動物の循環器. 2000；33（2）：47-52.
[2] Nagashima Y, Hirao H, Furukawa S, Hoshi K, Akahane M, Tanaka R, Yamane, Y.：Plasma digoxin concentration in dogs with mitral regurgitation. *J Vet Med Sci*. 2001；63（11）：1199-1202.
[3] Kanno N, Kuse H, Kawasaki M, Hara A, Kano R, Sasaki Y.：Effect of pimobendan for mitral valve regurgitation in dogs. *J Vet Med Sci*. 2006；69（4）：373-377.
[4] Chetboul V, Lefebvre HP, Sampedrano CC, Gouni V, Saponaro V, Serres F, Concordet, D, Nicolle AP, Pouchelon JL.：Comparative adverse cardiac effects of pimobendan and benazepril monotherapy in dogs with mild degenerative mitral valve disease：A prospective, controlled, blinded, and randomized study. *J Vet Intern Med*. 2007；21：742-753.
[5] Ouellet M, Belanger MC, Difruscia R, Beauchamp G.：Effect of pimobendan on echocardiographic values in dogs with asymptomatic mitral valve disease. *J Vet Intern Med*. 2009；23：258-263.
[6] Häggström J, Boswood A, O'Grady M, Jöns O, Smith S, Swift S, Borgarelli M, Gavaghan B, Kresken JG, Patteson M, Ablad B, Bussadori CM, Glaus T, Kovacević A, Rapp M, Santilli RA, Tidholm A, Eriksson A, Belanger MC, Deinert M, Little CJ, Kvart C, French A, Rønn-Landbo M, Wess G, Eggertsdottir AV, O'Sullivan ML, Schneider M, Lombard CW, Dukes-McEwan J, Willis R, Louvet A, DiFruscia R.：Effect of pimobendan or benazepril hydrochloride on survival times in dogs with congestive heart failure caused by naturally occurring myxomatous mitral valve disease：The QUEST study. *J Vet Intern Med*. 2008；22：1124-1135.
[7] Rosati M, Dyson DH, Sinclair D, Sears WC.：Response of hypotensive dogs to dopamine hydrochloride and dobutamine hydrochloride during deep isofurane anesthesia. *Am J Vet Res*. 2007；68：483-494.
[8] Barnes PJ.：Cyclic nucleotides and phosphodiesterases and airway function. *Eur Respir J*. 1995；8：457-462.
[9] Soderling SH, Beavo JA.：Regulation of cAMP and cGMP signaling：new phosphodiesterases and new functions. *Curr Opin Cell Biol*. 2000；12：174-179.
[10] Atkins CE, Keene BW, Brown WA, Coats JR, Crawford MA, DeFrancesco TC, Edwards NJ, Fox PR, Lehmkuhl LB, Luethy MW, Meurs KM, Petrie JP, Pipers FS, Rosenthal SL, Sidley JA, Straus JH.：esults of the veterinary enalapril trial to prove reduction in onset of heart failure in dogs chronically treated with enalapril alone for compensated, naturally occurring mitral valve insufficiency. *J Am Vet Med Assoc*. 2007：1061-1069.
[11] Kvart C, Häggström J, Pedersen HD, Hansson K, Eriksson A, Järvinen AK, Tidholm A, Bsenko K, Ahlgren E, Ilves M, Ablad B, Falk T, Bjerkfås E, Gundler S, Lord P, Wegeland G, Adolfsson E, Corfitzen J.：Efficacy of enalapril for prevention of congestive heart failure in dogs with myxomatous valve disease and asymptomatic mitral regurgitation. *J Vet Intern Med*. 2002；16（1）：80-88.
[12] Atkins CE, Brown WA, Coats JR, Crawford MA, DeFrancesco TC, Edwards J, Fox PR, Keene BW, Lehmkuhl L, Luethy M, Meurs K, Petrie JP, Pipers F, Rosenthal S, Sidley JA, Straus J.：Effects of long-term administration of enalapril on clinical indicators of renal function in dogs with compensated mitral regurgitation. *J Am Vet Med Assoc*. 2002；221（5）：654-658.
[13] Pouchelon JL, Jamet N, Gouni V, Tissier R, Serres F, Sampedrano CC, Castaignet M, Lefebvre HP, Chetboul V.：Effect of benazepril on survival and cardiac events in dogs with asymptomatic mitral valve disease：A retrospective study of 141 cases. *J Vet Intern Med*. 2008；22：905-914.

[14] Shimamura S, Ohsawa T, Kobayashi M, Hirao H, Shimizu M, Tanaka R, Yamane Y.: The effect of intermittent administration of sustained release isosorbide dinitrate (sr-ISDN) in rats with volume overload heart. *J Vet Med Sci*. 2006 ; 68 (1) : 49-54.

[15] Nagasawa Y, Takashima K, Masuda Y, Kataoka T, Kuno Y, Kaba N, Yamane Y.: Effect of sustained release isosorbide dinitrate (EV151) in dogs with experimentally-induced mitral insufficiency. *J Vet Med Sci*. 2003 ; 65 (5) : 615-618.

[16] 高井真司, 金 徳男, 宮崎瑞夫.: キマーゼの病態生理学的意義とその阻害薬の有用性. *日薬理誌*. 1999 ; 114 : 41-47.

[17] Pfeffer MA, Swedberg K, Granger CB, Held P, McMurray JJ, Michelson EL, Olofsson B, Ostergren J, Yusuf S, Pocock S.: CHARM Investigators and Committees : Effects of candesartan on mortality and morbidity in patients with chronic heart failure : the CHARM-Overall programme. *Lancet*. 2003 ; 362 (9386) : 767-771.

[18] McMurray JJ, Ostergren J, Swedberg K, Granger CB, Held P, Michelson EL, Olofsson B, Yusuf S, Pfeffer MA.: CHARM Investigators and Committees : Effects of candesartan in patients with chronic heart failure and reduced left-ventricular systolic function taking angiotensin-converting-enzyme inhibitors : the CHARM-Added trial. *Lancet*. 2003 ; 362 (9386) : 772-776.

[19] Granger CB, McMurray JJ, Yusuf S, Held P, Michelson EL, Olofsson B, Ostergren J, Pfeffer MA, Swedberg K.: CHARM Investigators and Committees : Effects of candesartan in patients with chronic heart failure and reduced left-ventricular systolic function intolerant to angiotensin-converting-enzyme inhibitors : the CHARM-Alternative trial. *Lancet*. 2003 ; 362 (9386) : 759-766.

[20] Uechi M, Matsuoka M, Kuwajima E, Kaneko T, Yamashita K, Fukushima U, Ishikawa Y.: The effects of the loop diuretics furesemide and torasemide on diuresis in dogs and cats. *J Vet Med Sci*. 2003 ; 65 (10) : 1057-1061.

[21] Pitt B, Zannad F, Remme WJ, Cody R, Castaigne A, Perez A, Palensky J, Wittes J.: The effect of spironolactone on morbidity and mortality in patients with severe heart failure. Randomized Aldactone Evaluation Study Investigators. *N Engl J Med*. 1999 ; 341 (10) : 709-717.

[22] Bernay F, Bland JM, Haggstrom J, Badiel L, Combes B, Lopez A, Kaltsatos V.: Efficacy of spironolactone on survival in dogs with naturally occurring mitral regurgitation caused by myxomatous mitral valve disease. *J Vet Intern Med*. 2010 ; 24 : 331-341.

[23] Keene BW, Panciera DP, Atkins CE, Regitz V, Schmidt MJ, Shug AL.: Myocardial L-carnitine deficiency in a family of dogs with dilated cardiomyopathy. *J Am Vet Med Assoc*. 1991 ; 198 : 647-650.

[24] Pion PD, Kittleson MD, Rogers QR, Morris JG.: Myocardial failure in cats associated with low plasma taurine : a reversible cardiomyopathy. *Science*. 1987 ; 237 : 764-768.

[25] 霰野光興, 上月茂和, 小出和欣, 小出由紀子, 桑原康人, 金尾 滋, 榎本浩文, 山根義久, 野一色泰晴.: 犬糸状虫症における病態と血漿ANP濃度との相関性および合成α-hANPの投与効果について. *動物臨床医学会年次大会プロシーディング*. 1989 : 382-392.

[26] 有田申二, 有田 昇, 日笠喜朗.: ミルリノンとカルペリチドの低用量併用療法を実施した重症心不全の犬5例. *日獣会誌*. 2011 ; 64 : 728-732.

[27] Publication committee for the VMAC investigators : Intravenous nesiritide vs nitroglycerin for treatment of decompensated congestive heart failure. *JAMA*. 2002 ; 287 : 1531-1540.

[28] O'Connor CM, Starling RC, Hernandes AF, Armstrong PW, Dickstein K, Hasselblad V, Heizer GM, Komajda M, Massie BM, McMurray JJV, Nieminen MS, Reist CJ, Rouleau LJ, Swedberg K, Adams Jr. KF, Anker SD, Atar D, Battler A, Botero R, Bohidar NR, Butler J, Clausell N, Corbalan R, Costanzo MR, Dahlstrom U, Deckelbaum LI, Diza R, Dunlap ME, Ezekowitz JA, Feldman D, Felker GM, Fonarow GC, Gennevois D, Gottlieb SS, Hill JA, Hollander JE, Howlett JG, Hudson MP, Kociol RD, Krum H, Laucevicius A, Levy WC, Mendez GF, Metra M, Mittal S, Oh BH, Pereira NL, Ponikowski P, Tang WHW, Tanomsup S, Teerlink JR, Triposkiadis F, Troughton RW, Voors AA, Whellan DJ, Zannad F, Califf RM.: Effect of nesiritied in patients with acute decompensated heart failure. *N Engl J Med*. 2011 ; 365 : 32-43.

[29] Bristow MR, Gilbert EM, Abraham WT, Adams KF, Fowler MB, Hershberger RE, Kubo SH, Narahara KA, Ingersoll H, Krueger S, Young S, Shusterman N.: Carvedilol produces dose-related improvements in left ventricular function and survival in subjects with chronic heart failure. MOCHA Investigators. *Circulation*. 1996 ; 94 : 2807-2816.

[30] CIBIS-II investigators and Committee.: The cardiac insufficiency bisoprolol study II (CIBIS-II) : a randomized trial. Lancet. 1999 ; 353 : 9-13.

[31] MERIT-HF Study Group.: Effect of metoprolol CR/XL in chronic heart failure : Metoprolol CR/XL Randomized Investigation Trial in Congestive Heart Failure (MERIT-HF). *Lancet*. 1999 ; 353 : 2001-2007.

[32] Kobayashi M, Machida N, Tanaka R, Maruo K, Yamane Y.: β-blocker improves survival. left ventricular diastolic function and remodeling in hypertensive rat with diastolic heart failure. *Am J Hypertens*. 2004 ; 17 : 1112-1119.

[33] 小林正行, 星 克一郎, 平尾秀博, 清水美希, 島村俊介, 田中 綾, 山根義久.: 犬の僧帽弁閉鎖不全症による慢性心不全に対するβ遮断薬（メトプロロール）の有効性の検討. *動物臨床医学*. 2005 ; 14 : 51-57.

[34] Morita H, Suzuki G, Mishima T, Chaudhry PA, Anagnostopoulos PV, Tanhehco EJ, Sharov VG, Goldstein S, Sabbah HN.: Effects of long-term monotherapy with metoprolol CR/XL on the progression of left ventricular dysfunction and remodeling in dogs with chronic heart failure. *Cardiovasc Drugs Ther*. 2002 ; 16 : 443-449.

[35] Zaca V, Rastogi S, Mishra S, Wang M, Sharov VG, Gupta RC, Goldstein S, Sabbah HN.: Atenolol is inferior to metoprolol in improving left ventricular function and preventing ventricular remodeling in dogs with heart failure. *Cardiology*. 2009 ; 112 : 294-302.

# 心血管疾患に対する外科的治療

Cardiovascular Surgery

## 1 心血管手術に用いる器具・器械

### 1）はじめに

小動物獣医科領域における胸部外科では、一般外科に用いる器具に加えて特殊な器具が必要となる。術野が狭く、手術器具が手術操作の邪魔になることもあるために、人で使用されているものの中でもより小さく、術野を阻害しないものが求められる。また、市販されている器具だけでなく、使用しやすいように自作したものを改良して胸部外科に用いることもある。この項では、普段胸部外科を行う際において、使用される手術器具について解説する。

### 2）開胸器（フィノチェット、榊原式、ウェイトラナーなど）

小動物獣医科領域において、一般的によく実施される開胸術は、側方肋間開胸術である。そのために、小型で術野をなるべく広く得ることができる開胸器が必要となる（図Ⅰ-145）。動物の大きさに対応できるように、開胸器の種類やサイズも異なるものをいくつか用意しなければならない。中型犬にはフィノチェット開胸器、小型犬には榊原式開胸器を主に使用することになる。さらに、超小型犬には開創器のウェイトラナーを代用として用いることが多い。

### 3）各種ケリー鉗子、直角鉗子

開胸術の際には、主にケリー鉗子と電気メスを用いて筋肉を分離することになる。また血管の剥離を行う際は、種類の異なる大小のケリー鉗子や直角鉗子を使用している（図Ⅰ-146）。

### 4）木ベラ

心膜切開時などで電気メスを使用する際、心臓を損傷させないように電気メスと心臓の間に入れて使用する（図Ⅰ-147）。

### 5）綿棒

使用例として、動脈管開存症の手術の際に大動脈の頭側の剥離時に用いたりする。また、胸膜剥離術も必要となる。症例によっては組織が著しく脆いため鋼製器具を使用した場合に、目的の動脈管を損傷させる危険性がある。そのような出血が予想される事例では、積極的に使用される（図Ⅰ-148）。

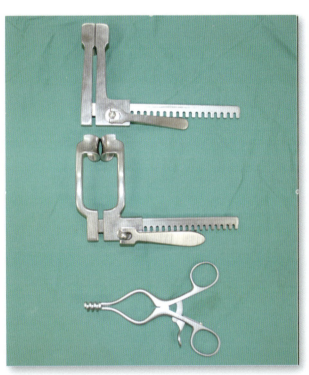

図Ⅰ-145 開胸器　上から順にフィノチェット、榊原式、ウェイトラナー（それぞれ大中小のタイプがある）

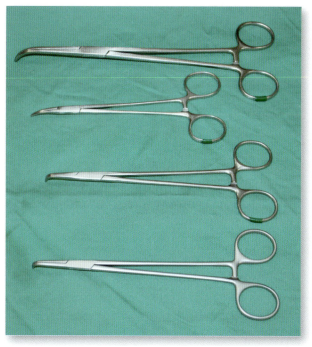

図Ⅰ-146　ケリー鉗子（上3本）と直角鉗子

図Ⅰ-147　木ベラ

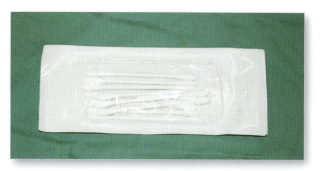

図Ⅰ-148　綿棒

## 6）血管用鉗子（サテンスキー鉗子、ブルドック鉗子）

心臓や血管破損時や部分的血行遮断時に備え、念のため異なる種類やサイズの血管用鉗子を用意すべきである。また、現在は行われることが少ないが、切離法の動脈管開存症の手術時に大動脈側をクランプする際に用いられる（図Ⅰ-149）。

## 7）臍帯テープ

動脈管の結紮や、大動脈や主肺動脈などの大血管を一時的に牽引することで、手術手技を容易にするために使用される（図Ⅰ-150）。

## 8）プレジェット

血管・心臓組織に縫合糸を掛ける際、縫合糸により組織が裂開することを防いだり、針穴からの出血を防いだりするために用いられる。（図Ⅰ-151）。

## 9）メッツェンバウム剪刀

血管または組織の剥離だけでなく、微細な剥離のため、先端の細い曲型メッツェンバウム剪刀が使用される（図Ⅰ-152）。

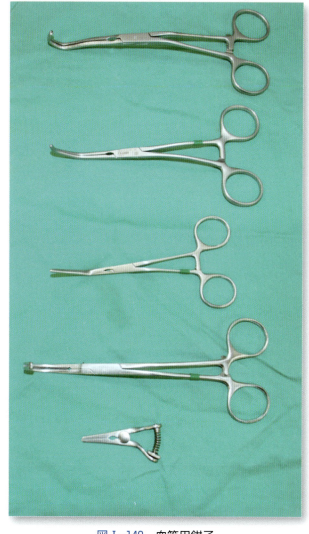

図Ⅰ-149　血管用鉗子

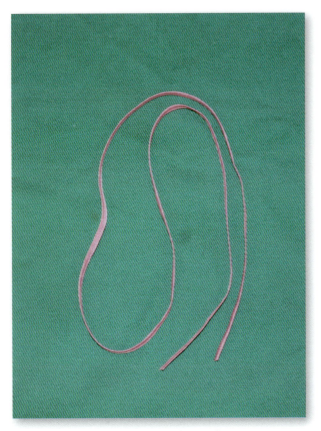

図Ⅰ-150　臍帯テープ

図Ⅰ-151　プレジェット

図Ⅰ-152　曲型メッツェンバウム剪刀

### 10) ピンセット

　心臓手術では、組織が非常に脆い部分があるため無傷タイプのピンセットが必要であり、特に先端が縦溝になっている DeBakey ピンセットが好まれる（図Ⅰ-153）。

### 11) 吸収性止血剤

　特に小型犬などでは、組織が菲薄なため、針穴から出血することなども多い。そのために止血剤として、アビテン®などが使用される（図Ⅰ-154）。

### 12) ターニケット

　インフローオクリュージョンを行う際に、前大静脈や後大静脈を遮断するために使用する。エクステンションチューブに臍帯テープやワイヤー線を通したものが自作できる。
　ターニケット内に通す糸やテープの太さによって、エクステンションチューブの内径に適したものを選択する。ターニケット自体の長さも術野の邪魔にならないよう目的に合わせていくつかの種類を用

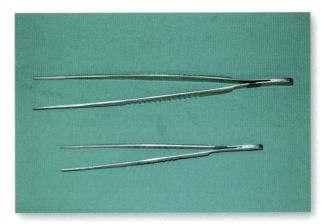

図Ⅰ-153　DeBakey 無傷型組織ピンセット

意しなければならない（図Ⅰ-155）。

### 13) 胸腔用ドレーンチューブ

　胸腔用のドレーンチューブには、X線不透過の線の入ったシリコン製のチューブが用いられる。実際に使用する際には、チューブ先端から数cmまでの間にいくつかサイドホールを開けておき、陰圧をか

図Ⅰ-154　吸収性止血剤

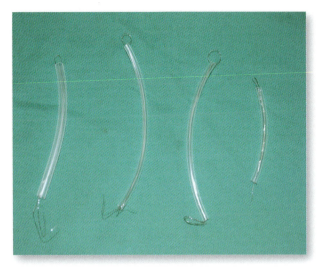

図Ⅰ-155　ターニケット
特殊な部位以外は、ワイヤー線よりむしろ布製のテープ状のものが用いられることが多い。

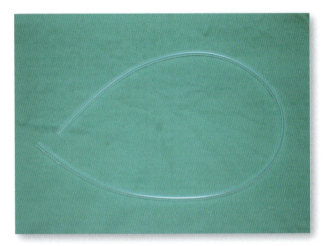

図Ⅰ-156　胸腔用ドレーンチューブ

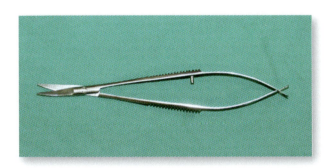

図Ⅰ-157　眼科用剪刀

けた際に、組織によりチューブの孔が閉鎖されてしまうのを防ぐ（図Ⅰ-156）。

### 14）血管手術用器具

動脈管開存症に対してのコイルオクリュージョンや、肺動脈弁狭窄に対するバルーン拡張術を実施する際、末梢血管から心臓へのアプローチが必要となる。その場合、血管手術用器具や眼科領域で使用する器具が使用されている。カテーテルを血管に挿入する際は、シースを使用する場合と、シースを使用せずに血管を切開してカテーテルを挿入する場合がある。血管を切開する場合は、血管用あるいは眼科用剪刀（図Ⅰ-157）と血管用あるいは眼科用ピンセット（図Ⅰ-158）を用いて血管を切開する。これに引き続き、先細タイプのモスキート鉗子を使用し（図Ⅰ-159）、切開孔を広げてからカテーテルを挿入すると操作がスムーズになる。血管縫合の際、縫合糸には血管縫合用のプロリン®（図Ⅰ-160）6-0または7-0を使用し、血管縫合用の把針器（図Ⅰ-161）を用いる。

### 15）まとめ

胸部外科では、一般的な外科器具に加えて特別な器具が必要となる。本章であげた器具がすべてを網羅しているわけではない。しかしながら、これらの使用目的および使用方法を正しく理解すれば、手術を素早くかつ正確に行うことの助けとなり、成功確立は高まるものと信じている。

## 2　胸腔への各種アプローチ法

### 1）はじめに

近年、小動物臨床において開胸手術を実施する機

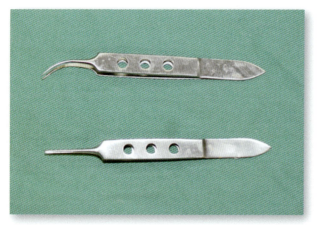

図Ⅰ-158　眼科用ピンセット

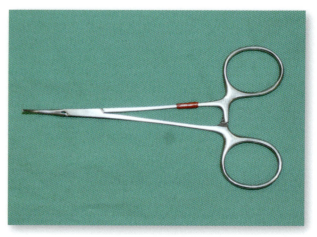

図Ⅰ-159　先細マイクロモスキート鉗子

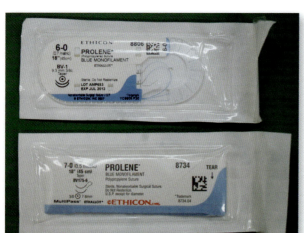

図Ⅰ-160　血管縫合糸

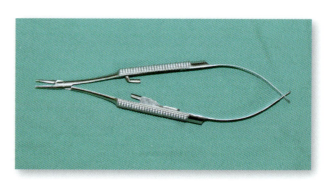

図Ⅰ-161　血管縫合用の把針器

会は増加しつつあり、以前と比べその内容と目的も多様となってきた。小動物臨床における高度医療のニーズと、診断および治療技術の向上により、開胸手術は今後さらに重要となっていくと考えられる。

### 2）開胸手術法Ⅰ（肋間切開法、胸骨正中切開法、肋骨切除法）

　開胸の術式にはいくつかの方法があり、目的とする器官と胸腔との位置関係などによって選択される。ここでは肋間切開法、胸骨正中切開法および肋骨切除法の3つについて記述する。

#### ⅰ）肋間切開法

　肋間切開法は、開胸手術法の中で最も一般的に実施される方法で、比較的狭い領域の片側胸腔アプローチ時に適応される。開胸部位（肋間）は、目的とする組織によって異なるが、通常は第4肋間で行われることが多い。主な心血管部位へのアプローチ（肋間）を表Ⅰ-11に示す。しかし、犬種と個体、部位によっては最適な切開部が異なる場合もあるため、術前のX線検査や超音波検査にて、開胸部位を確認するのが望ましい。

　動物を麻酔導入、挿管したら右側横臥位にして前肢をやや前方に引いて保定する（図Ⅰ-162）。動脈管開存症（Patent Ductus Arteriosus：PDA）などでは、右側胸壁と手術台の間に丸めたタオルなどを入れることで、右側胸壁がやや挙上され、動脈管周囲の剥離時に視野を容易に確保することができる。保定が終わったら術野を消毒して滅菌布を装着するが（図Ⅰ-163）、切開位置（肋間）を指で数え確認してから装着する。肥満動物など位置の確認が困難な場合には、あらかじめ切開部位をマークしておくとよい。

表Ⅰ-11　心血管部位へのアプローチ

| 対象部位 | 肋間 | |
|---|---|---|
| | 左側 | 右側 |
| 心臓・心膜 | 4～5 | 4～5 |
| 動脈管 | 4（猫は4あるいは5） | |
| 肺動脈弁部 | 4 | |

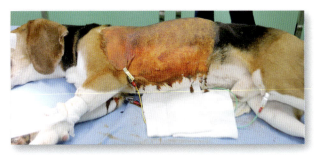

図Ⅰ-162　麻酔後、症例を横臥位に保定

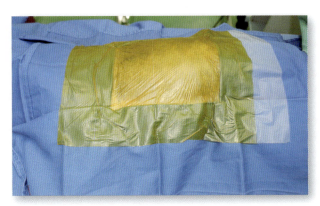

図Ⅰ-163　術野を消毒後、滅菌布で症例を覆う

図Ⅰ-164　皮膚切開

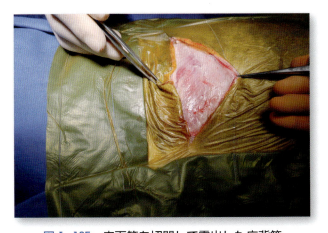

図Ⅰ-165　皮下筋を切開して露出した広背筋

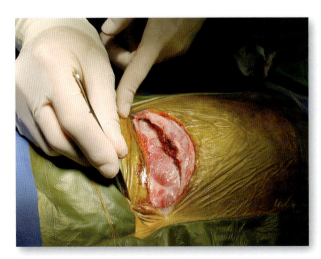

図Ⅰ-166　縦切開した広背筋

　皮膚切開は、肋椎関節付近から肋軟骨結合部の下方まで大きく肋骨と平行に切開する（図Ⅰ-164）。皮下組織を切開したら再度指で肋間を数え切開部位を確認し、皮下筋切開で露出された広背筋の処理を行う（図Ⅰ-165）。広背筋を剥離し、皮膚切開と同様に肋骨に沿って縦切開する（図Ⅰ-166）。筋肉切開による筋腹からの出血はやや多く、特に体重が軽量な超小型犬や抗凝固処置をした症例などにおいては念入りに止血を行う。広背筋の縦切開により細かい神経が切断されるため、術後の疼痛が高まる可能性がある。広背筋を切開せず、鈍性剥離のみを行う方法もあり、術後の疼痛の軽減が期待されるが、術野確保の意味では劣ることになる。

　外腹斜筋および腹横筋膜、広背筋が重なる部位の筋膜側を広背筋に沿って横切開し、広背筋の背側へ移動させる。横切開時は、切開部位の頭側と尾側の皮下組織および筋膜の間をメッツェンバウム剪刀で剥離し、筋膜を十分に露出して目的とする肋間を十

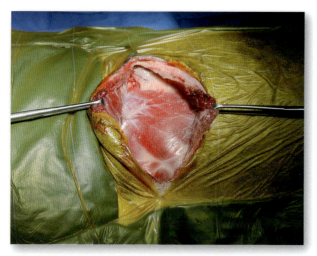

図I-167　露出した胸腹鋸筋

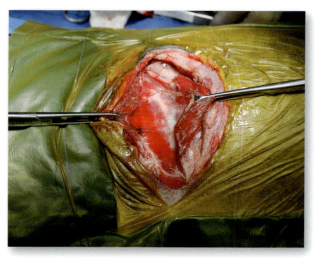

図I-168　外肋間筋

図I-169　内肋間筋

分に露出する。筋膜が切開されると、広背筋の直下に位置する上肋骨斜角筋および胸腹鋸筋が確認できる（図I-167）。開胸の前に再度肋骨数を数え開胸部位を確認すると同時に、上肋骨斜角筋の位置を確認し、正確な肋間位置を確認する。上肋骨斜角筋は、第5および第4頸椎の横突起から始まり、肋骨の上を横断して筋膜として第6、7、8肋骨上に到達する。肋骨位置を確認したら、上肋骨斜角筋の筋膜を剪刀で第5肋骨上から剥離し、第4肋間を露出する。必要に応じて斜角筋および外腹斜筋を切開し、腹鋸筋の肋間を鈍性剥離して外肋間筋を露出する（図I-168）。このとき、肋間を横切っている2ヵ所細い血管を確実に結紮した後、肋間筋の切開に移行することでほとんど出血なしに肋間にアプローチできる。

肋間筋の切開は、閉胸時に左右の縫い代を確実に残すために、できる限り肋間筋の中心で行う。外肋間筋、内肋間筋を順に切開するが（図I-169）、肋間筋はかなり薄い筋であるため、この時点で開胸される可能性がある。そのため、術者は切開開始時点から麻酔医と協力して常に人工呼吸操作が可能であることを確認し、その直下に位置する肺を損傷させないよう操作は慎重に行う。

内肋間筋が切開されると、その直下に透明な壁側胸膜を通してピンク色に拡張した肺が観察される（図I-170）。胸膜は、肺を損傷させないよう鈍性に胸膜を穿刺し、開孔口から胸腔側に指を胸膜にあて、慎重に背側および腹側に切開を加える（図I-171）。同時に開胸されたことを麻酔医に告げ、操作時に合わせて手動で人工呼吸を行う。十分な視野が得られる大きさに胸肋膜を切開したら開胸器を装着する。開胸器装着の際には、拡張された肺が開胸器の鈎に挟み込まれないように注意する。開胸器装着部には、湿ったガーゼを左右の肋間筋に沿って装着して肋間筋を保護し、目的の器官の位置を確認しながら十分な視野が得られるように開胸器を開大する（図I-172）。目的とする器官が肺以外の場合は、生理食塩液で湿ったガーゼで肺葉を保護し、術野から移動させて十分な視野を確保する。

ⅱ）胸骨正中切開法

胸骨の正中切開によって両側胸郭における広い視野が確保できる。胸腔内腫瘍切除などの十分な手術視野が必要な場合や開心術、大血管、肋骨、縦隔洞

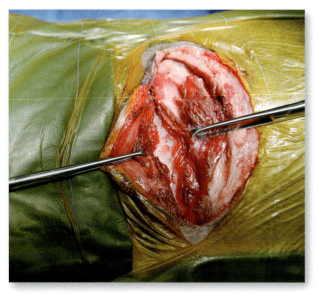

図Ⅰ-170　胸膜

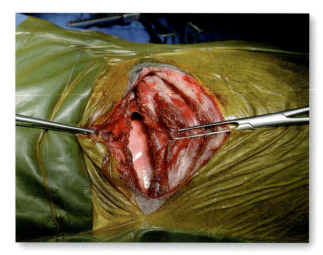

図Ⅰ-171　開胸によって露出した肺

図Ⅰ-172　開胸器によって視野を確保した術野

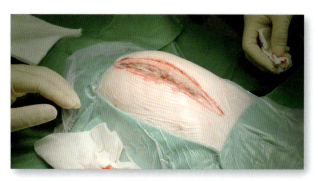

図Ⅰ-173　筋層を切開して胸骨を露出

へのアプローチ、両側の肺葉切除などに適応される。胸骨正中切開は、すべての胸腔内臓器に対して外科的アプローチが可能であるが、胸郭が深い犬においては、胸腔背側の大血管へのアプローチは困難な場合がある。

　動物は仰臥位に保定し、手術中に胸郭が動揺しないように胸郭の左右にタオルなどで保持する。仰臥位保定は、呼吸に負担の大きい姿勢であるため、胸郭の深い大型犬や呼吸状態の悪い症例においては、保定時に換気状態の変動に注意する。さらに、心尖部が背側方向に移動することから、大動脈の位置で血流障害が生じる可能性があり、長時間の仰臥位保定による心拍出量の減少、血圧低下などの危険性が考えられる。したがって、できる限り短時間の手術および厳密な麻酔管理に努力すべきである。

　術野を消毒し、胸骨柄から剣状軟骨にかけて全域を切開できるように滅菌布を装着する。胸骨の中心を胸骨柄から剣状軟骨まで一直線に皮膚切開して胸骨を露出する（図Ⅰ-173）。皮下組織を分離すると浅胸筋および深胸筋の筋膜が観察され、胸骨稜が露出するまで筋肉を切開する。このとき、左右の浅深胸筋上の内胸動脈から分岐している血管を損傷しないように慎重に行う。また、切開が腹腔内に到達しないように注意する。

　正中線が分離されたら、胸骨上の結合組織、骨膜を剥離し、胸骨の縦切開を行う。切開の際には操作による肺損傷を防ぐため麻酔医と連携をとりながら行う。胸骨切開は、生理食塩液を滴下しながら電動鋸またはエアー鋸で行う（図Ⅰ-174）。切開の際には、胸骨骨折および肋軟骨離断が生じないように、できるだけ正中線に沿って慎重に行うべきである。また、第2～第3肋間付近においては、胸腔側胸骨の内側左右に走行する内胸動静脈に注意しながら慎重に行う。特に、個体によっては胸骨直下に左右胸腔を横断する動静脈が走行している場合があり、一

図Ⅰ-174　まずは鋸で胸骨切開を実施

図Ⅰ-175　開胸器を装着

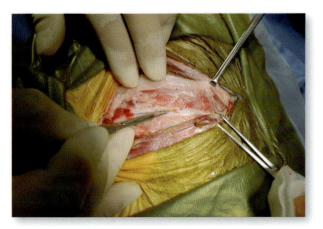

図Ⅰ-176　肋骨切除のために骨膜を切開

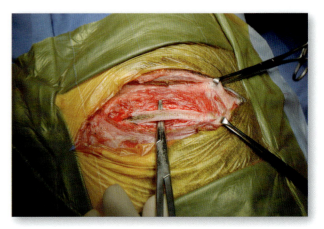

図Ⅰ-177　骨膜の内側を鈍性に剥離

気に切開せず、内部を確認しながら徐々に軟骨鋏などで切開創を拡大していく方が安全である。

　幼齢犬の症例では、胸骨下に位置する胸腺にも注意が必要である。開胸器を装着する前に、胸骨からの止血を十分に行う。特に、開心術などの長時間手術や抗凝固処置症例においては、電気メスによる焼烙、あるいは骨蝋による圧迫・塗布によって出血をコントロールする。骨蝋は、感染リスクや創傷治癒延長、肺塞栓の可能性があるので過剰使用には注意する。

　開胸したら、開胸器装着部の下に湿ったガーゼで左右の胸骨および周囲の組織を保護し、開胸器を装着する（図Ⅰ-175）。第1～第3肋骨付近に開胸器を装着する場合は、内胸動脈、鎖骨下動脈および神経叢の損傷に注意する。

### ⅲ）肋骨切除法

　肋骨切除法は、肋間切開法において、さらに手術視野を広く確保したい場合に用いる。例えば、広範囲における処置が必要な胸部食道手術や、巨大な腫瘤を摘出する場合に適応される。

　手術法は、おおむね肋間切開の場合に準じるが、開胸時は肋間筋を切開せずに目的とする肋骨を切除して行う。例えば、第4肋骨を切除する場合は、肋間切開法で述べた方法と同様に、上肋骨斜角筋の処置までは同様に行う。目的肋骨を確認したら、肋骨表面の骨膜の中央部に穿刃にて必要な長さを切開する（図Ⅰ-176）。肋骨の背側と腹側の骨膜にも横断して切開線を加えると、切除する肋骨の十分な長さが確保できる。骨膜剥離子、スパチュラなどを用いて体壁側の外側骨膜を分離したら、腹側側の内側骨膜も鈍性に分離する（図Ⅰ-177）。骨膜分離は、胸膜を破らないように慎重に行い、いつでも人工呼吸ができるように準備しておく。また、肋骨後縁の肋間動脈には常に注意する。骨膜を完全に剥離したら、骨剪刀あるいはマイクロエンジンの骨切り用ディスクを用いて胸椎側の肋骨を切断し（図Ⅰ-178）、下方は指で肋骨の切断端を挙上して肋軟骨結合部で切断する（図Ⅰ-179）。症例によっては、胸椎側の肋骨切断

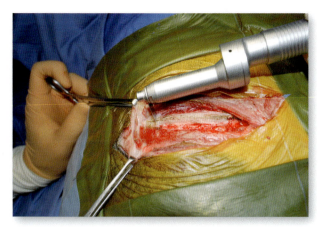

図Ⅰ-178　胸椎側の肋骨を切断

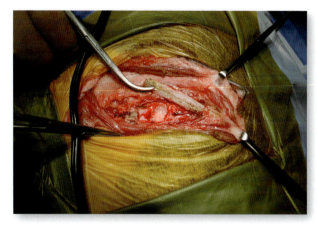

図Ⅰ-179　肋骨の切断端を挙上して肋骨を切断

のみで広範囲の術野が確保できる場合があり、そのときには、肋軟骨結合部の切断をしない。

　肋骨を切除したら、切除後の肋骨骨膜の中心に沿って開胸を行う。骨膜および胸膜にメッツェンバウム剪刀で小切開を入れ、麻酔医と連携をとりながら肺を損傷させないように慎重に切開を広げる。次いで、肋間切開法と同様に開胸器を装着して、十分な手術視野を確保する。

### ⅳ）閉胸手術（肋間切開法、胸骨正中切開法、肋骨切除法）

#### ①肋間切開法および肋骨切除法の閉胸法

　閉胸する前に、閉胸後の胸腔内の空気や液体を排除するための胸腔ドレーンを設置する。適切なサイズのドレーンチューブを用意し、胸腔内側の側方に数ヵ所小孔を開けておく。チューブは、切開した肋間より2肋間後方でケリー鉗子などで鈍性に穿孔させて胸腔内に挿入し、胸腔の後部背側から前方腹側に向かって設置する。次いで、胸壁側のチューブ先端は、ドレーン挿入部位よりさらに後方に向けて皮下組織を通過させ、皮膚切開部と異なる部位から皮膚上に出す。チューブの先端には三方活栓を装着し、チャイニーズフィンガートラップ縫合によって皮膚にチューブを固定する。次に、肺保護などで使用したガーゼをすべて胸腔内から除去し、陽圧をかけて虚脱した肺を十分に膨らませ、元の状態に復帰したことを確認する（図Ⅰ-180）。

　閉胸は、切開した肋間の全長にわたって太めの縫合糸をかけて行う。縫合糸は、頭側肋骨の前縁と尾側肋骨の後縁に通し、肋骨にかかるようにする。す

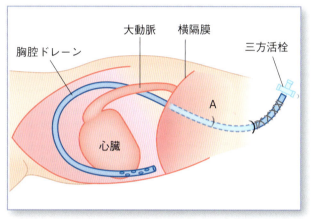

図Ⅰ-180　肋間切開法のドレナージ法

A：胸腔内へのカテーテル挿入部位。ここからケリー鉗子で把持したカテーテルを胸腔内へ進める。体外のカテーテルを把持しなおし、Aより尾側の皮下にカテーテルを押し進め、体外に突き出す。体外のカテーテルをチャイニーズフィンガートラップ縫合で体壁に逢着し、三方活栓と接続する。

べての縫合糸をかけ終わったら、助手は切開した肋間を寄せ、術者は外科結紮法にて結紮していく。閉胸の際には、針の刺入により肺が損傷しないように人工呼吸を行い、肋骨後縁を走行している肋骨動脈にも注意する。また、結紮時に肺葉が挟まらないように注意しなければならない。

　また、肋骨切除術においては、閉胸時に肋間に結紮糸をかけずに胸膜と骨膜を吸収糸で縫合する閉胸法もある。

　すべての肋間結紮が終了したら、胸腔ドレーンから胸腔内の空気を抜去し陰圧にする。陰圧操作の確認には、結紮部位に生理食塩液を滴下して空気の漏

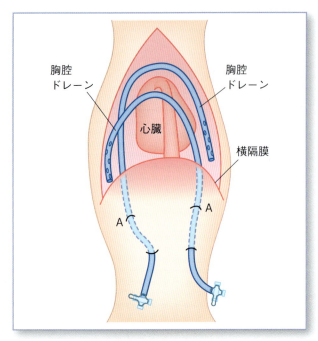

図Ⅰ-181　胸骨正中切開法のドレナージ法
VD像。図Ⅰ-180と同様にAからカテーテルを胸腔内へ挿入する。皮下で尾側に向かって胸腔内へ進めたカテーテルの反対側を押し進め体外に突き出してから体壁に逢着し、三方活栓と接続する。

れテストを行う。次に、開胸時に切開した腹鋸筋、上肋骨斜角筋、広背筋などを吸収糸を用いて単純結紮あるいは連続縫合法で閉じ、最後に皮下組織と皮膚を縫合して閉胸を終了する。閉胸後、ドレーンより空気や血液などの排出がみられなくなったらドレーンを抜去する。また、必要に応じて反対側の胸腔ドレーンを挿入留置することもある。

②胸骨正中切開法における閉胸操作

　開胸器を外す前に、両側胸腔内に通常ドレーンチューブを挿入しておく。ドレーンチューブの挿入方法は、肋間切開法における方法に準ずるが、確実に両側で留置するために、チューブを胸腔内で交差して留置し、各ドレーンが左右胸腔のどちらに挿入されているのかを確認しておく（図Ⅰ-181）。胸腔ドレーンを設置したら、開胸器を外して胸腔内のガーゼを除去し肺を膨らませる。止血のために使用した骨蝋はできる限り除去する。

　胸骨の縫合には、一般的にステンレスのワイヤーが用いられる（図Ⅰ-182）。肋間切開術の閉胸法と同様に肺に注意しながら、切開部全長にわたってワイヤーをかけ、まとめて胸骨を閉鎖する。この際、内

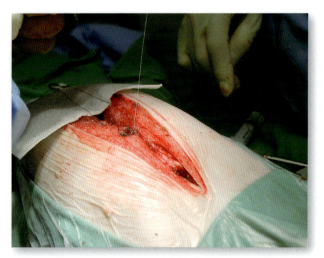

図Ⅰ-182　ステンレスワイヤーで胸骨を縫合

胸動脈や肋間動静脈を巻き込まないように気をつける。小型犬や猫などの小さい動物の場合は、ワイヤー閉鎖による胸骨破損の可能性があり、ナイロンなど非吸収性のモノフィラメントで縫合する方法もある。引き続き、開胸時に切開した深胸筋および浅胸筋を吸収糸で縫合を行う。筋層は、閉胸後に気胸にならないように綿密に行う必要があるが、縫合間隔が密になりすぎないように注意する。胸骨を閉鎖したら、胸腔ドレーンから空気を抜去し、胸腔を陰圧にする。空気の漏出が認められないことを確認したら、皮下組織、皮膚を縫合する。肋間切開法と同様に、ドレーンは閉胸後もしばらくは留置しておく。

### 3）開胸手術法Ⅱ（胸骨横切開法）

　胸骨横切開法は、左右同位置の肋間切開を胸骨の横切開により連続させた方法で、胸骨横断両側肋間切開法ともいわれる。本法は一般的に用いられる方法ではないが、両側胸腔へアプローチが可能で、広い術野を確保できる。胸骨正中切開法と比較し、胸腔深部への展開が容易であるため、胸部背側への外科処置に適している。特に、先天性の（腹膜）心膜横隔膜ヘルニア修復術において的確な手術操作が可能である。一般的に、横隔膜ヘルニア整復術では第7肋間における胸骨横切開術が適している。

#### ⅰ）胸骨横切開法の術式
①開胸手術

　保定の前に、腹側から背側にかけて広範囲に剃毛

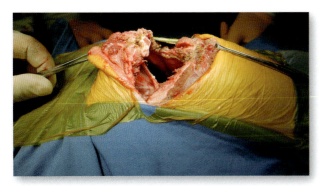

図Ⅰ-183　ジャックナイフ様姿勢
胸骨横切開を側面からみるとジャックナイフ様の姿勢になっている。

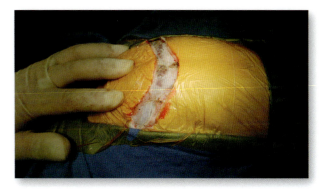

図Ⅰ-184　胸骨横切開における切皮

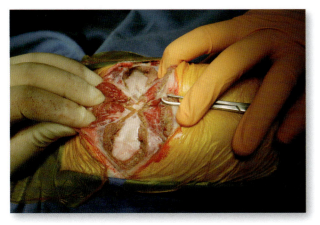

図Ⅰ-185　胸骨横切開時に露出した筋層

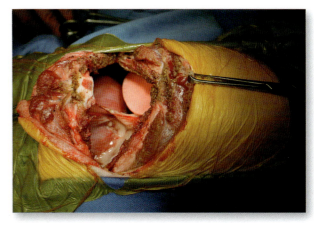

図Ⅰ-186　胸骨横切開で露出した胸腔内

を行ってから動物を仰臥位に保定する。視野確保のため、動物の背部を反らすようなジャックナイフ様姿勢にするとよい（図Ⅰ-183）。目的とする肋間に沿って切皮を行い（図Ⅰ-184）、広背筋、腹鋸筋、各胸筋、外肋間筋、内肋間筋および胸膜を順に切開し（図Ⅰ-185）、両側の肋間を切開する。肋骨尾側に沿って走行する肋間動静脈に注意しながら左右切開を胸骨まで進め、胸骨の背側に位置する左右内胸動静脈は結紮して切離する。肋間切開が胸骨まで到達したら、電動骨鋸や骨鋏などを用いて同肋間の胸骨を横切開する（図Ⅰ-186）。胸骨からの出血は、胸骨切開術と同様に電気的焼烙あるいは骨蝋にて止血する。縦隔を処理しながら、開胸器を装着し切開部を広げる。術野が十分に得られない場合は、肋間切開を背側へさらに展開する。

②閉胸手術

閉胸の前に胸骨正中切開の閉胸術と同方法に、胸腔内ガーゼを除去して肺を膨らませ、両側に胸腔ドレーンを設置する。胸骨の固定は、小型犬の場合は胸骨ワイヤリングのみで十分であるが、大型犬においては胸骨にクロスピンあるいは髄内ピンを刺入し、その上にさらに8字ワイヤリングをかけて安定させる。次いで、左右肋間切開を前項の肋間切開法と同様に閉胸し、皮膚縫合して終了とする。気管チューブの抜去は、十分な自発呼吸および咽頭反射がみられるまで見合わせる。

ⅱ）成功のポイント

胸骨横切開法の成功のポイントとして、①術前の剃毛およびドレーピング、②内胸動静脈結紮、③胸骨横切開の以下の3つがあげられる。

①剃毛およびドレーピング

胸骨横切開法は、両側の肋間切開を行うため、胸骨正中切開法と比べ、腹背位置まで拡大した広範囲の剃毛が必要となる。また、ドレーピングにも注意を払い、適宜、プラスチックドレープなどを使用し、確実に滅菌された術野を確保することで術後感

染症の発症を防ぐことが重要である。

##### ②内胸動静脈結紮

胸骨横切開法では、胸骨切離の前に胸骨の両側に走行する内胸動静脈を結紮し切離する。左鎖骨下動脈から分岐した内胸動脈は、肋間動脈をはじめとする各種の側枝に分かれ、前腹壁動脈から後腹壁動脈にて再び吻合する。そのため、頭側および尾側の両側における確実な結紮が出血を防止する。また、幼齢動物における本手術法による前胸部開胸処置の際には、胸腺およびそれに分布する内胸動脈胸腺枝にも注意する。

##### ③胸骨横切開

本法では、切開した肋骨と同位置の胸骨を切開する。胸骨体は、複数の胸骨骨片から構成され、軟骨にて結合しているため、若齢動物では軟骨鋏などで切離可能であるが、成熟動物においては、電動骨鋸や骨鋏などを用いて切離する。切離面の胸骨骨髄からの出血を止血することも手技成功のポイントとなる。

#### ⅲ）術後管理

術後は、一般的な開胸手術の術後管理法に準じて行うが、切開範囲が広範囲であるため、術後の感染症合併には特に注意する。感染症予防のためには、術前後に経静脈的に広域スペクトルの抗生物質を投与する。術後安定期に入っても比較的長期（2～3週間ほど）にわたって抗生物質の経口投与が望ましい。術後に膿胸を発症した場合は、胸水の感受性試験を行い、胸腔ドレーンを介して加温滅菌生理食塩液で希釈した抗生物質にて胸腔内を洗浄するとともに、抗生物質の経静脈投与および徹底した創部の衛生管理を行う。また、本法は侵襲性の大きい術式であるため、術後の動物の呼吸様式の観察や、呼吸に大きく影響を与える疼痛管理にも積極的に努めるべきである。

#### ⅳ）まとめ

胸骨横切開法のメリットは、比較的簡易な器具（電動骨鋸、骨鋏）にて実施が可能で、左右胸腔の深部へのアプローチに適していることである。しかし、胸骨正中切開法のように胸腔内全体を視野に入れることは困難である。また、他の胸腔アプローチ法より術後合併症のリスクおよび浸潤性も高い術式である。胸骨横切開法の実施の際にはこれらのことを十分に考慮し、症例に対して最適であるか否かを慎重に検討すべきである。

### 4）開胸手術法Ⅲ（胸部・腹部同時切開法）

胸腹部連続切開法ともいわれる胸部・腹部同時切開法は、横隔膜や胃食道接合部、肝臓横隔膜面病巣へのアプローチなど、胸腔または腹腔単独では実施が不可能かつ同時に処置が必要な場合に選択される。適応症として、（外傷性）横隔膜ヘルニア、心膜横隔膜ヘルニア、胃食道重積症、さらには肝臓腫瘍や食道噴門部腫瘍などがあげられる。胸部・腹部同時切開法は、非常に広範囲の術野が確保できるが、動物に対する侵襲性も大きいことを覚えておきたい。特に、小型の動物における低体温症や、術中における呼吸管理および麻酔管理は厳重に行う必要がある。

#### ⅰ）胸部・腹部同時切開法の術式

胸部・腹部同時切開法においては、胸骨正中切開法および上腹部正中切開法の組み合せが一般的で、まれに片側胸壁切開法と腹部正中切開法との組み合わせが用いられる。ここでは一般的である胸骨正中切開法および上腹部正中切開による胸部・腹部同時切開法について説明する。

あらかじめ、動物の胸部、腹部の腹側を広範囲に剃毛して仰臥位に保定し、前述した胸骨正中切開法を先に実施する。まずは実施した開胸術のみでの整復を検討し、腹部への切開が真に必要であるか否かを判断する。

上腹部正中切開法を実施する場合は、皮膚の切開を腹部正中線まで延長し、一般開腹術法に従って開腹処置を行う。開腹の際に横隔膜の一部が切開されるので、閉創にあたり注意を要する。開腹器あるいは鉤により開腹し、目的の手術を実施する。

閉創の前にその他の閉胸術と同様、胸腔ドレーンを設置し、肺を膨らませる。必要に応じて加温滅菌生理食塩液で胸腔内および腹腔内を洗浄し、胸腔内の空気漏れを確認する。術後、腹腔における多量の滲出液（腹水）貯留が予想される場合には、腹腔にドレーンを設置し、先に閉腹を実施する。閉腹の最後には、非吸収性縫合糸にて横隔膜を整復し、閉胸にうつる。閉胸にあたっては、胸骨正中切開の閉胸

法に準じて行う。術後は、十分な自発呼吸や咽頭反射がみられるまでは抜管を見合わせる。

### ⅱ）成功のポイント
#### ①剃毛およびドレーピング
本法実施には、通常の胸部正中切開あるいは腹部正中切開より2倍程度の術野が必要となる。剃毛準備が不十分な場合、体毛が術野に露出したり、術創の展開が困難となるため、術前に剃毛範囲の十分な検討を行う。また、予備のドレープで開胸時に腹部を覆うことで感染症などの術後合併症防止に努める。

#### ②胸骨正中切開
胸骨正中切開の際には、胸骨の腹側正中はやや隆起していることを理解し、傍胸骨肋骨切開にならないように慎重に実施することが重要である。また、胸骨切開による出血や血管の走行、内胸動脈、特に若齢動物における胸腺枝の存在にも注意する。

#### ③麻酔管理
術野が非常に広範囲であるため、顕著な術中体温の喪失が予想される。低体温症の予防のために、手術室の温度管理や手術台上のヒートマット、点滴製剤の保温処置などが望ましい。また、体温低下による麻酔深度の変化にも注意が必要である。

### ⅲ）術後管理
術後管理は、一般的な開胸手術の術後管理法に準じて行う。また同様に、感染症合併の予防および呼吸管理には、特に注意する。

### ⅳ）まとめ
胸部・腹部同時切開法は、動物に対する大きな侵襲を与える術式であるため慎重な選択が必要である。しかし、適応となる症例に対しては非常に有効な術式でもあり、特に、（外傷性）横隔膜ヘルニアなどでは、胸腹部における出血の処置や腹部臓器の整復時には、元の位置に順次、戻すことが可能である。

## ■3 心血管外科における麻酔法

獣医科領域における技術の進歩と飼い主のニーズの増加により、老齢動物や重症例に対する手術の機会が増えている。これら老齢動物など、中でも小型犬においては、僧帽弁閉鎖不全症をはじめとする心疾患を有していることが多い。心疾患患者は、既に心臓の予備能が低下している。また、ほとんどの麻酔前投薬や麻酔薬は、中枢神経抑制作用を示し、同時に心血管系の抑制作用を有するものが多い。そのため、基礎疾患として心血管系機能低下を示す循環器疾患の患者に対する麻酔管理は、心血管系の抑制作用が強く発現する可能性があり、その難易度は高くなる。また、循環器疾患の患者は、呼吸機能および腎機能の低下も同時に合併していることが非常に多い。これも、麻酔管理の難易度を上昇させる大きな要因の1つである。しかし、病態を正確に把握することで、多くの心疾患患者の麻酔処置を安全に遂行できる。

心疾患患者に麻酔処置を施すにあたり、該当する心疾患における血行動態を十分に理解しておかなければならない。すなわち、該当する心疾患の血行動態を維持あるいは改善するような薬剤を選択することになる。

心疾患患者のみならず、麻酔を受けるすべての動物において重要なことは、麻酔中の心拍出量（Cardiac Output：CO）を維持あるいは改善した状態ですべての行程を無事に終了することである。COは、心拍数（Heart Rate：HR）と1回拍出量（Stroke Volume：SV）の積により決定される。

$$CO = HR \times SV$$

また、血圧（Blood Pressure：BP）は、COと末梢血管抵抗（Peripheral Vascular Resistance：PVR）の積により決定される。

$$BP = CO \times PVR$$

麻酔前投薬や麻酔薬は、患者の末梢血管抵抗（≒後負荷）、心拍数、1回拍出量を変化させる。よって、麻酔薬により生態に不利にならないような種類や用量の選択、組み合わせが重要である。また、心血管作動薬や抗不整脈薬などを必要に応じて使用しながら、麻酔薬が及ぼす不利益な点を補わなければならない。

### 1）血行動態からみた各種心疾患動物における麻酔の注意点

心疾患動物における麻酔時の共通事項として、麻酔処置前に内科的治療により、可能な限り血行動態

表Ⅰ-12 緊急度の高い不整脈一覧

| 緊急度1（緊急を要する不整脈） | 緊急度2（緊急度の高い不整脈） |
| --- | --- |
| 心室細動 | R on T性心室期外収縮 |
| 心室頻拍 | 多源性心室期外収縮 |
| トルサー・ド・ポワン | 発作性上室頻拍 |
| 心拍停止を伴う第3度房室ブロック | 房室ブロック＋上室頻拍性不整脈[*2] |
| 心停止時間が長い洞停止 | 頻拍性心房細動 |
| SSS Ⅲ型（徐拍頻拍症候群） | 頻拍性心房粗動 |
| アダムス・ストーク症候群[*1]を呈す不整脈全般 | 第3度房室ブロック |
| | 高度房室ブロック |
| | Mobitz Ⅱ型第2度房室ブロック |

[*1]：不整脈が原因で起こる失神・眩暈などの脳虚血症状を指す。
[*2]：上室（心房および房室結節）頻拍、心房細動および心房粗動を上室頻拍性不整脈と呼ぶ。

表Ⅰ-13 手術中の不整脈治療を行う上で用意しておきたい薬剤

| 薬剤 | 用量用法 | 適応 |
| --- | --- | --- |
| プロカインアミド | ・犬：1〜10mg/kg IV　20〜50μg/kg/分 CRI ・猫への投与は推奨されない | 心室頻拍性不整脈 |
| 塩酸リドカイン | ・犬：2〜4mg/kg これを生理食塩液で5〜10倍希釈して、心電図でモニターしながら5分間かけてIV（最大8mg/kgまで） ・猫：猫への投与は推奨されない　もし投与する場合：0.25〜0.5mg/kg これを生理食塩液で5〜10倍希釈して、心電図でモニターしながら5分間かけてIV | 心室頻拍性不整脈 |
| 塩酸ソタロール | 犬：2〜4mg/kg PO BID | 難治性の頻拍性不整脈 |
| アミオダロン | 犬：1〜2mg/kg IV | 難治性の頻拍性不整脈 |
| 塩酸ジルチアゼム | 犬：0.15〜0.25mg/kgを2〜3分間かけてIV あるいは、2〜5μg/kg/分 CRI 猫：2〜5μg/kg/分 CRI | 犬：上室頻拍性不整脈 猫：上室および心室頻拍性不整脈 |
| エスモロール | 0.1〜0.5mg/kg IV あるいは、50〜250μg/kg/分 CRI | 上室頻拍 |
| ATP | 0.2〜0.4mg/kg，一気にIV | 上室頻拍 |
| 硫酸アトロピン | 0.05mg/kg IV | 徐脈性不整脈 |
| イソプロテレノール | 0.05〜0.09μg/kg/分 CRI | 徐脈性不整脈 |
| 塩酸ドパミン | 2〜5μg/kg/分 CRI | 徐脈性不整脈 |
| 塩酸ドブタミン | 2〜5μg/kg/分 CRI | 徐脈性不整脈 |

を最善な状態に維持しておくということがあげられる。心疾患を罹患している動物では、手術前から既に、あるいは手術中に不整脈が発現することがある（表Ⅰ-12）。手術前に不整脈が認められる場合には、麻酔処置前にこれを制御する必要がある（表Ⅰ-13）。また、手術中に不整脈が発現した場合、安定した血行動態に導くような治療が必要である。ただし、手術中に発現する不整脈の原因は、浅麻酔、疼痛刺激あるいは心筋虚血であることが多い。そのため、抗不整脈薬を使用せずに対処できることも多

い。

　以下、麻酔の注意点を前負荷（右心系疾患の場合には右心室の前負荷）、心拍数、心筋収縮力、体血管抵抗および肺血管抵抗の各項目に分けて解説している。しかし、あくまでも各心疾患における一般的な血行動態からの視点に基づいて記載しており、実際に麻酔処置を施す場合には、患者の状態を総合的な観点より評価しなければならない。

### ⅰ）心筋症
#### ①肥大型心筋症

　心筋肥大と心筋線維化による拡張障害が病態の基本となる。

　犬より猫における発生が多い。心筋肥大により収縮能は、正常から過剰に維持されるが、拡張障害により心室容量は減少することで、結果的に心拍出量が低下する。また、大動脈流出路の動的狭窄を引き起こすこともある。この特殊な病態にはβブロッカーが有用である。しかし、麻酔薬とβブロッカーの併用は致死的な副作用、すなわち心停止を引き起こす可能性がある。また、左室容量を保つため前負荷を増大させ、肥大した心筋の拡張期灌流（もしくは冠血流）を増加させるため後負荷を増大させ、心拍数を減少させるような管理を行う。肥大型心筋症の患者では、手術中の不整脈の危険性が高い。

　以下に、肥大型心筋症において望まれる麻酔中の血行動態を一括する（以降、各疾患で同様に示す）。

| 前負荷 | 心拍数 | 心筋収縮力 | 体血管抵抗 | 肺血管抵抗 |
|---|---|---|---|---|
| ↑ | ↓ 状況により異なる | ↓ 状況により異なる | 維持 or ↑ | 維持 |

#### ②拡張型心筋症

　拡張型心筋症は、心収縮力の低下と心内腔の拡大を特徴とする疾患で、猫より犬における発生が多い。本症は、患者における心収縮能の低下は、心拍出量を大きく低下させている。繰り返すが、既に心収縮能が低下しているため、可能な限り心抑制の少ない麻酔薬を選択する必要がある。また、後負荷の増大は、収縮能の低下している心筋に大きな負荷を与えることになるため、これを避けなければならない。また、拡張型心筋症では1回拍出量が低下しているため、心拍出量を維持するためにも徐脈を避け、ある程度の心拍数を維持しなければならない。また、拡張型心筋症の患者では、非常に頻繁に心房粗・細動や期外収縮が認められる。不整脈が認められている場合、術前にあらかじめそのコントロールを行うべきである。

| 前負荷 | 心拍数 | 心筋収縮力 | 体血管抵抗 | 肺血管抵抗 |
|---|---|---|---|---|
| ↓ | 維持 | ↑ | ↓ | ↓ |

### ⅱ）弁疾患
#### ①僧帽弁閉鎖不全症（MR）

　本症は、小型犬において加齢とともに多発する傾向がある。

　前方拍出量を維持するために、前負荷を増大させ維持することが有用である。しかし、患者によっては前負荷の増加が、弁輪部の拡大による僧帽弁逆流量の増加や肺水腫を引き起こすことがあるので、前負荷を増加することが常に推奨されるわけではない。むしろ、後負荷の減少を考慮すべきである。

　徐脈は、左室容量を増大させ、前方拍出量を低下させ、僧帽弁逆流量を増大させるために危険である。よって、心拍数を正常から高めに維持することが必要である。

　心筋収縮力を高める陽性変力薬は、前方拍出量を増やし、僧帽弁輪を収縮させるように作用し、僧帽弁逆流量を減少させる。

　後負荷が増大すると僧帽弁逆流量が増加し、心拍出量が低下する。このため、後負荷を減少させることが望ましい。

　僧帽弁閉鎖不全症では、病態の進行により肺血管抵抗が上昇している患者が多い。そのため、高二酸化炭素症や低酸素症、その他肺血管の収縮を誘発する薬物や処置は避ける。

| 前負荷 | 心拍数 | 心筋収縮力 | 体血管抵抗 | 肺血管抵抗 |
|---|---|---|---|---|
| ↑ or ↓ 状況により異なる | 維持～↑ | 維持 | ↓ | ↓ |

#### ②僧帽弁狭窄症（MS）

　本症は、小動物においては極めてまれな疾患であり、心内膜線維弾性症（Endcardial Fibroelastosis：

ようにし、前負荷は、やや高めに維持するので、より肺血管抵抗を増大させるような状況や薬物は避ける。

| 前負荷 | 心拍数 | 心筋収縮力 | 体血管抵抗 | 肺血管抵抗 |
|---|---|---|---|---|
| ↑ | 維持〜↓ | 維持 | 維持 | ↓ |

③大動脈狭窄症と大動脈弁閉鎖不全症

前負荷の増大は、大動脈狭窄症と大動脈閉鎖不全症の双方に有益である。しかし、心拍数と後負荷の管理は相反する。一般に、大動脈弁狭窄症に対する管理を優先とする。心拍出量を低下させる恐れがあるが、冠動脈血流量を保つために、体血管抵抗を維持させる。また、心拍数、心筋収縮力ならびに肺血管抵抗も維持させる。

| 前負荷 | 心拍数 | 心筋収縮力 | 体血管抵抗 | 肺血管抵抗 |
|---|---|---|---|---|
| ↑ | 維持 | 維持 | 維持 | 維持 |

④大動脈弁閉鎖不全症と僧帽弁閉鎖不全症

いずれも、循環動態は類似している。主とするところは、前方拍出と末梢循環を十分に確保するところである。体血管抵抗を低く保つことが肝要である。

| 前負荷 | 心拍数 | 心筋収縮力 | 体血管抵抗 | 肺血管抵抗 |
|---|---|---|---|---|
| ↑ | ↑ | 維持 | ↓ | 維持 |

⑤僧帽弁閉鎖不全症と僧帽弁狭窄症

両者のうち、どちらが優性であるかにより、循環管理を決定する。一般に、適度な前負荷を与えながら、心拍数と心筋収縮力を正常に保つことで循環動態が安定化する。しかし、肺水腫の恐れがある場合には前負荷の増大は禁忌となる。

| | 前負荷 | 心拍数 | 心筋収縮力 | 体血管抵抗 | 肺血管抵抗 |
|---|---|---|---|---|---|
| MSとMR | 維持〜↑ | 維持 | 維持 | 維持〜↓ | ↓ |

ⅳ）先天性心疾患

先天性心疾患において望まれる麻酔中の血行動態を示す。

| | 前負荷 | 心拍数 | 心筋収縮力 | 体血管抵抗 | 肺血管抵抗 |
|---|---|---|---|---|---|
| 心房中隔欠損症 | ↑ | 維持 | 維持 | ↑ | ↓ |
| 心室中隔欠損症（左-右） | ↑ | 維持 | 維持 | ↓ | ↑ |
| 心室中隔欠損症（右-右） | 維持 | 維持 | 維持 | ↑ | ↓ |
| 動脈管開存症 | ↑ | 維持 | 維持 | ↓ | ↑ |

### 2）麻酔前投薬

麻酔前投薬とは、麻酔薬の投与前に患者に投与される薬物の総称である（表Ⅰ-14）。麻酔薬の前に麻酔前投薬を患者に与えることで、いくつかの利点がもたらされる。以下に特徴的な利点を列挙する。麻酔前投薬により、1つあるいはいくつかの麻酔処置を受ける患者に対して、下記のような良好な効果がもたらされる。

(1) 鎮静効果を与え、麻酔処置に対する痛み、不安そして恐怖に起因する興奮を抑える
(2) 先制鎮痛を施す
(3) 患者の動きを抑制する
(4) 麻酔薬の投与量を減じさせ、麻酔薬による副作用を軽減させる
(5) 唾液分泌、胃腸運動の抑制、徐脈の予防（迷走神経遮断効果）
(6) 麻酔薬からの迅速な回復

ⅰ）抗コリン作動薬

唾液と気道粘膜の分泌を抑制、胃腸運動の抑制、さらに洞徐脈の予防と治療などを目的として使用される。

作用機序として、コリン作動性神経の節後線維末端でのアセチルコリンの作用を遮断する（迷走神経遮断作用）。ただし近年、麻酔前投薬としてのルーチンな投与は減少傾向である。

①硫酸アトロピン

硫酸アトロピンは皮下、筋肉内、および静脈内に投与可能な薬剤である。作用時間は1〜1.5時間とされる。硫酸アトロピンは、静脈内に投与された直後に迷走神経遮断作用と逆に、迷走神経緊張を引き起こす可能性がある。特に少量を投与したときに引き起こされる場合がある。

表 I-14　麻酔前投薬

| グループ | 薬品名 | 薬用量 |
|---|---|---|
| 抗コリン作動薬 | アトロピン | 0.05mg/kg SC or IV |
| | グリコピロレート | 0.01～0.02mg/kg IV |
| オピオイド薬 | フェンタニル | 犬：5.5μg/kg IV<br>猫での使用は推奨されない |
| | ブトルファノール | 0.2～0.5mg/kg IV or IM or SC |
| | ブプレノルフィン | 0.005～0.02mg/kg IM or SC |
| トランキライザー | アセプロマジン | 0.1～0.2mg/kg IV or IM<br>最大量として3mgまで |
| | ミダゾラム | 0.1～0.2mg/kg IV or IM |

※動物種の指定がない場合は犬・猫を示す。

- 心血管系への影響

迷走神経遮断作用により、心拍数を増加させる。また、心拍数の増加により心拍出量も増加する。血圧に対する影響はわずかである。また、疼痛、恐怖・不安などの精神的動揺により誘発される血管迷走神経反射を抑制する。

- 呼吸器への影響

唾液および気道内分泌を減少させる。それにより分泌物の粘稠性を増加させる。気管支拡張を引き起こし、気管支痙攣を防止する効果がある。

- その他の作用

迷走神経遮断作用を介して、胃腸運動を低下させる。

- 代謝と排泄

犬では一部がそのままの形で腎臓から排泄され、残りは肝臓で代謝される。一方、猫では大部分が肝臓においてアトロピンエステラーゼにより代謝される。

- 投与禁忌あるいは注意

頻脈の患者、頻拍性不整脈の患者、頻脈が血行動態の悪化を招く患者、眼圧の高い患者など。

②グリコピロレート

合成のコリン作動薬であり、その作用は硫酸アトロピンに類似する。しかし、その効果は緩徐かつ持続的である。通常は、皮下あるいは筋肉内に投与後30分以上で効果がピークに達し、2～3時間持続する。唾液・気道粘膜分泌の抑制効果は、6～8時間ほど持続する。

- 心血管系への影響

薬用量では心拍数ならびに血圧に対する効果は軽微である。そのため、硫酸アトロピンと比較して頻拍を起こしにくいと考えられる。

- 呼吸器への影響

硫酸アトロピンと同様に、唾液および気道内分泌を減少させる。それにより分泌物の粘稠性を増加させる。また、ある程度の気管支拡張を引き起こし、気管支痙攣を防止する効果も期待できる。

- その他の作用

迷走神経遮断作用を介して胃腸運動を低下させる。

- 代謝と排泄

犬では、一部がそのままの形で腎臓から排泄され、残りは肝臓で代謝される。一方、猫では、大部分が肝臓においてアトロピンエステラーゼにより代謝される。

- 投与禁忌あるいは注意

硫酸アトロピンと同様である。ただし、心血管系への影響は硫酸アトロピンと比較して軽微であることから、それに起因する副作用の発生率も低くなる。頻脈の患者、頻拍性不整脈の患者、頻脈が血行動態の悪化を招く患者、眼圧の高い患者など。

ⅱ）注射麻酔薬

注射麻酔薬の投与量を表 I-15に示す。

①プロポフォール

プロポフォールは、フェノール化合物であり、大豆油、グリセロールそして卵レチシンを含有する乳濁液として使用される。犬と猫では1回の投与で10

表Ⅰ-15 注射麻酔薬の用量

| | |
|---|---|
| プロポフォール | 6 mg/kg IV |
| チオペンタール | 8〜13 mg/kg IV |
| エトミデート | 1.5〜3.0 mg/kg IV |
| ケタミン | 5 mg/kg IV、10〜20 mg/kg IM |

分間程度の麻酔状態が得られ、およそ30分以内に完全に麻酔から覚醒する。速やかな中枢神経系への取り込みによる速やかな作用発現、中枢神経系から他の組織や臓器への速やかな再分布による速やかな覚醒が認められる。また、頻回投与でも薬剤の蓄積は起こらないと考えられている。

・心血管系への影響

動脈圧の低下と心筋収縮力の抑制を一過性に引き起こす。また、動脈と静脈を拡張させるため血圧低下が引き起こされる。一般に心血管系への影響は、チオペンタールに類似する。

・呼吸器への影響

呼吸抑制と無呼吸を生じる。

・腎臓への影響

腎不全の患者へも安全に使用できる。

・肝臓への影響

肝不全の患者へも安全に使用できる。

・その他の作用

胎子がプロポフォールを抱合するのに必要な酵素活性を十分に有しているため、帝王切開における麻酔導入にも有用である。

・代謝と排泄

肝臓で主に代謝され腎臓から排泄される。一部が腎臓や肺でも代謝されていると考えられている。

・投与禁忌あるいは注意

乳濁液は、細菌繁殖しやすいため、アンプルを1度開けたときには、8時間以内に使用しなければならず、使用可能時間が限られている。それを怠ると、医原性の敗血症が起こる可能性がある。猫では、フェノールを抱合する能力が低いため、赤血球に酸化障害が引き起こされる。また、数日間にわたる反復投与により、ハインツ小体の形成が報告されている。

②チオペンタール（バルビツレート）

超短時間作用型バルビツレートに分類される薬物であり、作用発現は15〜30秒、作用持続時間は5〜20分とされる。麻酔用量での使用で、延髄中枢、迷走神経中枢、血管運動中枢、体温調節中枢および呼吸中枢が抑制される。この薬剤は、鎮痛作用を有していない。

チオペンタール麻酔からの覚醒は、薬剤の中枢神経から脂肪組織への再分布による。

・心血管系への影響

迷走神経中枢の心臓領域の抑制もしくは圧反射により、心拍数は上昇する。また、通常、1回拍出量と心収縮能は低下する。心拍出量は、心拍数の増加により初期には増加するが、その後は1回拍出量の低下により低下する。血圧は、末梢血管抵抗の低下と血管運動中枢の抑制により投与初期に低下し、後に回復する。また、その使用により二段脈をはじめとする不整脈を比較的引き起こしやすい。

・呼吸器への影響

呼吸中枢への抑制効果がある。

・腎臓への影響

直接の障害はないが、腎血流の低下が認められる。

・肝臓への影響

直接の障害はないが、肝血流の低下が認められる。

・その他の作用

バルビツレートは、胎盤を通過することで胎子に影響を与える。

・代謝と排泄

肝臓で主に解毒され、代謝産物は腎臓から排泄される。

・投与禁忌あるいは注意

痩せて脂肪組織の少ない患者に投与した場合には、麻酔からの覚醒が著しく遅延する。ショックあるいは循環血漿量の減少は、血液中のチオペンタール濃度が上昇するため、投与後の患者の反応を増強させる。また、解毒を担う肝臓の機能不全患者では、麻酔効果が著しく増強されることがある。また、腎機能障害の患者でも麻酔時間が延長される。バルビツールは、血漿蛋白と結合すると薬理学的に不活性となるため、低蛋白血症の患者では麻酔効果が増強される。また、硫酸アトロピンとの併用でも

バルビツレートの麻酔効果が延長される。

③エトミデート

鎮痛、催眠作用を有している。心血管系ならびに呼吸器系への抑制が小さいこと、速やかな覚醒が得られることから、心血管系のハイリスク患者に理想的な導入薬と考えられる。

- 心血管系への影響

通常の薬用量では、心拍数、血圧、および心収縮性に影響を及ぼさず、心血管機能の安定性がよい。

- 呼吸器への影響

軽度から中等度の用量依存性の呼吸抑制を生じる。導入時の呼吸停止が報告されている。

- 代謝と排泄

肝臓で主に代謝され、代謝産物は腎臓から排泄される。

- 投与禁忌あるいは注意

投与時に血管痛、間代性痙攣、嘔吐が起こることがある。一時的に副腎機能が抑制される（約3時間）。

④ケタミン（解離性麻酔薬）

視床皮質系（大脳皮質に関連した領域）を抑制させ、辺縁系と毛様体賦活系を刺激する。領域により抑制と刺激という相反する性質を有すことから、解離性麻酔薬とよばれる。ケタミンは、鎮痛作用、カタレプシー状態の惹起、不動化などで特徴づけられる薬剤である。また、内臓痛よりも体性痛に対する鎮痛効果が高い。静脈内投与した場合、3〜90秒後に姿勢反射が失われ、3〜10分間にかけて作用が持続する。筋肉内投与した場合、3〜5分後に姿勢反射が失われ、犬で20〜30分、猫で30〜60分にかけて作用が持続する。しかし、いずれも作用持続時間と麻酔深度には個体差が大きい。

- 心血管系への影響

心筋に対して陽性変力作用を示す。また、心拍数、心拍出量、動脈圧、肺動脈圧および中心動脈圧を上昇させる。そのため、心筋の酸素消費量は著しく増加することになる。これらの心血管系刺激作用はトランキライザーや吸入麻酔の併用により抑制あるいは防止される。また、過剰量を投与した場合には、心血管系に著しい抑制効果が発現する。

- 呼吸器への影響

持続性吸気性換気（吸気後の呼吸停止期が延長する）を生じる。しばしば、呼吸数が減少する。

- 代謝と排泄

犬では主に肝臓で代謝され、その代謝産物は腎臓から排泄される。猫では主に肝臓で分解されずに腎臓から排泄される。

- 投与禁忌あるいは注意

患者によっては痙攣を引き起こす。特にてんかん患者に対する使用は禁忌である。また、腎機能障害や肝機能障害を有する患者にも禁忌である。また、脳脊髄液圧と脳圧の上昇を引き起こすため、頭部に外傷を有する患者に対しても禁忌である。ケタミンは、心拍数増加と心筋酸素消費量増加をもたらすため、心筋機能に問題がある患者に対する投与には注意を要する。また、ケタミン麻酔からの回復時に、錯乱、接触に対する感受性の増強、咆哮、反射亢進、凶暴化などが認められる。これに対しては、トランキライザーやオピオイド薬の併用により発生を減少させることができる。ケタミンはpHが低いため、筋肉内や皮下の投与では疼痛刺激が強い。また、呼吸困難になるほどの唾液分泌や気道分泌の亢進が認められることがあるため、抗コリン薬との併用が推奨されている。しかし、この場合には高血圧の発現に注意を要する。また、眼瞼反射や角膜反射は残存し、眼は見開かれたままになるため、角膜乾燥保護のため眼軟膏を使用する。体温中枢抑制による低体温、そして筋肉運動や反射亢進による高体温のいずれかが認められることがあるため、体温管理は重要である。ケタミンの強力な鎮痛効果を利用した0.1%ケタミン微量持続点滴麻酔法は、ケタミンの副作用を認めることなく、心疾患患者においても応用できる。

ⅲ）オピオイド系薬剤

オピオイド薬は、呼吸中枢、発咳中枢および血管運動中枢を抑制する。犬では一様に中枢神経系の抑制作用が観察されるが、猫では様々な程度の興奮作用が観察される。

- 共通した血管系への影響

通常の薬用量では、心血管系への影響はごく軽微である。血圧に対してはほとんど影響が無〜わずか

である。抗コリン作動薬に反応する迷走神経性の洞徐脈が惹起される。

• 呼吸器への影響

無呼吸～呼吸数の減少などの呼吸機能抑制作用を有する。

①クエン酸フェンタニル

モルヒネの100～150倍以上の作用を有する合成オピオイド作動薬である。猫での使用は推奨されない。筋肉内や静脈内投与後、3～5分後に速やかに作用が発現し、犬では、最大効果が30分間持続する。血圧と心拍出量に対する影響はわずかであるが、アトロピンで拮抗される迷走神経刺激性の洞徐脈が生じる。過呼吸あるいは呼吸抑制作用がある。

②酒石酸ブトルファノール

合成オピオイド拮抗-作動薬である。鎮痛効果は、モルヒネの3～5倍である。アトロピンで拮抗される迷走神経刺激性の洞徐脈が生じる。心拍出量と血圧を低下させる。呼吸抑制作用は軽度ながら有しているが、その作用には天井効果が認められ、高用量の投与でも著しい呼吸抑制は認められない。

③ブプレノルフィン

オピオイド拮抗-作動薬である。鎮痛効果はモルヒネのおよそ30倍である。

静脈内あるいは筋肉内投与後20～30分で十分な効果を発揮する。作用持続時間は6～8時間である。心血管系への作用は、酒石酸ブトルファノールに類似する。呼吸抑制は、酒石酸ブトルファノールよりもやや強い。

iv）筋弛緩薬（神経筋遮断薬）

神経筋遮断薬は、アセチルコリン作動薬である脱分極型薬剤と、アセチルコリン拮抗薬である非脱分極型薬剤に分類される。前者は、サクシニルコリン、後者はパンクロニウムが含まれる。脱分極型薬剤は、アセチルコリンと同様な機序で脱分極（筋収縮）を引き起こすが、その効果はアセチルコリンより長時間維持され持続性の脱分極が起こる（筋麻痺）。一方、非脱分極型薬剤は、受容体とアセチルコリンとの結合を阻害する。そのため、脱分極型薬剤投与後に認められる最初の筋収縮は認められない。どちらの型の神経筋遮断薬でも、眼筋、喉頭筋、顎および尾筋、四肢、腹部、そして肋間筋と横

表Ⅰ-16　筋弛緩薬の用量

| サクシニルコリン | 犬：0.2～0.4mg/kg IV<br>猫：1.0mg/kg IV |
|---|---|
| パンクロニウム | 犬：0.02～0.06mg/kg IV<br>猫：0.02mg/kg IV |

隔膜筋の順序で麻痺が生じる。また、最後に麻痺する肋間筋と横隔膜筋は最初に回復する。これらの薬剤には麻酔作用、鎮痛作用や中枢神経作用はない。投与量を表Ⅰ-16に示す。

①サクシニルコリン

投与後から筋麻痺が起こるまでの潜伏時間は15～60秒である。

• 心血管系への影響

大量投与を除き影響はない。

• 呼吸器への影響

大量投与を除き影響はない。無呼吸は、呼吸筋麻痺による。また、唾液や気道分泌を亢進する可能性がある。

• 腎臓への影響

直接的な影響はない。

• 肝臓への影響

直接的な影響はない。

• 排泄と代謝

筋の部位で血漿コリンエステラーゼにより分解される。肝機能低下患者では、コリンエステラーゼによる代謝、分解が遅れるため、作用持続時間が延長する。

• 投与禁忌あるいは注意

投与量と作用持続時間は個体差が大きい。

②パンクロニウム

投与後から筋麻痺が起こるまでの潜伏時間は、30～90秒である。パンクロニウムは、ネオスチグミンやエドロホニウムにより拮抗される。

• 心血管系への影響

心拍数が増加し心拍出量が増加する。血圧はわずかに増加する。

• 呼吸器への影響

無呼吸は呼吸筋麻痺による。また、唾液や気道分泌を亢進する可能性がある。

- 腎臓への影響

  直接的な影響はない。
- 肝臓への影響

  直接的な影響はない。
- 排泄と代謝

  およそ30％が肝臓で代謝を受け、残りは腎臓から未変化のまま排泄される。
- 投与禁忌あるいは注意

  反復投与が必要な場合は、初回投与量の1/2以下に留める。

### ⅴ）トランキライザー

麻酔前投薬としてのトランキライザーの使用により、全身麻酔薬の投与量を減少させることができる。また、患者に対して鎮静効果を発揮するために、それらの取り扱いも比較的容易となる。獣医医療においてよく使用されるものに、アセプロマジン（フェノチアジン誘導体）とミダゾラム（ベンゾジアゼピン誘導体）があげられる。この2つには大きな違いがあるため、その使用と使い分けには十分に注意する必要がある。

#### ①アセプロマジン

皮下、筋肉内そして静脈内に投与される。作用時間は3～6時間であるとされる。中枢神経への作用として鎮静作用が認められるが、催眠効果と鎮痛効果は得られない。制吐作用を有している。また、体温調節中枢を抑制すること、そして、てんかん発作の閾値を下げることなどが知られている。

- 心血管系への影響

  $α_1$受容体遮断作用、末梢の抗アドレナリン作動性作用の活性化および直接の血管拡張作用により、全身血圧が低下する。また、心疾患をはじめとするカテコラミンレベルの上昇した患者では、$β_2$レセプター刺激作用と$α_1$遮断作用の相互により、著しい血圧の低下を招く恐れがある。また、心筋に対する陰性変力作用を有している。一方、心筋のカテコラミン感受性の阻止、キニジン様効果、そして心筋への局所麻酔効果により抗不整脈作用を示す。
- 呼吸器への影響

  高用量では呼吸抑制が認められるが、通常の薬用量では呼吸器への影響はほとんどない。しかし、呼吸抑制を有する他の薬剤と併用した場合は、相加作用により呼吸抑制が引き起こされる可能性がある。
- その他の作用

  骨格筋弛緩作用を有する。末梢血管拡張、体温調節中枢の抑制、骨格筋活動の低下などにより、体温は低下する。
- 肝臓への影響

  肝臓により分解されるため、肝機能障害を有する患者では作用時間の延長が認められる。
- 代謝と排泄

  多くの動物で、肝臓で代謝され、腎臓から排泄される（尿）。
- 投与禁忌あるいは注意

  アセプロマジンの効果は非可逆的であり、拮抗薬がないため副作用が強く発現することがある。低血圧、低体温、痙攣発作を引き起こす可能性がある。

#### ②ミダゾラム

筋肉内あるいは静脈内に投与される。中枢神経への作用として、顕著な沈静効果が得られなくとも恐怖や不安感は減少される。アセプロマジンとは逆に、広域の抗痙攣作用を有する。また、老齢動物に対する麻酔前投薬として非常に有用である。

- 心血管系への影響

  臨床的な投与量では、心機能抑制作用は弱い。
- 呼吸器への影響

  臨床的な投与量では、呼吸抑制作用は弱い。ただし、同系列薬剤のジアゼパムよりもやや強い。
- その他の作用

  犬と猫において、興奮や攻撃性の発現といった行動異常を引き起こすことがある。特に中枢神経抑制効果を有する他の薬剤との併用がなく、ミダゾラム単独で投与した場合に認められることがある。
- 代謝と排泄

  肝臓で代謝され、代謝産物の大部分が尿中に排泄される。
- 投与禁忌あるいは注意

  大きな問題を引き起こさず、比較的安全に投与できる。しかし、個体により、顕著な沈静効果が得られないことがある。

### 3）吸入麻酔薬

心疾患を罹患している犬猫に対して、イソフルラ

### 表Ⅰ-17 吸入麻酔薬

|  | イソフルラン | セボフルラン | デスフルラン |
|---|---|---|---|
| 最小肺胞濃度（MAC）[*1] | 1.3～1.4%（犬）<br>1.68%（猫） | 2.1～2.4%（犬）<br>2.6%（猫） | 7.2%（犬）<br>9.8%（猫） |
| 血液/ガス分配係数[*2] 37℃ | 1.46 | 0.68 | 0.42 |

[*1]：最小肺胞濃度は、1気圧下において、吸入麻酔薬により動物の半数（50%）を不動化させるのに必要な肺胞内における吸入麻酔薬の濃度。MACが小さいものほど麻酔作用が強いことを示す。実際の外科手術にはMACの1.2～1.5倍の濃度が必要であるとされる。よって、イソフルラン（犬で1.3～1.4）はセボフルラン（犬で2.1～2.4）と比較して、麻酔作用が強いということになる。また、実際の外科手術ではイソフルラン2.0%前後で麻酔処置がなされるということになる。

[*2]：血液/ガス分配係数は、平衡状態に達した吸入麻酔薬の濃度に対する血液中の吸入麻酔薬の濃度の比のことである。この値が小さいほど、麻酔の導入ならびに麻酔からの回復が速いことを示す。よって、セボフルラン（0.68）は、イソフルラン（1.46）と比較して、麻酔導入ならびに麻酔からの回復が速いということになる。

ン、セボフルラン、あるいはデスフルランなどが使用される（表Ⅰ-17）。心不全の患者では、それらがすでに有している心筋障害のため、低濃度の吸入麻酔薬にしか耐えられない個体も存在し、重篤な結果を招くこともあるので注意を要する。これらの吸入麻酔薬による心血管系への共通の副作用として、全身血圧の低下があげられる。また、全身血圧低下に対する生体の反射として、頻脈病態が惹起される。しかし、これはオピオイド類薬剤やβ遮断薬の効果によって減弱または抑制される。

①イソフルラン

・心血管系への影響

2MAC未満のイソフルランの吸入濃度であれば、心筋抑制は無～ごくわずかといわれている。また、吸入麻酔薬のうち最も心筋抑制が低いとされている。イソフルランによる吸入麻酔を受けた患者の心拍数は、迷走神経抑制作用（実際は次の両者とも起こるが、迷走神経抑制＞交感神経抑制であることから）と軽度のβ刺激作用により、わずかに増加する。よって、臨床的な吸入麻酔濃度ではイソフルランにより1回拍出量はわずかに低下するが、上記の軽度な心拍数増加により代償され、心拍出量は維持あるいはわずかに増加する。また、イソフルランは、濃度依存的に血管拡張を引き起こすことで全身血圧を低下させる。イソフルランの吸入麻酔により心調律は安定することが多い。これは、心筋の酸素消費量を減少効果に加え、ヒス－プルキンエ線維に対する刺激伝導速度を低下させない、エピネフリンに対する心筋感受性を高めないなどの特徴であると考えられる。

・呼吸器への影響

イソフルランは、濃度依存性に呼吸抑制を示す。また、肺のコンプライアンスはわずかに低下する。

・腎臓への影響

イソフルランは、腎臓へ直接的な障害を与えないが、間接的には腎血流量、糸球体濾過率、そして尿量を減少させる。

・肝臓への影響

イソフルランの肝臓への直接障害はないとされる。

・排泄と代謝

ほとんどすべてのイソフルランは、代謝を受けず肺から呼吸により排泄される。わずか0.2%が肝臓で代謝を受けるとされるが、臨床的には何ら問題がないと考えられる。

②セボフルラン

・心血管系への影響

イソフルランの作用と類似している。ただし、イソフルランと比較して濃度依存性に心拍出量を低下させる効果は強い。

・呼吸器への影響

イソフルランの作用と類似している。

・腎臓への影響

イソフルランの作用と類似している。

・肝臓への影響

イソフルランの作用と類似している。

・排泄と代謝

ほとんどすべてのセボフルランは、代謝を受けず

肺から呼吸により排泄される。わずか3%が肝臓で代謝を受けるとされるが、臨床的には何ら問題がないと考えられる。

③デスフルラン
- 心血管系への影響

  イソフルランの作用と類似している。ただし、全身血圧の低下は、イソフルランと異なり、主に1回拍出量の低下に起因する。
- 呼吸器への影響

  濃度依存性に呼吸抑制を示す。呼吸数と1回換気量を減少させる。
- 腎臓への影響

  イソフルランの作用と類似している。
- 肝臓への影響

  イソフルランの作用と類似している。
- 排泄と代謝

  ほとんどすべてのデスフルランは、代謝を受けず肺から呼吸により排泄される。

### 4）血行動態を変化させる心血管作動薬

心疾患を有している動物は、麻酔中の血行動態が特に不安定になりやすい。それを改善するためには、様々な心血管作動薬の使用が必要となることが多い。以下に代表的な薬剤について説明する。

#### ⅰ）ブクラデシンナトリウム

細胞膜を透過し、それ自体がcAMPに変化し、心筋細胞内のcAMPを直接増加させる。cAMPは、細胞内カルシウム濃度を上昇させ、心収縮力を増強（陽性変力）させることで心拍出量増加を示す。また、この作用は$\beta$遮断薬で阻害されないという特徴をもつ。また、犬において血管平滑筋弛緩による末梢血管拡張作用と、腎血流量の増加による利尿作用が確認されている。また、肝臓では肝グリコーゲンの動員を行い、血糖値が高まることで、膵臓においてインスリン分泌が促進される。これにより、エネルギー代謝が促進され、結果的にATPの減少を抑制することにつながる。

#### ⅱ）ドブタミン

合成カテコールアミン製剤である。$\beta_1$受容体刺激の選択性が非常に高く、弱い$\beta_2$および$\alpha_1$刺激作用も多少有している。$\alpha_2$やドパミン受容体刺激作用は有していない。体血管抵抗や肺血管抵抗の増大を伴う心原性ショックに対して有効である（表Ⅰ-18）。

表Ⅰ-18　ドブタミンの薬理作用と薬用量

| | |
|---|---|
| 3〜7μg/kg/分 | 心収縮力増強（心拍数と血圧に影響なし） |
| >10〜15μg/kg/分 | 心拍数増加、不整脈の出現 長所と短所 |

①長所

$\beta_1$刺激作用により心筋へ直接作用して強心効果をもたらす。低用量で使用した場合には、イソプロテレノールやドパミンと比較して頻脈が軽度である。体血管抵抗と肺血管抵抗を低下させ、両心室の収縮能を改善する。

ドパミンと比較して、心筋酸素消費量の増加は少ない。また、冠血流量をより増加させる。ドパミンのドパミン受容体刺激作用には劣るが、$\beta_2$刺激作用により腎血流量は増加する。

②短所

用量依存性に頻脈や不整脈の発生が生じ、時に重篤となる。心拍出量の増加が体血管抵抗の減少を補えなければ、血圧が低下する。長期投与で耐性が生じる可能性がある（人では72時間以上の連続投与で生じるとされる）。強心作用を上回る体血管抵抗の過剰な減少により、低血圧が生じることがある。血管の拡張が非選択的であり、腎臓や他の内臓よりも骨格筋へ血流が移行する場合がある。また、軽度の高カリウム血症を引き起こすことがある。また、$\beta$遮断薬の影響下で使用すると、遮断されていない$\alpha_1$受容体効果が前面に出てしまい、体血管抵抗が増加する。

#### ⅲ）ドパミン

エピネフリンの前駆物質であり、天然生理活性物質として生体内に存在する。心拍出量低下または体血管抵抗低下による低血圧に対して使用する。または、腎機能が低下した患者に腎血流量増加、さらには尿量増加を目的に使用される。低濃度で用いる場合は、選択的にドパミン受容体を刺激する。一方、中〜高濃度で使用した場合は、ドパミン受容体、$\beta$受容体、$\alpha$受容体を刺激することになる（表Ⅰ-19）。

表Ⅰ-19 ドパミンの薬理作用と薬用量

| 用量 | 内容 |
|---|---|
| 低用量 | 2～5μg/kg/分（→D受容体）<br>腎血流量の増加、糸球体濾過率の上昇、Na排泄の増加 |
| 中用量 | 5～10μg/kg/分<br>（→$\beta_1$受容体＋$\alpha_1$受容体）<br>$\beta_1$受容体：心収縮力増強、心拍出量増加、心拍数増加<br>$\alpha_1$受容体：血管収縮作用（動脈圧の上昇） |
| 高用量 | ＞10μg/kg/分（$\alpha_1$受容体）<br>動脈圧および静脈圧の上昇、腎血流量の低下、心拍数増加、心拍出量減少（後負荷増大による）、不整脈の発生 |

①長所

特異的なドパミン1受容体刺激効果により、低～中用量で腎血流量および尿量を増加させる。血流は、骨格筋から腎臓および腸管の血管床に移行する。陽性変力作用と血管収縮作用をもつため、血圧の調節が容易である。

②短所

慢性うっ血性心不全患者のうち、神経細胞のノルエピネフリンが枯渇している患者では、効果が減弱する。洞頻脈や頻拍性不整脈が生じる可能性がある。心筋酸素消費量が増加し、冠血流がそれに比例して増加しなければ、心筋が虚血状態に陥ることになる。大量投与により、臓器および皮膚の壊死を起こす可能性がある。また、血管外漏出により、その部位の皮膚壊死を引き起こす。メトクロプラミド（ドパミン2受容体遮断）との併用で効果が減弱する可能性がある。

ⅳ）フェニルフレイン

$\alpha_1$受容体を選択的に活性化することにより血圧を上昇させる。

ⅴ）エフェドリン

$\alpha_1$と$\beta_1$受容体刺激作用を示すが、ドパミンやドブタミンよりもその作用は小さい。本薬剤は、アドレナリン作動性神経のシナプス小胞に作動して神経伝達物質であるノルアドレナリンを放出させ、交感神経の作動を亢進させる、間接的な交感神経作動薬である。有害作用が少ない反面、得られる効果も小さい可能性がある。

ⅵ）イソプロテレノール

$\beta_1$および$\beta_2$受容体の直接的刺激薬であり、$\alpha$受容体刺激効果はない。硫酸アトロピンが無効の徐脈患者に用いる。陽性変力作用が必要で、かつ頻脈が有害とならない場合にも用いる。また、肺高血圧症、右心不全、房室ブロック、$\beta$遮断薬の過量投与時も適応となる。

①長所

強力な$\beta$受容体刺激作用を発揮する。心拍数増加、心収縮能増強による1回拍出量増加、さらには体血管抵抗の低下による1回拍出量増加により、心拍出量を増加させる。

②短所

心拍出量は増加するが、血圧は$\beta_2$受容体刺激作用によりしばしば低下する。また、低血圧により臓器の虚血が引き起こされる場合がある。不整脈を誘発する可能性がある。また、頻脈により心室拡張期時間が短縮し、心室充満量が減少する。血管の拡張が非選択的であり、腎臓や他の内臓よりも骨格筋へ血流が移行する場合がある。冠血管が拡張するが、非虚血領域への血流が増加する一方、虚血領域への血流が減少する"冠盗流現象"が起こる可能性がある。

**5）呼吸管理**

ⅰ）呼吸バックによる用手呼吸

麻酔医が、麻酔機についている呼吸バッグを用手により繰り返し加圧することで、患者の呼吸を維持する方法。手術の進行に合わせて、任意に呼吸を止めたり、頻回呼吸ができるので、優れた呼吸方法となる。末梢呼気炭酸ガス濃度、経皮的動脈血酸素飽和度、血圧ガス分圧などを参考にして、呼吸・換気管理をすることになる。一般的に気道内圧を15～20cm/$H_2O$程度になるように、6～10回/分程度の呼吸回数で十分な呼吸を実施する。呼吸換気能の低下した症例には、圧力や回数、呼吸量を調節して対応する。

ⅱ）人工呼吸

人工呼吸器などを用いて、機械的に患者の呼吸を維持する方法。一度設定すると確実に呼吸管理ができ、また、特殊な呼吸様式が選択できるために便利

である。しかし、こまめに変化を加えることができない、機械任せになり生体への対応が疎かになりかねない（設定があっていない場合）など、注意すべき点も多くある。以下に、人工呼吸モードについて簡潔に述べる。人工呼吸器に呼吸を委ねても、常に呼吸管理ができているか確認しなければならない。

①CMV（controlled mechanical ventilation）モード

すべての呼吸が人工呼吸器により制御されるモード。患者は、自分では呼吸することができない。時間サイクル式、圧サイクル式、容量サイクル式などにより、呼気と吸気が制御される。制御下では、患者は等間隔で呼吸するため、必要時には麻酔医に呼吸の制御停止を要求するなどして対応する。

②AMV（assisted mechanical ventilation）モード

すべての呼吸が患者の呼気開始陰圧により開始（トリガー）される人工呼吸。CMVモードからの離脱の際に使用したり、自発呼吸を補助する目的で使用する。調節呼吸の間に自由に自発呼吸ができるIMV（intermittent mandatory ventilation）モードもある。

③CPAP（continuous positive airway pressure）モード

自発呼吸患者の自発呼吸全般にわたって持続的に気道内圧を陽圧にするように制御するモード。

**参考：呼気終末陽圧（PEEP）**

呼気終末に大気圧以上の圧力をかけることで、肺胞虚脱を防ぎ、そして肺酸素化を改善する呼吸管理法。通常は5～10cm/$H_2O$の圧力をかけることになり、それを含めて気道内圧を15～20cm/$H_2O$程度になるように調節する。吸入気は、気道抵抗が低く肺コンプライアンスの高い部位に流れやすいため、何らかの原因で抵抗の高い末梢肺胞が存在すれば、その肺胞は虚脱したまま吸気時にも膨張しなくなり無気肺を生じる。これを防止するために呼気終末に陽圧をかけることで肺胞の虚脱を防ぐことができる。肺胞全体に一定の圧がかかるために酸素化の改善、肺水腫の治療・予防が可能となる。機能的残気量の減少、肺内シャント増大による低酸素血症、無気肺、肺水腫などがよい適応となる。

（福島隆治）

---

**推奨図書**

[1] Hensley FA Jr., Martin DE, Gravlee GP. (ed)：心臓手術の麻酔 第三版（監訳／新見能成）. In：A practical approach to cardiac anesthesia：メディカル・サイエンス・インターナショナル；2009. 東京.
[2] Barash PG, Cullen BF, Stoelting RK.：臨床麻酔ハンドブック原書第3版（監訳／花岡一雄）. In：Handbook of clinical anesthesia Third ed.：南江堂；1999. 東京.

---

## ■ 4 低体温麻酔法

低体温法は、昔から知られており、人では1952年Lewisらによる表面冷却による心房中隔欠損症の開心手術が世界初とされており、人工心肺を用いた開心術は1953年のGibbonらが初めてである[1,2]。我が国では低体温麻酔法とは、麻酔薬を用いた後に動物を冷却し体温を下げる麻酔法であり、体温を下げることにより各組織の代謝や酸素消費を低下させ、より安全に開心術を行うことができるという長所を有している。その低体温麻酔法の長所を応用して、体外循環を用いた開心術には、多くの場合、低体温麻酔が併用されており、その温度により、mild（35～32℃）、moderate（32～28℃）、intermediate（28～20℃）、deep（20℃以下）に分類されている。また、低体温には、中心冷却と表面冷却法（単純低体温法）、そしてそれらと組み合わせる局所冷却法がある[3]。中心冷却とは、心臓や血管から脱血した血液を熱交換器で冷却して全身に戻すことにより体温を下げるという方法で、開心術では最も一般的な方法である。一方、表面冷却は、全身を氷嚢などで包んだりして低体温化する氷水浸漬法であり、この場合重要なことは、薬物により自律神経を効果的に遮断することである。局所冷却法とは、開胸後、心臓（心嚢内）をアイススラッシュと呼ばれる凍らせた生理食塩液やリンゲル液をシャーベット状にした氷で直接冷却する方法で、中心冷却法や表面冷却法に併用する。

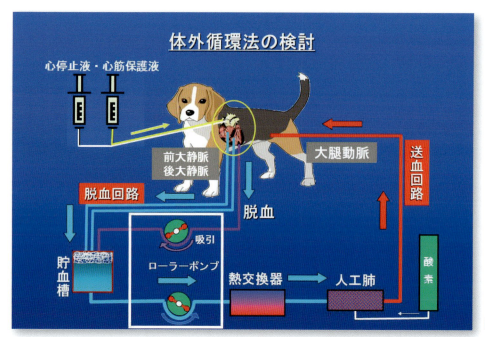

図Ⅰ-187　体外循環回路

## ■5　人工心肺を用いての体外循環法

　体外循環とは、開心術をする場合などに、心臓と肺の機能を体外の循環にて維持することをいい、心臓や大血管にカニューレなどを使用して血液を体外へ出し、その血液を酸素加し、ポンプ（人工心）により再び体内に戻すという方法である。体外循環の際に使用される装置を人工心肺装置といい、心臓の役目をするポンプ、肺の役目をする人工肺、血液の温度管理を行う熱交換器、血栓や異物などを除去するフィルター、血液を溜めておくリザーバーなどから構成される。

　動物における体外循環法として、いくつかの方法が知られており、様々な検討がなされている[1-4]。開心術の種類によってもアプローチは変わるが、一般的に図Ⅰ-187に示すような回路で体外循環を行う。人工心肺を用いた体外循環を行う際には、麻酔、術者、助手、ポンプ係、外回りなど数名の熟練したチームで行う必要がある（図Ⅰ-188）。

### 1）脱血回路

　脱血は、前大静脈や後大静脈、または心臓から直接行う。胸骨正中切開で行う際には、右心房に2ヵ所切開を入れ、脱血カニューレを前大静脈および後大静脈へ留置しておく。また、奇静脈は糸で縛って

図Ⅰ-188　体外循環による開心術

おく。各カニューレを体外循環回路に接続し、貯血槽に血液を誘導する。脱血の方法として、落差脱血とポンプ脱血があるが、体重が小さな動物への応用となるため落差脱血が一般的である。脱血量の調節は、リザーバーの位置を上下させることにより落差を調整することにより行う。また、オクルーダーで脱血回路を挟みチューブの抵抗を上昇させることにより脱血量を調節することもできる。

### 2）サクション（吸引）回路

　出血した血液をサクションにて吸引するための回路で、リザーバーに接続されている。ローラーポン

プを用いて吸引を行うが、サクションより回収される血液には、血液の凝集塊や大量の空気などが含まれているので、一般的なリザーバーとは別に心内リザーバーを設ける方法もある。

### 3）ベント回路

肋間切開によるアプローチの際など、右心房に1本しか脱血カニューレが挿入できなくて、完全に脱血ができない場合や、心室に送られる血液により心臓が過伸展に陥らないようにするためにベント回路を使用する。僧帽弁の手術などでは、右心房に1本脱血カテーテルを留置し、さらに右心室にベントカニューレを設置する。また、過伸展を避けるために左心ベントも設置したりすることもある。なお、これらベント回路もリザーバーに接続されている。

### 4）注入回路

大動脈起始部に、心停止液や心筋保護液を注入するために、大動脈カニューレを設置する。大動脈カニューレより、心停止液や心筋保護液を注入し、化学的に心停止させ、心筋保護を行う。

### 5）リザーバー（貯血槽）

様々なサイズや形のものがあるが、各種フィルターやカラムが内蔵されており、脱血回路やサクション回路、ベント回路からの血液中の凝血塊や空気などの除去を行う。また、このリザーバー内に血液を貯めることで、体外循環血液量の調節を行うことができる。

### 6）血液ポンプ

血液ポンプは、心臓の機能を担う装置であり、人工肺で酸素加された血液を生体に戻す役目を行っている。大きくローラーポンプと遠心ポンプの2種類が知られている。脱血量の問題などから小動物獣医科領域ではローラーポンプが一般的に用いられている。体外循環装置には、一般的に複数のローラーポンプが備わっており、送血用、サクション用、ベント用などとして用いられる。送血は、ローラーポンプにポンプチューブを挟み込み、ローラーを回転させることにより酸素加した血液を送る。また、送血

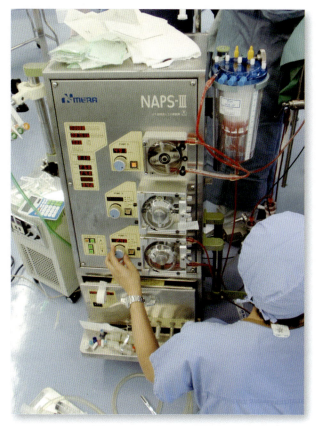

図Ⅰ-189　人工心肺装置

量は、ローラーの大きさとチューブ径、回転数により決定されるが、実際にはそれぞれのローターの回転数を増減することにより、送血量（吸引量）を調節していく（図Ⅰ-189）。

### 7）人工肺

人工肺とは、体外に誘導された血液に対して、二酸化炭素の除去と酸素加を人工的に行う装置である。人工肺には、大きく分類して、気泡型、膜型、フィルム型の大きく3つがあるが、最も一般的な方法は膜型である。この膜型肺にもいくつかのタイプがあるが、中空糸型が最も一般的で、ガス透過膜を介してガス交換を行うものである。中空糸型の人工肺にも内部灌流型と外部灌流型がある。内部灌流型は、中空糸内に血液を流し、その外に酸素を流すタイプだが、外部灌流は中空糸内に酸素を流し、血液はその外を流す（図Ⅰ-190、191）。外部灌流型の方がガス交換能が高いため、医学領域ではこちらが主流となっている。犬の体外循環においても、外部灌流型の有用性が示されているものの[5,6]、内部灌

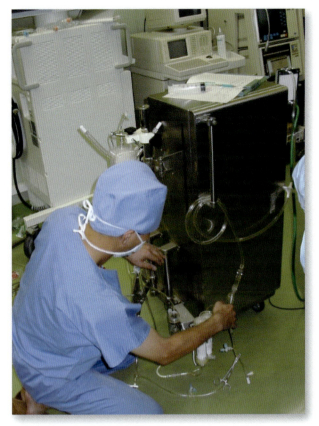

図Ⅰ-190　内部灌流型人工肺と熱交換器

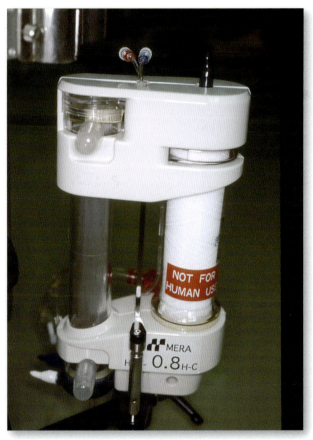

図Ⅰ-191　外部灌流型人工肺
熱交換器が組み込まれている人工肺。

流型に比べ充填量が多くなるため、動物の体重により内部灌流型と外部灌流型を使い分ける必要がある。

### 8）熱交換器

熱交換器とは、脱血された血液を加温、冷却する装置である。熱交換器のみの単体もあるが、近年人工肺に組み込まれているものも多い（図Ⅰ-191）。

送血回路：脱血された静脈血液が酸素加され温度調整などされたのちに送血回路より、動脈血として体に戻される。送血は、動脈内に挿入された送血カニューレを介して行う。送血を行う血管として、大腿動脈や頸動脈、大動脈などの動脈が用いられ、それぞれの血管により送血カニューレの形状が異なってくる。また、送血カニューレが体外循環回路のなかで最も小さい径となるため、大きな抵抗を生じ血流速が増し、溶血や蛋白変性など血液損傷の一因となっている。そのため、できるだけ大きな内径の送血カニューレを選択すべきである。

### 9）心筋保護法

大動脈起始部に心筋保護液注入用の回路を接続し、順行性もしくは冠静脈洞にカテーテルを挿入し逆行性に心筋保護液を注入する。心筋保護法として、高カリウム液や低体温を併用した低温化学的心筋保護法が一般的である。この保護液に分類されるのが、Young液やGIK液、St.Thomas液などであり、St.Thomas液（ミオテクター®）は市販されているということもあり最も一般的に使用されている心筋保護液である。また、冷却しない常温心筋保護法や血液併用心筋保護液なども用いられている。

## 6　血管の縫合法

心血管系の手術では、血管の縫合は1つの重要な手技である。心カテーテル検査やインターベンション、動脈圧や中心静脈圧を測定する際のカテーテルの留置など、血管を切開して操作する手技の場合には、その手技が終了後に血管を縫合する必要がある。特に、頸動脈や頸静脈、大腿動脈、大腿静脈で

バランスを補正し、肺水腫や胸水、低血圧、不整脈などが生じればそれに対する治療を行う。

　肋間切開は、多くの筋肉を切断し、胸骨正中切開も胸骨の骨切り術であるため、周術期の疼痛管理は必須である。疼痛管理を行うことにより、過度な心拍数の上昇が抑制され、呼吸管理も容易になる。疼痛管理には、NSAIDsや局所麻酔を用い、またフェンタニルやモルヒネなどの麻薬系鎮痛薬の持続的投与などを組み合わせて行う。心拍数、不整脈、呼吸状態をよく観察し、心拍数が高い場合や呼吸が荒い場合など明らかに疼痛に起因していると思われるときには、麻薬量を調整するなどして対処する。また、心臓手術の場合には、心室性不整脈が出現することがあるが、心室頻拍が生じれば、その都度もしくは点滴でリドカインなどの抗不整脈薬を併用する。血圧の低下など、強心薬が必要な場合には、ドパミン、ドブタミン、ミルリノンなどを併用する。

　術後に気胸や肺の虚脱、血胸（胸水）などを生じる可能性があるため、胸腔ドレーンは、時間を決めてたびたびチェックし、胸水の有無やその量、性状をモニターする。特に、左心不全の場合には、肺水腫には細心の注意を払い、血液検査の値や尿量などをみながら点滴量を決定する。胸腔ドレーンは、胸水などがない場合では、手術直後に抜去することも可能であるが、循環器疾患の手術では、術後に胸水のコントロールが難しい場合もあるため、最低24時間は設置し、胸部X線検査で気胸や胸水、肺の拡張などを確認した後に抜去するが、胸水が認められる場合には、胸水が2～3mL/kg/日以下になった時点で抜去する。

（髙島一昭）

---

**参考文献**

[1] Lewis FJ, Taufic M.：Closure of atrial septal defects with the aid of hypothermia ; experimental accomplishments and the report of one successful case. *Surgery*. 1953 ; 33：52-59.
[2] Gibbon JH. Jr.：Application of a mechanical heart and ling apparatus to cardiac surgery. *Minnesota Med*. 1954 ; 37 ; 171-185.
[3] 阿部稔雄／編：最新人工心肺─理論と実際─：名古屋大学出版；2001.
[4] 山形静夫，山根義久，柴崎哲，松本英樹，髙島一昭，髙島久恵，久野由博，政田早苗，増田裕子，小口洋子，野一色泰晴.：小動物用人工心肺装置の開発と臨床応用に関する研究. *動物臨床医学*. 1998 ; 6：13-25.
[5] Hoshi K, Tanaka R, Shibazaki A, Nagashima Y, Hirao H, Namiki R, Takashima K, Noishiki Y, Yamane Y.：Comparison of extracapillary and endocapillary blood flow oxygenators for open heart surgery in dogs : efficiency of gas exchange and platelet conservation. *J Vet Med Sci*. 2003 ; 65, 357-361.
[6] 星克一郎，田中綾，平尾秀博，管慶一郎，丸尾幸嗣，髙島一昭，野一色泰晴,山根義久.：新しく小動物用に開発したヘパリンコートおよびノンコート外部灌流型人工心肺と回路の比較検討. *動物臨床医学*. 2002 ; 11, 113-120.
[7] Shibazaki A, Matsumoto H, Shiroshita Y, Noishiki Y, Yamane Y.：A Comparative Study between Hypothermic and Normothermic Cardiopulmonary Bypass in Open Heart Surgery in Dogs-Effects on Systemic Hemodynamics-. *J Vet Med Sci*. 1999 ; 61. 331-336.

# 先天性心血管疾患

Congenital Cardiovascular Diseases

## ■ 1 先天性心血管疾患の疫学

　先天性心疾患は、その発生に品種特異性が強いため、発生率に関する報告はその地域に多い品種の特徴を顕著に反映する。このため、欧米と日本における先天性心疾患の発生率には、明らかな違いが存在する。欧米では、発生率に関する論文が比較的多く認められ、時代の違いによって飼われている犬種に変化が生じていることがうかがわれる[1-4]。一方、日本では、心疾患に限定した統計的解析は非常に少ない。先天性心疾患自体の発生率が低いため、母集団を十分に集めないと信頼できるデータとなり得ないのも要因の1つであろう。

　地域は限定されるが、1985〜2003年までの鳥取県における犬猫の循環器疾患1521例の発生状況に対する調査が、日本の発生状況を知るにはよい論文であろう[5]。これによると先天性心疾患は、循環器疾患の7％を占め、動脈管開存症、大動脈（弁）狭窄、心室中隔欠損症、肺動脈（弁）狭窄症の順の発生頻度ということである。大動脈（弁）狭窄に関しては、近年あまりみかけなくなった感が強いので、最近の統計では大動脈（弁）狭窄の順位はより低く、日本では動脈管開存症、心室中隔欠損症、肺動脈（弁）狭窄症が先天性心疾患の3大疾患であるといってもよいだろう。

　また、先天性心疾患の発生率は、動物の流通状況が影響する部分も少なからずある。先天性心疾患では心雑音を生じるものが多いため、獣医師による聴診によって容易に診断できるものも多い。家庭やブリーダーによって繁殖された子犬がそのまま飼い主のもとへ販売されるような場合では、販売後に飼い主が獣医師のもとへ子犬を連れて行くことによって、初めて先天性心疾患に罹患していることを知ることになる。ペットショップ経由で販売されるような場合でも、販売前に獣医師による検診を受けていなければ、先天性心疾患を有した子犬が新しい飼い主のもとへ出回る可能性が高い。以前はこのような流通形態のために新しい飼い主のもとへ出回る先天性心疾患の動物が多かったが、販売後に補償などのトラブルになるケースも多く、現在ではペットショップにおいても獣医師の検診後に販売されるケースが増えてきている。前述のように先天性心疾患は、聴診によって簡単に診断可能なケースが多いため、現在では販売前に先天性心疾患であることが診断されるため、心疾患をもった動物は新しい飼い主のもとへ出回らないというシステムが構築されつつある。このため、以前に比べ先天性心疾患の治療を目的に獣医師を受診することが少なくなっている感が強い。人の場合と異なり、動物における先天性心疾患の疫学を論じる場合、このように流通形態がもたらす影響が非常に大きな影響をもっていることを考慮する必要がある。以下に、各先天性心血管疾患の疫学について述べてみる。

### 1）動脈管開存症

　胎子の際には、肺をまだ使用していない状況であるため、右心系の血液が肺動脈を通って肺に流れ込むことができない。この血流をバイパスして左心系へ流す役割をしているのが動脈管や卵円孔である。生後に肺が拡張しガス交換能を有するようになると動脈管や卵円孔は閉鎖するが、この閉鎖が正常に行われないことがある。このうち、動脈管が閉鎖しない場合を動脈管開存症と呼んでいる。

　医学領域における報告では、人の先天性心血管疾患発生頻度の中で動脈管開存症の主診断別頻度は7位（3％未満）と、犬（1位、30％弱）や猫（3位、

10％強）と比べると少ないといえる。これは動物種によって動脈管の閉鎖機構が破綻しやすい、しにくいものがあると推察される。

　動脈管の閉鎖の詳細なメカニズムについてはまだ検証の余地があるが、現時点ではプロスタグランジンを中心とする動脈管維持機構による研究と、酸素感受性とイオンチャネルの相互作用メカニズムの研究を中心に、動脈管拡張・収縮機構を解明する努力が続けられている。また、動脈管開存症の原因を遺伝子レベルでの解析によって明らかにしようとする試みも行われている。ミニチュア・プードルで、多遺伝子による遺伝が報告されている[6]。人では親子間発生が多いといわれ、また犬でも好発犬種が知られていることから、動脈管開存症には強い遺伝性が存在することが示唆される。また、雄に比較し雌における発生が優位であることから、性的な因子が関与していると思われる[7]。

## 2）肺動脈（弁）狭窄症

　肺動脈（弁）狭窄症は、右室流出路から主肺動脈にかけてのどこかに狭窄がある疾病である。病変は、弁性、弁下部、弁上部の3つのタイプがある。

　猫では、弁下部狭窄の報告が多いようである[8-10]。弁下部狭窄は、固定した線維性病変または肥厚した心筋が原因となり、心収縮期における流出路の機能的な狭窄を引き起こしている。他のタイプと異なり弁性狭窄は発生率も高く、バルーン拡張術による治療の対象になりやすい[11-21]。弁上部狭窄は、あまり一般的ではない[22-24]。先天性の右室流出路障害は、犬において一般的な疾患であり、猫ではあまり認められない。一方、米国では肺動脈（弁）狭窄症は、先天性心奇形の中で3番目に多く診断されているとの報告がある。肺動脈（弁）狭窄症は他の病変と同時に、または関連して、より複雑な奇形（例：ファロー四徴症）に合併して発生することもあるが、犬の肺動脈（弁）狭窄症は、単独の病変として起こるのが普通である。その場合は、純型肺動脈（弁）狭窄症と呼称する。

　発生学的に肺動脈は3つの隆起（2つの幹隆起と1つの介在隆起）から基部方向における掘削過程によって発生する。漏斗部あるいは弁下部狭窄は、心室中隔形成時の、弁上部狭窄は、動脈管のより遠位部の形成異常を意味すると考えられる。しかし、犬や猫でみられる肺動脈（弁）狭窄症に対する正確な発生メカニズムはほとんどわかっていない。人においてでさえ、肺動脈（弁）狭窄症における正確な発生メカニズムはいまだ不確かである。

　遺伝性の肺動脈（弁）狭窄症が、ビーグルとキースホンドで立証され、他の好発犬種においても、根拠のある血統的研究にて肺動脈（弁）狭窄症と他の病変に関しても疑われている。肺動脈（弁）狭窄症のリスクの高い（オッズ比の計算に基づいた）他の犬種には、イングリッシュ・ブルドッグ、マスチフ、サモエド、ミニチュア・シュナウザー、アメリカン・コッカー・スパニエル、ウエスト・ハイランド・ホワイト・テリアなどがある。肺動脈（弁）閉鎖不全症および狭窄症もボイキン・スパニエル、ブル・マスチフ、ビーグルにて報告されている。イングリッシュ・ブルドッグとブル・マスチフでは、雄の発生率が高いことが報告されているが、雌雄双方ともが罹患しうる[25-28]。

## 3）大動脈（弁）狭窄症

　大動脈（弁）狭窄症は、米国での報告では先天性心疾患の22％を占め、動脈管開存症についで2番目の発生率とされている。その際の好発犬種は、ゴールデン・レトリーバーならびにニューファンドランドが最も代表的な犬種で、他にロットワイラーやジャーマン・シェパードなどがあげられる[29]。大型犬の飼育頭数割合の少ない日本においては、本疾患の発生率はより低いと考えられる。ニューファンドランドにおける大動脈（弁）狭窄症の遺伝形質が、選択交配実験によって解明されている[30]。

## 4）心房中隔欠損症

　本症は、一般的な欠損孔の位置により一次口欠損型（心内膜床欠損型）、二次口欠損型、静脈洞型に分類され、一般的に心房中隔欠損症といえば二次口欠損型を指す。

　一次中隔と二次中隔は胎生期に成長し、心房を左右に分画する。一次中隔が最初に発生し、その後心内膜隆起が一次中隔の縁に沿って伸び出す。一次中

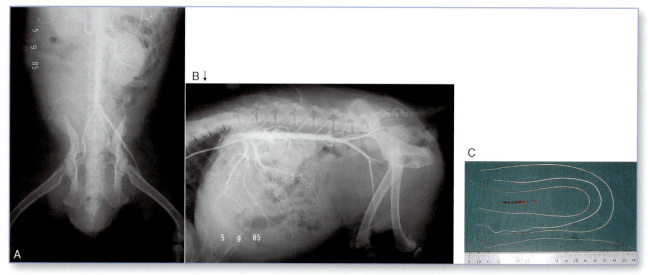

図Ⅰ-194　パグ、5歳齢の雄におけるフィラリア虫体による腹部大動脈塞栓症
A：血管造影所見。右側の外腸骨動脈がフィラリア虫体により完全閉塞。患者は突然痛みを伴う跛行を呈し、股動脈圧も欠損。
B：血管造影所見ラテラル像。C：同症例から摘出したフィラリア虫体と血栓。（写真提供：山根義久先生）

隔および心内膜隆起と心房の底面との間に残った開口部が一次中隔の一次口である。この一次口が閉鎖しないと心房中隔の低い位置に欠損が生じる。これが一次口欠損である。二次口欠損型は、卵円孔の閉鎖が正しく生じていないものである。静脈洞の欠損は、右肺静脈と前大静脈あるいは後大静脈の異常接合に付随して起こると考えられている。

心房中隔欠損症は、人では比較的多くみられ、出生児の約1,500人に1人、先天性心臓病の約15％を占めるといわれるが、犬や猫での発生はそれ程多くはないとされている[31-33]。これは、心房中隔欠損症の診断が比較的難しいことにも起因している。心房中隔欠損症では、左右の心房圧の差があまり大きくないため、欠損孔を介しての短絡量はあまり多くなく、明らかな臨床症状を呈さないことも少なくない。また、先天性心疾患の確定診断は心カテーテル検査や心エコーで行うことが多いが、欠損孔の小さな心房中隔欠損症では、これらの検査によっても確定診断が困難な例も少なくない。このため、高齢になるまで心房中隔欠損症であるとは気づかれずに、剖検時に偶発的にみつかる例も多く、正確な発生率に関しての情報は少ないと考えられる。犬種としては、ポメラニアン、ジャーマン・シェパード、プードル、コリー、シェットランド・シープドッグなどによくみられ、雌犬に発生頻度が高い傾向がある。

高齢の猫が心不全を呈するようになって初めて発見される例も報告されている。心房中隔欠損症の犬にフィラリアが寄生したケースは、虫体が卵円孔を通じて右心房から左心房に移動し、腹部大動脈塞栓症（奇異性塞栓症：paradoxical embolism、あるいは交差性塞栓症）をはじめ、各種の問題を起こすこともある（図Ⅰ-194）。

心房中隔欠損症におけるGATA4変異がドーベルマンにおいて報告されており、本疾患が単一遺伝子疾患である可能性が示唆されている[34]。

## 5）心室中隔欠損症

人では心室中隔欠損症は、代表的な先天性心疾患の1つで、1,000人に3人の割合で出生し、うち約半数は生後1年以内に自然閉鎖することが知られている。心室中隔欠損症は、治療を必要とする先天性心疾患の約20％とされているが、胸部外科学会による過去4年間の人の先天性心疾患手術件数の全国調査でも平均19.3％と、最も多い割合を占めている。

犬では、イングリッシュ・スプリンガー・スパニエルでの発生が多いとの報告が米国であるが、我々の経験上、日本での心室中隔欠損症の発生が最も多い犬種は柴犬であろう。猫における発生も比較的多い。

心室中隔欠損症は、欠損孔のできる部位によっ

図Ⅰ-195 雑種犬、6歳齢の雌に認められた心室中隔欠損症
筋性部欠損（KirklinⅣ型）
（写真提供：山根義久先生）

て、一般的にKirklinの分類により分類されるが、一般的には犬においても膜性部欠損のKirklin-Ⅱ型の発生が最も多く、高位欠損のKirklin-Ⅰ型もしばしば認められる。筋性部欠損型であるKirklin-Ⅳ型の発生は犬猫ではまれである（図Ⅰ-195）。心室中隔欠損症では、房室中隔欠損症やファロー四徴症など、他の心奇形を合併している例も多いため、注意が必要である。

### 6）弁膜疾患

先天性の弁膜疾患としては、三尖弁異形成、僧帽弁異形成、僧帽弁狭窄症があげられる。

三尖弁異形成は、三尖弁の弁尖、腱索、乳頭筋の先天性奇形として定義され、たいてい三尖弁逆流を引き起こす[35]。犬や猫の両方で認められるが、珍しい先天性心疾患である。エプスタイン奇形は、三尖弁奇形の特殊なタイプであり、三尖弁の位置が右心室内の下位に認められる[36,37]。

僧帽弁異形成は、僧帽弁の異常形態として定義され、僧帽弁逆流を生じる心奇形であり、犬[38,39]および猫での報告があるが、猫[40,41]における報告の方が一般的である。ある研究では、先天性心疾患をもつ犬の9/325に僧帽弁異形成を認めたとされる[42]。

僧帽弁狭窄症は犬、猫のいずれにおいても珍しい心奇形である[41,43,44]。

### 7）三心房心

三心房心とは、心房内に隔壁が生じることによって心房内の血流に異常をきたす疾患である。通常、隔壁には小さな孔が開いており、最小限の血流が確保されているが、心房への血流の流入不全と静脈側におけるうっ血が主な病態である。

三心房心には、右心房に隔壁が生じる右側三心房心と、左心房に隔壁が生じる左側三心房心の2つがある。犬の場合には右側三心房心の発生が多く、臨床症状としては後大静脈のうっ血とそれに伴う腹水といった所見が特徴的である[45-48]。一方、猫では左心房に隔壁が生じる左側三心房心が認められる[49-51]。こちらは、肺静脈のうっ血と、肺水腫に伴う呼吸不全が特徴的である。

### 8）その他の先天性心疾患

その他、様々なタイプの先天性心疾患が報告されているが、いずれも発生は極めてまれであり、統計学的な発生率などのデータは充実していない。詳細は各論の項で述べる。

（田中　綾）

---

参考文献

[1] Patterson DF.: Congenital heart disease in the dog. *Ann N Y Acad Sci*. 1965 ; 127 : 541-569.
[2] Brambilla PG, Di Marcello M, Tradati F.: Complex congenital heart disease : prevalence and clinical findings. *Vet Res Commun*. 2003 ; 27 Suppl 1 : 735-738.
[3] Chetboul V, Trolle JM, Nicolle A, et al.: Congenital heart diseases in the boxer dog : A retrospective study of 105 cases (1998-2005). *J Vet Med A Physiol Pathol Clin Med*. 2006 ; 53 : 346-351.
[4] Hamlin RL.: Geriatric heart diseases in dogs. *Vet Clin North Am Small Anim Pract*. 2005 ; 35 : 597-615.
[5] 安武寿美子，高島一昭，山根義久.：犬猫の循環器疾患1521例の発生状況に対する調査. *動物臨床医学*. 2005 ; 14 : 123-131.
[6] Buchanan JW, Patterson DF.: Etiology of patent ductus arteriosus in dogs. *J Vet Intern Med*. 2003 ; 17 : 167-171.
[7] Allen DG.: Patent ductus arteriosus in a cat. *Can Vet J*. 1982 ; 23 : 22-23.
[8] Keirstead N, Miller L, Bailey T.: Subvalvular pulmonary stenosis in a kitten. *Can Vet J*. 2002 ; 43 : 785-786.
[9] Will JA.: Subvalvular pulmonary stenosis and aorticopulmonary septal defect in the cat. *J Am Vet Med Assoc*. 1969 ; 154 : 913-916.
[10] van der Linde-Sipman JS, van der Luer RJ, Stokhof AA, Wolvekamp WT.: Congenital subvalvular pulmonic stenosis in a cat. *Vet Pathol*. 1980 ; 17 : 640-643.
[11] Bright JM, Jennings J, Toal R, Hood ME.: Percutaneous balloon valvuloplasty for treatment of pulmonic stenosis in a dog. *J Am Vet Med Assoc*. 1987 ; 191 : 995-996.
[12] Sisson DD, MacCoy DM.: Treatment of congenital pulmonic stenosis in two dogs by balloon valvuloplasty. *J Vet Intern Med*. 1988 ; 2 : 92-99.

[13] Bussadori C, DeMadron E, Santilli RA, Borgarelli M. : Balloon valvuloplasty in 30 dogs with pulmonic stenosis : effect of valve morphology and annular size on initial and 1-year outcome. *J Vet Intern Med.* 2001 ; 15 : 553-558.
[14] Johnson MS, Martin M. : Balloon valvuloplasty in a cat with pulmonic stenosis. *J Vet Intern Med.* 2003 ; 17 : 928-930.
[15] Johnson MS, Martin M. : Results of balloon valvuloplasty in 40 dogs with pulmonic stenosis. *J Small Anim Pract.* 2004 ; 45 : 148-153.
[16] Johnson MS, Martin M, Edwards D, French A, Henley W. : Pulmonic stenosis in dogs : balloon dilation improves clinical outcome. *J Vet Intern Med.* 2004 ; 18 : 656-662.
[17] Estrada A, Moise NS, Erb HN, McDonough SP, Renaud-Farrell S. : Prospective evaluation of the balloon-to-annulus ratio for valvuloplasty in the treatment of pulmonic stenosis in the dog. *J Vet Intern Med.* 2006 ; 20 : 862-872.
[18] Ripps JH, Henderson AR. : Congenital pulmonic valvular stenosis in a dog ; report of a case successfully treated surgically. *J Am Vet Med Assoc.* 1953 ; 123 : 292-296.
[19] Tashjian RJ, Hofstra PC, Reid CF, Newman MM. : Isolated pulmonic valvular stenosis in a dog. *J Am Vet Med Assoc.* 1959 ; 135 : 94-102.
[20] Schrope DP. : Balloon valvuloplasty of valvular pulmonic stenosis in the dog. *Clin Tech Small Anim Pract.* 2005 ; 20 : 182-195.
[21] Chai N, Behr L, Chetboul V, Pouchelon JL, Wedlarski R, Tréhiou-Sechi E, Gouni V, Misbach C, Petit AM, Bourgeois A, Hazan T, Borenstein N. : Successful treatment of a congenital pulmonic valvular stenosis in a snow leopard (Uncia uncia) by percutaneous balloon valvuloplasty. *J Zoo Wildl Med.* 2010 ; 41 : 735-738.
[22] Ford RB, Spaulding GL, Eyster GE. : Use of an extracardiac conduit in the repair of supravalvular pulmonic stenosis in a dog. *J Am Vet Med Assoc.* 1978 ; 172 : 922-925.
[23] Anderson M. : What is your diagnosis? Right-sided cardiomegaly associated with supravalvular pulmonic stenosis. *J Am Vet Med Assoc.* 1992 ; 200 : 2013-2014.
[24] Soda A, Tanaka R, Saida Y, Yamane Y. : Successful surgical correction of supravalvular pulmonary stenosis under beating heart using a cardiopulmonary bypass system in a dog. *J Vet Med Sci.* 2009 ; 71 : 203-206.
[25] Buchanan JW. : Pulmonic stenosis caused by single coronary artery in dogs : four cases (1965-1984). *J Am Vet Med Assoc.* 1990 ; 196 : 115-120.
[26] Buchanan JW. : Pathogenesis of single right coronary artery and pulmonic stenosis in English Bulldogs. *J Vet Intern Med.* 2001 ; 15 : 101-104.
[27] Fonfara S, Martinez Pereira Y, Swift S, Copeland H, Lopez-Alvarez J, Summerfield N, Cripps P, Dukes-McEwan J. : Balloon valvuloplasty for treatment of pulmonic stenosis in English Bulldogs with an aberrant coronary artery. *J Vet Intern Med.* 2010 ; 24 : 354-359.
[28] Fonfara S, Martinez Pereira Y, Dukes McEwan J. : Balloon valvuloplasty for treatment of pulmonic stenosis in English Bulldogs with an aberrant coronary artery--2 years later. *J Vet Intern Med.* 2011 ; 25 : 771.
[29] Misbach C, Gouni V, Tissier R, Tréhiou-Sechi E, Petit AM, Carlos Sampedrano C, Pouchelon JL, Chetboul V. : Echocardiographic and tissue Doppler imaging alterations associated with spontaneous canine systemic hypertension. *J Vet Intern Med.* 2011 ; 25 : 1025-1035.
[30] Pyle RL, Patterson DF, Chacko S. : The genetics and pathology of discrete subaortic stenosis in the Newfoundland dog. *Am Heart J.* 1976 ; 92 : 324-334.
[31] Detweiler DK, Patterson DF, Hubben K, Botts RP. : The prevalence of spontaneously occurring cardiovascular disease in dogs. *Am J Public Health Nations Health.* 1961 ; 51 : 228-241.
[32] Patterson DF. : Canine congenital heart disease : epidemiology and etiological hypotheses. *J Small Anim Pract.* 1971 ; 12 : 263-287.
[33] Chetboul V, Charles V, Nicolle A, Sampedrano CC, Gouni V, Pouchelon JL, Tissier R. : Retrospective study of 156 atrial septal defects in dogs and cats (2001-2005). *J Vet Med A Physiol Pathol Clin Med.* 2006 ; 53 : 179-184.
[34] Lee SA, Lee SG, Moon HS, Lavulo L, Cho KO, Hyun C. : Isolation, characterization and genetic analysis of canine GATA4 gene in a family of Doberman Pinschers with an atrial septal defect. *J Genet.* 2007 ; 86 : 241-247.
[35] Liu SK, Tilley LP. : Dysplasia of the tricuspid valve in the dog and cat. *J Am Vet Med Assoc.* 1976 ; 169 : 623-630.
[36] Choi R, Lee SK, Moon HS, Park IC, Hyun C. : Ebstein's anomaly with an atrial septal defect in a jindo dog. *Can Vet J.* 2009 ; 50 : 405-410.
[37] Andelfinger G, Wright KN, Lee HS, Siemens LM, Benson DW. : Canine tricuspid valve malformation, a model of human Ebstein anomaly, maps to dog chromosome 9. *Journal of medical genetics.* 2003 ; 40 : 320-324.
[38] De Majo M, Britti D, Masucci M, Niutta PP, Pantano V. : Hypertrophic obstructive cardiomyopathy associated to mitral valve dysplasia in the Dalmatian dog : two cases. *Vet Res Commun.* 2003 ; 27 Suppl 1 : 391-393.
[39] Hamlin RL, Smetzer DL, Smith CR. : Congenital Mitral Insufficiency in the Dog. *J Am Vet Med Assoc.* 1965 ; 146 : 1088-1100.
[40] Kuijpers NW, Szatmari V. : [Mitral valve dysplasia in a cat causing reversible left ventricular hypertrophy and dynamic outflow tract obstruction]. *Tijdschr Diergeneeskd.* 2011 ; 136 : 326-331.
[41] Fine DM, Tobias AH, Jacob KA. : Supravalvular mitral stenosis in a cat. *J Am Anim Hosp Assoc.* 2002 ; 38 : 403-406.
[42] Patterson DF. : Epidemiologic and genetic studies of congenital heart disease in the dog. *Circ Res.* 1968 ; 23 : 171-202.
[43] Trehiou-Sechi E, Behr L, Chetboul V, Pouchelon JL, Castaignet M, Gouni V, Misbach C, Petit AM, Borenstein N. : Echoguided closed commissurotomy for mitral valve stenosis in a dog. *J Vet Cardiol.* 2011 ; 13 : 219-225.
[44] Borenstein N, Daniel P, Behr L, Pouchelon JL, Carbognani D, Pierrel A, Macabet V, Lacheze A, Jamin G, Carlos C, Chetboul V, Laborde F. : Successful surgical treatment of mitral valve stenosis in a dog. *Vet Surg.* 2004 ; 33 : 138-145.
[45] Adin DB, Thomas WP. : Balloon dilation of cor triatriatum dexter in a dog. *J Vet Intern Med.* 1999 ; 13 : 617-619.
[46] Atkins C, DeFrancesco T. : Balloon dilation of cor triatriatum dexter in a dog. *J Vet Intern Med.* 2000 ; 14 : 471-472.
[47] Mitten RW, Edwards GA, Rishniw M. : Diagnosis and management of cor triatriatum dexter in a Pyrenean mountain dog and an Akita Inu. *Aust Vet J.* 2001 ; 79 : 177-180.
[48] Tanaka R, Hoshi K, Shimizu M, Hirao H, Akiyama M, Kobayashi M, Machida N, Maruo K, Yamane Y. : Surgical correction of cor triatriatum dexter in a dog under extracorporeal circulation. *J Small Anim Pract.* 2003 ; 44 : 370-373.
[49] Nakao S, Tanaka R, Hamabe L, Suzuki S, Hsu HC, Fukushima R, Machida N. : Cor triatriatum sinister with incomplete atrioventricular septal defect in a cat. *J Feline Med Surg.* 2011 ; 13 : 463-466.
[50] Koie H, Sato T, Nakagawa H, Sakai T. : Cor triatriatum sinister in a cat. *J Small Anim Pract.* 2000 ; 41 : 128-131.
[51] Gordon B, Trautvetter E, Patterson DF. : Pulmonary congestion associated with cor triatriatum in a cat. *J Am Vet Med Assoc.* 1982 ; 180 : 75-77.

## ■ 2　各種先天性心血管疾患

### 1）動脈管開存症

#### ⅰ）定義

　動脈管開存症（Patent Ductus Arteriosus：PDA）は、生後数日の間に閉鎖するといわれている動脈管が、閉鎖しなかった結果として生じる先天性心血管疾患である。初期には大動脈から肺動脈への血液の流入により肺の血液量が増加し、左心系のうっ血性心不全を呈するが、病気の進行により肺血管抵抗が上昇すると、肺動脈圧が大動脈圧を超え逆短絡を呈し、静脈血が全身に循環することにより低酸素血症を呈するようになる（アイゼンメンジャー症候群）。その結果、時には下肢の方のみ（特に包皮、膣粘膜）に分離チアノーゼ（differencial cyanosis）をみる。大動脈、肺動脈、動脈管の位置関係を図Ⅰ-196に示す。動脈管の形態には個体差があるものの（図Ⅰ-197）、多くの犬の動脈管は漏斗型をしている。

#### ①発生

　左第6鰓弓動脈由来の動脈管（ボタロー管）は、肺呼吸を行っていない胎子期に、肺動脈の血液の大部分を肺を介さずに大動脈へと送る役割をしている。出生に伴う血中酸素分圧の変化、アセチルコリンやブラジキニンの血管収縮因子などが作用し、通常は出生後数日でこの動脈管は閉鎖するといわれているが、何らかの理由で動脈管が閉鎖しないことがある。動脈管における平滑筋の低形成などの遺伝的な素因が示唆されているため、犬種によらず動脈管開存症の犬を繁殖に供することは避けるべきである[1-3]。

#### ②病態生理

　肺動脈圧が正常な場合、大動脈圧は肺動脈圧よりも常に（収縮期も拡張期も）高いため、収縮期においても拡張期においても動脈管を介して大動脈から肺動脈へと血流が逆流し、第Ⅱ音を最強とした収縮期・拡張期にわたる連続性雑音を生じさせる（図Ⅰ-198）。左心室から大動脈へと駆出された血液の一部は、肺動脈へと流れ込むため、全身に送られる血液量が減少することになる。一方、動脈管を介して肺動脈へ流れ込んだ血液は、その分だけ肺血流量を増加させるため、肺への負担を増加させるととも

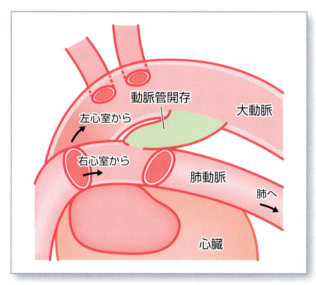

図Ⅰ-196　動脈管の解剖学的位置と特徴

胎生期は、肺は無気肺で全く機能していないため、心臓に戻ってきた血液を肺に送る必要がない。その結果、右心室の血液が直接大動脈に流れるように、動脈管という血管が必要となる。この動脈管は出生後、数時間で自然に閉鎖するが、正常な場合でも出生後3日間位は開存することがあり、左心室から拍出された血液の一部が開存した動脈管を介して肺動脈に流れるために、肺と心臓に負荷をかける。動脈管の形態には個体差があるものの（図Ⅰ-197）、多くの犬の動脈管は漏斗型をしている。大動脈、肺動脈との位置関係は図Ⅰ-197に示したとおりである。

図Ⅰ-197　犬における動脈管の主な形状

漏斗型は犬において最も多いタイプで、動脈管のコイルオクルージョンが最適応である。次いで、紡錘型とパイプ型であり、パイプ型はコイルオクルージョンには不適である。

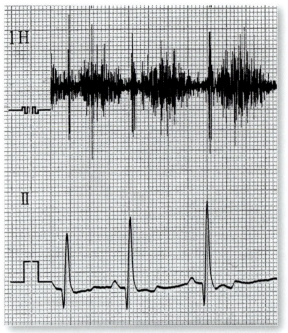

図Ⅰ-198 連続性雑音
動脈管開存症においては、常に肺動脈圧よりも大動脈圧が高い状態が持続するため、大動脈から肺動脈に短絡血流が流れるのが一般的である。このため、収縮期、拡張期を通して強弱はあるものの、第Ⅱ音を最強とした連続した雑音が聴取されるのが特徴である。このように、動脈管開存症において認められる雑音を連続性雑音と呼ぶ。(提供：山根義久先生)

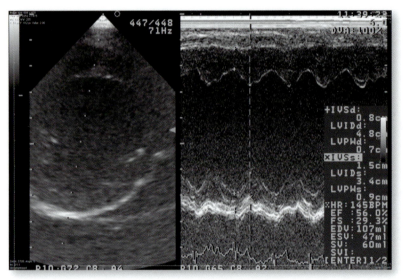

図Ⅰ-199 容量負荷
動脈管開存症では、大動脈から駆出された血液の一部は動脈管を通って短絡し、肺動脈に流れ込む。この血液は、肺を介してすぐに左心系に戻ってくるため、動脈管開存症では左心室に流れ込む血液量が正常な心臓に比べて多くなる。このため、心臓の内径が大きくなることが一般的であり、左室内径短縮率も減少する傾向にある。(提供：山根義久先生)

に、肺から左心房へと還流する血液量も増加させる。このため、左心系の血液量が増加し、左心系の容量負荷が顕著に認められるようになる（図Ⅰ-199）。

本症の血液循環は、一般的には左-右短絡であるが、時には右-左短絡のPDAも認められる。この場合の多くは、大きく開存した動脈管を有している。その発生機序は、肺血流量が多量になると、それに対応して肺動脈内の内皮細胞と平滑筋細胞の膠原線維が増殖し、その結果、二次的に肺血管抵抗が増大し、肺高血圧症が進展するとされている。

しかし、生後数ヵ月齢で肺高血圧症を呈する、いわゆるアイゼンメンジャー症候群という病態を呈している症例が存在することからすれば、その詳細は定かではない面がある（図Ⅰ-200）。

ⅱ）検査
①一般身体検査
一般身体検査においては、まず聴診における雑音の性状を確認することが重要である。通常は、心基底部において強いスリルを伴う連続性の雑音が聴取されるが、病態によっては収縮期雑音のみが聴取されるか、全く雑音が聴取されない症例もいるので注意が必要である。このような症例では、肺高血圧症の危険性があるため、チアノーゼ（特に分離チアノーゼ）の有無や運動不耐性についても確認すべきである。また、動脈管開存症においては、動脈内の

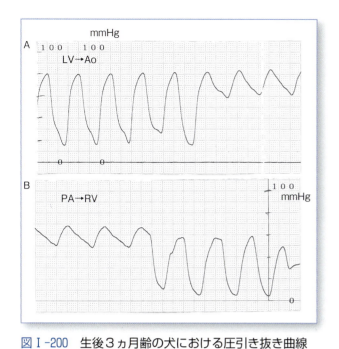

図Ⅰ-200 生後3ヵ月齢の犬における圧引き抜き曲線
Aは左心室から大動脈への圧引き抜き曲線であり、Bは肺動脈より右心室への曲線である。ほとんど肺動脈圧は大動脈圧に類似している。生後3ヵ月で既に肺高血圧症を呈している。（提供：山根義久先生）

脈圧が大きく、バウンディングパルスという特徴的な脈拍が触知されることがある。

②心電図・心音図検査

多くの症例では、まず左心肥大所見が明瞭である。R波の増高、STのスラーはもちろんのこと、時には心房細動の所見も認められることがある（図Ⅰ-201）。

心音図では、前述したように第Ⅱ音を最強点とした収縮期・拡張期にわたる連続性雑音が特異的である（図Ⅰ-198参照）。

③胸部X線検査

X線検査では、肺血流量の増加に伴う肺血管陰影の増強と、左心系の容量負荷に伴う心陰影の拡大が認められる（図Ⅰ-202）。

④心エコー検査

動脈管開存症による短絡血流は、右側胸壁心基部短軸断面像において、右室流出路を描出することによって観察可能である。短絡血流の流速は、大動脈と肺動脈の圧較差に依存するため、通常では非常に速い血流が観察される。動脈管自体の観察には、左側胸壁からの観察の方がよく観察できることが多い（図Ⅰ-203）。

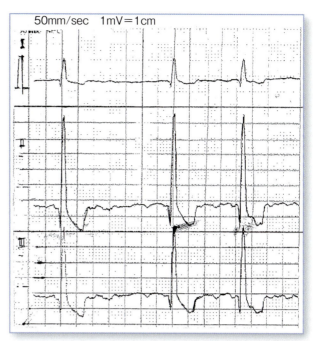

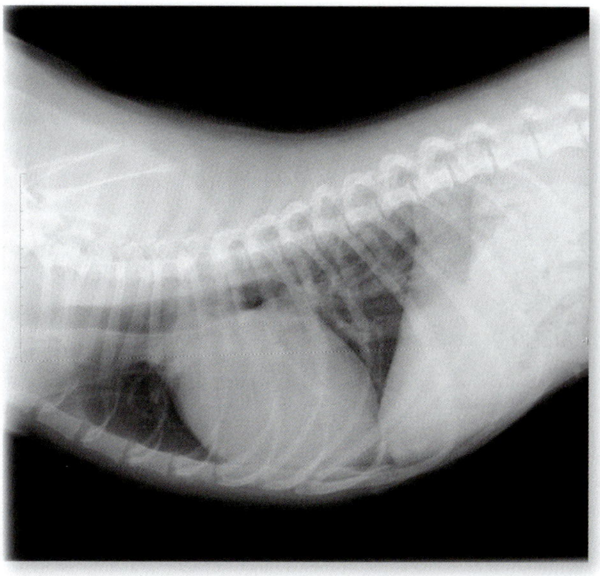

図Ⅰ-201 シェットランド・シープドッグ、3歳齢、雄における動脈管開存症（PDA）の心電図（Ⅰ、Ⅱ、Ⅲ）
PDAの特有のR波の増高とR-R間の不整、P波の消失、f波の出現など、心房細動の所見が認められる。
（提供：山根義久先生）

図Ⅰ-202 胸部X線写真
動脈管開存症では容量負荷によって心臓の内径が大きくなるため、X線上でも心拡大所見が確認される。また、肺血流量が増加するため、肺血管紋理が明瞭に観察できるようになる。

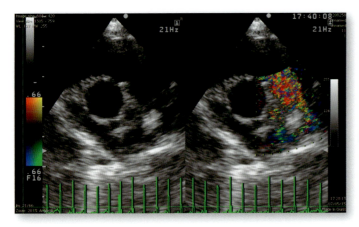

図I-203 心エコーにおける短絡所見
動脈管開存症における短絡血流は、心機部短軸断面で観察するのが最もわかりやすい。肺動脈内に、肺動脈血流とは逆の方向に持続的に観察されるモザイク血流として認められる。

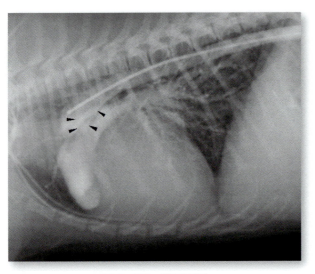

図I-204 造影所見
動脈管開存症で造影を行う場合には、左心室または大動脈の起始部から造影する。大動脈の起始部から行った方が、より鮮明に造影されるため、動脈管の径や形状を詳細に観察したい場合にはこの方法が推奨される。図は大腿動脈からカテーテルを挿入し、大動脈より造影を行った造影写真である。動脈管は矢頭で示してある。

⑤ 心カテーテル検査

心エコーによる動脈管開存症の診断が不確実な場合や、肺高血圧に移行している可能性が高い場合には、心カテーテル検査が必要不可欠となる（図I-204）。また、後述するインターベンション療法を行う場合にも、動脈管の形状や径を測定することが重要となる。心カテーテル検査では、肺動脈圧の測定による肺高血圧症の評価や、酸素分圧の測定による肺体血流量比の測定が主に評価される。

ⅲ）治療

動脈管開存症の開胸下での手術法は古くから行われている手法であり、他の先天性心疾患と比べても、拍動下で根治術が可能で、手術侵襲は低く、手

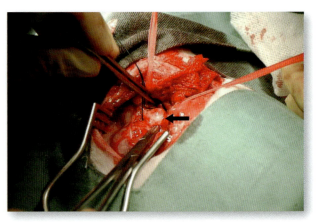

図I-205 ジャクソン法の変法による動脈管開存症の外科的治療
左側開胸下に動脈管を分離する（矢印）。まずその前に、動脈管と大動脈の付着部の前後に臍帯テープを通し、このテープを操作しながら丁寧に動脈管を分離する。

術効果も高い手法であるといえる。ただし、手術の失宜は出血死や短絡血流の残存、あるいは再疎通につながるため、適確な手術が要求される。特に、肺高血圧の有無の判定、複合心奇形の有無に伴う手術適応の判定や、動脈管の脆弱化などにおいて手術経験が問われる面もあるため、術式自体は簡単ではあるものの、慎重な姿勢が要求される。

開胸手術による治療で最も一般的な方法は、開存動脈管の結紮による閉鎖である。その他にもクリップなどを用いた動脈管の閉鎖や、切離による方法も報告されてはいるが、一般的な方法ではない[4]。筆者らが日本で1999年に最初の成功例を報告したコイルオクルージョン法が、現在手術侵襲の面からも格段に優れており、広く普及している[5]。

① ジャクソン法の変法[6-9]（図I-205）

右側横臥位に保定し、左側第4肋間にて開胸を行

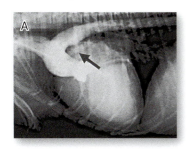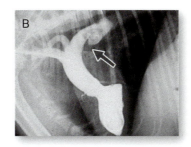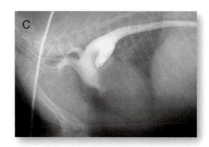

図Ⅰ-206　切離法、結紮法、コイル閉塞法のPDA処置後の造影所見。切離のみが、仮性動脈瘤の発生が低い
A：切離法でのPDA根治術後の造影所見。大動脈は、ほぼ正常な大きさで移行している。B：結紮法でのPDA根治術。結紮部分の大動脈側に仮性動脈瘤形成。C：ステント法でのPDA根治術。ステント留置後は、肺動脈への血流は消失するも、大動脈側の動脈管は大きく、結紮法よりも拡張し、やはり仮性動脈瘤を形成。（写真提供：山根義久先生）

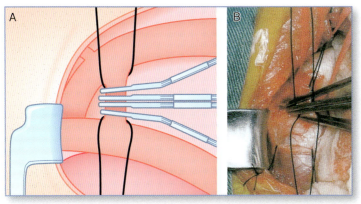

図Ⅰ-207　動脈管切離後の縫い代の確保
4本の血管鉗子を動脈管に装着する。
（写真提供：山根義久先生）

う。開胸は常法通り行い、開胸後は開胸器を用いて術野を確保する。肺葉をよけて心臓が露出されると、開存動脈管の位置を触診によりスリルの位置から確認する。横隔神経と迷走神経の間の心膜を神経と平行に切開し、切開後は心膜に支持糸をかけ、開存動脈管を露出させる。開存動脈管の尾側の下行大動脈周囲を注意深く鈍性剥離する。下行大動脈の裏側のみえない部分も注意深く鈍性剥離を行い、直角鉗子を用いて下行大動脈に臍帯テープを架けておく。同様に、下行大動脈の開存動脈管より頭側の部分についても、鈍性剥離後臍帯テープを架けておく。その両者のテープを操作しながら動脈管の周囲を丁寧に剥離、分離する。時には、出血のリスクを最小限にし、手術操作をより簡便にすることを目的として、術中にニトロプルシドを使用し、血圧を下げるという報告もある[10,11]。動脈管の血行を遮断することによって、これまで大動脈から肺動脈へと流れていた血流が遮断され、結紮後に血圧の上昇がみられることが多い。血圧のモニタリングは行うべきである。

術中・術後の合併症として、出血[12]や残存血流[13]が報告されている。

②動脈管切離法

通常は、開胸下でのPDAの手術法としては、手技の簡便さにより結紮法やクリップ法、さらにコイル閉塞法が主である。しかし、結紮法やコイル閉塞法などでは発生頻度が低いもの、再疎通や仮性動脈瘤を発生することがある（図Ⅰ-206）。その点、切離法では、手術手技において熟練を要するものの、動脈管の再疎通をみることもなく、かつ結紮部位の仮性動脈瘤形成などを危惧することはない[14]。

本法では、手術手技を容易に、かつ確実にするために動脈管の十分な剥離と、その動脈管の鉗圧が重要となる。

できれば動脈管の切離後の縫い代を確保するために、4本の血管鉗子を動脈管に装着し、次いで、中の2本を除去し、その間を切離・縫合すれば、より確実性と安全が確保される（図Ⅰ-207〜209）。

切離術では、他方と比較し、大動脈の形態がより正常に維持される。

第Ⅰ章 心血管系

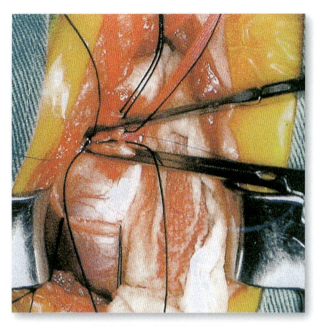

図Ⅰ-208 動脈管の切離
内側の血管鉗子2本を除去し、縫い代を残して動脈管を切離する。(写真提供：山根義久先生)

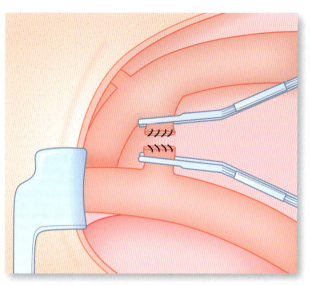

図Ⅰ-209 動脈管の縫合
切離した動脈管の断端を縫合、閉鎖する。

③体外循環下での動脈管切離術

　PDAの手術法には、多くの手術手法があるが、いずれも一長一短がある。基本的には、いずれも安全で確実な手術法を選択することである。特に、かなりの年齢で動脈管の脆弱性が予想される場合や、動脈管が極めて太くかつ短い場合は、前述の手法では大出血などの大きなリスクを伴うことになる。そのような病態の症例では、体外循環下（拍動下）での動脈管の結紮術や切離術が安全で、確実性が得られる（図Ⅰ-210）。

　この場合、人工心肺使用による体外循環下での根治術となるが、心停止は行う必要はなく、拍動下での手術操作となるので、比較的操作も容易で回復も早い。

④インターベンションによるアプローチ

　医学領域においては、従来よりPDAの非開胸的

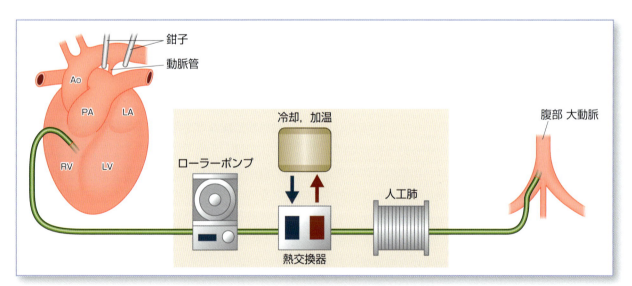

図Ⅰ-210 体外循環の模式図
拍動下で動脈管に鉗子をかける。血液は、右心室から脱血、ローラーポンプ、熱交換器、人工肺と通り、人工肺で酸素化して大腿動脈より体内に戻される。Ao：大動脈、PA：肺動脈、RV：右心室、LA：左心房、LV：左心室

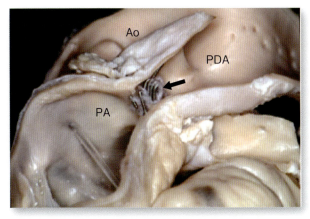

図I-211 動脈管開存症のコイル閉塞
近年では動脈管開存症をコイルなどのインターベンション法によって治療する方法もずいぶん一般的になってきた。図は動脈管開存症のコイル閉塞術をどのように実施するかを示した模型である。動脈管は、肺動脈側が細い漏斗型をしているため、この肺動脈側の一番細い部分を挟み込むような形でコイルを固定する。一般的には大腿動脈からカテーテルを挿入し、動脈管を介して肺動脈までカテーテルを進め、その位置でコイルを一部出して肺動脈側の一番細い部分にコイルを引っかけ、その後カテーテルを引きながらコイルを出し、動脈管内に残りのコイルを出すようにしてコイルの留置を行う。コイルが十分に固定されていることを確認した後、コイルを切り離して留置終了とする。（矢印：コイル、Ao：大動脈、PDA：動脈管、PA：肺動脈）

治療が試みられてきた。1971年にPorstmannが報告したPorstmann法が、最初に行われたPDAのインターベンションであると思われる[15]。この方法は、大腿動静脈両方からアプローチしてPDAを迂回したループを形成し、このループを利用してPDA内に栓を誘導し動脈管を閉鎖する方法である。そのため、手技的には非常に煩雑であり、しかも使用するカテーテル（18Fr）が太いという欠点がある。この手技が煩雑であるという点を改善した方法が、Ivalon umbrellaである[16]。この方法は、傘状の栓（umbrella）をカテーテルの先端に入れて大腿動脈より挿入し、PDAの位置でプッシャーにて押し出す方法である。Porstmann法に比べると手技的には単純化されたが、塞栓後のumbrellaの位置の修正がきかないうえに、相変わらず使用するカテーテル（径4mm）は太いといえる。Rashkind法も類似した手技であるが、使用するカテーテルが8または11Frといくぶん細くなっている[17,18]。この方法は日本とアメリカ以外の主要国でPDAの治療法として承認されており、今までの実績も多い。かなり大きな径のPDAに対応できる点が利点であるが、残存血流が多いとの報告もある。1990年代に入ってから径の小さなPDA用として開発されたのがコイルオクルージョンである[19-21]（図I-211）。この方法は非常に細いカテーテル（4～6Fr）にて実施が可能な方法で、乳幼児への適応も可能である。近年急速にその使用が増加しており、径4mm以下のPDAに対しては第一選択である。しかし、肺動脈などへのコイルの流出が起こりやすいという欠点があった。1998年に筆者らが日本で初めて成功例を報告したデタッチャブルコイルは、PDAへの留置を確認後に切り離すタイプのコイルで、肺動脈への流出の危険性が格段に少なくなった[22-24]。他にも、最近はデタッチャブルコイルのように留置後に離脱し、かつ再留置が可能なタイプが多く出てきた。現在最も新しいデバイスとしてあげられるのはAmplatz canine duct occluderである[25-27]。

インターベンションによるアプローチで問題となるのは、犬のPDAの径や形状である[28]。犬のPDAの径は、人のそれに比較してやや大きめではないかといわれている[21]。実際、筆者らの経験した症例でも平均4.4mmと、人のそれと比較して大きめの径が多くみられた。コイルは本来3.5～4mm以下のPDA用に設計されており、したがって犬ではその使用が制限されることになる。

犬に対してインターベンションが行われ始めた当初は、そのほとんどにおいてコイルが使用されていた[23,29-35]。筆者らのこれまでのPDAにおけるコイルオクルージョンの経験では、コイルの肺動脈への流出はみられていないが、他の報告では散見される[36,37]。これはコイルの大きさの選択ミスか、留置時における操作上のミスによるところが大きいと思われる。また、使用するコイルの数も報告によってまちまちであり、筆者らは主に1個のコイルで閉塞を行うようにしているが、中には20個のコイルを使用して閉塞を行っている報告例もある[38]。直後に残存血流がみられても、その後自然閉鎖する例が多いこと、コイルの追加は術後しばらく経過しても可能であることを考えると、コスト面を考慮してもある程度の残存血流はしばらく様子をみてもよいと思われる[39]。コイル挿入後、残存血流を可能な限

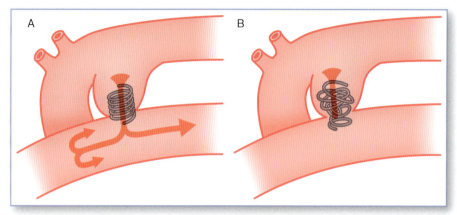

図Ⅰ-212 コイルオクルージョンの模式図
A：動脈管内でコイルが同心円状に存在する場合は、残存血流がみられることがある。
B：動脈管内のコイルがランダムな形状で血流を妨げる場合、残存血流はほとんどみられない。

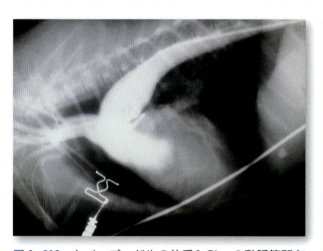

図Ⅰ-213 トイ・プードルの体重1.8kgの動脈管開存症（漏斗型）に対するコイル留置後の血管造影所見
コイルは8mm×5巻を使用（動脈管最少径4mm）。動脈側のコイルは同心円状ではなくランダムに固定されている。そのため、肺動脈への血流は全く遮断されている。
（写真提供：山根義久先生）

り少なくするためには、コイル留置に工夫を加える（図Ⅰ-212、213）。また、コイルに対する感染も報告されているため気をつけたい[39]。近年では、コイルよりもAmplatz canine duct occluderを使用する報告が増加している。しかし、Amplatz canine duct occluderの使用においてまず問題となるのは、使用するカテーテルの径である。小型犬の大腿の血管の径を考えると、その利用に制限が生じてしまう。使用するカテーテルの径と患者のカテーテル挿入部位の血管径から考慮すると、小型犬にはコイルが一番適している。また、筆者らの犬の体格（体重）と血管径との相関に関する検討により、1.8kg以上の体重があれば使用する最小径の4Fr.のシースで挿入可能である[41]。Amplatz canine duct occluderは、コイルに比べて残存血流の発生する確率が低いといわれているが、非常に小さな犬には適応ができないため、コイルとの使い分けは依然として必要であるといえる[42]。

⑤肺高血圧を伴う症例に対する薬物療法

前述のように、開胸下での結紮やインターベンションによって動脈管の閉塞が可能である症例に対しては積極的に治療を試みるべきであるが、既に肺高血圧症を引き起こしている症例では、根治療法を試みずに薬物による内科的療治を行うことがある。このような場合に使用される薬物としては、肺高血圧の治療に使用される薬物、例えばプロスタサイクリン、シルデナフィル、ボセンタンなどが考えられるが、入手の簡便さ、費用などの要素を考えるとプロスタサイクリンが現実的な選択肢であり、シルデナフィルやボセンタンはなかなか使用しづらいといえる。

プロスタサイクリンは、肺高血圧症の治療薬としては決して強い薬ではないが、安価なこと、副作用がほとんどないことから、使いやすい薬であるといえる。ただし、投与開始から効果が認められるようになるまでに期間を要するため、ある程度根気よく投与を行う必要がある。最低でも1ヵ月は投与してから効果判定を行いたい。

シルデナフィルやボセンタンは、いずれも入手経路や費用の面で使いづらい薬である。プロスタサイクリンによる治療の反応が芳しくない場合に使用することが考えられるが、特にエンドセリン拮抗薬であるボセンタンは非常に高価で、費用面で治療を断念することが多い。これまでにボセンタンを使用した経験からいうと、プロスタサイクリンに対する反応があまりみられない場合にはそれなりの効果がみ

られているため、少なくともプロスタサイクリンよりは効果的であるといえるだろう。

## iv）予後

　開胸下での結紮やインターベンションなどによるアプローチによって短絡を閉じた場合の動脈管開存症の予後は、一般的によいとされている。治療後においても、FSの低下などの心機能の異常が残存する場合も多いが、臨床的に問題となることは少ない。他の心奇形に比べても予後がよいこと、放置しておいて肺高血圧症になった場合の治療が困難であることを考えると、早い時期に積極的に治療することが望まれる。

（田中　綾、山根義久）

---

### 参考文献

[1] Pyle RL.：Patent ductus arteriosus in an aged dog. *J Am Vet Med Assoc*. 1971；158：202-207.
[2] Patterson DF, Pyle RL, Buchanan JW, Trautvetter E, Abt DA.：Hereditary patent ductus arteriosus and its sequelae in the dog. *Circ Res*. 1971；29：1-13.
[3] Patterson DF, Detweiler DK.：Hereditary transmission of patent ductus arteriosus in the dog. *Am Heart J*. 1967；74：289-290.
[4] Borenstein N, Behr L, Chetboul V, Tessier D, Nicole A, Jacquet J, Carlos C, Retortillo J, Fayolle P, Pouchelon JL, Daniel P, Laborde F.：Minimally invasive patent ductus arteriosus occlusion in 5 dogs. *Vet Surg*. 2004；33：309-313.
[5] 田中　綾，永島由紀子，星　克一郎，柴﨑　哲，山根義久.：デタッチャブルコイルを用いた犬の動脈管開存症の1治験例．動物臨床医学．1999；8（1）：29-34.
[6] Huber E, Montavon PM.：Patent ductus arteriosus in a dog：modified method of double ligation. *Schweiz Arch Tierheilkd*. 1992；134：41-46.
[7] Eyster GE, Eyster JT, Cords GB, Johnston J.：Patent ductus arteriosus in the dog：characteristics of occurrence and results of surgery in one hundred consecutive cases. *J Am Vet Med Assoc*. 1976；168：435-438.
[8] Eyster GE, Whipple RD, Evans AT, Hough JD, Anderson LK.：Recanalized patent ductus arteriosus in the dog. *J Small Anim Pract*. 1975；16：743-749.
[9] Birchard SJ, Bonagura JD, Fingland RB.：Results of ligation of patent ductus arteriosus in dogs：201 cases（1969-1988）. *J Am Vet Med Assoc*. 1990；196：2011-2013.
[10] Humm KR, Senior JM, Dugdale AH, Summerfield NJ.：Use of sodium nitroprusside in the anaesthetic protocol of a patent ductus arteriosus ligation in a dog. *Vet J*. 2007；173：194-196.
[11] 朽名裕美，平尾秀博，島村俊介，清水美希，小林正行，田中　綾，山根義久.：降圧作用を持つニトロプルシドナトリウムを投与し犬の動脈管開存症に対して切離法を実施した1例．第25回動物臨床医学会プロシーディング（No.2）．2004；335-336.
[12] Olsen D, Harkin KR, Banwell MN, Andrews GA.：Postoperative rupture of an aortic aneurysmal dilation associated with a patent ductus arteriosus in a dog. *Vet Surg*. 2002；31：259-265.
[13] Stanley BJ, Luis-Fuentes V, Darke PG.：Comparison of the incidence of residual shunting between two surgical techniques used for ligation of patent ductus arteriosus in the dog. *Vet Surg*. 2003；32：231-237.
[14] 渡辺清見，平尾秀博，小林正行，清水美希，島村俊介，大澤朋子，小冷恵子，井上知紀，福山朋季，田中　綾，丸尾幸嗣，山根義久.：切離法を実施した犬の動脈管開存症の2治験例．第24回動物臨床医学会（ビデオセッション-I）プロシーディング．2002；89-91.
[15] Porstmann W, Wierny L, Warnke H, Gerstberger G, Romaniuk PA.：Catheter closure of patent ductus arteriosus, 62 cases treated without thoracotomy. *Radiologic Clinics of North America*. 1971；9：203-218.
[16] Leslie J, Lindsay W, Amplatz K.：Nonsurgical closure of patent ductus：An experimental study. *Investigative radiology*. 1977；12：142-145.
[17] Rashkind WJ.：Transcatheter treatment of congenital heart disease. *Circulation*. 1983；67：711-716.
[18] Rashkind WJ, Mullins CE, Hellenbrand WE, Tait MA.：Nonsurgical closure of patent ductus arteriosus：clinical application of the Rashkind PDA Occluder System. *Circulation*. 1987；75：583-592.
[19] Fox PR, Bond BR, Sommer RJ.：Nonsurgical transcatheter coil occlusion of patent ductus arteriosus in two dogs using a preformed nitinol snare delivery technique. *J Vet Intern Med*. 1998；12：182-185.
[20] Cambier PA, Kirby WC, Wortham DC, Moore JW.：Percutaneous closure of the small（<2.5）patent ductus arteriosus using coil embolization. *Am J Cardiol*. 1992；69：815-816.
[21] Fellows CG, Lerche P, King G, Tometzki A.：Treatment of patent ductus arteriosus by placement of two intravascular embolization coils in a puppy. *J Small Anim Pract*. 1998；39：196-199.
[22] Bermudez-Cañete R, Santoro G, Bialkowsky J, Herraiz I, Formigari R, Szkutnik M, Ballerini L.：Patent ductus arteriosus occlusion using detachable coils. *Am J Cardiol*. 1998；82：1547-1549.
[23] Tanaka R, Hoshi K, Nagashima Y, Fujii Y, Yamane Y.：Detachable coils for occlusion of patent ductus arteriosus in 2 dogs. *Vet Surg*. 2001；30：580-584.
[24] 田中　綾，平尾秀博，清水美希，小林正行，島村俊介，町田　登，丸尾幸嗣，山根義久.：PDAコイルオクルージョンが実施できず開胸下での結紮術を実施した犬の2例．動物の循環器．2003；36：27-35.
[25] Nguyenba TP, Tobias AH.：The Amplatz canine duct occluder：a novel device for patent ductus arteriosus occlusion. *J Vet Cardiol*. 2007；9：109-117.
[26] Falcini R, Gaspari M, Polveroni G.：Transthoracic echocardiographic guidance of patent ductus arteriosus occlusion with an Amplatz® canine duct occluder. *Res Vet Sci*. 2011；90：359-362.
[27] White P.：Treatment of patent ductus arteriosus by the use of an Amplatz canine ductal occluder device. *Can Vet J*. 2009；50：401-404.
[28] Miller MW, Gordon SG, Saunders AB, Arsenault WG, Meurs KM, Lehmkuhl LB, Bonagura JD, Fox PR.：Angiographic classification of patent ductus arteriosus morphology in the dog. *J Vet Cardiol*. 2006；8：109-114.
[29] Gordon SG, Miller MW.：Transarterial coil embolization for canine patent ductus arteriosus occlusion. *Clin Tech Small Anim Pract* 2005；20：196-202.
[30] Saunders JH, Snaps FR, Peeters D, Trotteur G, Dondelinger RF.：Use of a baloon occlusion catheter to facilitate transarterial coil

embolisation of a patent ductus arteriosus in two dogs. *Vet Rec*. 1999 ; 145 : 544-546.
[31] Schneider M, Hildebrandt N, Schweigl T, Schneider I, Hagel KH, Neu H.：Transvenous embolization of small patent ductus arteriosus with single detachable coils in dogs. *J Vet Intern Med*. 2001 ; 15 : 222-228.
[32] Saunders AB, Miller MW, Gordon SG, Bahr A.：Pulmonary embolization of vascular occlusion coils in dogs with patent ductus arteriosus. *J Vet Intern Med*. 2004 ; 18 : 663-666.
[33] Hogan DF, Green HW, 3rd, Gordon S, Miller MW.：Transarterial coil embolization of patent ductus arteriosus in small dogs with 0.025-inch vascular occlusion coils : 10 cases. *J Vet Intern Med*. 2004 ; 18 : 325-329.
[34] Van Israël N, French AT, Dukes-McEwan J, Welsh EM.：Patent Ductus Arteriosus in the older Dog. *J Vet Cardiol*. 2003 ; 5 : 13-21.
[35] Campbell FE, Thomas WP, Miller SJ, Berger D, Kittleson MD.：Immediate and late outcomes of transarterial coil occlusion of patent ductus arteriosus in dogs. *J Vet Intern Med*. 2006 ; 20 : 83-96.
[36] Stokhof AA, Sreeram N, Wolvekamp WTC.：Transcatheter closure of patent Ductus arteriosus using occluding spring coils. *J Vet Intern Med*. 2000 ; 14 : 452-455.
[37] Lee SG, Hyun C.：Retrieval of an embolization coil accidentally dislodged in the descending aorta of a dog with a patent ductus arteriosus. *J Vet Sci*. 2007 ; 8 : 205-207.
[38] Snaps FR, Mc Entee K, Saunders JH, Dondelinger RF.：Treatment of patent ductus arteriosus by placement of intravascular coils in a pup. *J Am Vet Med Assoc*. 1995 ; 207 : 724-725.
[39] Tanaka R, Nagashima Y, Hoshi K, Yamane Y.：Supplemental embolization coil implantation for closure of patent ductus arteriosus in a beagle dog. *J Vet Med Sci*. 2001 ; 63 : 557-559.
[40] Wood AC, Fine DM, Spier AW, Eyster GE.：Septicemia in a young dog following treatment of patent ductus arteriosus via coil occlusion. *J Am Vet Med Assoc*. 2006 ; 228 : 1901-1904.
[41] 石川勇一，平尾秀博，小林正行，清水友美，島村俊介，田中 綾，山根義久.：カテーテルインターベンションのための犬の体格と血管径との相関に関する検討. *第25回動物臨床医学会（一般講演）プロシーディング*. 2004.
[42] Singh MK, Kittleson MD, Kass PH, Griffiths LG.：Occlusion Devices and Approaches in Canine Patent Ductus Arteriosus : Comparison of Outcomes. *J Vet Intern Med*. 2012 ; 26（1）：85-92.

## 2）右大動脈弓遺残症をはじめとした大動脈弓分枝異常

### ⅰ）定義

右大動脈弓遺残症（Persistent Right Aortic Arch：PRAA）は、本来、左側第4鰓弓動脈が大動脈弓を形成する代わりに右側第4鰓弓動脈が太く発達し、機能的な大動脈弓を形成して左鎖骨下動脈の起始部を形成する。その後、右大動脈管が消失し、左動脈管が残って動脈管索となる。その結果、食道は右大動脈と肺動脈の間に位置し、背側には右大動脈と肺動脈を結ぶ動脈管索が、腹側には気管および心基底部があり、その血管輪によって食道が物理的に絞扼されている病態の疾患である（図Ⅰ-214、215）。

犬においては、最も一般的な血管輪異常の1つであり[1]、猫でも発生する。

### ⅱ）PRAAの発生

PRAAは、PDAとともに胸部大動脈において発生がみられる[1, 2]。正常個体での鰓弓動脈の発生過程は、左第4および左第6鰓弓動脈だけが、腹側と背側の結合を維持している。しかし、第4および第6鰓弓動脈のいずれかが食道の右側を囲み、もう

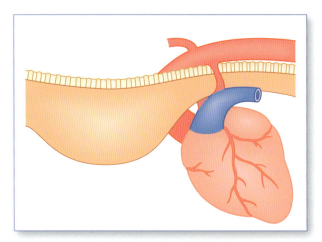

図Ⅰ-214 右大動脈弓遺残の模式図
図に示すような血管輪の形成が起こる。

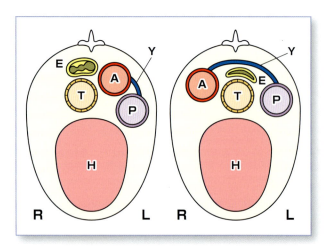

図Ⅰ-215 健常犬と右大動脈弓遺残症（PRAA）の犬の各器官の位置関係を表した模式図
A：大動脈、P：肺動脈、H：心臓、E：食道、T：気管、Y：動脈管索

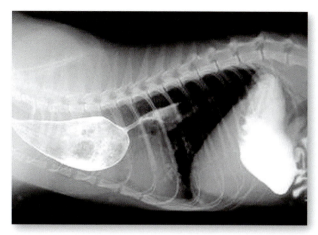

図Ⅰ-216　アメリカン・ショートヘアー、11ヵ月齢、去勢雄における食道造影所見
心基部より頭側にて顕著な造影剤の停留および食道拡張がみられる。

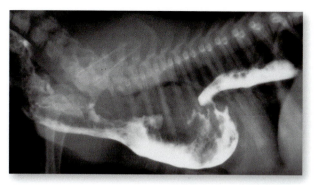

図Ⅰ-217　ポメラニアン、雌、体重0.8kg。PRAAにおける術前の食道造影所見
食道拡張により気管は頸部より大きく下方に偏位している。動脈管索の前方が大きく嚢状に拡張。
（写真提供：山根義久先生）

一方が左側を囲む。そして、結果的に右側から残存した右大動脈弓（第4鰓弓動脈および右背側大動脈根）、左側から動脈管またはこれが退行した動脈管索（左側第6鰓弓動脈および左背側大動脈根）、さらに腹側からの心基底部により血管輪が形成される[3]（図Ⅰ-214、215参照）。

上記以外に血管輪を形成する大動脈分枝異常のパターンがいくつか報告されている。その1つは、右鎖骨下動脈が迷走し、右背側大動脈根の尾方で大動脈に結合した状態で残存するパターンである。食道背側の右鎖骨下動脈を含めたこの不完全な血管輪によって大動脈が右方に牽引され、食道が圧迫される[4]。左および右鎖骨下動脈が共通の幹から起始することもあり、残存した右大動脈弓と、迷走しながら大動脈に結合したままの左鎖骨下動脈により、左右対称像を呈する部分的な血管輪を形成する[1]。さらに、背側大動脈根が右側で萎縮を起こさないために、大動脈弓が左右2本とも残存する重複大動脈弓もまれに起こる[5-7]。また、さらにまれな例として、後食道鎖骨下動脈が左鎖骨下動脈から分岐した動脈管索と結合するタイプ（PRAA-SA-LA）が、ジャーマン・ピンシャーにおいて報告されている[8,9]。

好発犬種として、ジャーマン・シェパード、アイリッシュ・セター、グレーハウンドおよびジャーマン・ピンシャーが知られており、疫学的な調査がなされている[8,10]。特にジャーマン・ピンシャーにおいて、TBX1およびミトコンドリアのリボゾーム内に存在する遺伝子であるMRPL40がPRAA-SA-LAの発現に大きく関与していることが示唆されている[9]。本症では、猫でも犬と同様に発生がみられる。

### ⅲ）病態

血管輪が食道および気管の周囲を取り囲む。これにより、食道狭窄および狭窄部の頭側における食道拡張を引き起こす。食道の機能的問題により、狭窄部の尾側においても食道拡張がみられることがある。罹患動物では、一般的に離乳後より吐出や、発育障害などを呈するようになる[9,11]。発咳や喘鳴などの症状は多くの場合、二次的な誤嚥性肺炎と思われるが[11,12]、重複大動脈弓が気管狭窄を起こし、結果的に呼吸器症状を示す場合もある[9,12]。

### ⅳ）診断

食物やガスにより拡張した頸部食道が、胸郭入口で触診されることがある。胸部X線検査において、前縦隔の拡大と気管の腹側への偏位所見や、誤嚥性肺炎の所見がみられることがある。食道造影では、心基底部上方における食道狭窄と頭側の食道拡張がみられる[11]（図Ⅰ-216、217）。近年、CTによる診断もなされている[4]。

### ⅴ）治療

動脈管または動脈管索を外科的に切除し、狭窄部位の食道壁に付着した線維性組織を切離する方法が一般的である[1]（図Ⅰ-218）。また、食道部分切除

第Ⅰ章 心血管系

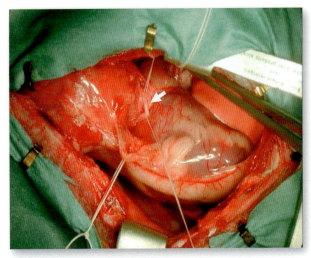

図Ⅰ-218　図Ⅰ-216の症例における動脈管索切除術所見
写真左側が頭側、右側が尾側。白矢印が動脈管索。

図Ⅰ-219　図Ⅰ-216の症例における食道部分切除術所見（切除前）
まず食道切除前に切開し、食道内の食物残渣を除去する。図の食道は切開され、食道内の食塊は除去されている。

図Ⅰ-220　図Ⅰ-216の症例における食道部分切除術後の所見（胸膜は既に縫合閉鎖）

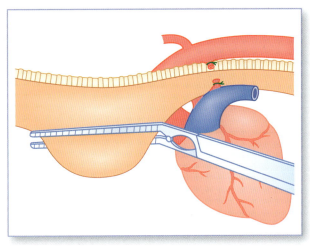

図Ⅰ-221　食道部分切除術の模式図
食道拡張部分に鉗子を掛けて余剰部分を切除する。切除範囲は、術後の瘢痕収縮を考慮し、正常と思われる食道の太さの1.5～2倍を残して切除する。

術を併用することもある（図Ⅰ-219～223）。食道部分切除術は、食道壁が菲薄で癒合不全が生じやすいことから推奨されるべきものではない[13]。また、合併症のリスクを増大させるため、実施すべきではないとされている[14,15]。また、食道の切除による神経支配除去の問題や、解剖学的に漿膜のない食道は癒合しにくいという説もある。しかし、もともと食道の拡張部分の神経は壊死、消失していることが多く、食道の機能や解剖学的措置を考慮した縫合方法をとれば問題ない[15-19]。その他の鎖骨下動脈を含む血管輪のパターンに対しても、同血管を結紮後、大動脈から切離することで治療することが可能である。同血管の支配領域である前肢は、椎骨動脈および肋頸動脈などの並走する血管の循環により十分な血液供給を受け、機能を維持する[3]。

vi）予後

外科的処置により、症状の改善がみられることが多い[3,20]。一方、術後早期の巨大食道症や吐出の発現が、その後の予後を必ずしも決定するものではない[20]。

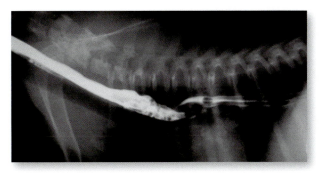

図Ⅰ-222　図Ⅰ-217と同症例の食道部分切除後26日目の食道造影所見

術後1週間は、経腸栄養食を留置カテーテルで投与。その後、嘔吐もなく治癒。
(写真提供：山根義久先生)

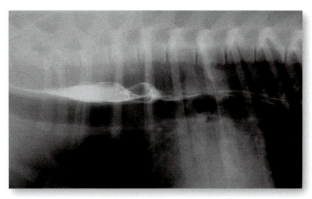

図Ⅰ-223　図Ⅰ-217と同症例の食道部分切除後131日目の食道造影所見

食道内にバリウムは少し残存するも拡張部分もなく、術後の嘔吐や誤嚥性肺炎の合併症は認められなかった。
(写真提供：山根義久先生)

### 3）肺動脈（弁）狭窄症

#### i ）定義

肺動脈（弁）狭窄症（Pulmonic Stenosis：PS）は、犬において遭遇する頻度の高い先天性心疾患である。本疾患のリスクが高い犬種として、海外ではイングリッシュ・ブルドッグ、マスチフ、サモエド、ミニチュア・シュナウザー、アメリカン・コッカー・スパニエルおよびウエスト・ハイランド・ホワイト・テリアなどが知られている[21]。1987年から1989年の北米獣医大学における犬の先天性心疾患の中で、動脈管開存症（32％）および大動脈弁狭窄症（22％）に次いで3番目に多く（18％）診断されている[21]。右室流出路から主肺動脈にかけてのいずれかで狭窄が認められる先天性心疾患であり、狭窄の位置により弁部、弁下部または弁上部に分類される（図Ⅰ-224）。犬ではおよそ90％が弁部の弁性狭窄とされているが、弁性狭窄と、線維性構造物や肥厚した心筋による弁下部狭窄がしばしば合併していることがある[22]。

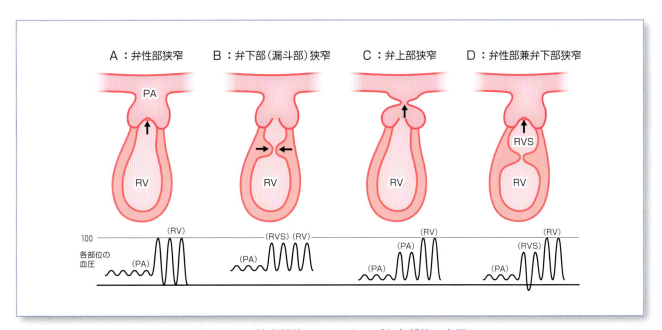

図Ⅰ-224　狭窄部位の3つのタイプと各部位の血圧

A：弁性部狭窄、B：弁下部（漏斗部）狭窄、C：弁上部狭窄、D：弁性部兼弁下部狭窄、PA：肺動脈、RV：右心室、RVS：右心室の一部（第三室）

ⅱ）原因

PSを引き起こす解剖学的要因として、弁交連部の融合と弁輪部の低形成が知られている[23~25]。弁交連部融合によるPSは、流出路の狭窄を伴い、肥厚した円錐形またはドーム型、あるいは鯉口型の弁に特徴づけられる[25,26]。一方、肺動脈弁の形成異常による狭窄症は、肥厚した弁尖や交連部の癒合を有さない弁輪部の低形成から起こる。両者の病理所見は、混在していることが一般的であり、厳密に分類することは困難である。Finglandらによれば、PSのうち、88%は肺動脈弁の形成異常による狭窄であるとしている[22]。

弁上部狭窄は、弁性狭窄と比較して圧倒的に少ないが、膜性構造物による狭窄が犬において報告されている[27]。

肺動脈弁下部狭窄の犬では、弁基部または弁下部において線維輪が存在することが一般的とされる。しかしながら、肺動脈弁の約1～3cm下部の右室漏斗部において線維性筋肉の狭窄がみられることもある[22,28-30]。さらに、漏斗部または室上稜の求心性肥大が存在することで、運動やストレスの際に動的狭窄を引き起こし、流出路障害を起こすことがある[22,28]。

イングリッシュ・ブルドッグやボクサーにおいて、肺動脈の弁性および弁下部狭窄が左冠状動脈の奇形により生じることが知られている[33,34]。この奇形は、右冠状動脈洞より1本の大きな冠状動脈が起始し、その後左右の側枝に分岐する。分岐した左側枝は、左下行枝および左回旋枝に分岐する前に肺動脈弁直下の右室流出路を取り囲み、圧迫することになる。

ⅲ）病態

右室流出路の狭窄により血流に対する抵抗が増大すると、肺への拍出量を維持するため、右室収縮期圧の増大が起こる。このため、PSにおける基本的な病態は、右室収縮期圧の上昇による右室圧負荷といえる。肺動脈と右室間における圧較差は、血流量の他に狭窄部位の横断面積に依存するため、一般的に肺動脈狭窄における重症度の指標や狭窄のタイプの分類として用いられている。通常、収縮期における右心室壁の緊張性増大は、右心室壁の求心性肥大

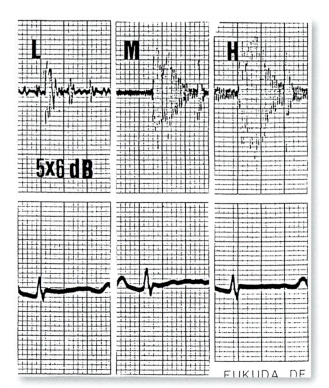

図Ⅰ-225　純型肺動脈狭窄症の日本猫（3ヵ月齢、雌）における心音図

Hの帯域で漸増漸減性型の収縮期駆出性雑音が確認される。
（提供：山根義久先生）

を惹起させるが、右室内腔の増大を伴いながら右心室壁の肥大（両性肥大）を呈する症例に遭遇することもある[29]。胎子や新生子においては、心筋容積の増加は、主として毛細血管の成長に伴う心筋細胞の過形成に由来するとされる[33-35]。一方、成熟個体では、過形成を伴わず肥大が起こる。過形成または肥大のいずれにしても、右室心筋のコンプライアンス低下による拡張機能の低下により、右室拡張末期容積の減少が惹起される。しかしながら、心機能が著しく低下した場合を除き、右室収縮力が増加することで1回拍出量は維持される。

ⅳ）診断

聴診にて収縮期性雑音が聴取され、心音図検査において、漸増漸減型の収縮期駆出性雑音として記録される（図Ⅰ-225）。血液検査にて、異常が発覚することはまれである。しかしながら、時として右心負荷に伴い肝酵素値の上昇や、心機能が著しく低下した際には腎前性腎不全の所見を呈することがある。

心電図検査では第Ⅱ誘導におけるQ波、S波の増高、QRS群の増幅などの右心負荷所見および右軸

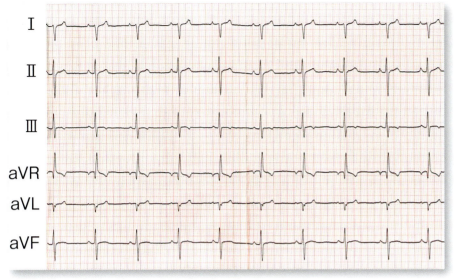

図 I-226 肺動脈弁性狭窄のスコティッシュ・テリアおける6誘導心電図（1mV＝1cm）

平均電気軸は－176°、また第ⅡおよびⅢ誘導において深いS波が認められ、顕著な右心負荷が示唆された。

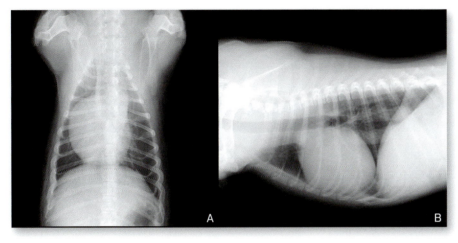

図 I-227 肺動脈弁性狭窄のスコティッシュ・テリアにおける胸部X線

DV像（A）において右心室の顕著な拡大および主肺動脈の突出（時計1時方向）、また右ラテラル像（B）において右心室の拡大および後大静脈の拡張がみられた。

偏位、さらには右脚ブロックがみられることもある[38-40]。P波は、通常正常であることが多いが、増高している際には、右室圧負荷または三尖弁逆流から生じる右房拡大が疑われる[38]（図 I-226）。

PSにおける胸部X線検査の異常所見として、DV像における右室拡大および1時方向の肺動脈突出（狭窄後部拡張による）、ラテラル像における右室拡大などがみられる[36]（図 I-227）。肺血管に関しては、異常がみられないことが多い。

心エコー検査は、小動物におけるPSを診断するうえで非常に有用な方法である。特に、Bモードと併せてカラードップラーを用いることで、確定診断が可能である。Bモードにおいて肺動脈弁の高エコー化、弁尖の融合、さらには弁輪の低形成がみられる。肺動脈弁遠位では、狭窄後部拡張が認められることが多い（図 I-228、229）。右心室流出路の短軸画像にて、肺動脈弁の形態、さらに肺動脈血流速度を計測する。超音波検査により得られた血流速度は、

簡易ベルヌーイ式　$PG = 4V^2$

PG：圧較差（mmHg）、V：血流速度（m/s）

により、右室－肺動脈間の圧較差へ変換が可能である（図 I-230）。一般的に、肺動脈（弁）狭窄症の重症度は、この圧較差により分類され、40～50 mmHg未満を軽度、50～80 mmHg未満を中等度、さらに80 mmHg以上を重度としている。肺動脈（弁）狭窄症の人と犬におけるドップラーによる推定収縮期圧較差は、同条件下で実施された侵襲的圧測定法とよく相関する[39]。その他の異常所見として、Mモードにおいて、心室中隔と左室自由壁の各時相におけるずれ（いわゆる心室中隔の奇異性運動）がみられる。心室中隔の扁平化は、右室収縮期

第I章　心血管系

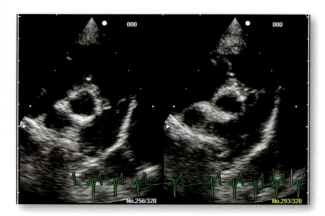

図I-228　肺動脈狭窄のトイ・プードルにおける心エコー検査
（右傍胸骨短軸断面像−肺動脈レベル）

左画面（拡張末期）および右画面（収縮末期）のいずれにおいても肺動脈弁の高エコー化および弁尖の癒合がみられる。

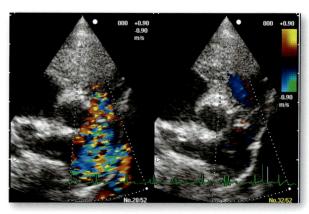

図I-229　図I-228と同症例における心エコー検査（右傍胸骨短軸断面像−肺動脈レベル）

左画面において、大動脈の3時方向にある肺動脈弁の前後にてモザイクパターンがみられる。右画面において、肺動脈弁遠位にて異常に拡張した主肺動脈がみられる（狭窄後部拡張）。

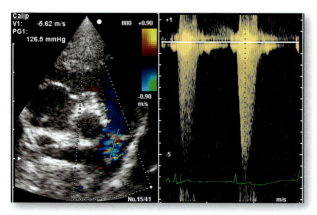

図I-230　肺動脈狭窄のトイ・プードルにおける心エコー検査
（右傍胸骨短軸断面像−乳頭筋レベル）

右室−肺動脈間収縮期最大血流速度は5.62 m/秒であり、簡易ベルヌーイ式より圧較差は126.5 mmHgと推定され、重度の肺動脈狭窄と診断された。

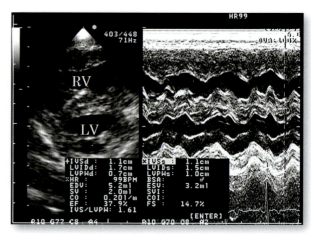

図I-231　肺動脈弁性狭窄のスコティッシュ・テリアにおける心エコー検査
（右傍胸骨短軸断面像−乳頭筋レベル）

心室中隔の扁平化、右室腔の拡大および右心室壁の肥厚が認められ、さらにMモードでは心室中隔の奇異性運動が確認される。LV：左心室、RV：右心室。

圧が80〜100 mmHgを超える症例において通常みられ、右室圧負荷により右室収縮期圧が左室収縮期圧を凌駕することで、結果として心室中隔が左室側へシフトする現象としてとらえることができる[40]（図I-231）。

心臓カテーテル検査においても、侵襲的ではあるが、右室−肺動脈間収縮期圧較差を測定することができる（図I-232）。さらに造影検査により右室流出路の狭窄、右室肥大および肺動脈内の狭窄後部拡張が示される（図I-233）。小動物における心カテーテル検査の欠点として、右室圧は全身麻酔の影響を大きく受けるため、覚醒および活動下における狭窄の重症度を過小評価する可能性があり、注意が必要である[41]。

特に、冠状動脈の奇形が疑われるイングリッシュ・ブルドッグやボクサーでは、左心系のカテーテル検査も実施するべきであり、大動脈起始部や選択的冠状動脈の造影により、左冠状動脈の走行について評価する必要がある[24]。

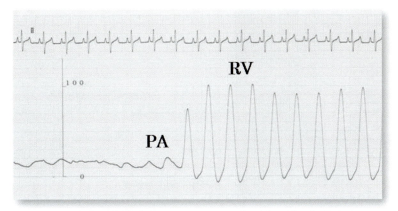

図I-232 肺動脈弁性狭窄のフレンチ・ブルドッグの心臓カテーテル検査における圧引き抜き曲線

肺動脈へ挿入したカテーテルをゆっくり右室へ引き抜き、血圧の変化をみたところ収縮期圧の上昇が認められた。肺動脈および右心室の収縮期圧はそれぞれ19および98 mmHgであり観血的に圧較差は79 mmHgであった。PA：肺動脈、RV：右心室

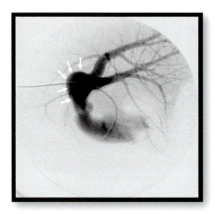

図I-233 肺動脈弁性狭窄のスコティッシュ・テリアにおける右心造影

肥厚した肺動脈弁尖による充填欠損像および肺動脈弁輪部の低形成がみられる。さらに明瞭な腫瘤状の狭窄後部拡張（矢印）が認められる。

### v）治療

#### ①内科的治療

PSに対する治療の概念は、収縮期右室圧降下による右室圧負荷の軽減であり、内科的治療のみで十分な効果を得るのは困難と思われる。しかしながら、右室漏斗部の肥大が顕著な症例に対して、β遮断薬の使用は有用な治療法の1つかもしれない[11]。また、本疾患の罹患犬において右心室および左心室のキマーゼ活性上昇が示唆されており、病態モデル犬における組織レベルの研究にて、ATII拮抗薬であるカンデサルタン・シレキセチルによる心筋リモデリングの抑制が報告されている[42]。

#### ②外科的治療

PSに対する外科的治療の目的は、弁口部の拡大または迂回路増設による右室圧降下である。治療法として様々な術式が提唱されており、それらを以下に示す。

非開胸下で実施可能な方法として、バルーン弁拡大形成術がある。Brightらが、1987年に犬において本法を報告して以来、バルーン弁拡大形成術は、世界規模での技術となりつつある[43〜45]。心カテーテル検査と同様のアプローチにてカテーテルを狭窄部に誘導し、バルーンを拡張させることで狭窄を解除する方法である（図I-234）。非開胸下で実施可能である点を考慮すると有用性は高いが、バルーン拡大時の右心室へ対する負荷の増大や一時的な血流阻害による心室不整脈が発生するため、長時間のバルーン拡大や、過剰なバルーンの拡大による肺動脈および三尖弁の損傷には十分注意する必要がある。使用するバルーンのサイズは、心エコー検査または血管造影検査による肺動脈弁輪径の1.2〜1.5倍が望ましいとされている[46]。犬においてバルーン弁拡大形

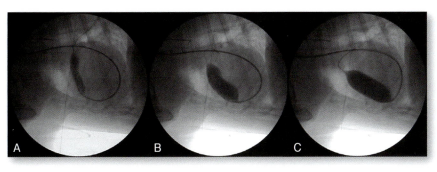

図I-234 肺動脈弁性狭窄のフレンチ・ブルドッグにおけるバルーン弁拡大形成術

A：狭窄部へカテーテルを誘導後、バルーンをまだ完全に拡張していない状態。B：バルーンを拡張させ狭窄の解除を試みているが、この段階ではまだバルーンのくびれがみられる。C：数回のバルーニング後、バルーンのくびれが消失しており、狭窄が解除された状態。

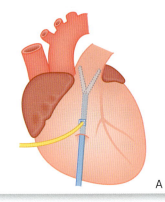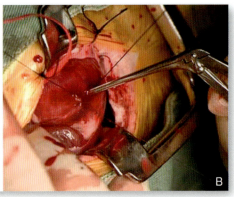

図Ⅰ-235　Brock変法の模式図および肺動脈弁性狭窄のチワワにおける実施
A：Brock変法の模式図。B：右心室壁に巾着縫合をかけ、小切開後に耳鉗子を挿入し、狭窄物を裂開している。写真左下が頭側、右上が尾側。

成術の有効性が示されており、無処置の犬は、バルーン弁拡大形成術が成功した犬に比べ2.1倍、死のリスクがあるとされている[47,48]。しかしながら、依然として術後に再狭窄が起こる可能性は否めず、十分な経過観察が必要である。

　狭窄部へのバルーンカテーテル挿入や体外循環の実施が困難な超小型犬に対する治療法として、Brockの変法がある。開胸後、右室流出路のタバコ縫合の中心部から肺動脈弁切開刀や弁口拡張器、あるいは耳鉗子を挿入し、出血を制御しながら狭窄部を盲目的に拡張する方法である[49]（図Ⅰ-235）。Brockの変法の利点として、小型犬に適応可能であること、特殊な器具を必要としないことなどがあげられる。一方、欠点として盲目的な手技であること、出血のコントロールが若干困難であること、術後の再狭窄が起こりうることなどがあげられる。

　右室流出路拡大形成術は、いわゆる"パッチグラフト（patch-graft）法"とも呼ばれ、肺動脈切開下（直視下）で実施するopen patch-graftと（図Ⅰ-236）、あらかじめパッチを右室流出路へ縫着した状態で盲目的に肺動脈弁などを切開するclosed patch-graftが含まれる。いずれの術式も、肺動脈弁などの狭窄構造物を切開し、右室流出路へ柳葉型に成形したパッチを縫着することで流出路を拡大し、右室圧を軽減することにある。パッチに用いる素材としては、デナコール処理済牛静脈片やPTFEが知られている[50,51]。Closed patch-graftは、切断カテーテル以外の特殊な機器を必要とせず実施可能である反面、盲目的な弁切開であることや出血のコントロールが困難であるなどの危険性を有している。一方、安定した循環動態および無血視野を得る

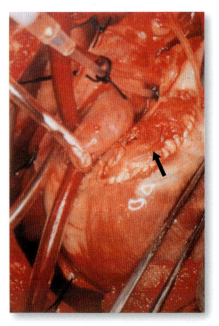

図Ⅰ-236　右室流出路拡大形成術
右室流出路を切開し、柳葉型にトリミングしたパッチグラフトを縫着し（矢印）、右室流出路を拡大。
（写真提供：山根義久先生）

ために、体外循環および心停止下でのopen patch-graftは、小動物においても確立された方法であり、現在のところ肺動脈狭窄症における最も根治的な方法とされており、その有効性が示唆されている[52,53]。しかしながら、体外循環が必要となり、高コストおよび高侵襲性などの問題点を有する。

　肺動脈弁上部狭窄では、体外循環心拍動下における狭窄の解除が可能である（図Ⅰ-237）[27]。本法は、体外循環を要するものの、心停止およびパッチの縫着を必要としないことから、安全かつ短時間での手技完了が可能である。

　導管移植術は、右心室と肺動脈間に迂回路を増設

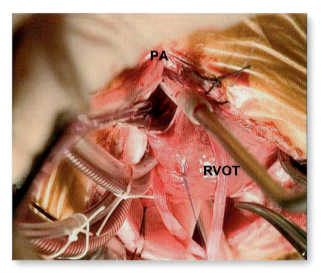

図I-237 肺動脈弁上部狭窄のキャバリア・キング・チャールズ・スパニエルにおける体外循環心拍動下の弁上部狭窄解除術[27]

肺動脈切開部から弁上部の膜性構造物が確認される。RVOT：右室流出路、PA：肺動脈。（文献［27］Fig 8-Aより筆者の承諾を得て掲載）

することにより、狭窄部を通過する血流量を減少させ、右室圧の軽減を図る方法である（図I-238）。移植に用いる導管には、生体組織や人工物であるダクロンを加工した物、また弁付きおよび弁なしが知られている[54]。弁付きまたは弁なしのいずれが有効であるかに関して、現時点で結論づけることはできないが、筆者らは生体組織由来の弁付き導管を肺動脈狭窄モデル犬へ移植し、血行動態および組織学的な有用性を報告している[55,56]。

#### vi）予後

軽度のPSであれば、寿命を全うする個体も多い[11]。各種術式について記載したが、長期的な有効性および予後について不明な点も多い。しかしながら、バルーン弁拡大形成術に代表されるように、いずれの術式においても十分な圧較差の軽減が得られれば、臨床症状の改善および突然死のリスクを軽減できる可能性がある[48]。

### 4）大動脈（弁）狭窄症

#### i）定義

大動脈弁狭窄症（Aortic Stenosis：AS）とは、大動脈の弁下、弁部または弁上部において、構造的な異常により狭窄が起こることで発生する先天性の心疾患である[11]（図I-239）。Oliveiraらによれば、先天性心疾患犬976頭に占めるASの割合は、大動脈弁下狭窄（subvalvular aortic stenosis：SAS）が21.3%と、PS（32.1%）に次いで多かったと報告している[57]。

#### ii）原因

体循環系の流出路狭窄は通常、大動脈弁直下にお

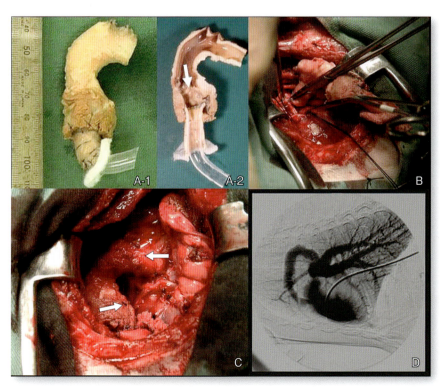

図I-238 肺動脈狭窄モデル犬における右室-肺動脈間導管移植術

A-1：犬大動脈弓由来デナコール処理済導管。右心室壁への縫着を考慮し、導管近位端にポリプロピレンチューブおよびポリテトラフルオロエチレン（PTFE）フェルトを装着している。A-2：導管内部構造。矢印は導管内部の弁を示す。B：導管の遠位端を主肺動脈へ拍動下で端側吻合する。この時、主肺動脈は血管鉗子にて部分的に鉗圧している。C：右心室壁へ導管を縫着し、導管移植が終了した後（上の矢印が肺動脈側、下の矢印が右心室側）。D：移植後に実施した右心室からの血管造影。導管を介する右心室からの良好な血流が確認される。

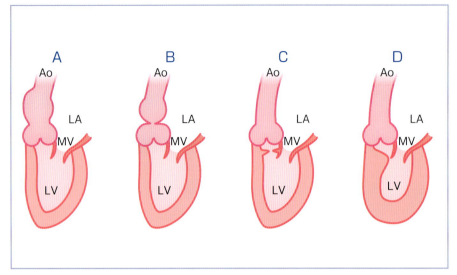

図Ⅰ-239 大動脈（弁）狭窄症の分類
A：弁性狭窄、B：弁上部狭窄、C：弁下部狭窄（弁下性線維輪）、D：弁下部狭窄（特発性肥大性弁下部狭窄）
Ao：大動脈、LA：左心房、MV：僧帽弁、LV：左心室

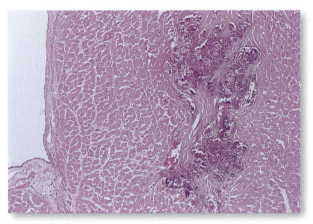

図Ⅰ-240 8.5ヵ月齢で突然死したパグ（雌、体重4.28kg）の心臓組織所見
心筋内に石灰化を伴った多発性の心筋壊死や線維化が認められる。（写真提供：山根義久先生）

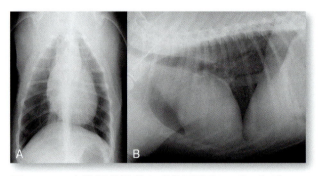

図Ⅰ-241 大動脈弁性および弁下狭窄のゴールデン・レトリーバーにおける胸部X線検査
A（DV像）およびB（右ラテラル像）において心基部側の大動脈の拡張および左室拡大がみられる。

いて線維性組織の隆起や、大動脈口を不完全または完全に取り囲む線維筋性の輪が増殖性に肥厚することで起こる[3,11]。犬ではこのタイプのものがほとんどで、いわゆる図Ⅰ-239Cタイプである。大動脈弁の異常な形成による弁性の狭窄もSASに比べ発生頻度は低いが、報告されている[11,57]。SASは、表現型発現に影響する修飾遺伝子を伴った常染色体の優性遺伝であることが示唆されている[11]。

ⅲ）病態

左心室の狭い流出路を通過する拍出量を維持するため、高い左心室圧と駆出時間の延長が必要となり、その結果、狭窄の存在が左心室に圧負荷を負わせることになる。そのため、狭窄部位の前後で収縮期の圧較差が生じ、圧較差は狭窄の程度と相関する[11]。収縮期の圧負荷に対する反応として求心性の心筋肥大が起こり、心筋コンプライアンスの減少による拡張障害が惹起される。一方、ある程度の心室内腔拡大も起きうる。大動脈弁性狭窄では弁構造の異常、またSASでは二次的な要因により、大動脈弁閉鎖不全を引き起こすことがある。病態の進行とともに、心室拡張期圧および心房圧の上昇が起き、心不全に至る可能性がある。重度の流出路閉塞の場合、頻拍性不整脈、反射性徐脈および心室の圧受容器の刺激に起因する低血圧により心拍出量低下が引き起こされ、運動不耐性、失神および突然死などがみられることがある[11]。さらに、犬の重度の

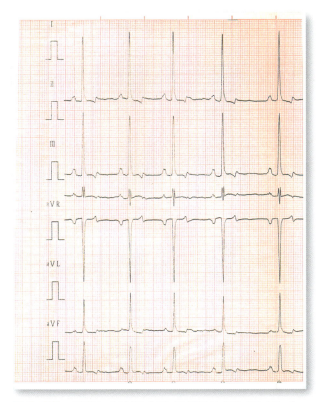

図Ⅰ-242 重度な大動脈（弁）狭窄症を呈しているゴールデン・レトリーバー（4歳齢、雌、体重25kg）の心電図

顕著なR波の増高、STスラー、左軸偏位などの左心室肥大所見が認められる。（提供：山根義久先生）

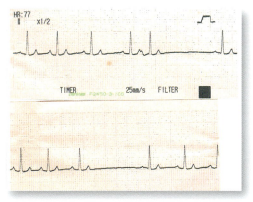

図Ⅰ-243 急死する5日前の大動脈（弁）狭窄症のゴールデン・レトリーバー（8ヵ月齢、雄、体重16.8kg）の心電図

心房性早期拍動や心房停止が認められる。
（提供：山根義久先生）

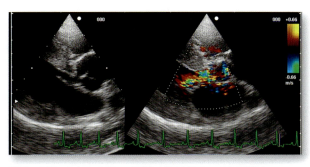

図Ⅰ-244 図Ⅰ-241の症例における心エコー検査
　　　　　（右傍胸骨長軸断面像‐左室流出路）

Bモード（左側画像）において大動脈弁下部の突出した構造物と、大動脈弁の高エコー化および弁尖の癒合がみられる。ドップラー画像において、弁下部および弁部においてモザイクパターンがみられる。これらの画像より、大動脈弁性および弁下狭窄と診断された。

症例では、剖検により心筋の壊死および石灰化を認めることが多い（図Ⅰ-240）。

iv）診断

触診での大腿動脈の弱く遅い脈拍や、左心基底部における振戦などの身体検査所見、大動脈弁または弁下部領域における収縮期駆出性雑音により本症を疑う。

胸部X線検査において左室拡大や、狭窄後部拡張所見がみられることがある（図Ⅰ-241）。心電図検査では、正常所見であることも多いが、R波の増高や左軸偏位（図Ⅰ-242）、心筋の虚血や肥大によりⅡ誘導およびaVF誘導においてST部分の下降、心室頻拍性不整脈などがしばしばみられる（図Ⅰ-243）。

確定診断は、心エコー検査により行う。大動脈弁下部や弁部における狭窄を確認し、カラードップラー法により狭窄構造物間の収縮期最大血流速度を計測する。この血流速度から簡易ベルヌーイ式を用いて圧較差を算出する（図Ⅰ-244、245）。最大圧較差が100〜125 mmHg以上であれば重度の狭窄が存在している。ASに付随する所見として、狭窄弁後部拡張、左室肥大、左房拡大、左室心内膜の高輝度化および僧帽弁前尖の収縮期前方運動（SAM）などがみられる。

心臓カテーテル検査は、左室内圧を直接測定することが可能であり、他の心疾患との合併を評価するための血液ガス分析や、狭窄を視覚化するための造

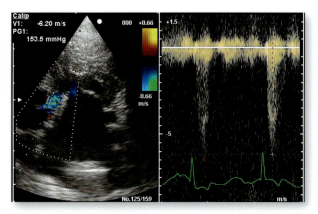

図Ⅰ-245　図Ⅰ-241の症例における心エコー検査（左傍胸骨長軸断面像-左室流出路）

狭窄の前後における血流速度は6.2 m/sであり、簡易ベルヌーイ式よりこの部位での圧較差153.5 mmHgと算出され、重度の大動脈狭窄と診断された。

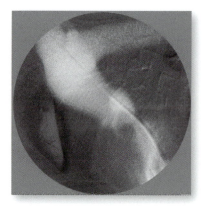

図Ⅰ-246　図Ⅰ-241の症例における左室造影像

頸動脈よりカテーテルを挿入し、先端を左室内に留置し、造影剤を急速注入した。バルサルバ洞下部、つまり弁下部に狭窄がみられ、さらに狭窄部の遠位における大動脈の拡張（狭窄弁後部拡張）が認められる。

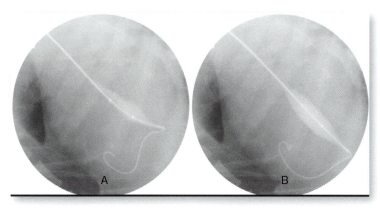

図Ⅰ-247　図Ⅰ-241の症例におけるバルーン拡張術

A：狭窄部へバルーンを誘導し、バルーンを拡張している段階。このとき、バルーンにはまだくびれがみられ、狭窄の解除は不十分である。B：バルーンの拡張を何度か実施し、この段階ではバルーンのくびれは消失している。

影と併せて実施することで有用性は高い（図Ⅰ-246）。しかしながら、通常、全身麻酔下での検査となるため、本検査で得られた圧較差は、全身麻酔の影響などを十分にふまえて評価する必要がある[11]。

### ⅴ）治療

内科的治療として、β受容体遮断薬の使用は、心筋の酸素要求量を減少させ、不整脈の頻度と重症度を軽減する効果が提唱されている。しかしながら、本薬剤により生存期間が延長するか否かに関しては不明である[11]。

以下に記載するいずれの外科的治療も、左室圧負荷を軽減することが目的となる。バルーン拡張術は、バルーンカテーテルを狭窄部位に誘導し、その場でバルーンを拡張させることで線維輪を裂開させたり、狭窄部を物理的に拡張する方法である[58]（図Ⅰ-247）。頸動脈からアプローチするため、非開胸下で実施可能という点に関しては、低侵襲といえる。しかしながら、バルーン拡張中、一瞬ではあるが全身への血流が遮断されたり、左室源性の不整脈が惹起されるなどのリスクは避けられない。また、バルーン拡張術直後は、十分な圧較差の軽減がみられても、一定期間経過後に再狭窄が起こる可能性がある[11]。

体外循環装置を用いた開心術では、上行大動脈より左室内へアプローチすることで直接狭窄構造物を切除する方法が一般的である（図Ⅰ-248〜251）。この場合でも術後の突然死をみることがある。

左室-大動脈間導管移植術は、左心室と大動脈間に迂回路（バイパス）を増設することで左心室の圧負荷を軽減する方法である。開胸下において、体外循環を使用することなく実施可能なことが長所とし

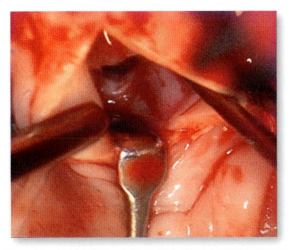

図Ⅰ-248　体外循環による心停止下で大動脈起始部を切開（ゴールデン・レトリーバー、3ヵ月齢、雌、12kg）

大動脈弁下方にリング状の狭窄物が確認された。大動脈弁口面積0.57cm$^2$（切除前）。（写真提供：山根義久先生）

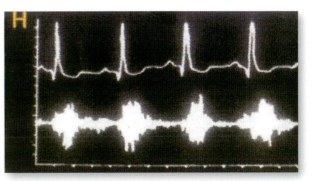

図Ⅰ-249　術前の心音図（PCG）所見

図Ⅰ-248と同症例。H帯域で漸増漸減性の典型的な収縮期駆出性の雑音が聴取される。
（写真提供：山根義久先生）

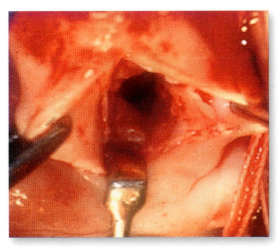

図Ⅰ-250　図Ⅰ-248と同症例の狭窄物切除後の所見

大動脈弁下方のリング状の狭窄物を切除した。大動脈弁口面積1.04cm$^2$（切除後）。（写真提供：山根義久先生）

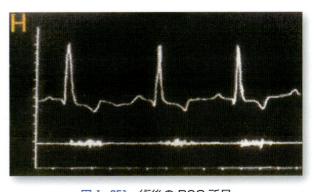

図Ⅰ-251　術後のPCG所見

図Ⅰ-248と同症例。H帯域でも術前の駆出性雑音は認められない。（写真提供：山根義久先生）

てあげられる。特殊な加工を施した犬由来大動脈弁をダクロン製の人工血管に縫着し、弁付導管としてASモデル犬に移植した実験では、導管移植を実施した個体群は実施しなかった個体群と比較して有意な圧較差の減少がみられている[59]。筆者はこの手術方法で、既に臨床例における成功例を得ている（図Ⅰ-252～255）。

### vi）予後

重度狭窄（圧較差がカテーテル検査で80 mmHg以上、ドップラー法で100～125 mmHg以上）の犬や猫の予後は要注意であり、犬の50％以上が3歳齢までに突然死するとされており、SASにおける突然死の割合は20％を上回る[11,60]。感染性心内膜炎やうっ血性心不全、さらに心筋線維化、壊死、石灰化などは、より後期に発現する可能性が高い（図Ⅰ-240参照）。心房および心室不整脈と、僧帽弁閉

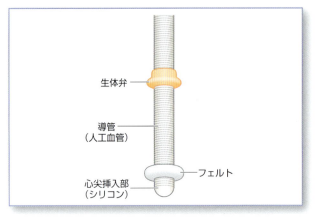

**図Ⅰ-252 左心室（LV）-大動脈（Ao）導管**
LVとAo間に迂回路（バイパス）を装着する手術で、生体弁（同種大動脈処理弁）とダクロン製の人工血管、さらに心尖部の装着部分のポリテトラフルオロエチレン（PTEE）製フェルトとシリコンチューブより形成。

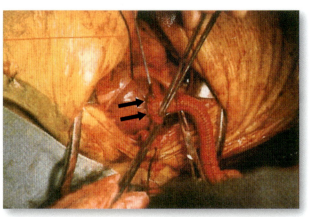

**図Ⅰ-253 左心室（LV）-大動脈（Ao）導管移植術**
開胸、拍動下で導管を左心室心尖部に装着したところ（矢印）。装着部分は心筋にフェルトを縫着する。
（写真提供：山根義久先生）

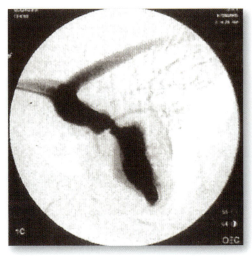

**図Ⅰ-254 図Ⅰ-253の術前の造影所見**
大動脈弁下部の狭窄は重度で、左室肥大も重度である。
（写真提供：山根義久先生）

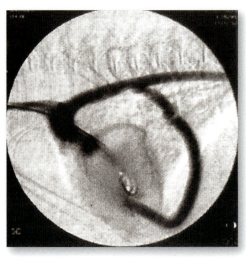

**図Ⅰ-255 図Ⅰ-253の術後の造影所見**
LV-Aoのジャンピング・バイパスを経由して大量の血液が直接大動脈に流入している。（写真提供：山根義久先生）

鎖不全などは、病態を悪化させる要因となる。一方、軽度狭窄（圧較差がカテーテル検査で35 mmHg未満、ドップラー法で60～70 mmHg未満）の場合は、無症状で長期生存することが多い。

開心術により左室収縮期圧較差を著しく減少させることで、臨床症状や運動能力を改善させることが可能であるが、外科的治療を実施しなかった個体と比較して長期生存に違いはみられないという報告もある[61,62]。

### 5）心房中隔欠損症
#### ⅰ）定義
真性の心房中隔欠損症（Atrial Septal Defect: ASD）とは、心房中隔に生じた欠損孔によって左右の心房が交通（短絡）してしまっている疾患である。多くの場合、出生後は左心房から右心房および右心側への血液短絡をきたす。

#### ⅱ）原因
胎子期の発生過程において、左房側および右房側に2枚の心房中隔が形成され、それぞれ一次心房中隔および二次心房中隔と呼称される。最初に形成される一次心房中隔の腹側には一次心房間孔がみられ

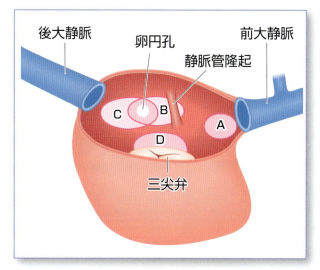

図Ⅰ-256　ASDの分類（部位別）
心房中隔欠損の発生部位により、A：静脈洞欠損、B：二次口中心部欠損型、C：二次口下部欠損型、D：一次口欠損。

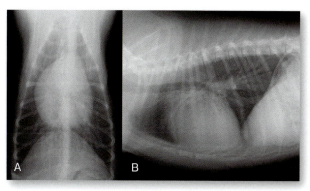

図Ⅰ-257　一次口型心房中隔欠損の柴犬における胸部X線検査
A（DV像）において左心室および右心室の拡大、主肺動脈の拡張および肺血管の明瞭化がみられる。また、B（右ラテラル像）にて左心室、右心室および左心房の拡大、肺血管の明瞭化がみられる。

るが、房室心内膜隆起からの一次心房中隔の伸長により閉鎖する。しかしながら、この閉鎖前に心房中隔の背側において小さな穿孔が合体することで二次心房間孔が形成される。後に、二次心房中隔が形成され、背側および腹側から伸長するが、この時点では二次心房間孔より腹側の位置において卵円孔が開存している。したがって、胎子期は二次心房間孔および卵円孔を介して、胎盤を通じて流入した酸素飽和血が右心房から左心房、さらに左心室、大動脈および全身へと循環する。この時、右心房の高圧により2枚の心房中隔は分離しているが、出生時に、右房内圧の低減と肺静脈から還流する血液により左房内圧が上昇することで、両心房中隔は密着し、癒合すると左右の心房間の通路は消失する[3]。

しかしながら、発生異常により一次心房間孔が閉鎖せず卵円孔が開口部に重なった状態（一次口欠損：下部のASD）や、二次心房間孔が大きく広がった二次口欠損（上部のASD）と呼ばれる状態が起こり得る。いずれのタイプでも、通常二次心房中隔の形成不全や、卵円孔の拡大がみられる。犬では二次口欠損が一般的だが、猫では一次口欠損が主流である。一次口欠損ではしばしば房室心内膜隆起の欠陥的形成の結果起こる房室口の異常を伴う。また、他の先天性心疾患を合併することも多い[11]。ASDは、欠損孔の位置により図Ⅰ-256に示すように分類されることが多い。

ⅲ）病態

機能的に左房内圧の方が右房内圧より高いため、血液は左房側から右房側へ流入する。その結果、右心系への過剰な血液による負荷が継続すると、肺へ流入する血液量の増加に伴う肺血管病変により、肺血管抵抗が増大する。この状態が肺高血圧症であり、さらに右心室および右房内圧の上昇を起こすため、右心房および右心室の拡張および肥大が起こる。そうなると、短絡血流の方向性は右側から左側へと変遷し、左心系への静脈血流入によりチアノーゼを呈することがある。一方、左心系の負荷過剰により左室肥大の徴候を示すこともある[3,11]。

ⅳ）診断

聴診において大きなASDを有する左-右短絡の個体では、肺血管へ流入する血流量の増加により機能的なPSの病態となり、肺動脈弁領域で収縮期駆出性雑音が聴取される。また、第Ⅱ音の一定した分裂が認められることがある[11]。

胸部X線検査において、重度の短絡を有する個体では、右心拡大や主肺動脈の拡張がみられることがある。また、肺循環血液量の増加により、肺血管の明瞭化を示す傾向がある[11,63]（図Ⅰ-257）。心電図検査所見は、正常もしくは右心負荷所見を呈する（図Ⅰ-258）。

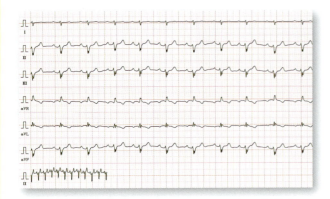

図Ⅰ-258　図Ⅰ-256と同症例における心電図検査

洞調律であるが、平均電気軸は−111°と顕著な右軸偏位を示し、QRS幅の増大（80 ms）していることから右脚ブロック、さらにPR間隔の延長（120 ms）から、第1度房室ブロックがみられた。

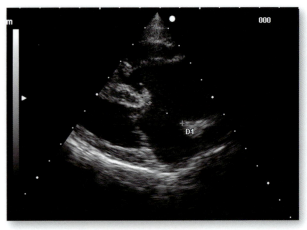

図Ⅰ-259　図Ⅰ-257と同症例における心エコー検査（右傍胸骨四腔断面像）

心房中隔に18.9 mmの欠損孔が認められ、一次口型心房中隔欠損と診断された。

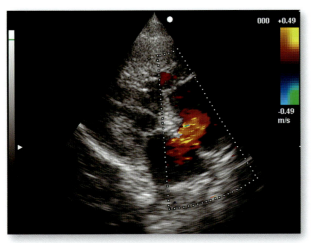

図Ⅰ-260　二次口型心房中隔欠損の柴犬における心エコー検査（右傍胸骨四腔断面像）

心房中隔の中央部に明らかな欠損がみられ、ドップラー法により左−右短絡（左心房から右心房への短絡）が認められ、二次口型心房中隔欠損と診断された。

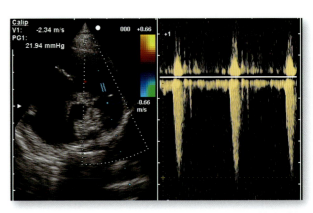

図Ⅰ-261　図Ⅰ-257と同症例における心エコー検査（右傍胸骨短軸断面像−肺動脈レベル）

肺動脈血流速度の上昇（2.34 m/s）がみられ、左心房から右心房へ流入する短絡血流のため、機能的に肺動脈狭窄の状態になっている。

　大きなASDは、心エコー検査により確定診断することが可能である[64]（図Ⅰ-259、260）。左−右短絡の個体では、肺血管へ流入する血流量の増加により機能的なPSの病態となり、肺動脈血流速度の上昇が認められることがある（図Ⅰ-261）。しかし、本検査では卵円窩付近において心房中隔の隔壁自体が薄いため、画像の描出ができなくてASDと誤認するため、注意を要する。また、非常に小さなASDの検出は超音波検査において困難なこともある[11]。

　心臓カテーテル検査により、前大静脈は正常な酸素飽和度で、右房内血液の酸素飽和度の上昇がみられた場合、左−右短絡のASDが示唆される。さらに、肺動脈からの造影を実施することで、肺を介して左心房へ流入した造影剤が短絡孔を介して右心房へ流入することで、左−右短絡のASDを確認することが可能である（図Ⅰ-262）。右−左短絡のASDであっても、右心房からの造影により左心系への造影剤流入を確認することで診断が可能な場合がある。短絡孔が大きなASDでは、前大静脈から右心房へ挿入されたカテーテルが、容易に短絡孔を介して左心房へ入り、さらに挿入することで左室内への誘導が可能なことがある。このような場合、カテー

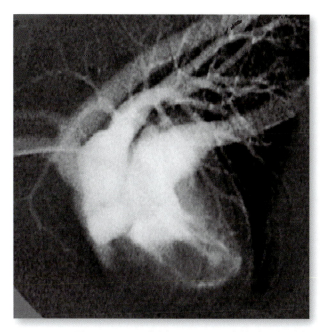

図Ⅰ-262　図Ⅰ-260と同症例における心血管造影像（右室造影）

右心室から注入された造影剤が肺組織を介して左心房へ流入し、心房中隔欠損孔を介して流入することで右心房の造影が増強されている。なお、本症例は肺動脈弁性狭窄を合併している。

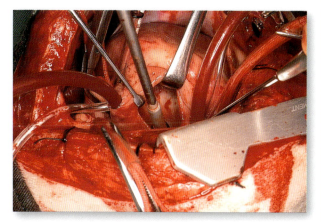

図Ⅰ-263　二次欠損のASDを有する、ブルドッグ2歳齢、雌の術中所見

大きい欠損孔を確認中。（写真提供：山根義久先生）

図Ⅰ-264　図Ⅰ-263と同症例の術後の所見

手術2日目より起立可能となる。（写真提供：山根義久先生）

テルの先端を左房内へ留置し、血圧測定および造影検査を実施することは病態を把握するうえで有用である[63]。

### ⅴ）治療

大きな短絡孔を有する症例では、外科的な治療が推奨される。二次口型ASDに対するインターベンションでは、カテーテルを短絡孔へ誘導し、そこでニチノール製のディスク型デバイス（例：AMPLATZER™）を拡張させ、左心房および右心房の両側から短絡孔を挟むように閉鎖する方法が実施されている[65]。体外循環下における開心術では、右房切開によりアプローチし、短絡孔を特殊処理した牛由来の心膜や、ポリテトラフルオロエチレンなどの人工物で閉鎖する方法が報告されている[53,66〜68]（図Ⅰ-263、264）。一方、体外循環を使用せず開心術を実施する方法として、inflow occlusionを併用して右房切開を行い、直視下にてデバイスを短絡孔へ挿入する術式が報告されている[69]。

うっ血性心不全を発症している個体に対しては、内科的治療にて管理を試みる[11]。

### ⅵ）予後

予後は様々であり、短絡孔の大きさおよび短絡血流量、他の心奇形の有無、および肺高血圧症の有無により異なる。小さなASDのみが単独でみられる症例では、おおむね予後は良好とされている[11,64]。

（才田祐人）

---

**参考文献**

[1] Buchanan JW.: Tracheal signs and associated vascular anomalies in dogs with persistent right aortic arch. *J Vet Intern Med*. 2004；18：510-514.
[2] Patterson DF.: Epidemiologic and genetic studies of congenital heart disease in the dog. *Circ Res*. 1968；23：171-202.
[3] Noden DM, DeLahunta A.：家畜発生学：発生のメカニズムと奇形（監訳／牧田 登）：学窓社；1992：228．東京．（1992）

[ 4 ] Henjes CR, Nolte I, Wefstaedt P.：Multidetector-row computed tomography of thoracic aortic anomalies in dogs and cats：patent ductus arteriosus and vascular rings. *BMC Vet Res*. 2011；7：57.
[ 5 ] Findji L, Degueurce C.：Symmetrical double aortic arch in a dog. *Vet Rec*. 1999；145：465-466.
[ 6 ] Ferrigno CR, Ribeiro AA, Rahal SC, Orsi AM, Fioreto ET, Castro MF, Mchado MR, Singaretti F.：Double aortic arch in a dog（Canis familiaris）: a case report. *Anat Histol Embryol*. 2001；30：379-381.
[ 7 ] Du Plessis CJ, Keller N, Joubert KE.：Symmetrical double aortic arch in a beagle puppy. *J Small Anim Pract*. 2006；47：31-34.
[ 8 ] Menzel J, Distl O.：Unusual vascular ring anomaly associated with a persistent right aortic arch and an aberrant left subclavian artery in German pinschers. *Vet J*. 2001；187：352-355.
[ 9 ] Philipp U, Menzel J, Distl O.：A rare form of persistent right aorta arch in linkage disequilibrium with the DiGeorge critical region on CFA26 in German Pinschers. *J Hered*. 2001；102 Suppl 1：S68-73.
[10] Gunby JM, Hardie RJ, Bjorling DE.：Investigation of the potential heritability of persistent right aortic arch in Greyhounds. *J Am Vet Med Assoc*. 2004；224；1120-1122, 1111.
[11] Nelson RW, Couto CG.：スモールアニマル・インターナルメディスン，第3版（監訳/長谷川篤彦，辻本 元）：インターズー；2005：174-175. 東京.
[12] Farrow CS.：犬と猫の臨床X線・総合（超音波、CT、MRI）画像診断第1版（訳/安藤 純，飯田 恵）：インターズー；2008. 東京.
[13] Green, J.A.：Surgical correction of persistent right aortic arch. In：Bojrab MJ.（eds）：Current Techniques in Small Animal Surgery：Lea & Febiger；1983：459-462. Philadelphia.
[14] DeHoff, WD.：Persistent right aortic arch. In：Bojrab MJ.（eds）：Current Techniques in Small Animal Surgery：Lea & Febiger；1975：301-305. Philadelphia.
[15] Hedlund, CS.：Surgery of the esophagus. In：Fossum TW.（eds）：Small Animal Surgery：Mosby；1977：258-261. St. Louis.
[16] 山根義久.：先天性心血管疾患に対する手術—大動脈弓の奇形・右大動脈弓遺残症. *CAP*；1994 Feb：5-7.
[17] 山根義久.：先天性心血管疾患に対する手術—右大動脈弓遺残症の臨床例. *CAP*；1994 April：5-10.
[18] 山県浩海，岡村由美子，山根義久.：嚢状に拡張した食道の切除術を併用した犬の右動脈弓遺残症の外科的治験例. 獣医麻酔外科学雑誌. 1990；21（3）：59-63.
[19] 星克一郎，柴崎 哲，田中 綾，豊田佐代子，山根義久.：食道部分切除術を実施した犬の右大動脈弓遺残症の1治験例. 日本獣医師会雑誌. 2001；54（5）：383-386.
[20] Muldoon MM, Birchard SJ, Ellison GW.：Long-term results of surgical correction of persistent right aortic arch in dogs：25 cases（1980-1995）. *J Am Vet Med Assoc*. 1997；210：1761-1763.
[21] Kirk RW.：Causes and prevalence of cardiovascular diseases. Book Current veterinary therapy. Small animal practice：WB Saunders；1992.
[22] Fingland RB, Bonagura JD, Myer CW.：Pulmonic stenosis in the dog：29 cases（1975-1984）. *J Am Vet Med Assoc*. 1986；189：218-226.
[23] Braunwald E, Bonow RO.：Book Braunwald's heart disease：a textbook of cardiovascular medicine：WB Saunders；1992.
[24] Nora JJ, Takao A.：Two hereditary forms of ventricular outflow obstruction in the dog：pulmonary valve dysplasia, and discrete subaortic stenosis. Congenital heart disease：causes and processes：Futura；1984.
[25] Patterson DF, Haskins ME, Schnarr WR.：Hereditary dysplasia of the pulmonary valve in beagle dogs. Pathologic and genetic studies. *Am J Cardiol* 1981；47：631-641.
[26] Garson A, Bricker JT, McNamara DG.：Pulmonary stenosis. Book The Science and practice of pediatric cardiology.：Lea & Febiger；1990.
[27] 曽田藍子，田中 綾，福島隆治，才田祐人，山根義久.：心拍動下体外循環により狭窄物切除を行った弁上部肺動脈狭窄症の犬の2治験例. 動物臨床医学. 2008；17：71-76.
[28] Ettinger SJ, Suter PF.：Congenital heart disease. Book Canine cardiology：Saunders；1970.
[29] Fox PR.：Canine and feline cardiology. In：Olivier NB.（ed）：Congenital heart disease in dogs. Saunders；1988. New York：Churchill Livingstone.
[30] Perloff JK.：Congenital pulmonary stenosis. Book The clinical recognition of congenital heart disease.：Saunders；1994.
[31] Minami T, Wakao Y, Buchanan J, Muto M, Watanabe T, Suzuki T, Takahashi M.：A case of pulmonic stenosis with single coronary artery in a dog. *Nihon Juigaku Zasshi*. 1989；51：453-456.
[32] Buchanan JW.：Pulmonic stenosis caused by single coronary artery in dogs：four cases（1965-1984）. *J Am Vet Med Assoc*. 1990；196：115-120.
[33] St John Sutton MG, Gewitz MH, Shah B, Cohen A, Reichek N, Gabbe S, Huff DS.：Quantitative assessment of growth and function of the cardiac chambers in the normal human fetus：a prospective longitudinal echocardiographic study. *Circulation*. 1984；69：645-654.
[34] St John Sutton MG, Raichlen JS, Reichek N, Huff DS.：Quantitative assessment of right and left ventricular growth in the human fetal heart：a pathoanatomic study. *Circulation*. 1984；70：935-941.
[35] Ettinger SJ, Feldman EC.：Canine exocrine pancreatic disease. Book Textbook of veterinary internal medicine：diseases of the dog and cat.：Elsevier Saunders；2005.
[36] Anderson M.：What is your diagnosis? Right-sided cardiomegaly associated with supravalvular pulmonic stenosis. *J Am Vet Med Assoc*. 1992；200：2013-2014.
[37] Hill JD.：Electrocardiographic diagnosis of right ventricular enlargement in dogs. *J Electrocardiol*. 1971；4：347-357.
[38] Riepe RD. Gompf RE.：ECG of the month. *J Am Vet Med Assoc*. 1993；202：374-376.
[39] Richards KL.：Assessment of aortic and pulmonic stenosis by echocardiography. *Circulation*. 1991；84. I182-187.
[40] Louie EK, Lin SS, Reynertson SI, Brundage BH, Levitsky S, Rich S.：Pressure and volume loading of the right ventricle have opposite effects on left ventricular ejection fraction. *Circulation*. 1995；92：819-824.
[41] Martin MWS, Godman M, Fuentes VL, Clutton RE, Haight A, Darke PGG.：Assessment of balloon pulmonary valvuloplasty in six dogs. *J Small Anim Pract*. 1992；33：443-449.
[42] Fujii Y, Yamane T, Orito K, Osamura K, Wakao Y.：Increased chymase-like activity in a dog with congenital pulmonic stenosis. *J Vet Cardiol*. 2007；9：39-42.
[43] Bright JM, Jennings J, Toal R, Hood ME.：Percutaneous balloon valvuloplasty for treatment of pulmonic stenosis in a dog. *J Am Vet Med Assoc*. 1987；191：995-996.
[44] Sisson DD, MacCoy DM.：Treatment of congenital pulmonic stenosis in two dogs by balloon valvuloplasty. *J Vet Intern Med*. 1988；2：92-99.
[45] Brownlie SE.：An electrocardiographic survey of cardiac rhythm in Irish wolfhounds. *Vet Rec*. 1991；129：470-471.

[46] Estrada A, Moise NS, Erb HN, McDonough SP, Renaud-Farrell S. : Prospective evaluation of the balloon-to-annulus ratio for valvuloplasty in the treatment of pulmonic stenosis in the dog. *J Vet Intern Med*. 2006 ; 20 : 862-872.
[47] Ewey DM, Pion PD, Hird DW. : Survival in treated and untreated dogs with congenital pulmonic stenosis. (Research Abstract Program of the 10th Annual ACVIM Forum). *Journal of Veterinary Internal Medicine*. 1992 ; 6 : 114.
[48] Johnson MS, Martin M, Edwards D, French A, Henley W. : Pulmonic stenosis in dogs : balloon dilation improves clinical outcome. *J Vet Intern Med*. 2004 ; 18 : 656-662.
[49] Saida Y, Tanaka R, Hayama T, Soda A, Yamane Y. : Surgical correction of pulmonic stenosis using transventricular pulmonic dilation valvuloplasty (Brock) in a dog. *J Vet Med Sci*. 2007 ; 69 : 437-439.
[50] Matsumoto H, Sugiyama S, Shibazaki A, Tanaka R, Takashima K, Noishiki Y, Yamane Y. : A long term comparison between Denacol EX-313-treated bovine jugular vein graft and ultrafine polyester fiber graft for reconstruction of tight ventricular outflow tract in dogs. *J Vet Med Sci*. 2003 ; 65 : 363-368.
[51] Matsumoto H, Sugiyama S, Shibazaki A, Tanaka R, Takashima K, Noishiki Y, Yamane Y. : Experimental study of materials for patch graft on right ventricular outflow tract under extracorporeal circulation in dogs--comparison between Denacol EX-313-treated bovine jugular vein graft and expanded polytetrafluoroethylene (EPTFE) graft. *J Vet Med Sci*. 2001 ; 63 : 961-965.
[52] Tanaka R, Shimizu M, Hoshi K, Soda A, Saida Y, Takashima K. Yamane Y. : Efficacy of open patch-grafting under cardiopulmonary bypass for pulmonic stenosis in small dogs. *Aust Vet J*. 2009 ; 87 : 88-93.
[53] 山根義久, 柴﨑文男, 上月茂和, 霍野光興, 松本英樹, 田口淳子, 河野史郎, 鯉江 洋, 岸上義弘, 青山伸一, 野一色素晴.：犬の肺動脈狭窄症に対するパッチグラフトを用いた体外循環下での外科的治療例. 動物臨床医学. 1993 ; 2（1）: 33-40.
[54] Ford RB, Spaulding GL, Eyster GE. : Use of an extracardiac conduit in the repair of supravalvular pulmonic stenosis in a dog. *J Am Vet Med Assoc*. 1978 ; 172 : 922-925.
[55] Saida Y, Tanaka R, Fukushima R, Hoshi K, Hira S, Soda A, Iizuka T, Ishikawa T, Nishimura T, Yamane Y. : Cardiovascular effects of right ventricle-pulmonary artery valved conduit implantation in experimental pulmonic stenosis. *J Vet Med Sci*. 2009 ; 71 : 477-483.
[56] Saida Y, Tanaka R, Fukushima R, Hira S, Hoshi K, Soda A, Iizuka T, Ishikawa T, Nishimura T, Yamane Y. : Histological study of right ventricle-pulmonary artery valved conduit implantation (RPVC) in dogs with pulmonic stenosis. *J Vet Med Sci*. 2009 ; 71 : 409-415.
[57] Oliveira P, Domenech O, Silva J, Vannini S, Bussadori R, Bussadori C. : Retrospective review of congenital heart disease in 976 dogs. *J Vet Intern Med*. 2011 ; 25 : 477-483.
[58] DeLellis LA, Thomas WP, Pion PD. : Balloon dilation of congenital subaortic stenosis in the dog. *J Vet Intern Med*. 1993 ; 7 : 153-162.
[59] Hirao H, Inoue T, Hoshi K, Kobayashi M, Shimamura S, Shimizu M, Tanaka R, Takashima K, Mori Y, Noishiki Y, Yamane Y. : An experimental study of apico-aortic valved conduit (AAVC) for surgical treatment of aortic stenosis in dogs. *J Vet Med Sci*. 2005 ; 67 : 357-362.
[60] Kienle RD, Thomas WP, Pion PD. : The natural clinical history of canine congenital subaortic stenosis. *J Vet Intern Med*. 1994 ; 8 : 423-431.
[61] Hirao H, Hoshi K, Kobayashi M, Shimizu M, Shimamura S, Tanaka R, Machida N, Maruo K, Yamane Y. : Surgical correction of subvalvular aortic stenosis using cardiopulmonary bypass in a dog. *J Vet Med Sci*. 2004 ; 66 : 559-562.
[62] Orton EC, Herndon GD, Boon JA, Gaynor JS, Hackett TB, Monnet E. : Influence of open surgical correction on intermediate-term outcome in dogs with subvalvular aortic stenosis : 44 cases (1991-1998). *J Am Vet Med Assoc*. 2000 ; 216 : 364-367.
[63] 星 克一郎, 中尾 周, 才田祐人, 曽田藍子, 田中 綾, 山根義久.：超音波検査と心臓カテーテル検査にて診断した猫の三心房心の1例. 獣医麻酔外科学雑誌. 2006 ; 37 : 282-283.
[64] Guglielmini C, Diana A, Pietra M, Cipone M. : Atrial septal defect in five dogs. *J Small Anim Pract*. 2002 ; 43 : 317-322.
[65] Gordon SG, Miller MW, Roland RM, Saunders AB, Achen SE, Drourr LT, Nelson DA. : Transcatheter atrial septal defect closure with the Amplatzer atrial septal occluder in 13 dogs : short- and mid-term outcome. *J Vet Intern Med*. 2009 ; 23 : 995-1002.
[66] Uechi M, Harada K, Mizukoshi T, Mizuno T, Mizuno M, Ebisawa T, Ohta Y. : Surgical closure of an atrial septal defect using cardiopulmonary bypass in a cat. *Vet Surg*. 2011 ; 40 : 413-417.
[67] Yamano S, Uechi M, Tanaka K, Hori Y, Ebisawa T, Harada K, Mizukoshi T. : Surgical repair of a complete endocardial cushion defect in a dog. *Vet Surg*. 2011 ; 40 : 408-412.
[68] 秋山 緑, 田中 綾, 星 克一郎, 平尾秀博, 小林正行, 清水美希, 山根義久.：心内膜床欠損症の犬の1治療例. 獣医麻酔外科学雑誌. 2002 ; 33 : 183.
[69] Gordon SG, Nelson DA, Achen SE, Miller MM, Roland RM, Saunders AB, Drourr LT. : Open heart closure of an atrial septal defect by use of an atrial septal occluder in a dog. *J Am Vet Med Assoc*. 2010 ; 236 : 434-439.

## 6) 心室中隔欠損症

心室中隔の一部に欠損孔があり、主に血液の左室-右室短絡をきたす先天性心疾患を心室中隔欠損（ventricular septal defect: VSD）という。欠損孔の大きさは、ごく小さいものから、心室中隔がほぼ欠損する巨大なものまで多様である。また、欠損孔の数は大部分が1つであるが、人でも動物でも複数個みられることもある（表Ⅰ-20、図Ⅰ-265）。小動物領域では犬、猫において多くみられる先天性心疾患の1つである。単独での発生だけでなく、動脈管開存症、肺動脈狭窄をはじめとした他の心奇形との合併も数多くみられている。

### i) 疫学

単独の心奇形として、犬における発生率は先天性

表Ⅰ-20　心室中隔欠損の Kilklin の分類

| タイプ | 欠損部位 |
| --- | --- |
| 1型 | 室上稜上部から肺動脈 |
| 2型 | 室上稜下部の膜性部 |
| 3型 | 膜性部後方中隔 |
| 4型 | 筋性部中隔 |

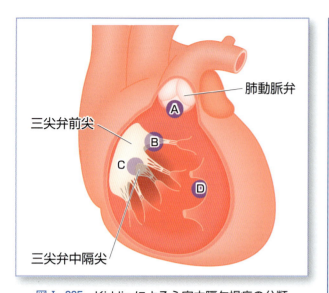

図Ⅰ-265　Kirklin による心室中隔欠損症の分類
A：Ⅰ型；心上稜部欠損、B：Ⅱ型；膜性周囲部欠損、C：Ⅲ型；流入部欠損、D：Ⅳ型；辺縁・中心・心尖筋性部欠損

心疾患全体の7％を占めるとされ、猫においては15％と報告されている[1]。海外では、イングリッシュ・ブルドッグ、サモエド、ウエスト・ハイランド・ホワイト・テリアなどの品種に素因があるとされる[2]。さらに、イングリッシュ・スプリンガー・スパニエルは、家族性と同時に好発犬種であるとも報告されている[3,4]。我々の経験では、ミニチュア・ダックスフンド、柴犬において遭遇するケースが多くみられている[5]。また、我が国における報告では、先天性心疾患114例中、心室中隔欠損症18例（15％）で、そのうち雑種犬が一番多く8例であった[6]。猫における発症頻度は犬と比較して少なく、過去の報告においても犬ほど多くはみられていない。また、特定の好発品種もみられていない。

ⅱ）解剖

心室中隔は、漏斗部中隔、膜様部中隔、肉柱部筋性中隔、流入部筋性中隔の4つに区分される。漏斗部中隔は、室上稜の上部にある平滑な領域である。肉柱部筋性中隔は、心尖部寄りで肉柱構造が発達しており、流入部筋性中隔は三尖弁口から乳頭筋までの平滑な領域を指す。膜様部中隔は、左室側においては大動脈弁直下、右室側においては三尖弁と肺動脈弁の間に位置する。膜様部中隔は、房室心内膜床と円錐隆起中隔の能動的成長によって、心室中隔形成過程において最後に形成される成分であり、犬猫において最も多く報告されている欠損部位であり、筆者らも最も多く経験する欠損である。

心室中隔欠損の解剖と部位分類に関しては、動物と人の間で心臓の形態に大きな相違がないことから、人における分類法が用いられている。人においては、発生学的な Goor and Lillehei の分類をはじめ[7]、外科的観点からの Soto 分類など様々な分類がある[1]。我が国の獣医科領域では、Kirklin 分類

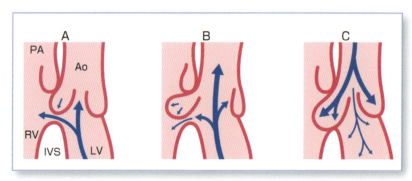

図Ⅰ-266　心室中隔欠損・大動脈弁閉鎖不全
A：肺動脈弁直下に開孔する心室中隔欠損では、肺動脈に向かう短絡血流により大動脈弁右冠尖が右室流出路に引き込まれる力が加わる。
B：変形をきたして欠損孔に逸脱した大動脈弁尖は、欠損を部分閉鎖するため左‐右短絡は減少する。
C：大動脈弁尖の変形の程度が強くなると、拡張期に大動脈弁の閉鎖不全をきたし大動脈弁逆流が出現する。
Ao：大動脈、PA：肺動脈、RV：右心室、LV：左心室、IVS：心室中隔。

先天性心血管疾患

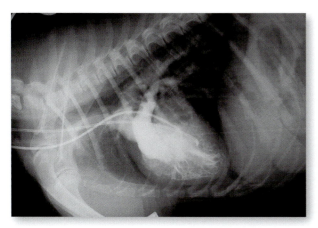

図Ⅰ-267　心室中隔欠損を伴う雑種犬（10ヵ月齢、雌、体重7.5kg）の右心系の造影所見
肺動脈のみならず、同時に大動脈も造影（逆シャント）。肺血流量の低下により肺野は暗い。
（写真提供：山根義久先生）

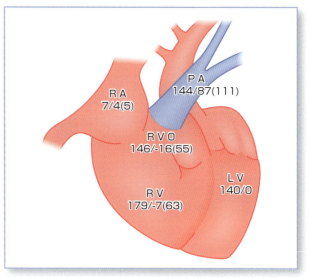

図Ⅰ-268　図Ⅰ-267の心内圧測定値
アイゼンメンジャー症候群の所見を呈している。

がよく用いられている[8]。本分類は、右室側における欠損孔の位置に基づいて分類するものであり、Ⅰ型は右室流出路の室上稜より上方に欠損孔が存在する。円錐部欠損や室上稜部欠損が含まれるこのタイプでは、欠損孔が大動脈弁輪と近接するため、大動脈弁輪の支持が脆弱化、あるいは欠損孔への弁の逸脱が生じ、大動脈閉鎖不全を合併することがある（図Ⅰ-266）[9-12]。Ⅱ型は、右室流出路の室上稜より後下方に欠損孔がみられる。小動物においては、このタイプの欠損が最も多くみられ、膜性周囲部欠損とも呼ばれる。Ⅲ型は、右室流出路の三尖弁中隔尖より下方の膜様部中隔に欠損孔がある。心内膜床の発育障害により生じた共通房室弁口型欠損であり、三尖弁中隔尖の奥に隠れて確認が困難なタイプである。Ⅳ型は、右室流出路の筋性部で心尖部の周囲近くに欠損孔がみられる。人においても動物でも同様に、まれなタイプである（図Ⅰ-195参照）。心室中隔欠損の形状は、ほぼ円形に近いことが多いが、楕円形あるいはスリット状のこともある。また、膜性中隔瘤を形成するものもある。中隔瘤は、穿孔のあるものもないものもあるが、大きくなると、三尖弁逆流、大動脈弁逆流、右室流出路障害などの症状を生じるとされる[13]。動物においても心内膜炎との関連性を示唆する報告がみられる[14]。我々は左室側に形成された中隔瘤によって欠損孔が閉鎖された症例を経験している[15]。

ⅲ）病態

VSDの病態は、欠損孔の大きさと、左心室および右心室の圧較差によって決まる。通常、左室圧は右室圧よりも高いため、心室中隔に欠損があると、肺血管抵抗が正常である場合には、左心室から右心室へと血液は短絡する。中隔の欠損孔が小さければ、心臓への負担はほとんど増加せず、肺動脈・右心室の圧は正常、あるいは軽度に上昇するのみであり、欠損孔の大きさに応じた左-右短絡を生じる。中欠損孔（中等度欠損）では、短絡により肺体血流量比が増加する。この際、体血流は正常に保たれるので、肺血流量は増加している。左-右短絡量の血液は肺を空回りし、その分だけ左心室に容量負荷がかかることになる。大欠損孔の場合には、肺高血圧が合併し、左-右短絡量は肺血管抵抗の高さ、あるいは肺体血流量比により決まる。大きい心室中隔欠損の肺血管抵抗は、生後時間の経過とともに亢進する。年齢が進むと、肺血管抵抗は次第に高くなり、左-右短絡血流量は次第に低下し、肺血流量は正常に近くなる。肺血管抵抗が体血管抵抗より高くなると、短絡は両側性ないし右-左短絡となり、アイゼンメンジャー症候群となる（図Ⅰ-267、268）。

欠損孔の大きさに関する基準は、獣医科領域では確立されていないが、人において大欠損とは、直径

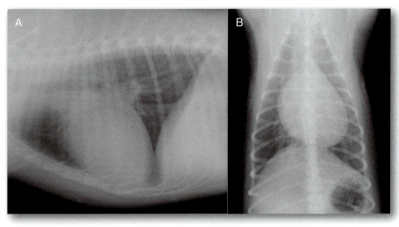

図Ⅰ-269　胸部X線画像（A：ラテラル像、B：DV像）
心室中隔欠損を介した短絡血流により肺血流量は増大し、肺血管紋理が明瞭となっている。

が乳児で10mm、成人で20mm以上とされ、大動脈弁口の大きさと比較すれば、大動脈弁口と同じくらいの大きさの場合で、このとき右室・肺動脈の収縮期圧は、左室・大動脈の圧と等しくなるとされる。この半分程度の直径の中隔欠損を中等大、2～3mmの中隔欠損を小欠損としている。小動物における欠損孔の大きさに関する疫学的なデータは少なく、体格差のある人の数値をそのまま外挿することは困難でもあるが、孔の大きさが両室間の圧較差との間に相関があることを考慮すると、欠損孔の大きさは予後を考えるうえで、重要な要素である。筆者らは、小動物における基準は確立されていないが、一応、人の基準に沿って分類している。

iv）臨床所見

　小欠損の場合には、心臓部に雑音が聴取されるだけで、症状はみられないことが多い。雑音の大きさは、欠損孔の形状、大きさに依存するため多様であるが、多くは漸増漸減性や帯状の全収縮期性逆流性であり、第3～4肋間胸骨右縁が最強点である。欠損孔が小さく、左室-右室圧較差が保たれている場合には、雑音はむしろ高音であり、聴取領域は狭い。逆に、欠損孔が大きく、短絡量が多いほど雑音の聴取領域も広くなり、低音域で聴取できる。また、肺血管抵抗が増大し、左室-右室圧較差が小さくなると短絡量は減少し、雑音も小さくなる。流入部欠損において、大動脈弁輪の脆弱化による大動脈逆流が合併している場合、拡張期雑音が左前胸部において聴取される。多くの場合、臨床症状は認められないが、中等度における長期経過例や大欠損例においては、左室容量負荷による労作性の左心不全が

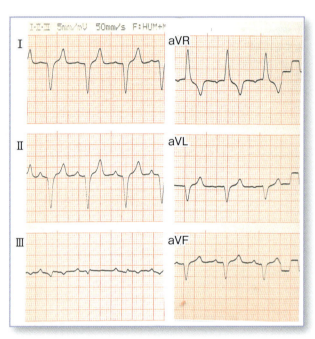

図Ⅰ-270　図Ⅰ-267と同症例の心電図
Ⅰ：aVF誘導ともR波が陰転し、重度な右軸偏位を呈し、かつ右脚ブロックパターンがみられる。
（提供：山根義久先生）

みられることがある。また、肺血管抵抗の亢進に伴う逆短絡に進行した場合には、静脈血の体循環流入のためチアノーゼがみられるようになる。

v）胸部X線所見（図Ⅰ-269）

　心臓の形態的な変化は短絡による負荷に依存するため、欠損孔が小さい場合には、X線上において変化はみられない。中欠損あるいは大欠損においては肺血流量が増加するため、肺血管が太く明瞭化する。また、短絡による肺循環血液量の増大により、左心房、左心室の陰影は拡大する。肺水腫がみられることもある。病態が進展し、肺血管抵抗が上昇す

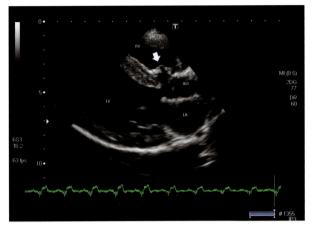

図Ⅰ-271　左側傍胸骨左室長軸断面にて、心室中隔の欠損を描出
欠損孔右室側には膜性瘤（矢印）がみられる。

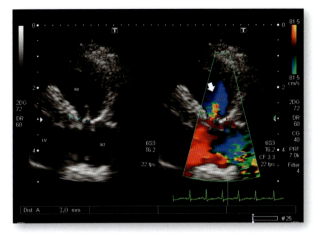

図Ⅰ-272　傍胸骨左室長軸断面において描出した心室中隔の欠損孔付近を拡大
欠損孔を通過する短絡血流が異常モザイクシグナルによって示されている（矢印）。

ると、右室圧負荷による右心肥大と主肺動脈の拡張がみられる。

### vi）心電図所見

本症では、心電図のみでも多くの情報が得られる。初期には、心電図上に異常が認められることは少なく、多くは洞調律であり、平均電気軸においても正常範囲を示す。しかし、右室負荷が増大してくると、徐々に左室負荷所見から両室負荷所見に移行し、さらにアイゼンメンジャー症候群のように肺血管抵抗が高度になると右室肥大が著明となる。時には、右脚ブロックがみられることがある（図Ⅰ-270）。また、肺血管抵抗の上昇による右室圧負荷は、Q波の亢進を起こす。

### vii）心エコー所見

心室中隔欠損症では、左心室から右心室への短絡が生じるため、左心室に対して欠損孔の大きさ依存的な容量負荷がかかることになる。つまり、小欠損タイプの場合は負荷も少ないため、断層心エコー上の変化はみられない。しかしながら、欠損孔が中等度から大欠損の場合は、左室内腔の拡張がみられることになる。左心室からの短絡血液は右室腔内へ流入するため、右室腔の拡張もみられることもあり、三尖弁の逆流が合併しているようなら、右心房の拡張も確認されることがある。いずれにせよ、これらの変化は心室中隔欠損において画一的にみられるものではなく、欠損孔の大きさや部位に強く依存することになる。

前述のように欠損孔の位置は様々であり、断層心エコーより欠損孔を特定するのは可能ではあるが、困難を伴うこともある（図Ⅰ-271）。通常、カラードップラー法による探査により、短絡血流は右室腔内における乱流として容易に認められる。右側胸壁からの左室長軸像においては、大動脈弁直下付近を起点とした短絡血流が右室内に認められる（図Ⅰ-272）。また、大動脈弁逆流を合併している場合には、拡張期に左室内にモザイク血流の流入がみられる（図Ⅰ-273）。右室流出路短軸像においては大動脈を円周状にとりまく右室内に認められ（図Ⅰ-274）、乱流の吹き出し位置は、欠損孔の位置に依存して変化する。

正常心臓における左心室の収縮期圧は100～120 mmHgであり、右心室では15～20 mmHgである。ベルヌーイの変法式（$4 \times 最大血流速度^2$）を用いて正常心臓における左室-右室短絡血流速度を想定すると4～5 m/秒となる（図Ⅰ-275）。つまり、ドップラー法を用いて欠損孔を通過する血流速度を測定することで、病態の評価が可能となる。肺高血圧の合併やアイゼンメンジャーへの進行を示す場合は、肺動脈圧の上昇に準じて、右心室圧の亢進がみられることから、左心室-右心室間の圧較差は減少し、短絡血流の速度は小さくなる。

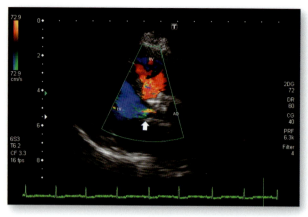

図Ⅰ-273 傍胸骨左室長軸断面にて左室流出路を描出
拡張期に大動脈弁逆流を示す異常モザイクシグナル（矢印）がみられる。

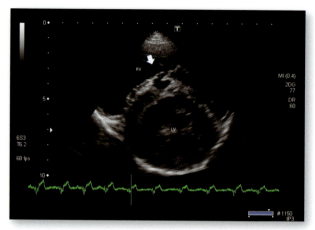

図Ⅰ-274 傍胸骨左室短軸断面にて心室中隔の欠損孔（矢印）を描出

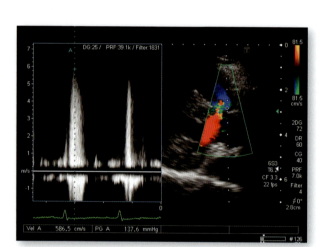

図Ⅰ-275 傍胸骨左室長軸断面にて心室中隔の欠損孔を描出
ドップラーにて評価した欠損孔を通過する血流速度は5.8msを示し、左室-右室圧較差は137mmHgと推測された。

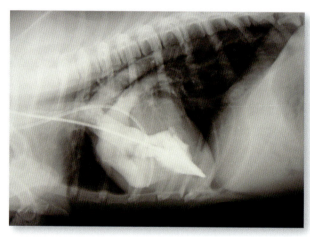

図Ⅰ-276 欠損孔を通る造影剤
カテーテルから左心室へ注入された造影剤は、大動脈だけでなく、欠損孔を介して右心室へ短絡し、肺動脈にも流入している。

### ⅷ）心臓カテーテル検査

心臓カテーテル検査では、より客観的なデータを得ることができる。左室造影検査では、左心室内腔に注入された造影剤が欠損孔を通じて、右心室腔内に流入するのが確認できる（図Ⅰ-276）。もし、症例がアイゼンメンジャーを呈している場合には、この右心室への流入はみられない。同時に、各心室腔内および肺動脈の圧や血液ガスの測定からも短絡血流量を評価することが可能である。すなわち、左室血液の右室流入により、右室レベルでの酸素飽和度の上昇が認められる。しかしながら、室上稜上方欠損においては、短絡血流が右室内に対流することなく肺動脈へ流入するために、右心室における酸素飽和度の上昇がみられないこともある。また、アイゼンメンジャーにおいては、右室血液の左室内流入により大動脈における酸素飽和度の低下がみられる。

### ⅸ）治療

欠損孔が小さな症例においては、特に治療は必要ではない。一方、中欠損あるいは大欠損では、若齢時には無症状であっても成長とともに心不全を呈するようになる場合があるため、慎重な対応が必要となる。基本的に、内科的治療が必要な症状がみられた時点で、根治術を考慮するべきであり、長期的な投薬によるコントロールは推奨されない。しかしながら、すでに心不全症状を呈している場合は、周術期の状態改善のための支持療法が必要となる。最も

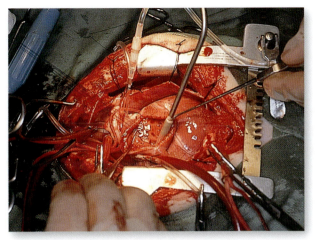

図Ⅰ-277　右室切開により、欠損孔を確認している

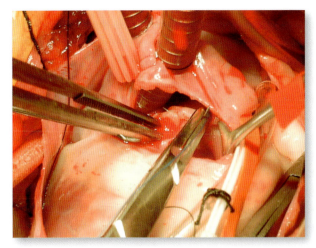

図Ⅰ-278　右房切開によるVSDの修復術

頻発する症状は肺水腫であり、アンジオテンシン変換酵素阻害薬による末梢血管拡張作用による後負荷の軽減、ジゴキシンなどの強心薬による心筋収縮力の増強は、これに有効に作用すると考えられる[16,17]。

心室中隔欠損の外科的処置は、1970年にBreznockらにより、犬において初めての報告がなされて以来[18]、数多くの手技が提案されてきている。開胸下での外科的手術だけでなく、最近ではカテーテルを用いた非開胸下での根治術が行われている。

近年の獣医科領域における心室中隔欠損の根治術としては、人工心肺を用いた心停止下における開心術による欠損孔の閉鎖術が一般的である[5,6,15,18-20]。閉鎖に際しては、欠損孔が小さい場合にはプレジェットを用いて孔を縫縮し、大きな欠損孔に対してはパッチグラフトが用いられる。また、本術式においては欠損孔を直視下に収めるために、欠損孔の位置に則したアプローチの選択が重要になる。欠損孔へのアプローチ法としては、右室切開（図Ⅰ-277）と右房切開（図Ⅰ-278）の2方法がある。前者はⅠ～Ⅳ型のいずれも直視下に欠損孔を確認でき、手術操作が容易という利点があるが、後者は欠損孔の部位によっては操作に困難を伴うことがある。しかし、筆者らの研究では、後者の右房切開は右室切開より手術侵襲が低く、術後回復がかなり良好であることが確認された[21]。

しかしながら、犬において最もよくみられる膜様部中隔の欠損孔は、刺激伝導系が欠損孔の近縁を走行しており、いずれの方法においても、アプローチする際には慎重な作業が必要とされる。事実、術後に刺激伝導系の損傷の結果と思われる心室期外収縮や右脚ブロックがみられることがある[5]。安全に、かつ確実な閉鎖を行えるという点において、開心術は最も優れた術式であるが、人工心肺という特別な装置と熟練した技術を要するという点において、どこでも行えるというわけにいかないところが問題点である。人工心肺装置を必要としない開心術としては、レシピエントの右心房から脱血した静脈血をドナーの頸静脈に、ドナーの頸動脈をレシピエントの大腿動脈に接続させることで、他個体の心臓を代替循環装置とした交差循環下開心術による欠損孔閉鎖を行った報告もあり[22]、必ずしも開心術に設備が必要というわけではないものの、安全性と確実性という点において容易ではないと思われる。過去には、超低体温麻酔を用いた開心術下における欠損孔閉鎖の報告がある[33]。心臓への流入血流および大動脈を遮断し、右室流出路を切開後、欠損孔を閉鎖しているが、安全性や難易度という点で、交差循環と同じ問題を有すると考えられる。

一方で、根治術ではないものの、特別な施設を使用せずに症状の改善が得られる対処として、肺動脈絞扼術が古くから行われている[24,25]。本術式は、開胸下において肺動脈を臍帯テープにて周回の後、これを絞扼するものである。肺動脈を縮窄することで、人為的に肺動脈狭窄を作出し、右室圧を亢進させる。結果的に、左-右短絡血流量は減少し、左心

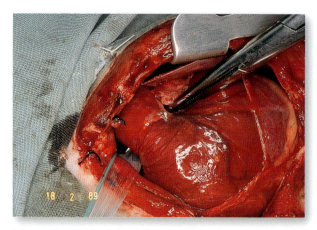

図Ⅰ-279　猫（3歳齢、雌、2.5kg）のVSD（10mm以上の欠損）における肺動脈絞扼術中所見

肺動脈は大きく拡張し、機能性肺動脈狭窄症によるスリルが触知される。肺動脈起始部を分離し、人工血管にて直径を1/3とする。
（写真提供：山根義久先生）

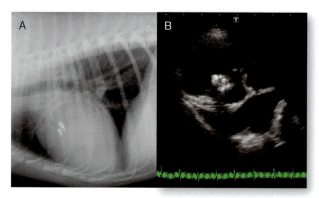

図Ⅰ-280　柴犬、6歳齢、雌の心室中隔欠損
　　　　　（Kirklin Ⅰ型）

コイルデバイスによる塞栓術を実施した症例の画像所見。本症例は、心雑音を主訴に受診し、軽度の運動不耐を示していた。コイルは心室中隔の欠損孔に留置され、術後は活動性の回復がみられた。A：X線検査；心陰影上にX線不透過のコイルがみられる。B：超音波検査；大動脈基部に音響陰影を有するコイルが確認される。

室の容量負荷を軽減するというものである。報告では、肺動脈の絞扼を直径の約1/3とし、肺動脈圧の低下、右心室圧の上昇、肺動脈酸素飽和度の低下などを絞扼の基準に定めているが、狭窄が強すぎると右心室圧が左心室圧を上回り、逆短絡を生じ、一方で狭窄が弱いと病態の改善が得られないなど、個々の病態に適した絞扼を作出するのが困難な手技ではある（図Ⅰ-279）。しかしながら、実施例がいずれも症状を有する大欠損であるにもかかわらず、臨床症状は改善し、全6例中5例において術後5年以上生存するなどの効果が報告されている[24]。

近年では、カテーテルインターベンションによる欠損孔閉鎖の試みが多数報告されている[12,26,27]。カテーテルインターベンションによる中隔の閉鎖は、初期には医学領域において実験的に作出された犬の中隔欠損モデルを用いて試みられた。筋性部中隔に孔を作出したモデル犬にamplatzタイプのデバイスの塞栓を行った検討では、良好な閉鎖が行われ、術後3ヵ月目にはデバイスの表面が線維組織で完全に被覆されていた[28]。膜様部欠損に対しては、豚の自然発症モデルを用いて行われた。三尖弁近傍に欠損孔が存在する膜様部欠損では、デバイスの留置に関して十分なスペースが得られず、その不安定性のために三尖弁や僧帽弁逆流などの合併症を認め、膜様部欠損に対するインターベンションの困難さが示

唆された[29]。しかしながら、人での膜様部欠損では良好な結果がみられることから、心臓の大きさや留置に際しての技術的な側面が関係するのかもしれない。一方、犬の膜様部欠損に対してコイルデバイスを用いた報告では、残存血流遺残のためにコイルを追加留置した他は合併症もなく良好に閉鎖が完了している[27]。同様に、流入部欠損において塞栓子としてコイルを用いた臨床例においても閉鎖が確認されている（図Ⅰ-280）[12]。コイルによる欠損孔の閉鎖は、動脈管閉鎖時と同様にコイルの突出部による血流障害が予想される重要な合併症としてあげられている。今後、これらの長期予後に関する報告が待たれるものの、開心術のように特別な施設と技術を要さない本術式の有用性は非常に大きい。

x）予後

心室中隔欠損では、自然閉鎖が報告されている[21,30,31]。このため、欠損孔が中等度以下であり、心臓にみられる負荷が軽度であれば経過を観察するべきである。短絡の消失においては、単純な欠損孔の収縮の他、三尖弁の癒着、逸脱大動脈弁の癒着などが報告されている[30,32]。また、短絡が軽度であれば、自然閉鎖がみられなくとも、無症状のまま長期生存が可能である。しかしながら、流入部欠損において、大動脈弁の逸脱を合併した場合には進行性大動脈逆流が問題となる。その他、人においては短

絡血流による慢性的な刺激による組織の線維化が欠損孔近縁の刺激伝導系を障害し、不整脈を合併した報告もみられる[33~35]。このように、病態の進行にかかわる因子は複雑であり、無処置の場合の予後について予測することは困難である。事実、16歳齢の猫においてみられたうっ血性心不全の原因が膜様部中隔欠損であった例もあり、経過観察を行う場合には、注意深い観察が必要である。

（島村俊介）

---

### 参考文献

[1] Soto B, Becker AE, Moulaert AJ, Lie JT, Anderson RH.：Classification of ventricular septal defects. *Br Heart J*. 1980；43（3）：332-343.

[2] Buchanan JW.：Prevalence of Cardiovascular Disorders. In：Fox PR, Sisson DD, Moise NS.（eds）：. Textbook of canine and feline cardiology 2nd ed.：Saunders；457-470. Philadelphia.

[3] Bellah JR, Spencer CP, Brown DJ, Whitton DL.：Congenital cranioventral abdominal wall, caudal sternal, diaphragmatic, pericardial, and intracardiac defects in cocker spaniel littermates. *J Am Vet Med Assoc*. 1989；194（12）：1741-1746.

[4] Buchanan JW.：Causes and prevalence of cardiovascular disease. In：Kirk RW, Bonagra JD.（eds）：Current Veterinary Therapy 11. Small Animal Practice. WB Saunders；1992：647, Philadelphia.

[5] Shimizu M, Tanaka R, Hirao H, Kobayashi M, Shimamura S, Maruo K, Yamane Y.：Percutaneous transcatheter coil embolization of a ventricular septal defect in a dog. *J Am Vet Med Assoc*. 1；226（1）：69-72, 52-53.

[6] 安武寿美子，高島一昭，山根義久.：犬猫の循環器疾患1521例の発生状況に対する調査．動物臨床医学．2005；14（4）：123-131.

[7] Goor DA, Lillehei CW, Rees R, Edwards JE.：Isolated ventricular septal defect. Development basis for various types and presentation of classification. *Chest*. 1970；58（5）：468-482.

[8] Donald DE, Edwards JE, Harshbarger HG, Kirklin JW.：Surgical correction of ventricular septal defect：Anatomic and technical considerations. *J Thorac Surgery*. 1957；33：45.

[9] Clark DR, Anderson JG, Paterson C.：Imperforate cardiac septal defect in a dog. *J Am Vet Med Assoc*. 1970；156（8）：1020-1025.

[10] Eyster GE, Anderson LK, Cords GB.：Aortic regurgitation in the dog. *J Am Vet Med Assoc*. 1976；168（2）：138-141.

[11] Quintavalla C, Mavropoulou A, Buratti E.：Aortic endocarditis associated with a perforated septal membranous aneurysm in a boxer dog. *J Small Anim Pract*. 2007；48（6）：330-334.

[12] Shimizu M, Tanaka R, Hoshi K, Hirao H, Kobayashi M, Shimamura S, Yamane Y.：Surgical correction of ventricular septal defect with aortic regurgitation in a dog. *Aust Vet J*. 2006；84（4）：117-121.

[13] [No authors listed] Correction of a ventricular septal defect in a dog. *J Am Vet Med Assoc*. 1972；161（5）：507-512.

[14] Rausch WP, Keene BW.：Spontaneous resolution of an isolated ventricular septal defect in a dog. *J Am Vet Med Assoc*. 2003 15；223（2）：219-220, 197.

[15] 島村俊介，高島一昭，星克一郎，平尾秀博，小林正行.：大動脈弁下部狭窄の線維輪上に認められた嚢状物により心室中隔欠損症の短絡の消失がみられた犬の1例．動物臨床医学．2003；12（3）：161-165.

[16] Boucek MM, Chang RL.：Effects of captopril on the distribution of left ventricular output with ventricular septal defect. *Pediatr Res*. 1988；24（4）：499-503.

[17] Kimball TR, Daniels SR, Meyer RA, Hannon DW, Tian J, Shukla R, Schwartz DC.：Effect of digoxin on contractility and symptoms in infants with a large ventricular septal defect. *Am J Cardiol*. 1991；68（13）：1377-1382.

[18] Breznock EM, Hilwig RW, Vasko JS, Hamlin RL.：Surgical correction of an interventricular septal defect in the dog. *J Am Vet Med Assoc*. 1970；157（10）：1343-1353.

[19] Sisson DD, Thomas WP, Bonagura JD.：Congenital heart disease. In：Ettinger SJ.（eds）：Textbook of Veterinary Internal Medicine：Disease of the Dog and Cat. 5th ed.：Saunders；2005：737-787. Philadelphia.

[20] 増田悦子，松本英樹，上月茂和，河野史郎，鯉江洋，久野由博，政田早苗，柴原イネ，山根義久，野一色泰晴.：体外循環下における犬の心室中隔欠損症の根治術の1例．第59回日本獣医循環器学会抄録．1993；11.

[21] Shimamura S, Kutsuna H, Shimizu M, Kobayashi M, Hirao H, Tanaka R, Takashima K, Machida N, Yamane Y.：Comparison of right atrium incision and right ventricular outflow incision for surgical repair of membranous ventricular septal defect using cardiopulmonary bypass in dogs. *Vet Surg*. 2006；35（4）：382-387.

[22] Hunt GB, Pearson MR, Bellenger CR, Malik R.：Ventricular septal defect repair in a small dog using cross-circulation. *Aust Vet J*. 1995；72（10）：379-382.

[23] Breznock EM, Vasko JS, Hilwig RW, Bell RL, Hamlin RL.：Surgical correction, using hypothermia, of an interventricular septal defect in the dog. *J Am Vet Med Assoc*. 1971；158（8）：1391-1400.

[24] Eyster GE, Whipple RD, Anderson LK, Evans AT, O'Handley P.：Pulmonary artery banding for ventricular septal defect in dogs and cats. *J Am Vet Med Assoc*. 1977；170（4）：434-438.

[25] Thomas WP.：Echocardiographic diagnosis of congenital membranous ventricular septal aneurysm in the dog and cat. *J Am Anim Hosp Assoc*. 2005；41（4）：215-220.

[26] Bussadori C, Carminati M, Domenech O.：Transcatheter closure of a perimembranous ventricular septal defect in a dog. *J Vet Intern Med*. 2007；21（6）：1396-1400.

[27] Fujii Y, Fukuda T, Machida N, Yamane T, Wakao Y.：Transcatheter closure of congenital ventricular septal defects in 3 dogs with a detachable coil. *J Vet Intern Med*. 2004；18（6）：911-914.

[28] Amin Z, Gu X, Berry JM, Bass JL, Titus JL, Urness M, Han YM, Amplatz K.：New device for closure of muscular ventricular septal defects in a canine model. *Circulation*. 1999；100（3）：320-328.

[29] Gu X, Han YM, Titus JL, Amin Z, Berry JM, Kong H, Rickers C, Urness M, Bass JL.：Transcatheter closure of membranous ventricular septal defects with a new nitinol prosthesis in a natural swine model. *Catheter Cardiovasc Interv*. 2000；50（4）：502-509.

[30] Breznock EM.：Spontaneous closure of ventricular septal defects in the dog. *J Am Vet Med Assoc*. 1973；162（5）：399-403.

[31] 星克一郎，永島由紀子，平尾秀博，小林正行，清水美希.：心室中隔欠損症の開心術後に第二度房室ブロックが消失した犬の1治験例．動物臨床医学．2002；11（2）：93-97.

[32] Yilmaz AT, Ozal E, Arslan M, Tatar H, Oztürk OY.：Aneurysm of the membranous septum in adult patients with perimembranous ventricular septal defect. *Eur J Cardiothorac Surg*. 1997；11（2）：307-311.

[33] Cohle SD, Balraj E, Bell M.: Sudden death due to ventricular septal defect. *Pediatr Dev Pathol.* 1999 ; 2（4）: 327-332.
[34] Summerfield NJ, Holt DE.: Patent ductus arteriosus ligation and pulmonary artery banding in a kitten. *J Am Anim Hosp Assoc.* 2005 ; 41（2）: 133-136.
[35] Smith NM, Ho SY.: Heart block and sudden death associated with fibrosis of the conduction system at the margin of a ventricular septal defect. *Pediatr Cardiol.* 1994 ; 15（3）: 139-142.

### 7）ファロー四徴症

ファロー四徴症（Tetralogy of Fallot: TOF）は、チアノーゼ性の先天性心疾患の1つである。

読んで字のごとく、本症は、病理学的な立場から4つの形態異常を伴う。その1つは高位心室中隔欠損（Ventricular Septal Defect: VSD）であり、その他に肺動脈狭窄（Pulmonary Stenosis: PS）、さらに右室肥大（Right Ventricular Hypertrophy）と大動脈騎乗（Aortic Overriding）の四徴である。

基本的には、心室中隔欠損と漏斗部中隔の前方偏位による肺動脈狭窄である（図Ⅰ-281）。本症は、1888年にFallotにより4つの形態異常として詳細に報告されている[1]。

人でも犬でも本症の中隔欠損の多くは、膜様部を中心とした大欠損であるが、時には室上稜から肺動脈弁直下にまで及ぶものもあり、人ではまれに筋性部中隔欠損もある[2,3]。

また、肺動脈狭窄では多くの場合、弁性狭窄（valvular PS）と弁下部狭窄、すなわち漏斗部狭窄（infundibular PS）との両者を合併しているが、人では弁性狭窄を欠くものが約10～20％にみられるとされている[4,5]。

川島らは、1969年に手術を実施する立場から、右室流出路の形態、特に肺動脈弁狭窄の有無と、心室中隔欠損の位置および肺動脈末梢の病態から、5型に分類して報告した[5]。しかし、さらにこの分類を簡素化した4型の分類を提唱している[6]（図Ⅰ-282）。

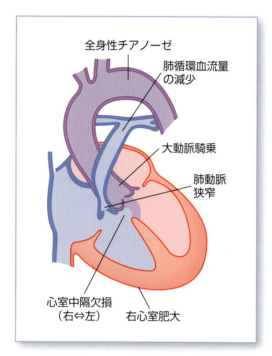

図Ⅰ-281　ファロー四徴症の模式図

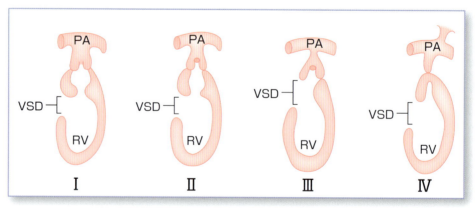

図Ⅰ-282　ファロー四徴症の病型分類[6]

Ⅰ型：VSDが膜様部を中心とした室上稜下部に存在し、肺動脈の弁性狭窄がないもの。
Ⅱ型：VSDの位置はⅠ型と同様であるが、弁性狭窄があるもの。
Ⅲ型：VSDが室上稜上部にあるが、それが肺動脈弁直下にまで及んだbulbventricular defectで弁性狭窄あるもの。
Ⅳ型：肺動脈が完全に閉塞したもの（極型）。
PA：肺動脈、RV：右心室、VSD：心室中隔欠損

ⅰ）発生状況

犬での先天性心疾患1,000頭の調査で、Buchananは、ファロー四徴症の発生頻度は3.9％と報告している。また、猫では先天性心疾患287例中、ファロー四徴症は6％であったとしている[7]。

2011年の最近のOliveiraらの報告では、4,480頭の犬の976例（21.8％）が先天性心疾患であったとし、単一の疾患が832例（85％）、2つの異常を伴うもの132例（14％）、3つの異常を伴うものが12例（1％）であり、計1,132の疾患がみられたとし、その中でファロー四徴症は11例（1.2％）であったとしている[8]。

一方、国内での報告では、安武らが1985〜2003年までの19年間の調査で、犬は心血管疾患1,421例中、先天性心疾患が延べ114例あり、その中でファロー四徴症は7例（6％）で、一方、猫は100例中39例が先天性心疾患であり、そのうちファロー四徴症は5例（12.8％）と犬に比較して比較的高い発生率をみている[9]。

ファロー四徴症の好発犬種としては、キースボンドがよく知られているが、キースボンドについては、一遺伝子の欠損が示唆されている[7,10]。

雌雄での発生率においては、犬で7例中5例、猫で5例中4例といずれも雄の発生率が極めて高かった[9]。

一方、Ringwaldらの犬13例の報告では、雌7例雄6例と若干雌の発生が多かった[11]。

ⅱ）病態生理

ファロー四徴症では、通常左右心室間を短絡している大きな心室中隔欠損孔のため、右心室圧も左心室並みに上昇しており、左右間においてあまり抵抗は加わらない。しかし、肺動脈狭窄が重度であったり、あるいは極型（Ⅳ型）の肺動脈閉鎖がある場合は、大量の血液が右心室から欠損孔を通って大動脈へ流出する。その量は、肺循環と体循環の抵抗比に依存している。結果的には、肺循環血液量は減少することになり、これはとりもなおさず、肺静脈還流量の減少につながり、1回拍出量の減少をもたらす。また、運動を負荷すると血管床の拡張と体循環抵抗の減少を惹起し、右－左短絡をさらに増悪させる。右心室の血流が欠損孔を介して大動脈に流入すると、その血液は静脈血であり、全身循環の酸素分圧と酸素含有量が減少し、低酸素血症となりチアノーゼが生じることになる（図Ⅰ-283）[11]。

低酸素血症が続くと代償的に赤血球数の増加をもたらし、多血症を併発することになる。この多血症（赤血球増多症）になるメカニズムは、低酸素血症により、腎臓などの受容体が刺激され、エリスロポエチンが放出されることにより起こるとされている[12]。

ファロー四徴症の極型（Ⅳ型）の肺動脈閉鎖のタイプでは、肺への血流を維持するためにMajor Aortopulmonary Collateralartery（MAPCA）と呼称される側副血行路が発達する[13]（図Ⅰ-284）。

また、本症では肺循環血液量がかなり減少するので、左心室は肺静脈から還流してきた少量の血液のみを拍出することになる。そのため、右心室に比較し左心室の容量は小さい。一方、右心室は大きい心室中隔欠損のために左心室に近い圧となり、右心室壁は重度に肥大することになる（図Ⅰ-285、286）。

その他、ファローと名のつくものには以下の2つがある。

ファロー四徴症に心房中隔欠損（ASD）が合併したものをファロー五徴症（pentalogy of Fallot）と呼称することがある。

また、心室中隔欠損を欠き心房中隔欠損と肺動脈狭窄に右心室肥大を伴うものをファロー三徴症（trilogy of Fallot）と呼ぶこともあるが、あまり一

図Ⅰ-283　ファロー四徴症と診断された犬の舌
7ヵ月齢、体重7.3kg、雄のウェルシュ・テリア。初診時より強いチアノーゼがあり、舌色は青紫色を呈している。左側心尖部にて最強音の収縮期性雑音を聴取、既に血液検査で多血症と腎機能低下を併発していた。

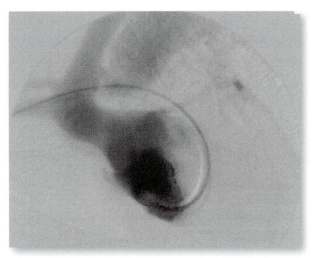

図Ⅰ-284　犬のファロー四徴症の極型（Ⅳ型）における血管造影所見

レトリーバー、1歳齢、雌、体重12.0kg。幼犬の頃から呼吸が促く、重度なチアノーゼを呈し、発育不良。各種検査で肺動脈閉鎖（Ⅳ型）のタイプと診断。矢印で示した部位（大動脈側）より広範囲にMAPCAが発達している。本症例は、内科的治療のみで数年間生存中。

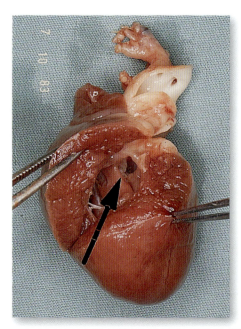

図Ⅰ-285　ファロー四徴症猫の心臓標本（右心室側より）

3ヵ月齢、雄の日本猫。生まれてから呼吸促迫にして少し動くと苦しそうにしていたとのこと。剖検により、著明な右心室肥大と大きな心室中隔欠損（矢印）、さらに大動脈騎乗と肺動脈狭窄が明確に確認された。

般的ではなく用いられることは少ない。

### ⅲ）臨床所見

ファロー四徴症では、人および犬や猫においても出生後より早期に臨床症状を呈することが多く、比較的早期に受診することが多い。多くのものは呼吸が速い、あるいは呼吸が苦しそうという稟告であり、その他に共通した所見はチアノーゼである。出生後、すべてにチアノーゼがみられるものではないが、加齢、成長とともに程度の差はあれ発現してくる。特に、運動を負荷したりするとチアノーゼは明確になる。また、ファロー四徴症の犬は、無症状のこともあるが一般的には、虚弱、運動不耐性、呼吸困難、無酸素発作（spell：失神）などがみられる[11]。

また、出生時より連続性雑音が聴取でき、動脈管が閉鎖すると駆出性収縮期雑音を示すことになる。肺動脈閉鎖を伴う極型（Ⅳ型）では、心雑音を聴取することができないこともあるが、側副血行路（MAPCA）の発達したものでは、連続性雑音を聴取する。

### ⅳ）検査と診断
#### ①血液検査

ファロー四徴症では、動脈血酸素分圧の低下によ

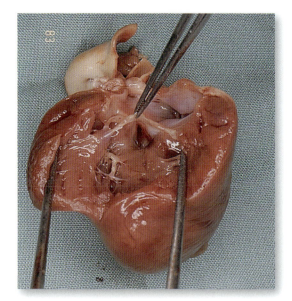

図Ⅰ-286　図Ⅰ-285と同症例の心臓標本（左心室側より）

左心房、左心室の容量は正常なものよりかなり小さく、やはり流出路に大きい心室中隔欠損孔が確認できる。

り低酸素症に陥るために、代償的に赤血球数とヘモグロビンの増加がみられる。これらは加齢とともに悪化する。筆者らの症例（ブル・テリア、4歳6ヵ月齢）で赤血球数1,066万、ヘマトクリット値72.3

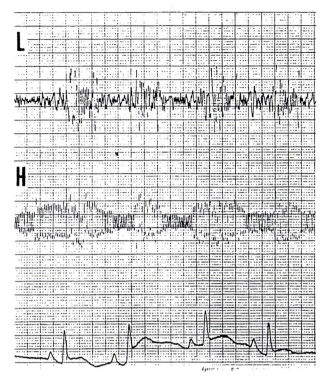
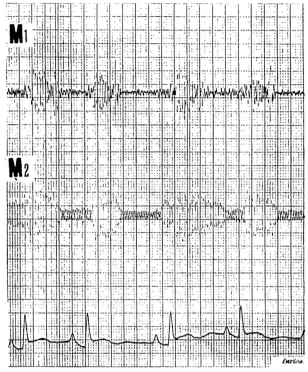

図Ⅰ-287 重度ファロー四徴症の初診時の心電図所見
ブル・テリア、4歳6ヵ月齢、雌、体重6.25kg、。生後4ヵ月齢より飼育しているが、咳があり、運動すると悪化し、運動不耐性。失神もみられた。心音図では、いずれの領域からも強い収縮期駆出性雑音が記録される。

%、ヘモグロビン22.4g/dLと高値を示したものがある。

また、ファロー四徴症の肺動脈閉鎖（極型）の症例（ラブラドール、10ヵ月齢）において、既に左心房内に血栓形成があり、抗血小板薬にて処置し、血栓消失するも、4歳10ヵ月齢になり再発をみたために、再投与にて再び5歳10ヵ月齢にて消失し、その後も薬物投与を継続し、小康状態にて推移中のものがあり、定期的に血液検査などを実施し、経過観察中である。

②心音図・心電図検査

心音図では、ほとんどのものに程度の差はあれ、収縮期駆出性雑音が描出される（図Ⅰ-287）。

心電図では、多くのものは右心室肥大の所見を呈し、平均電気軸は右軸偏位を示す（図Ⅰ-288）。

③胸部Ｘ線検査

ファロー四徴症では、肺動脈血流量の減少から、肺血管紋理の狭小化や陰影の低下がみられ、肺野は暗い。また、肺動脈幹と左肺動脈が低形成のため、その部分が陥凹しており、特徴的な木靴型（Coeur en sabot）の像を呈することになる（図Ⅰ-289）。

④心エコー検査

心エコー検査では、非侵襲的に大動脈騎乗の程度や心室中隔欠損の大きさと部位、右心室肥大の程度、さらに肺動脈狭窄の程度やタイプが確認できる（図Ⅰ-290）。

⑤心カテーテル検査

心カテーテル検査を実施すれば、心臓の各部位の血液ガス（酸素分圧と酸素飽和度）と心内圧（圧引き抜き曲線も含めて）、さらに心血管造影による形態的異常も明確になる。図Ⅰ-291に心カテーテル検査による各部位の心内圧と酸素飽和度の所見を示す。また、同症例の心血管造影所見を図Ⅰ-292に示す。

ⅴ）治療

本症はたとえ極型（Ⅳ型）の肺動脈閉鎖症のタイプでも、MAPCAがそれなりに発達しているものでは、内科的治療でも長期にわたり生存可能な症例もある。よって、本症における内科的治療もおろそかにすべきでない。

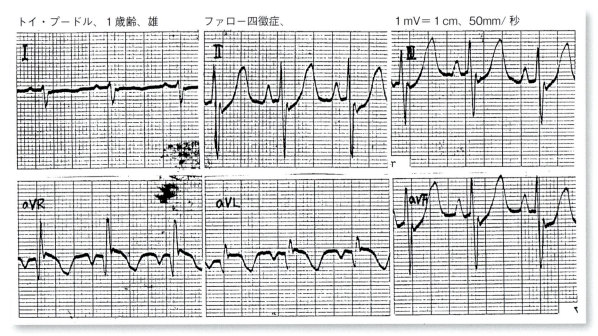

図Ⅰ-288　ファロー四徴症の心電図所見
トイ・プードル、1歳齢、雄。4～5ヵ月齢のときに強い心雑音を指摘された。本犬は、生まれつき両眼欠損で、人で報告のある"太鼓ばち指"といわれている指趾末端が肥大していた。心電図は重度な右軸偏位を示す。

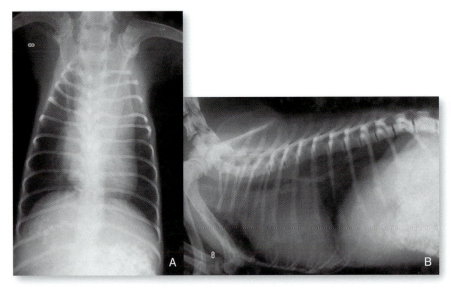

図Ⅰ-289　ファロー四徴症の胸部X線所見（図Ⅰ-288と同症例）
A：胸部X線（VD像）。本症に特異的な木靴型の所見が確認され、肺血流量の減少のため肺野は暗く、肺血管紋理は不鮮明。
B：胸部X線（ラテラル像）。Aと同様に肺野は暗く、血管紋理は不鮮明。

以下に内科的・外科的治療法について記述する。

①内科的治療

ファロー四徴症では、チアノーゼを伴っていたり、あるいは無酸素発作がみられる症例では、腹圧のかからない犬座姿勢をとらせ、興奮気味ならば軽い鎮静下のもと酸素吸入を実施する。医学領域では、その他にモルヒネの投与が実施されてきたが、近年ではモルヒネとβ遮断薬のプロプラノロール、さらに酸素の投与が一般的に広く用いられている。この目的は、右室流出路心筋の痙攣を寛解せしめ、肺血流量を増加させ、無酸素発作を回避することにあるとされている。また、Ponceらは新生児、乳児で常にチアノーゼはみられないが、無酸素発作の症状を呈するものにプロプラノロールを投与することにより、長期にわたり患児を良好な状態に維持することができることもあると報告している[14]。

また、Fukushimaらは、レトリーバー犬の極型（Ⅳ型）のファロー四徴症において、ジゴキシン

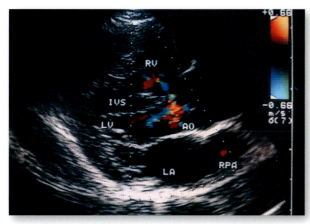

図Ⅰ-290　ファロー四徴症犬の心エコー検査所見
症例は、アラスカン・マラミュート、3ヵ月齢、雄、7.85kg。大動脈騎乗の程度や心室中隔欠損の部位や大きさが確認できる。

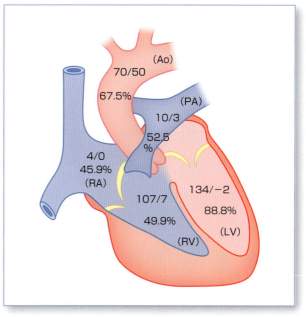

図Ⅰ-291　ファロー四徴症の心カテーテル検査所見
症例は、ブル・テリア、3ヵ月齢、雌、6.3kg。各部位の心内圧所見と酸素飽和度を示す。右心室圧の上昇と、左心室と大動脈の酸素飽和度の低値を示す。

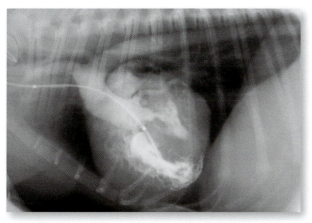

図Ⅰ-292　図Ⅰ-291と同症例の心血管造影像
右心カテーテルより造影剤を注入し撮影した所見。左心側も同時に造影されており、右心室圧の上昇が図Ⅰ-291からも示唆される。同時に左心の低形成と大動脈騎乗と肺動脈狭窄が確認される。

（0.01mg/kg）、アラセプリル（1.5mg/kg）の1日1回投与とジピリダモール（10mg/kg）の1日2回投与で、6年間以上にわたり治療・観察中の長期生存中の症例を報告している[15]。

一方、ファロー四徴症は重度な赤血球増多症に陥っていることが多い。このような場合は瀉血を考慮する。

では、どの程度瀉血をすべきかは、ヘマトクリット値の目標が60〜65％とされている[12]。

内科的治療には、一部を除いておのづから限界がある。病態によっては、姑息手術あるいは寛解手術、もしくは開心下での根治術を考慮すべきである。

### ②外科的治療

- **姑息手術または寛解手術**

ファロー四徴症は、チアノーゼ性心疾患でありながら、比較的内科的治療のみでも長期生存が期待される疾患の1つでもある。このような病態のものに症状の寛解することを目的に行う外科的治療を姑息手術という。

具体的には、肺動脈（弁）狭窄の存在により減少した肺血流量を増加させ、その結果、左心房に環流する動脈血の量を増やし、さらに大動脈への拍出される動脈血の酸素飽和度を上昇させ、チアノーゼの軽減や無酸素発作（spell）の消失を図ろうとするものである。

医学領域では、根治手術が開心下で行われるようになってからは、根治手術までの症状を寛解させるための一時的な手術法として実施されている。一方、獣医科領域では、人と異なり、子犬や猫は体格が小さいために、医学領域で報告されているすべて

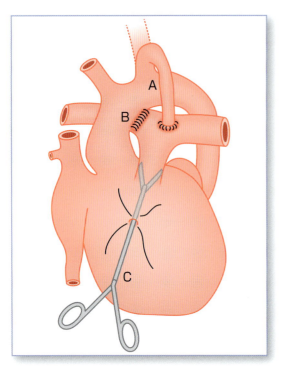

図Ⅰ-293　犬や猫で応用できる姑息手術
A：左鎖骨下動脈を分離切断し、その断端を肺動脈に端側吻合。
B：大動脈と肺動脈を一部切開し、その断端を側々吻合（Potts手術の変法）。
C：Brock手術の変法。右室流出路より鉗子を挿入し、狭窄部を解除。

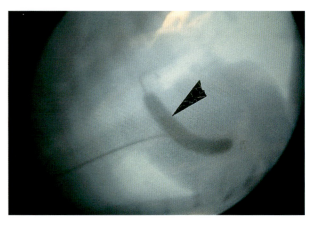

図Ⅰ-294　図Ⅰ-291と同症例のバルーンカテーテルによる拡張術
矢印の部分において、初回の拡張術では狭窄部の凹みが確認できたが、5回目バルーン拡張では狭窄部の確認はできないほどに解除されている。ただ、バルーンを拡張する時間は可能な限り短時間とする。バルーン拡張の時間が長いと、不整脈が出現し、危険である。

の姑息手術を実施するのは困難である。

図Ⅰ-293は、これまでに筆者らが実施した姑息手術のすべてである。医学領域では、その他にBlalock-Taussig手術をはじめ、Potts手術やWaterston手術などが報告されているが、前述した理由や解剖学的差異により、犬や猫では行うのは無理である。

図Ⅰ-293のAは、左鎖骨下動脈を犠牲にして、その血流を肺動脈に誘導するもので、小型犬や猫においても実施可能である。Bの術式は、大動脈と肺動脈における血流を部分遮断して、側々吻合を行い動脈血を肺動脈に誘導するもので、比較的体格の大きい犬に適している。Cは（純型）肺動脈弁狭窄症によく実施するもので、特殊な鉗子を右室流出路よりタバコ縫合をかけた中心部より挿入し、弁性狭窄を解除するもので、弁性狭窄以外は効果が期待できない。

以上の姑息手術は、いずれも開胸下での操作が必要であるが、拍動下で可能であり、比較的手術操作が容易である。

さらに、非開胸下でもできる姑息手術としてバルーン拡張術がある（図Ⅰ-294）。この方法は、さらに簡便な方法であり、弁性狭窄のタイプではかなりの効果が期待できる。

ただ、バルーンカテーテルが硬いために、そのカテーテルを小型の犬や猫の肺動脈に挿入するには、それなりの準備が要求される。図Ⅰ-295にバルーンカテーテルを肺動脈に挿入する手技を示す。

本症は、ファロー四徴症のみならず、肺動脈狭窄症を伴う心疾患にも一般的に応用されている。

しかし、本法で注意しなければならないことは、1回のバルーン拡張の時間は可能な限り短くし、5～6回にて狭窄部のバルーンの凹みが消失するまで実施すべきである。1回のバルーン拡張時間が長くなると重度な不整脈を誘発したり、時には危険を伴うことになる。

多くのものは、術後短時間でチアノーゼは軽減する（図Ⅰ-296）。

先天性心血管疾患

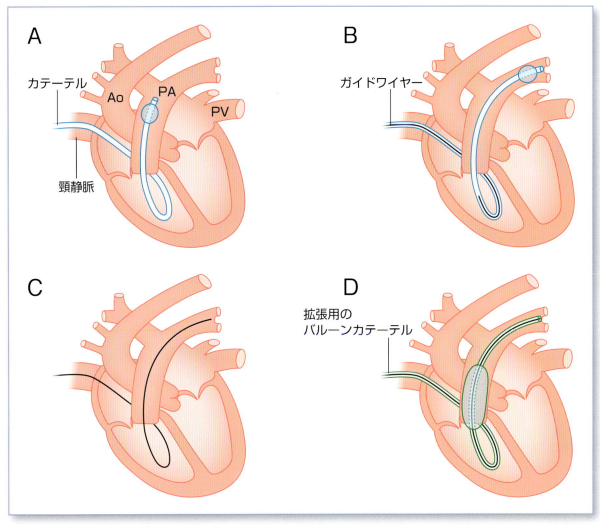

図Ⅰ-295　バルーンカテーテルによる右室流出路拡大形成術
A：頸静脈からバルーンの付いた軟らかいカテーテル（スワン・ガンツカテーテルなど）を肺動脈まで挿入。
B：バルーンの先端が肺動脈内にあることを確認し、ガイドワイヤーをカテーテル内に挿入する。
C：カテーテルを抜去し、ガイドワイヤーのみとする。
D：ガイドワイヤーに沿って拡張用のバルーンカテーテルを挿入する。バルーンを狭窄部の中心に位置させ、何回かバルーンを拡張する。

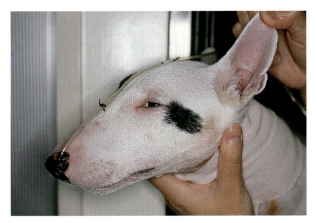

図Ⅰ-296　図Ⅰ-294と同症例の術後の所見
術前より術後にかけて鼻カテーテルによる酸素吸入実施。術前の鼻口粘膜や眼結膜および耳翼に認められていた重度なチアノーゼは改善されている。

・根治手術・体外循環

　ファロー四徴症の開心下での根治手術は、他の一般的な先天性心疾患と異なり、複雑であるため、どうしても手術時間が長時間に及ぶことになる。その結果、人工心肺装置を使用しての体外循環時間や心停止時間も当然延長することになる。そのため、心筋保護のために中心冷却や心臓表面へのアイススラッシュを応用し、さらに心筋保護液なども併用する。

　本症は、先天性心疾患の中でも代表的なチアノーゼ性心疾患であり、他の非チアノーゼ性心疾患とは体外循環の操作は異なる。チアノーゼ性心疾患では、一般的な適性環流量とされている送血量では不

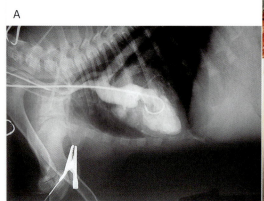
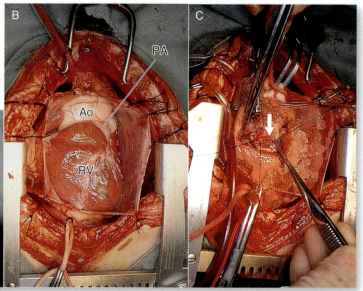

**図 I-297　ファロー四徴症の症例**

アラスカン・マラミュート。3ヵ月齢、雄、体重7.85kg。運動不耐性があり、ワクチン受診時に心雑音を指摘された。各種検査によりファロー四徴症と診断。
A：心血管造影所見。大動脈騎乗が確認され、肺血流量の減少が示唆される。
B：手術アプローチは、胸骨正中切開で実施。開胸し、心膜テントを作成し、前胸部（正面）より心臓をみた所見。これでも明確に大動脈の騎乗がわかる。Ao：大動脈、PA：肺動脈、RV：右心室。
C：開心下（右心室）での術中所見。まず右室流出路を切開し、欠損孔と流出路の狭窄程度を確認。その後、流出路の狭窄物を切除し、大きい心室中隔欠損孔をパッチにて縫合、閉鎖。さらに、パッチにて右室流出路拡大形成術を実施。矢印は欠損孔を縫合、閉鎖したパッチグラフトを示す。

足することになる。よって、送血量を増やすことになるのだが、本症では代償的に肺血流量を補うために気管支側の側副血行路（MAPCA）が発達しているために、送血量を増やすと一層心腔内への血液環流量が増加し、手術操作が困難となる。その悪循環を避けるためには、前述の低体温麻酔を併用し、できるだけ心腔内への環流量を少なくして体外循環を実施する。

また、人の体外循環による開心術では、人工心肺への充填液として血液を用いるのが一般的であるが、筆者らは犬における体外循環では溶血をはじめとした多くの合併症を防止するために、無血充填で実施している。医学領域でも幼少児の開心術では、無血充填での開心術が考慮されつつある。

• 基本的な手術手技

ファロー四徴症における心臓への到達法は、いくつか考えられるが、手技的にやりやすいのは胸骨正中切開法である。以下に本症において胸骨正中切開法で根治手術を実施した症例を提示する（図 I-297A～C）。

開胸後は、心膜テントを作成後、心臓の前面に位置する右室流出路を切開し、大動脈の騎乗の程度や肺動脈狭窄のタイプと程度、さらに心室中隔欠損孔を確認し修復術を実施する。肺動脈狭窄が弁性の場合は、弁尖を切開・分離し、弁下部の流出路の狭窄（特に第三室を形成している場合）も合併していれば切除する。

さらに、心室中隔欠損孔に合わせてパッチグラフトを作成し、欠損孔を縫合閉鎖する。このときの注意点は、右室流出路の切開に際しては、可能な限り小さいことが望ましい。具体的には、切開は肺動脈弁輪から心尖までの距離の1/3以下が望ましいとされている[16]。また、右心室の切開は、縦切開か横切開のいずれがよいかは議論されてきたが、筆者らは犬の肺動脈狭窄を伴う疾患のほとんどは、肺動脈弁輪部の発育が悪いため、パッチグラフトによる右室流出路拡大形成術をあわせ実施しているが、そのことよりすると当然、縦切開の方が手術侵襲は少ない。また、その場合は弁輪部の両端、いわゆる右心室と肺動脈の両方を切開することになり、右心室切

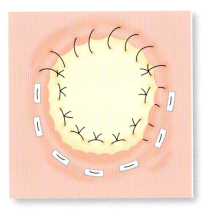

図Ⅰ-298　心室中隔欠損孔のパッチを用いて閉鎖するイメージ図

パッチを縫合するときは、肺動脈側の室上稜部では連続縫合で問題ないが、下縁部では、マットレス縫合が一般的である。プレジェットを用いたマットレス縫合では、心室中隔欠損の後下縁の左心室側を走行している房室結節からの刺激伝導系を損傷しないように、心室中隔から離し、右心室側のみに針を刺入する。

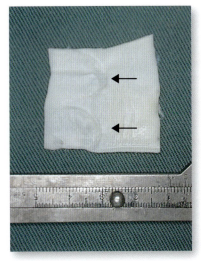

図Ⅰ-299　特殊処理（酵素処理）した牛の静脈弁（矢印：逆流防止弁）

これを弁の部分を中心に柳葉状にトリミングして、右室流出路拡大形成術に用いる。

開がより小さくすむことになる。

最近では、右心室の切開によるアプローチではなく、右心房より心室中隔欠損孔に三尖弁を通して到達し、良好な結果を得ている[17]。

ファロー四徴症における心室中隔欠損は、大欠損タイプがほとんどで、パッチグラフトによる欠損孔の縫合閉鎖に際しては、刺激伝導系に注意する必要がある。一般的に房室結節からの刺激伝導系は、心室中隔欠損の後下縁の左心室側を走行しているので、パッチグラフトの縫合閉鎖に際しては、欠損孔の下半分では針の刺入をできるだけ心室中隔欠損孔の辺縁から離して、かつ右心室側のみに糸を掛ける方法が推奨されている（図Ⅰ-298）。

また、右室流出路拡大形成術に用いるパッチグラフトは、筆者らは牛大静脈片（弁付き）を特殊処理したものを使用している[18]（図Ⅰ-299）。

## vi）予後

ファロー四徴症における姑息手術は、それなりの好結果をもたらすようである。また、姑息手術はすべて拍動下で実施することが可能で、心停止下での開心根治術に比較し、手術侵襲はかなり軽減することができる。しかし、確実性には劣る。

医学領域での人工心肺装置による体外循環下での開心根治術の成績は、右心室切開を避け、右心房よりのアプローチ法により手術死亡率は1％台に激減している[13]。

その他、術後の予後に影響する因子としては、本症では程度の差はあれ左心室低形成があるため、術後の低心拍出症候群（low output syndrome）をいかに防止するかである。よって、術後はそれに対する対応が重要となる。

（山根義久）

---

参考文献

［1］Fallot A.：Contribution a l'anatomie pathologi 1 ue de la maladie bleue（cyanose cardiaque）. *Marseille Med*. 1888；25：77, 138, 207, 270, 341, 404.
［2］Rao BN, Anderson RC, Edwards JE.：Anatomic variations in the tetralogy of Fallot. *Am Heart J*. 1971；81（3）：361-371.
［3］Rosenquist GC, Sweeney LJ, Stemple DR, Christianson SD, Rowe RD. Ventricular septal defect in tetralogy of Fallot. *Am J Cardiol*. 1973；31（6）：749-754.
［4］Keith JD, Rowe RD, Vlad P.：Tetralogy of Fallot. In：Heart disease in infancy and childhood, 3rd ed.：Macmillan；1978. New York.
［5］川島康生，藤田　毅，西崎　宏，曲直部寿夫.：Fallot四徴症の形態学的分類. *日胸外会誌*. 1969；17：1006-1013.
［6］川島康生.：私の歩んだ心臓外科－遠隔成績からみた心臓手術の反省と胸部外科の今後の問題点. *日胸外会誌*. 1990；38：777-789.
［7］Buchanan JW.：Prevalence of cardiovascular disorders. In：Fox PR, Sission D, Moise NS.（eds）：Textbook of Canine and Feline Cardiology, 2nd ed.：WB Saunders；457-470. Philadelphia.

[8] Oliveira P, Domenech O, Silva J, Vannini S, Bussadori R, Bussadori C.：Retrospective review of congenital heart disease in 976 dogs. *J Vet Intern Med*. 2011；25：477-183.
[9] 安武寿美子，髙島一昭，山根義久．：犬猫の循環器疾患1521例の発生状況に対する調査．*動物臨床医学*．2005；14（4）：129-131．
[10] Patterson DF, Pyle RL, Van Mierop L, Melbin J, Olson M.：Hereditary defects of the conotruncal septum in Keeshond dogs：pathologic and genetic studies. *Am J Cardiol*. 1974；34（2）：187-205.
[11] Ringwald RJ, Bonagura JD.：Tetralogy of Fallot in the Dog：Clinical Findings in 13 cases. *J Am Anim Hosp Asso*. 1988；24：33-43.
[12] Kittleson MD, Kienle RD.：4章ファロー四徴症．In／小動物の心臓病学—基礎と臨床—（監訳／局 博一，若尾義人）：インターズー；2003：290-299．東京．
[13] 川島康生．：F．その他の先天異常，1．Fallot 四徴症．新外科学体系（心臓の外科Ⅲ）：中山書店；1991：273-308．東京．
[14] Ponce FE, Williams LC, Webb HM, Riopel DA, Hohn AR.：Propranolol palliation of tetralogy of Fallot：experience with long-term drug treatment in pediatric patients. *Pediatrics*. 1973；52（1）：100-108.
[15] Fukushima R, Yoshiyuki R, Machida N, Matsumoto H, Kim S, Hamabe L, Huai-Che H, Fukayama T, Suzuki S, Aytemiz D, Tanaka R, Yamane Y.：Extreme tetralogy of Fallot in a dog. *J Vet Med Sci*. 2013；75（8）：1111-1114.
[16] 黒沢博集．：Fallot 四徴症における基準化された Patch infundibulopathy の10年間の遠隔成績．*日外会誌*．1985；86：135．
[17] Shimamura S, Kutsuna H, Shimizu M, Kobayashi M, Hirao H, Tanaka R, Takashima K, Machida N, Yamane Y.：Comparison of right atrium incision and right ventricular outflow incision for surgical repair of membranous ventricular septal defect using cardiopulmonary bypass in dogs. *Vet Surg*. 2006；35（4）：382-387.
[18] 山根義久，柴崎文男，上月茂和，霍野光興，松本英樹，田口淳子，河野史郎，鯉江 洋，岸上義弘，青山紳一，野一色泰晴．：犬の肺動脈狭窄症に対するパッチグラフトを用いた体外循環下での外科的治験例．*動物臨床医学*．1993；2（1）：33-40．

## 8）三心房心

### ⅰ）定義

三心房心（三心房症：Cor triatriatum）は、線維筋性膜により、左心房もしくは右心房の心房が2つに分割される結果、他の心房とともに全体として3つの心房を有する心奇形である。その発生は、非常にまれである。通常、線維筋性膜には1つあるいは数ヵ所の孔が存在するが、完全閉鎖の場合もある。猫では、人と同様に左側三心房心、犬では、右側三心房心が報告されている[1-4]。

### ⅱ）原因

左側三心房心は、胎生期に総肺静脈が左心房後壁に吸収される過程での異常により、左心房内に隔壁が生じて発生する[1]。したがって、異常隔壁には本来の総肺静脈口に相当する開口部があるのが通常であるが、まれに全くない場合もある。しかし、非定型例も含めてすべての三心房心を発生学的に説明することは困難であり、定説はない。左側三心房心と報告された品種にはベンガル[2]、チンチラ[3]、短毛雑種猫[5-6]がある。

右側三心房心は、胎生期における右静脈洞弁の遺残により、右心房内に隔壁が生じて発生する[4, 7-11]。右側三心房心と報告された犬種には、チャウ・チャウ[12, 13]、ミニチュア・シュナウザー[13]、コッカー・スパニエル[9, 14]、イングリッシュ・ブルドッグ[15]、ジャーマン・シェパード・ドッグの雑種[16]、ジャーマン・ショートヘアー・ポインター[9]、ゴールデン・レトリーバー[10]、ロットワイラー[8, 17]、ピレニアン・マウンテン・ドッグ[18]、秋田犬[18]、柴犬[19, 20]、雑種[12]などがある。

### ⅲ）病態

左側および右側心房内の隔壁は、線維筋性組織で構成されている。この隔壁により、左側三心房心では、頭側左心房と尾側左心房に分割される。頭側左心房（異常肺静脈腔：accessory atrial chamber ともいう）は、肺静脈に連絡する。尾側左心房（本来の左心房）は、卵円窩と左心耳に開口し、僧帽弁を介して左心室に連絡する[1, 21]。左側三心房心と類似した病変を示す疾患として弁上部僧帽弁狭窄症がある。弁上部僧帽弁狭窄症は、頭側左心房と左心耳が交通していることにより左側三心房心と区別されている[22]。左側三心房心では、異常隔壁が僧帽弁から離れた位置に存在し、僧帽弁は正常であるとされている[5]。しかし、筆者の考えでは、左側三心房心における異常隔壁の位置にはバリエーションがあり（図Ⅰ-300）、異常隔壁の由来が総肺静脈であれば左側三心房心と診断されると思われる。しかし、実際には、臨床的および病理組織学的に両者を区別することは困難である。隔壁の孔が小さい場合は、肺静脈の血流抵抗が増加する。その結果、僧帽弁狭窄類似の症状がみられる。つまり、左心房、肺静脈、および肺毛細血管圧が増加し、肺水腫が進行する[2, 23]。さらに、反応性の肺血管収縮により、二次性の肺高血圧が生じる。慢性的な肺静脈高血圧による二次性肺高血圧を伴っている場合は、右心室肥大、右心房や後大静脈の拡大、肺動脈弁や三尖弁逆流がみられるようになり、右心不全症状が発現す

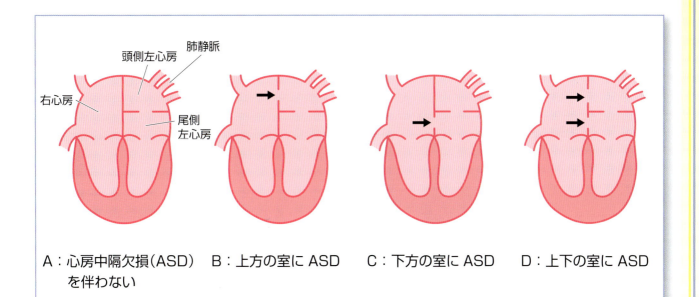

図 I-300　人の左側三心房心の分類（大分類）
心房中隔欠損（ASD）の位置を矢印で示す。

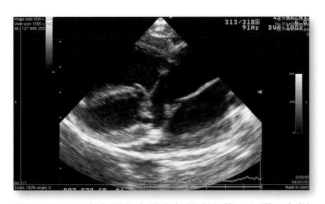

図 I-301　不完全型心内膜床欠損症を伴った猫の左側三心房心の心エコー検査所見
右側胸骨傍部長軸四腔断面像（Bモード）。左心房内に形成された隔壁により、左心房が頭側左心房と尾側左心房に分割されている。頭側左心房は顕著に拡張している。尾側左心房は、心房中隔欠損孔と連続し、右心房の拡張がみられる。また、僧帽弁の肥厚が認められる。

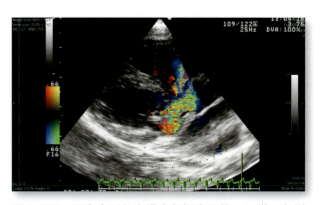

図 I-302　不完全型心内膜床欠損症を伴った猫の左側三心房心の心エコー検査所見
図 I-301と同症例のカラードップラー所見。収縮期に、左心室から尾側左心房内に逆流する血液のモザイク血流と、尾側左心房から右心房内に流入する短絡血流のモザイクが認められる。

る[2, 23]。左側三心房心は、心房中隔欠損や不完全型心内膜床欠損症（図 I-301、302）など他の心奇形を合併している場合もある[6]。

　右側三心房心では、隔壁により頭側右心房と尾側右心房に分割される（図 I-303）。人の右側三心房心では、頭側右心房は冠状静脈洞と三尖弁に連絡し、尾側右心房は後大静脈と卵円窩に連絡するが、前大静脈、後大静脈、および冠状静脈洞と隔壁との位置関係により、いくつかの解剖学的バリエーションがみられている。犬の右側三心房心においても、隔壁の発生部位にいくつかのバリエーションがある。例えば、(1)尾側右心房が、後大静脈と冠状静脈洞と連絡している場合[9, 10, 13]、(2)後大静脈は尾側右心房と連絡し、冠状静脈洞は頭側右心房に連絡している場合[14, 15]、(3)卵円窩が尾側右心房に存在する場合[10, 13]、(4)右心房が3腔になっている場合（前大静脈と後大静脈は、各々別の腔に連絡し、両腔は腹側で連絡している。第3腔は、三尖弁と連絡する）[24]などである。通常、隔壁には1つあるいはそれ以上の孔が存在し、本来の右心房に開口している

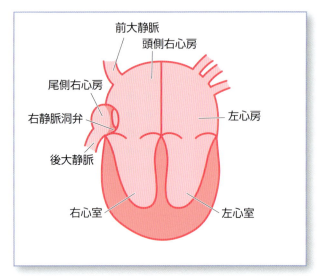

図Ⅰ-303　右側三心房心（一番多いタイプ）

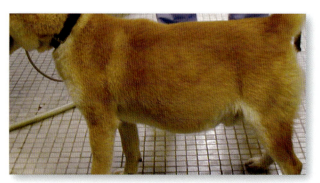

図Ⅰ-304　右側三心房心の犬の腹部外観
柴犬、1歳2ヵ月齢、雄。腹水の貯留による腹囲膨満。しかし、食欲元気あり、心雑音なし。

図Ⅰ-305　右側三心房心の犬の腹部外観
柴犬の雌。腹水の貯留による腹囲膨満。

が、無孔の場合もある[9, 10, 12]。隔壁が無孔の場合は、側副血管が後大静脈から奇静脈、あるいは椎骨静脈循環へ開口している[9, 12]。大静脈から奇静脈への循環は、冠状静脈洞から起始する左前大静脈が遺残し、側副血行路となっていると考えられている。背側の椎骨静脈循環には、半奇静脈が側副血行路となっていると考えられている[9]。隔壁が有孔の場合、右側三心房心の病態の程度は、隔壁に開口している孔の大きさに関連している[13]。隔壁の存在により後大静脈の血流抵抗が増加する結果、尾側右心房腔、後大静脈、および肝静脈の圧が増加する。このため、比較的若齢時（6週齢～2歳）から肝うっ血や肝腫大、腹水の貯留が生じる（図Ⅰ-304、305）[8-10, 12, 13, 15, 20]。腹水は、肝臓の洞様毛細血管圧の上昇により、血液中の蛋白と液体成分が肝臓から腹腔に漏出するために生じる。肝静脈の血流障害あるいは閉塞による門脈圧亢進症は、バッド・キアリ症候群あるいはバッド・キアリ様症候群と呼ばれている[13]。さらに、肝内圧の亢進が長期にわたると肝不全を併発するようになる。右側三心房心は、左側三心房心と同様に単独でみられるほかに、心膜形成不全[12]、心房中隔欠損症[25, 26]、三尖弁低形成[12]、エプスタイン奇形[9]など他の心奇形を伴って発生していることがある。

#### ⅳ）臨床症状

臨床症状は、比較的若齢時からみられる。一般に、左側三心房心では咳、呼吸困難がみられ[2]、右側三心房心では腹囲膨満（腹水貯留）[8, 10, 13]がみられる。右側三心房心では、慢性的な腸管静脈の高血圧により二次的に腸管リンパ管が拡張して下痢がみられる場合や[13]、運動不耐性、衰弱がみられる場合もある[9]。

#### ⅴ）診断
①身体検査所見

左側三心房心では、多呼吸、呼吸困難による呼吸

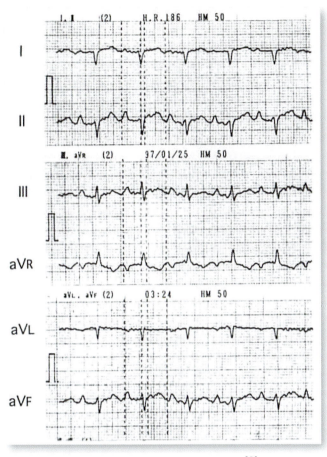

図Ⅰ-306　左側三心房心の心電図[3]

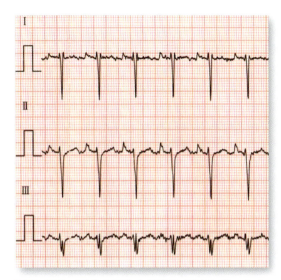

図Ⅰ-307　不完全型心内膜床欠損症を伴った左側三心房心の猫の心電図検査所見
P波の延長（0.04秒）と増高（0.4 mV）、Ⅰ・Ⅱ・Ⅲ誘導における深いS波がみられる。

音により、心音が不明瞭であることが多い。二次的な肺高血圧症により肺動脈弁逆流や三尖弁逆流を合併すると、心雑音の聴取や腹水の貯留が触知される[2]。通常、右側三心房心で心雑音は聴取されない。右側三心房心では、肝腫大や腹水貯留による腹囲膨満[8, 10, 13]（図Ⅰ-304、305）、静脈還流障害による浅腹壁静脈の拡張がみられる[9, 10, 13]。若齢で右心不全症状がみられるにもかかわらず、頸静脈の拡張がみられないことも特徴的な所見である[9]。

②腹水の検査

右側三心房心における腹水の性状は、比重は1.015～1.028の範囲であり、蛋白濃度は比較的高く（2.6～5.8 g/dL）、いくらかの細胞成分（単球、リンパ球、好中球、好酸球、赤血球、マクロファージ、中皮細胞など）がみられる高蛋白変性漏出液である[8-10, 12-15]。

③心電図検査

左側三心房心では、Ⅱ誘導でP波の増幅、P波の増高、P-R間隔の延長、両心房拡大所見がみられることがある（図Ⅰ-306、307）。右側三心房心では、Ⅱ誘導でP波の増高（図Ⅰ-308）がみられる場合がある。

④X線検査

左側三心房心では、左心房拡大や肺水腫による肺胞パターンがみられる（図Ⅰ-309～311）。

右側三心房心では、後大静脈の顕著な拡大がみられ、この所見が最初の診断の手がかりとなる。心陰影は、大きさ、形ともに正常範囲内である。腹水の貯留を伴っている場合は、心尖部が頭側に変位し、腹腔内臓器の陰影が不鮮明となる（図Ⅰ-312、313）[14, 20]。

⑤心エコー検査

左側三心房心の心エコー検査では、右側傍胸骨長軸四腔断面像および左側傍胸骨四腔断面像のBモードで、線維筋性膜と2つの左心房腔が確認できる。二次的な肺高血圧症により右心室拡大および右心室肥大を合併している場合は、右側傍胸骨左室短軸像で心室中隔の扁平化がみられる[2]。右側三心房心

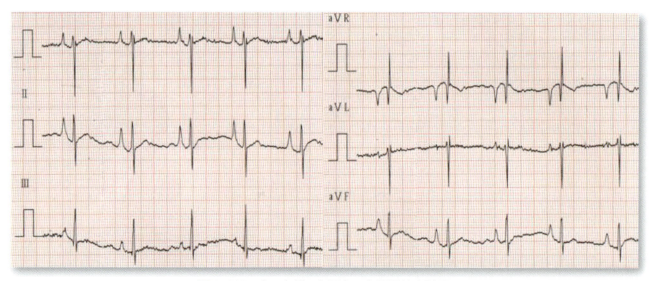

図Ⅰ-308　犬の右側三心房心の心電図検査所見

P波の増高（0.7 mV、肺性P波）と、Ⅰ・Ⅱ・Ⅲ・aVF誘導における深いS波がみられる。平均電気軸は＋167°で右軸偏位がみられた。

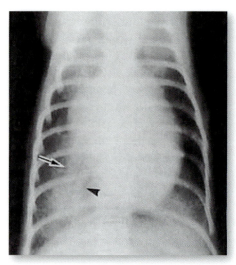

図Ⅰ-309　猫の三心房心の胸部X線DV像[3]

肺動脈（矢印）と肺静脈（矢頭）の拡張。左右後葉の肺水腫所見。

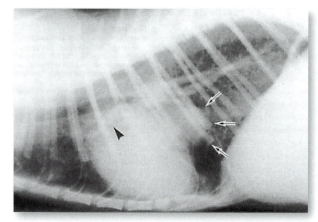

図Ⅰ-310　猫の三心房心の胸部X線ラテラル像[3]

肺静脈の拡張（矢頭）、左心房の拡張と左心房領域における異常なX線不透過領域（矢印）がみられる。

では、右側胸壁心基部短軸像、右側傍胸骨長軸四腔断面像、および左側胸骨傍部四腔断面像のBモードで、線維筋性膜と2つの右心房腔が確認できる。これらの断面像におけるカラードップラーで、線維筋性膜の開口部を通過するモザイク血流が確認できる（図Ⅰ-314、315）。さらに、パルスドップラーで開口部を通過する血液の流速を測定することにより2つの心房間の圧較差が算出され、狭窄の程度を把握することができる（図Ⅰ-316）。右側三心房心における腹部超音波検査では、肝腫大、肝静脈および後大静脈の拡張がみられる[26]。心カテーテル検査や外科的治療時には、経食道超音波検査により病変を確認することができる（図Ⅰ-317）。

⑥心カテーテル検査

・左側三心房心

▶アプローチ法

　左心カテーテル検査では、大腿動脈あるいは頸動脈から挿入したカテーテルを、大動脈を介して左心室内に挿入するが、僧帽弁を介して左心房内にカテーテルを挿入することは困難である。したがっ

先天性心血管疾患

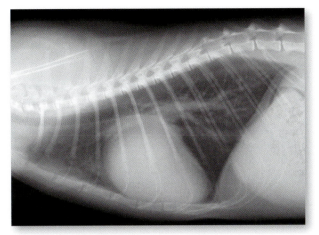

図Ⅰ-311　不完全型心内膜床欠損症を伴った左側三心房心の猫の胸部X線検査所見

肺動静脈の拡張と、左心房、左心室、右心房の拡大がみられた。VHSは10.5 vであった。

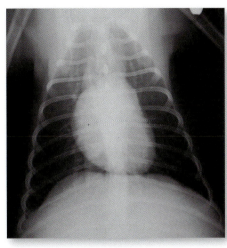

図Ⅰ-312　犬の右側三心房心の胸部X線DV像

図Ⅰ-304と同症例。後大静脈の拡張と腹水のため腹腔内臓器の不鮮明化がみられる。

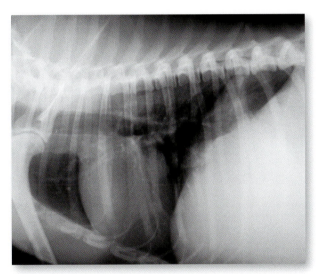

図Ⅰ-313　犬の右側三心房心の胸部X線ラテラル像

（図Ⅰ-304と同症例）右心房領域の中等度突出と後大静脈の拡張。心尖部の頭側変位が認められる。

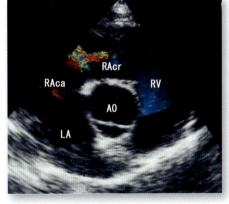

図Ⅰ-314　犬の右側三心房心の心エコー検査所見

右側胸壁心基部短軸像（カラードップラー）。右心房内に形成された隔壁の孔を介して尾側右心房から頭側右心房内に流入するモザイク血流が認められる。RAca：尾側右心房、RAcr：頭側右心房

て、左側三心房心では、右心カテーテル検査により評価を行う。

▶心内圧検査

　肺高血圧症を合併している場合は、右心室内圧と肺動脈楔入圧の上昇が認められる。

▶心血管造影検査

　右心造影検査により、肺循環を介して頭側左心房および尾側左心房内に還流してきた血液の造影像から診断を得ることができる。頭側左心房は、本来の左心房とは異なり筋層が発達していない。したがっ

て、心周期においてあまり収縮がみられず、常にほぼ一定の大きさを示すことが特徴である。

・右側三心房心

▶アプローチ法

　通常、2つのアプローチ法により実施する。1つ目は、頸静脈から前大静脈を介して頭側右心房内に挿入する方法である。2つ目は、カテーテルを大腿静脈、後大静脈を介して尾側右心房内に挿入する方法であり[13, 14, 20]、この方法はより確実性がある。頸静脈からのアプローチで、カテーテルを頭側右心

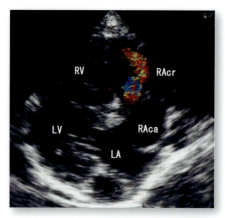

図Ⅰ-315　犬の右側三心房心の心エコー検査所見

右側胸骨傍部長軸四腔断面像（カラードップラー）。尾側右心房から頭側右心房内に流入するモザイク血流。RAca：尾側右心房、RAcr：頭側右心房、LA：左心房、LV：左心室、RV：右心室

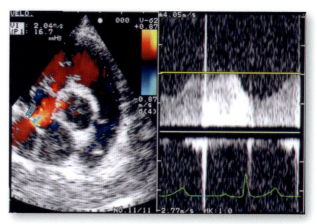

図Ⅰ-316　犬の右側三心房心の心エコー検査所見[20]

右側胸壁心基部短軸像（パルスドップラー）。この症例は、腹水の貯留がみられた（図Ⅰ-304と同症例）。右心房内に形成された隔壁の開口部を通過する血液の流速は2.04 m/秒であり、圧較差は16.7 mmHgである。

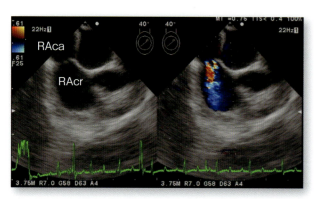

図Ⅰ-317　食道エコー検査所見：尾側右心房から頭側右心房に流入する血流が描出されている。この症例では、隔壁に数ヵ所の孔が開口していると考えられる

房から線維筋性膜の孔を介して尾側右心房内に挿入可能な場合は、頸静脈からのアプローチで検査が可能である[13]。大腿静脈からのアプローチで2つの心房内にカテーテルを挿入可能な場合もある[9]。

▶心内圧検査

通常、頭側右心房内圧は正常であり、尾側右心房内圧は5～10 mmHg以上増加している。頭側右心房の内圧と尾側右心房の内圧の差から、圧較差を算出する。

▶心内血液ガス検査

心臓内の各腔における酸素分圧および二酸化炭素分圧の測定により、心房中隔欠損症など、他の心奇形の併発の有無を確認する。

▶心血管造影検査

頭側右心房内からの造影では、正常な右心系の血流が確認される（図Ⅰ-318）。尾側右心房内からの造影では、尾側右心房と後大静脈の拡張、後大静脈や肝静脈内への造影剤の逆流、および造影剤が尾側右心房から線維筋性膜の開口部を介して頭側右心房内に高速で流入する像が確認される（図Ⅰ-319）。線維筋性膜に開口部がない場合は、側副血管が頭側右心房に開口していることが確認される。

vi）治療

①内科的治療

左側三心房心では、肺水腫やうっ血性心不全に対する一時的な治療法として、酸素療法、利尿薬（フロセミド）やアンジオテンシン変換酵素（Angiotenshin-Converting Enzyme：ACE）阻害薬の投与が行われている。

右側三心房心では、右心不全に対する治療法として利尿薬が投与されている。

一般に、左側および右側三心房心に対する内科的治療は、効果が一過性のことが多い。

②外科的治療

三心房心では、内科的治療に対する反応が悪く外科的治療が推奨されている。左側三心房心に対する外科的治療法には、心拍動下で弁拡張鉗子により線

先天性心血管疾患

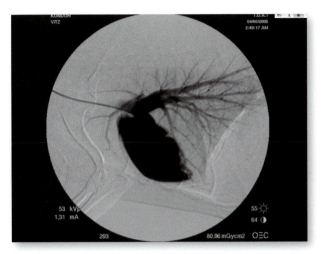

図I-318　右側三心房心の犬の心血管造影検査所見（サブストラクト）

頭側右心房内からの造影。正常な右心系（頭側右心房 - 右心室 - 肺動脈）が確認される。

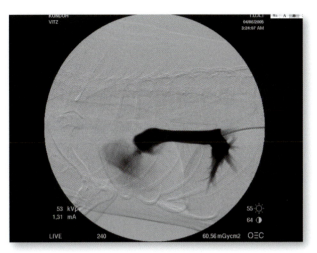

図I-319　右側三心房心の犬の心血管造影検査所見（サブストラクト、図I-318と同症例）

尾側右心房内からの造影。尾側右心房と後大静脈の拡張、後大静脈と肝静脈内への造影剤の逆流、尾側右心房から頭側右心房に流入する血流が認められる。

維筋性膜開口部を拡大する方法が報告されている[5]。

右側三心房心では、肝不全の併発を防ぐために、早期の対応が必要とされる。外科的治療における危険因子として、肝機能障害に起因する血液凝固機能異常や薬物代謝異常などがある。右側三心房心の外科的治療法には、これまでにバルーンカテーテルによる拡張術[19,25,27]や、心拍動下弁拡張鉗子による開口部拡大術[9,18]、低体温麻酔下インフローオクルージョンによる線維筋性膜の拡大除去術[9,18]、人工心肺装置を使用した体外循環下根治術が報告されている[20]。外科的治療前に腹水を抜去しておくと、胸腔内操作がしやすくなる。

• バルーンカテーテルによる拡張術

左側三心房心では、隔壁開口部にカテーテルでアプローチすることが困難であるため、実施困難である。右側三心房心では、大腿静脈からカテーテルを挿入し、アプローチする。バルーン径のサイズは、後大静脈径と同じ大きさとする。バルーン拡張術は、手術侵襲度が低く、心カテーテル検査と同時に行うことができることが利点としてあげられる。治療効果についても、バルーン拡張術後、腹水貯留が消失するなどの効果が得られたことが報告されている[19,25,27]。一方、バルーンカテーテルによる拡張術の問題点として、線維筋性膜には線維成分が多く含まれているため、バルーンでこの隔壁を断裂することは不可能であり、バルーン拡張術では十分な治療効果が得られないこと[13]、拡張術後に開口部が再狭窄する可能性があげられる。また、適応条件として、大腿静脈に最小で5 Frのカテーテルが挿入可能であること、尾側右心房から隔壁開口部にカテーテルを誘導し、隔壁を横切るようにバルーンを通すことが可能であること、隔壁開口径よりバルーン径が大きいカテーテルが準備可能であること、などがあげられる。このことから、病態が軽度で、バルーンを隔壁開口部に挿入可能であり、適切なサイズのバルーンカテーテルが用意可能な場合に、バルーンカテーテルによる拡張術は、有効な治療法であると考えられる。その他、バルーンカテーテルが高価であること、各種サイズのバルーンカテーテルをそろえておく必要があることなどが欠点としてあげられる。

▶ 術式

多目的カテーテルを大腿静脈から後大静脈を介して尾側右心房内に挿入する。さらに、カテーテルを隔壁の開口部を介して頭側右心房内に挿入する。次に、多目的カテーテル内にガイドワイヤーを挿入し、多目的カテーテルを抜去する。そして、ガイドワイヤーをガイドにしてバルーンカテーテルを挿入する。隔壁開口部において、バルーンを数回拡張さ

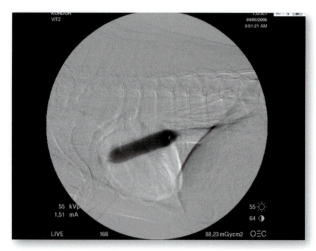

図Ⅰ-320 バルーンカテーテルによる拡張術所見（図Ⅰ-318と同症例）

バルーンカテーテル（Balloon Dilatation Catheter (Ghost Ⅱ Catheter, ㈱JMS, シャフト径5Fr., バルーン直径12mm、バルーンの長さ4cm)

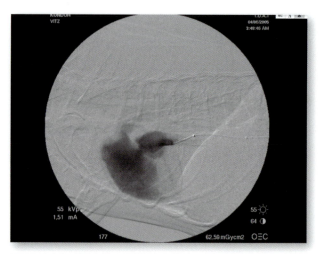

図Ⅰ-321 バルーンカテーテルによる拡張術後の心血管造影検査所見（図Ⅰ-318と同症例）

後大静脈造影。拡張術実施前（図Ⅰ-319）に比べ、尾側右心房から頭側右心房に流入する造影剤の増加、後大静脈および肝静脈内へ逆流する造影剤の消失が認められる。

せる（図Ⅰ-320）。バルーンを拡張する前に、バルーンカテーテルを介して造影剤を注入することにより、隔壁の位置を確認することができる。バルーン拡張時は、静脈還流が遮断されるため、徐脈や低血圧が生じる。したがって、心電図や血圧をモニターしながら迅速に実施する必要がある。バルーン拡張術後、引き続き心内圧検査および後大静脈造影検査を実施し、隔壁開口部の十分な拡張が得られたかどうかを評価する。十分な効果が得られた場合は、心内圧検査で頭側右心房－尾側右心房間圧較差が減少する。また、後大静脈造影検査でバルーン拡張術前の所見（図Ⅰ-319参照）より、尾側右心房から頭側右心房に流入する造影剤の増加、後大静脈および肝静脈内へ逆流する造影剤の減少が確認される（図Ⅰ-321）。心臓内操作が終了したら、バルーンカテーテルを抜去する。この際、バルーンを拡張したことにより、バルーンカテーテルの径がバルーンを拡張する前に比べて増加している。したがって、血管径に対してカテーテルの径に余裕がない場合は、抜去の際に血管を傷つけないように注意する必要がある。

• 弁拡張鉗子による開口部拡大術

この方法は、左側三心房心および右側三心房心のいずれにおいても実施可能である。外科的治療法としては比較的リスクの低い方法であるが、操作が盲目的に行われることが欠点である。

▶術式

左側三心房心では、動物を右側横臥位に保定し、左側第5肋間で開胸する。心膜を横隔神経の腹側で横隔神経に平行に切開し、その切開縁を胸壁に縫合することにより心膜テントを作成する。心膜テントの作成により、心臓が胸壁側へ挙上され心臓内操作がしやすくなる。頭側左心房壁に3-0ポリプロピレン糸あるいはナイロン糸で巾着縫合を行い、ゴムチューブによる駆血帯（ターニケット）を装着する。巾着縫合の中央の左心房壁をNo.11のメス刃で穿刺切開する。切開部からクーレーなどの弁拡張鉗子を挿入し、隔壁を横切るように鉗子を通す。隔壁開口部で鉗子を数回開閉させて開口部を拡大する。術中に心エコー検査を実施すると、より効果的である。つまり、左側傍胸骨長軸四腔断面像で、異常隔壁を通過する血液の流速を測定し、2つの左心房間の圧較差を算出することにより、開口部の拡大が評価できる。心臓内操作が終了したら、巾着縫合の糸に装着したターニケットを除去する。左心房内に血液を充満させることにより左心房内の空気を除去し、巾着縫合の糸を締結して左心房壁を閉鎖する。左心房壁の縫合部からの出血がないことを確認してから、心膜テントを解除し、心膜を数ヵ所縫合閉鎖する。左側胸腔内に胸腔内ドレーンを留置し、定法

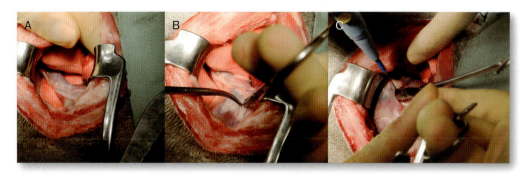

図I-322　右側三心房心の弁拡張鉗子による開口部拡大術
A：右側第5肋間開胸所見、B：横隔神経の腹側の心膜に小孔を作成、C：心膜に作成した小孔にケリー鉗子を挿入し、横隔神経に平行に心膜を切開する。

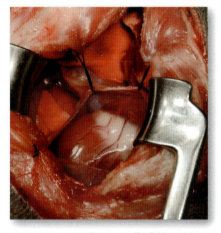

図I-323　心膜テント作成後の所見

図I-324　後大静脈と右心房移行部所見

に従い閉胸する。

　右側三心房心では、動物を左側横臥位に保定する。右側第4あるいは第5肋間で開胸すると、拡張した後大静脈と尾側右心房がみられる（図I-322A）。心臓に還流する3つの血管、すなわち前大静脈、後大静脈、および奇静脈に血行遮断用のテープをかける。前および後大静脈の血行遮断には臍帯テープを使用し、各々にターニケットを装着する。奇静脈の血行遮断には1-0～3-0の絹糸を使用し、その先端を鉗子で保持しておく。心膜を横隔神経の腹側で横隔神経に平行に切開し（図I-322B、C）、その切開縁を胸壁に縫合することにより心膜テントを作成する（図I-323）。右心房内の隔壁の存在部位は、後大静脈と右心房の移行部で、狭窄あるいは円周状のくぼみとして確認できる（図I-324）。頭側右心房あるいは尾側右心房（弁拡張鉗子を挿入しアプローチしやすい側）に3-0～4-0の非吸収性モノフィラメント糸（ポリプロピレン糸あるいはナイロン糸）で巾着縫合を行い、ターニケットを装着する。奇静脈に装着した絹糸を牽引して血行を遮断した後、一斉に、前および後大静脈の血行を遮断する。巾着縫合の中央をNo.11のメス刃で穿刺切開する。切開部から弁拡張鉗子を挿入する。心臓の表面を手指で触知しながら鉗子を隔壁まで誘導し、隔壁を横切るように鉗子を通す。隔壁開口部で弁拡張鉗子を数回開閉させて開口部を拡大する。血行遮断時間は3分間とする。心臓内操作が終了したら、巾着縫合の糸に装着したターニケットを除去し、血行遮断を解除する。右心房内に血液を充満させることにより右心房内の空気を除去し、巾着縫合の糸を締結して穿刺切開部を閉鎖する（図I-325）。弁拡張鉗子による開口部拡大術は、インフローオクルージョンを行わない方法も報告されている[12]。インフローオクフュージョンを行わない場合で術中に心臓内操作を停止する間は、穿刺部位から拡張鉗子を抜去し、ターニケットに通した巾着縫

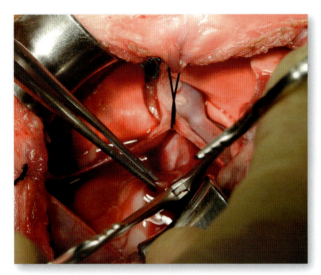

図Ⅰ-325　巾着縫合の糸を締結し、穿刺切開部を閉鎖する

合糸を締めておくことにより、心臓からの出血を抑制することができる。弁拡張鉗子には、モスキート鉗子やケリー鉗子の他、先端のみが拡張する耳鉗子や短いフィラリア鉗子も使用されている。縫合部からの出血がないことを確認してから、心膜テントを解除し、心膜を非吸収性モノフィラメント糸で数ヵ所縫合閉鎖する。右側胸腔内に胸腔内ドレーンを留置し、定法に従い閉胸する。

- 低体温下インフローオクルージョンによる右心房内線維筋性膜の拡大除去術
  ▶術式

　動物を左側横臥位に保定し、動物の周囲に氷嚢を置くことにより体温を下げる。弁拡張鉗子による開口部拡大術と同様に右側第4あるいは第5肋間で開胸すると、拡張した後大静脈と尾側右心房がみられる。右心房内における隔壁の存在部位を確認する。4℃に冷却した生理食塩液による胸腔内洗浄や、冷却した生理食塩液の静脈内投与により、さらなる体温の低下を得ることができる。体温は、直腸温が30～32℃になるまで下げる。前大静脈と後大静脈に血行遮断用のテープとターニケットを装着し、奇静脈に1-0～3-0の絹糸をかけ鉗子で保持する。心膜を切開し、心膜テントを作成する。右心房の狭窄部を中心にして、右心房壁の切開予定ラインの両端を、4-0の非吸収性モノフィラメント糸（ポリプロピレン糸あるいはナイロン糸）で支持糸をかけ、糸の両端を鉗子で保持しておく。奇静脈に装着した絹糸を牽引して血行を遮断した後、一斉に、前および後大静脈の血行をターニケットにて遮断する。右心房壁を2つの支持糸の間で、メス刃にて切開する。十分な切開を得るために、切開部をメッツェンバウム剪刀やポッツ剪刀で拡大する。右心房切開は、狭窄部を中心にして行う方法のほか[9]、尾側右心房を切開する方法[18]、頭側右心房を切開する方法がある。右心房内の線維筋性膜を確認した後、メッツェンバウム剪刀やポッツ剪刀などにより隔壁を切除する。隔壁を切除する際に、心房中隔あるいは冠状静脈洞を傷つけないように十分注意する。血行遮断時間は約3分間を目処にする。この間に心臓内操作を行う。心臓内操作が3分間を超える場合は、3分後にいったん血行遮断を解除し、右心房内の空気を除去した後、血流再開し、再度、血行遮断による心臓内操作を実施する。右心房内の隔壁切除が完了したら、血行遮断を解除し、右心房内に血液を充満させることにより右心房内の空気を除去し、右心房壁に血管鉗子をかける。その後、右心房壁を4-0の非吸収性モノフィラメント糸にて単純連続縫合し閉鎖する。右心房壁の縫合部からの出血がないことを確認後、動物の周囲に置いていた氷嚢を除去し、保温に切り替えて体温を復温する。心膜テントを除去し、心膜は非吸収性モノフィラメント糸で数カ所縫合して閉鎖する。右側胸腔内に胸腔内ドレーンを留置し、定法に従い閉胸する。

- 人工心肺装置を使用した体外循環下根治術

　右側三心房心において、人工心肺装置を使用した体外循環下根治術は、内科的治療やバルーン拡張術で効果が得られない場合、バルーンが隔壁開口部に挿入できない場合、あるいは隔壁開口部が小さく病態が重度な場合に選択される（図Ⅰ-326）。この治療法は、右心房内の隔壁を直視下に確認できることから、弁拡張鉗子による開口部の拡大術やインフローオクルージョンによる開心術よりも、安全、かつ確実に隔壁を切除することが可能である。

  ▶術式

　右側第5肋間にて開胸し、体外循環回路を装着する。通常、後大静脈内に挿入する脱血カテーテルは右心房から挿入するが、本術式では直接後大静脈に挿入する。前大静脈に挿入する脱血カテーテルは、

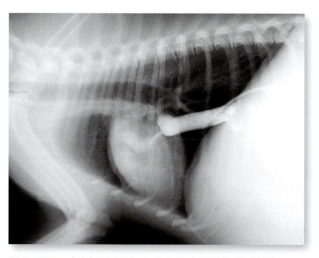

図Ⅰ-326　右側三心房心の犬の心血管造影検査所見
尾側右心房内からの造影。尾側右心房と後大静脈の拡張、後大静脈への造影剤の逆流、尾側右心房から頭側右心房に流入する血流が認められる。

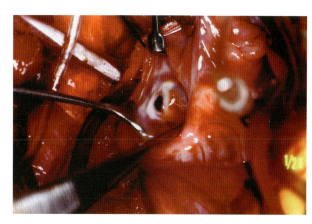

図Ⅰ-327　頭側右心房からみた右心房内の隔壁所見[20]
図Ⅰ-326と同症例。この症例では、隔壁中央部に1ヵ所の孔（直径2.5mm）が確認された。

図Ⅰ-328　右心房内の隔壁切除後の所見
右心房内の隔壁を切除した結果、開口部の径は13mmまで拡大した。図Ⅰ-324と同症例。

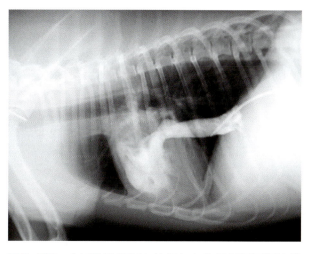

図Ⅰ-329　人工心肺装置を使用した体外循環下根治術を実施した犬の術後1ヵ月における後大静脈造影検査所見[20]
術前（図Ⅰ-326）に比較して、尾側右心房から頭側右心房に流入する造影剤の増加がみられる。また、後大静脈圧は正常化している。

通常通り右心耳切開により挿入する。心停止後、頭側の右心房切開を行う。右心房内を観察し、頭側右心房と尾側右心房間に存在する隔壁を確認する。通常、隔壁には数mmの小孔が1つあるいは数個開口している（図Ⅰ-327）。隔壁を摂子で把持し、ポッツ剪刀あるいはメッツェンバウム剪刀にて切除する（図Ⅰ-328）。右心房内を生理食塩液で充満させることにより右心房内の空気を排除しながら、右心房を4-0の非吸収性モノフィラメント糸（ナイロン糸あるいはプロリン糸）にて単純連続縫合し閉鎖する。

### vii）予後

左側三心房心では、肺水腫の進行による呼吸困難により、予後が悪い。外科的治療を行った症例では、術後3ヵ月で左心房の大きさが正常化し、呼吸困難が消失している。手術時に僧帽弁を傷害したと思われる軽度僧帽弁閉鎖不全症がみられたことが報告されている[5]。

右側三心房心では、外科的治療により、病態の改善および症状の消失が得られている。インフローオクルージョンによる線維筋性膜の拡大除去術や人工心肺装置を使用した体外循環下開心術では根治が得られる[9, 18, 20]。術後の回復は速やかであり、腹水は数日で減少する。術後の心カテーテル検査では、頭側右心房と尾側右心房間の圧較差が正常化し、造影検査で後大静脈から頭側右心房への十分な血液の流入が確認されている（図Ⅰ-329）[19]。

（清水美希）

### 参考文献

[1] Thilenius OG, Bharati S, Lev M.：Subdivided left atrium : an expanded concept of cor triatriatum sinistrum. *The American journal of cardiology*. Apr 1976 ; 37（5）: 743-752.
[2] Heaney AM, Bulmer BJ.：Cor triatriatum sinister and persistent left cranial vena cava in a kitten. *J Vet Intern Med*. Nov-Dec 2004 ; 18（6）: 895-898.
[3] Koie H, Sato T, Nakagawa H, Sakai T.：Cor triatriatum sinister in a cat. *J Small Anim Pract*. Mar 2000 ; 41（3）: 128-131.
[4] 清水美希，田中 綾，曽田藍子，才田祐人，山根義久.：外科的治療を行った右側三心房心の犬の2治験例．*平成18年度日本小動物獣医学会（関東）*．神奈川 ; 2006.
[5] Wander KW, Monnet E, Orton EC.：Surgical correction of cor triatriatum sinister in a kitten. *J Am Anim Hosp Assoc*. Sep-Oct 1998 ; 34（5）: 383-386.
[6] Nakao S, Tanaka R, Hamabe L, Suzuki S, Hsu HC, Fukushima R, Machida N.：Cor triatriatum sinister with incomplete atrioventricular septal defect in a cat. *J Feline Med Surg*. Jun 2011 ; 13（6）: 463-6.
[7] Doucette J, Knoblich R.：Persistent Right Valve of the Sinus Venosus. So-Called Cor Triatriatum Dextrum : Review of the Literature and Report of a Case. *Archives of pathology*. Jan 1963 ; 75 : 105-112.
[8] Malik R, Hunt GB, Chard RB, Allan GS.：Congenital obstruction of the caudal vena cava in a dog. *J Am Vet Med Assoc*. Oct 1 1990 ; 197（7）: 880-882.
[9] Tobias AH, Thomas WP, Kittleson MD, Komtebedde J.：Cor triatriatum dexter in two dogs. *J Am Vet Med Assoc*. Jan 15 1993 ; 202（2）: 285-290.
[10] van der Linde-Sipman JS, Stokhof AA.：Triple atria in a pup. *J Am Vet Med Assoc*. Sep 15 1974 ; 165（6）: 539-541.
[11] Fossum TW, Miller MW.：Cortriatriatum and cavalanomalies, *Semin Vet Med Surg（Small Anim）*. 1994 ; 9（4）: 177-184.
[12] Jevens DJ, Johnston SA, Jones CA, Anderson LK, Bergener DC, Eyster GE.：Cor triatriatum dexter in two dogs. *J Am Anim Hosp Assoc*. July-August 1993 ; 29 : 289-293.
[13] Miller MW, Bonagura JD, DiBartola SP.：Budd-Chiari-like syndrome in two dogs. *J Am Anim Hosp Assoc*. May-June 1989 ; 25 : 277-283.
[14] Otto C, Mahaffey M, Jacobs C, Binhazim A.：Cortriatriatum dexter with Budd-Chiari synddrome and review of ascites in young dogs. *J Small Anim Pract*. 1990 ; 31 : 385-389.
[15] Duncan RB Jr., Freeman LE, Jones J, Moon M.：Cor triatriatum dexter in an English Bulldog puppy : case report and literature review. *J Vet diagn Invest*. Jul 1999 ; 11（4）: 361-365.
[16] Bayley KA, Lunney J, Ettinger SJ.：Cortriatriatum dexter in a dog. *J Am Anim Hosp Assoc*. 1994 ; 30 : 153-156.
[17] Kaufman AC, Snalec KM, Mahaffey MB.：Surgical correction of cor triatriatum dexter in a puppy. *J Am Anim Hosp Assoc*. 1994 ; 30 : 157-161.
[18] Mitten RW, Edwards GA, Rishniw M.：Diagnosis and management of cor triatriatum dexter in a Pyrenean mountain dog and an Akita Inu. *Australian veterinary journal*. Mar 2001 ; 79（3）: 177-180.
[19] Adin DB, Thomas WP.：Balloon dilation of cor triatriatum dexter in a dog. *J Vet Intern Med*. Nov-Dec 1999 ; 13（6）: 617-619.
[20] Tanaka R, Hoshi K, Shimizu M, Hirao H, Akiyama M, Kobayashi M, Machida N, Maruo K, Yamane Y.：Surgical correction of cor triatriatum dexter in a dog under extracorporeal circulation. *J Small Anim Pract*. Aug 2003 ; 44（8）: 370-373.
[21] Reller MD, McDonald RW, Gerlis LM, Thornburg KL.：Cardiac embryology : basic review and clinical correlations. *J Am Soc Echocardiogr*. Sep-Oct 1991 ; 4（5）: 519-532.
[22] Fine DM, Tobias AH, Jacob KA.：Supravalvular mitral stenosis in a cat. *J Am Anim Hosp Assoc*. Sep-Oct 2002 ; 38（5）: 403-406.
[23] Gordon B, Trautvetter E, Patterson DF.：Pulmonary congestion associated with cor triatriatum in a cat. *J Am Vet Med Assoc*. Jan 1 1982 ; 180（1）: 75-77.
[24] Atwell RB, Sutton RH.：Suspect three chambered right atrium in a pup. *Vet Rec*. Jul 23 1983 ; 113（4）: 86-87.
[25] Johnson MS, Martin M, De Giovanni JV, Boswood A, Swift S.：Management of cor triatriatum dexter by balloon dilatation in three dogs. *J Small Anim Pract*. Jan 2004 ; 45（1）: 16-20.
[26] Szatmari V, Sotonyi P, Fenyves B, Voros K.：Doppler-ultrasonographic detection of retrograde pulsatile flow in the caudal vena cava of a puppy with cor triatriatum dexter. *Vet Rec*. Jul 15 2000 ; 147（3）: 68-72.

## 9）エプスタイン奇形
### ⅰ）定義

エプスタイン奇形（Ebstain's anomaly ; malformation）とは、三尖弁付着部の右室心尖部側への下方偏位を基本的な形態異常とする先天性心疾患であり、1866年にドイツのWilhelm Ebsteinによって初めて報告された[1]。具体的には三尖弁中隔尖と後尖の付着が、正常の弁輪部より心尖部方向に偏位しているものである。（図Ⅰ-330）。上記の三尖弁輪の下方偏位を伴わず、単に三尖弁尖、腱索および乳頭筋の形態異常を示す場合は、"三尖弁異形成"（tricuspid dysplasia）と呼ばれ、エプスタイン

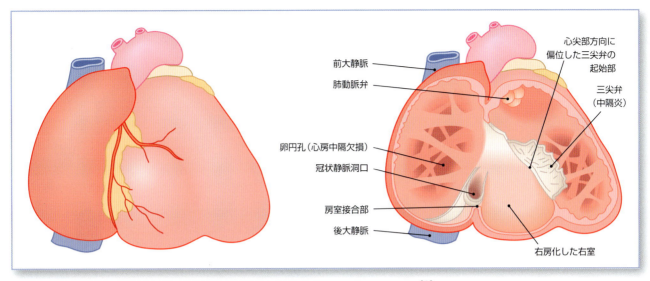

図Ⅰ-330　エプスタイン奇形の模式図[9]

本症の形態学的な特徴的所見は右室心尖部方向に偏位した三尖弁（中隔尖）、右房化した右室である。右房および右室には著しい拡張がみられる。

奇形とは厳密には区別されている[2]。

本症は、人において全先天性心奇形のうち約1％、20万人の新生児のうち1～5人に発生する比較的まれな疾患である[2,3]。

一方、小動物獣医科領域においては本症の報告は極めて少なく、体系的な検討はなされていない。犬での三尖弁異形成は、全先天性心疾患の5.1％を占める比較的多い先天性奇形であるが[4]、本症はこれまでに限られた数の症例が報告されているのみである[5-8]。また、猫においては本症の報告は筆者が調べた範囲では見当たらない。犬では報告されている症例数が非常に限られているため、その臨床像、治療法、予後に関する知見は乏しいが、今後は心エコー検査の普及に伴って生前診断の機会が増加することが予想される。

### ii）原因

エプスタイン奇形を生じる胎生期の異常は、まだ完全には解明されていない。人では胎生期の8週目頃から、心内膜床組織とその下部の心筋層から三尖弁の形成が開始されると考えられている[2]。三尖弁の弁尖、腱索および乳頭筋は、右室心筋の侵食（undermining；delamination）という行程により、右室心筋の成熟とともに三尖弁が形成される。この三尖弁形成時にunderminingの不全があると、その部分の弁尖は右室心筋に貼りつく（plaster；tethering）ようになるので、弁が癒着し、かつその

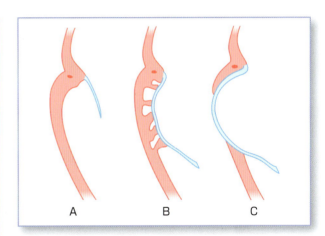

図Ⅰ-331　正常な三尖弁とエプスタイン奇形における三尖弁の形態[9]

A：正常心の右房右室接合部の切片、B：エプスタイン奇形の軽症例右房接合部、C：エプスタイン奇形の重症例

部分に心筋の発育不全を伴うエプスタイン奇形となる。この行程は、正常では心尖部から上方に向かって進行し、房室接合部まで達する。本症では、この過程が不完全に途中で終了してしまい、弁輪まで達しないために起こる。その程度は、症例によって非常に差がある。前尖の起始する位置が常に正常なのは、前尖が胎生期の非常に早い時期に右心室壁から遊離するためと考えられている[9]（図Ⅰ-331）。

エプスタイン奇形は、多因子性遺伝と考えられている。その発生例の多くは散発性で、家族性の発生はまれである。ラブラドール・レトリーバーではエ

プスタイン奇形に類似した三尖弁異形成の家族性発生が報告されており[3,10]、その原因遺伝子が第9染色体に位置する可能性が示唆されている[3]。なお、本症が三尖弁異形成の1つの表現型であり、三尖弁異形成と同じ遺伝子異常によって発生するか否かは明らかにされていない。

### ⅲ）病態
#### ①形態

本症の形態上の3大徴候は、

(1) 三尖弁尖の右心室壁への貼りつき（特に後尖と中隔尖）

(2) 三尖弁の異型性（カーテンのように大きな三尖弁前尖、腱索の発達不良）

(3) その部位の右心室壁の菲薄化（右心房化右室）である[1]。すなわち、機能のある三尖弁の弁尖が、本来の弁輪部より右室側にずれて起始するようになり、弁尖の貼りついた右室部分は右房化右室（atrialized right ventricle）と呼ばれ、右心室壁が極めて薄くなる（心筋低形成）（図Ⅰ-332）。また、それに伴って小さい右室腔がもたらされることになる。

Beckerらは、三尖弁中隔尖の右心室壁への貼りつきの程度を、弁の起始部の本来の弁輪部からの距離によって次の3段階に分類している[12]。本来の弁輪部から心尖部までの距離を100とした場合、グレード1は三尖弁起始部の位置のずれが25％未満のもの、グレード2は25〜50％までのもの、グレード3は50％以上のものであり、当然のことながらグレード3が最も重症であり、弁としての機能はほとんど果たすことはできない。

#### ②血行動態

上記の三尖弁の形態異常によって、ほとんどの症例では三尖弁閉鎖不全をきたす。まれに三尖弁閉鎖不全と同時に三尖弁狭窄が認められることもある。三尖弁の形態異常の程度に応じて、極めて重度な三尖弁逆流を呈する症例から軽度なものまで、臨床的には幅がある。逆流による右室容量負荷の結果、右室は遠心性肥大および拡張をきたし、右室コンプライアンスの低下から、うっ血性右心不全症状（肝腫大、腹水貯留）を呈する。また、右房化した右室の奇異性運動（心房収縮期に拡張し、心房拡張期に収

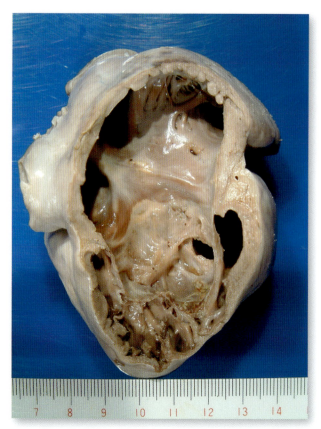

**図Ⅰ-332　エプスタイン奇形の剖検所見**[11]
ゴールデン・レトリーバー、11ヵ月齢、雄。著しく拡張した右房、右心室壁に貼りつくように下方偏位した三尖弁中隔弁が認められる。

縮）は、本症の特徴的な所見である。重症例では肺血流量の低下、ならびに右室1回心拍出量の低下をきたす。心房中隔欠損症を合併する症例では、右-左短絡からチアノーゼを生じる。

#### ③合併心奇形

人においては、多くの合併心奇形が報告されている。特に、心房中隔欠損症は80〜94％の症例で認められる[1]。犬の報告例においても心房中隔欠損の合併例が報告されている[6]。この場合、心房レベルでの右-左短絡が起こり、チアノーゼが必発する。その他、肺動脈狭窄あるいは閉鎖、大血管転換、両大血管右室起始、心室中隔欠損などがしばしば合併するといわれている[2]。

### ⅳ）診断
#### ①臨床所見

臨床症状は、奇形の程度によって非常に差がある。症状の発現は、三尖弁の異形成の程度、右心室の大きさと機能、右房圧および右-左短絡の程度に

先天性心血管疾患

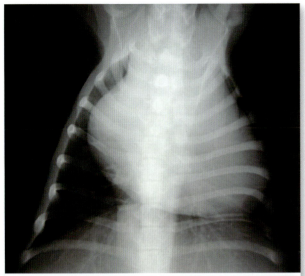

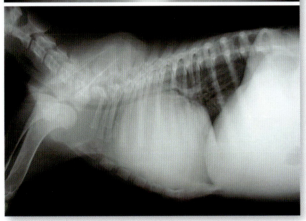

図Ⅰ-333　エプスタイン奇形の胸部X線検査所見[11]
ニューファンドランド、4ヵ月齢、雄。心陰影は極めて重度に拡大し、気管の背側への偏位、肝腫大、腹水貯留が認められる。

依存し、実際には極めて高度な異常形態を示すものから、ほとんど臨床症状を伴わない"mild Ebstein"と呼ばれるものまで幅広いスペクトラムを示す。一般的に右房化右室の容積が大きければ大きいほど、その壁が薄ければ薄いほど、正常に発育した右心室が小さく、三尖弁閉鎖不全が強ければ強いほど、血行動態に対する障害は重度である[2]。エプスタイン奇形の代表的な臨床症状は、うっ血性右心不全症状（腹水貯留、肝腫大、頸動脈怒張、浮腫など）、チアノーゼおよび不整脈である。一般に末梢の脈拍は弱く、心尖拍動は広範囲にわたって弱く触知される。聴診上は、右胸壁の三尖弁領域にて三尖弁逆流による収縮期性雑音が聴取される。心不全を発現している場合は、ギャロップリズムが聴取される。

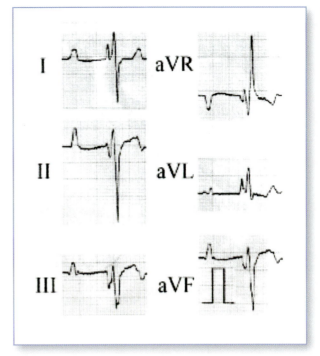

図Ⅰ-334　エプスタイン奇形に認められた心電図所見[8]
ビーグル、1歳齢、雄。Ⅰ、Ⅱ、Ⅲ、aVF誘導で深いS波（右軸偏位）、Ⅱ誘導でP波の増高（右房拡大）、QRS波の延長とノッチ（右脚ブロックパターン）を認める。

②X線検査所見

通常、著しく巨大な心陰影を認める（図Ⅰ-333）。これは三尖弁逆流に伴う著明な右心房および右心室拡大による。また、後大静脈の拡大、肝腫大、腹水貯留といった右心不全所見を認める。肺野は、血流低下によって透過性が亢進することが多い。

③心電図所見

心電図は、深いS波がⅠ、Ⅱ、Ⅲ、aVF誘導で認められ、右軸偏位を示す（図Ⅰ-334）。またP波の増高は右房拡大を示唆する。通常PR間隔は延長する。QRS群は幅が広く、右脚ブロックパターンを大部分の症例が示す。エプスタイン奇形を含めた三尖弁異形成を有する犬の50％にrR'、Rr'、RR'、rr'パターンのQRS群の多棘化が認められ[13]、この所見は三尖弁異形成の診断的な価値が高い[13]。右心房の拡大は、発作性上室頻拍や心房細動などの不整脈を伴いやすい。人ではWPW（Wolff-Parkinson-White）症候群を20％に認める[2]。

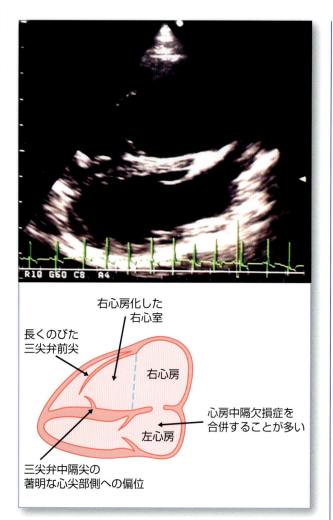

図Ⅰ-335 心エコー像（ニューファンドランド、4ヵ月齢、雄）と典型例の模式図

（図中ラベル：長くのびた三尖弁前尖／右心房化した右心室／右心房／心房中隔欠損症を合併することが多い／左心房／三尖弁中隔尖の著明な心尖部側への偏位）

④心エコー検査所見

　心エコー検査は、診断的価値が非常に高い。巨大な右房が特徴的で、症例によっては、右房の大きさがその他の心腔以上に拡張している場合もある（図Ⅰ-335）。三尖弁異形成とエプスタイン奇形は心エコー検査によって鑑別することが可能である。心尖部からの四腔断面像において、心尖方向にずれて起始する三尖弁の中隔尖、巨大で長く延びた三尖弁前尖、右房化した右室が本症の特徴的な所見である（図Ⅰ-335）。カラードップラー法では通常、重度な三尖弁逆流が確認される。その他、合併する心房中隔欠損が認められる場合もある。また心室中隔の奇異性運動などを認める。

ⅴ）鑑別診断

　重度な三尖弁逆流および右心拡張を示す心疾患との鑑別を必要とする。すなわち、三尖弁異形成、三尖弁弁膜症、不整脈源性右室心筋症、三尖弁心内膜炎などがあげられる。

ⅵ）治療

①内科的治療

　本症に伴ううっ血性心不全や不整脈に対しては、それらに対する標準的な薬物治療を行う。一般的に、強心薬、血管拡張薬および利尿薬を中心とした治療が試みられるが、うっ血性右心不全の管理は困難を極めることが多い。腹水貯留が重度な場合は、頻回の抜去が必要となる。

　これまでに、犬の本症に対して内科的治療を試みた報告がなされている。1歳齢でうっ血性右心不全症状を発現し、本症の診断が下されたビーグルでは、ジゴキシン、硝酸イソソルビド、マレイン酸エナラプリル、フロセミドを用いた治療が試みられたが、20ヵ月後に心不全死している[8]。また、3歳齢で胸水貯留を呈し、本症と診断されたラブラドール・レトリーバーは、マレイン酸エナラプリル、カルベジロール、フロセミドによる治療で13ヵ月後の時点で良好な経過をとっていることが報告されている[7]。

②外科的治療

　人では、チアノーゼが強い症例に対しては、Glenn手術やFontan手術など右心を介さずに静脈血を直接肺動脈にバイパスする手術が行われる。また、三尖弁右室機能の改善を目的とした、三尖弁置換手術と右房化右室縫縮手術、三尖弁吊り上げ手術などがあるが、いずれの手術法においても、危険率が高く症例の選択が重要である[2]（図Ⅰ-336）。小動物獣医科領域においては、筆者らも含めてこれまで数例の体外循環下の修復手術が試みられているものの、長期生存例は報告されていない[6]。

ⅶ）予後

　エプスタイン奇形と診断された新生児の20～40％は、1ヵ月以上生存することができず、5歳まで生存できるのは半数以下である。臨床症状のある新生児の予後は、ほとんどが不良である。本症では、右心室と三尖弁の機能が低下しているため、新生児期の肺血管抵抗の高い間は、チアノーゼや右心不全が高率に認められる。この時期を生存しえた症例で

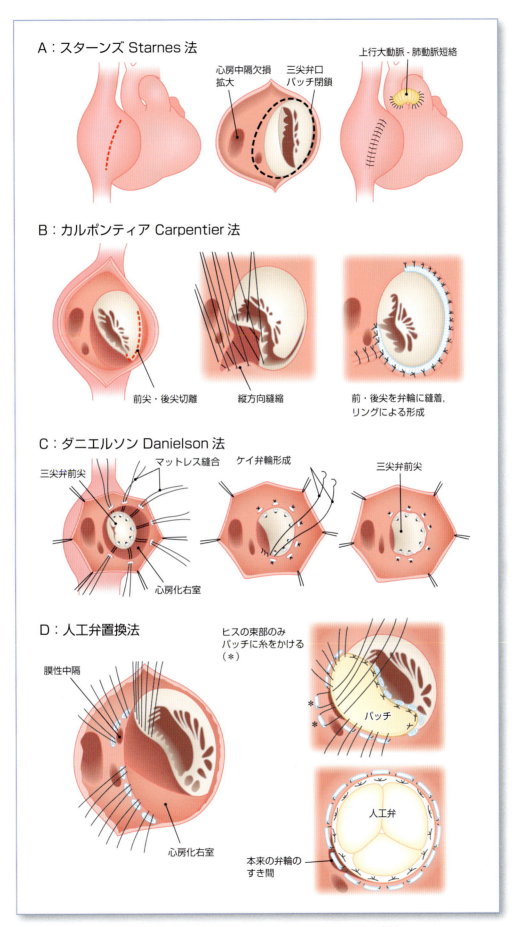

図Ⅰ-336　医学領域でのエプスタイン奇形の手術方法

は、重いチアノーゼ、心不全や、繰り返す発作性頻拍症がなければ、小児期の予後は比較的良好であるといわれる[2]。肺動脈狭窄症、心室中隔欠損症、ファロー四徴症、修正大血管転換などの合併奇形を有する症例（complicated Ebstein）は、合併奇形のない症例（simple Ebstein）より著しく予後が悪い[2]。人の本症における220症例の出生後の追跡調査では、1年生存率は67%、10年生存率は59%と報告されている[14]。

　獣医科領域では報告されている症例数が少なく、予後に関するデータは乏しいが、ほとんど無症状で成長期を乗り切った場合でも、ひとたび右心不全徴候が発現すると経過は速く、4歳齢以上生存する症例はほとんどないといわれている[15]。

### 10）大動脈縮窄症
#### ⅰ）定義
　大動脈縮窄症とは、大動脈の内腔の狭小化を示す先天奇形であり、通常、下行大動脈の左鎖骨下動脈の起始部から動脈管流入部位の間（大動脈峡部；aortic isthmus）に発生することが多い（図Ⅰ-337）。小動物での本症の発生は極めてまれであり、これまでに犬で3例[16-18]、猫では血管輪異常に伴う発生が1例報告されているに過ぎない[19]。一方、人では、全先天性心疾患のうち7%程度、1万人に約2人の頻度で発生するといわれる[20]。新生児で、重度な左心不全を呈する症例から、成人になって高血圧の検査の際に偶然発見される症例まで程度は幅がある。

　狭窄部位の形態から、本症は以下の2つのタイプに分類される[21]。

①限局型
　（discrete type ; juxtaductal coarctation）
　大動脈峡部の低形成がなく、動脈管流入部の近辺の大動脈後壁のひだ（shelf）によって狭窄するタイプ。成人になって初めて診断されるのはこのタイプで、成人型に分類される。

②峡部低形成型
　（diffuse type ; tubular or isthmal hypoplasia）
　大動脈峡部の低形成によって広範囲の狭窄が認められるタイプで、通常乳児期より重い症状を呈し、

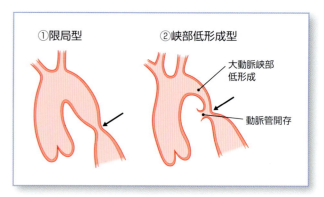

図Ⅰ-337　大動脈縮窄症の分類

乳児型に分類される。

　従来用いられていた動脈管の位置を基準にした管前性と管後性という分類は、臨床像を反映しないことがわかり、最近ではあまり使われていない[21]（図Ⅰ-338）。

#### ⅱ）原因
　人では、本症の1/3にターナー症候群（1つのX染色体の欠損）が合併していることから、X染色体上の遺伝子の関与が示唆されている[20]。しかしながら、ターナー症候群を伴わない本症の常染色体の優性ならびに劣勢遺伝による家族性発生も報告されており、発生原因の詳細は不明である。

　限局型縮窄の形成には、動脈管が大動脈に合流する部位に存在するひだ（shelf）が関与していると考えられている。このひだは、正常でも認められるが、本症ではこのひだが大きく残存して狭窄を形成すると考えられる。下半身への血流は、胎生期には動脈管の血流が主体であるが、生後動脈管が閉鎖し、成人型の大動脈峡部からの血流が主体になる変換期に血管壁のリモデリングが円滑に行われないために、ひだが残存したものと考えられている。限局型では他の心奇形の合併はまれである[21]。

　一方、峡部低形成型では、胎生期から大動脈血流の低下をきたすような重篤な心奇形（大欠損型心室中隔欠損、両大血管右室起始、大血管転換、心内膜床欠損など）を合併していることがほとんどであり、特に心室中隔欠損と動脈管開存を合併している場合は大動脈縮窄複合（coarctation complex）と呼ばれる。このような心奇形があると、胎生期より大動脈血流が低下するので、大動脈峡部が発達不全をきたし、その程度によって管状低形成（tubular

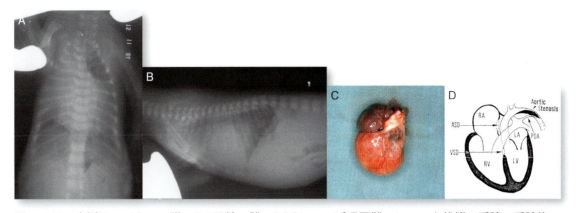

**図Ⅰ-338** 症例は、ペルシャ猫、14日齢、雌、168gで、呼吸困難、ショック状態で受診。受診後、短時間にて死亡した。

A：初診時の胸部X線所見（DV像）。心陰影は両側とも大きく拡大し、心胸郭比100％に近い。B：初診時の胸部X線所見（ラテラル像）。DV像と同様で、心拡大は重度で肺水腫も著明。C：剖検時の心臓標本。右心房は重度に拡大。D：心臓の模式図。大動脈峡部は低形成で、動脈管開存症と心房中隔欠損症、さらに心室中隔欠損症も合併。RA：右心房、ASD：心房中隔欠損症、VSD：心室中隔欠損症、RV：右心室、Aortic stenosis：大動脈弁狭窄症、PDA：動脈管開存症、LA：左心房、LV：左心室。（写真提供：山根義久先生）

hypoplasia）、閉鎖、さらには大動脈弓離断（interruption of the aorta）を呈することもある[21]。

### iii）病態

本症の重症度は、合併する心奇形の重さ、縮窄の程度、動脈管開存の有無によって決まる。峡部低形成型の大部分の症例では、新生児期あるいは乳児期に重い症状を示すため、乳児型とも呼ばれる。一方、限局型では成人期まで生存するものがかなりあり、成人型とも呼ばれる。

#### ①限局型

動脈管流入部付近の狭窄によって、大動脈内腔が正常の45～55％以下になると、狭窄部位の近位では大動脈圧が有意に上昇する。この結果、左室収縮期圧が上昇し、左室は圧負荷によって求心性心肥大を起こす。一方、狭窄部位の遠位では、収縮期圧の低下に伴い脈圧が低下する。そのため本症の特徴的な所見として、上半身と下半身で脈圧が異なる現象がみられる。下半身の血行を維持するには側副血行路の発達が必要となるため、狭窄部位の周囲の肋間動脈、内乳腺動脈、脊椎動脈は拡張・蛇行して発達する。縮窄部位より遠位の下行大動脈は、狭窄後部拡張によって拡大し、大動脈瘤を形成することもある。

#### ②峡部低形成型

胎生期には下半身への血流は、動脈管を介して供給されるが、生後、動脈管が閉鎖した場合、低形成が著しい症例では、下半身への血行不全による腎血流が維持できず、無尿となり死亡するか、重度の左心系への圧負荷による左心不全を呈する。動脈管開存を伴う症例では、右室は動脈管を通じて下半身への血液供給をも担うため、右室・肺動脈主幹部には圧負荷が生じ、右-左短絡のため、奇異性または分離チアノーゼ（differential cyanosis）（下半身のみチアノーゼが認められる）を生じる。

### iv）診断

上半身の高血圧と下半身の低血圧が、本症の特異的な身体検査所見である。動脈管開存を伴った峡部低形成型の縮窄複合では、奇異性（分離）チアノーゼを認めるが、乳児期を生存しえた症例の大部分は単純型の限局型縮窄であり、奇異性（分離）チアノーゼは認められない。

縮窄部の径がある程度の血流を通すほど大きい場合は、駆出性雑音が左傍肋間上部で聴取される。また、側副循環の形成が著しい場合は、肩甲骨や椎骨の周囲で連続性雑音が聴取される。人では、本症に合併して22～42％の症例で大動脈二尖弁が認められるが[22]、狭窄を呈しているときは、その駆出性雑音が聴取される。

胸部X線検査では、一般的に左室拡大が認められる。本症の特徴的所見として、大動脈の縮窄部位の

くびれによって、大動脈ラインが"3の字型"を示すことがある。側副血行路として拡張した肋間動脈が、肋骨表面にぎざぎざ（notching）を形成し、骨侵食像（rib notching）として認められる場合がある。

心電図は、正常のこともあるが、一般的に左室肥大所見を示す。

心エコー検査では、縮窄部位を描出可能で、ドップラー法によって狭窄の程度を評価することができる。腹部大動脈の血流パターンは、最大血流速度が低下し、ピークまでの時間が遅れる波形を示す。通常、身体検査と超音波検査によって確定が可能である。

より詳しい病態の把握にあたっては、心臓カテーテル検査を実施し、上半身と下半身の酸素飽和度、血圧の測定、血管造影検査によって病的部位を明らかにする。狭窄部位を挟んで20mmHg以上の圧較差を認めれば、本症と確定することができる[23]。また、血管造影を併用したCTおよびMRI検査は、3D構築画像により、狭窄病変および側副血行路の程度を把握する上において非常に有効な検査である。

#### v）内科的および外科的治療

乳児期に発症する症例では、ただちに診断を確定して緊急的な手術が必要である。峡部低形成型では、動脈管の閉鎖が致死的な無尿と全身状態の悪化を招くため、プロスタグランジン投与によって動脈管の開存を維持して外科的な治療を実施する。本症は、外科的治療を実施しなかった場合の予後は極めて悪いため、ごく軽症例を除いてすべて外科適応となる[21]。単純な限局型縮窄では、人では手術最適年齢は学童期頃といわれており、乳児期以前で行うと再狭窄の危険性があるとされる[24]。早期に症状が発現しても、強心薬や利尿薬によく反応する場合が多く、このような例では成長するまで手術を見合すことが可能なことが多い。無症状で経過し、成人期に初めて診断された場合でも、放置するより外科的治療を受けたほうが、死亡のリスクは少ないといわれている[21]。

手術方法は、狭窄部位を切除しての端々吻合が広く行われている（図Ⅰ-339）が、それが実施できない場合は、左鎖骨下動脈をフラップ状にして狭窄部

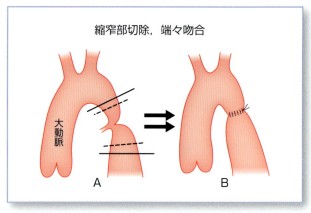

図Ⅰ-339 大動脈縮窄症の手術の模式図
A：狭窄部切除、B：端々吻合

位にあてて拡大をはかる方法、人工血管を用いる方法などが行われる[20]。最近ではバルーンによる拡大術[25]、血管内ステントを用いた拡大形成術[26]も積極的に行われている。

犬および猫では、本症に対して外科的な治療を試みた報告は見当たらない。

#### vi）予後

生後1ヵ月以内に発症する症例（主に峡部低形成を伴った縮窄複合）では、90％以上が早期に死亡するといわれている。乳児期を乗り越えた症例の平均余命は35歳であり、46歳までの死亡率は75％であるといわれている[22]。その主な死亡原因は、うっ血性心不全（25.5％）、大動脈瘤破裂（21％）、心内膜炎（18％）、脳出血（11.5％）である[27]。

犬および猫における本症の予後は、報告されている症例数が少ないため不明である。8週齢で左心不全症状を示したボストン・テリアの症例では、動脈管開存症を疑い非選択血管造影検査を実施したが、その処置後左心不全で死亡し、死後の剖検で本症が確定された[16]。11週齢のエアデール・テリアは、成長遅延、易疲労性が認められ、13週齢でウイルス感染により死亡した[18]。一方、グレート・デーンの症例では、全くの無症状で6歳齢まで経過し、胸壁の軟骨肉腫の検査の際に偶然本症が発見された。この症例はその後も何ら症状を呈することなく、8ヵ月後に多中心性リンパ腫発症のため安楽死された[17]。これらの報告から、犬の本症では、人の自然歴と同様に、生後早い段階で症状を示す症例では、早期に死亡することが多く、成長期を経過した

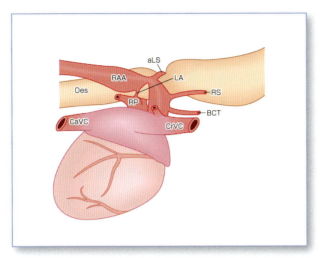

図Ⅰ-340 右大動脈弓に伴って認められた大動脈縮窄症の模式図[19]

RAA：右大動脈弓、aLS：異常左鎖下動脈、Oes：食道、LA：動脈管索、RP：右肺動脈、RS：右鎖骨下動脈、BCT：腕頭動脈、CaVC：後大静脈、CrVC：前大静脈

症例では、無症候で比較的長期生存するようである。

右大動脈弓に伴って大動脈縮窄を認めた13週齢の猫の症例では、血管輪による食道狭窄の手術の際に本症を合併していることが確認されたが、縮窄部位を修復することなく術後12ヵ月間良好に経過していることが報告されている（図Ⅰ-340）[19]。

## 11）心内膜床欠損症
### ⅰ）定義

心内膜床欠損症（Endocardial Cushion Defect：ECD）とは、心房中隔欠損、心室中隔欠損ならびに房室弁の形成異常を伴う先天性心奇形である。本症は、胎生期における心内膜床（endocardial cushion）の発達不全に起因すると考えられ、従来から心内膜床欠損症と呼ばれていた。しかし、その後の心臓発生学の進歩により、心内膜床組織が従来考えられていたほど心房ならびに心室中隔形成への関与の程度が少ないこと、本症の主たる発生要因は膜様および筋性房室中隔欠損であることが明らかにされ、本症の形態を示すのによりふさわしい名称として、房室中隔欠損症（Atrioventricular Septal Defect：AVSD）とも呼ばれることが多くなっている[28]。

### ⅱ）形態学的分類

胎生期に房室管の分割に際して、心内膜床組織は、
(1) 心房中隔の一次口の閉鎖
(2) 左右房室弁の分割
(3) 心室中隔上部の形成

に関与している。心内膜床が正常に融合しなかった場合、房室弁、すなわち三尖弁と僧帽弁に異常をきたす。加えて、心房中隔の下位と心室中隔の上位の閉鎖が不完全となり、心内膜床と結合することができなくなる。房室弁の奇形の程度により、三尖弁と僧帽弁の区別がない共通房室弁を有する完全型（complete form）と、三尖弁と僧帽弁の区別はあるが、僧帽弁に亀裂（cleft）を認める不完全型（partial form）、さらに完全型と不完全型の中間に位置する移行型（transitional form）に分類される（図

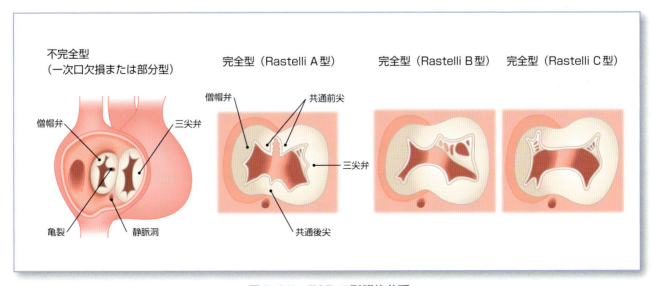

図Ⅰ-341 ECDの形態的分類

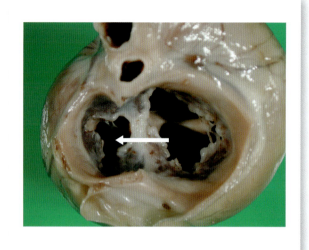

図Ⅰ-342　不完全型 ECD の猫の心臓（左右心房を取り除き、心房側から観察）
矢印は僧帽弁の亀裂（cleft）

Ⅰ-341）。完全型では、上記の(1)〜(3)のすべてが障害され、一次口開存型の心房中隔欠損（ASD）、中隔基部のえぐれたような心室中隔欠損（VSD）、両者の間に全く分割していない共通房室弁を認める。不完全型では主に1と2が障害され、一次口開存型 ASD と、房室弁は三尖弁と僧帽弁の区別はできるが心室側に落ち込んで不完全に癒合し、亀裂（cleft）を有する僧帽弁を認める（図Ⅰ-342）。また、時には、3のみが障害されて膜様部より三尖弁直下に開孔する心室中隔欠損（心内膜床欠損型 VSD）を示すこともある[29]。

### ⅲ）疫学的検討と原因

本症は人では、全先天性心疾患の3％程度に認められるといわれている。犬では本症の発生は極めてまれで、これまでに十数例の症例が報告されているに過ぎない[30-33]。報告されている症例は、すべて不完全型であり、完全型の報告はない。本症は猫においては、先天性心疾患の中で5〜12％を占める比較的頻度の高い疾患であり[4]、発生頻度は犬よりも高いが、やはり完全型の報告はこれまで見当たらない[34]。

本症は、人においてダウン症患者に高率に発生することから、21番染色体上に本症に関連する遺伝子が存在することが示唆されている。しかしながら、ダウン症に関連なく散発的に認められる症例も多数を占めることから[35]、その原因遺伝子は特定されるに至っていない[36]。動物では、ペルシャ猫において本症の家族性発生が報告され、遺伝的な要因が示唆されている[37]。

### ⅳ）病態

欠損孔の大きさ、房室弁の奇形の程度によって血行動態は一様ではない。大きな一次口欠損と心室中隔欠損、共通房室弁を有する完全型の場合、心臓の4室のいずれからいずれへも血流が交通する可能性がある。通常は、左-右短絡であるが、血流方向は肺血管抵抗と全身血管抵抗の相対的な差、交通する両心腔間の圧較差、相対的なコンプライアンスに依存し、すべての心腔に容量負荷が生じる。通常、肺血流は著しく増加し、重度な肺高血圧が必発する。肺血圧が体血圧を上回ると、右-左短絡（アイゼンメンジャー症候群）が生じる。

不完全型の場合は、単純型の ASD と同様に一次口を通じて左-右短絡を生じ、肺血流量増加を伴う右心負荷ならびに左心系への容量負荷をきたす。さらに、僧帽弁の亀裂（cleft）によって中等度から重度の僧帽弁逆流（Mitral Reguration：MR）を生じるが、これは左心系への容量負荷をさらに悪化させる。不完全型の場合、顕著な肺高血圧はまれである。

### ⅴ）診断

#### ①臨床所見

奇形の程度によって、無症状のものから生後早期に重症心不全症状を示すものまで一様ではない。不完全型で MR の軽度なものでは、単純型の ASD と同様に無症状なことが多いが、MR が重度なものでは早期より運動能低下や呼吸困難などのうっ血性左心不全症状を示すこともある。一方、完全型では生後直後から重症心不全症状を示し、哺乳困難、体重増加不良、呼吸困難、呼吸器感染症などが頻発する。また、完全型ではほとんどの症例で肺血管抵抗増加（肺高血圧）を認めるため、明らかな右-左短絡を有する場合はチアノーゼを認める。

#### ②聴診

不完全型では通常、僧帽弁の cleft に起因する MR による収縮期逆流性雑音が左第4〜5肋間の僧帽弁領域で聴取される。ASD に伴う肺血流増加が顕著な症例では、肺動脈弁領域に軽度な駆出性雑音およ

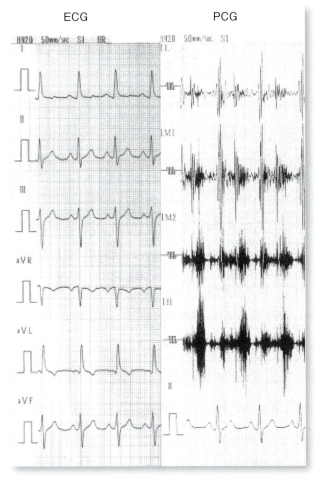

図Ⅰ-343 犬の心内膜欠損症（ECD）の心電図と心音図
（提供：山根義久先生）

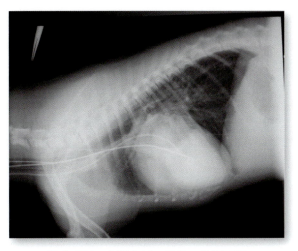

図Ⅰ-344 心臓カテーテル 造影所見
不完全型ECD（犬）に対して実施した左心血管造影。左心に注入した造影剤により4腔すべてが造影されている。図Ⅰ-343と同症例。

びⅡ音の亢進、または分裂が聴取されることもある。完全型ではさらにVSDによる全収縮期性雑音が加わるが、それらの雑音のすべてが聴取される場合もあれば、いずれかが聴取される場合もある。症例によっては、心室間の血行動態が安定し、短絡量が少ない場合は雑音が聴取されないこともある。心不全を発現した場合は、ギャロップリズムが聴取される。

③胸部X線検査

一般的に、心陰影は全体的に拡大する。完全型ではすべての心腔が拡大し、著明な心拡大を呈する。また、肺血流の増加を示唆する肺血管陰影の増強が認められる。

④心電図検査

本症では、房室伝導路が心室中隔の形成不全によって下方に著しくずれているため、特徴的な心電図所見が得られる。QRS群は、完全または不完全右脚ブロックパターンを示す。Ⅰ誘導およびaVL誘導でQ波の出現、aVF誘導にて深いS波の出現を認め、両室肥大所見および両心房拡大所見がみられる。PR間隔の延長を認めることもある（図Ⅰ-343）。

⑤心エコー検査所見

心エコー検査は、有効な診断法であり、特に不完全型は、心臓カテーテル検査よりも診断意義が高い。一般的に心臓の4室すべてが拡張し、大きな心房中隔欠損が確認される。肺高血圧が顕著な例では、右心室壁の肥厚が認められる。正常な房室弁は、心臓内では異なった高さに位置するが、本症では同じレベルに位置している僧帽弁と三尖弁が認められる。心室中隔欠損が存在する場合は、心室中隔上部にまたいで存在している房室弁が認められる。カラードップラ法では、左-右短絡、僧帽弁逆流がみられ、僧帽弁逆流が右房に流れ込んでいる像が確認される。

⑥心臓カテーテル検査

頸静脈から挿入したカテーテルが、心房中隔欠損を介して右心房から左心室へ挿入される。両方向性の短絡が生じている場合、右室圧および肺動脈圧は体血圧と等しい。本症では完全型、不完全型を問わず、僧帽弁前尖の異常中隔付着によって、正常よりも左室流出路が長いのが特徴で、左心系造影検査ではグースネックサイン（goose neck sign）と呼ばれる特徴的な造影所見が認められる（図Ⅰ-344）。

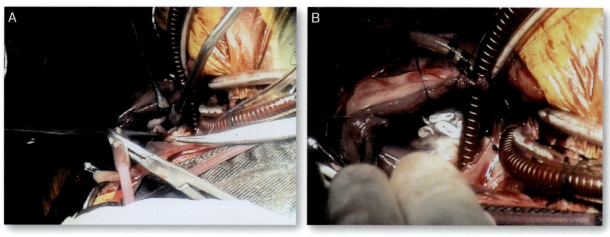

図Ⅰ-345　心内膜症欠損症（ECD）の術中所見（写真提供：山根義久先生）
A：僧帽弁前尖の亀裂を縫合中。B：心房中隔（一次口欠損）をプレジェットを用いて縫合し、心房中隔欠損を閉鎖している。

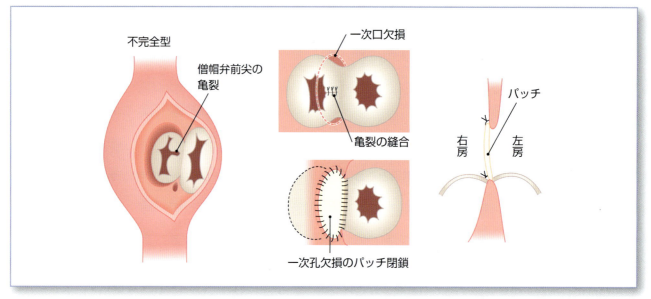

図Ⅰ-346　（不完全型）ECDの術式
右房切開アプローチにより、僧帽弁の亀裂（cleft）の縫合閉鎖とパッチによる一次口欠損の閉鎖を行う。

⑦鑑別診断

肺高血圧を有する他の先天性心疾患との鑑別が必要である。すなわち、肺高血圧を合併する大きなVSD（アイゼンメンジャー症候群）、一次口欠損型ASD、PDAなどである。

vi）内科的および外科的治療

内科的には、うっ血性心不全に対して強心薬、利尿薬を中心として薬物療法を行う。しかしながら、根治には開心術による心内修復が必須である。これまでに症例数は少ないものの、犬の不完全型に対して体外循環を用いた心内修復の成功例が報告されている[30,38]。それらの報告では、右房切開にてアプローチし、一次口を経由で僧帽弁のcleftの修復を含む僧帽弁形成術と、プレジェットあるいはパッチグラフトによる一次口の閉鎖が行われている（図Ⅰ-345、346）。これらの症例では、一次口の閉鎖により左-右短絡は完全に消失したものの、術後に軽度のMRの残存が確認されている。人においても、本症の修復手術後に、約半数の症例で軽度以上のMRが残存するといわれ、症例によっては僧帽弁置換術を併せて行う場合もある[39]。

完全型ではASDの閉鎖に加え、VSDのパッチ閉

鎖が必要になる。人では、完全型は乳児期に早期に心不全に移行する例が多く、早期に肺血管病変が進行するため、4ヵ月以内の心内修復手術が適切とされている[40]。肺血管病変の進行を遅らせるために、まず姑息的な肺動脈バンディング手術を行った後、成長を待って根治手術を行う場合もある。人での完全型の手術死亡率は5-10％である。不完全型では、手術成績および術後の長期予後は良好で、10年生存率は93％、40年生存率は76％である[41]。

### vii）予後

犬猫における本症の予後は、症例数が少ないため明らかにはされていないが、従来の報告では一般的に不良で、ほとんどの症例は1歳齢に達する前に心不全死するといわれている[42]。しかし、筆者らが経験した不完全型の手術例では、3例ともすべて術後良好な経過をとっている。猫では離乳期から3ヵ月齢まで生存しうる症例では、その後の臨床経過は比較的良好で、数年間生存できる症例もあるという[37]。犬においても、左-右短絡および僧帽弁逆流が軽度な不完全型の症例では、内科的な管理のみでも比較的長期の生存も可能であると思われるが、6歳齢まで生存した後、長期的な肺血流量増加によって右-左短絡に移行し、アイゼンメンジャー化した症例も報告されている[32]。

人における本症の自然歴においては、手術を受けなかった場合の完全型では特に予後不良で、成人まで生存する例はほとんどない。不完全型で軽症のものでは、40歳以上の生存もあるが、それまでにほとんどが心内修復の適応となる[41]。

（小林正行）

---

##### 参考文献・推奨図書

[1] Attenhofer FCH, Connolly HM, Edwards WD, Hays D, Warnes CA, Danielson GK.：Ebstein's anomaly － review of a multifaceted congenital cardiac condition. *Swiss Med Wkly.* 2005；135：269-281.
[2] 安藤正彦：先天性心疾患（2）チアノーゼ性心疾患，Ⅲ房室管の奇形，B. Ebstein奇形 In：循環器病学（編／村田和彦、細田瑳一）：医学書院；2000. 東京.
[3] Andelfinger G, Wright KN, Lee HS, Siemens LM, Benson DW.：Canine tricuspid valve malformation, a model of human anomaly, maps to dog chromosome 9. *J med Genet.* 2003；40：320-324.
[4] Buchanan JW.：Prevelance of cardiovascular disorders. In：Fox PR, Sisson D, Moise NS.(eds)：Textbook of canine and feline cardiology, 2nd ed.：WB Saunders；1999：457-470. Philadelphia.
[5] Chetboul V, Tran D, Carlos C, Tessier D, Pouchelon JL.：Congenital malformation of the tricuspid valve in domestic carnivores：a retrospective study of 50 cases. *Schweiz Arch Tierheilkd.* 2004；146：265-275.
[6] Eyster GE, Anderson L, Evans AT, Chaffee A, Bender G, Johnston J, Muir W, Blanchard G.：Ebstein's anomaly：a report of 3 cases in the dog. *J Am Vet Med Assoc.* 1977；170：709-713.
[7] 進学之，柴崎哲，針間矢保治，片本宏，野村紘一：犬のエプスタイン奇形の1例. *日獣会誌.* 2004；57：591-593.
[8] Takemura N, Machida N, Nakagawa K, Amasaki H, Washizu M, Hirose H.：Ebstein's anomaly in a beagle dog. *J Vet Med Sci.* 2003；65：531-533.
[9] Netter. FH：第4章先天性奇形 三尖弁の奇形 Ebstein奇形 In：The ciba collection of medical illustrations volume 5 HEART（監訳／今野草一）：丸善；1980. 東京.
[10] Famula TR, Siemens LM, Davidson AP, Packard M.：Evaluation of the genetic basis of tricuspid valve dysplasia in Labrador Retrievers. *Am J Vet Res.* 2002；63：816-820.
[11] 小林正行：第1章 先天性心疾患，2 短絡を有さない心疾患，5 エプスタイン奇形. 94-99. In：小動物最新外科学大系4 循環器系2（編／山根義久）：インターズー；2015：94-99. 東京.
[12] Becker AE, Becker MJ, Edwards JE.：Pathologic spectrum and dysplasia of the tricuspid valve：features in common with Ebstein's malformation. *Arch Pathol.* 1971；91：167-178.
[13] Kornreich BG, Moise NS.：Right atrioventricular valve malformation in dogs and cats：an electrocardiographic survey with emphasis on splintered QRS complexes. *J Vet Intern Med.* 1997；11：226-230.
[14] Celermajer DS, Bull C, Till JA, Cullen S, Vassillikos VP, Sullivan ID, Allan L, Nihoyannopoulos P, Somerville J, Deanfield JE.：Ebstein's anomaly：presentation and outcome from fetus to adult. *J Am Coll Cardiol.* 1994；23：170-176.
[15] Moise NS.：Tricuspid valve dysplasia in the dog. In：Bonagura JD. (ed)：Kirk's Current Veterinary Therapy XII：Small Animal Practice.：WB Saunders；1995：813-816. Philadelphia.
[16] Eyster GE, Carrig CB, Baker B.：Coarctation of the aorta in a dog. *J Am Vet Med Assoc.* 1976；169：426-428.
[17] Herrtage ME, Gorman NT, Jefferies AR.：Coarctation of the aorta in a dog. *Vet Radiol Ultrasound.* 1992. 33：25-30.
[18] Parker G, Jackson WF, Patterson DF.：Coarctation of the aorta in a canine. *J Am Anim Hosp Assoc.* 1971；7：353-355.
[19] White RN, Burton CA, Hale JSH.：Vasucular ring anomaly with coarctation of the aorta in cat. *J Small Anim Pract.* 2003；44：330-334.
[20] Aboulhosn J, Child JS.：Left ventricular outflow obstruction；Subaortic stenosis, bicuspid aortic valve, supravalvar aortic stenosis, and coarctation of the aorta. *Circulation.* 2006；114；2412-2422.
[21] 安藤正彦：先天性心疾患（3）非チアノーゼ性心疾患，Ⅳ大血管の奇形，c. 大動脈縮窄症 In：循環器病学（編／村田和彦、細田瑳一）：医学書院；2000：東京.
[22] Reifenstein GH, Levine SA, Gross RE.：Coarctation of the aorta：a review of 104 autopsied cases of the "adult type," 2 years of age or older. *Am Heart J.* 1947；33：146-168.
[23] Therrien J, Webb G.：Congenital heart disease in adults. In：Braunwald E, Zipes D, Libby P. (eds)：Heart Disease：A Textbook of Cardiovascular Medicine 6th ed.：WB Saunders；2001：1599-1602. Philadelphia.

[24] Bouchart F, Dubar A, Tabley A, Lizler PY, Haas-Hubscher C, Redonnet M, Bessou JP, Soyer R.: Coarctation of the aorta in adults : surgical results and long-term follow-up. *Ann Thorac Surg*. 2000 ; 70 : 1483-1488.
[25] Cowley CG, Orsmord GS, Feola P, McQuillan L, Shaddy RE.: Long-term, randomized comparison of ballon angioplasty and surgery for native coarctation of the aorta in childhood. *Circulation*. 2005 ; 111 : 3453-3456.
[26] Shah L, Hijazi Z, Sandhu S, Joseph A, Cao QL.: Use of endovascular stents for the treatment of coarctation of the aorta in children and adults : immediate and midterm results. *J Invasive Cardiol*. 2005 ; 17 : 614-618.
[27] Campbell M.: Natural history of coarctation of the aorta. *Br Heart J*. 1970 ; 32 : 633-640.
[28] Becker AE, Robert H, Anderson MD.: Atrioventricular septal defects : What's in a name? *J Thorac Cardiovasc Surg*. 1982 ; 83 : 461-469.
[29] 安藤正彦. 先天性心疾患（3）非チアノーゼ性心疾患，Ⅲ房室管の奇形，A. 心内膜床欠損症. In：循環器病学（編／村田和彦、細田磋一）：医学書院；2000：247-251．東京.
[30] Akiyama M, Tanaka R, Maruo K, Yamane Y.: Surgical correction of a partial atrioventricular septal defect with a ventricular septal defact in a dog. *J Am Anim Hosp Assoc*. 2005 ; 41 : 137-143.
[31] Nakayama T, Wakao Y, Uechi M, Muto M, Kageyama T, Tanaka T, Kawabata M, Takahashi M.: A case report of surgical treatment of a dog with atrioventricular septal defect (incomplete form of endocardial cushion defect). *J Vet Med Sci*. 1994 ; 56 : 981-984.
[32] Ohad DG, Baruch S, Perl S.: Imcomplete atrioventricular canal complicated by cardiac tamponade and bidirectional shunting in an adult dog. *J Am Anim Hosp Assoc*. 2007 ; 43 : 221-226.
[33] Santamaria G, Espino L, Vila M, Suarez ML.: Partial atrioventricular canal defect in a dog. *J Small Anim Pract*. 2002 ; 43 : 17-21.
[34] Liu S, Ettinger S.: Persistent common atrioventricular canal in two cats. *J Am Vet Med Assoc*. 1968 ; 153 : 556.
[35] Digilio MC, Marino B, Toscano A, Giannotti A, Dallapiccola B.: Atriovantricular canal defect without Down syndrome : a heterogeneous malformation. *Am J Med Genet*. 1999 ; 85 : 140-146.
[36] Maslen CL.: Molecular genetics of atrioventricular septal defects. *Curr Opin Cardiol*. 2004 ; 19 : 205-210.
[37] Kogure K, Miyagawa S, Ando M, Takao A.: AV canal defect in a feline species. In : Nora JJ, Takao A.（eds）: Congenital heart disease : causes and processes. Futura ; 1984. NY.
[38] Monnet E, Orton EC, Gaynor J, Boon J, Peterson D, Guadagnoli M.: Diagnosis and surgical repair of partial atrioventricular septal defects in two dogs. *J Am Vet Med Assoc*. 1997 ; 211 : 569-572.
[39] Boening A, Scheewe J, Heine K, Hedderich J, Regensburger D, Kramer HH.: Cremer J. Long-term results after surgical correction of atrioventricular septal defects. *Eur J Cardiovasc Surg*. 2002 ; 22 : 167-173.
[40] Kobayashi M, Takahashi Y, Ando M.: Ideal timing of surgical repair of isolated complete atrioventricular septal defect. *Interact Cardiovasc Thorac Surg*. 2007 ; 6 : 24-26.
[41] El-Najdawi EK, Driscoll DJ, Puga FJ, Dearani JA, Spotts BE, Mahoney DW, Danielson GK.: Operation for partial atrioventricular septal defect : a forty-year review. *J Thorac Cardiovasc Surg*. 2000 ; 119 : 880-889.
[42] Fox PR, Liu S.: Cardiovascular pathology. In : Textbook of canine and feline cardiology, 2nd ed. Saunders. 1999 ; 825. Philadelphia.
[43] 龍野勝彦：3 心臓・大血管疾患の種類と治療，A 先天性心疾患，2 非チアノーゼ性心疾患，5 エプスタイン病．In：心臓外科エキスパートナーシング第2版：南江堂；1996：125．東京.
[44] 龍野勝彦：3 心臓・大血管疾患の種類と治療，A 先天性心疾患7. 大動脈縮窄．In：心臓外科エキスパートナーシング第2版：南江堂；1996：113．東京.
[45] 龍野勝彦．3 心臓・大血管疾患の種類と治療，A 先天性心疾患，2 非チアノーゼ性心疾患，7 心内膜床欠損（房室中隔欠損）．In：心臓外科エキスパートナーシング第2版：南江堂；1996：134．東京.

## 12）右室二腔症

### ⅰ）定義

右室二腔症は、右室流出路が異常筋束により三尖弁側の高圧腔（proximal right ventricular compartment）と肺動脈弁側の低圧腔に二分された形態異常をもつ先天性心奇形の1つである。形態学的には、異常筋束の発生部位により high type と low type に分類されている[1-3]（図Ⅰ-347、図Ⅰ-348）。

### ⅱ）原因

右室流出路に異常筋束、あるいは筋肉様組織や膜様物が形成されることが原因である。人における右室二腔症の発生は比較的まれであり、犬および猫においても報告は少ない[3-8]。右室二腔症と報告された犬種にはボクサー[6]、ブービエ・デ・フランドル[6]、パグ[3,9]、ゴールデン・レトリーバー[10]、ラブラドール・レトリーバー[4]などがある。

### ⅲ）病態

右室二腔症では、異常筋束が漏斗部より下位の右心室腔内に発生し、漏斗部の低形成はみられない。本疾患に類似した病変を示す疾患として漏斗部肺動脈狭窄症があるが、右室二腔症は漏斗部の低形成がみられないことから、漏斗部肺動脈狭窄症とは区別される。しかし、実際には両者を区別することが困難な場合がある。通常、右室二腔症における異常筋束は幼齢時には小さく、右心室からの流出路障害はみられない。しかし、成長とともに右心室負荷が増強されると、二次的に異常筋束が発達し病態が進行する[11]。異常筋束による右室流出路障害により、右心室肥大が進行する。人の右室二腔症の73〜90％は、心室中隔欠損症を伴っている場合が多く[2,11-13]、その他の併発症として肺動脈弁狭窄症[2,11-13]、ファロー四徴症[2]、心房中隔欠損症、

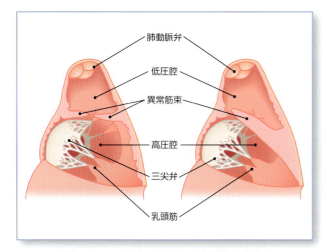

図Ⅰ-347　右室二腔症の形態学的分類
異常筋束の発生部位によりlow type（右側）とhigh type（左側）に分類される。

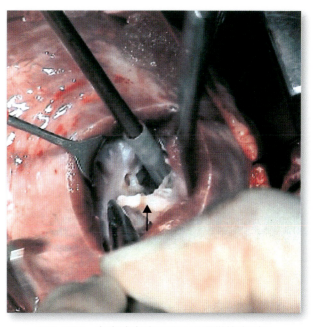

図Ⅰ-348　右室流出路における異常筋束所見
柴犬、3歳齢、雄、体重14kgの症例。（写真提供：山根義久先生）

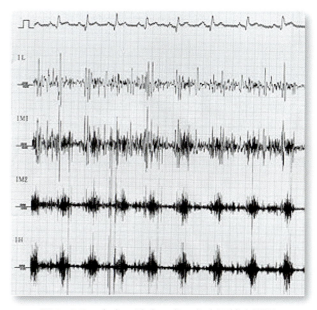

図Ⅰ-349　右室二腔症の犬の心音図検査所見
ラブラドール・レトリーバー、1歳10カ月齢、雄、体重31.72kg。収縮期駆出性雑音がみられる。

三心房心[11,13]、右胸心症などがある。犬では、心室中隔欠損症[3]、先天性三尖弁形成不全症[4]の併発例が報告されている。猫では、心室中隔欠損症、大動脈弁閉鎖不全症、先天性心膜横隔膜ヘルニアの併発が報告されている[7]。

### ⅳ）臨床症状
#### ①失神発作、運動不耐性、ふらつき
　右室流出路の狭窄程度により症状は異なる。右心室内の狭窄が重度になると、肺動脈への血流が阻害され、肺動脈狭窄症と同様に失神発作がみられるようになる。特に、運動時や興奮時に失神発作や運動不耐性、息切れなどが観察される。

#### ②右心不全症状
　異常筋束の存在により、右心室肥大や右心室内圧の増加が進行し、三尖弁逆流、腹水の貯留、乳び胸などの右心不全症状を合併するようになる。

### ⅴ）診断
#### ①身体検査所見
　聴診で収縮期駆出性雑音が聴取される。左側の心音最強部胸壁でスリルが触知されることが多い。

#### ②心電図検査
　病態が軽度な場合は、計測値が正常範囲内であることが多い。中等度以上では、右軸偏位、右心室拡大（Ⅱ、Ⅲ、aVF誘導で深いQ波）、右心房拡大（先鋭P波）が記録される。

#### ③心音図検査
　収縮期駆出性雑音が認められる（図Ⅰ-349）。

#### ④X線検査
　右心不全を合併している場合は、右心房拡大、右心室拡大、胸水や腹水、時に乳び液の貯留がみられる（図Ⅰ-350）。

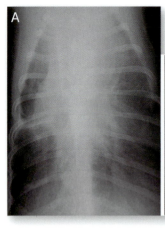
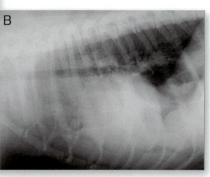

図Ⅰ-350　右室二腔症の犬の胸部X線DV像（左側）とラテラル像（右側）
図Ⅰ-349と同症例。心陰影が不明瞭であり、胸腔内の液体貯留が示唆される。ラテラル像で右心房と右心室の拡大がみられる。

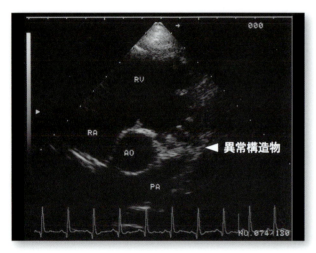

図Ⅰ-351　右室二腔症の犬の心エコー検査所見
図Ⅰ-349と同症例。右側胸壁心基部短軸像。右室流出路で右心室腔内に突出する異常構造物が認められる。
RA：右心房、RV：右心室、AO：大動脈、PA：肺動脈

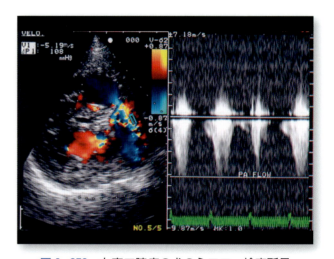

図Ⅰ-352　右室二腔症の犬の心エコー検査所見
図Ⅰ-349同症例。右側胸骨傍部左室長軸像（連続波ドップラー）。カラードップラーにより、異常構造物の直後で乱流を示すモザイクパターンがみられた。連続波ドップラーで血液流速は5.19 m/秒、簡易ベルヌーイの式より算出された圧較差は107.7 mmHgであり、病態は重度と判断した。

⑤心エコー検査

右室二腔症の心エコー検査では、右側胸壁からの心基部短軸像で、右室流出路に突出する異常構造物が認められる（図Ⅰ-351）。カラードップラーで、右室流出路における狭窄部を通過する血流が認められる。パルスあるいは連続波ドップラーにより狭窄部を通過する血液の流速を測定し、異常構造物の前後における圧較差を算出することにより右室流出路障害の程度が評価できる（図Ⅰ-352）。異常筋束による右室流出路障害が重度であるほど、狭窄部を通過する血液流速は増加し、狭窄部前後の圧較差が増加する。右側胸骨傍部左室短軸像では、右心室壁厚の増加と心室中隔の扁平化がみられる。この所見からも、右心室圧の増加が示唆される（図Ⅰ-353）。右心不全症状を合併している場合は、右心房・右心室の拡大、三尖弁逆流が認められる。

⑥心カテーテル検査

右室二腔症を臨床検査所見から診断することは困難であり、確定診断には心カテーテル検査による心内圧検査および心血管造影検査が有用とされている[2,14]。右室二腔症の診断基準として、(1)右室流入路と流出路間の圧較差の証明、(2)右室造影で、漏斗部より下部で右室腔内を二分する陰影欠損像、(3)漏斗部の低形成がないこと、があげられている[13]。

・アプローチ法

頸静脈から挿入したカテーテルを、右心房から右

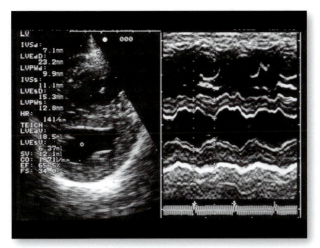

図Ⅰ-353 右室二腔症の犬の心エコー検査所見
図Ⅰ-349と同症例。右側胸骨傍部左室短軸像。右室壁厚の増加と、右室圧増加による心室中隔の扁平化がみられる。

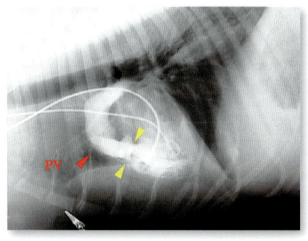

図Ⅰ-354 右室二腔症の犬の心血管造影検査所見
図Ⅰ-349と同症例。右心室からの造影。右心室腔内で造影剤の充填欠損像（黄色の矢頭）がみられ、異常構造物の存在が確認される。さらに、異常構造物より上部の漏斗部において造影剤の陰影が増強されており、右室流出路におけるジェット流が示唆された。この症例は、三尖弁形成不全症を併発しているため、右心房も造影されている。PV：肺動脈弁

心室へ移行し、さらに肺動脈へ挿入する。通常、カテーテルを右心室から肺動脈へ挿入する際に異常筋束により挿入を妨げる抵抗がみられ、時にはアプローチに困難を伴うことがある。

・心腔内血液ガス検査

右室二腔症における心腔内血液ガス検査値は、合併症がなければ正常範囲内である。右心および左心の各心腔内における血液ガス検査を行うことにより、左-右あるいは右-左短絡血流の有無を確認する。

・心内圧検査

肺動脈から右心室-右心房への圧引き抜き曲線を作成する。右室二腔症では、右室流出路内の異常筋束を中心に、右室流出路側と右室流入路側の間に圧較差がみられ、右室流入路側の心内圧の増加が認められる。

・心血管造影検査

右室流出路で造影剤の充盈欠損像が観察され、異常筋束の存在が確認される（図Ⅰ-354）。異常筋束の発生部位が漏斗部より下位の右心室内に存在すること、漏斗部の低形成がみられないことを確認する。その他、三尖弁逆流の存在、肺動脈弁狭窄症、心室中隔欠損症など他の心奇形の合併の有無について評価する。

vi）治療

①内科的治療

病態が重度な場合、内科的治療では改善が得られない。右心不全症状を発現している場合は、対症療法として硝酸イソソルビドなどの静脈系血管拡張薬、フロセミドなどの利尿薬の投与を行う。必要に応じて胸水の抜去を行う。心臓組織中のレニン-アンジオテンシン系の活性化を阻害するために、アンジオテンシン変換酵素（Angiotensin-Converting Enzyme：ACE）阻害薬なども使用されている。人では、三尖弁側の高圧腔に対し、陰性変力および変時作用を期待してβ遮断薬（酒石酸メトプロロール）を投与した結果、症状の改善が得られたことが報告されている[15]。獣医科領域においても、動的閉塞により三尖弁側と肺動脈弁側との間で圧較差が増加している場合は有効であると考えられる。猫では、圧較差中央値が105mmHg（範囲60.8～165mmHg）の5頭に対してβ遮断薬（アテノロールあるいはプロプラノロール）を投与したところ、症状の発現が抑制されたことが報告されている[7]。

②外科的治療

通常、右室二腔症は進行性の心疾患と考えられているため診断された場合は、根治的な外科的処置を行う必要があると考えられている[11,14]。人医療における手術適応は、収縮期圧較差が30～50mmHg以上とされている。犬および猫の右室二腔症に対する外科的治療には、バルーンカテーテルによる拡張術[8]、インフローオクルージョンによる移植パッチ法[7]、人工心肺装置を使用した体外循環下開心術が報告されている[4-6,16]。インフローオクルージョンによる移植パッチ法は、2例の猫で報告されている。このうち1例は不整脈（電気的解離）のため術中死している。残りの1例は、術前に乳び胸がみられていたが、術後乳び胸が消失している[7]。犬で、体外循環装置を装着し心拍動下で根治術を行った症例で術中の心室細動が報告されている[5]。

・バルーンカテーテルによる拡大術

バルーン拡張術は、手術侵襲度が低く、心臓カテーテル検査と同時に行うことができることが利点である。一方、問題点として、バルーンで異常筋束を断裂することに困難を伴うことが多く、バルーン拡張術では十分な治療効果が得られないことがあげられる[8]。以下に、猫で報告された方法を述べる。

▶術式

横臥位に保定する。右頸静脈から多目的カテーテルを右心室腔内に挿入する。次に、多目的カテーテル内にガイドワイヤーを挿入し、その先端を主肺動脈まで進めた後、多目的カテーテルを抜去する。ガイドワイヤーをガイドにして、外径8mmのバルーンカテーテル（Tyshak Veterinary Balloon catheter）を異常筋束による閉塞部まで挿入する。閉塞部において、バルーンカテーテルを数回拡張させる。さらに、外径8mmのバルーンカテーテルを外径10mmのバルーンカテーテルに変えて、同様に拡張を繰り返す。バルーン拡張時は、右室流出路における血流が遮断されることによって左心室への血液灌流量が減少し、心拍出量の低下あるいは低血圧が生じる。したがって、バルーン拡張時間は1回につき8秒間とし、心電図や血圧をモニターしながら実施する。バルーン拡張術の初期には、異常筋束による閉塞部でバルーンカテーテルにくびれが認められるが（図

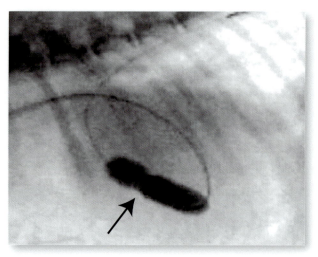

図Ⅰ-355　バルーンカテーテルによる拡大術所見
バルーン拡張術中のX線透視像。術前に比べて、バルーンのウエストが低下している。

Ⅰ-355）、拡張術を繰り返すことにより、このくびれがみられなくなる。バルーン拡張術後、引き続き心内圧検査および心血管造影検査を実施し、異常筋束による閉塞部の拡張効果を評価する。十分な効果が得られた場合は、心内圧検査で三尖弁側の高圧腔と肺動脈弁側の低圧腔間の圧較差が減少する。また、造影検査でバルーン拡張術前より右室流出路における閉塞所見が減少あるいは消失したことが確認される。心臓内操作が終了したら、バルーンカテーテルを抜去し、頸静脈を定法に従い縫合閉鎖する。本法では、術後再狭窄を生じることがある。

・人工心肺装置を使用した体外循環下開心術による根治術法、およびパッチグラフト移植法

右室二腔症において、人工心肺装置を使用した体外循環下開心術による根治術は、右心室腔内の異常筋束を直視下に確認し切除することが可能であることから、他の外科的治療法よりも安全かつ確実な治療法である。一方、体重が3kg以下の超小型犬や猫では、人工心肺装置や体外循環回路の充填液により血液の希釈が起こるため細心の注意が求められる。

▶術式

動物を仰臥位に保定し、胸骨正中切開にて開胸する（p144～「人工心肺を用いての体外循環法」を参照）。心膜を正中切開し、心膜の左右の切開縁を胸腔切開部に縫合することにより、心膜テントを作成し、心臓を挙上する。次に、体外循環回路の装着を

先天性心血管疾患

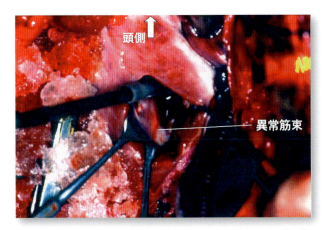

図Ⅰ-356 人工心肺装置を使用した体外循環下開心術による根治術所見
図Ⅰ-349と同症例。右室流出路の三尖弁側からみた異常筋束（切除前）。

図Ⅰ-357 人工心肺装置を使用した体外循環下開心術による根治術所見
図Ⅰ-349と同症例。右室流出路内の隔壁切除後の所見。隔壁を切除した結果、開口部の径は13 mmまで拡大した。

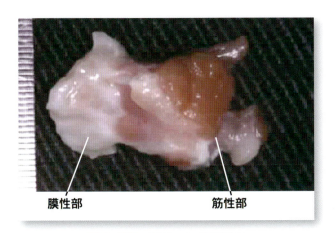

図Ⅰ-358 切除した異常筋束
図Ⅰ-349と同症例。

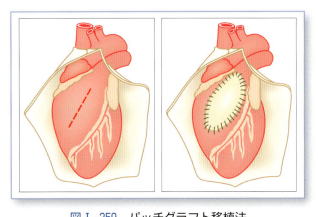

図Ⅰ-359 パッチグラフト移植法
右心室切開部位（左側）と、パッチグラフト縫合後（右側）。右心室の切開は、異常筋束を横断するように行う。

行っていく。脱血カテーテルは、右心耳と右心房からそれぞれを前大静脈と後大静脈内に挿入し留置する。右心ベントは、冠状動脈から右心に還流する血液を体外循環装置に送るために装着するが、右心室切開時に体外循環装置付属の吸引器で血液を吸入して装置に送る方法もある。送血カテーテルは、大動脈起始部（中〜大型犬）あるいは大腿動脈や頸動脈に挿入し、留置する。大動脈遮断後、冠状動脈内に心停止液を注入し、心臓の拍動を停止させる。次に、右室流出路の心室壁を切開し、異常筋束を確認する（図Ⅰ-356）。異常筋束を摂子で把持し、ポッツ剪刀あるいはメッツェンバウム剪刀などにより切離する（図Ⅰ-357、358）。異常筋束の三尖弁側を切離する際は、三尖弁や乳頭筋を傷つけないように注意する必要がある。異常筋束を切離し、右心室内の閉塞が十分に解除されたことを確認する。右心室内を生理食塩液で充満させることにより右心室内の空気を排除しながら、右心室壁を非吸収性モノフィラメント糸（プロリン糸：5-0）にて単純連続縫合し閉鎖する。パッチグラフト移植法を併用する場合、右心室の切開は異常筋束を横断するように行い、右心室壁を縫合する際に、楕円形に切り取った心血管用パッチ（GORE-TEX®）をポリプロピレン糸にて単純連続縫合で装着する（図Ⅰ-359）[5]。右心室壁の縫合終了後、大動脈の遮断を解除する。心膜テントを除去し、心膜を非吸収性モノフィラメント糸で数

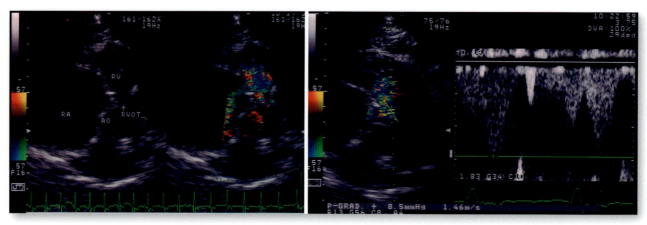

**図 I-360 人工心肺装置を使用した体外循環下開心術を実施した犬の術後心エコー検査所見**
術後19日目の右室流出路所見（左側：カラードップラー、右側：パルスドップラー）。異常構造物を通過するモザイク血流が、術前（図 I-352）に比べ減少している。パルスドップラーにより異常構造物を通過する血液の流速も低下（1.46 m/秒）した。

ヵ所縫合して閉鎖する。胸腔内ドレーンを左右胸腔内に留置し、常法に従い閉胸する。

### vii) 予後

人では、開心術で右心室腔内の異常筋束を切除することにより根治が可能であり、予後も良好であることが示されている[17,18]。犬においても、人工心肺装置を使用した体外循環下開心術による根治術により、満足のいく結果が得られたことが報告されている[4,6,16]（図 I-360）。外科的治療後の圧較差の平均低下率は、71％と報告されている（範囲40～94％）[5]。一方、外科的治療前から発現していた胸水あるいは乳び液は、外科的治療後も残存することが多く、術後しばらくはフロセミドやACE阻害薬などの内服薬の継続が必要となる。術前にみられた三尖弁逆流は、術後、減少あるいは消失がみられる。

（清水美希）

---

##### 参考文献

[1] Alva C, Ho SY, Lincoln CR, Rigby ML, Wright A, Anderson RH.：The nature of the obstructive muscular bundles in double-chambered right ventricle. *The Journal of thoracic and cardiovascular surgery*. 1999；117（6）：1180-1189.
[2] Fellows KE, Martin EC, Rosenthal A.：Angiocardiography of obstructing muscular bands of the right ventricle. *AJR Am J Roentgenol*. 1977；128（2）：249-256.
[3] Koie H, Kurotobi EN, Sakai T.：Double-chambered right ventricle in a dog. *J Vet Med Sci*. Jun 2000；62（6）：651-653.
[4] Tanaka R, Shimizu M, Hirao H, Kobayashi M, Nagashima Y, Machida N, Yamane Y.：Surgical management of a double-chambered right ventricle and chylothorax in a Labrador retriever. *J Small Anim Pract*. 2006；47（7）：405-408.
[5] Martin JM, Orton EC, Boon JA, Mama KR, Gaynor JS, Bright JM.：Surgical correction of double-chambered right ventricle in dogs. *J Am Vet Med Assoc*. 15 2002；220（6）：770-774.
[6] Willard MD, Eyster GE.：Double-chambered right ventricle in two dogs. *J Am Vet Med Assoc*. 1981；178（5）：486-488.
[7] Koffas H, Fuentes VL, Boswood A, Connolly DJ, Brockman DJ, Bonagura JD, Meurs KM, Koplitz S, Baumwart R.：Double chambered right ventricle in 9 cats. *J Vet Intern Med*. 2007；21（1）：76-80.
[8] MacLean HN, Abbott JA, Pyle RL.：Balloon dilation of double-chambered right ventricle in a cat. *J Vet Intern Med*. 2002；16（4）：478-484.
[9] 平川 篤, 土井口修, 柴山比奈子, 高橋義明, 大道嘉広, 野口佳代, 山本昌章, 高橋 健：カラードプラ心エコー図により診断した右室二腔症の犬の1例. 動物臨床医学. 1999；8：117-120.
[10] 三品美夏, 若尾義人, 渡辺俊文, 中山智宏, 上地正実, 高橋 貢, 川畑 充：犬における右室二腔症の一例の心エコー所見. 動物の循環器. 1994；26：71-77.
[11] Forster JW, Humphries JO.：Right ventricular anomalous muscle bundle. Clinical and laboratory presentation and natural history. *Circulation*. 1971；43（1）：115-127.
[12] Chang RY, Kuo CH, Rim RS, Chou YS, Tsai CH.：Transesophageal echocardiographic image of double-chambered right ventricle. *J Am Soc Echocardiogr*. 1996；9（3）：347-352.
[13] Rowland TW, Rosenthal A, Castaneda AR.：Double-chamber right ventricle：experience with 17 cases. *Am Heart J*. 1975；89（4）：455-462.
[14] Hartmann AF Jr., Tsifutis AA, Arvidssonh, Goldring D.：The two-chambered right ventricle. Report of nine cases. *Circulation*. 1962；26：279-287.
[15] Arai N, Matsumoto A, Nishikawa N, Yonekura K, Eto Y, Kuwada Y, Shimamoto R, Sugiura S, Suzuki J, Takenaka K, Hirata Y, Nagai R, Aoyagi T.：Beta-blocker therapy improved symptoms and exercise capacity in a patient with dynamic intra-right ventricular obstruction：an atypical Form of double-chambered right ventricle. *J Am Soc Echocardiogr*. 2001；14（6）：650-653.

[16] 清水美希, 永島由紀子, 星克一郎, 平尾秀博, 小林正行, 田中 綾, 丸尾幸嗣, 山根義久：人工心肺装置による体外循環下開心術によって根治した犬の右室二腔症の1例. 動物臨床医学. 2002；11（3）：137-142.
[17] Hartmann AF Jr., Goldring D, Carlsson E.：Development of Right Ventricular Obstruction by Aberrant Muscular Bands. *Circulation*. 1964；30：679-685.
[18] Galal O, Al-Halees Z, Solymar L, Hatle L, Mieles A, Darwish A, Fawzy ME, Al Fadley F, de Vol E, Schmaltz AA.：Double-chambered right ventricle in 73 patients：spectrum of the disease and surgical results of transatrial repair. *Can J Cardiol*. 2000；16（2）：167-174.

## 13）大動脈弓離断症

大動脈弓離断症（Interrupted Aortic Arch. Interruption of aortic arch：IAA）とは、大動脈弓の一部が欠損する疾患で、遠位（下行大動脈血流）へは動脈管（Pulmonary-Ductus-Decending aorta Trunk：PDDTを形成）を通してのみ血流が確保される。この場合のIAAをceloria-typeと称する。また、動脈管が閉鎖してPDDTを形成しないpillsbury-typeも存在する。また、大動脈欠損症（Absence of the aortic arch）とも称される。IAA単独例は極めてまれであり、心室中隔欠損をはじめとした様々な心内奇形を合併し複合型となる。大動脈弓が内腔の閉鎖した索状物で繋がる大動脈閉鎖症もこのカテゴリーに含めることが多い。こちらは機能的には類似の血行動態を示すが、発生学的には全く異なるものである。しかし、両者を術前に鑑別することは困難である。人での先天性心疾患に占める本症の割合は約15%、また我が国の過去3年間の先天性心疾患の乳児に占めるIAAの手術例数は1.8%とも報告されている。極めて予後の悪い疾患で、無治療症例の生存日数の中央値は4～10日であり、75%は1ヵ月内に死亡すると報告されている。現在のところ、犬のIAAに関してはJacobsら、Nicholsら、そして猫のIAAに関しては山根らなどのわずかな報告が存在するのみである[1-3]。

### i）分類
#### ①大動脈弓離断症の分類

人の場合は、大動脈弓の欠損部と血管分枝の関係から、A型、B型、C型の3型に分類されている。すなわち、A型は左鎖骨下動脈起始部のすぐ末梢部で、B型は左総頸動脈と左鎖骨下動脈の間で、C型は腕頭動脈と左総頸動脈の間で大動脈が欠損しているものである。しかし、犬や猫では左頸動脈が腕頭動脈より分枝しているため、2つの型（A型とB型）しかない（図I-361）。山根らは、犬や猫においてA型は人と同様であるが、腕頭動脈と左鎖骨下動脈の間で大動脈弓が欠損しているものをB型と呼称することを提唱している（図I-362）。celoria型ではPDDTを介して遠位（下行大動脈血流）への血流が確保される。pillsbury型もceloria型と同様に山根らによってA型とB型の分類が提唱されている。A型は、左右の内胸動脈と肩甲骨周囲動脈から、B型は椎骨動脈をはじめ多くの周囲血管による側副血行路により遠位（下行大動脈血流）への血流が確保される。

### ii）症状および診断
#### ①身体所見

大腿動脈の触診で脈の減弱を認めるが、動脈管が大きく開存している場合は、bounding pulseを呈する。下半身への血流低下による尿量減少、アシドーシス進行など高肺血流による心不全、呼吸不全の症

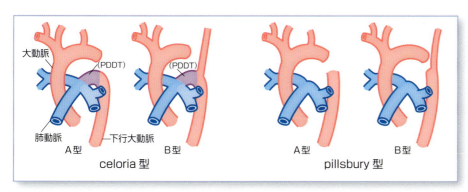

図I-361　犬猫における大動脈弓離断症の2つの型（celoria型とpillsbury型）
大動脈の欠損部位の違いによりA型とB型に分類される[3]。

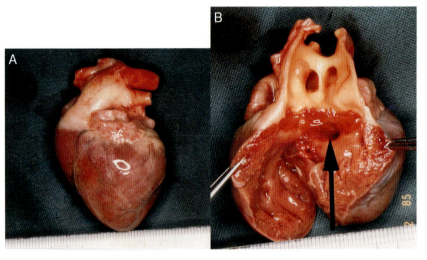

図Ⅰ-362 大動脈弓離断症心臓標本
（写真提供：山根義久先生）
雑種猫、1歳4ヵ月齢、雌、3.0kg。食欲が低下し、呼吸促迫で苦しそう。初診時より重度のチアノーゼあり。
A：心臓を左側よりみた所見で、両側肺動脈の上部に太い動脈管（PDDT）を形成。celoria型のB型と診断（文献［3］より）。B：右心側より切開した所見。心室中隔膜性部に大欠損タイプの心室中隔欠損（矢印）あり、左右の肺動脈分岐部の上部に太い動脈管（PDDT）が走行している。

状が様々な程度で出現する。また、複合する心奇形により複雑な血行動態をとるため、症状も一定でないことが予想される。

②聴診所見

聴診では、過剰心音の聴取やギャロップリズムが聴取される。

③胸部X線検査

新生子期では、著明な心拡大と肺血流量増加、肺うっ血を認める。

④心電図所見

複合する心奇形の種類と程度により様々である。

⑤心エコー検査所見

検査のうち重要視されるものは心エコー検査である。ただし、IAAの診断にはトレーニングが必要である。胸骨傍大動脈弓断面、心基部短軸像などを組み合わせて慎重に診断を行う。診断を確定するポイントは、狭窄（離断）部位とその形態、大動脈弓の左右と分枝を含めた形態である。また、その他に注意深く観察する項目として、大動脈弁下狭窄と大動脈弁狭窄の有無、僧帽弁形態および左室形態などがあげられる。

⑥心臓カテーテル検査

通常、患者は重篤な症状を示しているため、検査の実施を省略することが多い。心エコー検査では、詳細な確定診断が得られず、患者の状態が安定しているときのみ選択されるべきものである。この病気の場合は、非常に侵襲的な検査であるが、詳細な心形態のみでなく血行動態も確定することができる。

⑦三次元CT

非常に有用な検査であるが、麻酔処置が必要という大きな欠点がある。また、使用する機器の性能にもよるが、犬猫の場合は心拍数が多いため、希望とする画像が得られないことが予想される。

ⅲ）治療

①内科治療

根本的治療は、外科手術である。この疾患に対する内科的治療の目標は、外科的治療を安全に遂行できるように患者の全身状態を安定化させることである。治療方針は、下半身への血行動態の維持、高肺血流による心不全・呼吸不全の増悪を阻止することである。そのため、新生子期発症の個体では、プロスタグランジン製剤の投与により動脈管閉鎖を抑制する。また、容量負荷を減少するため利尿薬の投与も考慮される。もし、抑制が不成功であれば予後は極めて不良で1両日中に死の転帰を迎える。

②外科治療

半回神経や横隔神経は、大動脈弓離断や大動脈弓低形成の修復中に損傷されやすい。そのため、手術中には神経の確認と愛護的操作に努めなければならない。また、大動脈弓部の吻合部に無理な緊張がかかっていると、出血が起こることがある。また、組織が脆弱である場合も出血しやすく、その原因の多くは縫合部における動脈管組織の遺残である。また、動脈管組織が原因で縫合したパッチが外れたり、遠隔期の大動脈の捻れや狭窄の原因となる。また、それらの原因による出血には、凝固因子の全身投与やフィブリン糊の局所投与が有効である。その

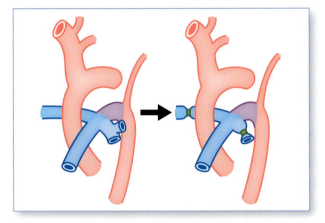

図Ⅰ-363　両側肺動脈絞扼術

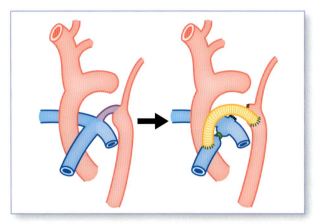

図Ⅰ-364　肺動脈−下行大動脈バイパス法

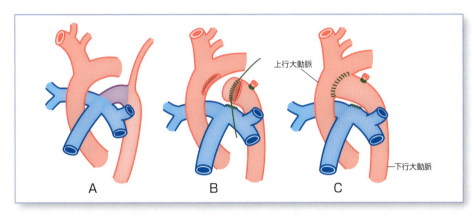

図Ⅰ-365　celoria型離断症に対する弓再建術
A：celoria型離断症
B：PDDTと左鎖骨下動脈を切離する。
C：下行大動脈側の残存動脈管組織を切離し、上行大動脈と吻合する。

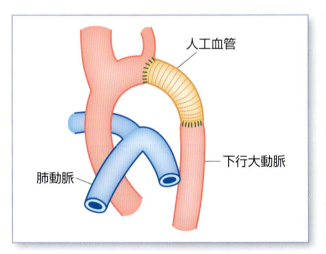

図Ⅰ-366　pillsbury型に対する基本的手術
大動脈弓末梢部と下行大動脈との間を人工血管により血行再建術を行う。

他として、術野確保のため胸腺を切除しなければならないことがある。

- celoria型離断症に対する姑息手術
- 両側肺動脈絞扼術（図Ⅰ-363）

　これは、PDDTを維持し、しかも大量の左右短絡による肺高血圧の進展を防止するため、両側肺動脈絞扼術を実施するものである。

- 肺動脈−下行大動脈バイパス法（図Ⅰ-364）

　本症の生存条件は、心内混合によって酸素含有の増加した肺動脈血が動脈管を経て十分下半身に流れることにあり、肺高血圧の進展と動脈管の閉鎖機転が本症の予後を決定する。本手術の目的は、主肺動脈と下行大動脈の間に人工血管によるバイパスを作成し、動脈管は切断して、同時に主肺動脈に絞扼術を加えるものである。

- celoria型離断症に対する弓再建術

　本術式（図Ⅰ-365）は、大動脈弓末梢部の膨隆を伴うA型には応用しやすいが、弓形成不全を伴うB型には用い難い。

- pillsbury型に対する基本的手術

　A型では左第4弓の形成があるので、弓末梢部に吻合の余裕があることが多いが、そのような場合は末梢部と下行大動脈との間で人工血管による血行再建術を行う（図Ⅰ-366）。

　以上の他にも多くの術式が報告されているが、あ

くまで病態に適した術式を選択すべきである。

(福島隆治)

― 参考文献 ―

[1] Jacobs G, Patterson D, Knight D.：Complete interruption of the aortic arch in a dog. *J Am Vet Med Assoc*. 1987；15；191 (12)：1585-1588.
[2] Nichols JB. Eyster GE, Dulisch ML, Aronson E, DeYoung B.：Aortic interruption in a dog. *J Am Vet Med Assoc*. 1979；15；174 (10)：1091-1093.
[3] 山根義久, 佐藤典子, 仲庭茂樹, 松田和義, 藤江延子, 山村穂積.：心室中隔欠損を伴った猫の大動脈弓離断症 (Celoria-A type) の一症例. *日本獣医師会雑誌*. 1985；38 (3)：182-186.

## 14) 左前大静脈遺残症

　胎生期の静脈の原始循環系には、左右の前主静脈と後主静脈が存在し、それらが各々合流して左右の総主静脈を形成し、心臓の静脈洞に入る（図Ⅰ-367）。その後、左右の前主静脈は吻合（前主静脈間吻合）し、左腕頭静脈（無名静脈）となり、左総主静脈との連絡はなくなる。右前主静脈および右総主静脈は、左腕頭静脈からの血流を受け発達し、前大静脈を形成する。左総主静脈は徐々に細くなり、冠状静脈洞を形成する[1, 2]。左前大静脈遺残症（Persistent Left Cranial Vena Cava：PLCVC）は、胎生期に消失するはずの左前主静脈が遺残した疾患であり、冠状静脈洞へ連絡するタイプが最も多く（図Ⅰ-368、369）、そのほとんどに右側大静脈が

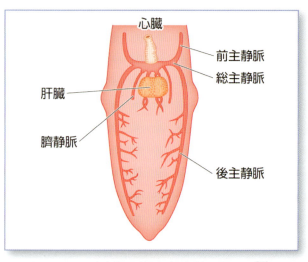

図Ⅰ-367　胎生期の静脈系の初期の基本形[2]

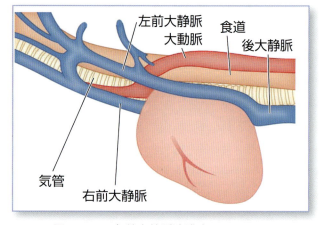

図Ⅰ-368　左前大静脈遺残症のシェーマ

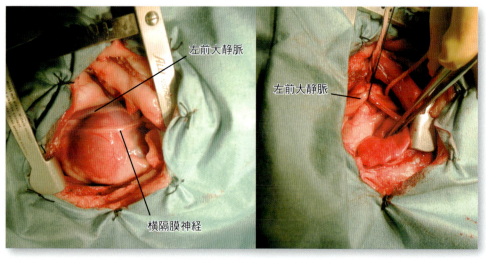

図Ⅰ-369　左前大静脈（動脈管開存症の手術中の写真）
A：左肋間開胸下で確認した遺残した左前大静脈
B：左前大静脈の遺残があると動脈管結紮術が煩雑になる

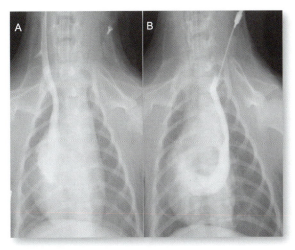

図Ⅰ-370　左前大静脈の造影検査所見
A：右頸静脈造影像
B：左頸静脈像映像（遺残した左前大静脈が造影されている）

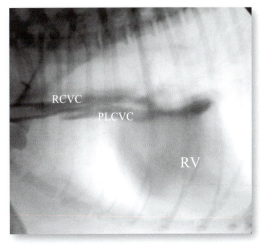

図Ⅰ-371　左前大静脈および右前大静脈の造影検査所見
この症例は、心室中隔欠損症に左前大静脈遺残症を伴っていた。PCVC：右前大静脈、PLCVC：左前大静脈遺残、RV：右心室

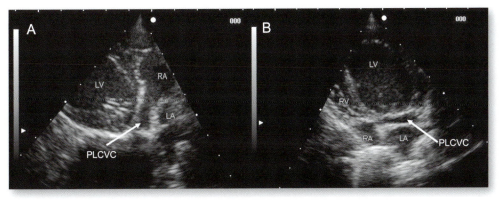

図Ⅰ-372　左前大静脈の心エコー検査所見
A：右傍胸骨四腔断面像を基準に拡張した冠状静脈洞を描出
B：左傍胸心尖四腔断面像にて、右心房に還流する冠状静脈洞を描出

存在する。左心房へつながるタイプも人では報告されており冠状静脈と左房間の隔壁もなく、チアノーゼを呈することが知られている[3,4]。左前大静脈遺残症は、比較的まれな疾患であるが犬や猫での報告があり[1,5,6]、筆者らがまとめた報告では先天性心疾患のうち、本症の発生率は犬で5％、猫で2.5％であった[7]。

左前大静脈遺残症の診断は、エコー検査もしくは造影検査である（図Ⅰ-370、371）。エコー検査では、長軸断面にて、左心房を横切り冠状静脈洞に流入する像が認められる（図Ⅰ-372）。左房へ連絡する場合を除き、一般的に本症は治療の必要がないが、心臓カテーテル検査やフィラリア吊り出し術、ペースメーカー設置術の際に問題となる。また、本症は他の先天性心疾患を合併していることが多いため、十分に鑑別する必要がある。

## 15）先天性僧帽弁狭窄症

先天性の僧帽弁狭窄症（Mitral Valve Stenosis：MS）とは、先天性に僧帽弁の開口部の狭窄を生じた心臓奇形である。本疾患は、まれな心奇形であるが、好発犬種としてブル・テリアやニューファンドランドなどが知られている[1,8-11]。猫での本疾患の報告は少ないが[1]、他の疾患と合併してみられることがある。また、本疾患の最も一般的な合併奇形は大動脈弁下狭窄症であり、その他、動脈管開存症、僧帽弁閉鎖不全症や肺動脈狭窄症、さらに心内膜線維弾性症（Endocardial Fibroelastosis：EFE）なども知られている。（図Ⅰ-373、374）

本疾患は、房室弁である僧帽弁の奇形により、左

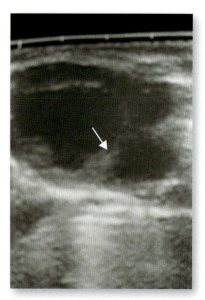

図Ⅰ-373　僧帽弁狭窄症の心エコー所見
　　　　　（Bモード）

日本猫、3ヵ月齢、雄、体重1.15kg。昨日の朝より喉に何か詰まられたような仕草をし、食欲不振。本日朝よりぐったりしているとのこと。図は第6病日。大きく拡大した左心房・左心室が確認でき、その中途に存在する房室弁（僧帽弁）の形態異常もわかる（矢印）。
（写真提供：山根義久先生）

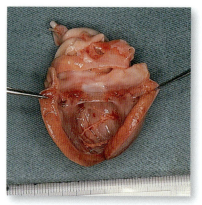

図Ⅰ-374　図Ⅰ-373と同症例の剖検所見

僧帽弁はリング状を呈し（先天性僧帽弁狭窄症兼僧帽弁閉鎖不全症）、乳頭筋は心室壁と分離せずに重度な形態異常を呈し、左心室腔は拡大し、さらに心内膜線維弾性症を伴っており、心内膜は光沢のある白色を呈している。
（写真提供：山根義久先生）

心房から左心室への血流の移動を障害し、左心不全を呈す疾患である。拡張期の左心房から左心室への血液の流入が障害を受けると、左心房の拡大や左心房圧の上昇を来たす。左心房圧の上昇により肺静脈圧ならびに肺毛細血管圧の上昇を引き起こし肺水腫を呈する。肺静脈圧の上昇により肺動脈圧の上昇も合併し、肺高血圧症（右心不全）を合併することもある。

身体検査では、僧帽弁口部で最大の収縮期性もしくは拡張期性雑音が聴取でき、X線検査では、左心系の拡大や肺水腫、両心拡大などが認められる。心電図検査では、僧帽性P波や肺性P波、上室性期外収縮、心房細動などを呈する。心エコー検査にて確定診断を行うが、弁尖の肥厚やエコー輝度の増加、ドーミングなどが認められる。僧帽弁の可動域は狭く、正常な開口がみられず狭小化した僧帽弁開口部が観察される。拡張した左心房が観察されるが、左心室腔の拡大や縮小は必ずしも一定でなく、14例の本疾患の犬において、左室拡張末期径が正常であったものが6例、増加したもの5例、減少したもの3

例と報告されている[9]。また、カラードップラー法にて、拡張期に僧帽弁口部から左心室への乱流が認められ、僧帽弁閉鎖不全症も伴っている場合は、収縮期に僧帽弁口部から左心房への乱流が確認できる。左室流入波形をカラードップラー法にて測定し、その速度を求めることが出来るが、僧帽弁狭窄症の犬では、左室流入速度の上昇が見られ、本疾患の犬では1.4〜2.5 m/sであったとの報告もある[9]。Pressure Half Time（PHT）は、僧帽弁通過血流速が最大速度の半分になるまでの時間であり、僧帽弁口面積は、220/PHTで算出することができる[1,8,12]。犬の正常のPHTは、29±8 msecであり、猫では30 msec以下とされる。本疾患の犬では、PHTが100 msec、猫では80 msec以上とされている[9,12]。また、正常犬の僧帽弁口面積は3.69±1.42 cm$^2$であり、人では1 cm$^2$/体表面積m$^2$以下になれば、重度のMSと診断されるが[12]、犬や猫において詳細な検討はなされていない。

本疾患の根治療法は、外科的なアプローチしかないが、軽症の場合であれば、左心不全に対する内科

治療を行う。犬における外科治療法には、バルーン拡張術や交連切開術、僧帽弁置換術などであるが、獣医科領域ではいまだ確立された方法ではない[1, 13-15]。

(髙島一昭)

---

**参考文献**

[1] Kittleson MD.: Small Animal Cardiovascular Medicine : Mosby ; 1998. St. Louis.
[2] 江口保暢.: 新版家畜発生学: 文栄堂出版 ; 1988. 東京.
[3] Miraldi F, di Gioia CR, Proietti P, De Santis M, d'Amati G, Gallo P.: Cardinal vein isomerism : an embryological hypothesis to explain a persistent left superior vena cava draining into the roof of the left atrium in the absence of coronary sinus and atrial septal defect. Cardiovasc Pathol. 2002 ; 11 : 140-152.
[4] Okumori M, Hyuga M, Ogata S, Akamatsu T, Otomi S, Ota S.: Raghib's syndrome : a report of two cases. Jpn J Surg. 1982 ; 12 : 356-361.
[5] Fernandez del Palacio MJ, Bernal L, Bayon A, Luis Fuentes V.: Persistent left cranial vena cava associated with multiple congenital anomalies in a six-week-old puppy. J Small Anim Pract. 1997 ; 38 : 526-530.
[6] Heaney AM, Bulmer BJ.: Cor triatriatum sinister and persistent left cranial vena cava in a kitten. J Vet Intern Med. 2004 ; 18 : 895-898.
[7] 安武寿美子, 髙島一昭, 山根義久.: 犬猫の循環器疾患1521例の発生状況に対する調査. 動物臨床医学. 2005 ; 14 : 123-131.
[8] Fox PR, Sisson D, Moise NS.: Textbook of Canine and Feline Cardiology : WB Saunders ; 1999. Philadelphia.
[9] Lehmkuhl LB, Ware WA, Bonagura JD.: Mitral stenosis in 15 dogs. J Vet Intern Med. 1994 ; 8 : 2-17.
[10] 山根義久, 松田和義, 串間清隆, 中村栄子, 武井好三, 末松弘彰, 野一色泰晴.: ネコとイヌの心内膜線維弾性症の各一症例. 第105回日本獣医学会プロシーディングス. 1988.
[11] 山根義久, 松田和義, 串間清隆, 武井栄子, 武井好三.: ネコにみられた心内膜線維弾性症の1症例. 第7回小動物臨床研究会プロシーディングス. 1986 ; 42-43.
[12] Boon JA.: Manual of Veterinary Echocardiography : Lippincott Williams & Wilkins ; 1998. Baltimore, Maryland.
[13] Borenstein N, Daniel P, Behr L, Pouchelon JL, Carbognani D, Pierrel A, Macabet V, Lacheze A, Jamin G, Carlos C, Chetboul V, Laborde F.: Successful surgical treatment of mitral valve stenosis in a dog. Vet Surg. 2004 ; 33 : 138-145.
[14] Takashima K, Soda A, Tanaka R, Yamane Y.: Short-term performance of mitral valve replacement with porcine bioprosthetic valves in dogs. J Vet Med Sci. 2007 ; 69 : 793-798.
[15] Takashima K, Soda A, Tanaka R, Yamane Y.: Long-term clinical evaluation of mitral valve replacement with porcine bioprosthetic valves in dogs. J Vet Med Sci. 2008 ; 70 : 279-283.

---

## 16) 先天性門脈体循環シャント

### ⅰ) 定義

先天性門脈体循環シャント (Portosystemic Shunt: PSS) は、門脈血管の奇形であり、門脈系の発生異常により、胃、腸、膵臓、および脾臓からの門脈血が、肝臓を通過せず直接体循環に流入する血管異常が存在する状態である。

### ⅱ) 原因

先天性PSSは、犬で最も発生率が高く、特に小型犬に多発することが知られており、猫でもまれに認められる[1, 2]。先天性PSSは、純血種や特定の品種に多発する傾向があり、遺伝的要因が高いと考えられている[3-5]。我が国では、ミニチュア・ダックスフンド、ヨークシャー・テリア、ミニチュア・シュナウザー、シー・ズー、マルチーズ、パピヨン、トイ・プードル、シェットランド・シープドッグなどの犬種で多く認められている[6, 7]。ヨークシャー・テリア、ミニチュア・シュナウザーは、古くから先天性PSSの好発犬種として世界的に知られており[3, 8-10]、そのほか、アイリッシュ・ウルフハウンド、オールド・イングリッシュ・シープドッグ、ケアーン・テリア、ゴールデン・レトリーバー、ラブラドール・レトリーバーなどの犬種では、先天性PSSを罹患しやすい系統が確認されている[1, 4, 11-13]。一方、猫では純血種よりも雑種猫での発生が多いとされ、純血種のなかではペルシャとヒマラヤンで発生率が高いとの報告がある[1, 14]。先天性PSSの非アジア系の猫では、虹彩が独特な金色や銅色の色調を呈していることが多いとする報告がある[14, 15]。先天性PSSの動物における性差は認められていないが、雄の犬では潜在精巣がしばしば認められる[8, 12]。また、先天性PSSの動物では、他の心・血管奇形を併発していることがまれにあり、なかでも後大静脈奇形（特に重複後大静脈）は比較的高率に認められる[16]。

先天性PSSは、通常は門脈と後大静脈、あるいは奇静脈と連絡する単一性シャント血管として認められる。先天性PSSは、短絡部位により肝内性と肝外性に大別される。肝内性PSS（図Ⅰ-375A、B）は、犬で先天性PSSの10〜35％、猫で10％程度で認めら

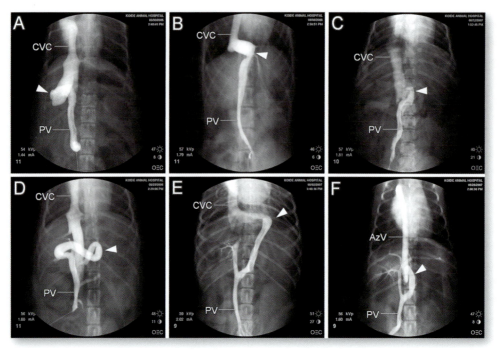

**図Ⅰ-375　代表的な先天性PSSのシャント様式**
代表的なシャント様式を有する犬における腸間膜経由の門脈造影DR腹背像である。
A：右側区域の肝内性PSS、B：左側区域の肝内性PSS、C：脾静脈シャント、D：胃十二指腸静脈シャント、E：左胃静脈シャント、F：左胃静脈を介した門脈-奇静脈シャント
（矢頭：シャント血管、CVC：後大静脈、PV：門脈、AzV：奇静脈）

れ、大型犬に多く認められる傾向がある[1,9,13,17]。肝内性PSSは、出生後まもなく閉鎖すべき胎生期の静脈管が閉鎖しないことが原因と考えられている[13,18-20]。本来、静脈管は肝臓の左側区域に位置するが、肝内性PSSは左側区域以外にも中央区域（方形葉、内側右葉）や右側区域（外側右葉、尾状葉尾状突起）でも認められる[13,17,21]（図Ⅰ-375A）。先天性の肝外性PSSには、いろいろなタイプが知られており、脾静脈（図Ⅰ-375C）、胃十二指腸静脈（図Ⅰ-375D）、左胃静脈（図Ⅰ-375E）、左胃大網静脈あるいは左結腸静脈などを介した門脈後大静脈シャント（Portocaval Shunt：PCS）や門脈奇静脈シャント（図Ⅰ-375F）などがある[9,22]。これらの肝外性PSSは小型犬に発生が多く、特に脾静脈や胃十二指腸静脈、あるいは左胃静脈を介したPCSが最も普通に認められるタイプである。猫では、左胃静脈や脾静脈を介したPCSおよび肝内性PSSが多い[23-25]。

### ⅲ）病態

先天性PSSを有する動物では、アンモニアに代表される消化管由来毒素が、肝臓で十分に解毒されずに全身循環に直接流入することになる。また、シャント血流の存在は、本来の肝臓への門脈血流を減少させ、インスリン、グルカゴン、その他の栄養素などの肝栄養因子の欠乏を起こす。その結果、先天性PSSの動物では、しばしば肝臓の発育不全による小肝症が認められ、その程度によっては肝不全を起こす。腸管由来毒素の全身循環への流入や肝不全の発現は、発育不全、食欲不振や元気消失、さらには消化器症状や肝性脳症をはじめとするさまざまな臨床症状を引き起こす要因となる。なかでも肝性脳症は、先天性PSS動物の半数以上に認められ、診断を進める上で有力な手がかりとなる。肝性脳症の発症メカニズムは不明な点も多いが、アンモニアをはじめとする神経毒作用を有する消化管由来毒素の蓄積、血漿や髄液中のアミノ酸の量的、質的不均衡などによる脳内の神経伝達障害や機能障害が考えられている。肝性脳症の原因物質としては、アンモニアが最も代表であるが、アンモニア以外にもメルカプタン、スカトール、インドール、γ-アミノ酪酸など多くの消化管由来毒素が関与していることが知られている。先天性PSSに関連する肝性脳症は、外科的治療が成功すれば通常は改善する。また、先天性

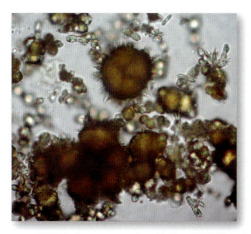

図Ⅰ-376 尿酸水素アンモニウム結晶の顕微鏡写真（×400）

先天性PSS犬ではしばしば尿沈渣で尿酸水素アンモニウム結晶が認められる。

PSSの動物では、アンモニア代謝異常によって尿中へのアンモニアと尿酸の排泄が増加することで、尿路内に尿酸塩結石が形成されることがあり、先天性PSSの犬では2～3割程度に結石や結晶が認められる[8]。

### iv）診断

#### ①症状と身体検査所見

先天性PSSの動物における臨床症状は、無症状のものから、重篤な肝不全や肝性脳症を発現するものまで様々である。身体検査所見は、肝性脳症を発現している場合を除いて特異的な所見は顕著ではないが、発育不全、削痩、多飲多尿、泌尿器症状や消化器症状などが認められることがある[15]。肝性脳症を発現している動物では、ふらつき、異常行動、一過性失明、流涎などの中枢神経系症状を示し、食後に悪化するのが特徴である[15]。なお、持続的な門脈高血圧症により二次的に形成される後天性PSSでは、しばしば腹水貯留が認められるが、先天性PSSの動物において顕著な腹水貯留が認められることはほとんどない。

なお、先天性PSSにおける症状の発現時期や重症度は、シャント率や肝不全の有無や程度によってかなりの幅があり、シャント率はシャント血管の太さや長さおよび肝内門脈枝の状態に影響される可能性がある[26]。平均的な発症年齢は、肝内性PSSを有する動物では肝外性PSSを有する動物に比較して統計的に有意に低いことが示されている[9,27,28]。

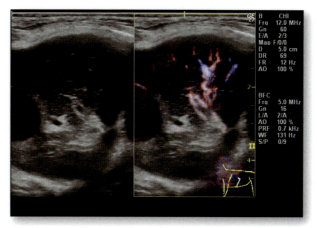

図Ⅰ-377 先天性PSS犬における肝臓の超音波検査所見

先天性PSSを有する動物における超音波検査では、肝内門脈枝やその血流がしばしば不明瞭となる。また、感度の高い方法でのカラードップラーでは通常はあまり観察されない動脈枝の血流が門脈枝周囲に明瞭に認められることがある。

#### ②臨床検査所見

尿検査では、尿酸結晶や尿酸水素アンモニア結晶がしばしば認められる（図Ⅰ-376）。

血液学的所見としては、軽度の貧血や小球症が認められることがある。血液化学検査で、肝酵素の上昇を認める場合が多いが、先天性の門脈体循環シャントの動物では、肝酵素の上昇は軽度であることが多く、全く正常の場合もある。低アルブミン血症と血液尿素窒素の減少は、最も高頻度に認められ、重症例では低血糖症や低コレステロール血症が認められることがある。血中アンモニア値の測定は、門脈体循環シャントや肝性脳症を診断するうえで重要な検査項目であるが、空腹時には正常な場合がある。食後においても、高アンモニア血症が不明瞭な場合には、アンモニア耐性試験を行うことで高アンモニア血症が確認されることが多い。血清総胆汁酸濃度の測定は、食前と食後に行うが、罹患動物では食後には、ほぼすべての動物で顕著な増加を認める。

X線検査は、犬ではしばしば小肝症が認められるが[7]、猫では小肝症が明確でないことが多い。

腹部の超音波検査では、小肝症や肝内脈管の減少やカラードップラー検査で、門脈血流の減少や不明瞭化および肝動脈血流の明瞭化がしばしば認められる（図Ⅰ-377）。また、異常な門脈走行や短絡部位を直接描出できる場合もある[29]（図Ⅰ-378）。

第Ⅰ章 心血管系

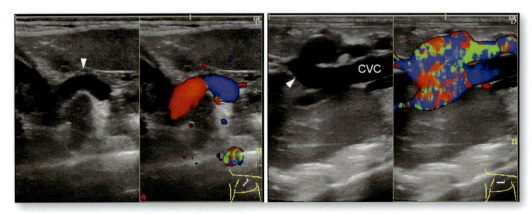

図Ⅰ-378 先天性PSS犬における腹部超音波検査所見

左の超音波像は、胃十二指腸静脈シャント（図Ⅰ-375D）の犬のもので、肝後方で時計回りにループした太いシャント血管（矢頭）が認められる。右の超音波像は、脾静脈シャント（図Ⅰ-375C）の犬のもので、左腎静脈の前方で後大静脈（CVC）に吻合した著しく太いシャント血管（矢頭）が認められる。

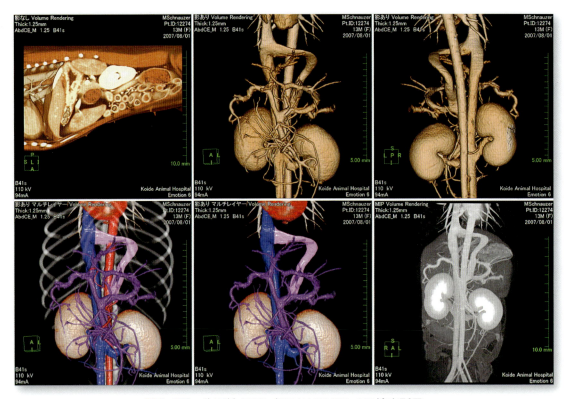

図Ⅰ-379 先天性PSS犬における3D-CT検査所見

左胃静脈シャント（図Ⅰ-375E）の犬における3D-CT像を示す。小肝症の確認やシャント様式の確認ならびに肝内門脈枝の状態を客観的に判断することが可能である。各血管系をレイヤー処理して色分けしたマルチレイヤー像は、飼い主への説明の際に利用しやすい。

門脈造影検査は、確定診断が可能であるが、侵襲的な検査であるため、診断のみを目的として実施することは推奨できず、通常は手術時に門脈カテーテル検査の一環として行われる（図Ⅰ-375参照）。

CT検査は、先天性PSSを確定診断するうえで、門脈カテーテル検査以外で最も信頼できる検査である[16]。CT検査では、腎臓内や膀胱内にしばしば結石が認められる。短絡血管は、門脈相での造影CT撮影により確認することができる。マルチスライスCT撮影により得られる高精細な3D-CT像や3D-CTA像は、肝臓サイズや短絡様式はもとより、肝内門脈枝の状態まで詳細に確認することが可能である[30]（図Ⅰ-379）。

## v）治療
### ①内科的治療

肝性昏睡や重度の肝性脳症を発現している動物に対する緊急的治療としては、脱水、電解質、酸－塩基平衡の補正や、血糖値の維持のため輸液療法が必要となる。沈うつや昏睡によりラクチュロースや抗生物質の経口投与ができない場合には、これらの薬剤を注腸する。てんかん重積時などに第1選択とされるジアゼパムは、肝性脳症に対する発作には有効性が低く、病態生理的にはむしろベンゾジアゼピン拮抗薬であるフルマゼニルの方が有効と考えられる[31]。

内科的支持治療は、手術適応の動物における周術期の一時的な治療として、また後天性PSSを含めた手術適応外の動物においては長期的に必要となる。

治療の主体は、アンモニアの産生・吸収を抑制し、肝性脳症の助長因子を除去することが中心となる[32]。アンモニアの材料となる蛋白、特に芳香族アミノ酸が豊富である肉の蛋白質などの給餌は控える。ラクチュロースの投与は、緩下剤作用により結腸内洗浄効果と結腸内容の酸性化作用により、アンモニアの拡散・吸収を抑制することができる。投与量は、普通0.5〜2mL/kg/日を2〜3分割投与とし、軟便になるように投与量を調節する。抗菌剤の経口投与も、腸内細菌の増殖を抑制することで毒素産生を減少させる。長期的な内科的支持療法では、ネオマイシン（10〜20mg/kg, BID）、カナマイシン（5〜10mg/kg, BID）、メトロニダゾール（7.5mg/kg, TID）などが、一般的に推奨されているが、短期間の内科的治療であれば、全身移行性の高いアンピシリンやセファレキシン製剤でもよい。消化管内の出血は、高アンモニア血症を助長するため、その予防や治療には$H_2$ブロッカーやスクラルファートなどの投与を行う。また、一部の麻酔薬や鎮静薬、有機リン剤、利尿薬、メチオニン、コルチコステロイドなど肝臓代謝に影響するものや、肝性脳症を助長する薬剤を不用意に使用しないことも重要である。

### ②外科的治療

PSS動物における外科的治療は、先天性PSSの根治的治療として1970年代より報告されるようになり、海外では1980年代には肝内性PSSにおける成功例も次々と報告されるようになった[11, 12, 33]。我が国においても、1988年に鷲巣らが肝外性の先天性PSS犬において[34]、さらに1993年には筆者らが肝内性PSS犬において初めての外科的治験例を報告し[35]、現在までに多くの施設で外科的治療が行われるようになっている。先天性PSSの動物において、外科的治療は、長期的な延命または根治の期待できる唯一の治療である。

なお、先天性PSSであっても、肝線維症が不可逆的に進行している動物や、別の後天性PSSの原因となる肝疾患を合併している場合は、先天性PSSのシャント血管を完全閉鎖しても後天性PSSが後遺し、完治には至らない[22]。また、肝内性PSSは、肝外性PSSに比較して外科的整復の難易度が高く、手術リスクが高いことや、手術可能な施設が限られる。

麻酔は、病態にもよるが、基本的には肝不全時の麻酔法に準じて行い、バルビタールやフェノチアジン系誘導体などの使用は避ける[11]。手術時のモニターとしては、門脈圧測定に加えて観血的血圧測定も行うことが望ましく、その他のモニター項目は一般手術に準ずる。

先天性PSSの外科的治療時における短絡血管の閉鎖法は、基本的には腹部正中切開による開腹術により直視下で行われるが、腹腔鏡手術[36]あるいは経皮的カテーテル法によるコイル塞栓術も行われている[23, 37-39]。いずれの方法においても、短絡血管の閉鎖の程度は病態によって調節する必要がある。基本的術式では、短絡血管の終末部または起始部を分離し（図Ⅰ-380）、試験的に完全閉鎖して消化管内臓器のチアノーゼ、血圧低下、過度の門脈圧の上昇などの門脈圧亢進症の徴候が現れないかを確認する[9, 40]。肝内性の場合には、左側区域のものでは短絡血管の終末部を肝前方で、右側区域のものでは短絡血管の起始部を肝後方で慎重に分離するが、超音波外科用吸引装置の利用は、肝内短絡血管の分離露出に極めて有用である。また、短絡血管閉鎖時の術中門脈造影検査は、肝内門脈枝の状態を確認する上で有用である[26, 41]（図Ⅰ-381）。試験的な短絡血管の完全閉鎖で門脈高血圧症の徴候や心配がなければ、非吸収糸を用いて短絡血管を完全に結紮することができる。緩徐な短絡血管の閉鎖法としては、ア

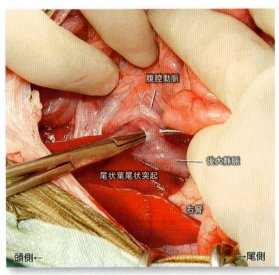 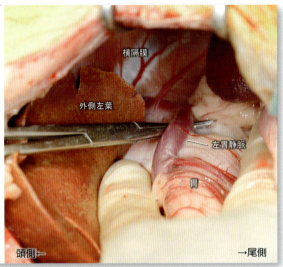

脾静脈シャント　　　　　　　　　　　　　　　左胃静脈シャント

**図Ⅰ-380　肝外性 PSS 犬における術中写真**

左は脾静脈シャント（図Ⅰ-375C）犬の術中写真で、左腎静脈の頭側でシャント血管の後大静脈吻合部を分離しているところで、胃十二指腸シャントや左胃大網静脈シャントの場合もほぼ同様の部位でシャント血管を分離閉鎖することができる。

右は左胃静脈シャント（図Ⅰ-375E）犬の術中写真で、胃小弯に沿って異常血管として認められる左横隔静脈に接続するシャント血管を横隔膜の手前（噴門部位置）で分離しているところである。

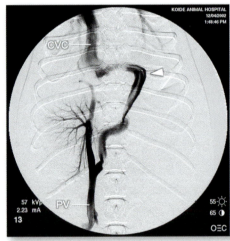 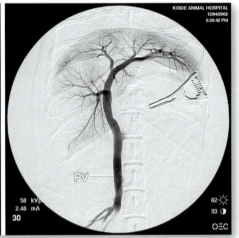

閉鎖前　　　　　　　　　　　　　　　　　　閉鎖後

**図Ⅰ-381　先天性 PSS 犬におけるシャント血管の試験的閉鎖前後の術中門脈造影所見**

先天性 PSS 犬における術中のシャント血管の試験的閉鎖前後の門脈造影 DSA 腹背像を示す。左胃大網静脈から左横隔膜静脈を介した門脈後大静脈へ吻合するシャント血管（矢頭）が認められ、肝内への門脈枝も比較的明瞭に認められる。シャント血管を矢頭の部位で試験的に遮断して行った門脈造影では、シャント血流は消失し、肝内門脈枝はほぼ正常に描出された。腹腔内臓器の異常や門脈圧の異常亢進も認められず、完全結紮の適応症である。
（CVC：後大静脈、PV：門脈）

**図 I -382　アメロイドコンストリクター（AC）**
アメロイドコンストリクターは、一部に切れ目のあるアメロイドリングの外周にステンレスが巻き付けられた2層構造のC字型の形状で、血管周囲にはめ込んだ後にアメロイド製のストッパーで固定する構造となっている。内径は3.5～11mmまでのサイズがある。

メロイドコンストリクター（AC）（図 I -382）やセロファンバンドを留置する方法、さらには間欠的なコイル塞栓術などが好まれる[42-44]。これらの方法による短絡血管の閉鎖は、炎症反応によるもので、短絡血管の閉鎖速度や閉鎖時期を調節することは困難である。このため、肝内門脈低形成が極めて重度の動物や、すでに肝線維症などが進行した動物では、ACやセロファンバンド法の実施は、術後の一過性門脈高血圧症やそれに続発する後天性PSSの発生頻度が高い。短絡血管の急速な閉鎖による門脈高血圧症や後天性PSSの発現の危険性が高いと判断される場合には、段階的な短絡血管の閉鎖法として、絹糸による部分結紮が推奨される[45]。なお、絹糸による部分結紮例ではACやセロファンバンド法に比較すると、術後に短絡血管が自然閉鎖する確率は少なく、多くの動物で再手術による完全結紮が必要となる[46]。カテーテルを用いたコイル塞栓術では、門脈圧をコイルの種類や数で調節する[38,43]。

術後24時間以上は鎮痛薬の投与を行い、ICUで注意深い観察が必要である。心電図モニターを装着し、門脈高血圧症や出血などによる低血圧や頻拍を監視し、体温管理にも注意する。静脈内持続点滴は、ブドウ糖とカリウムを適宜加えて低血糖や低カリウム血症に注意しながら、十分な飲水や採食が可能となるまで継続する。抗生物質や胃酸抑制剤ならびに肝庇護剤に加えて、腹水貯留やその心配がある場合には利尿薬を適宜投与する。

手術直後の合併症としては、門脈高血圧症、低体温症、低血糖症、出血、門脈血栓症、ならびに術後性神経障害などが知られており、重篤な場合には致命的となる[6,42,47-52]。術後の門脈高血圧症は、完全結紮例よりも完全結紮ができなかった動物で起こりやすい[51]。段階的ならびに緩徐なシャント血管の閉鎖法を選択した動物では、炎症反応に起因して術後数日後に門脈高血圧症が遅れて認められることがしばしばあり、腹部疼痛と腹水貯留ならびに元気や食欲の消失などが認められる。特に、AC装着例では、シャント血管の閉鎖が急速に起こる傾向があるので注意が必要である[53,54]。術後性神経障害は、先天性PSSの手術後に、発作的または持続的な中枢神経症状が突然認められる深刻な合併症であるが、明確な病態や発症メカニズムは不明である。術後性神経障害は、比較的高齢動物に起こりやすいとする報告や[50,52]、マルチーズとシュナウザーに多かったとする報告もある[52]。術後性神経障害の発生頻度は、施設によって大きく異なり、筆者の病院では1％未満であるが、単一性の肝外性PSS犬の12％で認められたとする報告もある[52]。

周術期を乗り超えた動物は、肝機能が十分に改善するまでは内科的支持療法を継続する。完全結紮が可能であった動物では、術後1～2ヵ月程度でほとんどの肝機能検査が正常化する。治療効果の判定は、一般状態の観察に加えて、超音波検査と血液検査が中心となる。超音波検査は、術後の肝内門脈枝の発達程度を非侵襲的に確認するために最も有用な方法で[55,56]、完全結紮例では手術後直後から、完全結紮ができなかった動物でも、予後が良好な動物では、術後10日前後で肝内脈管系の発達が明瞭に確認できるようになる。血液検査では、空腹時の血中アンモニア値や血液凝固時間などは比較的早期に改善するが、赤血球の小球症、低蛋白血症、低アルブミン血症および食後の血清総胆汁酸濃度の正常化には1～3ヵ月かかることが多い。部分結紮例が行われた場合でも、多くの動物は術後数週間で、臨床症

状はもちろんのこと食後の血清総胆汁酸の高値を除いて各種臨床検査所見もかなり改善する。しかし、絹糸を用いた部分結紮例において、シャント血管が自然に完全閉鎖する割合は1〜2割程度であり、多くの動物は部分結紮後も短絡血流は残存する[46]。門脈体循環シャントの長期予後に関する最近の研究で、部分結紮のみを実施したものについては術後数年を経過した時点で臨床症状の再発が半数近くの動物で起こることが判明している[45,46,57]。このため、部分結紮例では必ず再手術による完全結紮術を実施すべきである[57]。再手術の時期については、筆者は2〜4ヵ月を目安にしており、成長期の動物では不妊手術と併せて実施することが多い。

### vi) 予後

先天性PSS動物の外科的治療の予後については、シャント様式、病態さらには術式によっても異なる。一般に、肝内性PSSの動物では、肝外性PSSの場合に比べて術後合併症や死亡率が高い傾向にある。また、猫では犬よりも長期予後が一般に悪い傾向があり、軽度のてんかん様発作が後遺する場合がある[58]。

手術直後の死亡は、術後24時間ないし48時間以内に死亡する場合が多く、麻酔の影響と上記の手術直後の合併症が主な死亡原因となる。手術直後の死亡率は、2.1〜21%と報告によってかなり異なる[8,10,27,45]。術後性神経障害を発症した動物の死亡率は25〜75%と高い[42,47,49,50]。

Wolschrijnら（2000）の先天性PSS犬160頭と猫15頭の報告では、術中安楽死も含め周術期死亡率29%で、1年後の生存率は61.3%であり、肝内性PSSと大型犬ならびに高齢犬で死亡率が高かったとしている[2]。Whiteら（1998）の肝内性PSS犬の45例の報告では、術後死亡率が18%で最終的な治癒率は69%であったとしている[17]。Papazoglouら（2002）の肝内性PSS犬32頭の報告では、中期的予後は1年後生存率60%、2年後生存率55%であったとしている[32]。

なお、部分結紮のみで短絡血流が遺残したままの症例に関する予後については、3年以内の短期的予後は良好であるが、5年後までに約半数で臨床症状が再発したとする犬での報告がある[46]。同様に内科的治療のみで良好な反応を示している先天性PSS症例においても長期的な予後は不良の場合が多く、早期の外科治療が望ましい。

（小出和欣）

---

##### 参考文献

[1] Hunt GB.: Effect of breed on anatomy of portosystemic shunts resulting from congenital diseases in dogs and cats : a review of 242 cases. *Aust Vet J*. 2004 ; 82 (12) : 746-749.

[2] Wolschrijn CF, Mahapokai W, Rothuizen J, Meyer HP, van Sluijs FJ.: Gauged attenuation of congenital portosystemic shunts : results in 160 dogs and 15 cats. *Vet Q*. 2000 ; 22 (2) : 94-98.

[3] Tobias KM.: Determination of inheritance of single congenital portosystemic shunts in Yorkshire terriers. *J Am Anim Hosp Assoc*. 2003 ; 39 (4) : 385-389.

[4] van Steenbee FG, Leegwater PA, van Sluijs FJ, Heuven HC, Rothuizen J.: Evidence of inheritance of intrahepatic portosystemic shunts in Irish Wolfhounds. *J Vet Intern Med*. 2009 ; 23 (4) : 950-952.

[5] van Straten G, Leegwater PA, de Vries M, van den Brom WE, Rothuizen J.: Inherited congenital extrahepatic portosystemic shunts in Cairn terriers. *J Vet Intern Med*. 2005 ; 19 (3) : 321-324.

[6] 三輪恭嗣，西村恭平，松永悟，望月学，小川博之，佐々木伸雄.：犬の先天性門脈体循環シャント30例（1995〜2001）．*獣医麻酔外科誌*. 2002；33（4）：53-61.

[7] Washizu M, Katagi M, Washizu T, Torisu S, Kondo Y, Nojiri A.: An evaluation of radiographic hepatic size in dogs with portosystemic shunt. *J Vet Med Sci*. 2004 ; 66 (8) : 977-978.

[8] Johnson CA, Armstrong PJ, Hauptman JG.: Congenital portosystemic shunts in dogs : 46 cases (1979-1986). *J Am Vet Med Assoc*. 1987 ; 191 (11) : 1478-1483.

[9] Martin RA.: Congenital portosystemic shunts in the dog and cat. *Vet Clin North Am Small Anim Pract*. 1993 ; 23 (3) : 609-623.

[10] Winkler JT, Bohling MW, Tillson DM, Wright JC, Ballagas AJ.: Portosystemic shunts : diagnosis, prognosis, and treatment of 64 cases (1993-2001). *J Am Anim Hosp Assoc*. 2003 ; 39 (2) : 169-185.

[11] Fossum TW.: Surgery of the liver. In : Fossum TW (ed). : Small Animal Surgery, 3rd ed.：肝臓の外科（訳／鷲巣誠）．In：スモールアニマル・サージェリー（翻訳アドバイザー／若尾義人，田中茂男，多川政弘）：インターズー；597-627．東京．

[12] Johnson SE.: Diseases of the Liver. In : Ettinger SJ, Feldman EC. (eds) : Textbook of veterinary internal medicine, 4th ed. : WB Saunders ; 1995 ; 1313-1357. Philadelphia.

[13] Lamb CR, White RN.: Morphology of congenital intrahepatic portacaval shunts in dogs and cats. *Vet Rec*. 1998 ; 142 (3) : 55-60.

[14] Hunt GB.: Portosystemic shunts. In : BSAVA Manual of Canine and Feline Abdominal Surgery (Williams JM, Niles JD. eds).：門脈体循環シャント（訳／菅野信之）．In：犬と猫の腹部外科マニュアル（監修／西村亮平）：学窓社；201-215．東京．

[15] Punch SE.: Hepatobiliary and exocrine pancreatic disorders. In : Small Animal Internal Medicine 3rd ed. (Nelson RW, Couto CG. eds).肝臓・胆道・膵外分泌疾患（訳／安田和男）．In：スモールアニマル・インターナルメディスン 第3版（監訳／長谷川篤彦，辻

本元）；インターズー：493-594．東京．

[16] Schwarz T, Rossi F, Wray JD, Ablad B, Beal MW, Kinns J, Seiler GS, Dennis R, McConnell JF, Costello M.：Computed tomographic and magnetic resonance imaging features of canine segmental caudal vena cava aplasia. J Small Anim Pract. 2009 ; 50（7）: 341-349.
[17] White RN, Burton CA, McEvoy FJ.：Surgical treatment of intrahepatic portosystemic shunts in 45 dogs. Vet Rec. 1998 ; 142（14）: 358-365.
[18] Burton CA, White RN.：The angiographic anatomy of the portal venous system in the neonatal dog. Res Vet Sci. 1999 ; 66（3）: 211-217.
[19] White RN, Burton CA.：Anatomy of the patent ductus venosus in the dog. Vet Rec. 2000 ; 146（15）: 425-429.
[20] White RN, Burton CA.：Anatomy of the patent ductus venosus in the cat. J Feline Med Surg. 2001 ; 3（4）: 229-233.
[21] Breznock EM, Berger B, Pendray D, Wagner S, Manley P, Whiting P, Hornof W, West D.：Surgical manipulation of intrahepatic portocaval shunts in dogs. J Am Vet Med Assoc. 1983 ; 182（8）: 798-805.
[22] Ferrell EA, Graham JP, Hanel R, Randell S, Farese JP, Castleman WL：Simultaneous congenital and acquired extrahepatic portosystemic shunts in two dogs. Vet Radiol Ultrasound. 2003 ; 44（1）: 38-42.
[23] Berger B, Whiting PG, Breznock EM, Bruhl-Day R, Moore PF.：Congenital feline portosystemic shunts. J Am Vet Med Assoc. 1986 ; 188（5）: 517-521.
[24] Scavelli TD, Hornbuckle WE, Roth L, Rendano VT Jr. de Lahunta A. Center SA, French TW, Zimmer JF.：Portosystemic shunts in cats : seven cases（1976-1984）. J Am Vet Med Assoc. 1986 ; 189（3）: 317-325.
[25] Schunk CM.：Feline portosystemic shunts. Semin. Vet Med Surg（Small Anim）. 1997 ; 12（1）: 45-50.
[26] Kummeling A, Van Sluijs FJ, Rothuizen J.：Prognostic implications of the degree of shunt narrowing and of the portal vein diameter in dogs with congenital portosystemic shunts. Vet Surg. 2004 ; 33（1）: 17-24.
[27] Bostwick DR, Twedt DC.：Intrahepatic and extrahepatic portal venous anomalies in dogs : 52 cases（1982-1992）. J Am Vet Med Assoc. 1995 ; 206（8）: 1181-1185.
[28] Komtebedde J, Forsyth SF, Breznock EM, Koblik PD.：Intrahepatic portosystemic venous anomaly in the dog. Perioperative management and complications. Vet Surg. 1991 ; 20（1）: 37-42.
[29] Lamb CR.：Ultrasonography of portosystemic shunts in dogs and cats. Vet Clin North Am Small Anim Pract. 1998 ; 28（4）: 725-753.
[30] Bertolini, G, Rolla EC, Zotti A, Caldin, M.：Three-dimensional multislice helical computed tomography techniques for canine extrahepatic portosystemic shunt assessment. Vet Radiol Ultrasound. 2006 ; 47（5）: 439-443.
[31] Aronson LR, Gacad RC, Kaminsky-Russ K, Gregory CR, Mullen KD.：Endogenous benzodiazepine activity in the peripheral and portal blood of dogs with congenital portosystemic shunts. Vet Surg. 1997 ; 26（3）: 189-194.
[32] Papazoglou LG, Monnet E, Seim HB 3rd.：Survival and prognostic indicators for dogs with intrahepatic portosystemic shunts : 32 cases（1990-2000）. Vet Surg. 2002 ; 31（6）: 561-570.
[33] Breznock EM.：Surgical manipulation of portosystemic shunts in dogs. J Am Vet Med Assoc. 1979 ; 174（8）: 819-826.
[34] Washizu M, Ogi N, Kobayashi K, Orima H, Koyama S, Washizu T, Ishida T, Motoyoshi S.：Successful surgical manipulation of portacaval shunt in a dog. Nippon Juigaku Zasshi. 1988 ; 50（4）: 939-941.
[35] 小出和欣，小出由紀子，高橋正純．：肝性脳症を発症した肝内性門脈後大静脈短絡症犬への外科的治験例．動物臨床医学．1993 ; 1（2）: 47-53.
[36] Miller JM, Fowler JD.：Laparoscopic portosystemic shunt attenuation in two dogs. J Am Anim Hosp Assoc. 2006 ; 42（2）: 160-164.
[37] Bussadori R, Bussadori C, Millàn L, Costilla S, Rodríguez-Altónaga JA, Orden MA, Gonzalo-Orden JM.：Transvenous coil embolisation for the treatment of single congenital portosystemic shunts in six dogs. Vet J. 2008 ; 176（2）: 221-226.
[38] Leveille R, Johnson SE, Birchard SJ.：Transvenous coil embolization of portosystemic shunt in dogs. Vet Radiol Ultrasound. 2003 ; 44（1）: 32-36.
[39] Partington BP, Partington CR, Biller DS, Toshach K.：Transvenous coil embolization for treatment of patent ductus venosus in a dog. J Am Vet Med Assoc. 1993 ; 202（2）: 281-284.
[40] Mathews K, Gofton N.：Congenital extrahepatic portosytemic shunt occlusion in the dog : Gross observations during surgical correction. J Am Anim Hosp Assoc. 1988 ; 24 : 379-394.
[41] White RN, Macdonald NJ, Burton CA.：Use of intraoperative mesenteric portovenography in congenital portosystemic shunt surgery. Vet Radiol Ultrasound. 2003 ; 44（5）: 514-521.
[42] Hunt GB, Kummeling A, Tisdall PL, Marchevsky AM, Liptak JM, Youmans K, Goldsmid SE, Beck JA.：Outcomes of Cellophane Banding for Congenital Portosystemic Shunts in 106 Dogs and 5 Cats. Vet Surg. 2004 ; 33（1）: 25-31.
[43] Sereda CW, Adin CA.：Methods of gradual vascular occlusion and their applications in treatment of congenital portosystemic shunts in dogs : a review. Vet Surg. 2005 ; 34（1）: 83-91.
[44] 平尾秀博，小林正行，清水美希，島村俊介，田中 綾，丸尾幸嗣，山根義久．：経静脈的コイル塞栓症（TCE）による肝内性門脈体循環短絡症の治療例．第24回動物臨床医学会年次大会プロシーディング（症例検討）．2003 ; 67-68.
[45] Hunt GB, Hughes J.：Outcomes after extrahepatic portosystemic shunt ligation in 49 dogs. Aust Vet J. 1999 ; 77（5）: 303-307.
[46] Komtebedde J, Koblik PD, Breznock EM, Harb M, Garrow LA.：Long-term clinical outcome after partial ligation of single extrahepatic vascular anomalies in 20 dogs. Vet Surg. 1995 ; 24（5）: 379-383.
[47] Hardie EM, Kornegay JN, Cullen JM.：Status epilepticus after ligation of portosystemic shunts. Vet Surg. 1990 ; 19（6）: 412-417.
[48] Heldmann E, Holt DE, Brockman DJ, Brown DC, Perkowski SZ.：Use of propofol to manage seizure activity after surgical treatment of portosystemic shunts. J Small Anim Pract. 1990 ; 40（12）: 590-594.
[49] Lipscomb VJ, Jones HJ, Brockman DJ.：Complications and long-term outcomes of the ligation of congenital portosystemic shunts in 49 cats. Vet Rec. 2007 ; 160（14）: 465-470.
[50] Matushek KJ, Bjorling D, Mathews K.：Generalized motor seizures after portosystemic shunt ligation in dogs : five cases（1981-1988）. J Am Vet Med Assoc. 1990 ; 196（12）: 2014-2017.
[51] Swalec KM, Smeak DD.：Partial versus complete attenuation of single portosystemic shunts. Vet Surg. 1990 ; 19（6）: 406-411.
[52] Tisdall PL, Hunt GB, Youmans KR, Malik R.：Neurological dysfunction in dogs following attenuation of congenital extrahepatic portosystemic shunts. J Small Anim Pract. 2000 ; 41（12）: 539-546.
[53] Besancon MF, Kyles AE, Griffey SM, Gregory CR.：Evaluation of the characteristics of venous occlusion after placement of an ameroid constrictor in dogs. Vet Surg. 2004 ; 33（6）: 597-605.
[54] Youmans KR, Hunt GB.：Experimental evaluation of four methods of progressive venous attenuation in dogs. Vet Surg. 1999 ; 28（1）: 38-47.
[55] Szatmari V, Rothuizen J, van Sluijs FJ, van den Ingh TS, Voorhout G.：Ultrasonographic evaluation of partially attenuated congeni-

tal extrahepatic portosystemic shunts in 14 dogs. *Vet Rec.* 2004；155（15）：448-456.
[56] Szatmari V, van Sluijs FJ, Rothuizen J, Voorhout G.：Ultrasonographic assessment of hemodynamic changes in the portal vein during surgical attenuation of congenital extrahepatic portosystemic shunts in dogs. *J Am Vet Med Assoc.* 2004；224（3）：395-402.
[57] Hottinger HA, Walshaw R, Hauptman JG.：Long-term results of complete and partial ligation of congenital portosystemic shunts in dogs. *Vet. Surg.* 1995；24（4）：331-336.
[58] Broome CJ, Walsh VP, Braddock JA.：Congenital portosystemic shunts in dogs and cats. *NZ Vet J.* 2004；52（4）：154-162.
[59] Asano K, Watari T, Kuwabara M, Sasaki Y, Teshima K, Kato Y, Tanaka S.：Successful treatment by percutaneous transvenous coil embolization in a small-breed dog with intrahepatic portosystemic shunt. *J Vet Med Sci.* 2003；65（11）：1269-1272.

## 17）心膜欠損症

心膜欠損症（pericardial defect [absense of pericardial]）は、M.R. Columbusにより1559年に最初に報告されたことは、他の多くの報告から理解できる。Tabakinらによると本症は最初の報告より400年以上になり、さらに過去250年間に120例より少ない報告しかないとしている[1]。

本症は、人においても先天性心疾患の中では比較的まれな疾患とされており、その多くは、死後剖検により発見されるか[2,3]、開胸手術時に偶然発見されている[4,5]。しかし、近年徐々にその病態が解明されるようになり、術前に仮診断のもと、あるいは確定診断され、手術された治験例も多くなってきた[5-12]。

獣医科領域では、剖検とか開胸手術例が少ないためか過去の報告は少ない。1974年に石川らは、人の研究施設より実験中に本症に遭遇したという犬の事例を報告している[13]。

我が国でも1977年に武藤らによる"イヌの先天性心疾患の日本における報告例の調査（1935～1977）"で3例の報告ありとしている[14]。また、仲庭らの調査の報告では、"イヌとネコの先天性心血管異常"の犬30例、猫14例の分類で犬において本症が1例確認されている[15]（図Ⅰ-383）。

さらに、安武らは、1986～2005年の19年間の調査で、猫の先天性心疾患39例中1例（2.5％）の本症を報告している[16]（図Ⅰ-384）。

### ⅰ）原因

発生原因については人の場合諸説あり、その1つは胎生第18～19日に既に中胚葉性の胚内体腔が発生しつつあり、これが原始腸管を包んで原始心膜腹膜管となり、次いで横隔膜によってこの原始心膜腹膜管は、心膜腔と腹膜腔にわけられる。胎生5～6週間で肺原基の発育に促されて形成された左右の原始

**図Ⅰ-383　犬の心膜欠損症の心臓標本**
雑種犬、年齢不詳、雌、体重6kg。剖検時に右側心膜全欠損が確認されたもので、拡大した右心房、右心室が確認できる。

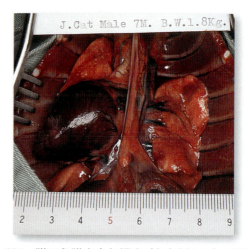

**図Ⅰ-384　猫の心膜完全欠損症（左右側とも）の剖検所見**
日本猫、7ヵ月齢、雄、1.8kg。心膜は左右とも完全に欠損し、その他に心室中隔欠損症、両大血管右室起始症、肺動脈狭窄症、さらに心臓は右胸郭内に位置し、心尖は右側に向いている右心症を呈し、その他に3つの奇形を合併していた。

胸膜腔との間に、それぞれ1対のpleuro-pericardial canal, pleuro-peritoneal canalによって互いに交通し合っている。これらのcanalは、胎生8週頃に完全に閉鎖され、それぞれの真性体腔として独立する。これらの機転を抑制するものは多くあり、pleuro-pericardial canalとの関係が示唆されている。しかし、これだけでは説明しつくせない症例があることもわかっており、今後の解明が望まれる。

### ⅱ）病態生理

心膜欠損症の発生部位の多くは、左側の欠損であり、右側の欠損はまれであり、時には両側完全欠損や複数の心膜欠損孔がみられることもある[3,17]（図Ⅰ-384参照）。

木下らは、人において本邦報告例の38例を報告し、完全欠損を含めて左側部の欠損が37例（97.4%）であったとしている[17]。松川らは、自験7例のすべてが左側であったと報告している[18]。さらに、野々山らの報告でも21症例すべて左側であった[11]。

柳沢は、本症は心膜とそれに対応する壁側胸膜が先天性に欠損したもので、正しくはpleuro-pericardial defect（心胸膜欠損症）というべきであると提唱している。また、それは心膜腔と胸膜腔に連絡する欠損孔を生じることであり、pleuro-pericardial windowかpleuro-pericardial fistulaと呼称すべきとしている[19]（図Ⅰ-385）。

一方、獣医科領域においては症例数が少ないが、Gaagらは犬の8例の本症の剖検例を報告し、その中の4例は左側の心膜欠損であり、2例が右側欠損、さらに残りの2例が左右とも欠損であったとしている。しかし、それらが先天性の欠損か、外傷性に発生したのかは不明としている[3]。

筆者らの場合は、犬1例は右側であり、猫は左右全欠損であった。また、男女比では、Ellisらは88例中男性が59例であり（73%）[7]、さらに他の報告でも同様傾向であった。本邦報告例でも男性が80%以上と多かった。しかし、Gaagらの犬8例では、雌4例、雄3例、不明1例と雄の方が少数であった[3]。

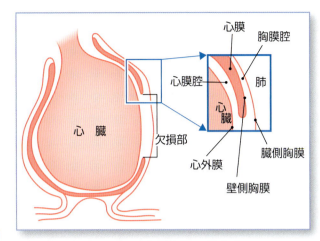

図Ⅰ-385　心膜欠損の模式図

### ⅲ）各種検査と診断

本症の多くは、無症状で経過するものが多いため、生前に確定診断を下すことには困難を伴うことが多い。

人の領域では、胸部X線検査が有用であるとされている。

左側欠損が多く、それらは、縦隔が正常であるにもかかわらず、心陰影は極端に左側に偏位し、左心耳や左心室が欠損孔より突出したものでは、心陰影の左縁は異常な凹凸を示すことになる。

Kittlesonらは、犬の心膜欠損症の興味ある胸部X線像を報告している[20]。

また、人の心エコー検査では、左側欠損で左心室後壁の過剰運動が観察される[19]。さらに、確定診断には、人工気胸術を実施している。

いずれにしても獣医科領域では、報告症例数が少ないといっても、開胸術時の偶然の発見などに際して、対応に困ることがないように、本症の病態を熟知していることは重要である。

### ⅳ）治療

本症がたまたま仮診断されたとしても、激しい運動を避けて、様子観察としても比較的安心である。人の場合は、突然死の報告もみられるが、犬や猫ではそのような報告は皆無である。

Gaagらも報告しているように、死の転帰まで11歳齢とか15歳齢まで無症状で経過していることからもそのことは示唆される[3]。

もし、生前に確定診断が確立され、何らかの臨床症状を呈している患者では、人と同様に開胸下で欠

損部を人工材料（テトロンメッシュ、ゴアテックス）などで心膜形成術を実施すべきである。

（山根義久）

---

#### 参考文献

[1] Tabakin BS, Hanson JS, Tampas JP, Caldwell EJ.：Congenital Absence of the Left Pericardium. *Am J Roentgenol Radium Ther Nucl Med*. 1965；94：122-128.
[2] 松倉豊治.：珍しい心嚢奇形. *日本医事新報*. 1952；1491：3936.
[3] van der Gagg IV, van der Luer JT.：Eight cases of pericardial defects in the dog. *Vet Pathol*. 1977；14（1）：14-18.
[4] 柿本祥太郎，志熊 粛，佐々木 学，黒田克彦，近藤敬一郎，大関道麿，佐々木進次郎，武内敦郎.：先天性左側心膜完全欠損症の3例. *日胸外会誌*. 1982；30（9）：147-151.
[5] Baker WP, Schlang HA, Ballenger FP.：Congenital Partial Absence of the Pericardium. *Am J Cardiol*. 1965；16：133-136.
[6] Schuhmacher CA, Derrik JR.：Conpenital Absence of the Left Pericarium with Surgical Correction. *Am J Cardiol*. 1967；19：452-456.
[7] Ellis K, Leeds NE, Himmelstein A.：Congenital deficiencies in the parietal pericardium：a review with 2 new cases including successful diagnosis by plain roentgenography. *Am J Roentgenol Radium Ther Nucl Med*. 1959；82（1）：125-37.
[8] Hering AC, Wilson JS, Ball RE Jr.：Congenital deficiency of the pericardium. *J Thorac Cardiovasc Surg*. 1960；40：49-55.
[9] 川田志明，鈴木一郎，稲村俊一．福田崇典，小川純一，井上宏司，小出司郎策，正津 晃.：心膜形成術を行った左心膜全欠損の1例. *日胸外会誌*. 1982；30（8）：148-154.
[10] 増田秀雄，尾形利郎，田中 勧，菊地敬一，吉津 博，高木啓吾.：右部分心膜欠損症の1手術例. *日胸外会誌*. 1985；33（8）：117-121.
[11] 野々山 明，宮本 勇，香川輝正，小林昭智，深谷徳幸.：術前に診断された先天性心膜欠損症の1例. *日胸XXIX*；1970：29：292-299.
[12] Nasser WK.：Congenital absence of the left pericardium. *Am J cardiol*. 1970；26：466-470.
[13] 石川自然，安藤正彦，辻 隆之，須磨幸蔵，高尾篤良.：イヌにおける心膜欠損症の経験例. *心臓*. 1974；6（11）：1632-1637.
[14] 武藤 眞，高橋 貢.：イヌの先天性心疾患－主として国内の文献的考察. *家畜の心電図*. 1977；10（50）：63-69.
[15] 仲庭茂樹.：イヌとネコの先天性血管異常. *第5回小動物臨床研究会年次大会*（Pn）. 1984：35-71.
[16] 安武寿美子，髙島一昭，山根義久.：犬猫の循環器疾患1521例の発生状況に対する調査. *動物臨床医学*. 2005；14（4）：123-131.
[17] 木下三郎，清水精夫，山藤琢爾，信岡 宣，渡部高久，柳田淳二，原 智次，仲路 進，小西理雄，木村敏之.：心膜欠損症について. *心臓*. 1971；9（2）：179-181.
[18] 松川哲之助，江口昭治，入江敬夫，寺島雅範，広野達彦，浅野献一.：先天性心膜欠損症－自験7例による診断的考察－. *心臓*. 1971；3（2）：152-158.
[19] 柳沢信子.：心膜欠損症. *Medicina*. 1980；17（1）：40-44.
[20] Kittleson MD, Kienle RO.：心膜の疾患と新生物. In：小動物の心臓病学－基礎と臨床－（監訳/局 博一，若尾義人）：メディカルサイエンス；2003：501-522. 東京.

# 後天性心血管疾患

Acquired Cardiovascular Diseases

## 1 後天性心血管疾患の疫学

後天性心疾患とは、先天性心疾患ではない心疾患であり、時には獲得性心疾患とも呼称されており、多くのものは中高齢になって初めて発症するものが多い。

先天性心疾患は、心臓の発生段階で生じた構造上の異常に起因するのに対して、後天性心疾患では、生まれた際には正常であったにもかかわらず、加齢とともに異常が発現してくる疾患である。環境要因によって発現する後天性心疾患もあるが、心筋症や弁膜症など遺伝的要因が確認されている後天性心疾患もあり、単純に後天的な要因によって左右される疾患ではないといえる。犬猫の寿命の延長や飼育環境の変化によって、起こりうる後天性心疾患にも変化が生じてきたことが考えられる。

後天性心疾患としては、心筋炎、弁膜症、心筋症の他、心臓腫瘍や各種不整脈などがあげられる。動物では、人間と異なり虚血性心疾患の割合が少ないため、これまではあまり問題とされてこなかった。また犬と猫では、発症しやすい後天性心疾患に違いがあり、同じ犬でも犬種によって発生しやすい疾患に違いがみられる。現在、遺伝的な要因が明らかになっている疾患はそれほど多くはないが、動物種や品種によって差がみられることから、遺伝的な要因が大きく関与している疾患は少なくないと考えられる。

以下に、比較的疫学が解明されている主な疾患（心筋症も含め）について概説する。

### 1）犬猫の心筋炎

心筋炎の多くは、感染によって生じることが報告されている。その他にも中毒が原因、あるいは原因不明の心筋炎も報告されている[1]。心筋炎では発熱、頻脈、呼吸困難などの臨床症状を呈するといわれているが、中には無症状のものもあり、診断に際しては注意が必要である。心筋炎によって不整脈を生じ、重度な心不全または死の転帰を迎える症例も報告されている[2,3]。

感染症が主な原因である心筋炎では、犬と猫ではその原因を分けて考える必要がある。さらに、感染では地域的な要因が大きく関与することがあるため、海外と日本の疾患を分けて考える必要があるが、近年では動物の移動が頻繁に行われていることもあり、従来日本では報告されていない感染が報告されるようになってきている[4]。

犬の感染に起因する心筋炎としては、リーシュマニア[5]、トキソプラズマ[6]、ウエストナイルウイルス[7,8]、ネオスポラ・カニナム[4,6,9]、トリパノゾーマ[10]、シャーガス病[11]、トキソカラカニス[12]によるものが報告されている。

猫の感染に起因する心筋炎としては、細菌[13]、バルトネラ[14,15]、ウエストナイルウイルス[7]、トキソプラズマ[16]が報告されている。

### 2）弁膜症

弁膜症は、加齢とともに弁を構成するコラーゲンの組成が変化することによって弁尖の形態に異常が生じ、弁の正常な閉鎖が阻害されることによって逆流を生じる疾患である。

僧帽弁閉鎖不全症が犬で最も多く認められる弁膜疾患であり、小型犬において多く発生する。キャバリア・キング・チャールズ・スパニエルやマルチーズは、特に早期から僧帽弁閉鎖不全症を発症することが知られており、5歳齢頃から弁膜の変性が認められるようになる。僧帽弁閉鎖不全症に合併して、

三尖弁閉鎖不全症も心肥大の進展とともに認められることがある。しかし、右心室圧は通常低いため、三尖弁逆流は僧帽弁逆流よりも重症化することは少ない。

フィラリア感染による虫体の三尖弁逆流は認められるが、フィラリア感染では肺高血圧症が進行し、右心室圧が上昇するため、三尖弁逆流も重症化することが多い。ただし、近年ではフィラリア感染の患犬は予防の徹底によって都会ではほとんどみられなくなった。逆に発生率は少ないが、猫のフィラリア症が問題となる例も散見されるようになっている。

大動脈逆流や肺動脈逆流も加齢とともに認められることがある。大動脈逆流は、教科書的には予後が悪いといわれていることも多いが、経験上、大動脈逆流や肺動脈逆流は特に治療を行わなくても、文献上で述べられているほど重症化することは少ないと思われる。

### 3）心筋症

心筋症は本来、原因不明に心筋の異常が認められる特発性の疾患である。このため、ホルモンや高血圧などによって二次性に発症した心筋の異常を除外したうえで心筋症は診断される[17]。心筋症は、特定の動物種や品種において好発することもあり、遺伝性の疾患であることが疑われてきた。近年では遺伝子検査が進歩してきたこともあり、心筋症と呼ばれてきた疾患の多くが遺伝性の疾患であることが報告されるようになってきている。

拡張型心筋症（Dilated Cardiomyopathy：DCM）は、特発性の心筋不全に対して呼称されており、左室収縮末期径の増大と左室内径短縮率（FS）の減少を特徴とする心不全である。タウリン欠乏、短絡性心疾患や弁膜疾患による容量負荷、アドリアマイシンによる心筋毒性など、他に原因となるものが認められる場合には拡張型心筋症とは呼称しない。拡張型心筋症は犬、特に大型の犬種において好発するため、遺伝的要因があるといわれている[18,19]。大型犬で好発することから、米国での報告よりも大型犬の飼育率が低い我が国での発生は低いと思われる[20]。以前、猫において拡張型心筋症の発生が多く報告されていたが、これらはタウリンの欠乏によるものということがわかったため、厳密には拡張型心筋症からは除外する[21]。

不整脈原性右室心筋症は[22-24]、ボクサーで多く報告されているため、ボクサー心筋症とも呼ばれることがあるが、似たような疾患は猫でも報告されている[25,26]。

肥大型心筋症（Hypertrophic Cardiomyopathy：HCM）は、拡張型心筋症とは対照的に、猫での報告がより多く[27-34]、犬での報告はほとんどみられず[35-38]、まずはホルモン異常による二次性の発症を疑うべきである。猫では、サルコメア遺伝子の変異による遺伝的要因が示唆されている[39,40]。猫の肥大型心筋症では、血栓症を伴うことが多いとされている[31,41]。心筋のリンパ腫で、時に肥大型心筋症と類似した病変を呈することがあるので注意したい[42]。

また、猫では拘束型心筋症やその他の未分類型心筋症が報告されている[43,44]。肥大型心筋症でも末期には拡張相を呈することが知られており、拡張型心筋症との鑑別が重要である。

### 4）不整脈

不整脈は、頻脈性不整脈と徐脈性不整脈に分類される。徐脈性不整脈は、心拍数が減少する不整脈で、洞不全症候群と第3度房室ブロックが主なものである。

洞不全症候群は、ミニチュア・シュナウザーでの発生が多いとされている。第3度房室ブロックは、ダックスフンドなどの犬や高齢の猫においての報告がある[45]。その他、迷走神経性の徐脈などが報告されている[46-48]。洞不全症候群や第3度房室ブロックでは、ペースメーカによる治療が報告されている[49-51]。

頻脈性不整脈には心房細動、心室期外収縮など、いくつかの不整脈があるが、その多くは心不全の進行に伴って発生するものが多い。心房細動は、僧帽弁閉鎖不全などの心不全の進行において時折みられる不整脈で、頻脈を伴った小型犬では予後が悪い[52,53]。心室期外収縮は心不全、特に犬の拡張型心筋症において認められることが多い[54]。

## 5）全身性高血圧と肺高血圧

　全身性高血圧や肺高血圧も後天性に認められ、心不全をもたらす疾患である[55]。全身性の高血圧の原因としては、本態性のもの[56]、ホルモンによるもの[57,58]、肥満によるもの[59,60]、中毒によるものなど[61]、様々な原因が報告されている。肺高血圧症は近年になって注目されることが多くなってきたが、報告自体は古くからある。先天性心疾患によるもの[62]、フィラリア感染によるものの他、肺動脈性のものなどに分類される[63]。

（田中　綾）

---

**参考文献**

[1] Atwell RB, Sutton RH.：Focal lymphocytic non-suppurative myocarditis and 3 degrees heart block in a 2-year-old dog. *Australian veterinary journal*. 1990 ; 67 : 265.

[2] Jeraj K, Ogburn PN, Edwards WD, Edwards JE.：Atrial standstill, myocarditis and destruction of cardiac conduction system. clinicopathologic correlation in a dog. *American heart journal*. 1980 ; 99 : 185-192.

[3] Church WM, Sisson DD, Oyama MA, Zachary JF.：Third degree atrioventricular block and sudden death secondary to acute myocarditis in a dog. Journal of veterinary cardiology. *the official journal of the European Society of Veterinary Cardiology*. 2007 ; 9 : 53-57.

[4] 小山田敏文, 光本恭子, 筬井宏実ら.：成犬に発生した Neospora caninum 感染症の1例. *日獣会誌*. 2006 ; 59 : 837-842.

[5] Torrent E, Leiva M, Segales J, Franch J, Peña T, Cabrera B, Pastor J.：Myocarditis and generalised vasculitis associated with leishmaniosis in a dog. *The Journal of small animal practice*. 2005 ; 46 : 549-552.

[6] Meseck EK, Njaa BL, Haley NJ, Park EH, Barr SC.：Use of a multiplex polymerase chain reaction to rapidly differentiate Neospora caninum from *Toxoplasma gondii* in an adult dog with necrotizing myocarditis and myocardial infarct. *J Vet Diagn Invest*. 2005 ; 17 : 565-568.

[7] Cannon AB, Luff JA, Brault AC, MacLachlan NJ, Case JB, Green EN, Sykes JE.：Acute encephalitis, polyarthritis, and myocarditis associated with West Nile virus infection in a dog. *J Vet Intern Med*. 2006 ; 20 : 1219-1223.

[8] Lichtensteiger CA, Heinz-Taheny K, Osborne TS, Novak RJ, Lewis BA, Firth ML.：West Nile virus encephalitis and myocarditis in wolf and dog. *Emerg Infect Dis*. 2003 ; 9 : 1303-1306.

[9] Odin M, Dubey JP.：Sudden death associated with Neospora caninum myocarditis in a dog. *Journal of the American Veterinary Medical Association*. 1993 ; 203 : 831-833.

[10] Snider TG, Yaeger RG, Dellucky J.：Myocarditis caused by Trypanosoma cruzi in a native Louisiana dog. *Journal of the American Veterinary Medical Association*. 1980 ; 177 : 247-249.

[11] Anselmi A, Gurdiel O, Suarez JA, Suarez JA, Anselmi G.：Disturbances in the A-V conduction system in Chagas' myocarditis in the dog. *Circulation research*. 1967 ; 20 : 56-64.

[12] Becroft DM.：Infection by the Dog Roundworm Toxocara Canis and Fatal Myocarditis. *The New Zealand medical journal*. 1964 ; 63 : 729-732.

[13] Matsuu A, Kanda T, Sugiyama A, Murase T, Hikasa Y.：Mitral stenosis with bacterial myocarditis in a cat. *The Journal of veterinary medical science/the Japanese Society of Veterinary Science*. 2007 ; 69 : 1171-1174.

[14] Nakamura RK, Zimmerman SA, Lesser MB.：Suspected Bartonella-associated myocarditis and supraventricular tachycardia in a cat. *Journal of veterinary cardiology : the official journal of the European Society of Veterinary Cardiology*. 2011 ; 13 : 277-281.

[15] Meininger GR, Nadasdy T, Hruban RH, Bollinger RC, Baughman KL, Hare JM.：Chronic active myocarditis following acute Bartonella henselae infection (cat scratch disease). *The American journal of surgical pathology*. 2011 ; 25 : 1211-1214.

[16] Simpson KE, Devine BC, Gunn-Moore D.：Suspected toxoplasma-associated myocarditis in a cat. *Journal of feline medicine and surgery*. 2005 ; 7 : 203-208.

[17] McChesney SL, Gillette EL, Powers BE.：Radiation-induced cardiomyopathy in the dog. *Radiation research*. 1998 ; 113 : 120-132.

[18] Wiersma AC, Stabej P, Leegwater PA, Van Oost BA, Ollier WE, Dukes-McEwan J.：Evaluation of 15 candidate genes for dilated cardiomyopathy in the Newfoundland dog. *The Journal of heredity*. 2008 ; 99 : 73-80.

[19] Billen F, Van Israel N.：Syncope secondary to transient atrioventricular block in a German shepherd dog with dilated cardiomyopathy and atrial fibrillation. *Journal of veterinary cardiology : the official journal of the European Society of Veterinary Cardiology*. 2006 ; 8 : 63-68.

[20] Tilley LP, Liu SK.：Cardiomyopathy in the dog. *Recent advances in studies on cardiac structure and metabolism*. 1975 ; 10 : 641-653.

[21] Pion PD, Kittleson MD, Skiles ML, Rogers QR, Morris JG.：Dilated cardiomyopathy associated with taurine deficiency in the domestic cat : relationship to diet and myocardial taurine content. *Advances in experimental medicine and biology*. 1992 ; 315 : 63-73.

[22] Meurs KM.：Boxer dog cardiomyopathy : an update. *The Veterinary clinics of North America Small animal practice*. 2004 ; 34 : 1235-1244. viii.

[23] Nelson OL, Lahmers S, Schneider T, Thompson P.：The use of an implantable cardioverter defibrillator in a Boxer Dog to control clinical signs of arrhythmogenic right ventricular cardiomyopathy. *J Vet Intern Med*. 2006 ; 20 : 1232-1237.

[24] Mohr AJ, Kirberger RM.：Arrhythmogenic right ventricular cardiomyopathy in a dog. *Journal of the South African Veterinary Association*. 2000 ; 71 : 125-130.

[25] Ciaramella P, Basso C, Di Loria A, Piantedosi D.：Arrhythmogenic right ventricular cardiomyopathy associated with severe left ventricular involvement in a cat. Journal of veterinary cardiology. *the official journal of the European Society of Veterinary Cardiology*. 2009 ; 11 : 41-45.

[26] Fox PR, Maron BJ, Basso C, Liu SK, Thiene G.：Spontaneously occurring arrhythmogenic right ventricular cardiomyopathy in the domestic cat : A new animal model similar to the human disease. *Circulation*. 2000 ; 102 : 1863-1870.

[27] Goodwin JK, Lombard CW, Ginex DD.：Results of continuous ambulatory electrocardiography in a cat with hypertrophic cardiomyopathy. *Journal of the American Veterinary Medical Association*. 1992 ; 200 : 1352-1354.

[28] Liu SK.：Myocarditis and cardiomyopathy in the dog and cat. *Heart and vessels Supplement*. 1985 ; 1 : 122-126.

[29] Birchard SJ, Ware WA, Fossum TW, Fingland RB.：Chylothorax associated with congestive cardiomyopathy in a cat. *Journal of the*

*American Veterinary Medical Association*. 1986 ; 189 : 1462-1464.
[30] McConnell MF, Huxtable CR. : Pseudochylous effusion in a cat with cardiomyopathy. *Australian veterinary journal*. 1982 ; 58 : 72-74.
[31] Tilley LP. : Cardiomyopathy and thromboembolism in the cat. Veterinary medicine, small animal clinician. *VM, SAC*. 1975 ; 70 : 313-316.
[32] Takemura N, Nakagawa K, Machida N, Washizu M, Amasaki H, Hirose H. : Acquired mitral stenosis in a cat with hypertrophic cardiomyopathy. *The Journal of veterinary medical science/the Japanese Society of Veterinary Science*. 2003 ; 65 : 1265-1267.
[33] Nakagawa K, Takemura N, Machida N, Kawamura M, Amasaki H, Hirose H. : Hypertrophic cardiomyopathy in a mixed breed cat family. *The Journal of veterinary medical science/the Japanese Society of Veterinary Science*. 2002 ; 64 : 619-621, 2002.
[34] Liu SK, Peterson ME, Fox PR. : Hypertropic cardiomyopathy and hyperthyroidism in the cat. *Journal of the American Veterinary Medical Association*. 1984 ; 185 : 52-57.
[35] De Majo M, Britti D, Masucci M, Niutta PP, Pantano V. : Hypertrophic obstructive cardiomyopathy associated to mitral valve dysplasia in the Dalmatian dog : two cases. *Veterinary research communications*. 2003 ; 27 Suppl 1 : 391-393.
[36] Liu SK, Maron BJ, Tilley LP. : Hypertrophic cardiomyopathy in the dog. *The American journal of pathology*. 1979 ; 94 : 497-508.
[37] Marks CA. : Hypertrophic cardiomyopathy in a dog. *Journal of the American Veterinary Medical Association*. 1993 ; 203 : 1020-1022.
[38] Washizu M, Takemura N, Machida N, Nawa H, Yamamoto T, Mitake H, Washizu T. : Hypertrophic cardiomyopathy in an aged dog. *The Journal of veterinary medical science/the Japanese Society of Veterinary Science*. 2003 ; 65 : 753-756.
[39] Baty C, Watkins H. : Familial hypertrophic cardiomyopathy : man, mouse and cat. QJM. *monthly journal of the Association of Physicians*. 1998 ; 91 : 791-793.
[40] Meurs KM, Sanchez X, David RM, Bowles NE, Towbin JA, Reiser PJ, Kittleson JA, Munro MJ, Dryburgh K, Macdonald KA, Kittleson MD. : A cardiac myosin binding protein C mutation in the Maine Coon cat with familial hypertrophic cardiomyopathy. *Human molecular genetics*. 2005 ; 14 : 3587-3593.
[41] Venco L. : Ultrasound diagnosis : left ventricular thrombus in a cat with hypertrophic cardiomyopathy. Veterinary radiology & ultrasound. *the official journal of the American College of Veterinary Radiology and the International Veterinary Radiology Association*. 1997 ; 38 : 467-468.
[42] Carter TD, Pariaut R, Snook E, Evans DE. : Multicentric lymphoma mimicking decompensated hypertrophic cardiomyopathy in a cat. *J Vet Intern Med*. 2008 ; 22 : 1345-1347.
[43] Saxon B, Hendrick M, Waddle JR. : Restrictive cardiomyopathy in a cat with hypereosinophilic syndrome. *The Canadian veterinary journal La revue veterinaire canadienne*. 1991 ; 32 : 367-369.
[44] Wolfson R. : Unclassified cardiomyopathy in a geriatric cat. *The Canadian veterinary journal La revue veterinaire canadienne*. 2005 ; 46 : 829-830.
[45] Nicholls PK, Watson PJ. : Cardiac trauma and third degree AV block in a dog following a road accident. *The Journal of small animal practice*. 1995 ; 36 : 411-415.
[46] Caffrey JL, Mateo Z, Napier LD, Gaugl JF, Barron BA. : Intrinsic cardiac enkephalins inhibit vagal bradycardia in the dog. *The American journal of physiology*. 1995 ; 268 : H848-855.
[47] Stauffer JL, Gleed RD, Short CE, Erb HN, Schukken YH. : Cardiac dysrhythmias during anesthesia for cervical decompression in the dog. *American journal of veterinary research*. 1988 ; 49 : 1143-1146.
[48] Kelly PJ. : Vagal bradycardia in a dog. *Journal of the South African Veterinary Association*. 1985 ; 56 : 151.
[49] Fox PR, Matthiesen DT, Purse D, Brown NO. : Ventral abdominal, transdiaphragmatic approach for implantation of cardiac pacemakers in the dog. *Journal of the American Veterinary Medical Association*. 1986 ; 189 : 1303-1308.
[50] Zymet CL. : Use of a pacemaker to correct sinus bradycardia in a dog. Veterinary medicine, small animal clinician : *VM, SAC*. 1981 ; 76 : 65-70.
[51] Bonagura JD, Helphrey ML, Muir WW. : Complications associated with permanent pacemaker implantation in the dog. *Journal of the American Veterinary Medical Association*. 1983 ; 182 : 149-155.
[52] Uchino T, Koyama H, Washizu M, Washizu T, Yamamoto T, Kobayashi K, Motoyashi S. : Atrial fibrillation in the cow, pig, dog, and cat. *Heart and vessels Supplement*. 1987 ; 2 : 7-13.
[53] Robbins MA, Bright JM. : ECG of the month. Idiopathic hypertrophic cardiomyopathy in a cat. *Journal of the American Veterinary Medical Association*. 1990 ; 196 : 1786-1787.
[54] Davainis GM, Meurs KM, Wright NA. : The relationship of resting S-T segment depression to the severity of subvalvular aortic stenosis and the presence of ventricular premature complexes in the dog. *Journal of the American Animal Hospital Association*. 2004 ; 40 : 20-23.
[55] Nicolle AP, Carlos Sampedrano C, Fontaine JJ, Tessier-Vetzel D, Goumi V, Pelligand L, Pouchelon JL, Chetboul V. : Longitudinal left ventricular myocardial dysfunction assessed by 2D colour tissue Doppler imaging in a dog with systemic hypertension and severe arteriosclerosis. *Journal of veterinary medicine A, Physiology, pathology, clinical medicine*. 2005 ; 52 : 83-87.
[56] Bovee KC, Littman MP, Crabtree BJ, Aguirre G. : Essential hypertension in a dog. *Journal of the American Veterinary Medical Association*. 1989 ; 195 : 81-86.
[57] Davies DR, Foster SF, Hopper BJ, Staudte KL, O'Hara AJ, Irwin PJ. : Hypokalaemic paresis, hypertension, alkalosis and adrenal-dependent hyperadrenocorticism in a dog. *Australian veterinary journal*. 2008 ; 86 : 139-146.
[58] Simpson AC, McCown JL. : Systemic hypertension in a dog with a functional thyroid gland adenocarcinoma. *Journal of the American Veterinary Medical Association*. 2009 ; 235 : 1474-1479.
[59] Granger JP, West D, Scott J. : Abnormal pressure natriuresis in the dog model of obesity-induced hypertension. *Hypertension*. 1994 ; 23 : 18-11.
[60] Rocchini AP, Moorehead C, Wentz E, Deremer S. : Obesity-induced hypertension in the dog. *Hypertension*. 1987 ; 9 : III64-68.
[61] Kang MH, Park HM. : Hypertension after ingestion of baked garlic (Allium sativum) in a dog. *The Journal of veterinary medical science/the Japanese Society of Veterinary Science*. 2010 ; 72 : 515-518.
[62] Esteves I, Tessier D, Dandrieux J, Polack B, Carlos C, Boulanger V, Muller C, Pouchelon JL, Chetboul V. : Reversible pulmonary hypertension presenting simultaneously with an atrial septal defect and angiostrongylosis in a dog. *The Journal of small animal practice*. 2004 ; 45 : 206-209.
[63] Glaus TM, Soldati G, Maurer R, Ehrensperger F. : Clinical and pathological characterisation of primary pulmonary hypertension in a dog. *The Veterinary record*. 2004 ; 154 : 786-789.

## 5）全身性高血圧と肺高血圧

　全身性高血圧や肺高血圧も後天性に認められ、心不全をもたらす疾患である[55]。全身性の高血圧の原因としては、本態性のもの[56]、ホルモンによるもの[57,58]、肥満によるもの[59,60]、中毒によるものなど[61]、様々な原因が報告されている。肺高血圧症は近年になって注目されることが多くなってきたが、報告自体は古くからある。先天性心疾患によるもの[62]、フィラリア感染によるものの他、肺動脈性のものなどに分類される[63]。

（田中　綾）

---

### 参考文献

[1] Atwell RB, Sutton RH.：Focal lymphocytic non-suppurative myocarditis and 3 degrees heart block in a 2-year-old dog. *Australian veterinary journal*. 1990；67：265.

[2] Jeraj K, Ogburn PN, Edwards WD, Edwards JE.：Atrial standstill, myocarditis and destruction of cardiac conduction system. clinicopathologic correlation in a dog. *American heart journal*. 1980；99：185-192.

[3] Church WM, Sisson DD, Oyama MA, Zachary JF.：Third degree atrioventricular block and sudden death secondary to acute myocarditis in a dog. Journal of veterinary cardiology. *the official journal of the European Society of Veterinary Cardiology*. 2007；9：53-57.

[4] 小山田敏文, 光本恭子, 笹井宏実ら.：成犬に発生した Neospora caninum 感染症の1例. *日獣会誌*. 2006；59：837-842.

[5] Torrent E, Leiva M, Segales J, Franch J, Peña T, Cabrera B, Pastor J.：Myocarditis and generalised vasculitis associated with leishmaniosis in a dog. *The Journal of small animal practice*. 2005；46：549-552.

[6] Meseck EK, Njaa BL, Haley NJ, Park EH, Barr SC.：Use of a multiplex polymerase chain reaction to rapidly differentiate Neospora caninum from *Toxoplasma gondii* in an adult dog with necrotizing myocarditis and myocardial infarct. *J Vet Diagn Invest*. 2005；17：565-568.

[7] Cannon AB, Luff JA, Brault AC, MacLachlan NJ, Case JB, Green EN, Sykes JE.：Acute encephalitis, polyarthritis, and myocarditis associated with West Nile virus infection in a dog. *J Vet Intern Med*. 2006；20：1219-1223.

[8] Lichtensteiger CA, Heinz-Taheny K, Osborne TS, Novak RJ, Lewis BA, Firth ML.：West Nile virus encephalitis and myocarditis in wolf and dog. *Emerg Infect Dis*. 2003；9：1303-1306.

[9] Odin M, Dubey JP.：Sudden death associated with Neospora caninum myocarditis in a dog. *Journal of the American Veterinary Medical Association*. 1993；203：831-833.

[10] Snider TG, Yaeger RG, Dellucky J.：Myocarditis caused by Trypanosoma cruzi in a native Louisiana dog. *Journal of the American Veterinary Medical Association*. 1980；177：247-249.

[11] Anselmi A, Gurdiel O, Suarez JA, Suarez JA, Anselmi G.：Disturbances in the A-V conduction system in Chagas' myocarditis in the dog. *Circulation research*. 1967；20：56-64.

[12] Becroft DM.：Infection by the Dog Roundworm Toxocara Canis and Fatal Myocarditis. *The New Zealand medical journal*. 1964；63：729-732.

[13] Matsuu A, Kanda T, Sugiyama A, Murase T, Hikasa Y.：Mitral stenosis with bacterial myocarditis in a cat. *The Journal of veterinary medical science／the Japanese Society of Veterinary Science*. 2007；69：1171-1174.

[14] Nakamura RK, Zimmerman SA, Lesser MB.：Suspected Bartonella-associated myocarditis and supraventricular tachycardia in a cat. *Journal of veterinary cardiology：the official journal of the European Society of Veterinary Cardiology*. 2011；13：277-281.

[15] Meininger GR, Nadasdy T, Hruban RH, Bollinger RC, Baughman KL, Hare JM.：Chronic active myocarditis following acute Bartonella henselae infection（cat scratch disease）. *The American journal of surgical pathology*. 2011；25：1211-1214.

[16] Simpson KE, Devine BC, Gunn-Moore D.：Suspected toxoplasma-associated myocarditis in a cat. *Journal of feline medicine and surgery*. 2005；7：203-208.

[17] McChesney SL, Gillette EL, Powers BE.：Radiation-induced cardiomyopathy in the dog. *Radiation research*. 1998；113：120-132.

[18] Wiersma AC, Stabej P, Leegwater PA, Van Oost BA, Ollier WE, Dukes-McEwan J.：Evaluation of 15 candidate genes for dilated cardiomyopathy in the Newfoundland dog. *The Journal of heredity*. 2008；99：73-80.

[19] Billen F, Van Israel N.：Syncope secondary to transient atrioventricular block in a German shepherd dog with dilated cardiomyopathy and atrial fibrillation. *Journal of veterinary cardiology：the official journal of the European Society of Veterinary Cardiology*. 2006；8：63-68.

[20] Tilley LP, Liu SK.：Cardiomyopathy in the dog. *Recent advances in studies on cardiac structure and metabolism*. 1975；10：641-653.

[21] Pion PD, Kittleson MD, Skiles ML, Rogers QR, Morris JG.：Dilated cardiomyopathy associated with taurine deficiency in the domestic cat：relationship to diet and myocardial taurine content. *Advances in experimental medicine and biology*. 1992；315：63-73.

[22] Meurs KM.：Boxer dog cardiomyopathy：an update. *The Veterinary clinics of North America Small animal practice*. 2004；34：1235-1244. viii.

[23] Nelson OL, Lahmers S, Schneider T, Thompson P.：The use of an implantable cardioverter defibrillator in a Boxer Dog to control clinical signs of arrhythmogenic right ventricular cardiomyopathy. *J Vet Intern Med*. 2006；20：1232-1237.

[24] Mohr AJ, Kirberger RM.：Arrhythmogenic right ventricular cardiomyopathy in a dog. *Journal of the South African Veterinary Association*. 2000；71：125-130.

[25] Ciaramella P, Basso C, Di Loria A, Piantedosi D.：Arrhythmogenic right ventricular cardiomyopathy associated with severe left ventricular involvement in a cat. Journal of veterinary cardiology. *the official journal of the European Society of Veterinary Cardiology*. 2009；11：41-45.

[26] Fox PR, Maron BJ, Basso C, Liu SK, Thiene G.：Spontaneously occurring arrhythmogenic right ventricular cardiomyopathy in the domestic cat：A new animal model similar to the human disease. *Circulation*. 2000；102：1863-1870.

[27] Goodwin JK, Lombard CW, Ginex DD.：Results of continuous ambulatory electrocardiography in a cat with hypertrophic cardiomyopathy. *Journal of the American Veterinary Medical Association*. 1992；200：1352-1354.

[28] Liu SK.：Myocarditis and cardiomyopathy in the dog and cat. *Heart and vessels Supplement*. 1985；1：122-126.

[29] Birchard SJ, Ware WA, Fossum TW, Fingland RB.：Chylothorax associated with congestive cardiomyopathy in a cat. *Journal of the*

American Veterinary Medical Association. 1986 ; 189 : 1462-1464.
[30] McConnell MF, Huxtable CR. : Pseudochylous effusion in a cat with cardiomyopathy. *Australian veterinary journal*. 1982 ; 58 : 72-74.
[31] Tilley LP. : Cardiomyopathy and thromboembolism in the cat. Veterinary medicine, small animal clinician. *VM, SAC*. 1975 ; 70 : 313-316.
[32] Takemura N, Nakagawa K, Machida N, Washizu M, Amasaki H, Hirose H. : Acquired mitral stenosis in a cat with hypertrophic cardiomyopathy. *The Journal of veterinary medical science/the Japanese Society of Veterinary Science*. 2003 ; 65 : 1265-1267.
[33] Nakagawa K, Takemura N, Machida N, Kawamura M, Amasaki H, Hirose H. : Hypertrophic cardiomyopathy in a mixed breed cat family. *The Journal of veterinary medical science/the Japanese Society of Veterinary Science*. 2002 ; 64 : 619-621, 2002.
[34] Liu SK, Peterson ME, Fox PR. : Hypertropic cardiomyopathy and hyperthyroidism in the cat. *Journal of the American Veterinary Medical Association*. 1984 ; 185 : 52-57.
[35] De Majo M, Britti D, Masucci M, Niutta PP, Pantano V. : Hypertrophic obstructive cardiomyopathy associated to mitral valve dysplasia in the Dalmatian dog : two cases. *Veterinary research communications*. 2003 ; 27 Suppl 1 : 391-393.
[36] Liu SK, Maron BJ, Tilley LP. : Hypertrophic cardiomyopathy in the dog. *The American journal of pathology*. 1979 ; 94 : 497-508.
[37] Marks CA. : Hypertrophic cardiomyopathy in a dog. *Journal of the American Veterinary Medical Association*. 1993 ; 203 : 1020-1022.
[38] Washizu M, Takemura N, Machida N, Nawa H, Yamamoto T, Mitake H, Washizu T. : Hypertrophic cardiomyopathy in an aged dog. *The Journal of veterinary medical science/the Japanese Society of Veterinary Science*. 2003 ; 65 : 753-756.
[39] Baty C, Watkins H. : Familial hypertrophic cardiomyopathy : man, mouse and cat. QJM. *monthly journal of the Association of Physicians*. 1998 ; 91 : 791-793.
[40] Meurs KM, Sanchez X, David RM, Bowles NE, Towbin JA, Reiser PJ, Kittleson JA, Munro MJ, Dryburgh K, Macdonald KA, Kittleson MD. : A cardiac myosin binding protein C mutation in the Maine Coon cat with familial hypertrophic cardiomyopathy. *Human molecular genetics*. 2005 ; 14 : 3587-3593.
[41] Venco L. : Ultrasound diagnosis : left ventricular thrombus in a cat with hypertrophic cardiomyopathy. Veterinary radiology & ultrasound. *the official journal of the American College of Veterinary Radiology and the International Veterinary Radiology Association*. 1997 ; 38 : 467-468.
[42] Carter TD, Pariaut R, Snook E, Evans DE. : Multicentric lymphoma mimicking decompensated hypertrophic cardiomyopathy in a cat. *J Vet Intern Med*. 2008 ; 22 : 1345-1347.
[43] Saxon B, Hendrick M, Waddle JR. : Restrictive cardiomyopathy in a cat with hypereosinophilic syndrome. *The Canadian veterinary journal La revue veterinaire canadienne*. 1991 ; 32 : 367-369.
[44] Wolfson R. : Unclassified cardiomyopathy in a geriatric cat. *The Canadian veterinary journal La revue veterinaire canadienne*. 2005 ; 46 : 829-830.
[45] Nicholls PK, Watson PJ. : Cardiac trauma and third degree AV block in a dog following a road accident. *The Journal of small animal practice*. 1995 ; 36 : 411-415.
[46] Caffrey JL, Mateo Z, Napier LD, Gaugl JF, Barron BA. : Intrinsic cardiac enkephalins inhibit vagal bradycardia in the dog. *The American journal of physiology*. 1995 ; 268 : H848-855.
[47] Stauffer JL, Gleed RD, Short CE, Erb HN, Schukken YH. : Cardiac dysrhythmias during anesthesia for cervical decompression in the dog. *American journal of veterinary research*. 1988 ; 49 : 1143-1146.
[48] Kelly PJ. : Vagal bradycardia in a dog. *Journal of the South African Veterinary Association*. 1985 ; 56 : 151.
[49] Fox PR, Matthiesen DT, Purse D, Brown NO. : Ventral abdominal, transdiaphragmatic approach for implantation of cardiac pacemakers in the dog. *Journal of the American Veterinary Medical Association*. 1986 ; 189 : 1303-1308.
[50] Zymet CL. : Use of a pacemaker to correct sinus bradycardia in a dog. Veterinary medicine, small animal clinician : *VM, SAC*. 1981 ; 76 : 65-70.
[51] Bonagura JD, Helphrey ML, Muir WW. : Complications associated with permanent pacemaker implantation in the dog. *Journal of the American Veterinary Medical Association*. 1983 ; 182 : 149-155.
[52] Uchino T, Koyama H, Washizu M, Washizu T, Yamamoto T, Kobayashi K, Motoyashi S. : Atrial fibrillation in the cow, pig, dog, and cat. *Heart and vessels Supplement*. 1987 ; 2 : 7-13.
[53] Robbins MA, Bright JM. : ECG of the month. Idiopathic hypertrophic cardiomyopathy in a cat. *Journal of the American Veterinary Medical Association*. 1990 ; 196 : 1786-1787.
[54] Davainis GM, Meurs KM, Wright NA. : The relationship of resting S-T segment depression to the severity of subvalvular aortic stenosis and the presence of ventricular premature complexes in the dog. *Journal of the American Animal Hospital Association*. 2004 ; 40 : 20-23.
[55] Nicolle AP, Carlos Sampedrano C, Fontaine JJ, Tessier-Vetzel D, Goumi V, Pelligand L, Pouchelon JL, Chetboul V. : Longitudinal left ventricular myocardial dysfunction assessed by 2D colour tissue Doppler imaging in a dog with systemic hypertension and severe arteriosclerosis. *Journal of veterinary medicine A, Physiology, pathology, clinical medicine*. 2005 ; 52 : 83-87.
[56] Bovee KC, Littman MP, Crabtree BJ, Aguirre G. : Essential hypertension in a dog. *Journal of the American Veterinary Medical Association*. 1989 ; 195 : 81-86.
[57] Davies DR, Foster SF, Hopper BJ, Staudte KL, O'Hara AJ, Irwin PJ. : Hypokalaemic paresis, hypertension, alkalosis and adrenal-dependent hyperadrenocorticism in a dog. *Australian veterinary journal*. 2008 ; 86 : 139-146.
[58] Simpson AC, McCown JL. : Systemic hypertension in a dog with a functional thyroid gland adenocarcinoma. *Journal of the American Veterinary Medical Association*. 2009 ; 235 : 1474-1479.
[59] Granger JP, West D, Scott J. : Abnormal pressure natriuresis in the dog model of obesity-induced hypertension. *Hypertension*. 1994 ; 23 : I8-11.
[60] Rocchini AP, Moorehead C, Wentz E, Deremer S. : Obesity-induced hypertension in the dog. *Hypertension*. 1987 ; 9 : III64-68.
[61] Kang MH, Park HM. : Hypertension after ingestion of baked garlic (Allium sativum) in a dog. *The Journal of veterinary medical science/the Japanese Society of Veterinary Science*. 2010 ; 72 : 515-518.
[62] Esteves I, Tessier D, Dandrieux J, Polack B, Carlos C, Boulanger V, Muller C, Pouchelon JL, Chetboul V. : Reversible pulmonary hypertension presenting simultaneously with an atrial septal defect and angiostrongylosis in a dog. *The Journal of small animal practice*. 2004 ; 45 : 206-209.
[63] Glaus TM, Soldati G, Maurer R, Ehrensperger F. : Clinical and pathological characterisation of primary pulmonary hypertension in a dog. *The Veterinary record*. 2004 ; 154 : 786-789.

## ■ 2　各種後天性心血管疾患

### 1）僧帽弁閉鎖不全症

#### ⅰ）定義

#### ①発生機序

　僧帽弁閉鎖不全症（Mitral Insuficiency：MI）の発生機序は、原発性のものと二次性のものに大別される。

　原発性の僧帽弁閉鎖不全症では、弁尖そのものに異常があり、弁の閉鎖不全を伴うものである。犬の原発性僧帽弁閉鎖不全症は、その多くが弁の粘液腫様変性が原因とされており、加齢に伴って僧帽弁が変性するために自然発生する[1,2]（図Ⅰ-386）。このため、高齢の小型犬（10歳齢前後）に多くみられるが、キャバリアでは遺伝的に若い犬でも発生することが報告されている[3,4]。その他、マルチーズでも同様に他品種と比較し多発傾向にある。

　二次性の僧帽弁閉鎖不全症では、心筋症などによって心室や弁の位置、さらに弁輪に異常が生じ、正常な閉鎖ができなくなるものである。犬では拡張型心筋症に伴い弁輪部の拡張が生じることによって発生する例が多く認められる[5,6]（図Ⅰ-387）。猫や一部の犬では拡張型心筋症と同様に、肥大型心筋症においても僧帽弁閉鎖不全症が認められることがある[7,8]。

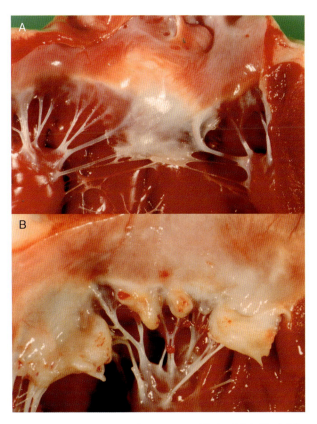

図Ⅰ-386　A：正常な僧帽弁、B：粘液腫様変性が進行した僧帽弁

正常な僧帽弁は、やや白みがかった透明度の高い薄い弁尖と腱索から構成されている。粘液腫様変性が進行すると、弁尖は厚みを増し、透明度を失う。弁尖の断端は厚く、縮れたような形態となり、閉鎖した際に漏れを生じやすくなる。腱索は、ところどころに断裂しているのが観察されるが、機能的に重要な腱索が断裂すると、僧帽弁逆流の程度が重篤化する。

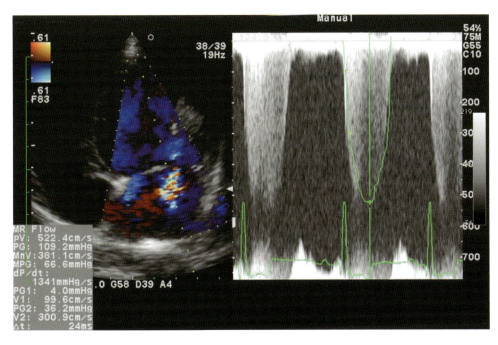

図Ⅰ-387　ゴールデン・レトリーバーにみられた僧帽弁逆流

大型犬の僧帽弁逆流は、拡張型心筋症に起因していることが多い。拡張型心筋症では、収縮末期の弁輪径が拡張することによって弁の閉鎖が不十分になり、僧帽弁逆流が生じる。大型犬で僧帽弁逆流が認められた場合には、その背景に拡張型心筋症がないかどうかの検査が必要となる。

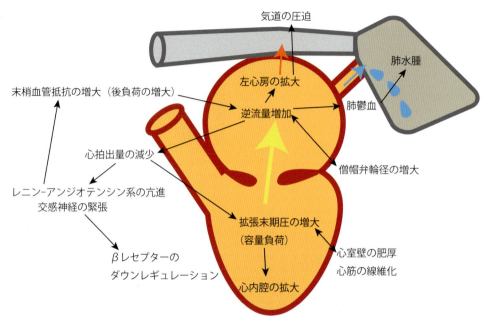

図Ⅰ-388　僧帽弁閉鎖不全症の病態模式図

②病態生理

　僧帽弁閉鎖不全症では、逆流によって左心系の前方拍出が減少すると同時に、左心房や肺静脈における血液のうっ滞が生じる（図Ⅰ-388）。僧帽弁閉鎖不全症は、ごく軽度なものから非常に重度なものまで、様々な重症度のものが存在する。このため、僧帽弁閉鎖不全症を診断する際には、まずはその重症度について評価する必要がある。僧帽弁閉鎖不全症の重症度評価は簡単ではないが、逆流量や臨床症状に基づく分類がよく用いられる[9,10,11]。逆流量は、心エコーによって評価されることが多いが、より簡便的に、心雑音の大きさによって評価されることも多い。臨床症状に基づく分類としては、人の基準であるNYHAの心機能分類を犬用に改変したものや、International Small Animal Cardiac Health Council（ISACHC）の分類を用いることが多かったが、現在ではACVIM consensus statementによる分類が用いられるようになってきている[12]。

ⅱ）検査

①身体検査

　僧帽弁閉鎖不全症で最も一般的な臨床症状は発咳である。発咳の原因として、左心房圧の上昇に伴い肺水腫が認められる場合と、左心房の拡大による気道刺激が原因となっている場合の2つに大別できるので鑑別が重要である。発咳は、運動負荷時に多発し、それとともに運動不耐性が進展する。肺水腫においては、聴診によるラ音の聴取、舌などのチアノーゼが認められることがある。また、聴診において収縮期逆流性雑音が胸骨左縁第4～5肋間肋軟骨結合部において聴取される。重度の僧帽弁閉鎖不全症では食事を採っていても削痩していることがあるため、栄養状態も確認しておく必要がある。

②心電図検査

　心電図検査においては、左心室の拡大に起因するQRSの増幅、R波の増高、左心房の拡大によるP波の増幅などが心臓の形態の変化に伴う心電図変化として認められるが（図Ⅰ-389）、これらの変化はすべての症例に同じように認められるわけではない。また、僧帽弁閉鎖不全症の症例でよくみられる不整脈の診断に、心電図は有効である。左心房の拡大症例では、不整脈の発生率が高いようであり[13]、僧帽弁閉鎖不全症の患者では心拍数が高めである[14]。僧帽弁閉鎖不全症では心房性期外収縮や心房細動がみられることが多い（図Ⅰ-390）。

③胸部X線検査

　胸部X線検査は、心臓の大きさと肺野の状態の評価に不可欠である。僧帽弁逆流によって左心房の拡張と左心室の拡大が認められるが、心臓の形態の変化は、近年では心エコーによってより詳細な評価が可能となっているため、臨床においてより重要なの

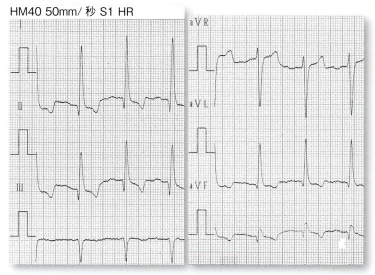

図Ⅰ-389 僧帽弁閉鎖不全症
(雑種犬、12.5歳齢、雄、19kg)の心電図所見
最近、運動不耐性がひどくなり、運動時や興奮時に転倒するとのことで受診。聴診でLevine Ⅴ/Ⅵの収縮期逆流性雑音が聴取された。心電図にてR波の増幅、増高、STのスラー、重度な左軸偏位、さらに左房拡大を示唆するP波の増幅(二峰性)が顕著である。(提供:山根義久先生)

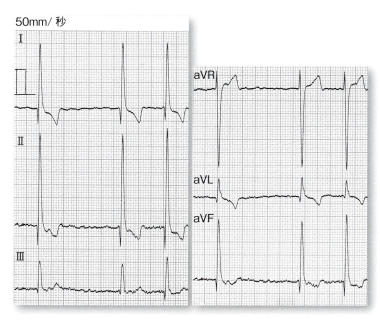

図Ⅰ-390 僧帽弁閉鎖不全症に併発した心房細動
(ゴールデン・レトリーバー、11歳齢、避妊雌、21.2kg)の心電図所見
昨年頃より受診時に心雑音が聴取された。受診時、既に心電図によりR-R間隔不整、R波の増幅、増高、STのスラー、P波の消失より心房細動と診断。(提供:山根義久先生)

は肺野の評価である。肺水腫の有無は、胸部X線によって評価可能であるが、軽度あるいは中等度の肺水腫は通常肺門周囲にあり、中心性に位置している。左心房の拡張・突出や肺水腫の評価は、DV方向の撮影と、さらにラテラル方向での評価では、肺水腫以外に左心房の拡張、左室肥大の程度、加えて気管の位置異常も判定できる(図Ⅰ-391)。

呼吸のタイミングによって肺の透過性は変化するため、最大吸気時に統一して評価するのが望ましい。

肺水腫を他の肺病変と区別するためには、肺静脈の形態や肺動脈との比較において評価することが有効である。また、利尿薬などの治療に対する反応性を、経時的に撮影したX線で評価することも有効である。

### ④心エコー検査

近年では、僧帽弁閉鎖不全症の診断と病態評価は、主に心エコー検査によってなされることが多い。僧帽弁閉鎖不全症の症例では、左心房に肺静脈から順方向に還流する血液と、左心室から左心房へと逆流する血液が混在するため、左心房圧は顕著に上昇する。このことが肺水腫や左心房拡大による気管圧迫を引き起こし、発咳や呼吸困難といった臨床症状へとつながっていく。拡張した心臓は、収縮する際の張力の負荷が余計にかかり(Laplaceの定理 $T=P\times R/2d$:T=心室壁張力、P=内圧、R=内径、d=壁厚)、心臓に対する負担が大きくなる。左心房においても逆流による左心房の拡大、左

心房圧の上昇が生じ、肺水腫の発生の原因となる。心エコー上では、左室拡張末期径の上昇、左心房／大動脈径比の上昇などの所見が観察される（図Ⅰ-392）。

逆流によって減少した1回拍出量の影響で、心臓は本来なら駆出していたはずの心拍出量を維持することが難しくなる。心拍出量の減少による血圧低下を防ぐために、心臓はいくつかの代償機序を働かせる。1つめは、交感神経系による代償機序で、主な作用は心拍数の増加による心拍出量の維持と、末梢動脈の収縮による血圧の維持である。心拍数の増加は、心臓の仕事量を増やすため、また、末梢動脈の収縮は心臓が血液を駆出する際の抵抗（後負荷）を増やすため、これら交感神経系による作用はいずれも心臓への負荷を増加させることにつながる。もう1つの重要な代償機序は、レニン－アンジオテンシン－アルドステロン系（RAAS）の活性化である。RAASは、血圧の維持のため水分の保持を腎臓に指示し、また、血管収縮による血圧の維持も行う。水分の過剰な保持は、容量負荷の増大につながり、血管収縮による血圧の維持とともに心臓に対する負荷

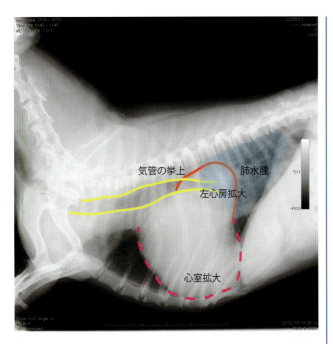

図Ⅰ-391 僧帽弁逆流でみられる主な胸部X線所見（左側ラテラル像）

僧帽弁逆流では容量負荷によって左心房拡大、左心室の拡大が認められる。また、左心房の拡大が二次的に気管の挙上をもたらしたり、左心房圧の上昇によって肺水腫がみられることも多い。三尖弁逆流を合併するような症例では、心室の拡大が左心室の拡大によるものか、右心室の拡大によるものかの鑑別が重要である。

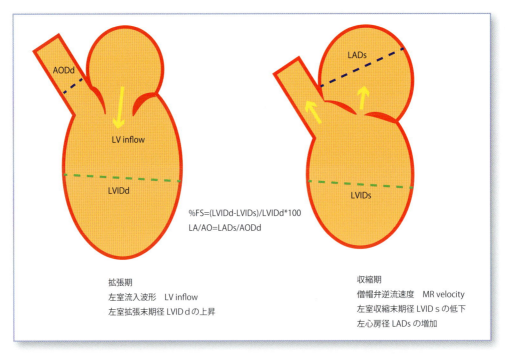

図Ⅰ-392 僧帽弁閉鎖不全症において測定される主な心エコーパラメーター

僧帽弁逆流の存在下では、その病態を評価するためにいくつかのパラメーターが用いられる。ここではその代表的なものを示している。

拡張期においては、うっ血の評価のためにLV inflowやLVIDdが測定される。収縮期においては、逆流速度、LVIDs、LADsなどを測定する。

を増大させる。末梢の血管の収縮は、心拍出時の抵抗となり、僧帽弁逆流の増加の要因ともなっている。心エコー上では、心拍数の増加、左室内径短縮率（FS）の亢進などとして観察される。最近では、左心室のうっ血や左心房圧の上昇は、流入波形と組織ドップラーを組み合わせた僧帽弁拡張早期／組織ドップラー環状速度（E/Ea）が左室拡張末期圧（LVEDP）とよく相関していることがわかっている[15]。

### ⅲ）治療
#### ①内科的治療

僧帽弁閉鎖不全症に関する治療として、昔はヒドララジン[16-19]、90年代以降はACE阻害薬[20-23]、最近ではピモベンダン[24-26]、さらにβブロッカーの使用が多く認められる。そのうち、ACE阻害薬に関する報告（特にエナラプリルに関する研究）が最も充実しており、この中には大規模臨床試験と呼ばれる、前向き、ランダム化、二重盲検、プラセボコントロール、他施設試験といった条件を満たした臨床試験も含まれている。医学領域における大規模臨床試験と比べると患者数はかなり少ないのは否めないが、現状エビデンスとなる知見はこのような大規模臨床試験によって提供されている。

- **無症状の患者に対する内科的治療**

僧帽弁閉鎖不全症の患者を診断した後、臨床症状がみられる症例であれば、何らかの治療を始めることにあまり抵抗はないが、多くはほとんど臨床症状を呈さない症例であり、高価な治療薬を継続して飲ませるには、それなりの理由が必要となる。治療の妥当性を証明するには、今の段階で治療を始めることにより、臨床症状の発現が遅れるか、寿命が延びることを証明しなくてはならない。しかし、スカンジナビアで実施された、129頭の無症状のMRのキャバリア・キング・チャールズ・スパニエルを対象にした臨床試験（Scandinavian veterinary enalapril prevention trial）では、0.25～0.5 mgのエナラプリル（またはプラセボ）がランダムに投与され、約3年間にわたり経過観察が行われたものの[27]、結果的にはエナラプリル投与による効果は認められず、無症状の患者にエナラプリルを投与しても、NYHAⅢの心不全に陥る時期には差がないということが検証された。この結果をみると、現状では、無症状の段階での投薬を飼い主に強く勧めるには根拠が足りないといえる。一方、ISACHCの分類では、無症候性の患者へのACE阻害薬の投与を推奨している。

- **神経体液因子の活性化に対する治療の必要性**

しかし、医学領域におけるガイドラインが示すように、無症候性の慢性心不全においても、RA系の活性化をはじめとした神経体液因子の活性化が始まっているのは間違いないだろう[28]。医学領域においては、無症候性の慢性心不全はACE阻害薬の適応となっている。獣医科領域ではきちんとしたエビデンスはないものの、ACE阻害薬の投与は悪い選択ではないと考えられる。

無症候性であっても、その病態にはいろいろなものがあると考えられる。今後は無症候性をさらにいくつかに分類して治療の必要性を検討する必要があると考えられる。例えば、Scandinavian veterinary enalapril prevention trialにおいて、心雑音が強いものは心不全に早く陥るという結果を示している[27]。また、医学領域では神経体液因子の評価としてBNPが用いられる[28]。このように、これまでの症状の有無による分類だけではなく、神経体液因子の活性化による分類が必要であるという考えが獣医科領域においても普及しはじめている[29-35]。

#### ②治療を行う際のアプローチ
- **ACE阻害薬はどれを使う？**

NYHA Ⅱ以上の僧帽弁閉鎖不全症に対して、ACE阻害薬を使用することに関しては、医学領域ならびに獣医科領域の双方において認識されていることである。医学領域では、近年開発され、その効果が期待されたARB(AngiotensinⅡ Receptor Blocker)が思ったほどの効果を示さず、ACE阻害薬の効果が再認識されてきている。獣医科領域においては、1990年代にいくつかの大規模臨床試験が実施され、最も一般的であるエナラプリルの有効性が示された[22,36,37]。その後、動物用のACE阻害薬が次々と発売されるようになり、現在ではマレイン酸エナラプリルの他に、アラセプリル、塩酸ベナゼプリル、ラミプリル、塩酸テモカプリルが動物用として利用可能である[21]。これらの薬は、発売前に臨床試験

が実施されるので、いずれの薬も僧帽弁閉鎖不全症に効果があることは間違いないだろう。問題はこれだけの種類のある薬から、どれを選択すべきかである。実際、これらの薬の効果を犬においてきちんと比較評価した報告は少ないし[38,39]、医学領域のガイドラインにおいても、ACE阻害薬の使い分けについては記述されていない[28]。これまで、代謝経路の違いなどからこれらの薬剤の優劣が議論されてきたが、実際の効能の差はさほど大きくないと考えられる[40]。2012年、日本において、それまで与えていたACE阻害薬をアラセプリルに切り替えた場合に発咳減少や心拍数の低下が得られたという臨床試験の結果が発表された[41]。今後はこのような臨床試験の結果に基づく薬の選択が行われることが望ましい。

・強心薬の使い方

医学領域の臨床試験では、洞調律の患者に対するジギタリスの投与は、QOLの改善には効果がないようである[42]。しかし、筆者の所属する研究室の研究結果では、ジゴキシンは初期の病態犬に対して、心拍数を減少させ、脈圧を保ちながら、血圧を低下させ、緩徐な強心作用を示すことがわかっている[43]。このため、代償期における心拍数の抑制を目的に0.005～0.02mg/kg/日の用量で使用しているが、基本的な使い方はACE阻害薬と利尿薬の補助的な役割である。腎不全患者では、中毒を特に起こしやすいので注意が必要である。近年は、医学領域で使用されているピモベンダン、デノパミン、ドカルパミン、ベスナリノンといった経口強心薬も使われるようになってきている[44]。これらの治療薬は、心不全の末期に使用すると効果的であることが報告されており、特に利尿薬による腎不全を伴っているような症例には効果的である[45]。

・利尿薬の使い方

僧帽弁閉鎖不全症において利尿薬を使う目的は、理論的に考えると大きく分けて2つある。1つは、心臓の容量負荷を軽減して心臓への負担を和らげることであり、もう1つは肺水腫に対する治療である。特に、肺水腫に関する効果は、肺水腫に起因する咳が軽減することから、汎用されている治療薬であるといえる。獣医科領域における利尿薬の使い方に関するエビデンスは乏しいが、医学領域のガイドラインでも、うっ血症状があればループ利尿薬あるいはサイアザイド系利尿薬を使用することは常に容認される。当病院でも、うっ血症状に応じてフロセミドを使用しているが、低カリウムや腎臓への負担を考えできるだけ低用量（0.5～1mg/kg/日から開始）での使用を心がけている。近年、医学領域では重症心不全患者に対するスピロノラクトンの効果が報告されている[46]。獣医科領域でもスピロノラクトンの臨床試験が実施されるなど、注目が高まっている[47,48]。当病院での使用感としても、ACE阻害薬とフロセミド、ジゴキシンでの維持が困難になった患者へ2mg/kg/日程度の用量で使用したところ、効果的との感触を持っている。

・βブロッカーの使い方

医学領域では、症状のある患者に対してACE阻害薬の使用下におけるβブロッカーの導入が推奨されているし、無症状の患者に対しても、明らかなエビデンスはないものの、その使用は有益であると考えられている。βブロッカーには、$\beta_1$選択性（メトプロロール）のものと非選択性（カルベジロール）のものに分けられる。βブロッカーには亢進した心機能を正常化する役割があり、これにより心不全の進行を遅らせる効果があると思われる[49]。投与量はロプレソールの場合0.5mg/kg/日より開始し、状態を観察しながら1～2.0mg/kg/日まで増量していく。ただし、導入時の心不全の憎悪には十分な注意が必要である[50]。特に、末期の心不全症例や、極端な徐脈の症例、心拡大が顕著な症例では十分に注意して使用する必要がある。

・血管拡張薬の使い方

医学領域において、硝酸薬はNYHA Ⅲ以降に、ヒドララジンはNYHA Ⅳの患者に対して使用するという治療指針がある。近年NO（酸化窒素）は、循環動態への影響のみならず、神経体液性因子への関与や心筋保護効果が注目されるようになっており、心筋肥大や心筋線維化に対する抑制効果が期待されている。筆者が所属する研究室ではラットに対して1日10～12時間の休薬時間を設定する間欠投与法により、硝酸イソソルビドの慢性投与時における耐性発現を回避し、その降圧効果を長期間維持する

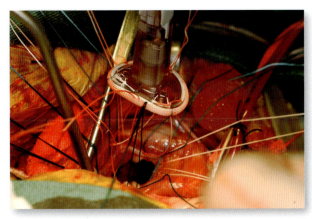

図I-393　僧帽弁閉鎖不全症の症例の弁輪にリングを装着している術中所見
ブラジリアン・テリア、7歳齢、雄、8.1kg。
（写真提供：山根義久先生）

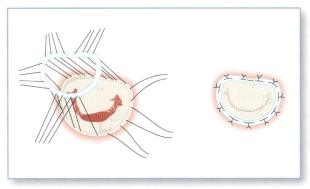

図I-394　弁輪全周縫縮術
3-0あるいは4-0の編糸を用い、弁輪に13〜15本のマットレス縫合をかける。弁輪のやや心房側より針を刺入し、一部が左心室側へ出るようにする。リングサイズの選択は、交連間距離を計測して決定するように設計されている。

ことにより心筋保護効果を示す結果を得た[51,52]。重度心不全に対しては、ACE阻害薬やフロセミド、ジゴキシンの投与に加えて、2mg/kg/日を目安に投与する[53]。特に、三尖弁閉鎖不全症を合併しているなど、右心不全の症状も呈している患者に使用することが多い。ヒドララジンに関しては、古くから研究がなされているが、近年ではあまり使用されていないようである[16-20]。

### ③外科的治療法

僧帽弁閉鎖不全症の外科的治療法には大きく分けて2つある。1つは弁形成術であり[54]、もう1つは弁置換術である[55,56]。弁形成術は、医学領域では広く実施されているもので、弁の整復、弁輪縫縮、損傷した弁尖、腱索などを修復して僧帽弁逆流（Mitral Regurgitation：MR）を防ぐものである。一方、弁置換術は、弁の修復が困難である場合に用いる治療法であり、弁形成術に比べ重度のMRにも適応可能な術式である。いずれにしても、外科的手術を選択するうえで重要なのは、外科的治療法を選択することによって明らかにその予後が改善することである。近年、内科的治療法もより理論的に行われるようになってきたため、以前よりも予後は改善していると思われる。よって、外科的治療法はそれ以上の予後を提供する必要がある。

### ・僧帽弁形成術

MRに対する手術が実施されるようになったのは、僧帽弁狭窄症に対する外科的治療が開心術が始まる以前より行われていたのに対し、安全に開心術が施行できるようになってからである。

MRに対する外科的治療の最初の成功例は、Merendinoによる僧帽弁輪縫縮術である[57]。その後、多くの術式が改善され、適応症が拡大されていった。僧帽弁縫縮術は、そのいずれもが交連部を縫縮することによって、僧帽弁の形成を行うものであった。しかし、僧帽弁の逆流が再発することもあり、Carpentierは弁輪にリングを装着することにより、僧帽弁輪の縫縮を行うとともに、後尖の弁輪の再拡大を防止することに成功している[58]（図I-393、394）。

さらに、腱索断裂に対する外科的治療法を報告したのは、MacGoonであり[59]、後尖の腱索断裂に対し、断裂した腱索が付着していた部分の後尖を方形に切除し、残存した弁尖を再縫合しMRを外科的に治療することに成功している。また、Carpentierは、腱索短縮の方法で、前尖の逸脱も防止する方法を報告した[60]。

さらに、Franterらは、腱索の断裂や弁尖の逸脱に対し、PTE（Gore-Tex）系による人工腱索を用いた形成法を報告している[61]。この方法は、いずれの病態にも応用可能であるが、人工腱索の長さの調節が容易でないことが難点である。

一般的には、前尖あるいは後尖のみの片側だけの逸脱の場合には、逸脱していない対側の弁尖の位置を参考にして、人工腱索の長さを調節するのである

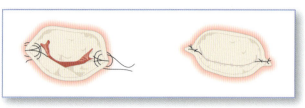

図Ⅰ-395　交連部弁輪縫縮術
やや太めのモノフィラメント糸を8字縫合または単純結節縫合で行う。

が、全弁尖が逸脱している場合は困難である。安井・森田らは、術前の心エコー所見や、その距離を再現できるように考案したmitral apparatusを用いて人工腱索の長さを決めている[62]。

以下に僧帽弁形成術で筆者らが実施している方法について概略を述べてみる。

（a）弁輪縫縮術

拡大した弁輪を縫縮して、前後尖の接合をより確実にし、弁尖逸脱の矯正とともに用いることが多い。

• 交連部弁輪縫縮術

通常は、後交連部における後尖側の弁輪を縫縮し、逆流を阻止するもので、最も簡便な方法である（図Ⅰ-395）。

• 弁輪全周縫縮術

人工のCarpentier ring（rigid typeとsemiflexible type）や、全周性にflexibleなDuran ring[63]を弁輪全周に縫縮する方法で、前尖側の弁輪は短縮されないが、両交連域から後尖側弁輪が縫縮される。Carpentier ringは、弁輪形態の矯正を重視する場合に用いる（図Ⅰ-394参照）。

（b）弁尖逸脱に対する手術

• 弁尖切除法（resection-suture：MacGoon）

医学領域では、遠隔期成績からみても最も信頼できる手技であり、最も使用頻度が高い。

逸脱弁尖部分を両端の正常腱索から数mm残して弁尖先端接合部から弁輪部に切開を加え、弁輪に沿って弁尖を外し、四方形に切除する。この場合、視野が広がるため、他の弁尖に腱索断裂が確認されたら人工腱索による再建術を実施する。切除した弁輪部分は、3-0ポリプロピレン糸にて弁輪縫縮の要領で縫合修復する。切除部分の弁尖先端接合部から5-0プロピレン糸にて単純結節縫合にて両側の切除弁尖を合わせて進める（図Ⅰ-396）。

• 人工腱索移植法

本手術法は、前尖・後尖を問わず、また逸脱の程度や範囲に関係なく、すべての逸脱に対応可能である。

乳頭筋には、テフロン（PTFE）プレジェット付き縫合糸にてマットレス縫合で固定するか、乳頭筋から腱索に移行する部分に糸を通して、弁尖側へ長さを調節して固定する方法である。

• 僧帽弁置換術

医学領域における僧帽弁置換術の手術適応や手術を施行するタイミングの選択は、弁膜症とその他の合併症の重症度、手術時間や手技の難易度などのリスクと、選択した手術法により得られる術後の改善度などの総合的な評価により決定されるが、獣医科領域では、弁置換術は未だ一部の特殊な施術で実験的な臨床例に実施されているのみで、その方向性は定かではない。

具体的には、人ではNYHA心機能分類でⅡ～Ⅲ度以上、肺動脈楔入圧（PAWP: Pulmonary Capillary Wedge Pressure）20mmHg以上が目安とされている。当然、僧帽弁置換術では体外循環による心停止下で実施されるものであるが、コストや術後の血栓塞栓症、人工弁機能不全、抗凝固薬の投与による出

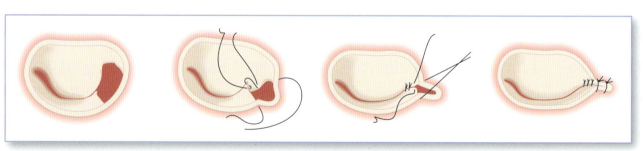

図Ⅰ-396　後交連部の後尖部逸脱に対する切除法を示す
弁尖の縫合には、5-0ポリプロピレン糸、弁輪には3-0ポリプロピレン糸を用いる。

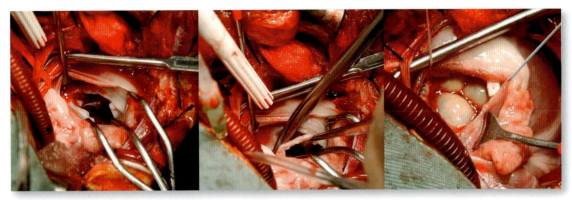

図I-397 僧帽弁閉鎖不全犬における体外循環による心停止下での生体弁による弁置換術（体外循環時間102分、心停止時間61分、体外循環離脱時間37分）

左側より心停止下に左心房を切開し、僧帽弁（腱索断裂）を直視下に観察。変性のひどい僧帽弁をメッツェンバームで切除。特殊処理した豚大動脈弁を移植した。（写真提供：山根義久先生）

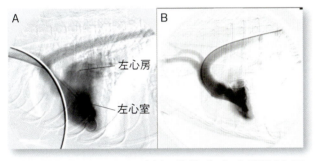

図I-398 図I-397と同症例の術前（A）と術後1年目の心造影像（B）（写真提供：山根義久先生）

A：術前では重度な僧帽弁逆流が確認される。しかし、B：術後1年目の造影所見では全く逆流はみられない。

血などの合併症の問題が示唆されている。

僧帽弁置換術に用いる人工弁としては、機械弁と生体弁があるが、犬では術後の抗血栓療法がコントロールしにくいため、筆者らは生体弁の移植を進めている[56,63,64]。具体的には、異種弁として豚の大動脈弁や同種犬の大動脈弁を特殊な処理により抗血栓性、強靭性、柔軟性、耐久性などを付与し使用するものである（図I-397、398）[55,63,64]。

医学領域では、Hancock II 生体弁（豚弁）、Carpentier-Edwards 牛心膜弁など、いくつかのタイプの生体弁が発売され使用されている。しかし、僧帽弁置換術は合併症などの問題で、新しい手術成績が向上してきた弁形成術が見直されてきている。ただ、犬では手術決定がどうしても遅くなることや、弁尖や腱索の異常（断裂）を呈するものが多いことから、最終的には、可能な限り早期での根治術が望まれる。

（田中　綾、山根義久）

---

#### 参考文献

[1] Black A, French AT, Dukes-McEwan J, Corcoran BM.: Ultrastructural morphologic evaluation of the phenotype of valvular interstitial cells in dogs with myxomatous degeneration of the mitral valve. Am J Vet Res. 2005 ; 66 : 1408-1414.
[2] Corcoran BM, Black A, Anderson H, McEwan JD, French A, Smith P, Devine C.: Identification of surface morphologic changes in the mitral valve leaflets and chordae tendineae of dogs with myxomatous degeneration. Am J Vet Res. 2004 ; 65 : 198-206.
[3] Hyun C.: Mitral valve prolapse in Cavalier King Charles spaniel : a review and case study. J Vet Sci. 2005 ; 6 : 67-73.
[4] Pedersen HD, Lorentzen KA, Kristensen BO.: Echocardiographic mitral valve prolapse in cavalier King Charles spaniels : epidemiology and prognostic significance for regurgitation. Vet Rec. 1999 ; 144 : 315-320.
[5] McGinley JC, Berretta RM, Bratinov GD, Dhar S, Gaughan JP, Margulies KB.: Subvalvular alterations promote increased mitral valve regurgitation in progressive dilated cardiomyopathy. J Card Fail. 2005 ; 11 : 343-350.
[6] Ware WA, Lund DD, Subieta AR, Schmid PG.: Sympathetic activation in dogs with congestive heart failure caused by chronic mitral valve disease and dilated cardiomyopathy. J Am Vet Med Assoc. 1990 ; 197 : 1475-1481.
[7] De Majo M, Britti D, Masucci M, Niutta PP, Pantano V.: Hypertrophic obstructive cardiomyopathy associated to mitral valve dysplasia in the Dalmatian dog : two cases. Veterinary research communications. 2003 ; 27 Suppl 1 : 391-393.
[8] Swindle MM, Huber AC, Kan JS, Starr FL 3rd, Samphilipo MA Jr.: Mitral valve prolapse and hypertrophic cardiomyopathy in a pup. J Am Vet Med Assoc. 1984 ; 184 : 1515-1517.
[9] Oyama MA, Sisson DD, Bulmer BJ, Constable PD.: Echocardiographic estimation of mean left atrial pressure in a canine model of acute mitral valve insufficiency. J Vet Intern Med. 2004 ; 18 : 667-672.
[10] Nakayama T, Wakao Y, Uechi M, Kageyama T, Muto M, Takahashi M.: Relationship between degree of mitral protrusion assessed by use of B-mode echocardiography and degree of mitral regurgitation using an experimental model in dogs. J Vet Med Sci. 1997 ; 59 : 551-555.

[11] Brown DJ, Rush JE, MacGregor J, Ross JN Jr, Brewer B, Rand WM.：Quantitative echocardiographic [corrected] evaluation of mitral endocardiosis in dogs using ratio indices. *J Vet Intern Med.* 2005；19：542-552.
[12] Atkins C, Bonagura J, Ettinger S, Fox P, Gordon S, Haggstrom J, Hamlin R, Keene B, Luis-Fuentes V, Stepien R.：Guidelines for the diagnosis and treatment of canine chronic valvular heart disease. *J Vet Intern Med.* 2009；23：1142-1150.
[13] Crosara S, Borgarelli M, Perego M, Häggström J, La Rosa G, Tarducci A, Santilli RA.：Holter monitoring in 36 dogs with myxomatous mitral valve disease. *Aust Vet J.* 2010；88：386-392.
[14] Ishikawa T, Tanaka R, Suzuki S, Saida Y, Soda A, Fukushima R, Yamane Y.：Daily rhythms of left atrial pressure in beagle dogs with mitral valve regurgitation. *J Vet Intern Med.* 2009；23：824-831.
[15] Ishikawa T, Fukushima R, Suzuki S, Miyaishi Y, Nishimura T, Hira S, Hamabe L, Tanaka R.：Echocardiographic estimation of left atrial pressure in beagle dogs with experimentally-induced mitral valve regurgitation. *J Vet Med Sci.* 2011；in press.
[16] Kittleson MD, Hamlin RL.：Hydralazine Therapy for severe mitral regurgitation in a dog. *J Am Vet Med Assoc.* 1981；179：903-905.
[17] Hamlin RL, Kittleson MD.：Clinical experience with hydralazine for treatment of otherwise intractable cough in dogs with apparent left-side heart failure. *J Am Vet Med Assoc.* 1982；180：1327-1329.
[18] Kittleson MD, Johnson LE, Oliver NB.：Acute hemodynamic effects of hydralazine in dogs with chronic mitral regurgitation. *J Am Vet Med Assoc.* 1985；187：258-261.
[19] Kittleson MD, Eyster GE, Olivier NB, Anderson LK.：Oral hydralazine therapy for chronic mitral regurgitation in the dog. *J Am Vet Med Assoc.* 1983；182：1205-1209.
[20] Haggstrom J, Hansson K, Karlberg BE, Kvart C, Madej A, Olsson K.：Effects of long-term treatment with enalapril or hydralazine on the renin-angiotensin-aldosterone system and fluid balance in dogs with naturally acquired mitral valve regurgitation. *Am J Vet Res.* 1996；57：1645-1652.
[21] Kitagawa H, Wakamiya H, Kitoh K, Kuwahara Y, Ohba Y, Isaji M, Iwasaki T, Nakano M, Sasaki Y.：Efficacy of monotherapy with benazepril, an angiotensin converting enzyme inhibitor, in dogs with naturally acquired chronic mitral insufficiency. *J Vet Med Sci.* 1997；59：513-520.
[22] Ettinger SJ, Benitz AM, Ericsson GF, Cifelli S, Jernigan AD, Longhofer SL, Trimboli W, Hanson PD.：Effects of enalapril maleate on survival of dogs with naturally acquired heart failure. The Long-Term Investigation of Veterinary Enalapril（LIVE）Study Group. *J Am Vet Med Assoc.* 1998；213：1573-1577.
[23] Atkins CE, Brown WA, Coats JR, Crawford MA, DeFrancesco TC, Edwards J, Fox PR, Keene BW, Lehmkuhl L, Luethy M, Meurs K, Petrie JP, Pipers F, Rosenthal S, Sidley JA, Straus J.：Effects of long-term administration of enalapril on clinical indicators of renal function in dogs with compensated mitral regurgitation. *J Am Vet Med Assoc.* 2002；221：654-658.
[24] Fuentes VL.：Use of pimobendan in the management of heart failure. *Vet Clin North Am Small Anim Pract.* 2004；34：1145-1155.
[25] Kanno N, Kuse H, Kawasaki M, Hara A, Kano R, Sasaki Y.：Effects of pimobendan for mitral valve regurgitation in dogs. *J Vet Med Sci.* 2007；69：373-377.
[26] Haggstrom J, Boswood A, O'Grady M, Jöns O, Smith S, Swift S, Borgarelli M, Gavaghan B, Kresken JG, Patteson M, Ablad B, Bussadori CM, Glaus T, Kovacevič A, Rapp M, Santilli RA, Tidholm A, Eriksson A, Belanger MC, Deinert M, Little CJ, Kvart C, French A, Rønn-Landbo M, Wess G, Eggertsdottir AV, O'Sullivan ML, Schneider M, Lombard CW, Dukes-McEwan J, Willis R, Louvet A, DiFruscia R.：Effect of Pimobendan or Benazepril Hydrochloride on Survival Times in Dogs with Congestive Heart Failure Caused by Naturally Occurring Myxomatous Mitral Valve Disease：The QUEST Study. *J Vet Intern Med.* 2008.
[27] Kvart C, Haggstrom J, Pedersen HD, Hansson K, Eriksson A, Järvinen AK, Tidholm A, Bsenko K, Ahlgren E, Ilves M, Ablad B, Falk T, Bjerkfås E, Gundler S, Lord P, Wegeland G, Adolfsson E, Corfitzen J.：Efficacy of enalapril for prevention of congestive heart failure in dogs with myxomatous valve disease and asymptomatic mitral regurgitation. *J Vet Intern Med.* 2002；16：80-88.
[28] 1998-1999年度合同研究班.：[ダイジェスト版] 慢性心不全治療ガイドライン. *Japanese Circulation Journal.* 2001；65：841-861.
[29] Fine DM, Declue AE, Reinero CR.：Evaluation of circulating amino terminal-pro-B-type natriuretic peptide concentration in dogs with respiratory distress attributable to congestive heart failure or primary pulmonary disease. *J Am Vet Med Assoc.* 2008；232：1674-1679.
[30] Tarnow I, Olsen LH, Kvart C, Hoglund K, Moesgaard SG, Kamstrup TS, Pedersen HD, Häggström J.：Predictive value of natriuretic peptides in dogs with mitral valve disease. *Vet J.* 2009；180：195-201.
[31] Oyama MA, Sisson DD, Solter PF.：Prospective screening for occult cardiomyopathy in dogs by measurement of plasma atrial natriuretic peptide, B-type natriuretic peptide, and cardiac troponin-I concentrations. *Am J Vet Res.* 2007；68：42-47.
[32] Asano K, Masuda K, Okumura M, Kadosawa T, Fujinaga T.：Plasma atrial and brain natriuretic peptide levels in dogs with congestive heart failure. *J Vet Med Sci.* 1999；61：523-529.
[33] Asano K, Kadosawa T, Okumura M, Fujinaga T.：Peri-operative changes in echocardiographic measurements and plasma atrial and brain natriuretic peptide concentrations in 3 dogs with patent ductus arteriosus. *J Vet Med Sci.* 1999；61：89-91.
[34] MacDonald KA, Kittleson MD, Munro C, Kass P.：Brain natriuretic peptide concentration in dogs with heart disease and congestive heart failure. *J Vet Intern Med.* 2003；17：172-177.
[35] Eriksson AS, Jarvinen AK, Eklund KK, Vuolteenaho OJ, Toivari MH, Nieminen MS.：Effect of age and body weight on neurohumoral variables in healthy Cavalier King Charles spaniels. *Am J Vet Res.* 2001；62：1818-1824.
[36] Acute and short-term hemodynamic, echocardiographic, and clinical effects of enalapril maleate in dogs with naturally acquired heart failure：results of the Invasive Multicenter PROspective Veterinary Evaluation of Enalapril study. The IMPROVE Study Group. *J Vet Intern Med.* 1995；9：234-242.
[37] Controlled clinical evaluation of enalapril in dogs with heart failure：results of the Cooperative Veterinary Enalapril Study Group. The COVE Study Group. *J Vet Intern Med.* 1995；9：243-252.
[38] Moesgaard SG, Pedersen LG, Teerlink T, Häggström J, Pedersen HD.：Neurohormonal and circulatory effects of short-term treatment with enalapril and quinapril in dogs with asymptomatic mitral regurgitation. *J Vet Intern Med.* 2005；19：712-719.
[39] Ishikawa T, Tanaka R, Suzuki S, Miyaishi Y, Akagi H, Iino Y, Fukushima R, Yamane Y.：The Effect of Angiotensin-Converting Enzyme Inhibitors of Left Atrial Pressure in Dogs with Mitral Valve Regurgitation. *J Vet Intern Med.* 2010；24：342-347.
[40] S.Furuta, K.Kiyosawa, Higuchi M, Kasahara H, Saito H, Shioya H, Oguchi H.：Pharmacokinetics of temocapril, an ACE inhibitor with preferential biliary excretion, in patients with impaired liver function. *Eur J Clin Pharmacol.* 1993；44：383-385.
[41] 田中 綾.：SCCAT ACE阻害薬選択におけるアピナックの新たな価値. In：*JCVIM/JSVCP* 2012年大会, 横浜 2012.
[42] Lader E, Egan D, Hunsberger S, Garg R, Czajkowski S, McSherry F.：The effect of digoxin on the quality of life in patients with heart failure. *J Card Fail.* 2003；9：4-12.
[43] 永島由紀子, 平尾秀博, 星克一郎ら.：ジゴキシン慢性投与が覚醒下の犬の循環動態に及ぼす影響. *動物臨床医学*. 2002；11：1-11.
[44] Smith PJ, French AT, Van Israël N, Smith SG, Swift ST, Lee AJ, Corcoran BM, Dukes-McEwan J.：Efficacy and safet of pimobendan in canine heart failure caused by myxomatous mitral valve disease. *J Small Anim Pract.* 2005；46：121-130.

[45] Suzuki S, Fukushima R, Ishikawa T, Hamabe L, Aytemiz D, Huai-Che H, Nakao S, Machida N, Tanaka R.: The effect of pimobendan on left atrial pressure in dogs with mitral valve regurgitation. *J Vet Intern Med.* 2011 ; 25 : 1328-1333.
[46] Pitt B.: Effect of aldosterone blockade in patients with systolic left ventricular dysfunction : implications of the RALES and EPHESUS studies. *Mol Cell Endocrinol.* 2004 ; 217 : 53-58.
[47] Kittleson MD, Bonagura JD.: Re : Efficacy of spironolactone on survival in dogs with naturally occurring mitral regurgitation caused by myxomatous mitral valve disease. *J Vet Intern Med.* 2010 ; 24 : 1245-1246 ; author reply 1247-1248.
[48] Bernay F, Bland JM, Häggström J, Baduel L, Combes B, Lopez A, Kaltsatos V.: Efficacy of spironolactone on survival in dogs with naturally occurring mitral regurgitation caused by myxomatous mitral valve disease. *J Vet Intern Med.* 2010 ; 24 : 331-341.
[49] 小林正行, 星克一郎, 平尾秀博ら.：犬の僧帽弁閉鎖不全症による慢性心不全に対するβ遮断薬（メトプロロール）の有効性の検討. *動物臨床医学.* 2005；14：51-57.
[50] Kobayashi M, Machida N, Tanaka R, Maruo K, Ymane Y.: β-blocker improves survival left ventricular diastolic function and remodeling in hypertensive rat with diastolic heart failure. *Am J of Hypertension.* 2004 ; 17 : 1112-1119.
[51] Shimamura S, Ohsawa T, Kobayashi M, Hirao H, Shimizu M, Tanaka R, Yamane Y.: The effect of intermittent administration of sustained release isosorbide dinitrate (sr-ISDN) in rats with volume overload heart. *J Vet Med Sci.* 2006 ; 68 : 49-54.
[52] Shimamura S, Endo H, Kutsuna H, Kobayashi M, Hirao H, Shimizu M, Tanaka R, Yamane Y.: Effect of intermittent administration of sustained release isosorbide dinitrate (sr-ISDN) in rats with pressure-overload heart. *J Vet Med Sci.* 2006 ; 68 : 213-217.
[53] Nagasawa Y, Takashima K, Masuda Y, Kataoka T, Kuno Y, Kaba N, Yamane Y.: Effect of sustained release isosorbide dinitrate (EV151) in dogs with experimentally-induced mitral insufficiency. *J Vet Med Sci.* 2003 ; 65 : 615-618.
[54] Griffiths LG, Orton EC, Boon JA.: Evaluation of techniques and outcomes of mitral valve repair in dogs. *J Am Vet Med Assoc.* 2004 ; 224 : 1941-1945.
[55] Soda A, Tanaka R, Saida Y, Takashima K, Hirayama T, Umezu M, Yamane Y.: Hydrodynamic characteristics of porcine aortic valves cross-linked with glutaraldehyde and polyepoxy compounds. *ASAIO J.* 2009 ; 55 : 13-18.
[56] 高島一昭, 曽田藍子, 田中 綾, 山根義久.：豚生体弁を用いて僧帽弁置換術を行った犬の1手術例. *動物臨床医学.* 2007；16：119-124.
[57] Merrendino KA, Bruce RA.: One handred seventeen surgically treated valvular rheumatic diseases. The preliminary report of two cases of mitral regurgitation treated under direct vision with the aid of pump-oxygenator. *TAMA.* 1957 ; 164 : 749-755.
[58] Carpentier A, Deloche A, Dauptain, Soyer R, Blondeau P, Piwnica A, Dubost C, McGoon DC.: A new reconstructive operation for correction of mitral and tricuspid insufficiency. *J Thorac Cardiovasc Surg.* 1971 ; 51 : 1-13.
[59] McGoon OC.: Repair of mitral insufficiency due to ruptured chordae tendinease. *J thorac Cardiovasc Surg.* 1960 ; 39 : 357-362.
[60] Carpentier A, Chauvaud S, Fabiani JN, Deloche A, Relland J, Lessana A, D'Allaines C, Blondeau P, Piwnica A, Dubost C.: Reconstructive surgery of mitral valve incompetence. Ten-year appraisal. *J Thorac Cardiovasc Surg.* 79 : 338-348, 1980.
[61] Frater RW, Vetter HD, Zusa C, Dahm M.: Chordal replacement in mitral valve repair, Circulation, 82 (suppl4). 1990 ; 125-130.
[62] 安井久喬, 森田茂樹.（編集／新井達太）：心臓弁膜症の外科 第2版—僧帽弁閉鎖不全症（MR）に対する僧帽弁形成術—：医学書院；2003：271-292. 東京.
[63] Takashima K, Soda A, Tanaka R, Yamane Y.: Short-Term Performance of Mitral Valve Replacement with Porcine Bioprosthetic Valves in Dogs, *J Vet Med Sci.* 2007 ; 69（8）: 793-798.
[64] Takashima K, Soda A, Tanaka R, Yamane Y.: Long-term clinical evaluation of Mitral Valve Replacement with Porcine Bioprosthetic Valves in Dogs, *J Vet Med Sci.* 2008 ; 70（3）: 279-283.

## 2）心内膜断裂と左心房破裂

### ⅰ）発生機序

　重度僧帽弁閉鎖不全症（MR）においては、僧帽弁逆流のジェット状血流に起因する心内膜断裂（endocardial splitting）に続いて左心房破裂（left atrial rupture）がまれに生じることがある。Bergらの報告では、心膜液貯留が認められた犬のうち、左心房破裂によるものは2.4％とされている[1]（図Ⅰ-399）。僧帽弁逆流は、通常5m/秒の速度で絶え間なく吹き続けるため、逆流血流が左心房内壁に向かって吹いている場合には、血流が左心房内壁を持続的に損傷し続けるため、心内膜に線維化病変が形成される。この病変はjet lesionと呼ばれるが（図Ⅰ-400）、左心房破裂は病変部が脆くなって孔があくことによって起こると考えられる。左心房破裂の発生自体はまれであるが、高齢の小型〜中型犬での報告が多い[2,3]。性差（雄に好発）や好発犬種（コッカー・スパニエルやダックスフンド、ミニチュア・プードルが好発）があるとも考えられている[3-6]。

### ⅱ）治療

　左心房破裂は、急性経過をとることから、早急な対応が必要とされる。心嚢内に血液が貯留することによって、特に右心系の圧迫に起因する心不全を併発する。この心不全を解消するためには心嚢液（血液）の抜去が必要であるが、破裂部位からの出血が続いている状態で心嚢液の抜去を行うと、際限なく血液が抜けることとなるため注意が必要である。運良く血液凝固によって左心房からの出血が止血された場合には、急性期を脱出することができる。

### ⅲ）予後

　左心房破裂からの心タンポナーデの発症が非常に急性であることから、外科的整復を行ってもその予後は極めて厳しいとされてきた[2,5,7]。筆者らも幸運にも外科的修復が可能であった症例に遭遇したことがあるが[8]、多くは手術に至る以前に死亡して

# 第Ⅰ章 心血管系

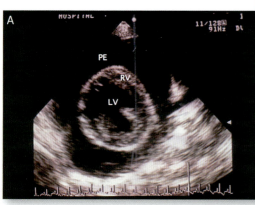
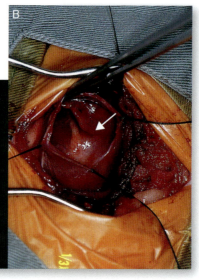
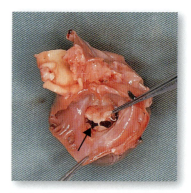

図Ⅰ-399 左心房破裂の症例（写真提供：山根義久先生）

マルチーズ、11歳齢、避妊雌、2.38kg。他病院で、以前より僧帽弁閉鎖不全症にて加療中。本日、急変し全く元気なしとのことで紹介で受診。
A：初診時の心エコー所見（短軸像）。心臓周囲に多量の液体貯留（心タンポナーデ）。右心室は重度に陥凹している。直ちに心膜穿刺を実施し、貯留物は血液と確認し、重度な僧帽弁閉鎖不全症による左心房破裂と診断。
B：開胸下での所見。心膜穿刺および切開により、ゆっくりと130mLの血液を排除。左心房の2ヵ所に左心房壁の裂開が確認された（矢印）。この症例は、術後良好に経過し、MRの内科的治療にて長期生存。

図Ⅰ-400 重度僧帽弁閉鎖不全症（マルチーズ、13歳齢、雄）の心臓標本（Jet lesion）

既に腱索断裂あり、僧帽弁前尖は容易に左心房内に反転する。生存中の長期にわたる左心房内への血液逆流により、左心房内壁はびらんし、周辺は線維化、病変により白色化している。
（写真提供：山根義久先生）

しまうことが多い。しかし近年、左心房破裂診断前からMRの内科的治療、特にうっ血性心不全のコントロールを図っていた症例については、左心房破裂診断後の予後が比較的良好であったとの報告もみられる[3]。

## 3）腱索断裂
### ⅰ）発生機序

腱索断裂（rupture of chordae tendineae）は、僧帽弁閉鎖不全症（MR）の合併症の1つで、突然の腱索断裂が僧帽弁逆流量の急激な増加を引き起こし、肺水腫による状態の著しい増悪を惹起する[6]。MRに罹患した犬のうち16.1％に腱索断裂の合併があり、その多くは後尖ではなく前尖の断裂である[9]。腱索断裂は、高齢の雄の小型犬に好発し、特にプードル、キャバリア・キング・チャールズ・スパニエル、ヨークシャー・テリア、ビション・フリーゼ、マルチーズなどでの発症が多いとされる[9]。腱索断裂の発生により、呼吸困難、運動不耐性、腹水貯留といった臨床症状が認められるようになる。

### ⅱ）診断

診断には心エコー検査が有効である[9,10]。腱索の断裂を評価するにはBモードでの観察が必要であるが、フレームレートを上げて詳細に観察する必要がある。一般的には断裂した腱索自体を評価するよりも、腱索断裂によって生じた弁尖の逸脱によって評価する方が現実的である。また腱索断裂が存在する場合、急性かつ重度の僧帽弁逆流がみられることから、左心房や左心室の拡大を伴わない重度の僧帽弁逆流が認められるような症例では、腱索断裂を疑う必要がある[9]（図Ⅰ-401）。

### ⅲ）治療

内科的治療法としては、急性期のMR治療を行うこととなるが、うっ血による重度な肺水腫をコントロールできるかどうかが予後を左右することになる。急性期には、フロセミドなど利尿薬の静脈内投与によるうっ血のコントロールを主体に、ドブタミン、ドパミンなどの強心薬の微量点滴を併用して血圧維持を行う。急性期をこれらの治療薬で切り抜けることが可能であれば、徐々にACE阻害薬、利尿薬、強心薬などの一般的なMR治療薬の経口治療へ

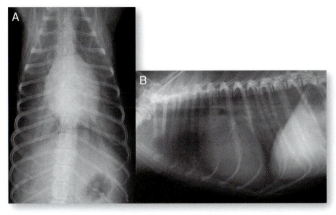

図Ⅰ-401 突然、腱索断裂にて呼吸困難に陥った犬の胸部X線所見（写真提供：山根義久先生）

マルチーズ、10歳齢、雌、3.55kg。1ヵ月前の乳腺腫瘍摘出時には、心雑音（－）であったが、呼吸状態が悪くなり、本日朝より起立しないとのこと。

A：受診時の胸部X線所見（DV像）。受診時には、既にLevine Ⅳ/Ⅵの心雑音が聴取され、胸部X線検査により、心拡大（心胸郭比55％）は認められないが、両側性に肺水腫が確認され、呼吸困難からか胃内にも空気を嚥下している。

B：ラテラル像。心拡大は認められないが、DV像同様に肺水腫が確認される。本症例は、心エコーでも腱索断裂と僧帽弁の逸脱が確認された。

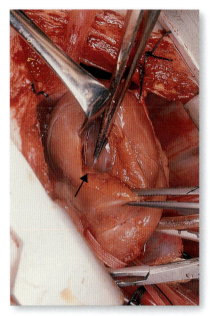

図Ⅰ-402 図Ⅰ-401と同症例の開心下での腱索修復術

体外循環による心停止下で左心室を開心し、主要な前尖の断裂した腱索（矢印）を6-0のプロリン糸で腱索再建術を実施した。（写真提供：山根義久先生）

と切り替えていく。外科的治療法としては、人工心肺下での腱索再建術が実施されている[11-13]（図Ⅰ-402）。

### iv）予後

腱索断裂診断後の1年生存率は58％との報告があり、生存期間の予後因子として、心拍数、血漿BUN、左心房サイズ、腹水、呼吸困難の有無、遺伝学的素因があげられている[9]。

（田中　綾）

---

#### 参考文献

[1] Berg J.: Pericardial disease and cardiac neoplasia. *Semin Vet Med Surg（Small Anim）*. 1994 ; 9 : 185-191.
[2] Reineke EL, Dennis E, Burkett DE, Drobatz KJ.: Left atrial rupture in dogs : 14 cases (1990-2005). *Journal of Veterinary Emergency and Critical Care*. 2008 ; 18 : 158-164.
[3] Nakamura RK, Tompkins E, Russell NJ, Zimmerman SA, Yuhas DL, Morrison TJ, Lesser MB.: Left atrial rupture secondary to myxomatous mitral valve disease in 11 dogs. *J Am Anim Hosp Assoc*. 2014 ; 50 : 405-408.
[4] Buchanan JW. Spontaneous left atrial rupture in dogs. *Adv Exp Med Biol*. 1972 ; 22 : 315-334.
[5] Komitor DA.: Left atrial rupture. Infrequent sequel to chronic microvalvular insufficiency. *Vet Med Small Anim Clin*. 1976 ; 71 : 620-621.
[6] Nelson RW, Couto CG.: Small Animal Internal Medicine 4 th Edition : 2009.
[7] Sadanaga KK, MacDonald MJ, Buchanan JW.: Echocardiography and surgery in a dog with left atrial rupture and hemopericardium. *J Vet Intern Med*. 1990 ; 4 : 216-221.
[8] 清水美希, 田中 綾, 星 克一郎, 平尾秀博, 小林正行, 丸尾幸嗣, 桐原信之, 山根義久.：僧帽弁閉鎖不全症に併発した左心房破裂に外科的修復術を行った犬の1例. 動物臨床医学. 2003 ; 12（2）: 105-108.
[9] Serres F, Chetboul V, Tissier R, Sampedrano CC, Gouni V, Nicolle AP, Pouchelon JL.: Chordae tendineae rupture in dogs with degenerative mitral valve disease: prevalence, survival, and prognostic factors (114cases, 2001-2006). *J Vet Intern Med*. 2007 ; 21 : 258-264.
[10] Jacobs GJ, Calvert CA, Mahaffey MB and Hall DG.: Echocardiographic detection of flail left atrioventricular valve cusp from ruptured chordae tendineae in 4 dogs. *J Vet Intern Med*. 1995 ; 9 : 341-346.
[11] Verma S and Mesana TG.: Mitral-valve repair for mitral-valve prolapse. *N Engl J Med*. 2009 ; 361 : 2261-2269.
[12] Gammie JS, Sheng S, Griffith BP, Peterson ED, Rankin JS, O'Brien SM, Brown JM.: Trends in mitral valve surgery in the United States : results from the Society of Thoracic Surgeons Adult Cardiac Surgery Database. *Ann Thorac Surg*. 2009 ; 87 : 1431-1437; discussion 7-9.
[13] Uechi M, Mizukoshi T, Mizuno T, Mizuno M, Harada K, Ebisawa T, Takeuchi J, Sawada T, Uchida S, Shinoda A, Kasuya A, Endo M, Nishida M, Kono S, Fujiwara M, Nakamura T.: Mitral valve repair under cardiopulmonary bypass in small-breed dogs : 48 cases (2006-2009). *J Am Vet Med Assoc*. 2012 ; 240 : 1194-1201.

## 4）心膜滲出と心タンポナーデ

### i）定義

心膜滲出（pericardial effusion）とは、心膜腔（心外膜と心膜との間の腔隙）に正常量以上の心膜液（心嚢液）が貯留した状態をいう。過度な心膜液の増量は、心膜腔内圧の上昇をもたらす。その結果として、心臓の拡張機能を低下させ、うっ血性右心不全および心拍出量の減少の徴候を生じる症候群のことを心タンポナーデ（cardiac tamponade）という。

### ii）心膜の解剖と生理

心膜（pericardium）は、心臓を包む嚢状の丈夫な膜で、内層の漿膜性心膜と外層の線維性心膜から構成される（図Ⅰ-403）。

漿膜性心膜とは、扁平な中皮細胞からなる層で、心膜の内側を覆い、心底部に達すると反転して心臓表面を覆う心外膜となる。両者の間の腔隙が心膜腔（心嚢）で、正常でもここに少量の心膜液を含んでいる。

線維性心膜とは、弾性線維を含んだ結合組織性の丈夫な膜で、漿膜性心膜の壁側板と密接に結合し、心底部ではそのまま大血管の外膜に移行する。心膜への血液供給は、大動脈の心膜枝、内胸動脈および心膜横隔膜動脈によってなされ、神経支配は、迷走神経、反回神経、食道神経叢による。

心膜が先天的に欠損している場合、あるいは外科的に切除された場合でも、心機能は重篤な影響を受けることはないといわれている。心膜の生理的な機能としては、心臓の解剖学的位置を保つことが最も重要であると考えられている。また、周囲の臓器との摩擦を減少させ、病原菌や悪性腫瘍などから心臓を保護するバリアの役割もある。その他、心臓の過剰な拡張を防ぐ役割を有するとも考えられている。

### iii）原因

心膜滲出は全心疾患のうち、犬では約7％、猫では3.8％を占めると報告されている[1]。表Ⅰ-21に心膜滲出の原因となる疾患をあげたが、犬と猫で主要な原因疾患が大きく異なるため、犬と猫で分けて詳細を記述する。

#### ①犬

犬の心膜滲出の原因となる2大疾患は、腫瘍および特発性心膜滲出（idiopathic pericardial effusion）で、両者で90％以上を占める。それ以外の発生原因として、細菌および真菌性心外膜炎があるが、それらは咬傷、胸壁や胸部食道からの異物穿孔または肺炎の波及によって発生する。また、まれではあるが変性性僧帽弁膜症の合併症として、左心房破裂による急性心タンポナーデが発生することがある。その他、低アルブミン血症や尿毒症などの全身性疾患に続発することもあるが、臨床的に問題となるほどの心膜液が貯留することはほとんどない。犬では、うっ血性心不全に続発して大量の心膜液が貯留することは非常にまれである。したがって、犬では心タンポナーデの原因として、腫瘍性か非腫瘍性（ほとんどが特発性）かの鑑別をすることが、予後判定や治療方針を決定する上で非常に重要になる。

### 表Ⅰ-21　心膜滲出の原因

| 漏出性心膜滲出（心膜水腫） |
|---|
| ・うっ血性心不全 |
| ・低アルブミン血症 |
| ・心膜横隔膜ヘルニア |

| 滲出性（心膜炎） |
|---|
| ・感染性（細菌性、真菌性） |
| ・無菌性（特発性、代謝性、ウイルス性） |

| 出血性（心膜血腫） |
|---|
| ・腫瘍性 |
| ・外傷性 |
| ・心破裂（特に左心房） |
| ・特発性 |

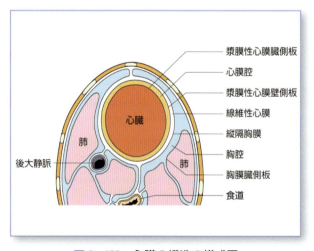

図Ⅰ-403　心膜の構造の模式図

心膜滲出を引き起こす頻度の高い心臓腫瘍として、血管肉腫、心基底部腫瘍、心臓リンパ腫および心膜中皮腫があげられる（各腫瘍の詳細は心臓腫瘍の項を参照）。その他、転移性腫瘍が原因となることもある。

　特発性心膜滲出は、腫瘍性疾患に次いで多い心膜滲出の原因となる疾患で、20～75％を占めると報告されている[2]。本症は中年齢（9ヵ月齢～14歳齢）の大型犬で発生頻度が高く、雄で発生頻度が高い。ゴールデン・レトリーバーでの発生が圧倒的に多く、その他好発犬種としてグレート・ピレニーズ、グレート・デーン、セント・バーナードなどがあげられている。本症は例外なく出血性の滲出液を認めることから、特発性出血性心膜滲出（Idiopathic Hemorrhagic Pericardial Effusion：IHPE）との呼び名もあり、その他、良性特発性心膜滲出、特発性心膜出血および慢性増殖性心膜炎などとも呼ばれる。

　診断は、腫瘍や感染などその他の原因がすべて除外された場合に下される。心膜の炎症過程が関連していると考えられているが、組織学的には炎症細胞の浸潤は顕著でなく、心膜内の血管あるいはリンパ管周囲への単核球の浸潤と線維化を特徴とする[3]。これらの変化によって障害を受けた心膜血管およびリンパ管からの漏出が、出血性滲出液の原因となっていると考えられている。その発生機序は、未だに不明である。自己免疫性の炎症反応が関連しているとの指摘もあるが[4]、それを否定する報告もなされている[5]。また、本症が中皮腫を発生させる要因になる可能性も示唆されている[6]。一般的に滲出液の貯留の速さは緩徐で、慢性の心膜滲出によって大量の心膜腔液が貯留し、心タンポナーデおよびうっ血性右心不全を呈することになる。

② 猫

　犬と比較して、腫瘍が心膜滲出の原因となる頻度ははるかに少ない。また、特発性心膜滲出は猫では認められていない。近年報告された心膜滲出を呈した猫の83症例の検討によれば、肥大型心筋症に続発するものが最も多く（25.3％）、次いで腫瘍性（19.2％）、猫伝染性腹膜炎（9.6％）、非分類型心筋症（9.6％）、全身性感染症（8.4％）、その他、原発性僧帽弁疾患、拡張型心筋症、心外膜炎、播種性血管内凝固症候群（Disseminated Intravascular Coagulation：DIC）、外傷、心膜横隔膜ヘルニア、慢性腎不全となっている[7]。また、146例の心膜滲出の症例の検討では、やはり心筋症に起因するうっ血性心不全が原因としては75％と圧倒的に多く、腫瘍性はわずか5.4％であった[8]。ちなみに、猫で心膜滲出の原因となる腫瘍は、悪性リンパ腫が多い。うっ血性心不全に起因して心膜滲出が認められる症例では、胸水貯留を合併しているものも多い。心筋症に起因する心膜滲出の程度は比較的軽度で、心タンポナーデに進展する例はまれである。うっ血性心不全に陥っている猫では、その半数近くに心嚢液の増量が認められるといわれ[9]、実際、心エコー検査において、わずかな心膜液の貯留が認められることは臨床現場においてしばしば経験される。犬では、うっ血性心不全に起因して心膜滲出を起こすことはまれであることを考えると、心膜の血液・リンパ循環動態は犬と猫で若干その仕組みが異なることが推察される。

iv）病態

　心膜滲出は、多様な原因によって発生するが、臨床的に問題になるのは、それが心タンポナーデと呼ばれる病態に移行したときである。心膜腔に貯留した液体によって、心膜腔（心嚢）内圧が上昇する結果、心室の拡張を障害し、特に右室拡張末期圧および右房圧が上昇して心臓への静脈還流を妨げ、体静脈圧を上昇させる。同時に右室拡張末期容積を減少させ、1回心拍出量の低下をきたす。心拍数増加によってある程度は代償されるが、右室拡張障害が重度になると、心拍出量を維持することができなくなり、血圧も低下をきたす。この一連の病態を心タンポナーデといい、その程度は臨床的に何ら症状を示さないものから重篤な症状を示すものまで幅がある。これまで心タンポナーデは、全か無かの病態として誤った解釈がなされてきた。すなわち、心膜腔内圧が右室圧を上回らない限り、心膜滲出が起こっても血行動態には何ら影響を及ぼさないというものであった。しかしながら、最近の見解では、心膜腔内圧が0 mmHgを上回った時点で血行動態に変化をもたらすということが明らかにされ、心膜腔内圧が上昇するに従って、段階的に血行動態に障害を及

ぼすことが明らかにされている。その段階は以下のようにPhase 1～3に分類される[2]。

Phase 1：心膜液が増加するにつれ、心膜腔内圧は上昇し、右心室および左心室の拡張期末期圧が上昇する。スターリングの法則に従って、中等度に1回心拍出量が減少する。

Phase 2：心膜腔内圧が右室拡張末期圧と等しくなると、まず臨床的に右心系の心タンポナーデと定義される状態となる。右心室は、心室壁が左心室よりも薄いため影響を受けやすい。右室拡張期圧のさらなる上昇によって、静脈還流が減少し、うっ血性右心不全の病態を示す。

Phase 3：心膜腔内圧が左室拡張末期と等しくなると、左心系の心タンポナーデと定義される状態となる。1回心拍出量は有意に減少し、体血圧が低下する。

上記のように、心タンポナーデにおける心不全は拡張不全であって、潜在する心疾患がない限り収縮不全をきたすことはない。

臨床的には、心タンポナーデは急性と慢性の2つの発生様式をとる。重要なのは血行動態に及ぼす障害の程度を決めるのは、心膜液の量ではなく心膜腔内圧であることである。緩徐に心膜滲出が起こる場合、心膜が拡張・肥厚することによって心膜腔内圧の上昇を抑え、段階的に心膜腔内圧の上昇が起こり、上述したようなうっ血性右心不全から血圧低下といった段階的な臨床経過をとる。一方、相対的に少ない量の滲出であっても、それが急激に起こる場合（例：外傷性心膜腔出血、左心房破裂、殺鼠剤中毒、医原性の冠動脈損傷など）、急激な心嚢内圧の上昇をきたし、重篤な循環不全が生じる。この場合、うっ血徴候が明らかになる以前に低心拍出性心不全あるいは心原性ショックをきたす。20kgの正常犬では、生理的に2.5～15mLの心膜液があるといわれる。例えば、それに急激に50～150mL以上の液体を加えると、すぐに心膜の伸展性の限界に達し、心膜腔内圧の上昇から心原性ショックを起こす。一方、慢性的に心嚢液が増量した場合、心膜が肥厚・拡張することによって、数100mL程度の多量の心膜液を貯留しても、臨床的に有意な心膜腔内圧の上昇を起こさない場合もある[2]。

慢性的な経過をとる心タンポナーデの場合、心拍出量低下に対する代償反応として、心拍数増加、塩分と水の貯留および血管収縮が起こる。これらの結果、心室充満圧はさらに増加することになる。体静脈圧の上昇は、静脈系の毛細血管からの漏出を誘発する。腹水は中心静脈圧が15mmHgを超えると明らかな貯留を認めるといわれている（中心静脈圧は正常では6mmHg以下であるが、心タンポナーデの場合12mmHg以上となる）。この漏出傾向は、心膜自体の血液・リンパ循環をも障害し、心膜液の産出をさらに増加させるとともに、胸水貯留を誘発する要因ともなる。

### ⅴ）診断

#### ①病歴

症状は、非特異的なことが多い。元気消失、運動不耐性、食欲不振、虚脱などの主訴で来院することが多い。慢性経過では、腹水貯留による腹囲膨満、体重減少、悪液質を伴う。心膜滲出が軽度である場合は無症状のことが多く、何らかの検診の際に偶然発見される場合もある。大部分の症例は、診断時には重度な心タンポナーデの状態である。犬種や発症年齢は、原因疾患の診断するうえで手がかりを与えてくれる。幼若動物であれば先天性心膜横隔膜ヘルニアや感染症、中年齢の大型犬では特発性心膜滲出、高齢犬では腫瘍性の可能性を考慮する。

#### ②身体検査所見

急性心タンポナーデは、頻脈、血圧低下、CRT延長、可視粘膜蒼白といったいわゆる心原性ショックの症状を示す。ほとんどの症例は、慢性心タンポナーデの病態を呈し、慢性の経過で来院する。慢性心タンポナーデでは、以下の典型的な症状（Beckの3徴）を示す。

(1)心音の減弱と不明瞭化
(2)頸静脈の怒張および拍動
(3)動脈圧の低下および奇異脈
　　（paradoxical pulse）

心音の減弱は、心膜滲出の他、胸水貯留、重度な肺水腫、肥満などでも起こりうるので鑑別が必要で

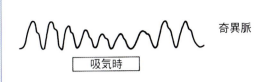

図Ⅰ-404　奇異脈の波形（吸気時）

ある。軽度な心膜滲出では、心音の減弱はまったく認識できないこともある。聴診上、心雑音の有無も原因疾患を鑑別するうえで重要である。頸静脈怒張あるいは拍動は、注意深い身体検査を行わなければ見逃しやすい所見である。静脈還流障害および右心充満圧の上昇の所見として、肝腫大や腹水貯留を認める。奇異脈は、心タンポナーデの特徴的な所見である。奇異脈は、呼気時の血圧に対して吸気時の血圧が10％以上の低下（10mmHg以上）を示す状態と定義される（図Ⅰ-404）。吸気中に体血圧がわずかに低下するのは生理的な現象であり、それが心タンポナーデではその現象が増強される。したがって、奇異脈の"奇異"という述語は、正確には誤って使われている。吸気中は、胸腔の広がりによって、胸腔内圧が胸腔外の静脈圧よりも低下するため、右心への静脈還流が急増する。心タンポナーデの状態では、吸気時の右心への静脈還流の増加による右心拡大が、心膜腔内圧の上昇によって直接的に左室に伝わるため、左心拡張が有意に妨げられる結果、左心拍出量が減少する。一方、呼気時は右心拡大が軽減されるために左室への圧迫が改善され、左室充満が増加し、左心拍出量も増加する。この呼吸による左心拍出量の増減が奇異脈として現れると考えられている。

猫では、心膜滲出の原因として心筋症によるうっ血性心不全に続発するものが多く、心膜滲出と同時に胸水貯留や肺水腫を併発していることが多い。したがって、犬と異なり、多くが呼吸困難や多呼吸、努力性呼吸など呼吸器症状を認める場合が多い。

③心電図検査

心膜滲出の犬では、洞頻脈およびQRS波の低電位（Ⅱ誘導にてR波1mV以下）が50〜60％の症例に認められる[2]。甲状腺機能低下症、胸水貯留、肥満および巨大な胸腔内腫瘤などとの鑑別が必要である。猫においては、低電位所見の診断的価値は少ない。電気的交互脈（electrical alternans）、すなわち連続するQRS波形の間に差異が認められる所見は、心膜滲出の強く示唆する所見である。これは心膜腔内で液体に満たされた心臓が揺れるために電位差が大きく生じるためと考えられている。この異常は、犬では半数以上に認められるが、猫では頻度は少ない。その他特異的ではないが、ST分節の上昇、種々の心室性および上室性不整脈は、心膜滲出においてしばしば遭遇する所見である。これらの心電図異常は、心膜穿刺後に改善することが多い。

④X線検査

少量の心膜滲出は、X線検査において検出することは困難である。心膜液が増量すると、心陰影はその特有の陰影およびウエストを失い、球状の形態を示す（図Ⅰ-405）。他の著明な心拡大を呈する心疾患（重度な僧帽弁膜症、拡張型心筋症、三尖弁異形成など）との鑑別が必要である。慢性の心膜滲出で全身うっ血を伴う場合は、後大静脈の拡大、肝腫大、腹水貯留などの所見がみられる。肺うっ血および肺水腫所見を伴うことはまれである。多量の胸水貯留がある場合には、これらの所見が不明瞭となるため、胸水抜去後に再度の撮影が必要である。

心膜滲出の原因を示唆する手がかりがX線検査で認識できることがある。例えば、右心房血管肉腫などの心臓腫瘍では、肺転移像が確認できることがある。心基底部腫瘍においては、気管および主気管支のわずかな偏位が認められることがある。胸骨および肺門リンパ節の腫大は、悪性リンパ腫などの腫瘍を示唆する所見である。心膜滲出を伴った両側性の胸水貯留は、中皮腫の可能性を疑わせる。より侵襲的な心血管造影検査、心嚢造影検査は心エコー検査が普及した現在、心膜滲出を診断するためにはほとんど実施されなくなった。

⑤心エコー検査

心膜滲出の診断には、心エコー検査は安全性、汎用性、費用面からみて最も有用である。少量の心膜液の貯留（10〜15mL）も検出可能である[2]。心膜腔液の貯留は、心外膜と心膜の間に低エコー領域として描出される（図Ⅰ-406）。心膜腔液の貯留が重度で、心室拡張が障害されている場合、右心室および

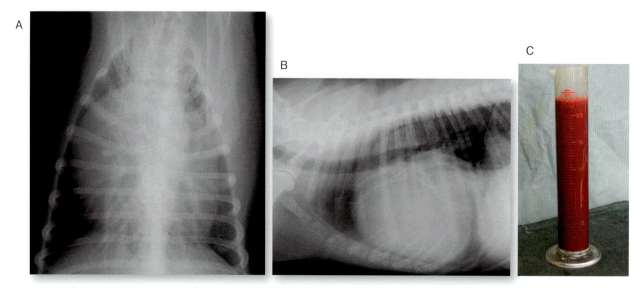

図Ⅰ-405　犬の心膜滲出（心タンポナーデ）のX線像
A、B：X線像。心膜液が増量して、心陰影はウエストを失い球状を示している。C：抜去された血様心膜液。

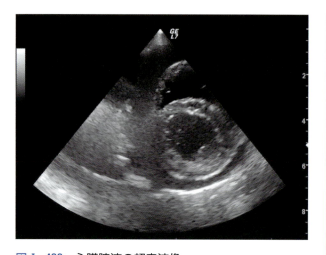

図Ⅰ-406　心膜腔液の超音波像
ミニチュア・ダックスフンド、12歳齢、雌。右房血管肉腫によって貯留した心膜腔液。

左心室の断面は縮小し、心室壁の厚さは正常よりも厚く感じられる（偽肥大所見：pseudo-hypertrophy）。多量の貯留液の中で揺れるような動きをしている心臓が観察される。拡張期の右心房および右心室の虚脱（collapse）は、心膜腔内圧が有意に上昇し、心タンポナーデの状態となっていることを示唆する所見である。

　心エコー検査では、心膜滲出の検出および重症度の評価のみならず、その原因を特定できる可能性がある。心臓あるいは心膜腔内に明らか腫瘤病変が存在する場合は、原因が腫瘍性であることが強く示唆される。犬では、心エコー検査において80〜90％の

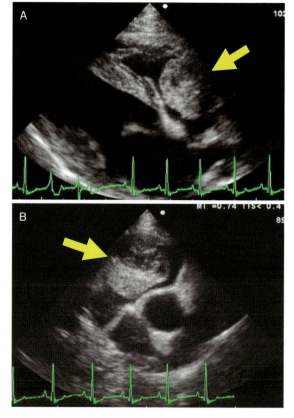

図Ⅰ-407　心臓腫瘍の超音波像
ゴールデン・レトリーバー、8歳齢、雄。
A：四腔断面像にて右心房を占拠する腫瘤状病変を認める。B：同症例の心基底部短軸断面像。

検出率で心臓腫瘍を明らかにできることが報告されているが[2]（図Ⅰ-407）、腫瘍の存在を見逃す場合もあるため、いろいろな断面での注意深い検索が必

要となる。先に心膜液を抜去してしまうと腫瘍の検出が困難となるため、抜去前に精査を行うことが望ましい。腫瘍が検出されない場合や、その他の明らかな原因が認められない場合は、除外診断的に特発性心膜滲出が示唆されるが、実際には心エコー検査のみでその確定はできない。特に、特発性心膜滲出とびまん性の心膜中皮腫との鑑別は非常に困難である。

全身麻酔を必要とするが、経食道心エコー検査では、より感度よく腫瘍病変の検出が可能である。しかし、心膜中皮腫ではこれらの詳細な心エコー検査においても検出できない場合もあるので、常に腫瘍である可能性を除外せず、飼い主への十分なインフォームのもと治療に入る必要がある。

#### ⑥ CT および MRI 検査

心臓の拍動によるアーティファクトのため、これらの検査の有効性はあまり認識されていないが、将来的には犬猫においても機器の進化によって有効な診断法となることが期待される。心エコー検査にて腫瘍が検出できない場合に有効性を発揮すると考えられる。

### vi）内科的・外科的治療

心膜滲出の原因疾患に対する治療が重要であるが、心タンポナーデに移行している場合は、早急に心膜液を抜去しない限り、薬物治療のみでは病態の改善は望めない。したがって、原因にかかわらず、第1に実施すべき治療は心膜穿刺術（pericardiocentesis）である。

心膜穿刺術は、心タンポナーデが疑われる場合にすべての症例に推奨され、治療的ならびに診断的価値が高い。原因の特定に有効な心膜液を採取すると同時に、一時的ではあるかもしれないが心膜腔内圧を軽減し、症状を改善させる効果がある。

#### ①心膜穿刺術

動物を左側横臥とし、右胸壁からのアプローチする方法が一般的である。右側からのアプローチ法の利点は、冠動脈を損傷する危険性が少なくなることと、右肺には心切痕があるために肺損傷の危険性が少ないことである。心エコー検査によって心膜穿刺に最も適した胸壁部位を決定し（通常、右第5肋間の肋軟骨接合部付近）、その部位の剃毛・消毒処置する。穿刺に使用するカテーテルは、動物の体格に応じて14～18Gの留置針を使用することが多く、外套にメス刃を用いて3ヵ所程度のサイドホールを作製すると吸引しやすい（穴が大きくなりすぎると折れやすくなり、ささくれができないようにする）。さらにエックステンションチューブと三方活栓を接続し、想定される貯留量に応じて大きめのシリンジ（20～50mL）を準備する。局所麻酔を皮膚、筋肉、胸膜に浸潤するように行い、皮膚に小切開を加え超音波ガイド下で穿刺を行う。心膜を穿刺した感覚があったら内針を抜き、外套をわずかに進め、液が吸引できるか確認し、抜去を開始する。カテーテルが抜けないように動物の体位を少し優しく変換させ、可能な限り抜去を行う。その場合、液体を抜くのは一気ではなく、心臓の負荷を徐々にとるために時間をかけて抜くことがコツである。多くの犬では鎮静を必要としないが、猫では化学的な保定が必要となる。穿刺の際には、状態の急変に対応できるように心電図モニターなどを装着し、血管確保をしておくことが望ましい。カテーテルが心臓に接触すると心室期外収縮が発生することがある。

#### ②心膜穿刺術の合併症

慎重な操作では、合併症の危険性は少ない。ただし貯留液が少なく、症状がない場合は、利点よりも危険性の方が大きくなる。合併症としては、心腔穿孔、冠血管穿刺による出血、不整脈の誘発、腫瘍または感染微生物の胸腔内への播種があげられる。心腔穿刺は、不適切にカテーテルを右心室に押し進めた場合に起こる。これは通常、即座にカテーテルを戻すことによって致死的な出血は防ぐことができるが、右室腔内への穿孔に気づかず、血液の抜去を続けると出血性ショックに陥る。

#### ③心膜貯留液の検査

腹腔や胸腔内などの体腔内貯留液と同様に心膜液はその性状から4種類に分類される（表I-22）。すなわち、漏出液、変性漏出液、滲出液および血様液である。非常にまれではあるが乳び液の貯留も報告されている[10]。

ほとんどの症例では、抜去される心膜液は血様で、術者は一瞬、心腔内に誤って穿刺したかのような錯覚を受けることもある。血液であることが疑われる場合には、抜去を継続する前に、採取された液

表Ⅰ-22 心膜腔液の分類

|  | 漏出液 | 変性漏出液 | 滲出液 | 出血性 |
|---|---|---|---|---|
| 比重 | <1.018 | 1.018〜1.025 | >1.025 | >1.025 |
| 総蛋白量（g/dL） | <2.5 | 2.6〜6.0 | >2.5 | >2.5 |
| 肉眼所見 | 無色透明<br>漿液性 | 淡黄色<br>〜淡赤色 | あんず色<br>〜褐色・混濁 | 赤色<br>混濁 |
| 細胞数（cell/μL） | <1000 | >2500 | >5000 | >5000 |
| 細胞成分 | 中皮細胞<br>マクロファージ | 中皮細胞<br>マクロファージ<br>好中球、赤血球 | 好中球<br>変性・非変性 | 赤血球 |

体を直ちに遠心し、末梢血でないことを確認する。採取された心膜液のPCVは末梢血よりも低く、上澄みは通常黄色調である。また、最近に出血したものでなければ末梢血と異なり凝血しない。採取された液体を検査（比重、蛋白量、白血球数、赤血球数）し、細胞診を行う。多くの感染症および悪性リンパ腫のような特定の腫瘍は、貯留液の検査によって診断が可能である。感染が疑われる場合は、細菌および真菌培養を行う。しかし実際には、発生頻度の高い腫瘍（血管肉腫および心基底部腫瘍）においては、これらの検査によっても特発性心膜滲出との鑑別が困難な場合も多い。細胞診において腫瘍細胞が検出されない場合でも、細胞が剥離しにくい腫瘍性疾患を常に考慮する必要がある。また、心膜腔内の反応性中皮細胞は、心膜中皮腫との鑑別が困難である。すなわち、採取された貯留液の詳細な検査によっても、腫瘍を除外することは困難である。貯留液の細胞診において、腫瘍性心膜滲出の74％で腫瘍との診断を下すことができず、逆に13％で非腫瘍性心膜滲出を腫瘍性と誤って診断したとの報告もある[2]。心膜液のpHが、炎症性と腫瘍性の鑑別に有効であるといわれており、炎症性貯留液では酸性（pH6.5〜7.0）に傾くのに対して、腫瘍性ではアルカリ性の傾向（pH7.0〜7.5）が高かったとの報告があるが[11]、症例によりオーバーラップが多く、診断の補助的な意義しかないと思われる。血中の心筋トロポニンⅠ（cTnI）および心筋トロポニンT（cTnT）は、心筋虚血および壊死の感度のよい特異的なマーカーである。心膜滲出の犬では、血中cTnI濃度の上昇がみられるが、cTnT濃度の上昇はみられない。さらに、心臓血管肉腫の犬では、特発性心膜滲出の犬よりも有意に高いcTnIがみられることから、診断の一助となり得る可能性が示唆されている[12]。

### ④心膜穿刺術後の治療戦略

心タンポナーデの症状を呈している多くの症例では、心膜貯留液の抜去によって劇的な症状の回復をみる。心膜穿刺術後のさらなる治療は、その原因疾患によって大きく左右される。犬の血様の心膜滲出における診断および治療方針のフローチャートを図Ⅰ-408に示した。

心エコー検査や貯留液の細胞診にて、腫瘍性であることが確定した症例では、飼い主への十分なインフォームを行ったうえで、治療選択肢を慎重に選ぶ必要がある。一般的に腫瘍性心膜滲出の症例では、長期的な予後はほとんど期待できない。最も積極的な治療は、試験的開胸を実施し、可能であれば腫瘍の外科的切除に加え、心膜滲出の予防のための心膜切除術を同時に実施することである。多くの心臓腫瘍では、腫瘍自体の外科的切除は一時的な緩和的な効果しかもたらさないが、心膜切除は症状を安定させ、心臓腫瘍の種類によっては比較的長期の寛解が得られる場合もある。ただし、血管肉腫の場合は、心膜切除術のみによる予後改善はほとんど期待できない。さらに血管肉腫の場合は、心膜切除術は腫瘍を播種させ、心囊内である程度制限されていた出血量が、心膜を切除することによって致死的な出血をもたらすために禁忌であるとの意見もある。近年、右房血管肉腫に対して腫瘍切除後に補助的化学療法を併用した場合、延命効果があるとの報告もある

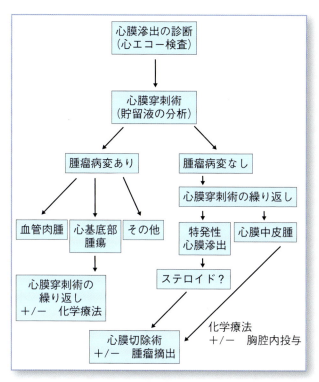

図I-408 犬の血様の心膜滲出における診断および治療方針のフローチャート

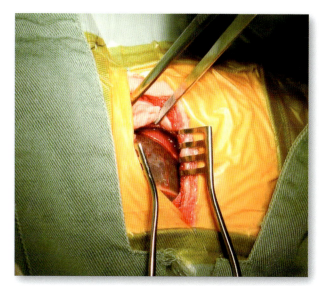

図I-409 心膜切除術の第5肋間切開
心膜腔内に貯留した血液様の液体が確認される。

が[13]、いずれにしても長期的予後はほとんど期待できず、より効果的な治療法の開発が待たれるところである。

心エコー検査にて腫瘍性病変が検出されない場合は、腫瘍性であることを常に考慮に入れつつ、特発性心膜滲出との仮診断のもと治療計画を立てる。特発性心膜滲出の場合は、最初の心膜穿刺によって約半数の犬で治癒するといわれているので、まずは保存的な治療が推奨される。残りの半数では、数日あるいは数週間で心膜滲出が再発する。ステロイドホルモン剤は、経験的に心膜滲出の軽減など一時的に症状の緩和をみることもあるが、その有効性を実証する報告はなされていない[14]。

心膜滲出が繰り返し再発する場合、より積極的な治療戦略を考慮する必要がある。一般的に、3回以上の心膜穿刺術が必要な場合は、心膜切除術が推奨される。

⑤心膜切除術

心膜穿刺によって一時的に症状が緩和されるが、再発を繰り返す場合は心膜切除術（pericardiotomy）の適応となる。特に特発性心膜滲出の場合は、明ら

かな予後改善効果が得られる。一方で、心臓腫瘍に伴う場合は腫瘍自体を完全摘出できない限り、心膜切除術はあくまでも一時的な緩和的治療であり、予後はその腫瘍自体の進行度に左右される。実際の臨床においては、試験的開胸術に引き続いて本術式を行うことが多い。

心膜切除術には、心膜全切除術と心膜部分切除術がある。心膜全切除術は、心基底部の心膜反転部にて心膜を切除する方法である。心膜部分切除術は横隔神経より下の部位で心膜を切除する方法であり、一般的に再発性の心膜滲出に対しては心膜部分切除術で十分な効果をもたらすことが可能なので、この方法が選択される。

アプローチ法は、肋間開胸と胸骨正中切開による。心膜滲出の原因が明らかでない場合は、胸腔全体が探査できる正中切開が望ましいが、その侵襲性を考慮する必要がある。例えば、右心房の血管肉腫が疑われる場合には右側開胸を、心基底部腫瘍が疑われる場合には左側開胸を選択することもある。肋間開胸法は通常第5肋間を切開する（図I-409）。肺葉を濡らしたガーゼで包んで術野からよけると心膜が直視できる。慢性経過の心膜滲出では、心膜は肥厚し、血管が豊富である。横隔神経を特定したら、その腹側の位置で心膜を小さく切開し、心膜腔から液体をサクションにて吸引する。電気メスを用いて先端が心臓に接触しないように注意しながら、可能

第Ⅰ章 心血管系

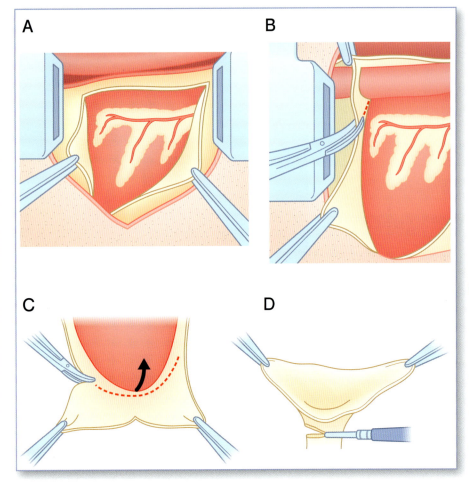

図Ⅰ-410 心膜切除の術式の模式図
A：心膜腔から液体を除した後、横隔神経の腹側で心膜を水平および垂直方向に切開する。
B：切開創を後大静脈直下まで拡大する。
C：心尖部を矢印方向に挙上し、反対側の心膜まで切開を伸ばす。
D：心膜横隔間膜を電気メスで切開し、心膜を切除、摘出する。

な限り頭側と尾側方向へ切開創を平行に拡大する。助手が心臓の下に手を差し入れて心尖部を持ち上げ、円を描くように術者は下側の横隔神経下の心膜を切除する。このとき、心臓を持ち上げる操作で血行動態が障害される危険性があるので、麻酔医は十分に注意をする。心膜は、心膜横隔間膜で横隔膜としっかりとつながっているので、その部位を最後に切断し心膜を摘出する（図Ⅰ-410、411）。この部分切除術によって約60〜70％の心膜を切除することが可能である。出血点がないことを十分に確認した後、胸腔内ドレーンを設置して閉胸する。心膜全切除術を実施する場合は、より広範囲の視野が必要となるため、胸骨正中切開法を選択し、横隔神経を慎重に心膜から剥離し、心膜を心基底部にて切除を行う。非腫瘍性心膜滲出の症例に対して心膜切除術を実施した場合の、周術期の死亡率は12〜13％である[3, 15]。

最近ではより低侵襲な方法として、バルーンカテーテルを用いた心膜切開法[16, 17]、胸腔鏡下で心膜の部分切除を実施する試みも報告されており[18, 19]、従来の開胸下での術式と比較して切除部位は制限されるものの、術後合併症の発生も少ないことから今後普及していくことが考えられる。

貯留液の検査によって感染性心外膜炎の診断が下された症例では、定期的な心膜穿刺によるドレナージと感受性試験に基づいた積極的な抗生物質投与が必要となる。心外膜の癒着による拘束性心外膜炎へと進展が危惧される場合は、開胸による心膜切除術が必要になることもある[20]。例外としては、猫の伝染性腹膜炎（FIP）に伴う心外膜炎であり、この場合は心膜穿刺とコルチコステロイドおよび免疫抑制剤の投与が推奨される。残念ながら予後は不良である。

慢性僧帽弁膜症による左心房破裂の場合は、心膜穿刺術に引き続いて、緊急的な開胸術による左心房裂開部位の修復が必要となるが、救命できる可能性は少ない。

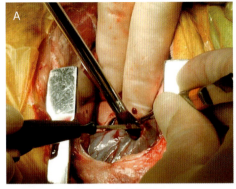
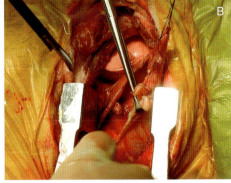
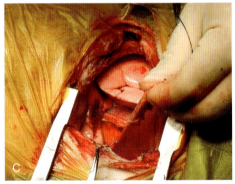
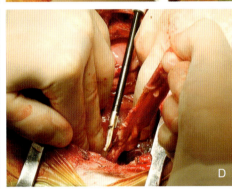

図Ⅰ-411 心膜切除術の術中写真
（ビーグル、12歳齢、雄、右房血管肉腫）
A：右側第5肋間開胸にてアプローチし、心膜を切開、サクションで貯留した心膜液を吸引。
B：横隔神経より腹側の心膜をT字状に切開を広げる。
C：心臓を挙上させ、反対側の心膜まで切開を広げる。
D：切開した心膜を切除、摘出する。

### vii）予後

犬の心膜滲出の46症例の検討では、特発性心膜滲出の生存期間中央値は15.3ヵ月であったのに対し、血管肉腫ではわずか16日であった。このうち、特発性心膜滲出では、心膜切除術によって有意に生存期間が延長することが示され、その有効性を支持している[21]。また、心膜滲出を呈した犬143症例の集積結果では、心エコー検査にて腫瘤病変が検出された44症例と、検出されなかった99症例に分類してその予後を分析しているが、検出された44症例の生存期間中央値は26日であったのに対して、検出されなかった症例のそれは1,068日であった。この報告では、腫瘤病変がない症例では、心膜腔液の貯留量が多く、腹水が貯留している割合が高く、腹水を貯留している症例の方が、そうでない症例よりも生存期間が長い（605日対45日）ことも報告している[15]。心膜切除術を実施した犬の22症例の検討によれば、腫瘍性心膜滲出の術後の生存期間中央値は52日であったのに対し、非腫瘍性心膜滲出では792日であったとしている。原因にかかわらず、心膜切除後に30日以上にわたって胸水貯留を示す症例の予後は不良であることも報告している[22]。

これらの報告から、犬の心膜滲出では腫瘍性であるか否かで、その予後が大きく異なることが示されている。一部の心臓腫瘍では、心膜切除術によって比較的良好な予後をとることが示されてはいるものの、犬の心臓腫瘍は血管肉腫が過半数以上を占めることから、一般的に予後は不良といえる。犬の心臓腫瘍の詳細な予後に関しては、心臓腫瘍の項を参照されたい。

特発性心膜滲出の場合、これまでの報告から心膜切除術の予後改善効果が実証されている。Staffordらの報告では、64％の症例で心膜滲出の再発が認められ、心膜切除術を実施した症例の生存期間中央値は1,218日に対して、実施しなかった症例は532日であった[15]。Aronsohnらの心膜切除術を実施した特発性心膜滲出の犬の25症例の報告では、12％が周術期に、16％が関連する原因で1年以内に死亡したが、それ以外の症例はほぼ完治に等しく長期生存することが報告されている[3]。

猫の心膜滲出を伴った146症例の検討では、予後を追えた症例の診断時からの生存期間中央値は144日であり、このうち診断時に心不全症状を呈している症例の予後は41日であった[8]。このことから、猫の心膜滲出の予後は、心膜滲出それ自体の管理よりも、その主要原因である心筋症に起因するうっ血

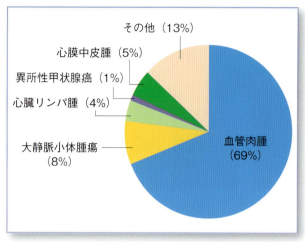

図Ⅰ-412　犬の原発性心臓腫瘍の組織学的分類[23]

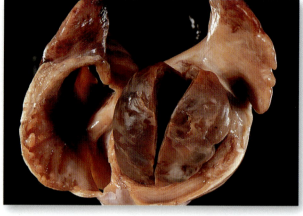

図Ⅰ-413　心臓に発生した線維肉腫
症例は、ダルメシアン、6歳齢、雌。左心房内を占拠した線維肉腫。（写真提供：山根義久先生）

性心不全の管理の成否が、予後を左右する鍵となるといえる。

### 5）心臓腫瘍
#### ⅰ）定義

心膜および心膜腔内、心腔内、心筋壁内または心基底部に発生する腫瘍を総称して心臓腫瘍（cardiac tumor）といい、原発性および転移性（続発性）に分類される。犬における心臓腫瘍の発生頻度は低く、猫ではさらにその発生頻度は低い。1999年に報告された米国パデュー大学のVeterinary Medical Database（1982～1995年）に基づく報告によれば、全受診症例に占める心臓腫瘍の発生率は、犬で0.19％、猫は0.03％であった[23]。

#### ⅱ）病理組織学的分類

人の場合、原発性心臓腫瘍の発生頻度は0.0017～0.19％、転移性心臓腫瘍はその20～40倍の発生頻度であるとされる[24]。一方、前述したパデュー大学の報告によれば、犬においては原発性腫瘍（84％）に対して転移性腫瘍（16％）の発生率は少ない。その報告における犬の原発性心臓腫瘍の組織学的分類を図に示した（図Ⅰ-412）。そのうち血管肉腫は、69％であり、犬の心臓腫瘍の圧倒的多数を占めている。心臓に発生する血管肉腫は、ほとんどの症例において診断時に他の臓器に微小転移病巣を有しており、原発巣を厳密に特定することは困難な場合もある。心臓原発と診断された血管肉腫の一部が転移性であったと仮定すれば、人と同様に犬においても転移性心臓腫瘍の割合はさらに高くなると考えられる。さらに、転移性心臓腫瘍は主に心筋層内に病巣を形成することが多いため[25]、その臨床的診断は困難な場合が多く、実際の発生率よりも低く見積もられている可能性がある。事実、剖検による心臓腫瘍36症例の集積では、原発性が11症例に対して、転移性が24症例と転移性腫瘍のほうが発生頻度は上回っていたとの報告もある[25]。

犬の原発性心臓腫瘍において、血管肉腫の他に遭遇する腫瘍は、その発生率が高い順に、心基底部腫瘍、心臓リンパ腫、心膜中皮腫である。その他、散発的に粘液腫[26,27]、粘液肉腫[28,29]、横紋筋腫[30]、横紋筋肉腫[31-34]、軟骨肉腫[35-38]、線維腫[39]、線維肉腫[40,41]、脂肪腫[42]、骨肉腫[43,44]、顆粒細胞腫[45]、心膜平滑筋肉腫[46]、悪性混合間葉腫[47]などが報告されている（図Ⅰ-413）。

人の原発性心臓腫瘍は、その75％が良性腫瘍（粘液腫、横紋筋腫、線維腫、奇形腫、脂肪腫など）であり、良性腫瘍の50％を粘液腫が占める[24]（図Ⅰ-414）。それに対して犬の原発性心臓腫瘍は、血管肉腫が大多数を占めることもあり、ほとんどが悪性腫瘍に分類される。

犬の転移性心臓腫瘍としては、肝臓および脾臓などを原発とする血管肉腫をはじめ、乳腺癌を主とする悪性上皮系腫瘍（肺腺癌、肝細胞癌、膵臓癌、移行上皮癌など）、悪性黒色腫、組織球性肉腫、肥満

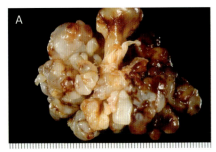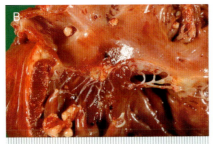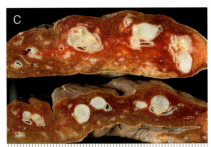

図Ⅰ-414　犬の心臓粘液腫

A：開心術によって摘出した右心室の粘液腫。B：死後、剖検したところ、右心房・右心室に多発した粘液腫が認められた。
C：粘液腫によって引き起こされた肺動脈腫瘍柱。

細胞腫が報告されている[2]。従来、悪性腫瘍性疾患の心臓への転移率は、犬では非常にまれであるといわれてきたが、最近のAupperleらの報告によれば、66症例の悪性腫瘍罹患犬の剖検の結果、24例（36％）という比較的高率に心臓への転移が認められたとしている[25]。犬の悪性腫瘍性疾患では、我々の想像よりも実際には高率に心臓への転移が生じている可能性が示唆される報告である。

猫の心臓原発性腫瘍はこれまでに、血管肉腫[48]、大動脈小体腫瘍[49-51]、粘液腫[52]、横紋筋肉腫[53]および心膜中皮腫[54]が単発の症例として報告されているが、それらの発生は極めてまれで、心臓腫瘍のほとんどが転移性であるといわれる。猫では、転移性腫瘍としては悪性リンパ腫が圧倒的に多く、その他、悪性上皮系腫瘍（乳腺癌、肺腺癌、唾液腺癌、汗腺癌、口腔扁平上皮癌）、悪性黒色腫および肥満細胞腫が報告されている[55]。

以下に主要な犬の心臓原発性腫瘍の詳細を述べる。

①心臓血管肉腫

心臓血管肉腫（hemangiosarcoma）は、心臓腫瘍の40～69％を占める最も頻度の高い腫瘍である[55]（図Ⅰ-415、416）。右心房、特に右心耳に発生することが圧倒的に多いが、左心系を原発とした例も報告されている[56]。また、本腫瘍は右心系のみならず全身に転移した症例も報告されている[57]。ジャーマン・シェパードおよびゴールデン・レトリーバーが代表的な好発犬種である。腫瘍からの慢性的な出血性滲出によって血様の心膜液が貯留し、続発して心タンポナーデを呈することが多い。ほとんどの症例で、診断時には、肺、肝臓、脾臓、腎臓などに転移しており、貧血や血小板減少といった全身的な症状を合併している場合も多い。

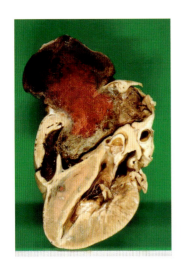

図Ⅰ-415　犬の血管肉腫
右心房に発生

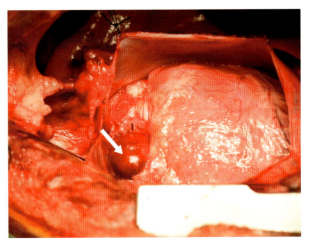

図Ⅰ-416　犬の右房血管肉腫
ゴールデン・レトリーバー、9歳齢、雄。胸骨正中切開にて心膜切開、右心耳に赤色調の腫瘤が認められる。

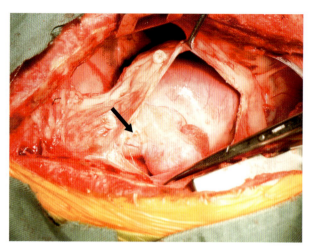

図Ⅰ-417　犬の心基底部腫瘍（11歳齢、雄、雑種犬）
胸骨正中切開により心膜切開したところ。大動脈周囲の心基底部に固着した腫瘍が認められる。摘出腫瘍の病理組織検査の結果、異所性副甲状腺癌と診断された。

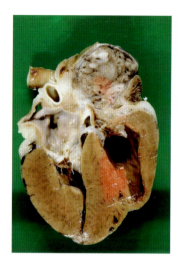

図Ⅰ-418　犬の大動脈小体腫瘍

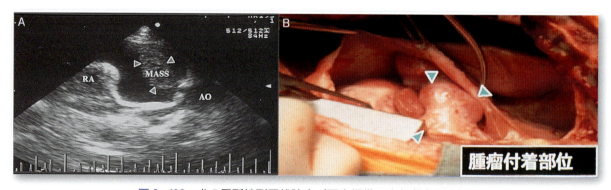

図Ⅰ-419　犬の異所性副甲状腺癌（写真提供：山根義久先生）
雑種、10歳齢、雌、22.8kg。半年くらい前より散歩中に呼吸促迫、チアノーゼ発生、さらに転倒するようになった。最近では、特に早朝に呼吸困難がひどく、食欲も低下とのこと。A：受診後より4ヵ月間、各種対症療法により小康状態を維持していたが、昨日と本日朝転倒、食欲は少し減少するもあり、各種検査より右心房と大動脈間に発生した腫瘍と診断した。B：受診当日に血様胸水400mL（Ht値6％）を抜去し、開胸下にて腫瘍摘出術を実施。術後病理組織診断にて、異所性副甲状腺癌と診断された。本症例は、術後長年生存。

②心基底部腫瘍

　心基底部に発生する腫瘍を総称して心基底部腫瘍（heart base tumor）と呼ぶが、それには大動脈小体腫瘍（aortic body tumor）、異所性甲状腺腫瘍（ectopic thyroid tumor）があり、極めてまれに異所性副甲状腺腫瘍（ectopic parathyroid tumor）がある（図1-417）。大動脈小体腫瘍は、上行大動脈および肺動脈基部の外膜周囲組織にある大動脈小体から発生する化学感受体から発生し、化学受容体腫瘍（chemodectoma）または非クロム親和性傍神経節腫瘍（nonchromaffin paraganglioma）とも呼ばれる（図Ⅰ-418）。非機能性の腫瘍であり、局所浸潤性は高いが、転移することは少ない。まれではあるが、全身臓器への転移症例も報告されている[58,59]。大動脈小体腫瘍は、短頭種であるボクサー、ボストン・テリア、イングリッシュ・ブルドッグにおいてその発生が多い傾向にある[60]。この原因として、短頭犬種特有の呼吸不全による慢性的な低酸素状態が、化学受容体を刺激して腫瘍の発生を促進する可能性が推察されている。異所性副甲状腺腫瘍は、心基底部腫瘍の5〜10％を占めるとされる[61]。甲状腺の原基は、胎生期に舌根部から正常な頸部の位置

に移動するが、まれに移動しすぎて前縦隔洞や心基底部に位置することがある。この異所性副甲状腺組織は、健康な犬の23〜80％に認められるとの報告もある[61]。通常、腫瘍化した異所性副甲状腺組織は非機能的である。大動脈小体腫瘍と同様に局所浸潤性は高いが転移はまれである。ただし、全身的に転移が認められた症例の報告もある[62]。これらの心基底部腫瘍は多くの場合、心タンポナーデを呈するか巨大化して大血管や肺を圧迫するまで、何ら症状を示すことはない（図Ⅰ-419）。

③心臓リンパ腫

　心臓を原発とする悪性リンパ腫は、多中心型リンパ腫などと比較するとその発生は極めてまれである。症例によっては、他の部位から転移性心臓腫瘍として生じている可能性もありうる。心筋への広範な腫瘍性リンパ球細胞の浸潤が生じる。その結果、心筋の収縮機能を悪化させるとともに、刺激伝導系への障害により不整脈を惹起させる。犬の心臓リンパ腫において、完全房室ブロックを生じた症例も報告されている[63]。臨床的には心膜滲出を伴って発見されることが多い。心エコー検査では、心膜腔内に明らかな腫瘍性病変は検出されない。通常、抜去した心膜腔液の細胞診によって容易に診断が可能である。心膜滲出を伴った心臓リンパ腫は、臨床的ステージ分類では最重度（stage Vb）に分類される。

④心膜中皮腫

　心膜中皮腫（pericardial mesothelioma）は、心臓原発腫瘍に占める本症の発生頻度は少ないが、心膜原発性腫瘍として最も頻度の高い腫瘍である。本腫瘍は、一般に胸膜および腹膜を原発とすることが多く、心膜を原発とする中皮腫はまれではある。中皮腫はびまん性に増殖し、明らかな腫瘤塊を形成しない場合でも、血様の滲出を形成し出血性の心膜滲出を発症する。滲出液中に多量の腫瘍性中皮細胞の塊が認められるが、反応性中皮細胞との鑑別が困難なことがあり（心膜中皮腫と明らかに診断が下せるのは約40％）、特発性心膜滲出との鑑別がつけ難いことがしばしばある[64]（図Ⅰ-420）。一般的に、特発性心膜滲出は大型犬（特にゴールデン・レトリーバーで多発）するのに対して、心膜中皮腫は小型〜中型犬に多い。最終的な確定診断には、試験的開胸

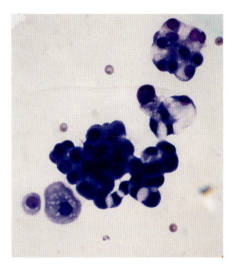

図Ⅰ-420　犬の心膜中皮腫
抜去した心膜液中に認められた腫瘍性中皮細胞。

術および心膜の生検が必要となる。中皮腫とその他の転移性悪性上皮系腫瘍との鑑別に、免疫組織染色が必要な場合もある。

ⅲ）病態

　心臓腫瘍の病態は一様ではないが、一般的には以下の3つの病態を示す。

(1) 心膜滲出および心タンポナーデによる心臓の拡張機能障害
(2) 腫瘍の存在による心臓への血液流入および流出障害
(3) 心筋層への腫瘍細胞浸潤による心筋の収縮不全または不整脈の誘発

　心臓腫瘍では、一般的に病理組織学的な分類よりも、心膜滲出の有無、腫瘍の解剖学的な発生部位およびその大きさが、その症状の出現と重症度に関連することが多い。心臓腫瘍の多くは、重度な心膜滲出を発症して初めて診断される。犬の心膜滲出のうち半数以上は、心臓腫瘍が原因となっている。心膜滲出および心タンポナーデの詳しい病態に関しては、その章を参照されたい。

　有意な心膜滲出を伴わない心臓腫瘍では、腫瘍が巨大化するまで無症状で経過することが多く、うっ血性心不全や不整脈が初発の症状となる[65,66]。運動興奮時の失神や虚脱は、心臓腫瘍においてしばしば遭遇する症状である。心基底部腫瘍では、腫瘍が前大静脈を圧迫することによって生じる頭頸部や前

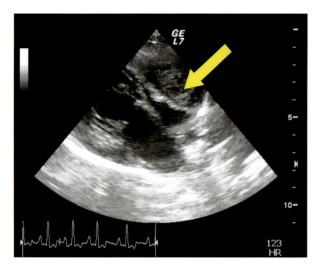

図I-421　心臓の超音波像
右心房内に発生した血管肉腫の右房内を占拠する腫瘍状病変を認める。

肢の浮腫を認める場合もある。また、これらの症状を一切認めず、剖検時に初めて心臓腫瘍の存在を発見されることもある。

### iv）診断

　犬の心臓腫瘍は、7～15歳齢に最も多く発生する[23]。発生に性差は認められていないが、未避妊の雌犬では発生頻度が少ない傾向が認められている[23]。

　心臓腫瘍の存在の診断は、通常心エコー検査によって確定される（図I-421）。多くの症例では、心膜滲出を伴っており、貯留した心膜腔液とともに明瞭な腫瘤病変が確認される。犬では右心房に接して存在する腫瘤の多くは血管肉腫であり、大動脈基部周囲に位置する腫瘤は、大動脈小体腫瘍の可能性が高い。一般的に、血管肉腫の場合は腫瘍実質内に低エコー領域が混在するモザイクパターンを呈することが多いのに対して、大動脈小体腫瘍では均一の実質性であることが多い。猫においてびまん性の心筋浸潤を伴う腫瘤の存在は、悪性リンパ腫の可能性が非常に高い。腫瘍が非常に小さい場合や、心膜中皮腫のようにびまん性の増殖を示す場合、詳細な超音波検査によっても腫瘤病変を見逃すこともある。したがって、心エコー検査において腫瘤病変を確認できない場合でも、心膜滲出の原因から心臓腫瘍を除外することはできない。

　CTおよびMRI検査は、より確実に腫瘍の存在を検出することが可能であるとともに、正確な腫瘍の位置および大きさの情報を得るのに優れている。

　心臓腫瘍の病理組織学診断には、針吸引生検（FNA）か、またはコア生検が必要となるが、胸壁に接するほどの巨大な腫瘍である場合以外は、通常その実施は危険性を伴うことが多い。

　心膜滲出を伴っている場合は、心膜穿刺術によって抜去した心膜貯留液の細胞診にて腫瘍の診断が下せる場合がある。しかし、心臓リンパ腫を除いて心臓腫瘍の多数を占める血管肉腫や心基底部腫瘍は、腫瘍細胞の剥離に乏しく、塗抹標本上に有意な腫瘍細胞を見出せない場合も多い。心膜中皮腫は、標本上に多量の腫瘍細胞塊が認められるが、反応性中皮細胞との鑑別が困難なこともしばしばある。したがって、最終的な確定診断には、試験的開胸術を実施し組織を採取する必要がある。

### v）内科的および外科的治療

　続発する心膜滲出および心タンポナーデに対しては、治療の第一選択肢として心膜穿刺術を実施する。心臓腫瘍に伴う心膜滲出は再発必至であり、繰り返しの心膜穿刺術による心膜液の抜去を必要とする。心膜滲出を伴わない心臓腫瘍に対しては、うっ血性心不全および不整脈に対する対症的な薬物治療を行うことが基本である。残念ながら、腫瘍が存在することによって発生する血行動態異常は、内科的治療に反応しないことが多い。また、心臓リンパ腫を除いて、心臓腫瘍を縮小させるほど有効性のある全身的化学療法は、今のところ存在しない。血管肉腫に対して、外科的摘出後にドキソルビシンをベースとした化学療法（ドキソルビシン単独、シクロフォスファミドあるいはビンクリスチンとの併用）がこれまでに実施されており、若干ではあるが延命効果が報告されている[67]。犬の心膜中皮腫に対して、心膜切除後にドキソルビシンによる化学療法に併用して、胸腔内シスプラチン投与を実施したところ、27ヵ月以上の長期寛解が得られた症例が報告されている[68]。

　犬および猫の心臓腫瘍のほとんどは悪性腫瘍であり、外科的切除よって根治できる症例はほとんどないといってよい。腫瘍の外科的切除が考慮される場合は、腫瘍が心膜や右心耳など、摘出しても心機能

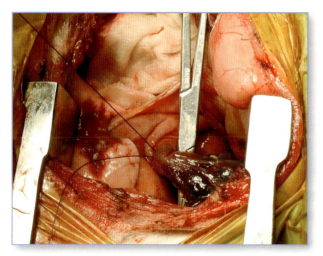

図Ⅰ-422　犬の右房血管肉腫
ビーグル、12歳齢、雄。右側肋間開胸にて、心膜切開し右心耳先端から発生した腫瘤に対し、その基部にて結紮し摘出。

に問題を生じない部位に限局している場合である。右心耳および右心房の一部に限局した血管肉腫に対する摘出手術は、これまで数多く実施されてきている（図Ⅰ-422）。心房の欠損部をパッチグラフトにて再建を試みた症例も報告されている[69]（図Ⅰ-423）。また、心腔内に発生した粘液腫を体外循環下、開心術にて摘出を試みた症例も報告されている[26]。しかし、仮に一般的に摘出に成功しても、一時的な緩和的効果しか期待できないことがほとんどであるため、飼い主への十分なインフォームを行ったうえでその実施を検討する必要がある。

　心膜切除術はあくまでも緩和的治療であるが、血管肉腫以外の心臓腫瘍に対しては、心膜滲出の再発の予防としてその有効性が認められている（その手技の詳細は心膜滲出と心タンポナーデの項を参照のこと）。特に心基底部腫瘍では、心膜滲出の有無にかかわらず、有意に生存期間を延長させる効果を有することが実証されている[70]。一方、血管肉腫に伴う心膜滲出においては、心膜切除術は禁忌であるとの意見もある。血管肉腫に対してその原発巣を摘出せずに心膜切除術のみを実施した場合、胸腔内への播種を促進し、心膜である程度制限されていた出血量を増加させてしまう危険性が予想される。病理組織学的な確定診断が下されない状況で、心膜切除術を実施する場合においては、飼い主への十分なインフォームを必要とする。

　近年、胸腔鏡下での心膜切除術の報告もされており、より低侵襲な手術として従来の開胸手術に代わる手技として用いられる。正確な診断のためのサンプル採取、手術時間の短縮、合併症の回避には特殊な設備と経験が必要とされる。

### vi）予後

　心臓腫瘍の予後は、一般的に不良である。犬の心臓腫瘍の多数を占める血管肉腫は、診断時にほとんどが転移病巣を形成しており、心臓腫瘍のなかでも特に臨床的悪性挙動を示す腫瘍である。Aronsohnの報告によれば、試験的開胸術にて心臓原発血管肉腫と確定診断された16症例のうち、摘出不能あるいは広範な播種病巣のために安楽死されたのが7例、

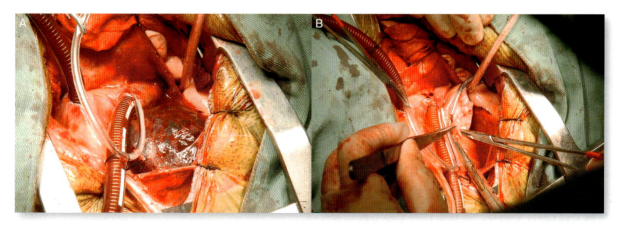

図Ⅰ-423　体外循環下の開心術による血管肉腫摘出（写真提供：山根義久先生）
ラブラドール・レトリーバー、9歳齢、去勢雄、36.8kg。虚脱し動けなくなった。
A：広範囲に及ぶ血管肉腫を体外循環下の開心術により摘出。B：右心耳（房）の血管肉腫切除後のパッチグラフトを用いての修復術。

①X線検査

心囊水貯留がある場合は、円形で拡大した心陰影が確認される。

②心エコー検査

心囊水貯留が認められる。心囊水は、心囊内の腫瘍の存在による場合が多いので、注意深い観察が必要である。心外膜癒着がある場合、心臓は不自然で不十分な動きを呈する場合がある。

③心電図検査

低電位のQRS群、ST間隔延長、不整脈の出現がみられる。

④心囊水の分析

腫瘍と特発性出血性心外膜炎との鑑別が困難なことが多い。細菌培養と感受性検査を行う。また、心膜生検により心外膜炎の確定診断が可能である。

ⅴ）治療（内科的・外科的）

①外科的治療

心囊水抜去のための心膜穿刺術と部分的あるいは完全心膜切除術がある。犬の特発性出血性心外膜炎による液体貯留は、1回もしくは数回の心膜穿刺によって沈静化することがある。

・心膜切除術

持続性の液体貯留防止のために、心膜部分切除術や全心膜切除術を実施する（図Ⅰ-426）。拘束性心外膜炎は、癒着を取り除くために心外膜剥離術が必要となるが、危険を伴う手術である。

②内科的治療

診断的および治療的目的で心膜穿刺術を実施し、細菌培養と感受性検査に基づいて薬剤を決定する。1度、心膜穿刺を実施すると、その穿刺孔より心囊水は漏出し、次回は胸腔穿刺のみで対応できることが多い。

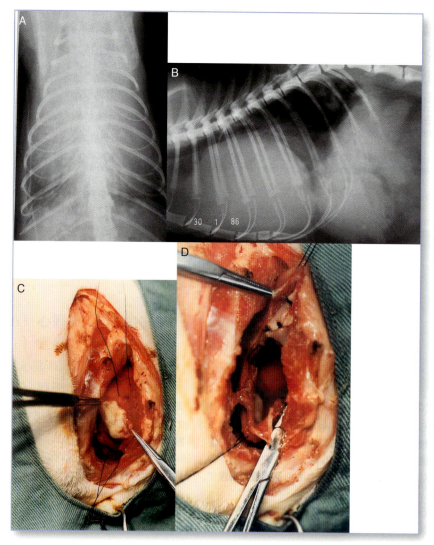

図Ⅰ-426　猫の出血性・拘束性心外膜炎（写真提供：山根義久先生）

症例は、日本猫、2〜3歳齢、雄、3.5kg。昨年末より野猫を飼い始める。いつも傷を負って帰ってくる。今年になり飼育2ヵ月目に突然呼吸困難を示す。

A：受診時の胸部X線所見（DV像）。心陰影は一見著明に拡大。各種検査より心膜液貯留と診断。胸腔穿刺により血様の心囊水を吸引抜去。

B：同時に撮影のラテラル像。DV同様に一見心拡大は著明で気管も脊柱に接するほどに背側に偏位。

C：手術時の所見。手術は胸骨正中切開で実施。心臓は厚い層の膜状物で被覆され、切開してみるとチーズ様の膿様物が固着していた。

D：心外膜を含めて心臓を取り囲んでいるすべての膿様物を摘出した。奥に確認されるのは心臓である。

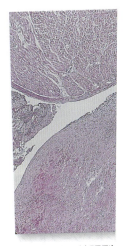

図Ⅰ-429 拡張型心筋症の器質的変化

症例は、DCMと診断された雄、63.45kg。（写真提供）

・12時間ごと）の
・新世代のセファ
ラブラン酸（ア
不全時は低用量

④心不全の治療
一般的な治療
シン変換酵素阻
ドなどの投与を

⑤投薬の禁忌
線維素に浸透
ルホンアミド）
コルチコステロ

ⅵ）予後
重篤な心内膜
出量の低下のた

**9）左心房内**

ⅰ）定義
左心房内に血

ⅱ）原因
心筋症、僧帽
房内に血液が
やすくなる。
最もよく観察

特発性出血性心外膜炎の犬に対してステロイドが投与されるが、その効果については定かではない。アザチオプリン（1.0 mg/kg、24時間ごと、3ヵ月投与）も考慮される。

・禁忌

輸液療法は、右心不全をさらに悪化させる可能性があるので要注意である。利尿薬と前負荷軽減剤は、心タンポナーデがあるときは拍出量減少になる。細菌感染性の場合は、ステロイド投与で悪化する場合がある。

ⅵ）予後

特発性出血性心外膜炎の場合は、予後が良好のものもあるが、再発を繰り返すものも多い。定期的な胸部X線検査と、心エコー検査の実施が勧められる。

## 8）心内膜炎

ⅰ）定義

弁および心臓内面を覆っている心内膜に炎症が起こっている状態である。

ⅱ）原因

病原菌による心臓の内皮および弁への侵襲。通常はグラム陽性菌（コアグラーゼ陽性ブドウ球菌、また、犬ではまれにリケッチア、バルトネラ）による。細菌培養で増殖しない場合は、バルトネラの可能性もある。

ⅲ）病態

細菌は、心臓弁に侵入して増殖する。部位としては、大動脈弁が多いが、僧帽弁、三尖弁ならびに肺動脈弁にもみられる。感染症による敗血症と慢性心不全が関連しているといわれている。

心内膜の潰瘍化は、コラーゲンを露出させ、血小板凝集と血栓形成を引き起こす。疣贅は、血小板、フィブリン、赤血球および細菌で内層が構成される。疣贅が大きく成長すると、弁閉鎖不全へと進行する。大動脈弁閉鎖不全症は、重度の左心不全を誘発する。僧帽弁だけの場合は、心不全に陥ることは少ない。中型犬から大型犬に好発する。猫ではまれである。

ⅳ）診断

発熱と全身の倦怠を示す。跛行を示す場合もある。聴診では、収縮期性心雑音が聴取される場合がある。血液検査では、活動性で重度な感染の場合、好中球の増加ならびに左方移動、単球増加がみられる。慢性心内膜炎の場合、白血球像はほぼ正常である。また、炎症による貧血がみられる。重度の場合、血小板減少を示す。また、アルブミン値と血糖値は低～正常値を示す場合がある。

尿検査では、腎臓の細菌感染がある場合、蛋白尿、血尿、膿尿が認められ、また腎盂腎炎と糸球体腎炎が存在する場合は円柱が出現する。

①血液培養

24時間以内に合計3検体を少なくとも1時間間隔で採取する。その際、好気性と嫌気性培養を行う。

②尿培養

尿路感染症の有無を判定する際に実施する。

③胸部X線検査

左心系拡大所見が確認される。また、まれに心臓弁膜の石灰化がみられる。

④心エコー検査

最も有益な検査であり、疣贅性心内膜炎を容易に識別できる。（図Ⅰ-427、428）。

⑤関節液検査

心内膜炎の原発として行うが、免疫介在性関節炎との鑑別は難しい。

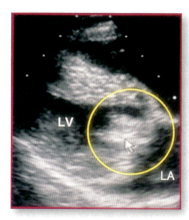

図Ⅰ-427 犬の疣贅性心内膜炎

症例は、雑種犬、5歳9ヵ月齢、15.5kgで1週間前に犬同士の咬傷で受診。その後、嘔吐がみられるようになったとのこと。心エコー検査にて、軽度僧帽弁閉鎖不全と僧帽弁尖に疣贅物が確認された。白血球数68,300/μlであり、細菌性心内膜の診断のもと、3ヵ月抗生物質を連用したところ、弁尖の異常は消失した。（写真提供：山根義久先生）

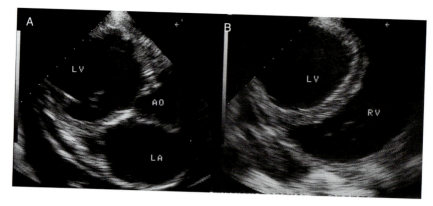

図Ⅰ-440 超大型犬（グレート・デーンのDCM）の超音波検査所見
A：左室長軸断面像。左心室壁は著明に菲薄化し、左心室（LV）も左心房（LA）も重度に拡張している。
B：左室短軸断面像。左心室（LV）も右心室（RV）も重度に拡張している。心室中隔の菲薄化も確認できる。

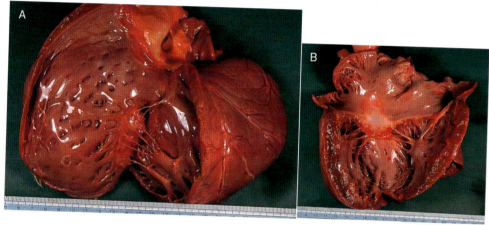

図Ⅰ-441 図Ⅰ-437と同症例の肉眼的所見
A：写真は右室切開による内腔所見。右心室は著明に拡張し、右心壁は菲薄化している。三尖弁などには、異常は認められない。
B：左室切開による所見。右心室同様に左心室腔も著明に拡張（遠心性肥大）し、左心室自由壁も菲薄化が重度。左右心房も中等度拡張が認められた。

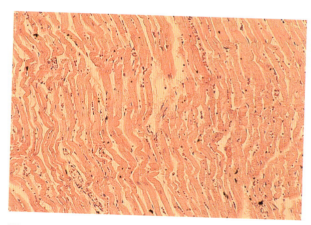

図Ⅰ-442 拡張型心筋症（DCM）の組織所見（H-E染色）
心筋線維は伸長し、波状に走行している。

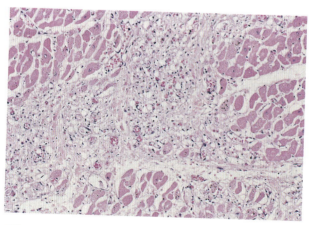

図Ⅰ-443 図Ⅰ-442と同症例の組織所見（H-E染色）
心筋壊死巣の拡大所見。

い。
また、壁内冠動脈の過形成病変などの非特異的所見も観察される（図Ⅰ-444）。

⑥ DCMの治療
　DCMの犬では、飼い主が何らかの異常に気づき受診したときには、既に病態は中等度から急性の心不全による肺水腫を合併していることが多い。ということは無症候で推移していることもあり、病態によって治療法を確立した方が、より的確な治療が可能となる。

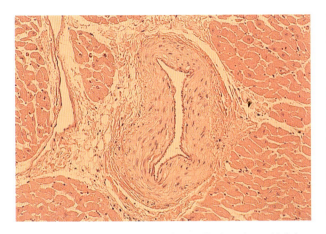

図I-444　図I-442と同症例の組織所見（H-E染色）
壁内冠動脈病変。中膜の肥厚が観察される。

Keeneは、犬の拡張型心筋症の無症候の患者と既に臨床症状を伴っている患者に分類し、それぞれの治療法を述べ、さらに心房細動や心室不整脈併発時の処置について報告している[19]。筆者は、1992年5月に開催された国際小動物心臓病学会議（ISACHC: The International Small Animal Cardiac Health Council）にメンバーとして参加し、心臓病に起因して二次的に生ずる心不全を治療するためのガイドラインを病態別にまとめて報告した。以下にDCMに関する内容を述べてみる。

- 無症候の患者に対する治療

この段階での治療に対して、さらに2群に分類している（1Aと1B）。

1A）無症候であり、心肥大が認められない場合

この段階でのACE阻害薬は有効であるという証拠はないとまとめたが、その後の筆者らの研究で、この段階のものでも血管拡張作用があり、心臓の負荷をとる薬物では、血行動態的に効果が確認されていることより、無症候性の段階からACE阻害薬は投与すべきである。

1B）無症候であるが中等度から重度の心肥大が認められる場合

この段階でもACE阻害薬の効果は確定されていないが、前述と同様でその効果は大いに期待できる。

その場合の1つの治療法を紹介する。

・ACE阻害薬
　カプトリル：0.5〜2.0mg/kg、q8h、PO
　エナラプリル：0.5mg/kg、q12〜24h、PO
・ジギタリス配糖体
　ジゴキシン：0.02〜0.03mg/kg、q24h、PO
・L-カルニチンまたはタウリン欠乏が明確な場合は補充する。

ジギタリス配糖体の使用については、その効果において諸説あるが、その後の筆者らの研究では、心不全の犬における効果が明確に確認できている[20, 21]。

- 軽度から中等度の心不全の症状を伴う場合の治療

この段階では、程度の差はあれ何らかの臨床症状（主に咳、運動不耐性、頻呼吸、呼吸困難など）がみられる。

呼吸器症状がひどい場合は、まず肺水腫の発生を減少させ、酸素化を実施する。そのためには、ストレスを最小限にし、十分な注意のもと胸部X線検査（一方向でも可）にて、肺水腫の程度を確認する。

酸素吸入の場合、マスク法では犬が嫌がることが多く、かつ長時間対応が困難である。可能であれば経鼻による酸素注入か、酸素室内での酸素供給が推奨される。次いで血管確保の後に肺水腫の改善のために利尿薬（フロセミド、必要に応じてスピロノラクトン）の投与を実施する。

・ジギタリス配糖体（ジゴキシン）（前述）
・利尿薬（ラシックス）
　1〜4mg/kg、q8〜24h、PO
　2〜8mg/kg、q1〜6h、IV（緊急時）
・ACE阻害薬（カプトリル、エナラプリル）（前述）
・不整脈があれば抗不整脈薬
　心房細動：ジギタリス（ジゴキシン）、βブロッカー、ジルチアゼム
　心室性不整脈：リドカインなど
・減塩食療法（患者が受け入れるならば）
・L-カルニチン、タウリン（不足であれば）（コッカー・スパニエルのDCMでは投与すべき）
・βブロッカー（メトプロロール）
　1.5〜4.5mg/kg、q24h、PO

ISACHC委員会では、βブロッカーの治療の有効性について人では確証があるが、犬では確認されて

いないといって合意に達することはできなかったが、これも筆者らのその後の研究でその効果が確認されている[22-24]。そのデータは僧帽弁閉鎖不全犬に対してのものであるが、病態がDCMと類似しているので、同様の効果があることが示唆される。

- 重度の心不全の症状を伴う場合の治療

DCMは、他の疾病よりも心不全に陥りやすく、かつ突然死も含め死亡率は高い。ACE阻害薬、ジギタリス配糖体、さらにβ遮断薬は、DCM犬に対する研究が少なく、あまり確証がないために積極的にDCM犬への治療薬としてとらえられていない。しかし、DCM犬は僧帽弁閉鎖不全症犬（MR犬）と類似の病態をとるために、そのままMR犬の研究報告が[20-24]、DCM犬の治療として有用であることが推察される。

この段階でのDCM犬で問題となるのが突然死であるが、それに対する効果的な治療法は現段階では確立されていない。

重度の心不全を呈するDCM犬に対しては、以下の在宅治療が可能な場合と入院下で行う場合の2群に分けて対応することがISACHCにより推奨されている。

重度の心不全を伴うDCM：在宅治療が可能な場合
- ジギタリス配糖体（ジゴキシン）（前述）
- 利尿薬（ラシックス）
- ACE阻害薬（カプトリル、エナラプリル）（前述）
- 減塩食療法（患者が受け入れるならば）
- 抗不整脈薬
    心房細動：ジゴキシン、ジルチアゼム（βブロッカー）
    心室期外収縮：リドカイン、プロカインアミド
- 塩酸ヒドララジン
    アプレゾリン注：1.0～3.0mg/kg、IM、0.5～3.0mg/kg、q12h、PO
- 硝酸塩
    硝酸イソソルビド（徐放剤）：ニトロール®
- 気管支拡張薬（テオフィリンなど）

塩酸ヒドララジン以下は、必要に応じて進行する心不全の症状を改善するために用いるもので、ヒドララジンは動脈系の拡張作用が顕著で、特に中等度以上の僧帽弁逆流を併発しているときには有効と思われる。しかし、肺動脈病変が重度なフィラリア症の犬では、同じうっ血性心不全でも血行動態が異なるためその使用にあたっては注意が必要である[25]。

また、他の血管拡張薬と併用する場合には、臨床上顕著な低血圧を起こす可能性があることを念頭において、その使用を考慮すべきである。硝酸塩は、長期投与や頻回使用により耐性が生じることがよく知られており、その使用は敬遠されてきた。しかし、徐放性硝酸イソソルビド（ニトロール®）を間欠的投与することにより耐性発現を制御し、小動物臨床で多く遭遇する僧帽弁閉鎖不全症による慢性心不全に対して有効に作用することが示唆された[26]。

重度の心不全を伴うDCM：入院が必須の場合
- 利尿薬（ラシックス）静脈内投与
- ドブタミンあるいはアムリノンの点滴静注
    ドブタミン（ドブトレックス）
        2.5～20μg/kg/分（点滴）
    アムリノン（アムコラル）
        1～3mg/kg（ボーラス）
        10～100μg/kg/分（点滴）
- 酸素療法
- ニトログリセリン軟膏（耳翼塗布、皮膚には不適）
- モルヒネ0.1mg/kg、q2分（効果あるまで、1.0mg/kg最大）
- 気管支拡張薬（テオフィリンなど）

その他前述したように病態により程度の差はあるもののDCMには不整脈がつきものである。特に心房細動時には、ジゴキシン、βブロッカー、ジルチアゼムなどを考慮するが、βブロッカーとジルチアゼムは心筋抑制があるので低い用量からスタートする。さらに、ニトログリセリン軟膏は、時に犬の皮膚に炎症を起こすことがあるので使用に際しては注意が必要である。

また、心室性不整脈ではリドカインなどを考慮する。

### ii）犬の肥大型心筋症

犬の肥大型心筋症（Hypertrophic Cardiomyopathy：HCM）は、人や猫に比較し比較的まれ

な疾患である[5,27-32]。また、罹患した後も無症候性の経過をとることが多く、時には突然死が起こる。その場合、運動直後とか運動中に最もよく発生する[33]。

### ①発生と病因

人ではHCMの遺伝性が報告され、遺伝子解析によりいくつかの遺伝子の変異が病因であることが同定されている。

犬の場合は、HCMの病因については発生数も限られており不明である。しかし、遺伝因子の関与は示唆されている。

中でもポインターは、繁殖試験により遺伝性疾患であることが確認されている[34]。

### ②品種：年齢と性別

HCMは、多くの異なった品種で報告されている[5,27-32]。

それらは、ジャーマン・シェパード、ロットワイラー、ダルメシアン、コッカー・スパニエル、ブリタニー・スパニエル、シー・ズー、ドーベルマン・ピンシャー、プードル、グレート・デーン、ブルドッグ、ボストン・テリア、ウオーカー・ハウンド、ボクサー、ジャーマン・ショートヘアード・ポインター、ワイマラナー、ミニチュア・シュナウザー、ローデシアン・リッジバック、ゴールデン・レトリーバーと多種類に及ぶ。

また、発生年齢は、3歳齢未満の若齢犬に好発するという報告もあるが[5]、筆者らの経験では15歳齢という高齢犬にも発生している。また、HCM罹患犬の多くは雄犬であるという報告もあるが[5]、雌犬の報告も散見される。

### ③病態生理

HCMでは、重度に肥厚した左心室壁と心室中隔により、心室の拡張障害と僧帽弁前尖の機能的・動的左室流出路狭窄による流出路障害が認められる。この弁の異常運動はSAMと呼称されるもので、僧帽弁逆流を惹起することになる。このような場合は、肥大性閉塞性心筋症（Hypertrophic Obstructive Cardiomyopathy：HOCM）に多くみられる。また、このような病態下にある心室壁には、ストレスがかかると同時に、冠循環障害による血流の低下、さらに心筋虚血が惹起され、心筋酸素消費量の増大とともに病態はさらに悪化することになる。

### ④HCMの診断

HCM犬の多くは、無症候性のものが多いが、聴診で心雑音（収縮期雑音）や不整脈が確認されることがある。

特に機能的・動的流出路狭窄による心雑音は、患者の動きや興奮の程度によって異なることがあるので注意を要する。時には咳嗽を伴うこともある。胸部X線検査では、心臓の拡大は、その肥大が求心性肥大ということもあり顕著ではない。

しかし、拡張機能障害による左房拡大が起こっている場合は、時には肺水腫が確認されることがある。また、心嚢水の貯留がみられることもある。

心電図検査では、左室肥大所見（R波の増高：図I-445）をはじめ、各種不整脈（心室期外収縮、房室ブロック、心室頻脈など）が報告されている。

心エコー検査は、DCMの場合と同様に心臓の形態的、機能的評価には最適といえる（図I-446）。

### ⑤病理学的所見

・心臓の肉眼的所見

HCMの罹患犬では、程度の差はあるもののすべてのものにおいて左心室肥大（求心性肥大）が認められる。その場合、心室中隔も左心室自由壁も同様の肥大が認められる。また、左心房の拡張も確認される。乳頭筋は、心室壁に付着した状態で異常な形態を呈し、僧帽弁尖は肥厚し変形している（図I-447）。

・心臓の組織所見

心筋細胞の顕著な肥大が共通してみられる所見であり、重度な錯綜配列が確認される（図I-448A）。

また、心筋層内に存在する血管（小動脈）は、内膜および中膜の肥厚が認められる（図I-448B）。時には血管内腔の狭小化（硬化性変化）が重度な場合には、その周辺の組織に巣状壊死や線維化が認められる[33]。

### ⑥HCMの治療

犬のHCMの治療方法については、詳細な報告はほとんどみられない。猫や人においては、HCMの治療の目標は、拡張期容量の改善やうっ血性症状の改善、圧較差の減少あるいは消失、不整脈のコント

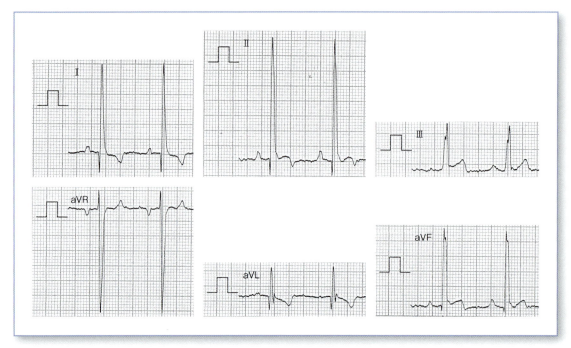

**図Ⅰ-445　肥大型心筋症の心電図**
パピヨン、9歳齢、雄、体重3.6kg。昨年、心雑音を主治医より指摘された。半年前に紹介されて受診。肥大型心筋症と診断し治療中の心電図。不整脈は認められないが、著明なR波の増高、STスラーにより重度な左心肥大が示唆される。

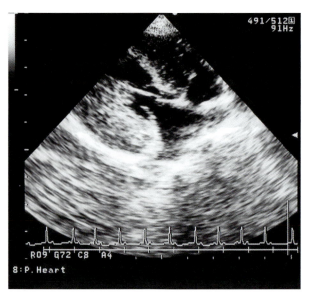

**図Ⅰ-446　図Ⅰ-445と同症例の心エコー所見**
心電図所見と同様に著明な左心室壁の肥厚が確認される。

ロール、さらに突然死の予防であるとされている[34]。

犬のHCMでは、まず左室流出路（LVOT）の動的狭窄の軽減を目的に、薬物療法としてβ遮断薬やカルシウムチャネル拮抗薬などを用いる。人では、動的左室流出路の閉塞に対し、β遮断薬はよく用いられる。その結果、心拍数を減少させ、心室拡張期容量を改善するが、心筋を弛緩させることはない[35,36]。また、うっ血性心不全による肺水腫を合併しているときは、利尿薬を考慮する。

その他に、外科的治療法や、ペースメーカの移植などがあるが、全身麻酔下での実施が必要であり、リスクなどを考慮すると、一般的な方法ではない。

### ⅲ）犬の不整脈源性右室心筋症

不整脈源性右室心筋症（Arrhythmogenic Right Ventricular Cardiomyopathy：ARVC）は、右心室原発の心筋疾患であり、右心室の心筋が脂肪組織や線維性脂肪組織に進行性に置換され[37]、その結果、右心室の進行性の拡張と収縮性の低下をきたし、右室起源の重度な不整脈（心室頻拍）とともに右心不全や突然死を発生する心筋症である。

本症については、Harpsterが1983年にボクサー心筋症との名称をつけて初めて報告した[38]。しかし、その後医学領域で報告されているARVCと極めて類似した疾患であることが明らかになり[39,40]、ボクサーARVC、と呼称されるようになった[41]。

中でもJaoudeらは、右室源性の心室不整脈を長期観察し興味ある結果を報告し、その中で疾患の初

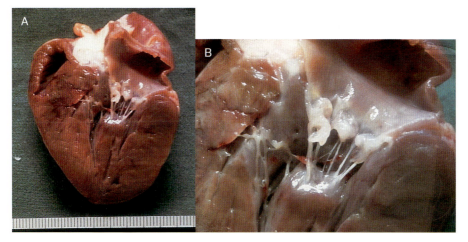

図Ⅰ-447 パピヨン、15歳齢の雌の肥大型心筋症（HCM）の肉眼的所見
A：左心室自由壁と心室中隔の著明な肥大と左心房の拡張が確認できる。
B：拡大像。乳頭筋は、心室壁に付着した状態で異常な形態を示し、僧帽弁尖の肥厚、変形が顕著である。

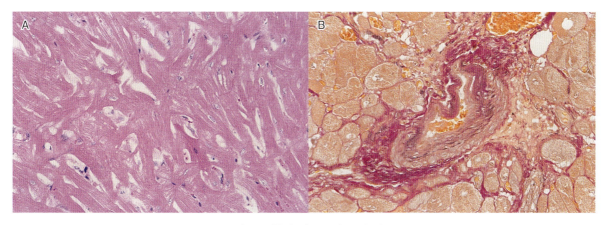

図Ⅰ-448 肥大型心筋症（HCM）の心臓の組織所見
A：心筋細胞は著明に肥大しており、かつ重度な錯綜配列を示している（H-E染色：強拡大）。
B：心筋内の血管（小動脈）は内膜および中膜の細胞性および線維性の肥厚がみられる（Elastica-van Gieson染色：強拡大）。

期では不整脈源性右室疾患を心電図を詳細に解析し、心電図より診断するのは困難であると報告している[39]。また、Funtaineらも、右室の形成異常と心筋症について心電図をからめて報告し、診断的手段としての興味ある所見に触れている[42]。

## 2）猫の心筋症

猫の心筋症については、Liuらにより病理学的な報告がなされるまでは[43,44]、本症で高率に合併する全身性動脈塞栓症の疾患名で報告されていたようである[45-51]。

その理由は、猫の心筋症は高率に腹部大動脈血栓症を中心に、全身性に血栓の発生をみることが後日判明したため、それまでは心筋症と動脈血栓とを関連づけた報告はみられなかったためである。さらに、心筋症と動脈血栓との関連性が報告された後においても、単一な動脈塞栓症としての報告もみられる[52-54]。

猫の心筋症は、犬のそれと異なり肥大型心筋症（HCM）が猫で発生が多く犬ではまれであり、逆に拡張型心筋症（DCM）は犬でよく遭遇するが、猫では比較的まれな疾患とされている[55]。また、犬の心筋症では、ほとんど大動脈血栓症の合併症例は認められないが、猫の心筋症では、腹部大動脈血栓症をはじめ全身性動脈血栓症の合併は、高率に認められる。Liuらの報告では、その合併例は43％であり、さらにタイプ別ではHCMが48％、DCM25％、RCM25％とHCMでの発生例が多いとしている[43]。Harpsterらも、HCMの剖検で約50％の血栓の合併を報告している[56]。また、Lordらは45.8％

とLiuらと同様の報告をしている[57]。それらの数値は、筆者らの血栓併発例54.1%と比較し若干低いものの[58]、いずれにしてもすべてのタイプでかなり高率に猫心筋症に動脈血栓が合併することが示唆される。

以下に猫心筋症の中でも比較的よく遭遇する3つのタイプ、いわゆる肥大型心筋症（Hypertrophic Cardiomyopathy：HCM）、拡張型心筋症（Dilated Cardiomyopathy：DCM）、拘束型心筋症（Restrictive Cardiomyopathy：RCM）について概略を述べる。

### i）猫の肥大型心筋症

#### ①発生と病因

猫の肥大型心筋症（HCM）は、3つのタイプの中では、最も発生率が高く、重度な左心室肥大のために左心室腔が矮小化し、左心室充満に対する抵抗力の増大と拡張機能障害を伴う。

本症の原因は、明確にすべて解明されてはいないが、遺伝的素因が示唆されている。人のそれでは、心筋βミオシン重鎖、心筋トロポニンTやI、さらに心筋ミオシン結合蛋白C、αトロポミオシンなどのサルコメア蛋白をコードする遺伝子の異変が病因として次々に明らかにされている。

猫のHCMにおいても、メインクーンやラグドールで心筋ミオシン結合蛋白C（MYBPC3）の遺伝子変異が報告されている[59-61]。

#### ②品種、年齢、性別

Liuの報告では、3つのタイプの中ではHCMの発生が61.8%と高率であり、次いでDCMが25.7%、RCMが6.7%と報告している[62]。

筆者らの報告では、37例の心筋症猫の28例（75.7%）がHCMのタイプであり、また、その28例の品種構成は、日本猫が17例（60.7%）と多く、次いでシャム5例、ペルシャと雑種が各3例であった[58]。

このことからすれば、遺伝性を除外すれば、特に好発品種は未定である。筆者らの報告は国内での調査であり、たまたま日本猫が多かったとも考えられる。

発症年齢においては、LiuらはHCM128例の平均年齢は6.5歳齢と報告している[15]。一方、筆者らの調査によるとHCM症例では、9ヵ月～10歳齢（平均年齢4歳）であった。また、LiuらはCCM（現在のDCM）（133例）の平均年齢は7.5歳齢であり、RCM（47例）は6.8歳齢と3つのタイプともあまり差がないと報告している[15]。

さらに、性別ではHCMの128例中96例（75%）が雄であったとし、CCM133例中97例（72.9%）、RCM47例中38例（80.9%）と圧倒的にいずれのタイプも雄猫の発生率が高かったと報告している[15]。その他にも同様に雄猫の発生率が極めて高いという報告もある[63,64]。

しかし、筆者らの調査では、調査例数が37例と少数例ではあるがいずれのタイプも雄猫の発生がやや多数であったという程度であった。

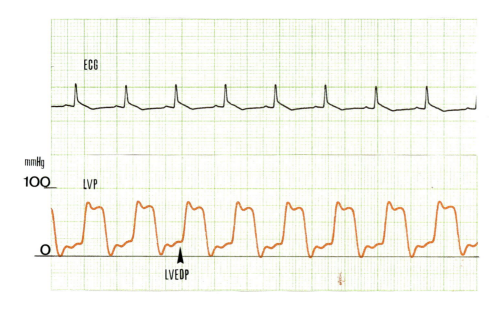

図I-449　心筋症猫の術後の外腸骨動脈分岐部の鞍状血栓摘出術後9日目の心内圧所見

血栓摘出後においてもLVEDP：20mmHgの上昇がみられる。

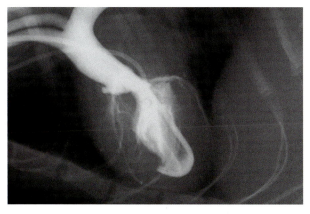

図Ⅰ-450　日本猫、2.5歳齢、雌、体重2.45kgの症例
肥大型閉鎖性心筋症（HOCM）と診断。左心流出路部分に重度な流出路狭窄が確認できる。

③病態生理

HCMでは求心性肥大が顕著となり、左心室内腔が矮小化し、そのため左心室への血液流入が障害され、左心室充満の抵抗性が増大する。結果的には左心室拡張機能障害がもたらされることになる。

このような負荷状態が継続すると、心筋肥大はもちろんのこと心筋の錯綜配列が生じ、さらに心筋は線維化などの器質的変化を起こす。そうなると心筋組織は硬くなり、柔軟性が失われ左心室拡張末期圧（Left Ventricular End-Diastolic Pressure：LVEDP）は上昇する（図Ⅰ-449）。

このことは人の報告と同様な所見である[1,65]。

また、これについては、Liuらが猫心筋症について同様な数値を報告している[15]。

さらに、猫のHCMでは、肥大した心筋により流出路が狭窄しているものを閉塞性（with obstruction）［肥大型閉塞性心筋症：Hypertrophic Obstruction Cardiomyopathy：HOCM］、そうでないものを非閉塞性（without obstruction）［肥大型非閉塞性心筋症：hypertrophic nonobstruction cardiomyopathy］と呼称していた。さらにHOCMは、米国ではその発見者のBraunwaldの命名に従い、特発性肥大性大動脈弁下狭窄症（Idiopathic Hypertrophic Subaortic Stenosis：IHSS）という病名が一般的に用いられてきた。これらのHOCMやIHSSのタイプは猫においても確認される（図Ⅰ-450）。

時には、心筋の肥大した部位により、非対象性中隔肥厚（Asymmetric Septal Hypertrophy：ASH）、心尖部肥大型心筋症（apical hypertrophic cardiomyopathy）などと呼称されることもあった。

仁村らは（1978）、多くの肥大のタイプよりASHとはとらえず、むしろ心臓全搬を通しての不均一肥大としてとらえ、さらに閉塞性も非閉塞性も左心室後壁の肥大様式より連続スペクトルとしてとらえることを提唱している。いわゆる非閉塞性のものを病態として軽度なものととらえ、それらが進行し、肥大の程度が強くなると圧差や肥大型心筋症の特徴的所見とされている僧帽弁収縮期異常前方運動（Systolic Anterior Motion：SAM）などが出現し、僧帽弁前尖が収縮中期に心室中隔の上部に接触することにより左室流出路が狭窄を受け、徐々に肥大型閉塞性心筋症へと移行し、さらに進行すると左室後基部も肥大し対称性肥大になるとした[66]（図Ⅰ-451）。

一方、左心室の求心性肥大が進行するとSAMなどが生じることにより、僧帽弁閉鎖不全症（逆流）が惹起される。そうなると左心房圧の上昇が起こり、間質性肺水腫や、最終的には肺胞性肺水腫を合併することになり咳嗽や呼吸困難に陥る。

また、猫の心筋症ではいずれのタイプでも前述したように、全身性動脈塞栓症（特に腹部大動脈血栓

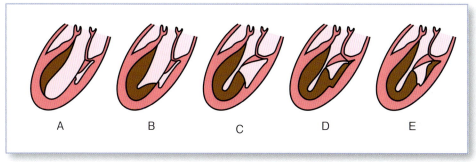

図Ⅰ-451　内腔狭小化を示す肥大型心筋症の連続スペクトル[66]
A、BはASHで非閉塞性、C、D、Eは乳頭筋にも肥大があって、閉塞性である。CはASHであるが、Dは左室後基部にも肥大があり、対称性となる。Eは左室後基部の中にも肥大の不均一性がある。

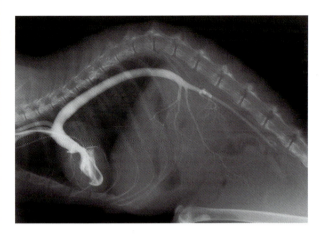

図Ⅰ-452　図Ⅰ-450と同症例：日本猫、2.5歳齢、雌、体重2.45kg
肥大型閉塞性心筋症と診断した心血管造影所見。後腸間膜動脈を含めて血流障害が確認される。腹腔動脈、前腸間膜動脈、左右腎動脈は血流あり。

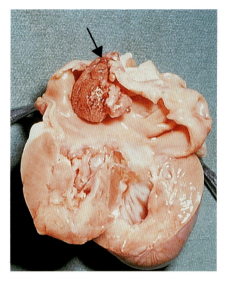

図Ⅰ-453　雑種猫、3.3歳齢、去勢雄、体重4.0kgの症例
約2年前に排尿障害あり。本年春にも発症。昨夜、突然に叫鳴し、コタツから飛び出す。既に両後肢は麻痺していた。内科的処置により翌日より後肢が動くようになり、起立可能にまでなっていたが、第4病日に突然死した。剖検により腹部大動脈内鞍状血栓があり、さらに左心房内にも大きなボール状血栓が確認された（矢印）。左心室壁は著明に肥大し、僧帽弁、乳頭筋も大きく変形している。

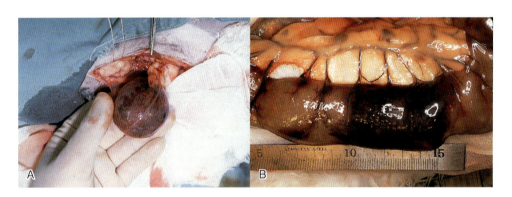

図Ⅰ-454A　日本猫、1歳齢、雄、体重3.0kgの症例
3日前から左後肢に負重をかけ、じっとしていることが多い。食欲も減少し、本日昼過ぎに叫鳴し、排尿した。その後、起立困難となり、前肢でいざるようになった。大腿動脈拍動（－）、爪を切っても出血（－）。膀胱は出血性壊死を呈している。
図Ⅰ-454B　雑種猫、11歳齢、雌、体重3.2kgの症例
朝、突然叫鳴し、後肢を引きずりだしたとのことで受診。しかし、第1病日に死の転帰をとる。写真は結腸の壊死病変。

症）が多発するが、特にHCMではその発生率は他のタイプよりかなり高い（図Ⅰ-452）。腹部大動脈血栓のみならず全身性といわれるだけあって、筆者らの経験からしても、その他に心臓内のボール状血栓（図Ⅰ-453）、壁在血栓をはじめ腎動脈、前・後腸間膜動脈、内・外腸骨動脈、正中仙骨動脈、さらに脳動脈にも血栓塞栓によると思われる神経症状を惹起するものもある。

また、虚血のために膀胱や腸管などが壊死していることもある（図Ⅰ-454A、B）。

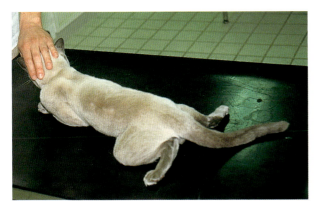

図Ⅰ-455　シャム猫、5.5歳齢、雄、体重3.6kgの症例
昼に突然叫鳴し、その直後より起立困難となり、両後肢弛緩性の麻痺。

図Ⅰ-456　図Ⅰ-455と同症例
股動脈拍動触知不能で、後肢の爪を根本より切断しても出血（－）。

④一般臨床検査所見

　HCMの生前の症状としては、各種検査結果や剖検により心筋症と診断された症例においてまとめてみると、まず食欲不振、元気消失、運動不活発、呼吸促迫、呼吸困難さらに後躯蹌踉や跛行（後肢）などである。中でも腹部大動脈血栓症を併発した症例では突然の叫鳴とそれに伴う後躯麻痺が特徴的である（図Ⅰ-455）。そのような症例では後肢の爪を根本より切断しても出血はみられない（図Ⅰ-456）。

　また、聴診により心雑音やギャロップなどの異常心音が聴取されることが多い。Payneらは、HCMの猫の37％において呼吸困難や頻呼吸、さらに胸部X線検査により肺水腫や胸水を確認したと報告している[67]。

　筆者らの調査ではHCMに限らず心筋症猫で呼吸促迫を呈したものが48.7％、呼吸困難が18.9％であった[58]。

⑤尿検査所見

　HCM（28症例）、DCM（3症例）、RCM（6症例）の計37例の心筋症の猫において、尿検査を実施した8例中6例（75％）が潜血反応陽性であった。その中の1例は肉眼的にも重度の血尿を呈していた。蛋白尿はすべての症例で陽性であった[58]。

　尿検査で潜血陽性を示した猫は、すべて腹部大動脈血栓症の合併例であった。

⑥一般血液検査ならびに生化学検査

　白血球数は、平均21,035/mm³（n=30）と高値を示し、血栓合併例（n=19）の方が血栓非合併例（n=11）より、かなり低い数値を示した。

　PCV値（n=31）は、ほぼ正常値に近い値を示し貧血を呈していた症例は確認されなかった。

　BUN値は、平均32.66mg/mL（n=32）でやや高値を示す程度であり、血栓合併例（n=19）では36.55mg/mLであり、血栓非合併例（n=13）の26.98mg/mL（n=32）よりやや高値を示した。

　GPTでは、血栓合併例（n=11）が280IUと血栓非合併例より高い数値を示した。また、CPKについては1例のみ血栓合併例において50,000IU以上の著明な高値を示していたが、血栓摘出後には正常に復した。

⑦血液凝固系と線溶系検査

　血栓合併例ではPT、APPTの延長がみられ、またFDPにおいては、すべて20～40μg/mLと異常値を示していた。

⑧心音・心電図所見

　程度の差はあるものの、多くのものに収縮期雑音が記録される。特に、流出路狭窄を伴うHOCMではより明確である（図Ⅰ-457）。

　心電図では、HCMに特有な左心肥大所見がすべてにみられるものではなく、むしろ異常所見がみられる症例の方が少ない。しかし、顕著な左心肥大所見や（図Ⅰ-458）、心房細動（図Ⅰ-459）、さらに完全左脚ブロックなどが認められる。

⑨胸部X線検査

　程度の差はあれ、多くの罹患猫は、肺水腫所見を伴っている。特に、動脈血栓合併例では必須所見と

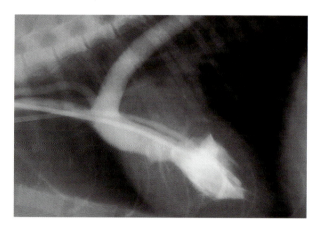

図Ⅰ-464 雑種猫、2歳齢、体重4.1kgの肥大型非閉塞性心筋症における心血管造影所見
この症例は、先ほど突然後肢が動かなくなったという稟告で来院した症例で、各種検査より肥大型非閉塞性のタイプと診断し、急ぎ血栓摘出術にて治癒し、長期生存した症例である。

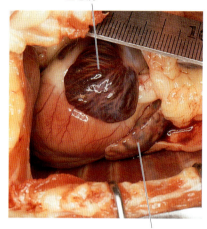

図Ⅰ-465 雑種猫、約11歳齢、雌、体重3.2kgの肥大型心筋症の剖検所見
両心房（特に左心房）は大きく拡大している。

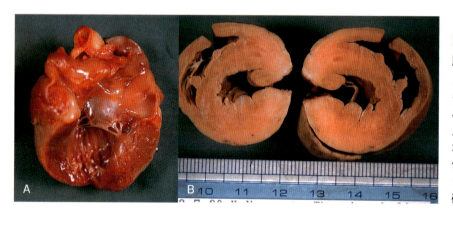

図Ⅰ-466 図Ⅰ-465と同症例の心臓の肉眼的所見
A：左心室壁の重度な肥大と左心室腔の狭小化が確認された。B：固定後の心臓横断面。左心後壁厚は、10mm以上に肥大している。
本症例は、外腸骨動脈分岐部より中枢側に長さ6cmの血栓が閉塞しており、膵臓、小腸、大腸の出血性壊死が確認された。

⑫病理学的所見

HCMの心臓肥大は、求心性肥大が主であり、心臓全体が特に著明に拡大しているわけではない。心拡大の程度はまちまちであるが、両心房（特に左心房）の拡張が顕著なこともある（図Ⅰ-465）。時に左心房内にボール状血栓がみられることもある（図Ⅰ-453参照）。図Ⅰ-465、466A、Bは、肥大型心筋症猫の同一症例の剖検所見であるが、両心房の拡張と左心室壁・中隔の求心性肥大が確認される。症例によっては、左心室腔がさらに狭少化しているものもある（図Ⅰ-467）。

組織所見においては、全症例において心筋の錯綜配列が確認される（図Ⅰ-468）。さらに、肥大錯綜した心筋細胞には、しばしば孤立性、散在性あるいは巣状の壊死や線維化が確認される（図Ⅰ-469）。

⑬治療

HCM猫の治療は、症状が軽度な段階と、うっ血性心不全に陥った段階、さらに突然に全身性動脈血栓症（主に腹部大動脈血栓）を併発した段階に分類してまとめた方が理解しやすいと思われる。しかし、いずれの場合も未だ定説もなく難治性の場合がほとんどである。特に、血栓症を合併した場合の予後はかなり悪い。筆者らは各タイプの心筋症に動脈血栓症を合併した症例の予後を報告している[58]。それによると14例において血栓摘出術は実施したものの、術後5日以上生存したものは6例であり、そのうち4例は術後21日目～7ヵ月で安楽死となり、術後合併症もなく長期生存したものは2例のみであ

図Ⅰ-467 雑種猫、10歳齢、去勢雄、体重4.5kgの肥大型心筋症の心臓標本
左心室後壁、心室中隔とも重度に肥大し、左心腔の狭小化が重度。

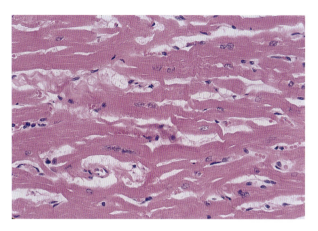

図Ⅰ-468 肥大型心筋症猫（図Ⅰ-465と同症例）の心臓の病理組織所見（中隔）
心筋細胞は肥大し蛇行錯綜配列。

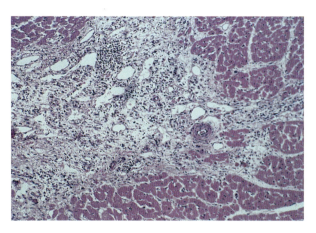

図Ⅰ-469 雑種猫、1.3歳齢、雄、体重2.0kgの肥大型心筋症の病理組織所見
広範囲にわたる線維化がリンパ球や形質細胞を伴ってみられる。

った。

・症状が軽度な段階での治療

HCMとしての明確な症状を現していない段階で、HCMと診断される症例は少なく、何らかの他の疾病の受診時にたまたま発見されることが多い。

このステージでの治療の目的は、いかに心筋の肥大を抑制し、うっ血性心不全への移行を防ぎ、予後の悪い動脈血栓の併発を防止するかである。

心筋肥大を抑制・改善する目的では、カルシウムチャネルブロッカー（ジルチアゼム）などがあり、Brightらは臨床症状を有する17頭のHCM猫にプロプラノロール、ジルチアゼムさらにベラパミルを投与し、ジルチアゼムで治療した12頭の猫で症状が消失し、副作用は全くなかったとしている[68]。さらに、X線上で肺うっ血が改善し、心エコーで左心房の縮小、左心室の拡張機能の改善を報告している[68]。その場合のジルチアゼムの投与量は2.5mg/回、経口投与で1日3回投与された。

ジルチアゼムは、陽性の変弛緩作用、さらに冠血管拡張作用を有していることからすれば頷ける結果でもある。

その他に、従来よりβ遮断薬（プロプラノロール、アテノロール）、ACE阻害薬（エナラプリル）が使用されてきた。

Rushらは、19例のHCM猫にエナラプリルを投与し、長期にわたりその効果を心エコーで観察し、左心房径の減少をはじめ左心室壁、中隔壁厚の減少を報告している[69]。

また、清水らは心筋症ハムスターを用いて、$AT_1$受容体拮抗薬によるキマーゼの変化と心筋線維化に対する作用を検討し、短期投与の場合は、キマーゼによる心筋線維化作用よりも$AT_1$受容体拮抗薬による心筋線維化抑制作用の方がより顕著であったと報告し、その効果を示唆している[70]。

今後は、$AT_1$受容体拮抗薬であるカンデサルタンや、浮腫の原因となるナトリウムの再吸収を抑制する抗アルドステロン（スピロノラクトン）などの使用も考慮すべきである。

・うっ血性心不全に陥った段階での治療

うっ血性心不全を併発したHCM猫では、心臓の

**図Ⅰ-470　猫の肥大型心筋症に合併した血栓**

A：雑種猫、6歳齢、雌、体重4.35kg。先ほど、外より帰って来たが、両後肢を引きずっている。肥大型心筋症と診断し、緊急手術にて血栓摘出。血栓は赤黒く軟らかい。挟むと容易に離断する。本症例は、術後長期生存。

B：雑種猫、2歳齢、雄、体重4.45kg。朝から外出していて夜帰宅するも後肢が立たないとのことで受診。肥大型心筋症の診断のもと、直ちに血栓摘出手術を実施。血栓は器質化し、硬く、表面に赤色血栓が付着。

求心性肥大が進展し拡張機能が障害を受けることにより低心拍出症候群に陥ることになり、運動不活発や元気消失などの低血圧症状を示すことになる。そうなると食欲不振にもなり、循環血液量の減少、いわゆる前負荷の低下の病態になる。肺水腫による呼吸器症状が出現していない場合は、低張液である輸液を実施し、血行動態を回復し、さらにドブタミン、ドパミン、ピモベンダンなどの強心薬の使用も考慮すべきである。

- **全身性動脈血栓症を併発した段階での治療**

　心筋症のいずれのタイプでも、程度の差はあれ血栓症を併発する確率の高いことは前述した通りである。

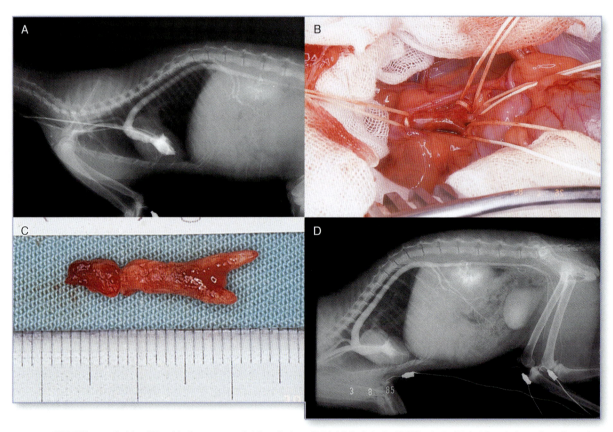

**図Ⅰ-471　雑種猫、2歳齢、雄、体重4.1kg。突然、自宅で後肢が麻痺した状態になり起立ができないということで受診**

A：初診時の心血管造影所見。各種検査結果より肥大型非閉塞性心筋症と診断し、外腸骨動脈分岐部の鞍状血栓により血流は障害を受けている。直ちに血栓除去手術を実施。

B：手術中の開腹所見。血管の中枢側と末梢の血管のそれぞれに血行遮断テープを掛けたところ。血栓塞栓部位は、触診でも硬くなっており、その部位の血管は黒ずんでいる。

C：摘出した器質化した血栓。触るとコリコリとして硬く、表面に赤色の血栓が付着している。各種処置（本文参照）の後に、血管縫合をし終了する。

D：血栓摘出術後104日目の心血管造影所見。初診時に認められた血流障害は認められなくなり、両後肢にも血流が再開している。本症例は長期生存。

血栓塞栓部位は、主に腹部大動脈の左右の外腸骨動脈分岐部が多く、その場合はほとんどが突然の発症で、罹患猫は突然大きな声で叫鳴し、後肢（時に片側性）が弛緩性麻痺に陥ることになる。その場合の血栓の形態はまちまちであり、軟弱な赤色血栓の場合もあるし、時には器質化した硬い血栓の場合もある（図Ⅰ-470）。

最近ではエコー検査により血栓を描出し、モヤモヤとした赤色血栓状であれば、直ちに血栓溶解療法を実施してみる。

使用する薬物は、血栓溶解薬のウロキナーゼを静脈内投与する。

ただ、猫における投与量は明確でないが、人の場合には高用量が推奨されている。突然に発症したものでも、器質化した血栓が示唆される場合には、急ぎ開腹下での血栓除去か、大腿動脈からのバルーンカテーテルで除去する方法がある。医学領域では血流再開後のRevascularization Syndromeを考慮する必要があるとされている[71]。

このメカニズムは、大量の筋肉が血栓などで急性に虚血に陥ると壊死した筋細胞よりミオグロビン、CPK、Kなどが大量に流出し、血流を再開することによってミオグロビン-ネフローゼによる腎不全と高K血症により心停止などが惹起されるというものである。

よって筆者らは、器質化した血栓症例では開腹下に中枢と下位で血流遮断をし、血栓摘出後はすぐに血流を再開するのではなく、動脈の側を走行している大静脈を分離、血行遮断をし、血流再開後の滞っていた血液をしばらく放出する。その後、損傷を受けている血管内膜保護のために動脈側より高濃度のヘパリンを末梢血管に注入し、数分間温存する方法をとっている（図Ⅰ-471）。

### ⅱ）猫の拡張型心筋症

#### ①発生と病因

猫の拡張型心筋症（DCM）も犬のそれと同様に左心室腔の拡張（遠心性肥大）を特徴とし、その結果、心筋の収縮機能が低下し、最終的には拡張機能も低下し、重度のうっ血性心不全に陥ることになる。

以前は、猫のDCMも比較的多く発生していたが、その中には現在では原因が判明し、DCMから除外されているタウリン欠乏などによる心肥大も含まれていた。しかし、原因が判明したために、これらのものは二次性の心筋症に分類されたため、現状はRCMの方がHCMに次いで多く発生している。

筆者らの報告でもRCMの方がDCMの倍の発症率であった。

#### ②好発品種、年齢、性別

DCMではHCMのような遺伝性などの報告もなく、好発品種も確認されていない。発症年齢は、筆者らの経験では、4ヵ月～13歳齢（n＝6、平均6歳齢）であった。また、性別はすべて雄であったが、症例数が少数であったため確定的ではない。

#### ③病態生理

DCMでは、左心室腔の拡張が生じ（遠心性肥大）、収縮機能障害が惹起されることになる。その結果、短縮率（FS）が低下することになり、左心室収縮末期径（LVDs）が増大し、心拍出量（CO）が低下するとともに、左心室拡張末期圧（LVEDP）は上昇し、最終的にはうっ血性心不全をきたすことになる。

#### ④一般臨床検査所見

DCMでもHCMのタイプと類似の臨床症状をとることが多い。いずれのタイプの心筋症でもいえることであるが、特に動脈血栓症を併発したものでは、後肢の麻痺をはじめ、起立・歩行困難、呼吸促迫、開口呼吸、呼吸困難などを呈することになる。

尿検査においてもHCMと同様であり、一般血液検査、生化学検査においてもDCMの特異的な結果は認められなかった。

#### ⑤心音、心電図検査

聴診により収縮期性雑音が聴取され、程度の差はあるもののほとんどの症例において心音図でも記録される。

また、心電図でもHCMと同様で心房細動や心室期外収縮などが確認される。

#### ⑥胸部X線写真

DCM、HCM、RCMの3つのタイプの猫心筋症の中でもDCMが心胸郭比において85～92％と最大であり、いずれのタイプでもDV像で"バレンタインハート"とラテラル像で"ヘタ付きドングリ様"

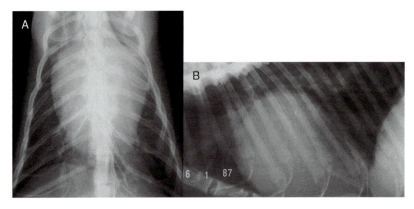

図I-472 拡張型心筋症（DCM）と診断した雑種猫、13歳齢、雄、体重4.5kgの生前の胸部X線所見
A：DV像での心胸郭比は92%と著明な拡大を示し、特に左右心房の拡張により典型的なバレンタインハートの形態をとる。
B：ラテラル像。DV像同様、心拡大が重度で、肺野も不鮮明にして肺水腫による空気-気管支造影像が確認される。また、左右心房の拡張より"ヘタ付きドングリ様所見"も確認できる。

所見が明瞭に確認される（図I-472）。

⑦超音波検査

DCMにおいても超音波検査は有用であり、心臓の長軸像でも短軸像でも明確に重度な左心室腔の拡大と心室壁の菲薄化が確認できる。

さらに、心臓の動きを収縮機能、拡張機能より確認することができる。

⑧病理学的所見

DCMの心臓肥大は、遠心性肥大が主であり、左心室腔は重度に拡大しており、さらに左心室壁は菲薄化し、いずれの部位も数mmの厚さである。また、乳頭筋、腱索も異常な形態を示すことが多い（図I-473）。

また、組織学的所見では、DCMに特異的な病変が存在するわけではないが、やはり心筋細胞の配列異常（錯綜配列）や（図I-474）、心筋細胞が細くなり、波状になっている部分もある（図I-475）。

また、心筋の変性や、置換性の心筋線維化なども確認される。

⑨治療

DCMの症例では、受診したときには既に動脈血栓症の突然の併発で後肢での起立困難や呼吸促迫、呼吸困難などを呈しており、時にはうっ血性心不全が急激に悪化し、受診することが多い。

よって、まず処置としては、うっ血性心不全によ

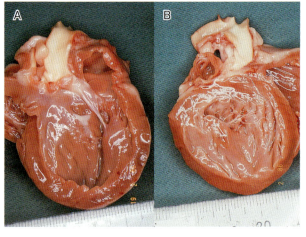

図I-473 拡張型心筋症の心臓肉眼的所見（シャム猫、5歳齢、去勢雄、体重7.6kg）
左心腔は重度に拡大しており、心室壁も3〜4mmと菲薄化している。
A：左心室を長軸に切開し中隔側をみた図。乳頭筋も心室壁に付着した状態で、腱索とともに異常な形態である。
B：左心室を長軸に切開し自由壁側をみた図。やはり乳頭筋および腱索はAよりさらに異常な形態である。

る呼吸器症状の改善とともに、血栓合併例ではHCMの場合と同様の処置をとる。まず急ぎ酸素投与下で血管を確保し、強心薬（ドブタミン、ドパミンなど）や利尿薬（フロセミド：ラシックス）の投与を試みる。受診時に興奮状態にあれば当然、アセプロマジンやブトルファノールにより鎮静処置も実施する。さらに、重度な不整脈（特に心室頻脈な

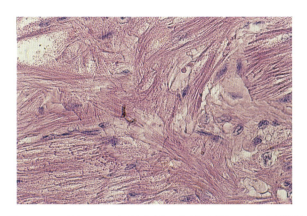

図Ⅰ-474　図Ⅰ-472と同症例の心臓中隔の病理組織所見（H-E染色、10×40）
HCMと同様に錯綜配列が重度であるが、心筋細胞自体の肥大は認められない。

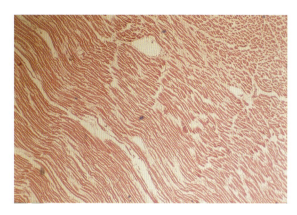

図Ⅰ-475　図Ⅰ-473と同症例の心臓（自由壁）の病理組織所見（H-E染色、10×4）
心筋細胞の横断面では、細胞の大小不同所見が確認される。また、縦断面では、心筋線維が波状になって走行している。

ど）を併発している例では、リドカインなどの抗不整脈薬の投与も実施する。

　時に、うっ血性心不全が徐々に悪化したものでは、胸水も貯留している場合がある。その場合は、排液後は、カテーテルを胸腔内に留置し、必要に応じて継続的に排液する処置をとる。また、緊急事態を脱したとしても、治癒することはないので引き続き強心・利尿処置はもちろんのこと、ACE阻害薬（エナラプリル、ベナゼプリルなど）の投与も考慮する。

　さらに、うっ血性心不全が程度の差はあれ存在する場合は、強心薬（ジゴキシン、ピモベンダンなど）も考慮する。ただ、注意を要することは猫にとってジゴキシンは適応範囲が狭いということがある。ピモベンダンについては、その効果が期待できるかもわからない[72]。

　また、DCMと診断した中に、タウリン欠乏によるものが含まれている可能性があるので、タウリンの血中濃度測定も考慮すべきであり、欠乏が確認された場合は、タウリンを補給すべきである。

ⅲ）猫の拘束型心筋症
①発生と病因
　RCMは、1978年のWHO/ISFCの合同委員会において、それまでの内腔閉塞型（Obliterative）は、RCMの進展した病態としてとらえることができるとし、RCMのタイプとして扱うことになったものである。

　RCMは、心内膜が著明に肥厚・硬化したもので、多くのもので壁在血栓（器質化）を合併している。その結果、心内膜は僧帽弁の腱索などを巻き込み、弁の短縮を生じて僧帽弁閉鎖不全症を惹起することになる。また、心室拡張が制限を受けるために左心室への血液流入が障害を受け、結果的に心拍出量の減少をもたらす。

　病因としては諸説あるものの未だ明確ではない。現在、示唆されている病因としては、心内膜の炎症性病変の修復機序としてもたらされた病態ではないかとか、ウイルス性の感染、免疫介在性疾患などをとりあげる報告も認められる[64,73]。

　また、RCMは後述する心内膜心筋線維症（EMF）や心内膜線維弾性症（EFE）、さらに過剰調節帯（EMB）などの特発性心筋症の類縁疾患などと類似の病態をとる部分もある。

②好発品種、年齢、性別
　RCMにおける好発品種は定かではないし、遺伝性についての報告も認められない。筆者らのRCM8症例もシャム、チンチラ、日本猫、雑種猫などと雑多である。また、発症年齢については、筆者らの調査では1〜15歳齢（n＝8、平均5.5歳齢）であり、性別では雌、雄が半ばであった。

　Ferasinらの報告では、RCMの平均年齢は7歳齢前後（n＝22）で雄が73％であったとしている[72]。

③一般臨床検査
　RCMでも他のタイプの心筋症と同様な臨床症状

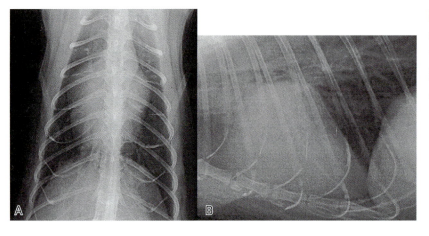

図Ⅰ-476 心エコー検査などで拘束型心筋症（RCM）と診断した症例（チンチラ、8歳齢、雌、体重4.3kg）の胸部X線所見。両心房の拡大が著明である。
A：両心房の拡張が重度で典型的な心筋症特有の"バレンタインハート"の所見を呈している。
B：心拡大が重度で、併せて両心房の拡張のため"ヘタ付きドングリ様"所見を呈している。一部液体の貯留も示唆される。

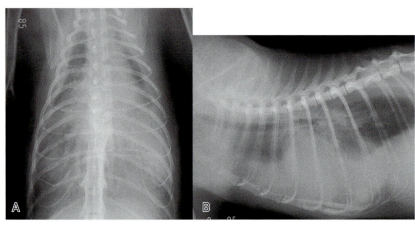

図Ⅰ-477 拘束型心筋症で腹部大動脈血栓症を併発し、急ぎ血栓摘出術を実施し、長期生存が可能であった症例（シャム猫、5歳齢、雄、体重3.6kg）
A：再診時の胸部X線所見（DV像）。術後495病日に、昨日から呼吸が荒く元気がないとのことで受診。胸部X線検査で胸腔内貯留液を確認。胸腔穿刺術にて仮性乳び液を200mL抜去。
B：Aと同症例のラテラル像。かなりの量の液体が確認される。乳びを抜去後、呼吸は平静となり元気出現する。

をとることが多い。それらは、元気消失、食欲不振であり、さらに多くのものが呼吸器症状を示している。特に他のタイプと同様に動脈血栓症を併発したものでは、後躯麻痺をはじめ、症状は突発的であり、かつ重症である。

④尿検査、血液検査、生化学検査

いずれの検査においてもRCMの特異的所見は確認されていない。むしろ明確に3つのタイプに共通する所見は尿検査における潜血陽性の所見である。

⑤心音・心電図検査

RCMに特異的な所見は認められないが、心雑音や脚ブロック、心房細動や心室性不整脈などが確認されることが多い。中でも脚ブロックは、他のタイプではあまり認められることはない。

⑥胸部X線検査

他のタイプと同様に心拡大が確認され（図Ⅰ-476）、さらに乳びや胸水などの貯留液が認められることがある（図Ⅰ-477）。

⑦心血管造影検査

超音波検査同様に、心血管造影によってもRCM

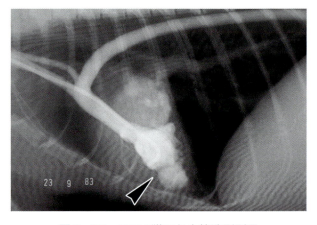

図Ⅰ-478 RCM猫の心血管造影所見
症例は図Ⅰ-477と同症例であり、心血管造影と超音波検査でRCMと診断。左心室腔は、心内膜の線維性肥厚と思われる増殖物により上下に2分割されており、心尖部側は造影剤が十分に侵入していない（矢頭）。また、僧帽弁逆流があり、左心房は拡大し、血液の逆流がみられる。本症例も外腸骨動脈分岐部で血栓が閉塞している。

の診断は可能となる（図Ⅰ-478）。

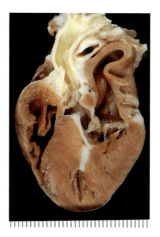

図Ⅰ-480 拘束型心筋症（RCM）の肉眼所見（雑種、4歳齢、雌、体重3.6kg、）左心室壁は重度に肥大し、左心房は拡張、さらに、中隔と左心室自由壁が癒合し、腔内が2分割されている。乳頭筋、僧帽弁も大きく変化し、左室流出路も障害を受けている。

⑧超音波検査

猫の心筋症の3つのタイプの中でも、特にRCMの診断に際しては、超音波検査は有用となる。その理由は無侵襲で形態的な評価ができることにある（図Ⅰ-479）。

⑨病理学的所見

心臓は中等度に拡大していることが多く、左心房はいずれも大きく拡張している。左心室腔の心内膜は著明に肥厚して腔内を大きく占拠し、あるいは中隔と自由壁が癒着し腔内を2分割していることがある。さらに、触ると心臓自体が硬く感じられ、特に心内膜側の増殖部分は硬結している（図Ⅰ-480）。

さらに、組織学的所見では、肥厚した部分は膠原線維層からなり、硬化した部分には軟骨化生や骨化生を伴っていることがある。このような線維性結合組織の増生は、心内膜下の心筋層にまで波及し、さらに心筋線維下にも関係している。また、心筋層内の小動脈にも血管内膜における増殖像が散見される（図Ⅰ-481）。

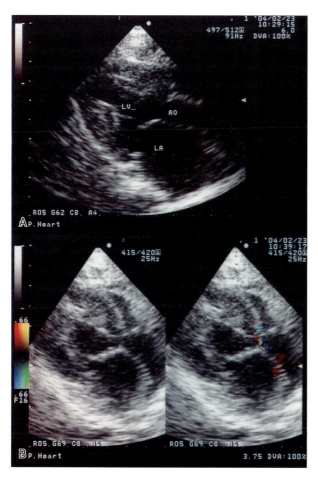

図Ⅰ-479 RCMと診断した猫（チンチラ、8歳齢、雌、体重3.6kg）の超音波所見（長軸断層像）
A：左心房は著明に拡大し、左心室腔は極めて狭小化し、不整形である。
B：大動脈下部の中隔が肥厚突出し、心内膜側や僧帽弁が硬結のためか高エコーを呈している。Aと同様に左心室腔は線維性増殖物により狭小化している。

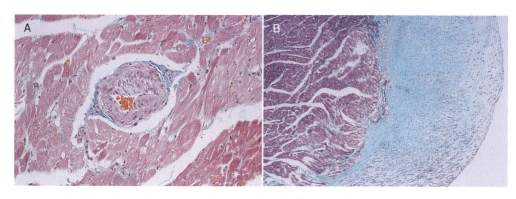

図Ⅰ-481 図Ⅰ-480と同症例の組織所見（トリクローム染色、弱拡大）
A：心筋内の小動脈の内膜も平滑筋が増生し、狭小化している。
B：右側が心内膜であるが、線維性増殖が重度である。一部は心筋層内にまで波及している。

図Ⅰ-482　胸水、腹水貯留がみられた6.5歳齢、雌、日本猫の心臓標本

左心、右心ともに肥大は確認されないが、左心室内腔は、心内膜よりの増殖物により閉塞されており、心尖部は独立した小室を形成している。組織学的には、心内膜および心筋層に及ぶ重度な線維化が確認された。

⑩治療

　RCMの治療においては、その病態が複雑でかつ器質的変化がみられるため、現状での治療方法は確立されていない。しかし、うっ血性心不全や血栓合併例では他のタイプと類似の治療方法が奏効することがある。

## ■ 2　心内膜心筋線維症

　心内膜心筋線維症（Endomyocardial Fibrosis：EMF）は、うっ血性心不全症状を呈する進行性の疾患である。心内膜線維弾性症（Endocardial Fibroelastosis：EFE）と同様に心筋症の類縁疾患の1つとされている。特に、猫の拘束型心筋症（Restrictive Cardiomyopathy：RCM）と類似点が多いことから、RCMと同義語とされることもある[74]。

### 1）病態と病因

　左右心室壁および中隔ともに肥大は顕著ではないが、左心室側の流入、流出路および心内膜側に不整形な増殖物が発達し、房室弁閉鎖不全を併発していることもある。さらに、心室拡張不全および心室内腔閉塞による血液の流入障害を伴う、いわゆる拡張機能不全を惹起することになる。その結果、うっ血性心不全症状は進行性である。時に心内膜に血栓が生じ、動脈血栓塞栓症を合併する。いずれにしても、心筋中層におよぶ重度な線維化が確認される（図Ⅰ-482）。

　人での本症は、アフリカでの発生が多く、熱帯環境下におけるマラリアやウイルス感染、さらに免疫異常、栄養障害などの関与、またバナナ中に含まれる5-hydroxytryptamineによる一種のカルチノイド心疾患とする考えもあるが、その病因は明確ではない。

　猫の場合もその病因は不明であるが、人と同様に感染性疾患が基礎にあり、免疫機序や栄養障害などの因子の関与が示唆されている[75]。

### 2）臨床所見

　うっ血性心不全に関連した呼吸器症状が主であり、時には、胸水・腹水貯留がみられ、呼吸困難を伴うことがある。発症すると病態は急速に悪化する。

### 3）診断

**胸部X線検査所見**：心拡大を伴うことがあり、肺水腫、胸水貯留所見が確認されることもある。

**心エコー検査所見**：Bモード断層像により、異常な左心室腔内の増殖物が確認される。

### 4）治療

　他のうっ血性心不全症例と同様に、強心薬などによる対症療法にて対応する。一般的な対症療法にて、初期反応は認められるが、病態は進行性であり、予後は不良である。

## ■ 3　心内膜線維弾性症

　心内膜線維弾性（Endocardial Fibroelastosis：EFE）は、左心房、左心室の心内膜層に弾性線維および膠原線維の組織が増生し、一部は弾性線維が心筋層にまで達している病態の疾患である。EFEでは、肥厚した心内膜のために、心臓内面は広範囲に白色化している（図Ⅰ-483、484）。主に左心室が侵されることが多い。従来は、心筋症の1つのタイプとして分類されていたが、現在では類縁疾患として位置づけられている。これまでに、Eliotらをはじめ、犬猫などにおいて多くの報告がある[76-78]。

　一方、我が国でもいくつかの猫や犬における報告がみられる[79-81]。Lombard CWらは、犬の4頭におけるEFEを詳細に報告している[82]。また、EFEは医学領域においても新生児から幼児期にかけて発生することが多く、心内膜線維弾性症は心筋疾患の

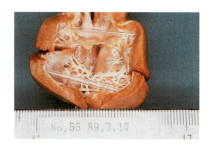

図Ⅰ-483 過剰調節帯および僧帽弁奇形を伴う猫の心内膜線維弾性症の心臓標本

症例は、日本猫、2ヵ月齢、雌、体重900g。稟告として、昨日まで異常はなかったが、本日朝より食欲もなく、徐々に呼吸促迫、呼吸困難を呈し、初診時は既に横臥状態だった。同日夜、死の転帰をとる。左心内膜面は、白色化している。

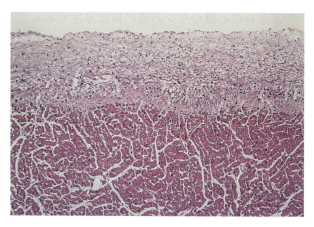

図Ⅰ-484 図Ⅰ-483と同症例の組織学的所見

左心室心内膜は、膠原線維と弾性線維の増殖により、びまん性に肥厚し、その線維の一部は心筋線維内にまで及んでいる。

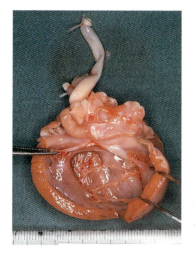

図Ⅰ-485 日本猫、4ヵ月齢、雄、体重1.15kgの心臓標本

左心室は拡張しており、乳頭筋および僧帽弁の奇形を伴い、重度な僧帽弁狭窄および閉鎖不全を呈している。心内膜は、白色化を呈している。

中でも最も発生頻度が高いとされている[83]。

## 1）発生要因と病態

人のEFEは、左心室の大きさにより拡張型と収縮型があり、さらに前者の拡張型では、原発性と続発性があり、実際、犬や猫の臨床例の報告でも、明白な僧帽弁形成不全（図Ⅰ-483参照、485）や動脈管開存症（図Ⅰ-486）、大動脈弁下狭窄症がみられることから、それらの心負荷のかかる疾患に続発していることが示唆されている。

また、犬において心臓に分布するリンパ管を結紮することにより、実験的に本症を作出することができるという報告からすれば[77]、心筋層全体が影響を受けることが理解できる。

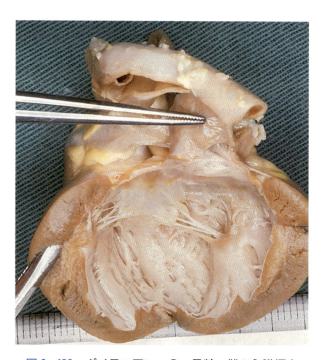

図Ⅰ-486 ポメラニアン、3ヵ月齢、雌の心臓標本

本症は、動脈管開存症を伴う二次性のEFEで、左心室は球形に大きく拡張し、乳頭筋も変形し、心内膜表面は磁器のように光沢のある白色を呈している（固定後）。

また一方、バーマン猫における本症は、幼齢で心内膜の浮腫と線維芽細胞との増生から始まり、次いで左心室腔の拡大と心内膜の肥厚がみられ、剖検により心内膜と心筋接合部における拡張した毛細リンパ管に加え、顕著に肥厚した膠原線維と弾性線維が確認されることから、原因は遺伝的という報告もあ

第Ⅰ章 心血管系

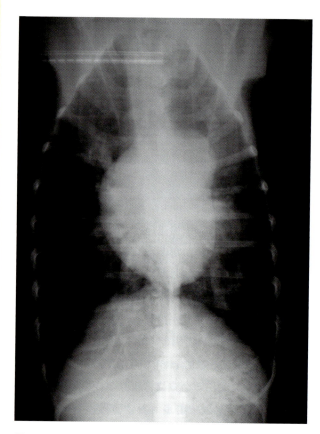

図Ⅰ-502A　X線胸部背腹像　主肺動脈の2時方向への拡大（写真提供：髙島一昭先生）

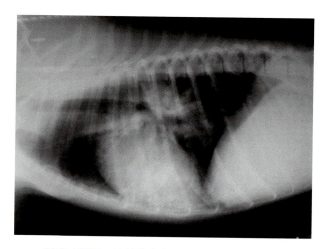

図Ⅰ-502B　X線胸部側面像　肺動脈の拡大（写真提供：髙島一昭先生）

## 2）X線所見

　早期の心臓糸状虫症では、胸部X線所見に異常はみられない。特徴的には、右心室の拡大、後大静脈の拡大、主肺動脈の突出、肺動脈の拡張、蛇行および末梢の切り詰め像がみられ、特に後葉で顕著にみられる（図Ⅰ-502A、B）。肺動脈は、DV像では後葉の肺動脈が第9肋骨と交叉する部位で肋骨より太い場合、側面像では右前葉の肺動脈が第4肋骨と交叉する部位で、第4肋骨の最も細い部位より太い場合は異常と考えられる[6]。肺では、梗塞、肺水腫、肺炎、肺線維化などが疑われる斑状の間質あるいは肺胞の浸潤像がみられる。

## 3）心電図所見

　初期には正常であるが、進行すると右室拡大に伴う右軸偏位や不整脈がみられる。右房拡大によるP波の増高がみられることもある。進行した症例では、上室期外収縮あるいは心室期外収縮などの不整脈や、右脚ブロックなどの刺激伝導異常のみられることがある。

## 4）超音波所見

　右心室および右心房の拡大、右室肥大、心室中隔の奇異性運動、左室の狭小化、肺動脈の拡大、肺動脈弁および三尖弁の逆流などがみられる（図Ⅰ-503、504）。後葉肺動脈の近位に心臓糸状虫を描出することができるかもしれない。心臓糸状虫は、まれに大静脈から右心房、右心室にみられる。大静脈症候群では三尖弁付近を中心として、大静脈から右心室にかけて心臓糸状虫が確認され、画像では白点あるいは白線状としてみられる（図Ⅰ-505）。胸水、心嚢水、腹水がみられることもある。

## ■ 6　心臓糸状虫に対する成虫駆除

　薬物による成虫駆除は、腎不全、肝不全、ネフローゼ症候群のある症例には勧められない。死滅虫体は、肺動脈内に栓塞することから、程度の差はあれ、成虫駆除後には肺血栓塞栓症がみられる。大静脈症候群では、虫体を摘出しない限り、成虫駆除は実施しない。

### 1）メラルソミン

　イミトサイド®は、メラルソミン二塩酸塩を主剤とするヒ素剤で、心・肺に移行した未成熟虫および成虫に効果がある。L3～L5の腰部の筋肉内に深く刺入して注入する。筋肉内に確実に注射する必要があり、皮下や筋膜間の組織に漏れると強い刺激が生じ、激しい疼痛や炎症の原因となる。大腿部の筋肉群には筋膜間組織が多いことから、この部位への

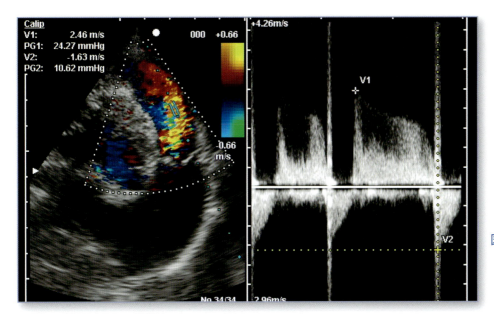

図Ⅰ-503 心エコー検査 肺動脈弁領域の逆流（写真提供：髙島一昭先生）

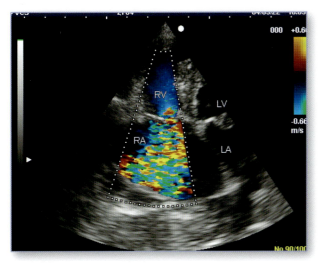

図Ⅰ-504 心エコー検査 三尖弁領域の逆流（写真提供：髙島一昭先生）

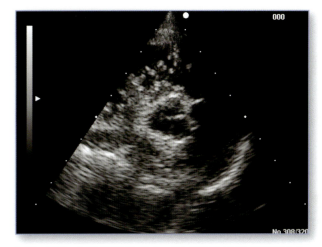

図Ⅰ-505 右心室内の成虫 白点あるいは白線状として見られる（写真提供：髙島一昭先生）

注入は避けるべきである。筋肉内の薬剤は速やかに吸収される。チアセトラサマイドよりも5倍の効果持続時間があり、代謝物は血漿中に遊離されることから、より効果的に駆除できる[18]。代謝産物および代謝されなかった薬剤は糞便中に排泄され、代謝産物の一部は尿中にも排泄される。血栓塞栓症、肺高血圧症になる危険性は、チアセトラサマイドよりも低いとされている[6]。

イミトサイド®の使用説明書によれば、2.2mg/kgの筋肉内投与を3時間間隔で2回行う。100頭に行った臨床試験では、病勢の進行していた18頭中6頭が死亡している。駆除された虫体は肺動脈に栓塞することから、駆除後は4～6週間安静とし、必要に応じて対症療法を行う。4ヵ月後に免疫学的検査を行い、陽性であれば再治療を行うことができる。

軽度～中等度の病態に対して2.5mg/kgの筋肉内投与を24時間間隔で2回行う方法がある。元気消失、食欲減退、発熱、発咳、注射局所の疼痛・腫脹、歩様異常がみられるかもしれない。時に、呼吸促迫、呼吸困難、下痢、嘔吐、振戦、失神、流涎を起こすことがある。局所反応は通常、軽度から中等度で、4～12週以内に治癒する。硬結として残ることがある。抹消の神経学的合併症を伴う激しい反応が発生したとの報告もある[19]。

メラルソミンの安全域は狭く、過剰投与は、致死的な肺炎、肺水腫を引き起こす場合がある。虚脱、

重度の流涎、嘔吐、呼吸困難、昏迷などがみられるかもしれない。中毒症状には、ジメルカプロール3mg/kgの筋肉投与を行うが、殺虫効果も消失する[6]。

## 2）チアセトラサマイド

2.2mg/kgを1日2回、2日間静脈内投与する。注射の間隔は、少なくとも1時間以上あける。腐食性が強く、皮下に漏出すると激しい炎症および壊死を起こす。

投薬後の嘔吐はよくみられる症状で、他に症状がなくて食欲が良好であれば、治療を継続できる。継続する嘔吐、食欲不振、黄疸がみられれば、すぐに治療を中断する。

ヒ素の解毒および排泄は、肝臓および腎臓によるため、腎機能障害のある犬では投与しない。急な沈うつ、食欲不振、頻回な嘔吐、黄疸、発熱、下痢などは、ヒ素による肝臓および腎臓の障害時にみられ、死亡することもある。

薬剤による毒性は、第1週にみられる。肺動脈血栓塞栓症は、投与後5～30日に生じ、発熱、呼吸数増加、咳、元気消失といった症状がみられる。3週間以上の厳格なケージ内安静と対症療法が必要とされる[11,16]。

## 3）間欠的チアセトラサマイド療法

6ヵ月ごとにチアセトラサマイドの治療量を投与すると、心臓糸状虫が小さく、顕著な病理学的および臨床的徴候を引き起こす以前に駆除できる[16,20]。しかし、駆除の回数が増加すれば、肺および肺動脈の病変は、集積的に悪化する可能性があり、予防目的での実施には問題がある。

## 4）イベルメクチン

イベルメクチンの予防薬を毎月1回15～16ヵ月の間投与すると、50％以上の成虫が減少し[21]、30ヵ月投与するとほぼ100％の駆除が期待できる[18]。この成虫駆除効果は、ミルベマイシンでは認められていない[22]。

## ■ 7　補助的薬物療法

### 1）ヘパリン

成虫駆除後の重度の肺動脈血栓塞栓症では、ヘパリン（ヘパリンナトリウム200～400U/kg、皮下注射、8時間ごと）の投与を考慮する[6]。成虫駆除前と駆除中の1～3週間、あるいは駆除後3週間、ヘパリン（ヘパリンナトリウム75U/kg、皮下注射、8時間ごと）の投与により、合併症が軽減することがある[2]。副作用として、出血の可能性があるので注意が必要である。

### 2）アスピリン

心臓糸状虫症における肺動脈の血管内膜の増殖を著しく減少させる方法として、5～25mg/kg/日アスピリンの投与が推奨されていた[23]。その後、その有効性が明らかでないとの理由で、近年はアスピリン投与が推奨されていない[1,18,24]。しかし、山根らはアスピリンジレンマを避けるため低用量のアスピリン0.5mg/kgとトラピジル5mg/kgを1日1回1ヵ月間連続投与すると、肺動脈圧および右心室圧の低下および血管造影による血流改善がみられ、特に軽度～中等度の病態で効果的であったと報告している[25,26]（図Ⅰ-506、507）。

### 3）コルチコステロイド

コルチコステロイドは、肺実質の合併病変を治療する目的で投与される。アレルギー性肺炎では、プレドニゾン1mg/kg/日を3～5日間投与し、その後、中止あるいは漸減する。必要であれば、プレドニゾロン0.5mg/kgの隔日投与を継続するが、本剤の投与によりメラルソミンの成虫駆除効果が減弱することはないと考えられている。成虫駆除後の血栓塞栓症では、肺の炎症を抑制するためにプレドニゾンを1～2mg/kg/日から開始して漸減する。メラルソミンによる副作用、およびマクロライドで大量のミクロフィラリアを殺虫する際にも使用されることがある[18]。

長期間にわたる高用量のコルチコステロイド投与は、肺動脈血流量を減少させるとともに、血液凝固促進作用による血栓塞栓症の危険性を高める。ま

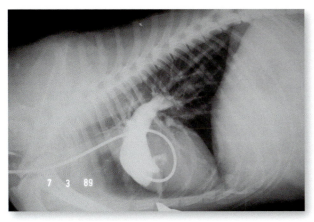

図Ⅰ-506 中等度の心臓糸状虫症犬における投薬前の心血管造影所見

抹消の肺動脈の血流障害は顕著である（写真提供：山根義久先生）。

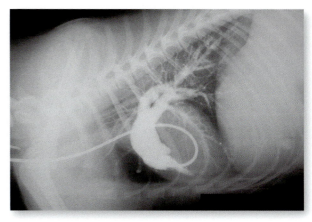

図Ⅰ-507 図Ⅰ-506と同症例のアスピリン・トラピジル投与後の同条件下での造影所見

肺循環は大きく改善されており、肺動脈圧は投薬前の57mmHgから25mmHgに戻っている（写真提供：山根義久先生）。

た、血管病変の改善が阻害される可能性もある[6]。

## 8 重症心臓糸状虫症に対する治療

### 1）虫体摘出

　大静脈症候群において、薬物による成虫駆除は致死的であり、行うべきではない。頸静脈から原因になっている虫体を摘出する。麻酔は軽度の全身麻酔、あるいは局所麻酔で実施する。頸静脈から大静脈が一直線になるように、頸部をやや屈曲気味に保定する。左右いずれの頸静脈からもアプローチできるが、左側頸静脈の方がフィラリア鉗子の挿入がスムーズである（図Ⅰ-508）。通常は、頸静脈上の皮膚を約1～2cm切開し、鈍性に分離して頸静脈を露出する。その際、頸静脈から分岐する細血管を切断しない。頸静脈切開予定部の前後に、血流遮断のための絹糸かテープを設置する。血流遮断後、血管を横断する方向に3～4mm切開する。フィラリア鉗子を頸静脈内に挿入した後に、近位の遮断を解除し、慎重に後大静脈方向へ鉗子を進める。鉗子の先端が右房壁に接すると、心臓の拍動が鉗子を通して指に伝わる。鉗子の動きを想像しつつ成虫を把持して摘出する。3～4回連続して虫体が摘出されなくなった場合や、絡み合った虫体の塊が摘出された後に虫体が摘出されなくなった場合には、障害となった虫体が除去された可能性がある。虫体が除去された後に聴診すると、術前の心雑音は消失している。また、超音波検査により虫体の消失を確認することができる。

　フィラリア鉗子の操作は、指先の感覚に頼り、盲目的に行うことができるが、粗雑で強引な操作は、

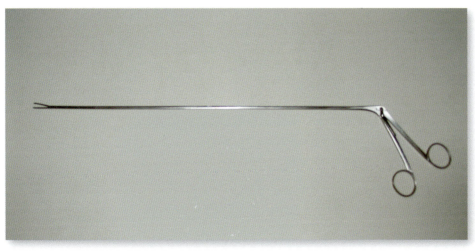

図Ⅰ-508 大静脈および右心房内の成虫を摘出するためのフィラリア鉗子（写真提供：髙島一昭先生）

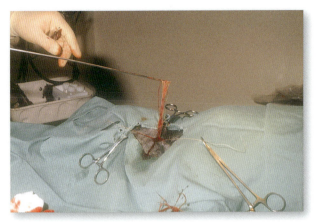

図Ⅰ-509　大静脈症候群の患犬におけるフィラリア鉗子を用いて左側頸静脈よりの虫体吊り出し術

虫体の多くは雌虫である（写真提供：山根義久先生）。

図Ⅰ-510　フレキシブル・アリゲーターフィラリア鉗子
（写真提供：髙島一昭先生）

血管および右心耳の穿孔を招く。X線透視下での鉗子操作が、助けになるかもしれない（図Ⅰ-509）。

再手術が必要になる場合もあり、頸静脈は、結紮することなく温存する。血管用針付き5-0縫合糸で連続縫合する。皮膚は1～2針縫合して終了する。

肺動脈内の成虫は、X線透視下にてフレキシブル・アリゲーターフィラリア鉗子を用いて摘出できる。頸静脈から右心室を経由して肺動脈に誘導した後に、成虫を把持して摘出する（図Ⅰ-510、Ⅰ-511）。

### 2）メラルソミンの病態別治療

臨床的評価が、軽度から中等度の犬では、2.5mg/kgを24時間間隔で2回筋肉内に投与する。成虫の95％以上が駆除される[1]。

臨床的評価が重度な例、および環境、病歴、抗原検査、X線検査などから成虫の感染数が多いと考えられる例では、2.5mg/kgを1回投与し、その1ヵ月後に24時間間隔で2回投与する。その後4～6週間安静にする。メラルソミン1回の投与で成虫の50％が駆除される[21]。成虫が分散して駆除されることから、肺動脈血栓塞栓症による犬の負担を軽減することができる。より軽度な感染例に対しても、この3回投与法が実施されている[6, 18]。

### 3）アスピリンとケージレスト

ケージレストは、犬を安静な状態を維持して、心

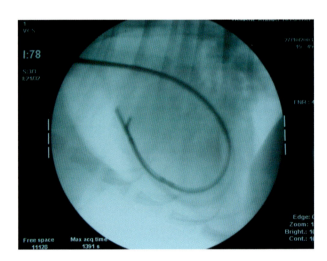

図Ⅰ-511　肺動脈内の成虫を摘出するためにフレキシブル・アリゲーターフィラリア鉗子を頸静脈より挿入（写真提供：髙島一昭先生）

臓の負担を極力軽減しようとする看護法である。成虫駆除後、肺動脈血栓塞栓症の後、心不全治療中に併用する。

重症例では、ケージレストと心不全の治療を行うとともに、アスピリン0.5mg/kgとトラピジル5mg/kgを1日1回1ヵ月間連続投与する。これを1クールとして、肺循環の改善を試みる[25]。喀血がみられる場合には、アスピリンの投与を控える。

## ■9　殺成虫の血清免疫学的評価による判定

　駆除された虫体は肺動脈に栓塞することから、駆除後は4〜6週間安静とし、必要に応じて対症療法を行う。4ヵ月後に免疫学的検査を行い、陽性であればメラルソミンで再治療を行うことができる。

（山形静夫）

---

### 参考文献

[1] Aiello SE.：循環器系　犬糸状虫症. In：The Merck Veterinary Manual, 8th ed.（監修／長谷川篤彦, 山根義久）：学窓社；2003：90-94.
[2] Calvert CA, Rawlings CA.：犬糸状虫症−犬. In：The 5-Minute Veterinary Consultant, 3rd ed.（監修／長谷川篤彦）：インターズー；2006：892-893.
[3] Hoch H, Strickland K.：犬と猫のフィラリア症：犬糸状虫の発育環, 病態生理, 診断.（監訳／鬼頭克也）Compendium 30（J-Vet9）：インターズー；2008：23-29.
[4] 町田 登：犬猫のフィラリア症を考える−犬のフィラリア症の病態−. 第28回動物臨床医学会年次大会Proceedings. 2007；1：222-224.
[5] Rawlings CA, Lewis RE, McCall JW.：Development and resolution of pulmonary arteriographic lesions in heartworm disease. J Am Anim Hosp Assoc. 1980；16：17-21.
[6] Ware WA.：第10章 犬糸状虫症. In：Small Animal Internal Medicine.（監訳／長谷川篤彦, 辻本 元）：インターズー；2005：177-192.
[7] 若尾義人, 千村収一, 澤 邦彦.：犬糸状虫症（コイルラウンド犬）の病態と治療. 第12回小動物臨床研究会年次大会 Proceedings. 1991；1：115-116.
[8] 下内可生里, 矢田新平, 原 広幸, 北野 寿.：フィラリア虫体による奇異性塞栓症. 第15回小動物臨床研究会年次大会 Proceedings. 1994；2：106-107.
[9] 春名章宏, 桑原典枝, 三宅英二.：犬の奇異性塞栓症に対するアリゲーター鉗子による治療の1例. 第13回小動物臨床研究会年次大会 Proceedings. 1992；2：330-331.
[10] Ware WA.：Cardiovascular Disease in Small Animal Medicine：Chapter 24 Heartworm Disease：Manson Publishing Ltd；2007；351-371.
[11] Levine BG.：第5章　心臓疾患系の疾患　心臓糸状虫症. Current Veterinary Therapy V（監訳／加藤 元）：医歯薬出版；1976：336-344.
[12] 松本英樹, 増田裕子, 小口洋子, 政田早苗, 久野由博, 柴原イネ, 三宅ゆかり, 高島一昭, 山根久恵, 坂井尚子, 山根義久.：ジエチルカルバマジン投与により急性ショックを呈したと思われるイヌの1例. 第15回小動物臨床研究会年次大会Proceedings. 1994；2：302-303.
[13] Kociba KW, Hathway JE.：Disseminated intravascular coagulation associated with heartworm disease in the dog. J Am Anim Hosp Assoc. 1974；10：373-378.
[14] Ishihara K, Kitagawa H, Ojima M, Yagata Y, Suganuma Y.：Clinicopathological studies on canine dirofilarial hemoglobinuria. Jap J Vet Sci. 1978；40：525-537.
[15] Calvert CA, Rawlings CA.：第4章　心臓血管系の疾患　犬心臓糸状虫症の診断と治療. In：Current Veterinary Therapy Ⅷ（監訳／加藤 元）：医歯薬出版；1985：380-393.
[16] Kelly JD.：第4章　心臓疾患系の疾患　犬の心臓糸状虫症. In：Current Veterinary Therapy Ⅶ（監訳／加藤 元）：医歯薬出版；1983：317-327.
[17] Meyer DJ, Harvey JW.：貯留液の検査. In：Veterinary Laboratory Medicine, 2nd ed.（監訳／石田卓夫）：文永堂；2000：257-262.
[18] Atkins C.：Textbook of Veterinary Internal Medicine Diseases of the Dog and Cat, 6th ed.：Chapter 206 Canine Heartworm Disease：Elsevier Saunders；2005：1119-1136.
[19] Hettlich BF, Ryan K, Bergman RL, Marks SL, Lewis BC, Bahr A, Coates JR, Mansell J, Barton CL.：Neurologic complications after melarsomine dihydrochloride treatment for Dirofilaria immitis in three dogs. J Am Vet Med Assoc. 2003；10：1456-1461.
[20] Otto GF, Jackson RF.（訳／友田 勇）：第3巻 第36章 犬糸状虫疾患. In：Textbook of Veterinary Internal Medicine volume 2：学窓社；1983：1139-1166.
[21] Takahashi A, Yamada K, Kishimoto M, Shimizu A, Maeda R.：Computed tomography（CT）observation of pulmonary emboli caused by long-term administration of ivermectin in dogs experimentally infected with heartworm. Vet Parasitol. 2008；155：242-248.
[22] Atkins CE.：犬猫のフィラリア症と心臓病学. 30周年記念大会テキスト. 日小獣. 2000；1-9.
[23] Rawlings CA.：5章 うっ血性心不全の患者 アスピリン. In：Heartworm Disease in Dogs and Cats.（監修／松原哲舟）：LLL セミナー；1987：121-123.
[24] Boudreaux MK, Dillon AR, Ravis WR, Sartin EA, Spano JS.：Effects of treatment with aspirin or aspirin/dipyridamole combination in heartworm-negative, heartworm-infected, and embolized heartworm-infected dogs. Am J Vet Res. 1991；12：1992-1999.
[25] 山根義久, 上月茂和, 霞野光興, 金尾 滋, 桑原康人, 榎本浩文, 春名章宏, 柴崎文雄, 山形浩海, 野一色泰晴.：犬糸状虫症における少量アスピリンとトラピジルの併用療法. 第10回小動物臨床研究会年次大会Proceedings. 1989：466-479.
[26] 高島一昭.：犬猫のフィラリア症を考える−犬のフィラリア症の診断と治療および予防法−. 第28回動物臨床医学会年次大会 Proceedings. 2007；1：225-228.

---

## ■10　心臓糸状虫症に関連した臨床における症候群

　心臓糸状虫寄生に関連した症候群は、寄生虫抗原に対する宿主の過剰な免疫反応（好酸球性肺炎・肺肉芽腫症）や寄生部位である肺動脈の増殖性病変、さらに死滅虫体による合併症などにより、生じることがある。

### 1）心臓糸状虫感染犬における肺病変

#### ⅰ）好酸球性肺炎

①定義

　心臓糸状虫感染による好酸球性肺炎は、肺に著しい好酸球浸潤を伴う、アレルギー性肺炎である。本症罹患犬は、末梢血中にミクロフィラリアが出現しないことを特徴としている。

②原因

この肺炎は、ミクロフィラリア特異抗体が関与しており、永続的な宿主抗体過剰の状態で起こる[2]。抗体は、肺の毛細血管内でミクロフィラリアを捕捉し、免疫反応を引き起こす。結果として、重度のアレルギー反応が惹起される。本症は、心臓糸状虫オカルト感染犬の10～15％において発生が認められている[1-4]。

③病態

オカルト感染による肺炎は、炎症細胞の中でも特に好酸球と関連があり、好酸球浸潤を伴うのが特徴である[4]。

臨床症状は、進行性の発咳・呼吸困難が認められ、肺聴診時に捻髪音が聴取される。時に、チアノーゼ、体重減少、食欲不振、発熱が認められる[1-4]。

④診断

末梢血中の好酸球や好塩基球増加・高グロブリン血症は、必ずしも認められるわけではないが、心臓糸状虫成虫に対する抗原検査結果は、通常陽性である[1]。

胸部X線検査では、特に肺後葉において間質・肺胞パターンが確認されるが、心臓糸状虫寄生に特徴的な逆D型の右心拡大や肺葉動脈拡張像は認められないこともある[1,4]。

気管支洗浄においては、非変性性好中球やマクロファージが混入した無菌性好酸球性滲出液の回収が、典型的な検査所見である。好酸球性炎症は、いわゆる過敏症反応であるため、アレルゲンが心臓糸状虫か、肺の寄生虫や薬物、他の吸入性のアレルゲン物質なのかを鑑別する必要がある[5]。

⑤治療

グルココルチコイド（プレドニゾロン1～2mg/kg/日またはデキサメタゾン0.2～0.4mg/kg/日）を用いることで、ほとんどの症例において改善がみられる[1-4]。

症状の改善が得られたならば、徐々に投与量を減らし、心臓糸状虫に対する治療を開始する。

⑥予後

治療に反応するならば、良好である場合が多い。しかし、状態改善後の心臓糸状虫症の治療は必要である。

ⅱ）好酸球性肉芽腫症

①定義

好酸球性肉芽腫は、まれに心臓糸状虫罹患犬にみられる、好酸球を主体とした肺の肉芽腫病変であり、その病変によって惹起される一連の症候群を好酸球性肉芽腫症と呼ぶ[3]。

②原因

心臓糸状虫感染による好酸球性肉芽腫症は、おそらく、オカルト感染に関連して起こる肉芽腫性炎の結果と思われる[2]。心臓糸状虫抗原に対する過敏反応や免疫複合体、あるいはその両方が、病因に関与していると考えられている[1]。

③病態

肺の毛細血管内で白血球に捕捉されたミクロフィラリアは、単核系食細胞によって貪食され、肉芽腫性炎が起こる。この進行性肉芽腫性炎が、結節形成を引き起こす[2]。肺における結節形成とそれに伴う肺門リンパ節腫大が、好酸球性肉芽腫症の特徴的な所見としてあげられる。臨床症状は、数週間～数ヵ月、あるいは1年に及ぶ慢性的な発咳と呼吸困難を主徴とする[1-3]。重症例においては、食欲低下、体重減少、運動不耐、嗜眠を呈し、発熱、喀血が認められることもある。また、聴診時に、肺野における捻髪音や呼気性喘鳴音が聴取されることがある。

初期病変は主に肺であるが、進行とともに、リンパ節、気管、肝臓、脾臓、小腸、腎臓にも好酸球浸潤や肉芽腫が認められることがある。

④診断

臨床病理学的所見は特異性に乏しく、白血球数増加（好中球、好酸球、好塩基球、単球の増加）、高グロブリン血症を示す[1]。また、好酸球を多含する胸水や胸膜浸潤がみられることもある。胸部X線検査においては、肺野の多発性結節（径1～20cm）と、肺胞、間質の混合パターンを認め、肺門および縦隔リンパ節の腫脹を伴うことも多い。

確定診断は、肺組織からの細胞、組織採取によって下される[5]。気管支洗浄液から好酸球性炎症が示唆される場合もあるが、より侵襲性の高い検査（気管支肺胞洗浄、肺吸引、肺生検）が必要とさ

ることもある。なお、好酸球性肉芽腫症例から得られた検査材料中には、好酸球以外にも少量の炎症性細胞が含まれる。

また、心臓糸状虫検査や肺の寄生虫を除外するための糞便検査は、すべての症例で実施する。

病理組織学的所見では、肺肉芽腫結節は主に単核球と好中球で構成されており、好酸球やマクロファージも多数混入しているのが認められる。さらに、肉芽腫内には壊死組織も認められることがある。また、結節周囲の肺胞壁は、線維性の結合織、リンパ球、形質細胞の浸潤により肥厚し、肺胞の多くは好酸球性の肉芽成分と少数のマクロファージで満たされている。

なお、好酸球性肉芽腫は上記のような組織学的特徴を有するが、各種細胞、組織の増生、浸潤の程度は症例によりバラエティーに富み、すべての症例において同様の所見を示すわけではない。また、心臓糸状虫症以外の疾患で形成されることもある[1,3,5]。

類症鑑別として、肺腫瘍（原発性・転移性）、真菌症、リンパ球性肉芽腫があげられる。

⑤治療

初期の内科的治療としては、多くの症例でグルココルチコイドの投与が第一選択となる[1-3,5]。一般的に用いられる薬剤は、プレドニゾロンであり、1～2mg/kg/日もしくは12時間ごとで開始する。その後、臨床徴候・胸部X線検査にて注意深くモニターを行い、その反応を評価する。臨床徴候の改善を認めたならば、最小有効量まで漸減させる[5]。

このグルココルチコイドによる治療に反応しない症例においては、細胞障害性の免疫抑制剤との併用が必要となる[1-3,5]。すなわち、プレドニゾロン（1mg/kg 12時間ごと）と併用してシクロフォスファミド（50mg/m² 48時間ごと）を投与[5]、もしくは、プレドニゾロン（50mg/m² 24時間ごと）とアザチオプリン（50mg/m² 最初の7～10日間は24時間ごと、その後48時間ごと）のコンビネーション療法を選択する[2,3]。これら免疫抑制剤を投与する際には、その副作用に注意し、より慎重な臨床徴候の観察、血液検査、X線検査などが必要である。ただし、これらの治療法が、すべての症例において有効

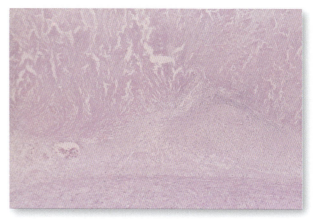

図Ⅰ-512 肺動脈内腔全域にわたり、絨毛性の増殖性病変で覆われている（写真提供：山根義久先生）

なわけではなく、治療が長期に及んだ場合や、薬剤減量、中止時には再発も起こしやすい。また一般的に、再発後の免疫抑制剤に対する効果は乏しい。

これら内科的治療により肺疾患が改善した後、心臓糸状虫に対する治療を開始する。

外科的切除（肺葉切除）術は、孤立性の病変や、薬物療法後縮小し、病変部が限局した場合には適応となることがある[2,3]。術前のX線検査で認められなかった小さな肉芽腫が、術中目視下にて確認されることが多い。肉眼的には孤立性の病変を切除し状態の改善をみたとしても、通常、病変は他の肺部位にも波及しており、内科的治療による補助は必須である。外科的治療実施後も内科的治療後同様、状態の改善後には、心臓糸状虫に対する治療を開始する。

⑥予後

通常、初期病変は、治療によりある程度、または完全に症状が緩和される。しかし、重度であったり、再発した場合は一般的に、予後不良である[2]。

### ⅲ）心臓糸状虫感染犬における肺動脈増殖性病変

①定義

肺動脈増殖性病変は、心臓糸状虫が肺動脈に寄生することにより、引き起こされる疾患である。心臓糸状虫に反応して生じた、肺動脈内膜の絨毛状増生が特徴的な病変である[1,6]（図Ⅰ-512）。

②原因

心臓糸状虫の寄生部位である肺動脈に虫体が直接接触することにより、病変は形成される[6]。肺動

脈増殖性病変の多くは、その部位に存在する虫体の数と、宿主の寄生虫に対する免疫反応（またはアレルギー反応）に起因するものである[1,6]。心臓糸状虫の長期寄生、または多数寄生の犬、そしてよく運動する寄生犬では、重篤な肺動脈疾患を発症しやすい[5]。

### ③病態

病理学変化は、虫体の血管内膜への接触後すぐに始まり、血管内膜の肥厚・剥離、さらに血小板凝集沈着の結果、絨毛状増殖を認める[6,7]。すなわち、傷害された内膜に活性化した血小板が凝集し、血小板より放出される増殖因子（PDGF）が、中膜の平滑筋細胞の内膜への遊走と内膜での増殖を促進する。これらの増殖が肺動脈内膜に丘状、ポリープ状、絨毛状の増殖性病変を形成させることになる[6]。こうした変化は、未成熟虫が最初に寄生する場所である末梢の肺動脈枝で始まる。そして虫体の成長による寄生部位の移動とともに、これらの変化もまた、より肺動脈の基幹部に近い場所へと移動する。絨毛状増殖（および寄生虫の分布）は、肺の後葉と副葉の動脈において最も重度である[1]。肺の葉動脈の拡張・ねじれ・小肺動脈枝の閉塞は、成虫の寄生から2～3週間以内に始まる。病変が進行すると、肺内の血流が阻害され、血流下方部にある小動脈は損傷を受け、血漿や炎症性細胞を周囲の肺実質に漏出するようになり、発熱、発咳、白血球増多、呼吸困難などの症状を伴う慢性炎症を引き起こす[2]。肺高血圧症は、死滅虫体や血栓による肺動脈塞栓病変が主因であるが、肺動脈の重度の血流障害は、肺高血圧症をもたらすことがあり、肺動脈増殖性病変と肺高血圧症は大きく関連している[8]。

### ④診断

心臓糸状虫の感染診断を実施する。通常、血中ミクロフィラリア検査、成虫抗原の検出、時に超音波検査による肺動脈内または右心室内の虫体の描出によって行われる。

胸部X線検査では、肺動脈の拡張・湾曲が認められる。さらに、末梢の小動脈は、細小化する本来の分岐構造を失い、鈍化や短縮がみられるため、先端が鈍でいわゆる"切りつめ"状の特徴的な変化を示す[1,6]。心エコー検査は、肺高血圧症の程度を推定するのに有用である。

### ⑤治療

肺実質への血漿や炎症性細胞の浸潤は、低酸素血症を引き起こすことがあるが、低用量のプレドニゾロン（0.5mg/kg　隔日投与）で、有効な効果が得られる[1]。重篤な肺動脈疾患や血栓塞栓症を呈した場合、血小板消費による血小板減少や、溶血が起こることがあるため、血小板数とヘマトクリット値は必ずモニターする。なかには、DIC（播種性血管内凝固症候群）に進行する犬もいる。臨床症状により、酸素吸入、プレドニゾロン、気管支拡張薬などを用いる保存療法によって、酸素化の改善や肺動脈圧の減少を図る[1]。全身状態の安定後、心臓糸状虫に対する治療を注意深く開始する。

山根らは、肺循環障害の大きな要因となる肺動脈増殖性病変の減少を目的に実験的、臨床的に証明している。この治療方法は、肺動脈の増殖性病変が血管内腔の損傷に伴う血小板の活性化による放出因子、いわゆる血小板由来平滑筋細胞増殖性因子（PDGF）などが関与していることから抗血小板薬を用いる方法である。抗血小板薬としては、血小板を永久に不活化するアスピリン0.5mg/kgとトラピジル（5mg/kg）の1ヵ月連続投与する方法である。いわゆる抗血小板薬を用いて、血小板を不活化し、放出因子の産生を抑制するものである。この方法によると投与前後で肺動脈圧は大きく減少し、肺循環障害は大きく改善されることになる。

肺高血圧症を有し、内科的な駆除療法を避けたい場合や、肺高血圧症は軽度であるが、肺動脈内に多数の寄生が認められる場合は、外科的摘出術が適応となることもある。X線透視装置を用いて、フレキシブル・アリゲーター鉗子を頸静脈から心臓を経由して肺動脈へ挿入し、虫体を捕捉して摘出する。この操作を繰り返して行う[2]。心臓糸状虫成虫の摘出により、物理的に肺循環障害物が除去され、肺動脈増殖性病変の軽減・肺動脈塞栓病変の形成予防がなされる。虫体摘出後、約3～5ヵ月間で肺動脈内の内膜病変が著しく改善するとされているので、残存した成虫が少なければ、それ以後に駆除療法を行う。

⑥予後

　成虫の寄生数、寄生期間、犬の体格や運動負荷、寄生虫に対する反応性の強弱によって差が認められる。

## ■ 11　大静脈症候群　Venae cavae Syndrome

### ⅰ) 定義

　大静脈症候群とは、心臓糸状虫感染犬の一部に認められる、突発的なショック様症状をはじめ、多くの臨床症状を呈する疾病である。虫体が右心房や後大静脈へ短期間のうちに移行し、心臓への静脈血流入が遮られることによりに発生する[1,3]。心拍出量の著減を伴う重篤な三尖弁口部の逆流、貧血、血管内溶血による血色素血症および血色素尿症が特徴的である[6]。

### ⅱ) 原因

　成熟心臓糸状虫体（主に雌虫体）が、肺動脈から右心室、右心室から右心房、後大静脈に、血流とは逆方向の移動をすることにより発生すると考えられている[1-3,6]。大静脈症候群の発生リスクが多数寄生犬で高いことは周知であるが、少数寄生犬や三尖弁への虫体纏絡犬での報告もあり、その発生には、寄生虫体数以外の要因も関与していると思われる[1,6,9]。肺動脈からの血流逆行性の虫体移動は、右心室拍出量および右心室駆出血流速度の低下によって引き起こされる。その右心機能低下の原因として、死滅虫体による肺動脈塞栓や、虫体の体液抽出液により引き起こされるショック様症状が示唆されている[9,10]。死滅虫体による肺動脈塞栓や肺動脈増殖性病変は、肺動脈圧を上昇させる重要な因子であり[8]、心拍出量を減少させるという報告がなされている[10]。つまり少数寄生であっても、死滅虫体による肺動脈塞栓病変や増殖性病変がみられる場合は、大静脈症候群発生の可能性がある。

### ⅲ) 病態

　濃厚感染地域で野外飼育されている感染犬で、それまでに心臓糸状虫に起因する症状を呈したことのない犬に発症することが多い[3,6]。

　心臓糸状虫が絡み合って三尖弁口部に位置することで、三尖弁口部における血液の逆流が引き起こされる。これにより、心雑音、頸静脈の怒張や拍動、微弱な脈拍、奔馬性不整脈、第2音の分裂を伴う心音増強などを認めることがある。さらに、循環血流量の減少により、心原性ショック、肝・腎不全の発生、過呼吸、頻拍、粘膜蒼白などを呈することがある。

　血管内溶血は、虫体による赤血球損傷と、大静脈・右心系心腔内のフィブリン沈着によって起こる[3]。加えて大静脈症候群の犬では、赤血球が脆弱化することが知られている。赤血球の脆弱性を惹起させる要因には、フリーコレステロールとコレステロールエステルの血清濃度比変化と、レシチンアミシルトランスフェラーゼ活性の変化が考えられている[3,6]。溶血により、罹患犬は血色素血症および血色素尿症を呈し、貧血が進行する。まれに腹水、発咳、喀血がみられることもある。

### ⅳ) 診断

　臨床病理学的所見は、ミクロフィラリア血症、貧血、AST・ALT・ALP・ビリルビン・BUNの増加を示すことが多い[6]。DICを発症することもある。また、尿中ヘモグロビンが増加する。胸部X線検査にて右心および肺動脈陰影の拡大が認められ、心電図検査では通常右室拡大所見が示される。確定診断は、典型的な臨床症状に基づき、超音波検査での右心房・大静脈内における心臓糸状虫体の塊や、あるいは三尖弁に絡みついた虫体の確認を組み合わせて行う[6]。その他に超音波検査では、右心室の肥大・拡大、心室中隔の奇異性運動や、左心室の狭小化がみられることもある。

### ⅴ) 治療

　大静脈と右心房からの、迅速外科的虫体除去の実施が、唯一の効果的な治療法である[1,2]。周術期においては、経静脈内投与で十分な補液を行う。補液により、DICを予防し、血色素性腎症を防ぎ、アシドーシスを改善させる。ただし、不適切な補液は、右心不全のさらなる悪化を引き起こすので、厳重なモニタリングの下で実施する。その他には、グルココルチコイド、ヘパリンあるいは抗生物質の投与などの対症療法を実施する[6]。

　心臓糸状虫除去手術は、頸静脈から吊り出し用の器具を通し、右心室や大静脈から虫体を取り除く方法である。吊り出し用器具には、フレキシブルアリ

ゲーター鉗子（Ishihara alligator forceps, Fiji Photo Optical LTD, Japan）や、馬毛製ブラシ（Tayama String brush, Kawasaki Masuda, Irakakogyo, Japan）、十分な長さのアリゲーター鉗子やジャクソン鉗子、内視鏡チャンネルに挿入するためのバスケット型鉗子などが用いられる[6]。頸静脈を剥離し、その近位側と遠位側に1本ずつ結紮糸を通すことで血管確保を行い、その2本の縫合糸間の血管に、垂直な小切開を加える。ここから器具を挿入するが、無理な挿入は穿孔を引き起こすので注意する。また、遠位端に通した結紮糸の緊張度を調節することで、出血を制御する。X線透視装置あるいは超音波画像診断装置を用いて、鉗子や虫体の位置を確認しながら手術を進めるのが望ましい。このような画像診断装置を用いることができない場合は、あらかじめ、犬の体表で頸静脈の開口部から心臓（第4肋間）までの距離を見積もり、鉗子挿入長の目安を確認する必要がある。時に左前大静脈遺残を合併している症例が認められることから、American Heartworm Society（AHS）のガイドラインでは、右頸静脈からのアプローチが推奨されている[11]（図Ⅰ-509参照）。

虫体の摘出は、摘出されなくなるまで、または超音波検査で虫体がいなくなるかごく少数になるまで繰り返す。多くの場合、最初の鉗子挿入で虫体塊が吊り出されると、残りの虫体数は小数である。虫体の断裂時には、大規模な抗原放出がなされるため、肺血管収縮やDICを引き起こす可能性がある。その予防のため、グルココルチコイド（消炎作用薬用量）とヘパリン（100〜500 U/kg、8時間毎）の投与が奨められる[6]。

### vi) 予後

劇的に改善することが多いが、時折、腎不全が悪化することがあるので、十分な術後の観察が必要である。

回復した犬においては、短期間内に三尖弁口部の逆流が消失し、心拍出量は増加し、右心房圧は低下する。しかし、臨床的な改善が認められない犬では、三尖弁のまわりに虫体がコイル状にからみついていたり（虫体纏絡）、重度の肺動脈血栓症や肺高血圧症を呈していたりするため、その場合は、術後も心拍出量は増加しない。さらに、腎臓や肝臓などの損傷が不可逆性の場合は、たとえ心拍出量が増加したとしても、状態は改善しない。以上のことから、予後因子は複雑であり、さらなる議論が必要であると考えられている[12]。

また、多臓器不全やDICにより、死に至ることもある。

## 1) 殺成虫後の肺動脈血栓塞栓症
### i) 定義

本症は、心臓糸状虫感染症例に対して成虫駆除薬を投与した際にみられる病態で、最も成虫駆除後の重要な合併症である。これは、死滅・衰弱した多数の成虫虫体が、肺動脈塞栓を形成したり、血栓症を合併したことによって生じる。よって、殺成虫療法は、急性の肺動脈血栓塞栓症を引き起こしうる危険性があるという認識の下に実施すべきである。

### ii) 原因

肺の小肺動脈に少数の死滅虫体が塞栓した場合には、臨床症状がほとんどみられずに分解・器質化される[6]。しかし、成虫駆除薬投与により多数の成虫が1度に死滅し、肺動脈に塞栓すると、臨床症状が発現しやすい。虫体による塞栓は、局所の血栓形成を促進し、さらなる閉塞をもたらす。成虫が多数寄生する症例や、右心不全・肺動脈疾患を呈する重症例では、血栓塞栓症による合併症発生リスクが高くなる。また、活動的な犬も、ハイリスクであるとされている。これはおそらく運動時の血流量増加によって多数の虫体残骸が肺動脈末梢に運ばれるためであり、大規模な塞栓形成による突然死の引き金となりうる[6]。

### iii) 病態

成虫駆除剤投与後5〜30日間は、肺動脈病変の進行が認められる。特に、重度な肺動脈血栓塞栓症は、投与7〜17日後の間に発症しやすい[1]。塞栓虫体は肺動脈において、血小板の接着活性化や肺動脈の内膜増殖、絨毛性肥厚、肉芽腫性動脈炎、血管周囲の浮腫、出血などを引き起こし、その病変の悪化を招く。肺の血流障害と血管抵抗上昇により、右心室の負荷および酸素消費量は増加する。さらには心拍出量の減少や低血圧、心筋虚血をきたすことも

ある。また、肺の血流量減少による重篤な換気／灌流障害が発現する。これらの肺病変の好発部位は、肺後葉と副葉である。

一般臨床症状としては、沈うつ、咳嗽、頻脈、悪心、衰弱、食欲喪失、粘膜蒼白、呼吸困難、失神、喀血および発熱があげられる[1,3]。時に右心不全ならびに虚脱から、死に至ることもある。

### iv) 診断

肺音聴取時に、捻髪音が確認される。これは、間質・肺胞の炎症と水分貯留により発生するものである。また、肺音が聴取されない領域を認めることもあるが、これは限局性肺硬化によるものである[1]。胸部X線写真では、障害を受けた肺後葉の肺動脈周囲において、実質の陰影の増加が認められる[13]。肺動脈近傍に、エアーブロンコグラムを伴った斑状の肺胞浸潤像が認められることもある[1,6]。また、CBCでは、血小板減少や好中球の核左方移動が認められることもある[1]。殺成虫療法の実施歴と臨床症状から、診断はある程度可能であるが、その重症度評価においては胸部X線検査が有用である。

### v) 治療

活発な運動量の多い犬においては、発症リスクが高いため、絶対安静が求められる。そのため、ケージレストが、少なくとも3週間必要である[3]。

肺の炎症を抑えるために、コルチコステロイド療法（プレドニゾロン1～2 mg/kg/日で開始し、以後漸減）が選択される[1]。コルチコステロイドには血液凝固促進作用があるものの、短期間（3～5日）[3]および低用量[6]での使用は問題とならない。一方で、長期あるいは高用量の投与は、肺動脈血流量を減少させ肺循環を悪化させるので、推奨されない。

抗血栓薬としてアスピリン（5～10 mg/kg/日）が使用されている[6]。しかしながら、その有効性については議論がある[1,14]。また、副作用として消化管内出血が起こりうるため、吐血やタール便（メレナ）、ヘマトクリット値の低下に注意が必要である。一方、山根は、副作用の少ない低用量アスピリン（0.5 mg/kg/日、24時間ごと）とトラピジル（5 mg/kg/日、24時間ごと）の併用療法により、肺動脈増殖性病変の改善を報告している[15]。

ヘパリンは、新たな塞栓形成を予防するために使用される。75 IU/kg、8時間ごと、皮下注射で、血小板数が正常に復するまで用いる。5～7日間のヘパリン療法実施が一般的であるが、3週間以上必要な場合もある[3]。また、高用量投与法（100～200 IU/kg、6～8時間ごと、皮下注）では、活性化部分トロンボプラスチン時間（Activated Partial Thromboplastin Time：APTT）を正常値の1.5～2倍に調節する。これにより、血管造影時の肺動脈閉塞所見が効果的に軽減するとの報告がある[14]。ただし、その副作用として、出血傾向がみられることがあるので注意を要する[1]。

また、酸素吸入は、肺動脈圧を低下させ、灌流を改善させるため、あらゆる症例において有効である[1,3]。

気管支拡張薬や輸液療法、鎮咳薬が有用なこともある[1]。抗生物質の投与については、細菌感染を示す所見がある場合は有効とされている[1,6]。

### vi) 予後

治療に対する反応は、一般的に良好かつ迅速である。臨床症状・血液ガス所見の改善は、治療開始後24～48時間で得られる。ヘモグロビン血症や血色素尿症も早期に改善する[3]。胸部X線検査では、殺成虫療法実施後36日目以降に、肺病変が劇的に改善するとされている[13]。肺動脈内皮の組織学的変化は4～6週以内に退行し、肺高血圧症と肺動脈疾患は、さらにその後数ヵ月を経て改善する[1]。

しかしながら、殺成虫療法実施時の適応症例選択は、非常に重要である。非適応症例において殺成虫療法を実施した場合には、急性の肺動脈血栓塞栓症を発症して死に至ることもある。

殺成虫療法を実施する前には、できるだけ全身状態の改善を図り、合併症を発生しにくくすることも大切である。近年、実験的に心臓糸状虫を感染させた犬において、ドキシサイクリンによる治療、あるいはドキシサイクリンとイベルメクチン併用療法を実施後に、成虫駆除薬であるメラルソミンを投与した報告がある。この報告によると、メラルソミン単独療法と比較して血栓塞栓症の程度が軽減されたという[16]。殺成虫療法がさらに安全に実施できるよ

う、今後のさらなる検討が期待される。

### ■12　ミクロフィラリア駆除療法

　急速ミクロフィラリア駆除療法は、殺成虫駆除療法後4～6週間以内に実施する[3]。ミクロフィラリア駆除療法の副作用は、小型犬やミクロフィラリア保有数の多い犬ほど発現しやすい。

　駆除療法には、予防薬の用量で月に1回投与することにより、徐々にミクロフィラリアを殺滅する副作用の少ない方法、緩徐なミクロフィラリア駆除療法と、急速ミクロフィラリア駆除療法の3つの方法がある[17]。

#### 1）イベルメクチン

　アベルメクチンに属する、マクロライド系抗生物質である。犬心臓糸状虫の第4期ミクロフィラリアに対して、最も強い殺虫効果を示す。

##### ⅰ）急速ミクロフィラリア駆除療法

　50μg/kgの単回経口投与で、ほとんどのミクロフィラリアが24時間以内に死滅する。この用量は、コリー種においても、安全性が確認されている[1]。死滅したミクロフィラリアは、赤血球・白血球・マクロファージとともに全身の毛細血管に存在し、3日目までに断片的になり、貪食細胞に貪食され、6日目までに微小肉芽腫として取り込まれる[6]。しかし、投薬後3週間以上経過しても、少数のミクロフィラリアが生き残ることもある。したがって、ミクロフィラリアの確認検査を投薬後3週間目に実施し、陰性であれば、以後、予防的な管理（月に1回6μg/kg、経口投与）を始める。万一、陽性であれば再度、50μg/kgの単回投与を実施する。2度の治療後3週間経過してもミクロフィラリアの存在が認められれば、成虫駆虫が完全でない可能性がある[3,17]。

　副作用は、多数のミクロフィラリアの急速な死滅により、初回投与後3～8時間で認められることがある。副作用の徴候として認められる症状は、元気消失、食欲不振、流涎、悪心、可視粘膜蒼白、頻脈などで、多くの場合軽度である。しかし、循環血中のミクロフィラリア数が特に多い症例では、虚脱を引き起こし、速やかなグルココルチコイドの投与と経静脈点滴が必要となる場合もある。したがって、投薬実施後は、注意深く経過を観察する[1]。

##### ⅱ）緩徐なミクロフィラリア駆除療法

　最近では、比較的副作用の少ない、緩徐なミクロフィラリア駆除療法が主流となってきている[18]。予防量（6μg/kg、経口投与）を月に1回投与し続けることにより、徐々に駆除する方法である。投与開始6～8ヵ月後には、ミクロフィラリアの駆除は完了する[17]。

　この方法を成虫寄生犬に16ヵ月以上続けると、成虫に対しても中等度の効果があることがわかっている[1,17,19]。よって、殺成虫療法が困難な症例に対して、代替療法の1つとして実施されることがある。この場合、病態の進行が認められることもあるため、臨床症状やX線検査・超音波検査の所見を注意深く観察していく必要がある[19]。

#### 2）ミルベマイシン

　イベルメクチンと同様のマクロライド系抗生物質である。他の薬剤と比較して、ミクロフィラリア駆除作用の効果が最も高い[17]。

　500μg/kg（予防用量）、単回経口投与でミクロフィラリアの98％以上が除去される[6]。それ以降は、1ヵ月ごとの予防用量での投与を続けていくことで、残りのミクロフィラリアが存在したとしても、駆除されていくと考えられる[17]。

　ミルベマイシンには殺成虫作用はない[18]。しかし、成虫とミクロフィラリアを保有する症例に対してミルベマイシンを投与すると、投与中止後少なくとも10ヵ月間はミクロフィラリアが再出現しないことから、成虫虫体に対して何らかの効果が持続していると思われる[6]。また、ミクロフィラリア陽性の成虫寄生犬にミルベマイシンを投与し、大静脈症候群を発症したとの報告があることから[20,21]、成虫寄生犬に対しての投与はすべきではない。

　副作用は、ミクロフィラリアが多数寄生していた場合に、イベルメクチンよりも発生しやすいので、薬物投与後は慎重に経過を観察する。しかし、ミルベマイシン投与と同時にプレドニゾロン（1mg/kg）を投与することにより、ほとんどのショック様反応の発現を防ぐことができる[20]。

### 3）その他の薬剤

モキシデクチンやセラメクチンもまた、殺ミクロフィラリア作用があるが、主に予防薬として用いられ、心臓糸状虫寄生犬への投与に関する報告は十分ではない。

レバミゾールは、殺ミクロフィラリア薬として使用されてきたが、イベルメクチンやミルベマイシンと比較して副作用の発現が多く、効果も劣り、さらに長期間にわたる投与が必要なことから、現在では推奨されない[18]。

## ■ 13　心臓糸状虫予防

心臓糸状虫に感染し、病態が進行すると、時に命にかかわるような重篤な症状を呈することになる。日本のように温暖湿潤な環境下では、心臓糸状虫症が流行しやすいため、本症の感染予防はとても重要である。予防薬の投与は、6～8週齢の子犬から可能である。ミクロフィラリアが胎盤感染した子犬に対して、予防薬を投与した際の副作用の報告はないため、子犬における予防開始前の検査は必要ない[6]。6ヵ月齢以上の成犬では、予防開始前に心臓糸状虫に感染していないことを、抗原検査やミクロフィラリア検査で確認してから実施する。

### 1）マクロライド系抗生物質による月1回予防

マクロライド系抗生物質であるイベルメクチン、ミルベマイシン、モキシデクチン、セラメクチンが、心臓糸状虫予防薬として使用されている。これらは、細胞膜のクロライドチャネルに作用することにより、寄生線虫類（および節足動物）に神経筋麻痺を起こし、死に至らしめる。心臓糸状虫においては、$L_3$や$L_4$期幼虫に対して効果がある。また、薬剤によっては若い成虫にも軽度の効果が期待できるが、ミルベマイシンは成虫に対してはほとんど効果をもたない。いずれの薬剤でも予防用量単回投与で、投与前1ヵ月以内に感染した幼虫に効果が得られる。また、2ヵ月以上前に感染した幼虫にも有効との報告もある。哺乳類におけるこれらの薬剤の安全域は広く、感受性の高いコリー種においても、予防用量の投与では安全に使用される。

### i）予防期間

予防期間は一般に、心臓糸状虫の感染期間開始1ヵ月後から感染期間終了1ヵ月後までとし、月に1回投与する。日本犬糸状虫症研究会では、感染期間を類推する1つの指標として、HDU（Heartworm Development heat Unit）を提唱している。HDUは｛（最高気温＋最低気温）÷2｝－14で計算され（マイナスの場合は0）、毎日のその値を加算していく。春HDUが130を超えたときに感染が開始され、冬の最近30日間の加算値が130を下回ったときに感染が終了すると予想される。フィラリアは、約15℃以上の気温になると蚊の体内で発育することが知られているが、HDUは、気温が15℃を上回ってから2～4週間後、下回ってから2～3週間後までを示し、その期間が心臓糸状虫感染時期となる。例えば、心臓糸状虫感染時期が4月～11月の場合、予防期間は5月～12月となる。

### ii）コリー種における中毒

コリーやオーストラリアン・シェパード、シェットランド・シープドッグなどのコリー系犬種の中には、イベルメクチンの比較的低用量（100μg/kg）単回投与で、血液-脳関門を通過し、中毒を発症する個体がいる[6]。しかし、50μg/kgの投与（予防用量の4～8倍）では、イベルメクチンに敏感なコリーでも中毒症状を示さない。中毒症状の持続時間と重篤度は、投与量と関係している。症状としては、流涎、散瞳、失明、運動失調、徐脈、呼吸緩徐、傾眠などが認められ、昏睡・死亡の転機をとることもある[22]。

このようにイベルメクチンに強い感受性を示す個体において、薬物の体内動態に関係する蛋白質の1つであるMDR1（Multi Drug Resistance 1）をコードする遺伝子に、ホモ接合性変異が存在することが確認された[23]。MDR1遺伝子に変異をもたない個体、もしくは変異のキャリア（ヘテロ接合体）である個体では副作用を示さないため、あらかじめ遺伝子検査を実施することによって、イベルメクチンによる副作用発生の予測ができる。

また、イベルメクチンの120μg/kg投与により神経症状を呈したコリーにおける、ミルベマイシンの中毒量は5mg/kgであり（予防量の10倍）、用量依

存性に症状を示す[24]。

　モキシデクチンを、イベルメクチン感受性の高い犬に、予防量の30倍の用量（90μg/kg）で投与しても、神経症状を呈さない[25]。MDR1遺伝子変異が認められたオーストラリアン・シェパードに、モキシデクチン400μg/kgを投与して、神経症状が発症したという報告があるが[26]、400μg/kgは予防量の100倍以上の高用量である。

　セラメクチンを、イベルメクチンに感受性の高いコリー犬に、40mg/kg（約5倍量）で投与した場合、異常は認められなかった[27]。

　MDR1遺伝子変異をもつ犬は、イベルメクチンなどの心臓糸状虫予防薬だけでなく、循環器系の薬剤（ジゴキシン・メキシレチンなど）や、抗がん剤（ビンクリスチン・ビンブラスチン・ドキソルビシンなど）など様々な薬剤においても、神経毒性の副作用を発現しやすいことがわかっている[28,29]。すなわち、犬糸状虫予防用量のマクロライド系抗生物質単独での副作用は発生しないが、他の薬剤との併用では副作用発現の可能性もあるので、注意が必要である。

　国内では、コリーやオーストラリアン・シェパードにおいて、MDR1遺伝子変異の頻度は高く、シェットランド・シープドックでも低頻度ではあるが変異が認められる[30]。また、まれではあるが、コリー系以外の犬種でも、MDR1遺伝子の変異が報告されている[6,29]。

### ⅲ）月に1回投与するマクロライド系抗生物質
#### ①イベルメクチン

　国内では、錠剤（6～12μg/kg）、チュアブル製剤（イベルメクチン6～12μg/kgとピランテルパモ酸塩14.4～28.5mg/kgの合剤）の経口薬と、肩甲骨前方の背面に垂らす皮膚滴下型の製剤（イベルメクチン80～200μg/kgとイミダクロプリド10～25mg/kgの合剤）が、要指示薬として販売されている。これらの薬剤は、2～3ヵ月前に感染した幼虫を完全に駆除する。また、月に1度の投与プログラムを開始する4ヵ月前に感染した犬においても、心臓糸状虫の成熟阻害に多少の効果がある[1]。チュアブル製剤は、ピランテルパモ酸塩が配合されており、回虫と鉤虫の駆除にも効果がある。皮膚滴下型の製剤は、イベルメクチンの含有量が多いが、経口投与と比較して血漿中のイベルメクチン濃度が特に高くなるということではない。イベルメクチン感受性のコリーに対する安全性も確認されている[31]。イミダクロプリドが配合されているため、ノミ駆除にも効果がある。

#### ②ミルベマイシン

　0.25～0.5mg/kgの用量で用いられる。錠剤・顆粒・チュアブル製剤・ゼリー状の経口薬が要指示薬として販売されている。心臓糸状虫だけでなく、回虫・鉤虫・鞭虫（0.5mg/kg）の予防効果も有する[6]。ベクターによる吸血2～3ヵ月後から、1ヵ月に1度の薬剤投与を実施すれば、感染は完全に防御される[1]。ルフェヌロンとの合剤は、フィラリア予防に加えて、ノミ虫卵の発育阻止効果も有する[6]。

　また、スピノサドやアフォキソラネルとの合剤は、ノミ・マダニの駆除にも効果がある。

#### ③モキシデクチン

　2～4μg/kgの用量で用いられる。錠剤・チュアブル製剤の経口薬が要指示薬として販売されている。この用量でミクロフィラリア血症の犬に投与したとしても、ミクロフィラリア（$L_1$）殺作用がないため、重篤な副作用は発生しにくい[3]。しかしながら、製造元は、心臓糸状虫感染犬に対する使用を推奨しておらず、駆除後、慎重に投与すべきとしている。

#### ④セラメクチン

　6～12mg/kgの用量で用いられる[18]。皮膚滴下型の製剤が要指示薬として販売されている。国内では、猫と小型犬用の6％が2005年に発売され、2008年からは犬用12％も発売されている。ミミヒゼンダニ、ノミにも有効である。2ヵ月前に感染したすべての幼虫を殺滅できると思われる[18]。

### 2）モキシデクチン徐放性注射薬

　マイクロスフィア（ポリマーからなる粒子径が数μm程度の球状製剤）という技術で注射部位から薬剤が徐放され、1回の皮下注射で長期間効果が得られる。予防効果の持続する期間が6ヵ月の製剤（モキシデクチンとして0.17mg/kg）と、12ヵ月の製剤

（モキシデクチンとして0.5mg/kg）の製剤がある。どちらも溶解懸濁液0.05ml/kgの用量で投与される。

　この製剤を用いることで、飼い主の不注意による服薬中止が起きにくくなり、予防漏れの防止も期待できる。イベルメクチン感受性のコリーに対しての安全性も確認されている[1]。ただし本薬剤は、1回の投与で血中濃度が6ヵ月間、もしくは12ヵ月間持続するため、投与後に副作用が発現したり、数日～数ヵ月後に他薬剤を服用して薬物間相互作用が起こったりする可能性があるので注意が必要である。また、副作用が発現した際も、血中濃度が維持されてしまうため、対処が難しい可能性もある。よって、投与前には十分に健康状態を確認し、慎重に投与することが推奨されている。また、体重の変動のある成長期には投与を控え、小～中型犬では6ヵ月齢未満の犬には投与しない。大型犬・超大型犬には、8～10ヵ月齢以降に投与する。局所的な副作用として、注射部位に、一時的な炎症反応が起こることがある。また、全身的な副作用としては、数日間の食欲不振、嘔吐、下痢、痙攣などの症状が報告されている[1]。まれな症状として、アナフィラキシーショックも報告されているため、投与後は、慎重な経過観察が必要である。

### 3）連日投与によるジエチルカルバマジン

　現在、日本国内においては、人体薬や大動物用の駆虫薬として製造・販売されており、犬糸状虫予防薬としては流通していない。しかし、これまで30年以上も前から実施されてきた治療法であり、海外では、現在も使用されているようである。ミクロフィラリアを保有している犬に投与すると、極めて重篤な副作用を起こす[6,17,18]。また、蚊が活動する前から、蚊の活動が終了して2ヵ月後の冬まで続ける必要がある[17]。よって、マクロライド系駆虫薬投与の方が、安全かつ簡便であり、確実に予防ができると思われる。

　ジエチルカルバマジンは、2.5～3μg/kgの用量で用いられる。ベクターによる吸血9～12日後の、$L_3$から$L_4$幼虫への脱皮期に作用すると考えられている[1]。予防開始前、6ヵ月齢以上の犬に対しては、副作用を回避するため、ミクロフィラリアの検査が必須である。さらに、当薬剤のような毎日投与を必要とする薬では、飼い主の投薬厳守が潜在的な問題となるため、たとえ連続投与されていたとしても、1年ごとにフィラリアの再検査が必要である[6]。

（倉田由紀子）

---

#### 参考文献・図書・推奨文献

[1] Ware WA.（訳／前田貞俊，奥田 優）：犬糸状虫症．In：Small Animal Internal Medicine, 3rd ed.：インターズー；2005：177-192．東京．
[2] Calvert CA.：犬糸状虫症．In：サウンダース小動物臨床マニュアル（監訳／長谷川篤彦）：文永堂出版；1997：544-551．東京．
[3] Calvert CA, Rawlings CA, Mccall JW.：Canine Heartworm Disease. In：Fox PA, Sisson D, Moise NS.(eds)：Textbook of Canine and Feline Cardiology. Principles and clinical practice, 2nd ed.：WB Saunders；1999：702-726.
[4] Calvert CA, Losonsky JM.：Peumonllis assodaled with occult heartworm disease in dogs. J Am Vet Med Assoc. 1985；186：1097-1098.
[5] Hawkins EC.（訳／瀬戸口明日香）：肺実質の疾患．In：Small Animal Internal Medicine, 3rd ed.：インターズー；2005：309-325．
[6] Kittleson MD, Kienle RD.：犬糸状虫感染と感染症（犬糸状虫症）．In：小動物の心臓病学—基礎と臨床—（監訳／局 博一，若尾義人）：メディカルサイエンス；2003：447-486．東京．
[7] Schaub AG, Rawlings CA, Keith JC Jr.：Platelet adhesion and myointimal proliferation in canine pulmonary arteies. Am J Pathol. 1981；104（1）：13-22.
[8] Sasaki Y, Kitagawa H, Hirano Y.：Relationship between pulmonary arterial pressure and lesions in the pulmonary arteris and parenchyma, and cardiac valves in canine dirofilariasis. J Vet Med Sci. 1992；54（4）：739-744.
[9] Hidaka Y, Hagio M, Murakami T, Okano S, Natsuhori K, Narita N.：Three dogs under 2 years of age with heartworm caval syndrome. J Vet Med Sci. 2003；65（10）：1147-1149.
[10] Kitagawa H, Sasaki Y, Ishihara K, Kawakami M.：Heartworm migration toward right atrium following artificial pulmonary arterial embolism or injection of heartworm body fiuid. Jpn J Vet Sci. 1990；52（3）：591-599.
[11] Amecican Heartworm Society.：Guidelines for the diagnosis, prevention and management of heartworm (Dirofilaria immitis) infection in dogs. http：//www.heartwormsociety.org/veterinary-resouces/canine-guidelines.html#.
[12] Kitagawa H, Sasaki Y, Ishihara K, Kawakami M.：Cardiopulmonary function values before and after heatworm removal in dogs with caval syndrome. Am J Vet Res. 1991；52（1）：126-132.
[13] Rawlings CA, Losonsky JM, Schaub RG, Greene CE, Keith JC, McCall JW.：Postadulticide changes in Dlrofilarla Immitis-Infected Beagles. Am J Vet Res. 1983；44（1）：8-15.
[14] Luethy MW, Sisson DD, Kneller SK, Losonsky JM, Twardock RA, Otto GF.：Angiographic assessment of aspirin and heparin therapy for the prevention of pulmonary thromboembolism following adulticide therapy. In：Otto GF. (ed)：Proceedings of the Heartworm

*Symposium'89*. American Heartworm Society. 1989 ; 53-57.
[15] 山根義久.：各種病態にある犬糸状虫へのアプローチ法—少量アスピリン投与とトラピジル併用を中心とした最近の新しい治療法—. 第10回小動物臨床研究会年次大会プロシーディング. 1989：111-123.
[16] Kramer L, Grandi G, Passeri B, Gianelli P, Genchi M, Dzimianski MT. Supakorndej P, McCall SD, McCall JW.：Evaluation of lung pathology in *Dirofilaria Immitis*-experimentally infected dogs treated with doxycycline or a combination of doxycycline and ivermectin before administration of melarsomine dihydrochloride. *Vet Parasitol*. 2011 ; 176（4）：357-360.
[17] Calvert CA.：犬糸状虫症. In：サウンダース小動物臨床マニュアル（監訳／長谷川篤彦）：文永堂出版；2009：1483-1494. 東京.
[18] Ware WA. Heartworm Disease. In：Neilson RW, Couto CG.（eds）：Small Animal Internal Medicine, 4th ed.：Mosby；2009：169-183.
[19] Venco L, McCall JW, Guenem J, Genchi C.：Efficacy of long-term monthly administration of ivermectin on the progress of naturally acquired heartworm infections in dogs. *Vet Parasitol*. 2004；124（3-4）：259-268.
[20] Sasaki Y, Kitagawa H, Ishihara K, Shibata M.：Prevention of adverse reactions following milbemycin D administration to microfilaremic dogs infected with *Dirofilaria immitis*. *Nippon Juigaku Zasshi*. 1989；51（4）：711-715.
[21] Kitagawa H, Sasaki Y, Kumasaka J, Mikami C, Kitoh K, Kusano K.：Clinical and laboratory changes after administration of milbemycin oxime in heartworm-free and heartworm-infected dogs. *Am J Vet Res*. 1993；54（4）：520-526.
[22] Campbell WC.：Ivermectin and heartworm. *Semin Vet Med Surg（Small Anim）*. 1987；2（1）：48-55.
[23] Mealey KL, Bentjen SA, Gay JM, Cantor GH.：Ivermectin sensitivity in colies is associated with a deletion mutation of the MDR1 gene. *Pharmacogenetics*. 2001；11（8）：727-733.
[24] Tranquilli WJ, Paul AJ, Todd KS.：Assessment of toxicosis induced by high-dose administration of milbemycin oxime in collies. *Am J Vet Res*. 1991；52（7）：1170-1172.
[25] Paul AJ, Tranquilli WJ, Hutchens DE.：Safety of moxidectin in avermectin-sensitive collies. *Am J Vet Res*. 2000；61（5）：48.
[26] Geyer J, Döring B, Godoy JR, Moritz A, Petzinger E.：Development of a PCR-based diagnostic test detecting a nt230（del4）MDR1 mutation in dogs：verification in a moxidectin-sensitive Australian Shepherd. *J Vet Pharmacol Ther*. 2005；28（1）：95-99.
[27] Novotny MJ, Krautmann MJ, Ehrhart JC, Godin CS, Evans EI, McCall JW, Sun F, Rowan TG, Jernigan AD.：Safety of selamectin in dogs. *Vet Parasitol*. 2000；23；91（3-4）：377-391.
[28] Henik RA, Kellum HB, Bentjen SA, Mealey KL.：Digoxin and mexiletine sensitivity in a Collie with the MDR1 mutation. *J Vet Intern Med*. 2006；20（2）：415-417.
[29] Mealey KL, Bentjen SA, Waiting DK.：Frequency of the mutant MDR1 allele associated with ivermectin sensitivity in a sample population of collies from the northwestern United States. Am *J Vet Res*. 2002；63（4）：479-481.
[30] Kawabata A, Momoi Y, Inoue-Murayama M, Iwasaki T.：Canine mdr1 gene mutation in Japan. *J Vet Med Sci*. 2005；67（11）：1103-1107.
[31] Paul AJ, Hutchens DE, Firkins LD, Keehan CM.：Effects of dermal application of 10.0% imidacloprid-0.08% ivermectin in ivermectinsensitive Collies. Am *J Vet Res*. 2004；65（3）：277-278.
[32] Calvert CA, Losonsky JM.：Peumonitis associated with occult heartworm disease in dogs. *J Am Vet Med Assoc*. 1985；86：1097-1098.

# 猫の心臓糸状虫症

Feline Heartworm Disease

## ■ 1　成虫

猫に寄生した犬糸状虫の成虫の寿命は、2～3年と考えられており、犬と比較して半分程度の寿命である[1]。このことは、猫が犬と比較して犬糸状虫感染に対する抵抗性が強いことに起因していると考えられている。

### 1）感染子虫

犬への感染と同様に、雌の蚊の体内で第3期幼虫まで成長した犬糸状虫は、蚊の吸血の際に猫の体内に侵入する。第4期幼虫は2～3ヵ月かけて脂肪組織および筋組織中を移動しながら成長し、未成熟虫（第5期幼虫）となり、末梢静脈から循環血液中に侵入する。犬では、肺に到達した未成熟虫の多くが成虫になるが、猫の場合、未成熟虫の多くがこの時点で死滅する。生き残った少数の未成熟虫が成虫となるため、犬糸状虫感染猫では1～3隻程度の少数寄生が多く認められる。

### 2）ミクロフィラリア

猫の犬糸状虫症において、循環血液中にミクロフィラリアが認められることはほとんどない。これは猫の免疫によりミクロフィラリアが死滅する、あるいは成虫のミクロフィラリア産生能が抑制されることに起因すると考えられている。

## ■ 2　病態生理

猫の犬糸状虫症は、犬と同様に *Dirofiraria immitis* の感染によって発症するが、犬の犬糸状虫症とは病態が明らかに異なる。

犬の犬糸状虫症は、犬糸状虫が肺動脈に寄生することで、反応性に徐々に肺動脈血管壁が増殖肥厚し、さらに死滅した成虫や血栓より肺動脈末端が塞栓する。犬の場合は、肺に到達した犬糸状虫の多くが成虫になり、感染に伴う肺血管の反応性炎症も劇的なものではない。よって、犬では多くの場合、臨床症状が発現するのは犬糸状虫の感染からかなり年数が経過してからである。

一方、猫では、感染した幼虫が成虫まで生育することは少なく、さらに成虫の寿命も短いため、成虫の寄生数は少ない。成虫の寿命は2～3年であり、犬と同様に肺動脈に寄生する。多数寄生はまれであり、ほとんどの場合が1～3隻程度の少数寄生である。しかしながら、猫の場合、少数寄生であっても、肺動脈内における犬糸状虫の寄生および死滅により肺動脈に重度な反応性炎症が生じる。猫の犬糸状虫症では、HARD（Heartworm Associated Respiratory Disease）と呼ばれる顕著な臨床徴候が認められる病期が2度あるが、いずれも犬糸状虫の感染、死滅時期に一致する。1度目は、感染2～3ヵ月後に犬糸状虫が循環血液中に侵入し、肺血管系に到達する時期である。未成熟虫が肺血管に到達すると、血管内マクロファージの活性を刺激し、炎症が惹起される。2度目は、寄生している成虫が死滅する時期である。これらの時期には肺に重度な炎症が生じ、突然死する個体もみられる。よって、猫では少数の犬糸状虫の寄生であっても、生命を脅かす可能性がある。

## ■ 3　臨床発現

### 1）疫学

日本における猫の犬糸状虫感染に関する大規模な疫学調査は行われていないが、地域的な報告は散見される。犬糸状虫抗原を用いた免疫ブロット検査により、山口県内で飼育されている猫315頭を対象に

した調査では、19頭（6％）が陽性であったと報告されている[2]。また、抗体検査により東京都内の猫を対象にした調査では、18/129頭（14％）の猫が抗体陽性であったと報告されている[3]。さらに、Nogamiらは埼玉県における猫1840頭の死後解剖において、0.8％（15頭）の猫に犬糸状虫の成虫感染が認められたと報告している[4]。Roncalliらの日本における猫の犬糸状虫感染に関する報告のまとめでは、地域差はあるが0.5～9.5％の猫に犬糸状虫感染が認められている[5]。抗体検査では、感染経験の有無しか判断できないが、各地において猫の犬糸状虫症の報告があることから、日本のどの地域においても感染の可能性があると考えられる。

### 2）病歴

突然の呼吸困難、発咳および嘔吐などが病歴として聴取される場合が多い。呼吸器症状は突発あるいは散発的にみられ、慢性的な呼吸器症状が認められず、犬糸状虫症とは無関係と思われる慢性的な嘔吐などの消化器症状が主訴で来院することもある。

### 3）臨床所見

臨床症状は非特異的であり、一過性の場合もあれば臨床症状を呈さない症例も多い。症状を有する猫では、急性の呼吸器症状が半数以上で認められ、呼吸困難および発作性の発咳を呈していることが多い[6]。また、慢性的な嘔吐がみられる症例が比較的多く、その他には元気消失、食欲不振、失神なども認められる。症状の有無にかかわらず、突然死する場合もある[6]。

### 4）一般身体検査所見

身体検査所見においても、特徴的な所見は少ない。呼吸器症状が認められる症例では、努力性呼吸および肺音の異常が、大静脈症候群を呈している症例では、右側胸骨縁付近において心雑音が聴取される。

## ■ 4　診断的検査

### 1）ミクロフィラリア検査

犬糸状虫に感染している猫において、血液中にミクロフィラリアが確認されることはほとんどない[5]。前述したように、猫の免疫によりミクロフィラリアが死滅、あるいはミクロフィラリア産生能が抑制されるため、猫におけるミクロフィラリア検査の診断的価値はかなり低い。

### 2）血清学的検査

犬と比較し、猫の犬糸状虫の感染を証明することは困難である。その第1の理由として、犬で感染を証明するために一般的に行われている抗原検査の感度が低いことがあげられる。抗原検査キットの多くは、雌成虫の生殖器から分泌される犬糸状虫抗原を検出する免疫学的検査法である。雄のみの単性感染もしくは感染後5ヵ月未満の未成熟虫の感染は証明できない。

抗体検査は、雄の単性感染もしくは未成熟虫感染の場合でも、犬糸状虫の感染を証明できる。感染後2ヵ月で免疫応答が刺激され抗体の検出が可能となる。しかしながら、猫では感染後に多くの犬糸状虫は死滅するため、抗体検査が陽性であっても犬糸状虫の感染が持続的なものであるかの判断が困難である。抗体検査が陽性であっても、実際に持続感染している症例は25～40％であると報告されている[7]。よって、猫の犬糸状虫の感染は抗体検査においてもその解釈が難しく、犬糸状虫の寄生を完全に証明できない。

### 3）胸部X線検査

胸部X線検査は、犬糸状虫感染の有力な手がかりが得られる場合や、重症度ならびに治療への反応を評価するうえで重要な検査である。猫の犬糸状虫症における、胸部X線検査での最も特徴的な所見は、後葉肺動脈の拡張および気管支間質パターンの存在である[6]（図I-513）。犬の犬糸状虫症で認められる肺動脈の蛇行および切り詰め像は、猫ではあまり認められない。病態の進行や大静脈症候群などにより右心不全を呈すると、気胸ならびに胸水貯留も認められる[8]（図I-514）。

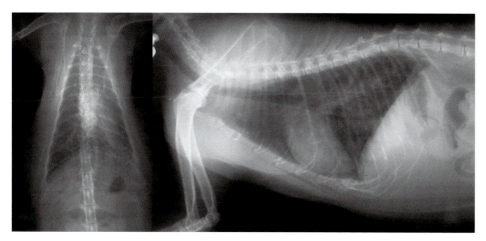

初診時
1週間前より嘔吐がみられ、昨日から元気・食欲の低下、呼吸困難を主訴に来院。肺野全域における気管支・間質パターンならびに後葉肺動脈の拡張が認められた。初診時のフィラリア抗原検査は陰性であった。

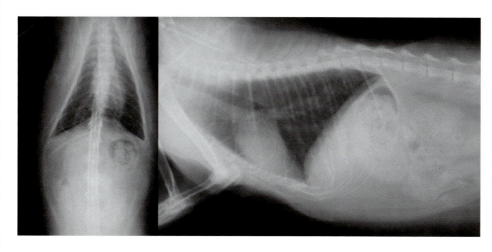

5ヵ月後の胸部X線検査所見
初診時と比較して肺野の改善はみられたが、後葉肺動脈の拡張は依然として認められた。

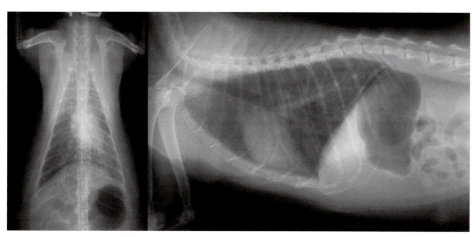

初診から1年後
その後の経過は良好であったが、初診時より約1年後に、嘔吐ならびに呼吸困難を主訴に再来院。フィラリア抗原検査において陽性反応を認める。ステロイド、気管支拡張薬などによる対症療法を行い、一時症状の改善が認められた。しかしながら、2週間後の来院途中に、車中にて突然死した。

図Ⅰ-513 猫の犬糸状虫感染の胸部X線検査所見（雑種猫、12歳齢、雄）
経時的な猫の心臓糸状虫症のX線画像。

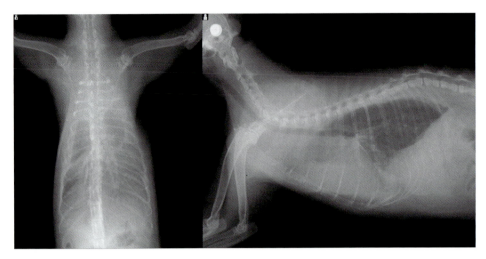

2日前に他院にて胸水貯留が認められ、心不全と診断され内科治療を受けていたが、改善がみられないとのことで来院。後葉肺動脈の拡張および胸水の貯留が認められた。

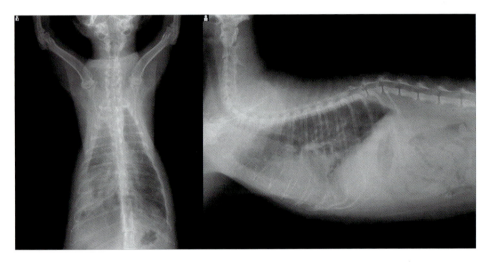

入院下での精査、治療を提示するも希望されず、血管拡張薬、利尿薬、強心薬などによる心不全の治療を行う。第5病日の胸部X線検査において、胸水減少がみられたが、右後葉肺動脈の拡張はより明瞭に観察された。

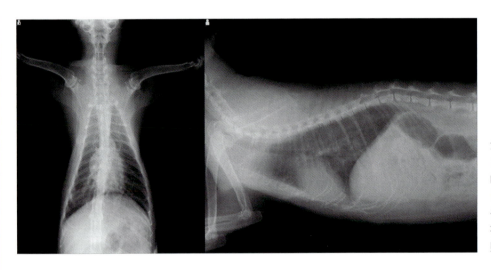

大静脈症候群を呈したため、犬糸状虫を外科的に摘出した術後7日目の胸部X線写真。右後葉肺動脈の拡張は残存するものの、胸水の貯留は認められない。

図Ⅰ-514　大静脈症候群を呈した猫の犬糸状虫感染の胸部X線検査所見（雑種猫、11歳齢、雄）

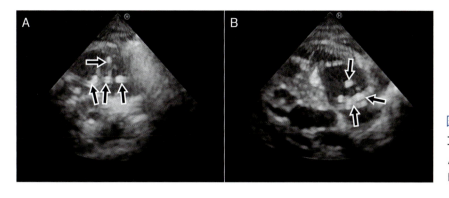

図Ⅰ-515 図Ⅰ-514と同症例の心エコー検査所見
A：右心室に認められた犬糸状虫。
B：右心房に認められた犬糸状虫。

### 4）心エコー検査

犬糸状虫の感染が疑われたならば、心エコー検査にて虫体の確認を行う。心エコー検査では、右心房／右心室に加え、主肺動脈および左右肺動脈の分岐に至るまで詳細に観察する。犬糸状虫体は、高エコーのイコール（＝）状に描出されるが（図Ⅰ-515）、虫体の数を正確に推測することはできない。また、大静脈症候群を呈している場合は、三尖弁逆流や右心室および右心房に虫体が認められる。心エコー検査は、猫の犬糸状虫感染を検出できる最も優れた検査法であるが、Atkinsらは虫体が確認された個体は半数以下と報告しており[6]、虫体が確認できなくとも犬糸状虫の感染は否定できない。

### 5）鑑別診断

特発性好酸球性肺炎、猫回虫、猫肺虫などの寄生虫感染による好酸球性肺炎および喘息では、猫糸状虫症と類似した症状ならびに胸部X線検査所見を呈することがある。これらの疾患の気管洗浄液中には、好酸球ならびに好中球が認められるが、犬糸状虫感染においても肺組織内への好酸球ならびに好中球の浸潤がみられ、気管洗浄液中にも好酸球が認められる[9]。正常猫においても気管洗浄液中には好酸球が認められる場合があり[10]、これらの疾患の鑑別するうえでの重要な特異的所見とはならない。また、胸部X線画像でもこれらの疾患は、肺胞浸潤を伴う間質パターンが認められるため、鑑別が困難である。

好酸球性肺炎および喘息に対する治療でも犬糸状虫感染と同様に、ステロイドならびに気管支拡張薬などの内科療法で改善が認められるため、犬糸状虫感染が見過ごされる場合もある。抗原・抗体検査、胸部X線検査および心エコー検査などを組み合わせ、これらの疾患との鑑別診断が重要である。また、1回の検査において犬糸状虫感染が認められなくとも、感染が疑わしい場合は定期的に検査を行う。

## 5 治療

### 1）内科的治療

犬糸状虫寄生により肺疾患や発咳などの臨床症状を呈している場合、プレドニゾロンの投与が推奨されている。プレドニゾロンの投与は、1～2mg/kg/日でスタートし、1週間ごとに漸減しながら3～4週間で終了とする。症状が残存する場合は、以降は隔日で低用量のステロイドを投与する[11,12]。猫の場合、ステロイド投与により糖尿病を併発する個体がいるため、1～2週ごとに血糖値のチェックを行う。また、胸部X線撮影を同時に実施し、治療への反応を観察する。重篤な症状を呈している個体では、ステロイド、気管支拡張薬を投与し、酸素吸入を行う。犬に用いられている犬糸状虫駆虫薬であるメラルソミンに関しては、猫でのデータが不足しており、現時点での投与は推奨されない。

*D.immitis*をはじめとする多くのフィラリア線虫から、*Wolbachia*属のグラム陰性菌が分離されている。この*Wolbachia*は、表面蛋白質を介して肺および腎臓の炎症に関与していると考えられている[13,14]。*Wolbachia*を考慮したドキシサイクリン投与の有効性は確立されていないが、今後有効な治療法の1つになる可能性がある。

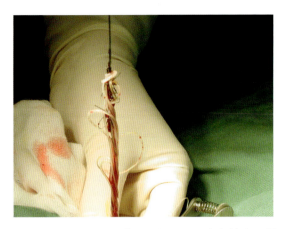

図I-516 フィラリアブラシを用いた犬糸状虫の吊り出し術（写真は犬での吊り出し術）

1. X線透視装置を用いて頸静脈からブラシを右心房・右心室に誘導する。
2. ブラシの先端が目的の部位に到達したらブラシの手元を数回回転させる。
3. そのままゆっくりと引き抜くと、ブラシの先端の毛に犬糸状虫が絡まって摘出される。聴診による雑音の消失あるいは心エコーで虫体の存在が確認できなくなるまで、この作業を繰り返す。
4. 引き抜く際に抵抗がある場合は、ブラシが腱索に絡まっている可能性があるため、逆方向に同数回転させて一度引き抜く。

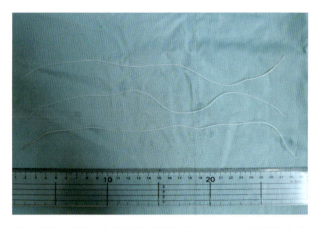

図I-517 猫の右心房から摘出したフィラリア虫体（雌3隻）
図I-514と同症例。頸静脈アプローチによりフィラリアブラシを用いて摘出した。

## 2）外科的治療

外科的治療の多くは、大静脈症候群を呈している際に適応となる。基本的には、犬の手技と同様に頸静脈アプローチによる吊り出し術が行われるが（図I-516、517）、犬と比較して猫の頸静脈は細いため、使用する器具のサイズには注意が必要である。また、猫においては、硬性のアリゲーター鉗子では、頸静脈および右心房に存在する犬糸状虫しか摘出できない。頸静脈アプローチによる吊り出し術では、細く柔軟性があり右心房および右心室に存在する犬糸状虫の摘出が可能なフィラリアブラシが最も適していると思われる[15]（図I-516、I-518）。また、フィラリアブラシの代わりに内視鏡の鉗子を用いた吊り出し術の報告も認められる[16,17]。

開胸下における右心房アプローチでは、右心房および右心室、右心室アプローチでは右心房、右心室および肺動脈内に存在する犬糸状虫の摘出が可能である[18]。

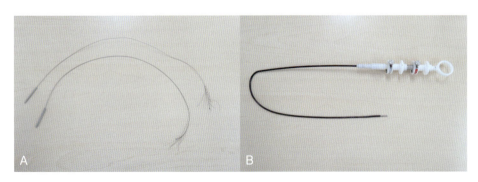

図I-518 フィラリア虫体摘出に用いられる器具
A：フィラリアブラシ；ワイヤーの先端に馬のタテガミが織り込まれている。フィラリアブラシは緩やかなカーブを付けておくと、右心房・右心室に誘導しやすい。B：フレキシブルアリゲーター鉗子；手元のハンドルを操作することで、先端の鉗子が閉開する。また、先端の角度も変えられる。

## 3）予防

犬糸状虫症の発生地域では、犬の予防期間に準じて月1回のフィラリア予防薬の投与が猫の犬糸状虫症の予防として安全、かつ効果的である。アメリカ犬糸状虫学会は、抗体あるいは抗原陽性の猫においてもフィラリア予防薬は投与可能であるとしているが[12]、犬糸状虫の死滅により重篤な副作用が生じる可能性があるため、注意が必要である。予防薬は経口薬もしくはスポットオンタイプの2種類があり、猫に対するそれぞれの薬剤の最低投与量は、イベルメクチンが24μg/kg、ミルベマイシンオキシムが2.0mg/kg、モキシデクチンが1.0mg/kg、セラメクチンが6mg/kg、エプリノメクチン0.5mg/kgである。

（山根　剛）

---

#### 参考文献

[1] Atkins CE, DeFrancesco TC, Miller MW, Meurs KM, Keene B. : Prevalence of heartworm infection in cats with signs of cardiorespiratory abnormalities. *J Am Vet Med* Assoc. 1998 ; 212 : 517-520.
[2] 早崎峯夫、勝矢朗代、Song Kun-Ho.：免疫ブロット法を用いた山口県における猫の犬糸状虫感染調査. *日獣会誌*. 2008 ; 61 : 549-552.
[3] 佐伯英治、星　克一郎、斎藤朋子、坂田郁夫、太田快作、佐野正継、佐伯秋子.：地域猫の抗犬糸状虫抗体保有状況および飼育猫における抗体保有と呼吸器症状発現との関連. *小動物臨床*. 2011 ; 30（2）: 97-103.
[4] Nogami S and Sato T. : Prevalence of *Dirofilaria immitis* infection in cats in saitama, Japan. *J Vet Med Sci*. 1997 ; 59 : 869-871.
[5] Roncalli RA, Yamane Y, Nagata T. : Prevalence of *Dirofilaria immitis* in cats in Japan. *Vet Parasitol*. 1998 ; 75 : 81-89.
[6] Atkins CE, DeFrancesco TC, Coats JR, Sidley JA, Keene BW. : Heartworm infection in cats : 50 cases（1985-1997）. *J Am Vet Med Assoc*. 2000 ; 217 : 355-358.
[7] Atkins CE. : The diagnosis of feline heartworm infection. *J Am Anim Hosp Assoc*. 1999 ; 35 : 185-187.
[8] Smith JW, Scott-Moncrieff C, Rivers BJ. : Pneumothorax secondary to *Dirofilaria immitis* infection in two cats. *J Am Vet Med Assoc*. 1998 ; 213（1）: 91-93.
[9] Dillon AR, Tillson DM, Wooldridge A, Cattley R, Hathcock J, Brawner WR, Cole R, Welles B, Christopherson PW, Lee-Fowler T, Bordelon S, Barney S, Sermersheim M, Garbarino R, Wells SZ, Diffie EB, Schachner ER. : Effect of pre-cardiac and adult stages of *Dirofilaria immitis* in pulmonary disease of cats : CBC, bronchial lavage cytology, serology, radiographs, CT images, bronchial reactivity, and histopathology. *Vet Parasitol*. 2014 ; 206 : 24-37.
[10] Padrid PA, Feldman BF, Funk K, Samitz EM, Reil D, Cross CE. : Cytologic, microbiologic, and biochemical analysis of bronchoalveolar lavage fluid obtained from 24 healthy cats. *Am J Vet Res*. 1991 ; 52 : 1300-1307.
[11] Nelson CT. : *Dirofilaria immitis* in cats : Diagnosis and management. *COMPENDIUM*. 2008 ; July : 393-400.
[12] Current feline guidelines for the prevention, diagnosis, and management of heartworm（*Dirofilaria immitis*）infection in cats. *American Heartworm Society*. 2014.
[13] Turba ME, Zambon E, Zannoni A, Russo S, Gentlini F. : Detection of Wolbachia DNA in blood for diagnosing filarial-associated syndrome in cats. *J Clin Microbiol*. 2012 ; 50 : 2624-2630.
[14] García-Guasch L, Caro-Vadillo A, Manubens-Grau J, Carretón E, Morchón R, Simón F, Kramer LH, Montoya-Alonso JA. : Is Wolbachia participating in the bronchial reactivity of cats with heartworm associated respiratory disease? *Vet Parasitol*. 2013 ; 196 : 130-135.
[15] Glaus TM, Jacobs GJ, Rawlings CA, Watson ED, Calvert CA. : Surgical removal of heartworms from a cat with caval syndrome. *J Am Vet Med Assoc*. 1995 ; 206（5）: 663-666.
[16] Borgarelli M, Venco L, Piga PM, Bonino F, Ryan WG. : Surgical removal of heartworms from the right atrium of a cat. *J Am Vet Med Assoc*. 1997 ; 211（1）: 68-69.
[17] Small MT, Atkins CE, Gordon SG, Birkenheuer AJ, Booth-Sayer MA, Keene BW, Fujii Y, Miller MW. : Use of a nitinol gooseneck snare catheter for removal of adult *Dirofilaria immitis* in two cats. *J Am Vet Med Assoc*. 2008 ; 1 ; 233（9）: 1441-1445.
[18] Iizuka T, Hoshi K, Ishida Y, Sakata I. : Right atriotomy using total venous inflow occlusion for removal of heartworms in a cat. *J Vet Med Sci*. 2009 ; 71 : 489-491.

# 末梢血管疾患

Peripheral Vascular Diseases

## ■ 1　末梢血管疾患の診断

### 1）左心系血栓

　末梢の動脈血栓症の診断は、脈拍の消失を特徴とするため、触診によっても診断可能な場合がある。特に、四肢の血管の閉塞がみられる場合には、触診で可能なことが多い。同時に四肢の冷感、痛みや皮膚の色の蒼白所見やチアノーゼも認められるはずである。猫の心筋症に伴う鞍状血栓や腫瘍に起因した動脈血栓では、内股の大腿動脈が触知できなくなるほか、患肢の腓腹筋の腫脹および疼痛が顕著に認められることが多い。また、趾端の爪を根本から切断しても出血が認められない。ただし、体内の臓器に分布する動脈の閉塞では、触診によって診断を行うことは困難である。例えば、腎動脈の閉塞では、腎機能の異常によって動脈の閉塞が示唆されることもあるし、場合によっては、動脈の閉塞があっても片側が代償的に働き、腎機能に異常をきたさないこともある。このように、動脈血栓症の診断は、その部位によって比較的簡単に診断を下すことができる場合もあれば、下記のような特殊検査を実施しなければ診断することが困難な場合がある。

### ⅰ）超音波検査

　動物、特に猫においては、血栓症の原因疾患として肥大型心筋症が主体であるため、特に心エコーによる肥大型心筋症の確認がまずは必要となる（図Ⅰ-519）。心エコーによる肥大型心筋症の診断法の詳細は他にゆずるが、血栓症の発生は血液のうっ滞に起因することが多いため、特に、左心房の拡大所見と左心房内のもやもやの超音波所見には着目する必要がある。僧帽弁弁尖の血栓の付着の有無も確認しておくべきである。他に血栓症を生じる原因としては、腫瘍があるため、心臓内の腫瘍の有無も精査する必要がある（図Ⅰ-520）。血栓の部位がある程度特定できている場合には、カラードップラーを用いた超音波検査により、血栓の有無、血流の有無を診

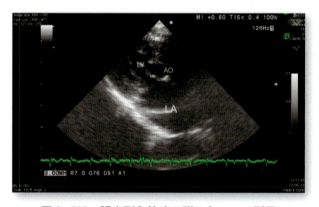

**図Ⅰ-519　肥大型心筋症の猫の心エコー所見**
肥大型心筋症の猫では、大きく拡張した左心房（LA）が顕著に認められる。左心室の壁は肥厚しているが、内腔が狭くなっているため、全体としては目立たないことが多い。血栓症の症例では左心房内に血栓が認められることがあることがあるため、確認が必要である。

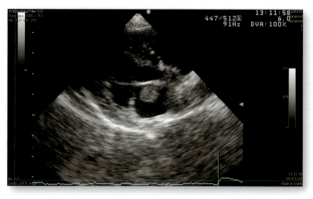

**図Ⅰ-520　左心房内の腫瘤**
症例によっては、心臓内に血栓が認められることがある。これは、左心房内に僧帽弁に付着する形で認められた腫瘤である。心臓内に腫瘤が存在したからといってそれが血栓の原因であるとは断定できないが、関連性を十分に考慮しながらその後の検査を進めていく。

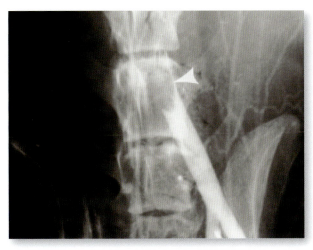

図Ⅰ-521　鞍状部血栓の診断
より体幹部に近い血管の評価はCTによってより簡便に評価できるようになった。矢印のように、造影剤の欠損により血流の遮断および血栓の存在が示唆される。右外腸骨動脈は完全に血流が遮断されている。

断できることがある。しかし、超音波検査は全身のスクリーニング検査には向いていないため、血栓の見落としには十分注意すべきである。

#### ⅱ）血管造影

血管造影は、血流の有無をみることによって血栓の有無を診断する方法であり、全身的な検査が可能であるため血栓のスクリーニング検査に適している。血管造影検査には大きく分けて2通りあり、1つは非選択的造影、もう1つは選択的造影である（図Ⅰ-521）。非選択的造影は、末梢の静脈から造影剤を注入後にX線撮影を行う方法であり、簡便ではあるが、得られる画像の質には限界がある。選択的造影の場合は、カテーテルを挿入し、造影剤を注入してX線撮影を行う方法であるが、非常にきれいな画像が得られる代わりに造影範囲がある程度制限される欠点もある。また、動物では多くの場合、全身麻酔が必要である点も、状態の悪い患者ではリスクとなりうる。ただし、動脈内にカテーテルを挿入しているため、その後の治療（血栓溶解剤、バルーン拡張）などの方法を行う点においては便利であり、もし動脈内のカテーテル検査を考慮する場合には、その後の治療も考慮に入れておく必要がある。

#### ⅲ）CT検査

血管造影下でのCT検査は、血栓の有無を検査する点においては非常に能力が高い。内臓へ分布する血管への血栓の有無を診断する能力においては、特に優れている。造影は、選択的に行ってもよいが、非選択的に行っても診断上は全く問題がない。造影剤注入の速度と、撮影のタイミングと速度が重要であるため、その点には注意を払いたい。CT検査は、全身麻酔下で実施することが望ましいが、患者の状態とCT撮影装置の性能によっては、無麻酔でも診断可能な場合もある。CT撮影のタイミングが早すぎると、まだ造影剤が血管を流れていっていない場合があり、誤診の原因となるため注意が必要である。必要があれば、再度検査を行うことによって、誤診を未然に予防したい。

### 2）右心系血栓

深部静脈血栓症の診断は、動脈血栓症に比べると困難な場合が多い。これは動脈血栓に比べると特異的な臨床症状、検査所見が得られにくいことに起因する。それに比べると、同じ静脈系の血栓であっても、肺動脈血栓塞栓症は、呼吸器症状を呈することから比較的診断しやすいといえるものの、他の呼吸器症状を呈する疾患との鑑別が重要となる。鑑別診断だけでなく、病態を把握するうえでも下記の諸検査は有用である。

#### ⅰ）血液検査

深部静脈血栓症は、静脈血のうっ帯や血液凝固の亢進が原因となるため、静脈血栓症が疑われる症例においては、血液凝固能の測定や血小板数の測定は実施しておくべきである。

#### ⅱ）心電図

右脚ブロック、右軸偏位、非特異的なST-T変化、洞頻脈、心房細動、肺性P波などが認められることがある。

#### ⅲ）血管造影

血管造影は、静脈血栓症においても全身的な検査が可能であるため血栓のスクリーニング検査に適している。

#### ⅳ）X線CT

特に、肺動脈血栓症において、ヘリカルCTを用いた胸部CT撮影が有用である。中枢側肺動脈の血栓はもちろん、葉肺動脈や区域支肺動脈レベルの血栓の描出も十分可能である。また、同時に下肢、骨

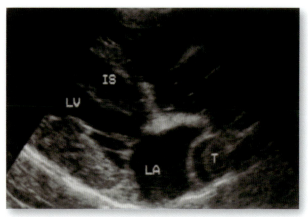

図Ⅰ-522 肺動脈内に認められた血栓[2]
右側傍胸骨長軸断面像において肺動脈内に認められた血栓（T）

盤、腹部の静脈の血栓を検索できるメリットもある。

### ⅴ）血液ガス検査

肺動脈血栓症において多くの場合、$PaO_2$と$PaCO_2$の低下、そしてA-a$DO_2$の開大が認められる。しかし、正常な数値を呈する症例も多く存在するため、正常値が認められたからといって肺動脈血栓症を否定することはできない。

### ⅵ）胸部X線検査

肺動脈血栓症において、肺門部肺動脈拡張と末梢肺血管陰影の消失や心拡大所見がみられることがある。肺梗塞を伴う症例では、肺炎様陰影、胸水などがみられる。

### ⅶ）肺動脈造影

肺動脈血栓症において実施されてきた確定診断法。充盈欠損や血流途絶といった所見がみられるが、近年ではCT検査などで代用可能であり、診断的意義は薄れている。

### ⅷ）超音波検査

肺動脈血栓症において、経胸壁心エコーは、診断のみならず重症度判定や予後推定にも有用であり、本症を疑った場合の必須の検査法である。右心室の拡張、壁運動異常、心室中隔の平坦化や奇異性運動、三尖弁閉鎖不全から求めた圧較差上昇などがみられる。また、心腔内や肺動脈内の浮遊血栓が描出できれば直接診断につながる（図Ⅰ-522）。

### ⅸ）その他

人医領域においては、MRIやシンチグラフィーを用いた診断法も実施されているが、動物では撮影時にいくつかの問題があることから、普及していない。

## ■2　血栓症のメカニズム

血栓症とは、血管内または心臓内に凝血が形成されることをいう。血液が凝固する原因が存在するとき、例えば、血管が損傷を受けたとき、血液中の血小板がその傷口に集まり、止血が行われる。そこへフィブリン（血液中の線維素）が凝集して血栓となり、止血が完全に行われ、血管壁平滑筋細胞の増殖により血管が修復されるという過程を経る。何らかの要因によってこの血栓の形成が亢進してしまうと、血栓症のリスクが高まる。血栓形成の亢進は、血液凝固能の異常、あるいは血液凝固を惹起するような要因の存在によって引き起こされる。また、通常であればその後、血栓（線維素）を溶かす成分が働き、血流が元通りになるが、この働きを線溶作用という。この線溶作用が正常に働かず、血栓が血液の流れを妨げ、完全に血液の流れを遮断してしまうことも血栓症の原因となりうる。すなわち、血栓症になる要因としては、血栓の形成されやすい状態に加えて、血栓が溶けにくい要素も含まれていることに注意したい。

ちなみに、血管内の異常な物理的な塊が、発生場所から流れて他臓器の小さな血管に陥入した状態を塞栓症と呼び、このときの血管内の塊を塞栓子または栓子（embolus）と呼ぶ。塞栓子になりうるものには様々なものが報告されているが、塞栓子の発生源として最も多いのが血栓（thrombus）である。

### 1）末梢動脈血栓症

血栓には、大きく分けて"動脈の血栓"と"静脈の血栓"とがある。動脈系の血栓では、血小板の関与が大きく、動脈にできた血栓を取り出してみると、血栓の大部分は白色を呈していることが多い。これを"白色血栓"という。白色血栓を顕微鏡で観察してみると、フィブリンに絡まった血小板の凝集が主体になっていることがわかる。最初に血小板の凝集を起こす引き金になるのは、血管内皮細胞の傷害である。血管内皮細胞が傷ついて変性・剥離し、

その内皮細胞が剥離して露出した部分へ血小板が付着し、血小板の凝集が起きる。この血液凝固を発端にしてフィブリンの折出が起こって血栓が成長していく。血管内皮細胞の脱落面積が大きい場合、そしてフィブリン溶解能が低い場合には、血栓は大きく成長し、完全に血管内腔を塞ぐ閉塞性血栓へと発展する。塞栓子が閉塞をきたすことにより、重篤な肢の虚血をきたすが、発症は突然であり、急性動脈閉塞であることから、適切な診断・処置がなされないと、患肢のみならず、血行再建後症候群（Myonephropathic Metabolic Syndrome：MNMS）により生命をも脅かす疾患であることを忘れてはならない。動物においては、人に発生の多い冠状動脈における血栓症はほとんど認められないが、心臓病、腫瘍、内分泌疾患など、様々な疾患における末梢動脈血栓症が報告されている[1, 4-18]。特に、肥大型心筋症による猫の血栓症はよく認められ[19-22]、鞍状部血栓による後肢の麻痺が特徴的である。

塞栓子になりうるものは、心筋症や心房細動に由来する心原性左房内血栓などの血栓であることが多いが、粘液腫などの心臓腫瘍や大動脈壁在血栓によることもある。そのほか、感染性心内膜炎やリウマチ性弁膜症などがその原因疾患となる。中枢から飛来した塞栓が主幹動脈に引っかかり、末梢の血流障害を引き起こし、急性動脈閉塞を呈する。動脈塞栓は、解剖学的に動脈分岐部に生じることが多い。このため、末梢側に分岐する複数の動脈内に二次血栓の進展を引き起こしたり、動脈そのものが攣縮をきたすなどして、二次的に虚血をきたすことになり、重症化するというメカニズムが知られている。

急性動脈閉塞の主要徴候として、いわゆる5Pと称される拍動消失（pulseless）、疼痛（pain）、蒼白（pallor）、知覚異常（paresthesia）、運動麻痺（paralysis）があげられる。これらは虚血の重症度に応じて現れる。猫で多くみられる後肢の動脈血栓塞栓症を例にあげると、軽症の場合、急性期には後肢の冷感や軽度跛行程度で、そのまま慢性化した場合、ほとんど無症状で経過することもある。しかしながら、重症の場合、患肢にチアノーゼを認め、激しい疼痛や重篤な知覚異常を伴うことが多い。また、運動麻痺・神経麻痺を呈することもまれではない。このように重症である場合、治療の時期を逸すると断脚しか治療手段がなくなる。塞栓子の末梢における動脈拍動は消失することから、末梢動脈拍動の触診により、閉塞部位が推測可能である。動物の場合は、大腿動脈の分岐部（鞍状部）の血栓が頻繁に認められ、大腿動脈の拍動が片側または両側性に欠除する。塞栓部位の末梢は冷感著明である。重症の場合は、チアノーゼを認め、発症から時間が経過すると、筋硬直が起こり、神経麻痺も伴って非可逆的な変化をきたす。

## 2）静脈の血栓および肺動脈血栓症

一方、静脈にできる血栓のメカニズムとしては、炎症反応が深く関与していることが示唆されている[23]。最初の血栓の形成には、血流のうっ滞、血管障害、血液凝固能の亢進の3つの因子（Virchowの3因説）が重要であるが、血栓が1度形成されると、脈管壁の炎症は血栓を発現させ、静脈中の凝血は静脈壁の炎症を惹起するという悪循環が形成される。静脈系にできた血栓は血流に乗って運ばれ、肺動脈を閉塞させる。これにより急性の循環動態不全、ガス交換不全を起こして、頻呼吸、呼吸困難などの症状を呈するが、これを肺動脈血栓症または肺血栓塞栓症という。肺動脈が詰まると、その先の肺胞には血液が流れず、ガス交換ができなくなる。その結果、換気-血流比不均衡が生じ、動脈の酸素分圧が低下し、呼吸困難をきたす。また、肺の血管抵抗が上昇して全身の血液循環に支障をきたす。犬の肺動脈血栓症の原因としては、自己免疫性溶血性貧血、心疾患、蛋白漏出性腸症、感染、アミロイドーシス、腫瘍、ネフローゼ症候群、犬心臓糸状虫症、外科手術、DICおよびクッシング症候群に、よく随伴して起こるとされている[2, 24-31]。猫の肺動脈血栓症の原因としては、腫瘍、貧血、膵炎、糸球体腎炎、脳炎、肺炎、心疾患、肝リピドーシス、敗血症、DIC、蛋白漏出性腸症、犬糸状虫症が報告されているが、その発生頻度は低い[27]。

## ■ 3 血栓塞栓症に関連している疾患

### 1）高凝固状態

血液凝固は、出血の際に止血を得るために重要な機構であり、血管収縮や血小板凝集（一次止血）などの機構とともに働くことによって、二次止血（フィブリン生成）を得ることが可能となる。19世紀に病理学者Virchowが提唱したように、血液凝固が起こりやすい状況は血液、血管、血流の3つの要素に影響されると言われている[32]。このような状況は出血時を想定したものではあるのだろうが、実際には出血時以外にも血液、血管、血流の3つの要素に異常が生じることはありうる。このような場合、血液凝固が生じることによって血栓症などの望まれない病態を生じることがある。ここでは血液凝固が更新する病態について解説する。

#### ⅰ）血液の変化

血管が破綻したときには、血液の喪失を予防するために、凝固した血液で破綻した血管を塞ぎ、その間に破綻した血管を修復する。これが血液凝固である。一方、血管の修復が終われば、凝血塊は血流の邪魔になるので除去する必要がある。このように不必要となった凝血塊を取り除くための機構が線溶系と呼ばれている。出血を止めて正常な血管機能を維持するためには、血液凝固系と線溶系の2つの機能がそれぞれ正常に作用していることが重要である。

血液中には多くの凝固因子が存在しており、血液の変化によって血小板や凝固系が活性化されやすい状態や、線溶系に異常をきたすことが報告されている。脱水や高コレステロール血漿などの血液性状の変化によって血小板凝集が亢進したり、血液凝固能が亢進したりすることが知られている。不飽和脂肪酸の中でも、n-6系のアラキドン酸には血小板を強く凝集させる作用が知られている。高トリグリセリド血漿では、血液凝固因子の第X因子活性が更新したり、組織プラスミノーゲンアクチベーター（t-PA）を阻害するプラスミノゲンアクチベーターインヒビター-1（PAI-1）の高値を示すことが多く、線溶系を抑制させることも知られている[5]。

#### ⅱ）血管の変化

血管内で血液が固まりにくい状態を保つために働くのが血管内皮細胞である。そのため、内皮細胞が障害を受けると血栓を予防する能力が低下することになる。また、血管壁に損傷が起こると、凝固系は急速に活性化される。これは、止血機構が働くのは出血を止めるためであることを考えると当然のことである。動脈硬化では、動脈の内膜にコレステロールなどの脂肪からなるプラークを形成し、このプラークが破綻することによって凝固系が一気に活性化され、急性心筋梗塞や脳梗塞の原因となることが知られている。同様に血管内にカテーテル[33]や虫体[27]などの異物が存在する場合にも内皮細胞が傷害を受け、血流に変化が生じることから血栓が発生しやすい状況であることが知られている。さらに、感染症[18,24,34-36]や免疫異常[26]、腫瘍[1,12]などによって炎症が生じているような病態でも血栓症が誘起されやすい状況であり、これらはVirchowの3要素では単純には説明しにくい部分ではある[23,32]。

#### ⅲ）血流の変化

血液のうっ滞は、心臓病において認められる状態で、血流が悪く、血が滞っている状況で血液凝固が進んでしまうことが指摘されている。一般的に血液はスムーズに流れている状態であれば凝固しにくいのであるが、例えば心房が逆流などにより重度に拡張している状況では、心房内に血液がうっ滞するために血液の凝固が起こりやすくなることが知られている。このような状況は、猫の心筋症が有名である[20-22,37]。一方、人では心房細動が心臓内の血流のうっ滞を生じる疾患として知られており、同様の状況は大型犬における心房細動でも認められる可能性がある。また、寝たきりの動物では静脈内の血流が停滞することによってエコノミー症候群に似た状況となり、静脈内に血栓が形成される可能性がある。

### 2）播種性血管内凝固症候群（DIC）

本来、出血箇所のみで生じるべき血液凝固反応が、全身の血管内で無秩序に起こる症候群である[38-40]。基礎疾患の悪化に伴い、生体内の抗血栓性の制御をはるかに超える大量の凝固促進物質（組織因子）が血管内に流入（出現）することがDICの原因と考えられている。

### 3）犬の蛋白喪失性腎症

蛋白喪失性腎症からの大動脈血栓塞栓症が疑われた犬の報告例をはじめとして、犬の蛋白喪失性腎症が血栓塞栓症に関連するとする報告は比較的多くみられる[41-43]。蛋白喪失性腎症において、血栓溶解療法を行うことは一般的に推奨されている治療法である。蛋白喪失性腎症における血栓形成前の状態は、血液凝固機能の異常に起因している。腎喪失による二次的なアンチトロンビンの欠乏が原因因子として取り上げられることが多いが、実際のところは単独の因子が病態を形成しているわけではない。蛋白喪失性腎症においては、血小板にも異常が生じることが知られており、血小板数の増加や血小板粘着能や凝集能の増加が生じることが知られている。

### 4）副腎皮質機能亢進症

副腎皮質機能亢進症においても血栓塞栓症のリスク、特に肺動脈血栓症のリスクが高くなることが知られている[44,45]。ただ、副腎皮質機能亢進症の犬における肺動脈血栓症の発生率は高いとはいえないため、すべての副腎皮質機能亢進症の犬で予防的な抗血栓療法を実施する必然性はない。しかし、副腎皮質機能亢進症の犬に対して血栓塞栓症のリスクを高めるような処置、例えば外科手術などを行う場合には、予防的な抗血栓療法を実施することを考慮してもよい。

### 5）肥大型心筋症

肥大型心筋症の猫の50％において動脈血栓症を合併するという報告もある[37,46]。過去にはアスピリンの投与が有効であるという報告がなされているが、現在では過去の報告よりも低用量での投与が推奨されている。血栓症を合併した猫の予後は悪いといわれているが、抗血栓療法による治療のみでなく、心臓内の血液のうっ滞を予防するような、循環器疾患としての治療も重要である（図Ⅰ-523）。

### 6）免疫介在性溶血性貧血

犬の免疫介在性溶血性貧血では、約50％において血液凝固亢進の状態になっているとの報告もある。特に、肺動脈血栓症は免疫介在性溶血性貧血におけ

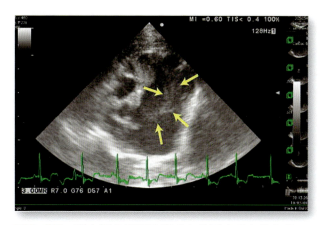

**図Ⅰ-523 肥大型心筋症の猫の左心房内のもやもやエコー**
重度に拡張した左心房内に血栓形成の前段階と思われるもやもやエコー（矢印）が観察される。この猫は過去に血栓症を発症した経歴がある。

る死亡原因としては大きな部分を占めている[26,30,47]。これまで免疫介在性溶血性貧血に対して抗血栓療法の有効性を検証した臨床試験が2005年に１つ報告されている[48]。これによると、アスピリンの低容量投与が免疫介在性溶血性貧血における血栓塞栓症の発生に対して有効であった。

#### ⅰ）バット・キアリ症候群

肝臓から流れ出る血液を運ぶ肝静脈か、あるいはその先の心臓へと連なっている肝部下大静脈の閉塞ないしは狭窄によって、肝臓から出る血液の流れが悪くなり、門脈の圧が上昇し、門脈圧亢進症などの症状を示す疾患である[49-52]。肝部下大静脈の閉塞ないしは狭窄の一部は、後天的な血栓などが原因によって生じることが知られており、血液凝固異常に関する遺伝子異常の有無が注目されている。

#### ⅱ）外科手術による手術侵襲

外科手術後の静脈血栓や肺動脈血栓は臨床症状を起こすことが少ないため、外科手術後に抗血栓療法を実施することは少ない。しかし、大手術の後には静脈血栓症のリスクが高まることを認識する必要がある。例えば、副腎摘出の手術を行う際には、低分子ヘパリンの投与を行うなどの対策は、外科手術後の静脈血栓症の予防に有効な手段となる。

## 4 血栓塞栓症の治療

血栓塞栓症の治療法は、血栓を溶解することはも

ちろんであるが、それ以外にも血栓の再形成の予防、そして再灌流障害の予防にも十分に気を使う必要がある。

## 1）動脈血栓症の治療
### ⅰ）血栓の形成の予防

血栓症においては、血栓の溶解はもちろん重要であるが、その前にさらに血栓が形成されることを予防する必要がある。血栓症が発生している時点で、血栓が形成されやすい素因が存在しているということであり、他の部位も含めた血栓症の発生のリスクは高いといわざるをえない。このため、血栓溶解療法に先立ち、血栓の形成を抑制するような処置を行うことが望ましい。血栓の形成の予防は、ヘパリンまたは低分子ヘパリンによって行われる。

ヘパリンは、平均分子量10,000～15,000の酸性ムコ多糖類で、分子量の異なる分子の複合体である[46]。ヘパリンは、血中でアンチトロンビンⅢと結合して、本来のアンチトロンビンⅢの凝固阻害作用を加速させ、瞬間的にトロンビンを失活させる。その後、ヘパリンはこの複合体から離れ、再び他のアンチトロンビンⅢと複合体を形成するといった触媒的な作用を行っている。このように、ヘパリンの抗凝固作用はアンチトロンビンⅢに依存しているわけで、ヘパリン自体が直接作用しているわけではない。このため、播種性血管内凝固症候群（DIC）で血中アンチトロンビンⅢレベルが非常に低下した状態では、ヘパリンの有効性はほとんど期待できなくなる。ヘパリンの投与量は、50～500IU/kgを皮下または静脈内投与するが、基本は100IU/kgで、患者の状態や薬剤の効果をみながら調整するのがよい。簡易的な凝固能の評価は、ACT（活性化凝固時間）によって評価する。

低分子量ヘパリンは、ヘパリンの分子量4,000～6,000の低分子分画の製剤である[46]。作用機序は、ヘパリンと変わらないわけであるが、低分子化されたことによって、普通のヘパリンとは異なるいくつかの臨床的に優れた利点を有している。まず、最も大きな特徴は、トロンビンとの結合が非常に弱く、そのため抗トロンビン作用が非常に少ないこと、凝固阻害作用が主に活性第Ⅹ因子の阻害作用であることの2点である。ヘパリンは、抗トロンビン作用が強力で、APTTの延長などの血液本来の凝固能の低下をきたす。しかし、低分子量ヘパリンは、抗トロンビン作用が弱いので、本来の凝固能の低下が少ないまま凝固阻害作用や抗血栓効果を発揮するということになる。つまり出血を助長する危険性が少なく、凝固抑制作用を示すということになる。その他、低分子量ヘパリンには、血小板凝集作用が少ない、血中アンチトロンビンⅢレベルが低くてもヘパリンより十分な抗凝固作用を示すなどの利点がある。低分子ヘパリンは、一般的には100IU/kgを点滴投与する場合が多いが、血中半減期がヘパリンの約2倍長いためボーラス投与でも効果が期待される。

ワルファリンも急性期を脱した後の血栓形成予防に使用される薬品である。クマリン系化合物であるワルファリンは、活性化ビタミンK（還元型ビタミンK）と構造がよく似ており、肝臓でのビタミンKの作用を拮抗的に阻害し、ビタミンK欠乏状態を起こすことにより抗血栓効果を発揮する。0.1mg/kgの1日1回経口投与が基本投与量となるが、TT（トロンビン時間）またはPT（プロトロンビン時間）の測定により投与量を調整する。

### ⅱ）血栓溶解療法

既にできた血栓を溶解することにより、血管の再疎通を図ろうとする治療法である。古くから行われてきたストレプトキナーゼ、ウロキナーゼによる治療に加え、組織プラスミノーゲンアクチベーター（t-PA）を用いた治療法が行われている。

#### ①ストレプトキナーゼ

ストレプトキナーゼ自体は、酵素活性をもたないが、血液中にあるプラスミノーゲンと1：1で複合体を形成し、プラスミンを活性化する[53-55]。人医領域では、副作用が大きいことからt-PAに取って変わられている。日本では血栓溶解剤としては認可されておらず、手術後や外傷後の腫れ、痰のからみ、副鼻腔炎、血栓性静脈炎が適応の内服用抗炎症剤として用いられている。初回90,000IU/猫を投与後、45,000IUを3時間かけて点滴投与する。

#### ②ウロキナーゼ

もともとは、人の尿中から得られたプラスミノー

ゲン活性化因子であったためこの名称がついた[56]。プラスミノーゲンをプラスミンに変換し、血栓中のフィブリンを分解する作用がある。血漿中のプラスミンは$\alpha_2$プラスミンインヒビターにより不活性化されるため、効果を得るためには投与量を増やす必要があり、それに伴って出血の副作用が出やすい。投与は、20,000IU/頭を3日間連続で数時間かけて点滴投与する。

③組織プラスミノーゲンアクチベーター

フィブリンに対する親和性が高く、フィブリン上でプラスミンを生成するため、$\alpha_2$プラスミンインヒビターによる不活性化を受けることなくフィブリンを分解する。このため、出血の副作用が少ない。薬価が高いのが問題点である。30,000IU/kgまたは150,000IU/頭をゆっくり静脈内投与する。動脈内にカテーテルを挿入し、血栓形成部位の近位で薬剤を投与する方法も効果的である。

ⅲ）バルーンによる血栓除去

従来より血栓除去方法として、露出した血管に小切開を加え、その切開口から血栓による閉塞部を越えるまでバルーンカテーテルなどを挿入し、カテーテルを引き戻すと同時に血栓を除去する方法が用いられている。時間が経過して血栓が器質化している場合にはあまり有効性がない。

ⅳ）再灌流障害

血栓によって組織が虚血している状態では、その部分の血液循環が阻害されているため、活性酸素や血管内へ排出された毒素などがその部分に蓄積し、血栓の溶化とともに全身循環に流れ出すようになる。再灌流障害（reperfusion injury）は複雑な過程であり、そして根底にある病原的機構は完全には理解されていないが、再灌流により血管内皮細胞傷害、微小循環障害をきたし、臓器障害に進展すると考えられている。局所だけでなく二次的に全身の主要臓器に障害をきたし、特に、脳、肺、肝臓、腎臓などが標的臓器となり、多臓器不全をきたす。再灌流障害が重度であると、致死的な病態を引き起こすことがあるため、再灌流障害を抑制することが血栓溶解療法において重要となる。再灌流障害を軽症にするためには、血栓形成後にできるだけ早く血栓溶解療法を実施することが最も重要である。組織の虚血時間が短ければ、それだけ産生される活性酸素なども少ないためである。これまで血栓を徐々に溶解させることが再灌流障害を軽症にするためには重要であるといわれることもあったが、最近の論文の報告をみると、できるだけ早く血流の遮断を解除することの方が重要であるとの意見もある[57]。

### 2）静脈血栓の治療
#### ⅰ）炎症に対する治療

原則として炎症に続発するものが多いため、その炎症の原因となっている疾患治療が可能であれば行い、また消炎鎮痛剤の投与も有効である。カテーテルの留置や静脈注射、外傷など、原因が明らかな場合はその除去が第一であり、化膿性疾患が疑われる

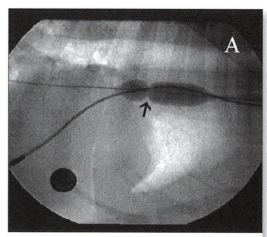
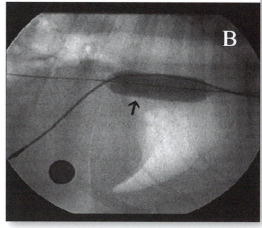

図Ⅰ-524 後大静脈における血栓塞栓部のバルーンによる拡張術[60]

ペースメーカの設置などにより、血栓の形成および血管の狭窄が生じることがある。図は7歳齢のラブラドール・レトリーバーであるが、18mmのバルーンにより血栓の除去および血管の拡張を目的にバルーン拡張術を実施している。

ときは抗生物質の投与が必要になることがある[2, 20, 23, 58, 59]。

### ⅱ）線溶療法

血栓の溶解を助長する目的で、プラスミノーゲンアクチベーターの一種であるウロキナーゼが使われる。発症早期に投与したほうが効果的であり、1日60,000単位／猫程度を点滴静注し、その後は漸減し、約3～7日間投与することが多い。線溶療法施行中は、抗凝固療法の併用が望ましく、ヘパリンを1日10,000～15,000IU投与し、線溶療法終了とともにヘパリンをワルファリンに切り替える。なお、本治療は、出血中または出血する可能性のある患者には禁忌である。

### ⅲ）抗凝固療法

血栓の新生および進展の抑制が目的であり、静注用としてヘパリンが、経口用としてワルファリンが用いられる。ヘパリンの作用は、アンチトロンビンⅢの抗トロンビン作用を増強させることにあり、持続静注が望ましい。投与量は、ACTで400秒以上、またはAPTTで投与前値の1.5～2倍を目安にする。ワルファリンの作用は、凝固因子（Ⅱ、Ⅶ、Ⅸ、Ⅹ）合成に関与するビタミンKの作用を抑制することにあり、投与量はPTおよびトロンボテスト（TT）で約20～30％になるように調節する。早急な効果発現のためには、ヘパリンを投与しながらワルファリン治療を開始することも有効である。

### ⅳ）血栓摘除術

バルーンカテーテルを用いて、血栓の除去による肺塞栓の予防および静脈還流障害の軽減を目的として行われるが、犬では後大静脈の血栓の報告が多い（図Ⅰ-524）[60]。バルーンによる治療は、一時的な状態の改善には有効であるが、血栓の発生原因を除去しないことから、術後の再閉塞や再発が高率にみられるなど、問題点も指摘されている。

（田中　綾）

---

#### 参考文献

[1] Jaffe MH, Grooters AM, Partington BP, Camus AC, Hosgood G.：Extensive venous thrombosis and hind-limb edema associated with adrenocortical carcinoma in a dog. *J Am Anim Hosp Assoc*. 1999 ; 35 : 306-310.

[2] Venco L, Calzolari D, Morini S.：Pulmonary thromboembolism in a dog with renal amyloidosis. *Vet Radiol Ultrasound*. 1998 ; 39, 564-565.

[3] Pouchelon JL, Chetboul V, Devauchelle P, Delisle F, Mai W, Vial V.：Diagnosis of pulmonary thromboembolism in a cat using echocardiography and pulmonary scintigraphy. *J Small Anim Pract*. 1997 ; 38 : 306-310.

[4] Bagley RS, Anderson WI, de Lahunta A, Kallfelz FA, Bowersox TS.：Cerebellar infarction caused by arterial thrombosis in a dog. *J Am Vet Med Assoc*. 1988 ; 192 : 785-787.

[5] Bliss SP, Bliss SK, Harvey HJ.：Use of recombinant tissue-plasminogen activator in a dog with chylothorax secondary to catheter-associated thrombosis of the cranial vena cava. *J Am Anim Hosp Assoc*. 2002 ; 38 : 431-435.

[6] Carter AJ, Van Heerden J.：Aortic thrombosis in a dog with glomerulonephritis. *J S Afr Vet Assoc*. 1994 ; 65 : 189-192.

[7] Bryant AR, Lesch M.：Posterior aortic thrombosis in a cat. *Vet Med Small Anim Clin*. 1977 ; 72 : 48-49.

[8] Ihle SL, Baldwin CJ, Pifer SM.：Probable recurrent femoral artery thrombosis in a dog with intestinal lymphosarcoma. *J Am Vet Med Assoc*. 1996 ; 208 : 240-242.

[9] Ishmael J, Udall ND.：Iliac thrombosis in a dog associated with an adenocarcinoma of the prostate gland. *Vet Rec*. 1970 ; 86 : 620-623.

[10] Ledieu D, Palazzi X, Marchal T, Fournel-Fleury C.：Acute megakaryoblastic leukemia with erythrophagocytosis and thrombosis in a dog. *Vet Clin Pathol*. 2005 ; 34 : 52-56.

[11] LeGrange SN, Fossum TW, Lemire T, Storts RW. Thomas JS.：Thrombosis of the caudal vena cava presenting as an unusual cause of an abdominal mass and thrombocytopenia in a dog. *J Am Anim Hosp Assoc*. 2000 ; 36 : 143-151.

[12] Saridomichelakis MN, Koutinas CK, Souftas V, Kaldrymidou H. Koutinas AF.：Extensive caudal vena cava thrombosis secondary to unilateral renal tubular cell carcinoma in a dog. *J Small Anim Pract*. 2004 ; 45 : 108-112.

[13] Schlotthauer CF, Thurber WB.：Thrombosis of the vena cava in a dog ; report of a case. *North Am Vet*. 1948 ; 29 : 720.

[14] Shahar R, Harrus S, Yakobson B.：Mesenteric vein thrombosis in a dog. *J Am Anim Hosp Assoc*. 1998 ; 34 : 431-433.

[15] Sottiaux J, Franck M.：Cranial vena caval thrombosis secondary to invasive mediastinal lymphosarcoma in a cat. *J Small Anim Pract*. 1998 ; 39 : 352-355.

[16] Speakman CF, Pechman RD Jr., D'Andrea GH.：Aortic thrombosis and unilateral hydronephrosis associated with leiomyosarcoma in a cat. *J Am Vet Med Assoc*. 1983 ; 182 : 62-63.

[17] Teshima T, Hara Y, Taoda T, Koyama H, Takahashi K, Nezu Y, Harada Y, Yogo T, Nishida K, Osamura RY, Teramoto A, Tagawa M.：Cushing's disease complicated with thrombosis in a dog. *J Vet Med Sci*. 2008 ; 70 : 487-491.

[18] Wray JD, Bestbier M, Miller J, Smith KC.：Aortic and iliac thrombosis associated with angiosarcoma of skeletal muscle in a dog. *J Small Anim Pract*. 2006 ; 47 : 272-277.

[19] Holzworth J, Simpson R, Wind A.：Aortic thrombosis with posterior paralysis in the cat. *Cornell Vet*. 1995 ; 45 : 468-487.

[20] Rush JE.：Therapy of feline hypertrophic cardiomyopathy. *Vet Clin North Am Small Anim Pract*. 1998 ; 28 : 1459-1479 ix.

[21] Bond BR, Fox PR.：Advances in feline cardiomyopathy. *Vet Clin North Am Small Anim Pract*. 1984 ; 14 : 1021-1038

[22] Liu SK, Tilley LP, Lord PF.：Feline cardiomyopathy. *Recent Adv Stud Cardiac Struct Metab*. 1975 ; 10 : 627-640.

[23] Wakefield TW, Henke PK.：The role of inflammation in early and late venous thrombosis : Are there clinical implications? *Semin Vasc Surg*. 2005 ; 18 : 118-129.

[24] McGuire NC, Vitsky A, Daly CM, Behr MJ. : Pulmonary thromboembolism associated with Blastomyces dermatitidis in a dog. *J Am Anim Hosp Assoc*. 2002 ; 38 : 425-430.

[25] Scavelli TD, Peterson ME, Matthiesen DT. : Results of surgical treatment for hyperadrenocorticism caused by adrenocortical neoplasia in the dog : 25 cases (1980-1984). *J Am Vet Med Assoc*. 1986 ; 189 : 1360-1364.

[26] Johnson LR, Lappin MR, Baker DC. : Pulmonary thromboembolism in 29 dogs : 1985-1995. *J Vet Intern Med*. 1999 ; 13 : 338-345.

[27] Davidson BL, Rozanski EA, Tidwell AS, Hoffman AM. : Pulmonary thromboembolism in a heartworm-positive cat. *J Vet Intern Med*. 2006 ; 20 : 1037-1041.

[28] Moser KM, Cantor JP, Olman M, Villespin I, Graif JL, Konopka R, Marsh JJ, Pedersen C. : Chronic pulmonary thromboembolism in dogs treated with tranexamic acid. *Circulation*. 1991 ; 83 : 1371-1379.

[29] LaRue MJ, Murtaugh RJ. : Pulmonary thromboembolism in dogs : 47 cases (1986-1987). *J Am Vet Med Assoc*. 1990 ; 197 : 1368-1372.

[30] Klein MK, Dow SW, Rosychuk RA. : Pulmonary thromboembolism associated with immune-mediated hemolytic anemia in dogs : ten cases (1982-1987). *J Am Vet Med Assoc*. 1989 ; 195 : 246-250.

[31] Baumann D, Fluckiger M. : Radiographic findings in the thorax of dogs with leptospiral infection. *Vet Radiol Ultrasound*. 2001 ; 42 : 305-307.

[32] Bagot CN, Arya R. : Virchow and his triad : a question of attribution. *Br J Haematol*. 2008 ; 143 : 180-190.

[33] Murray JD, O'Sullivan ML, Hawkes KC. : Cranial vena caval thrombosis associated with endocardial pacing leads in three dogs. *J Am Anim Hosp Assoc*. 2010 ; 46 : 186-192.

[34] Ware WA, Fenner WR. : Arterial thromboembolic disease in a dog with blastomycosis localized in a hilar lymph node. *J Am Vet Med Assoc*. 1988 ; 193 : 847-849.

[35] Grosslinger K, Lorinson D, Hittmair K, Konar M, Weissenböck H : Iliopsoas abscess with iliac and femoral vein thrombosis in an adult Siberian husky. *J Small Anim Pract*. 2004 ; 45 : 113-116.

[36] Kirberger RM, Zambelli A. : Imaging diagnosis-aortic thromboembolism associated with spirocercosis in a dog. *Vet Radiol Ultrasound*. 2007 ; 48 : 418-420.

[37] Venco L. : Ultrasound diagnosis : left ventricular thrombus in a cat with hypertrophic cardiomyopathy. *Vet Radiol Ultrasound*. 1997 ; 38 : 467-468.

[38] Schmitz S, Moritz A. : Chronic disseminated intravascular coagulopathy in a dog with lung worm infection. *Schweiz Arch Tierheilkd*. 2009 ; 151 : 281-286.

[39] Madden RM, Ward M, Marlar RA. : Protein C activity levels in endotoxin-induced disseminated intravascular coagulation in a dog model. *Thromb Res*. 1989 ; 55 : 297-307.

[40] Jastrzebski J, Hilgard P, Chakrabarti MK, Henry K, Sykes MK. : Thrombin-induced disseminated intravascular coagulation in the dog. II. Cardiorespiratory changes during spontaneous and controlled ventilation. *Br J Anaesth*. 1975 ; 47 : 658-665.

[41] Baines EA, Watson PJ, Stidworthy MF, Herrtage ME. : Gross pulmonary thrombosis in a greyhound. *J Small Anim Pract*. 2001 ; 42 : 448-452.

[42] Clements CA, Rogers KS, Green RA, Loy JK. : Splenic vein thrombosis resulting in acute anemia : an unusual manifestation of nephrotic syndrome in a Chinese shar pei with reactive amyloidosis. *J Am Anim Hosp Assoc*. 1995 ; 31 : 411-415.

[43] Green RA. : Posterior aortic thrombosis secondary to glomerulonephritis and acquired antithrombin III deficiency. *Vet Clin North Am Small Anim Pract*. 1998 ; 18 : 263-264.

[44] Ramsey CC, Burney DP, Macintire DK, Finn-Bodner S. : Use of streptokinase in four dogs with thrombosis. *J Am Vet Med Assoc*. 1996 ; 209 : 780-785.

[45] Burns MG, Kelly AB, Hornof WJ, Howerth EW. : Pulmonary artery thrombosis in three dogs with hyperadrenocorticism. *J Am Vet Med Assoc*. 1981 ; 178 : 388-393.

[46] Lunsford KV, Mackin AJ. : Thromboembolic therapies in dogs and cats : an evidence-based approach. *Vet Clin North Am Small Anim Pract*. 2007 ; 37 : 579-609.

[47] Carr AP, Panciera DL, Kidd L. : Prognostic factors for mortality and thromboembolism in canine immune-mediated hemolytic anemia : a retrospective study of 72 dogs. *J Vet Intern Med*. 2002 ; 16 : 504-509.

[48] Weinkle TK, Center SA, Randolph JF, Warner KL, Barr SC, Erb HN. : Evaluation of prognostic factors, survival rates, and treatment protocols for immune-mediated hemolytic anemia in dogs : 151 cases (1993-2002). *J Am Vet Med Assoc*. 2005 ; 226 : 1869-1880.

[49] Fine DM, Olivier NB, Walshaw R, Schall WD. : Surgical correction of late-onset Budd-Chiari-like syndrome in a dog. *J Am Vet Med Assoc*. 1998 ; 212 : 835-837.

[50] Schoeman JP, Stidworthy MF. : Budd-Chiari-like syndrome associated with an adrenal phaeochromocytoma in a dog. *J Small Anim Pract*. 2001 ; 42 : 191-194.

[51] Baig MA, Gemmill T, Hammond G, Patterson C, Ramsey IK. : Budd-Chiari-like syndrome caused by a congenital hiatal hernia in a shar-pei dog. *Vet Rec*. 2006 ; 159 : 322-323.

[52] Langs LL. : Budd-Chiari-like syndrome in a dog due to liver lobe entrapment within the falciform ligament. *J Am Anim Hosp Assoc*. 2009 ; 45 : 253-256.

[53] Fleming LB, Cliffton EE. : Activation of thrombolysis by streptokinase in the cat. *Am J Physiol*. 1965 ; 209 : 584-592.

[54] Mootse G, Fleming LB, Cliffton EE. : The mechanism of activation of cat plasma by streptokinase. *Thromb Diath Haemorrh*. 1965 ; 14 : 562-579.

[55] Summaria L, Arzadon L, Bernabe P, Robbins KC. : The interaction of streptokinase with human, cat, dog, and rabbit plasminogens. The fragmentation of streptokinase in the equimolar plasminogen-streptokinase complexes. *J Biol Chem*. 1974 ; 249 : 4760-4769.

[56] Mootse G, Marley C, Cliffton EE. : Species specific activation of plasminogen : comparison of human urokinase and cat urine. *Am J Physiol*. 1967 ; 212 : 657-661.

[57] Bretz B, Blaze C, Parry N, Kudej RK. : Ischemic postconditioning does not attenuate ischemia-reperfusion injury of rabbit small intestine. *Vet Surg*. 2010 ; 39 : 216-223.

[58] Bunch SE, Metcalf MR, Crane SW, Cullen JM. : Idiopathic pleural effusion and pulmonary thromboembolism in a dog with autoimmune hemolytic anemia. *J Am Vet Med Assoc*. 1989 ; 195 : 1748-1753.

[59] Falconieri G, Zanella M, Malannino S. : Pulmonary thromboembolism following calf cellulitis : report of an unusual complication of dog bite. *Am J Forensic Med Pathol*. 1999 ; 20 : 240-242.

[60] Cunningham SM, Ames MK, Rush JE, Rozanski EA. : Successful treatment of pacemaker-induced stricture and thrombosis of the cranial vena cava in two dogs by use of anticoagulants and balloon venoplasty. *J Am Vet Med Assoc*. 2009 ; 235 : 1467-1473.

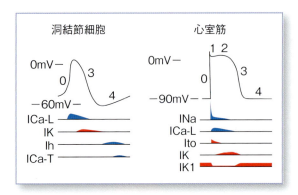

図Ⅰ-526　心筋細胞の活動電位
Ica-L：L型$Ca^{++}$電流、IK：遅延整流$K^+$電流、Ih：過分局誘発性陽イオン電流、Ica-T：T型$Ca^{++}$電流、INa：電位依存$Na^+$電流、Ito：一過性外向き$K^+$電流、Ik1：内向き整流$K^+$電流

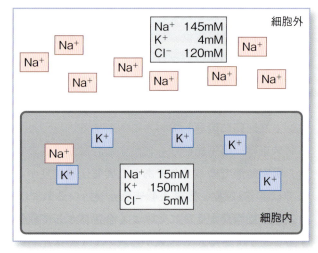

図Ⅰ-527　静止電位膜

Ⅰ-527）。

### ⅰ）0相

心室筋細胞の興奮は、$Na^+$チャネルの開口によってもたらされる。$Na^+$チャネルが開口すると、細胞内よりも細胞外に多く存在する$Na^+$が細胞内に流入する。細胞内は、負に帯電していることも$Na^+$の細胞内への流入を促す。これにより細胞内電位は負から正電位へ傾き、脱分極（細胞が興奮）が生じる。$Na^+$の移動によってある程度の速度と時間をもって脱分極すると（活性化：図Ⅰ-528）、電位差に依存して$Na^+$チャネルは不活化される。不活化とは開口しているチャネルの邪魔をする（開いた状態にしない）ことであり、その後活性化ゲートが閉じ静止状態となる。$Na^+$チャネルは、素早く開口と不活化を生じるが、電位依存性であることから、浅い静止膜電位では開口（脱分極）しない。

### ⅱ）1相

$Na^+$の流入により正方向に傾いた脱分極は、$Ca^+$チャネルの開口によって維持されるが（後述）、負の電位に戻す（再分極）しなければ次に再度興奮することはできない。電位を負に戻す役割を担っているのが$K^+$チャネルである。$Na^+$流入による脱分極に伴って、まず電位依存性の$K^+$チャネルが開口し、$K^+$が細胞内に流入することにより一過性外向き電流が生じる（Ito：図Ⅰ-526参照）。

### ⅲ）2相

$Na^+$流入による脱分極ののち、電位依存性にL型

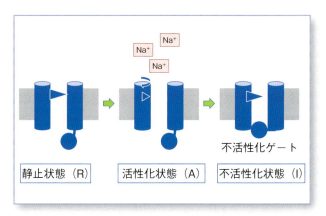

図Ⅰ-528　$Na^+$チャネル

$Ca^{++}$チャネルが開口すると、細胞内よりも細胞外に多く存在する$Ca^{++}$が細胞内に流入することにより脱分極が維持される。

細胞内$Ca^{++}$濃度の上昇は、心筋の収縮に欠かせないものである。細胞内$Ca^{++}$の上昇に寄与しているのはL型$Ca^{++}$チャネルの開口だけではない。筋小胞体（約75％）と$Na^+/Ca^{++}$交換系も寄与しており、特に筋小胞体が大きな役割を担っている。$Na^+/Ca^{++}$交換系は、流入した$Na^+$を細胞外へ汲み出す役割を$Ca^{++}$と交換することで細胞内へ$Ca^{++}$流入を促進する。L型$Ca^{++}$チャネル開口による流入してきた$Ca^{++}$に誘発されて、筋小胞体膜上にあるリアノジン受容体が開口し、筋小胞体内に蓄えられていた$Ca^{++}$を放出させることで（$Ca^{++}$ induced $Ca^{++}$ release）細胞内$Ca^{++}$が上昇する。$Ca^{++}$はトロポニンと結合し、心筋の収縮が生じる。

表Ⅰ-23 自動能を有する細胞（洞結節細胞）と作業心筋（心室筋）の特徴

| 洞結節細胞 | 心室筋 |
|---|---|
| ・Ik1が乏しい<br>・静止膜電位が浅いので、$Na^+$チャネルは常に不活化されている<br>・脱分極は$Ca^{++}$チャネルに依存<br>・過分極誘発性陽イオンチャネル（Ih、If：$Na^+$を通過させる）<br>・持続的に緩徐に脱分極する<br>・活動電位持続時間が短い | ・Ik1が豊富<br>・静止膜電位が深い<br>・脱分極は$Na^+$チャネルに依存<br>・活動電位持続時間が長い |

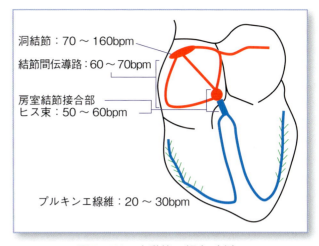

図Ⅰ-529 自動能の頻度（犬）

iv）3相

膜の脱分極によりゆっくり活性化される$K^+$チャネル（IK）により遅延整流$K^+$電流が生じ、再分極過程が進む。IKには活性化が速いもの（IKr）や遅いもの（IKs）などいくつか種類がある。

v）4相

膜電位が再び深くなると、IK1という$K^+$チャネルにより静止膜電位が維持される。このチャネルは膜電位が浅くなると外向き電流を流し、深くなると内向き電流を流して平衡を維持している（図Ⅰ-525参照）。

vi）自動能

固有心筋細胞に対して洞結節細胞を代表とする自動能を有する細胞では、表Ⅰ-23に示すような特徴を有する。すなわち、静止膜電位が-60mVと浅いことから脱分極は$Ca^{++}$チャネルに依存しており、脱分極によりIKが活性化される。そして、IKが再分極に伴い閉じると、過分極誘発性陽イオンチャネル（Ih、If）と相まって膜電位はまた徐々に脱分極する。したがって、ある程度の電位になると電位依存性$Ca^{2+}$チャネルが開口し、次の脱分極が生じる。すなわち、4相における自発的な脱分極が自動能であるとも言える。図Ⅰ-529に示すように、自動能の興奮頻度は、上位中枢から順に徐々に低くなっている。

3）異所性刺激生成と興奮伝導異常

不整脈は、刺激生成異常、興奮伝導異常あるいはその複数の組み合わせによって生じる。刺激生成異常の発生機序には、異常自動能とトリガード・アクティビティ（撃発活動）があげられる。一方、興奮伝導異常の発生機序には、リエントリーおよび伝導の遅延・途絶があげられる。

ⅰ）異常自動能

洞結節以外にヒス-プルキンエ組織などの刺激伝導系組織では、生理的自動能を保有しているが、通常はその発火頻度が洞結節よりも低いため、常にマスクされている。これらは異所性自動能であるが、異常自動能ではない。しかし、その発火頻度が上位中枢（洞結節）を凌駕し表在化した場合、異常自動能となる（図Ⅰ-530）。心房筋あるいは心室筋といった作業心筋は、正常では自動能を有さないが、なんらかの病的な環境により静止膜電位が減少した（浅くなった）場合は自発興奮が生じるようになり、これも異常自動能である。

ⅱ）撃発活動

撃発活動（Triggered activity）とは、先行する活動電位が引き金となって興奮が発生する現象のことで、一種の異常自動能ともいえる。興奮の発生は、再分極の途中（早期後脱分極：Early Afterdepolarization：EAD）あるいは終了後（遅延後脱分極：Delayed Afterdepolarization：DAD）の2つに分けられ、それが閾値に達すると異常脱分極が生じる（図Ⅰ-531）。

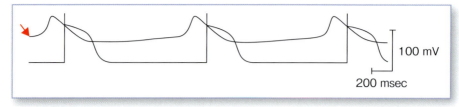

図Ⅰ-530 冠動脈閉塞後に認められた犬のプルキンエ線維の自発興奮[1]
矢印が梗塞部から、他方が非梗塞部（正常）からの活動電位を示す。梗塞部の活動電位は浅く、第4相脱分極が現れ、自発興奮が生じている。

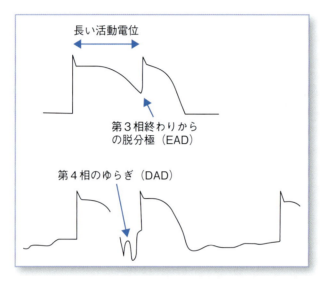

図Ⅰ-531 撃発活動
上：早期後脱分極（EAD）
下：遅延後脱分極（DAD）

　EADの発生原因は、先行する活動電位の持続時間の延長である。活動電位2相および3相が延長すると、浅い膜電位が長時間維持され、その間に不活化されていた内向き電流が不活化から回復し開口することにより脱分極の発生に至るものである。IKを抑制するような抗不整脈薬（ソタロール、キニジン、プロカインアミドなど）、$ICa^{++}$を増大させるもの（カテコールアミン）、細胞外液Kの低下、低pH、低カルシウム、心筋虚血、$Na^+$電流の不活性化の延長などにより生じる。

　DADは、先行する活動電位の再分極終了直後の第4相の膜電位の振動であり、原因は細胞内$Ca^{++}$過負荷（増大）である。心筋細胞内の$Ca^{++}$濃度は通常極めて低く保たれているが、$ICa^{++}$開放に伴い$Ca^{++}$が細胞外から細胞内に流入して濃度が上昇すると、筋小胞体から$Ca^{++}$の放出が生じ心筋収縮がもたらされる（$Ca^{++}$ induced $Ca^{++}$ release）。しかし、$Ca^{++}$濃度が異常に上昇すると筋小胞体から周期的な$Ca^{++}$放出が生じ、Itiや$Na^+$-$Ca^{++}$交換機構により$Na^+$の流入をもたらし膜電位を脱分極させる。DADはジギタリス、カテコールアミン、高カルシウム、低ナトリウム、低カリウム、心筋虚血などにより生じる。

ⅲ）リエントリー
　心臓の興奮伝導は、1周期ごとに完全に消失するが、興奮波が消失せずに再び元の場所に戻ってきてその部位を再び興奮させる現象をリエントリー（興奮旋回）という。

　図Ⅰ-532のAは心臓の一部で、洞調律時には上位からの興奮はⅠ路にもⅡ路にも侵入し、Ⅲ路へ伝導したところで衝突し、興奮は消滅する。Ⅱ路はⅠ路よりも興奮伝導がやや緩徐であると仮定する。この回路に期外収縮が生じると（B）、Ⅰ路には興奮が通常通り伝導する一方、Ⅱ路では通常よりもさらに伝導が緩徐となるが、最終的にはⅢ路から逆行してきたⅠ路側からの興奮は、Ⅱ路側でぶつかって消失

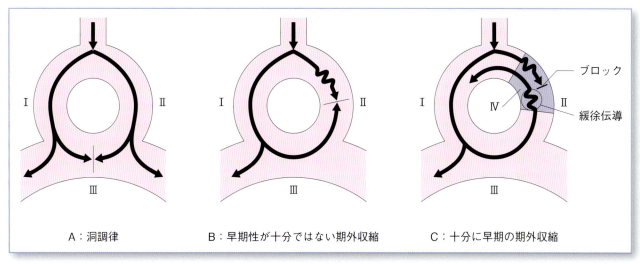

図Ⅰ-532　リエントリー

する。さらに期外収縮が早期に生じると（C）、BよりもⅡ路内の伝導はさらに緩徐となり、最終的にⅣ領域で途絶してしまう（ブロック）。Ⅰ路からの興奮はⅢを経由してⅡ路を逆行するが、このとき、既にⅣ領域が次の興奮への準備が既に整っている状態であると、逆行してきた興奮がⅣ領域を伝導する。さらに、Ⅰ路も既に興奮から回復し次の興奮に準備ができていると、Ⅳ路を逆行した興奮がⅠ路に伝導し、興奮が旋回することとなる（リエントリー）。解剖学的に大きなリエントリーをマクロリエントリーと呼び、WPW（Wolff-Parkinson-White）症候群がその代表である。

### 4）刺激伝導異常

不整脈の発生原因には、刺激生成異常と刺激（興奮）伝導異常に分けられるが、本項で述べる後者には洞房ブロック、房室ブロック、心室内伝導障害、心室間伝導障害、WPW症候群などがあげられる。

#### ⅰ）洞房ブロック

洞房ブロックとは、洞房結節からの興奮が心房に伝導されない状態をいい、心電図上では規則正しい洞調律が途絶えて静止状態を呈する。静止状態は洞調律の2倍以上の整数倍となる。静止状態が長いと、補充収縮が生じることもある。洞房ブロックと類似した心電図を呈する不整脈として洞停止があげられる。これら両者を心電図上で見分けることは通常困難である。洞停止は、洞房結節からの刺激生成が一時的に途絶えた状態をいうため、刺激生成異常による不整脈である。洞房ブロックおよび洞停止は、迷走神経緊張や洞不全症候群で認められる。

#### ⅱ）房室ブロック

房室ブロックとは、心房内、房室結節、ヒス束、右脚および左脚のいずれかあるいは複数の部位における房室間伝導障害を指し、その程度によって第1度、第2度、第3度に分類される。第1度房室ブロックは、房室間伝導遅延によるもので、PQ間隔が延長したものをいう。第2度房室ブロックは、房室間伝導の間欠的な途絶をみるもので、MobitzⅠ型、MobitzⅡ型および高度房室ブロックに分類される。MobitzⅠ型は、Wenchebach型ともいい、PQ間隔が徐々に延長し房室ブロックが生じる。ブロック前後の心拍のPQ間隔を比較し、ブロック前の波形のPQ間隔の方がブロック後のPQ間隔より広い場合はMobitzⅠ型と考える。このようにブロック前後のPQ間隔を比較するには少なくとも2拍以上房室伝導が連続してつながっている波形が必要となるが、1拍ごとに伝導したりしなかったり（2：1ブロック）する場合は分類不能となる。さらに伝導が悪くなり、房室伝導比が3：1以下（伝導しないP波が2個以上続く）となったものを高度房室ブロックという。房室伝導が完全に途絶しているものを第3度房室ブロック（完全房室ブロック）という。第3度房室ブロックでは、房と室の連動性が全くなく、房室解離状態になる。

第1度房室ブロックの原因は、炎症などによる刺激伝導系の機能低下、薬物（ジギタリス、βブロッ

カー、カルシウムチャネルブロッカーなど）、電解質異常、迷走神経緊張などがあげられる。第1度房室ブロックによる血行動態の障害、あるいは生命予後の危険性はあまりないので、これそのものに対する治療が必要となることはあまりない。

第2度房室ブロック、MobitzⅠ型の原因は、薬物（ジギタリスなど）、房室結節自体の生理学的変化、迷走神経の緊張（慢性呼吸器疾患など）などがあげられる。MobitzⅡ型および高度房室ブロックは、体表心電図では判別できないものの房室結節の異常ではなくヒス束より遠位（ヒス束あるいは脚）の異常が多いとされ、第3度房室ブロックに進行していくものもあるため予後は比較的悪いと考えられている。パグでは、先天的なヒス束の異常を呈するものがあると報告されている[2]。

第3度房室ブロックは、何らかの原因による刺激伝導系の変性あるいは線維化、虚血、心内膜炎[3]、心筋炎、ジギタリス、Caチャネル拮抗剤、β遮断薬などの薬物投与、迷走神経緊張を亢進させる薬物、電解質異常[4]、リンパ腫[5]、先天性刺激伝導系異常などが背景疾患として報告されている。さらに、心臓弁膜症や心筋症、甲状腺機能亢進症などに合併する場合もある。好発犬種は、ラブラドール、ジャーマン・シェパード、スプリンガー・スパニエル、チャウ・チャウ、ビーグルなどである[6,7]。人では、背景疾患としてさらにサルコイドーシスなどがあげられるが、動物では知られていない。

上位ペースメーカから興奮が伝導されてこない場合、下位中枢が正常であればその役割を取って代わる。通常、犬の補充調律のレートは、房室結節で40～65bpm、心室プルキンエ線維で20～40bpmである。第3度房室ブロックの犬で補充調律の心室拍動数が40～60bpm程度の場合、失神を引き起こす場合もあるが、症例によっては無徴候の場合もある。心室拍動数が20～30bpmの場合、失神、虚脱や元気消失といった心拍出量の低下（前方拍出不全）によると思われる徴候を引き起こすことが多い。身体検査では徐脈のみならず、心音の強勢、頸静脈拍動、バウンディングパルス、呼吸促迫、心不全徴候などが認められることがある。

房室ブロックの症例に対し、その機序を知る上でアトロピン負荷試験を実施することがある。アトロピン投与後、第3度房室ブロックでは心房レート（P波の頻度）は上昇しても心室への伝導に変化はなく、したがって心室レートが上昇することはあまりない。第3度（完全）房室ブロックおよび高度房室ブロックは、犬の場合危険度（致死性）の高い不整脈であることから[8]、緊急疾患と捉える。これらが無治療の場合、3年間に突然死する割合は約半数と高いことから[8]、治療の第1選択はペースメーカ植込みである。ペースメーカ植込みによって、生存期間は有意に延長する。参考に、人におけるガイドラインを表Ⅰ-24に引用した[9]。

しかし、ペースメーカ治療は高額であり、一部の施設でしか実施されていないことから飼い主の同意が得られない場合や、あるいは本不整脈以外に予後不良の疾患を併発している場合は、ペースメーカ植込み以外の選択肢として内科療法がオプションとなる。臨床徴候の緩和を目的に、イソプロテレノールやシロスタゾールによる内科療法が実施されることもあるが、突然死を回避できるわけではない。

猫における第3度房室ブロックは、犬とは異なり予後が極めて不良であるということではない[10]。犬で認められる突然死も、猫ではよくある事象ではない。臨床徴候も必ずしも生じることはなく、身体検査から偶発的にみつかることがある。第3度房室ブロックの多くの猫における補充調律の補充レートは100～140bpmと高いことが多く、このことが犬の予後との違いではないかと考察されている[10]。

### ⅲ）心室内伝導障害

心室内伝導障害とは、ヒス束以下の伝導遅延あるいは伝導途絶をいう。これにより心室の興奮伝搬様式が変わることから、QRS群の形態が変化する。右脚および左脚に伝導障害があるものをそれぞれ右脚ブロック、左脚ブロックという。左心室内の伝導障害を呈するもの（左脚前肢ブロック、左脚後肢ブロック）、さらにその組み合わせ（2枝、3枝ブロック）がある。

ブロックされた部位より遠位の心室興奮伝搬が遅れ、これにより心室興奮伝搬過程が変化することから、QRS群およびST-Tの形態が変化する。QRS

表Ⅰ-24　人における房室ブロックでのペースメーカ植込みに対するガイドライン[9]

| Class Ⅰ | | ・徐脈による明らかな臨床症状を有する第2度、高度または第3度房室ブロック<br>・高度または第3度房室ブロックで以下のいずれかを伴う場合<br>　1）投与不可欠な薬剤によるもの<br>　2）覚醒時に著明な徐脈や長時間の心室停止を示すもの |
|---|---|---|
| Class Ⅱ | a | ・症状のない持続性の第3度房室ブロック<br>・症状のない第2度または高度房室ブロックで、以下のいずれかを伴う場合<br>　1）徐脈による進行性の心拡大を伴うもの<br>　2）運動または硫酸アトロピン負荷で伝導が不変もしくは悪化するもの |
| | b | 至適房室間隔設定により血行動態の改善が期待できる心不全を伴う第1度房室ブロック |

Class Ⅰ：有益であるという根拠があり、適応であることが一般に同意されている
Class Ⅱa：有益であるという意見が多いもの
Class Ⅱb：有益であるという意見が少ないもの

群の形態変化に加え、顕著な持続時間の延長（犬で80msec、猫で70msec以上）を呈する場合は、一般的に完全脚ブロックを疑う。

心室内伝導障害では、QRS群の形態は変化するものの、P波とQRS群の関係には異常をきたしておらず、調律は通常洞調律である。

①右脚ブロック

右脚ブロックは、右脚の近位で生じているもの（完全右脚ブロック）と、比較的遠位で生じている場合（不完全右脚ブロック）があり、後者ではQRS群の顕著な延長が認められない。右脚ブロックが認められても必ずしも重篤な心疾患が存在するわけではなく、心臓が形態的・機能的に正常な犬猫でも認められることがある。心室中隔欠損や心筋疾患、心臓腫瘍が背景に認められることもある。

心電図上の特徴として、以下のものがあげられる。

(1) QRS群、特にⅠ、Ⅱ誘導などにおけるS波の持続時間の延長（犬で80msec以上、猫で60msec以上）
(2) 右軸偏位
(3) aVR、aVLでQRS群が陽性
(4) Ⅰ、Ⅱ、Ⅲ、aVF、CV6LL、CV6LUで持続時間の長いS波が認められる。

図Ⅰ-533は、右脚ブロック時の心室における興奮の広がりを示す。右脚ブロックでは、左心室から興奮が広がり始め、心室筋から心室筋への興奮伝導により右心室へ興奮が到達する。したがって、aVF

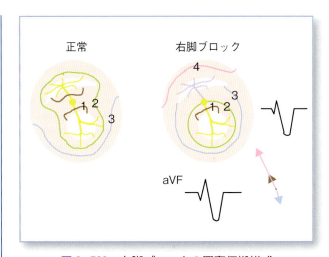

図Ⅰ-533　右脚ブロックの興奮伝搬様式
1→2→3の順に興奮が心室へ広がる様子を示す。右下の矢印は、それぞれの興奮波のベクトル方向を示す。

誘導では持続時間の長いS波が出現する。

このような心電図上の異常と同時に、画像診断で顕著な右室肥大・拡大がないことが確認されたときに右脚ブロックという診断はさらに支持される。

②左脚ブロック

完全左脚ブロックの心電図上の特徴は以下のとおりである[10]。

(1) QRS群持続時間の延長（犬で70msec以上、猫で60msec以上）
(2) Ⅰ、Ⅱ、Ⅲ、aVF誘導のQRS群が陽性波
(3) aVR、CV5RL誘導のQRS群が陰性波
(4) 心室中隔の興奮を表すQ波の欠如

図Ⅰ-534は、左脚ブロック時の心室における脱分極の広がりを示す。完全左脚ブロックでは、右室の

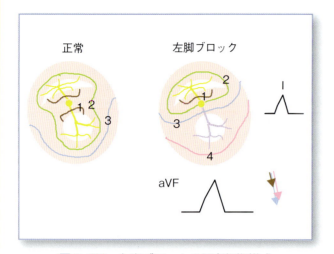

図Ⅰ-534　左脚ブロックの興奮伝搬様式
1→2→3の順に興奮が心室へ広がる様子を示す。右下の矢印は、それぞれの興奮波のベクトル方向を示す。

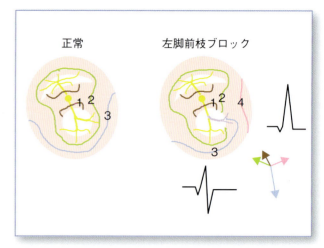

図Ⅰ-535　左脚前肢ブロックの興奮伝搬様式
1→2→3の順に興奮が心室へ広がる様子を示す。右下の矢印は、それぞれの興奮波のベクトル方向を示す。

興奮は正常に生じるが左脚はブロックされているため、右心室へ伝導した興奮が先に生じ、その後左心室へ伝導する。aVF誘導では、QRS群はすべて陽性波として描かれる。右脚ブロックとは異なり、完全左脚ブロックの背景には重篤な器質的心疾患が存在することが多い。

③束枝ブロック（左脚前枝ブロックおよび左脚後枝ブロック）

　左脚は、心室中隔左室側に出てから自由壁に向かって心内膜下を扇状に広がりながら分布するとされる。左脚が前枝および後枝に分枝すると仮定すると心電図学的な所見と一致し理解しやすいため、本稿でもそれを踏襲する。束枝ブロックには、左脚前肢ブロックと後枝ブロックがあげられる。

・左脚前肢ブロック

　左脚前肢ブロックは（図Ⅰ-535）、猫の肥大型心筋症でよく認められる左軸偏位を特徴とする異常心電図である。心電図上の特徴を以下にあげる[11]。

(1)左軸偏位
(2)QRS群の持続時間は正常範囲内
(3)Ⅰ誘導およびaVL誘導で小さなQ波とR波の増高を呈する
(4)Ⅱ、Ⅲ、aVF誘導でS波の増高

・左脚後枝ブロック

　左脚後枝ブロックは（図Ⅰ-536）、後壁が最遅伝導領域であるためやや右軸偏位寄りになるものの通常正常範囲となり、QRS持続時間も後半に延長する

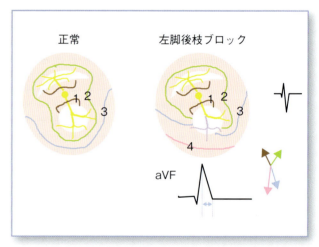

図Ⅰ-536　左脚後肢ブロックの興奮伝搬様式
1→2→3の順に興奮が心室へ広がる様子を示す。右下の矢印は、それぞれの興奮波のベクトル方向を示す。

傾向はあるものの明らかな延長には至らない。犬の拡張型心筋症や進行した慢性房室弁疾患でよく認められる。

④心室早期興奮症候群

　心室早期興奮症候群とは、正規の伝導路であるヒス束以外に心房と心室をつなぐ伝導路（副伝導路）が存在し、副伝導路の伝導が房室結節からヒス束に至るまでよりも早いため、通常よりも心室が早期に興奮するものをいう。それにより心電図上でデルタ波の出現、QRS群の延長や変形、PQ間隔の短縮などが認められる。副伝導路の位置により、Kent束（房室副伝導路）、James束（結節内副伝導路）、Mahaim束（結節-心室副伝導路）などと呼称され

ている。副伝導路が存在するために発作性頻拍を引き起こすことがある（WPW症候群）。Santilliらの報告では、10例の犬の副伝導路の解剖学的位置は右側、一方向性で逆伝導が多く、したがって順方向回帰性頻拍が多かったとしている[12]。

## ■ 2　不整脈心電図の見方

心電図上で不整脈を評価する場合、以下の項目についてチェックするとよい。

- 心拍数は？

頻脈か徐脈かを検知する。

- 心室応答レートは規則的か？

期外収縮は、早期拍動と同義であるので、異所性刺激が早期に出現したものを期外収縮という。QRS群の形態だけで心室期外収縮と決めつけず、心室応答のタイミングをみることは重要である。また心室頻拍（VT）、上室頻拍（SVT）は、通常RR間隔が規則的であるものが多いのに対し、自動能の亢進による頻脈性不整脈（洞頻脈など）では、頻脈の開始時点と終了時点ではRR間隔は徐々に短縮／延長する。先に述べた呼吸性不整脈は呼吸にあった"規則的な"不規則性が認められるが、"不規則的に不規則な"絶対的不整脈がありかつP波が認められなければ、f波が明らかに認められなくてもQRSの幅が広くても、心房細動である可能性を考慮する。

- P波はあるか？

P波が消失している場合は、基線が平坦なのかあるいは細かい不規則な揺れ（f波：心房細動）、あるいは規則的な速い揺れ（F波：心房粗動）があるか？

- P波とQRS群の関係性（関連性）はどうか？

正常では、PQ間隔は一定である。心室頻拍では房室解離状態になっているので、心電図上に房室解離状態のP波が確認できることもある。またP波とQRS群の関係性から、房室ブロックの診断できる。

- P波の形態はどうか？

P波の形態から心房異所性興奮やワンダリングペースメーカが診断される。

- QRS群の形態はどうか？　電位と持続時間は正常か？

頻脈性不整脈診断において、QRS持続時間と形態から上室由来かあるいは心室由来かを診断するヒントが得られる。洞調律の場合は、脚ブロック、心室肥大、心室内変行伝導、副伝導路などと鑑別する必要がある。

- QT間隔およびST-Tは正常か？

以上の項目を順に確認していくと、心電図上の不整脈に気づき、起源をおおむね予想することができる。

## ■ 3　不整脈治療

### 1）不整脈治療の原則

不整脈が認められた場合、不整脈の程度によっては緊急治療が要求されることがある。また、放置しても危険性が高くないものもあったり、治療に際しては適切な判断が求められる。不整脈が認められ、それに対する処置法を考慮する場合、心電図所見のみならずその患者のプロフィールや基礎疾患、現在の臨床所見などを含めた総合的な判断をする必要がある。原則的に、以下のどれか1つでも当てはまれば、治療を考慮すべきである。

(1) 不整脈による徴候がある
(2) 血行動態的な不利が生じている
(3) 突然死を引き起こす可能性がある

その際、

(1) 不整脈発生起源の特定（上室性か心室性か）
(2) 期外収縮であれば頻度と特徴（単形性／多形性）
(3) 不整脈の発生機序

といった心電図学的な診断に加え

(4) 基礎心疾患の有無と種類
(5) 心機能の程度
(6) 犬種

といった事項も治療を行う際、十分考慮すべきである。

#### ⅰ）治療の原則
①頻脈性不整脈

まず、目の前の不整脈を治療すべきか否かのポイントを整理してみる。

**ポイント1：不整脈に起因すると思われる徴候の有無**

不整脈によると思われる症状としては、頻脈が一

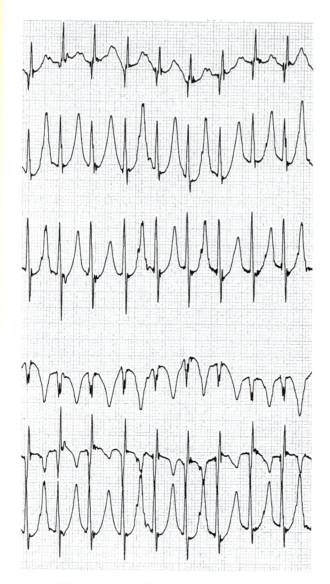

**図Ⅰ-537　上室頻拍を呈する犬の心電図**
心拍数300回/分で、QRS群の持続時間は正常範囲であることから、上室頻拍と診断した。
ペーパースピード500mm/秒、1mV＝1cm。

過性の場合は心拍出量低下・血圧低下に起因する失神発作（Adams-Stokes症候群）、運動不耐性、元気消失などがあげられる。これらの症状が認められる場合は、不整脈に対する治療が必要となる。

#### ポイント2：不整脈の起源はどこか？

治療を考慮する際は特に、上室性か心室性かの鑑別は重要である。以下に頻脈性不整脈に対する大まかな心電図判読のポイントを3つあげる。

・頻拍のQRSは幅が広いか狭いか（wide QRS tachycardiaかnarrow QRS tachycardiaか）？

古典的には頻拍診断においてQRSの幅が狭ければ上室頻拍（Supraventricular Tachycardia：SVT、図Ⅰ-537）、広ければ心室頻拍（Ventricular Tachycardia：VT）と考えるが、QRSの幅の広い頻拍（wide QRS tachycardia）であるから、すなわちVTという公式は必ずしも当てはまらないことがある。脚ブロック、心室肥大、心室内変行伝導、副伝導路などと鑑別する必要がある。

・頻拍は規則的か不規則的か（RR間隔は等間隔か否か）？

心電図上でRR間隔を評価するときは、目算で行わずにディバイダーを用いて行うと、等間隔にみえてもそうでないものが時に検出できる。絶対的不整脈（不規則的に不規則）があれば、f波が認められなくても、またQRSの幅が広くても、心房細動である可能性を考慮する。

・P波はどこにあるか？（PとQRS群の関係は？）

VTでは房室解離状態になっているので、心電図上に房室解離状態のP波が確認できればVTと診断することができる。また、心室補足、融合収縮といった心電図所見が認められればVTと診断される。しかしながら、そのような所見が必ずしも得られるわけではないので、治療的診断に頼らざるを得ない場合もある。さらに、確実な診断法として、人では電気生理学的検査（EPS）が非観血的にルーチンに行われているが、動物では、実施できる施設が限られており、一般的な方法ではない。

通常、心室頻拍は、洞調律のQRSとは形状の異なる幅の広いQRS群を呈し、通常RR間隔が規則的である。

また、心室期外収縮と鑑別の必要な心電図所見を表Ⅰ-25（図Ⅰ-538）にあげる。

#### ポイント3：危険な不整脈かどうか？

抗不整脈薬療法を行う際の目標は、血行動態の改善と突然死の予防である。したがって、致死的になりうる不整脈であると判断された場合は、速やかな対応が必要となる。

心室頻脈性不整脈の危険性を表す重症度分類として、Lownの分類がよく取り上げられる（表Ⅰ-26）[13]。この分類は、人の虚血性心疾患で発生し

表Ⅰ-25 心室期外収縮(あるいは心室頻拍)と間違えやすい心電図所見

| |
|---|
| 補充収縮…下位ペースメーカの生理的な機能 |
| 脚ブロック…不整脈ではない |
| 心室負荷パターン…不整脈ではない |
| アーティファクト(図Ⅰ-538) |
| 心室内変行伝導…上室起源である |

表Ⅰ-26 Lownの心室期外収縮の重症度分類[13]

| Grade | 心室期外収縮の所見 |
|---|---|
| 0 | なし |
| 1 | 散発性(1時間に30個以下) |
| 2 | 多発性(1時間に30個以上) |
| 3 | 多形性 |
| 4a | 2連発 |
| 4b | 3連発以上の心室頻拍 |
| 5 | R on T |

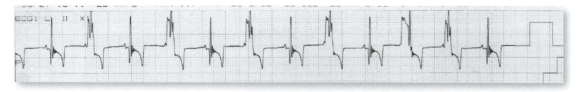

図Ⅰ-538 心室期外収縮と鑑別の必要な心電図所見
正常洞調律と交互に幅の広いQRS群を模する波形が認められ、心室二段脈のようにみえるが、これは体動によるアーティファクトである。心拍数117回/分。

た心室頻脈性不整脈の重症度を分類したものである。獣医科領域では虚血性心疾患が比較的少ないため、人における分類を単純に外挿するのが適切であるかどうかは疑問である。しかしながら、不整脈の頻度が高い、多形性である、連発する、先行する心拍に近い(つまり瞬時心拍数が早い、R on T)、などが危険性の高い不整脈と認識されているのは獣医科領域でも同様である。特にR on T(VPCのR波が前の波形のT波の上に乗るようなタイミングで出現するもの)は心室細動に移行しやすいことから、治療の適応となる。

さらに、危険な不整脈としてTorsades de Pointes(TdP)が獣医科領域でも報告されている[14]。これは多形性の心室頻拍で波形が基線を軸としてねじれるように変化する特徴を有し、QT延長という状況下で発生するものをいう。QT延長には先天性因子と後天性因子があるが、人の先天性QT延長症候群のような病態が、獣医科領域でも報告された[15]。後天性因子としては、特にQTを延長させるような薬物の投与と徐脈や電解質異常などの要素が重なると発生するといわれている。TdPは自然停止する場合もあるが、心室細動に移行することがあるため、適切な処置が必要である。

### ポイント4:血行動態に及ぼす影響

頻脈性不整脈は、先行する拡張期の短縮により心臓の血液充填が減少し、1回拍出量が低下することにより血行動態に影響を与える。頻度の比較的低い期外収縮は、心拍出量に大きな影響を与える可能性は低いが、心拍数の速い頻拍(160~180回/分以上)では、血行動態的に不利を生じやすいので治療を考慮する(図Ⅰ-539A、B)。

また、不整脈の起源によっても血行動態は影響を受ける。上室性不整脈よりも心室性不整脈の方が冠動脈、脳、腎臓といった主要臓器への血流は不利となる。これはおそらく、心房収縮の関与(心室性不整脈では心房収縮が先行しない)および心室内興奮伝導の変化による心室の非同期性に関連していると考えられる。頻拍時の血行動態を考慮するうえで、心拍数が最も重要な因子ではあるものの、その他に心機能、末梢血管抵抗によっても血行動態は規定される。

心室頻拍のなかには、心拍数が洞調律と同程度である(つまり心拍数が速くない)ことから頻拍の範疇に入らないものがあり、これを促進心室固有調律

第Ⅰ章 心血管系

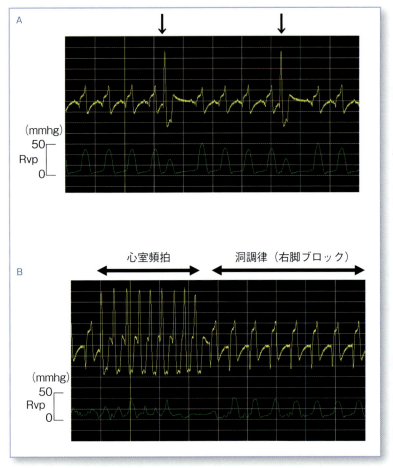

図Ⅰ-539A 肺動脈狭窄症の犬のインターベンション治療中に記録した心電図（上段）と右室圧曲線（下段）
心室期外収縮（矢印）が発生すると、それに対応する心拍の収縮期圧は他の洞調律（右脚ブロックパターンを伴う）のものと比較して低下し、効率的なポンプ機能が傷害されていることがわかる。その直後の心拍の収縮期圧はやや増高している。

図Ⅰ-539B Aと同一犬で記録された同様の記録
前半部分は心室頻拍（心拍数約200回／分）を呈しており、右室収縮期圧の低下が認められるが、洞調律（心拍数100回／分）に復帰すると血圧は一定となり安定する様子がわかる。

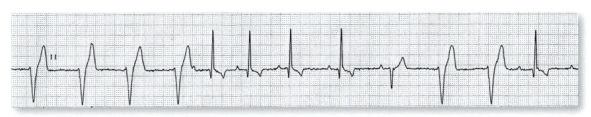

図Ⅰ-540 腹腔内マスを呈するゴールデン・レトリーバーのⅡ誘導心電図
最初の4拍および10、11拍目は、P波が先行せずQRS群の幅が広いことから心室由来の波形である。しかし、心拍数が約120回／分であるため頻拍ではないことから、頻脈性心室調律である。9拍目は、洞調律と心室由来の波形がほぼ同時に発生したことによる融合収縮である。このような頻脈性心室調律は通常、血圧も正常に保たれ血行動態に及ぼす影響は少なく、危険な不整脈とは考えにくいため、不整脈自体に対する治療は適応とならないことが多い。本症例も、一般状態に特に異常は認められなかったので、抗不整脈薬療法は実施しなかった。

とも呼ぶ（図Ⅰ-540）。これは、背景に器質的な心疾患をもたず、心機能の低下もなく、血行動態に不利を生じていないことが多く、このため、通常早急な治療を必要としない。したがって、不整脈により生命に危険が生じる事態に陥ることは多くない。むしろ、心疾患以外の背景疾患をもつことが多いので、それらのスクリーニングを行い、治療はその基礎疾患が優先となる（胃拡張・捻転症候群、頭部外傷、脾臓マス、など）。

**ポイント5：基礎疾患の有無**

一般的に、重度の心疾患がある症例で心室頻拍が認められた場合、突然死のリスクは高いと考えられている。特に、拡張型心筋症、重度の大動脈弁下部狭窄症、猫の重度な肥大型心筋症などにおいて、心室頻拍が認められた場合は突然死につながる可能性が高い。

一方、基礎疾患として明らかな器質的心疾患がなく、他の全身性疾患を有する動物に単形性心室期外

収縮が認められても、治療を必要としないことが多い。このような心室期外収縮は、基礎疾患を治療することにより消失する。

**ポイント6：犬種**

ドーベルマンの拡張型心筋症、ボクサーで好発する不整脈源性右室心筋症（ARVC: Arrhythmogenic Right Ventricular Cardiomyopathy いわゆるボクサー心筋症）[16-18]、ジャーマン・シェパードの幼犬にみられる家族性心室頻拍では[19]、突然死のリスクが高いため、無症状であっても心室頻脈性不整脈を呈していれば抗不整脈療法を考慮することがある。

### ②徐脈性不整脈

徐脈性不整脈で、失神といった症状を引き起こす可能性のあるものとしては、第3度房室ブロック、高度第2度房室ブロック、洞不全症候群（SSS: sick sinus syndrome）、心房静止があげられる。基本的に、徐脈性不整脈が認められても症状が認められない、あるいは血行動態的不利が生じていない場合は、治療の対象としない。しかし、第3度房室ブロックおよび高度第2度房室ブロックでは、突然死を招く可能性があるため、重篤な器質的心疾患が認められなければペースメーカの絶対適応となる。

各不整脈の各論については後述する。

## 2）不整脈治療

### i）抗不整脈薬の種類と使い方

抗不整脈薬は、古典的な Vaughan Williams 分類法ではⅠ～Ⅳ群の4つに分類される（表Ⅰ-27）。Ⅰ群には、膜の Na チャネルを抑制する薬剤が、Ⅱ群にはβブロッカー、Ⅲ群には再分極を遅延させる薬剤、Ⅳ群には Ca チャネルブロッカーが分類されている。本分類法は、生理学的分類であり理解しやすいことから、教育上汎用されているが、チャネルと受容体が混在しており簡略化されすぎるというところが問題点である。

Vaughan Williams の分類では、薬剤によっては複数の群に相当する作用を有するものがあるため、完璧な分類法ではない。一方、Sicilian Gambit による分類法は[20,21]、スプレッドシート方式ですべての受容体やチャネルへの薬剤の作用を詳細に記載し

**表Ⅰ-27 Vaughan Williams 分類と代表的な薬剤**

Ⅰ群：Na チャネル遮断
　　Ia：結合・解離動態の中間的な薬剤
　　　　（intermediate kinetic drug）
　　　　キニジン、プロカインアミド、
　　　　ジソピラミド
　　Ib：結合・解離動態の速い薬剤
　　　　（fast kinetic drug）
　　　　リドカイン、メキシレチン
　　Ic：結合・解離動態の遅い薬剤
　　　　（slow kinetic drug）
　　　　プロパフェノン、フレカイニド、
　　　　ピルジカイニド

Ⅱ群：βブロッカー
　　　プロプラノロール、エスモロール

Ⅲ群：K チャネル遮断
　　　ソタロール、アミオダロン

Ⅳ群：Ca チャネル遮断
　　　ベラパミル、ジルチアゼム

ている。不整脈の機序がわかれば、その受攻性因子がわかることから、的確な薬剤選択が可能となる。受攻性因子とは、薬物によって最も簡単に、かつ安全に操作できる不整脈機序の要素と定義されている。つまり、薬で安全に叩けるターゲットとなる機序は何か、ということである。例えば、WPW症候群（Wolff-Parkinson-White syndrome）に代表される広い興奮間隙をもつリエントリーが不整脈の機序である場合（図Ⅰ-541A）、不応期を延ばして旋回性の興奮が不応期に衝突して頻拍を停止させるほど、薬物により不応期を延長させることは難しい。とすると、受攻性因子は Na チャネルに依存する伝導の障害された領域であると考えると、Na チャネルを遮断して興奮を抑制した方がよい。一方、興奮間隙が狭ければ（図Ⅰ-541B）、回路中で最も長い不応期を有する部分が受攻性因子と考えられる。Kチャネル遮断薬や解離動態の遅い Na チャネル遮断薬を用いれば、不応期を延長させることにより回路内で衝突するため、不整脈は停止する。不整脈の機序診断は、電気生理学的検査に頼るところが大きいことから、獣医科領域では、なかなかSicilian Gambit による分類法を使いこなすことは難しい。したがって、前述の古典的な分類法（Vaughan Williams 分類法）

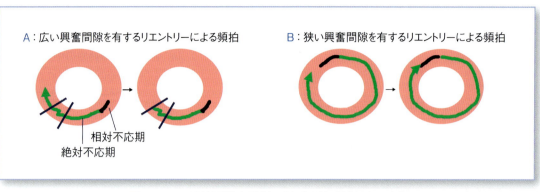

図I-541　不整脈機序診断に基づく治療法選択の例

Aは、リエントリー回路中に広い興奮間隙を有するエントリー性頻拍である。このような場合は、伝導性を遮断して停止させるNaチャネルブロッカーの使用が適切である。一方、Bのように興奮間隙の狭い頻拍の場合は、不応期を延ばす、すなわち活動電位持続時間を延長する薬剤、例えばIa薬やIII群薬を選択すると効果的である。

が未だに汎用されている。

### ⅱ）心室不整脈の治療

#### ①急性治療

心室頻拍で早急に治療が必要な場合、通常第1選択とされるのはI群薬で、塩酸リドカインをゆっくり静脈注射する。リドカインは、活動電位0相の立ち上がり、つまり$I_{Na}$を抑制することにより抗不整脈作用を発揮する。その効果は、細胞外液のカリウム濃度（低カリウムでは効果が減弱する）や不整脈頻度により左右される。これはUse-dependent block（使用依存性ブロック）といわれ、脱分極時と再分極時に薬剤のチャネルへの親和性が高まり、静止状態では薬物がチャネルから解離する現象をいう。言い換えると、心拍数の速い心室頻拍では、リドカインがNaチャネルに結合しやすいので効果が出やすい。心房筋は、脱分極と再分極に時間が短く、薬物がチャネルに結合できないため、心房起源の頻拍にはリドカインの効果はない。

リドカインのボーラス投与に反応がみられるものの、不整脈が再発してしまう場合は、リドカインを持続点滴（CRI）で投与する。リドカインに反応しない場合は、プロカインアミドなど他の薬剤を試みる。あるいは、上室頻拍の可能性も考慮する必要がある（前述）。そのような可能性を考慮し、上室および心室起源の両方に効果のあるII群のβブロッカーを試みることもある。猫では、リドカインによる中枢神経への副作用が懸念されるため、第1選択薬としてβブロッカーが好まれる。猫でリドカインを使用する場合は、犬の1/10程度といった非常に低用量で用いる。

心室頻拍がリドカインでうまくコントロールできない場合、低カリウム血症が関連していることがあるため、その場合はカリウムを補正する。また、心不全動物や利尿薬使用時にはマグネシウムが低下していることが多いため、マグネシウムの静脈内投与（緩徐に投与する）が奏功することがある。

さらに、内科的治療によって心室頻拍がコントロールできない場合、電気的除細動を最終的に考慮することがある（後述）。

#### ②慢性治療

慢性治療としては、近年、人ではクラスI群薬からクラスIII群薬へ変化してきた。また、カテーテル治療による非薬物療法も飛躍的に進歩してきている。

犬の心室頻拍症例で慢性治療を必要とする症例の代表的な疾患はARVCである。ホルター心電図で危険な心室性不整脈（持続性心室頻拍、R on T現象など）が認められるか、心室期外収縮が1000個/日以上であれば治療を考慮する。慢性治療薬としてソタロールがよく使用されている。ARVCにおいて、メキシレチンとアテノロールの併用はソタロールと同等の効果が確認されている。ソタロール単独でもコントロールが難しくなってきた場合は、メキシレチンを併用するか、あるいはアミオダロンに切り替えることを試みてもよいかもしれない。ドーベルマンの拡張型心筋症では、心不全を発生するより

も前に、心室性頻脈性不整脈が単独で認められることがある。これも、突然死を引き起こすことがあるため、治療の対象となる。

心室頻拍の内科治療が困難な場合、体内植込み型除細動器が人では使用されているが、犬においてもその使用が報告されている[22]（後述）。

### iii）上室性不整脈の治療
　　　（心房細動・心房粗動を除く）

心室頻脈性不整脈同様、血行動態に影響を及ぼすような心拍数の速い上室頻拍や、臨床症状を引き起こしている上室頻拍は治療を考慮する。上室性でも心室性起源でも、心拍数を人工的に250回／分にして2～4週間経過すると、心筋不全を生じる。したがって、心拍数の速い持続性の頻脈は治療適応となる。

#### ①急性治療

心電図上、上室頻拍が疑われる場合（narrow QRS）、まず迷走神経刺激手技を試すことができる。頸部の頸動脈洞をマッサージするか、眼科疾患がなければ眼球を圧迫する。用手にて嘔吐刺激を与えるのも1つの方法である。しかし、この方法は通常あまり有効ではない。

薬物による急性治療は、人ではアデノシンがよく使用されるが、犬では不整脈に対する効果は認められない（血圧低下のみ、未発表実験データ）。犬では通常、Caチャネルブロッカーのジルチアゼムがよく使用される。βブロッカーのエスモロールは、超短時間作用型のβブロッカーで、ジルチアゼムが奏功しない場合に治療を考慮するが、血圧低下、心筋収縮力低下に注意する。

Narrow QRSの形態を呈していても、副伝導路による上室頻拍ではリドカインが効果的であることがある[23]。ジルチアゼムやエスモロールで効果がない場合は、リドカインを試みるのもよい。実際、筆者もNarrow QRS頻拍を呈し、虚脱に近い状態で来院した犬で、リドカインが効果的であった症例を経験している。

#### ②慢性治療

急性治療と同様、Caチャネルブロッカーやβブロッカーがよく使用されるが、作用点が比較的広いソタロールやアミオダロンも効果的であることがある。

#### ③カテーテルによる治療

人では、カテーテル・アブレーション（焼灼）による非薬物的頻脈治療が一般的になってきている。WPW症候群における成績は、その成功率が9割以上といわれている。犬でも本法による治療の報告がなされているが、電気生理学的検査を実施できる設備と技術が必要であるため、獣医領域ではまだ広く実施されていない。

### iv）心房細動（AF）、心房粗動（AFL）の治療

心房粗・細動を呈する症例は、背景に重度な心房拡大を伴う器質的心疾患（犬では主に僧帽弁閉鎖不全症と拡張型心筋症）を有していることが多い。この場合、通常心拍数は上昇しており200回／分以上であることも少なくない。AFでは、心房収縮を欠くため心室への血液充填が15～20％程度低下し、さらに心拍数が高い場合、心筋酸素消費量は増大し、拡張時間が短縮してしまうことから、心不全をさらに助長することがある。重篤な基礎心疾患を有してなくてもAFを呈することがあるが、これを孤立性心房細動（Lone atrial fibrillation）といい、超大型犬（アイリッシュ・ウルフハウンドなど）で認められることがある。

治療は、リズムコントロールとレートコントロールに大きく分けられる。前者は、電気的（直流通電により）あるいは薬理学的に（薬物投与により）除細動をして洞調律へ復帰させることで、後者は心拍数を落とすことである。重篤な基礎心疾患がある場合は、レートコントロールが主に実施される。両者の利点と欠点は表I-28のとおりである[24]。

リズムコントロールを考慮する症例は、頻拍を呈し、慢性AFになってからわずかな時間しか経ってない症例で、麻酔に対するリスクが高くない場合である。慢性AFになると心房筋の電気的なリモデリングが生じてしまうため、心房がすでに拡大している症例では特に、洞調律に復帰しても再度AFに逆戻りしてしまう可能性が高い。

電気的除細動を行うには、心電図のR波を認識できる（同期化）除細動器が必要で、全身麻酔をかけ5～10J/kgで通電する（図I-542）。通電が再分極

表Ⅰ-28　リズムコントロールとレートコントロールの利点と欠点[24]

| リズムコントロール | レートコントロール |
|---|---|
| 利点：頻脈性心筋障害を回避できる<br>　　　心機能の改善<br>　　　臨床症状の軽減<br>　　　運動不耐性の改善 | 利点：頻脈性心筋障害を回避できる<br>　　　心機能の改善<br>　　　臨床症状の軽減<br>　　　入院の必要がない |
| 欠点：全身麻酔、入院が必要（電気的除細動の場合）<br>　　　AFが再発しやすい<br>　　　除細動後も内科治療が必要<br>　　　除細動のコスト | 欠点：洞調律と比較すると心拍数の調節が「完璧」ではない<br>　　　抗不整脈薬の副作用<br>　　　心不全の悪化の可能性（抗不整脈薬による）<br>　　　定期的な検査が必要<br>　　　内服薬のコスト |

（文献［24］より一部改変）

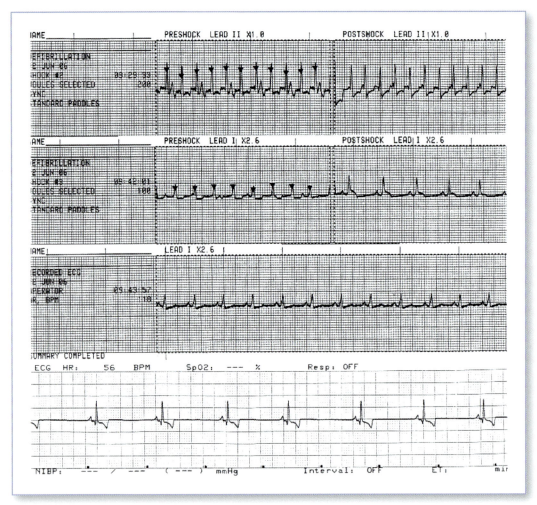

図Ⅰ-542　心房粗動を呈し頻脈発作を繰り返す犬に電気的除細動を実施した例

上段左は、麻酔後除細動直前の心電図で、心房粗動による頻拍が認められる。R波の上に付けられた矢印は、除細動器がR波を認識して同期化されていることを示す。上段右は、除細動後の心電図であるが、洞調律に復帰しなかったため、2度目の除細動（2段目）を実施したところ、洞調律に復帰した（2段目右）。洞調律復帰直後はST分節の上昇が認められたが、すぐに正常化した（3段目）。麻酔覚醒後も洞調律が維持されている（4段目）。

時に生じないように、除細動器が心室脱分極時のタイミングにあわせて自動的に放電する。うまく洞調律に復帰しないとき、出力をアップして再度実施するが、小さな出力で何度も実施するよりも、高い出力にて1度で決着した方がよいようである。

　薬理学的除細動では、キニジン、プロパフェノン、フレカイニド、アミオダロンなどが、人では使用されている。犬では、アミオダロンを投与することにより35％の症例で洞調律になったとの報告がある[25]。一般的に、薬理学的除細動は電気的除細動よりも成功率が低い。

　孤立性 AF では、通常心拍数が高くないため、治療するかどうかは議論の余地がある。孤立性 AF があっても、明らかに生命予後を短縮することを示すデータは現在のところ認められない。

　器質的心疾患を有する AF 症例では、主にレートコントロールが実施される。心拍数を低下させただけで、脈拍欠損を生じる効率の悪い心拍動を減らすことができる。心拍数を低下させるために使用する薬剤（Caチャネルブロッカー、βブロッカー）は、陰性変力性作用を有しているので、収縮不全や心不全症例では、ピモベンダンやジゴキシンの併用が推奨される。ジゴキシンは、間接的な迷走神経活性の亢進により心拍数の低下をみるが、せいぜい10～20回／分程度の心拍数低下にとどまるのみであることが多い。したがって、Caチャネルブロッカーあるいはβブロッカーを併用することになる。ジルチアゼムは、陰性変力性効果がβブロッカーよりもマイルドであるので、筆者は好んで使用している。ジルチアゼムを AF に投与した実験的研究では、心拍数を150回／分程度に落とすと、ダブルプロダクト（心拍数×血圧、酸素消費量の大まかな指標）が洞調律時と同等になることが示されている[26]。

### v）徐脈性不整脈の治療
#### ①薬剤による治療

　迷走神経緊張によって房室ブロックが助長されることがあるため、第2度、第3度房室ブロックを呈する犬では、アトロピン負荷試験（0.04mg/kg、SC：20分後に心電図を再記録）を実施するにあたっては注意が必要である。しかし、このような重度の房室ブロック症例では、刺激伝導系に器質的な病変を生じていることが多いので、アトロピン負荷後の心電図では PP 間隔が短縮するのみで、心室拍動数は影響されないことが多い。アトロピン反応試験が陽性（洞ブロックや房室ブロックが消失し、心拍数が投与前の1.5倍に上昇するか、心室応答レートが頻脈の範疇まで上昇するかのどちらかを呈する）の場合は、内科的治療効果が少なくとも期待できるので、プロパンセリンなどの抗コリン剤やイソプロテレノール、キサンチン誘導体などによる治療を行うことがある。しかし、先に述べた如く、また後述するが、重度の房室ブロック（第3度および高度第2度房室ブロック）は、犬の場合突然死の危険があるため、ペースメーカ治療の適応となる。

　ただし、猫では第3度房室ブロックを呈しても臨床徴候が認められない場合、突然死は頻発しないため、緊急のペースメーカ植込みは通常考慮されない[10]。

### 3）人工ペースメーカによる治療
#### i）適応および臨床像

　ペースメーカ治療の主な目的は、徐脈性不整脈に伴う臨床症状（失神、虚脱、運動不耐性）を改善させること、あるいは徐脈により低下した心拍出量を増大させることである。小動物臨床における適応基準は、徐脈性不整脈に対し、内科療法のみでは良好な QOL が得られない場合、あるいは突然死の可能性がある場合である。一方、上記のような状態であっても、背景に心筋症などの重篤な心肺疾患を抱えており、心拍数を増大させるのみでは症状の緩和が期待できない場合や、心不全を呈しており麻酔のリスクが高い場合、あるいは副腎皮質機能亢進症などの感染リスクがある場合は、飼い主に十分インフォームする必要がある。

　犬において、ペースメーカ適応である不整脈のうち多いのは、第3度房室ブロック（3°AVB）である。これは、飼い主が症状に気づいていなくとも突然死を招くことから、飼い主に危険な状態にあること、ペースメーカの絶対適応であることをインフォームする必要がある。高度第2度房室ブロックも同様に突然死を招くことが知られているため、同様の対応をする。なお、猫の第3度房室ブロックは突然死を生じないことが多いため、通常ペースメーカ

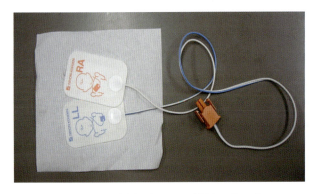

図Ⅰ-543　経皮ペーシング用のパッチ

の適応にはならない。

　Oyamaらによると、ペースメーカ植込みの対象となった犬で最も多かった不整脈は第3度房室ブロックで、次いで洞不全症候群、高度第2度房室ブロック、持続性心房静止、血管迷走神経性失神であった[6,7]。洞不全症候群では、突然死は比較的少ないものの、薬物での失神のコントロールができない場合は適応となる。持続性心房静止は、予後は比較的悪いものの、心不全のコントロールをするうえでペーシングが有効であることがある。

ⅱ）ペースメーカ植込み手技

　徐脈を呈しているため、一時ペーシングリードを麻酔導入前に挿入しておくのが理想的であるが、局所麻酔のみでは現実的に難しい場合が多い。それに代わり、経胸壁ペーシングは体外からペーシングできるため、より安全に植込み術を実施することができる[17]（図Ⅰ-543）。麻酔はなるべく心拍数を落とさない薬剤を選択する。アトロピンおよびミダゾラムなどのベンゾジアゼピンで前処置し、エトミデートで導入するのが理想的であるが、エトミデートは日本では入手が容易ではなく高価であるため、代わりにケタミンを使用してもよい。3 AVBでは、心室拍動数を上昇させるために、イソプロテレノールの微量点滴を使用することがある。

　リードは、心内腔側から固定するタイプと心外膜側から固定するタイプ（スクリューイン型が多い）がある。前者の心内腔側から挿入するもの（経静脈電極）は、受動的に固定するものと能動的に固定するものがあり、前者にはフィンタイプとタインドタイプがある。筆者は、経静脈リードとしてはタインドタイプしか使用したことがないが、リードの先端が右心室の肉柱によく楔入するように工夫されている。能動的に固定するものとしては、先端がスクリューとなっていて心筋にねじ込むスクリューインタイプがある。心内で固定の悪い場所に設置する場合に使用される。

　筆者施設では、体重が4 kg以上の犬であれば経静脈的にペースメーカ植込みを行っている。すなわち、頸静脈から右室にペーシングリードを挿入するが（図Ⅰ-544）、4 kg以下の犬および猫では、心外

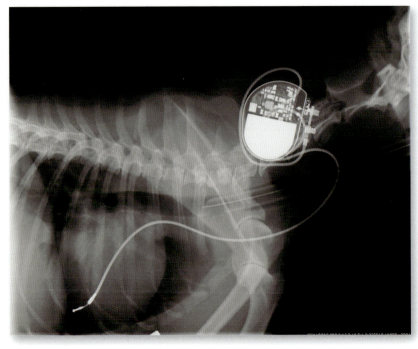

図Ⅰ-544　頸静脈経由にて心内膜リードを右室心尖部に植込んだ犬の症例
本体は頸部筋肉下に設置。

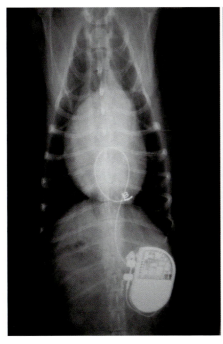
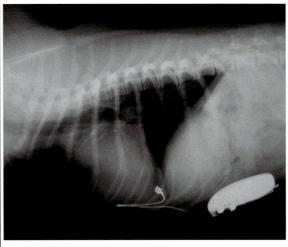

図Ⅰ-545 経横隔膜にて心外膜リードの植込みを実施したダックスフント（6歳齢、避妊雌）
第3度房室ブロックによる運動不耐性を主訴に来院した。ペースメーカ本体は、腹壁直下に固定されている。腹腔内に固定される場合もある。

膜リードを横隔膜アプローチにて装着している（図Ⅰ-545）。これは、経静脈リードが体格に対して太い場合、胸水などの合併症が生じやすいためである。しかし、近年は細いリードも入手可能となってきており、より低体重でも経静脈アプローチが可能かもしれない。ペースメーカ本体は、経頸静脈からの場合は頸部上腕筋下に、横隔膜アプローチでは腹部皮下あるいは筋間に埋没させるか、腹壁に固定し腹腔内に設置する。

経頸静脈的にリードを挿入する場合、右室心尖部に1本リードを挿入することが多い。理論的には、洞不全症候群では心房をペーシングすればよいのであるが、房室伝導に異常が生じる可能性も否定できず、また手技的に簡便であることから、洞不全症候群でも右室にリードを挿入する。人で行われているように、右房と右室に1本ずつ入れ、心房と心室を同期させるようなペーシングをするのが生理的には理想である。1本のリードで、心房と心室の電気的興奮をセンシングし、心室ペーシングできるようなリードを使用した報告（VDDモード、後述）も認められるが[28,29]、一般的ではない。

### ⅲ）ペースメーカのモード

ペースメーカのモードは、アルファベットの3文字から4文字で表され、通常は、犬猫ではVVIRという作動様式のものが最もよく使用されている。

4つのアルファベットの意味は以下の通りである。

1文字目：ペーシング部位（V：心室、A：心房、D：両方）

2文字目：感知部位（V：心室、A：心房、D：両方、O：なし）

3文字目：反応様式（T：同期（トリガー）、I：抑制、D：心房同期、心室抑制、O：機能なし）

4文字目：プログラム機能（R：レスポンシブ機能）
5文字目がついているものもあり、これは頻脈を抑制する機能のついていることを示す。

### ⅳ）ペースメーカによる合併症（表Ⅰ-29）

獣医科領域で最もよく生じる合併症は、リードの移動や抜け落ちであるため、後述する術後管理が重

表Ⅰ-29 ペースメーカによる合併症

- ペーシングに関するトラブル
    ペーシング不全、感知不全など[30]
- リードのトラブル
    断線、抜け落ち、折れ、twiddlers症候群など
- 横隔膜刺激
- ジェネレーター（本体）植込み部の感染、リードの感染
- 筋肉のtwitching
- 三尖弁逆流
- ペースメーカ症候群
- ペーシングによる血流障害[31]

要となる。次に多いのは、ペーシングによるトラブルおよび感染である[6, 7, 32]。

### v) 術後の注意点

経頸静脈的にリードを装着した場合は、術後、1ヵ月間は絶対安静を指示する。サークルなどを購入してもらい、階段の上り下りやソファへの飛び上がり、散歩などは禁止とし、首輪も禁止となる。感染が致死的な要因にもなりうるので、創口の管理に注意を払い、ステロイドなどの薬剤もなるべく使用しないようにする。1ヵ月経過後、特に問題がなければ、徐々に制限を解除していく。

一般生活において、電子レンジなどの家電製品は特に問題はない。携帯電話も特に問題にはならないが、犬の耳に電話を当てるといったような、携帯電話を動物に密着させるのは避けた方がよいようである。

術後1～3ヵ月目にペースメーカの機能および作動状況のチェックを行い、必要があれば設定の変更を行う。その後は、6ヵ月ごとに同様のフォローアップを行う。

### vi) 予後

犬において、ペースメーカ植込みによる生存期間の延長効果は明らかに認められ、Wess らの報告では1年、2年および3年生存率はそれぞれ85、70、55％とされている[33]。ペースメーカ植込み後の死因は、ほとんどの症例で心疾患以外であるとも報告されている。

持続性心房静止は、比較的若齢の大型犬で多い傾向にあり、心筋の器質的変化による心房筋の機能不全と徐脈性不整脈を生じることから、ペーシングを実施しても徐々に心筋病変が進行し、数年のQOLは得られたとしても、予後は他のペースメーカ適応症例と比較して不良である[34]。

### vii) 徐脈性不整脈以外に対するペースメーカ治療

近年、人の医学では徐脈性不整脈以外にもペースメーカ治療の適応が広がっている。心不全患者で認められる左室の収縮様式を改善する目的で、両心室でペーシングを行う心室同期化療法はその1つである。右室側リードは通常どおり心内膜側に、左室側リードは冠静脈内より挿入し、心室中隔と左室自由壁の収縮のタイミングを同期化させることで収縮機能の改善をみることができる。この方法は、筆者の知る限り本稿執筆時には動物ではまだ臨床応用されてはおらず、コスト面が障壁になるであろう。

また、肥大型心筋症において、動的流出路障害を防止する目的でのペースメーカ療法が人で試みられているが、動物での報告はこれまでない。

Orton らは、拡張型心筋症の治療として右側広背筋にペースメーカを装着した方法を考案しているが、長期的な効果は疑問であり、今日臨床的にはあまり用いられていない[35]。

### 4) 電気的除細動 （図Ⅰ-542参照）

電気的除細動が適応となるのは、心室細動、薬物に難治性の頻脈性不整脈（心房粗・細動（前述）、心室頻拍、上室頻拍など）である。電気的除細動の方法は、体外式と体内式があり目的によって使い分けるが、詳細は心肺脳蘇生術の項（p419）を参照いただきたい。

植込み型除細動器（ICD: Implantable Cardioverter Defibrilator）は心室細動や薬物に反応しない心室頻脈性不整脈を呈する人の患者にしばしば適応され、治療的有効性が確認されているが、犬に適応した例も報告されている。Nelson らは[22]、薬剤難治性の心室頻拍を呈する不整脈源性右室心筋症のボクサー犬にICD植込みを実施したが、有効とはいえない結果であった。犬の心拍の感知を含む犬用のICDの設定が今後の課題である。

（藤井洋子）

---

参考文献

[1] Friedman PL, Stewart JR, Wit AL.: Spontaneous and induced cardiac arrhythmias in subendocardial Purkinje fibers surviving extensive myocardial infarction in dogs. *Circ Res*. 1973 ; 33 (5) : 612-626.
[2] James TN, Robertson BT, Waldo AL, Branch CE.: De subitaneis mortibus. XV. Hereditary stenosis of the His bundle in Pug dogs. *Circulation*. 1975 ; 52 : 1152-1160.

［3］Peddle GD, Boger L, Van Winkle TJ, Oyama MA.：Gerbode type defect and third degree atrioventricular block in association with bacterial endocarditis in a dog. *J Vet Cardiol*. 2008；10：133-139.
［4］Jung S, Jandrey KE.：Hyperkalemia secondary to renal hypoperfusion in a dog with third-degree atrioventricular block. *J Vet Emerg Crit Care*（San Antonio）2012；22（4）：483-487.
［5］Stern JA, Tobias JR, Keene BW.：Complete atrioventricular block secondary to cardiac lymphoma in a dog. *J Vet Cardiol*. 2012；14（4）：537-539.
［6］Johnson MS, Martin MW, Henley W.：Results of pacemaker implantation in 104 dogs. *J Small Anim Pract*. 2007；48：4-11.
［7］Oyama MA, Sisson DD, Lehmkuhl LB.：Practices and outcome of artificial cardiac pacing in 154 dogs. *J Vet Intern Med*. 2001；15：229-239.
［8］Schrope DP, Kelch WJ.：Signalment, clinical signs, and prognostic indicators associated with high-grade second- or third-degree atrioventricular block in dogs：124 cases（January 1, 1997-December 31, 1997）. *J Am Vet Med Assoc*. 2006；228：1710-1717.
［9］日本循環器学会，日本胸部外科学会，日本人工臓器学会，日本心臓血管外科学会，日本心臓病学会，日本心電学会，日本心不全学会，日本不整脈学会合同研究班.：不整脈の非薬物治療ガイドライン．2011.
［10］Kellum HB, Stepien RL.：Third-degree atrioventricular block in 21 cats（1997-2004）. *J Vet Intern Med*. 2006；20：97-103.
［11］Miller MS TL, Smith FWK, Fox PR.：Electrocardiography. In：Fox PR SD, Moise NS., ed. Textbook of canine and feline cardiology：WB Saunders；1999：84-87. Philadelphia.
［12］Santilli RA, Spadacini G, Moretti P, Pergo M, Perini A, Grosara S, Tarducci A.：Anatomic distribution and electrophysiologic properties of accessory atrioventricular pathways in dogs. *J Am Vet Med Assoc*. 2007；231（3）：393-398.
［13］Lown B, Wolf M.：Approaches to sudden death from coronary heart disease. *Circulation*. 1971；44：130-142.
［14］Baty CJ, Sweet DC, Keene BW.：Torsades de pointes-like polymorphic ventricular tachycardia in a dog. *J Vet Intern Med*. 1994；8：439-442.
［15］Ware WA, Reina-Doreste Y, Stern JA, Meurs KM.：Sudden death associated with QT interval prolongation and KCNQ1 gene mutation in a family of English Springer Spaniels. *J Vet Intern Med*. 2015；29：561-568.
［16］Meurs KM.：Boxer dog cardiomyopathy：an update. *Vet Clin North Am Small Anim Pract*. 2004；34：1235-1244, viii.
［17］Meurs KM.：Insights into the hereditability of canine cardiomyopathy. *Vet Clin North Am Small Anim Pract*. 1998；28：1449-1457, viii.
［18］Basso C, Fox PR, Meurs KM, Kass RS, Gilmour RF Jr.：Arrhythmogenic right ventricular cardiomyopathy causing sudden cardiac death in boxer dogs：a new animal model of human disease. *Circulation*. 2004；109：1180-1185.
［19］Freeman LC, Pacioretty LM, Moise NS, Towbin JA, Spier AW, Calabrese F, Maron BJ, Thiene G.：Decreased density of Ito in left ventricular myocytes from German shepherd dogs with inherited arrhythmias. *J Cardiovasc Electrophysiol*. 1997；8：872-883.
［20］The 'Sicilian Gambit'.：A new approach to the classification of antiarrhythmic drugs based on their actions on arrhythmogenic mechanisms. The Task Force of the Working Group on Arrhythmias of the European Society of Cardiology. *Eur Heart J*. 1991；12：1112-1131.
［21］Gambit MotS.：Antiarrhythmic therapy：A pathophysiologic approach 抗不整脈薬療法 Sicilian Gambitによる新しい病態生理学的アプローチ.：医学書院；1994．東京.
［22］Nelson OL, Lahmers S, Schneider T, Thompson P.：The use of an implantable cardioverter defibrillator in a Boxer Dog to control clinical signs of arrhythmogenic right ventricular cardiomyopathy. *J Vet Intern Med*. 2006；20：1232-1237.
［23］Johnson MS, Martin M, Smith P.：Cardioversion of supraventricular tachycardia using lidocaine in five dogs. *J Vet Intern Med*. 2006；20：272-276.
［24］Gelzer AR, Kraus MS.：Management of atrial fibrillation. *Vet Clin North Am Small Anim Pract*. 2004；34：1127-1144, vi.
［25］Saunders AB, Miller MW, Gordon SG, Van De Wiele CM.：Oral amiodarone therapy in dogs with atrial fibrillation. *J Vet Intern Med*. 2006；20：921-926.
［26］Miyamoto M, Nishijima Y, Nakayama T, Hamlin RL.：Cardiovascular effects of intravenous diltiazem in dogs with iatrogenic atrial fibrillation. *J Vet Intern Med*. 2000；14：445-451.
［27］DeFrancesco TC, Hansen BD, Atkins CE, Sidley JA, Keene BW.：Noninvasive transthoracic temporary cardiac pacing in dogs. *J Vet Intern Med*. 2003；17：663-667.
［28］Bulmer BJ, Oyama MA, Lamont LA, Sisson DD.：Implantation of a single-lead atrioventricular synchronous（VDD）pacemaker in a dog with naturally occurring 3rd-degree atrioventricular block. *J Vet Intern Med*. 2002；16：197-200.
［29］Bulmer BJ, Sisson DD, Oyama MA, Solter PF, Grimm KA, Lamont L.：Physiologic VDD versus nonphysiologic VVI pacing in canine 3rd-degree atrioventricular block. *J Vet Intern Med*. 2006；20：257-271.
［30］太田記世，藤井洋子，山根 剛，若尾義人.：ペースメーカー植え込みを行った猫に認められたペーシング異常．日獣会誌．2004；57：525-529.
［31］Connolly DJ, Neiger-Aeschbacher G, Brockman DJ.：Tricuspid valve stenosis caused by fibrous adhesions to an endocardial pacemaker lead in a dog. *J Vet Cardiol*. 2007；9：123-128.
［32］Fine DM, Tobias AH.：Cardiovascular device infections in dogs：report of 8 cases and review of the literature. *J Vet Intern Med*. 2007；21：1265-1271.
［33］Wess G, Thomas WP, Berger DM, Kittleson MD.：Applications, complications, and outcomes of transvenous pacemaker implantation in 105 dogs（1997-2002）. *J Vet Intern Med*. 2006；20：877-884.
［34］MacAulay K.：Permanent transvenous pacemaker implantation in an Ibizan hound cross with persistent atrial standstill. *Can Vet J*. 2002；43：789-791.
［35］Orton EC, Monnet E, Brevard SM, Boon J, Gaynor JS, Lappin MR, Jacobs GB, Steyn PF.：Dynamic cardiomyoplasty for treatment of idiopathic dilatative cardiomyopathy in a dog. *J Am Vet Med Assoc*. 1994；205：1415-1419.

## ■ 4　不整脈各論

### 1）洞調律とその異常

#### ⅰ）洞徐脈

①定義

洞徐脈とは、洞房結節から規則的に生成されているインパルスの頻度が、正常よりも緩徐な状態をいう。

②原因

低体温や内分泌疾患（甲状腺機能低下症、アジソ

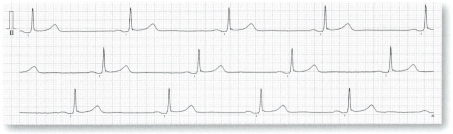

図 I-546　洞徐脈の心電図
シー・ズー、13歳齢、体重5.5kg。ペーパースピード50mm/秒で記録。症例は、食欲不振を主訴に来院した。P-QRS-Tそれぞれが連動しているが、心拍数は約50回/分と遅い。

ン病など）、麻酔・鎮静薬（キシラジンなど）、迷走神経刺激性薬（ジギタリスなど）、交感神経抑制性薬（β遮断薬）などの薬剤投与、迷走神経緊張の増大（神経、咽頭、胃腸、ならびに呼吸疾患など）などで認められる。また一般的に、原因不明の洞徐脈は、洞機能不全症候群におけるルーベンシュタインⅠ型に分類される。

③病態

血行動態が破綻して臨床症状を示すことは比較的少ないが、著しい洞徐脈であれば、心拍出量の低下により失神あるいはふらつきなどが認められるようになる。また、徐脈に伴う心拍出量低下の状態が長時間持続すると、徐々に心拡大が出現する。心拡大による弁輪部拡大やテザーリングフォースの増大などが、僧帽弁閉鎖不全や三尖弁閉鎖不全を引き起こし、これにより心不全はさらに進行することになる。また、洞徐脈の患者は、迷走神経緊張が亢進していることが多い。そのため、嘔吐や下痢などの消化器症状が主訴である場合も多々見受けられる。

④診断

調律は規則的であり、P波とそれに続くQRS群が常に連動している。また、PR間隔は一定であり、R-R間隔の変動はわずかである。洞徐脈である場合、洞房結節からのインパルスの頻度は、覚醒している犬で70bpm以下（図Ⅰ-546）（特大犬種では60bpm以下）、猫で120bpm以下とされている。しかし、正常犬において睡眠中には20bpm程度までに心拍数は低下しうることに注意する。おそらく覚醒時に30bpm以下までに心拍数が低下している場合には、何らかの臨床症状が認められるようになる。

⑤治療

臨床症状が認められない場合は治療対象にはならず、基礎疾患の治療や原因除去を行う。洞徐脈に起因する臨床症状を示す場合や、麻酔薬・鎮静薬などの薬剤に関連する場合には、積極的に治療を施すべきである。まずは、硫酸アトロピン0.05 mg/kgの非経口投与を行う。しかし、これに功を奏しない、あるいはより緊急時には、エピネフリン、イソプロテレノール、ドパミン、ドブタミンのような自律神経薬の非経口投与を行う。維持療法としては、イソプロテレノール0.5～1.0mg/kg 1日2～3回、アミノフィリン5～10mg/kg 1日2回の経口投与を行う。また、最近ではシロスタゾール5～10mg/kg 1日2～3回が試みられている。これら、薬物に反応しない重篤な洞徐脈に対しては、ペースメーカ植込み術が適応となる。洞徐脈のみで房室伝導に問題がない患者のペースメーカプログラムは、AAIモードがよい選択となる。

⑥予後

無症状あるいは原因が解除された場合の予後は、比較的よい。一方、重度の洞徐脈すなわちルーベンシュタインⅠ型であれば、薬物療法のみでは通常はコントロールができない。

ⅱ）洞頻脈

①定義

洞頻脈とは、洞調律であるものの、安静時において犬で180bpm以上、猫で240bpm以上の洞調律でP波の出現が規則正しく、かつ速い状態である。しかし、洞調律と洞頻脈は明らかに重なる部分がある。

②原因

興奮や疼痛による交感神経刺激は、頻拍の大きな要因である。その他に、発熱、甲状腺機能亢進症、出血や脱水などによる循環血漿量の減少、心タンポナーデ、心不全、褐色細胞腫もまた、交感神経刺激を増大させる。また薬剤では、カテコールアミンやキサンチン誘導体は交感神経作用により、抗コリン

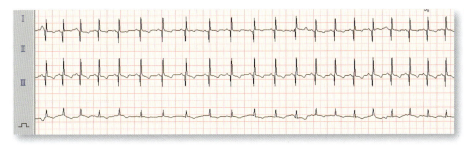

図Ⅰ-547 洞頻脈の心電図
ポメラニアン、10歳齢、避妊雌、体重5.6kg。ペーパースピード50mm/秒で記録。
症例は、肥満体型であり、気管虚脱による呼吸状態の悪化を主訴に来院した。P-QRS-Tは、連動している。心拍数は230bpmであった。

製剤は副交感神経遮断作用により、洞房結節の刺激生成頻度を増加させる。

③病態

通常、無症状のことが多いが、ふらつき、運動不耐を示す場合もある。それは、心室拡張時間の短縮により、1回拍出量が減少することによる。その場合は、心室レートの増加により心拍出量は維持されるか、時には増加する。一方、著しい1回拍出量の減少が引き起こされた場合、臨床症状が発現する。

④診断

洞調律であり、P波とそれに続くQRS波は連動している（図Ⅰ-547）。

⑤治療

明らかな洞頻脈の場合、ほとんどの症例は基礎疾患の治療と病態の改善を優先とする。すなわち、発熱であれば解熱、疼痛であれば鎮痛、興奮であれば安静である。特に、心タンポナーデのように循環不全が原因の場合や、脱水や出血などのように循環血漿量不足が原因の場合は、速やかにこれを解除する。しかし、甲状腺機能亢進症や褐色細胞腫など治療の反応に時間を要する場合には、薬物治療を行う（「上室頻拍」を参照）。

⑥予後

無症状あるいは原因が解除された場合の予後は比較的よい。一方、臨床症状が存在する場合または頻脈の程度が重度の場合は、頻拍誘発性心筋症が引き起こされる可能性があるため注意を要する。

ⅲ）洞不整脈

①定義

洞不整脈とは、心臓の拍動の調律は正常（P-QRS-Tが完全に連動している）であるが、興奮の周期が乱れている場合をいう。周期の変化が呼吸運動に関連するものを呼吸性（洞性）不整脈、呼吸運動とは関連していないものを非呼吸性洞不整脈と区分される。

②原因

呼吸性洞不整脈は、心臓迷走神経の活動により生じる。心臓迷走神経活動は、心臓の運動に対していわばブレーキのように働く。迷走神経の中枢は、延髄の孤束核に存在し、吸気時に直接的あるいは間接的に抑制され、ブレーキが解除され心拍数が速くなる。一方、呼気時には抑制が解除されるため心拍数が遅くなる。犬は、迷走神経の活動が優位な動物であるため、呼吸性洞不整脈は生理的なものといえる。また、中枢あるいは末梢の迷走神経刺激が過剰になるような状態のときは、ブレーキが強く作動する。この現象は、短頭犬種で顕著にみられ、鼻孔狭窄、軟口蓋過長、気管虚脱などにより気道内圧が上昇し、付近の迷走神経節を刺激するのではないかと考えられている。また、神経、咽頭、胃腸、頸部、呼吸器に問題を有する個体でも強く表れるため、これらに疾患が存在することを疑う必要がある。

一方、猫は交感神経の活動が有意な動物であるため、呼吸性洞不整脈は通常観察されない。しかし、夜中などにはわずかな呼吸に一致した心拍周期の変動性が確認される。

非呼吸性洞不整脈は、頭蓋内の問題により生じる可能性が極めて高く、自律神経の失調状態といえる。

③病態

吸気時には脈拍が速くなり、呼気時には脈拍が遅くなるが、通常は心拍出量に問題が生じることはない。呼気時における心室拍動の停止時間が異常に長い場合は、ふらつきなどの臨床症状が認められる可能性がある。

④診断

心電図波形の変化（RR間隔の変動）と呼吸運動が一致していることの確認により、呼吸性と非呼吸

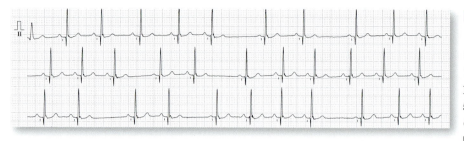

図Ⅰ-548 呼吸性洞不整脈の心電図

キャバリア・キング・チャールズ・スパニエル、12歳齢、避妊雌、体重10.0kg。ペーパースピード50mm/秒で記録。症例は、聴診時の心音不整を主訴に来院した。吸気時に心拍が早くなり、呼気時に心拍が遅くなることが確認された。

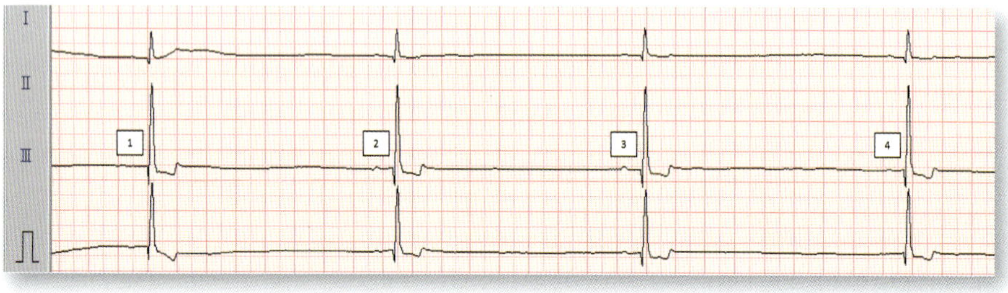

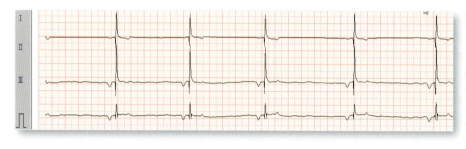

図Ⅰ-549 ワンダリングペースメーカの心電図

ロットワイラー、11ヵ月齢、避妊雌、体重26kg。ペーパースピード50mm/秒で記録。症例は、頻尿を主訴に来院した。図内の1〜4はP波を示す。1拍ごとにP波の形状がそれぞれ異なっている。

図Ⅰ-550 異所性心房興奮の心電図

ミニチュア・シュナウザー、13歳齢、避妊雌、体重10kg。症例は、食欲低下を主訴に来院した。ペーパースピード50mm/秒で記録。P波は、陰性であることから洞結節以外でインパルスの生成が行われていると判断される。また、後に心拍数30bpm以下の洞徐脈を示すようになり、失神を示すことになったためペースメーカ植込みが行われた。

性の区別をつけなければならない（図Ⅰ-548）。

⑤治療

一般的に呼吸性洞不整脈に対する治療は行わない。ただし、まれに心室拍動の停止時間が長い個体は心拍出量の低下により臨床症状を発現することがあるため、この場合は、洞停止、洞房ブロック、および洞徐脈の治療に準じる。非呼吸性不整脈であれば硫酸アトロピンの非経口投与を試してみる。また、基礎疾患の発見とその治療を行わなければならない。

⑥予後

一般的に呼吸性洞不整脈の予後は良好である。呼吸と一致しない非呼吸性洞不整脈の場合は、頭蓋内（中枢神経系）に問題があることが多く、予後が非常に悪い可能性がある。

ワンダリングペースメーカ：歩調とり（ペースメーカ）となる細胞が洞結節から機能的に移動し、それに伴いP波の形が変化するもの（図Ⅰ-549）。迷走神経緊張が過剰な際によく認められる。迷走神経活動が優位である犬においては正常所見である。一方、猫では呼吸性洞不整脈と同様に異常所見と見なされる。通常のペースメーカの機能的移動は、洞結節内あるいはその極めて周辺に限定されている。しかし、左心房や房室結節周囲に移動することもある。この場合は、P波の極性は逆転することになるが、洞結節機能の低下が示唆されるため、ワンダリングペースメーカの中でもあまり良い所見とはいえない（図Ⅰ-550）。

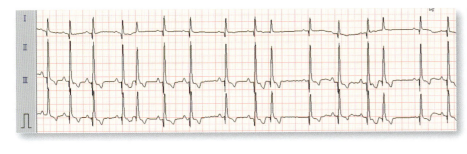

図Ⅰ-551 上室期外収縮の心電図

雑種犬、10歳齢、雌、体重12kg。ペーパースピード50mm/秒で記録。症例は、僧帽弁閉鎖不全症を基礎心疾患に有していた。心電図の5、10そして14拍目のP波は不明瞭である。また、4〜5拍、9〜10拍および13〜14拍のRR間隔は、他の箇所と比較して短縮していた。

## 2）上室期外収縮

### ①定義

上室期外収縮とは、洞房結節由来の（正常の）洞性調律の中にあって、次に予定されたタイミングよりも早期に出現した異常興奮をいう。そのうち、期外収縮の発生由来が房室結節、あるいは房室結節より上位（心房）にあるものを上室期外収縮という。

### ②原因

慢性心不全、先天性心疾患、心筋症、心筋炎あるいは肺性心など心房に対する負荷・障害が認められる心疾患の患者でみられる。その他には、電解質不均衡、低酸素症、薬物中毒、敗血症や、疼痛および発熱など交感神経緊張が増大した際などでもみられる。

### ③病態

一般的に、期外収縮の由来が心房である場合の心拍数は、犬で160〜180bpm以上、猫で240bpm以上に及ぶ。一方、房室結節調律の場合の心拍数は、60〜100bpmの範囲である。通常、上室期外収縮の発生が単発あるいは低頻度の場合は、血行動態に支障を来すことは多くない。

### ④診断

診断は、心電図検査による。典型的な心電図所見として、正常波形とは異なる異所性のP波が先行し、基本調律と同形のQRS波（narrow QRS）が出現する。PQ間隔が正常より短いことが多く、房室結節付近に期外収縮起源が存在する場合には、P波がQRSの中（すなわち確認できない）、あるいは後ろにみられることもある（図Ⅰ-551）。ただし、不整脈の起源が心房であっても、房室結節起源の場合である心電図上の特徴を有することもあり、当然その逆もある。よって、電気生理学的な特殊検査を行わない限り、明確な区別は困難である。その場合、心房そして房室結節の区別を行わず、上室期外収縮と判断したほうが無難である。異所性P波にQRS波が続かない非伝導性上室期外収縮（房室結節の不応期に興奮が進入した場合）や、脚ブロックや変更伝導を伴いQRS波が広くなる（wide QRS）場合がある（左脚よりも右脚の不応期が長いため右脚ブロックパターンが多い）。また、3拍以上連続する上室期外収縮を上室頻拍と定義する。重要なポイントとして、治療の緊急性が異なるため、上室期外収縮であるのか、あるいはそれらの繰り返しである上室頻拍であるのかの鑑別が必要である。よって、長時間にわたり観察可能な検査の実施が推奨される。

### ⑤治療

心臓に基礎疾患をもたず、低頻度に発生する上室期外収縮の場合（1分間に15回程度）、治療の必要はないとされる。ただし、上室期外収縮のエピソードと一致した臨床症状が認められる場合には治療を行う。一方、上室期外収縮は上室頻拍性不整脈（上室頻拍、心房細動および心房粗動）の前兆であるとされるため、上室頻拍性不整脈への進展防止という観念から治療を推奨するという考えもある。よって、心房拡大や心臓腫瘍など、心臓に基礎疾患を有する患者において、上室期外収縮が認められる場合には、治療を行うことが推奨される。

まず、うっ血性心不全、電解質異常、および薬物中毒などの原因が疑われればそれを除去する。

心筋虚血を治療・予防するために硝酸イソソルビドを投与する。また、上室期外収縮をはじめとする様々な不整脈の発生要因として最も重要なものの1

つに、心筋組織の線維化が知られている。犬猫の心不全治療薬として代表的なアンジオテンシン変換酵素（Angiotensin-Converting Enzyme：ACE）阻害薬は、心筋組織の線維化を抑制する作用を有していることが明らかとなっている。また、うっ血による心房表面積の拡大もまた、上室期外収縮の発生要因となっている。よって、治療・進展防止の観点からACE阻害薬を投与することも効果的である。

積極的に治療する際は、β遮断薬あるいは、カルシウムチャネル遮断薬の投与を行うが、低血圧や心収縮能低下には十分に注意を払う。

上室期外収縮が急性に発現し、全身性あるいは心臓の炎症性疾患が疑われ、かつ投与が禁忌でないと判断される際は、プレドニゾロンのパルス療法を3日間行い治療に対する反応をみる。

⑥予後

心房拡大は、上室期外収縮の発現における重要要因の1つである。よって、これを抑制することが上室期外収縮の予防にもつながる。また、上室期外収縮が上室頻拍性不整脈へと発展する場合は、難治となることが多い。

### 3）発作性上室頻拍

①定義

発作性上室頻拍とは、3連続以上の上室期外収縮による頻拍のうち、発作的に発症するものをいう。

②原因

上室頻拍の発生起源は、当然のごとく上室期外収縮と同じであり、心房筋あるいは房室接合部の組織すなわち上室である。上室頻拍は、洞房結節とは異なる上室に属する細胞の自動能亢進あるいは獲得により生じる。また、リエントリーによっても生じる。リエントリー性の上室頻拍は、一定のRR間隔を示す傾向にある。一方、自動能性の上室頻拍の

RR間隔は、不規則であることが多い。犬でみられる上室頻拍のRR間隔は規則的であることが多いため、リエントリー性の上室頻拍が原因であることが多いものと推測されている。上室頻拍は、しばしば基礎心疾患あるいは重度な全身性疾患から二次的に生じる。

③病態

上室頻拍では、心拍数が急激に増加するために、その発現直後には血圧低下が引き起こされる。また、長期間持続すると拡張型心筋症に似た病態を示す頻拍誘発性心筋症が誘発される。持続性で早い上室頻拍を示す患者は、虚弱や失神を呈する。

④診断

心電図検査による。しかし、洞頻脈と上室頻拍との区別が非常に困難な場合にしばしば遭遇する（図Ⅰ-552）。通常は、正常なQRS波に形状が類似あるいは等しいnarrow QRSを示す。しかし、同時に脚ブロックが存在するときには、正常なQRS波と形状が異なるwide QRSとなる（たいてい右脚ブロックパターン）。P波は、出現することもあるが、出現しないこともある。また、出現したP波の極性は、陽性そして陰性のどちらでもありうる。犬における上室頻拍での心室レートは150〜350bpmの範囲に及ぶ。猫における上室頻拍の際の心室レートの詳細は、明らかにされていない。

⑤治療

衰弱、低血圧、失神を伴っているときには、直ちに治療を行う必要がある。うっ血性心不全が存在する場合には、酸素吸入、ケージレスト、利尿薬、ACE阻害薬などのうっ血性心不全に対する基本的治療を行う。発作性に発現し救急を要する場合には、迷走神経圧迫手技（軽度の眼球圧迫あるいは頸動脈洞圧迫あるいは鼻先端圧迫）が有効な場合があるため、試す価値はあるが成功率は決して高いも

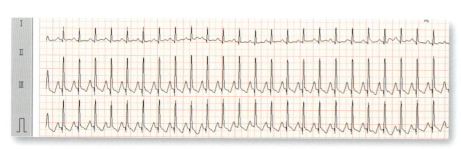

**図Ⅰ-552 上室頻拍の心電図**
マルチーズ、10歳齢、雄、体重3.8kg。ペーパースピード50mm/秒で記録。症例は、旋回やふらつきなどの神経症状を主訴に来院した。心拍数250bpm。

のとはいえない。アデノシンの静脈内投与（0.2～0.4mg/kg）も有効であるが、一過性に心停止（数秒）を引き起こすため注意が必要である。前胸部強打法*の上室頻拍の停止率は比較的高いが、あくまでも緊急性が高い場合と他の治療法に効果がない場合に選択した方がよいと考える。また、頸静脈から右心房へのペーシングカテーテル挿入後の電気的ペーシング法（オーバードライブあるいは早期心房刺激など）も頻拍の停止に効果はあるが、経験のある獣医師のみが行える手法と考えられる。

洞頻脈と上室頻拍の薬物療法の多くは共通している。心筋虚血を治療・予防するために硝酸イソソルビドを投与する。積極的に治療する際には、β遮断薬あるいはカルシウムチャネル遮断薬の投与を行うが、低血圧や心収縮能低下には十分に注意を払う。上室頻拍が急性に発現し、全身性あるいは心臓の炎症性疾患が疑われ、投与が禁忌でないと判断される際は、プレドニゾロンのパルス療法を3日間行いその治療に対する反応をみる。

*前胸部強打法：犬猫を右下横臥位に保定し、左側心尖拍動部位を確認する。心電図記録を行いながら、この領域を拳で強く叩く。大型犬では、猫や小型～中型犬よりも力を強く加える必要がある。最初の打撃の強さは拍手をする程度で行い、2回目はより強くする必要がある。2回の実施で効果がない場合は、試みを中止する。上室頻拍の停止の機序は、打撃により心室期外収縮を引き起こし、上室頻拍のリエントリー経路を消失させることである。また、引き起こした心室期外収縮の直後は、代償期を迎えるため次の拍動は、洞房結節から開始されることが期待される。前胸部強打法により洞頻脈と上室頻拍の区別が可能となることがある。すなわち、上室頻拍では停止する可能性があっても、洞頻脈では影響を受けない。むしろ、打撃による疼痛が洞頻脈のさらなる悪化を招くかもしれない。

⑥予後

洞頻脈あるいは上室頻拍が引き起こされる可能性のある疾患のコントロールを行う。特に上室期外収縮が頻発する患者においては、上室頻拍に移行する前の段階でコントロールを行うことが重要である。心室レートの増加が大きいものほど症状が強い。また、頻拍誘発性心筋症に移行しその期間が長い患者ほど予後が悪い。

### 4）心房細動
①定義

心房細動とは、心房の不規則な興奮により心室への興奮伝導が不規則となる不整脈のことである。

②原因

心房細動の患者の多くは、基礎心疾患を抱えており、それに起因する心房拡大を有している。心房細動は、猫や小型犬よりも大～超大型犬で発生率が高い。これは元来の心房表面積が大きいこと、ならびに心房拡大が顕著な拡張型心筋症の発生率が多いことに起因していると考えられる。心房細動の好発犬種として、アイリッシュ・ウルフハウンド、グレート・デーン、ニューファンドランド、ドーベルマン・ピンシャーなどがあげられる。また、明らかな基礎心血管系疾患のない心房細動は、孤立性心房細動とよばれる。孤立性心房細動もまた、大～超大型犬で認められる。心房細動をはじめとする上室頻拍性不整脈（上室頻拍、心房細動、心房粗動）では、その発生と持続により心房不応期の短縮・不均一化など"電気的リモデリング"という現象が惹起される。また、心不全に陥ると"構造的リモデリング"と呼ばれるリエントリーと関連深い心臓組織の線維化も生じる。この両リモデリングにより上室頻拍性不整脈がさらに持続しやすくなり、これは"Atrial fibrillation begates Atrial fibrillation（心房細動が心房細動を生む）"と呼ばれている。

③病態

心房細動の血行動態として、次にあげる現象が生じている。心房は、血液のリザーブ（貯留）、ブースターポンプ（拍出）、およびコンディエット（導管）機能を有しているが、心房が細動状態になるとこれらの機能は消失する。その結果、心拍出量（CO）は洞調律と比較して、約20～30％も減少する。心房細動が心室拡張能の低下した患者で発生した場合には、COはさらに低下する（また、心室拡張能の低下した患者では心房細動を合併しやすい）。また、心房心室収縮期の同期性が消失して、僧帽弁閉鎖不全や三尖弁閉鎖不全が加わると血行動態はさらに悪化する。また、心室拍動数の増加が長期間持続すると、頻拍誘発性心筋症とよばれる拡張型心筋症に類似した状態が引き起こされる。さら

に、絶対不整脈（RR間隔が不整）であるために、CO低下、両心房圧の上昇など血行動態に悪影響を及ぼす。

### ④診断

聴診で心拍の不整が聴取される。また、動脈拍動の強さとタイミングもばらつきがある。確定診断は心電図検査により判断するが、特徴は以下の点である（図Ⅰ-553）。

(1) 心電図上でP波を認めない
(2) 基線が細かく揺れる細動波（f波）が認められる
(3) RR間隔に規則性を認めない（絶対不整脈）

一般的に、小型〜中型犬や猫では、心房のサイズが小さいためf波が観察されにくいことに留意しなければならない。また、心房細動の患者の心室レートは、犬で180bpm以上、猫で240bpm以上に及ぶ。

### ⑤治療

心房細動の患者は、活力低下、嗜眠、虚弱、運動不耐性が認められることが多い。その他に、失神、発咳、呼吸困難、腹水、食欲不振などが認められることもある。しかし、大型犬の孤立性心房細動や心室レートの少ない患者では、臨床症状が認められないことも多い。治療の目標は、心不全コントロールとQOLの改善・維持である。まず、ACE阻害薬、利尿薬などを用いて心房細動を惹起する基礎心疾患の治療を行う。そして、心室レートを適正範囲に保ち、血行動態を改善する目的でリズムコントロール（洞調律への復帰と心室拍動数の減少）、あるいはレートコントロール（心室拍動数の減少）を行う。よって、急性心房細動や基礎心疾患がない患者においてリズムコントロールが成功することもあるが、慢性心房細動患者（ほとんどの犬猫）では、既に構造的リモデリングと電気的リモデリングが成立していることが多いため、成功することが少ない。

急性心房細動患者の緊急治療は、塩酸ジルチアゼム、塩酸リドカイン、あるいは塩酸プロカインアミドの静脈内投与を行う。アミオダロンは、他の薬剤に反応がなく、かつ緊急性が高いときに使用する。慢性心房細動患者に対しては、伝統的にジギタリスと塩酸ジルチアゼム（選択的L型カルシウムチャネルブロッカー）が使用されている。ジギタリスは、$Na^+-K^+$ポンプを阻害することで細胞内カルシウム濃度を上昇させ、陽性変力作用を示す。そのため、心収縮力が低下している心房細動患者に対して有用である。そして、迷走神経を介する効果で心室レートを減少させる。しかし、心不全により交感神経緊張が亢進している患者に対しては、期待通りの効果がしばしば得られない。また、ジギタリスは、安全域が狭いため、薬物血中濃度をルーチンにモニターしなければならない（有効血中濃度1.5〜2.0ng/mL）。特に猫において安全域が狭いため、その使用は困難である。そして、低カリウム血症は、ジギタリスの作用が増強されるため血漿カリウム濃度の測定も重要である。また近年、電気的リモデリングを促進（細胞内カルシウム濃度の過負荷は、細胞障害を招来する）することが明らかとなった。

塩酸ジルチアゼムは、犬ならびに猫に対しても、比較的安全に使用できる。この薬剤は、心筋に広く分布するL型カルシウムチャネルを遮断することで、陰性変時作用（洞房結節と房室結節への影響）と陰性変力作用（作業心筋すなわち心房筋と心室筋への影響）を示す。また、カルシウムチャネルブロッカーは、抗血栓効果を有するため、後述の抗血栓療法においても有益だと思われる。一方、陰性変力作用のため重度に心収縮力が低下している患者（頻拍誘発性心筋症）への投与は細心の注意が必要である。近年、慢性心房細動に対するL型カルシウムチャネルブロッカーの欠点も指摘されはじめてきた。

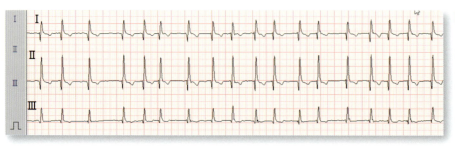

**図Ⅰ-553 心房細動の心電図**
ラブラドール・レトリーバー、11歳齢、避妊雌、体重26kg。ペーパースピード50mm/秒で記録。症例は、食欲不振を主訴に来院した。P波の欠如、RRの絶対不整、基線の細かい揺れ（f波）から心房細動と診断される。

塩酸ジルチアゼムを1～2週間以上投与すると、心房細動の重要因子である電気的リモデリングを悪化させるというものである。

一方、カルシウムチャネルブロッカーのうち、T型カルシウムチャネル遮断効果を有する薬剤が注目されている。T型カルシウムチャネルは、主に洞房結節と房室結節に分布しており、作業心筋にはあまり分布していない。よって、陰性変時作用を有するものの、陰性変力作用は軽微とされる。また、電気的リモデリング抑制効果が証明されている。現時点で、選択的T型カルシウムチャネルブロッカーは存在しないが、T型カルシウムチャネル遮断を有している薬剤に塩酸エホニジピンがある。今後の獣医療でのデータの蓄積が待たれる。

β遮断薬であるカルベジロールも選択可能である。特に、交感神経緊張が亢進している患者に対して有効である。β遮断薬は、用量により陰性変力作用を示す可能性が強いため、低用量から開始する。

急性心房細動に対する治療と同様に、他の薬剤が無効であり、難治性の慢性心房細動患者に対してアミオダロンを試してみる。

人における心房細動の存在と血栓形成リスクの高さは既に証明されており、抗血栓療法は不可欠とされている。犬猫において、心房細動は拡張型心筋症や肥大型心筋症のように心房拡大が顕著な症例で発現することから、心筋症の治療の一環として抗血栓療法を実施する方がよいと思われる。

⑥予後

心房細動が引き起こされる可能性のある疾患のコントロールを行う。特に、上室期外収縮が頻発する患者においては、心房細動に移行する前の段階でコントロールを行うことが重要である。ACE阻害薬の有するリモデリング抑制効果が注目されている。心室レートの増加が大きいものほど症状が強い。また、頻拍誘発性心筋症に移行しその期間が長い患者ほど予後が悪い。

## 5）心房粗動
### ①定義

心房粗動とは、心房リエントリー回路による速くて規則的な心房調律である。心房の興奮回数が1分間に240～450回で、電気的興奮が主に右心房内を大きく旋回する心房リエントリー回路に起因する頻拍を心房粗動という。興奮波が右心房自由壁を上行し、右心房中隔を下行して解剖学的峡部を伝導遅延部位として通過する頻拍を通常型心房粗動という。

### ②原因

近年、三尖弁輪に沿って興奮が旋回する右房内（分界稜）のマクロリエントリーであることが定説となっている。犬や猫ではまれな不整脈である。

### ③病態

房室伝導比が血行動態に大きく影響する。1：1で心房興奮が心室へ伝導する場合には、高度の頻拍状態になるため、急激に血圧が低下して血行動態の破綻を招く。2：1の伝導比では、心室拍動数は多くないため、血行動態が破綻することは少ないが、長期間持続すると頻拍誘発性心筋症に陥りやすくなる。一方、4：1であれば無症状のことが多い。房室伝導比がさらに減少して、心室拍動数が極端に低下すると血行動態が破綻する。

### ④診断

正常P波は認められず、代わりに"のこぎり状"の規則的な心房の振れが出現し（350/分～400/分）、これを粗動波（F波）という。房室結節の機能的第2度房室ブロックにより、一部の心房興奮は心室に伝導されず、2：1や4：1の房室伝導比となる。

### ⑤治療

心房興奮がすべて伝導された場合には、高度な頻拍となり、それによって血圧が低下し失神発作を生じることがある。治療は心房細動に準じる。

### ⑥予後

心房細動に準じる。

## 6）心室期外収縮
### ①定義

心室期外収縮（Ventricular Premature Contraction：VPC）とは、房室結節よりも下部すなわち脚、プルキンエ線維、心室筋においてある正常収縮と次に予想される正常収縮とのタイミングよりも早期に発生した異所性刺激、あるいはリエントリーによる心室の興奮のことである。

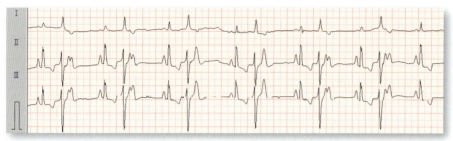

**図 I-554 二段脈の心電図**
柴犬、12歳齢、去勢雄、体重12kg。ペーパースピード50mm/秒で記録。洞調律と心室期外収縮が交互に出現している。症例は、僧帽弁閉鎖不全症を基礎心疾患に有していた。ピモベンダン投与後に二段脈が出現した。

　VPCの形態が単一である場合を単源性（一源性）、複数存在する場合を多源性とする。また、VPCが1分間に数個以上（およそ3個以上）も発生しているような場合を頻発性心室期外収縮という。それ以下の頻度を、散発性心室期外収縮という。

　先行する正常収縮からVPCまでの間隔を連結期といい、連結期が一定している場合を固定連結という。連結期が変化する場合を移動連結といい、この場合には副収縮の可能性があるので注意して分析する必要がある。

　VPCが正常収縮と正常収縮の間に収まっている場合を間入性VPCと呼ぶ。これは、VPCが正常収縮後の比較的早期に出現し、次の正常収縮が期外収縮の不応期に影響されずに伝導されることによる。一方、期外収縮を含む前後の正常収縮の間隔が正常周期の2倍になるような場合を代償性VPCと呼ぶ。これは、期外収縮後の正常収縮が期外収縮の不応期にぶつかり無効となったことによる。

　VPCが1個ずつ正常収縮を挟んで繰り返すものを二段脈（図 I-554）、1個の正常収縮に2個の期外収縮が続く場合を三段脈と呼ぶ。

　また、VPCが連続して起こると連発、特に3連発以上でレートの速いものを心室頻拍とよぶ。

　R on T現象は、先行する正常収縮のT波の頂点付近（受攻期と呼ばれ、電気的に不安定な時期）にVPCが出現することであり、心室頻拍や心室細動に移行しやすく非常に危険である。

　人の冠動脈疾患に関連するVPCの重症度を判断するLown分類がある（表 I-30）。しかし、一般的に犬や猫では、冠動脈疾患の発生は少ないため、そのまま重症度判定として応用可能か否かには疑問が残る。犬や猫において、不整脈の重症度を判定するためには、この分類とともに基礎となっている心臓病の重症度も参考にしなければならない。

**表 I-30　Lown分類**

| グレード | 所見 |
|---|---|
| 0 | 心室期外収縮なし |
| 1 | 散発性期外収縮 |
| 2 | 頻発性期外収縮<br>1回以上/分または30回以上/時間 |
| 3 | 多源性期外収縮 |
| 4 a) | 2連発 |
| 　b) | 3連発以上（いわゆるショートラン） |
| 5 | R on T現象 |

②原因

　様々な状況下で生じうる。うっ血性心不全、心筋外傷、心筋炎、心臓腫瘍、心筋症、先天性心奇形など心臓に原因がある場合に認められる。これらは、リエントリー、異常自動能、トリガードアクティビティを生じる心筋障害を有している。一方、甲状腺機能亢進症、甲状腺機能低下症、貧血、電解質異常、寄生虫感染、尿毒症、子宮蓄膿症、膵炎、非心臓性腫瘍、骨折、糖尿病、ストレス、低酸素症、アシドーシス、胃拡張-捻転症候群、脾臓破裂、血栓塞栓症、受傷後、外科手術後など心臓に原因がない場合にも認めるが、それらがVPCを発現させる機序を明確に説明できないことも多々ある。また、ジギタリス、カテコールアミン、アトロピン、麻酔・鎮静剤の投与など自律神経活動に影響を与える薬物投与によっても認められる。犬においては、非心原性の理由でも頻繁に認められるが（むしろ非心原性である場合が多い）、猫では心筋症をはじめとして心原性であることが多い。

③病態

　血行動態の影響は、VPCの頻度や起源の数により左右される。すなわち、臨床的によく目につく散

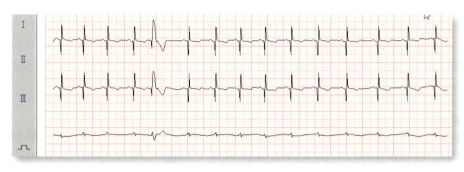

**図Ⅰ-555　心室期外収縮の心電図**

ポメラニアン、10歳齢、避妊雌、体重5.6kg。ペーパースピード50mm/秒で記録。症例は、糖尿病を基礎疾患として有していた。6拍目が心室期外収縮（右心室起源）であり、代償性である。

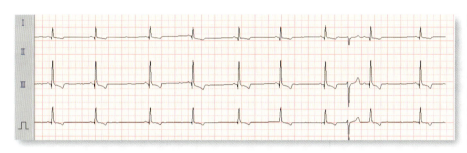

**図Ⅰ-556　心室期外収縮の心電図**

トイ・プードル、5歳齢、避妊雌、体重5.4kg。ペーパースピード50mm/秒で記録。術前の心電図検査において不整脈が発見された。8拍目が心室期外収縮（左心室起源）であり、間入性である。

発性かつ単源性のVPCでは、血行動態にほぼ影響がない。一方、頻発性や多源性のVPCでは、血行動態への影響が心室頻拍の引き金になる可能性がある。また、R on T現象が発現すれば、より心室頻拍そして心室細動に移行する可能性が非常に高まる。

VPCが先行する正常収縮とより接近して（より早期に）出現すれば、心室充満時間が短いため心室からの拍出量は少ない。また、VPCのタイミングは、正常な心周期における拡張期に認められるため（房室弁が開放している）、心房圧を上昇させることになる。

④診断

QRS群は、幅広く異様な形をして、T波はQRS群の主な棘波と反対方向を向く。同時にST部分は偏位する。インパルスは、正常な伝導路を通って心室を興奮させるのではなく、そこで生じた興奮が心室内に広がるため、正常伝導と異なる。したがって、QRS群は幅広く異様な形となり、P波と関連しない。房室結節よりも遠位になればなるほど（正常伝導路から遠ざかるほど）、QRS群の幅は広くより正常QRS群とは異なる形態をとる。右心室起源のVPCは、興奮が右心室から左心室へと伝播するためⅠ、Ⅱ、Ⅲ、aVF誘導で陽性が優位となる（左脚ブロックパターン：図Ⅰ-555）。一方、左心室起源のVPCは、興奮が左心室から右心室へと伝播するため、これらの誘導では陰性が優位となる（右脚ブロックパターン：図Ⅰ-556）。

犬や猫では、心室期外収縮は房室結節を逆伝導しないことが多い。VPCがまれに心房へ逆伝導すると正常でないP波（逆伝導P波）がQRS群よりも後ろに現れる。

⑤治療

通常、基礎疾患も症状もない症例は、特に治療を必要としない。基礎疾患が存在する場合は、その治療を優先に行いつつ、血行動態に影響が認められる際には、不整脈に対する治療を併用する。難治性のVPCの多くは、慢性心不全のような心機能の低下した症例で認められる。不整脈による循環動態の悪化が心不全を進行させる可能性が考えられる。また、心不全を伴っている症例において、不整脈の治療は困難な場合が多い。獣医臨床で使用頻度の高い抗不整脈薬はVaughan Williams分類によるIb群である。Ib群は、リドカインやメキシレチンなどがあり、副作用として興奮伝導抑制作用があるが、他のグループの薬剤よりも軽微である。心機能が低下している症例に対するこの副作用は、心機能をますます抑制し、また新たなリエントリー回路を作る可能性もある。よって、心不全が進行している症例においては、危険な不整脈、血行動態に悪影響が出る不整脈以外は、原則として基礎疾患の治療を優先することが必要となる。

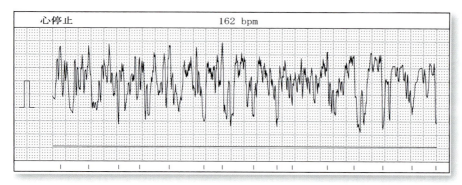

図Ⅰ-560 心室細動の心電図
ミニチュア・ダックスフンド、13歳齢、避妊雌。ペーパースピード50mm/秒で記録。急性膵炎および急性腎不全のためICU管理。

## 8）心室細動

### ①定義

心室細動とは、心室が小刻みに震えて全身に血液を送ることができない状態のことである。心電図上にP-QRS-Tの波形が認められず、細かい無秩序な波形が出現する（図Ⅰ-560）。

### ②原因

心室頻拍からの移行、重度な全身あるいは心疾患の最終段階、麻酔導入中、心臓手術中などで生じる。発現機序は心室頻拍に準じる。

### ③病態

心室細動では、心臓の機械的収縮は得られないため心拍出量はゼロである。

### ④診断

P-QRS-Tの波形が認められず、細動波が認められる。

### ⑤治療

非常に危険な状態であるため、直ちに除細動を行う必要がある。除細動の治療効果は、細動になってからの時間に依存するため、心室細動がみられたら可能な限り早く除細動を行う。除細動の方法は、胸部強打法（機械的除細動）、直流通電（電気的除細動）、化学的除細動がある。除細動器がない場合、胸部強打法や薬物の投与によって除細動を試みる。前者は、猫や小型犬では効果が期待できるが、大型犬での効果は低いと思われる。

通常は、直流通電による電気的除細動が行われる。除細動器には、単相性波形（monophasic）と二相性波形（biphasic）の2種類があり、新しい機種は通常後者で、前者より効果的である。

電気的除細動には、直流通電除細動器を用いるが、日頃から充電しておき、緊急時にはただちに使用できるようにする。体外から通電するには、体外用のパドルを用い、心尖部と右心基底部に専用ペーストやジェルを塗り、その上にパドルを押しつけるようにする。その際、専用ペーストの代わりに超音波用ジェルやアルコールは絶対用いない。体内から通電する場合には、体内用のパドルで心臓を十分挟むようにする。除細動処置の施行者は、手術用グローブを装着し、自分への感電を予防する。また、人工呼吸を中断し、除細動施行者以外の誰もが動物に触れていないのを確認してから通電する。放出するエネルギーの設定としては、体外処置では、小型犬と猫は約5J/kg（10kg以下の犬猫で50J、大型犬で200J）から開始する。体内処置では、0.2～0.3J/kgで行う。もし、この出力で不成功であれば、2倍の出力で再度試みる。通電後は、すぐに心電図を確認せずに心臓マッサージを1～2分継続したのち、心電図を確認する。これは洞調律に復帰する前に伝導収縮乖離（Electromechanical Dissociation：EMD）や心停止状態の持続がみられることが多いからである。また立て続けに通電をすることも推奨されていない。

心室細動波の振幅が小さい場合は、アドレナリンを投与することにより粗い（細動波の大きい）心室細動に移行させてから通電すると除細動の成功率が高まる。代謝性アシドーシスが心停止（心室細動）に続いて直ちに生じるため、重炭酸ナトリウムを投与する。これから除細動しようとする心室細動には、除細動閾値が上がってしまうためリドカインは使用しないが、いったん除細動されても心室性不整脈が頻発する場合は、リドカイン（犬で2mg/kg、猫で0.2mg/kg）を投与する。機械的な心臓の収縮が回帰したものの、心拍数が正常以下の場合は、アト

ロピンを静脈内投与する。

心室細動後にしばしば低カリウム血症やアシドーシスが合併するので、血液検査を行い、これを補正する。

⑥予後

心室細動が、重度な全身あるいは心疾患の結果により引き起こされた場合の除細動は、成功する可能性が低く、予後は著しく不良である。

心室細動が予期せず発現した場合は（心機能は問題ないが麻酔導入時など）、細動発現から除細動行為までの時間が短ければ短いほど、除細動の成功率は高まる。

### 9）洞停止と洞房ブロック
#### ①定義

洞房ブロックは、洞房結節で発生した興奮が心房へ伝導されないか遅延する病態をいう。一方、洞停止は、洞房結節由来の興奮が先行する洞房結節の興奮周期から予測されるタイミングに発生しないものいう（図Ⅰ-561）。

#### ②原因

洞不全症候群（SSS）ルーベンシュタインⅡ型の記述を参照。

#### ③病態

洞不全症候群（SSS）ルーベンシュタインⅡ型の記述を参照。

#### ④診断

洞房ブロックは、ある PP 間隔が先行する PP 間隔の整数倍（2 あるいは 3 倍など）に突然延長することにより証明される。一方、洞停止は洞房結節由来の興奮が先行する洞房結節の興奮周期から予測されるタイミングに発生しないものいう。心電図上では、洞房ブロックで説明できない PP 間隔の延長（整数倍ではない）を認めた場合を洞停止と解釈する（図Ⅰ-562）。犬では、洞不整脈が正常でも認められ PP 間隔が変化するため、洞房ブロックと洞停止の鑑別は極めて困難である。また、両者と洞不整脈との鑑別も困難なことがあることに注意する。

よって、もし厳密に診断するとなれば洞房結節電位を直接的に記録することになる。

#### ⑤治療

洞不全症候群（SSS）ルーベンシュタインⅡ型の項を参照。

#### ⑥予後

洞不全症候群（SSS）ルーベンシュタインⅡ型の項を参照。

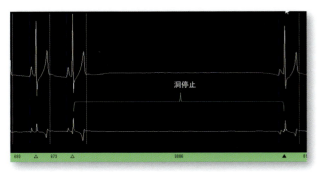

図Ⅰ-561　洞停止の心電図

ミニチュア・シュナウザー、6歳齢、雌、体重5.5kg。上段：MX 誘導、下段：LR 誘導、いずれもペーパースピード 50mm/秒で記録。およそ3.9秒の洞停止が認められた。

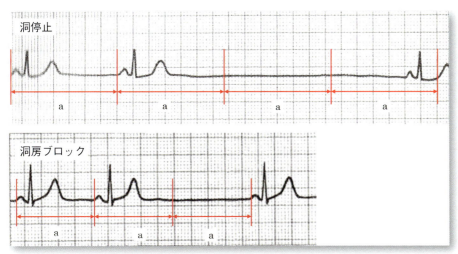

図Ⅰ-562　洞停止と洞房ブロックの心電図

どちらともⅡ誘導、ペーパースピード 50mm/秒で記録。洞停止ならびに洞房ブロックいずれも P-QRS-T が予期したタイミングで出現しない。次に出現する P-QRS-T 波は、洞停止では本来の PP 間隔が整数倍ではなく、洞房ブロックではその PP 間隔が整数倍である。

第Ⅰ章　心血管系

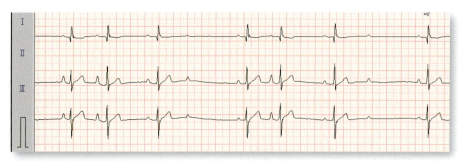

図Ⅰ-563　MobitzⅠ型第2度房室ブロック第2度房室ブロック

ペーパースピード50mm/秒で記録。症例は、乳腺腫瘍を主訴に来院した。聴診時に心音の不整が聴取された。心電図の4拍目のQRS波が欠如している。1〜3拍のPQ間隔は徐々に延長している。また、ワンダリングペースメーカも認められる。

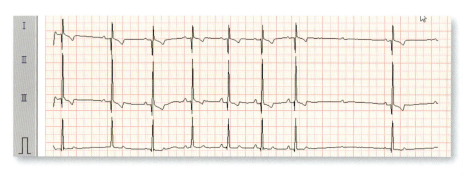

図Ⅰ-564　MobitzⅡ型第2度房室ブロックの心電図

シー・ズー、8歳齢、雌、体重5kg。ペーパースピード50mm/秒で記録。症例は、副腎皮質機能低下症と慢性腎不全を基礎疾患に有していた。心電図の8拍目のQRS波が欠如している。また、1〜7拍のPQ間隔は一定である。症例は徐々に衰弱して死亡した。

## 10）房室ブロック

### ①定義

　房室ブロックは、不整脈のうち心房から心室への興奮伝導が障害あるいは途絶されているものをいう。房室ブロックは大きく分けて第1度、第2度（Mobitz 1およびMobitz 2）、第3度房室ブロック（完全房室ブロック）に分類される。

### ②原因

　第1度房室ブロックは、刺激伝導系の変性、炎症、薬物（ジギタリス製剤、β遮断薬、カルシウムチャネル遮断薬など）投与、高カリウム血症、迷走神経緊張の亢進（短頭種気道症候群や腹部、鼻部そして咽頭腫瘍など）により引き起こされる。第2度房室ブロックのうちMobitzⅠ型の発現原因は、第1度房室ブロックのそれに準ずることが多い。一方、MobitzⅡ型の発現原因として、刺激伝導系の変性や障害である可能性が大きい。また、第3度房室ブロックの発現頻度のほとんどは、刺激伝導系の変性や障害である。

### ③病態

　第1度房室ブロックやMobitzⅠ型第2度房室ブロックの場合には、血行動態的に問題となることはほとんどない。一方、MobitzⅡ型第2度房室ブロック、第3度房室ブロックおよび高度房室ブロックにおいて、心室停止時間が長くなると、脳血流の低下から失神発作が顕著に認められることになる。

### ④診断

#### 第1度房室ブロック

　心房興奮は、心室へと1：1で伝導するがPQ間隔が犬で130ms以上、猫で90ms以上に延長したものである。PQ間隔の延長がみられるだけで、QRS波の脱落はない。第1度房室ブロックは、単独で認められることもあれば、第2度房室ブロックに伴って認められることがある。

#### 第2度房室ブロック

　心房興奮の一部が心室に伝導しないもので、次の2種類に区分される。

(1) MobitzⅠ型（Wenckbach型）：心房は、規則的に興奮するが、PQ間隔が徐々に延長していき、ついには心室の興奮（QRS波）が脱落するもの（図Ⅰ-563）。

(2) MobitzⅡ型：PQ間隔が延長することなく心室の興奮（QRS波）が突然脱落するもの（図Ⅰ-564）。いずれも、QRS波よりもP波の数が多い。

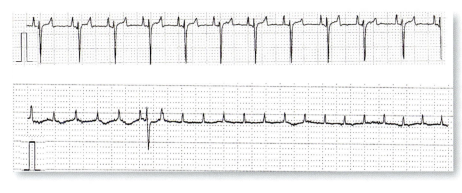

図Ⅰ-565　高度房室ブロックの心電図

雑種犬、10歳齢、去勢雄、体重5 kg。上段ならびに下段ともにMX誘導、ペーパースピード50mm/秒で記録。
失神を主訴に来院した。スカラー心電図では、失神に結びつく異常所見が得られなかったため、ホルター心電図検査を実施した。上段ではP-QRS-Tが連動しているが、下段ではQRS波が欠如しP波のみが連続して出現している。

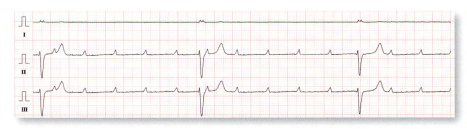

図Ⅰ-566　第3度房室ブロックの心電図

柴犬、12歳齢、去勢雄、体重10.5kg。ペーパースピード50mm/秒で記録。症例は、失神を主訴に来院した。P波とQRS波は連動していないことから第3度房室ブロックと診断される。

- 高度房室ブロック（図Ⅰ-565）：第2度房室ブロックの範疇に入り、2個以上の心房興奮が連続して心室に伝導されないもの。完全には房室伝導が途絶されてはいないため第3度房室ブロックではない。

### 第3度房室ブロック（完全房室ブロック）

心房興奮が心室に伝導せず、心房（P波）と心室（QRS波）の興奮が連動せず、別々の調律で興奮しているものである（図Ⅰ-566）。QRS波は下位中枢からの補充収縮であり、下位中枢がヒス束分岐部よりも上部にあれば、QRS波は正常波形である。一方、ヒス束分岐部よりも下部にある場合は、QRS波が変形する。一般的な房室結節性の補充調律は、犬で40〜60bpm、心室補充調律は40bpm以下である。

### ⑤治療

#### 第1度房室ブロック

第1度房室ブロックに起因する臨床症状は、何ら認められないはずである。通常、薬物投与（ジギタリスなど）や電解質異常により二次的に生じた第1度房室ブロックは、これらの原因が除去されると消失する。また、迷走神経緊張の亢進により二次的に生じた第1度房室ブロックは、それを引き起こした原因疾患における主症状（呼吸困難、失明および腹痛など）の悪化に注意する。

#### 第2度房室ブロック

MobitzⅠ型の第2度房室ブロックは、迷走神経活動が優位な安静時の健常犬でも認められ、特に1歳齢未満の子犬でよく認められる。よって、当然ながら程度にもよるが、子犬におけるMobitzⅠ型の第2度房室ブロックは、すぐに異常所見であると判断することはできない。MobitzⅠ型の第2度房室ブロックの多くは、迷走神経緊張の亢進が原因であるため、その原因除去に努める。一方、MobitzⅡ型の第2度房室ブロックにおいても、迷走神経緊張の亢進が原因の可能性もあるため、その除去をまず行ってみる。もし、心拍数が少なく、臨床症状が認められる場合には、積極的な治療を行う必要がある。まず、硫酸アトロピン0.05mg/kgの非経口投与を行いその反応を確認する。Mobitz 2型の第2度房室ブロックの原因として、刺激伝導系を含む心筋組織の炎症が関与していることがある。よって、抗炎症を目的に投与が禁忌でないと判断される際は、プレドニゾロンのパルス療法を3日間行い、その治療に対する反応をみる。維持療法として、イソプロテレノールやアミノフィリンの投与も考慮する。また、シロスタゾール5〜10mg/kg、1日2〜3回

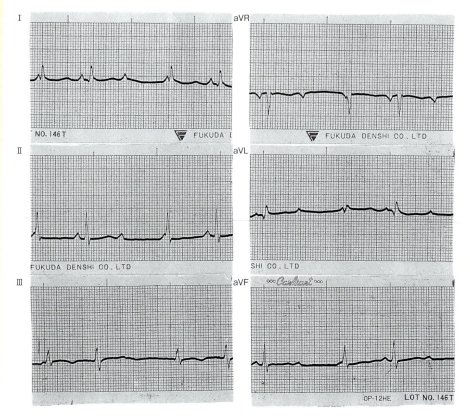

図Ⅰ-567 猫の第3度房室ブロック

日本猫、15歳齢、雌、2.0kg。寒くなると転倒していた。食欲は少しあるが、2〜3日前より再び転倒する。P波とQRS群が全く関連していない（1mV＝cm、ペーパースピード50mm/秒）。

（提供：山根義久先生）

による治療を試みる価値はある。これらの治療に反応が乏しい場合にはペースメーカの植込みが必要となる。

### 第3度房室ブロック

通常、内科療法は成功しないため、恒久的ペースメーカ植込みが最適である。硫酸アトロピンによって房室伝導が改善する症例は、極めてまれである。ほとんどの症例は、硫酸アトロピンにより心房レートは増加するが、心室レートは不変である。この場合、心房レートの増加により心房拡張時間の短縮が起こることから、心房容量は減少してしまう。心房容量の減少は、その先の心室容量の減少につながってしまい、結果的に心拍出量は減少する。よって、硫酸アトロピンの投与は、効果がないだけでなく、低下している患者の血行動態をさらに悪化させてしまうこともある。

心室レートが少ないほど、臨床症状が重篤となる。猫の心室レートは、一般的に80bpm以上である。また、ほとんどの猫は自ら座り込み、安静にしていることで身体活動を控えている。このため、猫においては、第3度房室ブロックを有していながら、その臨床症状を発見することができないことがある（図Ⅰ-567）。

第3度房室ブロックの原因として、刺激伝導系を含む心筋組織の炎症が関与していることがある。よって、抗炎症を目的に投与が禁忌でないと判断される際は、MobitzⅡ型の第2度房室ブロックと同様にプレドニゾロンのパルス療法を3日間行い、治療に対する反応をみる。イソプロテレノール（犬猫：0.5〜1.0mg/kg、1日2〜3回、経口投与、あるいは0.05〜0.10g/kg/分、点滴静注、モニター下で心拍数を調節）を心室レートの増加を目的として投与する。しかし、多くの患者に対して期待通りの効果を得ることができない。

心筋虚血を治療・予防するために、硝酸イソソルビドを投与する。高度房室ブロックでは、わずかではあるものの伝導比率の改善が認められることがある。

第3度房室ブロック患者では、心筋収縮力の低下が認められることが多い。また、そのような患者では、心拍出量の低下による腎前性の高窒素血症を併発していることがある。よって、ピモベンダンの使用も考慮する。

高次のグレードへの進行のスピードを抑えるため

に、原因の除去や上記の治療を行う必要がある。しかし、房室ブロックの原因として、房室伝導系に病理学的問題を抱えている場合には、その進行を抑えることは困難である。

⑥予後

**第1度房室ブロック**

　一般的に、第1度房室ブロックの予後は良いとされる。中には、より高次のグレード（第1度から、第2度、高度、第3度など）に進行する患者も存在する。よって、期間をあけた繰り返しの検査が重要である。また、診察室での心電図検査において、第1度房室ブロックのみが確認される患者の中には、それ以外の不整脈（より高次の房室ブロックや洞停止など）が認められることがしばしばある。よって、その他の不整脈の併発の有無を知る手段として、ホルター心電図検査は非常に有用である。

**第2度房室ブロック**

　一般的にMobitz I型でその頻度が進行しない場合の予後は良い。Mobitz II型は、第3度房室ブロックへの移行に注意する。

**第3度房室ブロック**

　心筋組織の病理的変化は進行するため、第3度房室ブロックの患者は、常に突然死の可能性を有している。また、臨床症状を示していない患者も、将来的にはうっ血性心不全と移行してしまう。

## 11）房室解離

①定義と原因

　心房と心室が別々のペースメーカによって制御されており、互いに収縮拡張をしている状態の総称である。広義の場合には、房室解離には第3度房室ブロックも含まれる。一方、狭義の場合は、以下の通りである。

・洞調律が下位中枢の生理的な刺激発生頻度よりも遅くなった場合
・下位中枢の刺激発生頻度が亢進して洞調律を上回った場合
・刺激伝導系の途絶である房室ブロックは含めない

②病態

　通常、洞調律が下位中枢の生理的な刺激発生頻度よりも遅くなったため発現するものは、病的意義は少ない。洞徐脈そのものが病的なものであれば、それに対する治療が必要となる。一方、下位中枢の刺激発生頻度が亢進して洞調律を上回ったものは、病的なものが多い。その原因として、薬物（β遮断薬投与、ジギタリス中毒など）、麻酔処置、心筋炎、心臓手術後などがあげられる。

③診断

　P波（上位中枢由来の興奮波）とQRS波（下位中枢由来の興奮波）は連動しておらず、独立した調律で認められる。また、P波数＜QRS波数という特徴があり、その逆である第3度房室ブロックと鑑別される。しかし、まれにほぼ等頻度でP波数とQRS波が出現することがある。一般的に、上位中枢は、洞房結節であるためP波の形状は正常である。しかし、下位中枢は房室結節接合部、あるいは心室内のどちらもありうる。よって、QRS波の形状はその刺激発生部位によって異なる。

④治療

　臨床症状は、下位中枢の刺激頻度に大きく左右される。ほとんどの患者において、刺激頻度は正常範囲であり、緊急的な治療の必要性はないが、刺激頻度が非常に早い場合には治療を考慮する。心不全が基礎疾患である場合、その治療を行うことで不整脈を消退させることが可能かもしれない。

　また、麻酔中に房室解離が認められ、上位中枢の刺激頻度が少ない場合には、硫酸アトロピン0.05mg/kgを静脈内投与する。同時に麻酔深度を可能な限り浅くし、酸素供給量を増加させる。

⑤予後

　一般的に不整脈状態は短期間であり、原因が解除された後に洞調律と復帰することが多い。

### ⅰ）補充収縮

①定義

　正常のペースメーカである洞結節が機能を営まない場合、あるいは何らかの機序（洞停止、洞房ブロック、房室ブロックなど）で上位興奮が心室に伝わらない場合などに、房室接合部以下の下位由来の興奮が出現する場合をいう。このような下位中枢の受動的興奮が1心拍のみ出現する場合を補充収縮（図Ⅰ-568）、連続して出現する場合を補充調律という。

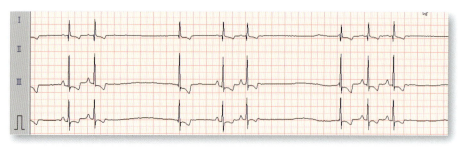

図Ⅰ-568 補充収縮の心電図
ミニチュア・シュナウザー、8歳齢、避妊雌、体重6.6kg。ペーパースピード50mm/秒で記録。症例は、聴診時に心音の不整が聴取されたことを主訴に来院した。心電図の2拍目と3拍目そして5拍目と6拍目のRR間隔は延長している（洞停止）。3拍目と6拍目はP波が欠如しているが、その他のQRS波と形状がほぼ同一であることから、房室結節付近由来の補充収縮と推測される。

②原因

洞房結節から心室へと伝導する刺激が、何らかの原因で遅延あるいは途絶した場合に、心室を長時間停止させないための生理的な保護現象と考えられている。

③病態

補充収縮そのものには病的意義はなく、それを惹起する原因の探査と治療が重要である。

④診断

補充収縮の発生部位によりQRS波の形状と頻度は異なる。より上室側（上位）であるほど補充収縮のQRS波は正常なそれと形状が類似するが、心室側（下位）であるほどQRS波の形状は幅広くなり正常波形と大きく異なる。

⑤治療

補充収縮は保護現象であるため、それ自体に対する治療は行わない。補充収縮が出現する理由を明らかにし、必要であればその疾患（例：洞停止や洞房ブロック）や病態の治療を行う。

⑥予後

補充収縮が出現する理由となる疾患や病態の程度に左右される。

## 12) 心室内変更伝導

①定義

刺激伝導系は、ヒス束から右脚と左脚に、さらに左脚は前枝と後枝に分枝する。脚ブロックとは、右脚または左脚枝内で器質的あるいは機能的に伝導遅延あるいは伝導途絶を生じたものである。脚ブロックは、組み合わせにより、右脚ブロック、左脚ブロック、左脚前枝ブロック、左脚後枝ブロック、右脚ブロック＋左脚前枝ブロック、および右脚ブロック＋左脚後枝ブロックがある（表Ⅰ-31）。

脚ブロックは、QRS幅が犬において70msec以上、猫において約50msecを超える場合に完全脚ブロック、それ未満の場合を不完全脚ブロックと定義する。心電図上においてQRS幅が正常範囲を逸脱するが、特徴的な脚ブロックの所見を有さない場合は、心室内伝導障害と表現することもある。

通常、左脚と比較として右脚の不応期が長い。そのため、上位の興奮レートが多い場合、右脚が不応

表Ⅰ-31 脚ブロックの分類

| 右脚 | 左脚前枝 | 左脚後枝 | 名称 |
|---|---|---|---|
| × | ○ |  | 右脚ブロック |
| ○ | × |  | 左脚ブロック |
| ○ | × | ○ | 左脚前枝ブロック |
| ○ | ○ | × | 左脚後枝ブロック |
| × | × | ○ | 2枝ブロック |
| × | ○ | × | 2枝ブロック |
| × | × | × | 3枝ブロック |

＊×がブロック部位

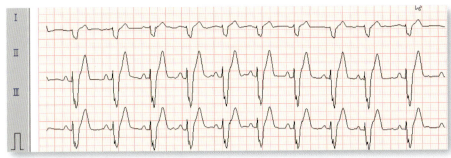

図Ⅰ-569 右脚ブロックの心電図

雑種犬、4歳齢、雌、体重13kg。ペーパースピード50mm/秒で記録。症例は、心室中隔欠損症を基礎心疾患に有していた。Ⅰ、ⅡおよびⅢ誘導において大きく深いS波ならびにQRS幅70msec以上が確認される。

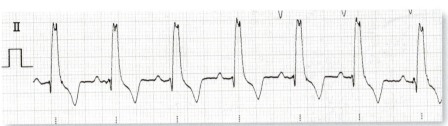

図Ⅰ-570 左脚ブロックの心電図

シー・ズー、13歳齢、雄、体重5.3kg。ペーパースピード50mm/秒で記録。僧帽弁閉鎖不全症を基礎心疾患に有していた。QRS幅は、70msec以上であり、Ⅱ誘導でR波優勢であることから左脚ブロックと診断される。

期を脱してないため右脚ブロックが生じることがある。ただし、左脚の不応期が右脚よりも長い場合には、この現象が左脚でも起こりうる。頻脈依存性脚ブロックは、心筋細胞活動電流の第3相の延長により生じると考えられており、phase 3 blcok（第3相ブロック）と呼ばれる場合もある。一方、徐脈依存性脚ブロックも知られており、これは脚-プルキンエ系の自発性拡張期脱分極による説がある。これは、徐脈により自発性拡張期脱分極が起こるが、その場合の立ち上がり速度が遅いため興奮伝導性が低下し、ついには伝導が途絶することになる。この場合、心筋細胞活動電流の第4相が関与するためphase 4 blcok（第4相ブロック）と呼ばれる場合もある。

②原因

右脚ブロックは、右心室の容量疾患により生じることが多い。また、心室中隔欠損による物理的障害（存在しない）により認められる。一方、左脚ブロックは、同部位の線維化を初めとした病理学的変化が強く影響する。

③病態

多くの患者では、血行動態に影響が認められない。しかし、左右心室の同期性が喪失するために、心拍数増加や血圧低下などの血行動態異常がみられることがある。

④診断

完全右脚ブロックの一般的な特徴として、小さなR波と大きなS波（Ⅰ、Ⅱ、Ⅲ、aVF）、そしてQRS群の持続時間の延長が認められる（図Ⅰ-569）。

完全左脚ブロックの一般的な特徴として、比較的正常に近い小さなQ波の後に続く大きなR波（特にⅡ、aVF）、そしてQRS群の持続時間の延長、QRS群の極性と反対の大きいT波などがあげられる（図Ⅰ-570）。

右脚ブロックそして左脚ブロックともに不完全ブロックの場合は、完全ブロックにおけるQRS群の形態的特徴を示すものの（その形態的変化も小さいかもしれない）、その持続時間の延長は軽度あるいは認められない。

理論的には、左脚前枝ブロックや左脚後枝ブロックなどの診断も可能であるが、獣医学領域では詳細な報告がないため、判断は困難である（図Ⅰ-571）。

⑤治療

通常、不整脈に対する治療は行われないが、左右心室の同期性の喪失により、血行動態に影響がある場合は、ペースメーカ設置による左右心室同期療法がとられることがある。

⑥予後

血行動態に影響のないものは予後良好であり、基礎疾患の治療を行うことになる。しかし、左右心室

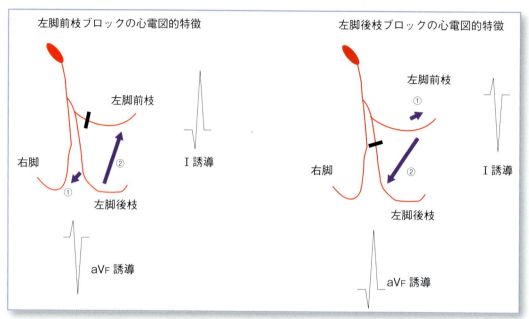

図Ⅰ-571 左脚前枝ブロックと左脚後枝ブロックの心電図的特徴
①②は興奮伝導の順を示す。

の同期性の喪失により血行動態に影響がある場合は、治療が望まれる。

## ■ 5 不整脈が問題となる症候群・病態

### 1）洞不全症候群

①定義

　洞不全症候群とは、洞房結節の機能障害により徐脈性不整脈を引き起こし、眩暈（めまい）、運動不耐性あるいは失神などの臨床症状を示す病態である。原則的には、何らかの臨床症状が存在するものを洞不全症候群（Sick Sinus Syndrome：SSS）とする。しかし、犬猫においては臨床症状の有無が飼い主の稟告に強く依存しているために、心電図上に明らかな以上が認められれば、洞房結節機能に障害があるという意味でSSSと呼ぶことがある。洞不全の臨床分類としてルーベンシュタイン分類（表Ⅰ-32）が使用されることが多い。

②原因

　洞房結節の器質的疾患を起こしうる基礎病態として、心筋虚血、心筋炎や心膜炎などの炎症、心筋症、腫瘍、アミロイドーシス、変性（線維化、細胞脱落、脂肪置換など）などがあげられる。原因不明の場合は、迷走神経緊張の増大（神経、咽頭、胃腸、頸部ならびに呼吸疾患など）が強く関与し、加齢とともに増加する。ルーベンシュタインⅡ型は、迷走神経緊張の非常な増大が示唆される。

　ミニチュア・シュナウザー、ウエストハイランド・ホワイト・テリア（雌に多い）などでは遺伝的要因が報告されている。また、パグ、ミニチュア・ダックスフンド、アメリカン・コッカー・スパニエル、柴犬も好発犬種とされている[1,2]。

表Ⅰ-32 ルーベンシュタイン分類

| | |
|---|---|
| Ⅰ型 | 高度の洞徐脈。すなわち犬で約30bpm以下の高度の徐脈が持続するもの。猫では心室レートをいくつ以下に定義するかは未確定である。 |
| Ⅱ型 | 洞停止または洞房ブロックにより心房興奮が脱落するもの（補充収縮を伴う）。 |
| Ⅲ型 | 徐脈頻脈症候群。Ⅰ型またはⅡ型に上室頻拍性不整脈（上室頻拍、心房細動、あるいは心房粗動）を合併するもの。 |

＊頻拍性不整脈は上室起源であることに留意する。

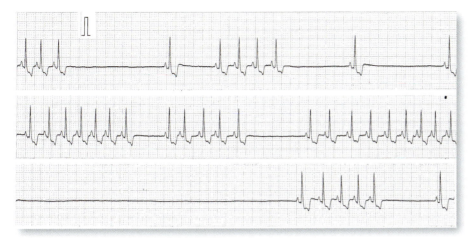

図Ⅰ-572 SSSⅡ型の心電図
ビーグル、8歳齢、雌、体重10.9kg。MX誘導、ペーパースピード50mm/秒で記録。症例は、失神を主訴に来院した。長い洞停止が認められる。

③病態

ルーベンシュタインⅠ型であれば、血行動態は変化がなく、臨床症状を示すことは比較的少ない。しかし、著しい徐脈であれば心拍出量の低下により脳虚血を引き起こして失神が認められ、心不全が惹起される。また、徐脈に伴う心拍出量の低下の状態が長時間持続すると、徐々に心拡大が出現する。心拡大による弁輪部拡大やテザーリングフォースの増大などが、僧帽弁閉鎖不全や三尖弁閉鎖不全を引き起こし、これにより心不全はさらに進行することになる。また、ルーベンシュタインⅡ型およびⅢ型では、脳血流の低下から失神発作が顕著に認められることになる。

④診断

ルーベンシュタイン分類に従った心電図波形の確認による。一般的に、SSSの犬ではアトロピン負荷試験に陰性、または陽性であっても反応が弱く、持続時間が短い。

ルーベンシュタインⅠ型

高度の洞徐脈。調律は規則的であり、P波とそれに続くQRS群が常に連動している。また、PR間隔は一定であり、R-R間隔の変動はわずかである。患者によっては補充収縮を伴う場合もある。

ルーベンシュタインⅡ型

洞房ブロックは、洞房結節で発生した興奮が心房へ伝導されないか遅延する病態をいう。典型的にはあるPP間隔が先行するPP間隔の突然に整数倍（2あるいは3倍など）に延長することにより証明される。一方、洞停止は、洞房結節由来の興奮が先行する洞房結節の興奮周期から予測されるタイミングに発生しないものいう。心電図上では、洞房ブロックで説明できないPP間隔の延長を認めた場合を洞停止と解釈する（図Ⅰ-572）。犬では、洞不整脈が正常でも認められ、PP間隔が変化するため、洞房ブロックと洞停止の鑑別は極めて困難である。よって、もし厳密に診断するとなれば洞房結節電位を直接的に記録することになる。また、洞不整脈と洞停止との鑑別もPP間隔の延長が呼吸周期と一致するか否かを十分に見定める必要があるため、数分間の心電図波形観察と目視による呼吸のタイミング観察を同時に行う。

ルーベンシュタインⅢ型

徐脈頻脈症候群。Ⅰ型またはⅡ型に上室頻拍性不整脈（上室頻拍、心房細動、あるいは心房粗動）を合併するもの（図Ⅰ-573）。Ⅲ型の発現機序として、まず発作性の上室頻拍性不整脈により心房興奮頻度が増加し、その刺激が洞房結節に進入することで、洞房結節機能を一時的に強く抑制する（オーバードライブサプレッション）。洞房結節の機能が既に障害されているため、正常頻度の洞調律が出現せず、徐拍性不整脈が引き起こされるものと考えられている。

なお、頻拍性不整脈は上室起源であることに留意する。

⑤治療

ルーベンシュタインⅠ型とルーベンシュタインⅡ型に関しては、臨床症状が認められる場合には治療対象となる。一般的に、Ⅲ型は常に治療対象となる。また、ルーベンシュタインⅠ型とルーベンシュタインⅡ型においては、不整脈と迷走神経緊張の増

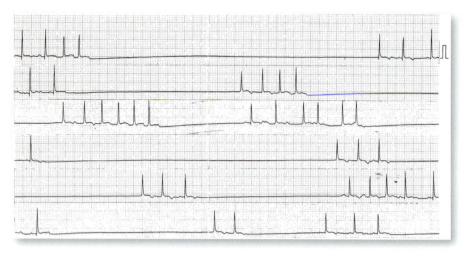

図Ⅰ-573　SSS Ⅲ型の心電図
ミニチュア・シュナウザー、14歳齢、避妊雌、体重9kg。MX誘導、ペーパースピード50mm/秒で記録。症例は、失神を主訴に来院した。心房細動と洞停止が同時に認められる。

大の関与とを知るためにアトロピン負荷試験を行ってみる。

アトロピン負荷試験に陽性であった場合には、抗コリン剤の投与を行ってみる。また、交感神経緊張の増大を目的として、イソプロテレノール0.5〜1.0mg/kg、1日2〜3回、経口投与を行う。また、アミノフィリン5〜10mg/kg、1日2回の投与も考慮する。しかしながら、イソプロテレノールやアミノフィリンによる治療は、成功率が高いとはいえない。現在、心拍数を増加させる目的でイソプロテレノールやアミノフィリンに替わり、シロスタゾール5〜10mg/kg、1日2〜3回による治療が報告されつつある。心筋虚血を治療・予防するために硝酸イソソルビドも効果的である。炎症が病態に関与している可能性もあるため、プレドニゾロンのパルス療法を行い、その反応により継続投与するか否かを判断するのもよい。

うっ血性心不全が存在する場合には、その治療を行う。特に、アンジオテンシン変換酵素阻害薬は、心筋組織の線維化を抑制するためにも投与しておくのがよい。

しかし、一般的にSSSは内科的治療に反応しない、あるいは反応しなくなるまでに進行してしまう。よって、ルーベンシュタインⅠ型およびルーベンシュタインⅡ型の治療に関して、最終的には、ペースメーカ植込みが必要となる。

ルーベンシュタインⅢ型では、硫酸アトロピンやイソプロテレノールの投与により上室頻拍性不整脈の発現を増加させる可能性が極めて高いため、それらの投与は控える。よって、Ⅲ型の治療において、頻拍性不整脈の治療は、β遮断薬あるいはカルシウムチャネルブロッカーにより行い、徐脈性不整脈の治療は、ペースメーカ植込みにより行う。アンジオテンシン変換酵素阻害薬も、ⅠおよびⅡ型と同様に投与する。また、同時に徐拍性不整脈の治療は、ペースメーカ植込みにより行う。

⑥予後

内科療法のみでは、予後は悪い。また、突然死には注意を要する。

### 2）QT延長症候群
#### ①定義

QT延長症候群とは、心臓に器質的異常を有していないにもかかわらず、心電図上においてQT時間の著明な延長が認められる病態のことである。心電図上において、Torsades de pointes (TdP) と呼ばれる特徴的な心室頻拍を惹起することがある。また、期外収縮が出現した場合、R on Tとなる確率が高く、心室細動へと移行しやすい。

#### ②原因

QT延長症候群は、先天性と二次性に区分される。人では、いくつかの特定のイオンチャネルの遺伝子異常が知られている。いずれの遺伝子型でも、外向き$K^+$電流が減少、内向き$Na^+$電流が増加または内向き$Ca^{++}$電流が増加することにより活動電位持続時間が延長し、共通の表現型である心電図上のQT時間の延長を呈する。また、先天性QT延長症候群の患者では、左側心臓交感神経の機能亢進が認められる。一方、獣医科領域において、近年、イングリッシュ・スプリンガー・スパニエルの1つの家

表Ⅰ-33 犬と猫のQT時間の正常値

| 犬 | 猫 |
|---|---|
| 150〜250msec | 120〜180msec |

表Ⅰ-34 QT補正式

| | | |
|---|---|---|
| Bazettの式 | QTc = QT/$\sqrt{RR}$ | 264±24.1 |
| Fridericiaの式 | QTc = QT/$\sqrt[3]{RR}$ | 237±18.4 |

表Ⅰ-35 二次性QT延長症候群
・低カリウム血症
・低カルシウム血症
・薬物誘発性（抗不整脈薬、向精神薬、抗菌薬など）
・脳血管障害
・低栄養状態
・著明な徐脈

系で電位依存性のカリウムチャネルであるKCNQ1の異常による先天性QT延長症候群が報告された[3]。しかし、猫での報告は現在のところ存在しない。二次性QT延長症候群では、低カリウム血症、低カルシウム血症、薬物誘発性（抗不整脈薬、向精神薬、抗菌薬など）、脳血管障害、低栄養状態、著明な徐脈などがあげられる。

③病態

QT延長のみの場合は、臨床症状を示さないが、TdPや心室細動が発現する場合は、生命の危機的な状況に陥る。

④診断

犬と猫のQT時間の正常値は、それぞれ150〜250msecおよび120〜180msecである（表Ⅰ-33）。QT時間は、心拍数と負の相関があるため、RR間隔で補正したBazettの式（犬のみ利用：264±24.1）やFridericiaの式（犬のみ利用：237±18.4）による補正QT時間が利用されることがある（表Ⅰ-34）。人では、補正QT時間の計測にその他の心電図学的特徴や臨床症状や家族歴などを加えて診断を行っている。

⑤治療

QT時間の延長のみでは臨床症状は全くない。TdPの発現により意識消失や虚脱が認められ、迅速な治療が施されなければ死亡することになる。先天性QT延長症候群の治療は、QT延長に伴って生じる多形性心室頻拍のTdP発症時の治療（急性期治療）と、TdPおよびこれによる心停止、突然死予防のための治療（予防治療）に分けられる。TdPが心室細動に移行すれば、直ちに電気的除細動が必要となる。TdPの停止と急性再発予防には、硫酸マグネシウムの静脈注射（1〜2mg/kg/分、20〜30分間隔）での投与が有効である。

徐脈がTdP発症を助長すれば、一時的ペーシングで心拍数を増加させる。QT延長症候群では、運動やストレスが原因で失神が誘発されるものが大部分であるとされるため、予防の基本はβ遮断薬である。しかし、徐脈の増悪が予測されれば、ペースメーカの植込みを併用する。薬剤誘発性QT延長症候群に伴うTdPの抑制には、イソプロテレノールによる心拍数の増加が有効であるが、先天性QT延長症候群においては、TdP発生を助長するため避けるべきである。なお、低カリウム血症はTdP発症を助長するので是正する。心室細動や心停止の既往を有する患者に対しては、植込み型除細動器（Implartable Cardioventer Difibrillator：ICD）の体内植込みが利用される（p388「電気的除細動」参照）。ICDや薬剤に抵抗性の患者に対しては左側心臓交感神経節切除が試行される。

二次性のQT延長症候群の場合は、その原因を除去・是正する（表Ⅰ-35）。

⑥予後

予防が重要で有り、心室細動に移行したものの救命率は低いと思われる。発作の既往歴があるにもかかわらず、治療を受けない場合は突然死する可能性が高い。

## 3）早期興奮症候群と頻拍性不整脈

①定義

早期興奮症候群および頻拍性不整脈は、心房・心室間に房室結節とは別に、副伝導路が存在する先天性の異常である。人ではケント束を介するWolff-Parkinson-White（WPW）症候群、ジェームス束を介するLown-Gannong-Levine（LGL）症候群、マハイム束を介するものが知られている。このうち、犬猫ではWPW症候群が報告されている[4,5]。

②原因

WPW症候群では、ケント束と呼ばれる副伝導路が心房・心室間に存在している。

③病態

心房からのインパルスは、房室結節-ヒス束という生理的伝導路と、副伝導路であるケント束の両方にほぼ同じ時間に進入する。房室結節内では、興奮伝導の生理的遅延が生ずる。しかし、ケント束に進入したインパルスは、生理的伝導路を介したものより先行して心室に進入してその一部を興奮させる。これが心電図上においてデルタ波を形成し、PQ間隔を短縮させることとなる。しかし、ケント束から入ったインパルスが、伝導速度の遅い心室作業筋の中を変行伝導しているうちに、生理的経路で入ったインパルスがヒス束に到達すると、左右の両脚、プルキンエ線維網を通過し心室の未興奮部を一気に興奮させてしまう。こうして、2つの興奮波が融合してQRS波を形成する。このような状況で、心房期外収縮が生ずると、心房からのインパルスはケント束を通過するとともに、房室結節では不応期のため、正常よりさらに遅い伝導速度で下行する。このため、生理的伝導路の興奮波が遅れて、早期興奮部に至ったときには、既に早期興奮部位および副伝導路は不応期から脱出していることになる。そして、インパルスは、副伝導路を逆行して心房に至り、心房を興奮させる。これにより、リエントリー回路が形成され、各部分の伝導速度や不応期が安定してインパルスの旋回を許す限り、副伝導路を含んだ房室回帰性頻拍は持続することとなる。

WPW症候群における房室回帰性頻拍は、ほとんどが房室結節を下行する順行型であり、発作中QRS波は正常である。しかし、まれに副伝導路を刺激が下行する逆廻り型もある。この場合、心室全体が副伝導路から興奮するため、QRS波はその幅が広く、あたかも心室頻拍を思わせる形状となる（偽性心室頻拍）。房室結節や心房筋の伝導性や不応期に変化がみられると、リエントリー回路が破綻することで発作が終息するか、心房への逆行インパルスが心房筋の受攻期にあたると心房細動が生じることになる。副伝導路では、房室結節とは異なり伝導遅延が欠如するため、心房細動起源のインパルスは容易に心室へ到達し、著しい頻拍型の心房細動となる。

④診断

心電図上でPQ間隔の短縮とデルタ波を確認する（図Ⅰ-574）。通常、WPW症候群による房室回帰性頻拍時のQRS波は正常である（順行性）。しかし、副伝導路を逆行する房室回帰性頻拍（逆行性）の場合は、QRS波の幅は広く、偽性心室頻拍を示す。また、WPW症候群による心房細動は、多くの症例で房室結節よりも副伝導路の不応期が短いため、心房の興奮は、房室結節よりも副伝導路を介して心室に伝わることが多い。その場合は、RR間隔の不規則な著しい頻拍偽性心室頻拍を示すことになる。

⑤治療

無症状あるいは房室回帰性頻拍がまれにしか生じない例では、無投薬のまま経過を観察する。頻拍発作がなければ治療は不要であり、治療は頻拍発作時の対策と発作の予防に向けて行われる。房室回帰性頻拍が引き起こされた場合は、迷走神経刺激法を第1に試みる。頻拍が停止しない場合にはATPの急速静注、あるいはベラパミルやジルチアゼムなどカルシウムチャネルブロッカーの緩徐静注を行う。頻脈性心房細動の場合は、カルシウムチャネルブロッカーは、血管拡張とそれに対する反射性交感神経緊張からの心室拍動数の増加により、血行動態の悪化を招く可能性があるため禁忌である。また、ジギタリスも副伝導路の不応期を短縮して心室拍動数を増

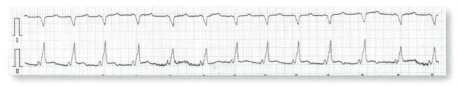

図Ⅰ-574　WPW症候群の心電図

雑種猫、3歳齢、雄、体重3.5kg。ペーパースピード50mm/秒で記録。症例は、時折の開口呼吸を主訴に来院した。PQ間隔は短縮しており、QRS波の前半にデルタ波が認められた。

加させ、血行動態の悪化を招く可能性がありため禁忌である。心房細動に対しては、副伝導路の不応期を延長させるプロカインアミド、ジソピラミドなどを静脈注射あるいは筋肉注射で投与する。緊急時には、直ちに直流通電を行う。投薬の効果が不十分で、頻拍発作を繰り返すものや、発作予防としては、カテーテルアブレーションによる副伝導路の遮断が考慮される。

#### ⑥予後

PQ間隔の短縮とデルタ波のみが観察され、臨床症状を伴わない場合の予後は悪くない。しかし、WPW症候群に特有な心房細動時の心室拍動数は異常に速く、室充満の障害により心拍出量は低下して心不全に陥り、ショックや意識消失に至りやすい。また、心室細動に移行して致命的となりうる。WPW症候群における突然死は、心室細動によるものと考えられる。

### 4）強心配糖体による中毒と不整脈

#### ①原因

強心配糖体は、有効血漿中濃度と中毒濃度が極めて接近している安全域の狭い薬物である。犬のジゴキシンの有効血漿中濃度が0.8〜1.9ng/mLであり、中毒濃度が＞2.5〜3.0ng/mLである。また、ジギトキシンの有効血漿中濃度が1.4〜2.6ng/mLであり、中毒濃度が＞2.6ng/mLである。また、個体差があるため、患者によっては十分な治療効果がみられないうちに有害作用が発現することがある。猫における有効血漿中濃度と中毒濃度は明確ではないが、犬よりも猫において中毒症状を発現しやすいことから、有効血中濃度はより低いものであると考えられる。

#### ②病態

強心配糖体が及ぼす心電図上の特徴として、ST盆状降下、PQ時間延長、およびQT時間短縮が認められる。副作用として、食欲不振、悪心、嘔吐や下痢などの消化器症状と心臓症状が一般的であり、消化器症状が心臓症状に先行することが多い。特に、嘔吐は強心配糖体の過量投与を示唆し、CTZ（延髄の化学受容器引金帯）を介する反射性、ならびに強心配糖体に含まれるサポニンが胃壁を刺激することによって末梢性反射性に生じる。中毒量であらゆる型の不整脈を生じる。徐拍性の不整脈は、迷走神経を介して洞房結節の拡張期脱分極の勾配を減少させるか直接作用により発現する。一方、自動能の亢進を初めとした頻拍性の不整脈は、主に強心配糖体の$Na^+$-$K^+$ポンプ阻害による細胞内$Ca^{++}$過負荷に起因する。低カリウム血症では、カリウムとナトリウムとの濃度勾配の関係により、$Na^+$-$K^+$ポンプの活性がさらに低下する。そのため、強心配糖体の作用が増強させられ、細胞内$Ca^{++}$濃度をさらに高めるため、中毒をより起こしやすくなる。

#### ③診断

血漿中濃度の確認だが、個体によっては有効血漿中濃度においても中毒症状を引き起こすことがあるため、臨床症状を含め十分に注意する必要がある。

#### ④治療

強心配糖体の投与を中止する。低カリウム血症であれば、カリウムを補給する。心室性不整脈には、ナトリウムチャネルブロッカー、著しい房室ブロックには一時的ペースメーカが使用される。

### 5）電解質異常と不整脈

心臓における活動電位の発生は、$Na^+$、$K^+$、$Ca^{++}$などの電解質イオンがその濃度差によって、細胞膜のイオンチャネルを経由して細胞内あるいは細胞外へ移動することで生じる。したがって、これらの電解質濃度の異常は、心臓の電位形成に直接的影響を及ぼしている。

#### ⅰ）低カリウム血症

##### ①定義

低カリウム血症とは、$K^+$濃度が犬で3.7mEq/L、猫で3.3mEq/L以下に低下した状態のことである

##### ②原因

長期にわたる食欲不振による摂取量の低下、嘔吐、下痢、重炭酸ソーダの過剰投与、利尿薬や強心薬の過剰投与、代謝性や呼吸性アルカローシスによる細胞内シフト、アルドステロン過剰症による排泄量の増加などがあげられる。

##### ③病態と診断

細胞外の$K^+$が正常よりも低くなると、細胞内外の$K^+$濃度差は大きくなり、濃度勾配によって細胞

表Ⅰ-36　静脈内輸液によるカリウム添加のガイドライン

| 血清$K^+$濃度（mEq/L） | 点滴剤の$K^+$濃度（mEq/L） | 最大輸液速度（mL/kg/時）カリウムの最大投与速度を0.5mEq/kg/時とする |
|---|---|---|
| 正常 | 20 | 25 |
| 3.1〜3.5 | 30 | 16 |
| 2.6〜3.0 | 40 | 11 |
| 2.1〜2.5 | 60 | 8 |
| ≦2.0 | 80 | 6 |

内から細胞外へと流出する外向き$K^+$電流が増加する。それにより、平衡電位および静止膜電位が低下することになる（過分極の状態）。また、静止膜電位の低下によりナトリウムチャネルは開口しやすくなるため脱分極が急速化し、早期に終了することになる。さらに、電位依存性のある遅延カリウムチャネルの開口が遅くなることで再分極が鈍化し、再分極に時間を要することになる（活動電位第3相が緩徐となり活動電位時間の延長）。

心電図に現れる変化として、R波の増高、QRS幅の短縮、T波の後半部分の延長（その結果によるQT間隔の延長）・平坦化が現れるが、犬猫のQRS波は元々その幅が狭いため、その変化は明らかでないことが多い。また、T波に続くU波が認められることがあり、T波の減高とU波の増高に伴い"みかけのQT間隔の延長"がみられることがある。

低カリウム血症は、電気的興奮が更新するとともに、活動電位持続時間が延長することで、心筋の再分極時の不安定性が増加するため、頻拍性不整脈が発生しやすくなる。

④治療

　原疾患の治療を第一とする。しかし、以下のときにはカリウムの補給を行う。

(1) 既に低カリウム血症の症状が現れているとき（重症不整脈を含む）
(2) 正常な水和状態で、血清K濃度が2.5mEq/L以下のとき
(3) 5日以上にわたり$K^+$の含まれていない輸液が行われているとき、しかも経口摂取が行われていないとき
(4) 著しい$K^+$の損失が起こったとき（下痢・嘔吐・利尿薬投与時など）

　カリウムの補給は、安全のためにできるだけ経口で行うが、嘔吐などのために経口摂取ができないときや、低カリウム血症のためにジギタリス中毒をきたしているようなカリウム欠乏の治療が急がれる場合には、カリウム塩の点滴静注が行われる。その際は、心電図をモニターしながら行うようにする。カリウム剤として、主にKCl液（特に、低クロール血症代謝性アルカローシスなど）、アスパラギン酸カリウム液（代謝性アシドーシスを伴う低カリウム血症など）などの有機カリウム剤がある。体内での保持率は、アスパラギン酸カリウムの方がよいとされている。いずれも、ブドウ糖や電解質液で希釈し点滴で与える。点滴する血管が細いと、カリウム溶液の刺激で血管痛を生じるので、なるべく太い静脈血管を選択しなければならない。また、一般的に$K^+$の投与は、50mEq/Lを最高濃度として（まれにより高濃度）、補正速度も、0.5mEq/kg/時（3mEq/kg/日以内）を超えないように行う（表Ⅰ-36）。アルカローシスの場合は、低カリウム血症を示すことが多いが、これは細胞内に$K^+$がシフトするためであるので、酸-塩基平衡を正常に戻せばカリウム濃度は正常化する。

ⅱ）高カリウム血症
①定義

　高カリウム血症とは、$K^+$濃度が犬で5.1mEq/L、猫で4.7mEq/L以上に増加した状態のことである。

②原因

　乏尿性ないし無尿性の腎不全、アシドーシス、大量の組織破壊、アジソン病、急速なカリウムの補充、尿路系の閉塞障害、秋田犬などの高カリウム赤

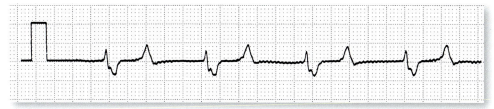

図Ⅰ-575 高カリウム血症の心電図
尿閉から高カリウム血症（8.7mEq/L）を発症した猫。（提供：藤井洋子先生）

血球をようする系統での溶血などがあげられる。

### ③病態と診断

細胞外のK$^+$が、正常よりも低くなると細胞内外のK$^+$濃度差は少なくなり、濃度勾配によって細胞内から細胞外へと流出する外向きK$^+$電流が減少する。これにより、平衡電位および静止膜電位が上昇することになる。すなわち、細胞の分極が不十分な状態になってしまう。また、静止膜電位の上昇により、ナトリウムチャネルは開口しにくくなるため脱分極は鈍化し、Na$^+$電流を形成する時間をより要することになる。さらに、電位依存性のある遅延カリウムチャネルの開口が早くなることで再分極が急速化し、再分極に要する時間が短縮することになる（活動電位第3相の勾配が急峻となり活動電位時間の短縮）。

心電図に現れる変化として、R波の鈍化（減高）、QRS幅の延長、T波の増高・先鋭化・左右対称化（これらの変化によるテント状T波）、およびT波持続時間の短縮がある（図Ⅰ-575）。しかし、T波の振幅には個体差が大きいため、T波の左右対称化と、幅の変化を重視するようにする。

高カリウム血症が重度になると、心室の変化に遅れて心房の活動電位に変化が生じる。すなわち、心房筋の電気的興奮性の低下と伝導時間の延長が生じ、P波の減高・幅の延長がみられ、次第に不明瞭になり消失する。

最終的には、心房と心室の電気的興奮性が失われ、心電図はサインカーブ状の不規則な波形となり心停止に至る。

高カリウム血症の初期は、不整脈が起きにくくなるが、悪化すると心室内の伝導障害により、リエントリーを形成しやすくなり、心室期外収縮や心室頻拍が起きやすくなる。さらに、高カリウム血症が進み静止膜電位が－70mV程度まで上昇するとナトリウムチャネルは開口できなくなり、脱分極自体が起きず心停止に至る。

### ④治療

治療は、原因疾患に対する処置とともに、8.5％グルコン酸カルシウム0.5～1.0mL/kg（10分以上かけて）の静脈内投与を行う。しかし、持続性が乏しいことに注意が必要である。生理食塩液の投与は、脱水や低ナトリウム血症があるときに有効である。アシドーシスには重炭酸ナトリウムを1mEq/kgで10～20分かけてゆっくり静脈注射（効果は約1時間）を行う。また、50％ブドウ糖50mLまたは10％ブドウ糖250mLあるいは5％ブドウ糖500mLに、速効型インスリンを5～10単位加えて点滴静注するGI療法などがある。これらの効果が不十分なときは、腹膜透析を行う。長期にわたる管理では、腸管からのカリウムの吸収を避けるために、ポリスチレンスルホン酸カルシウムなどのイオン交換樹脂の経口投与を行う。

## ⅲ）低カルシウム血症

### ①定義

低カルシウム血症とは、カルシウム濃度が犬で9.2mEq/L、猫で8.7mEq/L以下に低下した状態である。

### ②原因

低アルブミン血症、アルカローシス、ビタミンD不足、慢性腎不全、急性膵炎、妊娠や出産、パラソルモンの不足などがあげられる。

### ③病態と診断

細胞外カルシウム濃度が低くなるため、細胞膜内外の濃度勾配が小さくなり、カルシウムチャネルが開口したときのCa$^{++}$イオン流入が遅くなる（活動電位第2相が延長し活動時速時間の延長）。

心電図に現れる変化として、ST区間が延長する。その結果、QT間隔の延長がみられる。T波には一般的には変化を認めないが、時には平坦化や、逆に先鋭化が認められることがある。

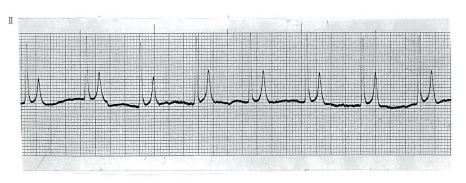

**図Ⅰ-576 高カルシウム血症の心電図**

雑種犬、1歳齢、雌。昨日より外に出ていて、先ほど帰って来たがぐったりしている。初診時のカルシウム値29.5mg/dL（リン値25.3mg/dL）と高カルシウム血症を呈していた。心電図は、P波の消失、T波の増高、RT間隔の短縮。生理食塩液で点滴し、第2病日にはカルシウム値9.9mg/dLまで降下し、下痢はあるものの、元気、食欲が出現した。

（提供：山根義久先生）

#### ④治療

テタニーや痙攣などの症状をみるときには、10％あるいは8.5％のグルコン酸カルシウムを0.5〜1.0mL/kgを15分以上かけてゆっくり静脈内投与する。（犬では、カルシウム量換算で5〜15mg/kg/時の投与が推奨される）。1回の静脈内投与のみでは、効果は一過性であるため、5％ブドウ糖500〜1000mLに10倍希釈して6〜12時間かけてゆっくり点滴する。急速に投与すると悪心や嘔吐を引き起こし、不整脈、心停止などを起こすことがある。そのため、点滴は必ず心電図モニター下で行う。

### ⅳ）高カルシウム血症

#### ①定義

高カルシウム血症とは、$Ca^{++}$濃度が犬で9.2mEq/L、猫で8.7mEq/L以上に増加した状態である。

#### ②原因

成長期の動物（治療の必要なし）、脱水、肛門嚢腺の腫瘍、リンパ肉腫、慢性腎不全、副腎皮質機能低下症、ビタミンD過剰症、原発性上皮小体亢進症などがあげられる。

#### ③病態と診断

細胞外$Ca^{++}$濃度が高くなるため、細胞膜内外の濃度勾配が大きくなり、カルシウムチャネルが開口したときの$Ca^{++}$流入が早くなる（活動電位第2相の短縮し活動時速時間の短縮）。

心電図に現れる変化として、ST区間が短縮する。その結果、QT間隔の短縮がみられる。また、高度の場合はQRS波の直後にT波が出現し、ST部分が消失する（図Ⅰ-576）。

高カルシウム血症は、異常自動能や撃発活動の原因となりうる。

#### ④治療

慢性的なカルシウム濃度異常に輸液療法が用いられることは少なく、原因疾患を治療すべきである。著しい高カルシウム血症がある場合（重症不整脈を含む）には、大量の等張電解質の投与（120〜180mL/kg/日＝5〜7mL/kg/時）と、ループ利尿薬の投与を同時に行う。重曹の投与も高カルシウム血症の治療に有効で、特にアシドーシスが同時にあるときには効果が高い。ビタミンD過剰症あるいは副腎皮質機能不全に起因する高カルシウム血症に対しては、グルココルチコイドの投与が効果的である。また、カルシトニンやビスホスホネートなどの骨吸収を抑える薬物を投与するが、作用が緩徐であり即効性は期待できない。重度の高カルシウム血症には、上述の治療に加えて低カルシウム透析液による血液透析が必要になる場合がある。

（福島隆治）

---

**参考文献**

[1] Rishniw M. Thomas WP.：Brandyarrhythmias. In：Kirk RW.（ed）：Current Veterinary Therapy XIII.：WB Saunders；2000：719-725. Philadelphia.
[2] Edwards NJ.（ed）：Bolton's Handbook of Canine and Feline Electrocardiography. 2nd ed.：WB Saunders；1987：66-151. Philadelphia.
[3] Ware WA, Reina-Doreste Y, Stern JA, Meurs KM.：Sudden death associated with QT interval prolongation and KCNQ1 gene mutation in a family of English Springer Spaniels. *J Vet Intern Med.* 2015；29（2）：561-568.
[4] Berry CR, Lombard CW.：ECG of the month. Wolff-Parkinson-White syndrome in a cat. *J Am Vet Assoc.* 1986；15；189（12）：1542-1543.
[5] Tidholm A.：The Wolff-Parkinson-White-syndrome. A rare ECG diagnosis in the dog. *Nord Vet Med.* 1983；35（12）：465-467.

# ショックと心肺・脳蘇生法

Shock, Cardiopulmonary and Brain Resuscitation

## ■ 1　ショックの病態生理

　ショックは、侵襲に対する生体反応の1つであり、症候群として扱われる病態である。一般的なショックの基本的病態は、心血管系に起因する進行性の急激な血液灌流不全により、主要臓器に必要な酸素が十分に供給できなくなった状態である（完全に血流が停止した心停止は含まれない）。このような異常な循環動態に陥ったときに、血圧低下（血管の虚脱）、心拍出量低下を認める。

　ショック状態が続くと、組織や細胞レベルで低酸素状態に陥り、血流分布の中心化（centralization）により、主要臓器である脳、心筋へ血流配分率を高めようとする機序が働く。さらに適切な処置がなされなければ、組織や細胞障害が進行して、結果的に多臓器不全症候群（Multiple Organ Dysfunction Syndrome：MODS）に陥り、次いで死に至る。この場合、原因の違いにかかわらず、ほぼ共通の終末像を呈する。

### 1）酸素需要と血流分布の中心化

　ショックでは、主要臓器で異常な血流低下が起こり、その異常な循環状態が続くと組織、細胞レベルで酸素不足に陥る。いわゆる、わずかながらの血流が保たれた低酸素症（hypoxia）であり、組織代謝レベルで酸素不足の程度により生体反応が異なる。ショックでの酸素供給量と酸素消費量の関係を図Ⅰ-577に示す[1]。図Ⅰ-577からわかるように、ショックでは、ある時点から酸素運搬量（供給量）依存状態になり、特に敗血症性ショックでは循環血液量減少性ショック、心原性ショック、心外閉塞性・拘束性ショックなどに比べてその酸素供給依存の範囲が拡大して、また生体側の酸素要求量が異常に高い

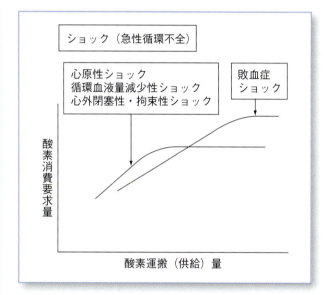

図Ⅰ-577　ショック時の酸素供給[1]

ことがわかる。

　酸素供給は、正常時においても全臓器で均一でなく、各臓器で特徴を有する。例えば、腎臓は酸素消費量に比べて供給量が多く、心筋や脳は少しの虚血でもダメージが大きいことから酸素の供給と消費のバランスが接近している。ショックでは多くの例で心拍出量が低下するが、仮に全臓器が等しく血流低下をきたすと、酸素供給量と需要量が接近している心筋や脳などの臓器では不可逆的な障害を受ける可能性が高い。生体は、これを代償するために、心筋や脳などの主要臓器に血液分配率を高めようとする機序が働く。これを血流分布の中心化（centralization）と呼び、血流分布が主要臓器に集中する重要な機序と考えられている。

### 2）微小循環障害

　ショックにより体血圧の低下が引き起こされると、その結果、全身性の末梢循環不全が生じた病態

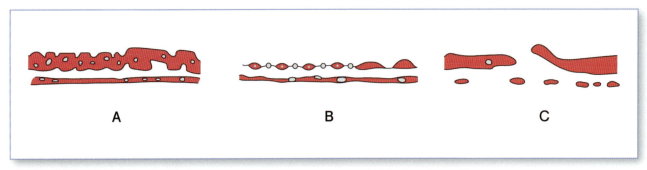

図Ⅰ-578　毛細血管内皮細胞相互の連結様式の模式図[2]
物質透過性は型によって異なり、ショック状態にも影響する。
A：連結型；肺、中枢神経系、B：有窓型；腎臓、消化管臓器、内分泌腺、C：不連続型；骨髄、脾臓、肝臓

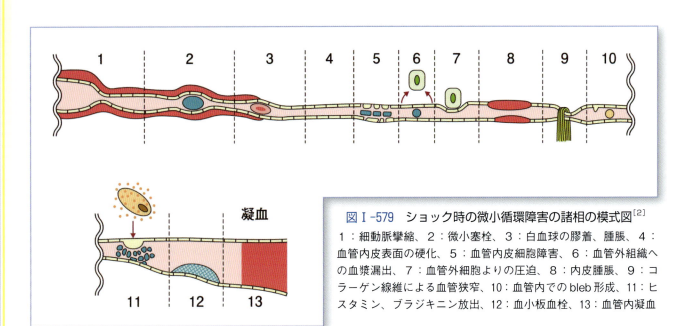

図Ⅰ-579　ショック時の微小循環障害の諸相の模式図[2]
1：細動脈攣縮、2：微小塞栓、3：白血球の膠着、腫脹、4：血管内皮表面の硬化、5：血管内皮細胞障害、6：血管外組織への血漿漏出、7：血管外細胞よりの圧迫、8：内皮腫脹、9：コラーゲン線維による血管狭窄、10：血管内でのbleb形成、11：ヒスタミン、ブラジキニン放出、12：血小板血栓、13：血管内凝血

となる。ショックの主な臨床所見である虚脱、可視粘膜色蒼白、股動脈圧触知低下、呼吸不全などは、微小循環不全とそれに対する生体防御反応によるものと考えられる。

微小循環とは、細動脈から毛細血管に分かれて、再び集まって細静脈にいたるまでの領域（毛細血管床）の血液循環であるが、広義にはその領域の組織間隙の物質移動やリンパ循環を含めたものをいう。ショック時には、細静脈の内皮細胞と白血球との接着因子を介した相互作用により毛細血管の血流や毛細血管透過性が大きく変化することで、毛細血管壁では、主にリンパ管系による組織間隙内の再吸収より、血管内の低分子水溶性物質の組織間隙への漏出が大きく上回って、透過性亢進の状態に陥る。ただし、このような病態はすべての毛細血管床のすべての領域で組織間隙内の静水圧と膠質浸透圧、毛細血管内圧が一定であるという仮定の理論であるので、正確には正しい病態ではない。図Ⅰ-578のように、毛細血管床での物質透過性についての考え方もあり[2]、毛細血管の内皮細胞相互の連結様式（連続型：中枢神経系や肺、有窓型：消化管粘膜や腎臓の糸球体、不連続型：骨髄や肝臓や脾臓）も加味されて、各組織で様々な程度の反応を示す。ショック時の微小循環障害は、ショックの原因、病態の時間経過、生体の代償機構、治療による病態の修飾などを考慮して対応しなければならない。図Ⅰ-579のように、ショック時の微小循環不全は、調圧反射や炎症性サイトカインなどのような様々な原因や結果が絡み合って呈する複雑なものである[2]。

ショックの病態初期で、微小循環障害を引き起こ

す病態は3つに分類される。循環血液量が減少したショック（循環血液量減少性ショック）と、心臓ポンプ機能が低下したショック（心原性ショック）と、循環血液量も心臓ポンプ機能も保たれていながらのショック（血液分布異常性ショック）の3つである。特に、この3つの微小循環障害で問題になる病態は、敗血症性ショックの初期相（warm shock期、第1相）やアナフィラキシーショックを含む血液分布異常性ショックである。

## 3）虚血再灌流障害

一定時間を超える虚血後の血液再開時に、虚血そのものによる障害に加えて、再灌流後に組織・臓器内の微小循環により産生された物質により障害が増悪することを虚血再灌流障害（ischemia/reperfusion injury）と総称される。その障害の程度は臓器により異なるが、虚血が広範囲でかつ長時間であれば、虚血臓器のみならず遠隔臓器にまで波及して、より重篤な障害をもたらす傾向にある。各臓器の虚血再灌流障害に共通した特長は、血管内皮細胞傷害と、それに引き続く急性炎症反応により起こる微小循環障害である[2]。

虚血再灌流障害の発症機序として、以下のi）～iv）などが考えられている。

### i）細胞内 $Ca^{++}$ 過剰負荷

虚血再灌流障害で細胞内 $Ca^{++}$ の過剰負荷が各臓器での細胞傷害を惹起していることが示唆されている[3]。虚血下の細胞は、ATP依存性 $Na^+$ ポンプ機能が低下して細胞内 $Na^+$ が増加して、細胞内外の $Na^+$ 勾配が減少し、$Ca^{++}$ の汲み出しが抑制されることによると考えられている。また、虚血による嫌気性代謝によるアシドーシスが、再灌流時の細胞膜での $Na^+/H^+$ 交換系促進により $H^+$ 流入とともに $Na^+$ が流入することによる細胞内 $Na^+$ 増加も一因と考えられている。

### ii）血管内皮障害の原因である活性酸素/フリーラジカルの関与

血管内皮細胞を傷害する原因として考えられているものに、活性酸素/フリーラジカルが知られている。活性酸素/フリーラジカルの発生機序として、各臓器の内皮に幅広く分布している xanthin oxidase の触媒作用による尿酸生成系[4]、ミトコンドリアでの呼吸[5]、好中球からの産生[6]などが考えられている。活性酸素/フリーラジカルは、再灌流時の障害だけでなく、虚血時の障害にも関与していることが示唆されている[7]。

### iii）好中球の関与
### （白血球-内皮間の相互作用）

虚血再灌流障害で中心となるのが白血球、特に活性化好中球の組織浸潤であると考えられている。微小循環で好中球と血管内皮細胞間の相互作用によって、段階を踏んで好中球は修復機序により強固に血管内皮細胞に固着して、血管内皮から組織の間質に移動する。しかし、活性化好中球などによりエステラーゼなどの蛋白融解酵素などのケミカルメディエータを放出して組織傷害を惹起すると考えられている[8,9]。活性化された好中球による最初の傷害は、その好中球が関与した血管内皮細胞の傷害であることが示唆された[10,11]。

### iv）No-reflow 現象

再灌流により血流が再開された後にも、微小循環レベルで血流が再開されない、または部分的に血流が低下している状態を No-reflow 現象と呼ばれている[12]。No-refow 現象における微小血管破壊には、活性酸素/フリーラジカルの関与が示唆されている[13]。

虚血再灌流障害で標的になるのは、脳、肺、肝臓、腎臓などであるが、その中でも特に標的となるのは肺である。虚血再灌流後の肺障害は、肺の微小循環不全と好中球浸潤を伴う肺胞液の蓄積を特徴として、急性呼吸窮迫症候群（acute respiratory distress syndrome：ARDS）となる。ショック肺、ショック発症後の肝酵素の上昇、ショック後の高窒素血症などは、一般臨床でも比較的遭遇するが、その発生機序には虚血再灌流障害が関与していると考えられている。

## 4）サイトカイン

サイトカインは、ショック時の臓器障害における重要な要因の1つである。全身性炎症反応症候群（Systemic Inflammatory Response Syndrome：SIRS）や敗血症（sepsis）においては、高サイトカ

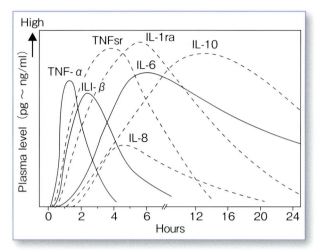

図I-580　侵襲時に血液中に出現するサイトカインの経時変化[14]

イン血症が病態の本態である。このような高サイトカイン血症で惹起される過大な全身性炎症反応から、ショックや臓器障害を起こす状態を相川によりサイトカイン・ストーム（cytokine storm）と呼称されるようになった[14]。SIRSの発症には、炎症局所での様々な細胞から過剰に産生・放出された各種のメディエータが深く関与して、種々の全身作用を引き起こす。特に、サイトカインは細胞から持続的に産生されて、その半減期も他のメディエータに比較して長いため、炎症の惹起・継続で重要な役割を演じている。サイトカインは、マクロファージ、単球、リンパ球、好中球などの免疫担当細胞だけでなく、各臓器の血管内皮細胞、線維芽細胞平滑筋細胞などからも産生・放出される。ショックのような急性反応に関連するサイトカインには、多くの種類と分類があるが、生物学的作用から、次の3つに分類される。

(1) 腫瘍壊死因子（TNF）-αや、インターロイキン（IL）-1、IL-6、IL-8、IL-8、IL-9などの炎症性サイトカイン
(2) IL-4、IL-10、TNF-βなどの抗炎症性サイトカイン
(3) 創傷治癒など関与する増殖因子（growth factors）

　ショック侵襲時には、炎症性サイトカインと抗炎症サイトカインの両方とも産生が亢進する。上記のサイトカインは、微量でも種々の生理活性を示して、特異的受容体を介してメディエータを放出して作用を発現する。基本的にサイトカインは、直接的な細胞傷害作用はなく、特異的受容体をもたない細胞には作用しないのが特徴である。一般的に、ホルモンと異なり生体内での半減期は短く、主に局所で作用する。侵襲時に血中に出現する主なサイトカインの、経時変化を図I-580に示す[14]。

ショックでの臓器障害には、サイトカインなどにより活性化された好中球が、活性酸素や蛋白分解酵素を放出することが主な要因とされている。

## ■ 2 ショックの分類

　症候群としてのショックの治療に際して、従来は1934年のBlalock分類を骨格とした病態（出血性、心原性）と疾患名（敗血症、アナフィラキシー）が混在した原因による分類が一般的であった。その後、1993年にはHollenbergらにより[15]、治療が直結するように循環の三要素（循環血液量の相対的または絶対的低下、血管抵抗減弱、内因性または外因性の心拍出量低下のいずれの因子による障害かという視点からの分類）から病態別に新しく分類された（新ショック分類、表I-37）。ショックの分類の主流は、依然として従来分類である原因分類と感じる感もあるが、ここでは病態別分類（新分類）に従って記載する。

　さらに、表I-38に各種のショックの血行動態を示す。ここでは、血行動態から病態別に分類されたショックを簡単にまとめた[16]。

### 1）血液分布異常性ショック

　血液分布異常性ショック（distributive shock）には敗血症性ショック（感染性ショック）、アナフィラキシーショック、神経原性ショックの3つが含まれる。

### i）敗血症性ショック

　敗血症性ショック（septic shock）は、感染症を基盤とする全身性炎症反応症候群（SIRS）に基づくショックである。また敗血症に合併するもので、血管作動薬使用により血圧が維持されている場合でも、臓器機能障害・循環不全（乳酸アシドーシス、乏尿、急性意識障害など）があるものも敗血症性ショックである。その病態は、多くが起炎菌の違いでは

表I-37 ショックの新分類と従来分類の比較

| 新分類：病態別 | 従来分類：原因別 |
|---|---|
| 1) 血液分布異常性ショック<br>・敗血症性ショック（感染性ショック）<br>・アナフィラキシーショック<br>・神経原性ショック | 1．敗血症性ショック<br>2．アナフィラキシーショック<br>3．神経原性ショック |
| 2) 循環血液量減少性ショック<br>・出血性ショック<br>・体液喪失性ショック | 4．循環血液量減少性ショック |
| 3) 心原性ショック<br>・心筋性（心筋梗塞、拡張型心筋症）<br>・機械性（僧帽弁閉鎖不全症、心室瘤、心室中隔欠損症、大動脈弁狭窄症）<br>・不整脈性 | 5．心原性ショック |
| 4) 心外閉塞・拘束性ショック<br>・心タンポナーデ<br>・収縮性心膜炎<br>・重症肺塞栓症<br>・緊張性気胸 | |

表I-38 各種ショックの血行動態

| | 血液分布異常性ショック | | | | 循環血液量減少性ショック | 心原性ショック | 心外閉塞・拘束性ショック |
|---|---|---|---|---|---|---|---|
| | 敗血症性ショック (hyperdynamic state) | 敗血症性ショック (hypodynamic state) | アナフィラキシーショック | 神経原性ショック | | | |
| 血圧 | ↓ | ↓ | ↓ | ↓ | ↓ | ↓ | ↓ |
| 心拍出量 | → or ↑ | ↓ | ↓ | ↓ | ↓ | ↓ | ↓ |
| 末梢血管抵抗 | ↓ | ↑ | ↓ | ↓ | ↑ | ↑ or → | ↑ or → |
| 混合静脈血酸素飽和度 | → or ↑ | ↓ | ↓ | ↓ | ↓ | ↓ | → or ↓ |
| 右心房圧（中心静脈圧） | → or ↓ | 不定 | ↓（呼吸困難で↑） | ↓ | ↓ | ↑ | ↑ |
| 肺動脈圧 | → or ↓ | 不定 | ↓（呼吸困難で↑） | ↓ | ↓ | ↑ | ↑ |
| 左心房圧（肺動脈楔入圧） | → or ↓ | 不定 | ↓（呼吸困難で↑） | ↓ | ↓ | ↑ | → or ↓ |

参考文献［16］も参照

なく宿主の反応が問題である。さらに、感染症合併のない急性膵炎などでも全く同様な機序で発生することから、最近の診断には病原菌の証明は全く必要ないとさえいわれる。

その基本的な病態は、病原菌が引き金となった敗血症性ショックを例にあげると、感染巣から血中に流入した菌あるいは菌体成分により、生体の各種のメディエータが産生されて、それらの作用により末梢血管透過性亢進による血管内容積の低下と末梢血管拡張が起こり、有効な循環血液量の絶対的かつ相

対的減少により血圧が低下する。言い換えれば、敗血症性ショックのきっかけは、感染巣からの病原菌やエンドトキシン（グラム陰性菌の細胞壁成分）など菌体成分であるが、それらが敗血症性ショックの引き金ではあるが原因ではなく、エンドトキシンなどのような毒素に対する炎症性サイトカインや種々のメディエータが関与した生体反応により惹起されたものと考えられている。したがって、敗血症性ショックにおいては、サイトカイン・ストームの原因除去が最も大切な治療となる。

一般的には、感染により刺激された単球／マクロファージが刺激されると、TNFαやIL-1βなど炎症性サイトカイン（サイトカインネットワークの中心的なメディエータ）が産生・遊離し、血管内皮細胞や単球／マクロファージ、好中球などの顆粒球に作用して、IL-6やIL-8などの炎症性サイトカインの他にエイコサノイドや接着因子、組織因子、一酸化窒素（NO）、血小板活性化因子、活性酸素、顆粒球エラスターゼなどの各種メディエータを遊離して、血圧低下や免疫不全などを含む多彩な障害が起こると理解されている。しかし、未知のメディエータを含めて十分に解明されているとはいえない。

敗血症性ショックに移行する可能性の高い咬傷などによる劇症型感染症（fulminant infectious diseases）は、A群溶血性連鎖球菌や、特定の黄色ブドウ球菌薬により、犬においてもしばしば遭遇する。A群溶血性連鎖球菌は、スーパー抗原により溶連菌性トキシック・ショック症候群（Streptococcal Toxic Shock-Like Syndrome：TSLS）とも称される"人喰いバクテリア症"の一型である。また、メチシリン耐性黄色ブドウ球菌は、スーパー抗原によりトキシック・ショック症候群（Toxic Shock Syndrome：TSS）という重篤な病態に移行する場合がある。TSLSやTSSは、犬でも報告されている[17-19]。TSLSやTSSは、原因菌から産生される外毒素によって多数のT細胞が活性化され、炎症性サイトカインのバーストが起こることによって引き起こされる疾患と考えられている。TSLSやTSSは、発熱や低血圧の他に、びまん性の紅斑性発疹や壊死性の筋膜炎などを伴い、播種性血管内凝固症候群（Disseminated Intravascular Coagulation：DIC）を含めた重篤な多臓器障害（Multiple Organ Failure：MOF）を併発する危険性が高い。

敗血症性ショックにおいて、十分な輸液が施されると心拍出量は増加するので、一見してショックの様相を示さない高心拍出量状態（hyperdynamic state, warm shock）の状態を呈する。敗血症性ショックが他のショックと明らかに異なる点は、この病態の初期にみられるhyperdynamic stateである。いわゆる、心拍出量はある程度保たれているが（左心室の拡張終末期容積の増加になり）、左室駆出率の減少が認められ、酸素供給量が十分でありながら、組織での酸素利用率が悪いために、静脈血酸素分圧が高く、可視粘膜色に大きな異常を認めず、組織では低酸素状態という特異的な病態になる。さらに、晩期には低心拍出量状態（hypodynamic state, cold shock）に移行して心拍出量は減少し、末梢血管抵抗は増加するにもかかわらず血圧は低下する病態に移行する。

病態の進行とともに、カテコールアミンに対する血管の反応性は著しく低下し、継続的な血圧の維持に苦慮することが多い。この病態では、組織の微小循環は障害され、血管内皮に好中球が接着して活性化された好中球は、血管外に遊走して間質内に浸潤し、さらに障害された血管内皮は血管透過性の亢進を招き、肺胞でのガス交換能を低下させる。たとえ、血圧が十分に維持できていても、微小循環障害から臓器不全が出現することからも、微小循環障害の原因は好中球－血管内皮の相互作用が中心と考えられている。

しばしば、このような病態では血液凝固能の亢進が認められ、DICの併発を認める。ショックが遅延すると、他のショック同様に、最終的には多臓器不全に陥り死に至る。

このように敗血症性ショックは、その多くは感染の重篤化により炎症性サイトカインや各種のメディエータが極端に誘導され、血管拡張、血流分布異常、心収縮性抑制、血管透過性亢進、血液凝固・線溶障害、組織酸素利用障害を基盤としてショックは進行する。

### ⅱ）アナフィラキシーショック

生体が特定の抗原に曝露されると特異的なIgE抗

表Ⅰ-39 アナフィラキシーショックにおける血圧低下の5つの機序[23]

| |
|---|
| 1. 静脈還流量減少①（静脈系血管床の拡張による）<br>　主に消化管などの腹腔血管床にプーリング（肝血管の収縮による門脈圧亢進が原因と考えられている） |
| 2. 静脈還流量減少②（血漿の血管外漏出による）<br>　血管透過性亢進、うっ血による毛細血管静水圧上昇 |
| 3. 左心房への血液灌流量減少（肺動脈平滑筋収縮による肺動脈圧上昇で） |
| 4. 心収縮能の低下 |
| 5. 末梢血管抵抗の低下（細動脈の拡張） |

体が作られ、そのIgE抗体は肥満細胞や好塩基球に結合する。このようなIgE抗体によるⅠ型全身アレルギー（即時型Ⅰ型アレルギー反応）による低血圧を、アナフィラキシーショック（anaphylactic shock）という。基本的な病態は、ワクチン接種などの抗原刺激が先行して、肥満細胞や好塩基球を活性化させて脱顆粒を起こし、ヒスタミン、ロイコトリエンなどのケミカルメディエータが放出される。これにより、気管支平滑筋収縮、血管拡張、血管透過性亢進による循環血液量の急激な低下が起き、ショック状態となる。一方、IgE抗体が関与せずに、直接または補体の活性化を介して肥満細胞や好塩基球を活性化させて脱顆粒を起こし、アナフィラキシーと同じ病態を呈する反応をアナフィラキシー様反応と呼ぶ。臨床的にアナフィラキシーとアナフィラキシー様反応を区別することは困難であるので、一般的には両者を併せてアナフィラキシーと呼び、症状や治療には大きな違いはない。

臨床的には、抗原の曝露から1～30分以内に以下のような症状が発現する。一般にアナフィラキシーショック発現までの時間は、ハチ刺傷では5～12分、食物では25～30分で、造影剤などでは注入後10分を経過してから発現する。アナフィラキシーはすべての薬剤が原因になりうるが、起こしやすい薬剤を以下にあげる[20]。

- 抗菌剤

　ペニシリン、セフェム系、テトラサイクリン、クロラムフェニコール、サルファ剤、ニューキノロン系、バンコマイシンなど

- 化学療法剤

　L-アスパラギナーゼ、ビンクリスチン、シクロスポリン、メトトレキサート

- その他

　造影剤、NSAIDs、血液製剤（アルブミン製剤、γ-グロブリン製剤）、ワクチン製剤、インスリン、デキストラン、硫酸プロスタミン、局所麻酔薬、ステロイドなど

犬や猫において、アナフィラキシーショックを多く経験するのは混合ワクチンなどの生物製剤の投与や、駆虫薬の投与時が多い。特に、頻回に使用されるワクチン接種でみられるアナフィラキシーショックは、群を抜いて多い。犬糸状虫症に関連するアナフィラキシーショックも報告されている[21]。犬においても、X線検査で使用する血管内投与用の造影剤（ヨード系、非イオン性など）によるアナフィラキシーには時々遭遇するが、最近では比較的少ないといわれていたMRIで使用するガドリウム造影剤に対するアナフィラキシーも報告されている[22]。

アナフィラキシーショックの血圧低下の機序を表Ⅰ-39に示す[23]。主な病態は静脈還流量の減少である。

アナフィラキシーショックの治療において、まず心電図や経皮的動脈血酸素飽和度（SpO$_2$）などのモニタリングを行い、第一選択はエピネフリン（ボスミン®、日本薬局方改正より2006年4月から一般名のエピネフリンからアドレナリンに変更になったが本章ではエピネフリンに統一）の投与（皮下、筋肉内、静脈内）である。同時進行的に、静脈路の確保および細胞外液製剤（図Ⅰ-581）（生理食塩液、乳酸加リンゲル液、酢酸加リンゲル液、炭酸加リンゲル液など）の急速輸液、酸素投与が必要となる。エピネフリンの使用法は、軽症例では、エピネフリン（図Ⅰ-582）1mg（1mL、1A）を生理食塩液で10

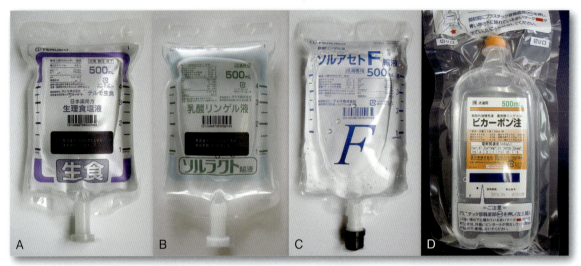

図Ⅰ-581　細胞外液製剤
A：生理食塩液、B：乳酸リンゲル液、C：酢酸リンゲル液、D：炭酸リンゲル液

図Ⅰ-582　エピネフリン
ボスミン®注：第一三共㈱

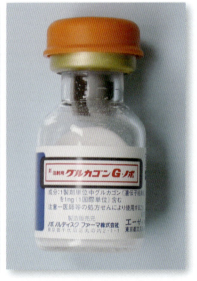

図Ⅰ-583　グルカゴン
注射用グルカゴンGノボ：エーザイ㈱

倍希釈したもの（0.1mg/mL）を0.05mL/kg（0.005mg/kg）で皮下投与または筋肉内投与する。中等例では、エピネフリンの10倍希釈液（0.1mg/mL）を0.05〜0.1mL/kg（0.005〜0.01mg/kg）で筋肉内投与する（筋肉内投与は皮下投与より血中濃度が上昇するのが4倍早い）。重症例では、中等例に準じるが、不整脈に注意して（緩徐に）静脈内投与する（エピネフリン0.05〜0.02mg/kg IV 緩徐に）。エピネフリンは半減期が短いので、心電図やSpO$_2$、血圧モニターなどをみながら、追加投与の必要性を考慮する（心肺蘇生時は3〜5分ごとに追加投与が必要）。その後、エビデンスはないが、アナフィラキシーのヒスタミン誘導性症状は、H$_1$受容体とH$_2$受容体を介していることから、ジフェンヒドラミンなどのH$_1$受容体拮抗薬と、ファモチジンなどのH$_2$受容体拮抗薬の両薬剤の投与を行う。さらに、気管支痙攣に対しては、アミノフィリンやジプロフィリンの投与も考慮する。心不全または不整脈に対してβ遮断薬を投与されている人で、エピネフリン効果が不十分となることが報告されているので、動物においてもその点を考慮してグルカゴン（図Ⅰ-583）の静脈内投与（5〜15μg/kg/分）も考慮しなければならないかもしれない。

アナフィラキシーの症状が消失して数時間後に再び同様な症状として出現することがある。発現頻度は1〜20％で、発現時間は1〜78時間（ほとんどの例で8時間以内）まで報告され、死亡例の報告もある。そのアナフィラキシーの二相性反応の予測因子は明らかではないが、初回アナフィラキシーショックでのエピネフリン投与が遅かったり、投与量が不十分だったり、または大量のエピネフリンを必要とした例に発症しやすい傾向にある。二相性反応の予防としてはグルココルチコイド薬が推奨されているが、絶対的な予防ではないようである。

ⅲ）神経原性ショック

神経原性ショック（neurogenic shock）とは、脊髄損傷、特に頸髄損傷による疼痛（激痛）などがト

リガーとなり、血管迷走神経反射により、徐脈、心収縮力の低下に起因する心拍出量の減少および末梢血管拡張による著しい血圧低下により起こるショックである（脊髄性ショックとは別物）。一般的なショックとは異なり、末梢や重要臓器の循環不全をただちに意味するものではない。外傷に合併することが多い一方で、外傷によるショックのほとんどを占めるとされる出血性ショックとは全く異なる病態を示す。

脊髄損傷は、実験的に受傷直後に血圧、脈拍は上昇して頻脈となり、2〜3分間持続するが、5分後には血圧が低下して神経原性ショックに移行する。血圧低下の割には四肢末梢は温かく、徐脈、意識消失が主症状で比較的急激に発症することが特徴である。交感神経系の機能不全により血管は弛緩し、その結果として末梢から中心への血流移動が障害される。

脊髄損傷の動物では他の部位に大量の出血を伴い、血圧が低下するような合併症を有することが多いので、出血性ショックを否定することが重要である。特発性の頸髄損傷では、徐脈と低血圧の除外診断を慎重に行い、治療は過剰な輸液負荷よりドパミンなどのカテコールアミン投与が効果的なことが多い。

## 2）循環血液量減少性ショック

循環血液量減少性ショック（oligemic shock、hypovolemic）は、心機能や末梢血管抵抗が正常な状態で、循環血液量が減少して引き起こされる循環不全である。循環血液量減少性ショックには、出血性ショック（hemorrhagic shock）と体液喪失性ショック（fluid depletion shock）が含まれる。ショックが遅延すれば心機能の低下も生じる。

循環血液量減少性ショックでは、出血や脱水などの種々の原因により循環血液量が急激に減少して静脈還流量が減少する状態であり、左心系にとっての前負荷が低下することになり、心拍出量が低下し血圧が低下する。

循環血液量減少性ショックにおいて、出血またはそれ以外の体液の喪失による循環血液量の減少量や減少する速度、さらに循環不全の持続時間により病態が決定される。血液および細胞外液の喪失量が生体の予備能力を超えると、循環血液量の絶対的不足から組織の循環不全が起こりはじめる。循環血液量の不足は、細胞外液の補充により希釈されて、それにより赤血球も希釈され、生体の代償機構により血圧維持のために交感神経が緊張する。カテコールアミンの分泌亢進などによって心拍数と末梢血管抵抗は増加し、これにより血流分布の中心化（centralization）がもたらされ、主要臓器の血流維持が図られる。反面、これにより他の末梢組織では血流低下を招いてしまう。赤血球の希釈により酸素運搬能は減少して、さらに血流減少も伴うことで、組織は低酸素状態となり嫌気性代謝へ移行して乳酸が産生・蓄積されて、代謝性アシドーシスへと進行する。下痢や嘔吐などの消化液喪失時には、水分の他に電解質喪失への対応も重要となる。

循環不全が長期化すると、各種メディエータが活性化されて血管透過性が亢進し、多くの血管内水分は細胞間質へ漏出するようになり、循環血液量の減少は助長される。また、心筋の酸素供給が低下すると、心筋自体も傷害されて心原性ショックの要素も付加される病態となる可能性もある。このような病態が持続すると、虚血による多臓器障害へと移行して、不可逆性ショックとなる。

一般的に循環血液量の20〜30%の急激な出血でショック症状を呈するようになり、50%以上の出血ではすぐに治療をしないと死亡する[24]。

### i）出血性ショック

出血により血管内容量が急激に低下して生じるショックを、出血性ショックという。出血性ショックには、交通事故や咬傷、落下、手術に伴う出血などの外因性出血と、左心房破裂、消化管出血、脾臓や肝臓などの腫瘍破裂などによる内因性出血がある。

通常、出血量が循環血液量に対して30%未満の初期の出血性ショックにおいて、頻脈は認められるが、急速な出血以外は収縮期血圧の明らかな低下はみられない（拡張期圧は上昇）。これは、組織間液の血管内への移動や、交感神経系を介した細動脈収縮による血圧維持や、さらにレニン・アンジオテンシン・アルドステロン（Renin-Angiotensin-Aldosterone：RAA）系の活性化によるNaと水分の保持などの出

血に対する代償機序によるものである。しかし、30％以上の出血では、頻脈の他に呼吸促迫の症状に加えて、血圧の低下による尿量の減少がみられ、輸液のみの対応では危険が伴うため輸血が必要となる。

臨床的に、出血性ショックは診断時には進行したショック状態であることがほとんどであるので、収縮期血圧にばかり注目するのではなく、早期サインの1つである持続する頻脈に注意すべきである。その後、出血源の特定のための画像検査に進むとともに治療も同時並行で行う。初期治療としては、循環血液量の補充の他に酸素投与も忘れずに行う。輸液はまず、生理食塩液、乳酸リンゲル液、酢酸リンゲル液、炭酸リンゲル液などの細胞外液に近い輸液剤（晶質液）を投与するが、約30％しか血管内に留まらないので出血量に対して約3倍量の投与を考える（3：1の法則）。さらに、血漿増量効果が晶質液より優れている膠質液であるヒドロキシルエチルデンプン（ヘスパンダー® 300mL：図Ⅰ-584）を含む代用血漿・体外循環希釈剤の人用のアルブミン製剤（献血アルブミン静注ベネシス：図Ⅰ-585）が使用できるが、晶質液より有効であるというエビデンスはない。アルブミン製剤は、異種由来の生物製剤という副反応、HESは大量投与により凝固障害や腎障害を引き起こす可能性があるので慎重な投与が必要である。使用する場合も、短時間の循環血液量維持に対する使用にとどめた方がよいかもしれない。

大量の出血による出血性ショックで、最も有効な循環血液量の補充は輸血である。ただし、動物においては使用する血液は、各病院で用意しなければならない。特に大型犬では、十分な血液の確保が難しい状況にある。

#### ⅱ）体液喪失性ショック

体液喪失性ショックは、嘔吐や下痢、胃拡張胃捻転症候群、腸閉塞（嘔吐に加え、サードスペースに大量の細胞外液が移行するため）、急性膵炎などによる重度で急激な脱水症、熱中症、異常な尿産生、悪性中皮腫などの多量の体腔内貯留液産生などが含まれる。

### 3）心原性ショック

心原性ショック（cardiogenic shock）は、日本循環器学会の急性心不全治療ガイドラインにおいて「心ポンプ失調により末梢および全身の主要臓器の微小循環が著しく障害され、組織低灌流に続発する重篤な状態である」と表現されている。心原性ショックは、収縮期血圧の低下を伴うForrester分類のサブセットⅢまたはⅣに分類される状態である（図Ⅰ-586）。このガイドラインは、急性心不全治療においてのものだが、収縮期血圧の低下を伴う慢性心不全の急性増悪期も同様の病態であると理解している。

新しい分類では、心筋性（myopathic）と機械性（mechanical）、および不整脈性（arrhythmic）に分

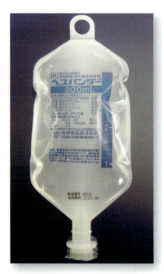

図Ⅰ-584　ヒドロキシエチルデンプン（HES）
ヘスパンダー® 300mL：杏林製薬㈱

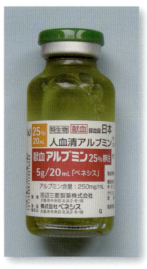

図Ⅰ-585　人用アルブミン製材
献血アルブミン静注ベネシス：田辺製薬㈱

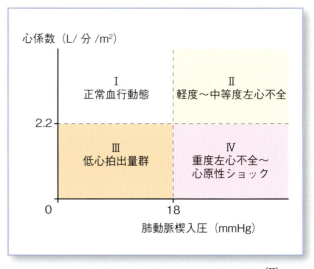

図Ⅰ-586　急性心不全（Forrester）の分類[23]

類される。心筋性の心原性ショックは、拡張型心筋症や、人で最も多い心筋梗塞が含まれ、機械性の心原性ショックは、犬で多い僧帽弁閉鎖不全症などが含まれ、不整脈性の心原性ショックとなるものでは、上室頻拍、重度な心房細動や心房粗動、心室頻拍、洞不全症候群などの徐脈性不整脈が含まれる。その病態は、心臓のポンプ機能の障害の結果、安静時の代謝需要に見合うだけの心拍出量が維持できない状態である。

心筋性（特に心筋梗塞、心筋症）の心原性ショックでは、冠動脈の狭窄や閉塞、または心筋肥大による血流低下、または途絶により心筋虚血が生じ、心筋の収縮機能不全、さらに心拍出量は減少し、血圧低下、その結果、冠動脈灌流量はさらに低下して、病態は悪化の一途をたどる。さらに、拡張型心筋症や心筋梗塞では、心筋虚血の悪化により心筋の拡張能が低下して、左室拡張末期圧の上昇により、肺うっ血・肺水腫に陥って低酸素症がさらに進行して心筋虚血を増悪させる。代償機能として、神経体液性因子（交感神経系、RAS系、エンドセリン系、ナトリウム利尿ペプチド系、サイトカインネットワークなど）が賦活化され、心室リモデリング（この場合は遠心性肥大）、マトリックスの線維化、心筋アポトーシスなどが生じて、病態はさらに悪化する。心筋性の心原性ショックでは、致死的な不整脈の出現や心腔内血栓による塞栓症がショック状態をさらに重篤なものにする。

心原性ショックは、急性心不全や慢性心不全の急性増悪期の病態が最も重症なもので、生命にかかわる状態である。機械性の心原性ショックの原因として、犬や猫において僧帽弁閉鎖不全（Mitral Insufficiency：MI）に併発した乳頭筋または腱索断裂、弁膜症の末期や心筋症、心内膜炎が主な原因であり、心筋虚血病変はほぼ確実に存在すると思われるが、確定診断される機会は多くない（人では心原性ショックの90％は、心筋性の急性心筋梗塞といわれている）。鑑別が必要なのは、心タンポナーデ、肺塞栓症などの心外閉塞・拘束性ショックである。

不整脈性の心原性ショックとして、上室性不整脈としては、犬猫では発生頻度は多くないが、上室頻拍や、犬で末期的な僧帽弁閉鎖不全症や心筋症、さ

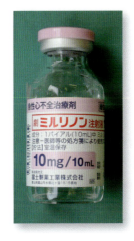

図I-587　PDE III阻害薬ミルリノン
ミルリノン注射液10mg「F」：富士製薬工業㈱

らに甲状腺機能低下症で出現する心房細動や心房粗動などが原因となる。心室性不整脈としては、心室頻拍や心室細動、徐脈性不整脈としては、ショックの治療に並行して、基礎疾患の治療、積極的な抗不整脈薬の使用から、レートコントロール、除細動、ペースメーカの使用など様々な対応が行われる。

一般的に、心原性ショックの治療において、適切な酸素化に加えて、左心ポンプ失調の改善を目的としてカテコールアミンが使用される。通常は、ドパミンとドブタミンの併用投与を行い、それでも血圧が維持できない場合は、ノルアドレナリンの投与を検討し、その場合はドブタミンとの併用を考慮する。また、強心作用と血管拡張作用を併せもつPDE III阻害薬ミルリノン（図I-587）などもこのような病態で使用されている。動物に対する心原性ショックの対応についての指針もある[25]。

### 4）心外閉塞・拘束性ショック

心外閉塞・拘束性ショック（extracardiac obstructive shock）は、心タンポナーデ（pericardial tamponade）や収縮性心膜炎（constrictive pericarditis）、重症肺塞栓症（massive pulmonary embolism）などの、心ポンプ失調以外の原因による血流の物理的閉塞により起こる。心タンポナーデでは、心膜腔内の絶対量によるだけではなく、貯留する速度と心膜のコンプライアンスに影響される（図I-588）。一般的に、心膜内圧が10mmHgを超えると血圧は急激に低下して、14mmHg以上になるとショック状態になる[26]。血行動態的には肺血管抵抗の増大以外は、心原性ショックと同様の病態を呈する。

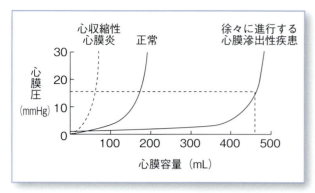

図Ⅰ-588　心膜のコンプライアンス曲線
心膜圧10～15mgHg以上で心膜の弾性限界に達する。

　右心室の壁は薄く拡張性は高いが、急速な進行性の圧負荷には対応できないため、特に右心系に圧負荷がかかる心タンポナーデや収縮性心膜炎、重症の肺塞栓症では、右心不全症状を呈する。さらに、右心系への急激な負荷により左心腔の狭小化、拡張能低下を招き、心拍出量が低下し急速にショックに陥る。

## ■ 3　ショックの検査・治療

　ショックの治療は、原則的にマンパワーが必要なチーム医療である。しかし、マンパワーが確保できない状況では、無駄のない、素早い、的確な動きによりそれをカバーする他はない。動物医療においては、アナフィラキシーショックや、心原性ショックなどが比較的多く遭遇するショックであるので、救急用の薬剤セットの準備や、すぐに気管内挿管でき、酸素吸入ができる準備が役に立つ。優先順位を的確に判断するために、マニュアルを作り常日頃からの繰り返しの訓練が必要である。

### 1）ショックの全身管理
#### ⅰ）呼吸管理（換気）

　ショックでは、まず虚血などによる代謝性アシドーシスが進行して、代償的に呼吸性アルカローシスでpHを正常に保持しようという機構が働く。ショック時の呼吸促迫は、代謝性アシドーシスに対する中枢性の代償機構である。ショックの進行期における酸血症（acidemia）では、血液中の酸素分圧の低い組織の末梢では、ヘモグロビンからの酸素解離が容易になり、ヘモグロビンからの酸素放出が高ま

る。ショック時の酸血症で、安易に重炭酸ナトリウム（メイロン®）による重炭酸イオン（$HCO_3^-$）の補充により血液pHを正常化してしまうと、虚血領域での酸素供給量が低下してしまい、組織虚血をさらに進行させてしまうことを奇異性アシドーシス（paradoxical acidosis）といい、この理論により重炭酸ナトリウムの使用機会が激減した。このようにショックでの酸血症は、十分な呼吸管理により治療されるべきものである。通常、ショック時には予防的酸素投与が行われるが、ショックでは肺胞での毛細血管でヘモグロビンと酸素の結合率が低下することに起因する。

　その他にショックでは、肺での炎症性サイトカインなどによる血管透過性亢進により、肺胞・毛細血管間の間質浮腫が生じ、酸素摂取がさらに低下して、しばしばARDSを合併しやすい状態になっている。この場合は、酸素投与や肺胞換気量の改善の他に、膠質浸透圧の維持（血漿蛋白濃度の維持）、積極的な炎症性サイトカイン対策が必要となる。また、意識状態が低下している場合は、誤嚥させないように注意し、必要に応じて気管内挿管を行って調節呼吸にて適切な呼吸管理下に置くことが望ましいことがある。

#### ⅱ）輸液
##### ①晶質液

　心原性ショックを除く多くのショックでは、末梢血管抵抗が減弱するため左室前負荷が低下しているので、状態に合わせた輸液療法が循環維持と組織酸素代謝の改善に必要となる。

　通常、ショックでの輸液は、晶質液（乳酸リンゲル液、酢酸リンゲル液、炭酸リンゲル液など：図Ⅰ-581参照）を選択して、急速輸液が必要なことが多い。特に、循環血液量減少性ショック（出血ショックなど）では、その初期には細胞内脱水が生じるために、十分な晶質液をまず投与して細胞内脱水を進行させないようにする必要がある。しかし、晶質液は輸液開始から1時間以内に投与輸液量の約30％を血管内に残して、その他は間質へ移動したり尿中に排泄される[27,28]。長時間の大量の輸液は、希釈性に血管内膠質浸透圧が減少する他に、晶質液の大量輸液では細胞間質に水分貯留が生じる（サードス

ペース形成）。通常、等張性の晶質液のショック時の初期の最大輸液スピードは、犬で90mL/kg/時、猫で55mL/kg/時とされているが、血圧などの反応をみながら輸液開始後30分くらいまでには、輸液量の変更が必要になる（多くはスピードを落とすが、時折は上げなければならないものもいる）。生理食塩液は、ショック時の大量投与で高塩素性アシドーシスをきたす恐れがあるので推奨されていない[27,29,30]。

②代用膠質液

現在、日本国内での人工の膠質輸液剤は、デキストラン40を含む輸液剤（乳酸リンゲルベース：図Ⅰ-589、生理食塩液ベース、糖液ベース）とヒドロキシエチルデンプン（HES）を含む輸液剤（ヘスパンダー®：図Ⅰ-584参照）が使用できる。

デキストランは、人工の炭水化物で分子量によりデキストラン70と40がある。デキストラン70は、アルブミンと分子量がほぼ等しく、デキストラン40よりも循環血液中に維持されて効果が長いことが知られているが（デキストラン70は8〜10時間持続、デキストラン40は4時間程度）、過敏症や凝固障害などの副作用の危険性が高いことから発売中止となった。デキストラン40も、高い浸透圧により利尿作用や、急性腎不全の併発、止血異常などへの配慮が必要である。そのため、血小板減少症には使用すべきではない[27]。デキストランは、わずかな確率の副作用の問題で使用を控える傾向があるが、効果においてもアルブミンなどの血液製剤より不安定であるとする指摘もある。

現在、最も使用されていると思われるのがヒドロキシエチルデンプン（HES）を含む代用膠質輸液剤（平均分子量69000d、10000〜2000000d）で、分子量はデキストラン70（70000d）と同等またはより大きく、デキストラン70と同程度の浸透圧効果を有し、ほとんどのデンプン粒子は肝臓と脾臓で吸収される。循環血液中の維持時間も多少長く、過敏反応の発現が少ない[31]。通常は、ショック時の使用では犬で10〜40mL/kg IV、猫では嘔吐に注意して5〜10分以上をかけて緩徐に5mL/kg IV、維持投与では犬で10〜20mL/kg/日、猫で10〜40mL/kg/日で使用される[32]。補充液ではないので、晶質液の併

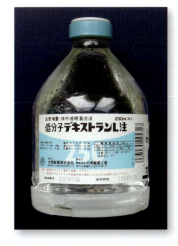

図Ⅰ-589　乳酸リンゲルベースでデキストラン40を含む輸液剤
低分子デキストランL
注：大塚製薬㈱

用（通常より40〜60％減量）が必要である。他の代用膠質輸液剤と同様に、出血時間延長などの凝固抑制作用が報告されているので、ショックの急性期への適応には慎重な対応が必要である。犬における検討でも、投与後早期から血小板機能に悪影響があることが報告されている[33,34]。

一般的に、人工的な膠質輸液剤はアルブミンに比べて効果が低いと考えられている。

③高張生食液

ショック治療において、高張食塩液の少量使用が報告されている[35]。この方法は、一般的なショックに対する細胞外液製剤の急速輸液と異なり、少量投与により短時間で、ある程度の循環血液量の回復が期待できる容易な方法である。高張食塩液を静脈内に投与すると、浸透圧勾配により間質組織の自由水を血管内に引き込むため、有効循環血漿量が増加する[27]。その結果、心臓に対する容量負荷が増大し、心拍出量が増加して血行動態の改善が得られるというものである。また、高張食塩液は脳圧を低下させて、脳灌流圧を維持することが証明されており[36]、頭蓋内出血を伴わない頭部外傷動物への有用性が示唆されている。本邦において、牛の脱水に対して、塩化ナトリウムを7.2％含有する高張食塩液（Na + 1230mmol/L）が発売されている。

HESまたはデキストランで7.5％に希釈された高張食塩液を、犬で4〜8mL/kg、猫で2〜6mL/kgを静脈内ボーラス投与する方法が紹介されている[37]。7％の高張食塩液では4mL/kg IVとの記載がある[38]。

このように、犬や猫などの小動物においてもショ

ック時の高張食塩液の使用が検討されているが、少量使用においても投与後に循環血液中のNaやClなどの電解質バランスが大きく崩れるために、さらに複雑な病態を作ってしまう可能性が高い。さらに理論的には、心臓に急激な負荷をかけるため、十分に確立した治療法に至っておらず、使用にあたっては症例を吟味して慎重な対応が必要と考える。

近年、6％のヒドロキシルエチルデンプン(HES)を含む7.2%高張食塩液と6％HESと乳酸リンゲル液の3つの輸液剤を使用した犬での出血性ショックモデルによる研究が報告されているが、高張食塩液の悪影響はみられても、有用性は認められていない[39]。

### ⅲ）血液製剤

#### ①アルブミン製剤（5％、20％、25％）

血漿は、血管外へ水分を導く静水圧にもかかわらず、間質液より血漿量を維持するために十分な分子量を有しており、その作用はアルブミンにより維持されている。このようなコロイド浸透圧の維持を目的として、ショック時にはアルブミン製剤（図Ⅰ-585参照）の投与が検討される。

急速輸液が必要な状況では、晶質液は血液の希釈によるコロイド浸透圧の低下が原因となり、1時間以内に投与量の約30％しか血管内にとどまらないため、その他はサードスペースへ移動したり、間質へ移動すると考えられている。そのため、晶質液は代用膠質液より肺水腫の原因になりやすいと考えられていたが、差がみられなかったとする報告もある[40]。むしろ、臨床的にはコロイド浸透圧の低下よりも静脈圧の上昇が重要である。代用膠質液の急速投与は、血管内に貯留することによる静脈圧の上昇が原因の肺水腫が腎機能障害の悪化を誘発する危険性が高く、ショック時においては注意が必要である。

現在、本邦において犬や猫にアルブミン製剤を使用する場合は、人の献血によるアルブミン製剤（図Ⅰ-585参照）が使用可能である。血漿膠質浸透圧を効率よく維持し、循環血流量を維持することを目的として使用され、5％アルブミン製剤では投与量の3/4が血管内にとどまるとされている。動物での投与量は、5％アルブミン製剤で2mL/kg/時/日、末梢静脈内持続点滴投与で投与されている報告があるが、人の低アルブミン血症に対するアルブミン製剤の使用では、以下の計算式が参考になる[41]。

必要アルブミン量（g）＝
　血清アルブミンの期待上昇濃度（g/dL）×
　　循環血漿量（dL）×2.5または2.0
（アルブミンの血管内回収率に基づく乗数）

あくまで、人の血漿アルブミンであるため、犬や猫への投与ではアナフィラキシーなどの過敏性反応の危険性は考慮されるが、犬418頭と猫170頭の重症例を対象にした低アルブミン血症への回顧的な報告では、重大な副作用はみられず安全性が示唆された[39]。

#### ②全血（whole blood）

輸血が必要になるショックは、循環血液量減少性ショック、特に大量の出血を伴う出血性ショックである。しかし、術中の予想された大量出血でない限りは、ショックの初期段階から全血輸血は通常行わない。全血輸血の適応は、酸素運搬能を改善すべき場合である。循環血液量減少に対して、初期段階から全血輸血で補う場合は、細胞内脱水を進行させる可能性がある。ショック時は、臓器還流を考慮しなければならない病態であるので、高すぎるHb濃度は血液粘張度を高めるために望ましくない場合が多い。適切な晶質液輸液の後に、病態に適した全血輸血を併用するのが基本である。

犬や猫の全血輸血において、投与される主な目的は赤血球と血小板の補充である。赤血球の健康な生体内での平均寿命は犬で120日、猫で70日である[42]。ちなみに血小板は、循環血液中での半減期は6～12日で、循環血液中の好中球の半減期は6～10時間である。通常はCPD（クエン酸リン酸塩加ブドウ糖）が抗凝固剤として使用され、20日以上保存すべきでないとされている[43]。ヘパリンも抗凝固剤として使用されるが、保存特性が全くなく、さらに血小板機能を阻害するので凝固障害時には勧められない。ヘパリン加血液（血液50mLあたりヘパリン625単位が推奨されている）は、48時間以内に使用すべきであり、できれば2時間以内に投与すべきとされている[44]。血液型は、犬でDEA型で、猫で

はAB型がある。ドナーとレシピエントの血液型を判定しての輸血は理想的であるが、血液バンクが未だ整っていない本邦の動物医療においては、交差適合試験の後に輸血せざるを得ないことが多い。また、ドナー不足はどの施設でもある問題で、供血犬や猫の飼育を余儀なくされている施設も多い。その場合、ドナー犬からは最大20mL/kg、ドナー猫からは最大10mL/kgの3週間ごと（3ヵ月以上が推奨）の採血が可能である。レシピエントへの輸血は、輸血専用の輸血セットを使用して、血液とともに投与できる輸液剤は生理食塩液であることを忘れずに、基本的には静脈内投与を行う。やむなく静脈が確保できない状況では、骨髄内への投与が可能であるが、その場合、赤血球は95％が循環血液として吸収される。一般的に犬と猫で20mL/kgの全血投与によりレシピエントのPCVを10％増加させる[45]。より厳密な輸血後のPCV上昇値は以下の式から算出できる[46]。

$$\text{ドナーの血液量（mL）} = 2.2 \times \text{レシピエントの体重（kg）} \times \begin{pmatrix} 40\,(\text{犬}) \\ 30\,(\text{猫}) \end{pmatrix} \times \frac{\text{希望のPCV} - \text{レシピエントのPCV}}{\text{ドナーのPCV}}$$

しかし、その予想は、レシピエントの循環血液量が正常なときに限る。出血性ショックでは、急速かつ多量の失血にもかかわらず、失血の初期のPCVはほぼ正常である。このような場合には、まずは晶質液などで循環血液量を正常に戻す努力をしながら、輸血により赤血球量を戻さなければならない。輸血は臨床症状に基づいて行うものであるが、PCVが10％以下の場合は著しい低酸素性の障害を惹起する可能性が高いので、すべての症例に輸血が必要となる[47]。レシピエントの状態が重篤でない場合は、輸血速度は5～10mL/kg/時が推奨されているが、緊急時は20～80mL/kg/時での輸血速度が示されている[48]。心疾患では、4mL/kg/時以下にすべきとされている[49]。一般的に輸血による急性副反応は2～4時間以内で発生すると報告されている[50]。そのため、輸血開始後は、15分、30分、60分で動物のTPR（体温、心拍数、呼吸数）、可視粘膜色の確認、CRT（毛細血管再充満時間）をモニタリングしながらゆっくりと投与速度を上げて、少しの異常所見がみられた場合は、速やかに輸血を中断する必要がある。輸血は、細菌繁殖を考慮して、4時間以内で投与すべきであると推奨されている[44]。

輸血の併発症としては、輸血血液中に含まれるリンパ球の増殖に関連した輸血後GVHD（Graft Versus Host Disease）、抗凝固剤で使用するクエン酸に関連する低カルシウム血症やクエン酸中毒、冷蔵保存などに関連する低体温症が危惧される。さらに、犬や猫は赤血球内のカリウム濃度が人に比較して、それぞれ1/17と1/26と低いために、通常は溶血に関連した高カリウム血症は考慮されないが、ドナー犬の選定にあたっては、HK型の多い秋田犬などの日本犬は控えた方が賢明であろう。

### iv）栄養管理（経腸栄養）

ショックは、原因疾患や時間経過、背景が多様である病態であるため、栄養投与に関する統一見解はないが、現時点ではショックの病態下での経腸栄養は禁忌とされている。高濃度のカテコールアミンや大量の輸液または輸血が必要な症例では、蘇生が完了し安定するまでは経腸栄養は控えるべきとする人のガイドラインが存在する[51]。しかし、その中には"少量のカテコールアミン使用時には経腸栄養は可能であるが、腹部膨満、胃内残渣の増量、排便・排ガスの減少、代謝性アシドーシスなどが認められれば耐性に問題があるとして中止する"とされ、病態が安定すれば禁忌ではないという判断もできる。ショック病態下では、腸管は常に虚血再灌流障害の危険にさらされているという考えもある。しかし、それほど恐れることはないという報告や[52]、ショック状態ではないが重症なものほど経腸的な栄養投与により感染症と臓器不全の抑制、入院期間の短縮に重要であるという記載もある[51]。

ショックの病態から離脱でき、循環動態が安定していれば、24～72時間に経腸栄養を開始することも可能で、それ以降に経腸栄養を開始した群に比較して、腸管粘膜の透過性の抑制、TNF-αなどの炎症性サイトカインの分泌抑制、エンドトキシン血症の抑制に効果があったとする報告もある[53]。

表I-40　臨床症状・徴候によるショックの重症度[54]

| 第1段階（ショックの前兆状態） |
| --- |
| ・意識は正常またはやや沈うつ（起立可能だかすぐに座り込む状態）<br>・可視粘膜色はやや蒼白（敗血症性ショックは含まず）<br>・四肢末端の皮温は冷感あり（中枢温はやや低下）<br>・呼吸はやや促迫状態または頻呼吸状態（呼吸性アルカローシス）<br>・頻脈<br>・股動脈圧は正常またはわずかな低下 |
| 第2段階（臓器低灌流状態） |
| ・意識は沈うつまたは朦朧（しっかりした起立は不能だが頭を上げることはできる）<br>・可視粘膜色は蒼白<br>・中枢温低下（敗血症性ショックは含まず）<br>・呼吸不全の徴候（乳酸の蓄積、アシドーシス）<br>・頻脈<br>・股動脈圧の明らかな低下または触知不能 |
| 第3段階（多臓器不全状態） |
| ・意識朦朧または昏睡（起立不能で頭を上げることも困難な状態）<br>・可視粘膜色は蒼白<br>・中枢温の明らかな低下<br>・呼吸不全（呼吸で代償不能な、重度な代謝性アシドーシス）<br>・股動脈圧触知不能 |

今後、ショックにおいての初期治療と同程度に、栄養管理はショック後の予後改善に大きく貢献する治療手段になると期待される。

### 2）ショックのモニタリング

ショックでは、循環不全と組織酸素代謝障害により生体は恒常性を維持するために、代償性に生体反応を起こしている。その代償性の生体反応が、循環不全の状態（血圧、心拍数、毛細血管再充満時間）と組織酸素代謝異常の状態（乳酸アシドーシス、尿量低下など）として確認できる。

ショックの共通一般身体検査所見は、可視粘膜色蒼白、虚脱、体温低下、血圧低下、不十分な呼吸が認められる。例外は、敗血症性ショック初期の末梢血管抵抗減弱と、心拍出量増加を伴う高心拍出量状態（hyperdynamic state）がある。

ショックの進行期では、末梢循環不全が基盤となり、神経内分泌反応が惹起される。組織は異化する方向に働き、交感神経が緊張し、炎症性サイトカインの誘導、血圧低下、代謝性アシドーシス、高血糖、発熱を伴い多くは沈うつ状態を呈する。

一般的なショック状態に際して、循環血液量、心臓のポンプ機能、末梢血管抵抗の3つの要素と、組織代謝のモニターが必要である。

#### i）身体検査

いかなるショックに際しても、意識評価（眼瞼・角膜反射、瞳孔、体表刺激など）、体表の触診、口腔粘膜などの圧迫によるCRT（毛細血管再充満時間）測定、体温測定、脈圧の触診、呼吸数および呼吸音は欠かせない。

臨床症状や臨床徴候によるショックの重症度を表I-40に示す[54]。

身体検査の中で、体温のモニタリングは非常に大切な項目である。体温測定には、直腸温・鼓膜温・食道温・膀胱温（専用の膀胱バルーンカテーテル使用8Frから）などの核温、四肢末梢の皮膚に専用プローブを装着する末梢温の測定が有用である。ショックにおける体温管理で、核温と末梢温を同時に評価することで、血管拡張が生じている場合は四肢末梢が温かく、血圧が低いものでは交感神経の緊張で血管が収縮して四肢末梢が冷たくなる。しかし、体重が小さな動物では、四肢末梢の血管拡張を呈して

$$pH = 6.1 + \log \frac{[HCO_3^-]}{0.03 + PCO_2}$$

$$H^+ + HCO_3^- \leftrightarrows CO_2 + H_2O$$
（酸）　　（塩基）

図I-590　Henderson-Hasselbalchの式

いるショック状態では、室温に影響されて核温も低下しやすく、太った動物では血管収縮を呈するショック状態では過剰な加温で熱放散が低下して核温が上昇しやすくなる。

さらに、循環血液量減少性ショックなどでは、低体温により血液粘度が増加し微小循環障害が生じる。これにより出血傾向が一方で増大し、DICが進行しやすい状態となるため、出血を伴うときは特に低体温は望ましい状態ではない。低体温自体は、酸素解離曲線を左方移動させ、組織末梢での酸素供給を低下させるが、局所灌流低下・組織虚血により嫌気性代謝が進行するので（アシドーシスの進行）、酸素解離曲線は右方に変位される。ショック状態での体温の回復は困難なことが多く、湯タンポや温水式の加温マットに加えて、温風式の加温マットなどの使用を積極的に考慮すべきである。敗血症性ショックなどのように発熱が進行する場合も、非ステロイド性抗炎症薬（Non-Steroidal Anti-Inflammatory Drugs：NSAIDs）の解熱薬を安易に用いず、冷却で体温調節を行うことが望ましいとされている。NSAIDsは、シクロオキシゲナーゼ2（COX-2）を抑制することでTXA2の合成も抑制してしまうので、極端な低血圧や血小板凝集抑制、出血傾向を助長する可能性があるからとされている。また、ショック病態ではNSAIDsなどのCOX-2阻害剤は正常時以上に、消化管出血、腎機能低下、肝障害を併発しやすいので注意が必要である。

ショック時の呼吸数の評価も大切なモニター項目である。ショック状態ではHenderson-Hasselbalchの式（図I-590）のように、嫌気性代謝によって産生される過剰なH⁺（酸）に対して、呼吸数を増加させて代謝性アシドーシスを呼吸性アルカローシスで代償する機能が働くので、呼吸数の評価は重要である[55]。

図I-591　SpO₂測定器
MASIMO Radical-7TM：マシモジャパン㈱

ⅱ）心電図

心電図を連続的にモニターして心拍数、不整脈を把握することは重要である。ショック時には心電図モニターの音を耳で聞くことが大切ともいわれる。心電図モニターの場合は、動物では体位変更など動くことが予想されるので、AB誘導（心尖部付近と心基底部を結ぶ線上でクリップする）をはじめ、R波の他にできればP波やT波もある程度確認できるように電極を装着する。洞頻脈や徐脈、各種の不整脈に際しては、血圧や毛細血管再充満時間（CRT）などは最低限チェックして、さらに疼痛コントロールの程度も評価する。

ⅲ）経皮的酸素飽和度（SpO₂）測定（図I-591）

動脈血酸素分圧（PaO₂）を測定する代わりに、経皮的に波長の異なる赤色光と赤外光の2種類の光を交互に点滅させて透過した光量を測定することにより、酸化ヘモグロビンと還元ヘモグロビンの比から動脈血の酸素化レベル（動脈血酸素飽和度、SaO₂）を非侵襲的にリアルタイムで測定するのが、経皮的酸素飽和度（SpO₂）である。ショック状態においても有用であるが、重度なものでは計測できないこともある。通常、血液ガス分析から算出されるSaO₂とSpO₂は近似する。動物の場合は、体動が大きいので、連続的な測定には苦慮する場合があるが、スポット的な測定でも有益である。麻酔下ではないので、センサーの装着部位は耳や四肢の末梢、尾部などで、被毛を刈る必要があったり、黒っぽい動物への使用が制限されることはあるが、状況がそろえば使用しない手はない。

通常、SpO₂は室内では96〜97％である。測定器械によってはSpO₂の実数のみしか表示されないも

のがあるが、パルス状の血流を示すプレシスモ波形が存在することが前提になっている。$SpO_2$が90％を超えると（$PaO_2>60mmHg$）、$HbO_2$の酸素解離曲線が平坦になるので、$PaO_2$が大きく変化しても、それに伴う$SpO_2$の変化は小さくなる。$SpO_2$の評価では、皮膚温や貧血の影響も考慮する必要がある。重症患者では$SpO_2$を連続的にモニターする方が、定期的な血液ガス分析より重大な低酸素血症を検出するのに優れているという報告がある[56]。

### iv）画像診断（胸部X線検査、エコー検査）

胸部X線検査では、心原性ショックや心外閉塞・拘束性ショック以外のショック状態において、心陰影が縮小し、後大静脈径が大動脈径や気管径に比較して縮小する。心エコー検査では、心膜、心膜液、心筋、心臓内の血栓などの評価に加え、一般的な収縮能または拡張能の評価を行う。虚脱した心臓は、心室腔内の血液量が低下して一見、肥大しているようにみえることが多い。腹部エコー検査では、例えば、肝臓から脾臓、左腎臓、雌の場合は卵巣や子宮、膀胱、右の腎臓などと一定のパターンで腹部臓器を迅速に走査する。腹腔内の液体貯留の有無や、消化管内の状態を評価もあわせて行う。

### v）非観血的血圧測定

ショックの血圧に基づく診断は、一般的に収縮期圧が90mmHg以下（測定不能も含む）と定義されている。血圧測定には、動脈内圧を直接測定する直接血圧測定法（観血的血圧測定法）と、膨張式のカフを用いた血圧測定を測定する間接測定法（オシロメトリック法：図Ⅰ-592）に大きく分けられる。その他、間接測定法にはドップラー法を用いて収縮期圧を測定する方法もある。

ここでは、犬猫で一般的に行われているオシロメトリック法による間接測定法について記載する。ショック時は、その多くで虚脱しているので、通常時に安静にしていない動物でも血圧測定は容易に実施できることが多い。オシロメトリック法において、信頼性のある血圧測定を行うには、四肢または尾に装着するカフのサイズに注意することである。カフの幅は、四肢または尾の全周の最低40％になるように選択する。誤ったカフの選択は、血圧測定に誤差を生じる最も多い原因である。さらに、カフを装着

図Ⅰ-592　血圧計
RAMSEY MEDICAL Inc. USA

する部位に厚い被毛がある場合は、その部位を避けるか、または被毛を刈るかの対応策をとる。カフを装着する場合は、四肢または尾とカフの接着圧にも十分に注意する（強すぎず、緩すぎず）。オシロメトリック法による血圧測定の正確性は低いといわれていたが、測定機器の向上により直接測定と大きな差がないほど信頼性が向上してきたが、ショック時のような血圧の低い状況では、参考値として認識していた方がよいと考える。また、ショックが進行すると、カフ圧計による血圧測定がしばしば不能となるので、理想的には血圧変動が著しいショックの急性期には連続的な観血的動脈圧測定と平行して測定する（後述）。

### vi）時間尿量測定

尿量は、腎血流量に敏感に反映されるもので、ショックの重症度と治療効果の評価には、時間尿量の測定は簡便かつ安価に実施できる有用な方法である。時間尿量は輸液量との関係もあるが、最低でも1mL/kg/時以上を維持されなければならない。

### vii）血液ガス分析

血液ガス分析では、動脈血により肺でのガス交換から末梢組織、腎臓における代謝などの総合的指標が示される（図Ⅰ-593）。頸静脈などの比較的太い静脈血からの採材は、酸素分圧の評価はできないが、それ以外は動脈血に比較してパラレルに動くので酸-塩基平衡においてはある程度の指標となりうる[57]。

一般的に動脈血の採取により、低酸素血症の程度

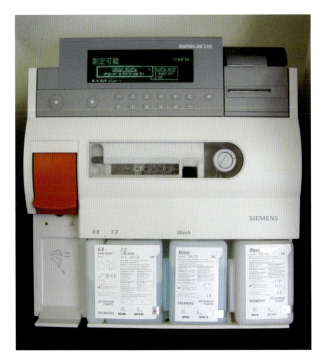

図I-593 血液ガス分析器
ラピッドラボ348：シーメンスヘルスケア・ダイアグノスティックス㈱

がわかる。室内でのPO$_2$は、60mmHg未満で呼吸不全と診断する。その場合に、PCO$_2$が正常（35〜45mmHg）または低下していれば、I型呼吸不全であり、PCO$_2$が45mmHgを超える場合は、II型呼吸不全と診断される。さらに、肺胞気・動脈血酸素分圧較差（AaDO$_2$ = 150 − PaCO$_2$/0.8 − PaO$_2$、正常は10〜15mmHg未満）で、I型呼吸不全ではAaDO$_2$が開大し、II型では通常は正常なものが、不一致の場合は複数の病態が関与していることが多いので、酸素投与は慎重に行う。

血液のpH測定では、アシドーシスまたはアルカローシスの判断ができ、重炭酸イオン（HCO$_3^-$）や二酸化炭素分圧（PCO$_2$）からその酸−塩基平衡障害を予想できる。生体は、各種のショックなどの一次性の変化に対して、pHを正常に維持しようとする代償機構が働くが、通常は完全に代償することはない。時として、検査結果が一般的な酸−塩基平衡障害で予想される代償性変化の範囲から外れている場合には、複数の酸−塩基平衡障害が共存している場合や、一次性の変化が急激なために十分な代償が起きていないことが考えられる。

さらに検査により得られるHCO$_3^-$によりアニオンギャップの計算ができ、代謝性アシドーシスの鑑別診断に役立つ。アニオンギャップの増加は、血中の異常な陰イオン、例えば乳酸やケトン体やリン酸などの増加を示す。

ショックにおける動脈血ガス分析の所見を表I-41に示す[2]。

ショックの初期では、頻呼吸によりPaCO$_2$が低下して呼吸性アルカローシスがみられることがある。その後に末梢組織の低灌流や低酸素状態に陥るに従い、嫌気性代謝を生じて乳酸などの蓄積を招き、乳酸アシドーシスを呈して代謝性アシドーシスとなることが多い。このように代謝性アシドーシスの程度は、末梢循環不全の指標になりうる。PaO$_2$やPaCO$_2$は、ショックの原因診断や肺の合併症の有無の判断に有用である。PaO$_2$の低下は、心原性ショック、心外閉塞・拘束性ショックの多くでみられるが、循環血液量減少性ショックや血液分布異常性ショック（敗血症性ショックやアナフィラキシーショックなど）では、単独ではPaO$_2$が正常のことが多いが、敗血症性ショックではARDS、アナフィラキシーショックでは、気管支痙攣や喉頭浮腫などの合併により低酸素血症を生ずることがしばしば考えられる。

### viii）乳酸値

乳酸測定は、一般臨床においても容易に測定可能である（図I-594）。

血中の乳酸値は、全身の酸素代謝異常を示す重要な指標である。組織での酸素の需要が供給を上回ると、嫌気性代謝が行われて、乳酸値は上昇する。血中乳酸値は、全身臓器の総和としての酸素代謝異常を示すもので、乳酸値5mmoL/L以上で重度な組織低灌流を示唆する。治療の効果判定としても、乳酸値の推移は有用である。

### ix）観血的動脈圧測定（連続的）

血圧（平均血圧 = MAP）は、心拍出量（CO）と全末梢血管抵抗（SVR）により決定される。ショックの血圧に基づく診断は、一般的に収縮期圧が90mmHg以下（測定不能も含む）と定義されている。理想的には、ショックの急性期は血圧変動が著しいので、観血的動脈圧測定ラインを確保して、連続的な動脈圧測定は非常に有用である。

表Ⅰ-41 各種ショックにおける動脈血液ガス所見[2]

| | | PaO₂ | PaCO₂ | HCO₃⁻ |
|---|---|---|---|---|
| 循環血液量減少性ショック | 出血性ショック | N | N〜↓ | ↓ |
| | 体液喪失性ショック | | | 喪失する体液成分によって異なる |
| 心原性ショック | 心筋梗塞、 | ↓ | ↓ | |
| | 心筋炎、不整脈 | | | |
| 心外閉塞・拘束性ショック | 心タンポナーデ | N〜↓ | N〜↓ | ↓ |
| | 肺血栓塞栓症 | ↓ | ↓ | |
| | 緊張性気胸 | ↓ | ↑ | |
| 血液分布異常性ショック | 敗血症性ショック | N〜↓（ARDS合併時） | ↓ | |
| | アナフィラキシーショック | N〜↓（喉頭浮腫、気管支痙攣時） | ↓〜↑（喉頭浮腫、気管支痙攣の程度により異なる） | |
| | 神経原性ショック | N | N | N |

N：正常　↑：上昇　↓：低下　ARDS：急性呼吸促迫症候群

図Ⅰ-594 簡易血中乳酸測定器
ラクテート・プロTM：アークレイ㈱

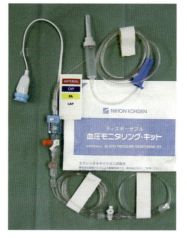

図Ⅰ-595 圧トランスデューサーセット
日本光電㈱

　さらに、付加価値として動脈血液ガス分析も容易になり、頻繁に実施可能となる。ショックでは、循環血液量が減少している場合や心原性ショックの初期では、心拍出量の低下が末梢血管抵抗の増大に代償されて、血圧が維持されているようにみえることがあるので注意が必要である。

　ショックの治療目標は、収縮期血圧を100mmHg以上になるように輸液量または心収縮力の調節を行う。その場合も、特にショックでは、MAP=CO×SVRを忘れずに、血圧の上昇は全身の血流の回復を示していると考えられることが多いが、逆の効果（血流の減少）を生じている可能性もあるということを認識していなくてはならない。全末梢血管抵抗が異常な状況では、血圧は血流量の信頼できる指標ではないということを忘れないようにする。

　動脈圧波形は、測定する部位により多少変化する。末梢に進むに従い収縮期血圧は徐々に上昇し、波形の幅が狭くなる傾向にある。したがって、大動

脈圧の測定値としては、平均血圧の方が正確であるとされている。

小動物において、動脈内に動脈圧測定用ラインをとり、圧トランスデューサーに接続して専用モニターで測定する（図Ⅰ-595）。しっかりと固定するためには鎮静以上の処置が必要なことがほとんどである。ショック時に、その病態と重症度を判断して、この症例は血行動態が不安定または不安定になるおそれがあると判断を下すことは意外と難しいかもしれない。

### x）中心静脈圧

中心静脈圧（central venous pressure：CVP）は、循環血液量の増減と右心機能を正確に評価するためのものであり、正常は 5～10cmH$_2$O（1.36cmH$_2$O ＝ 1.0mmHg）である。CVPは、絶対値のみで判断するものではなく、相対的変化が重要である。測定する体位に注意して、持続的測定が原則である。ショックでは、末梢血管抵抗や血管透過性の変化に注意を要するので、適切な循環血液量を把握するために、CVPモニターは病態の判断や治療の指標にたいへん有用であるが、重症度や治療効果の評価には用いるべきではないとされている。

CVPの測定は、中心静脈用のカテーテルまたはその代用品と、静脈圧測定用マノメーターセットがあれば特別な器械がなくても測定できる（延長チューブと三方活栓、メジャーがあれば自作も容易）。多くのベッドサイドモニターには観血的血圧が測定可能なものがあるので、その場合は圧トランスデューサーセットによりモニター上にその波形や測定値が表示される。中心静脈内へ挿入するカテーテルにバルーンカテーテルを使用すれば、中心静脈圧以外にも右心房圧、右心室圧、肺動脈圧、肺動脈楔入圧も測定できるが、カテーテルが高価なことが難点である。

CVP測定は、胸腔内で記録されるので、胸腔内圧の変化（呼吸の影響）が血管壁に伝わり、実際の血管内圧と壁内外圧較差の間に差が生じる結果で引き起こされる。したがって、血管外圧がゼロのとき、呼気の終了時（呼気終末）のCVPが正確な値である。動物の場合は、全く動けない状況下以外は、麻酔、鎮静下でないと、CVP測定は体動や呼吸により評価は難しい。

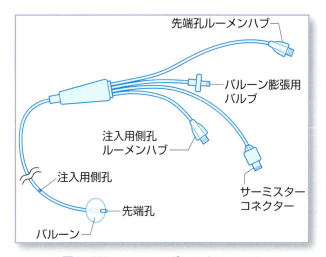

**図Ⅰ-596　スワン・ガンツカテーテル**
標準的なサーモダイリューションカテーテル（スワン・ガンツカテーテル）のイメージ。

### xi）肺動脈カテーテル（スワン・ガンツカテーテル）

バルーンつきの右心カテーテルは、開発者の名前をとってスワン・ガンツカテーテルと呼ばれる（図Ⅰ-596）。大静脈内でカテーテル先端のバルーンを膨らませて血液の流れにのせてやることで、X線透視がなくても、右心房、右心室を経て肺動脈まで容易に挿入できる。中心静脈圧、肺動脈圧、肺動脈楔入圧、血液温のほか、熱希釈法による心拍出量の測定が可能となる。厳密な診断または循環管理を行うためには非常に有用なカテーテルである。肺動脈血の酸素飽和度（混合静脈血酸素飽和度）の測定からは、組織の酸素需給の状態も知ることができる。最近では、心臓ペーシングが可能なものや、混合静脈血酸素飽和度の連続モニタリングできるもの、右室駆出率測定用などバリエーションが広がっている。中心静脈圧、肺動脈圧、肺動脈楔入圧は呼吸によって変動するため、測定は呼気終末で行うことを原則とする。

ショック治療全般に肺動脈カテーテルは有用とされ、特に心原性ショックでは心強い指標であるが、その使用は重症度に応じて選択されるものである。動物では、覚醒下でのカテーテル管理の難しさや、適応の病態判定、継続的高度治療の需要からも未だに限られた場合にしか選択されることがないのが現状である。長期留置では、カテーテル感染の危険性

や、血栓、不整脈などが問題であり、動物の場合は十分なカテーテル保護が必要となる。動物の臨床現場でのベットサイドモニターとしては、技術的には可能であるが、万が一の大量出血やカテーテル交換の問題があり、普及していない原因となっている。

### 3）ショックの薬物治療
#### i）交感神経作用薬（図Ⅰ-597）
（ドパミン、ドブタミン、ノルエピネフリン）

ショックに対する薬物療法は、呼吸管理や十分な輸液療法などを行ったうえで、昇圧効果が得られにくい場合に実施されるものである。カテコールアミンは、ドパミン持続投与で開始する。アドレナリン作動性β受容体を介した心筋陽性変力作用を期待する場合は、ドブタミンを併用するか、またはアドレナリン$α_1$受容体を介した末梢血管抵抗減弱の改善にはノルエピネフリンの単独使用、またはドパミンやドブタミンと併用する。ドパミン受容体、β受容体、$α_1$受容体の親和性を考慮し、選択性の高いものに切り替えることを基本とする。カテコールアミンの使い方は、ショックにおいても少量から徐々になじませて増量するのが原則である。

カテコールアミンの免疫破綻作用と細菌増殖作用についての研究がある。ドパミンやドブタミンのアドレナリン$β_2$受容体刺激により、マクロファージは一時的に活性化するが、炎症性サイトカインの放出によりその機能を失活させられるという研究がある[58]。また、カテコールアミンの刺激は、表皮ブドウ球菌を増殖させて、バイオフィルム産生を促進させて組織に定着させるという研究や[59]、ドパミンやドブタミンは濃度依存的に様々な菌種に作用して、cAMP産生を介して細菌増殖を高めるという研究が報告されているので[60]、ショックの管理において、ドパミンやドブタミンなどのカテコールアミンの安易な使用を控えるべきとする考え方もある。

このように、ショックの管理においてカテコールアミン使用は、必須と考えやすいがそうではなく、必要な病態でカテコールアミンの厳格使用（最小量のカテコールアミンで最大効果を得る）を心がける。

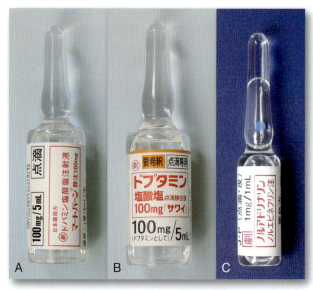

**図Ⅰ-597　交感神経作用薬**
A：ドパミン（マートバーン®：辰巳化学㈱）、B：ドブタミン（沢井製薬㈱）、C：ノルエピネフリン（第一三共㈱）

#### ①ドパミン（図Ⅰ-597A）

ドパミンは、内因性のカテコールアミンであり、神経伝達物質として働くほかに、ノルアドレナリンの前駆物質であり、心臓の神経末端からノルエピネフリンを放出させる。その作用は、用量依存性に多様な受容体を活性化する。低用量では（＜3μg/kg/分）、腎血管と内臓血管（腸間膜）、さらに脳動脈のドパミン特異的受容体を選択的に活性化して血流量を増加させる。低用量ドパミンは、腎尿細管上皮細胞に直接作用して、尿中ナトリウム排泄を増加させるが、この作用は腎血流量増加に対して非依存的である。中等度（3～10μg/kg/分）では、心臓と末梢血管のβ受容体を刺激して心筋の収縮性の増加や、心拍数増加、末梢血管拡張させ、総合的には心拍出量を増加させる。心筋の収縮反応は、ドブタミンに比較すると弱い。高用量（＞10μg/kg/分）では、α受容体刺激により末梢の血管収縮を起こし、特に肺血管では肺動脈楔入圧（PCWP）は、用量依存性に増量することがわかっている。この血管収縮作用により、末梢血管抵抗の上昇により心臓の後負荷が増加して、腎血流量の低下も起こる。

ドパミンは、血圧上昇作用と心拍出量の増加が必要な心原性ショックで適応となり、ドブタミンの併用で単独投与より、有用であるとされている[61]。しかし、ドパミンはドブタミン同様に、アドレナリ

ン作動性α₁受容体よりアドレナリン作動性β₂受容体と親和性が強いため、アドレナリン作動性β₂受容体を介した血管拡張作用を併せもつため、敗血症性ショックなどの血液分布異常性ショックには使うべきでないとされている。敗血症性ショックなどの病態では、ノルエピネフリンの方が好ましい昇圧薬と考えられている。さらに、低用量ドパミンは、急性腎不全の予防または治療でよく用いられてきたが、これは不適切であるという報告がある[62]。

ドパミンはドブタミン同様に、アルカリ性で不活化するので、重炭酸ナトリウムなどのようなアルカリ溶液に混注してはいけない。さらに、末梢静脈からの投与時の血管外漏出には十分注意しなければならない。

猫には腎臓にドパミン受容体がないので、血圧上昇により相対的に腎血流量を増加させることしか、その作用を期待できない。

②ドブタミン（図Ⅰ-597B）

ドブタミンは、ドパミンの合成アナログで、強いβ₁受容体刺激作用（陽性変力および陽性変時作用）と弱いβ₂受容体刺激作用（末梢血管拡張作用）を併せもつカテコールアミンである。ドパミンと異なり、ノルエピネフリンを直接放出せず、ドパミン受容体にも作用しない。

ドブタミンは、用量依存性に1回心拍出量を増加させ、左心室充満圧（肺動脈楔入圧）を低下させる。ドブタミンの心刺激作用は、心仕事量と心筋酸素消費量の増加を伴うことが多い。ドパミンに比較して頻脈、不整脈の出現は低い。

通常ドブタミンは、血圧を上昇させないため、心原性ショックに対して単独使用は行わない。さらに、十分な輸液が行われていない段階でのドブタミンの使用は、血圧低下をもたらす可能性があるので注意しなければならない。

③ノルエピネフリン（図Ⅰ-597C）

ノルエピネフリン（ノルアドレナリン）は、輸液療法やドパミンが奏功しない低血圧でしばしば用いられる昇圧薬で、特に敗血症性ショックでは好んで使用されている。ドパミンより昇圧効果が強く、頻脈や不整脈を起こしにくいとされている。人における敗血症性ショックにおいて、ドパミンはアドレナリンβ₂受容体刺激により血管拡張作用が惹起するため、昇圧の妨げになり、さらに頻脈傾向が循環管理の妨げになることから、敗血症性ショックではドパミンは使用すべきでない。ノルエピネフリンやバソプレッシンの有効性を示す臨床研究もある[63]。

ノルエピネフリンは、主に末梢のα受容体を刺激して、用量依存性に体血管抵抗を増加させる。心臓のβ受容体を広範囲に刺激するが、心拍出量に対する影響は様々であるとされる。正常では、ノルエピネフリンの血管収縮作用は、臓器血流の減少や腎血流量の減少をもたらすが、敗血症性ショックの場合には腎血流量の減少や腎機能障害を伴うことなく、血圧を上昇させることが知られ、敗血症性ショックでの低血圧での第一選択の昇圧薬である[64]。しかしその場合、低血圧が補正されてもショック状態の生存率が改善されることはない[64]。

ノルエピネフリンを持続投与する場合に、希釈液としてブドウ糖加輸液剤が推奨されている。敗血症性ショックでは、通常は0.01μg/kg/分の低用量から開始して2μg/kg/分まで増量するが、必要があればさらに増量する。

他のカテコールアミンと同様にノルエピネフリンもアルカリ性で不活化するのでアルカリ溶液と混注しない。

ⅱ）バソプレッシン

生理的にバソプレッシン（Arginine Vasopressin：AVP）は、低血圧時に視床下部の下垂体後葉から分泌されて、血管平滑筋を収縮させて昇圧効果を発揮する強力な抗利尿ホルモンである。本邦では、ピトレシン® 注射液20単位/mLが発売されている（図

図Ⅰ-598　バソプレッシン
ピトレシン® 注射液：第一三共㈱

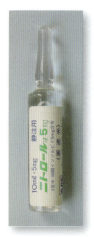

図Ⅰ-599　硝酸イソソルビド
ニトロール注5mg：エーザイ㈱

図Ⅰ-600　ニトロプルシッド
ニトプロ®持続静注液6mg：丸石製薬㈱

Ⅰ-598)。各種のショックで血中のAVP濃度の減少が報告されている。AVPの血管収縮作用は極めて強力であるが、虚血性障害を起こさないで昇圧作用を発揮する至適用量は未だ不明であり、動物実験や症例報告でその有用性が報告されているにすぎず、現在のところ十分なエビデンスがあるものではない。ショック時でのAVPの使用は持続投与であるが、犬において麻酔下での用量の検討では、0.01単位/kg/分では有意な反応がなかったが0.1単位/kg/分と1単位/kg/分では平均動脈圧と全血管抵抗は上昇したが、心拍数と心係数は有意に減少し、さらに1単位/kg/分では肺血管抵抗の有意な上昇と、明らかな心係数の低下が認められているように[65]、ショック時に使用する場合もノルエピネフリンなどのカテコールアミン併用が必要な様相である。

　敗血症性ショックなどの血液分布異常性ショックにおいて、適切な輸液療法に加えて、第一選択薬はノルアドレナリンもしくはドパミンであるが、ノルアドレナリンと併用しての低用量AVP（0.03単位/分）が人で推奨されている。四肢末梢に冷感を伴うCold shockに移行した敗血症性ショックでは適応ではない。

### ⅲ）血管拡張薬
　　　（ニトログリセリン、ニトロプルシッド）
①ニトログリセリン、硝酸イソソルビド（図Ⅰ-599)

　心原性ショックにおいて、肺動脈拡張、静脈拡張、冠動脈拡張を目的として投与され、肺動脈楔入圧の低下（左心房圧低下）や心筋虚血の改善をきたす。持続静脈内投与が必要で、専用の輸液セットにより投与される。心電図や肺および全身の血行動態のモニタリングをしながら、他の血管拡張薬と同様に低用量から効果がみられるまで増量させて使用する。ドパミンやドブタミンとの併用は特に有用な場合がある。

②ニトロプルシッド

　ニトロプルシッドは、ニトログリセリン同様に一酸化窒素を介して、静脈系と動脈系の両方を拡張させるが、ニトログリセリンに比較して静脈拡張作用は弱く、動脈拡張作用が強い（図Ⅰ-600)。ニトロプルシッドは、迅速で短時間しか作用しないので静脈内持続投与され、主に重篤な高血圧の治療や、重篤な左心不全例に用いられる。光感受性であるので遮光が必要であり、シアン化物中毒を起こす危険性があるため、急性期の使用にとどめる必要がある。

　一般的に、投与時5％グルコース液に希釈して0.5μg/kg/分から開始し、効果がみられるまで5分ごとに増量し、最大で10μg/kg/分まで増量される。ニトログリセリン同様にドパミンやドブタミンなどのカテコールアミンとの併用が有用なことが多い。通常、犬において多くは3μg/kg/分前後が治療域となる。腎不全例では、チオシアン化塩の蓄積を抑えるために、投与速度を1μg/kg/分未満で維持する。突然の投薬中止で高血圧のリバウンドがあるとされるので、終了時は血圧をみながら徐々に投与量を減量する。

### ⅳ）ヘパリン

　ショックでしばしば併発するDICの治療には必要な薬剤である。特に、敗血症性ショックでのDICでは凝固亢進・相対的線溶抑制状態であるため、未

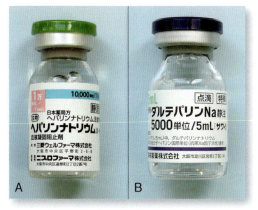

図Ⅰ-601　ヘパリン
A：ヘパリンナトリウム注：三菱ウェルファーマ㈱、B：ダルテパリンNa静注5000単位/5mL：沢井製薬㈱

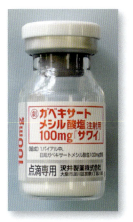

図Ⅰ-602　メシル酸ガベキサート
ガベキサートメシル酸塩注射用100mg：沢井製薬㈱

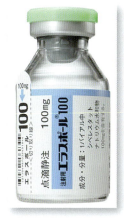

図Ⅰ-603　シベレスタットナトリウム
注射用エラスポール® 100：小野薬品工業㈱

分画ヘパリンや低分画ヘパリン（図Ⅰ-601）、ヘパリノイド（オルガラン®）を使用する。DICをはじめ血栓溶解時に血栓内から血液に溶出したトロンビンによる血栓化で生じる再閉塞のリスクを軽減する意味でも、血栓溶解薬を投与されている症例で出血の危険性はあるが、ヘパリンの抗凝固療法は有用である。

ヘパリンの作用は、生理的抗凝固物質であるAT-Ⅲを介してのものであるので、AT-Ⅲ活性が70%以下の場合はAT-Ⅲの補充が必要となる。AT-ⅢはDICにおいて凝固過程の活性化の結果として産生されるトロンビンを中和するのに消費される。人用のATⅢ製剤の動物への転用も考慮されるが、エビデンスがないことと非常に高価であるため、全血輸血にて補充されるのが一般的である。

### ⅴ）蛋白分解酵素阻害薬

蛋白分解酵素阻害薬は、日本で開発された薬剤であり、その臨床試験も国際基準の水準に達していなかったこともあり、多くの研究は日本で行われている。現在、メカニズム的には解明され、実際に検証された病態も多いが、未だ質の高いエビデンスがないということで、日本独特のローカルドラッグとして位置づけられている。ショックの概念が、血圧低下から臓器循環不全と変化して循環不全の改善が求められるようになり、特に活性化好中球とそれによる血管内皮障害に対しての対策として、蛋白分解酵素阻害薬は期待されている。現在、尿から精製される抽出蛋白分解酵素阻害薬として、ウリナスタチン（ミラクリッド®）がある。これは、各種蛋白分解酵素の遊離を抑制し、さらに血管内皮細胞表面の接着因子発現を抑制することで、活性化好中球による血管内皮細胞障害の緩和を目的で使用され、循環血液量減少性ショック、敗血症性ショック、体液喪失性ショックなどが適応疾患とされている。さらに、合成蛋白分解酵素阻害薬として、多価蛋白分解酵素阻害効果を有するメシル酸ガベキサート（図Ⅰ-602）とメシル酸ナファモスタット（フサン®）は、トリプシンやリパーゼなどの膵由来の消化酵素阻害効果により、急性膵炎、蛋白分解のカスケード反応である凝固反応の抑制効果からDICに期待される薬剤である。

選択的エラスターゼ阻害作用を有する合成蛋白分解酵素阻害薬であるシベレスタットナトリウム（図Ⅰ-603）は、SIRSに伴う急性肺障害に対して使用され、実験レベルではエンドトキシンなどで惹起された肺の毛細血管透過性亢進を抑制し、さらに急性肺障害モデルでは肺への好中球浸潤および肺障害そのものを抑制することが報告されている。通常は、SIRS発症後72時間以内での使用が推奨されている。好中球エラスターゼは基質特異性が少ないので、全身で作用するため、シベレスタットナトリウムの効果は肺以外でも期待されている。

その他、セリンプロテアーゼとして活性プロテインCは、単球からの炎症性サイトカインの産生を抑

制し、本来の働きである凝固抑制機能に加えて、活性化好中球の組織傷害を緩和することが知られ、重症感染症の治療薬として広く使用されている。しかし、軽症例では改善効果がみられずに、人において出血のリスクを上昇させることが知られている。

### vi）抗菌薬

ショックは生体侵襲となり、神経内分泌反応が惹起される。そのため免疫能が低下するため、感染を併発しやすいと考えられている。感染徴候が認められない場合でも、抗菌薬の投与を併用する考えは未だに多い。

通常、抗菌薬の投与は細菌感染を疑う場合に行うべきである。発熱を伴い敗血症性ショックが考えられる場合は、疑わしい感染部からの検体採取と、可能な限り静脈血培養を行う。細菌培養検査結果がでるまでは広域スペクトラムの殺菌的な抗菌薬を多剤併用で使用し、その後は細菌培養・感受性試験結果が判明しだい狭域スペクトラムの抗菌薬の単剤療法に減らしていく投与法（de-escalation療法）の有効性が示唆されている。

一般的に、敗血症性ショック以外のショック病態での手術などでの予防的抗菌薬投与においては、手術が始まる時点で十分な殺菌作用を示す血中濃度や組織濃度が必要なので、通常は切皮の1時間前に投与したり、追加投与を行う。しかし、ニューキノロン系やバンコマイシンは、切皮の2時間前以内に投与を行う必要がある。また、予防的抗菌薬投与でも、治療量で投与する。

### vii）グルココルチコイド

ステロイドは、ショックで活性化される転写因子NF-κB（nuclear factor-kappa B）やAP-1（activator protein-1）を抑制する作用をもつため、炎症性サイトカインを含めた様々なメディエータの産生を抑制して、炎症を軽減できるはずである。しかし、R. C. Boneら（1987）の報告で、30mg/kg量のコハク酸メチルプレドニゾロン大量投与は、敗血症からショックへの進行を抑制できないばかりか、予後は改善しないと報告されたことからも、大量ステロイド療法は否定されている[66]。現在、ショックにおけるステロイド療法は、敗血症性ショックにおいての、ヒドロコルチゾンなどの少量ステロイド療法の有効性が示唆されている[67]。

敗血症性ショックにおいては、病態初期では一般的にコルチゾール濃度が増加しており、さらにグルココルチコイド受容体が減少している。そのため過剰なステロイド療法は、消化管粘膜のIgA産生などを含めた免疫抑制や、感染症が増悪させると考えられる。少量ステロイド療法は、アナフィラキシーショック、副腎クリーゼによるショック、甲状腺機能低下症によるショックにおいて推奨され、ARDSを伴うような敗血症性ショックでは輸液や血管作動性薬が反応しないものに持続投与での使用が推奨されている[68]。

また、侵襲の急性期が長引くことにより、副腎機能が低下することも知られている。普段からステロイド治療を受けていた動物では副腎が萎縮し、副腎からのステロイド放出が低下しているので、生体侵襲の急性期にはステロイドの補充を行う（ステロイドカバー）。ステロイドは病態を一時的に改善させるが、漫然と投与することは避けるべき薬物であり、状況に応じて慎重に投与する。

ステロイドは、静脈投与後4～6時間は作用発現がみられないので、アナフィラキシーショックの急性期治療では効果が少ないが、二相性反応の予防や[69]、難治性ショックで効果が期待されている。投与例としてエピネフリン投与後に、速効性を期待してヒドロコルチゾンやコハク酸メチルプレドニゾロンの静脈内投与を行い、二相性ショックの予防として数時間後に半減期の長いデキサメタゾンなどのステロイドの投与などが行われている。

### viii）抗プロスタグランジン剤

プロスタグランジンは、アラキドン酸からシクロオキシゲナーゼ（COX-1、COX-2）の働きにより作られる物質で、その中のCOX-1は胃粘膜や血管の恒常性維持に働き、COX-2は痛みや炎症に関与している。

敗血症性ショックなどにおいては、エンドトキシンなどが単球・マクロファージによって認識され、NF-kBなどが活性化され、TNF-α、IL-1、IL-6、やIL-8などのサイトカインのほか、アナンダマイド、2-AG、プロスタグランジンなどの炎症性メディエータが産生されることにより、血管内皮

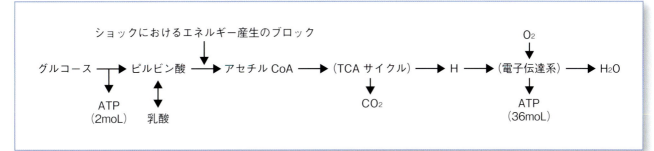

図Ⅰ-604　ショックにおけるエネルギー（ATP）産生の障害[71]

障害や血管透過性亢進、好中球や凝固系の活性化を惹起して、エンドトキシンショックや多臓器不全へと進む。この過剰な炎症を抑える目的で、プロスタグランジン産生抑制作用をもつNSAIDsであるフルニキシン・メグルミンがエンドトキシンショックを作成した犬において実験的に投与された報告があるが、胃潰瘍の発生が認められている[70]。NSAIDsは消化管潰瘍の他に、腎障害や肝障害の悪化を招く可能性があることから、現在ではショックに対する使用は一般的ではない。

### ⅸ）グルコース

ショックによる低酸素症（ハイポキシア）では、グルコース（ブドウ糖）からの重要なエネルギー産生機構である電子伝達系に利用できる酸素が十分でないため、図Ⅰ-604のようにTCA回路が抑制されて、嫌気性代謝の亢進により乳酸の蓄積がみられ、ATP産生が非常に低下する（ショックによるエネルギー産生障害）。このようにショックにおいては、グルコースが有効に代謝されるために十分な酸素投与が必要であることを忘れないようにする[71]。

グルコースは、低血糖時に使用される他に、インスリンとともに投与され（グルコース・インスリン療法）、高カリウム血症の緊急治療として行われる。これはインスリンがNa-K依存性ATPase活性を亢進させて、肝細胞や筋肉細胞へカリウムを取り込みさせる方法であり、0.5～1.2 mmoL/Lの血清カリウム低下が期待される方法である。未だに犬や猫で定まった方法はないが、レギュラーインスリン1単位にブドウ糖2～4gになるように混合した10％グルコース液を30～60分で静脈内投与している。

### ｘ）重炭酸ナトリウム（炭酸水素ナトリウム）

重炭酸ナトリウム投与は、心肺蘇生としてアドレ

図Ⅰ-605　重炭酸ナトリウム
炭酸水素ナトリウム注射液メイロン静注7％：㈱大塚製薬

ナリン（ボスミン®）投与時のアシドーシス補正や高K血症を回避するためには使用されるが（細胞内$H^+$の急速な排泄により）、通常の自発呼吸下でのショック時の使用は慎重に行う必要がある。ショックの進行により、しばしばみられる酸血症に対して、安易に重炭酸ナトリウム（メイロン®：図Ⅰ-605）による$HCO_3^-$の補充で血液pHは改善するが、虚血領域での酸素供給量が低下してしまい、組織虚血をさらに進行させる可能性がある（奇異性アシドーシス）。さらに、ショック時の重炭酸塩投与では、$HCO_3^-$よりも二酸化炭素が早く細胞膜を移動し、細胞アシドーシスはさらに進行すると考えられている。

代謝性アシドーシスの進行により、酵素機能の異常、心拡張能障害、不整脈が生じやすくなるので、血液pH 7.2未満を目安に緩徐に重炭酸塩の補正を行うことは否定されていない。重炭酸ナトリウム投与により代謝性アシドーシスは呼吸性アシドーシスに変換されるため、人工呼吸管理中は、過換気に設定して$CO_2$の呼気中排泄を促すようにする。重炭酸

表Ⅰ-42 重炭酸塩欠乏量の算定式[72]

| 重炭酸塩の欠乏量（mmol）＝－（BE測定値）×体重（kg）×0.2～0.3*<br>＝（24－HCO₃測定値）×体重（kg）×0.2～0.3* |
|---|

- *この係数（0.2～0.3）は細胞外液中に分布する$HCO_3^-$スペース
（体全体の$HCO_3^-$スペースは0.6であるが、$HCO_3^-$スペースは大きく変動するため）
- メイロン® は7％ $NaHCO_3$ 注射液で1 mL＝0.83mmol、8.4％ $NaHCO_3$ 注射液は1 mL＝1 mmol
- メイロン®（7％ $NaHCO_3$液）は高張性であるので、使用時には必ず2倍以上に希釈する
（1.5％ $HCO_3$液が等張性）
- 投与方法は計算された重炭酸ナトリウム注射液の半量を1～2時間で投与して、残りを6～8時間かけて緩徐に投与
- 重炭酸ナトリウムの投与はNa負荷となるのでうっ血性心不全の動物への投与は慎重に考える
- BE＞－10では補正は行わないという考えもある。

ナトリウムにより代謝性アシドーシスを補正しようとする場合、血液ガス分析を随時行うことが必要である。その場合、Base Excess（BE）や$HCO_3^-$に基づいて慎重に補正する[72]（表Ⅰ-42）。

### 4）各臓器へのショックの影響
#### ⅰ）呼吸器障害（呼吸不全）

ショックの初期治療に成功して、比較的安定したかにみえたものに、肺や腎臓などの機能不全を併発することが多い。ショック後の急性呼吸不全を、ショックに伴う急性呼吸窮迫症候群（Acute Respiratory Distress Syndrome：ARDS）と称する。ARDSでは、血管内皮細胞障害により肺毛細血管の透過性が亢進して、肺の間質および肺胞の浮腫、水腫が発生して、胸部X線像では両側性びまん性の間質性あるいは肺胞性肺水腫像（非心原性肺水腫）を呈する。さらに肺胞内に液体が貯留すると肺胞界面活性物質（サーファクタント）が減少したり、あるいは不活性化して無気肺が発生し、重度な低酸素血症をきたす。その後、肺の間質に炎症性細胞浸潤や線維芽細胞の増加が起こり、7～14日で不可逆的な肺の線維化へと進行する。

#### ⅱ）急性腎障害（Acute Kidney Injury：AKI）

ショックが原因で、腎臓からの水分や電解質、代謝産物、老廃物の排泄ができなくなった急性腎障害で、ショック腎と呼ばれたこともある。ショックによる腎障害は、腎前性および腎性に分類される。腎前性は体液喪失性ショック、敗血症性ショック、心原性ショックなどにより腎血流量が急激に減少し、腎臓の有効血流量が不足した際に生じる一時的な腎機能低下である。その多くはショックから離脱させるための輸液や輸血、カテコールアミンの使用により尿産生が増加することで速やかに改善されるもので、通常は腎臓への器質的な変化はない。これに対して、腎性の腎障害は虚血と、ショックにより発生した血管作動物質や活性酸素などの液性因子により、尿細管、糸球体、細小血管などの腎実質細胞の器質的病変による腎障害で、虚血性急性腎障害とも呼ばれる。腎臓には腎動脈圧（＝体血圧）が80mmHg以上であれば腎血管抵抗の変化により腎血流量を調節する自己調節能があるが、80mmHgより低下すると腎糸球体濾過能が低下して腎機能が低下する。ショックにより急性腎障害が発生すると尿量が低下し、乏尿または無尿となり、血中の尿素窒素（BUN）やクレアチニンが増加し、カリウムやリンが上昇する。健康時の血液検査値が得られれば、特にクレアチニンなどではショック時に正常範囲内であったとしても、健康時の値より増加している場合は、腎障害を疑うべきである。

ショックに合併した急性腎障害では、速やかなショックの離脱が最善の治療である。ショック時には必要十分な輸液を行い、ノルエピネフリンなどの投与により血圧の維持をし、尿産生量をみながら、フロセミドやカルペリチド（図Ⅰ-606）の持続投与を行う。さらに、腎代替療法としての持続的血液浄化療法や栄養管理などにより治療成績は向上する。治

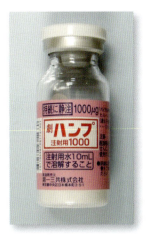

図Ⅰ-606　カルベリチドパンプ®注射用1000：第一三共㈱

療経過中に感染や消化管出血、体液バランス失調などの合併症が発生しやいので注意が必要である。

### ⅲ）中枢神経障害

脳血流量は、心拍出量の10～18％に相当して全身の酸素消費量の約20％を消費する極めて代謝率の高い臓器である。また、脳内はエネルギー源としてのブドウ糖の貯蔵が極めて少ないのも特徴である。このように、脳は他の臓器に比べて特に低酸素症や虚血に弱い臓器といえる。ショック時には、交感神経系が賦活化され、心血管系に作用してショック初期において脳や心臓への主要臓器への血流の再配分に寄与する。しかし、長時間の血管収縮は有害となる。

ショックでの脳虚血における神経細胞障害の発生機序は、アシドーシス、蛋白合成障害、フリーラジカル、血管内皮障害、細胞内 $Ca^{++}$ 濃度の上昇、興奮性アミノ酸などの神経伝達物質遊離などの関与、またはこれらの複雑なネットワークにより最終的には神経細胞死に陥ると考えられている。

ショック回復後は、ほとんどの症例では神経障害は認められないが、心肺停止またはそれに近いショックが長時間続いた場合に、視覚障害、筋緊張の異常、ミオクローヌス、異常反射、痙攣、さらに重度なものでは脳幹反射の消失などを認めることがある。

### ⅳ）肝障害（肝不全）

ショックにより肝臓の血流が一時的に障害されても、肝臓はその豊富な予備能により肝障害は重症化しないで一過性であることが多い。しかし、もともと肝機能が低下している場合やショック状態が長引いたり、感染症が加わると肝障害が増悪することが明らかになり、ショック後の肝不全として注目されている。ショック後の肝不全の原因は、肝臓への血流減少、肝臓の低酸素症、フィブリン血栓による類洞循環不全、細菌毒素による肝細胞への直接的障害、胆管炎などがあげられている。ショック後の肝不全の病理所見では、肝臓の小葉中心性壊死が中心で、その他種々の程度で胆汁うっ滞や炎症性細胞浸潤が加わった像を呈する。

ショック後の肝不全に至るものの多くが、腎不全や呼吸不全、消化管障害、DICなどの多臓器不全を合併していることが多い。特に、ショック後の肝不全の際には、細菌感染などの敗血症がその背景に存在することが多く、その予後は極めて良くない。腎臓や肺などの他の臓器不全を伴わないショック後の肝障害の多くは一過性で軽度であり、容易に回復することが多いとされている。

### ⅴ）消化管障害

ショック後にみられる急性の消化管障害は、胃・十二指腸のびらん・潰瘍を伴うもので、急性胃粘膜病変（Acute Gastric Mucosal Lesion：AGML）と呼ばれる。その発症機序は、胃酸分泌の増加や胃粘液の低下、胃粘膜血流の低下、胃粘膜関門破綻因子などが関係しながら発生すると考えられている。AGMLは、敗血症性ショックで50～60％で出現するといわれているが、循環血液量減少性ショックでは2～4％とショックの病態によりかなりの差があるようである。

このように敗血症性ショックではAGMLが進行しやすいので、予防的に $H_2$ ブロッカーやプロトンポンプ阻害薬の投与が推奨されている。

### ⅵ）播種性血管内凝固症候群（DIC）

ショックでしばしばみられるDICは、血液凝固系が活性化されて全身の血管内で微小血栓が多発している凝固亢進の病態と、生体防御反応として線維素溶解現象により二次線溶亢進が起こっている状態が同時に存在する病態である。DICでは凝固亢進の結果として血管内に微小血栓が形成されて、さらに血管内皮障害が起こり臓器血流障害をきたし、腎不全や呼吸不全をはじめ、しばしば多臓器不全へと進行する予後の悪い病態である。敗血症性ショックで

は、特にDICの併発が危惧されるので、血小板数の相対的な低下傾向がみられた場合は、早急かつ繰り返して血液凝固系および線溶系検査を実施して、DICを早期に診断することは重要である。さらに、より早期のPre-DICを診断しての治療や、病態によってはDICの予防的治療も必要と考える。

敗血症性ショックなどに伴うDICは、血管内皮細胞から線溶抑制因子であるplasminogen activator inhibitor-1（PAI-1）が産生されるので、線溶系マーカーのFDPは相対的に低値を示し（フィブリノゲンは炎症により上昇）、凝固亢進・相対的線溶抑制状態（線溶抑制型DIC）を呈する場合が多く、出血傾向はないが臓器障害が重度で、死亡率が高いとされている。

一般的なDICの診断において、凝固系および線溶系の亢進という病態が多いことから血小板数の低下、PT低下、APTT低下、フィブリノゲン低下と、FDPやDダイマー（DD）の上昇などから確実性をもって診断されることが多い。しかし、敗血症性ショックなどでは、凝固亢進・相対的線溶抑制の状態が多いことから、フィブリノゲンは炎症のため上昇していることが多く、FDPも相対的に低値なことがあるため、すべての診断基準に従う必要はない。DICにおいて、"血管内凝固亢進から臓器障害を起こす"という概念が一般的となっているので、原因疾患である感染症が十分にコントロールされていない動物の敗血症性ショックでは抗凝固療法は早急に開始すべきであると考える。

### vii）多臓器不全（MOF）

ショックに伴う臓器不全が単一臓器ではなく、腎臓や肺など2つ以上の重要臓器に発生した状態を多臓器不全（Multiple Organ Failure：MOF）あるいは多臓器障害(Multiple Organ Dysfunction Syndrome: MODS)と呼ばれ、単一臓器の機能不全と比較して極めて予後不良である。人におけるMOF全体の救命率が一般的に30～40％で、4臓器以上の機能不全だと10％になるといわれている。

ショック後のMOFの発生は、敗血症性ショックと心原性ショックにおいて高いとされている。特に敗血症性ショックでの発生頻度は高く、その予後も非常に不良である。敗血症性ショックでのMOFでは、生体への侵襲により、単球やマクロファージなどの白血球が活性化され、インターロイキン-1（IL-1）や腫瘍壊死因子（TNF）などのサイトカインが産生され、それに続く一連のメディエータによる臓器障害が発生機序と考えられている。このような生体への大きな侵襲が加えられた後の状態を全身性炎症反応症候群（SIRS）として捉えて、より早期に臓器障害の治療を開始することで、SIRSからの早期離脱ができ、MOFの予防に繋がると考えられている。

## ■ 4　心肺・脳蘇生法

心肺蘇生法（Cardiopulmonary Resuscitation: CPR）は、心肺停止に陥ったものに対して、呼吸と循環を体外式に実施することで生命を維持し、回復を図ることであるが、近年ではさらに脳蘇生を指向した心肺・脳蘇生法（Cardiopulmonary Cerebral Resuscitation：CPCR）へと発展した。CPRは、AHA（American Heart Association）ガイドライン2000にエビデンスに基づいて大きく書き換えられた。さらに、AHAガイドライン2010や日本蘇生協議会（Japan Resuscitation Council：JRC）によるJRCガイドライン2010では、CPRの手順が、日本発のエビデンスをもとに[79]、A-B-CからC-A-Bと変更になり、より強く、より速く、より絶え間なく持続した"良質な胸骨圧迫の重要性"を強調している[80]。

小動物におけるCPRにおいても、そのような人のガイドラインに沿った対応が紹介されている[81]。小動物の一般診療においては、各国または各地域により異なるが、未だに救急医療の専門性は乏しく、一般臨床医によって年に数回、少人数のスタッフで実施されているのが実情である[82]。犬や猫を対象としたCPRガイドラインの骨子がRECOVER（Reassessment Campaign on Veterinary Resuscitation）委員会によりまとめられた[83]。

### 1）心肺停止

心停止には、一次的心停止と二次的心停止がある。いずれも原因は内因性あるいは外因性が考えら

表Ⅰ-43　心電図波形上での心停止

1. 心室細動（Ventricular fibrillation：VF）
2. 無脈性心室頻拍
   （pulseless ventricular tachycardia<VT>）
3. 心静止（asystole）
4. 無脈性電気活動
   （pulseless electrical activity: PEA）※

※PEAは従来の電導収縮解離と同義（心電図波形が認められるが、脈の触知ができない状態）

表Ⅰ-44　心電図 Flat line protocol[84]

1. 電源（バッテリー）の確認
2. リード線の接続、断線、無線送信機の場合はバッテリーの確認
3. 電極面にペーストは塗布されているか
4. 感度を上げる
5. 誘導を変えて確認

れ、心臓とともに呼吸も停止して、本来の心拍出量が停止（またはほぼ停止）することで意識が消失した状態が心肺停止である。

心停止の原因を以下にあげる[71]。心電図波形で心停止を疑うものを表Ⅰ-43に示す。

- 一次性心停止

  内因性：
  (1)重篤な慢性弁膜性疾患
  (2)心筋症
  (3)心筋炎
  (4)非外傷性心タンポナーデ
  (5)先天性心疾患
  (6)重篤な不整脈（VF、VT、心ブロック）

  外因性：
  (1)外傷性の心破裂
  (2)外傷性の心タンポナーデ
  (3)電気ショック

- 二次性心停止

  内因性：
  (1)気道閉塞（喉頭痙攣、浮腫）
  (2)大量出血
  (3)重篤な肺疾患
  (4)延髄不全などの脳障害

  外因性：
  (1)外傷性の大量出血
  (2)外傷性の脳損傷（特に脳幹部損傷）
  (3)外傷性の緊張性気胸
  (4)窒息
  (5)急性中毒
  (6)低体温あるいは熱中症

心肺停止の場合は、いずれも早急な心臓マッサージが必要である。ただし、電気的除細動の適応となるのは、心室細動(VF)と無脈性心室頻拍(pulseless VT)である。心静止や無脈性電気活動（PEA）は、除細動の適応ではない。

心停止の診断は、通常は心電図モニターでまっすぐな直線（flat line）になったもので強く疑うが、早急に判断しては行けない（AHAガイドライン2000で記載されているが、ガイドライン2005からは記載されていないが忘れてはいけないものと考える）。心停止の最終確認は、動脈圧の有無（check pulse）であり、頸動脈などの触知による check pulse は必須である。心電図波形が flat line である場合、flat line protocol に準じて（表Ⅰ-44）[84]、電極装着の確認、心電図感度を上げる、心電図の誘導を変えることにより、隠れた心室細動が発見できることがある。

## 2）蘇生のための準備

CPRを成功させるためには、心肺停止状態からいかに短時間で心肺・脳蘇生が開始できたかということと（図Ⅰ-607）、それ以上に心肺停止に陥った原因が何かということである。既に病態重篤で十分把握でき、心肺停止の可能性が十分にある動物においては、飼い主の強い希望がない限り蘇生は通り一遍のものになるであろう。しかし、末期的な状況下であろうが延命を希望しないという意思表示がない限り、獣医師としては病態を熟慮したうえで最善の心肺・脳蘇生を実施すべきである。

動物における救急医療においても、蘇生を成功させるためには十分なマンパワーが必須といってもよい。心停止が疑われる状況に遭遇した場合は、まずスタッフを呼ぶことから始まる。さらに、日頃から準備している蘇生に必要な器具・機材を総動員して処置を行うが、いかに周到に準備していても、動物

# 第Ⅰ章 心血管系

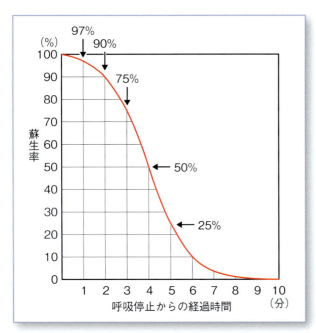

図Ⅰ-607 ドリンカーの生存曲線
呼吸停止・心停止から心肺蘇生開始までの経過時間と蘇生率

の一次診療施設における心肺停止での蘇生率は二次診療施設での蘇生率や生存退院率に比べて極めて低いという印象がある[85,86]。それは一次診療施設では、心臓マッサージなどの蘇生が全く施されていない状態の心肺停止（Cardiopulmonary Arrest：CPA）で病院に持ち込まれる症例が多く、その多くがいわゆるDOA（Dead on Arrival）であることが多いことが原因であると思われる。少しでも蘇生率上昇のために、動物病院搬入までの間に飼い主（または保護した人）に積極的に心臓マッサージを行うように指導し、病院スタッフにおいては何度失敗しても諦めない気持ちを持ち続けることこそ、地道な蘇生率アップの心得と考える。

また、AHAガイドライン2000で"CPRを開始しない基準"が示されている（表Ⅰ-45）[87]。

以下に、従来からのABC法に従った蘇生のための具体的な器具・機材などの準備の一例をあげる。

ⅰ）気道確保のための用具

喉頭鏡、バイトブロック、気管内チューブや緊急時のための気管切開の手術器具とチューブ、口腔内拭い用のガーゼ、吸引器や吸引用チューブ。キシロカインゼリーまたはキシロカインスプレー。

ⅱ）人工呼吸器

レスピレーターや麻酔器

ⅲ）心臓マッサージに適した処置台（通常は手術台や処置台）

動物を横臥位（中型犬以上では特に、できるだけ右下横臥位にして）に寝かせ、肋骨などの損傷注意する。

ⅳ）静脈路確保のための用具

(1)よく切れる電動バリカン
(2)アルコール綿花
(3)静脈留置針（またはCVカテーテル）と固定のためのバンデージ
(4)延長チューブや輸液セット
(5)温めた輸液製剤（通常は細胞外液製剤）
(6)緊急薬セット、電卓

ⅴ）心電図、体温、血圧、$SpO_2$、カプノメーターなど

心臓マッサージや薬剤投与の判断材料となるので、最低でも心電図モニターは少なくとも心臓マッサージ実施前までに装着しなければならない。

ⅵ）除細動器

VFまたはpulseless VTでは、電気的除細動の適応（除細動までは途切れなく心臓マッサージを継続）。

### 3）基本的生命維持（支持）

基本的生命維持とは、特殊な器具を用いないで行うことができるCPRであり、気道確保（Airway）、

表Ⅰ-45 CRPを実施しない基準[87]

・飼い主が有効なDNAR（Do Not Attempt Resuscitation、蘇生拒否）指示をもっている
・動物が死後硬直、頭部離断あるいは死斑などの不可逆的死の徴候を示している
・進行性敗血症あるいは心原性ショックに対して最善の治療を行っても致死的な機能障害が悪化し、生理学的な利益が期待できない
・分娩室において蘇生を試行しない新生子基準（無脳症、トリソミーなど）

参考文献［87］を参考に動物用に改変

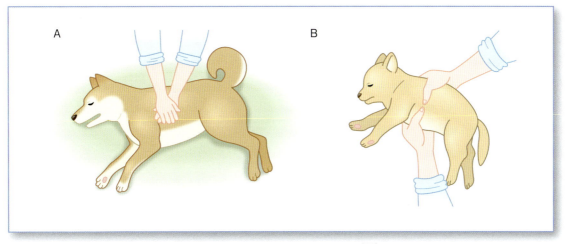

図Ⅰ-608　心臓マッサージの仕方[88]
A：動物を右横臥位にし（右前肢、右後肢が下になるようにする）、首を伸ばすようにして、心臓の位置（左前肢を屈曲させたときの肘の位置）に掌を当て、あまり強い力を加えないようにしながら（肋骨が少し凹む程度）1秒間に1～2回のスピードで押す。B：小型の動物の場合は、両手で体を挟み込むようにして押す。

呼吸（Breathing）、循環（Circulation）の3つの要素から構成され、それを維持させるための処置を基礎的救命処置または一次救命処置（Basic Life Support：BLS）という。

口腔内や気道入り口に異物などが閉塞していないか十分に確認して（強く疑われる場合は、後肢を持ち上げて背中を強く数回叩く）、下顎を伸ばすように右下横臥位にして、意識や感覚の有無（体表の皮膚に爪を立てたり強くつねって強い痛み刺激を与える、注意深く眼瞼または角膜に触れて反応をみる）、呼吸の有無（死戦期呼吸［しゃくりあげるような呼吸］は呼吸にあらず）、脈の有無を確認する。心肺停止と判断されたものでは、心臓マッサージ（人での胸骨圧迫＝動物での胸壁圧迫）と人工呼吸（例えば、心臓マッサージ30回に人工呼吸2回など）が行われてきたが、AHAガイドライン2010やJRCガイドライン2010からは、心臓マッサージをより強く、より速く、より絶え間なく実施することが推奨されている。

筆者の病院では、動物での心臓マッサージは、横臥位にした動物の前肢を軽く屈曲させたときの肘頭と胸壁の接点付近（第5肋間付近）に位置する心臓を圧迫することで行う。犬や猫では、胸壁圧迫回数は100回以上/分を目安に実施している。図Ⅰ-608のように心臓マッサージを行いながら、二次救命処置へつなげる。近年、獣医学教育においてもCPRのトレーニングについての認識が高まりつつある[88]。

RECOVER（Reassessment Campaign on Veterinary Resuscitation）委員会によるBLSでのCPR指針では、心臓マッサージは胸壁の1/3の深さまで圧迫し、少なくとも1分間に100回以上の圧迫を行い、心臓マッサージの休止は最小限にするとされている。さらに、1分間に8～10回の換気または心臓マッサージ30回に対して2回の換気を推奨している[89]。

### 4）高度生命維持

高度生命維持を行う処置を、高度救命処置または二次的救命処置（Advanced Life Support：ALS）といい、モニター類の装着と同時進行で、気管挿管、人工呼吸、除細動、心停止に対する薬物投与などが含まれる（インターベンション、薬物投与、除細動は次項に記述）。

ALSは、BLSの心臓マッサージや気管挿管されていない人工呼吸を引き継いで行われる。BLSによる生体反応および現状を把握するために、CPRと同時進行で心電図モニターなどを装着する。訓練されたスタッフにより実施される心臓マッサージを途切れなく実施し、気管挿管および人工呼吸を開始して、自己心拍再開（Return of Spontaneous Circulation：ROSC）の有無を確認し、認められない場合は数分ごとに5秒以内のCPR中断でROSCを確認す

る。正常様の心拍が確認され、呼吸停止がある場合は、4〜5秒に1回の調節呼吸（気道内圧に注意して）を実施する。

心臓マッサージは、冠血流を生じさせる圧較差である冠灌流圧（Coronary Perfusion Pressure：CPP）を維持することを目的として行うものである[90]。ROSCのためには質の高い心臓マッサージを実施し、CPPを維持できるかが重要であり、その駆動圧は心臓マッサージ間の拡張期圧であることを忘れないようにする。

また、有効性が高いことに疑いのない開胸下での直接的な心臓マッサージは[91,92]、実施のタイミングに苦慮する方法である。動物における明確な基準はないが、心停止の原因が手術侵襲や外傷、胸膜腔疾患であったり、体重20kg以上の動物（胸壁からの心臓マッサージが十分に有効でないと判断されるもの）であれば開胸CPRを考慮する。しかし、実験的に作成した急性僧帽弁逆流の犬に対する検討で、麻酔下で開胸による直接心臓マッサージでは、逆流量が有意に増加することから、その効果が少ないかもしれないと結論しているので[93]、病態を考えた施行も必要と考える。

CPR中の人工呼吸において、多くは小動物医療施設では100％酸素投与が行われていると思われる。蘇生中の過酸素症と死亡率についての議論があり、犬を用いたCPR中の100％酸素投与群とそれより低い酸素投与群と比較実験により、組織学的に100％酸素投与群に有意に神経ダメージが強かったと報告されている[94]。蘇生の成功には心肺蘇生の他に、脳蘇生を考えた救急処置の必要性を感じる研究である。

### 5）心肺停止に対する効果的インターベンション

インターベンションとは、表在性の血管にカテーテルを挿入して行う治療法であり、心臓、血管、肝臓、脳、消化器、泌尿器などの病気で実施されている。心肺停止に対するインターベンションとしては、経静脈ペーシング、大動脈内バルーンパンピング（Intraaortic Balloon Pumping：IABP）、経皮的心肺補助（Percutaneous Cardio Pulmonary Support：PCPS）、経皮的冠動脈形成術（PTCA）、脳梗塞のカテーテル治療などがある。インターベンション治療は、同様の外科的治療に比べて施術される側の負担が非常に少ない治療法である一方で、施術する側には高度な器具・機材と動物用の開発および訓練が必要であり、特に飼い主全額負担の日本の獣医科領域では、現在のところ実験的施術に限られている。

### 6）心肺蘇生の薬物

心肺蘇生（CPR）のための薬物には、心停止に陥った原因への治療および心停止再発予防の他に、循環停止状態からの再灌流障害に対する治療が含まれる。表Ⅰ-46の薬剤の作用による分類を示す。

CPRでの薬物投与は、静脈内投与が一般的で、その他に気管内投与と骨髄内投与がある。静脈内投与はCPRを中断しなくてもできるので、末梢静脈内投与が望ましい[95]。心停止時に、薬物を投与するときは、ボーラス投与を行い、続いて投与した薬剤が心臓まで到達するのに必要と思われる量の生理食塩液でフラッシュして押し出す。CPR中のその他の投与経路である気管内投与と骨髄内投与は、吸収が一定しないという理由で気管内投与より骨髄内投与の方が優れている[95]。しかし、手技的な手軽さから骨髄内投与より気管内投与の方が好まれているようである。一般的に気管内投与が可能な薬剤には、エピネフリン（アドレナリン）、バソプレッシン、リドカイン、アトロピンが知られている。気管内投与時（希釈は蒸留水がよいが、生理食塩液も可）は、静脈内推奨投与量の約2〜2.5倍量が必要となる[96]。また、気管チューブ内への注入は気管末梢への注入と同等に効果的である[97]。

少なくとも表Ⅰ-46のものをすぐに使用できるように、1ヵ所にまとめて準備しておくことである。また、どうしても、末梢の静脈路が確保できない場合は、頸静脈または中心静脈を確保するか、または骨髄腔内輸液も考慮する（主に大腿骨近位）。

ⅰ）エピネフリン（日本薬局方ではアドレナリン：図Ⅰ-582参照）

心静止や無脈性電気活動（PEA）のような心停止の治療で使用され、CPRで強く推奨されている昇圧薬である[92]。1980年代に動物実験（豚、犬）によ

表Ⅰ-46　心肺蘇生で使用される薬剤

1. 昇圧薬（エピネフリン、バソプレッシン[*1]、ノルエピネフリン、ドパミン、ドブタミンなど）
2. 抗不整脈薬（リドカイン、アミオダロン[*2]（図Ⅰ-609）、アトロピン、プロカインアミド、プロプラノロール、イソプロテレノール、硫酸マグネシウムなど）
3. 血管拡張薬（硝酸薬、ニトロプルシッド、ヒドララジンなど）
4. 抗凝固薬（ヘパリンなど）
5. 利尿薬（フロセミドなど）
6. 各種補正薬（グルコース（20％、50％）、重炭酸ナトリウムなど）
7. 鎮静および脳保護薬（ジアゼパム、バルビツレート、プロポフォールなど）
8. その他の薬剤（コハク酸メチルプレドニゾロンやヒドロコルチゾン、蛋白分解酵素阻害薬など）

[*1] バソプレッシン：心停止時の自己心拍再開のための昇圧剤としてエピネフレンと同様な状況で使用される。
[*2] アミオダロン（アンカロン注150mg）：近年、DC抵抗性のVF/VTに対する抗不整脈薬としてリドカインに代わり、第一選択として使用されることが多くなってきた。犬では、拡張型心筋症のドーベルマン・ピンシャーの心室性不整脈で使用され、甲状腺や肝臓に対する副作用検討も報告されている[98]。犬での投与量はVFモデル実験で5〜10mg/kg IV[99,100]、その他5mg/kg、10分以上かけてIVまたはIO（骨内投与）、追加投与は3〜5分後に2.5mg/kg、IVまたはIO（10分以上かけて投与）、気管内投与不可[48]。

図Ⅰ-609　抗不整脈薬（アミオダロン）
アンカロン注150mg：サノフィ㈱

る用量反応試験で、0.045〜0.2mg/kgで最適な反応を生じることが示された。これらの研究では血行動態を改善させてCPRを成功させるには、特に心停止からの時間が長くなるほど、より高用量のエピネフリンが必要であると考えられた。高用量および標準量エピネフリンの比較で、心停止への初回の高用量エピネフリン静脈内投与は、冠還流圧を上昇させて自己心拍再開（Return of Spontaneous Circulation: ROSC）を改善させるが、一方で蘇生後の心筋機能不全を悪化させる場合がある。除細動抵抗性の心室細動や心室頻拍にも適応となる。重篤なアシドーシスでは、アドレナリン作動性昇圧薬の反応が鈍くなる。

近年、CPR時のエピネフリン投与による有害作用が報告され、代用としてバソプレッシンが取り上げられている。しかし、犬の心停止した60頭の臨床例におけるエピネフリン（0.01〜0.02mg/kg）とバソプレッシン（0.5〜1.0単位/kg）の比較研究で、ROSCは両群に差がなく、1時間生存率でエピネフリン投与群が優れていたという結果が報告されている[101]。

①薬用量

標準量0.01mg/kg IV　通常規格の1アンプル1mg（1mL）を、生理食塩液に希釈して総量10mLとし、0.1mL/kg（＝0.01mg/kg）で使用。

②投与ルート

開胸下での使用以外は、心腔内投与は実施されなくなってきた。

(1)静脈内投与：末梢血管からの投与では中心部（心臓）まで確実に到達する量（10〜20mL）に希釈するか、投与後に同量の生理食塩液で心臓まで押し流して投与する。
(2)気管内投与：気道からの吸収が乏しく、α作用よりβ作用が優位となり望ましくない心刺激作用を示すことがあるので勧められない[95]。投与量は、末梢血管投与量の少なくとも約2〜2.5倍量が必要である[96]。

③使用上の注意

作用時間は短いので3〜5分ごとに追加投与を考える。アルカリ製剤である炭酸水素ナトリウム液（メイロン®）との混注はしない。

ⅱ）ドパミン、ドブタミン

CPR時の徐脈や、ROSC後の低血圧には通常ドパ

ミンが適応となる（昇圧作用）（図Ⅰ-597A参照）。重度心不全の強い陽性変力性作用（反射性の末梢血管拡張作用があるため、動脈圧は変化しないことがある）を期待する場合は、ドブタミンを選択する（図Ⅰ-597B参照）。ドパミンとドブタミンはCPR時の多くの使用において併用する機会が多い。低用量のドパミン治療が腎血管拡張薬として急性乏尿性腎不全で有効とされてきたが、利尿による尿量増加は糸球体濾過率の改善に反映していないという数編の報告から推奨されない方法と考えられるようになってきた。

①薬用量

両薬剤とも2.5〜10μg/kg/分 静脈内持続投与（CRI）。

②投与時の注意

両薬剤ともアルカリ溶液との混合で不活化または変色、沈澱する。炭酸水素ナトリウム（メイロン®）やアミノフィリンなどとの混合は避けること。

ⅲ）バソプレッシン（図Ⅰ-598参照）

エピネフリン（アドレナリン）と同様に、心停止で使用される昇圧薬の1つである。バソプレッシンは、大量投与で強い末梢血管収縮作用（平滑筋$V_1$受容体に作用）により脳血流と心臓血流を増加させ、蘇生後に一過性の血圧上昇に反応して圧受容体により徐脈となる。エピネフリンと同様な場面で使用される。そのため、バソプレッシンは蘇生成功後に頻脈傾向となるエピネフリンと比べて心筋酸素消費量を増加させない。

通常、循環ショックにおいては、大量のバソプレッシンの分泌が起こっており、皮膚や骨格筋、小腸や脂肪などの血管を選択的に収縮させるが、一方で冠血管や脳、腎臓の血管ではその作用が軽度であるという特徴をもつ。

循環が正常に維持されている動物モデルでの半減期が10〜20分であるため、1度投与すると10〜20分間は再投与を必要としないと考えられている。10〜20分後に治療効果が得られない場合は、エピネフリンを投与する。バソプレッシンはエピネフリンと異なり、重篤なアシドーシスに影響されない[102]。また、CPRでの使用ではないが、動脈内投与で食道

図Ⅰ-610 リドカイン
静注用キシロカイン® 2％：アストラゼネカ㈱

静脈瘤からの出血の治療に使用されている。

当初は、エピネフリンを凌ぐ効果が示唆されていたが[103]、エピネフリンの代わりにバソプレッシンを投与しても生存率が改善しないことがいくつかの臨床研究で示され[104]、またバソプレッシン使用により冠血管を収縮させることをあげている否定的な研究もある[95]。

①薬用量

犬で0.8〜1.2単位/kg IVまたは気管内投与[105,106]、骨髄内投与。

ⅳ）リドカイン（図Ⅰ-610）

心室期外収縮や心室頻拍、心室細動を治療する抗不整脈薬の1つ。リドカインは、使用方法が確立しており歴史的な前例がある。さらに、有害作用が少ないことで、エピネフリン投与下での除細動後も持続する心室細動や無脈性心室頻拍、循環動態を悪化させる心室期外収縮、循環動態の安定した心室期外収縮で使用が容認されている。リドカインは心室筋の自動能を抑制し心室細動や心室期外収縮の発生を抑制する。

①薬用量

犬で2〜8mg/kg ボーラスIV、必要があればその後25〜75μg/kg/分 CRI、猫では0.25〜1mg/kg IV、必要があれば10〜40μg/kg/分 CRI、気管内投与も可能（静脈内投与の2〜2.5倍量）。

②使用上の注意

リドカインは、それ自身の肝臓での代謝を抑制するため、24〜48時間後には半減期が延長するので、持続投与が長期間に及ぶときは24時間以降は投与量を減らすか、血中濃度（人では1.2〜5.0μg/mL）

図Ⅰ-611　硫酸アトロピン

アトロピン硫酸塩注射液：田辺三菱製薬㈱

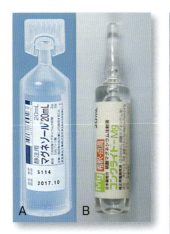

図Ⅰ-612　硫酸マグネシウム

A：静脈用マグネゾール®20mL：東亜薬品工業㈱、B：コンクライトR-Mg：大塚製薬㈱

をモニターして調節する。

### ⅴ）硫酸アトロピン（図Ⅰ-611）

心臓の迷走神経刺激を減少させる副交感神経遮断薬で、洞結節を刺激し、房室伝導を促進し、心拍数を増加させる。適応は、著しい徐脈や徐脈を伴う高度の房室ブロックなどである。心肺蘇生において、心静止や無脈性電気活動（Pulseless Electrical Activity：PEA）では、迷走神経緊張の関与が考えられるので、アトロピンはエピネフリンやバソプレッシンの補助として推奨されてきた。しかし、AHAガイドライン2010からはルーチン使用は推奨されなくなった。

#### ①薬用量

0.05mg/kg IV、完全に迷走神経を遮断する量まで、3〜5分ごとに繰り返し投与、気管内投与も可能。

#### ②使用上の注意

特に過剰投与後の麻痺性イレウスに注意。緑内障には禁忌。

### ⅵ）硫酸マグネシウム（図Ⅰ-612）

マグネシウムは、生理的なカルシウムチャネルブロッカーとして機能し、心臓の神経筋接合部における刺激伝導系や心筋細胞のL型カルシウムチャネルを抑制する。マグネシウムは、心室不応期延長作用など再分極相に対するリエントリーを抑制することで、Torsades de pointes（TdP）や治療抵抗性の心室頻拍などの致死的不整脈に有効である　心室細動とpulseless VTに対して、マグネシウムの有効性を示した大規模無作為試験はなく、有効性が確立されていない。一方、マグネシウムの急速投与は、心静止（asystole）を惹起する可能性があるので、緩徐な投与をする。

#### ①不整脈治療としての薬用量

30〜40mg/kg ゆっくりIV、または3〜10mg/kg/時 IV、骨髄内投与も可能：マグネゾール（10％）®（1アンプル：2g/20 mL）、コンクライト-Mg®（1アンプル：2.47 g/20 mL）。

#### ②使用上の注意

急速投与による一過性の血管痛、胸部不快感が報告されている。筆者は、一過性の下痢と嘔吐の副反応を症例で経験したことがある。

### ⅶ）ヘパリン

頭蓋内出血やその他の血管破綻による出血性疾患では有害な薬剤となるが、原因疾患が血栓性疾患や播種性血管内凝固症候群（DIC）では、当初から予防的な投与を含めて積極的に使用する。ヘパリン製剤には、未分画ヘパリン、低分子ヘパリン、ヘパリノイドがある。

#### ①薬用量

未分画ヘパリンは、100 IU/kg IV（50〜200 IU/kg）、より積極的な使用ではボーラス投与に引き続いて12 IU/kg/時 静脈内持続投与（CRI）で投与するか、100 IU/kg 1日3回 SC。

#### ②使用上の注意

肝機能低下の際は、使用量および投与回数を少なくする。

### ⅷ）メシル酸ガベキサート

緊急時に一番に使用する薬剤ではないが、落ち着き次第、早急に使用したい薬の1つである。蛋白分解酵素阻害薬である本薬剤は、抗トリプシン、抗トロンビン、抗カリクレイン、抗プラスミンなどのセリンプロテアーゼインヒビターであり、急性膵炎やDIC、急性循環不全などに適応され、炎症性サイトカイン産生を抑制する効果が示唆されている。

#### ①薬用量

1〜2 mg/kg/時、CRI。

図I-613　フロセミド
フロセミド注20mg「タイヨー」：テバ製薬㈱

図I-614　ジアゼパム
セルシン®注射液5mg：武田薬品工業㈱

②使用上の注意

　血管外へ漏れると注射部位の硬結、壊死を起こすことがある。人では、漏れると非常に痛いようである。

ix）フロセミド（図I-613）

　基本的には、急性肺水腫の治療や脳圧を下げるためのマンニトール投与後のリバウンド抑制を目的として使用する。プロスタグランジンを介する静脈の拡張作用に遅れて、利尿作用が現れる。

①薬用量

　1～4mg/kg IV。

x）重炭酸ナトリウム（炭酸水素ナトリウム）

　以前は心停止の際の第一選択薬であった。現在では、過剰使用による高ナトリウム血症、高浸透圧血症が問題となり、組織内において高炭酸ガス血症（アシドーシス）にさせるため有害であるとも考えられている。このように、心肺蘇生においてもルーチンに使用すべきものではなく、血液pHをアルカリ化することでヘモグロビンの組織局所での酸素放出を妨げ、組織の嫌気性代謝を促進させる可能性があることに注意する。また、換気が不十分な状態での重炭酸ナトリウム投与は、組織への二酸化炭素の蓄積を促し、透過した二酸化炭素により組織のアシドーシスが助長する。よって、心肺停止で重炭酸ナトリウムの投与が推奨されるのは、以下の場合に限られる。

　(1)高カリウム血症
　(2)気管挿管が既に行われ換気が十分に行える場合
　(3)pH 7.2以下の代謝性アシドーシス
　(4)薬物中毒による心停止で尿をアルカリ化したい場合

　重炭酸ナトリウム（メイロン®：図I-605参照）の初期投与量は1 mmoL/kgとし（高浸透圧であるため2倍以上に希釈して）、10分後に半量を投与する。基本的に血液ガスを測定下での使用が安全である。

①薬用量

　重炭酸ナトリウム投与量（mmoL）＝0.2または0.3（安全係数）×体重（kg）×（24－測定された$HCO_3$）、半量をゆっくり投与して、残りは約10分後に再測定を行い投与を検討する。メイロン®は、7％ $NaHCO_3$注射液で1 mL＝0.83mmoL、8.4％ $NaHCO_3$注射液は1 mL＝1 mmoL。

xi）ジアゼパム（図I-614）

　CPR実施中またはCPR実施後の低酸素や脳浮腫などが原因と思われる全身性痙攣や興奮時に使用する。本薬剤は、脊髄反射抑制作用を有する。効果が現れるまで、静脈内投与を行うが、無効の場合はバルビツレートなどに切り替える。

①薬用量

　0.5～1mg/kg IV。

②使用上の注意

　著しい肝機能低下時には使用を控えるか、使用量を減量する。

xii）バルビツレート

　脳代謝を低下させ、脳細胞傷害の進行を防止するといわれているが、心停止後の脳機能の改善作用は証明されていない。頭蓋内圧の低下、痙攣の予防や抑制、鎮静などを目的として、超短時間作用型のチオペンタール（図I-615A）や短～中時間作用型のペントバルビタール（ネンブタール®、ソムノペンチ

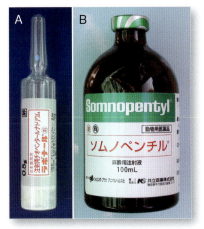

図I-615　バルビツレート
A：ラボナール®：田辺三菱製薬㈱、B：ソムノペンチル®：DSファーマアニマルヘルス㈱

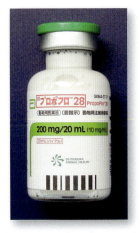

図I-616　プロポフォール
プロポフロ™28：DSファーマアニマルヘルス㈱

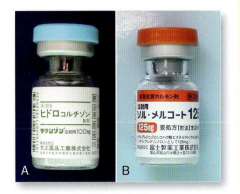

図I-617　副腎皮質ホルモン
A：ヒドロコルチゾン：サクシゾン®注射用100mg：大正薬品工業㈱、B：コハク酸メチルプレドニゾロン：注射用ソル・メルコート125：富士製薬工業㈱

ル®：図I-615B）を使用する。

①薬用量

　チオペンタール15mg/kg IV、ペントバルビタール2～5mg/kg IV。

②使用上の注意

　呼吸抑制を起こす可能性があるので、呼吸管理下、またはすぐに気管挿管できる準備のもとで、使用時には呼吸抑制を起こさない程度の使用を心がける。肝機能低下例への使用には控えるか、減量する。低体温に注意する。

xiii）プロポフォール（図I-616）

　使用時の目的は、脳保護作用を期待するバルビツレートに準ずるが、筆者の知る限り使用に前向きなエビデンスは認められていないと思われる。バルビツレートと同様に末梢血管抵抗が減少し、心抑制作用があることから、CPR時の使用には血圧に注意する。CPR後の治療への期待はある。

①薬用量

　4～6.5mg/kg ゆっくりIVまたは持続投与（呼吸停止に注意）。

xiv）副腎皮質ホルモン

　虚血後の脳浮腫や壊死を低下させる作用は、文献的に実証されていない。理論的には、心停止時投与されると、ライソソーム膜の安定化、ヒスタミン遊離の抑制、血管拡張、毛細血管透過性亢進の抑制などがあるが、ラットの急性実験で脳の回復にいくらか有効であることが示唆する報告がある程度である。敗血症性ショックでは、低用量の使用が推奨されている。使用する場合は、第一に、ヒドロコルチゾン（図I-617A）やコハク酸メチルプレドニゾロン（図I-617B）などの超短時間型のものを選択する。

### 7）除細動

　除細動には、電気的除細動と化学的除細動（薬物的除細動）がある。一般的に除細動という場合は、電気的除細動をさす。除細動とは、上室性または心室性の頻脈性不整脈を洞調律に復帰させる処置であるが、心停止における不整脈の多くは心室細動（VF）であり、まれに無脈性心室頻拍（pulseless VT）も含まれる。

　電気的除細動では、直流電流の通電により刺激伝導系を含めたすべての心筋細胞が同時に脱分極状態となる。その後、最も優位なペースメーカ、通常は洞結節の再分極が起こり、調律が回復する。ちなみに、VFやpulseless VT以外の頻脈性の不整脈（上室頻拍、心房細動・粗動）に対する除細動では、R波に同期させて通電する（cardioversion）。

　電気的除細動には、専用の除細動器を使用し、胸壁に2つの電極パドルまたはディスポーザブルパットから通電させる体外式除細動と（図I-618A）、開胸下で直接心臓に体内用パドルから通電させる開胸下で体内除細動（図I-618B）、さらに体外式自動除細動器（AED）や体内埋め込み式自動除細動器（AID）などもある。

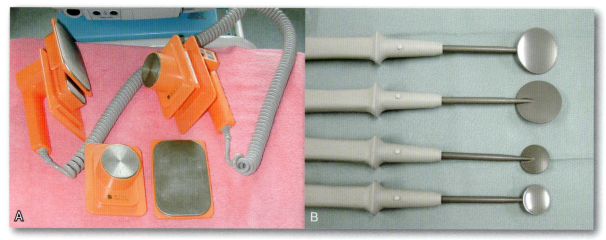

図Ⅰ-618　除細動器の電極パドル
A：体外式除細動用パドル、B：体内用パドル。

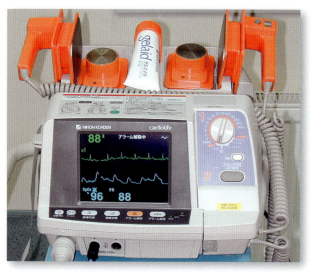

図Ⅰ-619　除細動器

　除細動の施行にあたり、通電するエネルギー量を設定しなくてはいけないが、体外式除細動においては、小児での設定目安である2J/kgを目安にしている。開胸式の除細動にあたっては、0.5J/kgを目安にしている。近年、除細動器の放電波形が単相性から二相性（後述）に変更になった機種（図Ⅰ-619）が市販され、従来の単相性より少ないエネルギー量で効果があることから、CPRにおいて推奨されている[92]。また、体外式除細動の施行にあたっては、通電用のジェルか、シート状の専用ジェルパット、生理食塩液で浸したガーゼも代用できるが、超音波診断用のジェルは代用できないので注意する。
　電気的除細動が適応の心室細動や無脈性心室頻拍に院内で除細動を施行する場合は、心臓マッサージを開始して、除細動と同時進行に可能な限り静脈路確保を実施して急速輸液を行い、通常は3回の除細動施行後に心室細動が繰り返す場合は、エピネフリン（日本薬局法ではアドレナリン、参考量0.01～0.1mg/kg IVまたはその2～2.5倍量を気管内投与、3～5分で追加投与が必要、アシドーシス下で効果減弱）やバソプレッシン（ピトレシン®、参考量は0.8～1.2単位/kg IVまたは気管内投与、半減期は10～20分）を投与して、そのうえで除細動を再度実施する。
　除細動に伴う合併症には、熱傷、心筋障害[107]、不整脈、塞栓症、感電事故などが報告されている。心静止や無脈性電気活動（PEA）に対する電気的除細動は、心筋ダメージを生じさせるうえに、副交感神経を興奮させて心拍再開の可能性を減らすので適応外とされている。しかし、モニター上では心静止にみえる心室細動も存在するので、できれば誘導を変えてしっかりと評価する必要がある。近年、電気的除細動における放電波形を従来の単相性波形から二相性波形にすることで、少ないエネルギーレベルで使用でき心筋障害が軽減される除細動器が日本でも市販されている（図Ⅰ-620）[108]。
　全科の診療を余儀なくされている本邦の獣医科領域は、未だ一次診療と二次診療以上の棲み分けがないこともあり、多くの医療機器を準備する必要があるが、医学領域でしばしば遭遇する心筋梗塞が多く

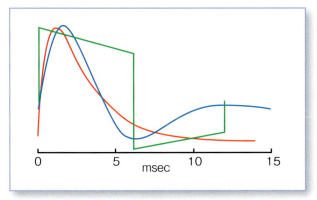

**図Ⅰ-620 除細動時の通電波形[108]**
除細動の波形例。縦軸は電流量。赤：単相性サイン波形、青：二相性サイン波形、緑：二相性切断指数波形。

ない状況も加味して、電気的除細動器を備えていない施設は意外と多い。そのために、まれに遭遇する心室細動に対して、電気的除細動が実施できない状況に遭遇することは少なくない。動物が何らかの原因により心室細動に陥った場合、胸部叩打法は実施すべきであるが、飼い主に対して「当施設では電気的除細動器を備えていない」ということを明確に説明する必要がある。それ以外の方法（化学的除細動［表Ⅰ-47］や交流式除細動）は、確実性がなく、危険を伴うので現実的な方法ではないが、過去に実施されたことがある方法を記載しておく。

### 8）臨床的モニタリングと評価

CPR の最終目標は、重要臓器、特に心臓と脳への適切な灌流を再開させることである。CPR 中の血流の直接的測定は不可能なので、代用になる指標が用いられる。

#### ⅰ）心電図モニター

心電図は、一次救命処置（BLS）開始後に可及的速やかに装着したいモニタリングの1つとして推奨されている[109]。その目的は、心臓の電気的活動の有無と、心室細動（VF）や脈が触知できない心室頻拍（pulseless VT）、心静止、無脈性電気活動（PEA）などの心停止の鑑別である。いずれの心停止においても、胸壁圧迫による心臓マッサージの適応であるが、電気的除細動は VF および pulseless VT のみが適応であり、それ以外での施行は有害にもなりうる。

CPR 中の心電図は重要なモニタリング項目であり、可視粘膜色や毛細血管再充満時間（CRT）、動脈圧の触知、血圧測定などをあわせて病態を判断する。しかし、心電図だけでは循環の指標とはなりえない（大量出血や窒息での心停止では何分もほぼ正常な心電図波形を呈することがある）。

CPR 中は、胸壁圧迫による心臓マッサージや人工呼吸の妨げにならない双極肢誘導が一般的であるが、自己循環が再開して安定した後は、リード線が邪魔にならない胸部での誘導（AB 誘導など）に変更してモニターする。

#### ⅱ）呼気終末二酸化炭素分圧

CPR 中に、気管内チューブにカプノメーターを接続して呼気終末二酸化炭素分圧（$ETCO_2$）を測定する。CPR 中においては、呼気中の二酸化炭素は心拍出量の間接的な指標となる

CPR 中の $ETCO_2$ の上昇は、蘇生の成功を示唆し、心拍出量が生じていることを示していることから、カプノメーターは CPR において有用性が高い推奨されるモニタリング項目の1つである[109]。臨床研究においても、CPR 中の $ETCO_2$ の上昇が予後良好の予測因子となることが示されている[110-112]。このように、CPR 開始後、15〜20分後に $ETCO_2$ が

**表Ⅰ-47 化学的除細動方法（カッコ内は筆者が実際に用いている使用法を示す）**

- 塩化カリウム 1 mmoL/kg を心腔内に注入し、その後カルシウム製剤（商品名カルチコールなど）を心腔内へ注入
- 塩化カリウム 1 mmoL/kg にアセチルコリン 6 mg/kg（商品名アンチレクス0.5〜5 mg/head またはワゴスチグミン0.05mg/kg）を混ぜて、心腔内に投与
- 塩化または硫酸マグネシウム 2 g/head　IV（補正用・硫酸マグネシウム注射液コンクライト-Mg で20mL〈硫酸マグネシウムとして2.47g/20mL 含有〉を1分以上かけてゆっくり静脈内投与）
- ブレチリウム（Bretylium Tosylate） 10mg/kg IV…原料供給の問題から供給不安定な薬剤であり、使用することは差し支えないが、現在はリストから外されている。蘇生後の低血圧を中心とした副作用が高頻度で発生することが知られている。

10mmHgを超えないと、蘇生は成功しないと考えられる。

### ⅲ）静脈血ガス分析

CPR中の動脈血ガス分析では、しばしば過換気による呼吸性アルカローシスが認められるが、静脈血ガス分析では、全身の低灌流による代謝性アシドーシスが認められる。このように、CPR中の組織灌流の評価には静脈血ガス分析の方が適切である。

### ⅳ）動脈の拍動と血圧

CPR中の動脈の拍動と血圧は、血流の指標にはならない。CPR中は末梢の血流がなくても、胸壁圧迫による心臓マッサージで脈と血圧は生じる。しかし、動脈圧と中心静脈圧（右心房圧）はほぼ同じ圧であることから、動脈と静脈の間の圧較差がないことからも体循環の血流はないことがわかる。

CPR中は、冠血流を生じさせる圧較差である冠灌流圧（coronary perfusion pressure：CPP）を15mmHg維持できれば予後が良いと報告されている[113,114]。このように、心拍再開には冠灌流が重要であり、その駆動圧は心臓マッサージ間の拡張期圧であり、CPPを有効に維持させる質の高い心臓マッサージが重要となる。

（松本英樹）

---

#### 参考・推薦文献・図書

[1] 岡田和夫／編.：ショック—その病態と治療 up-to-date：医薬ジャーナル；1996. 東京.
[2] 矢崎義雄／監修.：ショックの臨床：医薬ジャーナル；2002. 東京.
[3] Allen DG, Orchard CH.：Myocardial contractile function during ischemia and hypoxia. *Circ Res*. 1987；60：153-168.
[4] McCord JM.：Oxygen-derived free radical in postischemic tissue injury. *N Engl J Med*. 1987；312：159-163.
[5] Nohl H.：A novel superoxide radical generator in heart mitochondria. *FEBS Lett*. 1987；214：269-273.
[6] Babior BM.：The enzymatic basis for O-.2 production by human neutrophils. *Can J Physiol Pharmacol*. 1982；60：1353-1358.
[7] 中越一郎.：心筋虚血再灌流モデルにおける血行動態および心電図所見. *JPN J Electrocardiology*. 1997；17：102-107.
[8] Carden DL, Granger DN.：Pathophysiology of ischaemia-reperfusion injury. *J Pathol*. 2000；190：255-266.
[9] Frangogiannis NG, Smith CW, Entman ML.：The inflammatory response in myocardial infarction. *Cardiovasc Rec*. 2002；53：31-47.
[10] Hearse DJ.：Prospects for antioxidant therapy in cardiovascular medicine. *Am J Med*. 1991, sep. 30；91（3）：118S-121S.
[11] 郷良秀典，西田真彦，平田 健，美甘章仁，池田宣孝，岡田治彦，浜野公一，善甫宣哉，江里健輔.：開心術中心虚血/再灌流障害に対する好中球の関与. *日本心臓血管外科学会雑誌*. 2002；31：8-11.
[12] Ambrosio G, Weisman HF, Mannisi JA, Becker LC.：Progressive impairment regional myocardial perfusion after initial restoration of postischemic blood flow. *Circulation*. 1989；80：1846-1861.
[13] Przyklenk K, Kloner RA.："Reperfusion injury" by oxygen-derived free radicals? Effect of superoxide dismutase plus catalase, given at the time of reperfusion, on myocardial infarct size, contractile function, coronary microvasculature, and regional myocardial blood flow. *CircRes*. 1989；64：86-96.
[14] 相川直樹.：ショックと臓器障害の病態におけるサイトカインの役割. *日本救急医学会雑誌*. 1994；5：641-654.
[15] Hollenberg SM, Parrillo JE.：Pharmacologic circulatory support. In：Barie PS, Shires GT.（ed）：Surgical Intensive Care：Little Brown；1993：417-451. Boston.
[16] Foster C, Mistry NF, Peddi PF, Sharma S.：Washington Manual of Medical Therapeutics 33rd ed. Wolter Kluwer health：Williams & Wilkins；2010. Philadelphia.
[17] Slovak JE, Parker VJ, Deitz KL.：Toxic shock syndrome in two dogs. *J Am Anim Hosp Assoc*. 2012；48（6）：434-438.
[18] Declercq J.：Suspected toxic shock-like syndrome in a dog with closed-cervix pyometra. *Vet Dermatol*. 2007；18（1）：41-44.
[19] Miller CW, Prescott JF, Mathews KA, Betschel SD, Yager JA, Guru V, DeWinter L, Low DE.：Streptococcal toxic shock syndrome in dogs. *J Am Vet Med Assoc*. 1996；209（8）：1421-1426.
[20] 光畑裕正／編.：アナフィラキシーショック. 克誠堂出版：2008. 東京.
[21] Carter JE, Chanoit G, Kata C.：Anaphylactoid reaction in a heartworm-infected dog undergoing lung lobectomy. *J Am Vet Med Assoc*. 2011；238（10）：1301-1304.
[22] Girard NM, Leece EA.：Suspected anaphylactoid reaction following intravenous administration of a gadolinium-based contrast agent in three dogs undergoing magnetic resonance imaging. *Vet Anaesth Analg*. 2010；37（4）：352-356.
[23] 松田直之／編.：レジデントノート別冊 救急・ERノート2 ショック—実践的な診断と治療 ケースで身につける実践力と Pros&Cons. 羊土社；2011. 東京.
[24] Crystal MA, Cotter SM.：Acute hemorrhage：A hematologic emergency in dogs. *Compend Contin Educ Pract Vet*. 1992；14：60-67.
[25] Côté E.：Cardiogenic shock and cardiac arrest. *Vet Clin North Am Small Anim Pract*. 2001；31（6）：1129-1145.
[26] 高階經和，安藤博信.：心臓病へのアプローチ第4版：医学書院；1996：東京.
[27] Griffel MI, Kaufman BS.：Pharmacology of colloids and crystalloids. *Crit Care Clin*. 1992；8（2）：235-253.
[28] Lamke LO, Liljedahl SO.：Plasma volume changes after infusion of various plasma expanders. *Resuscitation*. 1976；5（2）：93-102.
[29] Astiz ME, Galera-Santiago A, Rackow EC.：Intravascular volume and fluid therapy for severe sepsis. *New Horiz*. 1993；1（1）：127-136.
[30] Shoemaker WC.：Circulatory mechanisms of shock and their mediators. *Crit Care Med*, 1987；15（8）：787-794.
[31] 本好茂一／監訳.：第3章 輸液剤の組成と選択. In：輸液療法：チクサン出版；1994. 東京.
[32] Rudloff E, Kirby R.：Colloids.：Current Recommendations. In：Bonagura JD.（ed）：Kirk's Current Veterinary Therapy XIII：WB Saunders；2000：131-136.
[33] Classen J, Adamik KN, Weber K, Rubenbauer S, Hartmann K.：In vitro effect of hydroxyethyl starch 130/0.42 on canine platelet function. *Am J Vet Res*. 2012；73（12）：1908-1912.
[34] Smart L, Jandrey KE, Kass PH, Wierenga JR, Tablin F.：The effect of Hetastarch（670/0.75）in vivo on platelet closure time in the

dog. *J Vet Emerg Crit Care*（San Antonio）. 2009；19（5）：444-449.
[35] Michell AR.：What is shock? *J Small Anim Pract.* 1985；26：719-738.
[36] Ducey JP, Mozingo DW, Lamiell JM, Okerburg C, Gueller GE.：A comparison of the cerebral and cardiovascular effects of complete resuscitation with isotonic and hypertonic saline, hetastarch, and whole blood following hemorrhage. *J Trauma.* 1989；29（11）：1510-1518.
[37] Haskins SC.：Shock（the pathophysiology and management of the circulatory collapse states）. In：Kirk RW.（ed）：Current Veterinary Therapy VIII：WB Saunders；1983：2-27. Philadelphia.
[38] 藤永 徹／監訳.：救急医療、獣医臨床シリーズ1996年版 Vol.4（No.6）：学窓社；1996. 東京.
[39] Barros JM, do Nascimento P Jr., Marinello JL, Braz LG, Carvalho LR, Vane LA, Castiglia YM, Braz JR.：The effects of 6% hydroxyethyl starch-hypertonic saline in resuscitation of dogs with hemorrhagic shock. *Anesth Analg.* 2011；112（2）：395-404.
[40] Hein LG, Albrecht M, Dworschak M, Frey L, Brückner UB.：Long-term observation following traumatic-hemorrhagic shock in the dog：a comparison of crystalloidal vs. colloidal fluids. *Circ Shock.* 1988；26（4）：353-364.
[41] 河野克彬.：輸液の実際. In：輸液療法入門 改訂2版. 金芳堂；1995. 東京.
[42] Duncan JR, Presse KW.：Veterinary Laboratory Medicine Clinical Pathology：Iowa State University Press；1977：7-35. Ames, IA.
[43] Price GS, Armstrong PJ, McLeod DA, Babineau CA, Metcalf MR, Sellett LC.：Evaluation of citrate-phosphate-dextrose-adenine as a storage medium for packed canine erythrocytes. *J Vet Intern Med.* 1988；2（3）：126-132.
[44] DiBartola SP.：輸液療法. In：小動物臨床における輸液療法—基礎と実践—（訳／宮本賢治）：ファームプレス；1996. 東京.
[45] 小守忍／訳.：犬と猫の輸血療法. In：獣医臨床シリーズ1997年版 Vol.5 No.6：学窓社. 東京.
[46] Turnwald GH, Pichler ME.：Blood transfusions in dogs and cats. part II. Administration, adverse effects, and component therapy. *Comp Cont Ed Pract Vet.* 1985；7：115-126.
[47] Kristensen AT.：Administration of blood products to animal. In：Bistner SI, Ford RB.（eds）：Handbook of Veterinary Procedures and Emergency Treatment, 6th ed.：WB Saunders；1994. Philadelphia.
[48] Plunkett SJ.：Hematologic emergencies, Emergency Procedures for the Small Animal Veterinary 3rd ed.：Saunders Elsevier；2013. Edinburgh.
[49] Green CE.：Practical considerations in blood transfusion therapy. Proceeding of the 47th Annual Meeting of the American Animal Hospital Association. 1980；187-191.
[50] Kristensen AT, Feldman BF.：Blood banking and transfusion medicine. In：Ettinger SJ, Feldman EC.（eds）：Textbook of Veterinary Internal Medicine 4th ed.：WB Saunders；1995. Philadelphia.
[51] Martindale RG, McClave SA, Vanek VW, McCarthy M, Roberts P, Taylor B, Ochoa JB, Napolitano L, Cresci G（American College of Critical Care Medicine；A.S.P.E.N. Board of Directors）.：Guidelines for the provision and assessment of nutrition support therapy in the adult critically ill patient：Society of Critical Care Medicine and American Society for Parenteral and Enteral Nutrition：Executive Summary. *Crit Care Med.* 2009；37（5）：1757-1761.
[52] McClave SA, Chang WK.：Feeding the hypotensive patient：Does enteral feeding precipitate or protect against ischemic bowel? *Nutr Clin Pract.* 2003；18：279-284.
[53] Heyland DK, Dhaliwal R, Drover JW, Gramlich L, Dodek P.（Canadian Critical Care Clinical Practice Guidelines Committee）.：Canadian clinical practice guidelines for nutrition support in mechanically ventilated, critically ill adult patients. *JPEN J Parenter Enteral Nutr.* 2003；27（5）：355-373.
[54] Teba L, Banks DE, Balaan MR.：Understanding circulatory shock. Is it hypovolemic, cardiogenic, or vasogenic? *Postgrad Med.* 1992；91：121-129.
[55] Smith K.：絵でみる水・電解質 第2版（訳／和田孝雄）：医学書院；1993. 東京.
[56] Wahr JA, Tremper KK.：Noninvasive oxygen monitoring techniques. *Crit Care Clin.* 1995；11, 199-217.
[57] Shirosihta Y, Tanaka R, Shibata A, Yamane Y.：Accuracy of a Portable Blood Gas Analyzer Incorporating Optodes. *J Vet Intern Med.* 1999；13：597-600.
[58] Tan KS, Nackley AG, Satterfield K, Maixner W, Diatchenko L, Flood PM.：Beta2 adrenergic receptor activation stimulates pro-inflammatory cytokine production in macrophages via PKA- and NF-κB-independent mechanisms. *Cell Signal.* 2007；19（2）：251-260.
[59] Lyte M, Freestone PP, Neal CP, Olson BA, Haigh RD, Bayston R, Williams PH.：Stimulation of *Staphylococcus* epidermidis growth and biofilm formation by catecholamine inotropes. *Lancet.* 2003；361（9352）：130-135.
[60] Freestone PP, Haigh RD, Lyte M.：Blockade of catecholamine-induced growth by adrenergic and dopaminergic receptor antagonists in Escherichia coli O157：H7, Salmonella enterica and Yersinia enterocolitica. *BMC Microbiol.* 2007；7：8.
[61] Richard C, Ricome JL, Rimailho A, Bottineau G, Auzepy P.：Combined hemodynamic effects of dopamine and dobutamine in cardiogenic shock. *Circulation.* 1983；67（3）：620-626.
[62] Kellum JA, M Decker J.：Use of dopamine in acute renal failure：a meta-analysis. *Crit Care Med.* 2001；29（8）：1526-1531.
[63] De Backer D, Biston P, Devriendt J, Madl C, Chochrad D, Aldecoa C, Brasseur A, Defrance P, Gottignies P, Vincent JL（SOAP II Investigators）.：Comparison of dopamine and norepinephrine in the treatment of shock. *N Engl J Med.* 2010；362（9）：779-789.
[64] Desjars P, Pinaud M, Bugnon D, Tasseau F.：Norepinephrine therapy has no deleterious renal effects in human septic shock. *Crit Care Med.* 1989；17（5）：426-429.
[65] Martins LC, Sabha M, Paganelli MO, Coelho OR, Ferreira-Melo SE, Moreira MM, de Cavalho AC, Araujo S, Moreno H Jr.：Vasopressin intravenous infusion causes dose dependent adverse cardiovascular effects in anesthetized dogs. *Arq Bras Cardiol.* 2010；94（2）：213-218, 229-234, 216-221.
[66] Bone RC, Fisher CJ Jr., Clemmer TP, Slotman GJ, Metz CA, Balk RA.：A controlled clinical trial of high-dose methylprednisolone in the treatment of severe sepsis and septic shock. *N Engl J Med.* 1987；317：653-638.
[67] Annane D, Sébille V, Charpentier C, Bollaert PE, François B, Korach JM, Capellier G, Cohen Y, Azoulay E, Troché G, Chaumet-Riffaud P, Bellissant E.：Effect of treatment with low doses of hydrocortisone and fludrocortisone on mortality in patients with septic shock. *JAMA.* 2002；288（7）：862-871.
[68] Meduri GU, Annane D, Chrousos GP, Marik PE, Sinclair SE.：Activation and regulation of systemic inflammation in ARDS：rationale for prolonged glucocorticoid therapy. *Chest.* 2009；136（6）：1631-1643.
[69] Tole JW, Lieberman P.：Biphasic anaphylaxis：review of incidence, clinical predictors, and observation recommendations. *Immunol Allergy Clin North Am.* 2007；27（2）：309-326.
[70] Stegelmeier BL, Bottoms GD, Denicola DB, Reed WM.：Effect of flunixin meglumine in dogs following experimentally induced endotoxemia. *Cornell Vet.* 1988；78：221-230.
[71] 山中昭栄、山本保博／総編集.：救急現場の救急医療—ショックと現場での処置：荘道社；2002. 東京.

[72] 仲庭茂樹.：ハイリスク患者における手術時の輸液と処置―猫泌尿器症候群（FUS）の手術時の場合どうするか？第9回小動物臨床研究会年次大会パネルディスカッション．1988；Pn Ⅲ-d：163-170.
[73] Viganó F, Perissinotto L, Bosco VR.：Administration of 5% human serum albumin in critically ill small animal patients with hypoalbuminemia：418 dogs and 170 cats（1994-2008）．J Vet Emerg Crit Care（San Antonio）．2010；20（2）：237-243.
[74] Bellomo R, Ronco C, Kellum JA, Mehta RL, Palevsky P（Acute Dialysis Quality Initiative workgroup）.：Acute renal failure-definition, outcome measures, animal models, fluid therapy and information technology needs：the Second International Consensus Conference of the Acute Dialysis Quality Initiative（ADQI）Group．Crit Care．2004；8（4）：R 204-212.
[75] 並木昭義, 今泉 均／編集.：麻酔科医と基礎研究 敗血症性ショック―新たなる展開：南江堂；2003．東京．
[76] 玉熊正悦／編.：ショック1995-96：中山書店；1995．東京．
[77] 稲田英一／監訳.：ICU ブック-第3版：メディカル・サイエンス・インターナショナル；2012．東京．
[78] 日本救急医学会／監修, 日本救急医学会認定医認定委員会／編集.：救急診療指針：へるす出版；2005．東京．
[79] Kobayashi M, Fujiwara A, Morita H, Nishimoto Y, Mishima T, Nitta M, Hayashi T, Hotta T, Hayashi Y, Hachisuka E, Sato K.：A manikin-based observational study on cardiopulmonary resuscitation skills at the Osaka Senri medical rally．Resuscitation．2008；78；333-339.
[80] 日本蘇生協議会・日本救急医療財団／監修.：JRC 蘇生ガイドライン2010：へるす出版；2011．東京．
[81] Plunkett SJ, McMichael M.：Cardiopulmonary resuscitation in small animal medicine；an update．J Vet Intern Med．2008；22（1）：9-25.
[82] Boller M, Kellett-Gregory L, Shofer FS, Rishniw M.：The clinical practice of CPCR in small animals；an internet-based survey．J Vet Emerg Crit Care（San Antonio）．2010；20；558-570.
[83] Boller M, Fletcher DJ.：RECOVER evidence and knowledge gap analysis on veterinary CPR. Part 1；Evidence analysis and consensus process；collaborative path toward small animal CPR guidelines．J Vet Emerg Crit Care（San Antonio）．2012；22 Suppl 1：S4-12.
[84] 岡田和夫, 青木重憲, 金 弘.：ACLS プロバイダーマニュアル日本語版：中山書店；2004．東京．
[85] Hofmeister EH, Brainard BM, Egger CM, Kang S.：Prognostic indicators for dogs and cats with cardiopulmonary arrest treated by cardiopulmonary cerebral resuscitation at a university teaching hospital．J Am Vet Med Assoc．2009；235（1）；50-57.
[86] Wingfield WE, Van Pelt DR.：Respiratory and cardiopulmonary arrest in dogs and cats；265 cases（1986-1991）．J Am Vet Med Assoc．1992；200（12）：1993-1996.
[87] 岡田和夫, 美濃部峻／監訳.：AHA 心肺蘇生と救急心血管治療のための国際ガイドライン2000．中山書店：2004．東京．
[88] Fletcher DJ, Militello R, Schoeffler GL, Rogers CL.：Development and evaluation of a high-fidelity canine patient simulator for veterinary clinical training．J Vet Med Educ．2012；39（1）：7-12.
[89] Hopper K, Epstein SE, Fletcher DJ, Boller M（RECOVER Basic Life Support Domain Worksheet Authors）.：RECOVER evidence and knowledge gap analysis on veterinary CPR. Part 3；Basic life support．J Vet Emerg Crit Care（San Antonio）．2012；22 Suppl 1：S 26-43.
[90] 石見 拓.：G 2010における「胸骨圧迫」にかかわるトピック．救急医学．2012；36（12）：1624-1628.
[91] Benson DM, O'Neil B, Kakish E, Erpelding J, Alousi S, Mason R, Piper D, Rafols J.：Open-chest CPR improves survival and neurologic outcome following cardiac arrest．Resuscitation．2005；64（2）：209-217.
[92] Rozanski EA, Rush JE, Buckley GJ, Fletcher DJ, Boller M（RECOVER Advanced Life Support Domain Worksheet Authors）.：RECOVER evidence and knowledge gap analysis on veterinary CPR. Part 4；Advanced life support．J Vet Emerg Crit Care（San Antonio）．2012；22 Suppl 1：S 44-64.
[93] Chrissos DN, Antonatos PG, Mytas DZ, Katsaros AA, Anthopoulos PL, Theocharis AG, Foussas SG, Anthopoulos LP, Moulopoulos SD.：The effect of open-chest cardiac resuscitation on mitral regurgitant flow；an on-line transesophageal echocardiographic study in dogs．Hellenic J Cardiol．2009；50（6）：472-475.
[94] Pilcher J, Weatherall M, Shirtcliffe P, Bellomo R, Young P, Beasley R.：The effect of hyperoxia following cardiac arrest- A systematic review and meta-analysis of animal trials．Resuscitation．2012；83（4）：417-422.
[95] 2005 American Heart Association.：Guidelines for cardiopulmonary resuscitation and emergency cardiovascular care；Part 7.2, management of cardiac arrest．Circulation．2005；112（suppl 1）：Ⅳ58-Ⅳ66.
[96] Aitkenhead AR.：Drug administration during CPR；what route? Resuscitation．1991；22（2）：191-195.
[97] International Liaison Committee on Resuscitation.：2005 International consensus on cardiopulmonary resuscitation（CPR）and emergency cardiac care（ECC）science with treatment recommendations, Part 4；advanced life support．Circulation．2005；112（suppl 1）：Ⅲ-25-Ⅲ54.
[98] Pedro B, López-Alvarez J, Fonfara S, Stephenson H, Dukes-McEwan J.：Retrospective evaluation of the use of amiodarone in dogs with arrhythmias（from 2003 to 2010）．J Small Anim Pract．2012；53（1）：19-26.
[99] Stoner J, Martin G, O'Mara K, Ehlers J, Tomlanovich M.：Amiodarone and bretylium in the treatment of hypothermic ventricular fibrillation in a canine model．Acad Emerg Med．2003；10（3）：187-191.
[100] Paiva EF, Perondi MB, Kern KB, Berg RA, Timerman S, Cardoso LF, Ramirez JA.：Effect of amiodarone on haemodynamics during cardiopulmonary resuscitation in a canine model of resistant ventricular fibrillation．Resuscitation．2003；58（2）：203-208.
[101] Buckley GJ, Rozanski EA, Rush JE.：Randomized, blinded comparison of epinephrine and vasopressin for treatment of naturally occurring cardiopulmonary arrest in dogs．J Vet Intern Med．2011；25：1334-1340.
[102] Wenzel V, Lindner KH, Augenstein S.：Vasopressin combined with epinephrine decreases cerebral perfusion compared with vasopressin alone during CPR in pigs．Stroke．1998；29：1467-1468.
[103] Wenzel V, Krismer AC, Arntz HR, Sitter H, Stadlbauer KH, Lindner KH.：European Resuscitation Council Vasopressor during Cardiopulmonary Resuscitation Study Group；A comparison of vasopressin and epinephrine for out-of-hospital cardiopulmonary resuscitation．N Engl J Med．2004；350（2）：105-113.
[104] Aung K, Htay T.：Vasopressin for cardiac arrest；a systematic review and meta-analysis．Arch Intern Med．2005；165；17-24.
[105] Schmittinger CA, Astner S, Astner L, Kössler J, Wenzel V.：Cardiopulmonary resuscitation with vasopressin in a dog．Vet Anaesth Analg．2005；32：112-114.
[106] Efrati O, Barak A, Ben-Abraham R, Weinbroum AA, Lotan D, Manistersky Y, Yahav J, Barzilay Z, Paret G.：Hemodynamic effects of tracheal administration of vasopressin in dogs．Resuscitation．2001；50：227-232.
[107] 松本英樹, 小口洋子, 増田裕子, 久野由博, 政田早苗, 柴原イネ, 三宅ゆかり, 高島一昭, 山根久恵, 坂井尚子, 野一色泰晴, 山根義久.：体外循環による心室中隔欠損症の手術中に発生した犬の心筋梗塞の1例．日本獣医師会雑誌．1996；49（6）：390-393.
[108] Walcott GP, Melnick SB, Chapman FW, Jones JL, Smith WM, Ideker RE.：Relative efficacy of monophasic and biphasic waveforms for transthoracic defibrillation after short and long durations of ventricular fibrillation．Circulation．1998；98（20）：2210-2215.

[109] Brainard BM, Boller M, Fletcher DJ (RECOVER Monitoring Domain Worksheet Authors).: RECOVER evidence and knowledge gap analysis on veterinary CPR. Part 5; Monitoring. *J Vet Emerg Crit Care (San Antonio)*. 2012; 22 Suppl 1: S 65-84.
[110] Wayne MA, Levine RL, Miller CC.: Use of end-tidal carbon dioxide to predict outcome in prehospital cardiac arrest. *Ann Emerg Med*. 1995; 25: 462-767.
[111] Sanders AB, Kern KB, Otto CW, Milander MM, Ewy GA.: End-tidal carbon dioxide monitoring during cardiopulmonary resuscitation. A prognostic indicator for survival. *JAMA*. 1989; 262 (10): 1347-1351.
[112] Falk JL, Rackow EC, Weil MH.: End-tidal carbon dioxide concentration during cardiopulmonary resuscitation. *N Engl J Med*. 1988; 318 (10): 607-611.
[113] 2005 American Heart Association.: Guidelines for cardiopulmonary resuscitation and emergency cardiovascular care; Part 7.4, monitoring and medications. *Circulation*. 2005; 112 (supl 1): IV78- IV83.
[114] Paradis NA, Martin GB, Rivers EP, Goetting MG, Appleton TJ, Feingold M, Nowak RM.: Coronary perfusion pressure and the return of spontaneous circulation in human cardiopulmonary resuscitation. *JAMA*. 1990; 263 (8): 1106-1113.

# 第Ⅱ章 呼吸器系

- 呼吸器系の発生と解剖
  Respiratory Embryology and Anatomy
- 呼吸器系の生理学
  Respiratory Physiology
- 呼吸器系疾患に対する検査
  Examination of the Respiratory Diseases
- 症候と所見
  Findings and Symptoms of the Respiratory Diseases
- 手術適応と術前管理
  Preoperative Management and Surgical Indications of the Respiratory Diseases
- 手術と術後管理
  Postoperative Management and Surgical Procedures of the Respiratory Diseases
- 呼吸器系疾患（肺・気管・気管支）
  Respiratory Diseases

# 呼吸器系の発生と解剖

Respiratory Embryology and Anatomy

## ■ 1　肺と気管支の発生

　平面的であった胚盤（胚性外胚葉、胚性中胚葉、胚性内胚葉からなる三層性）は、胚の造形運動（頭屈、側屈、尾屈）によって、卵黄嚢が消化管の起源である原腸となり、その周囲は中胚葉細胞に囲まれる。原腸は前腸、中腸そして後腸に区分され、前腸は咽頭から十二指腸前半部までに分化する。この前腸の食道予定領域の腹側から肺と気管の原基である肺芽が背側心間膜内に出芽する（図Ⅱ-1：「心血管の発生」図Ⅰ-4C参照）。肺芽は、背側心間膜内でさらに分岐し、周囲の中胚葉細胞とともに、尾方へ発達していく。肺芽から肺が分化する状態は、4段階（腺様期・管状期・終末肺胞嚢期・肺胞期）に区分されている。

### 1）腺様期（pseudoglandular period）

　食肉類では、受精後32日頃までをいう。肺芽から左右一次気管支芽が出芽し、気管支の原型が形成される。次いで左右の気管支芽から肺葉芽が出芽する。出芽する数は、動物種によって異なる。つまり、犬や猫であれば、左側に2個、右側に4個出芽し、各々左前葉および左後葉、右前葉、右中葉、右後葉および副葉への気道となる。さらに気管支肺区域芽を出芽する（図Ⅱ-2A～C）。

### 2）管状期（canalicular period）

　食肉類では、受精後47日頃までをいう。細気管支芽が出芽し、細気管支を形成しはじめる。呼吸に関与する毛細血管が、細気管支周囲に形成されはじめる。

### 3）終末肺胞嚢期（terminal alveolar period）

　食肉類では、受精後55日頃までをいう。呼吸細気管支が発生する。この時期、周囲の中胚葉組織内に毛細血管の密な網目構造が形成され、呼吸細気管支は毛細血管網に包まれた状態の終末肺胞嚢となる。肺胞嚢内腔の立方上皮は、扁平な呼吸上皮細胞へと分化しはじめる。能力は低いながら、この状態で呼吸可能となる。しかし、終末肺胞嚢の数も少なく未完成であるため、出生後生き延びることは困難である（図Ⅱ-2D）。

### 4）肺胞期（alveolar period）

　出生直前から肺胞が成熟するまで。未分化な肺胞が成熟した肺胞へ分化する。つまり、肺胞上皮細胞は、扁平な呼吸上皮細胞と大型の大肺胞上皮細胞に分化する。ガス交換に関与する肺胞上皮細胞の基底膜に、肺胞内の酸素を血液中に取り込むために中胚葉組織由来の毛細血管が接触するようになる。また、未分化な肺胞は、中隔によってさらに区分され、肺胞数が増加する（図Ⅱ-2E）。

　肺および気管支を含む気道の粘膜上皮細胞は、すべて前腸の内胚葉細胞由来である。気道周囲の平滑筋、軟骨および結合組織は、周囲の中胚葉細胞が気道上皮細胞に誘導されて分化する。

　肺芽が分岐するのに従い、周囲の中胚葉由来の血管も一緒に発生する。このときに肺の血液を集める血管として発生し、最終的に一本の共通な静脈幹となったものが肺静脈であり、肺へ血液を送る血管の源が肺動脈となる。

呼吸器系の発生と解剖

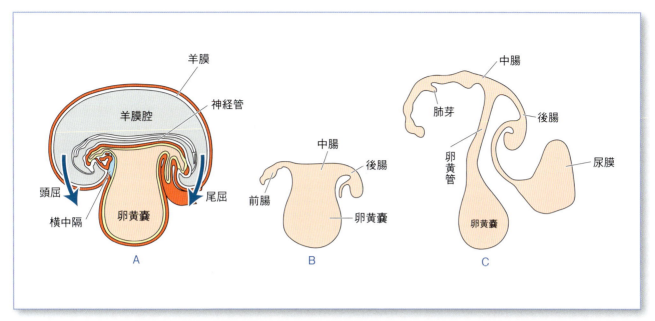

図Ⅱ-1　胚子の造形運動によって胚子が屈曲し、卵黄嚢の原腸部分が前腸、中腸そして後腸へと分化する
A：初期胚の正中断。黄色部分が卵黄嚢。B：原腸が前腸、中腸そして後腸に分化しはじめている。C：胚子の両側面が側屈することによって、卵黄嚢は原腸と細い管（卵黄管）と連絡するのみとなる。前腸腹側に肺芽が出芽している。卵黄嚢後方に尿膜が大きく発達している。

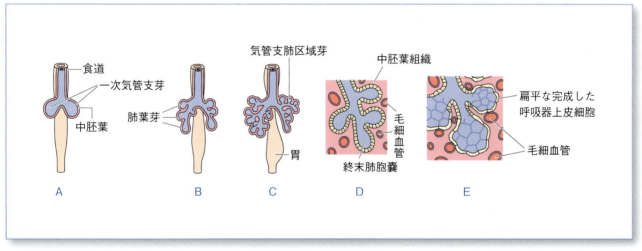

図Ⅱ-2　肺の発生

A：食道予定領域の腹側に胚芽が出芽し、その先端がさらに分岐する（腹側面）。B：一次気管支芽から肺葉芽が出芽する。C：肺葉芽はさらに分岐し続ける。D：終末肺胞嚢期の組織像。肺胞嚢内腔の上皮は立方形である。肺胞嚢周囲の中胚葉組織内に毛細血管網が形成されている。E：成熟した肺の組織像。肺胞上皮は扁平な呼吸上皮細胞に分化し、ガス交換に関与する毛細血管が呼吸上皮細胞直下に移動してくる。

（山本雅子）

―推奨図書―
［1］Hyttel P, Sinowatz F, Vejlsted M, Betteridge K.：カラーアトラス動物発生学．（監訳／山本雅子，谷口和美）：緑書房；2014．東京．
［2］Latshaw WK.：Veterinary Developmental Anatomy：BC Decker Inc.；1987．
［3］Evans HE.：Miller's Anatomy of the Dog, 3rd ed.：WB Saunders；1993．
［4］Schoenwolf GC, Bleyl SB, Brauer PR, Francid-West PH.：Larsen's Human Embryology, 5th ed.：Elsevier；2014. Churchill Livingstone.
［5］Carlson BM.：Patten's Foundations of Embryology, 6th ed.：McGraw-Hill Inc.；2003．

## ■2　肺と気管支の解剖

呼吸器系は、血液のガス交換を行う重要な器官系であり、ガス交換が行われる肺と、それ以外、すなわち鼻孔から肺までの空気の通り道である気道に分けられる。気道は、鼻腔、咽頭、喉頭、気管、気管支からなり、頭部に存在する鼻腔から喉頭までを上部気道、頸部から胸部に存在する気管と気管支を合わせて下部気道と呼び区別することがある。気道は空気の浄化、加温、加湿を行い、病原体や、冷たく乾いた空気の流入を防いでいる。気道の粘膜は、線毛という細い毛をもった細胞が並んでおり、線毛上皮と呼ばれる。この線毛は周期的に動き（波状運動・線毛運動）、外界から入ってくるほこりや細菌などを捕らえ、気道の出口の方へ送り出し、痰として体外に排出する。

### 1）気管、気管支

気管は、喉頭に続く部位であり、最初は食道の腹側に位置するが、頸部を下走するにつれて食道の右側に移動する。胸郭内に入ってから再び食道の腹側に向かい、心基底部の背側で左右の気管支に分かれる（第4～5胸椎レベル）（図II-3～6）。胸郭の入口（胸郭前口）では気管は胸椎に接近しているが、後方に伸びるにつれて胸椎との間のスペースが拡大する。この気管と胸椎の間のスペースの変化は、異常のサインである場合が多い。気管の直径は、呼気と吸気では異なるが、およそ胸大動脈（第7胸椎レベル）や後大静脈の直径とほぼ同じである[1,2]。気管支は、肺動静脈とともに肺に侵入し、肺内で各葉に向かう葉気管支となり、その後分岐を繰り返しながら次第に内径が小さくなり細気管支（終末細気管支）になる。ここまでは、ガス交換の場である肺胞が存在しない。終末細気管支よりも先になると、細気管支の脇に肺胞を備えるようになり（呼吸細気管支）、さらに分岐を繰り返しながら最終的には肺胞へとつながる。

気管には、U字をした気管軟骨が存在し、内圧の変化によって気管が潰れることを防いでいる。背側の軟骨がない部位には気管筋（平滑筋）が発達しており、気管の径を調節している。太い気管支にも気管支軟骨や平滑筋が存在する。しかし、これらはガス交換の障壁になるため、肺胞においては軟骨や平滑筋などは消失する。

気管は、総頸動脈、気管支食道動脈からの枝を受け、外頸静脈、内頸静脈、後甲状腺静脈に血液が回収される。リンパ液は、内側咽頭後リンパ節、深頸リンパ節、前縦隔リンパ節、気管気管支リンパ節（図II-5）に還流する。神経支配は、遠心性線維のうち、副交感神経は迷走神経の枝である反回神経からの枝が、交感神経は交感神経幹や中頸神経節からの枝が分布する。求心性線維（内臓知覚線維）は、

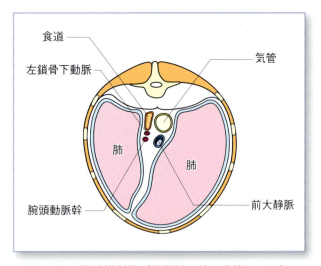

**図II-3　胸腔横断図（尾側観、第3胸椎レベル）**
気管が食道の右側、前大静脈の背側を走る。

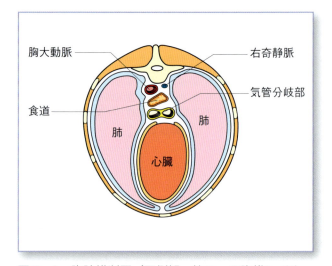

**図II-4　胸腔横断図（尾側観、第5～6胸椎レベル、心基底部）**
気管が食道と心臓の間で左右の気管支に分岐する。

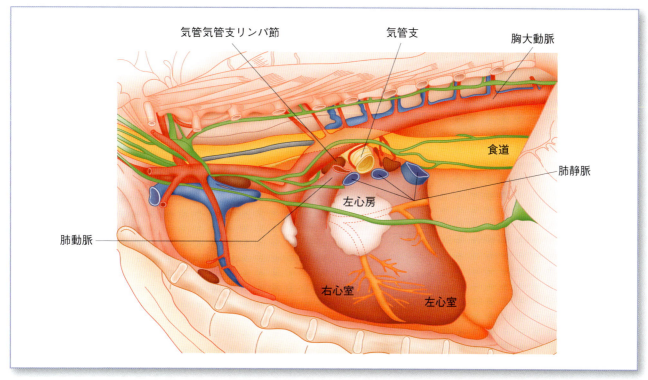

図Ⅱ-5　胸腔左側観（左肺を除去）[3]

気管は心基底部で食道の腹側で左右の気管支に分岐する。気管分岐部付近には気管気管支リンパ節が認められる。

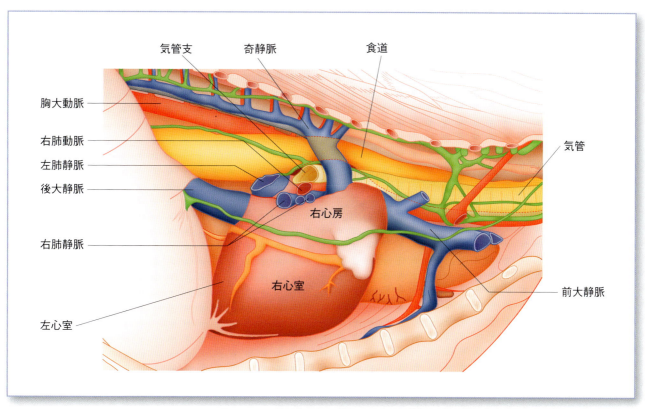

図Ⅱ-6　胸腔右側観（右肺を除去）[3]

気管は食道の右側（手前）を走行し、心基底部では食道の腹側、奇静脈の内側、右肺動脈の背側で食道の腹側で左右の気管支に分岐する。

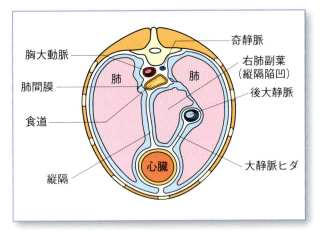

図Ⅱ-7　胸腔横断図（尾側観、第6〜7胸椎レベル、心尖部）

右肺副葉が縦隔と大静脈ヒダによって形成される縦隔陥凹に収まっている。左右の後葉は、肺間膜によって縦隔に固定されている。

反回神経を走行する[4]。

## 2）肺

　肺は、左右一対存在し、犬と猫の肺はそれぞれ右肺（前葉、中葉、後葉、副葉）、左肺（前葉前部、前葉後部、後葉）の7葉に分かれる。各葉の間には間隙（葉間裂）が深く入り込んでおり、葉間裂の浅い動物に比べて肺葉捻転が起こりやすい要因の1つにあげられる。左右の後葉内側面には肺間膜が存在し、縦隔に後葉を固定している（図Ⅱ-7）。他の部位の胸膜に比べて、肺間膜への血管の分布は少ない[5]。右肺副葉は、右胸腔の一部である縦隔陥凹に収まっている（図Ⅱ-7）。このスペースは、後大静脈から腹側に伸びる大静脈ヒダと縦隔の間に形成される。右肺は左肺よりも大きいため、吸引力が比較的強く、吸い込まれた異物は右気管支に入ることが多い。気管、肺動・静脈が肺に侵入する部位を肺門と呼び、近くには肺門リンパ節（気管気管支リンパ節）が存在する。肺は、縦隔内臓器を覆っているが、心臓の一部が肺の腹側縁（心切痕）から露出している。この部位では、心膜が肺を介することなく直接胸壁に接しているので、心嚢穿刺の部位となる。左側よりも右側の心切痕が大きく、第4肋骨の腹側に限局している。左側の心切痕は、不明瞭なことが多い。

　肺胞は囊状の構造で、肺の中には無数の肺胞の小さな袋が隣接しており、肺胞壁の両側面は2種類の上皮細胞（扁平肺胞上皮細胞、大肺胞上皮細胞）によって裏打ちされている。両側の上皮間の間質には毛細血管が存在する。ガス交換は、肺胞上皮と毛細血管の細胞、さらには両者の間にある薄い基底膜の3層（血液-空気関門）を介して行われる。肺胞表面には、乾燥を防いでいる液体と空気との境界に強い表面張力が発生する。大肺胞上皮細胞は、界面活性物質を分泌し、肺胞が吸気時に広がるように表面張力を弱めている。肺線維症などで肺胞が収縮して広がらなくなると、大肺胞上皮細胞が増加して、界面活性物質の分泌も盛んになる。細気管支に存在するクララ細胞からも界面活性物質が分泌される。また、肺胞表面を覆う液体の層内には肺胞マクロファージ（塵埃細胞）が存在し、健常犬の気管支・肺胞洗浄液中にも認められる。この細胞は、細気管支内にも存在し、外気から生体内に侵入する異物を取り込む。

　肺の血管には、肺動静脈の機能血管と気管支動静脈の栄養血管の2系統が存在する。肺の機能血管はガス交換に関与し、右心室から出た肺動脈が気管支に沿って走り、肺胞周囲にある毛細血管網に"静脈血"を送る。この毛細血管は、ガス交換に関与するだけでなく、アンジオテンシンⅠをアンジオテンシンⅡに変える変換酵素を産生し放出する。毛細血管からの血液を回収した肺静脈は、気管支に沿って肺門を通過して酸素の豊富な"動脈血"を左心房に送る。

　気管支動脈は胸大動脈、肋間動脈に由来する気管支食道動脈の枝であり、気管支に沿って肺組織に分布し、酸素や栄養を与え、組織の修復などをつかさどる。気管支動脈からの血液は、肺胞周囲の毛細血管網で肺動脈からの血液と合流し、大部分は体循環を通らずに肺静脈に入る。気管支静脈は、肺門部周囲の組織からの血液を受けて、奇静脈、肋間静脈に戻る。

　気管支動脈を結紮しても肺の組織は壊死しないことから、気管支動脈と肺動脈の間には毛細血管網を形成する前に吻合が存在し、肺動脈が気管支動脈の機能を補完していることが示唆されている[6]。しかし、健常犬における前毛細血管性吻合の存在につ

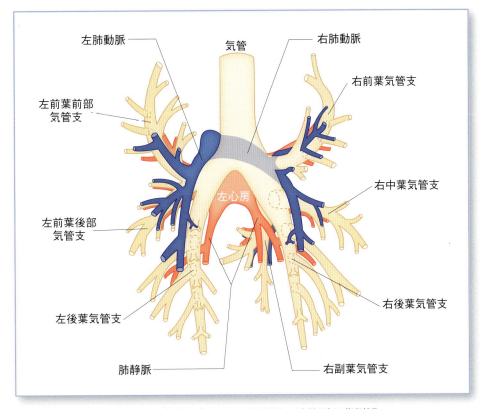

図Ⅱ-8　気管、気管支、肺動脈、肺静脈の背側観
肺内では肺動脈は気管支の前外側を、肺静脈は気管支の後内側を走る。右肺動脈は気管分岐部腹側を通り、右肺に入る。

いては不明である[7]。

肺のリンパ系には、肺組織に分布する肺リンパ管（深在性リンパ管）と胸膜に分布する胸膜下リンパ管（表在性リンパ管）の2系統が存在する。肺リンパ管は肺動静脈、気管支と並走して肺門部に向かい、気管気管支リンパ節に入る。胸膜下リンパ管は、肺表面の結合組織内でリンパ管網を形成し肺門に向かう。両者は吻合している。これらのリンパ管は、肺の組織液を回収し、間質に溜まることを防いでいる点でその役割は重要である。

肺への神経の中でも遠心性の自律神経のうち、交感神経は交感神経幹から、副交感神経は迷走神経からの枝が肺門に向かう。両者は、気管周囲や肺門で神経叢を形成し、ここから気管支や動脈の平滑筋、分泌腺などに分布する。求心性線維（内臓知覚線維）は、刺激受容器や伸展受容器に由来し、迷走神経や交感神経と並走する[8]。

### 3）肺動脈・静脈と気管・気管支の走行

肺動脈は、心臓の"左側面"にある右心室から1本の太い動脈として起こり（図Ⅱ-5）、左心耳の頭側、大動脈弓の左側を数cmにわたって後背側に向かう。気管分岐部の左側、大動脈の尾側で左右の肺動脈に分岐する（図Ⅱ-8）。左肺動脈は、左肺前葉に向かう気管支の前面を背側に移動する途中で前葉前部への枝を出し、前葉気管支の背面に移動後、前葉後部と後葉への動脈に分岐する。右肺動脈は、気管分岐部、左右の気管支の腹側を左側から右側に向かって心基底部背面を横切り、右肺前葉に向かう気管支の腹側を中葉気管支の背側に向かって走る（図Ⅱ-6、8）。この途中に右肺前葉に向かう2本の動脈を分け、中葉気管支の背面に移動後、中葉、後葉、副葉に向かう枝に分岐する[9]。肺静脈は、各葉に向かう気管支の後腹側から出て、右肺後葉と副葉の静脈は合流するものの、各葉からの静脈は1本にまとまることなく、別々に左心房に戻る（図Ⅱ-5、6、8）。肺内では、肺動脈は気管支の前外側を、肺静脈は気管支の後内側を走る（図Ⅱ-8）。

（大石元治）

―― 参考文献 ――

［1］木村浩和，菅沼常徳，小方宗次，和久井信，鹿野 胖，浅利昌男.：日本猫のX線解剖学. *日獣会誌*. 1994；47：123-127.
［2］菅沼常徳.：呼吸器系疾患に対するX線診断. *動物の循環器*. 1984；17：41-52.
［3］Done SH, Goody PC, Evans SA, Stickland NC. : Color Atlas of Veterinary Anatomy, Vol.3, The Dog and Cat, 2nd ed. : Mosby. Elsevier ; 2009. London.
［4］Nickel R, Schummer A, Seiferle E. : The Anatomy of the Domestic Animals Vol.2, The viscera of the Domestic Mammals. 2nd revised ed. : Varag Paul Parey ; 1979. Berlin.
［5］Evans HE. : Miller's Anatomy of the Dog 3rd ed. WB Saunders ; 1993 : London.
［6］Awad JA, Ghys R, Lou W, Beaulieu M, Lemieux JM. : Hemodynamic aspects of the pulmonary collateral circulation. An experimental study of an isolated pulmonary lobar circulation by means of tagged erythrocytes. *J Thorac Cardiovasc Surg*. 1965 ; 50 : 596-600.
［7］Laitinen A, Laitinen LA, Moss R, Widdicombe JG. : Organisation and structure of the tracheal and bronchial blood vessels in the dog. *J Anat*. 1989 ; 165 : 133-140.
［8］Getty R. : Sisson and Grossman's the Anatomy of the Domestic Animals. Vol.1 5th ed. : WB Saunders ; 1975. London.
［9］Nakakuki S. : Distribution of the Pulmonary Artery and Vein in the Dog Lung. *Adv Anim Cardiol*. 2000 ; 33 : 16-23.

# 呼吸器系の生理学

Respiratory Physiology

## ■ 1 呼吸機能

### 1）換気

換気（ventilation）には、気道および肺を通って酸素を取り入れ、炭酸ガスを排出する外呼吸と、組織の細胞へ酸素を供給し、そこから余剰炭酸ガスを排出する内呼吸の2つに大別される。ここでは外呼吸について解説する。

外呼吸を行う呼吸器系には、(1)換気をするための気道系、(2)ガス交換を行う肺胞と肺毛細管、(3)血液中のガスを運搬するための肺循環系から成り立っている。

気道とは、大気中の酸素を肺胞に導入し、肺胞内のガスを外界へ排出する導管で、鼻腔、咽頭、喉頭、気管、気管支、終末細気管支からできている。また、時には口腔も導管となることもある。終末細気管支から先は肺実質領域に入り、ガス交換にあずかる呼吸細気管支、肺胞道、肺胞嚢に達する。肺は、内部が陰圧で気密になっている胸郭の中に存在し、気道を介して外界と交通している。胸郭を構成している胸壁や横隔膜など、呼吸筋の緊張によって胸郭が拡張すると胸腔内の陰圧が強まり、肺は胸壁や横隔膜側に引っ張られて拡張し、その結果、気管や気管支を通って空気が肺内に流入する。すなわち、肺が能動的に拡張させられることによって空気は、圧の高いところ（大気圧）から低いところ（肺内）に受動的に流入している状態が、自発呼吸における吸気運動である。呼気時では、呼吸筋が弛緩すると胸腔内の陰圧が減少し、肺はそれ自身の収縮力により縮小し、肺内のガスが再び気道を介して外界に排出される。このようにして、換気を行うことで肺胞と動脈血内の酸素（$O_2$）および二酸化炭素（$CO_2$）分圧は、最適レベルに維持されている。そして、新鮮な酸素を含む空気が肺胞に入り、ほぼ同量の炭酸ガスを含む肺胞ガスが対外に排出されている。ここで大事なことは、肺胞内に取り込まれる$O_2$摂取量と、体外に排出される$CO_2$排出量は等しいわけではなく、$O_2$摂取量がわずかに上回っている。この気量の差については、2つの理由が考えられている。1つは、$CO_2$の一部が気管支などの導管を介してではなく、血液を介して肺胞から取り去られていること、もう1つは気管支の閉塞によってair trapping（空気の捉え込み）と呼ばれる現象が起きている。すなわち、ガスは胸腔内の力によって閉塞した気管支が開放するために肺胞内には入るが、排出時には気道は閉塞しているので体外に排出されないことによる。

前述したが、気道は空気を肺胞に導入し、ガス交換を終えた肺内のガスを外界へ排出する導管としての機能をもっている。この導管では、ガス交換は行われないが、ある一定量のガスが貯留している。そして、吸気の吸い始めではこのガスは肺胞内に吸い戻される（図Ⅱ-9A）。しかし、吸気終了時には吸入した新鮮な空気が導管に停まっている（図Ⅱ-9B）[1]。したがって、この導管内にある空気は、無駄に浪費されていることから、解剖学的死腔換気量と呼ばれている。また、手術時などにおいて吸入麻酔器を用いた場合、その麻酔回路も死腔となる。したがって、小さいサイズの犬や猫に対して吸入麻酔器を用いて呼吸管理を行う際には、この死腔換気量を十分考慮する必要がある。

### 2）肺循環

ガス交換における換気側の経路が導管や肺胞であるのに対し、液相側のガス運搬経路が肺循環（pulmonary circulation）である。肺循環系は、解剖

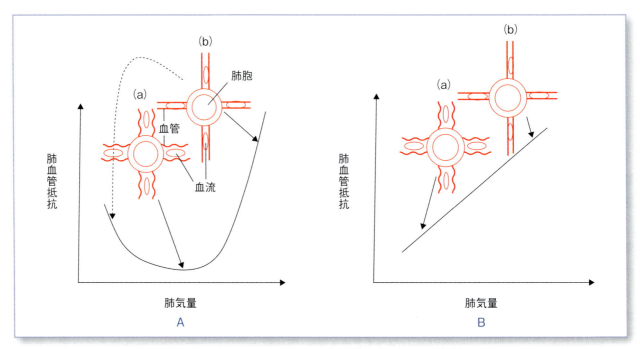

図Ⅱ-11　A：自然呼吸およびB：人工呼吸による陽圧呼吸でみられる肺気量と肺血管抵抗の関係[2]

自然呼吸の吸気時では肺気量の増加に伴い、しばらくは血管が拡張し、肺血管抵抗が低下する（A-a）。そして肺気量があるレベルを超えると、血管はそれ以上の拡張ができなくなり、肺血管抵抗は増大する（A-b）。一方、陽圧呼吸では肺胞内圧が陽圧下にあるため、周囲の血管は膨張した肺胞に挟まれて虚脱し、肺気量の増加とともに血管抵抗が増し、肺血流量は低下する（B-a、b）。

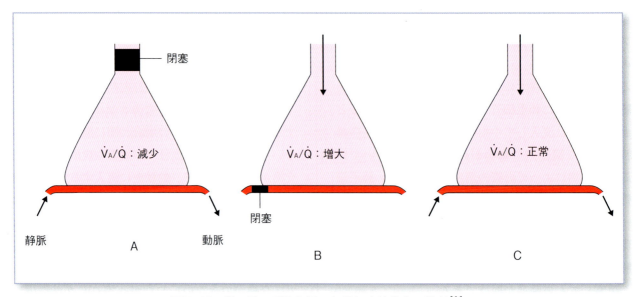

図Ⅱ-12　単一肺モデルを用いた換気血流分布の比較[1]

気道から取り込んだ酸素が正常な肺に到達すると混合静脈血は、ガス交換を行って酸素を取り込み、炭酸ガスを放出して動脈血に流入する（C）。ところが（A）のように気道が閉塞していると正常な肺には酸素が到達することができず、混合静脈血はガス交換が行われないまま動脈血に流入してしまう。この場合、換気量がほぼゼロに近くなるのに対して血流量は正常であるため、$\dot{V}_A/\dot{Q}$ は正常と比較して減少してほぼゼロとなる。逆に換気が正常に行われていたとしても混合静脈血に血管閉塞が起こるとやはりガス交換は行われない。この場合、換気量は正常だが、血流量がほぼゼロとなるので $\dot{V}_A/\dot{Q}$ は増大する（B）。ただし、このモデルにおいては肺胞と肺毛細血管との間にある間質が正常であるという前提である。

影響を及ぼすことになる。

### 4）拡散

次に、肺胞内のガスと肺毛細血管内のガス間のガス交換は、具体的にはどのような機序で行われているのであろうか？

一言でいえば、物理的な拡散現象によって行われている。すなわち、ガスが存在している2つのそれぞれの場所において濃度差があれば、均等になるまでガスは移動して平衡状態に達する。そして、肺胞と肺毛細血管内間における血液-ガス関門の場合は、肺胞上皮や間質そして毛細血管内皮など組織を介して拡散（diffusion）することになる。この場合の拡散量は、組織の面積、その両側におけるガス分圧差に比例し、組織の厚さに反比例する。さらに移行率は、組織ならびにガスの性質で規定される拡散係数に比例する。拡散係数は、ガスの溶解度に比例し、ガス分子量の平方根に反比例する。炭酸ガスは、酸素よりも溶解度が高く、分子量には大きな差がないので、炭酸ガスは酸素の約20倍速やかに拡散する（図Ⅱ-13）。

では、酸素が肺毛細血管内、すなわち血液中にどのように取り込まれるかであるが、健常であり、かつガス交換を行う組織が正常な厚みであれば、血中の$PO_2$は肺毛細管内の約1/3を通過しただけで肺胞内の$PO_2$とほぼ等しくなる。すなわち、正常の場合、混合静脈血中の$PO_2$は約40 mmHgである。そして、肺胞内の$PO_2$は約100 mmHgである。この大きい圧勾配によって極めて短時間で$O_2$が拡散し、赤血球中の$PO_2$が急激に上昇し、肺胞内の$PO_2$とほぼ等しくなり、いわゆる動脈血となる。この現象は激しい運動を行い、心拍数が増加し、赤血球が肺毛細血管を通過する時間が安静時の約1/3程度まで短縮したとしても正常肺を有している限り、維持される。しかしながら、肺線維症や間質性肺水腫など間質部の肥厚が起こると、酸素の拡散が障害されて赤血球が毛細血管を通過し終わる間に血中の$PO_2$と肺胞内の$PO_2$が平衡状態にならない可能性、すなわち動脈血の低酸素血症が起こる（拡散障害による低酸素血症）。

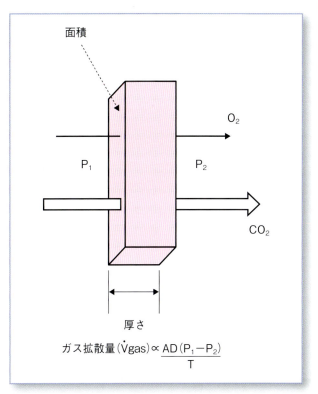

図Ⅱ-13　組織面における拡散[2]
A：面積、D：拡散係数、($P_1$-$P_2$)：ガス分圧差、T：組織の厚さ。
ガス拡散量は組織の面積、拡散係数、分圧差に比例し、組織の厚さに反比例する。また、拡散係数はガスの溶解度に比例し、ガスの分子量の平方根に反比例する。

## 2　非呼吸性肺機能

### 1）代謝機能

肺は、ガス交換という重要な働きだけでなく、代謝機能（metabolic function）という重要な働きももっている。その中で最も重要な1つは、肺サーファクタントの成分であるリン脂質の合成である。肺サーファクタントとは、Ⅱ型肺胞上皮細胞から産生、分泌される肺胞表面活性物質であり、それは肺胞の空気相と液相の界面に存在して、その表面張力を低下させることで肺胞の虚脱の防止や、好中球や肺胞マクロファージの遊走を促進する。また、細菌、真菌、ウイルス、原虫などの微生物に対する貪食能、殺菌能を活性化する作用を有する。サーファクタントの構成成分は、前述したリン脂質が約90％であり、残り10％を中性脂肪と肺サーファクタント蛋白質（SP）と呼ばれるアポ蛋白質が占めている。

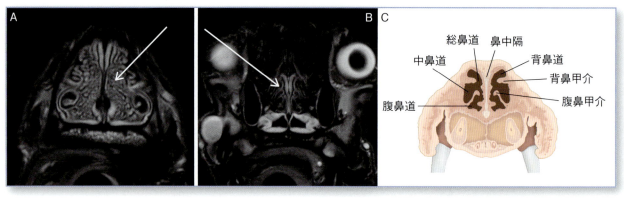

**図Ⅱ-14　犬の鼻腔内における造影剤を投与したMRI-T1強調横断面（A、B）と鼻腔内横断面のイラスト（C）**
白矢印で示すよう部位は、鼻甲介を覆う鼻粘膜である。犬や猫の鼻腔内は、多くがこのような渦巻き構造となっている。この鼻粘膜の間隙である鼻道（C）を空気が通ることで流速が遅くなり、温湿度調節やフィルターとしての機能が働きやすくなっている。

人においてSPの1つであるSP-AとSP-Dは肺胞蛋白症、特発性肺線維症、肺癌などでは喀痰や気管支肺胞洗浄液中、あるいは血液中において増加することが知られており、診断的マーカーとしてその有用性が注目されている。

バソプレッシンなどのペプチド系、ドパミンなどのアミン系そしてプロスタサイクリンなどのアラキドン酸代謝産物などの血管作動性物質の多くは肺で代謝される。

比較的不活性なアンジオテンシンⅠは、活性型の血管収縮物質アンジオテンシンⅡに代謝される。このアンジオテンシンⅡは、Ⅰと比較して約50倍の活性をもっており、肺を通過しても影響を受けない。また、ⅠからⅡへの代謝には毛細血管内皮細胞の表面に存在するアンジオテンシン変換酵素（ACE）の働きが関与している。ブラジキニンは、ACEの働きによって肺を通過する際には大部分が不活化されてしまう。この他、肺を通過することによって大部分あるいは一部が不活化されてしまう血管作動性物質としては、プロスタグランジン $E_2$ および $F_2\alpha$、ノルエピネフリンなどがある。逆に、活性が増加あるいは消失しない物質としてはプロスタグランジン $A_1$ および $A_2$、アンジオテンシンⅡ、バソプレッシンなどである。

プロスタグランジンなどのアラキドン酸代謝産物は、主に肺内で代謝され、ある条件下で初めて血中に放出される。アラキドン酸は、細胞膜のリン脂質にエステル結合しており、ホスホリパーゼ $A_2$ により、細胞内に遊離する。遊離したアラキドン酸は、アラキドン酸カスケードと呼ばれる代謝経路でシクロオキシゲナーゼ（COX）に代謝され、最終的に痛みや炎症反応に関与するプロスタグランジンが合成される。

### 2）防御機構

正常な犬や猫では、1分間に体重1kgあたり約200〜400mLの空気が気道を出入りする。この空気には様々なウイルスや細菌などの病原体が含まれており、それらが空気とともに気道内に侵入する。しかし、呼吸器系には種々の防御機構（protect function）が備わっており、それらの侵入を様々な形で防いでいる。

#### ⅰ）鼻道レベルの防御機構

鼻道は、呼吸器系の最初の防衛ラインである。鼻道内は、様々な働きで外部からの感染を防御している。特に、鼻甲介を覆う鼻粘膜の存在が最も大きい。この鼻粘膜は、熱交換器としての役割と浄化機構としての役割をもつ。鼻粘膜は、渦巻き構造をしており、大きな表面積を有している（図Ⅱ-14）。また、壁の薄い豊富な静脈叢を有している。この渦巻き構造によって、鼻道に流入する空気の流速は遅くなる。流速が遅くなることによってそこを通る空気の温湿度調節が容易となる。すなわち、流速の早い乾燥した冷風が鼻道内に流入した場合（この場合、凍傷などは起こらないと仮定して）、渦巻き構造を通る過程で流速が急激に低下して層流（直線的な空

# 呼吸器系の生理学

図Ⅱ-15　人工鼻
人工鼻を麻酔器につないだ蛇管と気管内チューブの間に設置する。このようにすることで患者からの加湿した呼気ガス中の水分が中央部に付着し、麻酔器から流入する乾燥したガスがこの中央部を通る際に加湿されて、気道内に流入する。

気の流れ）となり、その間に体温レベルまで温められ、かつ加湿された状態で下部気道に運ばれる。逆に、熱風が流入した場合は豊富な静脈叢によって体温レベルまで冷却され、かつ加湿状態で下部気道に運ばれる。全身麻酔下で気管内チューブを用いた呼吸管理を行った場合、鼻道を通らないため、直接下部気道に乾燥した冷風や熱風が吸入される。その場合、下部気道はある程度代償するが、十分ではなく、場合によって気道粘膜に著しい損傷をもたらす可能性がある。気道粘膜が損傷を受ければ、気道の線毛運動機能が低下し、埃や病原体など異物の排出能が低下する。現在、多くの動物病院では気管内チューブ挿入下における調節呼吸管理では、乾燥した酸素を用いていると思われるが、この場合も気道粘膜に可逆性ではあるが軽度の損傷をもたらしている。したがって、長時間の調節呼吸管理の際には加温加湿器を用いるか、あるいは人工鼻と呼ばれる道具を用いて気道の乾燥化による粘膜損傷を防止する必要がある（図Ⅱ-15）。その他、浄化機構として重要な役割も果たす。渦巻き構造により層流となることで直径が10μm以上の大きな粒子は、粘膜上皮を覆っている粘液層によって捕捉され、鼻汁としてくしゃみとともに体外に排出されるか、あるいは粘液線毛細胞の線毛運動によって鼻咽道そして咽喉頭に運ばれて、嚥下される。

浄化機構については、鼻道を経由しない場合、咽喉頭部が代償するため、咽喉頭部、特に扁桃腺などの炎症腫大が起きやすくなる。なお、直径が10μm以下の粒子は、鼻道を通り抜けて下部気道に到達する。

### ⅱ）喉頭と咽頭レベルの防御機構

咽頭は、呼吸器と消化器の共通の通路である。したがって、水や食事などを口腔から嚥下する際には、軟口蓋は背方に移動し、また喉頭蓋が内反することで鼻咽道や気道内への迷入を防いでいる。

### ⅲ）下部気道レベルの防御機構

約2～10μm程度の粒子や微生物は、鼻腔や喉頭を通過し、下部気道に到達する。下部気道における防御機構は主に4つから成る。すなわち、線毛運動、咳、痰および分泌型 IgA である。

#### ①線毛運動

気管・気管支内側は、線毛上皮細胞によって覆われている。また、粘液を産生する杯細胞も存在している。線毛上皮細胞には微絨毛が存在しており、その微絨毛は杯細胞や粘液腺から分泌される2種類の粘液に覆われている。1つは流動性に富むゾル層、そしてもう1つは粘稠性に富むゲル層である。ゾル層が微絨毛のほぼ全体を覆い、ゲル層はゾル層の表面に存在し、微絨毛の先端がわずかに接触している。これらによって吸入された細菌や異物などの微粒子は、粘液に吸着されて、線毛運動によって約12回/秒の割合で鞭状の運動、すなわちいったん中枢（肺胞）側に向けた線毛が続いて元の状態に戻る運動を行って口側に運ばれ、食道内に嚥下あるいは体外に喀痰として排出される。健康な犬では、粘液線毛エスカレーターは、30～50 mm/分の速さで喉頭へ向けて移動している。この機能は麻酔によっても低下し、また炎症性疾患などによって粘液の粘稠性が高まると運動性が低下する。さらに、気管支拡張症では、先天的あるいは後天的に線毛の運動機能が低下していると考えられている。

また、気管・気管支の線毛運動は鼻道ほどではないが、吸入した外気に対して適度な温湿度調節を行っている。

② 咳

　発咳は、気道に侵入した異物や気道内の分泌物を喀出し、気道を防護する最も強力な非特異的な反射であり、粘液線毛エスカレーターと協調している。咳反射は、咳受容体の刺激が三叉神経、舌咽神経、迷走神経分枝など神経系を通じて延髄の呼吸中枢近くに存在する咳中枢に伝達され、神経系を通して声帯、横隔膜、肋間筋や腹筋などが反応して発生する。咳受容体は、人では咽頭、喉頭、気管・気管支、胸膜、心膜、横隔膜、縦隔、鼻腔、副鼻腔、外耳道、耳管、胃などに存在する。犬や猫では詳細は不明だが、外耳道、耳管、胃の除いた部位では人と同様に存在しているのではないかと筆者は考えている。ここで重要なことは、肺胞や間質など肺実質には咳の受容体がない。したがって、間質性や肺胞性肺水腫あるいは肺線維症など、肺実質に限定した疾患では呼吸困難のみであり、咳という臨床徴候は認められない。また、終末細気管支にも咳の受容体は存在しない。咳の原因には、機械的・物理的刺激、化学的刺激、炎症性刺激そして寒冷刺激がある。このうち、埃など異物に対しては機械的刺激が反応する。この機械的刺激は、咽喉頭、気管、気管分岐部、主気管支および葉気管支に存在する咳受容体が反応し、末梢の咳受容体はほとんど反応しない。一方、各種刺激性ガスに対しては、末梢の気管支に存在する受容体が反応し、葉気管支より近位の受容体はほとんど反応しない。

③ 痰

　痰は、杯細胞や粘液腺からの気道分泌液が主成分であり、これに炎症やうっ血による滲出物、脱落した上皮細胞成分、肺胞内容物、細菌その他の外界から侵入した異物が含まれたものである。また、痰の中にはムチン、分泌型IgA、リゾチーム、インターフェロン、種々の蛋白質など防御の働きをする物質も含まれている。健常者では粘稠性が低く、口腔に運ばれた後、無意識のうちに食道に嚥下されている。しかし、気道内に感染などが起こり、炎症性が増すと痰の粘稠性が増加し、気道粘膜に存在する咳受容体を刺激して、咳とともに喀出される。

④ 分泌型IgA

　気道中に含まれる免疫グロブリンで、上皮細胞の下層に存在する気管支系リンパ組織内の形質細胞によって産生され、気道内に分泌されている。分泌型IgAは、オプソニンとしての効果はほとんどないが、補体非依存性の凝集反応、中和反応などによって細菌やウイルスに対する殺菌作用などの局所免疫を行っている。

iv）肺胞レベルの防御機構（図Ⅱ-16）

　直径約3μm以上の大きな粒子は、鼻道から下部気道の範囲の防御機構によって除去されたり、分泌型IgAなどによって中和されている。しかし、約3μm以下では肺胞内に侵入してしまう。これらに対しては、肺胞マクロファージや好中球などの非特異的免疫反応とリンパ球などの特異的免疫反応によって防御されている。

① 肺胞マクロファージ

　骨髄由来の単核細胞で肺実質の間質で分裂・成熟し、その後、肺胞腔内に遊離する。気管支肺胞洗浄液中の約80～90％を占めており、比較的大きく、アメーバー状の運動を行い、炎症の有無とは無関係にサーファクタントに乗ってすばやく肺胞内を遊走する。肺胞マクロファージは、肺胞内の清掃人（スカベンジャー）として重要な働きをしている。肺胞マクロファージの細胞内には、多糖体分解酵素であるリゾチームや各種の蛋白分解酵素を含有するリソゾームを有し、細菌の取り込みや殺菌などを行う。また、細菌のみならず、他の微生物や異物などについても貪食・消化作用を行う。その他、消化できない場合は、貪食した状態で気道の方向に遊走し、気道内の粘液線毛エスカレーターを介して除去されるか、または間質に入り、所属のリンパ節に運ぶ。

　肺胞マクロファージは、腹腔内マクロファージとは異なり、酸素分圧が正常（100～110mmHg）の環境下で最も活発に動くとともに、貪食能を示す。一方、低酸素状態では活動性は顕著に低下し、その他、高血糖状態、ステロイド剤や免疫抑制剤の投与下、大気汚染状態、受動喫煙、寒冷状態などにおいても貪食能や殺菌能は低下する。

② 好中球

　通常は、肺の毛細血管内に存在するが、炎症反応などに対して血管内皮細胞と間質を横断して移動し、Ⅰ型肺胞上皮細胞の接合部を通じて肺胞内に入

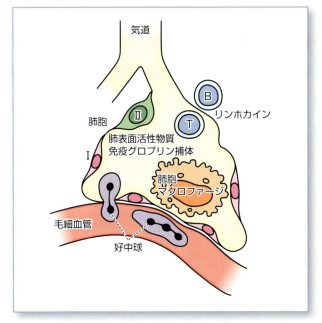

**図Ⅱ-16　肺胞レベルの防御機構**[1]

肺胞レベルでは主に非特異的免疫反応（肺胞マクロファージ、好中球など）と特異的免疫反応（Tリンパ球、Bリンパ球）によって防御されている。T：Tリンパ球、B：Bリンパ球、Ⅰ：Ⅰ型肺胞上皮細胞、Ⅱ：Ⅱ型肺胞上皮細胞

り、貪食作用を行う。また、肺胞マクロファージが分泌するIL-8などのサイトカインなどによって好中球が誘引される。したがって、好中球が肺胞内に移動するためには、サイトカイン、血管内皮細胞、細胞接着因子、肺胞上皮細胞そして肺胞マクロファージが相互に作用する必要がある。

### ③リンパ球

肺胞マクロファージや好中球などの非特異的免疫反応によっても防御できず、あるいはウイルスや細菌などの増殖が持続された場合は、リンパ球などによる特異的免疫反応が働く。肺胞マクロファージなどが貪食した状態で所属リンパ節に運ばれると、Bリンパ球あるいはTリンパ球が刺激される。Bリンパ球は、液性免疫として抗体を産生する。肺胞内ではIgGなどの抗原に特異的な免疫グロブリンを産生する。IgGは、抗細菌性、抗ウイルス性、毒素中和性の特性をもち、また補体の関与により、抗原表面に結合して肺胞マクロファージに対しては貪食能を、そして好中球に対しては貪食能と遊走活性を促す。一方、Tリンパ球は細胞性免疫としての働きを促している。すなわち、Tリンパ球が抗原刺激を受けて増殖そして活性化されると細胞障害性を発揮し、ウイルスに感染した細胞などを処理したり、インターフェロンγやIL-2などを介して肺胞マクロファージの遊走性や殺菌作用を増強する。さらに、Tリンパ球はBリンパ球の抗体産生の介助も行う。

### ④その他

肺胞マクロファージや好中球そしてリンパ球以外にも、サーファクタントや好酸球なども防御機構に積極的に参加している。

（藤田道郎）

---

**参考文献・推薦図書**

[1] 谷本晋一，山中　晃，本間日臣，吉良枝郎，田村昌士，荒井達夫，名取　博，泉　孝英.：呼吸器病 第2版（編／本間日臣）：医学書院；1985．東京．
[2] West JB.：呼吸の生理（訳／笛木隆三，小林節雄）：医学書院；1985．東京．

# 呼吸器系疾患に対する検査

Examination of the Respiratory Diseases

## ■ 1 問診

### 1) 年齢と品種

まず症例の動物種、品種、性別、年齢を確認する必要がある。また、避妊・去勢手術を受けているかも確認する。これらは、鑑別診断を考えるうえでの重要な手がかりとなる。先天性または遺伝性疾患を考慮したり、特定の品種や性別に多く認められる疾患を考慮したりすることができる[1]。例えば、気管虚脱は、中高齢のトイ種やミニチュア種に多く、罹患しやすい犬種に特徴的な表現型（ドーム型の頭部・小さく尖った狭い口吻・狭い胸腔の入口など）がある[2]。また、コッカー・スパニエルは、慢性気管支炎にかかりやすく、ウエスト・ハイランド・ホワイト・テリアは間質性肺炎にかかりやすいことから、遺伝的要因が考えられている。猫の気管支疾患では、シャム猫の罹患率と重症度が高いことが示唆されている[3]。さらに種を問わず、腫瘍の転移性肺疾患は高齢動物に多い[4]。

### 2) 飼育環境と管理状況

飼育環境や管理状況からも、診断の重要な手がかりが得られる。

- 室内飼育か野外飼育か、最近脱走したことがあるかなどを確認する。例えば、横隔膜ヘルニアは、放し飼いの動物において罹患しやすい。また、住居周辺の環境から、伝染病罹患動物との接触の可能性があるか、寄生虫の感染が起こりやすいか、塵や有機化合物などを吸い込みやすいかについても考慮する。日常的にタバコの煙に曝露されている場合、慢性気管支炎や、猫の喘息の一因となる[1]。
- 患者の生まれた場所、および最近の旅行歴について確認する。肺寄生虫感染や真菌感染症など、ある特定の地域に常在する疾患に曝露された場合、この情報は特に重要となる。
- 飲水については、飲水量と、飲み水が水道水か、戸外の汚染された水を摂取する機会があるのかを確認する。食歴では、食事内容や食事の与え方（自由摂取または分割給与）、食事の量について確認しておく。食欲、体重の増減についても確認する。さらに、飼い主が症例の食事しているところを観察しているかどうか、誤食や中毒の可能性がないかについての情報も収集する必要がある。排尿・排便に関しては、回数や量、色、その他の最近の変化などについて確認する。また、性格や行動パターンの変化なども聴取する必要がある。これらの情報は、血栓塞栓症を誘発する副腎皮質機能亢進症など、肺の徴候を伴う全身性疾患の診断について、示唆を与えてくれる[1, 5]。
- 予防歴の確認を行う。ワクチン接種歴や犬心臓糸状虫予防歴は、鑑別診断に重要となる。猫では、免疫不全疾患との鑑別のため、猫白血病ウイルス（Feline Leukemia Virus: FeLV）および猫免疫不全ウイルス（Feline Immunodeficiency Virus: FIV）の検査歴（年月日）と結果を確認する。ワクチン歴がなく、これらのウイルス陽性猫との接触の可能性やケンカ傷などがあれば、以前のウイルス検査において陰性だったとしても、再度の検査を検討する必要がある[1]。

### 3) 既往歴と現病歴

過去または現在も継続している健康上の問題が、現症と関連していることが多い。そのため、既往歴と手術歴を確認し、その時の治療法および治療に対する反応についても記録する。さらに現在、または

最近まで投与していた薬剤の種類、投与量、投与期間や反応の程度、および動物病院で処方されていない市販薬などの投与についても確認しておく。

臨床症状の持続時間についても確認する。この情報は、急性か慢性かの判別に役立ち、鑑別診断リストを絞り込むための指針にもなる。

失神・発咳・運動負耐・呼吸困難は、心肺系疾患の存在を示唆する。

失神と神経原性の全般発作は、どちらも倒れたという主訴であることが多いため、鑑別の必要がある。失神は、一時的な意識の消失であり、潜在的な心肺系の疾患では、興奮時に発生することがある。

呼吸器疾患や心臓の左右短絡から起こる低酸素が失神の原因である場合、失神に先行してチアノーゼが起こる[6]。通常は、筋運動を伴うことはほとんどなく、短時間（1分以内）で回復することが多い。一方、中枢神経性の全般発作には、多くの場合、発作の前段階があり、不安や見当識障害を示す。また、発作中は、意識の喪失および活発な自発運動として、強直間代性の四肢運動および速い顎運動が起こることが多い。発作後の段階は、数分から数日間持続する。その間、動物は著しく興奮したり意気消沈する[1]。

咳が出ているのであれば、咳の性質、頻度、咳の出る状況について質問する必要がある[7]。嗽咳の特徴として、喀痰を伴うか、湿性か乾性か、荒々しいか、ガーガーと聞こえるかを確認する。喀痰を伴う発咳を嘔吐と誤って解釈する飼い主もいるため、口から液体または泡を出す前に腹部をうねらせることをしないか、発咳や吐き気がよくみられないかを確認する。液体の色が黄色や緑色の場合は、吐物を示唆している。また、発咳発生時の状況は疾病と関連があることがあるため、詳細に聴取する。例えば、気管虚脱で起こる咳嗽は、興奮時あるいは動物の首輪を引っ張るときに誘発されることが多く、うっ血性心不全に続発する咳嗽は、伏臥位にすると悪化する。発咳の発生時刻も正確に把握する必要がある。心因性の発咳は夜間に多いが、感染性の発咳は1日中発生する。

さらに、診察中と家での呼吸様式が同様であるかを確認する。激しいあえぎ呼吸と真の呼吸困難の区別は、飼い主には難しいと思われるため、運動負耐がないか、チアノーゼはないかを質問する。

## 2　視診・触診

視診は、来院動物の病歴聴取の際に行う。まず、動物が入室して来るときから観察を始め、立ったり、座ったり、歩行したりしている様子や飼い主に抱かれている時の様子、動物が佇立している時の様子を観察する[8]。顔貌、栄養状態、呼吸様式、姿勢を評価する。呼吸が窮迫状態にあると判断した場合は、詳細な既往歴などの問診に時間を費やす前に、まず、動物の臨床状態を安定化させることが肝要である[7]。

触診では、下顎・頸部・腋下といった体表リンパ節の存在、性状を評価する。皮下気腫の存在は、触診で握雪感陽性として診断できることがある。頸静脈の怒張がないかについても確認する。頸部気管の触診では、気管の過敏性の確認だけでなく、気管の大きさや、気管を圧迫している頸部腫瘤がないかも確認する。次いで、胸部の触診では、呼吸器に影響を及ぼす可能性のある欠損部や腫瘤がないか[7]、最大心拍拍動位置（Point of Maximal Impulse：PMI）の把握、呼吸性水泡音の有無の確認をしておく。水泡音は、気管あるいは大気管支の1枝内で発生する顕著な音、または大きなラ音である。それは、聴診のみで明らかなだけではなく、胸壁で振動音あるいは振盪音として触知できることを特徴としている[9]。

### 1）歩行状況

慢性の症状を呈している動物は、しばしば痩せていたり、悪液質に陥っていたりすることがある。歩行状況を観察することにより、心不全または慢性肺疾患による運動不耐性があるか、虚弱があるか、神経や筋肉の疾患、または骨格疾患があるかを確認できる[8]。また、犬の肺腫瘍の腫瘍随伴症候群として肥大性骨症があり、発症した場合、跛行または患肢の腫脹を示す[4]。

### 2）呼吸様式

動物の呼吸数や呼吸様式を観察する。罹患動物の

胸壁の動きが正常時よりも大きい場合は、努力性呼吸を疑う[7]。疾患によっては、吸気性または呼気性の呼吸困難を引き起こす[5]。可視粘膜の色と毛細血管再充満時間（Capillary Refilling Time：CRT）は、心臓および呼吸機能に関する追加的な手がかりとなる[9]。

犬の正常な呼吸数は、12〜20回／分であり、猫の場合はそれよりわずかに多い。ただし、興奮・発熱・恐怖心・温暖な環境・慢性的な呼吸器疾患・呼吸不全・左心不全・肺障害などによって増加する[8,10]。通常、肺実質障害は、運動不耐性や全身疾患の徴候とともに、呼吸数の異常や努力性呼吸の原因になる。慢性気道疾患や肺実質疾患では、その進行に伴い、失神やチアノーゼのような問題を生じることがある[3]。猫の開口呼吸は、常に異常と考えられるため、ストレスを最小限にして慎重に診察を行う必要がある[1]。状態によっては酸素吸入が必要なことがある[3]。

動物が呼吸困難である時は、両眼の膨隆、鼻腔の広がり、横臥位になることへの嫌忌、呼吸時の過剰な腹部の動き、頸部の進展や開口呼吸が認められる[8]。慢性気管気管支疾患や間質性肺疾患に陥っている犬では、激しい頻呼吸、チアノーゼ、虚脱が特徴の、急性呼吸困難が観察されることがあるが、肺水腫や肺血栓症、胸腔疾患（気胸・胸膜腔浸潤）のような他の急性呼吸器症状との鑑別が必要である[3]。

咳嗽は、心疾患と肺疾患の両方にみられる徴候である。頻発する空咳、警笛音、金属音の咳嗽などは、気管虚脱、心肥大、僧帽弁逆流による左主気管支の圧迫もしくは気管・気管支炎や肺気管支内寄生虫感染のような、大気道内の障害を示唆している。

小さな、あるいは中途半端な咳嗽は、肺水腫、肺炎、横隔膜ヘルニアなどによって起こされる[8,10]。湿性の、あるいは痰のからんだ咳では、滲出性が示唆される。一方、うっ血性左心不全の末期では、肺水腫による鼻孔や口からの漿液性血様の流動物の噴出が認められる[8]。

気管の疾患による咳は、一般的に気管の触診により誘発されるが、併発している気道深部の疾病によることもある[10]。喉頭から胸郭の入り口まで、頸部気管に沿って指を用いた触診を行う。触診により、発咳が誘発された場合は、乾性か湿性か判断する。肺実質疾患のほとんどは分泌物を生産し、湿性発咳となる[7]。気管の過敏症のほか、気管径が小さい気管低形成や、軽度の圧で容易に圧縮されて背腹方向に平に広がる気管軟化症、あるいは気管虚脱、明らかな解剖異常などが触診により認められることがある[9]。

### 3) 疼痛の有無と部位

外傷による気胸や膿胸、肋骨骨折では、疼痛が認められる。また、腫瘍の胸壁浸潤や胸膜炎などでも疼痛が認められることがある。呼吸器以外の疾患でも、疼痛や興奮により呼吸数が増すことがあるので注意する。

## ■ 3　打診

打診は、手指または打診槌で表面を叩くことによって、ある部分の密度を測定するための診断手技と定義されている[11]。どんな動物にも実施可能であるが、特に大型犬と猫で有効である。立位で実施するのが理想的であり、通常左手（利き手でない方）の中指を右胸骨の直上や肋軟骨結合部、右肩甲骨の扁平部後方に置く。そして右手（利き手）の中指で、左手指をコツコツと叩く。左手を胸椎方向（背側）に移動させ、次に尾側へ移動させていく。右の前胸部の打診が終了したら、左の胸部も同様に実施する。そして、打診によって得られる鼓音が正常か増強しているか減弱しているかで評価する。気胸や肺気腫、喘息など肺の過膨張や胸腔内に空気がある場合は、鼓音が増強する。また、両側性の胸水貯留などの液体貯留があると、鼓音は減弱する。液体部の背側では、鼓音は正常となる。その他、左右胸壁で非対称な減弱した鼓音が認められる原因としては、横隔膜ヘルニア、胸腔内腫瘤、肺葉の硬化、片側性胸水などがある。しかしながら、これらのパターンにはある程度のばらつきが存在するため、画像診断などのさらなる検査が必要である[9]。

## ■ 4　聴診

胸部の聴診は、聴診器を用いて心臓の左右両側、

および全肺野の徹底的な検査を実施すべきである[9]。この時、肺音の性質、左右差に注意しながら行う。

### 1）正常呼吸音と異常呼吸音

正常呼吸音は、呼気の初めに強く聴かれる低調で柔らかい音で、呼気相ではほとんど聴かれない。一部の猫では聴取困難なことがある。

異常呼吸音は、健常動物では聴取されない病的な呼吸音である。一般的には、基礎疾患に関連した音が特徴的である。これらの異常呼吸音は、通常ラ音（ラッセル音）と呼ばれている[9,12,13]。また、呼吸音の減弱・消失は、胸腔内に液体（血胸・水胸）や気体（気胸）が貯留している場合や、著しい肥満などの場合に認められ、左右で呼吸音に差があるときは、病変にも差がある疾患であると考えられる。

### 2）ラ音（rale）肺の聴診（一般臨床検査）

乾性ラ音と湿性ラ音に大きく分類される。

#### i）乾性ラ音（連続性ラ音）

気管支の狭窄により生じる音で、主に呼気に聴取される。

##### ①高音性連続性ラ音（喘鳴音・笛声音）

高く連続した音（ヒューヒュー）で、胸腔内を広く拡散する。細い気管支が間質の浮腫やアレルギーなどにより狭窄したか、異物や硬い痰が詰まった結果聴かれる狭窄音である。慢性気管支炎や喘息、気管支異物などで聴かれ、しばしば咽頭閉塞を伴う。

##### ②低音性連続性ラ音（いびき音）

低い気道音で、腫瘍や虚脱により太い気管支が狭窄したか、異物や硬い痰が詰まった結果聴かれる狭窄音である。しばしば、咽頭あるいは鼻咽頭の疾患に関連している。

#### ii）湿性ラ音（断続性ラ音）

末梢気道や肺胞に液体が存在するときに、その部位を空気が通過して生じる音で、主に吸気時に聴かれる。

##### ①粗い断続性ラ音（水泡音）

低調性の音（プツプツ）で、肺炎、肺水腫、慢性気管支炎などにより、細気道内に貯留した分泌物が破裂することによって生じるとされる。

##### ②細かい断続性ラ音（捻髪音）

吸気終末時に最も明瞭に聴かれる音で、高く鋭い（パリパリ）。呼気時に虚脱した細気道が、吸気時に再開放するために発生すると考えられている。間質性肺炎などで聴かれる。

（倉田由紀子）

---

#### 参考文献

[1] Jones D.（In：Birchard SJ, Sherding RG.）：病歴と身体検査．In：サウンダース 小動物臨床マニュアル第3版（監訳／長谷川篤彦）：文永堂出版；2009：1-15．東京．
[2] Mason RA, Johnson LR.（In：Lesley G. King.）：気管虚脱．In：犬と猫の呼吸器疾患（監訳／多川政弘，局 博一）：インターズー；2007：416-426．東京．
[3] Johnson LR.（In：Birchard SJ, Sherding RG.）：気管支肺疾患．In：サウンダース 小動物臨床マニュアル第3版（監訳／長谷川篤彦）：文永堂出版；2009：1579-1595．東京．
[4] Withrow SJ, Vail DM.：セクションC 肺の腫瘍．In：小動物臨床腫瘍学の実際（監訳／加藤 元）：文永堂出版；2010：533-541．東京．
[5] Berkwitt L, Prueter JC.（In：Birchard SJ, Sherding RG.）：呼吸器疾患の診断法．In：サウンダース 小動物臨床マニュアル第3版（監訳／長谷川篤彦）：文永堂出版；2009：1539-1545．東京．
[6] Bonagura JD, Koplits SL.（In：Birchard SJ, Sherding RG.）：失神．In：サウンダース 小動物臨床マニュアル第3版（監訳／長谷川篤彦）：文永堂出版；2009：1433-1437．東京．
[7] Miller CJ.（In：Johnson LR.）：呼吸器疾患をもつ動物に対するアプローチ．In：サンダースベテリナリークリニクスシリーズ Vol. 3 No.5 犬と猫の呼吸器疾患―診断学と病態生理学―（監訳／金山喜一）：インターズー；2008：31-47．東京．
[8] Bonagura JD, Hamlin RL.（In：Birchard SJ, Sherding RG.）：心肺系．In：サウンダース 小動物臨床マニュアル第3版（監訳／長谷川篤彦）：文永堂出版；2009：1349-1356．東京．
[9] Harpster NK.（In：Lesley G. King.）：呼吸器系の身体検査．In：犬と猫の呼吸器疾患（監訳／多川政弘，局 博一）：インターズー；2007：82-87．東京．
[10] Hawkins EC.（In：Nelson RW, Couto CG.）：下部気道疾患の臨床徴候．In：スモールアニマル・インターナルメディスン第3版（監訳／長谷川篤彦，辻本 元）：インターズー；2005：259-263．東京．
[11] Stedman's Medical dictionary：Lippincott Williams & Wilkins；1961．Baltimore．
[12] 栗山喬之．：Ⅱ．呼吸器疾患の主要症状・検査所見 B．理学所見．In：標準呼吸器病学（編集／泉 孝英）：医学書院；2000：83-86．東京．
[13] 長尾啓一．：8呼吸器疾患の身体主要所見．In：一目でわかる呼吸器病学：メディカル・サイエンス・インターナショナル；1996：16-17．東京．

## ■ 5　画像検査

### 1）X線検査法

#### ⅰ）一般胸部X線検査法

一般胸部X線検査法については、第1章「心血管系疾患に対する検査」の「■6 X線検査、1）胸部X線検査法」を参照のこと。

#### ⅱ）造影検査法

①気管支造影

気管チューブに挿入されたカテーテルから気管内（気管分岐部の頭側）に造影剤を注入する。呼吸器症状をもつ動物に対する全身麻酔のリスクや、近年の気管支鏡検査、胸部CT検査の普及に伴い、現在ではほとんど行われていない。

②血管造影

肺血管の造影により、肺動静脈瘻や血栓、さらに腫瘍、虚脱肺などが、より鮮明となる。

#### ⅲ）Digital Radiography（DR）

① computed tomography（CT）

・気管のCT撮影法

気管チューブを挿管した状態で頸部気管を正確に評価することは困難であり、臨床上の必要性に応じて非挿管下での撮影を考慮する。気管疾患、特に気管虚脱の診断には、呼吸をした状態での撮影が望ましい。鎮静下、あるいは覚醒下の動物を撮影台の上に固定具を用いて確実に固定し、気管全体を撮影した後に、頸部気管、胸部気管、主気管支のダイナミックスキャンを30秒間ずつ実施する。

・気管支、肺のCT撮影法

全身麻酔下で動物を伏臥位に保定する。呼吸によるブレを防ぐために、可能な限り呼吸停止下で撮影する。

② digital radiography（DSA、CR、FPD）

前述の通り、デジタルシステムを用いて胸部の撮影を実施する際には、なるべく寛容度が高くなるような画像処理法を用いる。具体的な撮影条件や画像処理条件については、個々の装置によって異なるため、本稿での記述は割愛する。

### 2）核医学診断

日本の獣医科領域においては未だ一般的ではないが、肺血栓塞栓症、右-左シャントに対する核医学検査の有用性が海外で報告されている[1-3]。

### 3）核磁気共鳴診断（MRI）

筆者の知る限り、獣医科領域において、気管、気管支、肺疾患に対するMRI検査は一般的には行われていない。

（小野　晋）

---

参考文献

[1] Koblik P, Ornofd W, Harnagel SH, Fisher PE. : A comparison of pulmonary angiography, digital subtraction angiography, and $^{99m}$Tc-DTPA/MAA ventilation-perfusion scintigraphy for detection of experimental pulmonary emboli in the dog. Vet Radiol. 1989；30（3）：159-168.
[2] Daniel GB. Wantschek L, Bright R. Silva-Krottv I. : Diagnosis of aortic thromboembolism in two dogs with radionuclide angiography. Vet Radiol. 1990；31（4）：182-185.
[3] Morandi F, Daniel BD, Gompf RE, Bahr A. : Diagnosis of Congenital Cardiac right-to-left shunts with $^{99m}$Tc-macroaggregated albumin. Vet Radiol Ultrasound. 2004；45（2）：97-102.

---

## ■ 6　機能検査

### 1）肺気量分画

肺気量とは、最大の吸気位の肺に含まれるガス量を指し、全肺気量（total lung capacity）とも全肺容量（total lung volume）とも呼ばれる。肺気量には肺活量（vital capacity）と残気量（residual volume）に分類することができる。肺活量とは、最大の吸気努力から強制的に呼出することができる最大のガス量を意味する。一方、残気量とは全肺気量から最大呼気レベルである肺活量を引いた残りの肺内のガス量である。また、全肺気量は最大吸気量（max inspiratory volume）と機能的残気量（functional residual capacity）に分類することもできる。最大吸気量とは、安静換気位（安静呼気レベル）から吸入することができる最大のガス量のことであり、一方、機能

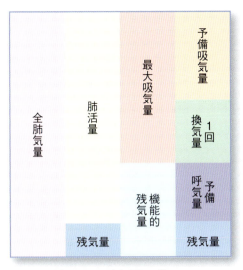

図Ⅱ-17　肺気量のグラフ

的残気量は安静換気位において肺内に残っているガス量を指す（図Ⅱ-17）。

　肺活量が減少するということは、拡張と収縮が可能な肺組織の絶対的減少を意味する。主な疾患としては、呼吸器系においては、肺炎、肺水腫、無気肺、肺気腫、肺線維症、肺腫瘍、猫喘息などの末梢気管支の閉塞、気胸や胸水などによる拘束性疾患などがあげられる。また呼吸器系以外の原因、すなわち、呼吸運動を調節している神経や筋肉の異常として、横隔神経や肋間神経の麻痺、重症筋無力症、多発性筋炎、代謝性筋疾患（副腎皮質機能亢進症、甲状腺機能低下症など）、さらに腹水貯留、妊娠、腹部腫瘤など腹部が膨満することによる胸腔内容積の減少によっても肺活量は減少する。そして、肺活量が減少すれば残気量は増加する。

　人において肺活量は、受動的に最大吸気レベルまで吸気を行い、最大呼気レベルまで吐き出すことで得られる。しかし、動物や人の新生子などは、能動的に最大吸気レベルまで吸気を行うことができない。そのため、麻酔下で最大吸気レベルまで肺を膨張させ、装置を用いて能動的に強制呼出させて得られる容量を強制肺活量として代用することが多い。残気量は直接測定できず、間接的に測定する必要がある。

　動物における残気量は、以下の(1)から(4)の行程を行うことで測定することができる。

(1) 麻酔下で能動的に最大吸気レベルまで肺を膨張さ せ、安静換気位まで呼出させることで最大吸気量が測定できる。
(2) 次に機能的残気量をヘリウムガスなどを用いたガス希釈法やボディ・プレスチモグラフ法などで測定する。
(3) 最大吸気量と機能的残気量を合計すると、全肺気量が測定できる。
(4) 全肺気量から強制肺活量を引いた値が残気量となる。

　機能的残気量は、肺気腫などで起こる構造上の変化、喘息など末梢気管支部位の呼気性閉塞、あるいは肺組織の手術による切除に続いて起こる肺の代償性過膨張、胸郭の変形などにより増加する。機能的残気量が増加すれば最大吸気量は減少する。

## 2）換気量

### ⅰ）1回換気量と分時換気量

　1回換気量とは、1回の呼吸運動によって肺内に取り込まれるガス量のことである。また、分時換気量とは、1分間に肺内に取り込まれるガス量のことであり、1回換気量に1分間の呼吸回数をかけることで得られる。Amisら（1986）は、健康な中頭種の犬に対して1回換気量および分時換気量を測定したところ、それぞれ460mL、14.8L/分であったと報告している[1]。また、Amisらは、健康な短頭種の犬の1回換気量は、健康な中頭種の犬と比較したところ低値であり、これらの品種においては閉塞性の気流障害が存在している可能性を示唆している[2]。一方、McKiernanらは健康な猫について1回換気量および分時換気量を測定したところ、それぞれ約58mL、2.5Lであったと報告している[3]。健康な犬あるいは猫と比較して疾患動物の1回換気量が少なく、分時換気量が同じである場合、疾患動物の呼吸回数が健康動物と比較して増加していることを示唆している。また、1回換気量が多く、分時換気量が少ない場合は、呼吸回数が少ないことが示唆され、喉頭麻痺など吸気性の気流障害が起こっている可能性などが考えられる。

### ⅱ）肺胞換気量（$\dot{V}_A$）

　肺胞換気量とは、実際にガス交換に関与する換気量を指す。1回換気量から、死腔換気量と呼ばれる

ガス交換にかかわらない気道内の空気量を引いた量となる。この肺胞換気量は、$CO_2$産生量と動脈血二酸化炭素分圧（$PaCO_2$）によって表される。すなわち、次の式で表される。

肺胞換気量（$\dot{V}_A$）
  ＝$0.863×CO_2$産生量／動脈血$CO_2$分圧

この式からわかるように炭酸ガス産生量が一定なら、肺胞換気量が増加すれば$PaCO_2$は低下し、逆に少なければ$PaCO_2$は上昇する。

### ⅲ）最大換気量

最大換気量（Maximal Voluntary Volume：MVV）は、12秒間に速く深い呼吸で呼出する空気の総容量である。これは総合的な呼吸の予備能力の指標である。MVVの予測値と実際の測定値の著しい差異が、神経筋の予備能の低下、異常な呼吸負荷運動、あるいは不適切な努力呼吸を示唆する。主に神経筋の異常や、拘束性あるいは閉塞性呼吸障害の存在においてMVVは低下する。特に、重度な肺気腫などの閉塞性障害では空気の捉え込み（air trapping）現象が起こるために、顕著に低下する。予測値と実測値の割合が80％以上であれば正常範囲である。しかし、獣医科領域では一般的に行われず、また医学領域においても最近ではあまり行われていない。

## 3）換気のメカニクスの検査

### ⅰ）肺のコンプライアンス
  （Lung compliance：$C_L$）

肺のコンプライアンスとは、胸腔内圧の変化（$\varDelta$P）に対する肺気量の変化（$\varDelta$V）と定義されている。簡単にいうと、呼吸運動中の肺の膨らみやすさを意味する。したがって、肺のコンプライアンスが高いということは、肺が正常よりも膨らみやすいことを意味し、逆に低いということは膨らみにくいことを意味する。肺のコンプライアンスは、容量を圧で除することによって求められる。

$$C_L\ (mL/cmH_2O) = \varDelta V / \varDelta P$$

図Ⅱ-18は、成猫における肺の圧量曲線（Pressure-volume curve：PV曲線）である。この曲線で圧の低いところ（*）が曲がっている理由であるが、風船を用いて説明すると理解しやすい。図（opening pressure）に示すように、膨らんでいない風船（A）とある程度膨らんでいる風船（B）に対して同量の空気を入れる際、Aの方がより大きな力（圧）（この圧をopening pressureと呼ぶ）を必要となる。また圧の高いところが曲がっている（**）理由は、風船の容量の最大量に近づくにつれて強い圧を加えても限界があるからである。実際の肺においては、opening pressureや容量だけでなく、気道抵抗や肺組織の粘性さらには胸郭による弾性なども関連している。

したがって、肺のコンプライアンスの測定は、安静換気位（通常の呼吸運動でみられる呼気位レベル）、あるいはPV曲線の直線部分（ａとｂの間）における容量と圧の関係で求める。そして、肺コンプライアンスには、PV曲線の直線部分の領域内で一時的に呼吸を停止し、その後再び呼出を安静換気位

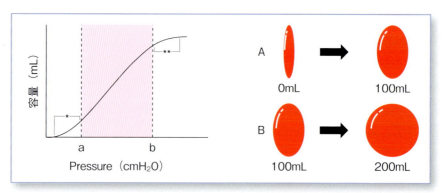

図Ⅱ-18　肺のPV曲線（左）とopening pressure（右）
肺のコンプライアンスは、PV曲線がほぼ直線となるａからｂの間で測定する。

レベルまで行い、その間の圧量の関係から求める静的肺コンプライアンス（$C_L$-st）と、通常の呼吸を止めないで呼気と吸気の終わり、いわゆる流量がそれぞれ0になった時点間での容量と圧を測定する動的肺コンプライアンス（$C_L$-dyn）の2つがある。$C_L$-st測定では一時的に呼吸を停止するため、時定数の長い肺胞まで換気させて求める$C_L$-stの方が肺気量はやや多くなる。また$C_L$-dynは、気道の粘性抵抗を反映するため、気道閉塞など気道系の疾患を有する場合、換気回数が増加するため低下する。

- PV曲線の臨床的意義

肺気腫では、肺胞壁の破壊や弾性線維の減少などで肺弾性収縮力が低下するため、肺気量は健常よりも増大し、$C_L$は上昇する（PV曲線の傾きが急斜になる）。また、猫喘息などでは、特に過伸展時などの発作時においては安静換気位が上昇するため、PV曲線は肺弾性収縮力が低下する方向へ移動し、やはり肺気腫と同様に$C_L$は上昇する。一方、間質性肺炎や肺線維症などでは、PV曲線の傾斜が緩やかになるため$C_L$は低下する。

ⅱ）気道抵抗

気道に気流が生ずると、向き、気体の性質、流れ方などにより気道抵抗（airway resistance：Raw）を生ずるが、これは空気の通りにくさを表す。Rawは、胸郭抵抗および肺抵抗を統合した呼吸抵抗（respiratory resistance：Rrs）に含まれるもので、ガスの出入りする気道および呼気や吸気の間に組織が動くことによる抵抗すなわち肺組織抵抗を含む。ただし、健常時において胸郭抵抗は無視できるほど小さく、臨床的な意義も低いので、RawがRrsの最も重要な役割を演じている。Rawは、肺胞内圧（Palv）と流量（$\dot{V}$）から求められる。

Rawには気道系内のガスや、気道壁自体および気道周囲からの影響を考えると、正確には弾性・慣性・粘性の3要素が複雑に関与している。ここでの弾性とは、気体の量に比例して反抗する力が強くなる性質、慣性とは加速度に比例して抵抗が強くなる性質、粘性とは流速に対して反抗する力が強くなる性質のことである。しかし、気道系においては正常な呼吸状態では弾性や慣性の影響は少ないと考えられており、次の式が、気道の力学的状態の大部分を表現している。

$$Raw（cmH_2O/L/秒）= Palv/\dot{V}$$

ただし、Rawすなわち、Rrsは主として中等度の径をもつ気管支以上における抵抗を表しているにすぎない。人では、末梢気道といわれる直径が2 mm以下の気道の抵抗は、Rawの20％弱にすぎず、末梢気道が完全に閉塞してもRawには反映されにくい。

① 気道抵抗に関与する因子

気道抵抗に関与する因子としてはいくつかあるが、中でも気道の断面積、長さ、流量は大きく影響を与える（図Ⅱ-19）。流量が低い場合には流線は層流すなわち、直線の流れになる（A）。しかし、流量が速くなると流線は不安定になり、分岐部などでは渦流となり（B）、さらに速くなると乱流となる（C）[4]。

そして、流線が層流になるか乱流になるかは、Reynolds数（Re）により決まる。

Re ＝ 気道の直径 × 流量 × 密度 / 断面積 × 粘度

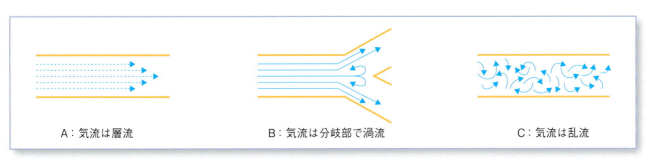

A：気流は層流　　B：気流は分岐部で渦流　　C：気流は乱流

図Ⅱ-19　気道抵抗に関与する因子

Reが2,000以下のときは層流に、そして2,000以上のときは乱流になるといわれている。また、気道の断面積、つまり気道径も大きくRawに関与する。ポワズイユの法則によれば、気道の半径が半分（1/2）に低下すれば、抵抗は16倍に増加する。さらに、気道の長さが2倍になった場合には、抵抗は2倍に増加する。その他、年齢や体位によってもRawは変化する。

② Rawの臨床的意義

Rawの増大が認められた場合、猫喘息、慢性気管支炎などで気道内分泌物貯留などによる狭小化、気管虚脱などの気道壁の脆弱性、気管周囲の腫瘍などによる気管外からの圧迫などを考える必要がある。肺気腫は、気管支低形成によってしばしば引き起こされることから、一般的にRawは増大する。その他、肺腫瘍や縦隔腫瘍、心拡大などによる気管あるいは気管支圧迫においてもRawは増大する。

## 4）血液ガス分析

血液中に$O_2$や$CO_2$が、水やヘモグロビンなどと化合物を作って血液ガスとして体内に存在していることは周知である。これらは、体循環系の太い血管の壁を通過できないため、血液ガスは一定である。したがって、左心室から拍出された動脈血液中のガスは、大動脈から細小動脈に至るまで同一である。しかし、肺胞や組織の毛細血管の壁は薄いため、$O_2$や$CO_2$は透過あるいは拡散することができる。その結果、血流がその部位を通過すると血液ガスは変化する。そして、透過あるいは拡散する膜（血管壁）の両側間で圧の不均衡があれば、ガスは高い方から低い方に移動し、最終的に平衡状態になるとガスの移動は停止する（図Ⅱ-20）。したがって、一方の圧がわかれば、他方側の圧も知ることができる。血液ガス分析とは、血液中のガス分圧を測定することによって、血液内の圧と平衡状態にある肺胞内や組織の気体の$O_2$および$CO_2$圧を知る検査である。また、空気は$O_2$や$CO_2$以外の気体も含んだ混合ガスであるため、特定成分のガス圧を分圧と表現して、Pにガスの種類を付記させて$PO_2$や$PCO_2$などと表している。さらに、動脈血中と混合静脈血中の$PO_2$や$PCO_2$は異なるため、$PaO_2$や$PvCO_2$と動脈を

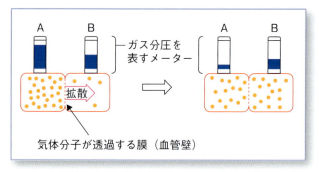

図Ⅱ-20　血液中ガス移動の模式図

膜の両側で圧が異なると、高い方（A）から低い方（B）へとガスが移動する。圧が平衡状態になると、移動は停止する。

表すaや混合静脈血を表すvと付記する。これらの単位にはmmHgとtorrの2つがあるが、医学および獣医学で扱う範囲においては同一とみなしてよい。なお、血液ガス分析値は、採取法や体温によって大きく影響を受ける。詳細については、他の成書を参照して欲しい。

### ⅰ）動脈血酸素分圧（$PaO_2$）

血液中の酸素含量は、3つの方法で示される。1つは$PaO_2$、他はヘモグロビンの酸素飽和度と全血の酸素含量（全血あたりの酸素量）である。$PaO_2$は動脈血中に溶存している酸素の気化圧である。ヘモグロビンとは独立しているため、貧血時においてもその値は影響されない。肺機能のガス交換を含めた酸素分布を評価する場合には、$PaO_2$を用いる。$PvO_2$は、肺毛細血管で行われるガス交換前の混合静脈血中の酸素分圧であるため、肺機能を評価することができない。正常な犬および猫の$PaO_2$は大気圧下においてかつ、体温が37〜40℃であれば、それぞれ80〜105mmHg、95〜115mmHgである[5]。体温が高い場合は、溶解度が減少し、ガスの気化圧が上昇する。$PaO_2$は、吸入気酸素濃度（$FiO_2$）によっても変化し、$FiO_2$が高い場合には上昇する。$PaO_2$が臨床的に問題となるのは、減少している場合である。主に4つの原因があげられる。

(1) 肺胞低換気
(2) 拡散障害
(3) シャント
(4) 換気-血流不均衡

① 肺胞低換気

　この現象は、単位時間に肺胞に流れ込む新鮮な換気量が減少していることを意味している。この場合、通常は肺胞外に問題があり、肺そのものは正常である。肺胞低換気の原因としては、以下のようなものがあげられる。

- バルビツール系薬剤、モルヒネ誘導体、麻酔薬などによる呼吸抑制
- 延髄病変（呼吸中枢が存在する部位であり、この部位が障害を受けると呼吸運動が抑制される）
- 環軸亜脱臼など上位頸髄部の疾患（横隔神経や肋間神経など呼吸筋を支配する神経が脊髄内に存在している部位であるため）
- 重症筋無力症などの神経筋疾患
- 横隔神経や肋間神経麻痺

　肺胞低換気が起こると必然的に$PaCO_2$は増加する。$PaCO_2$と正常肺における肺胞換気量の間には以下に示す関係がある。

（$\dot{V}CO_2$：$CO_2$産生量、$\dot{V}_A$：肺胞換気量、K：定数）

$$PaCO_2 = (\dot{V}CO_2/\dot{V}_A) \cdot K$$

　この式からもわかるように、肺胞換気量が半減すると$PaCO_2$は2倍になる。逆のいい方をすると、$PaCO_2$が上昇していないのであれば、肺胞低換気であることはない。

　もう1つ、肺胞低換気について触れておくこととしては、肺胞低換気による低酸素血症は、吸入する酸素濃度が上昇すると容易に改善するということである。これについても以下の式から理解できる。

（$P_AO_2$：肺胞中の酸素分圧、$P_IO_2$：吸入気酸素分圧、R：呼吸商（$\dot{V}CO_2/\dot{V}O_2$）、$\dot{V}O_2$：$O_2$消費量、F：補正因子）

$$P_AO_2 = P_IO_2 - (PaCO_2/R) + F$$

　この式において$PaCO_2$とRが一定なら、$P_IO_2$が上昇すれば、$P_AO_2$、すなわち肺胞内酸素分圧が上昇することになる。

② 拡散障害

　拡散障害は、ガス交換が行われる肺胞腔と肺の毛細血管の間にある間質に何らかの異常が起こり、ガス交換により平衡が成立しない病態である。しばしば肺線維症、間質性肺炎、間質性肺水腫、間質部に腫瘍の存在することにより、拡散障害が起こる。

　正常な安静時では、毛細血管内の赤血球が肺胞内の$O_2$とガス交換に要する時間は接触時間の約1/3とかなり余裕をもって行われている。したがって、運動時や興奮時などで接触時間が正常よりも短くなったとしても十分に平衡に達することができる。しかし、間質部が肥厚すると拡散に時間がかかるため（拡散障害）、接触時間内に平衡に達することができず、低酸素血症に陥ることとなる（図Ⅱ-21）。

　拡散障害は通常であれば、$P_IO_2$の増加に伴い、是

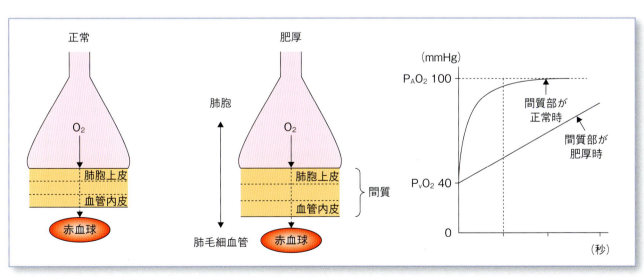

図Ⅱ-21　肺胞、間質、肺毛細血管の関係
拡散障害は、主に間質領域の疾患の存在で肥厚することにより、ガス交換が平衡に達しない。

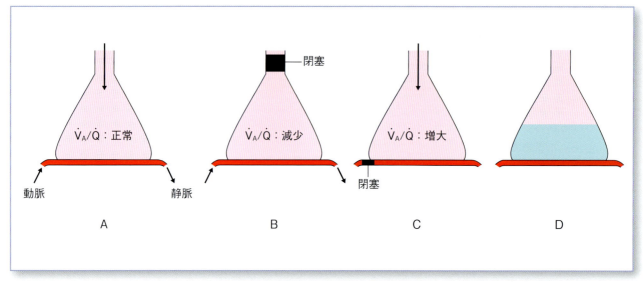

**図Ⅱ-22　換気-血流不均衡の模式図**
A：正常、B：気道閉塞のある状態、C：肺毛細血管が閉塞している状態、D：肺胞内に炎症性滲出物や液体が貯留した状態。正常（A）と比べて、気道閉塞（B）や肺胞内に炎症性滲出物や液体が貯留した状態（D）があると酸素が肺胞に届かないため、混合静脈血中のヘモグロビンは酸素を受け取れないまま動脈血となるので、低酸素血症となる。一方、肺毛細血管が閉塞する（C）と肺胞内に酸素が届いても血流がないため、ガス交換が行えずに低酸素血症となる。

正される。また、血液中の$CO_2$については$O_2$よりも間質内の通過時間が早いので多くの場合で高炭酸ガス血症とはならない。

③シャント

シャントは、混合静脈血など静脈血の一部が、酸素が存在する肺胞領域を通過することなく、動脈系に流入することである。心房中隔欠損症、心室中隔欠損症、動脈管開存症などの先天性心疾患における静脈血が、右心からガス交換が可能な肺毛細管を通らずに静脈血のまま、左心に直接血液が流れる場合などでシャントがみられ、低酸素血症となる。なお、無気肺、肺炎や肺水腫など肺胞内に$O_2$が流入せず、肺毛細血管内の血液がガス交換を行えない場合もシャントであるが、こちらは換気-血流不均衡に分類されている。

④換気-血流不均衡

これについては、p475の「3）換気-血流比」の項で述べているが、換気と血流の関係が正常であれば、（A）のようになるが、気道閉塞（B）や肺胞内に炎症性滲出物や液体が貯留した状態（D）および肺毛細血管に血栓など塞栓物質が存在した状態（C）では換気と血流のバランスが不均衡となり、その割合が広範囲な場合、低酸素血症となる（図Ⅱ-22）。

ⅱ）動脈血酸素飽和度（$SaO_2$）

血液中の$O_2$は$PO_2$（酸素分圧）で表現されるが、実際は赤血球中のヘモグロビンと可逆的に結合して組織に運搬されている。

$$O_2 + Hb \rightleftarrows HbO_2$$

そして動脈血中の酸素飽和度とは、動脈血中のヘモグロビンの何％が$O_2$と結合しているかを示す値である。すなわち、

$$SaO_2（\%） = \frac{HbO_2 \times 100}{Hb + HbO_2}$$

$SaO_2$は、$PaO_2$によって決まるが、この関係は直線ではなく、S字状曲線である。

通常、$PaO_2$が60 mmHgまでは$SaO_2$の低下は軽度であり、60 mmHg以下になると急激に低下し、酸素はヘモグロビンとの結合から離れ、チアノーゼなどを起こす。この酸素解離曲線は種々の因子により、右方あるいは左方に移動する。すなわち、温度が38℃以上、pHが低下、$PCO_2$が上昇、赤血球内の

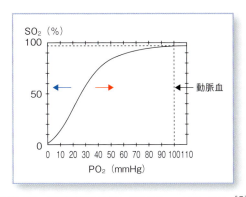

図Ⅱ-23 酸素解離曲線（38℃、pH7.40）[6]

2, 3-diphosphoglycerate（2, 3-DPG）が増加する（慢性低酸素血症で増加）と右方にシフト（図Ⅱ-23赤矢印の方向）、すなわちヘモグロビンとの親和力が減少し、酸素が離れやすくなる（図Ⅱ-23）。

### ⅲ）動脈血炭酸ガス分圧（$PaCO_2$）

正常な犬および猫の$PaCO_2$は、大気圧下においてかつ体温が37〜40℃であれば、およそ32〜43mmHg、26〜36mmHgと極めて狭い範囲に調節されている[7]。$PaCO_2$は、呼吸の促進と抑制という2つの作用をもつ。すなわち、正常値を下回れば、過換気状態とみなされ、呼吸を抑制する方向に作用し、上回れば低換気と判断され、呼吸が促進される。過換気のメカニズムとしては、炎症や塞栓などによる肺内受容器の刺激、低酸素血症が著しいときの化学受容器の刺激などが考えられる。一方、低換気のメカニズムとしては、呼吸に対する機械的抵抗の増加、死腔率増加に伴う換気効率低下、横隔膜平坦化や胸郭変形による呼吸筋効率低下などが考えられる。過換気（低$PaCO_2$）および低換気（高$PaCO_2$）は、それぞれ以下のような原因で起こる。

#### ①低$PaCO_2$の原因

- 低血圧
- 発熱
- 興奮
- 運動
- 間質性肺炎
- 間質性肺水腫
- 肺血栓塞栓症
- 代謝性アシドーシスにおける代償反応
  など。

#### ②高$PaCO_2$の原因

- 低換気
  - 神経筋障害、延髄疾患、頸髄疾患など
- 気道閉塞
  - 喉頭麻痺、喉頭虚脱、軟口蓋過長、気管虚脱、猫喘息、慢性気道疾患など
- 胸壁の疾患
  - 開放性気胸、胸水貯留、フレイルチェスト
- 肺気腫
- 肺胞性肺炎
- 肺胞性肺水腫
- 代謝性アルカローシスに対する代償反応
  など。

これらからわかるように、呼吸を調節しているのは$PaO_2$ではなく、$PaCO_2$である。しかしながら、慢性呼吸不全では常に高炭酸ガス血症となっているため、その場合$PaCO_2$ではなく$PaO_2$が呼吸調節因子として働く。したがって、慢性呼吸不全の動物に対して高濃度の酸素を吸入させると、逆に呼吸が抑制することがあるので注意する必要がある。また、$PaCO_2$が非常に高値（およそ60mmHg以上）になると中枢神経系が抑制され、意識障害や呼吸抑制が生じることもある（$CO_2$ナルコーシス）。一方、非常に低値になると（およそ20mmHg以下）、脳血液量が低下し、脳の酸素化が阻害される。

### ⅳ）動脈血pH（動脈血水素イオン濃度）

生命活動により、体内では様々な有機酸が合成されるが、調節機構の働きによって、体内では常に水素イオン濃度（pH）は、7.4前後に保たれている。この調節機構に異常が起きて、体内に酸あるいはアルカリのバランスが崩れると、pHは酸性側あるいはアルカリ側に傾く。

体内でのpHは、以下のHenderson-Hasselbalchの式によって調節されている。

$$pH = \frac{6.10 + \log[HCO_3^-]}{0.03 \times PaCO_2}$$

（$HCO_3^-$：血漿中の重炭酸イオン濃度（mEq/L））

正常な犬の動脈血pHは、7.40±0.03である。pHが低値を示した状態をアシドーシス、高値を示した

状態をアルカローシスと呼ぶ。そして、$HCO_3^-$は腎臓で調節され、$PaCO_2$は呼吸で調節されているので、上式を次のように表すことができる。

$$pH = 6.10 + \log \frac{代謝性要因の変動}{呼吸性要因の変動}$$

そして$CO_2$は体内で水と反応して、以下の式で表せる。

$$CO_2 + H_2O \rightleftarrows H_2CO_3 \rightleftarrows H^+ + HCO_3^-$$

この式からわかるように、$PaCO_2$が増加すれば血漿中の$H_2CO_3$は増加し、結果的に$H^+$と$HCO_3^-$が生じ、pHは低値を示し、呼吸性アシドーシスとなる。逆に$PaCO_2$が低下すれば、$H^+$と$HCO_3^-$は消費されるために、pHは高値を示し、呼吸性アルカローシスとなる。この変化は、腎臓で調節されるまであるいは薬剤などで補正されるまでその状態が維持される。

### v）シャント率（静脈血混合比）

シャント率とは、肺において酸素化されずに体循環に入る血液の全体に対する比のことである。人において正常は約7％前後である。しかし、無気肺、肺炎、肺水腫などガス交換障害をきたす疾患ではシャント率は上昇する。図を用いて説明すると、aは混合静脈血、bは酸素化された血液、cは酸素化されなかった血液、dは動脈血である（図Ⅱ-24）。仮に、bとcを流れる血液量が等しく、そしてbを通る赤血球内のヘモグロビンが全て酸素を受け取ることができたと仮定すれば、シャント率は50％となる。

実際には、以下の式からシャント率を求める。

$$\dot{Q}S/\dot{Q}T = (CcO_2 - CaO_2) / (CcO_2 - CvO_2)$$

（$\dot{Q}S/\dot{Q}T$：シャント率、$CcO_2$：肺毛細管血（酸素化される血液）の酸素含量、$CaO_2$：動脈血の酸素含量、$CvO_2$：シャント血（酸素化されなかった血液）の酸素含量）

### vi）肺胞気-動脈血酸素分圧較差（A-a$DO_2$）

A-a$DO_2$とは、肺胞内の酸素分圧（$P_AO_2$）と$PaO_2$の差のことである。肺胞気と肺毛細管のガス交換において完全な平衡状態に達し、そして肺毛細管を通らない副行循環なども無いと仮定すれば、肺胞気と動脈血のガス分圧は等しくなるはずである。しかし、実際には正常であっても両者は等しくなく、若干ながら差がある。この理由は、テベシアン静脈と呼ばれる冠動脈から直接左心系に流入する血液や気管支静脈からの血液が混入することによる。その他、病的な場合では間質内に異常がみられる場合や換気血流の不均衡などがある場合には、これらの差はさらに顕著となる。以下の式で求めることができる。

$$A\text{-}aDO_2 = P_AO_2 - PaO_2 =$$
$$(713mmHg \times F_IO_2 - PaCO_2/R) - PaO_2$$

（713mmHg＝大気圧760mmHg－水蒸気圧47mmHg、R：呼吸商、（$\dot{V}CO_2/\dot{V}O_2$））

なお、$CO_2$については、肺胞気と動脈血の分圧差はA-a$DO_2$と異なり、拡散障害の影響をほとんど受けず、$PaCO_2$と$P_ACO_2$は近似しているので$PaCO_2$とすることができる。

空気呼吸下での正常値A-a$DO_2$は10mmHg以下である。したがって、A-a$DO_2$は主としてガス交換障害を表す指標として用いられる。A-a$DO_2$が大きいということは$PaO_2$が低値であることを示唆している。

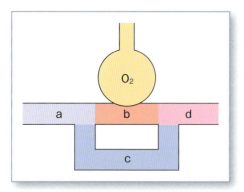

**図Ⅱ-24　シャント率を計算するための簡易な模式図**
a：混合静脈血、b：酸素化された血液、c：酸素化されなかった血液、d：動脈血

### vii）肺循環機能

・肺血管抵抗（Pulmonary Vascular Resistance：PVR）

　肺循環系の全長は、右心室から出る肺動脈から左心房に流入する肺静脈までであり、その長さは体循環と比較すると極めて短い。また肺動脈の平均圧は体循環系の大動脈と比較すると約1/6と低く、低圧系であり、血管壁は薄く、また平滑筋も少ない。しかしながら、肺循環と体循環を流れる血流量は等しい。血管系の抵抗は次のように表すことができる。

　　　血管抵抗＝（入り口圧－出口圧）／血流量

したがって、肺血管抵抗（PVR）は、以下の式で求められる。

PVR ＝
（肺動脈圧－肺動脈楔入圧）／血流量（mmHg/L/分）

　正常なPVRは、低いだけでなく、血管内圧が上昇した場合には、さらに低下するという能力を発揮する。詳細については「呼吸器の生理学　1．呼吸機能、2）肺循環」を参照してほしい。

（藤田道郎）

---

**参考文献**

[1] Amis TC, Kurpershoek C.：Tidal breathing flow-volume loop analysis for clinical assessment airway obstructionin conscious dogs. Am J Vet Res. 1986；47：1002-1006.
[2] Amis TC, Kurpershoek C.：Patterns of breathing on brachycephalic dogs. Am H Vet Rea. 1986；47：2200-2204.
[3] McKiernan BC, Dye JA, Rozanski EA.：Tidal breathing flow-volume loops in healthy and bronchitic cats. J Vet Intern Med. 1993；7：388-393.
[4] West JB.：第7章　呼吸のメカニックス．In：呼吸の生理 第3版（訳／笛木隆三，富岡眞一）：医学書院；1977：91-120．東京.
[5] 山林 一，河合 忠，塚本玲三／編集．：血液ガス－わかりやすい基礎知識と臨床応用－第3版－：医学書院；1995．東京．
[6] 谷本晋一，山中 晃，本間日臣，吉良枝郎，田村昌士，荒井達夫，名取 博，泉 孝英．：呼吸器病 第2版（編／本間日臣）：医学書院；1985．東京．
[7] Haskins SC.：第25章　血液ガス測定値の解釈．In：犬と猫の呼吸器疾患 第1版（監訳／多川政弘，局 博一）：インターズー；2007：216-230．東京．

---

## ■ 7　病理検査

　病理組織学的検査は、例えば腫瘍が良性腫瘍か、あるいは悪性腫瘍なのかなど、動物（患者）がどのような病態にあるかを判断するための唯一の診断法であり、臨床診断を合わせて治療のリストアップや、それらの中から適当な方法を飼い主とともに思案するために不可欠なステップである。

### 1）意義

　気管から気管支、肺へとつながる酸素の通り道は、極めて重要な生命を左右する器官であり、病理組織学的検査により姑息的な内科的治療を優先し、QOLの向上を目標とすべきか、術後の生存期間や根治を考慮し、外科的治療を行うべきかの判断に利用される。

### 2）検体の採取方法

　検体の採取は、患者の状態を勘案し、最適な方法を選択すべきである。特に、侵襲的方法では確実に検体を得る機会が増えるが、全身麻酔が必要であり、検査後に呼吸回路から離脱することができるか、緊急手術の準備の必要性、そしてそのような事態が生じる可能性がある旨を飼い主が了解していたかなど、諸条件をクリアする必要がある。もっぱら検査そのものが治療となるような救急の場面では、そのような手順を必ずしも踏まないかもしれない。一方、非侵襲的方法では、評価に値する検体が得られるかは不明確であり、そのことを飼い主も獣医師も理解しておかなければならない。

ⅰ）侵襲的方法（開胸肺生検法、経皮的針生検法、経皮的気管吸引、気管支鏡そして胸腔鏡による生検法）

　検体を侵襲的に採取する方法には、試験開胸を含めた開胸肺生検法、超音波診断装置やX線透視装

置、CTなど画像ディバスを利用した経皮的針生検法、気管内の検体を得ることを主目的とした経皮的気管吸引、気管支鏡などの内視鏡を利用した経気管支法、胸郭に小さな孔をあけて、そこから内視鏡を挿入し検体を得る胸腔鏡による生検法などがある。

#### ⅱ）非侵襲的喀痰細胞診

喀痰細胞診は、人の肺がん検診で行われている優れたスクリーニング検査法である。この結果により、CT画像検査やポジトロン断層法（Positron Emission Tomography：PET）検査、気管支鏡検査の精査が必要かどうか検討される。一方、獣医科領域では、強制的に喀痰を回収することは不可能であり、また口腔内や咽喉頭までに出てきた痰は、たいてい飲み込まれてしまうため、検体を得るための現実的な検査方法として期待はできないであろう。もし排痰による検体が得られたならば、気道内から出血を疑うような血液成分が含まれていないか、または悪性の病態を疑う異型な細胞成分が存在しないかを評価する。陽性ならば精査を勧めることになるが、結果が例え陰性でも、なんら病態を否定することにはならない。

### ■ 8　内視鏡検査

気管、気管支、肺における病変部への内視鏡のアプローチは、人では喉もしくは胸腔鏡の挿入ポート周囲だけに局所麻酔を実施することで可能であり、また救急救命処置を必要とする場合には、緊急内視鏡検査が行われる。緊急内視鏡検査の目的は2つあり、診断的内視鏡として気道障害の原因と、その重症度の把握、続いて治療的内視鏡として救急救命処置である気道の確保が行われる。一方、この種の内視鏡検査の小動物への応用には全身麻酔が必須であり、非侵襲的な手技ではあるが、まずは患者の安定化なくしては検査の危険度を増す結果となってしまう。内視鏡検査の導入にあたっては、よくよく適応症を検討しなければならない。

#### 1）気管支鏡検査

約2〜5mm径の細い硬性鏡あるいは軟性鏡を用いて行う。動物を麻酔した後、伏臥位あるいは横臥位に保定する。維持麻酔法は全静脈麻酔あるいは吸入麻酔どちらでもよいが、全静脈麻酔では気管チューブを挿管せず、細い酸素送気用のチューブを入れればよいので内視鏡の操作性が良いとされている。一方、吸入麻酔では、気管チューブを介して内視鏡を挿入するための、接続アダプターが必要であり、気管チューブの内側からアプローチするため操作性が低下するといわれている。内視鏡を気管内に挿入した後は、上下左右を勘案しながら、決めた手順、例えば、気管から右主気管支、右前葉気管支、中葉気管支、副葉気管支、右後葉気管支そして気管に戻り、左主気管支、左前葉気管支、左後葉気管支

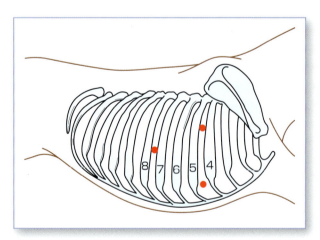

図Ⅱ-25　肺実質へアプローチする時に使われるポジショニングの一例
赤丸はポートの位置を示している。

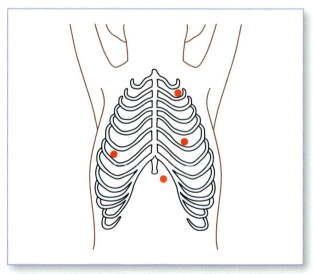

図Ⅱ-26　心膜切除術の時のポジショニングの一例
赤丸はポートの位置を示している。

のように各気管支内を観察する。観察するポイントは、粘膜上皮層では色調や既存血管の走行状態、粘膜の不整、腫瘤、壊死もしくは粘液変性物質、びらん、肉芽組織、瘢痕形成などの有無、易出血性が認められるかなどである。また気管支内腔の形態変化についても、狭窄、閉塞、拡張、憩室、気管支分岐異常、咳・呼吸運動による変化などを評価する。

## 2）胸腔鏡検査

約2～10mm径の硬性鏡ならびに鉗子類を使用し、胸壁に数ヵ所あけられた挿入ポート（図Ⅱ-25、26）より観察しながら肺実質や前もしくは後縦隔における腫瘤や胸膜の病変、胸水や心嚢水貯留時における心膜からの組織生検、またはそれらの切除が行える方法である（図Ⅱ-27）。挿入ポートの位置は、三角形を作るように配置するのが一般的で、1つがカメラ用、残りの2つが鉗子用となるが、最近では1つだけのポートにカメラと鉗子を挿入できるタイプのものも開発されている。また、肺葉切除にあたっては、片肺換気のような特殊な麻酔法を用いることで、胸腔内の作業空間を広げる工夫が必要である。

## 3）経皮的針生検

CTなど画像ディバスを利用し、胸腔内の血管損傷を避けるように行う（図Ⅱ-28）。

## ■ 9　外科的検査

胸腔内病変部の病勢・病態を判断することは、治療方針の決定ならびに予後の予測のために重要であるが、検査による続発症にも注意を払う必要がある。特に、血液凝固異常、咳嗽による不安定性、肺高血圧症、肺気腫などでは検査により患者の状態が悪化する可能性がある。一方、病気の進行度合いや呼吸状態によっては、気胸ならば胸腔穿刺、心タンポナーデならば心嚢穿刺のように、治療をかねた外科的検査を考慮もしくは最優先としなければならない。

## 1）胸腔穿刺

気胸や胸水が認められる、あるいは疑われる場合に、気体あるいは液体の確認と治療を同時に行うことができる検査方法である。気胸では、胸部X線検査、胸水ではX線検査と超音波検査で気胸あるいは胸水を予測するのが通常ではあるが、病態が進行性で救急時には身体検査、特に胸部の呼吸による動揺

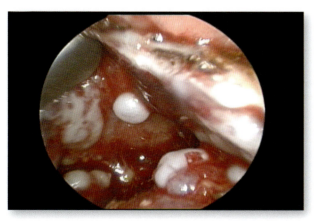

図Ⅱ-27　原因不明の心嚢水が貯留する12歳齢、雄、シー・ズー

胸腔鏡による心膜切除術中に観察された心膜の病変。多数の白色の結節が認められ、中皮腫が疑われる（写真提供：浅野和之先生）。

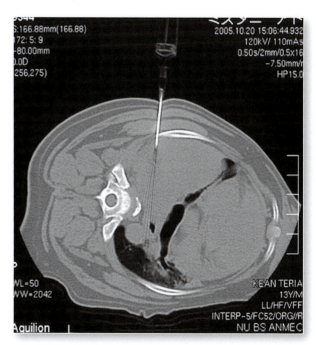

図Ⅱ-28　肺腫瘍が疑われている7歳齢、雄、ケアンテリアのCTガイド下針吸引生検中のCT画像

超音波では、腫瘤病変が肺の空気の干渉により画像にならないことがあるが、CTではそのような場合でも病変部を明瞭に画像化することができ、全身麻酔が可能な症例ではCTガイド下での肺病変の生検が可能となる。

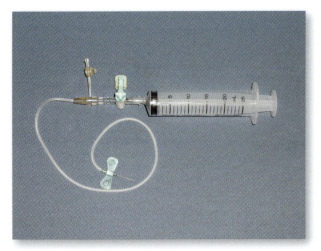

図Ⅱ-29　胸腔穿刺セットの1例
翼状針、三方活栓、20mLシリンジ

や打診により検査の適応についての判断が必要となる。超音波画像をガイドに穿刺することが最も安全ではあるが、そのような装置がない場合は、第7または第8肋間、背側より1/3周辺、また肋骨下の血管を避けるため肋骨の前縁を穿刺する。これは胸腔ドレーンチューブを挿入する部位に相当する。ただし、胸水の場合は逆に危険を伴うので、胸骨側で穿刺する。

必要な器具としてはシリンジ、三方活栓、静脈留置針あるいは翼付静脈針とエクステンション・チューブである（図Ⅱ-29）。針の翼をしっかり握り、胸膜まで穿刺し、その後は翼から手を離し自然にしておく。針先が肺の表面に近づくと針全体が呼吸の動きに合わせて揺れ動くので、そこで肺を傷つける前に針を抜く。静脈留置針ではテフロン性の外套針が胸腔内に残るので、気体あるいは液体を回収している時に動物が動いたりしても翼付静脈針に比べて、肺を穿刺する可能性は低い。穿刺の角度は、通常は水平であるが、小型犬や猫では少し斜めにした方が、肺の損傷を避けることができるといわれている。

## 2）心嚢穿刺

心膜内圧力を増すことで心機能を低下させている貯留液を回収する方法で、臨床徴候の改善だけでなく、回収液に含まれている細胞や生化学成分を分析することで、腫瘍性あるいは感染性疾患などの鑑別の指標にできる。

通常は、左側横臥位に保定し、左心室や血管の損傷を避けるために右胸部からアプローチする。穿刺位置は、心エコーガイド下で心臓と心膜の間が広い場所を選択する。必要な器具としてはシリンジ、三方活栓、静脈留置針で、メス刃を使ってテフロン性の外套針に側孔を設けることもある。針先が心嚢内に入ると貯留液が留置針内に逆流してくるので、これを確認したならば外套針だけを挿入し、エクステンション・チューブ、三方活栓、シリンジと接続する。心嚢内の液体が減って針先が心臓の外壁に近づいてくると、外套針が心臓の動きに合わせて振動し、時には心電図で期外収縮がみられることがある。できれば、心臓への損傷を避けるために、そのような状態になる前に外套針を抜くのがよい。心嚢水の排出は、少し時間をかけながら行う方が、不整脈や虚脱（ショック）などの発生予防となる。穿刺後は、呼吸状態や心電図、血圧の変動を少なくとも2～3時間は動物の様子を看視する。

## 3）経皮的針生検

胸膜に接近する胸腔内腫瘍やびまん性の炎症性肺疾患の診断に有効な方法である。針生検は、超音波診断装置やX線透視装置、CTなどの画像デバイスを利用し、胸腔内の血管損傷を避けるように行う。なお、びまん性肺疾患では盲目的に穿刺することも可能であるが、右側の第7～第9肋間より目的部位へのアプローチが推奨されている。穿刺部を剃毛、消毒後、20～22ゲージ、1～1.5インチ長の針にエクステンション・チューブ、シリンジを接続して吸引する。

## 4）経皮的気管吸引

経皮的気管吸引は、胸腔内へ直接的にアプローチせずに下部気道内の標本を回収する方法なので、他の検査と比べ安全ともいえる。患者の全身麻酔の必要性はないが、軽い鎮静が必要となるかもしれない。伏臥位に保定し、喉頭部腹側を剃毛、消毒し、穿刺部位に局所麻酔を施す。そのまま伏せの姿勢で下顎を持ち上げ、頸部を上方に伸ばし下部気道にアプローチする。穿刺部位は、甲状軟骨と輪状軟骨の

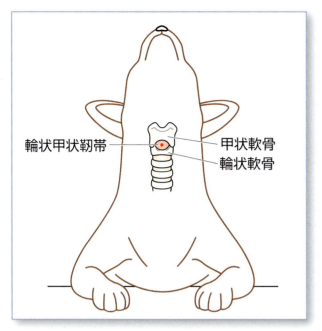

図Ⅱ-30 経皮的気管吸引の穿刺部位（正面からの図）
輪状甲状靱帯に針を刺入する（赤丸位置）。

間となる（図Ⅱ-30）。必要な器具は、細い中心静脈栄養用チューブで、これに付随のチューブ挿入用ガイド針でまず穿刺し、続いて細いチューブに入れ替える。カテーテルの先端が気管支分岐部まで到達したならば、1〜2mLの生理食塩液を注入し、次いでそのままそれを回収する。生理食塩液の注入中に胸郭を叩いて患者にできるだけ咳を誘発させると、標本の回収率はさらに高まる。なお、回収された標本は、細胞診ならびに微生物学的検査に用いられるが、気管支肺炎など呼吸器感染症への治療方針を決定するようなことが目的となることが多い。回収後はカテーテルを抜き、傷口を保護する。この検査の続発症としては皮下気腫や縦隔洞気腫で、時に気胸が継発する。

### 5）胸腔鏡

p497の「2）胸腔鏡検査」を参考のこと。

### 6）開胸生検

1）〜3）にあげた非侵襲的な検査手技で確定診断に至らず、胸腔鏡を実施するために必要な施設や技術がない場合、またこれらの検査が禁忌（例えば、病変部の胸膜への癒着がある場合など）と考えられる場合は、治療も兼ねた試験的開胸検査を実施することとなる。この手技の優れている点は、切除生検の他に根治治療を期待することができる点であろう。

### 7）術中検査

通常の病理組織診断では、生検後から数日を要するが、術中に病変部の良性または悪性の診断、リンパ節への転移の有無、臓器の切除範囲や術式の変更などを決定する場合に必要となる検査でもある。標本は針生検による細胞診、またはコア生検による組織診断が行われる。

（山谷吉樹）

― 推奨図書 ―

[1] Freeman LJ.：Veterinary Endosurgery：Mosby；1999. St. Louis.
[2] Fuentes VL, Swift S.：Manual of Small Animal Cardiorespiratory Medicine and Surgery：BSAVA；1998. Cheltenham.
[3] Tams TR.：Small Animal Endoscopy 2nd ed.：Mosby；1999. St. Louis.
[4] King LG.：Textbook of Respiratory Disease in Dogs and Cats：Saunders；2004. St. Louis.

# 症候と所見

Findings and Symptoms of the Respiratory Diseases

## ■ 1　胸部疾患の症候と所見

　胸部とは、胸郭と横隔膜により隔てられた部分であり、その円錐形の内腔を胸腔と呼ぶ。詳しい胸腔の解剖学的構造は、別の項に委ねるが、胸部疾患の診断と治療において、胸腔臓器の他に付属する器官相互の位置関係を理解することが重要となる。胸腔臓器とは肺と心臓であり、それに付属する器官は、気管、動脈および静脈などの血管系とリンパ節や食道である。また、血管や食道は走行を考慮する必要がある。

　胸部疾患による症候は、単独疾患による場合と、肺と心臓のように相互に影響を受け症候を現す場合、さらに全身性疾患の一症候として、また胸部への外傷の結果として現れる場合がある。胸部の症候として、主に、呼吸器、心臓、食道、付属リンパ節疾患などにより症候が認められる。

　胸部疾患では、咳、呼吸困難、喘鳴、呼吸促迫などの呼吸器症状の他に、チアノーゼなどの循環器症状、さらに嚥下困難、吐出などの消化器症状などが認められる。このように胸部疾患の症候としては、特異的なものは少ない。また、急性症状や数日〜数週間経過して、徐々に症状が顕著になる場合など様々である。胸部疾患で最も重要な臨床症状は咳、呼吸困難、異常な呼吸音である[1]。

　咳は、呼吸器の疾患で最もよくみられる症候の1つである。しかし、呼吸器以外の疾患からも咳が誘発されることがある。例えば、うっ血性心不全や先天性心疾患などの循環器疾患による咳、あるいは胸膜疾患の初期においてみられることがある。

　呼吸困難は、人においては息が苦しいという主観的な所見であるが、獣医科領域では、呼吸数の異常、過呼吸を意味するのに用いられる。呼吸困難は、肺以外の様々な疾患でみられるが、いずれの疾患が原因であろうと緊急に対応する必要がある。上気道に閉塞がみられる場合、患者は窒息に近い低酸素症を伴う呼吸困難を示すことが多い。また、安静時において呼吸困難症状を呈する患者は、激しい運動や興奮後の呼吸困難と区別し、チアノーゼの有無も確認しなければならない[1]。

　異常な呼吸音は、気道の閉塞あるいは狭窄などにより認められる。しゃがれた声や声帯の変調は、上気道または喉頭の異常症候である。喘鳴音やヒュウヒュウというような音は、狭窄した気道を通過する際に発生し、上部気道または下部気道のいずれの部位でも聞こえる。

### 1）呼吸器疾患による症候と所見

　胸腔臓器の単独疾患による症候の中で最も多く認められるのは、呼吸器疾患による症候である。

　呼吸器とは、体外より酸素を取り入れ体内で生じた二酸化炭素を排出させるガス交換器官であり、呼吸により体内の酸-塩基平衡を調整する重要な器官でもある。

　呼吸器は、鼻孔、鼻腔、咽頭からなる上部気道と、喉頭、気管、気管支からなる下部気道に分けられ、さらにガス交換の本体である肺からなる。呼吸器疾患を診断するうえで、これらの部位と症状は非常に関連性があり、症状は疾患部位を特定するうえで極めて重要な指標となる。一般的に上部気道疾患の特徴的な症状は、鼻汁とくしゃみであり、下部気道疾患は咳と痰、肺疾患は呼吸数の増加とガス交換機能低下によるチアノーゼなどが特徴となる。しかし、実際の症例においては病変部位が上部気道から下部気道、さらに肺にまで及ぶ場合もあり症状も複雑化する。

呼吸は、心臓のような自立性はなく、延髄の呼吸中枢において神経性受容体と化学性受容体から刺激を受け、呼吸を調整する。神経性調整は、効率よくガス交換が行われるように呼吸を調整し、化学性調整は代謝量の変化に対応し、動脈血酸素分圧（$PaO_2$）、動脈血二酸化炭素分圧（$PaCO_2$）の恒常性を維持するために、換気量を調整する役割をもつ。化学受容体としては、末梢化学受容体と中枢化学受容体が知られており、末梢化学受容体は、頸動脈体（carotid body）と大動脈体（aortic body）が知られている。低酸素、高炭酸ガスの場合は、換気量（呼吸数）が増加し、低炭酸ガスの場合は、換気量（呼吸数）が低下する。低酸素、高炭酸ガス血症にはいずれも反応するが、主に頸動脈体が主たる役割を担っている。

呼吸は、様々な要因によって影響を受ける。その中で、呼吸器疾患や呼吸中枢に異常がみられる場合に顕著な症候が現われる。

過換気は、呼吸回数の亢進の結果として認められる。人では、極度な興奮やストレス障害など精神的な影響が原因となるが、動物においては、興奮が主たる原因となる。また、過換気の持続は様々な影響を与え、動脈血の$PCO_2$の低下により脳の血管収縮が起こり血流量は低下する。その結果、脳組織に低酸素を引き起こし意識障害が発生する[2]。また、持続する過換気は、呼吸性アルカローシスを招き、血漿のカルシウムイオン濃度の低下による神経線維の興奮が起こり、テタニー様痙攣を生ずる。

低換気は、呼吸中枢の異常や、呼吸筋の収縮力低下、気道の閉塞などにより、生体の代謝によって生産された$CO_2$量が、換気による排出量よりも多くなる場合を低換気状態という。血液ガス分析では、$PaCO_2$の上昇、pHの低下が特徴である。原因として、上部気道の閉鎖、薬物による呼吸中枢の抑制、筋弛緩薬による呼吸筋力の低下、細気管支などの閉塞などである。

ⅰ）咳嗽

咳は、反射的に起こる肺の生理的防御反射である。急速な深い吸気に始まり、声門が閉鎖すると横隔膜の収縮が起こり胸腔内圧が上昇し、声門の開放とともに胸郭の収縮に伴い胸腔内圧が一気に低下する。この際、気道の軟骨輪が重なることで気道が狭められ、気道内の死腔が減少して気道速度が増加する。この一連の反射により爆発的な呼気で異物や粘液物を体外に排出させようとするのが咳である。

①呼吸器の防御機構

- 物理的な防御機構

咳嗽は、様々な粉塵、病原体などを含んだ粒子を咽頭方向に移動させ排出させることで呼吸器系の恒常性を維持している。

- 粘液線毛輸送系（mucociliary clearance）

杯細胞・気道粘膜下腺から分泌される粘液と末梢気道のことである。肺胞上皮から分泌される水分により、線毛運動により気道分泌物を排泄させる。

咳の中枢は、延髄の第4脳室下部にあり、咳の受容体が刺激されると迷走神経の求心性神経を介して、そこから舌咽神経、迷走神経、脊髄神経を経由して、声帯、肋間筋、横隔膜、腹筋の運動を起こして咳が発生する。

咳受容体は、人では、咽喉頭、気管、気管支の粘膜表層に分布し、さらに、胸膜、縦隔、心膜、横隔膜、外耳道に認められる。しかし、肺胞や間質などの肺と終末細気管支には、咳受容体はない。そのため、原発性あるいは転移性の肺腫瘍では、咳の症状は認められない。

刺激受容体の特性は、速い順応性にあり、刺激が加わった直後に強く興奮するが、すぐに回復し、次の刺激に対応する。

咳中枢は、嘔吐中枢と密接な関係があり、激しい咳、長時間にわたる咳が持続する場合に嘔吐することがある。また、咳は循環血液量にも影響することがある。咳のため、胸腔、腹腔内圧が急上昇すると縦隔内および腹腔内の大静脈を圧迫するため、還流血が減少し心拍量が減少する。

②咳の原因

- 機械的刺激：気管・気管支に、痰、埃、異物、気管の捻れなどが存在する場合
- 物理的刺激：心臓、縦隔腫瘍、肺腫瘍など、気管・気管支を外側から刺激する場合
- 化学的刺激：各種刺激性ガス吸引による刺激
- 炎症性刺激：気管・気管支が炎症を起こした場合
- 寒冷刺激：冷たい空気を急に吸い込んだ場合

咽頭から気管・気管支までは、機械的刺激に対して反応しやすく、細気管支では、化学的刺激に反応しやすいといわれている。

気管虚脱による激しい咳は、背腹側に圧迫された気管により、吸気時と呼気時に発生する。吸気時の咳は、頸部気管の虚脱で気管内圧の低下により引き起こされ、呼気時の咳は、胸腔内の気管虚脱で上昇した気管内圧が、たるんだ気管を圧縮するために起こる。

### ii）喀血

下部気道から出血が起こり、血液が喀出されたものを喀血という。肺の血管支配は、肺動脈と気管支動脈よりなるが、肺動脈の血圧は低く、喀血を起こすのは圧倒的に気管支動脈による出血である。喀血を引き起こす原因としては、血圧の上昇や咳による胸腔内圧の急激な上昇がある。そして、大量に喀血した場合は、窒息や出血性ショックに陥りやすく、適切な処置が要求される。また、喀血と吐血を鑑別することが重要となるが、喀血した血液を嚥下してさらに嘔吐する場合もあるので注意を必要とする。犬では、犬心臓糸状虫症による喀血が知られている。犬心臓糸状虫症では、虫体の肺動脈栓塞による肺動脈圧の上昇と、咳による胸腔内圧の急激な上昇により、肺動脈および気管支動脈が破綻し、大量の喀血が認められる。

### iii）呼吸困難

呼吸困難は、人では本人が息切れの苦しみを自覚しながら困難な呼吸を行っている状態と定義されるが、獣医科領域では、呼吸数の異常、呼吸運動の異常および過呼吸や頻呼吸を意味する。

過呼吸とは、呼吸数と深さが増している状態を指し、頻呼吸は、呼吸が浅くて呼吸数の多い状態である。人では、換気量が安静時の2倍くらいになるまでは、呼吸の異常に気がつかない。3～4倍に増加して初めて不快に気づく。低酸素症は、呼吸困難を引き起こすが、二酸化炭素症が高濃度になる場合は、純粋な低酸素症の場合に比べてやや軽度の呼吸困難を認める。低酸素症は以下のように区分される[3]。

- **低酸素性低酸素症**：動脈血の$PO_2$が低下した状態
- **貧血性低酸素症**：動脈血の$PO_2$は正常であるが、$O_2$を運搬するヘモグロビンの血中濃度が低下した状態
- **うっ血性低酸素症**：動脈血の$PO_2$も$O_2$を運搬するヘモグロビンの血中濃度も正常であるにもかかわらず、組織の血流量が低下しているために$O_2$の適当量を組織に運搬できない状態
- **組織中毒性低酸素症**：組織への$O_2$供給は正常であるが、毒物の作用のために与えられた$O_2$を組織が利用できない状態

呼吸困難を客観的に示す指標として血液ガスがある。血液ガスの基準では、$PaO_2$：60mmHg以下、$PaCO_2$：50mmHg以上、あるいは$PaCO_2$が正常であるが$PaO_2$60mmHg以下の場合に呼吸困難が発生する。$PaCO_2$は、肺胞換気量という1つの因子によって決められる。しかし、$PaO_2$は肺胞換気量だけでなく、環境の要因、肺胞レベルでのガス交換要因が強く影響する。環境要因としては、大気圧と酸素濃度の2つの因子があり、肺胞における交換要因としては、換気・血流比、拡散能力、静脈性短絡（シャント）の3つの因子がある。合わせて6つの因子がそれぞれ$PaO_2$の値に影響している[4]。

#### ①呼吸困難の要因

呼吸困難の要因として、環境、肺換気量の低下、肺胞レベルのガス交換機能の低下の3に大きく分類できる。

- **環境**：大気圧が低い高地や、閉め切った部屋における酸素欠乏などの環境
- **肺胞換気量の低下**：肺機能は正常であるが、呼吸運動に異常があり、換気量が低下した状態で呼吸中枢の異常による場合、筋弛緩剤・麻薬・麻酔剤などの投与により呼吸運動の低下による場合
- **肺胞レベルのガス交換障害**：換気・血流比の障害は、気道内の痰による閉塞や肺炎によって、肺胞内の障害により酸素が肺胞を取り巻く毛細血管内の赤血球に酸素を供給できない状態をいう。ガス拡散能力障害とは、肺胞は正常であるが、間質障害により毛細血管内の赤血球に酸素を供給できない状態で、間質性肺炎やうっ血性心不全などにみられる。静脈性短絡（シャント）は、静脈血が直接動脈内に流れ込む現象で、動脈管開存症、心室中隔欠損症などの先天性心疾患や無気肺、肺水腫などにみられる。

肺胞内の酸素分圧（$P_AO_2$）は、室内では約100mmHgである。しかし、実際に測定される動脈血の酸素分圧（$PaO_2$）は、85～95mmHg程度である。この差（$P_AO_2 - PaO_2$）は、肺胞気・動脈血酸素分圧較差（Alveolar-arterial Difference of Oxygen：A-aDO$_2$）と呼ばれている。正常では、室内で10mmHg以下であるが、年齢とともに増加し、呼吸器疾患があればA-aDO$_2$はさらに増加する。炭酸ガスでは、肺胞内のガス分圧と動脈血のガス分圧の差はほとんどみられない。

すなわち、$P_ACO_2 = PaCO_2$である。A-aDO$_2$は、換気血流比、ガス拡散能、シャントの3つの肺胞のガス交換要因を示すものである。肺炎や閉塞性肺疾患などでは、換気・血流比の不均等分布が著しくなり、A-aDO$_2$は大きくなる。間質性肺炎・肺線維症などでは$V_A/Q_C$（換気・血流比）不均等分布とともに拡散障害も関与する。シャント増大は、人においてARDS（Adult Respiratory Distress Syndrome：成人呼吸窮迫症候群）や広範囲な無気肺にもみられる。

$$A\text{-}aDO_2 = 150 - \frac{PaCO_2}{0.8} - PaO_2（室内）$$

正常値：10～15mmHg

低酸素症は、組織レベルの酸素（$O_2$）不足を意味するもので、肺胞低換気によるものか、肺胞レベルのガス交換障害によるものか、その両方が関与しているのか鑑別しなければならない。

・$PaCO_2$が高くてもA-aDO$_2$が正常であれば、低酸素血症の原因は肺胞低換気が原因である。酸素投与ではなく、換気の促進と補助が必要となる。
・肺胞レベルのガス交換障害だけに原因がある場合は、A-aDO$_2$が大きくなるが、$PaCO_2$は、正常かむしろ低下している。酸素投与を行う。
・$PaCO_2$とA-aDO$_2$がともに上昇している場合は、肺胞低換気、肺疾患による肺胞レベルのガス交換障害の両方が存在する。酸素投与は、換気をさらに低下させることのないように慎重に行うべきである（$CO_2$ナルコーシスに注意）[4]。

血液ガスを解析する際には、必ず$PaCO_2$と$PaO_2$をセットにして解釈する。

・換気が正常なとき（$PaCO_2 = 40$mmHg）の$PaO_2$が85mmHg以下となる。
・$PaCO_2$が40mmHgより高いか低いかで肺胞低換気か肺胞過換気か鑑別する。
・$PaO_2$で低酸素血症を確認する。
・A-aDO$_2$を計算して肺胞レベルのガス交換障害を確認する。
・酸素濃度が1％増加すると、$PaO_2$は7mmHg上昇する。
・$PaCO_2$が8mmHg変化すると、$PaO_2$は反対方向へ10mmHg変化する。
・室内における$PaO_2$は、以下の式によりまとめられる。

$$PaO_2（室内） = 150 - \frac{PaCO_2}{0.8} - A\text{-}aDO_2$$

②臨床症状

呼吸器の症候として、呼吸数の増加、咳、浅呼吸、努力性呼吸、頭部および頸部を伸ばし開口呼吸する。循環器症候として、頻脈やチアノーゼ、さらに重度になれば虚脱状態になり、刺激に対しても無反応となる。

③検査方法

呼吸困難症状を呈している動物の取り扱いは、慎重に行うべきである。動物を保定する際には、興奮させることなく安静の状態に保ち、気管挿管が直ちに行えるように準備しておく。特に、交通事故では、動物は呼吸困難と痛みのために興奮して検査不可能な状態にあるかもしれない。その際には、酸素吸入下で適切な鎮痛・鎮静下において検査をする場合もある。全身状態を把握するため、視診で呼吸状態の確認、外傷の有無と鼻腔、口腔からの出血の確認、喉頭は正常であるか、可視粘膜のチアノーゼなどの有無を確認する。さらに、聴診で呼吸音を聴取し、異常音の確認と、それが吸気、呼気、あるいは両方いずれの相で発生しているかなど把握する。胸部を打診し、胸腔内に空気を貯留する際に聞かれる鼓音や、液体貯留の際に聞かれる濁音などの異常音を確認する。

- X線検査

呼吸困難を呈する動物へのX線検査は、最も有効

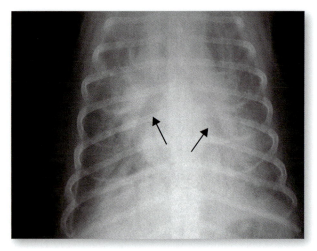

図Ⅱ-31　肺水腫
マルチーズ、10歳齢、雌。僧帽弁閉鎖不全による咳とチアノーゼを伴う呼吸困難で来院。空気-気管支像が確認できる（矢印）。利尿薬、硝酸塩、$O_2$吸入により状態は改善した。

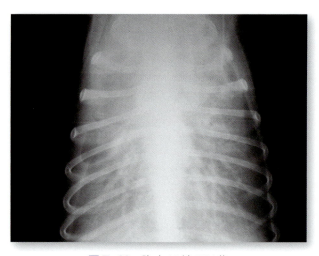

図Ⅱ-32　胸水X線DV像
雑種犬、11歳齢、雌、13.0kg。3週間前から運動不耐性になり痩せてきた。昨日より呼吸促迫となりチアノーゼを認める。胸腔内は、心陰影を確認できない。肋骨と肺との間に隙間が認められ胸腔内に貯留した多量の胸水と診断した。胸水は左右の胸腔に貯留するが主に右側に貯留する。

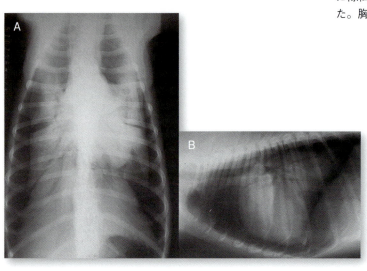

図Ⅱ-33　雑種犬、4歳齢、雌の緊張性気胸の胸部X線所見（写真提供：山根義久先生）
A：DV像。両側の肺虚脱が重度で、抜気しても全く改善がみられず、直ちに開胸下で肺膿瘍よりの空気の漏出孔を確認し、肺葉摘出術を実施。
B：ラテラル像。心尖部は胸骨と大きく離れ、重度な肺の退縮が確認される。

な診断手段である。

通常は、DV像とラテラル像の2方向からの撮影を行うが、重度呼吸困難がみられる場合には、ラテラル像撮影は動物に非常にストレスが加わることになり危険である。そのため、まず負担の少ないDV像を撮影して原因を明らかにし、肺水腫、胸水や気胸などの緊急処置を実施し、状態の安定をみて撮影する（図Ⅱ-31〜33）。

• 血液ガス測定

呼吸機能不全の原因特定の最も有効な検査方法である。

一般的には、犬、猫の股動脈から採血し測定する。しかし、呼吸困難な動物から採血を実施するのは困難な場合が多く、その場合はパルスオキシメーターから動脈血酸素飽和度（$SpO_2$）を測定し、ヘモグロビンの酸素解離曲線から動脈血酸素分圧（$PaO_2$）を推定することが可能である。ヘモグロビンの酸素解離曲線について、$SpO_2$と$PaO_2$には一定の関係がある。$PaO_2$が30mmHgのとき$SpO_2$は60％、$PaO_2$が60mmHgのとき$SpO_2$は90％となり$SpO_2$から$PaO_2$が推定される。$PaO_2$が60mmHg以上であれば$SpO_2$は90％以上が確保されるが、$PaO_2$が60mmHg以下の場合、急激に$SpO_2$は減少する。酸素投与の基準は、$SpO_2$は90％以下、すなわち$PaO_2$が60mmHg以下の場合となる

• 超音波検査

呼吸器疾患における超音波検査は有用ではないが、胸腔内液体貯留や心タンポナーデ、横隔膜ヘル

ニアなどの診断には有効である。

・試験的穿刺

X線検査にて液体貯留および気体を確認した場合には、液体（漏出液、乳び、膿、血液）の鑑別と、気体の除去のために胸腔穿刺を実施する。胸腔内に多量の液体貯留や空気がみられる場合には、液体や空気を除去することで呼吸を改善することができる。

### iv）チアノーゼ

チアノーゼは、爪、口腔粘膜などのように皮膚組織の薄いところで暗赤色の色調として認められる。この色調は、毛細血管中のヘモグロビンの色調であり、酸素と結合していないヘモグロビン濃度が5g/dL以上を超えると生じる。チアノーゼの発現には、血液中のヘモグロビンの総量、ヘモグロビンの酸素飽和度、毛細血管循環が関係する。

低酸素血症によりチアノーゼが認められる。チアノーゼは、ガス交換不全（先天性心疾患により肺循環において多量の血液が動脈血と静脈血が短絡した状態）と呼吸ポンプ不全に大別される[3]。

低酸素血症の身体的指標であるチアノーゼは、ヘモグロビン総量の少ない貧血の場合には発生しない。なぜなら、全ヘモグロビン量が低いからである。

例えば、Hb15g/dLとHb10g/dLでチアノーゼの出現する$PO_2$を低酸素血症の身体指標である解離曲線から推定できる。Hb15g/dLの場合は、酸素飽和度が約2/3になった67％で出現することになり、解離曲線では$PO_2$35Torr（mmHg）となる。10g/dLの場合は、酸素飽和度が1/2になった50％で出現し、解離曲線では$PO_2$27Torr（mmHg）となる[4]。

酸素曲線は、体温、pHの影響を受ける。アシドーシスや高体温ではチアノーゼは出現しにくい。それは解離曲線を右にシフトさせるために酸素飽和度は低下する。逆に、アルカローシスは解離曲線を左にシフトさせるので酸素飽和度は上昇する。また、一酸化炭素中毒の際は、一酸化炭素ヘモグロビンの色に覆われチアノーゼはみえにくい。チアノーゼが認められたら、$PO_2$はかなり低下していると判断しなければならない。

ヘモグロビンの酸素飽和度が低い場合にみられるチアノーゼは、先天性心疾患が代表的なものである。その中でも、完全大血管転位症とファロー四徴

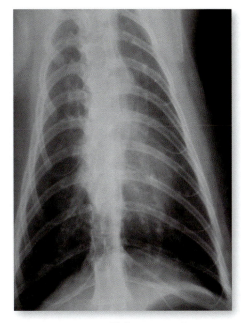

図Ⅱ-34 猫喘息のDV像

日本猫、6歳齢、雄が発咳して来院。気管のリング所見が認められ、気管の肥厚と判断した。

症が全身性チアノーゼ性疾患として知られ、動脈管開存症のアイゼンメンジャー型は、下半身だけにチアノーゼがみられる分離性チアノーゼ（differential cyanosis）として知られている。

### ｖ）喘鳴

喘鳴とは、気道に狭窄があるため、そこを通過する空気が乱流を起こし、粘液などが振動して発生する連続性の音である。通常は患者自身（動物の場合は飼い主）、診察者が耳で聴取できるものである。聴診器による連続性のラ音とは異なる。ゼイゼイとかヒューヒューといった音を聞くことができ、息苦しさが認められる場合が多い。

胸腔内気道から発生する喘鳴は、呼気相で聴取されやすいが、狭窄が増すと吸気相でも聴取される。しかし、さらに狭窄が進行すると喘鳴は聴取されにくくなる。

原因として、喉頭片麻痺、気管支喘息（図Ⅱ-34）、気管虚脱（図Ⅱ-35）や気道内の狭窄、分泌物、浮腫、腫瘍などがある。

## 2 胸部疾患以外の呼吸器症候と所見

胸部疾患以外で、二次的に呼吸器症状を現す場合がある。例えば、脳脊髄炎などの脳神経疾患、重症筋無力症、多発性筋炎などの筋肉疾患、糖尿病の末

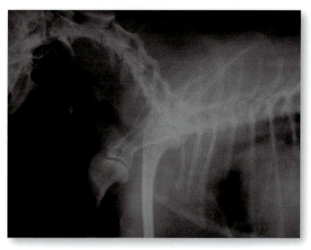

**図Ⅱ-35　気管虚脱のラテラル像**
ヨークシャー・テリア、14歳齢、雌に発咳が認められ来院。X線検査で頸部気管虚脱を認めた。グレードⅣで、気管は完全虚脱しており、呼吸困難を呈したため、手術でプロテーゼを装着、予後良好。

期、クッシング症候群などの代謝障害により呼吸器症状を現す場合がある。また、肝臓、脾臓などの腹腔内臓器の腫瘍、悪性リンパ腫による腸間膜リンパ節の腫大は横隔膜を圧迫し、横隔膜機能を抑制する。外傷や術後の疼痛により呼吸促迫がみられることがある一方、術後に麻酔薬、鎮痛薬などの影響で呼吸抑制を現す場合がある。

### 1）クッシング症候群

クッシング症候群は、副腎皮質機能亢進に伴う症候の総称である。クッシング症候群は、成犬から老犬において最も一般的に認められる内分泌疾患である。しかし、犬以外の種では比較的まれな疾患である。クッシング症候群の病態は、コルチゾールの慢性的過剰分泌に伴うもので、ブドウ糖新生、脂肪分解、蛋白質異化作用により多くの臓器および皮膚に異常をもたらす。臨床症状としては、多飲多尿、食欲亢進は最も一般的な所見である。その他、以下にあげるような所見がみられる。

- 腹部膨満が認められ、原因は筋肉の萎縮、腹腔内脂肪の増加、肝腫大、膀胱の腫大（多尿・膀胱のアトニー）。
- 筋力の低下。
- 左右対称性脱毛がみられ、頭部と四肢の遠位部に被毛を残し体全体の被毛が薄くなる。
- 皮膚が薄くなりカルシウムの沈着がクッシング症候群の約10％に認められる。
- 呼吸器徴候として、安静時にもパンティングがみられ、軽度の運動負荷で呼吸困難にいたることもある。原因は、筋肉萎縮、肝腫大、肺高血圧、肺コンプライアンスの低下である。
- 性ホルモンの異常所見が認められ、雌ではアンドロゲン過剰により無発情、陰茎腫大などの所見がみられる。雄では、アンドロゲンの減少により雌化徴候・精巣萎縮などがみられる。

### 2）肝肺症候群

人において、進行性の肝疾患では低酸素血症を呈することがある。また、肝疾患に伴う門脈高血圧症も同様に低酸素血症を呈することがある。肝肺症候群は、肝機能異常、肺内の血管拡張、低酸素血症の3つの要件を満たさなければならない。症状は、進行する呼吸困難、チアノーゼなどが認められる。また、肝障害の末期にみられる大量の腹水は呼吸困難を現す。

### 3）肥満

肥満患者は、呼吸機能が低下する。その特徴は、機能的残気量（Functional Residual Capacity：FRC）の減少である。しかし、残気量（Residual Volume：RV）の減少は軽度にとどまる。肥満患者では、腹圧が高くなり、横隔膜が頭側に押し出される結果、呼吸機能は低下する。

（竹中雅彦）

---

**推奨図書**

[1] Kirk RW.：Current Veterinary Therapy X：Small Animal Practice：WB Saunders；1989.
[2] 福田康一郎．：標準 生理学 第6版：医学書院；2006：東京．
[3] 岡田泰伸／監訳．：ギャノング生理学：丸善出版；2011．東京．
[4] 工藤翔二．：血液ガステキスト：文光堂；1994；東京．
[5] 長谷川篤彦，山根義久／監修．：メルク獣医マニュアル 第8版：学窓社；2003．東京．

# 手術適応と術前管理

Preoperative Management and Surgical Indications of the Respiratory Diseases

## 1 手術適応

### 1）肺癌

　人における肺葉の手術適応は、FDG-PETなどや画像検査を用いて、術前のステージングを正確に行い、臨床病期あるいは患者の肺機能などから判断することが一般的である。次いで手術のアプローチおよび術式の選択を行う。犬や猫でも同様な手順で進められているが、外科医はできる範囲の検査結果を検討し、患者のQOLを保ちながら、なるべく根治を目指すことを総合的に判断して外科治療を選択すべきである。

　犬と猫の気管支は、左右両側の気管支に区分され、左側の肺前葉（前部-後部）、中葉、後葉および右側の前葉、中葉、後葉、副葉に供給されている。犬や猫の肺葉切除は、一葉に病変部が限局されていることが適応条件となるが、副葉は後葉から完全に分離することができないため、後葉を含めるかあるいは部分的に切除される。肺葉に病巣が限定されているのであれば、複数の肺葉でも肺葉容量の50％の切除が可能である。しかしながら、癌性の胸水や肺水腫など二次的な影響により換気能が低下し体力的に減退している場合は、肺容量が50％以上確保されていても術後管理には十分な注意が必要である。

　一般的に肺腫瘍では、肺葉の切断面における辺縁部のマージンを確保するため、肺葉の外科的切除が推奨されている。十分な肺容量を確保するため、肺葉の辺縁部（1/2～1/3）に病巣が存在し、マージンが確保される場合には、部分的切除が実施される。また、飼い主に対しては、手術の意思決定ができるように手術リスク、腫瘍の動態、手術の合併症、予後などについてあらかじめインフォームド・コンセントを行う必要がある。

　肺腫瘍の手術は、主に原発性腫瘍、あるいは転移性腫瘍でも腫瘍が孤立性に限局している場合に適応される。人では腫瘍が限局性であり、リンパ節への転移がないものとされるが、仮にリンパ節転移が認められても、肺内に腫瘍がとどまり遠隔転移のない臨床病期Ⅰ、Ⅱ期が適用され、これにリンパ節の郭清が加わる。隣接臓器への腫瘍浸潤（T3）が認められるⅢ期Aでは、外科治療は第一選択肢から除外されるが、放射線療法などの併用を前提として可能となる。手術を決定する前に、複数の肺葉に病巣が存在しないか、腫瘍の境界や周辺組織への浸潤性などをX線、超音波検査、CTスキャンなどで診断しなければならない。人での肺におけるX線で確認できる最小限界サイズは3mmと考えられているが、その鮮明度や医師の読影力が診断に影響を及ぼすため、X線上での判別は8mm以上のサイズが必要とされている。また、心臓あるいは胸水によりその陰影を確認できない場合もあることから、CTスキャンによる腫瘍の情報を確実に捉え、手術適応の決定を図ることが重要である。

### 2）損傷、異物

#### ⅰ）気管損傷

　気管損傷は、主に外部からの圧迫による外傷（落下、交通事故）や鋭い物理的な物による傷害（咬傷、銃創）あるいは医原性（気管チューブの過膨張）など、様々な要因によって引き起こされる。診断は病歴、呼吸器症状、身体検査所見（皮下気腫など）およびX線所見から、ある程度可能である。

　検査において頸部および胸部の気管破裂が確認された場合は、頸部の腹側正中切開および右側第4肋間により気管へのアプローチが必要となる。また、猫における気管チューブによる医原性の気管破裂で

は、ケージレストの保存的処置あるいは外科的処置の方法がある。ケージレストの保存的処置では、呼吸器症状が改善されるまで、数日～5週間の程度を要すると報告されている。なお、気管の分岐部に及ぶ場合の外科的処置は、極めて厳しいがバルーン拡張術なども適応となる。外傷性気管虚脱における気管切除の範囲としては、子犬は20～25％、成犬は25～50％に耐えられる。気管損傷時における外科的適応としては、重度の呼吸困難、治療に反応しないあるいは進行性の皮下気腫などが目安となる。

ⅱ）気管内異物

気管内異物にかかわる代表的な疾患としては、気管食道瘻があげられる。本疾患は、先天性もあるが、動物では骨などの食道内異物に関連した外傷により、食道内容物が気道に侵入し瘻孔を形成する例がある。診断は、内視鏡や造影も含めた胸部X線所見により判定されるが、肺胞、気管支あるいは胸膜などにおいて異物による炎症性パターンが認められる。造影検査により食道憩室から肺葉への異常な交通が確認され、巨大食道もまれに存在していることがある。

本疾患の確定診断がなされた場合、食道から肺葉へと交通されている瘻孔、食道内異物の摘出および侵襲された肺葉の切除が必要となる。

### 3）炎症性疾患

ⅰ）膿胸

膿胸は、胸腔内における感染性に起因した膿性の炎症である。本疾患の病因としては、ウイルス、細菌、真菌などの感染、外傷および異物の混入などによって生じる。臨床症状は、胸膜炎による胸水の貯留あるいは肺実質の膿瘍など、急性あるいは慢性炎症を引き起こしているため、その侵襲程度により様々である。診断は、胸部の聴診、X線、超音波および胸腔穿刺によって確定する。外科適応の判断には、胸腔内の詳細な情報が必要である。前述の検査以外に、胸腔内における炎症の程度や癒着などを把握するため、CTスキャンも有用である。また、急性の膿胸を疑う疾患では、胸腔穿刺による貯留物の採取および検査、さらに胸腔鏡を用いて胸腔内を探査することも重要である。

諸検査の情報を得て本疾患と断定された場合は、内科療法を併用しながら、穿刺による排膿、洗浄さらに肋間切開あるいは正中胸骨切開を実施して、胸腔内を目視しながら炎症部分のデブリードおよび膿瘍や腫瘍病変部の肺葉を摘出する。

ⅱ）肺膿瘍

肺膿瘍は、重度な肺炎、異物、外傷、腫瘍などの二次的な感染により続発して起こる。X線所見では大小様々な小結節性として確認されるが、各種疾患に付随して起こることが多いため、総合的な情報から診断しなければならない。超音波診断では、液体貯留を伴う構造物として描出されるが、膿瘍と確定することは難しい。また、肺実質内の液体貯留物へのFNAは、様々な合併症を引き起こす危険性があるので避けるべきである。総合的に判断し肺膿瘍が疑われた場合は、侵されている肺葉切除の外科適応となる。

### 4）その他の呼吸器疾患

ⅰ）乳び胸

乳び胸は、先天的な奇形や、胸腔内の縦隔、肺、心臓あるいは後大静脈にまで及ぶ広範囲な臓器疾患および異常から発生する。このため、外科的治療を選択するためには、確定診断を行って病因を特定しなければならない。乳び胸の主な原因としては、縦隔の腫瘍や胸腔内臓器の異常（心膜疾患、心筋症、肺葉捻転など）および胸管の先天異常があげられる。診断には、呼吸器あるいは循環器における異常な臨床症状に加えて、X線検査所見および超音波検査所見が重要な情報源となる。胸腔穿刺により、確定診断は可能である。乳び胸の内科的な管理は、基礎疾患に基づいた内科的治療を行い、主に胸腔内に貯留した乳び性滲出液を間欠的に胸腔穿刺によって取り除くことである。このことから、外科的治療は基礎疾患や重度な線維素性胸膜炎がなく、内科的治療に対する反応が乏しいと判断された場合に適用される。外科的治療による手術は、疾患の内容により心膜切除や大網形成術など多くの方法が選択されるが、一般的には胸管からの漏れを防止するため、腸間膜リンパ管造影および胸管結紮術が推奨される。

ii）肺葉捻転

　犬および猫の肺葉捻転は、極めてまれな疾患である。捻転は基部から回転するため、正常位置に再び戻ることは難しい。肺は、血管の狭窄から重篤なうっ血状態に陥り、ほとんどの症例に胸水が認められる。犬および猫の原因は、明らかになっていないが、肺の肝硬変様あるいは無気肺の状態から周囲の空気や胸水により変位し、捻転につながっていくものと考えられている。

　人では、胸部外科後に発症がみられていることから、肺葉を保持している間膜の切開による肺葉捻転が示唆されている。

　肺葉捻転は、アフガン・ハウンドのような大型で胸の深い犬に最もよく発症する。症状は呼吸困難、頻呼吸、チアノーゼ、乾性の咳、喀血などがみられ、X線上には胸水とともに孤立した無気肺が確認される。肺葉捻転は、他の疾患における鑑別診断が最も重要であるが、犬種あるいは病歴なども視野に入れ、可能であれば気管支造影、気管支鏡検査なども実施する必要がある。確定診断あるいは疑いのある場合には外科適応となるため、肋間切開法により捻転部の基始部から結紮して肺葉全切除を行う。

## 5）良性腫瘍

　犬や猫の気管に発生する良性の腫瘍としては、軟骨腫、骨軟骨腫、外軟骨腫、平滑筋腫および膨大細胞腫などがある。一般的な症状としては呼吸症状、喀血、流涎、発咳などが認められ、時間の経過とともに徐々に進行する。通常、気管内に発生した腫瘍の浸潤状況は、頸部X線、CTスキャンおよび気管支鏡により確認できる。

　気管の腫瘍における手術適応は、これらの検査から腫瘍の浸潤程度を総合的に判断して決定することが重要である。犬や猫の気管支における良性腫瘍はまれであるため、その情報は極めて乏しいが、気管から発生した腫瘍を確実に切除できれば、術後の予後は良好である。気管内腔が腫瘍により狭窄し、限局性で孤立している場合、外科的な切除は有効である。腫瘍が孤立性で小さい場合は、気管支鏡を用いて局所的に切除することも可能である。また、病変部の範囲が広い場合は、病変部の気管輪を切除して、端々吻合を行う。一般的には、気管全長に対して成犬で約25～60％（4～8気管輪）、子犬では20～25％以上が切除範囲とされている。しかし、成犬では、50％（5気管輪）以上の気管を切除した場合は、再構築が極めて困難になってくる。

## 6）転移性腫瘍

　肺への遠隔転移を起こす悪性腫瘍は、上皮系腫瘍、間葉系腫瘍および造血系の腫瘍で、特に発生頻度の高い腫瘍としては、乳癌、肉腫あるいはメラノーマなどがあげられる。転移性肺腫瘍は、原発性肺腫瘍に比較して進行が速く胸腔内への転移が起こりやすい。転移性肺腫瘍においては、(1)原発部位における進行、あるいは再発を抑制することが可能で、(2)他の臓器への転移がなく、(3)増殖が緩慢であることが適応条件とされる。しかしながら、あくまでも外科的切除は、緩和治療による生活の質（QOL）の向上を目的とすることから、症状、病態、画像、病理などに関する多くの情報を得て慎重に決定すべきである。

## 7）肺損傷

i）肺挫傷・気胸

　犬や猫の肺挫傷の原因としては、交通事故、喧嘩、落下および人からの虐待による胸部の打撲などである。肺挫傷は、胸腔内および胸腔外の損傷を伴い、物理的な力による気胸、肋骨骨折などを引き起こす。犬や猫では、受傷直後の肺損傷がよほど重症でない限り、ある程度の肺機能を維持するが、その後は急速に悪化していく。一般的には受傷後、肺損傷の程度にもよるが約7～10日で回復するが、重篤で治療が遅れた場合の死亡率は、18％と報告されている。肺挫傷は、肺損傷による低酸素血症、高炭酸ガス血症などの急性の呼吸不全を引き起こす。肺損傷は、一肺葉あるいは両側の肺葉へと広範囲に及ぶ場合もあり、その損傷程度と低酸素血症との相関性が報告されている。

　肺挫傷は、時間の経過と共に損傷部の組織炎症が進行し24～48時間後に症状が悪化する。外科的な治療を決断するには、受傷後の迅速な対応が望まれ、身体検査や画像診断が優先される。肺挫傷に

は、様々な胸腔外臓器の損傷を伴っていることが多いため、肺損傷によるチアノーゼ、喀血、呼吸困難および頻脈などの臨床徴候を見逃すことなく検査を進めていく必要がある。

　肺損傷の診断に最も重要なX検査所見も、時間の経過と共に変化することから、臨床徴候を観察しながら数回の検査を行うことが重要である。

　CTスキャンは、肺実質の状態を検出するには最も優れた検査法である。しかし、CTスキャンでは鎮静あるいは全身麻酔を施さなければならないため、種々の検査および臨床症状を参考に麻酔リスクを考慮して実施すべきである。肺挫傷は、酸素療法や内科的治療により5〜7日で回復に向かってくる

が、最も重要な損傷は、胸部や肺実質損傷による気胸と出血である。PCVによる貧血を瞬時に把握しなければならないが、肺挫傷で肺のみが損傷されることはまれであることから、他の隣接臓器からの出血も評価しなければならない。

　急激な出血による血胸とともに著しい気胸を併発し、気泡がX線で確認できた場合は、肺葉切除が適応される。外傷性気胸でも、軽度な例では通常胸部のドレナージにより肺の外傷部をフィブリンシールで覆い閉塞するが、肺の損傷部が大きくコントロールが不能な露出や、受傷後5日以上にわたり空気の漏出が続くときは、外科手術を考慮しなければならない。

（伊藤　博）

---

#### 推奨文献

[1] Hardie EM, Spondnick GJ, Gilson SD, Benson JA, Hawkins EC.：Tracheal rupture in cat：16 cases. *J Am Vet Med Assoc.* 1999；214：508-512.
[2] Mitchell SL, McCarthy R, Rudloff Pernell RT.：Tracheal rupture associated with intubatuon in cats：20 cases (1996-1998). *J Am Vet Med Assoc.* 2000；216：1592-1595.
[3] Wong WT, Brock KA.：Tracheal Laceration from endotracheal intubation in a cat, *Vet Rec.* 1994；134：622-624.
[4] Bradey RL, Schaaf JP.：Tracheal resection and anastomosis for traumatic tracheal collapse in a dog. *Comp Contin Educ Paract Vet.* 1987；9：234.

---

## ■ 2　術前管理

### 1）手術適応と判断されたら

　飼い主がインフォームドコンセントのもとにリスクなどを十分納得したうえで、手術を実施することが極めて大切である。術前に、診断・手術や手術以外の治療法、それぞれの治療法における利点欠点、術後の管理や合併症、予後、費用に関する情報を伝えておく必要がある。また、動物の状態によっては、予測できない事態が発生する可能性があることも説明しておく。

### 2）入院後の管理

　動物の病歴を再検討し、身体検査を実施する。胸部外科疾患に関しては、特に心肺の状態に注意を払う[1]。そして、できる限り、動物の状態を安定化させておく[2]。時に十分な安定化が不可能で、手術を急がなければならないこともある。呼吸器系（気管、気管支、肺）の手術を行う多くの動物は、

呼吸困難を呈することが多い。低酸素症由来の疾患、あるいはその徴候が認められるときは、酸素療法を実施する。呼吸障害の重症度把握には、血液ガス分析あるいはパルスオキシメーターによる評価が有用である。気胸や膿胸、胸水が疑われる場合は、超音波ガイド下にて、胸腔穿刺を実施する。心タンポナーデが認められた場合は、心嚢穿刺を実施し、状態の安定化をはかる。心嚢水が、腫瘍や心破裂による鮮血の場合は、緊急手術となることもある。

　静脈留置針の設置や、抗生物質の投与、輸液療法による体液ならびに電解質異常の補正など、状態に応じて適切に対応する必要がある。貧血は、術前に輸血などで改善させることが望ましい。出血や喀血などが認められる場合は、凝固異常の存在の有無も注意深く評価しなければならない。術中の大量出血が予想される場合は、輸血についても考慮し、必要な場合は準備をしておく。

　栄養状態の維持を図ることも大切である。食欲がなく、栄養状態が危機的な状態にある場合は、非経

口あるいは経腸的な高栄養が推奨されることがある。

### 3）手術当日の管理

成熟した動物では、手術中あるいは術後の嘔吐と誤嚥性肺炎を防止する為に、一般に麻酔の6～12時間前には食事の制限をする。ふつうは、飲水は制限しない。幼弱な動物では、低血糖を起こす可能性があるために4～6時間以上の食事制限をしてはならない。

毛刈りは、手術直前に手術室以外（手術準備室）で実施する。手術直前と比較して、手術前夜の毛刈りは表皮の感染率を有意に上昇させる[2]。余裕をもって、切開予定部位とその周囲を刈り取る。

（倉田由紀子）

---

推奨図書

[1] Birchard SJ, Schertel ER.：胸部外科の原則. In：サウンダース小動物臨床マニュアル 第3版（監訳／長谷川篤彦）：文永堂出版；2009：1633-1640. 東京.
[2] Fossum TW.：手術患者の術前および術中管理. In：Small Animal Surgery 第3版（訳／田中茂男）.：インターズー；2008：27-37.

# 手術と術後管理

Postoperative Management and Surgical Procedures of the Respiratory Diseases

気管、気管支、肺の手術における基本的手技については、「第Ⅰ章 心血管疾患に対する外科的治療」をはじめ他章を参照してほしい。ここでは、各種の呼吸器疾患に対応するための胸膜癒着剥離、肺切除術、気管造瘻術について述べる。

## 1 胸膜癒着剥離術

胸膜癒着とは、主に感染症などにより壁側胸膜と臓側胸膜の間に癒着が生じたもので、猫では比較的よく遭遇する化膿性胸膜炎（膿胸）の過程で生じることが多い。膿胸が進展し、膿汁が徐々に吸収され減少してくると、一見臨床症状は寛解したようになるが、癒着が進展し拘束性胸膜炎へと移行することになる。

そうなると肺の拡張が困難となり、拘束（癒着）が広範囲に及ぶ場合には、壁側胸膜と臓側胸膜間の線維素の層を外科的に除去する必要がある。

剥離は、肺破裂の原因となり[1]、特に猫においては剥離困難なことが多い。剥離術が遅れると胸膜面の線維化がさらに進行してしまうことになる。Read[2]は、犬の器質化した血胸の外科的処置例の報告の中で、剥離術は肺が再拡張機能を有しているステージで可能な限り早期に実施すべきであるとしている（図Ⅱ-36）。

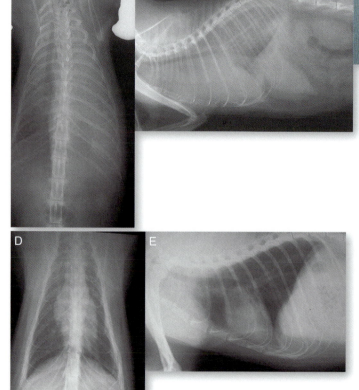

**図Ⅱ-36 化膿性胸膜炎（膿胸）の治療過程**
症例は、雑種猫、3歳齢、雄、5kgで、1歳齢頃より犬に咬まれ化膿し、治癒するまでに長期間かかった病歴の持ち主とのこと。2～3日前より食欲なく咳嗽、鼻汁(+)。

A：胸部X線所見 DV像にて特に左側胸腔内の貯留物を確認。左側胸腔穿刺によりかなり粘稠度の高い膿汁を確認。陽圧呼吸にて肺の面拡張を確認し急ぎ開胸術にて肺全域を覆う線維素の層を剥離。

B：Aの胸部ラテラル像。胸腔内臓器の確認ができないほど多量の膿汁が確認される。

C：拘束していた線維素の層をすべて剥離し胸腔内洗浄。写真は、肥厚し両側胸膜間を埋めていた線維素の一部。

D：術後6ヵ月の胸部X線所見（DV像）。心肺の陰影に全く異常所見はなく、肺血管紋理も明瞭である。

E：Dのラテラル像。胸腔内の組織の癒着した所見は確認できない。臨床症状も全く問題はない。

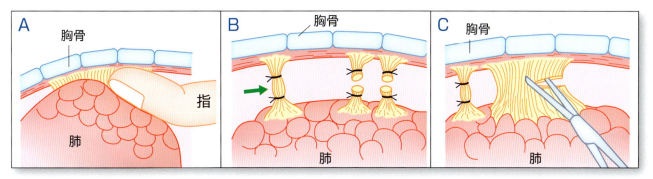

**図Ⅱ-37 胸膜癒着における胸膜内剥離術**
A：両胸膜間に間隙が少ない癒着、B：索状癒着、C：面状癒着（文献［3］を改変）。
A：まず、両側胸膜間に指を挿入し、肺を押し下げるように指の腹側面を胸壁側にこするようにして癒着部分を鈍的に剥離する。
B：癒着が索状の場合は、周囲の2ヵ所にて結紮し（矢印）、切断する。
C：癒着が面状の場合は、電気メスで止血しながら直接メッツェンバウム剪刀で切離するか、血管に富んでいる場合は、ケリー鉗子で適当な幅に分離し、索状癒着の場合と同様に結紮・切離する。

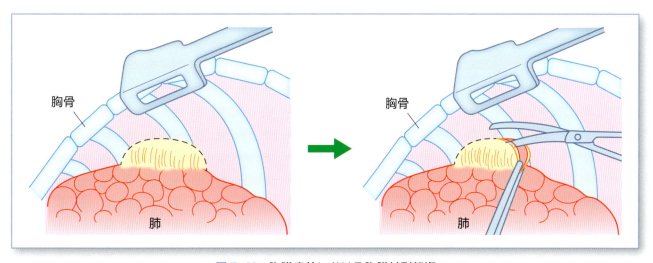

**図Ⅱ-38 胸膜癒着における胸膜外剥離術**
胸骨正中切開で癒着部位を露出し、肺を拘束している線維素を壁側胸膜ごと切離する。

いずれにしても胸膜癒着では、病態の程度にもよるが内科的治療のみでは対応できないことが多いので、癒着物を剥離することが勧められる。

この剥離法には、壁側胸膜と臓側胸膜の胸腔内で剥離する胸膜内剥離と、臓側胸膜外で剥離する胸膜外剥離とがある。前者は、両側胸膜間の癒着物を切離・除去する方法で、術中の出血を制御しやすく、術後の出血も少ないが（図Ⅱ-37）、後者の場合は癒着部分の壁側胸膜自体を切離・除去する方法で、前者と比較し出血も多い（図Ⅱ-38）。よって、可能な限り出血の少ない前者の胸膜内剥離法を選択すべきである（図Ⅱ-39）。

### 1）胸膜内剥離（図Ⅱ-37参照）

開胸に際しては、癒着が広範囲かつ複数カ所に存在していることを推察し、胸腔内剥離、胸膜外剥離にかかわらず、いずれの部分にもアプローチ可能な胸骨正中切開法を選ぶべきである。また、胸骨を切開し開胸する際には、十分に切開部分の癒着の有無に配慮しながら手術操作を進めることが重要である。

両胸膜間に間隙が少ない癒着の場合は、肺を優しく下方に押し下げるように指の腹側面を胸壁側に向け壁側胸膜内面をこするように鈍的にゆっくり剥離し、肺組織の損傷を避ける。線維性癒着を指や剥離

第Ⅱ章　呼吸器系

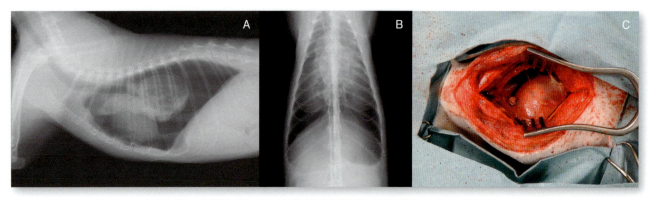

図Ⅱ-39　胸膜癒着における胸膜内剥離術（写真提供：山根　剛先生）

症例は雑種猫、4～5歳齢、去勢雄。主訴は2週間前よりFVRの診断のもと他院にて治療。昨日より呼吸困難となり受診。日頃より外猫でよくケンカをしていた。
A：胸部X線所見（DV像）。周辺の肺血管紋理は不明で、心臓を中心にして肺は全域にわたり退縮している。
B：肺は、吸収過程にある線維素により被覆され退縮しており、全体が円形状を呈している。
C：猫の線維素性胸膜炎の手術時所見。両側の胸腔への胸膜にアプローチするために胸骨正中切開している。壁側と臓側胸膜に広範囲に線維素が固着・癒着し、さらに心臓はもとより肺も全域にわたり線維素で覆われている。慎重にすべての線維素の層を剥離除去し肺の拘束を除去する。

子で剥離し（図Ⅱ-37A参照）、索状物としてまとめて結紮切離することもある（図Ⅱ-37B参照）。その場合の出血は、電気メスで止血する。また、広範囲かつ面状に癒着が生じている場合は、その癒着部分をメッツェンバウム剪刀や電気メスにて切離する（図Ⅱ-37C参照）。

### 2）胸膜外剥離（図Ⅱ-38参照）

癒着が重度で強固な場合は、胸膜内剥離では肺損傷の危険性がある。この場合は、出血は多いことが推測されるが、胸膜外剥離を選択する。

まず、癒着のない壁側胸膜の切開予定線にメスで切開を加え、癒着側の胸膜端をケリー鉗子で把持し、軽く下方に引くようにして、同時に壁側胸膜を胸壁よりメッツェンバウム剪刀で剥離する。

剥離面よりの出血は比較的多く、結紮する組織の余裕がないので電気メスで止血する。時には針糸で結紮止血することや、熱い生食液を浸した布（ガーゼやタオルなど）で剥離全面に当てて、圧迫止血をする。

この方法はあくまで胸膜内剥離が困難な場合に実施するもので、できる限り胸膜内剥離に移行する。

また、肋骨後縁を走行している血管を損傷しないことである。

（山根義久）

---

**参考文献**

[1] Crane SW.：Surgical management of feline pyothorax. *Feline Pract*. 1979；6：13.
[2] Read RA.：Successful treatment of organizing hemothorax by decortication in a dog - A case report. *J Am Anim Hosp Assoc*. 1981；17：167.
[3] 師田 昇.：新外科学大系16A 肺・気管・気管支の外科Ⅰ（監修／和田達雄）：中山書店；1991：255-272. 東京.

---

## ■ 2　肺切除術

肺挫傷や肺腫瘍、肺膿瘍など、様々な理由で肺の切除を行わなければならない場合があり、肺切除術には、摘出する部位により、肺部分切除術、全肺葉切除術などがある。また、これらの手術アプローチには、肋間切開法や胸骨正中切開法、さらに胸骨横切開法が用いられる。

### 1）肺部分切除術[1, 2]

肺部分切除術は、肺葉の遠位にある局所的な病変の切除や肺生検に用いられる手法である。一般的に

手術と術後管理

図Ⅱ-40　一層目の連続マットレス縫合

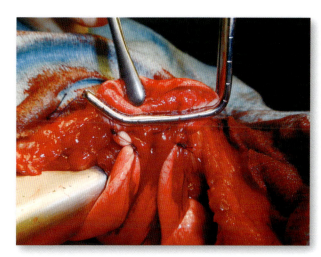

図Ⅱ-41　二層目の連続マットレス縫合

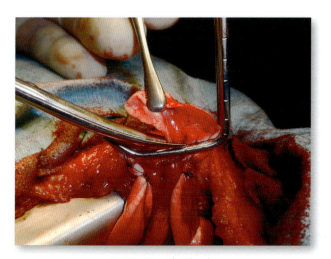

図Ⅱ-42　肺の切除

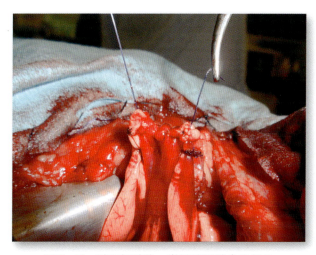

図Ⅱ-43　肺を切除後、単純連続縫合を行う

病変部に近い肋間よりアプローチすることが多いが、他の病変などがある場合は、胸骨正中切開にてアプローチする。開胸後、病変のある肺葉を確認し、その病変の近位側に鉗子を1本から2本かけ、摘出する肺を確保する。肺損傷を避けるために血管鉗子や腸鉗子などを用いて行う。次に鉗圧した肺の近位に、縫合糸にて水平連続マットレス縫合を行うが、縫合糸は、吸収性のモノフィラメントで、3-0～4-0のものを用いる（図Ⅱ-40）。肺葉の部分摘出の範囲により、数mmの間隔をあけて、2段目の水平連続マットレス縫合を行う（図Ⅱ-41）。その後、肺をメッツェンバウム剪刀にて切除し（図Ⅱ-42）、その肺の断端に単純連続を行う（図Ⅱ-43）。なお、肺の縫合の際は、麻酔医と協調し、針の刺入時に肺を膨らまさないようにする（呼気時に針を刺入する）ことで、針の刺入による肺損傷を最小限にすることができる。

縫合後、胸腔内に加温した滅菌生理食塩液を入れて、肺を膨張させて肺切除断端面や縫合糸の刺入口からの空気の漏出の有無を確認する。必要であれば、肺を虚脱させて（呼気状態）、追加の縫合を行う。また、肺の切除病変が小さい場合は、病変を含む領域をバブコック鉗子などでつまみ、その近位を縫合糸にてぐるりと巾着縫合して切除する方法もある（図Ⅱ-44）。また、特殊なバイポーラなどやステープラーを用いて、肺部分切除を行うことも可能である（図Ⅱ-45、46）。術式を問わず、肺部分切除後は、胸腔ドレーンを留置し常法に従い閉胸する。

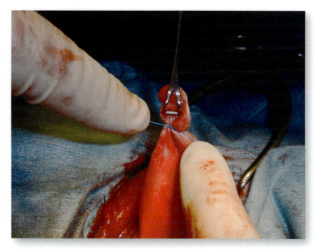

図Ⅱ-44　巾着縫合にて肺を摘出

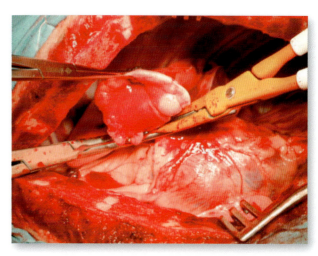

図Ⅱ-45　シーリングによる肺の切除

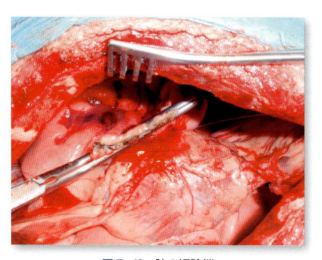

図Ⅱ-46　肺の切除端

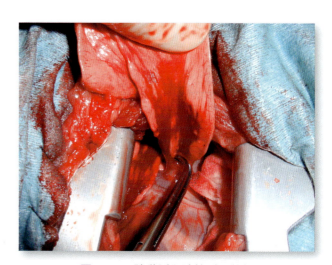

図Ⅱ-47　肺動脈と肺静脈の分離

### 2）全肺葉切除術[1, 2]

　全肺葉摘出術は、肺葉の重度の損傷や腫瘍、感染、虚脱などにより、肺葉の回復が見込めない場合に用いる術式であり、肺葉ごと摘出する。犬や猫において、摘出できる肺葉は、肺容量の50％が最大といわれており、75％以上の肺を摘出した場合は確実に死亡する。犬や猫では、左肺と右肺が均等ではないため、左肺をすべて摘出することは可能であるが、右肺の全摘出は禁忌である。ただし、摘出をせずに温存する肺が正常であるとは限らないので、肺葉の切除範囲を決める際には、十分な注意を払わなければならない。一度摘出してしまうと取り返しがつかないので、安易な広範囲の肺摘出は避けるべきである。

　肺へのアプローチは、肋間切開もしくは胸骨正中切開、時には胸骨横切開にて行う。手術の際は、肺葉捻転や肺膿瘍などの感染が考えられる場合は、手術操作により再灌流症候群や感染源の拡散をきたす可能性があるため、肺をむやみに触らずに、まず肺の基部をクランプしてから摘出術の操作をするなどの細心の注意が必要である。全肺葉切除の術式は、まず摘出する肺葉の肺門部にアプローチし、肺動脈、肺静脈、気管支を確認する。まず、肺を滅菌生理食塩液で浸したガーゼなどで包み、操作を容易にするために、やや牽引しながら、肺動脈および肺静脈、気管支の順に剥離・分離する（図Ⅱ-47）。感染症などであれば、この部位に癒着や血管新生を生じているため、その分離には細心の注意を払う。予期せぬ出血は、コントロールが難しい場合があるので、慎重に鈍性分離を行っていく。各血管が確保で

手術と術後管理

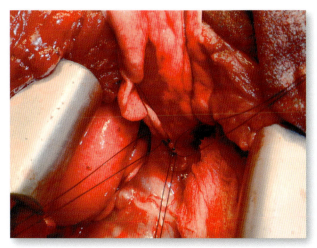

図Ⅱ-48 肺動脈を3ヵ所で結紮し、同様に肺静脈も結紮

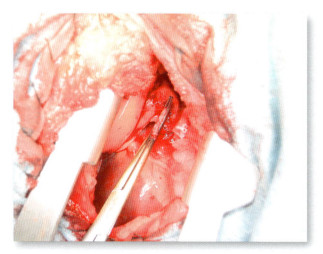

図Ⅱ-49 肺葉の切除後

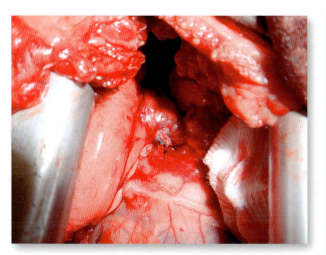

図Ⅱ-50 気管支の巾着縫合

きれば、まず肺動脈に、3本の糸を掛けてそれぞれ結紮する（図Ⅱ-48）。そして、近位から2番目と3番目の間の肺動脈を切離する。肺静脈も続けて、同様に結紮後、切断する。これら血管の結紮には、2-0～3-0の非吸収縫合糸もしくは吸収性縫合糸を用いるが、この部位からの出血は命にかかわることがあるので、確実な分離および結紮が必要不可欠である。次に気管支をサテンスキー鉗子などを2本用いて鉗圧し、その間の気管支を切開し肺葉を切離する（図Ⅱ-49）。切離後、鉗圧した近位の気管支に連続水平マットレス縫合を行い、その後、気管支の断端に単純連続縫合を行い鉗子をはずす（図Ⅱ-50）。加温した生理食塩液で胸腔内を満たし、肺を膨らませ、離断した気管支からの空気の漏出がないかを確認する。もし、空気の漏出があれば、再縫合を行い、完全なる気管支の閉鎖を行う。胸腔ドレーンを留置し、常法に従い閉胸する。

### 3）術後経過および合併症[1, 2]

　術後は、動物の状態をよく観察する。片肺切除を行ったものや、呼吸器系に合併症がある動物では、術後の換気不良に十分注意を払う。酸素テントなどに収容し、十分な酸素化を図る。また、手術部位からの空気の漏出や出血などにより、気胸や血胸を合併していないかのチェックも重要であるため、定期的に胸腔ドレーンの吸引を行い、胸腔内の把握を行うとともに、胸部X線検査も実施し、肺水腫や肺炎などの合併症にも注意する。必要であれば、血液ガス検査を行い、低酸素状態と診断されれば、酸素テントの酸素流量の調節や、鼻カテーテルによる酸素吸入を行う。疼痛により、換気不良をきたすことがあるので、術後数日は、鎮痛薬の投与が必要である。胸腔ドレナージは、一般的に術後1～3日で抜去可能であるが、術後数日間は動物をケージレストとし、安静にしなければならない。

　肺切除後は、徐々に肺機能の改善がなされ運動不耐性などの合併症が消失してくるが、片肺切除した動物や残存した肺の機能が十分でない場合などでは、生涯にわたる運動不耐性を呈する場合もある。

## 3　気管造瘻術[1, 2]

　気管造瘻術とは、咽頭部の腫瘍や炎症、外傷、麻痺などにより、気道が確保できない場合に適応し、

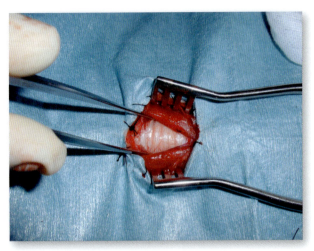

図Ⅱ-51 胸骨舌骨筋を分離し、気管を露出（写真右が頭側）

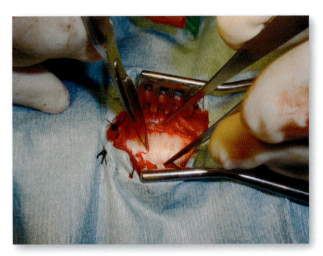

図Ⅱ-52 気管の切開
輪状靭帯に沿ってメスを入れる。

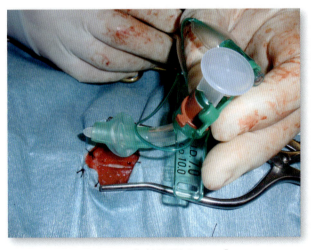

図Ⅱ-53 気管切開チューブ
横切開の間から気管切開チューブを挿入。

図Ⅱ-54 気管切開チューブの実際の挿入

頸部気管を切開することにより、気道を確保する手術である。気管造瘻術には、一時的気管造瘻術と恒久的気管造瘻術があり、動物の病態により使い分けを行う。気管瘻の設置により、嗅覚の低下による食欲の低下を生じたり、発声が困難になったりすることがある。また、術後は気管瘻周囲のケアが毎日必要になるため、飼い主への術前のインフォームドコンセントが必要不可欠である。退院後の毎日のケアが不完全になると、気管分泌液のために気管瘻の閉塞を生じるなど命にかかわる。

### 1）一時的気管造瘻術

外傷による呼吸困難などにより、自発的に呼吸ができない状態の動物の緊急処置として実施する。気管切開術ともいわれる。術式は、動物を全身麻酔下にて仰臥位に保定し、頸部正中切開を行う。胸骨舌骨筋を正中で分離し気管を露出する（図Ⅱ-51）。一般的に、第3～4あるいは第4～5の気管間の輪状靭帯に沿って切開する（図Ⅱ-52）。この際、経口的に挿管されている気管チューブを損傷しないように注意する。気管チューブを切開部分より遠位に引き抜いた後に、気管の切開部より、気管切開チューブを気管内に挿管する（Ⅱ-53～55）。気管チューブから気管切開チューブに移行した後は、気管切開チューブに滅菌した新しい麻酔用のジャバラを接続し、麻酔（呼吸）を維持する。気管切開チューブの

手術と術後管理

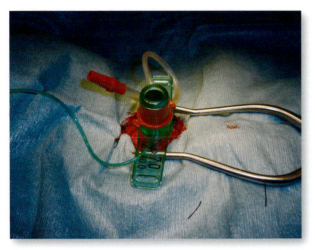

図Ⅱ-55　気管切開チューブを装着

周囲の皮下および皮膚縫合を行い手術を終える。
　気管切開法は、コの字に切開し、気管軟骨を反転させる方法や気管正中で切開する方法なども知られている（図Ⅱ-56）。

### 2）恒久的気管造瘻術

　恒久的な気管瘻は、腫瘍や神経障害などにより上部気道が不可逆的に閉塞し、動物の呼吸が維持できない場合に用いる術式である。まず、一時的気管造瘻術と同様に、頸部正中切開によりアプローチし、胸骨舌骨筋を露出する。次に気管の背側を分離し、左右の胸骨舌骨筋を気管の背側で水平マットレス縫合し、気管を腹側へ位置させる（図Ⅱ-57、58）。気管をH型に切開し、頭側・尾側へ反転させ皮膚縫合する（図Ⅱ-59、60）。気管粘膜を温存し、気管輪を切除、気管粘膜を皮膚へ縫合する方法や、気管を斜

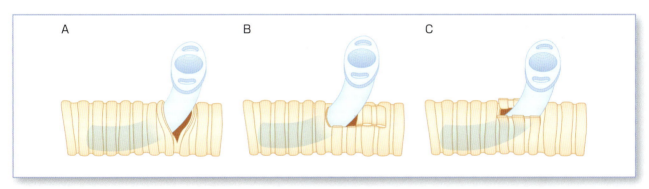

図Ⅱ-56　気管切開法
A：気管を輪状靭帯に沿って切開し、気管切開チューブを挿入する方法。B：気管をコの字（三方）に切開し、それを反転させ、気管切開チューブを挿入する方法。C：気管を長軸に沿って切開し、気管切開チューブを挿入する方法。

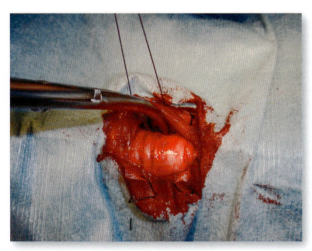

図Ⅱ-57　気管の分離

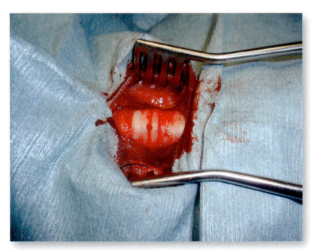

図Ⅱ-58　胸骨舌骨筋の縫合（気管の背側で縫合する）

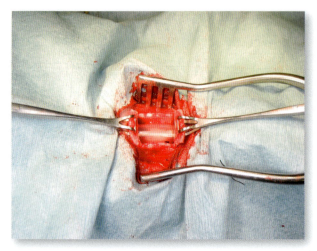

図Ⅱ-59　気管輪の反転

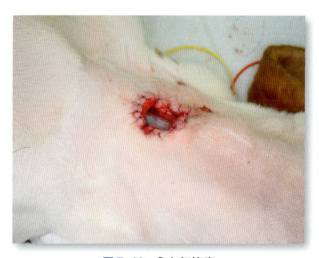

図Ⅱ-60　永久気管瘻

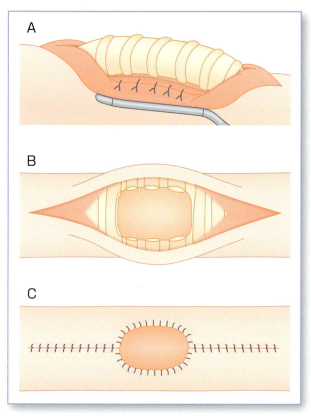

図Ⅱ-61　恒久的気管造瘻術（別の方法）
A：気管を皮膚側へ移動させるために、左右の胸部舌骨筋を気管の背側で縫合する。B：気管粘膜は温存して箱型に気管を切除し、温存した気管粘膜を正中で切開し反転させ、皮膚と縫合する。C：皮膚と輪状靭帯、気管粘膜を縫合する。

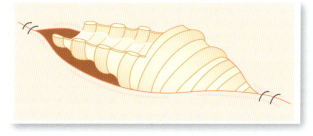

図Ⅱ-62　喉頭全摘出後の恒久的気管造瘻術
気管軟骨の切除方法だけ異なるが、その他は通常の気管造瘻術のように行う。

めに切断し、その断端を直接皮膚へ縫合する方法も知られている（図Ⅱ-61、62）。なお、犬種や体格により、皮膚のたるみや皮下脂肪が過剰である場合には、気管瘻の開口部の閉塞を助長するため、手術時に皮膚切除や脂肪除去を行う必要がある。

また、気管分泌液などによる気管閉塞、すなわち窒息死の可能性があるため、術後は数時間ごとに術部の消毒や分泌物の除去を行わなければならない。1週間前後で退院が可能であるが、その後も飼い主へ術部の管理を怠らないように指導する。また、術部に被毛が生えてくると気管瘻の管理が難しくなるので、分泌物が付かないように月に1〜2回は剪毛する。日常生活では、急激な温度変化を避け、気管に刺激となるような薬品などの使用に注意する。また、忘れがちであるが、溺死したり、肺炎を起こしたりするため、決して犬を泳がせてはならないし、風呂やシャンプー時には注意を欠かさない。中長期的には、気管瘻の狭窄や閉塞を来たすことがある。

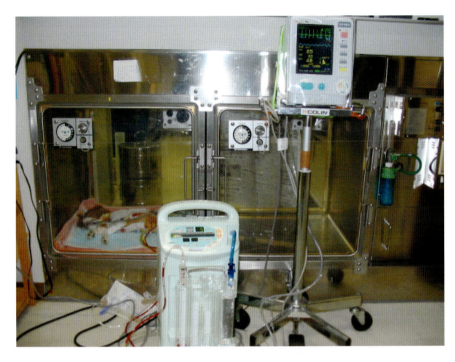

図Ⅱ-63　開胸術後モニター
各種モニターと、胸腔ドレーンにより持続的に胸水を吸引（心臓手術症例）。

その場合は、気管切開チューブを用いたり、再手術を実施したりする必要がある。

## 4　閉胸法と術後管理[1, 2]

### 1）閉胸法

閉胸法については、第Ⅰ章の心疾患に対する外科的治療の各術式およびp148〜の閉胸法と術後管理を参照する。

### 2）術後管理

手術後は、安静に保ち必要であれば酸素テント内に動物を収容し、呼吸管理や体温管理などをしっかり行う。可能であれば、ECGと$SpO_2$などをモニターするとよりよい（図Ⅱ-63）。また、肋間切開は多くの筋肉を切断し、また胸骨正中切開も胸骨の骨切り術であるため、周術期の疼痛管理は必須である。疼痛管理を行うことにより、呼吸管理も容易になる。疼痛管理には、局所麻酔薬や非ステロイド系抗炎症薬を使用し、レミフェンタニルやフェンタニル、モルヒネなどの麻薬系鎮痛薬も持続的に投与する。呼吸状態をよく観察し、呼吸が荒い場合は、気胸や肺の虚脱、血胸（胸水）などの可能性があるため、胸腔ドレーンをたびたびチェックし、胸水の有無やその量、性状をモニターする。呼吸状態が改善しない場合には、胸部X線検査を行い胸部の評価を行う。術後に、気胸を合併した場合は、肺の切断端からの空気の漏出が最も疑わしいので、重篤な場合は緊急の再開胸手術が必要となる。また、多量の出血がみられた場合も、同様に再手術が必要となる。小量の出血や軽度な気胸であれば、胸腔ドレーンよりの抜去で対処することも可能である。また、心臓病や感染症などが基礎疾患にある場合には、肺水腫や肺炎を合併もしくは悪化することがあるので、基礎疾患の治療もあわせて行う。術後は、感染症にも注意を払い、胸水の顕微鏡検査や体温測定や血液検査を注意深く行っておく。状態が安定した後に、胸腔ドレーンを抜去する。

（髙島一昭）

---
参考文献

[1] Bojrab MJ. : Current Techniques in Small Aimal Surgery : Williams & Wilkins ; 1998. Baltimore.
[2] Slatter D. : Textbook of Small Animal Surgery : Saunders ; 2003. Philadelphia.

# 呼吸器系疾患（肺・気管・気管支）

Respiratory Diseases

## 1 先天性異常

### 1）気管低形成

#### i）定義

気管径が先天的に狭窄している疾患で、気管全域に発症する場合と一部の気管が低形成となる場合がある。

#### ii）原因

短頭種気道閉塞症候群に含まれる1つの病態でもあり、遺伝的素因が考えられるが、単独あるいは他の先天性異常を伴うこともあり、発症原因は明らかにされていない。短頭種の犬の中では、ブルドッグ種（特にイングリッシュ・ブルドッグ）に高率に発症していることが報告されているが、他にブルマスティフ、ラブラドール・レトリーバー、ジャーマン・シェパード、ワイマラナー、バセットハウンド、ミニチュア・シャー・ペイ、イタリアン・グレーハウンドなどでも発症している。

#### iii）病態

気管径が通常の10％以下となり、これが吸気相ならびに呼気相における気流制限となり、呼吸症状の原因や重度になると呼吸困難になることがある。気管径が狭窄化していても実際には、生後すぐに呼吸症状を示さないこともあり、報告されている診断時期は2ヵ月齢〜12歳齢と幅広い。

#### iv）診断

頸部から胸部にかけてのX線にて気管の狭小化を確認する。ラテラル像にて、胸郭前口径に比し気管径が極端に小さい場合で（図Ⅱ-64）、呼吸相により気管径が変化しないことから気管虚脱と鑑別を行

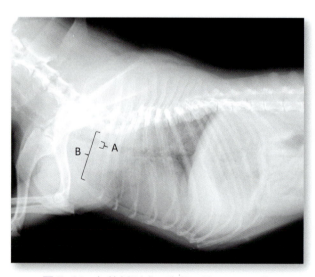

図Ⅱ-64 気管低形成の胸部X線ラテラル像
フレンチ・ブルドッグ、6歳齢、雌。
通常は、0.2以上はある気管径（A）/胸郭前口径（B：第1胸骨腹側縁から第1胸骨分節背側縁まで）比が0.13と小さくなっている。

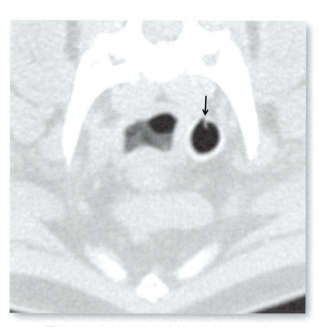

図Ⅱ-65 図Ⅱ-64と同症例の胸部CT画像
気管内の楔状の陰影（↓）は、気管低形成により気管軟骨が渦巻き状に巻き込まれた結果生じた内側端を示している。

う。またCT画像では、気管軟骨の奇形をみることができる（図Ⅱ-65）。全身麻酔下で気管支内視鏡により実際に気管径が狭い様子を確認したり、慢性気管支炎など他の疾患の合併症の有無を検討できるが、その際には、覚醒時の気道閉塞への注意が必要である。

ⅴ）内科的・外科的治療

治療は、鎮咳薬、気管支拡張薬、ステロイド薬、抗生物質、去痰薬などを組み合わせて症状の改善あるいは軽快に努める。もし、短頭種気道閉塞性症候群ならば、外科的介入としては外鼻孔の開放や過長した軟口蓋の切除などを考慮することができるが、気管低形成に対し気管を成形する直接的なアプローチ方法はない。

ⅵ）予後

気管低形成は、症状を伴う場合と伴わない場合があり、それぞれで予後が異なる。なお、X線検査などによる気管低形成の進行度と症状の重症度には乖離があり、予後を予測することは難しい。

## 2）気管支肺形成不全

ⅰ）定義

気管支ならびに肺を構成する細胞や組織が形成されない、あるいは未完成に終わる疾患で、動物での報告はまれである。

ⅱ）原因

不明のままであるが、ビタミンAやE、銅、亜鉛、鉄、マグネシウム、セレニウムなどの微量元素、必須リン脂質などの欠如、免疫機能不全、およびそれによる細菌、あるいはウイルス感染症が引き金になることが推測されている。

ⅲ）病態

これまでの犬や猫の報告によると、含気をすることができない無気肺領域とそれを代償に肺気腫あるいは肺囊胞となる過膨張領域が形成されるようである。その結果、前者はシャント効果を、後者は死腔効果を形成し、換気血流比の不均等分布による低酸素血症に陥ることになる。これは二次性の肺高血圧症を誘導し、右心不全となっていく。

ⅳ）診断

臨床症状は呼吸困難、咳嗽、異常な呼吸運動などである。胸部X線あるいはCT画像により無気肺と過膨張領域を確認することにより臨床診断を下す。最終的には、その他との鑑別診断のためには病理組織学検査が必要であろう。

ⅴ）内科的・外科的治療

内科的治療は、臨床症状に合わせて、鎮咳薬、気管支拡張薬、抗炎症薬の投与の他、酸素療法や輸液や胃瘻チューブによる栄養補給などが適応となる。なお、本邦において22ヵ月齢のポメラニンで肺囊胞領域を切除することにより生存可能となった報告があり、臨床症状が安定し全身麻酔が可能な場合には考慮すべきである[1]。

ⅵ）予後

治療に反応すれば長期的な予後が期待できるが、そうでない場合には、予後は悪い。

# 2　異物と損傷

## 1）気管・気管支内異物

ⅰ）定義

気管および気管支内に異物が入り込み気道を閉塞させる疾患である。

ⅱ）原因

植物由来の物質や、動物や魚の骨、紙や小さなビーズなどの他、予想をもしない物が気道内に入り込み、突然の呼吸器症状を示すようになる。

ⅲ）病態

気道を閉塞する物資は、気管や気管支を刺激し慢性の咳嗽となるか、閉塞が完全になると呼吸困難に陥る。

ⅳ）診断

飼い主からの問診が、この疾患の見極めにとても重要となる。何を吸引したか不明の場合、胸部X線撮影で異物をみつけることは難しいかもしれない。気管支鏡による検査が確実である。また、胸部CT検査は、気管から気管支までの内腔を観察するのに適しているため、なんらかの異物を予見するこが可能であろう。また、まれな臨床症状として、喀血、膿胸、気胸、肺水腫などを併発することがある。

ⅴ）内科的・外科的治療

異物が小さい場合は、咳嗽により自然に排出されることもある。一方、異物が大きかったり、粘膜に

第Ⅱ章　呼吸器系

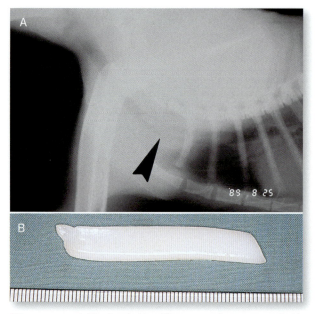

図Ⅱ-66　日本猫（4歳齢、雄、4.3kg）における気管内異物の摘出（写真提供：山根義久先生）

稟告は、1時間ほど前にイカ刺しを食べさせてから嘔吐様の発作が止まらない。
A：初診時の胸部X線所見（ラテラル像）。胸郭入口の矢印の部分に、気管内に閉塞した細長い陰影が確認される。
B：摘出した気管内に閉塞していたイカ刺し（約50mm×8mm×2mm）。

引っ掛かり異物の動きが止まったりすると、気道が閉塞し呼吸困難となり、無麻酔か鎮静化、あるいは全身麻酔下での挿管による緊急の対応が必要となる。麻酔下ではまず、挿管時に咽頭、喉頭の異常を観察すべきで、挿管後は内視鏡を使用して気道内の異物の位置を評価する。異物を取り除くには、その存在する部位により、異物を奥へ押し込んでからの肺葉切除、X線透視下において生検鉗子を用いての摘出、ワーキングスペースがあれば内視鏡下での摘出といった方法がある（図Ⅱ-66）。このような方法でも摘出することが不可能な場合は、気管切開にて摘出する。

#### vi）予後

臨床症状の原因が気道の刺激や閉塞であることから、異物が取り除かれれば症状は速やかに消失する。

### 2）気管・肺の損傷

#### i）定義

なんらかの原因により気管あるいは肺が傷害を受け、呼吸症状をきたす疾患である。

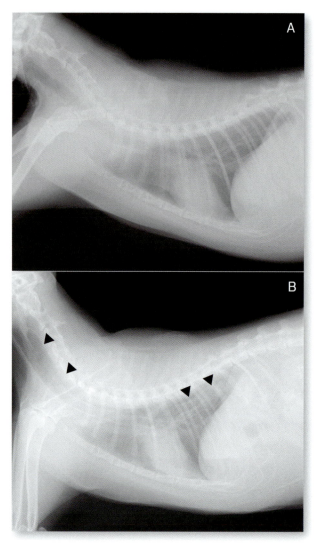

図Ⅱ-67　雑種猫、7歳齢、雄の胸部X線ラテラル像（A：術前検査時、B：麻酔覚醒後）

慢性鼻炎の診断のため、頭部および胸部CT検査、ならびに鼻腔内より細菌培養検査のためのスワブおよび鼻粘膜の生検を実施する。麻酔覚醒後に頸部から縦隔にかけて気腫（▼）が認められる。気管挿管または保定操作、過度の気道内圧上昇が誘因として推察される。

#### ii）原因

気管・肺の損傷は、交通事故、喧嘩による咬傷、あるいは銃弾により生じることもあるが、医療現場では麻酔時などにおける気管チューブの誤挿管やカフを過剰に膨らませたことにより生じる[2,3]。さらに、人工呼吸時における誤操作によることもある。

#### iii）病態

気管の損傷では、気道内の空気が気管周囲に漏出することになり、頸部では皮下気腫を、胸腔内では縦隔洞気腫あるいは気胸の原因となり、呼吸困難を呈することになる。肺の損傷は、無気肺による低換

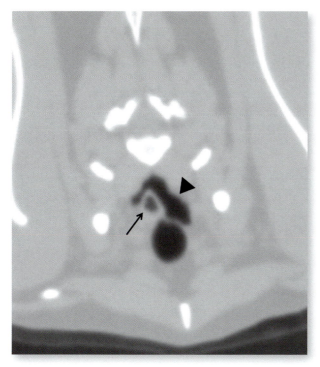

図Ⅱ-68　図Ⅱ-67と同症例の胸郭前口部のCT画像
気管背側の気腫病変（▼）が食道（↑）を巻き込んでいる。

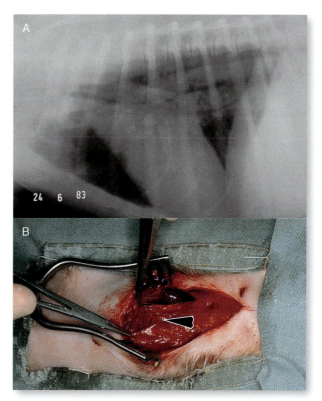

図Ⅱ-69　マルチーズ、7歳齢、雌、体重3.0kg
（写真提供：山根義久先生）
A：約1時間前に他犬に咬まれたとのことで受診。呼吸促迫。胸部X線検査にて、咬傷部よりの空気漏出による縦隔洞気腫と判明。
B：咬傷部は頸部であり、前後2ヵ所にわたり刺傷あり。胸骨頭筋、胸骨舌骨筋、胸骨甲状筋が広範囲に離断。腹側気管が大きく断裂しており（矢頭）、患部を洗浄・消毒の後、縫合閉鎖。

気の原因となり、低酸素血症あるいは高炭酸ガス血症を併発し呼吸不全に陥る。

#### ⅳ）診断

稟告や臨床症状などにより、本症が示唆されることが多い。

聴診では、頸部で皮下気腫を疑う捻髪音、あるいは胸部では呼吸音の減弱が聴取できるかもしれない。胸部X線（図Ⅱ-67）あるいは胸部CT検査（図Ⅱ-68）により、皮下気腫あるいは縦隔洞気腫、無気肺、気胸など、病態と経過などより推測することになる。

#### ⅴ）内科的・外科的治療

損傷の度合いにより治療法や緊急性が異なるが、まずは内科的治療として、酸素吸入、皮下あるいは胸腔内の貯留した空気の抜気を行い、損傷が生命の危険に及ばない場合は経過観察となる。損傷が大きい場合は、損傷部への積極的な外科的介入が必要であろう（図Ⅱ-69）。

#### ⅵ）予後

治療に成功すれば予後は悪くない。ただし、漏出した空気が吸収され各臓器の空気塞栓症を引きこすようなことがあると、中枢神経系、血液循環、腎などの機能不全が生じて予後は悪くなる。

（山谷吉樹）

---

**参考文献**

[1] Matsumoto H, Kakehata T, Hyodo T, Hanada K, Tsuji Y, Hoshino S, Isomura H.：Surgical correction of congenital lobar emphysema in a dog. *J Vet Med Sci.* 2004；66（2）：217-219.
[2] Brown DC, Holt D.：Subcutaneous emphysema, pneumothorax, pneumomediatimun, and pneumopericardium associated with positive-pressure ventilation in a cat. *J Am Vet Med Assoc.* 1995；206（7）：997-999.
[3] Mitchell SL, McCarthy R, Rudloff E, Pernell RT.：Tracheal rupture associated with intubation in cats：20 cases（1996-1998）. *J Am Vet Med Assoc.* 2000；216（10）：1592-1595.

## ■ 3　炎症と感染

### 1）肺炎

　肺炎とは、ある原因によって原発性あるいは続発性に肺のガス交換部位、すなわち肺の細気管支や肺胞、もしくは肺実質に生じた炎症を指す。原因によって、細菌性肺炎、吸引性肺炎、真菌性肺炎、好酸球性肺炎、寄生虫性肺炎などに分類される。ここでは細菌性肺炎について述べる。

#### ⅰ）定義

　細菌性肺炎とは、細菌の二次感染による下部気道の炎症を特徴とする。

#### ⅱ）原因と病態

　細菌性肺炎を考えるうえで最も重要なことは、原因菌のほとんどは体外から入り込む細菌ではなく、もともと気道内に常在している細菌叢によって引き起こされている日和見感染である。犬の細菌性肺炎の大部分は、原発性ウイルス感染によるものであり、ジステンパーウイルス、パラインフルエンザウイルス、アデノウイルス感染により、二次的に細菌性肺炎が誘発される。その他、気道内に存在している正常細菌叢を保有する宿主が、過密な飼育環境、不衛生、体調不良、糖尿病や副腎皮質機能亢進症などの代謝性疾患、麻酔、手術侵襲あるいは抗がん剤治療などによる抵抗力低下など、他の病原体による呼吸器感染によっても二次的に病原性を発現する。

　原発性の細菌性肺炎として考えられている細菌は、*Bordetella bronchiseptica*、*Streptoccous zooepidemicus*、*Mycobacterium* などである。その他、細菌ではないが *Mycoplasma* spp. も原発性病原体として考えられている。また他の原因疾患の存在下で起こる二次性細菌性肺炎の起因菌としては、*E. coli*、*Pasterella*、*Pseudomonas*、*Klebsiella*、*Staphylococcus* などがあげられている[1,2]。また、肺炎罹患犬の約40％以上が複数種の細菌の感染によるものであったとの報告がある[3]。以上のように、種々の要因が加わって発症する。すなわち、宿主の防御力が低下すると易感染性となり、細菌による直接的な作用や炎症性メディエーターによって粘液線毛輸送系が障害を受けて、さらに防御力が低下する。

　一方、猫においてもカリシウイルス、パラインフルエンザウイルスなど原発性ウイルス感染による二次的な細菌性肺炎が大部分で、原発性細菌性肺炎は極めてまれである。

#### ⅲ）診断

　臨床領域における細菌性肺炎の診断は、臨床徴候、血液検査、Ｘ線学的所見、細胞診そして菌分離の組み合わせで行うことが理想的である[4]。しかし、臨床徴候と胸部Ｘ線学的所見から細菌性肺炎と臨床診断を下す場合もある。

##### ① 臨床徴候

　呼吸器徴候としては、湿性の咳、漿液性あるいは粘液性の鼻汁排出、呼吸困難や頻呼吸、肺胞増強音や気道内分泌物の存在を示唆する捻髪音や喘鳴音などが含まれる。全身徴候は、発熱、食欲低下、元気消失などがみられるが、必発ではなく、発熱がみられないなど明白な全身徴候を示さないことも珍しくないので注意する[2,5]。

##### ② 胸部Ｘ線学的所見

　細菌性肺炎の一般的なＸ線所見は、肺胞パターン（辺縁が不明瞭で気管支透亮像や硬化像）が肺葉の一部（主に前腹側が多い）あるいは全体に現れる。正常な胸部写真（図Ⅱ-70）と比較すると理解しやすいが、臨床的には肺胞パターンだけでなく、気管支炎を示唆する気管支パターンや肺野のコントラストが低下する間質パターンなどを含む混合パターンが肺野全域に認められることが多い（図Ⅱ-71A）。また、特に慢性経過を示す猫では気腫所見や閉鎖性気胸を示すこともある（図Ⅱ-71B、C）。まれに胸水貯留像も併発して認められることもある。その他、猫の細菌性肺炎では多巣性の肺胞病変が認められることもあり、しばしば腫瘍の転移病変との鑑別が困難となる所見を示すこともある（図Ⅱ-72）。以下に、原発性または二次性の細菌性（気管支）肺炎のＸ線所見をまとめる[6]。

・細気管支周囲カフ形成（管状およびリング状陰影）
・複数の、境界不明瞭な、均一または不均一な、円形ないしは無定型の小葉性浸潤
・主に、前腹側の肺葉は肺分節でみられる、肺葉の一部や肺葉全体へと硬化の融合する傾向
・背景は、散在性間質性Ｘ線陰影で特に高度にＸ線

呼吸器系疾患

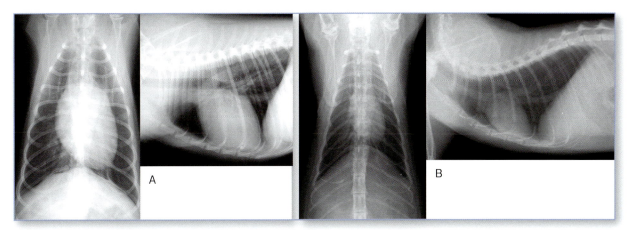

図Ⅱ-70　犬（A）と猫（B）の胸部X線正常像

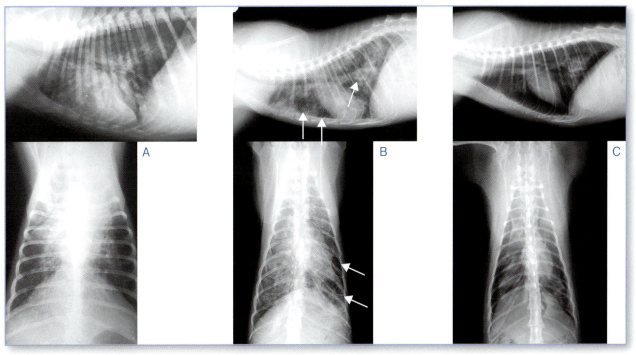

図Ⅱ-71　肺炎が強く疑われる症例のX線所見の例

A：肺野全域に混合パターンが認められた犬の症例。B：気腫（ブラ）を起こしている（矢印）猫の症例。C：外傷の既往がないこと、以前から気管支肺炎に罹患していることなどから、肺炎から閉鎖性気胸を起こしたものと推察した猫の症例。

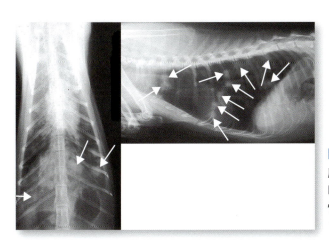

図Ⅱ-72　猫の細菌性肺炎

肺野全域に辺縁がやや不明瞭な結節像が多数認められる（矢印）。この所見は、抗生物質の内服で消失したことから、細菌性気管支肺炎と診断した。猫の細菌性気管支肺炎では、このように腫瘍の転移病変に類似した所見を示すことがある。

表Ⅱ-1　BALによる犬と猫の正常な細胞数と細胞分布

|  | 犬 | 猫 |
|---|---|---|
| 総有核細胞数（/μL） | 200±86 | 241±101 |
| マクロファージ（%） | 70±11 | 71±10 |
| 好中球（%） | 5±5 | 7±4 |
| 好酸球（%） | 6±5 | 16±7 |
| リンパ球（%） | 7±5 | 5±3 |

透過性の部位が散りばめられる。
・一見、合併症には侵されていない肺の代償性の過膨張や無気肺が含まれる。

　画像上の鑑別診断としては、異常陰影の範囲によるが、局所性の肺胞パターンでは出血、原発性肺腫瘍、転移性肺腫瘍、肺葉虚脱、無気肺、犬糸状虫症、肺血栓塞栓症があげられる。また、びまん性の肺胞パターンでは、肺水腫、広範囲の出血などがある。残念ながら、これらの鑑別はX線パターンのみでは難しい。

③血液検査

　CBCで白血球増加は必ずしもみられるわけではなく、一定しない。しかし、重度の肺炎では白血球増加症が顕著になる。

④細胞診

　気管支肺胞洗浄検査（Bronchoalveolar Lavage：BAL）は、気道内や肺胞内の細胞評価をするうえで最もこれらの状態を反映する検査とされ、呼吸器疾患の犬の75%においてBALの細胞診が確定診断や補助診断に有用であったとの報告がある[7]。気管内チューブ下におけるBALにおいて、犬および猫の正常な細胞数（平均±標準偏差）と細胞分布を表Ⅱ-1に記す[8]。

　そして、細菌性肺炎を示唆する好中球性炎症を疑うためには、犬においては5%以上の好中球数[9]、そして猫においては7%以上の好中球数かつ好酸球数が正常、あるいは50%以上の好中球数[10]、その他、犬・猫ともに12%以上の好中球数などの報告[8]がある。

⑤菌分離

　治療を考えると、原発性、二次性問わず、原因菌を分離することはたいへん重要である。しかしながら、上述したように犬・猫ともに常在菌が種々の因子によって病原体となるため、菌分離だけでは病原体と常在菌の区別が十分とはいえず、細菌の大量増殖を確認する必要がある。Padridらの報告では、無菌ブラシによる検体では$10^3$CFU/mL以上の細菌数が、BAL検体では$10^4$CFU/mL以上そして定量的気管内吸引検体では$10^3$CFU/mL以上の細胞コロニー数であれば原因菌であるとしている[11]。またPeetersらは、定量的好気性菌培養において$10^3$CFU/mL以上が必要であると述べている。その他、細菌性肺炎の犬の40%以上で2種以上の細菌の成長が報告されていたり[12]、肺炎に罹患した犬の22%において下部気道から嫌気性細菌が検出されたとの報告もある[3]。

ⅳ）治療

　細菌が増殖することで、組織への侵入性も促進され、浄化機能の抑制、さらには粘稠性増加による粘液線毛輸送機能や肺胞マクロファージ活性などが抑制されるため、細菌を静菌あるいは殺菌させる必要がある。したがって、細菌性肺炎に対しては、抗生物質治療が第一選択である。BALを実施し、細菌を同定して感受性検査や細菌のコロニー数の結果に基づいた薬剤の選択をすることが最良である。しかし、肺炎は生命を脅かす状態へと急変することもあるので、低酸素血症や発熱などが認められた場合や、BAL検査実施時に全身麻酔を必要とするため飼い主の同意が得られない場合では、経験的治療から広域で殺菌性のある抗生物質を選択し開始する。その際、特に慢性の呼吸器感染症に対しては主に2つの点に留意して抗生物質を選択するべきである。

①細菌を取り込んだ肺胞マクロファージへの蓄積率が高く、かつマクロファージの酵素に対して不活化しないこと

　原因病原体の再発と慢性感染は、肺胞マクロファージの細胞内抗生物質の蓄積と関連がある。すなわち、病原体の中には肺胞マクロファージに取り込まれても生存するものがある。代表的な病原体として*Staphylococcus*と*Mycoplasma*があげられている。このうち、*Mycoplasma*はリンパ球のアポトーシスを誘導したり、好中球に接着し、その機能を阻

表Ⅱ-2　抗生物質の細胞内蓄積と細胞内細菌に対する活性

| 系統 | 細胞内蓄積 | 細胞内細菌に対する活性 |
|---|---|---|
| エンロフロキサシン | 細胞外区画の5〜8倍 | 優 |
| エリスロマイシン | 細胞外区画の4〜10倍 | 良 |
| クリンダマイシン | 細胞外区画の10〜15倍 | 弱 |
| アンピシリン | 無 | 低 |
| ゲンタマイシン | 非常に遅い | 低 |

害するなど、自然免疫と獲得免疫の主役の働きを低下させるため、慢性状態では注意する必要がある。粘稠性が高いと線毛輸送能やマクロファージの貪食作用が低下するため、体外に排出あるいは分解されず、逆に肺胞マクロファージを破壊してしまうこととなる。そのため、肺胞マクロファージ内に入り込み、かつ肺胞マクロファージの酵素により不活化しない抗生物質を選択する必要がある。表Ⅱ-2に抗生物質の種類ごとのマクロファージへの取り込み、細胞での分布および細胞内細菌に対する活性について記す。

②血漿/気管支組織薬物濃度が高いこと

呼吸器系には気管支-肺胞-血液関門が存在するため、この通過性が高い薬剤を選択する必要がある[13]。

(1) ペニシリン系

血漿中を100%とすると平均9%程度しか通過しない。しかし、各種薬剤によってばらつきがあり、アモキシシリンはアンピシリンの約4〜5倍高い移行性がある。

(2) セフェム系

ペニシリン系よりもやや高く、平均15%程度である。セファレキシンは約15%、セフィキシム、セフタジジムなど第三世代はより高い移行性がある。

(3) カルバペネム系

イミペネムは約20%

(4) アミノグリコシド系

約30%

(5) クリンダマイシン

約61%

(6) テトラサイクリン系

ドキシサイクリンは約30%、ミノサイクリンは60%程度。ドキシサイクリンは半減期が長いので反復投与で濃度が増加する。

(7) マクロライド系

エリスロマイシンは41〜43%、アジスロマイシンはエリスロマイシンよりはるかに高濃度で肺に200倍以上蓄積する。

(8) キノロン系

70%以上。エンロフロキサシンは4時間後で100倍以上、マルボフロキサシンは50倍以上、肺胞マクロファージに集積される。

(9) メトロニダゾール

100%

原因菌とp528の①および本ページの②などを併せると比較的軽い疾患ではセフェム系などを、そして重篤な場合ではニューキノロン系などを第一選択薬として使用するのがよい。特にニューキノロン系は、濃度依存性があるため1日の投与量が一定であれば、1回の投与量を増やした方が効果的である（1回100mg、1日3回＜1回300mg、1日1回）。その他、マイコプラズマ感染が存在している場合には、マクロライド系抗菌剤も効果的である。重度の呼吸器感染症で原因菌が不明な場合、人医療ではキノロン系とマクロライド系の併用療法がしばしば用いられている。その根拠として、以下の3点があげられる。

・抗菌スペクトル

呼吸器感染症の起因菌のほとんどすべて（マイコプラズマ、クラミジアなども含む）をカバーしている。

・抗菌力

両薬の併用は、相加〜相乗効果をもたらす。

・体内動態

両薬とも抜群の気道移行性がある。

さらに、キノロン系とマクロライド系は、肺胞マクロファージに取り込まれた状態でマクロファージとともに遊走し、再び細胞外に排出されて薬剤効果を発揮するなどの特徴ももっているため、慢性あるいは難治性の下部呼吸器感染症においては非常に有用である。

抗生物質治療以外においては、去痰薬、気管支拡張薬などの薬剤は補助治療として主に使用されている。気道内に感染が生じると、粘液性物質が蓄積増加する。その結果、粘液線毛輸送機能を妨げ、薬剤通過時のバリア的な役割をしてしまう。去痰薬を使用することで粘稠性が低下するため、抗生物質が分泌物内に侵入しやすくなり、抗菌効果が増大する。気管支拡張薬の使用には議論がある。すなわち、気管支拡張作用により換気‐血流不均衡が悪化する可能性がある一方、抗炎症作用や線毛活動の増加による粘液移動の改善、横隔膜の収縮性の強化などの換気疲労の軽減効果といった利点もあるからである。筆者は、重度の低酸素血症を示していない限り、気管支拡張薬は使用することが多い。また、必要に応じてネブライゼーション、輸液療法、酸素療法や栄養管理などを検討する。

ネブライゼーション（噴霧化）とは、液体を噴霧状にして下部気道へ運ぶ手技であり、粘液線毛輸送機能の水和作用を円滑にさせて、分泌物の排出を容易にする。ネブライゼーションを行う際に胸部軽打法（クーページ）と呼ばれる咳嗽反射を促進させることを目的とした理学療法を同時に行うとさらに喀出が容易となる。ネブライゼーションは1回あたり、5～10分程度を1日3～4回行うことがよいとされている。さらに、ネブライゼーションは、薬液も同時に気道内に投与することも可能である。

その他、医学領域では漿液性の分泌物を伴う咳に対しては、鎮咳作用と去痰作用を併せもつ鎮咳薬などを使用し、咳を鎮めながら抗生物質による殺菌あるいは静菌効果を期待している。鎮咳薬については獣医学の成書などでは、粘液線毛輸送機能を低下させて正常な防御メカニズムを妨害するなど感染を助長するために望ましくないなどと記載されているものを多くみるが、人医療では粘稠性の低い漿液性の分泌物を伴う咳を示す呼吸器感染症に対しては一般的に使用している。各種鎮咳剤の能書などには、効能が期待できる疾患として、慢性気管支炎、喀痰喀出困難な症例、肺化膿症、気管支拡張症などと記載されている。ただし、筆者は粘稠性が高い分泌物を含む咳に対しては鎮咳剤を使用していない。

細菌性肺炎に対する治療プランを開始し、改善が認められた場合には、臨床徴候や胸部X線所見が完全に消失してから、さらに1ないし2週間は治療を継続した方がよい。

ⅴ）予後

感染の重症度と慢性経過度、基礎疾患の有無、合併症の発生などによって良好な場合と不良な場合の両方が起こりうる。

## 2）肺化膿症

ⅰ）定義

肺化膿症とは、肺膿瘍とも呼ばれ、肺実質の壊死をきたして膿瘍や空洞を形成する肺疾患である。本疾患の病因としては、吸引性肺炎（aspiration pneumonia）が最も重要である。

誤嚥性肺炎とも呼ばれ、異物や食物などの誤嚥が原因で肺内にこれらが停滞することによって発生する肺炎をいう。吸引という言葉は液体や大きな粒状の物質が気道に入り込んだ際に用いられ、エアロゾル、煙、蒸気などが入った場合には吸入（inhalation）性肺炎と呼ばれる。

ⅱ）原因と病態

吸引性肺炎の原因は、主に以下のように分類される。

(1)反射性嘔吐

食道狭窄、幽門狭窄、肥満、イレウスなどによる反射性嘔吐による吐物の吸引

(2)上気道疾患時にみられる膿性鼻汁や血液などの吸引

(3)正常な防御メカニズムの喪失

巨大食道症、口蓋裂、重症筋無力症、逆流性食道炎、気管支食道瘻、鎮静、衰弱、嚥下機能不全などによる。

(4) 易感染疾患

担癌動物、糖尿病など

(5) 医原性

咽頭造瘻チューブ、経鼻カテーテルの誤挿入など。

　好気性菌および嫌気性菌が起炎菌となって肺炎を発症するが、特に嫌気性菌の関与が大きい。主な起炎菌としては、好気性菌では *Staphylococcus aureus*、*E. Coli*、緑膿菌、*Streptococcus* spp. などが、嫌気性菌では *Fusobacterium*、*Bacteroides* などが多い。

　吸引性肺炎の病態生理は多様で、どんな物質を吸引したか、どの程度の量を吸引したかなどによって決まる。物質が気道内に吸引されると、正常な肺の防御メカニズムが働き重度な損傷になることを防ぐ。浮腫や肺炎などが起こる理由として、第1に、すでに気道内に炎症や外傷などの疾患の存在や麻酔や鎮咳剤などによって肺の粘液線毛防御メカニズムが抑制されている場合、次に、吸引された物質が大量、低pHで、さらに非常に小さな粒子で、肺に広範に分布している場合などである。低pHによる浮腫および炎症は、一般的に2.5以下で顕著に発生する。すなわち、pH2.5以下の物質を吸引すると細気管支上皮と肺胞に重度な損傷を与えて、肺胞の透過性亢進による肺水腫やシャント率増加による循環血液量の減少などが起こる。また時に、ショック症状も引き起こす。なお、pH2.5以上の物質の吸引においても同様の病態が起こることが証明されている。したがって、物質の吸引による病態としてはまず、第1期として肺シャントの増加、動的な肺コンプライアンスの低下および動脈血酸素分圧の減少といった反応が起こる。ただし、この反応は生理食塩液などどのようなタイプの吸引物においても起こる非特異的な反応である。続いて第2期として、粒状の食物の吸引により細気管支－細気管支周囲多形核反応と、それに続く単核性肉芽腫性異物反応が誘発される。そして第3期として、肺の局所に達した細菌は、末梢気道から肺胞に限局性の化膿病巣を形成する[6]。

ⅲ) 診断

　誤嚥を目撃し、その直後から急性の呼吸困難や、発熱、低酸素血症などの徴候が認められ、口腔内に食渣の存在や気道内に胃内容物などが明らかに吸引されたとわかる物質が認められた場合は、確定診断できる。しかし、通常は発症経過、臨床徴候、血液検査や画像検査所見などから総合的に診断することが多い。

①臨床徴候

　急性期と慢性期がある。

**急性期**：突然の咳き込みの後、数時間以内の呼吸困難やチアノーゼ。口腔内検査で異物の存在を確認できることがある。その他、発熱、咳の徴候も認められる。聴診では湿性ラ音や喘鳴音が聴取される。

**慢性期**：急性期を過ぎると吸引物質にもよるが、湿性の咳が時折みられるのみで、発熱や呼吸困難は消失していることが多い。

②血液検査所見

　急性期では、核の左方移動がみられる好中球増加症を伴う白血球増加症、C反応性蛋白増加などの炎症反応を示す。慢性期では、慢性炎症所見を示すが、時にこれらの炎症所見が消失していることもある。

③胸部X線検査所見

　上記に述べた臨床徴候や血液検査所見に加え、右中葉のみの肺葉サイン所見を認めた場合、吸引性肺炎を強く示唆する。ただし、右中葉に好発するのは伏臥位の姿勢で物質を吸引した場合である。その他、左右の前葉や副葉においても同様の肺葉サイン所見が好発する。Koganら（2008）は、吸引性肺炎を起こした88頭の犬の胸部X線所見について検討したところ、肺胞パターンだけでなく間質パターンも認められたと報告している[14]。

　ただし、X線所見は直後では描出されないこともあり、画像上顕著になるためには、吸引後6〜24時間かかることがあるので注意する[15]。胸部X線所見における鑑別診断としては他の原因による肺炎、肺腫瘍、肺葉虚脱、肺梗塞などがある。

ⅳ) 治療と予後

　重度の呼吸困難やチアノーゼを起こしている場合には酸素吸入が必要である。また、肺のコンプライ

炎の報告もある[20]。一方、犬では大半は特発性と考えられ、原因は不明である。花粉やハウスダストなどを用いた皮内反応によって本疾患罹患犬12頭中4頭において陽性を示したことから、エアロアレルゲンに対する過敏がその原因ではないかと考えられているが[21]、確定的ではない。ただし、一部では*Dirofilaria immitis*の不顕性感染や*Angiostrongylus vasorum*の幼虫が肺実質を通過、侵入することによって本疾患が誘発されることがある。糸状虫感染の場合では、肺毛細血管内でのミクロフィラリアの捕捉、およびそれに続発する肉芽腫性の炎症に起因して発症するようである[22]。原因は未だ不明だが、発生病理はある程度解明されている。人の気管支喘息などでみられる病理学的所見に類似しており、気管支肺胞洗浄液中に含まれるCD4陽性T細胞の増加とCD8T細胞の減少が証明されていたり[21]、免疫組織化学検査によって気管支粘膜と肺実質においてCD4T細胞の過剰出現が確認されたりしている[23]。

### ⅲ）診断

診断には、気管支肺胞洗浄液中に著しい好酸球性炎症所見を確認することである。健常な犬において気管支肺胞洗浄液中の好酸球数は5％以下なので、それよりも高ければ好酸球性炎症であるといえる。ただし、好酸球性炎症所見は、犬糸状虫や肺吸虫など、肺における寄生虫感染によっても同様の所見を示すので、好発犬種、好発年齢、臨床徴候、胸部X線検査や血液検査所見などと併せて評価した方がよい。

本疾患に罹患する犬は3〜13歳齢と幅広いが、4〜6歳齢に多い[24-27]。そしてシベリアン・ハスキー、アラスカン・マラミュートに本疾患の素因がみつかっているとの報告もある[26]。その他、ラブラドール・レトリーバー、ロットワイラー、ジャーマン・シェパード、ジャック・ラッセル・テリア、ダックスフンドなどにおいても本疾患がみつかっている[24-26]。

主な臨床徴候は、発咳が最も一般的であり、罹患犬の96〜100％にみられ[24-26]、あえいだり、えずいた後に発現することが多い。その他、呼吸困難、運動不耐性や鼻汁（漿液性、粘液性、膿性粘液性）などもしばしば発現することがある。聴診所見では、喘鳴音やラ音がしばしば聴取される。

胸部X線検査では、気管支浸潤を示唆する間質パターンや、斑点状の肺胞性陰影がよく認められる。

血液検査所見では、白血球増加症が本疾患の30〜50％、好酸球増加症が50〜60％、好塩基球増加症が25〜30％でみられる[24-26]。血液化学所見については通常は正常である。

### ⅳ）治療と予後

本疾患に対する治療法は、コルチコステロイド（メチルプレドニゾロン）の経口投与である。具体的には、1mg/kg、1日2回を1週間、毎日経口的に投与し、良好であれば1mg/kg、1日2回、1日おきを1週間、続いて1mg/kg、1日1回に漸減し、臨床徴候が良好に維持できる最低量まで減らしていく。臨床徴候は、内服開始から数日以内に改善するが、最終的に良好に維持できるまで数ヵ月はかかるようである。また、糖尿病や副腎皮質機能亢進症などの既往をもつ患者に対しては、ステロイド剤の吸入がベターであるが、スペーサーという器具を用いて行うステロイドの吸入療法の場合、器具を顔に密着させる必要があり、それを嫌がる動物では使用は難しい。

予後については、原因が不明であるのでステロイド剤によるコントロールができるかどうかによって分かれる。

## 5）肺寄生虫症

犬および猫の肺寄生虫には、線虫、吸虫、原虫、糸状虫がある。線虫や吸虫の感染症は、若齢動物において感受性が高いが、飼育環境下での感染は比較的まれである。感染すると慢性の咳徴候が一般的であるが、多くは不顕性あるいは無徴候である[28]。しかし、日本での感染発症例は少ない。また、糸状虫感染については第1章の心臓糸状虫症で詳細に述べられているので、ここでは原虫として代表的なトキソプラズマ症について述べる。

### ⅰ）トキソプラズマ症（Toxoplasmosis）

①病態生理

猫を終宿主とする*Toxoplasma gondii*感染は、消化管寄生のコクシジウムとしてライフサイクルを営

んでいる。主に3つの発育期にあるオーシスト（糞便中に排出）、タキゾイト（宿主細胞内で急速に分裂、増殖する虫体）、ブラディゾイト（分裂・増殖速度が遅い虫体）のいずれかを摂取することで感染が成立する。猫では、肉との接触時にブラディゾイトを摂取して感染する場合が多く、犬は猫よりも食糞性が高いため、オーシスト（オーシスト内で発育した感染のスポロゾイトを含んでいる）を摂取することが多い。感染後、スポロゾイトやブラディゾイトは腸粘膜を穿孔してタキゾイトを形成して血液中やリンパ液中に侵入し播種する。その過程でこのタキゾイトが分裂・増殖することによって呼吸困難などの呼吸器疾患を引き起こす。感染を引き起こす誘発因子としては、免疫抑制療法による免疫不全[29]、猫ではレトロウイルス感染[30]、犬では犬ジステンパーウイルス感染[31]などに起因する後天性免疫不全があげられる。

②診断

BAL中にタキゾイトの検出と、細胞診で好中球およびマクロファージの増加が認められれば確定診断となる[32]。Toxoplasma gondii 特異抗体は、ある程度有用だが、感染の有無がわかるのみである。すなわち、感染しているが臨床徴候を示さない個体も多くみられることから、臨床徴候を示しているトキソプラズマ性肺炎の診断となるかについては疑問である。したがって、臨床検査（非再生性貧血、好中球性白血球増加症、リンパ球増加症、単球増加症、好中球減少症、好酸球増加症、蛋白尿、ビリルビン尿、血清蛋白およびビリルビン濃度の増加、Cre、ALT、ALPなどの上昇）や胸部X線検査（びまん性間質パターン、びまん性肺胞パターン、結節陰影、硬化像、胸水など）などの他の検査所見から本疾患が推察された場合は、BAL検査あるいは病変部位の病理組織検査によって診断されるべきである。

③治療および予後

塩酸クリンダマイシン、ミノサイクリン、アジスロマイシンなどの抗菌薬は、抗トキソプラズマ薬として用いられている。しかし、これらの薬剤や輸液療法や酸素療法などを行っても一般に予後は不良のようである。

（藤田道郎）

---

**参考文献**

[1] Moise NS, Wiedenkeller D, Yeager A, Blue JT, Scarlett J. : Clinical, radiographic, and bronchial cytology features of cats with bronchial disease : 65 case (1980-1986). *J Am Vet Med Assoc*. 1989 ; 194 : 1467-1473.

[2] Thayer GW, Robinson SK. : Bacterial bronchopneumonia in the dog : a review of 42 cases. *J Am Anim Hosp Assoc*. 1984 ; 20 : 731-735.

[3] Angus JC, Jang SS, Hirsch DC. : Microbiological study of transtracheal aspirates from dogs with suspected lower respiratory tract disease : 264 cases (1989-1995). *J Am Vet Med Assoc*. 1997 ; 210 : 55-58.

[4] Brady CA. : 第56章 犬と猫における細菌性肺炎. In：犬と猫の呼吸器疾患 第1版（監訳／多川政弘，局 博一）：インターズー；2007：494-505. 東京.

[5] Brownlie SE. : A retrospective study of diagnosis in 109 case of canine lower respiratory disease. *J Small Am Pract*. 1990 ; 31 : 371-376.

[6] Suter PF. : 第11章 下部気道と肺実質の疾患. In：犬猫の胸部X線学（下）（監訳／松原哲舟）：LLLセミナー；1996：567-739. 鹿児島.

[7] Hawkins EC, Kennedy-Stoskopf S, Levy J, Meuten DJ, Cullins L, DeNicola D, Tompkins WAF, Tompkins MB. : Cytologic characterization of bronchoalveolar lavahe fluid collected through an endotracheal tube in cats. *Am J Vet Res*. 1994 ; 55 : 795-802.

[8] Hawkins EC. : 第17章 気管支肺胞洗浄法. In：犬と猫の呼吸器疾患 第1版（監訳／多川政弘，局 博一）：インターズー；2007：141-152. 東京.

[9] Norris CR, Griffey SM, Samii V, Christopher MM, Mellema MS. : Comparison of results of thoracic radiography, cytologic evaluation of bronchoalveolar lavage fluid, and histologic evaluation of lung specimens in dogs with respiratory tract disease : 16 cases (1996-2000). *J Am Vet Med Assoc*. 2001 ; 218 : 1456-1461.

[10] Johnson LR, Vernau W. : Bronchoscopic findings in 48 cats with spontaneous lower respiratory tract disease (2002-2009). *J Vet Intern Med*. 2011 ; 25 : 236-243.

[11] Padrid PA, Feldman BF, Funk K, Funk K, Samitz EM, Reil D, Cross CE. : Cytologic, microbiologic, and biochemical analysis of bronchoalveolar lavage fluid obtained from 24 healthy cats. *Am J Vet Res*. 1991 ; 52 : 1300-1307.

[12] Hawkins EC. : 下部呼吸器系の疾患. In：小動物内科学全書 第4版（監訳／松原哲舟）：LLLセミナー；1998：1059-1120. 鹿児島.

[13] Boothe DM. : 呼吸器系に作用する薬. In：犬と猫の呼吸器疾患 第1版（監訳／多川政弘，局 博一）：インターズー；2007：275-302. 東京.

[14] Kogan DA, Johnson LR, Sturges BK, Jandrey KE, Pollard RE. : Etiology and clinical outcome in dogs with aspiration pneumonia : 88 cases (2004-2006). *J Am Vet Med Assoc*. 2008 ; 223 : 1748-1755.

[15] Wynne JW, Modell JH. : Respiratory aspiration of stomach contents. *Ann Int Med*. 1977 ; 87 : 466-474.

[16] Wolfe JE, Bone RC, Ruth WE. : Effects of corticosteroids in the treatment of patients with gastric aspiration. *Am J Med*. 1977 ; 63 : 719-722.

[17] Norris CR. : 第59章 真菌性肺炎. In：犬と猫の呼吸器疾患 第1版（監訳／多川政弘，局 博一）：インターズー；2007：494-505. 東京.

[18] Greene R, Troy G. : Ciccuduiudimycosis in 48 cats : A retrospective (1984-1993). *J Vet Intern Med*. 1995 ; 9 : 86-91.

[19] Clercx C, Peeters D. : 6. 犬好酸球性気管支・肺疾患. In：犬と猫の呼吸器疾患（監訳／金山喜一）：インターズー；2008：89-107. 東京.

[20] Norris CR, Mellema MS.：第72章 好酸球肺炎．In：犬と猫の呼吸器疾患 第1版（監訳／多川政弘，局 博一）：インターズー；2007：652-659. 東京.
[21] Clercx C, Peeters D, German AJ, Khelil Y, McEntee K, Vanderplasschen A, Schynts F, Hansen P, Detilleux J, Day MJ.：An immunologic investigation of canine eosinophilic bronchopneumopathy. J Vet Intern Med. 2002；16：229-237.
[22] Calvert CA, Losonsky JM.：Pneumonitis associated with occult heartworm disease in dogs. J Am Vet Med Assoc. 1985；186：1097-1098.
[23] Peeters D, Day MJ, Clercx C.：An immunohistochemical study of canine eosinophilic bronchopneumopathy. J Comp Pathol. 2005；133：128-135.
[24] Corcoran BM, Thoday KL, Henfrey JI, Simpson JW, Burnie AG, Mooney CT.：Pulmonary infiltration with eosinophils in 14 dogs. J Small Anim Pract. 1991；32：494-502.
[25] Rajamaki MM, Jarvinen AK, Sorsa T, Maisi P.：Clinical findings, bronchoalveolar lavage fluid cytology and matrix metalloproteinase-2 and -9 in canine eosinophilia. Vet J. 2002；163：168-181.
[26] Clercx C, Peeters D, Snaps F, Hansen P, McEntee K, Detilleux J.：Eosinophilic bronchopneumopathy in dogs. J Vet Intern Men. 2000；14：282-291.
[27] Rajamaki MM, Jarvinen AK, Sora R, Maisi P.：Collagenolytic activity in bronchoalveolar lavage fluid in canine pulmonary eosinophilia. J Vet Intern Med. 2002；16：658-664.
[28] Sherding RG.：第73章 肺の寄生虫．In：犬と猫の呼吸器疾患 第1版（監訳／多川政弘，局 博一）：インターズー；2007：660-672. 東京.
[29] Bernstein L, Gregory CR, Aronson LR, Lirtzman RA, Brummer DG.：Acute toxoplasmosis following renal transplantation in three cats and a dog. J Am Vet Med Assoc. 1999；215：1123-1126.
[30] Davidson MG, Rottman JB, English RV, Lappin MR, Tompkins MB.：Feline immunodeficiency virus predisposes cats to acute generalized toxoplasmosis. Am J Path. 1993；143：1486-1497.
[31] Dubey JP, Carpenter JL, Topper MJ, Uggla A.：Fatal toxoplasmosis in dogs. J Am Anim hosp Assoc. 1989；25：659-664.
[32] Lappin MR.：第61章 原虫性肺炎．In：犬と猫の呼吸器疾患 第1版（監訳／多川政弘，局 博一）：インターズー；2007：553-559. 東京.

## ■ 4　腫瘍

### 1）気管の良性腫瘍

気管の主な良性腫瘍には、乳頭腫、骨軟骨腫、軟骨腫、横紋筋腫（膨大細胞腫）、平滑筋腫などがある。気管腫瘍の報告はまれであるが、その種類は多く、確定診断が難しい。好発品種は特定されていない。年齢的には、若齢性から高齢まで範囲が広い。

### i）気管・気管支（上皮性）

#### ①気管乳頭腫

・定義

気管乳頭腫は、粘膜上皮の乳頭状増殖と肥厚を認める腫瘍である。肉眼的には、気管粘膜から内腔に向かって乳頭様に突出し、表面は凹凸で光沢を帯びている。乳頭腫は、体内臓器の消化管や泌尿器官など様々な臓器の粘膜に多数認められる良性の腫瘍である。

・原因

人では、ヒトパピローマウイルス（Human Papillomavirus：HPV）が関与していると考えられるが、犬や猫における気管乳頭腫の発生は極めてまれであり、その発生要因は明らかにされていない。

・病態診断

気管乳頭腫は、孤立性と多発性に区分されている。人におけるWHO分類では、扁平上皮乳頭腫、腺上皮乳頭腫、扁平上皮腺上皮混合型乳頭腫は、良性腫瘍に分類されている。犬や猫における明確な分類は、報告されていない。

気管乳頭腫は、主に気管粘膜から気管腔に発生するため、X線、CTの画像であらかじめ情報得てから、気管支鏡を用いて腫瘤の形態を観察するとともにFNAあるいは腫瘍細胞を採取して病理により確定診断を行う。

・症状

気道の閉塞による食欲不振、運動不耐性（元気消失）、乾性咳嗽、呼吸困難などの呼吸器症状が出現する。

・内科的・外科的治療

治療の選択肢としては、気管内腔を狭窄している腫瘤の切除である。乳頭腫は、良性腫瘍であることから、腫瘤の切除により予後は良好である。しかし、多発性の乳頭腫で気管内腔を広範囲に占拠している場合は、手術の適応性を考慮しなければならない。気管支鏡下でアルゴンプラズマガスによる焼灼やレーザー治療あるいは気管輪切除を施行する。しかし、犬や猫の場合は、腫瘤を早期に発見することが困難であるため、気管支鏡を用いた切除の報告は少なく、気管輪の全層切除法が主に施行されている。乳頭腫の内科的な治療は、気管支拡張薬、鎮痛消炎薬、去痰薬、酸素吸入など腫瘤の気管狭窄による二次的な症状の緩和治療が主体となる。

- 予後

乳頭腫は、良性腫瘍であることから、局所の浸潤性も低く、遠隔転移はほとんど起こらないため、完全に切除ができれば予後は良好である。

②気管骨軟骨腫
- 定義

気管骨軟骨腫は、気管支粘膜下の結合組織を発生起源とする良性の腫瘍で、軟骨組織から構成されている。

- 原因

若齢動物の骨軟骨の骨化部位が活性化している場合は、腫瘍の発生率が高く、筋骨格系の成長に伴い増大すると報告されている。しかし、犬や猫における気管骨軟骨腫の発生はまれであり、その発生要因は未だ明らかにされていない。

- 病態診断

気管骨軟骨腫は、2歳齢以下の若齢の犬や猫に多く発生する。気管に発生する骨軟骨腫は、主に骨形成異常に対する反応であり、気管輪から発生し海綿骨を軟骨が覆っている。骨軟骨腫瘍は、石灰化がみられ、頸部の腹側に発生することが多い。X線画像およびCTで気管支内の腫瘍が確認される。X線画像は、軟骨の異常陰影がみられる。気管支鏡検査では、腫瘍の一部を採材して病理学的に診断する。腫瘍の表面は、平面で光沢を帯びて周囲粘膜の浸潤はみられない。

- 症状

気管閉塞による酸素欠乏で、舌および口腔粘膜がチアノーゼ色を呈する。発咳呼吸障害による運動不耐性、乾性咳嗽が発現する。

- 内科的・外科的治療

気管骨軟骨腫は、気管輪の全層切除が推奨される。内科的な治療は、気管支拡張薬、鎮痛消炎薬、去痰薬、酸素吸入など腫瘍の気管狭窄による二次的な症状の緩和治療が主体となる。

- 予後

気管軟骨腫は、全層切除が可能であれば予後は良好である。

## 2) 気管の主な悪性腫瘍

気管の悪性腫瘍には、リンパ腫、骨肉腫、軟骨肉腫、線維肉腫、扁平上皮癌などがある。良性腫瘍に比較して周囲組織への浸潤が強く、他臓器への転移もみられ、発育速度も早い。気管の悪性腫瘍は、ほとんど無症状で経過するが、気管内の腫瘍が増殖してくる（70〜80％以上）と血痰や咳あるいは異常な呼吸音が聞こえてくる。腫瘍の診断は、X線画像、CT画像および気管支内の腫瘍を気管支鏡を用いて採材し病理学的検査により確定する。気管に発生した悪性腫瘍の治療法は、気管の病巣部における全層切除（端々吻合）や放射線治療が推奨される。しかしながら、気管の悪性腫瘍における治療報告は、極めて少ないので、その情報も限られている。

ⅰ）リンパ腫（非上皮性）
- 定義

気管内のリンパ組織が増殖肥厚して、内腔を狭窄する腫瘍である。肉眼的には気管粘膜の凹凸状あるいは浮腫状の肥厚が認められる。リンパ腫は、4つのグループに分類されているが、気管粘膜由来のリンパ腫は、分類外である節外領域の不定型に分類される。

- 原因

気管粘膜に関連するリンパ組織由来のリンパ腫は、極めてまれである。1960年代に、リンパ腫が発生した猫からウイルス粒子が初めて分離され、1980年代ではFeLVとリンパ腫との関与が示唆されている。犬においてもリンパ腫とレトロウイルスとの関与に関する報告はあるが、いずれもその要因は今だ明らかにされていない。

- 病態診断

気管リンパ腫は、主に気管粘膜から凹凸状に腫瘍が増殖して気管腔を狭窄する。診断は、前述の通りX線およびCTの画像で情報を得る。次いで気管支鏡を用いて腫瘍の形態を観察しながら病変部を摘出して病理により確定診断を行う。

- 症状

気管狭窄による呼吸困難、体重の減少、運動不耐性（元気消失）、乾性咳嗽などの呼吸器症状が出現する。

- 内科的・外科的治療

治療の選択肢としては、気管内腔を狭窄している場合は、外科的に腫瘍を切除するか放射線治療が推

奨される。内科的には補助化学療法（ドキソルビシン、ビンクリスチンおよびシクロフォスファミドを主体とした L-CCA-Short）を選択すべきであるが、気管内腔が腫瘍で狭窄している場合は、外科的に病変部を切除するか放射線治療を行うことが推奨される。

• 予後

気管リンパ腫の発生報告は極めて少ないため、その治療における情報はほとんど得られていない。気管内に限局している腫瘍を外科的あるいは放射線治療により取り除くことが可能であれば、再燃期間の延長が期待できると思われる。

### 3）肺の腫瘍
#### i）原発性肺腫瘍

犬および猫における肺腫瘍の大部分は、転移性肺腫瘍で、原発腫瘍の発生は極めてまれである（全腫瘍の1％）[1]。しかしながら、超音波診断装置、CTおよびMRIなどの画像の進歩に伴い、わずかな肺病変もとらえることが可能となり徐々に増加する傾向にある。人では、肺腫瘍と喫煙の因果関係が示唆され、肺腫瘍に罹患した患者の男女で75～80％に喫煙歴があったと報告されているが[2]、犬や猫での因果関係は明らかにされていない。また、肺腫瘍は環境との関連性が極めて深く、ラドン、アスベスト、クロム、ニッケル、エーテルなど多くの化学物質の影響が危険性を増大させている。犬での発生率は、全腫瘍の約1％であるが、猫では0.5％と極めて低い[3]。また、原発性腫瘍は、老齢の犬、猫にみられ、犬で9～11歳齢、猫で11～13歳齢であり、品種差はほとんど認められていない[4]。犬および猫の原発性肺腫瘍の大部分は肺癌（悪性上皮性腫瘍）であり、良性腫瘍や肉腫（悪性非上皮性腫瘍）の発生率は低い。特に、腺癌は肺腫瘍の70～85％を占め[5]、次いで肺胞腺癌20％、扁平上皮癌、気管支腺癌が多くみられている。肺原発腫瘍の多くは血行性、リンパ行性により転移するが、経気道性や経胸膜性によっても起こる。胸腔内の転移は、気管支および縦隔リンパ節に最も転移しやすいが、心臓、心膜、胸膜にも起こる。また、骨格筋、皮膚、腹腔内臓器、骨、脳などへも遠隔転移する[5]。猫の肺以外の器官に転移する確率では、気管支肺胞癌が83％と最も多く、次いで腺癌では70％、扁平上皮癌では65％であった[6]。肺への転移性悪性腫瘍の内で最も一般的なのが乳腺癌で、他に骨肉腫、血管肉腫、悪性黒色腫、甲状腺癌、膀胱移行上皮癌、扁平上皮癌などがあげられる。

• 症状

肺腫瘍の臨床症状は、25～56％が無症状であるため偶発的に発見されることが多い。しかし、症状は腫瘍の発生部位、大きさ、浸潤度合、転位の有無、腫瘍随伴症候群などにより、大きく異なる。腫瘍の胸膜やリンパ節への浸潤により二次的な胸水の貯留、腫瘍の部分破裂や強い炎症などの血胸、肺胞の部分破裂による気胸などが生じる。一般的に慢性の発咳や頻呼吸、呼吸困難、運動不耐性などの呼吸器症状がみられる。また、半数以上に食欲不振による体重減少が認められ、沈うつ、嗜眠などの髄伴症状もみられる。その他の症状として、長管骨への転移、肥大性肺性骨症（猫はまれである）に随伴する患肢の腫脹、骨膜増殖などによる疼痛を伴う跛行が認められる。転移性肺腫瘍の症状は、発咳が少ない他は原発性腫瘍のそれらとほぼ同様である。

• 診断

肺腫瘍の診断として最も重要なのは、胸部X線検査である。X線のフイルム上で確認される結節は、最小でも3～5mmとされている。しかし、腫瘍の確認は、肺門などの部位やコントラスト、胸腔内（胸水、無気肺など）の条件、撮影方向によっても大きく異なる。犬の原発性肺腫瘍は、通常右肺の後葉で、猫では左肺の肺実質領域に多発することが知られている。犬で最も多く認められるX線所見は、孤立性や多発性の結節が単発性でみられるか慢性間質性パターンを示す。犬の原発性肺腫瘍の50％（30頭中）に胸部X線で胸水がみられ、約25％に前縦隔や肺門リンパ節の腫大が認められた。

超音波診断では、一般的にプローブを肋間部から接着させてスキャンし、胸腔内の腫瘍、肺腫瘍、滲出液、無気肺などの情報を得ると同時に、超音波ガイド下による病巣への的確なFNAが可能となる。

原発性肺腫瘍における進行性の程度はWHOによるTNM分類を用いて評価している（表Ⅱ-3）。

### 表Ⅱ-3　肺腫瘍のTNM分類

| T | 原発性腫瘍 | N | 領域リンパ節 | M | 遠隔転移 |
|---|---|---|---|---|---|
| T0 | 腫瘍の確証が得られない | N0 | リンパ節への浸潤が認められない | M0 | 遠隔転移なし |
| TX | 気管支および肺の分泌中に腫瘍細胞が確認されいるがX線などの画像診断では確定できない | N1 | 気管支リンパ節への浸潤あり | M1 | 遠隔転移あり |
| | | N2 | 遠隔リンパ節への浸潤あり | | |
| T1 | 肺および胸腔内の孤立性腫瘍 | | | | |
| T2 | 多発性腫瘍 | | | | |
| T3 | 周囲への浸潤が認められる | | | | |

- 治療

犬および猫の肺腫瘍の治療法における第一の選択肢は、外科的切除である。一般的に単発性かつ孤立性である腫瘍では、病巣部の部分的な肺もしくは全肺葉切除を行う。肺葉切除は、肺全体の50％までが限界といわれ、それ以上の切除は生活面において極めて危険な状況を招く。部分的肺葉切除では、腫瘍が肺葉の辺縁部に位置し、肺葉の1/2、あるいは1/3切除が適用となる。部分切除は、肺葉切除と異なり切開部からの空気の漏出を防止するためにオーバーラップ縫合（2列縫合）を行い、次いで切断面に対して単純連続縫合を行わなければならない。これに比較して、肺葉切除は基部から肺動静脈および気管を結紮して肺葉のすべてを切除することができるため、腫瘍のマージンを確保することができる。開胸法には"肋間開胸術"および"胸骨正中切開術"が用いられているが、胸腔内の腫瘍の大きさや位置などにより手術操作の行いやすい方が選択される。

- 予後

単一肺葉の局部病巣で転移が認められなかった肺葉切除における犬の平均生存期間は、10～13ヵ月であった[7]。また、肺腺癌の平均生存期間（19ヵ月）は、扁平上皮癌（8ヵ月）に比較して長く、腫瘍が肺葉の辺縁部位でサイズも100cm$^3$以下でリンパ節転移が認められなかった場合の生存期間は11～20ヵ月の範囲であった。しかしながら、これらの条件に満たなかった症例の生存期間は8ヵ月と短期間であった[7]。

放射線療法や化学療法などの原発肺腫瘍の治療における有効な情報は、得られていない。

ⅱ）肺腺癌

肺腺癌は、肺腫瘍の中でも最も多い。腺癌は、高分化型あるいは未分化型に分類されるが、進行性のため、時には起源部位を特定することは困難なことがある。また、肺腺癌は部位によって気管支腺、気管支源性、細気管支-肺胞型に分類される。肺腺癌は、ほとんど孤立性であるが、気管支腺癌は広汎性に病巣が浸潤する。

- 症状

一般的に運動不耐性、体重減少、乾性の発咳、呼吸器症状（呼吸速拍、呼吸困難）、発熱やまれに嚥下障害を呈する。

随伴症候群

・肥大性骨症
・高カルシウム血症
・猫の肺指症候群

犬で認められる肥大性骨症は、骨膜性の骨増殖が起こるため四肢の末端部が腫脹し、疼痛を伴うため跛行を呈する（図Ⅱ-74、75）。猫の肺指症候群では四肢の末端部側に肺腫瘍の転移が認められる。

図Ⅱ-74　四肢末端部の腫脹（肥大性骨症）

症例は、ゴールデン・レトリーバー、11歳齢、雌で、跛行を呈していた。

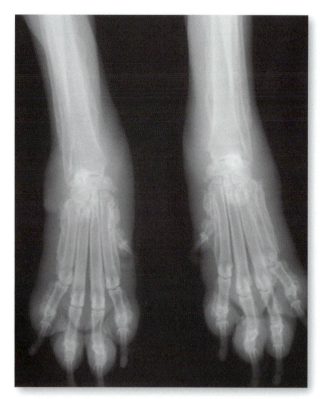

図Ⅱ-75　図Ⅱ-74と同症例の左右前肢X線前後像
両側橈骨の骨膜増殖を認める。

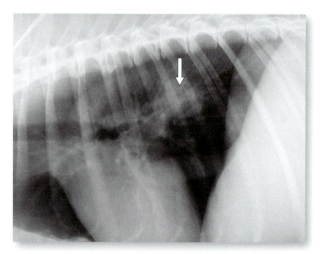

図Ⅱ-76　図Ⅱ-74と同症例の胸部X線ラテラル像
肺の後葉に腫瘤が確認される（矢印）。

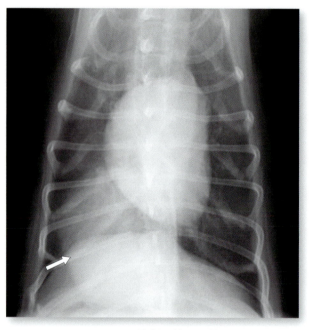

図Ⅱ-77　胸部X線VD像
ミニチュア・ダックスフンド、13歳齢、体重6.3kg。元気、食欲が低下し、発咳が認められた。腫瘍陰影は、右肺後葉に存在する（矢印）。

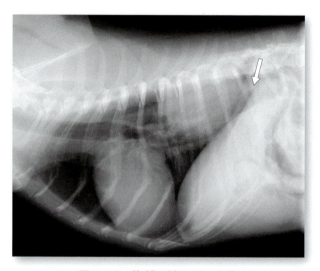

図Ⅱ-78　胸部X線ラテラル像
図Ⅱ-77と同症例。肺後葉に肺胞パターンの陰影を認める。横隔膜ラインとの境界は明瞭である（矢印）。

- 診断

胸部X線検査では、一般的に腫瘍の孤立性結節（図Ⅱ-76～78）やびまん性間質パターンなどの異常所見によって発見される。CTでは、さらに鮮明に確認できる（図Ⅱ-79～81）。肺腺癌の病巣は、超音波診断装置下でFNAにより診断可能であるが、穿刺から気胸、血胸および播種などの合併症を引き起こすこともあるので注意を要する。

- 治療

孤立性の原発腫瘍は、外科適応となる（図Ⅱ-82）。腫瘍が大きい場合は、胸骨正中切開を行うこともあるが、気管や肺動静脈の起始部が背側の深部に位置するため、操作が煩雑になる。多くは肋間切開による肺葉切除が選択される。肺葉起始部の気管や肺動・静脈は、被膜を切離して丁寧に剥離鉗子を用い

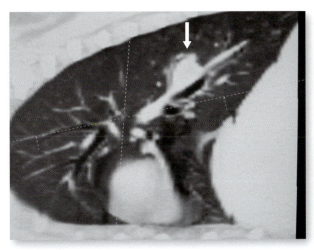

図Ⅱ-79　図Ⅱ-74と同症例のCT矢状断像
腫瘤の輪郭が鮮明に確認される（矢印）。

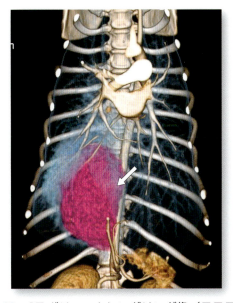

図Ⅱ-80　CTボリュームレンダリング像（ラテラル）
図Ⅱ-77と同症例。腫瘍が右肺後葉に巨大な腫瘤が認められる（矢印）。腫瘍周囲の肺は圧迫され、後大静脈も軽度に圧迫されている。

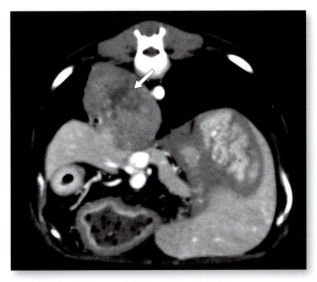

図Ⅱ-81　造影CT横断像
図Ⅱ-77と同症例。腫瘍の造影効果は乏しく、中心部では造影効果が認められないため中心壊死が疑われる（矢印）。腫瘍は、横隔膜および肝臓を腹側に圧迫しているが後大静脈の変形は認められない。

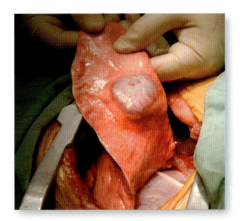

図Ⅱ-82　図Ⅱ-74と同症例の開胸術中写真
肺の後葉に孤立した腫瘤が確認される。

て分離結紮する。血管を結紮するには血管クリップや組織を一括で縫合切離する自動縫合器が用いられている。特に自動縫合器は迅速で安全性が高く、肺葉の部分切除も実施できるため広範囲な肺葉切除が可能である。切除部位は6結のホチキスで完全に結紮され極めて安全性が高い（図Ⅱ-83）。犬で認められる随伴症候群の1つである肥大性骨症の治療は、疼痛および骨性増殖を抑制するために、ビスホスフォネートの投与により症状が改善される。

・化学療法
　原発性の肺腺癌については、抗癌剤の感受性が低

図Ⅱ-83　図Ⅱ-77と同症例の術中写真
右肺後葉の起始部を自動縫合器で挟み縫合後に孤立性腫瘤を切離する（矢印）。術後、肺腺癌と診断された。

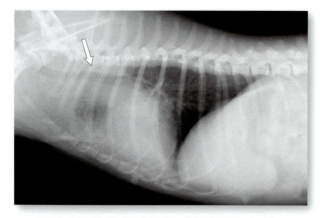

図Ⅱ-84　胸部X線VD像（肺腺扁平上皮癌）
シー・ズーの前胸部のX線不透過性が亢進し、胸部気管が挙上されている（矢印）。

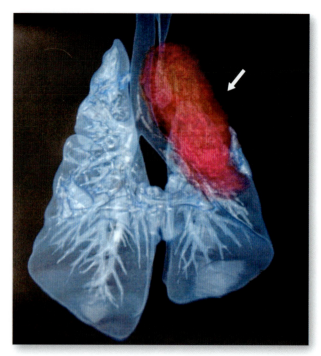

図Ⅱ-85　図Ⅱ-84と同症例のCTボリュームレンダリング像（ラテラル）
左前葉前部および後部に巨大な腫瘍が確認される（矢印）。

い。しかし、カルボプラチン、シスプラチンおよびドキソルビシンにより縮小反応がみられることもある。

- 予後

犬の腺癌は、病理学的に高分化型腺癌、中等度分化型腺癌および未分化型腺癌に分類され、術後の予後はこれら腫瘍細胞の悪性度により大きく左右される。臨床症状の発現がなくリンパ節への転移や胸水などが認められない5cm以下の小さな腫瘍における術後の生存率は、約半数が12ヵ月以上にもなる。しかし、未分化型で臨床症状が発現し、腫瘍が大きくリンパ節への転移が認められている場合は、予後不良で長期生存は望めない。

猫では臨床症状の発現がなく転移や周囲への浸潤が認められない場合の術後中央生存期間値は115日である[8]。しかし、猫では犬に比較して一般的に腫瘍が周囲へ浸潤している場合が多く、ほとんどが予後不良である。

### ⅲ）肺腺扁平上皮癌

- 定義

腺扁平上皮癌は、腺管状に増殖する腺癌と胞巣中心部に角質形成を認める胞巣構造あるいは細胞間橋を示す扁平上皮様構造を呈して増殖する扁平上皮癌が同一腫瘍内で混在する腫瘍である。腺扁平上皮癌は、比較的まれであるが犬に比べて猫に高頻度に発生する。

- 診断

X線およびCT画像から肺原発性腫瘍の位置を確認して（図Ⅱ-84、85）、経皮的に超音波ガイド下でFNAを行うが、炎症が激しい時は細胞学的診断（肺腫瘍あるいは炎症性疾患）が困難になることもある。腺扁平上皮癌は腺癌と扁平上皮癌とが混在する腫瘍であるため、外科的に摘出された組織の病理組織学的診断が重要である。

- 治療

第一選択肢としては外科的にすべての腫瘍を摘出する（図Ⅱ-86）。術後の抗がん剤療法としては、プラチナ製剤であるカルボプラチンやシスプラチンの投与が推奨される。

### ⅳ）中皮腫

- 定義

中皮腫は、中皮細胞の腫瘍で胸腔および腹腔の体腔に最もよく発生する。犬や猫の中皮腫の発生はまれであり、特に猫の発生率は極めて低い。老齢犬（平均年齢：8歳齢）に発生がみられ、雌よりも雄に多い。胸腔内の中皮腫は胸膜および心膜に発生し、浸潤生も強く横隔膜から腹腔内臓器へと転移する（図Ⅱ-87）。病因として人では、アスベスト繊維との関係が明らかになっているが、犬でもアスベスト

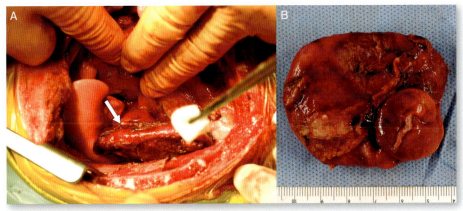

図Ⅱ-86 図Ⅱ-84と同症例の術中写真
A：左前葉後葉の起始部から捻転を起こしていた腺扁平上皮癌（矢印）。B：摘出された腫瘍塊

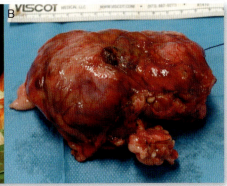

図Ⅱ-87 肺の中皮腫
秋田犬、10歳齢。元気・食欲が低下し、呼吸が荒くなっていた。A：右肺前葉部に胸膜および心膜にかけて巨大な腫瘤が認められた（矢印）。B：摘出された胸腔内の中皮腫。

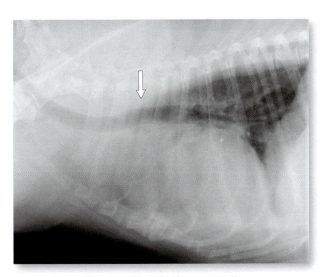

図Ⅱ-88 胸部Ｘ線ラテラル像
図Ⅱ-87と同症例。前胸部のＸ線不透過性が亢進しており、心臓頭側の境界は不明瞭である。
胸部気管の挙上を認める（矢印）。

図Ⅱ-89 CTボリュームレンダリング像（腹側観）
図Ⅱ-87と同症例。巨大な腫瘤は前葉部に限局している（矢印）。

との関連性[9]が報告されている。

• 症状

胸膜および心膜の漿膜が広範囲に侵されるため、胸腔内に胸水や心膜滲出液が貯留するため呼吸促迫、呼吸困難、運動不耐性および発咳が認められる。これらは二次的な症状であるため、胸膜の障害や心膜滲出液の程度に大きく左右される。胸水や心膜滲出液は、一般的に血様、無菌で凝固しない。猫は、犬に比較して血様から乳び様まで様々な様相を呈する。しかし、転移性や原発性の様々の癌などに

よる胸水および心膜滲出液との違いを明らかにすることは困難である。

• 診断

X線画像およびCT画像（図Ⅱ-88、89）により胸腔内の腫瘤を確認して、超音波ガイド下でFNAを実施して細胞を診断する。また、胸水が貯留している場合は、胸水に存在している細胞を検査する。

• 治療

中皮腫は、悪性度が強いため、胸水の消失を目的に胸水の抜去および胸腔内にシスプラチンを投与して胸水貯留をコントロールする。しかしながら、個体差があり、シスプラチンの副作用により激しい呼吸器症状を呈することもあるため、飼い主とのインフォームドコンセントが必要である。腫瘤の大きさによっては、外科的治療も適応となる。

### v）肺リンパ腫様肉芽腫症

犬の肉芽腫性リンパ腫症（Pulmonary Lymphomatoid Granulomatosis：PLG）は、中年齢に多く発生し、性や品種差は認められない。また、X線学的には肺葉の硬化や広汎的な肺の肉芽腫様病変と気管支リンパ節の腫大がみられる。胸郭部のFNAでは、炎症性の好中球や好酸球の増加がみられるが、確定診断はできない。また、ほとんどの症例において、犬糸状虫症は認められない。他の主な類似性の疾患としては、糸状虫症、転移性の肺腫瘍や原発性の肺腺癌があげられる。血液学的には好塩基球増加および白血球増加症が起こっている。確定診断には、病理学的な組織所見が重要である。組織学的には、特徴的な形質細胞、好酸球、正常リンパ球に伴い形質細胞性細胞、リンパ網内系の肺実質への浸潤により血管系の破綻が認められる。その特徴的な浸潤は、血管や中動脈炎を起こす。

また、肺リンパ腫様肉芽腫症は、広汎性の腫瘍であるため、抗がん剤により1～2週間で臨床症状が急速に改善されるが、徐々に反応する例もみられる。シクロフォスファミド、ビンクリスチンやプレドニゾロンを用いることにより症状が改善され、X線画像でも病巣が消退する。治療後、7～32ヵ月間の延命効果が認められている。本症例の病因としてはまだ明らかにされていないが、発がん前の免疫介在性あるいはアレルギー性疾患の関与が示唆される。

### vi）悪性組織球腫

犬における悪性組織球腫の発生率は、極めてまれである。本病は肺への転移やリンパ節、肝臓、腎臓や中心性の神経性システムへの転移が認められる。組織学的には特殊染色などが必要とされる。

犬種としてはバーニーズ・マウンテン・ドッグやロットワイラー、ゴールデン・リトリーバーで確認されている。ほとんど年齢は、4～10歳齢で平均7歳齢である。

症状は呼吸器疾患が中心で、体重減少、食欲不振、嗜眠状態が起こる。

X線画像では大、小の肺結節性の病変が存在する。

### vii）転移性肺腫瘍

肺には、各臓器から大量の血液やリンパ液が流れてくるため、生体内で発生した腫瘍が最も転移しやすい臓器の1つとされている。このように各臓器に発生した腫瘍が血流（血行性）およびリンパ流（リンパ行性）を介して肺に転移したのが"転移性肺腫瘍"である。動物における進行性の悪性腫瘍のほとんどは、肺に転移しやすいが、これらは特に乳癌、悪性メラノーマ、間葉系の肉腫など進行の強い腫瘍である。肺への転移経路は、血行性によることが多く、自覚症状が乏しいため、早期に発見されることはまれである。このことから、転移しやすい癌種は、超音波検査、胸部X線検査あるいはCTスキャンなどの定期的な検査による経過観察が必要となる。転移性肺腫瘍のスクリーニング検査では、X線検査が有用であるが、肺の異常陰影を認めた場合は、CTスキャンを実施して、小さな病巣、胸水、あるいは縦隔の詳細な検索を行う必要がある。転移性肺腫瘍の胸部X線像からは、辺縁が比較的明瞭な"多発性結節型、限局した一個のみの""孤立結節型、類円形でキャノンボールとも呼ばれている1～数個みられる""腫瘤型、びまん性に小粒状の影が肺の全野にわたり散在している""粟粒性型"などがある。他には、縦郭・肺門リンパ節の腫大、胸水の貯留や網状などの影が認められる。

このように多くの教本や専門誌あるいはテキストには、これら癌種による"型"に関する内容が詳し

く記載されているが、犬や猫の場合は、末期に肺への転移が確認されることや、癌の進行性が早いため経過時に形態や病態が変化することも考慮しなければならない。また、一般に肺の血流は、前葉に比較して後葉で豊富であることから、血行性を介する腫瘍の転移では、後葉部分の末梢側に多く認められる。

- 診断

既に原発腫瘍が確定し、胸部X線やCT像に多発結節の影が認められた場合は、臨床的に転移性肺腫瘍として診断されることが多い。しかし、孤立性結節型の場合は、経皮的に23G針を用いてエコー下で穿刺し、細胞採取（FNA）による鑑別診断検査が必要と思われる。

- 治療

転移性肺腫瘍の場合は、全身性の転移が推察されるので第一選択肢としては抗がん剤投与が望ましい。しかし、肺転移のタイプによっては放射線治療あるいは外科的治療が適用される。

- 外科療法の適用

(1)一葉に腫瘍が限局している。
(2)他臓器に転移が認められない。
(3)臓器摘出によりQOLが著しく改善される。
(4)好発病巣が制御されている。
(5)摘出以外に有効な治療法がない。

(1)～(5)に合致する場合は、外科的な摘出を積極的に試みる。

- 放射線治療

放射線治療は、腫瘍の感受性により有効性が大きく左右されるが、腫瘍の数が少なく照射範囲の狭い孤立結節型あるいは腫瘍型が適応される。

## 4）その他
### ⅰ）胸腺腫

胸腺腫は、高齢な犬と猫に多く発症するまれな腫瘍で（犬：年齢中央値11歳齢、猫：年齢中央値9.5歳齢）、性および種に差は認められないが、雌に発生しやすい傾向がある[10]。胸腺腫は、胸腺上皮細胞に由来する腫瘍で、局所浸潤や、時には転移も認められるため悪性の性状を有している。胸腺腫は、小型の高分化型の成熟したリンパ球と胸腺上皮細胞からなり、病理組織学的には良性の所見を示し転移はまれである。

- 腫瘍性随伴症候群
  - 高カルシウム血症
  - 巨大食道症
  - 重症筋無力症
  - 剥脱性皮膚炎（猫のみ）
- 類症鑑別
  - 異所性甲状腺癌
  - 肉芽腫
  - 縦隔型リンパ腫
- 症状

一般的に胸腺腫は、解剖学的な位置から前縦隔に発生して増大するため、巨大食道や食道圧迫などが併発している場合は、嘔吐や嚥下困難が起こる。また、腫瘍により心臓や肺の位置が変位することから、呼吸困難、発咳、流涎および体重減少が起こっている。犬の高カルシウム血症はまれであるが、巨大食道症は約半数に認められる。犬のジャーマン・シェパードでは、重症筋無力症が認められているが、猫でも報告されている。また、高カルシウム血症による多飲・多尿などの症状を発現することもある。

- 診断

X線で、胸腔内縦隔腫瘤が確認された場合は、FNAあるいは胸水などの細胞で診断が可能であるが、胸腺腫は剥離が困難で採取は極めて難しい。腫瘤が増大している場合は、気管を背側に挙上させ、心臓も尾側に偏移させる。最も重要な鑑別疾患としては、縦隔リンパ肉腫である。随伴症候群の臨床症状および検査所見は、特異的な診断にはならない。

- 治療

胸腺腫の治療では、外科的手術が第一選択肢であるが、犬は猫に比較して腫瘍の浸潤性が強いので外科的切除が難しいといわれている[10]。外科手術では巨大な腫瘍と隣接臓器への浸潤あるいは癒着の状況を把握できることから胸骨正中切開術が適応される。隣接臓器あるいは血管への癒着は、被膜を切開して組織を破綻することなく綿棒あるいは剥離鉗子、メッツェンバウム剪刀を用いて丁寧に剥離していく。周囲の細い血管はバイポーラか超音波凝固切

表Ⅱ-4　犬の胸腺腫における臨床ステージ分類

| ステージ |
| --- |
| Ⅰ　胸腺被膜内での成長 |
| Ⅱ　胸腺被膜周囲から縦隔の脂肪組織、胸膜または心膜への増殖 |
| Ⅲ　周辺臓器への浸潤・胸腔内の転移 |
| Ⅳ　胸腔外への転移 |
| P0　随伴症候群の徴候が認められない |
| P1　重症筋無力症 |
| P2　胸腺外の腫瘍 |

開装置（Sonosurge®）を用いながら凝固切開を進めた。

臨床ステージ（表Ⅱ-4）を把握するためには、手術前に超音波診断装置やCTを用いて、腫瘍の浸潤や転移などを評価する必要がある。

また、随伴症候群の1つである巨大食道症は、術後に誤嚥性肺炎を起こしやすいため、胃（瘻）チューブを留置することが望ましい。重症筋無力症は、プレドニゾロンおよびネオスチグミンの投与が必要である。また、重度な高カルシウム血症では、ビスホスホネートの投与が有効である。

- 全身性重症筋無力症の診断
- テンシロン試験

抗コリンエステラーゼ剤を投与後、臨床症状の改善が認められる。

- 予後

臨床ステージがⅠ〜Ⅱに分類され、外科的切除が可能な場合、その予後は極めて良好である。しかし、重症筋無力症や巨大食道症を伴っている場合は、腫瘍を摘出しても臨床症状の改善は認められないだけでなく症状が悪化する場合もある。そのため、外科的切除は、飼い主に対するインフォームドコンセントを介して慎重に判断すべきである。

ii）脂肪肉腫

- 定義

脂肪肉腫は、脂肪芽細胞より発生する悪性腫瘍である。本症の発生頻度は極めて低く、犬、猫の皮膚腫瘍の僅か1％以下である。脂肪肉腫の好発部位は、胸部と（図Ⅱ-90）四肢の下部組織に浸潤している。また、脂肪肉腫は肺や骨、軟部組織など全ての臓器に転移する。

- 診断

脂肪肉腫と脂肪腫の鑑別には、病理学的診断が必要である。

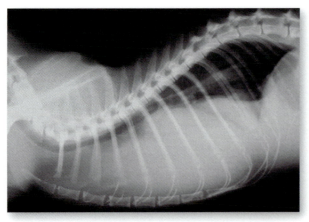

図Ⅱ-90　猫の脂肪肉腫の胸部X線ラテラル像
日本猫、10歳齢、雌が、元気食欲低下、運動不耐性で来院。胸腔内が腫瘍で占拠され、肺が背側に挙上している。

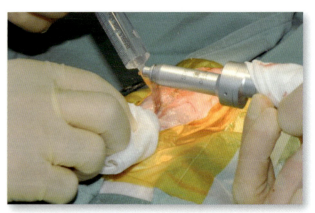

図Ⅱ-91　図Ⅱ-90と同症例の術中写真
胸腔内腫瘤が巨大なため、距骨正中切開を実施している。

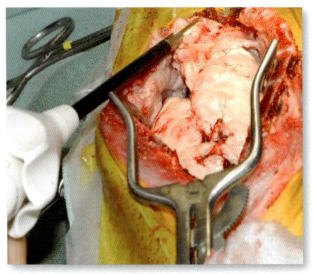

図Ⅱ-92　開胸時の胸腔内肉眼所見
図Ⅱ-90と同症例。胸腔内が腫瘍で占拠され、肺や心臓が確認できない。

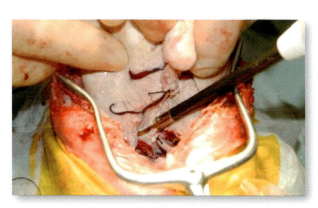

図Ⅱ-93　腫瘍の凝固切開
図Ⅱ-90と同症例。超音波凝固切開装置（Sonosurg, オリンパス㈱）で、血管を含めて腫瘍を凝固切開している。

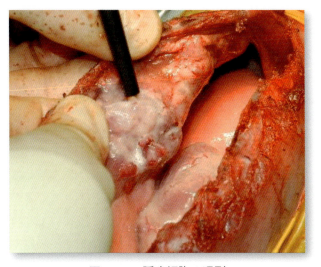

図Ⅱ-94　腫瘍細胞の吸引
図Ⅱ-90と同症例。超音波吸引装置を用いて、胸膜に浸潤している腫瘍細胞を破砕しながら吸引している。

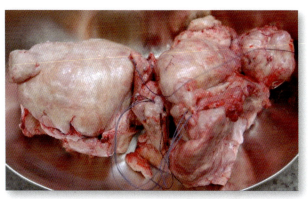

図Ⅱ-95　摘出された胸腔内脂肪肉腫
図Ⅱ-90と同症例。表面には、多くの血管が確認される。

- 治療

外科的切除が第一選択肢であるが、確実に腫瘍を取りきることである（図Ⅱ-91〜95）。抗がん剤としては、ドキソルビシンが推奨される。

### 5）肺の腫瘍に対する外科的治療・内科的治療（免疫療法）

#### ⅰ）外科的治療

犬、猫の肺腫瘍における療法は、外科的治療に加えて化学療法、放射線療法および免疫療法が行われている。最近、人では肺癌の治療戦略として、分子標的療法、免疫療法、遺伝子治療および定位照射・重粒子線などの研究開発が盛んに行われている。しかし、犬、猫および人における"がん"の治療法の1つである外科的治療は、がん細胞の数を瞬時に減数させてQOLの向上あるいは根治が図れる唯一の方法であることは間違いない。現在では、がんの状態を画像処理により三次元構造に描写し、さらにリンパ節および隣接臓器への浸潤評価も可能となって術前に詳細な情報を得ることが可能になった。孤立性の原発性腫瘍の多くは、外科的治療が適応となる。胸腔内に巨大な腫瘍が存在したり、肺葉が数ヵ

所腫瘍に侵され、肋間によるアプローチが困難と判断された場合は、胸骨正中切開を実施する。肺癌の基本的な根治手術は、肺腫瘍を含む肺葉の切除と腫大している肺門、縦隔リンパ節の郭清を行うことである。また、肺の部分切除と肺葉切除における再発率や生存率の比較成績については、未だ知られていない。肺腫瘍による咳や呼吸器の症状は、肺の腫瘍病巣を摘出することにより、少数例ではあるが著しい改善がみられている。また、人の術後における5年生存率でも、極めて高い成績が報告されている。

① リンパ節の郭清

肺腫瘍切除時におけるリンパ節の郭清については、サンプリングとしてリンパ節のみを摘出する方法と腫瘍が浸潤していると思われる支持組織を脂肪組織ごと一括摘出する方法がある。さらに、郭清されたリンパ節の病理学的な精査は、予後の判断に適格な情報を与えてくれる。しかしながら、肺腫瘍切除後におけるリンパ節の郭清とその後の予後に及ぼす影響については、明確な結論が出されていない。

ⅱ）内科的治療

① 抗がん剤療法

転移性の腫瘍における抗がん剤としては、主にプラチナ製剤であるシスプラチン（CDDP）やカルボプラチン（CBDCA）が使用されている。CDDPは、DNA鎖に結合して架橋を形成してDNAの合成を阻害する。また、CDDPは肺癌をはじめとして多くの腫瘍に有効性が認められていることから、広範囲な抗腫瘍スペクトラムを有している。しかしながら、骨髄、消化器および腎毒性などの副作用が強いため、輸液剤の予防しなければならない。そのため、投与前日に患者を預かり輸液を開始して、次の朝に抗がん剤を投与後、再び数時間の輸液を実施する。CBDCAは、CDDPの誘導体で化学的にも安定性があり、その作用はCDDPと同様である。また、CDDPと比較してその副作用は軽く、大量の輸液の必要性がないので動物などには好んで用いられる。さらに同様なDNA合成阻害剤やDNA依存RNA合成阻害作用を有する塩酸ドキシルビシンが併用されている。

 In vitro の実験では、腫瘍細胞に対して抗がん剤を低濃度で作用させると、アポトーシスと呼ばれる細胞死を引き起こすが、高濃度で投与すると腫瘍細胞は壊死することが明らかにされている。腫瘍細胞の壊死は、細胞の崩壊により炎症細胞が周囲に集積して炎症反応が強く起こり、悪液質の状態へと変化していく。

腫瘍細胞の理想的な殺傷方法は、アポトーシスを起こさせてその断片をマクロファージが処理して、自然と腫瘍細胞を消滅させることである。そこで、低用量の抗がん剤を分割（投与量の目安は、高濃度の量を3等分にして1週に1回投与する）投与して骨髄や免疫機能の抑制を少なくし、生体への侵襲や免疫能の低下を極力抑えることが重要である。

② 放射線治療

放射線治療とは、X線やγ線あるいは電子線などを分裂しているがん細胞に照射して死滅させる方法である。また、近年、放射線治療と免疫療法との関連性が報告されている。がん細胞は、様々な方法でがん抗原を免疫担当細胞に認識させないように働いているが、放射線が照射されたがん細胞は、抗原が露出されてしまう。免疫担当細胞は、放射線治療から回避して生き残ったがん細胞の露出された抗原を認識して攻撃を行うことができる。放射線治療は、外科的に摘出が困難な場合でも、がん細胞を生体に大きな侵襲を与えず縮小あるいは消失させることが可能である。特にトモセラピーは、ヘリカルCTの原理を応用して連続回転させながら放射する装置である。CTを利用して放射直前にがんの位置を確認して緻密な放射線の照射が可能となり、正常組織への副作用を極力軽減させることができる。放射線治療は、腫瘍を摘出せずに外科と同様な有効性の評価が得られ、術後のQOLの向上も望まれることから、今後大いに期待できるがん治療の一方法である。

③ 免疫療法

• 養子免疫療法

非特異的免疫療法とは、腫瘍患者の免疫能力を全体的に活性化させるものである。自己の免疫担当細胞は外からの侵入者にのみ攻撃を起こすわけでなく、自己のがん化した細胞に対しても攻撃することが明らかになって以来、細胞性免疫療法の研究が盛んに行われるようになってきた。1970年代には結核

菌感染予防にBCGを接種して免疫反応を起こす作用が、がんの縮小を引きこすことが報告されている（BRM療法）。現在でもこのようなBRM療法にはピシバニール（OK432）、カワラタケの菌糸体からのクレスチン（PSK）、シイタケ由来のレンチナン、キノコ類から抽出されたアガリスクなどがあげられる。このような生体の免疫活性を起こすといわれている非特異的療法は、その活性メカニズムが解明されないまま臨床に応用されてきた。しかし、1980年代に入りRosenbergらによって自己のリンパ球を用いた"活性化自己リンパ球移入療法"が確立された。

養子免疫療法は、自己のリンパ球を生体の外で抗CD3抗体およびIL-2のサイトカインを与えながら十分に活性させて増やし再び生体に戻してやるという療法である。この方法の優れている点は、培養により獲得した活性化自己リンパ球を投与することで、癌の再発と転移の予防、免疫力の亢進、QOLの改善といったすぐれた効果が得られることにある。また、患者に対して行う作業は、採血および輸液のみで外科的切除に比べて非常に侵襲性の低い方法であり、化学療法、放射線療法などに比べて重篤な副作用がないことから、従来の癌治療法との併用により相乗効果および副作用の軽減が期待できる。

・DC（樹状細胞）ワクチン療法

生体内に癌が発生した場合、その癌を特異的に認識して免疫担当細胞が癌細胞を破壊することが可能であれば、最も効果的な癌免疫療法として臨床応用が期待されるであろう。そこで、生体のなかで最も強力な抗原提示能を有するといわれている樹状細胞（DC）を利用したDCワクチン療法が注目されてきた。しかし、医学領域では樹状細胞（DC）を用いての免疫療法には、近年になりいくつかの問題点があることがわかってきた。今後の獣医科領域における研究が待たれるところである。

（伊藤　博）

---

参考文献・推奨図書

[1] Moulton JE, von Tschamer C, Schneider R. : Classification of lung carcinomas in the dog and cat. Vet Path. 1981 ; 18 : 513-528.
[2] Minna JD, Higgins JA, Glatstein EJ. : Cancer of the lung. In : DeVita VT jr., Hellman S, Rosenberg SA. (ed) : Cancer : principles and practice of oncology 3ed : JB Lippincott ; 1989. Philadelphia.
[3] Moulton JE. : Tumor of respiratory system. In : Tumors in domestic animals : University of California Press ; 1990. LA.
[4] Hahn KA, McEntee MF. : Primary lung tumors in domestic cats. 86 cases (1979-1994). J Am Vet Med Assoc. 1997 ; 211 : 1257-1260.
[5] Carpenter JL, Andrews LK, Holzworth J. : Tumors and tumor-like lesions. In : Holzworth J. (ed) : Disease of the cat : medicine and suegery. Vol I. : WB saunders; 1987 : 406-596. Philadelphia.
[6] Koblic PD. : Radiographic appearance of primary lung tumors in cats. A review of 41 cases. Vet Radial. 1986 ; 27 : 66-73.
[7] Oglivie GK, Weigel RM, Haschek WM, Withrow SJ, Richardson RC, Harvey HJ, Henderson RA, Fowler JD, Norris AM, Tomlinson J, et al. : Prognostic factors for tumor remission and survival in dogs after sutgery for primary lung tumor ; 76 cases (1975-1985). J Am Vet Med Assoc. 1989 ; 195 : 109-112.
[8] Hahn KA, McEntee MF. : Prognosis factors for survival in cats after removal of a primary lung tumor ; 21 cases (1979-1994). Vet Sur. 1989 ; 27 : 307.
[9] Glickman LT, Domanski LM, Maguire TG, Dubielzig RR, Churg A. : Mesothelioma in pet dogs associated with exposure of their owners to asbestos. Environ Res. 1983 ; 32 (2) : 305-313.
[10] Gores BR, Berg J, Carpenter JL, Aronsohn MG. : Surgical treatment of thymoma in cats. J Am Vet Med Assoc. 1994 ; 204 : 1782-1785.
[11] Powell LL, Rozanski EA, Tidwell AS, Rush JE. : A retrospective analysis of pulmonary contusion secondary to motor vehicular accidents in 143 dogs : 1994-1997. JVECC. 1999 ; 9 : 127-136.
[12] Jones KW. : Thoracic trauma. Surg Clin North Am. 1980 ; 60 : 957-981.
[13] Willams JH, Duncan NM. : Chylothorax with concurrent right cardiac lung lobe torsion in an Afghan hound. J S Afr Vet Assoc. 1986 ; 57 : 35-37.
[14] Goskowicz R, Harrell JH, Roth DM. : Intraoperative diagnosis of torsion of the left lung after repair of a disruption of the descending thoracic aorta. Anesthesiology. 1997 ; 87 : 164-166.
[15] Brown MR, Rogers KS. : Primary tracheal tumors in dogs and cats. Comp Pract Vet. 2003 ; 25 : 854-860.
[16] Withrow SJ, Vail DM. : Small animal clinical oncology 4th ed. : Saunders. 2007.

---

## ■ 5　機能・形態異常

### 1）囊胞性肺疾患

#### i ）定義

囊胞性肺疾患とは、呼吸器（肺、気管支）を原発とした限界明瞭な囊胞が肺実質内やその近傍に非可逆的に形成された状態をいい、牛や豚あるいは小動物など多くの動物種に発生が認められる。囊胞は、先天性あるいは後天性に発生し、内腔は含気あるいは液体貯留して様々な大きさになるため、急性あ

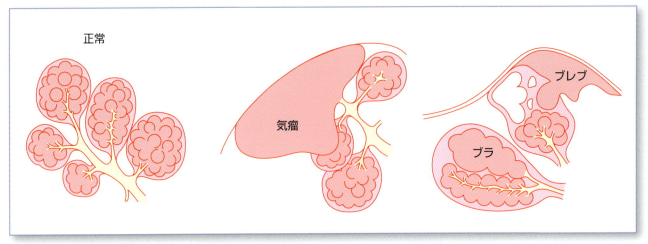

図Ⅱ-96　正常な肺胞と肺胞性嚢胞の模式図

いは慢性的に呼吸障害や呼吸器感染症の原因となることがある。

ⅱ）分類と原因

　医学領域において嚢胞性肺疾患は、嚢胞の形成過程や組織学的性状により、気腫性肺嚢胞症、気管支性肺嚢胞症、リンパ管性肺嚢胞症、寄生虫性肺嚢胞症、その他に分類されている[1]。獣医科領域については本疾患の明確な分類がないため、便宜的に上記分類を改変して解説する。

①気腫性肺嚢胞症

　気腫性肺嚢胞症は、複数の肺胞の隔壁が破綻し融合することによって、様々な大きさの嚢胞が、肺実質内あるいは臓側胸膜下に形成されるもので、嚢胞内には気体（空気）が貯留している。これらのうち、肺実質内に形成された嚢胞をブラ（bulla：気腫性嚢胞）といい、臓側胸膜下に形成された嚢胞をブレブ（bleb：肺胸膜嚢胞）という[2-4]。両者の違いは嚢胞表面の組織学的構造であり、ブラは肺胞壁と胸膜の二層で形成され、ブレブは嚢胞表面が一層の胸膜で形成されることで識別される[1,5]。これらのうち、嚢胞体積が片側肺葉の1/3以上を占める嚢胞を巨大気腫性嚢胞（giant emphysematous bullae）[1]と呼称する。気腫性肺嚢胞症は、動物で最もよく認められる嚢胞性肺疾患であり、後天性疾患としての認識が強く先天性はまれである（図Ⅱ-96～98）。いずれも肺実質の基質的障害（慢性炎症、肺腫瘍、肺膿瘍、外傷、寄生虫感染症、肺線維症など）や、発咳、怒責などの気道内圧の急激な上昇を伴う持続的な呼吸器症状に続発して発生すると考えられている。臨床上では、犬心臓糸状虫症感染に併発することが多い。発症の原因が明確な場合は、その原因によって分類されることもあるが、原因が特定できない場合も多い[5]。

②気管支性肺嚢胞症

　気管支性肺嚢胞症は、胎子期の気管支や肺の発生過程における分岐異常あるいは気管支枝とその周辺の慢性的な炎症によって、気管あるいは気管支の異常な分岐が形成されて嚢胞を形成するものである。一般に、嚢胞内には液体が貯留していることが多く、嚢胞は気道との連絡が認められないことが多い。気管支性嚢胞[6]、嚢胞性気管支拡張症、気管支閉鎖症、肺分画症などが該当し、肺葉内に嚢胞が形成される肺内性嚢胞症と、肺葉外に嚢胞が形成される肺外性嚢胞症とに大別される。肺分画症（pulmonary sequestration）は、肺葉の中に通常の吸入気と連絡をもたない隔絶された肺葉が形成されるもので、肺動脈ではなく大動脈からの血液供給を栄養血管とする異常な肺葉のことである。分画された肺葉が正常な肺葉の一部として認められるものを肺葉内肺分画症、正常の肺とは分離して認められるものを肺葉外肺分画症という。気管支原性肺嚢胞症は、先天性あるいは後天性疾患と考えられており、小動物での発生はまれである[6]。

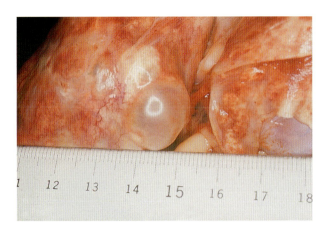

図Ⅱ-97　肺側胸膜下に囊胞（Bleb）がいくつか確認される（写真提供：山根義久先生）

図Ⅱ-98　肺側胸膜下囊胞（Bleb）とともに多数の肺気腫性囊胞が確認される。本症例は、囊胞破裂による気胸を合併するも、外科的治療により長期間生存する。
（写真提供：山根義久先生）

③リンパ管性肺囊胞症

　リンパ管性肺囊胞症は、肺内リンパ管の破綻により様々な大きさの囊胞が肺実質内に形成されるもので、囊胞内にはリンパ液が貯留している。先天性にも後天性にも発生するが、動物での発生は報告されていない。

④寄生虫性肺囊胞症

　寄生虫性肺囊胞症は、犬糸状虫（Dirofilaria属）、肺虫（Dictyocaulus属、Metastrongylus属、Filaroides属）、肺吸虫（Paragonimus属）、単包条虫（Echinococcus属）などの寄生虫感染に起因して、虫体を含む囊胞が肺実質内あるいは臓側胸膜下に形成されるもので、囊胞内には虫体と液体が貯留していることが多い。動物が寄生虫の固有宿主であるために生活環として気管や肺組織内に移行したり、あるいは中間宿主や非固有宿主であるために肺組織内に迷入することによって囊胞性肺疾患を発生する。大動物（牛、豚、綿山羊）、小動物（犬、猫）などで発生が報告されている[7-12]。

ⅲ）病態

　囊胞性肺疾患の病態は、以下の3つに大別される。第1に、囊胞の拡張に起因した正常肺組織の圧迫であり、正常な肺組織の虚脱に伴って呼吸換気機能の低下が引き起こされる。囊胞が小さく、少数で、気道との交通を有している場合には、呼吸への影響は少なく、臨床症状を生じることはまれであるが、巨大囊胞、多発する囊胞、気道との交通を有さず内圧上昇による体積増加が認められる場合には、周辺の正常な肺組織を虚脱させることによって様々な程度の呼吸換気能の障害をきたす。また、気道との交通を有している囊胞であっても、炎症や分泌物あるいは瘢痕組織などで気道との交通路が狭小化して弁様構造を有するようになると、内圧が上昇して囊胞が経時的に膨張し、広い範囲の周辺組織を圧迫して急性かつ進行性の呼吸障害を起こす。

　第2は、囊胞内腔を覆う粘膜上皮の自浄作用や免疫機能の低下に起因した細菌あるいは真菌感染であり、囊胞内から肺組織へと感染が波及することによって、様々な程度の呼吸器感染症が引き起こされる。囊胞と気道とに交通がある場合などには、経気道的な感染症の発生と治癒とを頻回に繰り返し、時間の経過とともに病態は次第に重度あるいは慢性的となる。

　第3は、囊胞被膜の破綻に起因する気胸であり、空気が胸膜腔内へ漏出するために肺組織が虚脱して呼吸換気機能の低下が引き起こされる（図Ⅱ-99）。囊胞が複数で大きく、被膜が菲薄化している場合に発生しやすいが、単発の小さな囊胞であっても破裂する可能性が少ないわけではない。病態の慢性化、囊胞周辺の基質化、囊胞内の感染、動物の活動性な

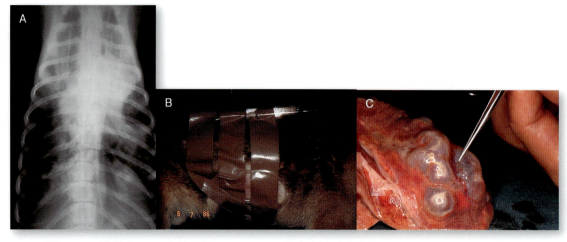

図Ⅱ-99 雑種犬、10歳齢、雄、11.4kgの寄生虫性肺嚢胞症（写真提供：山根義久先生）
赤色尿をし、歩様蹌踉で受診。胸水貯留と大静脈症候群（VCS）と診断のもと、胸水除去と緊急手術を実施。その後、経過良好に推移するも、1ヵ月後に再び呼吸困難で受診。A：再診時の胸部X線所見（DV像）。肺嚢胞破裂による緊張性気胸と診断し、一時的に空気を穿刺除去し、チェスト・ドレーンバルブを装着。B：チェスト・ドレーンバルブを装着し、比較的長期間生存するも、死の転帰をとる。C：剖検所見（肺）。臓側胸膜下に多数の嚢胞（bleb）と肺実質内にも多数の嚢胞（bulla）が確認された。

どにより発生頻度が変化するが、その発生を予測することが難しいために、急速な病態悪化をきたすこともある。

### ⅳ）鑑別診断

咽喉頭麻痺、気管虚脱、肺気腫、気胸、縦隔洞気腫、肺好酸球性肉芽腫、横隔膜ヘルニア、食道裂孔ヘルニア、限局性肺炎、肺葉捻転、肺膿瘍、肺腫瘍、心血管系疾患、短頭種気道症候群などと鑑別する必要がある。

### ⅴ）臨床症状

嚢胞性肺疾患の症例に認められる臨床症状は、主に呼吸器症状として出現するが、非特異的なものが多い。正常肺の縮小に起因した呼吸、換気障害により、運動不耐、可視粘膜蒼白、チアノーゼ、発咳、頻呼吸、呼吸促拍、努力性呼吸、起坐呼吸、呼吸困難などが認められる。大動物では、頸部伸展、喀痰行動、呻吟や奇声などが認められることがある。これら症状は、一般に初期には認められないか、認められても軽微なものであるが、次第に発作性かつ進行性に認められるようになり、最終的には断続的に認められるようになる。また、二次感染に起因した症状として、発咳、発熱、呼吸困難、全身状態悪化など様々な臨床症状が認められ、重篤な場合には動物の生命を脅かす。その他にも、持続的な発咳により気管や気管支の虚脱を引き起こし、喘鳴などの症状を伴うこともある。

### ⅵ）診断

嚢胞性肺疾患の診断は、肺実質内あるいは胸腔内の嚢胞を画像診断学的に確認することによって行われ、偶発的に診断されることもある。小動物臨床では、X線検査、CT検査および気管支内視鏡検査などの画像診断が至適であるが[13,14]、大動物の場合には死後剖検によって診断されることが多い。

X線検査では、最大吸気時のVD方向およびラテラル撮影により評価を行い、肺野に辺縁が滑らかな輪状から類円形の陰性あるいは陽性像を確認することによって、嚢胞性肺疾患の診断が行われる[2,3,6]。また、感染の有無により周辺の肺葉組織には、肺胞パターンや気管支パターンなどの様々な炎症性変化が認められる。

CT検査では、仰臥位による最大吸気時の撮影による評価（肺野条件）を行い、断層撮影された肺野に、限局あるいはびまん性に薄壁輪状から類円形の無構造、低吸収領域を確認することによって、嚢胞性肺疾患の診断が行われる[13]。嚢胞内に血管構造や隔壁構造のような索状像が観察される場合には、肺気腫との鑑別診断が必要となる。なお、嚢胞が含気胞であればX線透過性は著しく亢進し、液体貯留

**表Ⅱ-5　嚢胞性肺疾患の治療薬**

| | | |
|---|---|---|
| 抗生物質 | アモキシシリン | 20〜30mg/kg、bid、PO |
| | セファレキシン | 20〜30mg/kg、bid、PO |
| | エンロフロキサシン | 2.5〜5mg/kg、sid、PO |
| | オフロキサシン | 2.5〜5mg/kg、bid、PO |
| | オルビフロキサシン | 2.5〜5mg/kg、sid、PO |
| | ドキシサイクリン | 2.5〜5mg/kg、bid、PO |
| | クロラムフェニコール | 50mg/kg、tid、PO |
| | クラリスロマイシン | 4〜12mg/kg、bid、PO |
| 気管支拡張薬 | テオフィリン | 5〜10mg/kg、tid、PO |
| | テオフィリン徐放剤 | 5〜20mg/kg、bid、PO |
| | アミノフィリン | 10mg/kg、bid、PO |
| 蛋白分解酵素 | ブロメライン | 2〜4万単位/head、bid、PO |
| 鎮咳薬 | デキストロメトルファン | 1〜2mg/kg、bid〜tid、PO |
| | ブトルファノール | 0.1〜0.5mg/kg、bid〜tid、PO |
| 去痰薬 | ブロムヘキシン | 0.2〜0.5mg/kg、bid〜tid、PO |
| | アセチルシステイン | 5〜10mg/kg、bid、吸入 |

性であればX線透過性は低下し、軟部組織様に観察される。嚢胞の液体貯留と軟部組織との鑑別は、造影CT検査による造影効果により行う。気体と液体とが混在して貯留している場合には、撮影体位とX線束の関係により、通常のX線検査（VD方向、ラテラル撮影像など）ではニボーは観察されにくいが、水平方向撮影像かCT検査で明らかとなる。また、肺分画症を確定診断するためには、選択的あるいは非選択的左心造影検査を行い、異常な肺葉が大動脈からの特異的な血液支配を受けていることを確認する。

　気管支内視鏡検査では、気道内腔の形態を確認するとともに気管支肺胞洗浄液による細菌、真菌、寄生虫の同定を行う[14]。寄生虫性肺嚢胞症では、それぞれの生活環から考えられる排泄経路で虫卵や子虫などを確認して診断するが、排出時期が限られていたり、排泄されないために診断が難しい場合がある。

### vii）治療

　嚢胞性肺疾患の治療は、内科的な対症療法あるいは外科的根治術によって行われる。症例が無症状で、嚢胞性病変が小さく周辺組織に対する影響が少ない場合には、嚢胞性肺疾患に対する治療を必要とせず、原因疾患に対する治療が行われる。

#### ①内科的治療

　多くの嚢胞性肺疾患では、合併する呼吸器感染症の治療を目的に実施される。広域スペクトルの抗生物質（アモキシシリン、セファレキシン、エンロフロキサシンなど）が第一選択薬となるが、呼吸器への分布がよい脂肪親和性の高い抗生物質（ドキシサイクリン、クロラムフェニコールなど）も汎用される。慢性経過をたどっている場合には、これら薬剤に耐性を示す場合も少なくないため、全身麻酔下で採取した気管支肺胞洗浄液、喀痰あるいは気管内粘液などから感受性試験を行い、その結果に基づいた薬剤選択（マクロライド系、テトラサイクリン系、キノロン系など）を行う。その他に、気管支拡張薬、消炎酵素剤、鎮咳薬、去痰薬などが併用され、経口投与される（表Ⅱ-5）。また、気道の加湿を目的に滅菌水や生理食塩液の噴霧吸入（ネブライゼーション：溶液5〜10mLを30分程度、1日2〜4回、酸素吸入と併用）を行う。消炎効果を期待して、短期間の副腎皮質ホルモン剤などを用いることもあるが、慎重に使用すべきである。内科的治療に効果を示さない場合には、適宜外科的治療への切り替えを検討する。寄生虫疾患では、感染虫体に有効な駆虫剤（表Ⅱ-6）の投与が実施されるが、感染性の高い疾患では蔓延を予防するために、環境整備、

表Ⅱ-6　寄生虫性肺嚢胞症の駆虫薬

| 寄生虫 | 駆虫薬 | 用量 |
|---|---|---|
| 犬糸状虫（Dirofilaria 属） | メラルソミン | 2.2mg/kg、IM（3時間間隔で2回接種） |
| 牛肺虫（Dictyocaulus 属） | 塩酸レバミゾール<br>フルベンダゾール | 5.0〜7.5mg/kg、PO<br>20mg/kg、PO |
| 豚肺虫（Metastrongylus 属） | イベルメクチン<br>フルベンダゾール | 0.3mg/kg、IM<br>5〜10mg/kg、PO（3〜5日間） |
| 犬肺虫（Filaroides 属） | イベルメクチン<br>塩酸レバミゾール | 0.4mg/kg、IM<br>5.0〜7.5mg/kg、PO |
| 肺吸虫（Paragonimus 属） | プラジカンテル | 30mg/kg、SC、IM |
| 単包条虫（Echinococcus 属） | プラジカンテル | 5〜10mg/kg、PO |

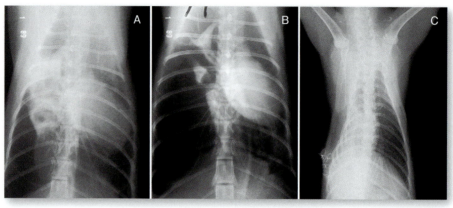

図Ⅱ-100　日本猫、5ヵ月齢、雌、1.8kgの嚢胞性肺疾患（写真提供：山根義久先生）
3日間家を出ていた。元気消失し、食欲なしとのこと。第4病日となり呼吸促迫。A：第4病日の胸部X線所見（DV像）。右ラテラル像でも心臓は大きく胸骨より離れており、重度な右側胸腔の気胸と診断。類円形の嚢胞状陰影が確認され、肺嚢胞破裂による気胸と診断し、抜気処置。B：1ヵ月後に呼吸困難とのことで再受診。重度な右側気胸と診断し、右肺全葉摘出術を実施。摘出肺には、全域にわたり大小様々な肺嚢胞が形成されていた。C：術後約1週間後の胸部X線所見。本症例は、左側肺に異常がなかったことが幸いし、長期生存が可能となった。

中間宿主や伝播動物の駆除を併せて行い、公衆衛生学的概念に基づき適切な対応を検討する。

②外科的治療

嚢胞性肺疾患における外科的治療は、罹患した肺葉の切除が一般的である[2]。特に、肺野に占める嚢胞の割合が大きく重度の臨床症状を呈している場合や、進行性に嚢胞が拡大する場合、あるいは嚢胞の破綻により気胸を繰り返す場合などは、罹患肺葉の切除あるいは嚢胞の切開や切除による治療を検討する[2,4,6]（図Ⅱ-100）。罹患側の肋間開胸術あるいは胸骨正中切開術により、胸腔内の嚢胞へアプローチし、嚢胞の生じた肺葉を肺葉切除あるいは楔状切除や部分切除を行うか、嚢胞を切開して気管支枝を結紮閉鎖して嚢胞を除去し再発を予防する。本手術の目的は、嚢胞の拡張による圧迫で虚脱した正常肺組織の再拡張を目的とするため、正常肺組織に重度の障害をきたすような処置を行ってはならない。また、気腫化した肺葉の縫合や結紮を行うことから、術後に嚢胞切除部より空気の漏出を生じる可能性があるため、確実な手術手技と肺葉の愛護的取り扱いとともに、胸腔の持続的なドレナージが実施できるように、罹患側に胸腔チューブを装着することが望ましい。なお、動物が肺炎などの感染症を合併している場合には、緊急性を伴わない限り、前述した内科的治療を行って、感染を制御した後に外科的治療を行うことが望ましい。術後は、感染症および術創

が、本症においては姑息的な治療法であり症状を緩和するのみである。

後者を目的として、抗生物質の投与が行われる。広域スペクトルの抗生物質（アモキシシリン、セファレキシン、エンロフロキサシン、オルビフロキサシンなど）が第一選択薬となるが、脂肪親和性が高く呼吸器への分布がよい抗生物質（ドキシサイクリン、クロラムフェニコールなど）も汎用される。これら薬剤は、経口投与や注射投与以外にも、噴霧吸引による経気道投与されることもある。慢性経過をたどっている場合には、これら薬剤に耐性を示す場合も少なくないため、採取した喀痰あるいは気管内粘液などから感受性試験を行い、その結果に基づいた薬剤選択（ペニシリン系、マクロライド系、テトラサイクリン系、キノロン系など）を行う。外科的治療を行う前には、呼吸器感染症を制御しておくことが理想的である。その他に消炎効果を期待して、副腎皮質ホルモン剤などを短期間用いることもある。また、呼吸促迫、呼吸困難などの直接的な対策としては、フローバイ、鼻カテーテル、マスクなどによる酸素吸入、酸素要求量を減じるべく鎮静処置（ブトルファノール、アセプロマジン、ジアゼパムなど）が有効である。

②外科的治療

気管狭窄の外科的治療は、原因となる気管内外の狭窄病変の切除が一般的である。特に、狭窄の程度が重度で重篤な臨床症状を呈している場合や、狭窄が進行性である場合、あるいは内科的治療に改善傾向を示さない場合などは、狭窄部の切除による治療を検討する。頸部気管には頸部腹側正中切開で、胸部気管には右側肋間開胸あるいは胸骨正中切開によりアプローチする。術野確保にあたり気管周辺を走行する反回神経を愛護的に確保、保護する。狭窄部の切除は、残存する気管に過剰な張力が掛からないように成犬で最大気管軟骨5つを目安に切除するとよい[22]。切除時には一時的に呼吸管理ができなくなるため、切除前の十分な酸素化に努めるとともに、術野側に無菌的な気管チューブを用意し、切除直後から術野より尾側端へ気管チューブを挿入し、一時的な呼吸管理を行う。この作業は、気管中枢側への血液流入の抑制効果もあり、推奨される。気管断端の吻合は、端端吻合により行い、適宜減張縫合を追加し縫合部の張力を分散する。縫合部からの空気の漏出や縫合部の肉芽形成を抑制するために、気管粘膜面の丁寧な縫合が重要である。胸部気管の処置においては、術後に縦隔洞気腫や気胸を生じる可能性があるため、胸腔の持続的なドレナージを実施できるように胸腔チューブを装着することが望ましい。なお、動物が肺炎などの感染症を合併している場合には、緊急性を伴わない限り、上述した内科的治療を行って感染を制御した後に外科的治療を行うことが望ましい。術後は、術創からの空気の漏出および感染症に最大の関心をおいて管理し、あわせて内科的治療を2～4週間ほど実施する。また、縫合部の肉芽形成を抑制するために、副腎皮質ホルモン剤を短期間用いることもある。

頸部気管において、病変が咽喉頭部に近く、周辺組織への浸潤あるいは侵襲などから外科的摘出が困難な例においては、より中枢側の気管に造窓術を施し、一時的な呼吸管理を行うこともある。

viii）予後

内科的治療は、初期病態の改善には有効であるが、狭窄病変が進行性である場合には、症状が再発あるいは持続し重症化することがある。このような場合に、内科的治療は効果が乏しいことが多く、長期的な予後は期待できない。

外科的治療は、狭窄病変の完全切除が実施でき良好な術後管理が行えれば、臨床症状は速やかに改善し予後は良好である。気管に発生した腫瘍の場合においても、良性で完全切除ができれば予後はよいが、周辺組織への浸潤を伴う病態のものでは外科的治療で一時的に改善を示したとしても、予後は不良である。現在のところ、予後を評価できる要因については報告されていない。

### 3）気管虚脱

ⅰ）定義

気管虚脱とは、中高齢の小型犬で比較的多く認められる呼吸器疾患で、気管軟骨が脆弱化したり、気管背側の膜性壁が弛緩したりして気管が円形を維持することができず、気管内腔が扁平化した状態をいう（図Ⅱ-101）。気管の広範囲あるいは全域が先天性

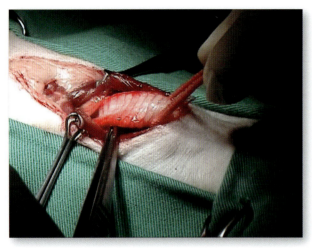

図Ⅱ-101　重度の虚脱を呈し、扁平化した気管

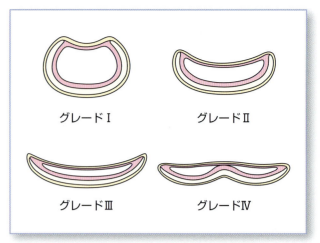

図Ⅱ-102　気管虚脱の重症度分類[23]

に狭小化している状態は気管低形成[15]、気管内腔に限局性の狭窄病変が生じた状態は気管狭窄[17]として別語に定義される。気管虚脱は、様々な程度で気道障害が生じるため、呼吸障害の原因となることがある。

### ⅱ）分類と原因

気管虚脱は、1982年にTangnerらによって内視鏡を用いた気管内腔の扁平化の程度によってグレード分類がなされている（図Ⅱ-102）[23]。

- グレードⅠ：気管軟骨の形態は正常で、膜性壁の弛緩により気管内腔が25％以下の減少をみる程度である。
- グレードⅡ：気管軟骨に軽度の扁平化が認められるようになり、膜性壁の弛緩と併せて気管内腔が50％減少を呈する。
- グレードⅢ：気管軟骨の扁平化および膜性壁の弛緩がさらに進行し、気管軟骨と膜性壁が部分的に接触して気管内腔が75％減少する。
- グレードⅣ：気管軟骨は、完全に平坦化し膜性壁と完全に接触して気管内腔は閉塞する。

本症は、後天性疾患であると考えられているが、先天性疾患の可能性も考えられている[22]。気管軟骨の脆弱化の原因には諸説があり、繰り返される発咳に伴う二次的変化や軟骨形成異常などの他に、肥満、栄養的素因、神経学的素因あるいは遺伝的素因などが問われているが、現在のところ明確になっていない。ポメラニアン、ヨークシャー・テリア、マルチーズ、トイ・プードルなどの小型犬種に多く発生し、好発年齢は7～8歳齢と報告されている[24,25]。その他に、発生部位によって頸部気管虚脱、胸部気管虚脱、あるいはその移行部の虚脱などに分類されている。

### ⅲ）病態

気管虚脱は、内腔の形態維持が困難となった気管の内圧および周辺の圧力変化（大気圧および胸腔内圧）によって、受動的に気管壁と膜性壁とが密着して不完全あるいは完全な気管閉塞をきたす疾患である。すなわち、吸気時には気管内が陰圧となるため頸部気管が虚脱し、呼気時には胸腔内が陽圧となるために胸部気管が虚脱する（図Ⅱ-103）。さらに、胸郭や横隔膜の運動に伴って呼出あるいは吸入された空気が、扁平化あるいは狭窄した気管を通過する際に加速され、気管壁と膜性壁とをさらに引き寄せることで、呼吸とともに共鳴、振動する。持続的な気道抵抗の上昇、呼吸仕事量の増加、単位時間あたりの換気量低下によって、動脈血酸素分圧の低下、二酸化炭素分圧の上昇、呼吸性酸血症などが引き起こされ、様々な程度の呼吸障害が出現する。本症は、一般に進行性の病態を示し、加齢とともにグレードが進行、あるいは範囲の拡大が認められることが多く呼吸障害も悪化する傾向を示す。

### ⅳ）鑑別診断

鼻咽頭炎、鼻腔狭窄、鼻腔内異物、逆くしゃみ症候群、軟口蓋過長症、咽喉頭麻痺、気管（支）炎、気管低形成、気管狭窄、気管内異物、短頭種気道症

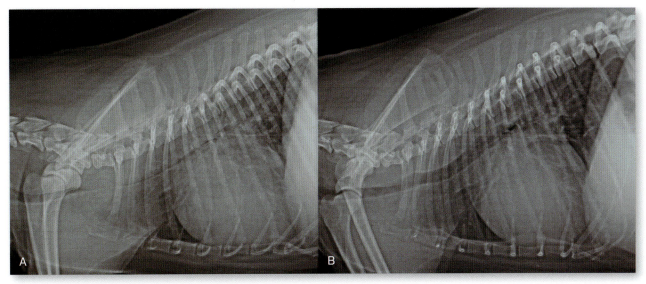

図Ⅱ-103　ポメラニアン、14歳齢、雄、3.3kg。1ヵ月位前から咳がひどくなり気管虚脱と診断された
A：呼気時に撮影された胸部X線所見。胸部内の気管は虚脱し、重度に狭小化している。B：呼気から吸気時の移行期の所見。わずかのタイミングの違いにより、一見気管虚脱の所見は認められない。（写真提供：山根義久先生）

候群、気管腫瘍、縦隔洞腫瘍、食道腫瘍、甲状腺腫瘍、心血管系疾患などとの鑑別が必要である。

### v）臨床症状

気管虚脱に認められる臨床症状は、呼吸に伴う喘鳴音、吸気および呼気時の呼吸音（ガーガー音、ヒューヒュー音など）、発咳、チアノーゼ、運動不耐、興奮に伴うこれら症状の悪化などである。軽度のグレードであれば、これら症状は散発的あるいは過度の興奮時のみにしか認められないが、グレードの進行に伴って日常的に発生するようになる。罹患動物は、気道抵抗を減じるために頸部を伸展させた犬座位や伏臥位を好む傾向がある（図Ⅱ-104）。重篤な症例では、運動不耐、虚脱、失神などの全身的な症状が日常的に認められ、動物の生命を脅かす。

### vi）診断

気管虚脱の診断は、特徴的な臨床症状の確認とともに、原因となる気管内腔の扁平化を画像診断学的に確認することによって行われる。小動物臨床では、X線検査、気管支内視鏡検査およびCT検査などの画像診断が一般的であるが、臨床症状から暫定的に行われることも多い。

X線検査では、頸胸部の吸気、呼気時ラテラル像、垂直方向像などの撮影によって評価を行い、気管陰影が消失や狭窄していたら本症を疑う（図Ⅱ-105）。一般的なDV像あるいはVD像は、気管と

図Ⅱ-104　ICU内での気管虚脱に特徴的な頸部を伸展させた姿勢

脊椎が重なるだけでなくX線束と虚脱方向が同方向であることから、虚脱の確認が困難なことが多い。ラテラル像においても、食道や脊椎背部の筋肉との重なりにより、虚脱が確認しにくいことがあるので注意が必要である。喘鳴を伴う努力性呼吸が出現しているときに撮影されたX線像は、確実に虚脱を捕らえているが、安静時や治療によって正常呼吸を呈しているときには異常を認めないこともある。また、呼気時や吸気の終了時（最大呼気時あるいは最大吸気時）で撮影を行うと、瞬間的に正常像が撮影される可能性があるので、注意が必要である。X線

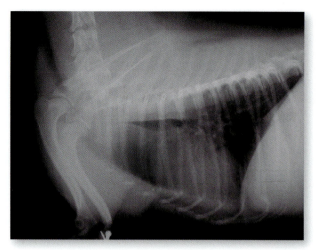

図Ⅱ-105　重度の頸胸部気管の虚脱を呈した症例のX線検査像

ヨークシャー・テリア、5歳齢、3.1kgの症例。

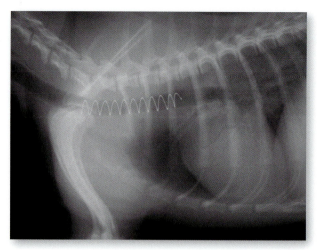

図Ⅱ-106　コイル型気管内ステントを装着した症例のX線検査像

透視検査は、呼吸の時相による誤診を防ぐ手段として有効である。

　気管支内視鏡検査では、気管内へ細径の内視鏡を挿入して気道内腔の形態、連続性、性状、虚脱病変を肉眼的に確認し、グレード分類することで診断や病態評価が実施可能である。本検査は全身麻酔下で行われるため、罹患動物の全身状態や呼吸状態が劣悪な場合は実施できないこともあるが、麻酔導入に伴う速やかな気管挿管、呼気終末陽圧呼吸などを組み合わせた人工呼吸管理を行うことで、実施可能なことが多い。

　CT検査では、頸胸部撮影による評価（縦隔条件あるいは肺野条件）を行い、気管虚脱による内腔狭窄を確認することによって診断が行われる。本検査も気管支内視鏡と同様に全身麻酔下で行われる。

## vii）治療

　気管虚脱の治療は、内科的な対症療法あるいは外科的治療によって行われる。一般に初期のグレードでは内科的治療、進行したグレードでは外科的治療が選択されることが多いが、近年では、初期のグレードで呼吸に対する影響が少ない場合においても、虚脱病変の進行が懸念される場合などは、積極的に外科的治療が行われる傾向がある。

### ①内科的治療

　内科的治療は、p556の気管狭窄の内科的治療および表Ⅱ-7を参照のこと。臨床症状が軽度である場合には、短期から中期的に臨床症状を緩和することができることが多い。

　このほかに、飼育環境の改善として、体重制限、気温や湿度管理の徹底、受動喫煙や埃吸引の防止、ハーネスやジェントルリーダーの推奨などにより、栄養学的、行動学的にも臨床症状の軽減に努める。

### ②外科的治療

　気管虚脱の外科的治療は、各種素材を使用したステントあるいはプロテーゼを装着することにより、扁平化した気管形態を形成することによって実施される。近年、グレードが高く重篤な臨床症状を呈している症例はもとより、グレードが軽度であっても虚脱が進行性である場合や、内科的治療に改善を示さない場合などにも適応が拡大している傾向がある。

- 気管内ステント装着術

　全身麻酔下で、虚脱した気管内腔へ拡張性のあるステント（支持骨格）を装着し、気管の形態を復元させる方法である（図Ⅱ-106）。装着に侵襲を伴わないため装着が容易で、胸部気管や広い範囲の気管を整復できる長所を有する。ステンレススチール鋼線、形状記憶合金（ニチノール合金）などの素材で、らせん形、パンタグラフ型、Gianturco型、メッシュ型（図Ⅱ-107）などのステントが報告されている[26-29]。装着するステントは、喉頭直後の気管直径の110〜120％の直径を選択する[28,29]。全身麻酔下に気道確保し、X線透視下に気管虚脱部まで装着装置を挿入しステントを装着する。ステント装着

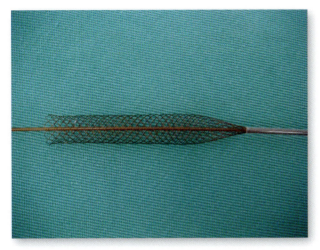

図Ⅱ-107　ニチノール合金製のメッシュ型ステント

図Ⅱ-108　ポリメチルメタクリレート製のパラレルループ型プロテーゼ

後は、気管内膜に生じる物理的刺激や炎症を制御すべく消炎薬、鎮咳薬などの内科的治療を十分に行う。ステント装着術の長期予後においては未だ不明であるが、ステントの破損、気管内膜の肉芽形成に起因した狭窄の発生などの報告が認められている[30,31]。

・気管外プロテーゼ装着術

気管を周辺組織から分離し、気管外周にプロテーゼ（支持骨格）を外科的に縫着して、虚脱した気管の形態を復元させる方法である（図Ⅱ-108）。ポリプロピレンのシリンジやフッ素樹脂コートのポリメチルメタクリレート（アクリル素材）からC型[25]、らせん形、あるいは特殊らせん形（パラレルループ型）プロテーゼを自作したり[32,33]、ステンレススチール鋼線製の気管内ステントを気管外プロテーゼとして応用したもの[34]などが報告されている。装着するプロテーゼは、喉頭直後の気管直径や体重を基準に適宜選択する[32,33]。周辺組織より分離した気管にプロテーゼを装着し、モノフィラメント非吸収糸を使用して全層縫合により縫着する（図Ⅱ-109）。プロテーゼ装着後は、気管内膜に生じる物理的刺激や炎症を制御すべく消炎薬、鎮咳薬などの内科的治療を十分に行う。気管周辺の広範な剥離を必要とするため、胸部気管の広い病変には適応が難しい。術中の栄養血管や周辺神経の温存処置および効果的なプロテーゼ縫合法など高い技術を要する。

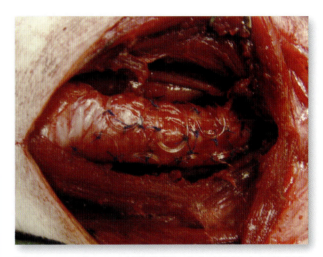

図Ⅱ-109　プロテーゼ装着術により虚脱した気管が復元している

viii）予後

内科的治療は、初期病態の改善には有効であるが、虚脱病変が進行性である場合には病態が重症化することがある。このような場合には内科的治療の継続では効果が乏しく、中長期的な予後は悪い。

外科的治療は、虚脱病変の適切な整復および良好な術後管理が実施できれば、臨床症状は速やかに改善する。しかし、虚脱気管内のステント治療における長期予後においては、気管内膜に発生した肉芽腫による狭窄が、呼吸症状を悪化させる報告が認められるため、本法選択に際し、特に若齢犬においては十分な注意が必要である[31]。プロテーゼ装着においては良好な予後が得られているが[32,33,35]、手術適

応、装置作成、装着手技、術後管理などを考慮すると、手術実施経験の多い専門施設での実施が望ましいと考える。

### 4）気管支拡張症
#### ⅰ）定義
　気管支拡張症とは、気管支壁構造が解剖学的に崩壊し、気管支が慢性的かつ非可逆的に拡張した状態をいう。中高齢の犬や猫で発生報告があるが、比較的まれな疾患で、気道の拡張性変化をもたらした原疾患が明らかな場合には、原疾患名で呼称されることも多い[36-39]。肺胞や気管支を原発とした限界明瞭な囊胞が、肺実質内やその近傍に非可逆的に形成された状態は、囊胞性肺疾患として別語に定義される[6]。気管支拡張症は、様々な程度で気道障害が生じるため、慢性的な呼吸障害や呼吸器感染症の原因となることがある。

#### ⅱ）分類と原因
　気管支拡張症は、拡張した気管支の形状や分布、形成過程により分類される。形状による分類では、拡張した気管支が円柱状、静脈瘤状あるいは囊状のタイプが認められる[36-39]。円柱状気管支拡張症は、気管支が先細り形状をとらず、円筒状を呈した後にいきなり途絶するもので犬や猫で多く認められる形状である。比較的太い気管支に発生することが多く、末端は粘液塞栓などにより閉塞するため無気肺を呈することが多い。静脈瘤状気管支拡張症では、拡張した気管支の屈曲性変化が顕著に認められるもので、不規則に拡張した気管支樹が認められる。囊状気管支拡張症は、拡張した気管支の末端が囊状となりブドウの房状を呈するものである。これら病変が、気道の局所に発生しているならば局所性あるいは限局性気管支拡張症、広くびまん性に認められるならばびまん性気管支拡張症として分類される。さらに、呼吸器疾患の既往のない若齢個体に本症が診断されれば先天性気管支拡張症、呼吸器感染症などに続発して本症が診断されれば後天性、あるいは続発性気管支拡張症と分類されるが、小動物医療においては後者が一般的である[36-39]。
　先天性気管支拡張症の原因は、気管支軟骨無形成や気管支形成不全などの発生学的な構造異常あるいは、先天性線毛運動不全症による粘液線毛輸送の機能不全などがあげられる[40]。近年、犬における先天性線毛運動不全症は、免疫不全や内臓逆位を合併する症候群にみられると報告されている[36,41,42]。後天性気管支拡張症の原因は、気管支炎、気管支肺炎、好酸球性気管支炎、気管虚脱などの炎症性疾患の進行に続発することから、感染、炎症産物、あるいは物理的な気道閉塞に起因していると考えられている[36,43,44]。

#### ⅲ）病態
　気管支拡張症の病態は、気管支拡張に起因した呼吸換気機能低下と、粘膜線毛上皮の自浄作用や免疫機能の低下に起因した呼吸器感染症であり、前項の囊胞性肺疾患に類似する。拡張した気管支の遠位端は、粘液塞栓を起こして正常な肺胞構造を失い無気肺となる。広範な病変になるほど、正常な肺組織は少なくなり、罹患動物の呼吸換気機能は低下する。また、線毛上皮の輸送能に依存する肺分泌液の清浄化が、拡張した気管支内腔では低下して内部に貯留する。これにより呼吸器感染症が波及し、様々な程度の呼吸障害が引き起こされる。

#### ⅳ）鑑別診断
　囊胞性肺疾患、気管（支）炎、気管支肺炎、肺炎、気管支腫瘍、肺腫瘍、縦隔洞腫瘍、心血管系疾患などとの鑑別が必要である。

#### ⅴ）臨床症状
　気管支拡張症で最も一般に認められる臨床症状は、慢性的な発咳である。その他に、発熱、喀痰、喘鳴、努力性呼吸、呼吸困難、チアノーゼ、運動不耐、興奮に伴うこれら症状の悪化などである。これら症状は、主に呼吸器感染症に起因したもので、重篤な症例では食欲不振から削痩などの全身症状が認められる。

#### ⅵ）診断
　気管支拡張症の診断は、気管支内腔の慢性的かつ非可逆的な拡張を、画像診断学的に確認することによって行われる。さらに、併発している呼吸器感染症の原因を同定し、併せて治療することが望ましい。小動物臨床では、X線検査、気管支内視鏡検査およびCT検査などの画像診断が一般的である。
　X線検査では、胸部の最大吸気時ラテラル像、

VD像の撮影により評価を行い、肺野に円柱状、静脈瘤状あるいは囊状に拡張した気管支像を確認したら本症を疑う。また、気管支の拡張が限局性かびまん性かを確認することも可能である。気管支の構造を確認するために気管支造影検査が実施されることもあるが、一般的ではない。臨床症状が認められなくなった症例においても、検査所見の改善は認められないことが多いことからも、本検査は診断に有効である。

　気管支内視鏡検査では、気管支内へ細径の内視鏡を挿入して気道内腔の形態、連続性、性状、拡張病変を肉眼的に確認することで診断が行われる。あまり遠位の気管支内へ挿入することは困難であるが、気管支肺胞洗浄を実施することで、細菌培養検査や感受性試験を実施することも可能である。本検査は、全身麻酔下で行われるため、罹患動物の全身状態や呼吸状態が劣悪な場合は実施できないこともあるが、麻酔導入に伴う速やかな気管挿管、呼気終末陽圧呼吸などによる人工呼吸管理を行うことで実施可能なことが多い。

　CT検査では、胸部撮影による評価（縦隔条件あるいは肺野条件）を行い、拡張した気管支を確認することによって診断が行われる。近年普及しているマルチスライスCT検査では、画像処理により気管、気管支樹を高解像度で三次元的に観察することが可能であり、本症の診断に非常に有用である。

### vii）治療

　気管支拡張症の治療は、病態の制御を目的に抗生物質などによる対症療法が行われる。病変が単独の肺葉に限局している場合には、外科的治療も適応となる。これら治療に加え、受動喫煙やハウスダスト吸入などを避けるべく飼育環境の改善も強く推奨される。

#### ①内科的治療

　内科的治療は、臨床症状の軽減、気道内状態の改善および合併する呼吸器感染症の治療を目的に表Ⅱ-7とほぼ同様の治療薬を用いて実施される（表Ⅱ-7参照）。前者を目的として、気管支拡張薬（テオフィリン、アミノフィリンやテルブタリン）、鎮咳薬（デキストロメトルファンやブトルファノール）、去痰薬（ブロムヘキシンやアセチルシステイン）および蛋白分解酵素（ブロメライン）などが処方される。後者を目的として、抗生物質の投与が行われる。広域スペクトルの抗生物質（アモキシシリン、セファレキシン、エンロフロキサシン、オフロキサシン、オルビフロキサシンなど）が第一選択薬となるが、脂肪親和性が高く呼吸器への分布がよい抗生物質（ドキシサイクリン、クロラムフェニコールなど）も汎用される。これら薬剤は、経口投与や注射投与以外にも、噴霧吸引による経気道投与されることもある。慢性経過をたどっている場合には、これら薬剤に耐性を示す場合も少なくないため、採取した喀痰あるいは気管内粘液などから感受性試験を行い、その結果に基づいた薬剤選択（ペニシリン系、マクロライド系、テトラサイクリン系、キノロン系など）を行う。特に、外科的治療を行う前には、あらかじめ呼吸器感染症を制御しておくことが理想的である。その他に消炎効果を期待して、副腎皮質ホルモン剤などを短期間用いることもある。また、努力性呼吸、呼吸困難などの呼吸障害に対する治療としては、フローバイ、鼻カテーテル、マスクなどによる酸素吸入、酸素要求量を減じるべく鎮静処置（ブトルファノール、アセプロマジン、ジアゼパムなど）が有効である。

#### ②外科的治療

　病変の認められる肺葉が単独であるにもかかわらず、各種内科的治療に反応が認められない場合は、該当する肺葉の外科的切除が検討される。摘出後は、病変部より喀痰や分泌液を採材し、細菌培養や薬剤感受性試験に供する。病変が複数の肺葉やびまん性に観察される場合には、適応外と考える。術式ついては、肺葉切除術の項を参考にするとよい。

### viii）予後

　内科的治療は、初期病態の改善には有効で、臨床症状の消失や良好な長期管理が得られる。薬剤耐性の出現とともに病態が再発することもあるが、感受性試験の結果を反映させた薬剤を選択することで、さらに長期的な管理が可能となる場合が少なくない。まれに重症化することがあるが、このような場合には内科療法は効果が乏しく、長期的な予後は悪い。外科療法は、病変肺葉の切除および良好な術後管理が実施できれば、臨床症状は速やかに改善し、

予後も良好である。

## 5）気管支瘻（気管支食道瘻）
### ⅰ）定義
　気管支瘻とは、何らかの原因によって気管支や気管とその他器官との間に瘻管が形成され、短絡を生じた状態をいう。一般に気管支と短絡する器官は食道で、気管支食道瘻や気管食道瘻として定義されることも多く、犬や猫での発生が認められている[45-51]。瘻管は、先天性あるいは後天性に発生し、様々な程度の呼吸器感染症を合併するため、慢性的な呼吸障害の原因となる。外傷性に気管の連続性が絶たれている場合は、気管破裂として別語に定義される。

### ⅱ）分類と原因
　気管支瘻は、その発生原因によって、先天性と後天性に大別される。先天性気管支瘻は、胎子期における気管、食道原器の中隔形成異常や、気管支樹の発生奇形に起因して生じ、人においてHolderら[52]やBraimbridgeら[53]によって形態的な分類がなされており、食道狭窄や食道閉鎖を合併していることが多い[48,49]。一方、後天性気管支瘻は、慢性的な食道炎が波及して食道壁の穿孔を引き起こし、周辺組織と癒着して瘻管形成に至るもので、異物による食道梗塞、食道腫瘍、外傷、食道憩室などが原因となって発生する。一般に、これらを明確に分類することは困難であり、病理組織学的な検索が必要となることもある。小動物医療では、いずれの気管支瘻もまれであるが、犬[45-49]および猫[50,51]でわずかに報告が認められている。

### ⅲ）病態
　気管支瘻は、瘻管を介して食道内容物の気管支内への漏出や、吸入気の食道内への漏出が生じるため、慢性的な限局性の呼吸器感染症が引き起こされる。病態は、瘻管の太さ、位置、形状、方向などにより、臨床症状を伴わず病態進行を認めないものや、時間経過とともに病態が重症化して生命を脅かすものなど様々である。重度な食道閉鎖を伴った先天性気管支瘻は、出生初期より授乳障害を引き起こし致死的である。

### ⅳ）鑑別診断
　気管（支）炎、誤嚥性肺炎、食道閉鎖、食道腫瘍、気管腫瘍、肺腫瘍、食道内異物、気管内異物、気管低形成、気管虚脱、気管破裂、心血管系疾患などとの鑑別が必要である。

### ⅴ）臨床症状
　気管支瘻に認められる臨床症状は、呼吸器感染症に起因した呼吸器症状が最も一般的である。発咳、努力性呼吸、呼吸困難、吐出、発熱、食欲不振などいずれも非特異的なものであるが、発咳などの症状は摂食後や飲水後により多く認められる特徴を有する。後天性気管支瘻の場合には、上記以外にも、原疾患に起因した流涎、嘔吐、吐血など消化器症状も認められることがある。

### ⅵ）診断
　気管支瘻の診断は、原因となる瘻管を画像診断学的に確認することによって行われる。小動物臨床では、X線検査、内視鏡検査、CT検査などの画像診断が至適である。
　X線検査では、胸部の最大吸気時ラテラル像およびVD像の撮影により、限局性の肺炎像を確認する。続いて、陽性造影剤を用いて食道造影検査を実施し、肺炎像に重なった気管支造影像を確認することによって気管支瘻の診断を行う。一般に、瘻管は頸部食道よりも胸部食道に位置していることが多く、犬では、右側中葉あるいは後葉、猫では左側後葉に瘻管を形成していることが多い[54]。
　内視鏡検査では、食道あるいは気管支内へ内視鏡を挿入して、炎症部位に重なる瘻管開口部を肉眼的に確認することによって気管支瘻の診断が行われる。しかしながら、開口部周辺は炎症性滲出物の貯留が多く、内視鏡での確認は困難なことが多い。呼気終末陽圧呼吸などによる人工呼吸管理を行うと、瘻管を介して吸気が食道内に漏出するので、瘻管の位置の目安になることがある。本検査では、後天性気管支瘻の原因探索（生検など）も実施可能である。
　CT検査では、胸部撮影による評価（縦隔条件あるいは肺野条件）を行い、気管支から食道へ連続する瘻管を確認することによって診断が行われる。近年普及しているマルチスライスCT検査では、画像処理により食道と気管支樹を高解像度で三次元的に

観察することが可能であり、本症の診断に非常に有用である。

### vii）治療

気管支瘻の治療は、内科的な対症療法あるいは外科的治療によって行われる。瘻管が呼吸器に及ぼす影響が軽度であれば対症療法のみが選択され、瘻管による病態の慢性化や悪化が懸念される場合には、瘻管切除などの積極的な外科的治療が行われる。

#### ①内科的治療

内科的治療は、p556の気管狭窄の内科的治療および表Ⅱ-7を参照のこと。

#### ②外科的治療

気管支瘻の外科的治療は、開胸下での瘻管の切除が一般的である。内科的治療に改善傾向を示さない場合や、瘻管によって重篤な呼吸器感染症を呈している場合などは、適切な時期に外科的治療を実施する。治療に先立って、上述の検査により瘻管の位置および障害を受けている肺葉を確認する。目的の肺葉および食道に適切な肋間開胸術によりアプローチする。術野確保にあたり食道および気管周辺を走行する反回神経を愛護的に確保、保護する。慎重な剝離により瘻管を確保するが、瘻管周辺は癒着や血管新生などにより正常な解剖像が保てていないことがある。瘻管の切除は、食道側で行うと気管側の瘻管閉鎖が容易となる。瘻管断端の縫合は、3-0あるいは4-0モノフィラメント吸収糸で結節あるいは連続縫合により行い、適宜二重縫合を追加する。瘻管の開口していた気管支を含む肺葉が重度の感染を呈している場合には、その範囲が限局性であれば当該肺葉の切除を検討する。術式は、肺葉切除術を参考にするとよい。術後は、気胸や膿胸を生じる可能性があるため、胸腔の持続的なドレナージを実施できるように胸腔チューブを装着することが望ましい。なお、外科的治療は、緊急性を伴わない限り上述した内科的治療を行って、ある程度感染を制御した後に実施することが望ましい。術後は、感染症および術創からの空気の漏出に最大の関心をおいて管理し、あわせて内科的治療を2～4週間ほど継続する。

### viii）予後

内科的治療は、初期病態の改善には有効であるが、病態が慢性化して重症化することがある。このような場合には、内科的治療は効果が乏しいことが多く、長期的な予後は悪い。外科的治療では、瘻管の完全閉鎖および感染制御が実施できれば、臨床症状は速やかに改善し、予後は良好である。食道梗塞に続発した瘻管の場合は、食道狭窄や食道憩室の発生に注意が必要である。食道腫瘍の場合は、一般に予後は不良である。現在のところ、予後を評価できる要因については報告されていない。

## 6）肺血腫

### ⅰ）定義

肺血腫とは、何らかの原因によって肺実質内やその近傍に血液を貯留する囊胞が形成された状態をいう[55]。小動物においてはまれな疾患で、原因となった疾患が明らかな場合には、原疾患名で呼称されることが多い。肺血腫は、様々な疾患に続発して認められるため、罹患動物は原疾患に特徴的な症状を呈し、重篤な経過を辿る傾向がある。

### ⅱ）分類と原因

獣医科領域において、肺血腫の明確な定義および分類は存在しない。便宜的に、肺実質に対する血腫の位置関係により、血腫が周辺の肺組織を圧排して臓側胸膜下に達して発生したものは肺外性肺血腫、肺実質内にとどまって形成されたものは肺内性肺血腫と分類されることもある。血腫は、盲端となった肺胞、間質、気管支、毛細血管などを起源にすることが多いが、病理組織学的に明らかとならないこともある。

原因には、外傷、犬糸状虫やレプトスピラなどの感染症、血小板減少症や薬剤での血液凝固障害などによる肺血管系の破綻があげられる。人においては、膠原線維合成障害による肺実質脆弱化に起因した本症の報告も認められるが[56]、小動物における発生については不明である。

### ⅲ）病態

肺血腫の病態は、血腫の原因となった基礎疾患、および血腫拡張による正常肺組織の圧排に伴う呼吸換気機能の低下に代表される。さらに、血腫の破裂による胸腔内出血や出血性ショック、貧血などの病態が考えられる。いずれの病態も、血腫が大きく被

膜が菲薄化している場合に発生しやすいが、小さな血腫でも破裂する可能性が少ないわけではない。血腫の凝固、血腫周辺の基質化、動物の活動性、基礎疾患などにより病態進行が変化するため、病態を予測することは難しいが、基礎疾患が重篤であるため急速な悪化をきたすことが多い。

#### iv) 鑑別診断

嚢胞性肺疾患、肺気腫、肺膿瘍、肺炎、肺葉捻転、肺腫瘍、肺好酸球性肉芽腫、犬糸状虫症、レプトスピラ症、血液凝固障害、心血管系疾患などと鑑別する必要がある。

#### v) 臨床症状

肺血腫に認められる臨床症状は、様々な呼吸器症状として非特異的に出現するため、明確に本症を裏づけるものはない。また、本症の原因となっている疾患に特徴的な症状を示すものがあれば、それらを呈している場合も少なくない。主な症状としては、正常肺の縮小に起因した呼吸、換気障害により、発咳、呼吸促拍、努力性呼吸、起坐呼吸、呼吸困難、運動不耐、血痰、喀血、可視粘膜蒼白、チアノーゼなどが認められる。これら症状は、外傷性であれば受傷時より一過性に悪化した後に改善傾向を認める。続発性においても、原疾患の改善とともに改善傾向を示し、数ヵ月単位で血腫の消失をみることもある。

#### vi) 診断

肺血腫の診断は、肺実質内に形成された血腫を画像診断学的に確認することによって行われる。比較的まれな疾患であるため、偶発的あるいは死後剖検において診断されることもある。小動物臨床では、X線検査、CT検査などの画像診断が至適である。

X線検査では、最大吸気時のラテラル像およびVD像の撮影により評価を行い、肺野に辺縁が滑らかな輪状から類円形の陽性像を確認することによって、液体貯留性の嚢胞形成の診断が行われる。嚢胞の穿刺吸引により血液が採取された場合に肺血腫の診断となるが、血液凝固障害の認められる症例では慎重な実施が望まれる。また、感染の有無により血腫周辺の肺葉組織には、肺胞パターンや気管支パターンなどの様々な炎症性変化が認められる。

CT検査では、最大吸気時の胸部撮影による評価（肺野条件）を行い、断層撮影された肺野に限局性に薄壁輪状から類円形の無構造、高吸収領域を確認することによって、液体貯留性の嚢胞形成の診断が行われる。なお、嚢胞が含気胞であれば嚢胞性肺疾患や肺気腫との鑑別診断が必要となる。血腫と軟部組織の鑑別は、造影CT検査による造影効果により行う。

寄生虫性肺血腫では、血液を使用した抗原抗体反応やPCR法、血液や尿中の子虫や細菌の直接確認などにより診断する。犬糸状虫症の診断に限り、心エコー検査も有効である。

#### vii) 治療

肺血腫の治療は、肺外性・肺内性肺血腫ともに血腫に至った原因疾患の治療および外科的治療によって行われる。症例が、重篤な症状を呈している場合には生命維持が優先されるが、無症状で病変が小さく周辺組織にも影響を伴わない場合には、血腫に対する治療を必要としないこともある。

①外傷性肺血腫

交通事故や高所落下など胸部への鈍性の強い力によって、肺挫傷あるいは肋骨骨折による肺損傷などが原因で引き起こされる。治療は、救急的な血管確保に続いた生命管理および呼吸管理を行い、短期間で病態の改善がみられる場合には対症療法のみとする。呼吸管理としては、フローバイ、鼻カテーテル、マスク、気管挿管などによる酸素吸入、酸素要求量を減じるべく鎮静処置（ブトルファノール、アセプロマジン、ジアゼパムなど）、感染症予防として広域抗生物質（アモキシシリン、セファレキシン、エンロフロキサシンなど）、循環血液量の確保として晶質液あるいは膠質液の補液（乳酸リンゲル液、酢酸リンゲル液、ヒドロキシエチルデンプンなど）、その他として止血剤（カルバゾクロム、トラネキサム酸など）、ステロイド剤（デキサメタゾン、コハク酸プレドニゾロンなど）が適宜使用される。多量の出血を伴う場合は、速やかな輸血による対応が望ましい。肺の損傷が重度で、病態の悪化を認める場合には、全身麻酔による開胸下で損傷した肺葉の切除により治療を行う。治療方法については、肺葉切除術の項を参考にするとよい。また、合併が予想される気胸、蓮枷様胸郭（動揺胸郭：flail chest）についても別項を参考にするとよい。

### ②犬糸状虫症に続発する肺血腫

犬糸状虫症は、*Dirofilaria immitis* の感染により発生する。動物に犬糸状虫が寄生した場合、病態の進行に伴ってまれに肺血腫を認める場合がある。虫体塞栓による肺実質の器質的障害や、慢性的な発咳や努力性呼吸などの急激な胸腔内圧の変動に起因した肺血管の破綻によると考えられる。治療は、肺血腫に対する治療よりも、臨床症状の軽減を目的とした対症療法と、原因である犬糸状虫感染の制御を行うことで、血腫の消失を図る。治療方法については、犬糸状虫症の項を参照するとよい。

### ③レプトスピラ症に続発する肺血腫

レプトスピラ症は、*Leptospira canicola, L. icterohaemorrhagiae L. autumnalis*、などの感染により発生する。本症に罹患した動物が急性経過をたどった場合に、血小板減少、播種性血管内凝固などにより出血傾向を認め、まれに肺血腫を認める場合がある。治療は、本症に有効とされる抗生物質（アンピシリン、アモキシシリン、エンロフロキサシンなど）や対症療法とともに、ワクチンの接種により原因菌の制御に努める。しかし、本症は尿などから接触感染する人獣共通感染症であるため、公衆衛生学的概念に基づいて罹患動物との接触を避け、適切な対応を検討する。本来、ワクチン接種によって予防されるべき感染症である。

### ④血液凝固障害

動物に血液凝固障害が生じた場合、病態の進行に伴ってまれに肺血腫を認める場合がある。治療は、血液凝固障害が発生した原因により異なり、原発性の凝固障害であれば、欠乏成分の補充（輸血、血漿輸血）、免疫抑制、脾臓摘出などが選択され、続発性の凝固障害であればさらに原疾患の治療も加わる。肺血腫に対する治療は、多くの場合で実施されず、凝固障害の寛解とともに縮小あるいは消失する。

### viii）予後

外傷性肺血腫は、救命処置および急性期を乗り超えれば、外科治療に対する反応はよく予後は比較的良好である。その他の肺血腫は、原疾患から肺血腫に至るまでに重症化していることが多く、凝固障害や多臓器不全により外科的治療が実施できないこともあり、一般に予後は不良である。現在のところ、予後を評価できる要因については報告されていない。

（柴﨑　哲）

---

**参考文献**

[1] 日本気胸・嚢胞性肺疾患学会／編．：気胸・嚢胞性肺疾患規約・用語・ガイドライン：金原出版；2009．東京．
[2] Stogdale L, O'connor CD, Williams MC, Smuts MM. : Recurrent pneumothorax associated with a pulmonary emphysematous bulla in a dog : surgical correction and proposed pathogenesis. *Can Vet J*. 1982 ; 23（10）: 281-287.
[3] Krol J, Pacchiana PD. : What is your diagnosis? *J Am Vet Med Assoc*. 2009 ; 234（1）: 43-44.
[4] Boudrieau RJ, Fossum TW, Birchard SJ. : Surgical correction of primary pneumothorax in a dog. *J Am Vet Med Assoc*. 1985 ; 186（1）: 75-78.
[5] Cohn LA. : Pulmonary parenchymal disease. In : Ettinger SJ, Feldman EC.（ed）: Textbook of veterinary internal medicine. 7th ed. WB Saunders ; 2010 : 1096-1119. Philadelphia.
[6] Dahl K, Rorvik AM, Lanageland M. : Bronchogenic cyst in a German shepherd dog. *J Small Anim Pract*. 2002 ; 43（10）: 456-458.
[7] Oliveira C, Rademacher N, David A, Vasanjee S, Gaschen L. : Spontaneous pneumothorax in a dog secondary to Dirofilaria immitis infection. *J Vet Diagn Invest*. 2010 ; 22（6）: 991-994.
[8] 一條祐一, 小原啓司, 中尾茂, 佐藤礼一郎, 大西守．：成乳牛に集団発生した牛肺虫症．北海道獣医師会雑誌, 2008 ; 51（8）: 290.
[9] Kotani T, Horie M, Yamaguchi S, Tsukamoto Y, Onishi T, Ohashi F, Sakuma S. : Lungworm, Filaroides osleri, infection in a dog in Japan. *J Vet Med Sci*. 1995 ; 57（3）: 573-576.
[10] Nakano N, Kirino Y, Uchida K, Nakamura-Uchiyama F, Nawa Y, Horii Y. : Large-Group Infection of Boar-Hunting Dogs with Paragonimus westermani in Miyazaki Prefecture, Japan, with Special Reference to a Case of Sudden Death Due to Bilateral Pneumothorax. *J Vet Med Sci*. 2009 ; 71（5）: 657-660.
[11] Silverman S, Poulos PW, Suter PF. : Cavitary pulmonary lesions in animals. *Vet Radiol*. 1976 ; 17 : 134-146.
[12] 小川高, 三島浩亨, 新家俊樹．：猫肺吸虫症5例にみられた胸部X線像の特徴．日本獣医師会雑誌．2011 ; 64（6）: 474-476.
[13] Au JJ, Weisman DL, Stefanacci JD, Palmisano MP. : Use of computed tomography for evaluation of lung lesions associated with spontaneous pneumothorax in dogs : 12 cases（1999-2002）. *J Am Vet Med Assoc*. 2006 ; 228（5）: 733-737.
[14] Brissot HN, Dupre GP, Bouvy BM, Paquet L. : Thoracoscopic treatment of bullous emphysema in 3 dogs. *Vet Surg*. 2003 ; 32（6）: 524-529.
[15] Coyne BE, Fingland RB. : Hypoplasia of the trachea in dogs : 103 cases（1974-1990）. *J Am Vet Med Assoc*. 1992 ; 201（5）: 768-772.
[16] White RAS, Kellagher REB. : Tracheal resection and anastomosis for congenital stenosis in a dog. *J Small Amin Pract*, 1986 ; 27（2）: 61-67.
[17] Smith MM, Gourley IM, Amis TC, Kurpershoek C. : Management of tracheal stenosis in a dog. *J Am Vet Med Assoc*. 1990 ; 196（6）

: 931-934.
[18] Mahler SP, Mootoo NF, Reece JL, Cooper JE. : Surgical resection of a primary tracheal fibrosarcoma in a dog. *J Small Anim Pract*. 2006 ; 47 (9) : 537-540.
[19] Drynan EA, Moles AD, Raisis AL. : Anaesthetic and surgical management of an intra-tracheal mass in a cat. *J Feline Med Surg*. 2011 ; 13 (6) : 460-462.
[20] Faisca P, Henriques J, Dias TM, Resende L, Mestrinho L. : Ectopic cervical thymic carcinoma in a dog. *J Small Anim Pract*. 2011 ; 52 (5) : 266-270.
[21] 南 三郎, 柄 武志, 今川智敬, 岡本芳晴, 小笠原剛志. : 子牛の気管狭窄の1例. *第78回獣医麻酔外科学会抄録*. 2009 ; 185.
[22] Orton EC. : Respiratory system. In : Orton EC : Small animal thoracic surgery : Williams &Wilkins ; 1995 : 139-174. Baltimore.
[23] Tangner CH, Hobson HP. : A retrospective study of 20 surgically managed cases of collapsed trachea. *Vet Surg*. 1982 ; 11 (4) : 146-149.
[24] O'brien JA, Buchanana KW, Kelly DF. : Tracheal collapse in the dog. *J Am Vet Radiol Soc*. 1966 ; 7 : 12-19.
[25] Buback JL, Boothe HW, Hobson HP. : Surgical treatment of tracheal collapse in dogs : 90 cases (1983-1993). *J Am Vet Med Assoc*. 1996 ; 208 (3) : 380-384.
[26] 山根義久. : 小動物における気管虚脱の病態と治療 : 気管虚脱に対する新しい処置法としてのステントの実験的, 臨床的応用. *第12回小動物動物臨床研究会年次大会プロシーディング*. 1991 ; 231-238.
[27] 八木裕三, 添田 弘, 加藤 健, 加藤知也, 他. : ステンレスのワイヤーコイルを用いてステント代用とした気管虚脱の3例. *第16回小動物臨床研究会年次大会プロシーディング*. 2003 ; 308-309.
[28] Kim JY, Han HJ, Yun HY, Lee B, Jang HY, Eom KD, Park HM, Jeong SW. : The safety and efficacy of a new self-expandable intra-tracheal nitinol stent for the tracheal collapse in dogs. *J Vet Sci*. 2008 ; 9 (1) : 91-93.
[29] Sura PA, Krahwinkel DJ. : Self-expanding nitinol stents for the treatment of tracheal collapse in dogs : 12 cases (2001-2004). *J Am Vet Med Assoc*. 2008 ; 232 (2) : 228-236.
[30] Woo HM, Kim MJ, Lee SG, Nam HS, Kwak HH, Lee JS, Park IC, Hyun C. : Intraluminal tracheal stent fracture in a Yorkshire terrier. *Can Vet J*. 2007 ; 48 (10) : 1063-1066.
[31] Brown SA, Williams JE, Saylor DK. : Endotracheal stent granulation stenosis resolution after colchicine therapy in a dog. *J Vet Intern Med*. 2008 ; 22 (4) : 1052-1055.
[32] 米澤 覚. : Parallel Loop Line Prostheses を用いて外科的矯正術を行った Grade III の気管虚脱の1例. *日本獣医師会雑誌*. 2006 ; 59 (7) : 478-481.
[33] 米澤 覚. : 犬の気管虚脱の外科的治療法における新形状プロテーゼの発案. *動物臨床医学*. 2003 ; 11 (4) : 155-161.
[34] 田中 綾, 清水美希, 島村俊介, 小林正行, 平尾秀博, 窪田朋宏, 山根義久. : 気管外コイルステントを用いて重度気管虚脱の治療を実施した犬の2例. *第25回動物臨床医学会年次大会プロシーディング No.2*. 2004 ; 105-106.
[35] 柴崎 哲, 米澤 覚, 松本達也, 山下美佳, 片本 宏, 長谷川貴史. : 気管外プロテーゼを用いて外科的矯正術を実施した犬の気管虚脱の1例. *第25回動物臨床医学会年次大会プロシーディング No.3*. 2004 ; 138-139.
[36] Norris CR. : Bronchiectasis. : In : King LG. : Textbook of respiratory disease in dogs and cats : WB Saunders ; 2004 : 376-379. St Louis.
[37] Marolf AJ, Blaik MA. : Bronchiectasis. *Compend Contin Edu Small Anim Pract*. 2006 ; 28 (11) : 766-775.
[38] Hawkins EC, Basseches J, Berry CR, Stebbins ME, Ferris KK. : Demographic, clinical, and radiographic features of bronchiectasis in dogs : 316 cases (1988-2000). *J Am Vet Med Assoc*. 2003 ; 223 (11) : 1628-1635.
[39] Norris CR, Samii VF. : Clinical, radiographic, and pathologic features of bronchiectasis in cats : 12 cases (1987-1999). *J Am Vet Med Assoc*. 2000 ; 216 (4) : 530-534.
[40] Hamerslag KL, Evans SM, Dubielzig R. : Acquired cystic bronchiectasis in the dog : a case history report. *Vet radiol*. 1982 ; 23 (2) : 64-68.
[41] Neil JA, Canapp SO Jr., Cook CR, Lattimer JC. : Kartagener's syndrome in a Dachshund dog. *J Am Anim Hosp Assoc*. 2002 ; 38 (1) : 45-49.
[42] Reichler IM, Hoeraul A, Guscetti F, Gardelle O, Stoffel MH, Jentsch B, Walt H, Arnold S. : Primary ciliary dyskinesia with situs inversus totalis, hydrocephalus internus and cardiac malformations in a dog. *J Small Anim Pract*. 2001 ; 42 (7) : 345-348.
[43] Meler E, Pressler BM, Heng HG, Baird DK. : Diffuse cylindrical bronchiectasis due to eosinophilic bronchopneumopathy in a dog. *Can Vet J*. 2010 ; 51 (7) : 753-756.
[44] Marolf A, Blaik M, Specht A. : A retrospective study of the relationship between tracheal collapse and bronchiectasis in dogs. *Vet Radiol Ultrasound*. 2007 ; 48 (3) : 199-203.
[45] Della Ripa MA, Gaschen F, Gaschen L, Cho DY. : Canine bronchoesophageal fistulas. *Compend Contin Educ Vet*. 2010 ; 32 (4) : E1-E10.
[46] Busch DS, Noxon JO, Merkley DF. : Bronchoesophageal fistula in a dog. *Canine Pract*. 1991 ; 16 (2) : 25-29.
[47] van Ee RT, Dodd VM, Pope ER, Henry GA. : Bronchoesophageal fistula and transient megaesophagus in a dog. *J Am Vet Med Assoc*. 1986 ; 188 (8) : 874-876.
[48] Fox E, Lee K, Lamb CR, Rest J, Baines SJ, Brockman D. : Congenital oesophageal stricture in a Japanese shiba inu. *J Small Anim Pract*. 2007 ; 48 (12) : 709-712.
[49] Basher AW, Hogan PM, Hanna PE, Runyon CL, Shaw DH. : Surgical treatment of a congenital bronchoesophageal fistula in a dog. *J Am Vet Med Assoc*. 1991 ; 199 (4) : 479-482.
[50] Muir P, Bjorling DE. : Successful surgical treatment of a broncho-oesophageal fistula in a cat. *Vet Rec*. 1994 ; 134 (18) : 475-476.
[51] Reif JS. : Solitary pulmonary lesions in small animals. *J Am Vet Med Assoc*. 1969 ; 155 (5) : 717-722.
[52] Holder TM, Cloud DT, Lewis JE Jr., Pilling GP 4th. : Esophageal atresia and tracheoesophageal fistula. A survey of its members by the surgical section of the American academy of pediatrics. *Pediatrics*. 1964 ; 34 (10) : 542-549.
[53] Braimbridge MV, Keith HI. : Oesophago-bronchial fistula in the adult. *Thorax*. 1965 ; 20 : 226-233.
[54] Shaw DH. : Bronchoesophageal fistulas : In : King LG : Textbook of respiratory disease in dogs and cats : WB Saunders ; 2004 : 397-399. St Louis.
[55] 平泉泰自, 谷口 誠, 城谷典保, 鈴木 忠, 織畑秀夫. : 外傷性肺血腫の1例と本邦報告例の検討. *東京女子医大雑誌*. 1986 ; 56 (5) : 432-436.
[56] 松下 文, 高柳 昇, 石黒 卓, 原澤慶次, 土屋典子, 米田紘一郎, 宮原庸介, 山口昭三郎, 矢野量三, 徳永大道, 斉藤大雄, 倉島一喜, 生方幹夫, 柳沢 勉, 杉田 裕, 河端美則, 沖田 博, 簱持 淳. : 肺裂傷に伴う肺血腫が診断契機となった Ehlers-Danlos 症候群の1例. *日本呼吸器学会雑誌*. 2009 ; 47 (8) : 704-710.

### 7）肺葉捻転
#### ⅰ）定義

肺葉捻転は、気管支および血管を含む肺葉の長軸方向への捻転で、捻転により静脈の血流が著しく障害され、動脈はその後もしばらくは血流を維持しつづけるために、捻転した肺葉はうっ血し、最終的には気管支や肺胞は、漏出成分で満たされ肝変化病変を形成する。胸の深い大型犬に多く報告されているが、大型種以外の犬や猫でも報告されている[1-8]。本邦でも、少数例であるが報告されている[6-9]。

#### ⅱ）原因

肺葉捻転は、アフガンハウンドをはじめとする大型犬において自然発生的に発症することが多い[2,7,10,11]。胸の深い大型犬においては、深い葉間裂がこの疾患の解剖学的な素因と考えられている。

大型犬以外の犬や猫においては、しばしば乳び胸や腫瘍などによる胸腔内液体貯留、外傷、横隔膜ヘルニアおよび胸部や腹部手術、慢性呼吸器疾患などがその発生要因と考えられている[1,6,10]（図Ⅱ-110）。特にアフガンハウンドにおいては乳び胸を併発した肺葉捻転の報告が多いが、乳び胸が肺葉捻転を引き起こしたのか、その逆なのかは議論の余地がある[2,7,10,11]。拡張不全の肺葉は、容量の減少により不安定となり、すべての肺葉に対して捻転の要因となる。

小型犬においては、若齢の雄のパグ犬においては自然発生的な発生が多いという報告があるが[12-14]、犬種特有の気道の低形成などが素因かもしれない。

また、肺奇形に併発したと思われる肺葉捻転の報告もある[9]。

#### ⅲ）病態

一般的に肺葉捻転は、徐々に進行して、その発現は急激である。部分的な肺の拡張あるいは拡張不全後に、肺は胸壁の動きによってその位置を変化させる。肺葉の茎部を中心として捻転が始まり、その捻転により、脈管系では動脈を不完全に圧迫し、不完全な捻転中に肺葉から心臓への静脈還流が遮断される。捻転した肺葉は、うっ血し肺胞には液体成分が充満し、さらに肺胞表面からの液体漏出が促進し、

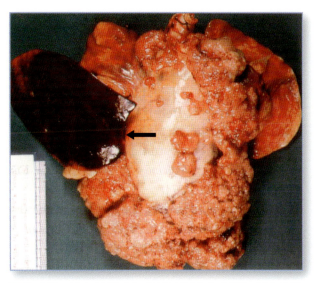

図Ⅱ-110　雄の雑種犬における悪性中皮腫に伴う胸腔内液体貯留に認められた肺葉捻転（矢印）

心膜周囲の腫瘍は悪性中皮腫で、右側肺中葉は反時計方向に約270度回転し、出血性梗塞により暗赤色に変色していた（腹側観）。（写真提供：山根義久先生）

胸膜漏出および癒着などを併発する。肺・気管支においては、その閉塞により肺胞壁から空気が吸収され、拡張不全を起こす。気管支内腔から空気が吸収されると肺葉の固質化が起こり、肺硬変、壊死が生じる。長期間の肺葉捻転では、肉芽組織の増生、線維化、胸膜癒着が認められる。さらに、縦隔洞気腫、気胸を伴う気管支破裂などの合併症が増加する。

肺葉捻転は、長く狭小で小さな茎をもつ右側肺中葉に多く報告されている[1,8,15,16]。右側肺中葉は、胸骨と胸壁の間に不安定に位置し、右側肺前葉と右側肺後葉に隣接している構造上の問題からの捻転と考えられ、大型犬ではそれが特に顕著であると考えられている[17]。まれに、右側肺中葉と右側肺前葉が同時に捻転する場合もある[18]。

左側肺前葉は、右側肺中葉に次いで捻転の多い部位である[15]。前述のように大型犬では右側肺中葉の捻転が多いが、小型犬では左側肺前葉の捻転が一般的であるとする報告もある[4]。

左右の後葉は、解剖学的にしっかりと固定されているので、その発生は極めてまれと考えられている。

さらに、極端にまれではあるが右肺の副葉の捻転の報告や[11]、右側肺後葉の中央部分の捻転に、部

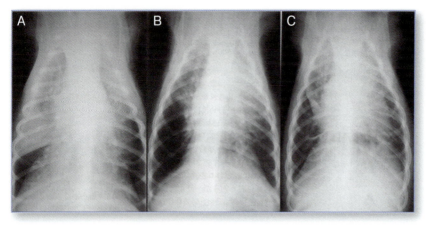

図Ⅱ-111　症例は、図Ⅱ-110と同症例。雑種犬、6歳齢、雄、体重13kg

A：第1病日胸水除去（右側胸腔から580mL、左側胸腔から750mLの血様胸水、Ht35%、TP3.3g/dL）後、B：第4病日胸水除去後、C：第7病日胸水除去後、第81病日に試験開胸にて、肺中葉捻転と悪性中皮腫を確認。（写真提供：山根義久先生）

分肺葉切除を実施した症例も報告されている[19]。

捻転の方向は、時計回りおよび反時計回りが報告され、捻転の角度は、90〜580°とかなり幅広い[1, 8, 11, 20]。

捻転してしまった肺葉の再拡張に際して、胸壁と隣接する肺葉は、その肺葉の機能を制限し、さらに正常に復帰することを妨げる。

胸腔内の液体貯留や気胸は、肺葉の虚脱をさらに悪化させ、発咳や頻呼吸などの胸壁や横隔膜からの外的な機能要因により、さらに捻転発生の誘因となる。

術後の肺葉捻転も知られている。右側横臥位では右側の肺葉が部分的に虚脱状態に陥ることから、捻転を起こす可能性が増加する。右側肺中葉の捻転の可能性は高い。肺葉切除後の残存した肺葉における捻転も報告されている[11, 15, 20]。

### iv）臨床症状

肺葉捻転に特徴的な臨床症状はみられない。初期には、臨床症状は徐々に、あるいは急激に発現する。全身症状として、呼吸促迫や呼吸困難、低酸素血症などの呼吸器症状の他に、沈うつ、元気消失、発熱、食欲不振、体重減少、嘔吐や吐き気、下痢が認められることがある。犬において、呼吸器症状が発現する数日前に原因不明の発咳が認められることがある[11]。猫の肺葉捻転の既往歴に喘息が報告されている[3]。

### v）診断

肺葉捻転において多くの場合、胸腔内に液体貯留を併発していることがある。その場合は、診断および治療を目的として胸腔穿刺により液体の抜去を行う。肺葉捻転による胸膜滲出液の細胞診において、多数の赤血球と好中球、中皮細胞が認められることが多く、一般的に細菌は認められない。

肺葉捻転におけるX線所見は、胸腔内の液体の量、気管支や血管の閉塞の範囲、捻転した肺葉、捻転の程度、捻転してからの時間などに影響される。通常の肺葉捻転のX線所見は、胸腔内液体貯留を疑う所見、肺葉の拡張不全像、エアーブロンコグラムおよびエアーアルベオログラムの位置異常、拡張した肺の解剖学的な位置異常（気管支や血管の走行異常）、葉間裂の変化、気管支腔の突然の消失などがあげられる。胸水除去や画像処理によりこれらのX線診断は容易になることがあるが、捻転した肺葉の明確な確認は原則困難であると認識されている（図Ⅱ-111）。その他、水平方向からのX線撮影も診断の助けとなる。肺炎、血栓症、腫瘍、拡張不全、横隔膜ヘルニア、凝血異常、膿胸、血胸、および外傷性肺疾患などの鑑別診断が必要になる。

胸腔内に液体を貯留している場合は、超音波検査が有用とする報告がある[4, 11, 21]。

気管支造影は捻転の状態や複雑な気管支をみることが可能であるが、臨床例での実施は現実的ではないことが多い。

麻酔処置が必要であるが、気管支鏡での診断は有用である[22]。

### vi）内科的治療

本症の多くの症例では、胸腔内に液体貯留があるため、超音波検査などにより確認した後は、診断および治療目的で胸腔穿刺にて液体の排出を行う。持続する胸腔内の液体貯留を呈するものには、胸腔ドレーンの留置を実施する。

肺葉捻転は、自然治癒の可能性は極めて低いとい

われているので、内科的治療は外科的治療までの状態の改善を目的とするものである。酸素室や経鼻カテーテルなどからの酸素投与を行い、十分な酸素化を計ることも肝要である。

さらに、二次感染予防のために抗生物質の投与や、適切な水和のための輸液療法も併せて実施する。

原因疾患または基礎疾患に利尿薬を用いる必要がある場合を除き、体液バランスを崩す可能性があるので安易な使用は避ける。

### vii) 外科的治療

開胸下で捻転している肺葉を確認して、肺葉切除を実施する。この処置は、捻転を整復し、肺葉の再拡張が確認されたとしても、1度捻転した肺葉はしばしば壊死するために切除術を実施する。

通常は、捻転した肺葉の基部を鉗子などで遮断した後に捻転した肺葉を切除する。捻転した肺葉をそのまま整復した場合に、再灌流による様々なリスクを回避するためである。大きな肺葉の捻転では周囲組織との癒着により捻転を解除することが困難な場合があるが、原則としては肺葉切除時に捻転を解除して気管支や血管走行を確認してから結紮する。さらに、切除した肺葉の気管支内腔または肺実質の培養・同定・感受性試験に加え、病理組織学的検索を実施する。

胸腔を洗浄して、残っている肺葉を観察した後に、胸腔ドレーンを挿入して閉胸する。右側肺後葉の中央部分での肺葉捻転の治療として、部分的な肺葉切除術を実施した報告もみられる[19]。

術後6〜12時間で重度な肺水腫を呈する症例が報告されている。原因は推測の域を出ないが、術中の過剰な肺循環による影響や、術中に捻転肺から放出された壊死物質によるSIRS（Systemic Inflammatory Response Syndrome：全身性炎症反応症候群）からARDS（Acute Respiratory Distress Syndrome：急性呼吸促迫症候群）に移行したなどと考えることもできる。

### viii) 予後

自然発生的に発症したものは、肺葉切除により良好な経過が報告されている。しかし、術後に乳び胸、中皮腫、胃拡張胃捻転症候群、別の肺葉捻転の併発などにより再手術を余儀なくされた報告が多い[2,15]。また、ARDS、肺炎、敗血症、気胸、乳び胸などにより安楽死される症例も多く[2]、予後は基礎疾患に左右されることが多い。

## 8) 肺動静脈瘻

### i) 定義

肺動静脈瘻は、肺動脈または体動脈（気管支動脈、肋間動脈、その他）と肺静脈が毛細血管を介さないで直接つながった吻合異常（肺血管系のシャント）である。その結果、血液は十分な酸素化をされずに肺を通過する。

人においては約2/3が単発性であるが、多発性は約1/3と報告されている。通常、吻合部では血管瘤などの異常拡張を伴う。

### ii) 原因

他の合併症なしで肺動静脈瘻が起こることもあるが、人の場合は多くが先天性であり、全身性の毛細血管拡張症（helangiectasia）を合併する[23]。後天性では、気管支炎や外傷に続発することが知られている。

### iii) 病態

基本的な病態は、肺血管シャントにより酸素化されない血液が左心系に帰るための低酸素症である。さらに、吻合部の拡張した血管が破裂した場合は、急激な胸腔内出血を起こすことも予想される[24]。さらに、静脈側でできた血栓や静脈内に侵入した細菌が、通常の肺毛細血管床でトラップされずに、シャント血管を通って動脈に達することで、脳梗塞などの動脈血栓症や脳膿瘍になることが報告されている[25,26,27]。

低酸素症により多血症になっている場合が多い。

### iv) 診断

多くの症例は、無症状である。病態がある程度以上になると、低酸素症に起因するチアノーゼ（短絡量が20%を超えると出現すると報告されている）、運動不耐性、胸部痛などが人では報告されている。人の症例の30〜50%で、皮膚粘膜の血管腫の合併が報告され、Rendu-Osler-Weber症候群（通称Osler病）の一部と考えられている[28,29]。人においては、遺伝的出血性毛細血管拡張症に肺動静脈瘻が合併す

ることが多いので、症状に鼻出血、喀血、血痰など
を呈することが多い[23]。

　瘻が大きくなるとその部分で連続性雑音が聴取さ
れることがある。吸気時に静脈還流量が増加してシ
ャント流量が増えるので聴診により雑音が増強す
る。

　通常、血中の酸素濃度は低下している。シャント
流量は、加齢とともに増加して、動脈血酸素飽和度
（$SaO_2$）や動脈血酸素分圧（$PaO_2$）の低下がみら
れ、代償的に赤血球増加症を呈することもある。

　確定診断は、肺動脈血管造影や胸部CT検査で、
異常に太い肺動脈と肺静脈が瘻を形成する像が得ら
れる。

#### ⅴ）内科的治療

　低酸素症に対しては、安静に加えて十分な酸素吸
入を行う。ただし、シャントの存在のために$PaO_2$
は十分に上がらない。さらに、感染症、歯周病治療
などでは予防的に抗生物質投与が必要となる。近
年、人においてはコイル塞栓術が行われ、良好な成
績をあげている[23, 27-30]。

#### ⅵ）外科的治療

　症状が重い場合やコイル塞栓術が行えない例で
は、肺葉切除や肺部分切除術を実施する[24, 31]。単
発例では、発見後に可能な限り小さなうちに切除す
べきである。多発例では、肺高血圧が進行していな
い場合でも根治術が困難なことや、手術における出
血のコントロールが容易でないことなど、手術適応
は慎重であるべきである。

#### ⅶ）予後

　シャント量が多いものは、破綻しやすく大出血の
危険性が高い。さらに脳梗塞、脳血栓、脳膿瘍など
の併発が人では知られている。肺高血圧が進行して
いる症例では、術後に肺高血圧が進行して右心不全
をきたすことが報告されている。

### 9）肺気腫
#### ⅰ）定義

　本症は、明らかな線維化を伴わず肺胞壁の破壊を
伴い、終末細気管支より遠位の気腔の異常、かつ永
久的拡張を示す状態と病理学的に定義され、臨床的
には気流障害によりガス交換が障害される疾患であ

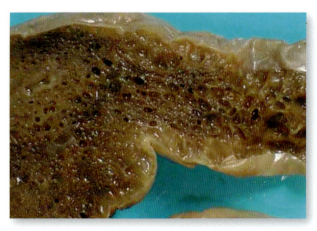

図Ⅱ-112　肺気腫
バセット・ハウンド、3歳9ヵ月齢。8ヵ月前に軽度の運
動不耐性（散歩途中で休む）と洞停止が確認されていた。昨
日、シャンプー後からの努力性呼吸とふらつきがみられ
た。（写真提供：山根義久先生）

る。その多くの原因は、気管支、細気管支、肺胞で
の難治性の慢性気管支炎であるため、人においては
慢性閉塞性肺疾患（Chronic Obstructive Pulmonary
Disease：COPD）という概念（いわゆる慢性閉塞性
肺疾患は、肺気腫と慢性気管支炎を併せた診断名）
に含まれている。

　肺気腫（図Ⅱ-112）がさらに拡張して、肉眼的に
風船のように直径1cm以上（1～10cm）の各種の
囊腫を形成することがある。

#### ⅱ）原因

　先天性の肺気腫は、通常1つの肺葉で起こること
が多い。先天性の肺葉性気腫は、気管支軟骨の異形
成、形成不全、無形成に起因するまれな疾患であ
る[32-39]。

　後天性の肺気腫は、猫の喘息などでみられ、慢性
気管支炎や気管支拡張症などの合併症として起こ
る。

　一般的に、肺の基質は主としてエラスチンとコ
ラーゲンよりなる。肺内の白血球や肺胞マクロフ
ァージから分泌されるプロテアーゼ（蛋白分解酵
素）が過剰になると肺融解により肺気腫が生じると
いう仮説がたてられている。さらに、このプロテ
アーゼと肝臓や肺内の様々な細胞で作られるアンチ
プロテアーゼ（抗蛋白分解酵素）の肺内における均
衡が破綻した場合（プロテアーゼが過剰に分泌され
たり、あるいは逆にアンチプロテアーゼ量が少なす

ぎたり、また量はあってもその働きが失われている）も、肺胞壁を作っている蛋白がプロテアーゼによって徐々に壊されていくと考えられている。

人において喫煙による肺気腫発生の機序としては、喫煙によりマクロファージや好中球が非喫煙と比べて数倍から10数倍も呼吸細気管支に遊走してきて、それが破壊されるときに多量の蛋白分解酵素を放出する。肺の破壊はゆっくり少しずつ進行し、成人の肺胞壁は1度壊れると再生することはないので、病気は徐々に長い年月をかけて進行していくと考えられている。

### iii) 病態

肺気腫の肺内では、好中球や肺胞マクロファージが増加し、これらの炎症性細胞の活性化により放出されるエラスターゼが異常に増加した場合（生体の抗エラスターゼ活性を上回った場合）に、細胞外基質を構成するコラーゲンやエラスチンを分解して肺胞隔壁の破壊が起こると考えられている。このようにして起こる肺気腫の発生メカニズムはエラスターゼ・抗エラスターゼ不均衡説といわれ、実験動物で同様の病態を再現できる[40,41]。この病態は人の喫煙者で顕著である。

このように肺気腫では、肺弾性収縮力の低下、肺コンプライアンスの増加、肺気量、特に残気量の増加をきたす。肺胞壁の破壊と弾性収縮力の低下は細気管支で気道閉塞を起こし、閉塞部位よりも末梢側が気腫状に膨張する。さらに肺胞の中隔破壊により、肺胞が癒合して空洞が拡大して、換気能の減少を引き起こす。

閉塞性の換気障害と換気・血流分布異常が著明に認められることで、結果として肺でのガス交換能の低下または喪失をもたらす。

### iv) 診断

X線検査により、X線透過性の増加が認められ、正常な肺の血管陰影は喪失する。胸腔容積は増加して、ラテラル像で心臓と横隔膜の間のスペースが大きくなり、横隔膜ラインも平坦化することがある。慢性呼吸器疾患で認められる胸壁の変形（人においてはビール樽状胸郭と表現される）が認められることがある。

動脈血の血液ガス分析では、重症例では低酸素血症を呈する。

肺気腫の定義に基づく厳密な確定診断は剖検後の病理組織学的検討による。

### v) 内科的治療

肺気腫の慢性期における薬物治療として、明確な有効性を示すエビデンスはないが、通常、グルココルチコイドと気管支拡張薬の併用は症状の緩和に効果がある。二次感染予防のために抗生物質の投与も行う。さらに、肥満動物の場合は、減量の指示を行う。

急性増悪期では、その誘因として感染・気道攣縮・右心不全が考慮されるので、それらに対する治療および酸素療法が必要となる。

気胸を併発している場合は、十分に注意して胸腔穿刺を行う。

また、病態によっては、肺気腫の発生病態の1つと考えられている肺内の好中球や肺胞マクロファージの炎症性細胞の活性化により放出されるエラスターゼを標的として、好中球エラスターゼ・インヒビター（エラスポール® 0.2mg/kg/時、持続点滴）の使用も考慮されるかもしれない。

### vi) 外科的治療

人において、肺気腫において多発する嚢胞を縮小させることで、生理的死腔を減少させ、さらにそれに伴って肺全体の容積を減少させることで、横隔膜や肋間筋の運動制限を軽減し、呼吸状態を改善することを目的として正常肺機能をもたない肺の部分切除（volume reduction surgery）が行われ、よい成績をあげている。

先天性の肺葉気腫に対しては、罹患葉の外科的切除が最適である[32,35,37,38]。

### vii) 予後

一般的に慢性経過の肺気腫の予後は不良のことが多い。しかし、先天性の肺葉性肺気腫では、罹患した肺葉の部位や気胸の併発にもよるが、手術による肺葉切除で予後良好といわれている。

犬においては、日常的な興奮時の発咳や頻呼吸などで早めの診断も可能だが、猫においては、安静時の呼吸困難という末期的な状況下で診断されることがあるので予後は極めて悪い。

## 10）肺水腫

### ⅰ）定義

　正常な肺は、微小血管（細動脈、毛細血管、細静脈）のバリア機構により、水分や電解質は血管と間質を一定の規則に従って移動している。しかし、肺静脈圧の亢進による静水圧差の増加や、血管透過性の亢進による膠質浸透圧の保護作用減弱や、リンパ流の障害などにより、血管外から肺実質へ移動した液体成分が再吸収できず異常に貯留した状態を肺水腫と定義される。

　肺間質、気管支、肺胞と血管外である肺実質に液体が過剰に蓄積すると、肺胞内に多量の液体成分が漏出して、肺でのガス交換能が障害されて低酸素血症となる。

　正常肺において、肺組織間液量は肺重量の20％以内であるが、肺間質（肺胞上皮細胞と毛細血管内皮細胞との間隙）に水分が貯留した状態の間質性肺水腫では、正常肺重量の50％以上となり、頻呼吸を伴う初期では動脈血酸素分圧および二酸化炭素分圧は低下する。さらに、肺組織間液が増加して正常肺重量の500〜1000％を超えると肺胞腔まで組織間液が漏れ、泡沫状液体の喀出を呈する典型的な肺胞性肺水腫に移行し、動脈血酸素分圧は著しく低下し、逆に二酸化炭素分圧は増加して、さらに病態は悪化する[42]。

### ⅱ）原因

　肺水腫の原因を表Ⅱ-8に示す。主な原因は、肺毛細血管の静水圧上昇と血管壁の透過性亢進である。

　前者は、肺静脈圧の亢進により毛細血管静水圧が上昇して、液体成分が血管外の間質に漏出する状態である。病態が進行するとその影響は肺胞や気管支にまで波及し、液体成分に加えて血球成分までが毛細血管内皮細胞の間隙を通過して漏出する。その主な原因は心筋症、僧帽弁閉鎖不全症、動脈管開存症、大動脈弁疾患、心室中壁欠損症などのうっ血性心不全や不整脈などである。いわゆる肺静脈側の圧上昇や大量輸液などによる肺動脈側の血液量増大による。

　後者は、血管透過性の亢進により肺毛細血管壁の病的な変化によるものである。その主な原因は、急性呼吸促迫症候群（ARDS）と関連した状態と考えられ、外傷、肺炎、重症膵炎、敗血症などの全身性炎症反応症候群（SIRS）、播種性血管内凝固（DIC）症候群、熱中症、ヘビ毒、有毒ガス吸入、強いストレスなどのショック状態を伴う病態である。

　その他として、血管透過性亢進を本態とするものに神経原性肺水腫がある。神経原性肺水腫は、脳血管障害、てんかん発作、脳腫瘍、頭部外傷などの中枢神経疾患でみられ、中枢神経系の障害により交感神経の過緊張状態が惹起され、多量のカテコールアミンが交感神経終末から分泌され、血管収縮により体循環から肺循環へ血流分布が変化することが発生誘因となり、肺血管床の破綻と血管透過性亢進により発生すると考えられてきた[43]。しかし、最近の研究により、神経原性肺水腫の発生と同時に左心不全が生じて、血管透過性亢進型肺水腫に心原性肺水腫を合併することが報告されている[44, 45]。

　上記の主な2つの原因以外に重要な役割を果たしているのが、リンパ管による血管外体液の排出の障害によるものである。体静脈圧の上昇や癌性リンパ管炎、肺線維症、リンパ管損傷などがその原因として考えられている。

　さらに、重篤な肝疾患、進行したネフローゼ症候群、蛋白漏出性疾患などのように、著しい低アルブ

表Ⅱ-8　肺水腫の原因

| |
|---|
| **肺毛細血管の静水圧上昇** |
| ・左心不全は左房圧を上昇させ、その結果として肺静脈圧が増加 |
| ・左房圧の上昇による心原性肺水腫 |
| ・肺塞栓による肺静脈圧の上昇 |
| ・急激な末梢血管収縮に伴う血液の肺への集中（セントラリゼーション）？ |
| ・慢性腎不全による循環血液量の増加 |
| ・大量輸液 |
| **血管壁の透過性亢進** |
| ・急性呼吸促迫症候群（ARDS） |
| **その他** |
| リンパ管の障害 |
| 浸透圧の低下 |
| ・肝不全による低アルブミン血症 |
| ・ネフローゼ症候群 |

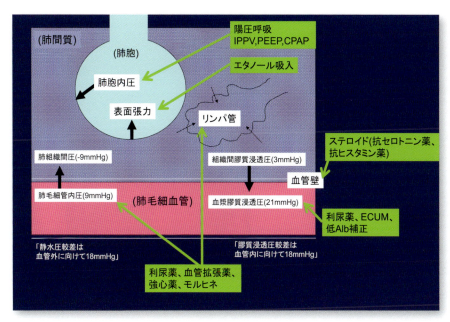

図Ⅱ-113 肺水腫の病態と治療方法

ミン血症を呈する病態においては血漿膠質浸透圧が減少する。この場合、上記の病態をさらに悪化させることがあるが、単独で肺水腫を呈することは極めてまれとされている。

また、再拡張性肺水腫という主に医原性の肺水腫も報告され、新生子での動脈管開存症の結紮術中に、片肺の圧排が原因で発生したことが報告されている[46]。さらに、片肺で起きた再拡張性肺水腫は、対側にも波及することもわかっている。このように再拡張性肺水腫でみられる炎症性反応は、IL-8などのサイトカインが関与していることが示唆されている[47]。

### iii）病態

本症は、肺でのガス交換能の低下または喪失をもたらす疾患の1つである。肺にはガス交換のために多数の毛細血管やリンパ管が存在しており、通常でも毛細血管壁の間隙から血管外に、ある程度の血液の液体成分が灌流している。正常な状態では漏出量と戻る量は平衡状態であるが、このin-outのバランスが崩れて、漏出量が上回り、間質性浮腫（間質性肺水腫）から、さらに肺胞や気管支に液体が貯留した病態を肺胞性肺水腫という（図Ⅱ-113）。このように、肺水腫を生じるメカニズムとして最も重要なものは、肺毛細血管内皮細胞を介しての体液の移動である。

肺水腫の水分移動量（Qf）は、Starling's equation

表Ⅱ-9 肺水腫の水分移動量（Qf）を表すスターリングの公式

$$Qf = K[(Pmv - Ppmv) - \gamma(\pi mv - \pi pmv)]$$

K：濾過係数＜血管透過性亢進で上昇＞
Pmv 肺毛細血管内静水圧
Ppmv：傍肺毛細血管間質内静水圧
（Pmv − Ppmv）＜肺毛細血管内圧の上昇で増加する＞
γ：蛋白に対する浸透圧反射係数
　　＜心原性肺水腫では1が近似し、非心原性では減少する＞
π mv：肺毛細血管内膠質浸透圧
π pmv：肺毛細血管周囲間質膠質浸透圧

※ Qfが肺リンパ管からの吸収、排出を上回ると血管外に体液の貯留をみることになる。

によって表される（表Ⅱ-9）。

一般的には、肺静脈圧が上昇して肺毛細管圧が血漿浸透圧を超過すると、血液の液体成分が毛細血管外へ漏出し、肺間質、血管周囲、気管支周囲、肺小葉間に浮腫を生じる。著しい肺毛細管圧の増加では、毛細管壁を損傷して血性滲出液（pink frothy）をきたし、白血球を刺激することで炎症反応を惹起する。

肺浮腫が生じるときの肺静脈圧は、血漿浸透圧や血管透過性に影響されるが、一般的には20〜30mmHg以上で間質性浮腫が起こり、30mmHg以上で肺胞性浮腫が出現するといわれる。

図Ⅱ-113でも示されているように、リンパ管による排水は重要である。リンパ管は、終末細気管支までの気管支壁や肺小葉を取り巻いている肺小葉間結合組織内や胸膜の結合組織内に分布している。毛細管で十分に吸収されなかった組織間液を吸収して肺リンパ循環により胸管を経由して、前大静脈へ灌流するため、右心不全などで前負荷が上昇した病態では、その吸収が低下することが考えられる。

再拡張性肺水腫は、虚脱した肺が急速に拡張することで生じる病態と考えられ、犬や猫でも虚脱肺や無気肺の改善後や長時間開胸手術後などにおいて遭遇する。人において胸腔内に貯留した液体を1L以上抜去しないように推奨されているようだが、実際は1L以上の液体除去を必要とすることは多く、再拡張性肺水腫で問題なのは、終末呼気の胸腔内が－20cmH₂Oより低くならない限りは、完全に除去してもよいとする報告もある[48]。

### ⅳ）診断

肺水腫の診断のゴールドスタンダードは、血液ガス分析や経皮的酸素飽和度測定（SpO₂）による動脈血酸素濃度の低下と、胸部X線検査における肺陰影の増強、さらに可能であれば肺動脈楔入圧の測定による肺毛細管圧の上昇の確認である。

- 身体検査において、心臓の前負荷が上昇しているため頸静脈の怒張がみられ、さらに努力性の頻呼吸や頻脈がみられることがほとんどで、胸部の聴診により湿性ラッセル音が聴取される。
- 胸部X線検査では、初期において肺血流量増加による肺門部を中心として広範な陰影度増加（浸潤陰影）がみられるようになる。肺水腫像の重症度と肺内水分量は正相関するので、血管陰影の不鮮明化、エアーアルベオグラム、エアーブロンコグラムなどに注目する。心原性の場合は、うっ血による心拡大がみられる。
- 肺静脈圧が亢進している心原性の肺水腫では、肺前葉での肺静脈径が並走する肺動脈に比べて明らかに拡大する。

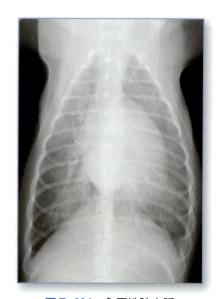

**図Ⅱ-114　心原性肺水腫**
症例は、小型の雑種犬、11歳齢、避妊雌、体重8.1kg。
既往歴は気管虚脱。1年前から心雑音が確認され、4日前に排便後に卒倒し、その後頻呼吸。

- 犬における早期の心原性肺水腫の病変は、しばしば肺門部でみられる。さらに、進行すると肺水腫はびまん性になり（図Ⅱ-114）、肺後葉に強く出現することが多い（図Ⅱ-115）。猫における肺水腫は、通常斑状でびまん性である（図Ⅱ-116）。
- 非心原性の肺水腫では、初期あるいは軽症では間質パターンを呈することが多い。中等度以上では肺胞浸潤陰影が認められ、ほとんどにおいて肺後葉の背側に浸潤陰影が強く認められる。心原性肺水腫との鑑別のために、心エコー検査は有用である。
- 血液ガス分析により、軽度な病態の間質性肺水腫では動脈血酸素分圧（PaO₂）の低下と、頻呼吸による二酸化炭素分圧（PaCO₂）の低下がみられ、さらに病態が進行して肺胞内肺水腫に移行すると、PaO₂は重度な低下がみられ、PaCO₂は上昇することがあるので病態把握の有用な評価方法となることがある。肺水腫においては、無理な保定は禁忌であるため、PaO₂の代用としてSpO₂を実施する。
- 肺水腫の原因が血管透過性亢進によるもの（PAWP＜15mmHg）なのか、左心不全などによる肺毛細管静水圧上昇によるもの（PAWP＞30mmHg）なのか、正確に評価を行うためには、

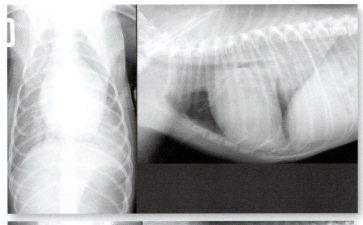

図Ⅱ-115A　後葉主体の心原性肺水腫
症例は、トイ・プードル、12歳齢、未去勢雄。2年前に心雑音を認め、昨日からの突然の発咳で来院。

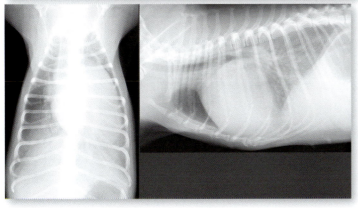

図Ⅱ-115B　後葉を主体とする心原性肺水腫
症例は、シー・ズー、14歳齢、未避妊雌、体重5.45kg。昨日から急に呼吸促迫となり食欲廃絶。

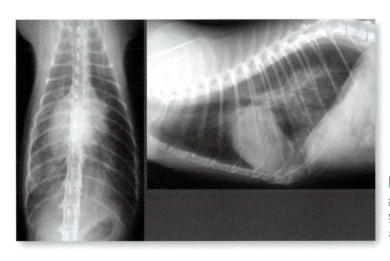

図Ⅱ-116　猫の肺水腫（拘束型心筋症）
症例は、雑種猫、4歳4ヵ月齢、避妊雌、体重3.1kg。突然の呼吸促迫、後躯麻痺で来院。血栓溶解療法後、第241病日に再発まで生存。

肺動脈楔入圧（PAWP）の測定が必要となる。

v）治療

治療は、原因疾患の治療とともに、ケージレスト下で対症療法として酸素投与を行う。特に犬においてケージ内での安静が不可能な症例では、初期治療で反応があるまで飼い主とともに待機してもらい、ストレスを最小限にするように務める。

基本的には図Ⅱ-113の病態に対する対策を講じる。入院時に循環不全に陥っている肺水腫症例においては、肺静脈圧の低下と体血圧の正常化、および肺リンパ管からの再吸収をスムーズにするための前負荷軽減の治療を行う。病態により多少異なると思われるが、急性期にはドパミンやドブタミンなどのカテコールアミン、PDE Ⅲ阻害薬、血管拡張薬、利尿薬、心房性ナトリウム利尿ポリペプチド（ハンプ®）などが選択される。このうち、利尿薬はほとんどの例で適用されるが、循環血液量が減少している症例には、単独でかつ早期からの使用はしない。

さらに、塩酸モルヒネ（0.1mg/kg筋肉内投与、希釈してゆっくりと静脈内投与）は、交感神経緊張の著しい亢進を鎮静することによって、細動脈や体静脈を拡張し、肺うっ血を軽減する。

著しい低アルブミン血症に対しては、病態を考慮してアルブミン製剤（人血清アルブミン用）の投与や輸血も考慮する。

非心原性の肺水腫は、その主な病態が血管透過性の亢進に基づく肺水腫であるため、利尿薬の反応は心原性に比べて悪く、重度な症例には膜の安定化を目的としてコルチコステロイド、特にコハク酸メチルプレドニゾロンなどの超短時間型製剤の投与も考慮される。さらに、病態によっては動物でのエビデンスはないが、人での報告を参考に好中球エラスターゼ・インヒビター（エラスポール® 0.2mg/kg/時間、持続点滴）の投与も考慮する。通常、軽症例では、安静下で静脈内点滴による血圧維持およびジプロフィリンなどによる気管支拡張により、呼吸様式、CRT（毛細血管再充満時間）、脈などは正常化するが、必要に応じてある程度の輸液後にドパミンなどのカテコールアミンの持続投与によるショック治療を行う。その際、適切な尿産生をチェックする。呼吸困難を呈するものでは、高濃度の酸素吸入が必要であり、血圧の評価に加えて、$SpO_2$や血液ガス分析（動脈血）による肺機能の評価を、2～4時間ごとに実施する。

その他に、速やかな溢水状態の改善を目的としたECUM（Extra-Corporeal Ultrafiltration Method）による除水も試みられることがある。しかし、動物においては、鎮静または麻酔下での処置が必要となり、未だ一般的な治療法にはなっていない。ECUMが不可能な状況下では緊急的な対応として瀉血も治療法の1つと考えられる。

上記の根本的な原因に対する治療の他に、酸素吸入以外の救命救急処置として、気管内挿管下で実施する呼吸管理がある。自発呼吸がある程度残っている場合は、終末呼気陽圧法（PEEP）を使用して、持続的に気道内圧を陽圧に維持する持続的気道内陽圧（Continuous Positive Airway Pressure：CPAP）を行ったり、自発呼吸がない場合や弱い場合は、間欠的陽圧換気（Intermittent Positive Pressure Ventilation：IPPV）をPEEPをかけながら実施することで、肺胞内圧や肺組織間圧を高め、肺毛細血管からそれ以上の水分の漏出を抑制する。同時に、浮腫のため狭小化して閉塞されている末梢気道を広げ、気道を開通させ、虚脱していた肺胞にガスを送り込み、ガス交換を促進する効果があると考えられている。著しい肺水腫では、気管内挿管下での人工呼吸を実施するとすぐにも、気道内に漏出したピンク色の泡沫様の液体が気管内チューブを通して排出されることがあるので、頭を少し低くして、排出をスムーズにし、さらに吸引管にて気道内に漏出した液体を効率よく排出させる（素早く、短時間で）。また、横臥位での処置では、定期的に体位を変換して片肺の虚脱を予防する。各種濃度（50～100％）のエタノールアルコールの噴霧吸引療法も肺水腫の軽減に奏効する。

また、通常の人工呼吸では吸気と呼気時間の比は1：2であるが、コンプライアンスの異なる肺胞が混在している場合は、換気-血流不均衡があるので、自発呼吸がないものに対しては逆比換気（Inversed Ration Ventilation：IRV）を実施することで、吸気時間を長く呼気時間が短くなるため、肺胞が虚脱しにくく有効な換気が可能になると考えられている。

### vi）予後

原因疾患により予後は異なる。心原性の場合は、その基礎疾患の病態に大きく左右される。

非心原性の場合は、ほとんどの症例は原因除去と安静、酸素供給と輸液療法などのショックに対する治療により好転するため予後良好の場合が多い。しかし、極めて重篤なものは、致死的なARDSに進行していることもあり、積極的な治療を実施しても改善が得られないこともある。

## 11）肺高血圧症

### i）定義

肺高血圧症（Pulmonary Hypertension：PH）とは、肺動脈圧の持続的な上昇を認める病態の総称で、平均肺動脈圧が25mmHg以上と定義されている。

人における肺動脈圧の正常値は収縮期圧15～30

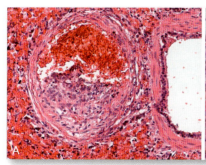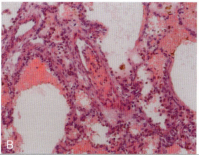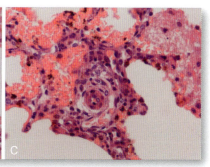

**図Ⅱ-117　肺高血圧症の組織所見**（写真提供：磯村 洋先生）
肺うっ血、微小動脈の血管壁の肥厚、血管の増生、特に内膜の増生と血栓形成、再疎通様の変化が基本である。
A：ジャック・ラッセル・テリア、4ヵ月齢、雌、動脈管開存症（PDA）の症例、B、C：ミニチュア・ダックスフンド、3ヵ月齢、雄、左肺前葉の低形成性。

mmHg、拡張期圧 2 〜 8 mmHg、平均圧 9 〜 18 mmHg と定義されている。WHOの基準からも、平均肺動脈圧が25mmHg を超えた場合に肺高血圧の存在を考えるとされているが、慢性閉塞性肺疾患などの換気障害を主体とする疾患などでは、平均肺動脈圧が20mmHg 以上をその基準と考えている。

犬や猫における肺高血圧症は、左‐右短絡の先天性心疾患（動脈管開存症、心室中隔欠損症、心房中隔欠損症、肺動静脈瘻）や犬糸状虫感染症、僧帽弁閉鎖不全症などの左心不全、肺血栓塞栓症、肺胞性低酸素症からの血管収縮、原発性肺高血圧症などで、しばしば認められる。

組織学的には、肺うっ血、微小動脈の血管壁の肥厚、血管の増生、特に内膜の増生と血栓形成、再疎通様の変化が基本となる（図Ⅱ-117）。

### ⅱ）原因

肺高血圧症は、原因部位により肺動脈性肺高血圧症、肺静脈性肺高血圧症、慢性塞栓性および血栓性疾患による肺高血圧症、呼吸器系および低酸素血症に関連して起こる肺高血圧症、肺血管を直接障害する疾患による肺高血圧症の5つに分類されている。

①**肺動脈性肺高血圧症**
- 原発性肺高血圧症
- 他の疾患に続発して起こる肺高血圧症（短絡性の先天性心疾患、門脈高血圧症など）

②**肺静脈性肺高血圧症**
- 左心房および左室障害性心疾患（心筋症など）
- 僧帽弁、大動脈弁の弁膜症
- 肺静脈の外部からの圧迫（縦隔洞の疾患、リンパ節腫脹、腫瘍など）
- 肺静脈閉塞性疾患
- その他

③**慢性塞栓性および/または血栓性疾患による肺高血圧症**
- 近位の肺動脈の血栓などの塞栓性閉塞
- 末梢の肺動脈の血栓などの塞栓性閉塞（犬糸状虫の成虫とそれに伴う増殖性病変、血栓、腫瘍、異物など）

④**呼吸器系および/または低酸素血症に関連して起きる肺高血圧症**
- 慢性閉塞性肺疾患
- 間質性肺疾患（肺線維症を含む）
- その他

⑤**肺血管を直接障害する疾患による肺高血圧症**
- 炎症性疾患
- その他

その他、人において免疫異常に起因する腎症や血管炎など、様々な難治性病態を示す膠原病（膠原病性肺高血圧症）において、凝固能亢進・血栓形成などの様々な要因による肺高血圧症が重大な病態の1つとして認識されている。

### ⅲ）病態

肺高血圧症において、心臓と肺の基本病態は、肺の小動脈の狭窄、肺動脈圧の上昇、右心室の肥大の3つである。各種の原因により肺高血圧が進行すると、右心系にとっての後負荷が増大する。その結果として、右心系はまず拡張・肥大してこれに対応す

表Ⅱ-10 肺高血圧症の原因不明の病態

|  | 前毛細血管性PH | 後毛細血管性PH | reactive PH |
|---|---|---|---|
| 平均肺動脈圧（MPAP） | 上昇 | 上昇 | 上昇 |
| 左心房圧（LAP） | 正常 | 上昇 | 上昇 |
| MPA-LA圧較差 | 12mmHg以上 | 12mmHg以下 | 12mmHg以上 |

PH：肺高血圧症

る（肺性心）が、高度の肺高血圧が持続する場合には、上昇した肺動脈圧によって三尖弁閉鎖不全症を併発することが多い。最終的には右心のポンプ機能が破綻し、心拍出量の低下と静脈系の血液うっ滞が生じ、肝臓の腫大や腹水などを生じるようになる（右心不全）。

特に原発性肺高血圧症においては、何らかの機序による肺血管収縮と、中膜肥厚および内膜線維化や二次的な血栓形成による肺血管抵抗の著明な増加が基本病態である。病変部位が毛細血管より上流側に位置する末梢肺小動脈にあるため、肺毛細管楔入圧は正常である。その後の病態は、他の原因からの肺高血圧症同様に、右心室に対する後負荷の持続的かつ進行性増大に対して右室筋は肥大し、収縮力を強め右室拍出量を維持するが、ついには後負荷の増大が右心室の限界以上もしくは進行が急激な場合、右心室は適応不能となり、右心室および右心房の拡張をきたし右心不全状態が引き起こされる。

主な肺高血圧症の原因別の病態は以下のようである（表Ⅱ-10）。

### ①左心系障害からの二次的な肺高血圧
（後毛細血管性肺高血圧：post-capillary pulmonary hypertension）

左心不全などで生じた肺静脈圧の上昇に起因するもの。僧帽弁や大動脈弁疾患、心筋症のような左心房圧の上昇を伴う疾患では、まず肺静脈のうっ血を起こすことで、生体は肺動脈を収縮してうっ血している肺に血液を送らないようにして肺静脈うっ血を軽減しようとするが、代償として肺高血圧が生じる。この病態は次に右心室と三尖弁輪が拡大して三尖弁逆流へと進行して一時、肺動脈圧は三尖弁逆流により軽減するが右心不全の病態はさらに進行してしまう。

### ②肺血管系の異常による肺高血圧
（前毛細血管性肺高血圧：pre-capillary pulmonary hypertension）

肺動脈系の血管抵抗の増大に起因するもの。原発性肺高血圧症、呼吸器疾患、肺血栓塞栓症、左-右短絡を伴う先天性心疾患に基づく慢性肺血流増加も含まれる。原発性肺高血圧症は、肺血管収縮を伴う原因不明の肺血管抵抗の上昇が主たる病因であるが、原因は全くわかっていない。

### ③その他

reactive pulmonary hypertensionという筋性肺細小動脈の血管収縮に起因するもの。

肺高血圧症例には高度の低酸素血症を併発する場合があり、その成因としては、肺の換気-血流比不均衡（$\dot{V}A/\dot{Q}C$ [Ventilation Perfusion Ratio] inequality）（図Ⅱ-118）や肺内・肺外シャントを通じての静脈血混合、および低心拍出量状態による混合静脈血酸素飽和度の低下が関与していることが想定される。

さらに低酸素血症の存在下では、低酸素性の肺血管攣縮というシャント防御機構が働いて、肺動脈の収縮により肺高血圧をさらに増強する。

一部の症例では慢性的な低酸素血症が刺激となり骨髄が大量の赤血球を産生し、赤血球増加症を呈することがある。その結果として、血液の粘着性が高くなるので、心臓にかかる負担はさらに増加する。

### ⅳ）診断

一般的な臨床症状は、進行性の呼吸困難である。

通常の身体検査においても、第Ⅱ音肺動脈成分（Ⅱp）の亢進、肺動脈駆出音の確認や、頸静脈の怒張、さらに人では、頸静脈波で心房収縮のa波（心音の第1音に一致する波が頸静脈の視診で確認できる）の増大などが認められるとされているが、心拍

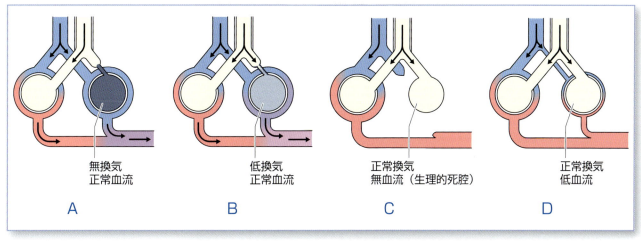

図Ⅱ-118 肺の換気—血流比不均衡のパターン

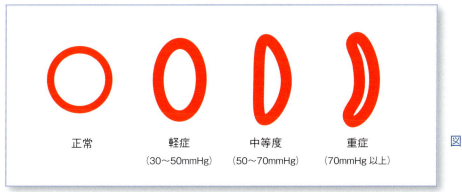

図Ⅱ-119 中隔壁の扁平化（左室の圧排）による平均肺動脈圧の推定

数の早い犬や猫では、その確認は困難なことがある。

血液検査では、赤血球増加症などの有無をチェックする。また動脈血の血液ガス分析では、慢性閉塞性肺疾患などでは高炭酸ガス血症を特徴とするが、原発性肺高血圧症などでは、低炭酸ガス血症を伴う低酸素血症を呈することが多い。

胸部Ｘ線検査では、右心系の拡大、主肺動脈の拡大がみられることがあり、原発性肺高血圧症などでは末梢肺血管陰影の細小化も認められる。

心電図検査では右心負荷所見が得られることがあるが、原因疾患によっては両心負荷所見もみられることがある。

心エコー検査の断層法では、肺高血圧により右室圧の増加に伴って、右心室の肥大・拡張や乳頭筋の発達が認められる。三尖弁逆流がある場合は、右心房の拡大が加わる。著しい右室圧の増加による右心拡大により、左室は圧排され左室内腔の縮小が認められる（図Ⅱ-119）。さらに、左室短軸面において全周期を通じて心室中隔の左室側への圧排による平坦化（扁平化）がみられ、中隔壁の奇異性運動などが観察される（図Ⅱ-120）。

三尖弁逆流が確認できれば連続波ドップラー法を用いて、三尖弁逆流の最大血流速を測定し、簡易ベルヌーイの式を用いて収縮期における右室圧-右房圧較差を求める（収縮期の右室圧-右房圧較差＝$4 \times$（三尖弁逆流ピーク血流速）$^2$）。右室収縮期圧は（収縮期右室圧－右房圧較差右房圧）に右房圧を足した値となる（通常は右房圧を5～10mmHgと仮定する）。右室流出路に狭窄病変が存在しない場合は、右室収縮期圧と肺動脈収縮期圧はほぼ同じであるので、三尖弁逆流ピーク血流速が、3m/秒以上であれば肺高血圧があると判断する。肺高血圧症においては、三尖弁逆流が増強することは多々認められるが、逆流量と肺高血圧の程度は必ずしも一致しないといわれている。

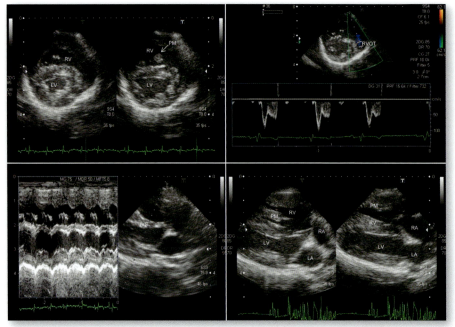

図Ⅱ-120 症例は、トイ・プードル、1歳齢、未避妊雌。労作性の呼吸困難、心雑音なし

心エコー検査で、右心室の拡大と右室の乳頭筋の発達、中隔壁の左室側への変位、扁平化、奇異性運動、左室腔の狭小化に加えて、ドップラー検査で右室流出路波形は二峰性のパターンを呈している。

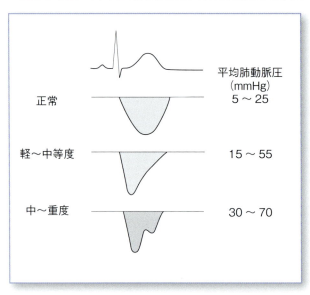

図Ⅱ-121 右室流出路波形と肺高血圧症

また、三尖弁逆流がない場合、肺高血圧症では肺動脈血流の最大流速は正常と変わらないが、血流速波形の加速時間および駆出時間が短縮して収縮早期に最大速度に達し、また減速の途中で再加速する特徴的な二峰性パターンを呈することがあり、それらから肺高血圧症を類推することが可能である[49]（図Ⅱ-121）。このように、最近では心エコー検査の発達により、右心カテーテル検査を用いなくても、非侵襲的にある程度正確に肺高血圧を評価することが可能となってきた。

しかし、右心カテーテル（スワン・ガンツカテーテル）を用いて肺動脈圧と肺動脈楔入圧、心拍出量を直接測定し、さらに肺動脈造影を実施することは、最も正確な肺高血圧症の確定診断および重症度の評価方法であることに変わりない。原発性肺高血圧症では肺動脈圧の上昇はみられるが、肺動脈楔入圧は正常で、一般的に肺動脈造影においても明らかな閉塞所見は認められない。

人においては、肺生検も診断方法の1つにあげられる。

v）治療

低酸素血症を伴っている肺高血圧症においては、低酸素性肺血管攣縮により肺高血圧がさらに増強されるので、<u>酸素投与が有効かつ基本的な治療法である</u>。

僧帽弁疾患や短絡性先天性心疾患などを基礎疾患とする二次的な肺高血圧症については、各々の原疾患に対する外科治療により肺高血圧を解除することはおおむね可能である。

また心筋症、大動脈弁閉鎖不全症など、弁膜症などによる左心不全に合併する肺高血圧症に対しても、対策はその原疾患に対する内科的・外科的治療が主体となる。

呼吸器疾患例では、著明な肺高血圧を伴うことは比較的まれで、対策はやはり原因疾患に対する内科的治療が主体となる。

原発性肺高血圧症は、肺移植以外は手術適応はなく、薬物により対症療法を行う。肺血管収縮を伴う

原因不明の肺血管抵抗の上昇が主たる病因であるため、肺血管拡張を目的とした治療になる。

①経口血管拡張薬
- ホスホジエステラーゼ5型（PDE-5）阻害薬（シルデナフィル）

平滑筋弛緩作用をもつサイクリックGMP（cGMP）の分解を抑制し、その結果、肺動脈平滑筋が弛緩し、肺動脈圧および肺血管抵抗が低下する。犬において1mg/kg、1日2回または1日3回の投与が報告され、投与しやすく良好な結果が得られている。

- プロスタグランジン$I_2$（プロスタサイクリン）誘導体製剤（ベラプロスト）

犬で1～2μg/kg、1日2回～1日3回[50]。

- エンドセリン受容体拮抗薬（ボセンタン）

近年、人において二重盲検プラセボ対照ランダム化試験の結果、ボセンタンは進行性肺動脈高血圧（PAH）だけでなく軽度症候性のPAHにも有効なことが確認された[51]。さらにこの研究でシルデナフィルで治療中のサブグループにおいても、ボセンタンの有効性がみられた。

- Ca（カルシウム）拮抗薬[52]

ベラパミル1～3mg/kg、8時間ごと、ニフェジピン1mg/kg、8時間ごと、ジルチアゼム0.5～1mg/kg、8時間ごと。

- α受容体拮抗薬[52]

フェノキシベンザミン0.25～0.5mg/kg、6～8時間、プラゾシン0.5～1mg、8～12時間ごと

- β受容体拮抗薬[52]

イソプロテレノール15～30mg、4時間ごと、テルブタリン1.25～5mg、8～12時間ごと

- ACE-I…各種
- PDE Ⅲ阻害作用を有する薬剤

経口薬としてのピモベンダンは、陽性変力性作用と、肺血管抵抗を低下させる作用を有することが知られている。

- その他の血管拡張薬[52]

Diazoxide 5～20mg/kg、12時間ごと、ヒドララジン0.5～2.0mg/kg、12時間ごと、硝酸イソソルビド0.5～2.0mg/kg、8～12時間ごと

▶ プロスタサイクリン持続静注療法（エポプロステノール）

体内に入ると数分以内に分解され作用を失ってしまうため、人において持続注入ポンプを用い持続注入する（2～10ng/kg/分）。

▶ プロスタサイクリン持続皮下注製剤（トレプロスチル）

近年、FDAに承認された。

▶ 一酸化窒素（NO）ガス吸入療法

専用の装置が必要となる。肺高血圧症を伴った犬のVenae Cavae Syndrome症例で20ppmのNO吸入療法により平均肺動脈圧を低下させたという症例報告がある[53]。

- その他の薬物

近年、イマチニブメシル酸塩（以下、イマチニブ）の肺動脈性肺高血圧症への効果が報告されている。肺動脈内腔のリモデリングには、PDGF（Platelet-Derived Growth Factor：血小板由来増殖因子）受容体キナーゼ、c-kitキナーゼおよびc-Ablキナーゼが関与している可能性が示唆され、イマチニブは、これらの各キナーゼに対して阻害作用をもつことから、新しい作用機序による肺高血圧症への効果が期待されている。

vi）予後

肺高血圧の原因疾患により、予後は左右される。しかし、左心不全などからの二次的な肺高血圧や、犬糸状虫症の急性または慢性疾患、短絡性の心血管異常においても、肺高血圧はそれぞれの疾患の進行した状態で診断されるため予後は良くない。血液凝固系障害などによる肺血栓塞栓症などでは急性であるため、基礎疾患の治療と血栓に対する治療が奏功すれば予後は良好である。

原発性肺高血圧症においては、人で自然軽快例が報告されているものの、ほとんどの症例は進行性であり、予後は極めて不良である。一般に、人において診断確定からの中間生存期間は2.5～3年、5年生存率も40％前後とされているが、病気の進行が緩徐なため10年以上生存する症例もしばしば認められる。死因としては、右心不全が約50％と最も多く、このほか突然死も約25％にみられる。

## 12）過換気
### ⅰ）定義
過換気（hyperventilation）は、換気亢進、換気過剰、過呼吸（hyperpnea）ともいう。分時換気量が増大して動脈血二酸化炭素分圧（$PaCO_2$）が低下して、呼吸性アルカローシスになった状態。中枢神経疾患、精神的原因、低酸素血症、医原性などが原因で、肺胞過換気によって$PaCO_2$が35mmHg以下になっている状態と定義されている。

### ⅱ）原因
過換気症候群、薬剤による呼吸中性の刺激、低酸素環境、痛み刺激や恐怖、妊娠、代謝性アシドーシスに対する代償などで起こる。また、人工呼吸を行っている場合には、医原性に過換気になっていることがある。

運動直後や過度の不安や緊張などから引き起こされる場合もある。

### ⅲ）病態
換気（呼吸）を必要以上に実施すると、呼気からの二酸化炭素の排出が必要量を超え、血中の二酸化炭素濃度が減少して、動脈血の二酸化炭素分圧の低下、pHの上昇を招く（呼吸性アルカローシス）。この著しい呼吸性アルカローシスの状態は、息苦しさを覚えることがあり、生体は酸欠状態と誤認した結果、さらに呼吸回数は増加し、より症状が悪化するという悪循環を引き起こすことがある。

$PCO_2$が低下して呼吸性アルカローシスが進行すると、遊離カルシウムイオンが低下して、血管収縮により脳血流が低下し、脳波の徐波化、末梢神経や筋緊張の興奮性が高まり、テタニー様痙攣や異常知覚を生じやすくなる。

一般的な症状は、頻呼吸、頻脈、呼吸困難がみられ、四肢の強直や振戦、目眩、時に失神がみられる。

### ⅳ）診断
臨床症状と血液ガス分析により動脈血の酸素分圧の上昇と著しい二酸化炭素分圧の低下、pHの上昇などの呼吸性アルカローシスの存在にて行う。

### ⅴ）治療
過換気の原因の除去を優先する。心疾患や脳神経疾患と鑑別は重要である。

### ⅵ）予後
原因により予後は左右される。

## 13）低換気
### ⅰ）定義
低換気（hypoventilation）とは、肺胞低換気（alveolar hypoventilation）とほぼ同義であり、呼吸器疾患、神経・筋肉疾患、循環器疾患などにより、肺胞レベルでの有効換気が減少して、酸素の摂取と二酸化炭素の排出が十分に行われない状態となり、動脈血二酸化炭素分圧（$PaCO_2$）が45mmHg以上に上昇する病態と定義されている。

低換気を伴う病態を肺胞低換気症候群（hypoventilation syndrome）として取り扱うことが多い（図Ⅱ-118B参照）。

一般的に換気は、肺・胸郭の弾性、気道抵抗、呼吸筋、さらに血流および呼吸中枢などにより規定されているので、低換気はそのいずれか、または複数のものの機能低下により発生する。

### ⅱ）原因
①鼻孔から喉頭、気管、肺、胸郭の異常に起因するもの（上部気道狭窄・閉塞、肺実質性疾患、胸腔内の気体や液体の貯留、横隔膜ヘルニア、重度な漏斗胸や側彎症など）

ブルドッグ、パグ、シー・ズーなどの短頭種犬、過肥による咽喉頭部スペースの狭小化、気管虚脱、喉頭麻痺、その他の疾患による死腔換気の増加、1回換気量の低下、気道狭窄による気道抵抗の増大が低換気の要因となる。

②呼吸中枢の異常に起因するもの
（中枢神経疾患など）

化学刺激に対して呼吸調節系の反応が欠如または低下することが原因であり、呼吸の化学刺激において、高二酸化炭素血症は延髄腹側にある中枢化学受容野を介して、脳幹部の呼吸中枢ニューロン群を賦活化させる。このフィードバック機構の障害が、本疾患の原因と考えられる。

③末梢神経や呼吸筋疾患に起因するもの
（筋肉の麻痺など）

重症筋無力症などの神経筋疾患や、脊髄疾患などからの呼吸筋麻痺などが本疾患の原因である。

④その他

麻酔中の換気失宜、筋弛緩薬使用時の不適切な調節呼吸、麻酔回路の二酸化炭素吸着物質の劣化、体位の異常、胸部圧迫など。

iii）病態

低換気の基本的な病態は、動脈血二酸化炭素分圧の上昇（正常範囲35～45Torr）と、それによる呼吸性アシドーシスである。

通常、細胞の好気的代謝により産生された二酸化炭素は、炭酸水素イオン（$HCO_3$）として65％、ヘモグロビンと結合して30％、血漿中に溶解して5％と3つのかたちで血液中を運搬される。$PaCO_2$は、血漿中に溶解した二酸化炭素であり、絶えず肺循環から肺胞換気により排出されている。しかし、低換気では、$PaCO_2$が体外へ排出されずに、血漿中に高濃度に蓄積し、$PaCO_2$の上昇は酸-塩基平衡を変化させて、過剰な水素イオンが産生されて、pHが低下して呼吸性アシドーシスという病態へ移行する。

肺胞低換気症候群においては、化学刺激に対して呼吸調節系の反応が欠如または低下することにある。呼吸の化学刺激においては、低酸素血症は頸動脈体などの末梢化学受容器を介して、高$CO_2$血症は延髄腹側にある中枢化学受容野を介して、脳幹部の呼吸中枢ニューロン群を賦活化させるが、これらのフィードバック機構の障害が、本疾患の主たる原因と考えられる。

iv）症状

軽度な低換気は、パグやシー・ズー、ブルドッグなどの短頭犬種においてしばしばみられ、症状がほとんどないか軽度で見過ごされやすい。慢性の低換気に気づかず、麻酔薬や鎮静薬の投与後に$PaCO_2$の上昇が顕著になったため、初めて発見されることもある。

初期症状の時期を過ぎると、次第にチアノーゼ、多血症、肺高血圧症、肺性心を代表とする慢性の低酸素、高炭酸ガス血症による二次的な諸症状が観察される。主訴としての呼吸困難は、血液ガス異常が著しいのに比して軽微で、時として全く欠如する。

v）診断

血液ガス分析においては、肺胞低換気により$PaCO_2$の上昇が必発である。これに伴い肺胞気酸素分圧（$PAO_2$）が低下し、$PaO_2$は低下する。そのため、肺胞気-動脈血酸素分圧較差（$AaDO_2$）は正常である。また自発的な過換気により、低酸素血症および高炭酸ガス血症の改善がみられることも特徴の1つである。運動負荷後では、健常動物では$PaCO_2$は不変もしくは低下するが、本疾患では$PaCO_2$はむしろ上昇する症例が多くみられる。

vi）内科的治療

治療は、低換気の原因治療を最優先する。基本的には1回換気量を増やすか、増やせない場合は換気（呼吸）回数を上げて対応する。急性疾患、慢性疾患により対応も異なる。慢性の低換気状態では、安易な高濃度酸素吸入は$CO_2$ナルコーシス（Carbon dioxide narcosis；通常 $PaCO_2$ > 80Torr、pH < 7.30）の危険も潜むが、低酸素血症の場合は酸素吸入を躊躇してはならない。

麻酔中の換気失宜、好ましくない体位、呼吸回路の異常による低換気に対しては、速やかに原因を除去して、十分な換気を行う。

vii）外科的治療

鼻孔の狭窄や軟口蓋過長症、喉頭麻痺、気管虚脱、腫瘤塊などの気道狭窄に対しては外科的整復術にて対応する。

viii）予後

低換気の原因が除外できる場合は、おおむね予後良好である。しかし、人における肥満低換気症候群で予後が悪いというように、動物において、特に犬においても、肥満は予後増悪因子と考えてよいと思われる。

## 14）肺血管性疾患（肺血栓塞栓症など）

i）定義

肺血管性疾患は、血栓、脂肪、空気、寄生虫、腫瘍性または炎症性産物、異物などの血管塞栓物が完全または不完全に肺血流障害をきたす疾患である。

塞栓子が血栓の場合を肺血栓塞栓症（Pulmonary Thromboembolism：PTE）という。血栓などの塞栓子によって末梢肺動脈が完全に閉塞すると、肺組織の壊死が起こり肺梗塞となり、人においては肺血栓塞栓症の中で、約10％が肺梗塞を起こすといわれている[54]。

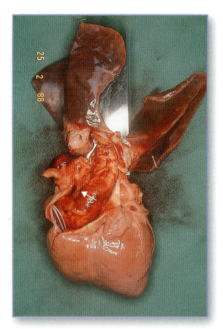

図Ⅱ-122　主肺動脈から左右の肺動脈にかけて、大きな器質化した血栓が塞栓（矢印）。そのため、肺の虚脱も確認される
（写真提供：山根義久先生）

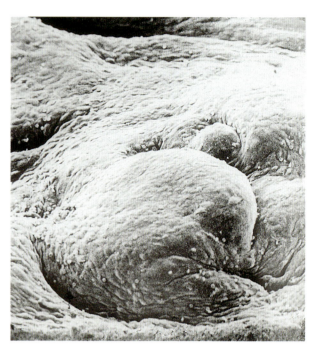

図Ⅱ-123　犬心臓糸状虫症における肺動脈内の増殖性病変（写真提供：山根義久先生）

　犬において、犬心臓糸状虫の成虫が肺動脈に寄生することにより、しばしば激しい肺動脈血管病変が生じ、死滅虫体や血管内皮病変での血栓形成による肺血管性疾患に遭遇する（図Ⅱ-122）。

### ⅱ）原因

　もともとの低圧系の肺循環系は、高コンプライアンスによってそれを維持するという特性をもっているが、凝塊形成を惹起する静脈うっ滞、血流の乱れ、血管内皮の損傷、凝固亢進などによりPTEが誘発される。

　血栓形成を起こしやすい疾患として、肝不全、ネフローゼ症候群、蛋白喪失性腸症、副腎皮質機能亢進症、高脂血症、糸球体腎炎、膵炎などのような各種の低蛋白血症を伴う疾患や悪性腫瘍、特発性血小板減少症や免疫介在性溶血性貧血、過粘稠症候群などの血液疾患、さらに各種病態からの播種性血管内凝固症候群（DIC）などがある。その他、細菌性心内膜炎、心筋症などの心不全症例や、骨折手術などの外科手術も原因となる。さらに、犬糸状虫症の成虫駆除によるPTEも原因の1つと考えられる。

　血栓以外には、出産時の羊水などが原因であると人では記載されているが、動物での報告は定かではない。また、医原性（空気を使用しての気腹造影、静脈ルートからの空気注入失宜など）の空気塞栓なども原因となる。

　犬心臓糸状虫の成虫は、主に肺動脈に寄生することで、肺動脈に著しい慢性増殖性の血管内皮障害を起こす（図Ⅱ-123）。さらに、死滅した虫体は肺動脈末梢血管を閉塞したり、血管内皮病変により形成された血栓などにより肺血管床の閉塞性病変はさらに進行して肺高血圧症を併発する。

### ⅲ）病態

　急性と慢性の病態が存在する。急性の肺血栓塞栓症（PTE）では、肺動脈が血栓などの塞栓子により閉塞して生じる疾患で、まず肺血管系の血管抵抗が増大することで肺血流の低下が起こり、神経液性因子の関与により肺血管収縮、気管支収縮が起こる。その結果、肺動脈圧の上昇などの肺循環動態の変化が起き、肺高血圧や換気－血流比不均衡による様々な程度のガス交換障害が生じて低酸素血症となり、最終的には心拍出量の減少からショック状態へと移行する（図Ⅱ-124）。

　急性のPTEや急性大静脈症候群を併発した犬糸状虫感染症などから、肺高血圧症を伴う慢性の反復

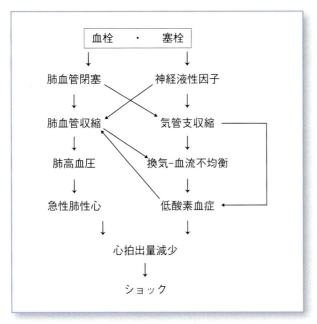

図Ⅱ-124 肺血栓塞栓症の病態生理

性PTEや慢性の犬糸状虫感染症まで、幅広い臨床像を呈する。いずれにせよ、血栓などによる物理的な閉塞と血管収縮に付随し肺血管抵抗が肺高血圧症を引き起こし、最終的には右心不全にいたる。

人でのPTEの重症度ガイドライン[55,56]の改変したものを表Ⅱ-11に示す。

### iv) 臨床症状

無症状、嗜眠または沈うつ状態のものから、甚急性の頻呼吸、頻脈、チアノーゼ、重症例ではショック状態を呈し、循環停止など幅広いスペクトルを有する。

参考までに、人で主な症状とその出現率を示すと、呼吸困難（73％）、肺梗塞に起因すると思われる胸痛（42％）、発熱（10％）、労作性の失神（22％）、咳嗽（11％）、冷汗（24％）、肺梗塞による血痰（5％）、動悸（21％）などであるが、呼吸困難は最も高頻度で認められることから、他に説明できない呼吸困難に遭遇した場合は、PTEを鑑別に上げる必要がある[57]。

### v) 検査

急性のものでは、血栓性素因（血液凝固系の異常、悪性腫瘍など）の有無、本症発症前の手術歴などをチェックする。

身体検査では、頻呼吸、頻脈が高頻度で認められる。重症例ではショックや低血圧を認めることもある。

肺高血圧を併発している場合に、第Ⅱ音（Ⅱp音）の強勢、あるいは分裂音が聴取されることがあり、頸静脈の怒張を認めることがある。

胸部X線検査は、心電図検査や血液ガス分析同様に非特異的検査であり、心不全や肺疾患との鑑別をする。人においては7割程度で心拡大と右肺動脈下行枝の拡張がみられるとされている。さらに1/3に肺野の透過性亢進がみられるようである。犬や猫においては、右心拡大程度の異常所見しか得られないことがあるが、なかには主肺動脈の拡張や限局性の肺透過性亢進（肺血管陰影の低下）などがみられることがある。さらに、肺梗塞を起こすと肺炎様浸潤陰影や胸水がみられることがある。

心電図所見では右軸偏位などがみられることがあるとされるが、洞頻脈または大きな異常を認めないことが多いとされており、急性心筋梗塞の鑑別で有用である。

血液ガス分析所見から 動脈血酸素分圧の低下および二酸化炭素分圧の低下、呼吸性アルカローシスが特徴的所見であるが、診断確定後に出血性合併症が危惧されるので、経皮的酸素飽和度（$SpO_2$）の測

表Ⅱ-11 PTEの重症度分類（人）

| 重症度 | 定義 | 30日死亡率（％） |
| --- | --- | --- |
| 虚脱型 collapse | 心肺蘇生，PCPS必要 | 61.5 |
| 広汎型 massive | ショック，持続性低血圧 | 15.6 |
| 亜広汎型 sub massive | 右心負荷，血圧正常 | 2.7 |
| 非広汎型 non-massive | 右心負荷なし，血圧正常 | 0.8 |

定を代用することも考慮される。

心エコー検査では、重度なものでは右心系の拡大と肺高血圧を示唆する心室中隔壁の左室側への偏位や、ドップラー法による肺動脈圧の増加所見が診断の一助となる。

血液凝固・線溶系検査では、FDPやD-ダイマーが血栓塞栓症の急性期に増加する。特に、D-ダイマーは人のPTEの90％以上に出現すると報告されているが[58]、精度は高いが特異性が低いために（ラテックス比濁法における陰性の特異性は70％）、術後1週間以内の心筋梗塞や敗血症などの炎症性疾患でも上昇する判定は慎重に行う。抗凝固療法の対照値としてAPTTを測定し、ヘパリンの有効性を確認するためにATⅢ活性（正常は90％以上）の測定が必要であるが、通常の施設ではATⅢ活性の測定には時間を要するため、経過の早い本症においては治療に生かすことは難しいかもしれない。

確定診断は、肺動脈造影検査や肺血流シンチグラム、造影CT検査が実施される。人においても、肺血流シンチグラムは救急対応が困難であり、診断に苦慮する症例もあることから、近年では造影方法の改良やCTの多列化、高速化により造影CT検査がゴールドスタンダードとなっている。肺動脈造影も造影CT検査に比較して診断に関しての利点が少なくなったため、治療以外では行われなくなってきているようである。

## vi）内科的治療

まずは、安静下でさらなる血栓塞栓の予防をする。ショック状態の場合は、緊急で循環動態の改善を主目的としてショック治療を同時に実施する。

急性肺血栓塞栓症が疑われたら、二次血栓形成の抑制を目的に抗凝固療法としてヘパリン（未分画、低分子）が積極的に使用される。未分画ヘパリンには、ナトリウム塩とカルシウム塩があり、活動性の出血が認められない場合は、ボーラスで100IU/kg静脈内投与される。未分画ヘパリンは、後述の低分子ヘパリンより作用発現時間が早いと考えられている。診断が確定されたら、5〜15IU/kg/hrで持続投与を開始し、活性化部分トロンボプラスチン時間（APTT）が1.5〜2.5倍に維持されるように調整する。より早く治療域に到達するために、急性期では頻回にAPTTを測定して、投与速度の変更やボーラス投与を実施する[59]。

未分画ヘパリンの副作用として、出血とヘパリン起因性血小板減少症が知られている。副作用が問題になる場合は持続投与を中止する。未分画ヘパリンの平均半減期は、60分未満であるが、基礎疾患による延長も考えられるため、必要に応じて硫酸プロタミンでの中和も可能である。主な作用機序は、ATⅢ活性の増強で、これにより二次血栓の形成抑制作用（抗第Xa因子活性）を有する。しかし、未分画ヘパリンの高分子量成分がATⅢと結合すると、ATⅢが不活化されることが知られている。

未分画ヘパリン（分子量4,000〜30,000）を亜硝酸や過酸化水素水などで処理して分子量2,000〜8,000に生成したものが低分子ヘパリンである。未分画ヘパリンに比べて、出血作用が少ない。これは、抗Xa因子作用は未分画ヘパリンと同等だが、抗トロンビン作用が弱いためとされている。また、未分画ヘパリンでみられることがあるヘパリン起因性血小板減少症などは、起こりにくいとされている。半減期は、1.5〜2時間と未分画ヘパリンに比べて長い。出血傾向が少なく、硫酸プロタミンによる中和作用もあるため、安全性が高いヘパリン製剤と考えられている。短所としては、APTTを延長させないのでモニターが難しいが、投与量に対する個体差が少ないので凝固能モニターなしで使用可能とされている[60]。

慢性例では、ワルファリンも選択肢の1つとされているが、血液凝固能チェックなどは、動物では煩雑で使用しづらい。アスピリンに関しては、PTEではなく猫の動脈血栓塞栓症で報告されているが[61]、投与量、投与間隔、または再発予防効果などで見解は一致していない。

上記の抗凝固療法の目的が二次血栓形成の抑制であるのに対して、血栓溶解療法は現存する血栓の溶解を目的として行われる。人において血栓溶解療法が、肺血栓塞栓症の死亡率や再発率を低下させたとするエビデンスは少ない[62]。

表Ⅱ-11のショックを伴う広汎型を対象とした血栓溶解療法群（ストレプトキナーゼ投与）と抗凝固療法群（ヘパリンのみ投与）の臨床試験において、

血栓溶解療法群4名が全例生存したのに対して、抗凝固療法群4名が全例死亡して臨床試験は中止された[63]。血行動態が安定している（血圧正常）、亜広汎型では、右心負荷所見があるので血栓溶解療法を実施すべきかどうかは意見が分かれている。右心負荷所見がない非広汎型では血栓溶解療法の適応ではないと考えられている。実際に血栓溶解療法に使用できる薬剤には、ウロキナーゼ、モンテプラーゼ、アルテプラーゼなどがある。ウロキナーゼは、人の尿を高度精製して凍結乾燥したもので（u-PA）、フィブリン血栓の存在にかかわらずプラスミノーゲン活性増強作用を有し、抗プラスミン薬で拮抗される。動物において投与量を示すエビデンスはないが、人において、アメリカ食品医薬品局（Food and Drug Administration：FDA）は初め0.44万単位/kgを10分で静脈内投与して、その後は1時間あたりに同量を12時間持続投与する方法を示している。その他にも、この薬剤の投与法が実験犬で評価されているが、小動物での臨床報告はみられない[64,65]。モンテプラーゼは、第2世代の改変型組織プラスミノーゲンアクチベータ（t-PA）であり、フィブリン血栓存在下で選択的プラスミノーゲン活性増強作用を発現するため、血栓がないとほとんど薬理作用を発揮しないという特性を有している。人において、2.75万単位/kgの用量で、生理食塩液に8万単位/mLに溶解し、1分当たり約10mLの速度で、約2分間で静脈内投与できることから、2時間以上かけて持続投与するアルテプラーゼに比較して使用しやすい[66]。

出血性の合併症を防止するために、血栓溶解剤の投与中はヘパリンを投与せず、血栓溶解剤の投与終了後にヘパリンの投与を開始するのが一般的とされている。

### vii）外科的治療

症状が極めて重く内科的な治療を行う余裕がない場合では、直接血栓を取り除く肺動脈血栓摘除術という緊急手術が必要となる。その場合は、心肺補助循環装置を装着することで人においては手術成績が格段に向上してきた。

または、カテーテルにて肺動脈を閉塞した血栓を細かく破砕して吸引除去する治療法が人において実施されているが、高度の技術と装置が必要である。

### viii）予後

予後は、基礎疾患と血栓塞栓程度に大きく左右されるが、初期治療が功を奏したとしても、かなり高率で再発の危険性があることから、予後不良と考えられている。

人においては、正常な心肺状態で閉塞が肺血管床の50％を超えることがなければ死亡することは少ないとされている。しかし、最初の塞栓が致命的な場合、1〜2時間の間に死亡することが多く、心肺機能が低下している場合、死亡率は25％以上とされている。さらに、未治療例での塞栓再発率はおよそ50％とされ、これらの再発の50％ほどが致命的となり、抗凝固治療により再発率は約5％まで低下するといわれている。

（松本英樹）

---

**参考文献**

[1] Lord PF, Greiner TP, Greene PW, et al.: Lung lobe torsion in the dog. *J Am Anim Hosp Assoc*. 1973 ; 9 : 473-482.
[2] Neath PJ, Brockman DJ, King LG.: Lung lobe torsion in dogs : 22 cases（1981-1999）. *J Am Vet Med Assoc*. 2000 ; 217（7）: 1041-1044.
[3] Dye TL, Teague HD, Poundstone ML.: Lung lobe torsion in a cat with chronic feline asthma. *J Am Anim Hosp Assoc*. 1998 ; 34 : 493-495.
[4] d'Anjou MA, Tidwell AS, Hecht S.: Radiographic diagnosis of lung lobe torsion. *Vet Radiol Ultrasound*. 2005 ; 46（6）: 478-84.
[5] Choi J, Yppn J.: Lung lobe torsion in a Yorkshire terrier. *J Small Anim Prac*. 2006 ; 47 : 557.
[6] 松本英樹，上月茂和，河野史郎，鯉江洋，増田裕子，政田早苗，久野由博，柴原イネ，小口洋子，坂井尚子，山根義久.：悪性中皮腫に肺葉捻転を伴ったイヌの1例．*動物臨床医学*．1994 ; 2（2）: 59-65.
[7] 川田睦，是枝哲世，村瀬茂，信貴義明，串田尚隆，良川視勇，山下与史記，間世田和久，荒木大介，白石佳子，西藤公司.：犬の肺葉捻転の1例．*第15回小動物臨床研究会年次大会プロシーディング*．1994 ; 252-253.
[8] 福島潮，岡野昇三，江強華，高瀬勝晤.：犬の肺葉捻転の1例．*第19回動物臨床医学会年次大会プロシーディング*．1998 ; 262-263.
[9] 斉藤聡，大山敦子，青柳希多子，出井雅子，飯田雅代，北舘健太郎，葛西直人.：肺奇形を伴う肺葉捻転の犬の1例．*第21回動物臨床医学会年次大会プロシーディング*．2000 ; 45-46.
[10] Williams JH, Duncan NH.: Chylothorax with concurrent right cardic lung lobe torsion in an Afghan hound. *J S Afr Vet Assoc*. 1986 ; 57 : 35-37.
[11] Gelzer AR, Downs MO, Newell SM, Mahaffey MB, Fletcher J, Latimer KS.: Accessory lung lobe torsion and chylothorax in an Afghan

hound. *J Am Anim Hosp Assoc*. 1997 ; 33（2）: 171-176.
[12] Murphy KA, Brisson BA. : Evaluation of lung lobe torsion in Pugs : 7 cases（1991-2004）. *J Am Vet Med Assoc*. 2006 ; 228 : 86-90.
[13] Rooney MB, Lanz O, Monnet E. : Spontaneous lung lobe torsion in two pugs. *J Am Anim Hosp Assoc*. 2001 ; 37 : 128-130.
[14] Spranklin DB, Gulikers KP, Lanz OI. : Recurrence of spontaneous lung lobe torsion in a pug. *J Am Ainm Hosp Assoc*. 2003 ; 39 : 446-451.
[15] Breton L, DiFruscia R, Olivieri M. : Successive Torsion of the Right Middle and Left Cranial Lung Lobes in a Dog. *Can Vet J*. 1986 ; 27 : 386-388.
[16] Della Santa D, Marchetti V, Lang J, Citi S. : What is your diagnosis? Torsion of the right middle lung lobe. *J Am Vet Med Assoc*. 2006 ; 229 : 1725-1726.
[17] Walter PA. : 肺および胸壁における非腫瘍性外科疾患. *The Veterinary Clinics of North America*. 1989 : 17（2）; 103-125. 東京.
[18] White RN, Corzo-Menendez N. : Concurrent torsion of the right cranial and right middle lung lobes in a whippet. *J Small Anim Pract*. 2000 ; 41 : 562-565.
[19] Hofeling AD, Jackson AH, Alsup JC, O'Keefe D. : Spontaneous midlobar lung lobe torsion in a 2-year-old Newfoundland. *J Am Anim Hosp Assoc*. 2004 ; 40 : 220-223.
[20] Johnston GR, Feeney DA, O'Brien TD, Klausner JS, Polzin DJ, Lipowitz AJ, Levine SH, Hamilton HB, Haynes JS. : Recurring lung lobe torsion in three Afghan Hounds. *J Am Vet Med Assoc*. 1984 ; 184 : 842-845.
[21] 矢吹 淳, 萩尾光美, 有井智子, 日高勇一, 相良 稔, 内田和幸.：超音波検査が診断に有用であった犬の肺葉捻転の1例. *第103回宮崎大学農学部獣医学科集談会プログラム・講演要旨集*; 2005.
[22] Moses BL. : Fiberoptic bronchoscopy for diagnosis of lung lobe torsion in a dog. *J Am Vet Med Assoc*. 1980 ; 176 : 44-47.
[23] Sugiyama K, Mukae H, Ishii H, Ide M, Ishimoto H, Hisatomi K, Nakayama S, Takatani H, Miyahara Y, Kohno S. : A case of multiple pulmonary arteriovenous fistulae associated with hereditary hemorrhagic telangiectasia that deteriorated during pregnancy. *Nihon Kokyuki Gakkai Zasshi*. 2006 ; 44 : 340-344.
[24] Matsuura S, Shirai T, Furuhashi K, Suda T, Chida K. : Intrapleural rupture of an pulmonary arteriovenous fistula. *Nihon Kokyuki Gakkai Zasshi*. 2007 ; 45 : 783-787.
[25] Tomelleri G, Bovi P, Carletti M, Mazzucco S, Bazzoli E, Casilli F, Onorato E, Moretto G. : Paradoxical brain embolism in a young man with isolated pulmonary arteriovenous fistula. *Neurol Sci*. 2008 ; 29 : 169-171.
[26] Nakamura H, Miwa K, Haruki T, Adachi Y, Fujioka S, Taniguchi Y. : Pulmonary arteriovenous fistula with cerebral infarction successfully treated by video-assisted thoracic surgery. *Ann Thorac Cardiovasc Surg*. 2008 ; 14 : 35-37.
[27] Morimoto K, Saito T, Takaku T, Yamamoto Y, Matsuno Y, Watanabe K, Hayasihara K. : A case of pulmonary arteriovenous fistula. *Nihon Kokyuki Gakkai Zasshi*. 2007 ; 45 : 202-205.
[28] Baldi S, Rostagno RD, Zander T, Rabellino M, Maynar M. : Occlusion of a pulmonary arteriovenous fistula with an amplatzer vascular plug. *Arch Bronconeumol*. 2007 ; ,43 : 239-241.
[29] Conti V, Fiorucci F, Serpilli M, Patrizi A, Paone G, Neri P, Giannunzio G, Pirozzo MG, Fiorucci C, Lucantoni G. : Osler-Rendu-Weber syndrome : congenital arteriovenous intrapulmonary fistula treated using a percutaneous Amplatzer plug. *Eur Rev Med Pharmacol Sci*. 2008 ; 12 : 213-216.
[30] Peirone AR, Spillman A, Pedra C. : Successful occlusion of multiple pulmonary arteriovenous fistulas using Amplatzer vascular plugs. *J Invasive Cardiol*. 2006 ; 18 : 121-123.
[31] Fraga JC, Favero E, Contelli F, Canani F. : Surgical treatment of congenital pulmonary arteriovenous fistula in children. *J Pediatr Surg*. 2008 ; 43 : 1365-1367.
[32] Matsumoto H, Kakehata T, Hyodo T, Hanada K, Tsuji Y, Hoshino S, Isomura H. : Surgical Correction of congenital lobar emphysema in a dog. *J Vet Med Sci*. 2004 ; 66 : 217-219.
[33] Herrtage ME, Clarke DD. : Congenital lobar emphysema in two dogs. *J Small Anim Pract*. 1985 ; 26 : 453-464.
[34] Amis TC, Hager D, Dungworth DL, Hornof W. : Congenital Bronchial cartilage hypoplasia with lobar hyperinflation (congenital lobar emphysema) in an adult Pekingese. *J Am Anim Hosp Assoc*. 1987 ; 23 : 321-329.
[35] Billet J-P HG, Sharpe A. : Surgical treatment of congenital lobar emphysema in a puppy. *J Small Anim Pract*. 2002 ; 43 : 54-87.
[36] Hoover JP, Henry GA, Panciera RJ. : Bronchial cartilage dysplasia with multifocal lobar bullous emphysema and lung torsions in a pup. *J Am Vet Med Assoc*. 1992 ; 201 : 599-602.
[37] Orima H, Fujita M, Aiki S, Washizu M, Yamagami T, Umeda M and Sugiyama M. : A case of lobar emphysema in a dog. *J Vet Med Sci*. 1992 ; 54 : 797-798.
[38] Tennant BJ, Haywood S. : Congenital lobar emphysema in a dog, *J Small Anim Pract*. 1987 ; 28 : 109-116.
[39] Voorhout G, Goedegebure SA, Nap RC. : Congenital lobar emphysema caused by aplasia of bronchial cartilage in a Pekingese puppy. *Vet Pathol*. 1986 ; 23 : 83-84.
[40] Janoff A. : Elastase and emphysema : Current assessment of the protease-antiprotease hypothesis. *Am Rev Respir Dis*. 1985 ; 132 : 417-433.
[41] 金沢 実, 福永興壱.：肺の間質. *救急医学*. 1997 ; 21 : 933-939.
[42] 鮎川勝彦, 財津昭憲.：肺水腫. In：図解救急処置ガイド：文光堂；211-216. 東京.
[43] Lane SM, Maender KC, Awender NE, Maron MB. : Adrenal epinephrine increases alveolar liquid clearance in a canine medel of neurogenic pulmonary edema. *Am J Respir Crit Care Med*. 1998 ; 158 : 760-768.
[44] 佐藤清貴, 増田 卓, 菊地隆明, 他.：くも膜下出血に伴う左室壁運動異常の出現と心筋壊死の検討：神経原性肺水腫との関連. *J Cardiol*. 1990 ; 20 : 359-367.
[45] Smith WS, Matthay MA. : Evidence for a hydrostatic mechanism in human neurogenic pulmonary edema, *Chest*. 1997 ; 111 : 1326-1333.
[46] Chiang MC, Lin WS, Lien R, Chou YH. : Reexpansion pulmonary edema following patent ductus arteriosus ligation in a preterm infant. *J Perinat Med*. 2004 ; 32 : 365-367.
[47] Sakao Y, Kajikawa O, Martin TR, Nakahara Y, Hadden WA 3rd, Harmon CL, Miller EJ. : Association of IL-8 and MCP-1 with the development of reexpansion pulmonary edema in rabbits. *Ann Thorac Surg*. 2001 ; 71 : 1825-1832.
[48] Feller-Kopman D, Berkowitz D, Boiselle P, Ernst A. : Large-volume thoracentesis and the risk of reexpansion pulmonary edema. *Ann Thorac Surg*. 2007 ; 84 : 1656-1661.
[49] Kitabatake A, Inoue M, Asao M, Masuyama T, Tanouchi J, Morita T, Mishima M, Uematsu M, Shimazu T, Hori M, Abe H. : Noninvasive evaluation of pulmonary hypertension by a pulsed Doppler technique. *Circulation*. 1983 ; 68 : 302-309.
[50] 中尾 周, 長澤昭範, 田中 綾, 山根義久.：肺高血圧症を呈した犬に対するプロスタサイクリンの有効性の評価. *第28回動物臨床医学会年次大会プロシーディング No.2*. 2007 ; 139-140.

[51] Galie, Rubin LJ, Hoeper M, Jansa P, Al-Hlti H, Meyer G, Choisse E, Kusic-Pajic A, Simonneau G. : Treatment of patients with mildly symptomatic pulmonary arterial hypertension with bosentan (Early study) : a adouble-blind, randomized controlled trail. *Lancet*. 2008 ; 371 (9630) : 2093-2100.
[52] Perry LA, Dillon AR, Bowers TL. : Pulmonary hypertension. *Comp Cont Edu Pract Vet*. 1991 ; 13 : 226-232.
[53] Hirakawa A, Sakamoto H, Misumi K, Kamimura T, Shimizu R. : Effects of Inhaled nitric oxide on hypoxic pulmonary vasoconstriction in dogs and a case report of venae cavae syndrome. *J Vet Med Sci*. 1996 ; 58 (6) : 551-553.
[54] Moser KM. : pulmonary embolism : State of the art. *Am Rev Respir Dis*. 1977 ; 115 : 829-852.
[55] 日本循環器学会，日本心臓病学会，日本胸部外科学会，日本心臓血管外科学会，日本静脈学会，日本呼吸器学会．日本血栓止血学会肺血栓塞栓症および深部静脈血栓症の診断・治療・予防に関するガイドライン（2002-2003年度合同研究班報告）．*Circ J*. 2004 ; 68 : 1079-1152.
[56] 橋本 毅, 小泉 淳. : 肺血栓塞栓症. *救急医学*. 2008 ; 32 : 689-692.
[57] 重光 修. : 肺血栓塞栓症. *救急医学*. 2006 ; 30 : 75-79.
[58] Goldhaber SZ, Simons GR, Elliott CG, Haire WD, Toltzis R, Blacklow SC, Doolittle MH, Weinberg DS. Quantitative plasma D-dimer levels among patients undergoing pulmonary angiography for suspected pulmonary embolism. *JAMA*. 1993 ; 270 : 2819-2822.
[59] Hyers TM, Agnelli G, Hull RD, Morris TA, Samama M, Tapson V, Weg JG. : Antithrombotic therapy for venous thromboembolic disease. *Chest*. 2001 ; 119 : 176S-193S.
[60] 高山泰広, 小井土雄一, 小関一英. : DIC の治療とそのトピックス－低分子ヘパリン. *Surgery Frontier*. 2007 ; 14 : 267-272.
[61] Smith SA, Tobias AH, Jacob KA, Fine DM, Grumbles PL. : Arterial Thromboembolism in cats ; acute crisis in 127 cases (1992-2001) and long-term management with low-dose aspirin in 24 cases. *J Vet Intern Med*. 2003 ; 17 : 73-83.
[62] British Thoracic Society Standards of Care Committee Pulmonary Embolism Guideline Development Group. : British Thoracic Society guideline for the management of suspected acute pulmonary embolism. *Thorax*. 2003 ; 58 : 470-484.
[63] Jerjes-Sanchez C, Ramirez-Rivera A, Garcia ML, Arriaga-Nava R, Valencia S, Rosado-Buzzo A, Pierzo JA, Rosas E. : Stesptolinase and heparin versus heparin alone in massive pulmonary embolism : A randomized controlled trial. *J Thromb Thrombolyis*. 1995 ; 2 : 227-229.
[64] Badylak SF, voytik S, Klabunde RE, Henkin J, Leski M. : Bolus dose response characteristics of single chain urokinase plasminogen activator and tissue plasminogen activator in a dog model of arterial thrombosis. *Thromb Res Suppl*. 1988 ; 52 : 295-312.
[65] Prewitt RM, Hoy C, Kong A, Gu SA, Greenberg D, Cook R, Chan SM, Ducas J. : Thrombolytic therapy in canine pulmonary embolism. : Comparative effects of urokinase and recombinant tissue plasminogen activator. *Am Rev Respir Dis*. 1990 ; 141 : 290-295.
[66] 馬屋原拓. : 肺塞栓. *救急医学*. 2005 ; 29 (7) : 801-504.
[67] Richard W. Nelson, C. Guillermo Couto. : 肺の血栓塞栓症. In : スモールアニマルインターナルメディスン 第3版（監訳／長谷川篤彦，辻本元）．インターズー；2005：321-322. 東京．

# 第Ⅲ章
# 食道

- 食道の発生と解剖
  Esophageal Embryology and Anatomy
- 食道の生理と病態生理
  Esophageal Physiology and Pathophysiology
- 食道の検査と診断
  Diagnosis and Examination of the Esophageal Diseases
- 手術適応と術前管理
  Preoperative Management and Surgical Indications of the Esophageal Diseases
- 手術と術後管理
  Postoperative Management and Surgical Procedures of the Esophageal Diseases
- 食道疾患
  Esophageal Diseases

# 食道の発生と解剖

Esophageal Embryology and Anatomy

## ■ 1　食道の発生

原腸から分化した前腸（「肺と気管支の発生」の図Ⅱ-1参照）は、咽頭から十二指腸前半部の粘膜上皮を形成する。前腸最先端は、咽頭として発達するが、咽頭後端は狭くなり、この部位以降が食道部分として発達する。まず、食道予定領域から腹側に肺芽が出芽し、その後、食道が分化する。最初、食道予定領域以降の胃予定領域は膨らみ、回転し始めるのに対して、食道が形成される部分は、しばらくの間は短く管状であり（肺芽が出芽し、ある程度分岐するまで。「肺と気管の分化」の図Ⅱ-1、2参照）、その後に胚子の成長とともに伸張しはじめ、食道頸部および食道胸部となり、横隔膜が形成された後、食道腹部が区分される。

食道の粘膜上皮細胞以外の組織は、周囲の臓側中胚葉が分化して形成される。ただし、咽頭に近い筋層（骨格筋で構成されている）の由来は現在も不明

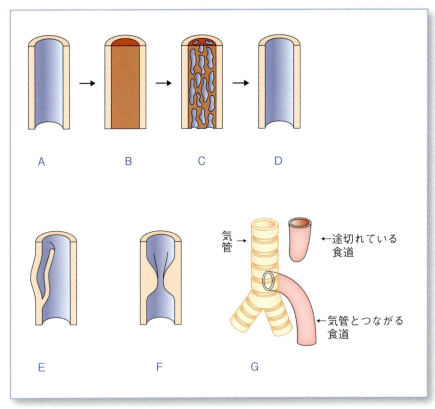

図Ⅲ-1　消化管の内腔形成

A：発生初期の腸管。管腔を有する。B：管腔上皮細胞（内胚葉細胞）の増殖によって管腔が閉鎖する。C：管腔の再形成。ぎっしりつまった内細胞集団内にアポトーシスによる空胞が形成される。D：完成した腸管内腔。E：腸管の重複。F：腸管の狭窄。G：食道気管瘻。食道の遠位端が気管とつながる。

である。また、食道頸部の最外層は、疎線維性結合組織で構成される外膜（背側心外膜由来の中胚葉が起源）であり、食道胸部および腹部では、臓側中胚葉由来の漿膜で覆われる。

食道をはじめとする消化管は、最初管腔を有してはいるが、ほとんどの内胚葉由来の上皮細胞は2層の円柱上皮で多くは線毛を有している。この上皮細胞が増殖して、管腔をほぼ埋め尽くす。次にこの細胞集団内にアポトーシスによる空胞が次々出現し、消化管の管腔が再び形成され、内胚葉由来の上皮細胞が円柱状から立方状となり、ついで重層扁平上皮となって管腔表面を覆い、最終的な食道の管腔および上皮が完成する（図Ⅲ-1 A～D）。

食道では、重複や狭窄が起こりやすく、これは上述した管腔再形成の過程が未完に終わる場合であると考えられている（図Ⅲ-1 E、F）。また、狭窄が重度になると閉鎖するが、これは胚子の成長に、増殖している内胚葉細胞の供給が追いつかないことによると考えられている。狭窄は多くの場合、食道気管瘻として出現する。食道気管瘻にはいろいろな型があるが、食道の近位部が閉鎖し、食道の後半部が気管分岐部直前で交通する型が最も多い（図Ⅲ-1 G）。食道に気管食道ヒダが形成されることによって肺芽が出芽する。このとき、気管食道ヒダの癒合不全のまま、食道と気道が各々発達してしまうので、食道気管瘻が発生すると考えられている。

（山本雅子）

---

**推奨図書**

[1] Hyttel P, Sinowatz F, Vejlsted M, Betteridge K.：カラーアトラス動物発生学.（監訳／山本雅子，谷口和美）：緑書房；2014．東京.
[2] Latshaw WK.：Veterinary Developmental Anatomy：BC Decker Inc.；1987.
[3] Evans HE.：Miller's Anatomy of the Dog, 3rd ed.：WB Saunders；1993.
[4] Schoenwolf GC, Bleyl SB, Brauer PR, Francid-West PH.：Larsen's Human Embryology, 5th ed.：Elsevier；2014. Churchill Livingstone.
[5] Carlson BM.：Patten's Foundations of Embryology, 6th ed.：McGraw-Hill Inc.；2003.

---

## ■ 2　食道の解剖

食道は、口から入った食物を胃に送る管であり、中型犬では約30cmの長さをもつ[1]。頸部、胸部、腹部に分けられる。頸部では気管、総頸動脈、迷走交感神経幹などと並走する。腹部は、横隔膜を通過して胃につながる短い部分である。

### 1）胸部食道

食道は気管とともに、第1肋骨に挟まれるようにして、頸長筋の下を通り胸腔に入る。胸腔のほぼ正中で、背側寄りを走行し、気管、心臓などとともに縦隔内に存在している。X線読影時には、VD像の食道はその一部が脊椎と重なるため、ラテラル像の方が情報量が多い。必要であれば、斜位のVD像も有効である。

### 2）食道の壁の構造

食道の組織学的構造は、典型的な層構造をもち、内側から粘膜、粘膜下組織、筋層、外膜（漿膜）となっている（図Ⅲ-2）。

粘膜面は、肉眼的に縦走ヒダが発達している。猫では、心臓よりも後方の粘膜が短い斜走ヒダに変わるため、食道造影や内視鏡検査のときに特徴的なパターンが現れる（図Ⅲ-3）。粘膜は、組織学的に粘膜上皮、粘膜固有層、粘膜筋板からなる。粘膜上皮は、重層扁平上皮に分類され、角化はほとんど認められない[2]。粘膜固有層は血管、リンパ管、神経などを含む結合組織の層である。粘膜筋板は、消化管に特有に認められる平滑筋の層で、食道では縦走する。犬では後半部分に認められ、猫では、前半部分が部分的に存在し、後半部分では連続性に認められる[3]。

粘膜下組織は、血管、リンパ管、神経を含む結合組織の層である。食道腺はこの層に存在し、犬では食道の全長にわたって、猫では食道の上端に限局している[3]。粘膜下組織には粘膜下神経叢（マイスナー神経叢）が存在し、粘膜筋板や腺を支配してい

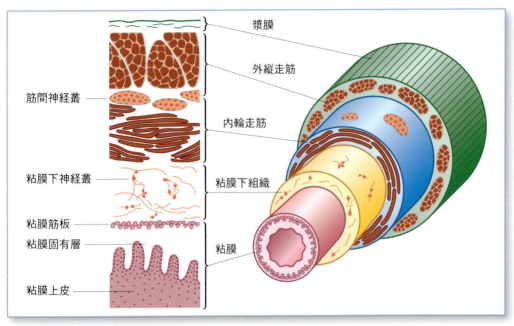

図Ⅲ-2　食道の組織学的構造

食道壁には、内腔側から粘膜（粘膜上皮、粘膜固有層、粘膜筋板）、粘膜下組織、内輪走筋、外縦走筋、漿膜（もしくは外膜）が並ぶ。

図Ⅲ-3　猫の食道粘膜

る。

　筋層は、消化管であるのにもかかわらず、大部分が横紋筋でできている。平滑筋の領域は少なく、犬では胃の直前が、猫では食道の後方1/3の筋層が平滑筋となる。筋層の走行は、"内輪・外縦"といわれるが、前端部（咽頭との結合部）と後端部（胃との結合部）を除いて、直角に交わる2つの筋層が斜めに走っている[1,4]。解剖学的証拠は乏しいが、比較的、筋層が輪状に走る前端部と後端部において、生理学的括約筋の存在が示唆されている[5-8]。2層の筋層の間には筋間神経叢（アウエルバッハ神経叢）が存在し、筋層を支配し食道の運動に関与する。消化管の蠕動運動は、動物の状態によって変化するが、食塊が食道を通過するのに犬では4～5秒、猫では少し遅く9～12秒かかる[7]。液体の通過速度は、固形物の5倍以上であり、食道造影を行う際には、造影剤の投与直後に撮影を行う。透視検査も有効である。

　外膜は、弾性線維に富む結合組織からなり、気管などの食道周囲の臓器に面しているところでは接着剤的役割を果たしている[4,9]。胸腔において、外膜は漿膜によって覆われているが、心基底部より前方は、食道の周囲に存在する頸長筋、気管、大血管、胸腺、心臓、脂肪組織などに包まれている。

### 3）血管、リンパ、神経支配

#### i）血管

　胸部食道のうち前方2/3は、胸大動脈から分岐した気管支食道動脈の食道枝が分布する。左右の気管支食道動脈は、第五、第六胸椎の当たりで、背側肋間動脈、もしくは胸大動脈から分岐し、気管支枝と食道枝に分かれる。食道枝は、さらに頭側に向かう

上行枝と、尾側に向かう下行枝に分かれる。上行枝は、頸部食道に分布する後甲状腺動脈と吻合し、下行枝は胸大動脈や背側肋間動脈から直接食道に向かう血管や、腹腔動脈から分岐した左胃動脈の食道枝の食道裂孔を通過してきた枝と吻合する。

　食道への血液は、動脈と並走する静脈に回収され、気管支食道静脈、食道静脈となる。これらの静脈は、食肉類では通常、第七胸椎のレベルで奇静脈に流入する[1]。

### ii）リンパの流れ

　胸部食道のリンパ液は、前縦隔リンパ節、気管気管支リンパ節に流入する[10]。気管気管支リンパ節からのリンパ液は、前縦隔リンパ節に流入し、その後、一般的に胸管、右リンパ本幹、もしくは気管リンパ本幹を経由して静脈に戻る[11]。

### iii）神経支配

　食道に存在する分泌腺、血管、平滑筋などは、他の消化管と同様に、自律神経系によって支配されている。副交感神経線維は、脳から出た迷走神経とその枝の反回神経内を走行する。交感神経線維は胸髄から出て、一部は迷走神経や反回神経からの枝と並走しながら食道に分布する。

　混乱を招く点ではあるが、食道壁は横紋筋なのに自律神経支配であるのかという疑問を抱く方もいるかもしれないので、解説を加えておく。食道壁の筋層の大部分は、内臓壁の筋でありながら、横紋筋であって一般の消化管壁をつくる平滑筋とは異なる。この横紋筋は、食道の外来性神経として、迷走神経の内を走行してはいるが、自律神経ではない、"特殊な""内臓性""運動神経"に支配されている[4,12]。さらに、食道の横紋筋においては、内在性の神経もその運動に関与している。食道壁内に存在する神経叢（粘膜下神経叢、筋間神経叢）がそれであり、これは"自律神経性"である。すなわち、食道の横紋筋は"2種類"の神経支配を受けていることになる。これは発生過程に原因がある。胎生期には食道は平滑筋からできているが、ある時期を境に口腔側から、平滑筋が横紋筋へ転換されていく。このとき、神経叢が取り残されてしまうため、自律神経支配が残ると考えられている[13]。内在性の神経叢は、食道の蠕動波の形成への関与が指摘されている。胃に近い食道壁の平滑筋の部分は、他の消化管と同様に迷走神経（副交感神経線維）と、交感神経に支配されている。

　捕捉ではあるが、迷走神経＝副交感神経と思われている方も多いかもしれないが、迷走神経の神経束のなかには、副交感神経以外に、運動神経や知覚神経も含まれている。

## 4）食道周囲の構造物（図Ⅲ-4～9）

　下記に食道周囲に存在する構造をまとめる（両肺の後葉、右肺副葉以外の肺葉を除く）。これらの構

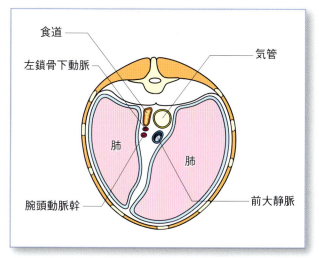

図Ⅲ-4　胸腔横断図（尾側観、第3胸椎レベル）
食道が気管の左側を走る。

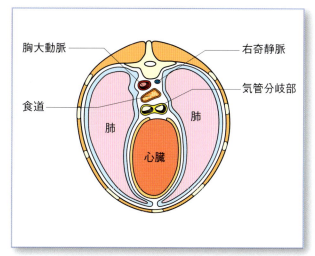

図Ⅲ-5　胸腔横断図（尾側観、第5～6胸椎レベル、心基底部）
食道が、気管（気管分岐部）、大動脈、奇静脈に囲まれている。

第Ⅲ章　食道

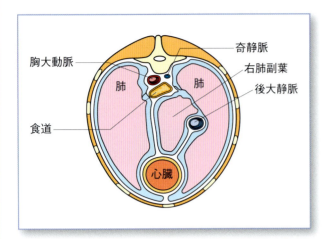

図Ⅲ-6　胸腔横断図（尾側観、第6〜7胸椎レベル、心尖部）
食道が胸大動脈の腹側を走る。

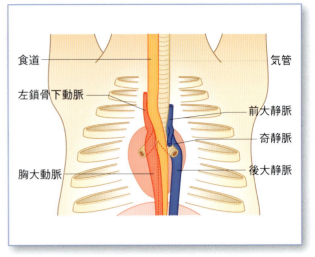

図Ⅲ-7　気管と脈管の位置（背側観）
胸腔に入った食道は、気管の左側に位置しているが、心基底部において大動脈弓を避けるように正中に進路を変え、気管分岐部の背側を通る。さらに後方では、大動脈の腹側を走る。

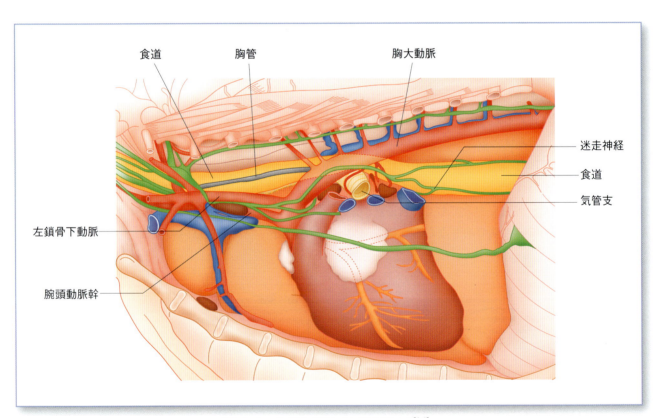

図Ⅲ-8　胸腔左側観（左肺を除去）[14]
食道の左側（手前には、前胸部では胸管が走行し、心基底部では大動脈が心臓から起始し後方に向かう。気管は心基底部で食道の腹側で左右の気管支に分岐する。

造は、食道へのアプローチの際に注意すべき点となる。さらに、周りの構造物が腫大すると食道の走行が変位したり、逆に食道が拡張することにより、周りの器官が変位する可能性があるため、正常時における相対的な臓器の位置関係を正しく理解しておく必要がある。

ⅰ）前胸部（図Ⅲ-4、7〜9）
　　両側：迷走神経、交感神経、横隔神経

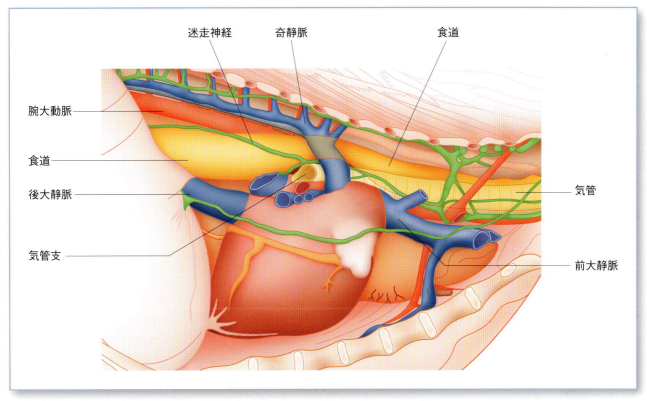

図Ⅲ-9　胸腔右側観（右肺を除去）[14]

食道の右側（手前）には、前胸部では気管が走行し、心基底部では奇静脈が前大静脈基部へ合流する。気管は、心基底部で食道の腹側で左右の気管支に分岐する。

左側：腕頭動脈幹、左鎖骨下動脈、胸管
右側：気管、反回神経、右鎖骨下動脈
背側：頸長筋
腹側：前大静脈、胸腺

ⅱ）心基底部（図Ⅲ-5、7～9）
左側：大動脈弓
右側：奇静脈
腹側：気管、気管支、左心房

ⅲ）後胸部（図Ⅲ-6～9）
両側：迷走神経，両肺の後葉（肺間膜）
左側から背側：胸大動脈
右側から腹側：右肺副葉、後大静脈

胸腔に入った食道は、頸長筋の下、気管の左側に位置する。食道は、心基底部に達するまでに前縦隔内を気管の背側に移動する（図Ⅲ-7～9）。前縦隔内には、食道と気管以外にもさまざまな臓器が存在している。食道の左側には、大動脈弓から分岐した左鎖骨下動脈とその枝、さらには腕頭動脈幹や左総頸動脈が頸部に向かって走行している（図Ⅲ-8）。

これらの血管の内側で、食道の左側面に沿うように胸管が認められる。食道の右側面には、気管との間に左反回神経が頸部に向かって走行する（図Ⅲ-8）。気管のさらに右側には、右反回神経、腕頭動脈から分岐した右鎖骨下動脈とその枝など存在する（図Ⅲ-9）。また、食道の左右の血管の周りには迷走神経、交感神経、少し腹側には横隔神経が走っている。前大静脈や胸腺が食道の腹側に存在する（図Ⅲ-4）。

心基底部には消化器系、循環器系、呼吸器系の3種類の管が心臓の背側に集まっている（図Ⅲ-5、7）。食道を中心にして、左側に大動脈弓、右側に奇静脈、腹側に気管（気管分岐部）が並んでいる。気管分岐部よりも尾側には食道の腹側に左心房や右肺副葉が現れる。さらに食道の背側には頸長筋が存在している。

後胸部においては、食道の背側と腹側を沿うように迷走神経（幹）が走行し、食道と共に横隔膜の食道裂孔を通過する（図Ⅲ-8、9）。前胸部、心基底部とは異なり、後胸部では食道の周囲に脂肪組織な

どの結合組織が比較的少ないため、漿膜（胸膜）を通して、食道や迷走神経（幹）の識別が容易である。食道の左右には肺の後葉が、腹側には右肺副葉が密着し、肺に食道圧痕を形成する[11,15]（図Ⅲ-6）。背側には胸大動脈が位置し、右下には後大静脈が走行している。食道から腹側に伸びる後縦隔と後大静脈から腹側に伸びる大静脈ヒダによって形成される縦隔陥凹に右肺副葉が収まっており、食道への右側からのアプローチの妨げとなるかもしれない（図Ⅲ-6）。胸大動脈や食道を覆う胸膜には、肺の後葉から伸びる肺間膜が結合している。

### 5）生理的狭窄部位

食道は、周囲の構造に関連して、括約筋が存在している部位以外にも生理的狭窄部位が存在する[16]。

#### ⅰ）胸郭前口（第1胸椎）

食道は、頸の付け根で胸腔に移行するため屈曲している。さらに、この部位は、第1胸椎と第1胸骨、他の肋骨、肋軟骨と比べてその長さの短い第1肋骨と第一肋軟骨からなる幅の狭い輪の中を、頸長筋、総頸動脈、気管とともに通り抜ける。

#### ⅱ）心基底部（第5、第6胸椎）

食道は、縦隔中部において胸腔背壁と、気管もしくは気管支を通して心臓により背腹方向から、さらに大動脈弓と奇静脈には左右方向から挟まれている。右大動脈弓遺残の際には、食道周囲に動脈輪を形成することがあり、狭窄が顕著になり、臨床徴候を示すようになる。

#### ⅲ）食道裂孔（第10胸椎）

食道が横隔膜を通過する部位において、食道の内腔は狭くなっている。

（大石元治）

---

**参考文献**

[1] Evans HE. : Miller's Anatomy of the Dog, 3rd ed. : WB Saunders ; 1993. London.
[2] 日本獣医解剖学会編．：獣医解剖学第四版：学窓社；2008．東京．
[3] Bacha WJ. Bacha LM. : Color Atlas of Veterinary Histology, 2nd ed. : Blackwell Publishing ; 2000.
[4] 藤田尚男，藤田恒夫．：標準組織学各論：医学書院；2010．東京．
[5] Reece WO. : Functional Anatomy and Physiology of Domestic Animals. 4th ed. : Wiley-Blackwell ; 2009.
[6] 高橋迪雄／監訳．：獣医生理学：文永堂出版；1994．東京．
[7] 津田恒之．：家畜生理学 訂正第2版：養賢堂；1997．東京．
[8] 山内昭二，杉村 誠，西田隆雄／監訳．：獣医解剖学 第二版：近代出版；1998．東京．
[9] 月瀬 東，武藤顕一郎，尼崎 肇，竹花一成．：新版獣医組織学実習マニュアル：学窓社；2011．東京．
[10] Nickel R, Schummer A, Seiferle E. : The Anatomy of the Domestic Animals, Volume 3. The Circulatory System, the Skin, and Cutaneous Organs of the Domestic Mammals : Verlag Paul Parey ; 1981. Berlin.
[11] Getty R. : Sisson and Grossman's the Anatomy of the Domestic Animals Volume 2. 5th ed. : WB Saunders ; 1975. London.
[12] 佐藤達夫／監修．：末梢神経解剖学-基礎と発展-：SCI 株式会社；1996．東京．
[13] Neuhuber WL, Eichhorn U, Worl J. : Enteric Co-innervation of Striated Muscle Fibers in the Esophagus : Just a "Hangover" ? *The Anatomical Record*. 2001 ; 262 : 41-46.
[14] Done SH, Goody PC, Evans SA, Stickland NC. : Color Atlas of Veterinary Anatomy, Volume 3, The Dog and Cat, 2nd ed. : Mosby, Elsevier ; 2009. London.
[15] Nickel R, Schummer A, Seiferle E. : The Anatomy of the Domestic Animals, Volume 2. The Viscera of the Domestic Mammals. Second revised edition : Verlag Paul Parey ; 1979. Berlin.
[16] Shively MJ. : Veterinary Anatomy. Basic, Comparative, and Clinical. Texas A and M University Press ; 1984.

# 食道の生理と病態生理

Esophageal Physiology and Pathophysiology

## 1 食道の運動生理

### 1）嚥下

嚥下は、咀嚼によって噛みくだかれた食塊を唾液とともに口腔内から咽頭、食道を介して胃に送り込む運動である。食塊が口蓋や咽頭壁を触覚刺激して反射的に起こる（嚥下反射）。哺乳動物は、呼吸と食塊の通路が咽頭で交差しているため、呼吸と嚥下がはっきり区別されて動作する。嚥下は、咽頭筋と食道の収縮が共同して食塊を咽頭から食道へ移動させると同時に、咽頭と口腔の間が閉鎖されて咽頭から口腔内への食物の逆流を防ぐ。食塊の移動により嚥下は**口腔相・咽頭相・食道相**の3相に分けられる（図Ⅲ-10）。

**口腔相**：随意的に調節が可能な相で、食塊が口腔内から咽頭腔に送られる期間のことをいう。

**咽頭相**：食塊が咽頭から食道まで移動する期間のことである。食塊が咽頭に入ると嚥下反射が誘発され咽頭相へ進む。不随意運動のため途中で止めることはできない。

**食道相**：食塊が食道内に入り、そこから胃内に送り込まれるまでの期間をいう。食道相も不随意運動である。

### 2）上部食道括約筋

食道の上部には、横紋筋が存在する。内層は、輪状筋で外層は縦走筋で構成されている。食道上部は、喉頭と脊柱に挟まれているため、通常は狭窄している。しかし、嚥下時には拡張し、食塊を通過させるスペースができる。

### 3）食道体部の運動

嚥下に伴い、まず上部食道括約筋が弛緩および拡張して食塊が食道に流れ込む。その後に、食道筋の輪状収縮（蠕動）により食塊は胃へ移動していく。食道の蠕動運動は、迷走神経を介して行われるので、両側の迷走神経を切断すると蠕動は生じなくなる。

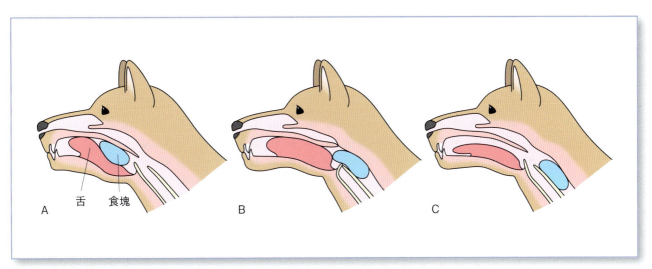

図Ⅲ-10 嚥下の3相を食塊が移動していく

A：口腔相、B：咽頭相、C：食道相

### 4）下部食道括約筋

　食道の下部は、平滑筋だけで構成されている。蠕動が胃に近づくと下部食道括約筋が弛緩して胃内への通過が可能となる。

## ■ 2　食道の病態生理

### 1）食道機能の異常

　正常の食道の機能は、口腔内で噛み砕いた食物を胃内に送る移動管の役目を務めている。したがって、通常であれば食物塊は食道内を数秒で通過する。よって、食道機能の異常で主にみられる症状は通過障害である。具体的な症状としては、吐出および嚥下障害である。

　これらの原因となる疾患は、右大動脈弓遺残、異物、食道炎ならびに瘢痕形成による狭窄、腫瘍、巨大食道（重症筋無力症など）であり、物理的な狭窄によるものは次の疾患である。

・右大動脈弓遺残
・異物
・食道狭窄
・腫瘍

　これらの食道狭窄性疾患は、狭窄部位の頭側は食道拡張を示し、そこに貯留した食物塊および液体が吐出する。

　また、上記の疾患とは逆に、食道の弛緩および虚脱（アトニー）を示すものとして巨大食道症があげられる。本疾患は、食道壁がびまん性に弛緩し、運動性が極端に低下する。原因はまだ明らかになっていないが、求心性の迷走神経機能障害が存在していることが明らかになっている。

　巨大食道症の原因として鑑別が必要なのは、重症筋無力症である。本疾患は、神経筋接合部の後シナプス膜に存在するアセチルコリン受容体に対する自己抗体が産生され、伝達障害を起こす自己免疫性疾患である。各疾患の詳細は、後述「食道疾患」を参照していただきたい。

（鯉江　洋）

---

推奨図書

［1］和泉博之，浅沼直和 / 編集.：ビジュアル　生理学・口腔生理学 第2版：学建書院；2010．東京．
［2］津田恒之.：家畜生理学：養賢堂；2004．東京．
［3］真島英信.：生理学：文光堂；1990．東京．

# 食道の検査と診断

Diagnosis and Examination of the Esophageal Diseases

## ■ 1　問診と鑑別診断

　食道の疾患を示唆する症状として、嘔気、嘔吐、突出、嚥下困難、流涎、嚥下時の疼痛、再発性の肺炎などがあげられる。突出は、食道閉塞や狭窄により食道の途中で食物が通過障害を受けることに起因しており、先天性もしくは後天性に発生する。右大動脈弓遺残症などの血管輪異常では、結果的に異常な血管輪の中に食道が位置しており、血管輪により食道が絞扼を受け、絞扼より頭側の食道拡大を認め定期的な突出、誤嚥性肺炎を生じる。正常な血管走行（図Ⅲ-11、12A）と、血管輪異常のタイプを示す（図Ⅲ-12）[1]。先天性の血管輪異常の場合には、ミルクから固形食に切り替わっていく離乳時から症状が出現することが多い。後天性のものでは、食道内異物、食道炎、腫瘍、食道麻痺などがあり、症状として突出が認められる。

　飼い主の主訴として最も多いのが"吐く"というものであるが、問診からはなかなか嘔吐なのか突出なのかを鑑別することは難しい。食道拡大がほとんどない場合には、食後間もなく吐くため、胃液も混じらず吐物をみて突出を疑うことができるが、食道拡大が顕著な場合には、数日間食道内に滞留していることもあるためひどい臭気を帯びていることがある。

　鑑別診断として、口腔内疾患を除くと、食道内異物、食道腫瘍、胃食道重積、裂孔ヘルニア、食道狭窄、食道の穿孔、食道憩室、食道拡張症、甲状腺機能低下症、重症筋無力症などであり、身体検査や画像診断および血液検査などにて鑑別を行う。

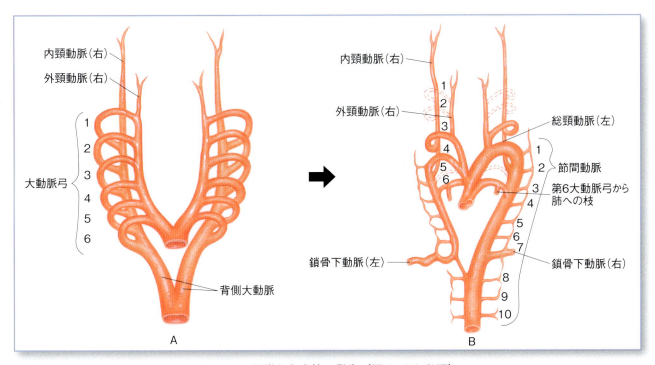

図Ⅲ-11　正常な心血管の発生（図Ⅰ-9も参照）

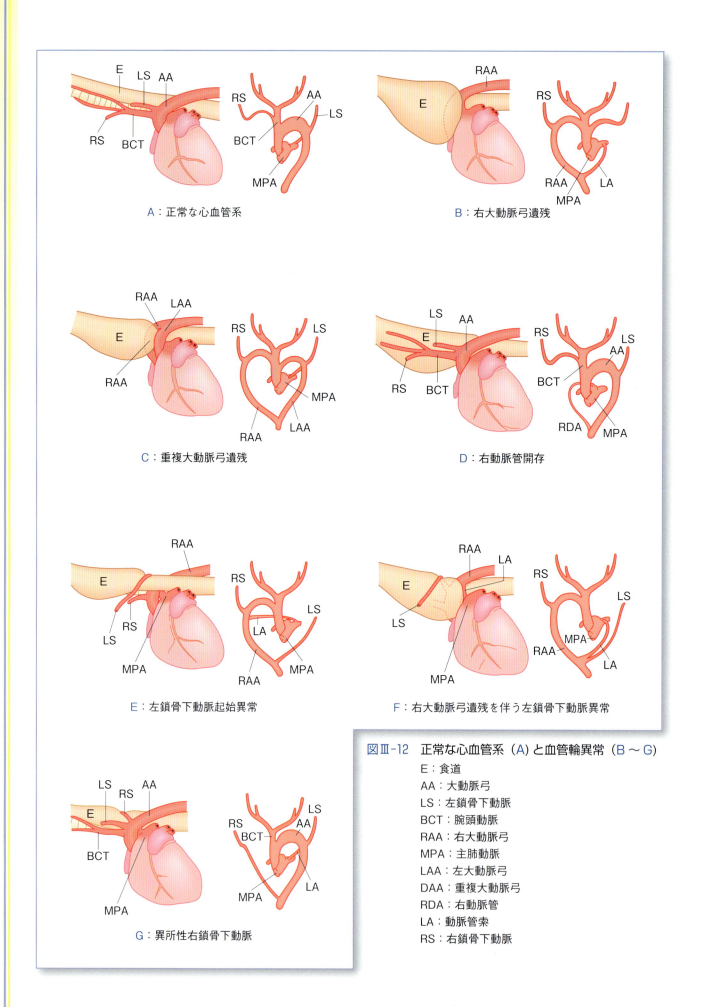

図Ⅲ-12　正常な心血管系（A）と血管輪異常（B～G）
E：食道
AA：大動脈弓
LS：左鎖骨下動脈
BCT：腕頭動脈
RAA：右大動脈弓
MPA：主肺動脈
LAA：左大動脈弓
DAA：重複大動脈弓
RDA：右動脈管
LA：動脈管索
RS：右鎖骨下動脈

## 2　各種検査法

### 1）X線検査

食道は、頸部食道と胸部食道からなり、口腔と胃をつなぐ臓器である。X線検査を行う場合には、口腔から頸部食道、胸部食道、そして上腹部までの範囲を必ず2方向以上で撮影する。X線不透過性の異物や胸腔内腫瘤、食道拡大など、単純X線でも診断可能な疾患もあるが、食道造影検査を行うことで、より詳細な診断が可能となる。そして可能であればX線透視装置を用いて、造影剤を飲ませて胃まで嚥下する状態を観察することができれば、食道の運動性の診断や呼吸状態に左右される裂孔ヘルニアや、胃食道重積の診断も容易になる。造影剤には、バリウムを使用するが、穿孔や瘻管が疑われる場合には、ヨード系の造影剤を使用する。また、食道の運動性を評価したい場合には、犬を右下に保定してa/dなどのペースト状のフードと造影剤を混ぜて自発的に食べさせることにより食道造影を容易に行うことができる。なお、固形食を突出するという場合には、ドライフードに造影剤を混ぜて固形のまま食事をさせながら同様にX線検査を行う。なお、食道造影の際には、誤嚥をさせないように充分な注意が必要である。

異物の場合には、頸部食道の尾側、胸郭の入り口、心基底部、食道遠位（噴門部頭側）に確認できることが多い（図Ⅲ-13）。また、食道内異物を除去した後も食道炎が重度の場合には、食道狭窄を生じることがあるため定期的な検査が必要である。食道狭窄を生じている場合には、狭窄部位が1ヵ所とは限らないため、時相をずらして何枚かX線を撮影したり、X線透視検査が非常に有効である（図Ⅲ-14、15）。

食道拡大がみられた場合には、その後に通過障害

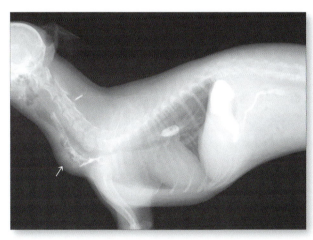

**図Ⅲ-13　X線バリウム造影検査（ラテラル像）**
マルチーズ、1歳6ヵ月齢、避妊雌、2.85kg。7ヵ月前からの嘔吐（結局は突出）しており、他院での治療に反応せず紹介来院。食道造影にて、頸部食道内に異物が認められた（矢印）。なお、頸部背側に入れてあるのはマイクロチップである。

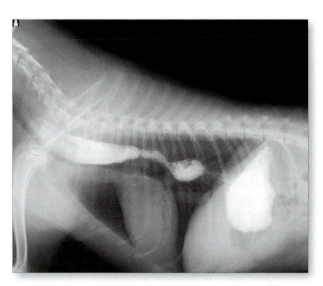

**図Ⅲ-14　X線バリウム造影検査（ラテラル像）**
マルチーズ、8歳齢、雌。心基底部および食道遠位部で数ヵ所の狭窄が認められた。狭窄部位をはっきりさせるためにa/dにバリウムを加え自発的に食べさせた後に撮影を行った。

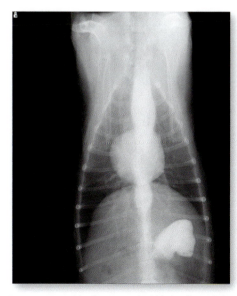

**図Ⅲ-15　X線バリウム造影検査（VD像）**
図Ⅲ-14と同症例。食道狭窄により胸部食道の拡大が認められた。

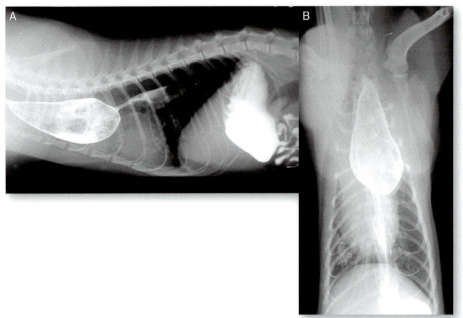

図Ⅲ-16　X線バリウム造影検査
A：ラテラル像、B：VD像。
アメリカンショートヘア、11ヵ月齢、去勢雄。
右大動脈弓遺残症により心基底部での食道狭窄、その前方の食道拡張が認められた。

が認められないかを確認し、前胸部の食道拡大で離乳時から症状が出現しているのであれば右大動脈弓遺残症などの血管輪異常を疑う（図Ⅲ-16）。また、食道全体が拡張している場合には巨大食道症を疑い、胸腺腫の確認や甲状腺ホルモン、抗アセチルコリン抗体などを測定し鑑別診断を行う。成長期の食道拡大は、時間の経過とともに治癒することがあるが、原因不明で特発性の巨大食道症では、必ずしも予後がよくない。

　食道裂孔ヘルニアは、一度の食道造影検査で必ずしも発見できるとは限らないため、何度か検査を行うことになるかもしれない。ヘルニアが一時的なこともあり、X線透視装置を用い、呼吸でヘルニアの出入りがないか、腹部の圧迫によってヘルニアが出現しないかなどを検査する。先天性の場合には、手術が必要なことが多いが、呼吸器疾患など胸腔内が過度の陰圧になることにより二次的に生じている後天性の場合には、原発疾患が改善しない限り、ヘルニアの手術を行っても再発をきたすことが多い。

## 2）内視鏡検査

　内視鏡検査は、食道疾患の診断に欠かすことのできない検査の1つであり、食道の炎症や腫瘍、狭窄、閉塞、異物などの診断に特に有用である。全身

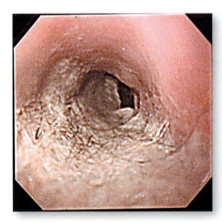

図Ⅲ-17　右大動脈弓遺残症の猫の食道内視鏡検査（術後）
狭窄部の絞扼は緩徐となっているが、手前には毛の滞留が認められる。

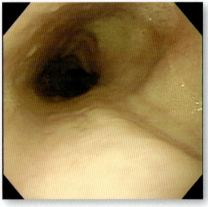

図Ⅲ-18　巨大食道の犬の食道内視鏡検査
食道には炎症もないが、弛緩し拡大している。

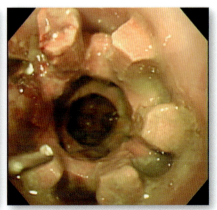

図Ⅲ-19　内視鏡的な異物の摘出
図Ⅲ-13と同症例。頸部食道に筒状の異物が認められており、その尾側に食道狭窄が認められた。

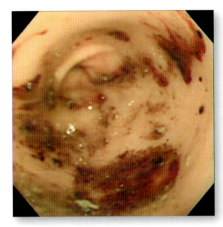

図Ⅲ-20　食道出血が認められた食道内視鏡検査

遠位食道部に認められた異物を摘出した後に認められた出血像。写真中央にみられるのが噴門部である。

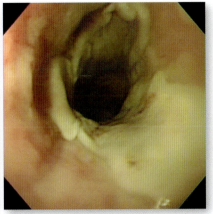

図Ⅲ-21　食道粘膜の壊死が認められた食道内視鏡検査

食道内異物が疑われた症例であったが、内視鏡検査時にはすでに異物はなく、広範囲な食道粘膜の壊死・剥離が認められた。

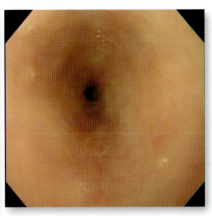

図Ⅲ-22　食道狭窄が認められた食道内視鏡検査

慢性の嘔吐からの嚥下困難を来した症例で、食道炎に起因すると思われる食道狭窄を認めた。

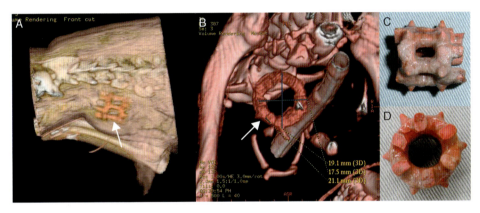

図Ⅲ-23　食道内異物の3DT像と摘出した異物

図Ⅲ-13と同症例。異物の詳細が不明なため、全身麻酔下でCT検査を実施した（A：頸部食道にメッシュ状の異物が確認できる（左側が頭側）。B：直径は20mm前後）。食道内異物は、内視鏡的に摘出、異物尾側の食道内狭窄に対しては食道バルーン拡大術も実施した。異物は、ダンベル型の犬のおもちゃの一部であった（C：Aでみられた角度、D：Bでみられた角度）。

麻酔は必須で、動物に全身麻酔を施したのちに行うが、内視鏡を挿入する際には必ず開口器を装着すると容易であるが、猫では不可逆性の失明が報告されているため、開口器の使用に注意が必要である。口腔内より、内視鏡を食道内に進め、エアーを挿入しながら食道を適度に拡張させて観察し、食道壁の充血や出血、びらん、潰瘍、凹凸の有無やその程度などを確認し、必要であれば生検鉗子を用いて生検を行う。

食道の内視鏡検査は、腫瘍や異物、食道炎、食道狭窄などの診断に有用で、また異物除去や食道狭窄部位の拡張術など治療としても用いられる（図Ⅲ-17〜22）。なお、食道炎や食道狭窄は一ヵ所とは限らないので、口腔から胃に至るまでの食道をくまなく検査しなくてはならない。

### 3）CT検査

食道内異物や腫瘍などの鑑別診断に、CT検査は非常に有用である（図Ⅲ-23）。全身麻酔で行う場合には、内視鏡検査と一緒に行うことも多いが、おとなしい動物に無麻酔でCT検査ができる場合には、侵襲的な検査ではなく、様々な情報を得ることができる。

（髙島一昭）

---

参考文献

[1] Slatter DH. : Textbook of small animal sugery, 3rd ed. : WB Saunders ; 2003.

# 手術適応と術前管理

Preoperative Management and Surgical Indications of the Esophageal Diseases

## ■ 1　手術適応

### 1）食道の外傷（「食道疾患」参照）

#### ⅰ）定義

　食道の外傷は、異物摂取（食道粘膜を傷つけるような木片、骨、釣り針、プラスチック片あるいは金属片など）による内腔からの損傷と、交通事故などによる鈍性外傷、および刺傷（特に猪の牙による刺傷）、銃傷あるいは他の動物による咬傷などによる頸部食道損傷などをあげることができる。頸部の咬傷などでは、食道が直接損傷していない場合でも、その後の筋肉の壊死や膿瘍が食道にまで波及して食道が損傷する場合も考えられる。

#### ⅱ）治療方法

　食道の外傷が穿孔や破裂を伴わない場合や穿孔や、裂傷の程度がきわめて軽度な場合には、内科的治療により治癒する場合もあるが[1]、重度の食道穿孔や裂傷の場合には、皮下気腫（時に縦隔洞気腫や気胸）や膿瘍（時に膿胸）、あるいは瘻管形成を引き起こすことがある。このため、明らかな食道の穿孔や裂傷が認められた場合には食道縫合術が必要となる。また、穿孔が認められない場合でも、外傷や二次的な感染による食道壊死が重度の場合には、部分的食道切除術が必要となる場合もある。なお、食道損傷を内科的な温存療法で治療する場合でも、長期間の絶食が必要と判断される場合には、胃瘻チューブ設置術が有効である。

### 2）食道内異物（「食道疾患」参照）

#### ⅰ）定義

　食道内異物は、小動物における食道疾患の中では最も多く認められる疾患である。釣り針、石、金属片、布、玩具など非食物の誤食や食道を通過できないような大きな食塊（主に骨、果物、小型犬ではガムやジャーキーなど）は食道内腔に停滞し、食道を閉塞したり部分的な閉塞を起こすことがある（図Ⅲ-24）。

#### ⅱ）治療方法

　食道内異物は、胸腔入口、心基部、食道裂孔部など生理的に食道が細くなった部分にみられることが多いが、80～90％は内視鏡処置を中心とした非外科的な方法で取り除くか、食べ物であれば胃内に送り込むことができる[2]。しかし、非外科的に取り除くことが困難である場合には外科的処置が必要となる。特に、異物による食道穿孔が認められる場合やその危険がある場合、釣り針などの異物が大血管や心臓を傷つける恐れのある場合などには、外科的処置が必要となる。鋭利な異物は、摘出の際に食道の裂傷や穿孔など食道に損傷を起こしやすいことはいうまでもないが、鈍性の異物の場合でも長期間停滞している場合には、食道壁が壊死や脆弱化していることがあり、破裂を起こす危険は高くなる。食道内異物に対する外科的処置は、主に食道切開術により

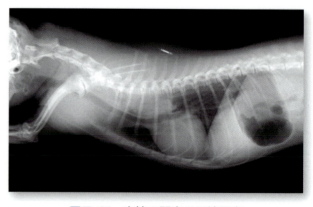

**図Ⅲ-24　肉塊の閉塞のX線写真**

チワワ、1歳3ヵ月齢、雌の体重3.1kgの症例。心基底部前方よりの食道領域に肉塊が閉塞し、気管を下方に押し下げている。なお、後部食道と胃はガスで拡張している。

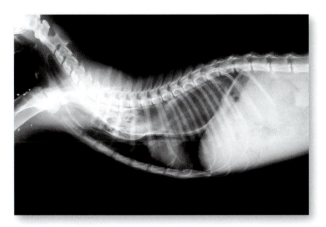

図Ⅲ-25　持発性食道拡張症のX線写真（ヨード造影）
雑種猫、5ヵ月齢、雄、体重1.25kgの症例。食道のほぼ全域が拡張している。

行われるが、後部食道の場合には、開胸術と開腹術を併用して食道切開を行わずに胃切開により摘出することができる[3]。なお、食道内異物の摘出術は、頸部食道に対しては、腹側正中切開アプローチ、心基部の胸部食道に対しては右側肋間開胸アプローチ、心基部の前方あるいは尾側における胸部食道に対しては、左側肋間開胸アプローチが一般的である[3]。

### 3) 食道アカラシア
#### ⅰ) 定義

食道アカラシア（弛緩不全症）は、人に特異的な疾患で、下部食道括約筋が嚥下時も弛緩せずに強い緊張状態が持続することで逆流が生じる状態で、第一次蠕動運動欠如に伴って食道拡張が発現するのが特徴である[4]（図Ⅲ-25）。小動物における食道アカラシアは、その発生機序をはじめ詳細は不明である[4]。

#### ⅱ) 治療方法

不明な点が多く外科的治療法は確立されていないが、一部薬物（カルシウムチャネルブロッカー）による内科的治療法が報告されている。しかし、その結果については両論ある。

### 4) 食道憩室
#### ⅰ) 定義

小動物における食道憩室は、先天性または後天性の要因により食道壁が囊状に拡張した状態である。

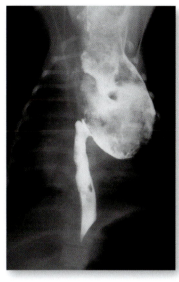

図Ⅲ-26　右大動脈弓遺残（Perisistent Right Aortic Arch：PRAA）よりの憩室（バリウム造影）
雌の雑種犬、4ヵ月齢で、1ヵ月前に他の人が拾ってきた。拾ったときより食後嘔吐があったとのこと。本日もらってきてドライフードを食べたところ、苦しそうにしだしたとのことで受診。前胸部左側の食道が重度に囊状に拡張。（写真提供：山根義久先生）

先天性食道憩室は、食道壁が先天的に弱い場合や、胎児期の気管芽と食道芽の分離異常、あるいは食道の偏心的な空胞形成などが原因と考えられている[5]。後天性食道憩室は、病理発生の違いにより圧出性憩室と牽引性憩室に大別される。圧出性憩室は、食道炎、狭窄、異物、血管輪異常、巨大食道を伴う神経・筋機能不全、裂孔ヘルニアなどに起因する、局所的な異常蠕動やあるいは局所的な異常運動により内腔圧が高まることで発現する[4]（図Ⅲ-26）。牽引性憩室は、食道周囲の炎症に起因する癒着によって生じ、増生した線維性組織が収縮して食道粘膜を引き寄せるために憩室が形成される。人では、気管や気管支あるいは肺門リンパ節に生じた炎症性反応の結果として起こることが多いようであるが、小動物における発生頻度は不明である[4]。

#### ⅱ) 治療方法

憩室が小さく、無症候性で他に食道の病変がなければ、軟らかい食事を与えたり、起立位で給餌したり、あるいは半流動性の食事を与えるなどの内科的保存的療法で治療できることがある。一方、大きな憩室は、外科的な原因除去や食道憩室の外科的切除の適応となるが、予後の保証はできない[3]。

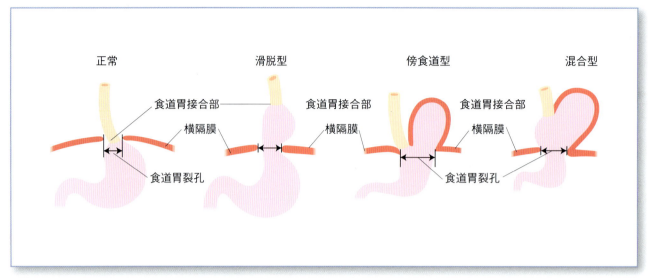

図Ⅲ-27　食道裂孔ヘルニアの病型分類

## 5）食道裂孔ヘルニア

### ⅰ）定義

裂孔ヘルニアは、腹部食道、胃食道結合部および胃底部の一部が食道裂孔を通じて横隔膜前方の後縦隔内に入り込む状態で、主に先天的（まれに後天的）な裂孔の異常によって引き起こされる[3]（図Ⅲ-27）。

### ⅱ）治療方法

裂孔ヘルニアの治療では、十分な栄養補給、$H_2$ブロッカーやプロトンポンプ阻害剤などの制酸剤およびメトクロプラミドやシサプリドなどの運動促進剤などの薬剤投与による胃食道逆流や食道炎に対する内科的治療が通常最初に行われる[3]。これらの内科的治療により臨床症状の改善が得られない場合には外科的処置が必要となる。先天性疾患で臨床症状を認める動物では、30日間の内科的治療に反応しない場合には、外科的整復術が推奨されている[6]。なお、小動物における食道裂孔ヘルニアのほとんどは、滑脱型であるため、内科的治療はあまり効果が期待できず、種々の外科的治療が試みられている。

外科的治療は、逆流防止対策を主眼とした腹部あるいは胸部からの食道裂孔縫縮術[7]、Nissenの腹部からの胃底皺壁形成術[8]、およびHillの胃腹壁固定術[9,10]など、人で報告されている手法またはその組み合わせや変法が応用されている[11]。小動物では、食道の下部括約筋の機能不全は、裂孔ヘルニアの原因として認められていないため、括約筋増強を目的とする胃底皺壁形成術などの逆流防止法は通常は不要であり、胃食道逆流所見を示す動物にのみ適応されるべきである。なお、食道炎が重度の場合には、術後の栄養管理を容易にするため、胃瘻チューブ設置が必要である。

## 6）食道炎（「食道疾患」も参照）

### ⅰ）定義

食道炎は、刺激性化学物質の摂取、温熱障害、嘔吐、異物、感染あるいは胃酸の逆流などによって引き起こされる。

### ⅱ）治療方法

通常は、制吐剤や胃酸抑制剤および抗生物質などの投与による内科的治療が主体となるが、長期間の食事の経口的摂取ができない場合には、胃瘻チューブ設置が必要となる。また、食道炎に続発して重度の潰瘍や、さらには穿孔が認められる場合には外科的に食道壁の切除術が必要となることもある。

（小出和欣）

---
**参考文献**

[1] Zimmer JF. : Canine esophageal foreign bodies : endoscopic, surgical, and medical management. *J Am Anim Hosp Assoc.* 1984 ; 20

: 699.
[2] Michels GM, Jones BD, Huss BT, Wagner-Mann C.: Endoscopic and surgical retrieval of fishhooks from the stomach and esophagus in dogs and cats : 75 cases（1977-1993）. *J Am Vet Med Assoc*. 1995 ; 207 : 1194-1197.
[3] Hunt GB, Johnson KA.: Diaphragmatic, Pericardial, and Hiatal Hernia. In : Slatter D.（ed）: Textbook of Small Animal Surgery, 3rd ed.（ed）: WB Saunders ; 2003 : 471-487. Philadelphia.
[4] Twedt DC.: Diseases of the esophagus. In : Ettinger SJ and Feldman EC.（eds）: Textbook of Veterinary Internal Medicine, 4th ed. : WB Saunders ; 1995 : 1124-1142. Philadelphia.
[5] Suter PF, Lord PF.: Swallowing problems and esophageal abnormalities. In : Thoracic Radiography - A Text Atlas of Thoracic Diseases of the Dog and Cat : Wettswil ; 1984. Switzerland.
[6] Lorinson D, Bright RM.: Long-term outcome of medical and surgical treatment of hiatal hernias in dogs and cats : 27 cases（1978-1996）. *J Am Vet Med Assoc*. 1998 ; 213（3）: 381-384.
[7] Belsey R.: Functional disease of the esophagus. *J Thorac Cardiovasc Surg*. 1966 ; 52（2）: 164-188.
[8] Orton EC.: 小動物の胸部外科（訳/神力まや）: LLL セミナー ; 1998 : 169-174. 鹿児島.
[9] Castro VA, Nyhus LM, Gillison EW, Nakayoshi A, Bombeck CT.: Posterior gastropexy（Hill）in the treatment of reflux esophagitis. An experimental study in the dog. *Scand J Gastroenterol*. 1971 ; 9 : 49-55.
[10] Hill LD, Tobias JA.: Paraesophageal hernia. *Arch Surg*. 1986 ; 96（5）: 735-744.
[11] Ellson GW, Lewis DD, Phillips L, Tarvin GB.: Esophageal hiatal hernia in small animals : Literature review and a modified surgical technique. *J Am Anim Hosp Anim*. 1987 ; 23 : 391-395.

## 7）腫瘍

p626「食道疾患」の ■4 食道腫瘍を参照。

## ■2 術前管理

### 1）脱水と低栄養状態の把握およびその管理

手術適応と判断された食道疾患の患者においては、軽度から重度な脱水状態を呈しているものが多い。低栄養状態では血中の総蛋白やアルブミンの低下を伴っていることが多いため、皮膚ツルゴール反応*や、口腔粘膜や眼結膜の乾燥具合、尿検査所見（特に尿比重）、X線所見などから総合的に脱水状態の程度を把握する。術前に十分な水和を実施する場合、電解質の補正は当然であるが、酸塩基平衡にも注意を払う。食道疾患で誤嚥性の肺炎を併発していれば、呼吸状態が悪いためにさらに誤嚥しやすい。そのため、経口的な給水においても、少量頻回給与が必要である。

また、多くの罹患動物で低栄養状態にあることが予想されるため、経鼻-食道カテーテルや経咽頭-食道カテーテル、胃カテーテルからの少量ずつの給餌を実施したり、中心静脈からの高カロリー輸液や、貧血も併発している場合は、術前輸血が必要な場合がある。

*皮膚ツルゴール反応：皮膚つまみ上げテストともいう。動物の背中の皮膚を親指と人差し指でテント状に持ち上げて、元の状態に戻るまでの時間で、簡易に脱水状態を推定する方法。すぐ（1秒以内）に元の状態に戻るものを正常として、以下に簡易的な目安を示す（動物の年齢、品種、肥満程度により個体差がある）。

0～5％脱水：すぐに元に戻る（1秒以内）
5～8％脱水（軽度から中等度の脱水）：少し遅れて戻る（2～4秒）
8～10％脱水（重度な脱水）：明らかに遅れて戻る（5～10秒）
10～12％脱水（ショック状態）：テント状のまま（10～30秒）

### 2）術前呼吸機能の把握と呼吸管理

罹患動物の術前における呼吸機能検査は、可視粘膜色の観察や胸部の聴診所見などの身体検査、経皮的酸素飽和度測定（$SpO_2$）や血液ガス分析、胸部単純X線検査にて実施する。

罹患した食道疾患やその併発症により呼吸困難を呈している動物は、経鼻カテーテルからの酸素吸入や、酸素室へ収容して吸入気酸素濃度を上げて術前まで呼吸管理を行う。

### 3）術前循環管理

毛細血管再充満時間（CRT）や、心拍数などの身体検査や時間あたりの尿量、血圧測定などにより循環動態をできるだけ把握する。通常の輸液療法により循環動態が安定しない場合は、カテコールアミンの持続投与も考慮する。

低栄養状態からの低蛋白血症、低アルブミン血症において、輸液過多により血漿浸透圧の低下がみられる場合は、術前にアルブミン製剤の投与や輸血により手術への準備をする。

### 4）術前肝機能不全患者の管理

術前検査により肝機能不全の存在が示唆された場

合は、原因疾患の究明と、原因疾患の程度と予後を推測する。腫瘍性疾患の場合は、肝機能不全や食道疾患が転移性病変による可能性もあるので十分な精査が必要となる。さらに、肝機能不全が多臓器不全による場合も考えられるので、全身的な評価も十分に行う。

　肝機能不全がある場合は、抗生物質の選択にも注意が必要である。一般的には、アンピシリン（22mg/kg、8時間ごと）、アモキシシリン（11mg/kg、12時間ごと）、セファレキシン（15mg/kg、8～12時間ごと）、メトロニダゾール（7.5mg/kg、8～12時間ごと）などが選択されるが、投与量も肝不全においては注意が必要である。また、低蛋白血症や低アルブミン血症を併発することが多いため、食道縫合部の癒合不全が他の消化器より発生しやすいので、術前管理が重要になる。さらに、血液凝固・線溶系の障害も伴うことが多いので、一般的な検査としてPT、APTT、HPTを測定して、凝固系の評価に加えて肝機能の評価も実施して、さらに肝臓で合成されるアンチトロンビンⅢ（AT-Ⅲ）の測定により播種性血管内凝固（DIC）のような生体内で凝固亢進状態にある場合、FDPに加えてAT-3活性低下として現れるために治療に役立つことがある。さらに、ビタミンK（$K_1$または$K_2$）の術前投与は、多くの症例で実施されている。

### 5）術前腎機能不全患者の管理

　術前の腎機能不全が脱水状態からの腎前性であれば、十分な輸液療法により速やかな改善が予想される。いずれにしても、血液検査や尿検査、画像診断により総合的に評価する必要がある。その結果、慢性の腎疾患が存在する場合は、その原因を十分に精査して、予後も評価する必要がある。ネフローゼ症候群のような蛋白漏出性疾患を伴っている場合は、術中の癒合不全に加え、血栓症の危険性が高くなり治療に苦慮すると思われる。

　術前に使用する薬剤も腎機能低下を考慮して選択する。

〈松本英樹〉

# 手術と術後管理

Postoperative Management and Surgical Procedures of the Esophageal Diseases

## ■ 1 手術に必要な器械、器具、材料

### 1）開胸操作で使用する器械

頸胸部の移行部の食道にアプローチするには、第3肋骨頭側の胸腔入口を露出する必要があり、切開は胸骨柄を通して、第1～第3胸骨分節まで後方に施す必要がある（図Ⅲ-28）。第3肋骨より後方に位置する食道にアプローチする場合には、右肋間開胸によって術野を確保する。切開する肋間は、画像検査などを参考にして、病変の位置によって決定する。右大動脈弓遺残や胸部食道の頭側部分を露出させる必要がある場合には、食道に近接する大血管を避けるために左側開胸術を選択する。心臓の尾側では、食道は左右どちら側からの開胸でもアプローチできるが、大動脈が食道を右側に変位させていることがあるので注意する。

手術、特にアプローチに際して必要な器械は上記にあるように、切開を行う領域に依存して選択する。頸部食道においては軟部組織における一般的な器械に加え、気管を術野の脇によせるための開創器や血管、神経を支持するテープ（図Ⅲ-29）のようなものがあれば便利である。胸腔入口付近に対しては胸骨切開を施すため、エアードリルのような骨切りの装備と、胸骨を展開するための開胸器が必要となる（図Ⅲ-30）。胸腔内の縦隔洞における手術になるため、支持のためのテープなどは助けになる。また、肋間開胸においては、より広い術野を得るために肋骨を切離する必要がなければ、開胸器があれば十分である。前述と同様に脈管構造物を支持するテープや手術器械に関しても長柄のものを用意すると手術は容易になる（図Ⅲ-31）。食道に対する処置に限らず、支持に用いるテープには幅があり、伸縮

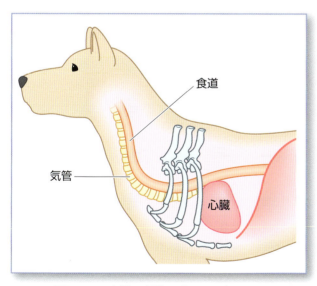

**図Ⅲ-28　食道の部位ごとのアプローチ**
手術を実施する食道の領域によって、適切なアプローチ法を選択する必要がある。頸部から第3肋骨より頭側は正中から、第3肋骨より尾側は肋間より、心臓より尾側は肋間でも正中でもよい。

**図Ⅲ-29　臍帯テープとベッセルテープ**
伸縮性の有無は状況によって使い分けることで有効に作用する。

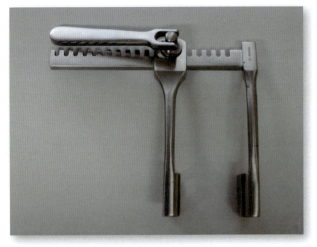

図Ⅲ-30　開創器
開胸には開胸器を開腹には開創器を用いることで、十分な術野を確保できる。

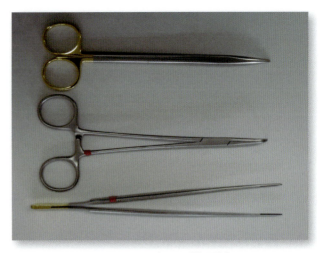

図Ⅲ-31　長柄の手術器械
浅い部分の手術では使い勝手が悪い一方で、深部にアプローチするには必須である。

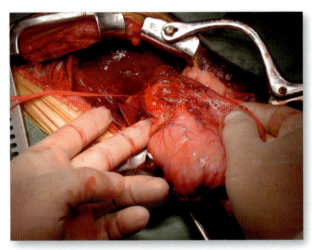

図Ⅲ-32　腹部食道の手術では開胸と開腹を行う
上腹部の開腹を施した後、剣状突起を軟骨鋏で切開し、エアードリルで胸骨を切開する。開腹から開胸への移行時には、麻酔医との連携のうえ、進める必要がある。

性/非伸縮性（それぞれに利点と欠点がある。伸縮性を有するものは誤って牽引してしまったときにも緩衝的な余裕をもつ一方で、しっかり牽引するには不十分である。状況に応じての選択が必要である）の材質のものが適切であると思われる。

### 2）開腹操作で使用する器械

胸部食道の尾側および腹部食道にアプローチする際には、横隔膜をまたがっての術野の確保が適切であるため、正中での切開が勧められる（図Ⅲ-32）。切開は胸骨柄を通して、上腹部に施す。胸骨の切開は術野に準じて決定すべきであり、前述のように、

胸骨の切開にはエアードリルと開胸器が必要であり、腹部の術野を確保するためには開腹器も必要である。この領域における胃食道の術野は、かなり深くなるため、支持のためのテープや手術器具に関しても長柄のものを用意することが勧められる。

### 3）吻合に使用する器械

食道の吻合は一般的な1層、あるいは2層縫合に準じて行われる。吻合に際して特殊な器械は必要とされないが、長柄の把針器があると縫合がスムーズに行える。むしろ、食道はその長さのために、外科的処置を施すための術野確保に様々な条件が求められる。

## ■ 2　食道再建術

### 1）吻合法

食道は、粗い線維からなる外層、2層の斜め構造の筋肉からなる筋層、粘膜の重なっている粗い粘膜下層、緻密な結合組織と重層扁平上皮からなる粘膜層の4層からなる。食道への血液供給は、部位により異なり、頭側の甲状腺動脈枝、気管支食道動脈、肋間動脈、左腎動脈から供給されており、粘膜下層には豊富な血管網が存在する。食道の外科的処置に関しては、漿膜の欠損部があることから困難なイメージがあり、そのためか、様々な縫合方法が提案されている[1]。その中で、筆者らが用いる方法は、1層目に粘膜と粘膜下層を、2層目に筋層を縫

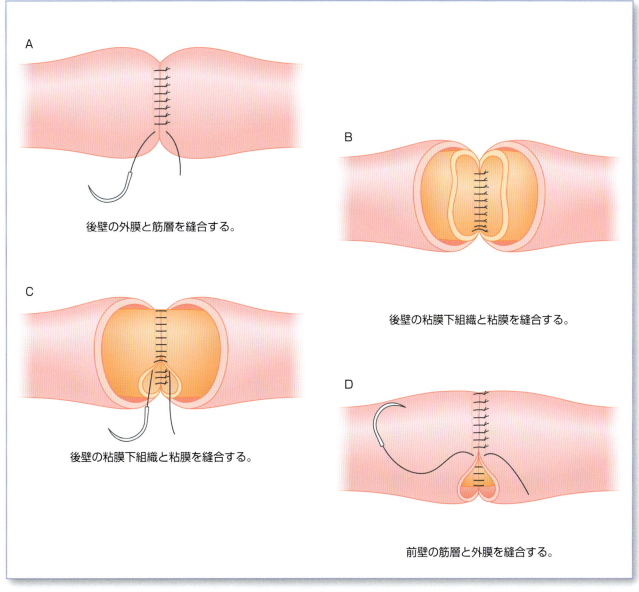

図Ⅲ-33 食道の端々の吻合
A：奥側の外膜と筋層を縫合、B：奥側の粘膜下層と粘膜を縫合、C：手前の粘膜下層と粘膜を縫合、D：手前の筋層と外膜をそれぞれ単純結節縫合する。粘膜と粘膜下層を縫合した結節は内腔に、筋層と外膜を縫合した結節は外側にくるようにする。

合する2層縫合である（図Ⅲ-33）。縫合は並置単結紮を用いる。これは、連続縫合と比較して縫合部における食道の伸縮性と血液供給が維持されると予想されるからである。また、1層目の縫合においては内腔側に結び目が、2層目においては外側に結び目ができるように縫合することで、粘膜下層と筋層の間に残存する縫合糸を可能な限りなくすことができる。縫合に際しては、背側と腹側の2ヵ所の粘膜-粘膜下層を先に縫合し、吻合断端のアライメントを支持する。その後、奥側を縫合の後、手前側を縫合する。円周状に結び目を内腔側におくように単結紮で吻合する場合には、最後の1針の刺入が困難になるため、終わりの2、3針は結紮せずに糸を通すように保持し、まとめて結紮するとよい。2層目である筋層は、結び目を外側におくようにするため、食道を回転させれば円周の全周を縫合するのは容易である。治癒、再生を速やかに促すためにも炎症を惹起する異物は極力少なくするべきである。縫合糸は吸収糸でも、非吸収糸でもよいと思われる。

食道の組織学的修復時間は不明ではあるが、吸収糸の張力は再生まで維持されると思われる。むしろ、縫合において重要な要素としては、組織侵襲性

があげられ、モノフィラメントの組織反応性の低い糸、細い糸を用い、組織修復を妨げないようにすることが大切である。

### 2）食道再建術

食道切除において、全長の20％の長さまでであれば、吻合部の張力に耐えうるとされる。しかしながら、食道の激しい損傷や壊死、あるいは腫瘍切除などによって生じた欠損が広範囲であり、切除長が20％を超える場合には、食道の再建・置換が必要となる。小動物獣医科領域における食道に関するこのような報告はほとんどみられない。食道に置換する組織として必要となる要素は、上皮で内張りされていることである。筆者らは、胃-食道移行部の食道腫瘍摘出後にできた欠損領域に対して、横隔膜を超えて胸腔内に胃を牽引し、食道と胃を食道吻合に準じる2層縫合にて吻合する胃-食道吻合を実施した（図Ⅲ-34）。残念ながら、この手術症例は、術前からの重篤な悪い一般状態が災いして、手術翌日に斃死したため、手術成績を評価することはできなかったが、手術手技自体は実際的であると思われた。医学領域においても胃の大彎を噴門部より皮弁様に切り出し、筒状に形成するとともに反転して食道に吻合する胃管による置換は一般的に行われているようである。この場合に考えられる合併症としては、胸腔内での胃拡張、慢性嘔吐などがある。その他にも医学領域においては、皮膚や腸管などによる置換の試みがなされているが、獣医科領域においては、まだまだ検討しなくてはならない領域である。

## ■ 3　術後管理

### 1）標準的な術後管理

食道は、食事を行わなくても、嚥下などにより常に動きの生じる器官であることが治癒を困難にする要因である。これには、前述の縫合方法や感染予防を徹底し、確実な形成を行うことが前提である。しかしながら、極力術部にストレスを与えないように、術後24～48時間は摂食や飲水は避ける。その間も、嚥下による食道の活動は常に行われており、もし形成部位に問題が生じれば、嘔吐、えずきや疼痛のような症状がみられる。この時間を問題なく経過した場合には、次の24時間は水を与えて反応を観察する。やはり、異常がみられない場合は、流動食に切り替えて7日ほど観察の後、徐々に通常食に切り替えていく。

食道の手術を試みる症例の中には、栄養状態が悪く、この術後の食事管理における絶食期間の設定が困難な場合がしばしばみられる。食道を休ませる意味も含め、胃食道瘻や胃造瘻の設置が推奨される。

### 2）術後合併症とその対策

食道の手術後に生じると思われる潜在的な合併症として、感染、炎症、裂開（癒合不全）、瘻管形成および狭窄があげられる。手術部位における術後感染症は一般的な手術と同じであり、また様々な合併症の根源にもなりうる。つまり、手術部位における炎症が治癒を妨げることで、結果として裂開あるいは瘻管の形成が生じる。また、治癒が順調に行われず、激しい炎症反応が瘢痕形成を促すことで狭窄が生じる。これらの治癒の不具合が、吐出あるいは嘔吐を引き起こし、誤嚥性肺炎のリスクを高める。また、腫瘍性疾患であった場合には、手術とは関係なく再発の可能性を考えておく必要がある。

### 3）術後後期の管理

標準的な術後管理において、正常食に移行する頃になると、術部における食道粘膜は再生し、順調な

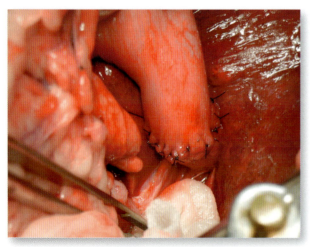

図Ⅲ-34　胃食道吻合
胃を胸腔内へ牽引し、吻合する。横隔膜との縫合も行う。

治癒が進行していることが予想される。しかしながら、肉眼的にその治癒を観察できない以上、術後の評価としては腸管と同じように機能評価を適応する。透視下における食道造影は食道の運動性を簡易に評価できる（図Ⅲ-35）。また、麻酔をかけて内視鏡下で観察するのは最も確実な術後評価と考えられる。実際、食道手術後に縫合部の一部に瘻孔・憩室が形成され、食欲の回復が思わしくなかった症例において、バリウムを混ぜた餌による食道造影を行うことで憩室が確認された。憩室や瘻管の形状や大きさにもよるが、本症例においては憩室の中に食物残渣が蓄積しており、バリウムのような液状では上手に憩室が造影されなかったと考えられる。様々な状況が起こりうることを考えた場合、術後に内視鏡による検査を行うことが推奨される。

（島村俊介）

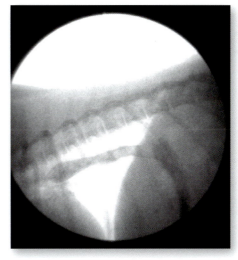

図Ⅲ-35　透視下での食道造影
動物を横臥位に保定した状態で、造影剤を飲ませる。無理な体勢での嚥下になるため、誤嚥に気をつける必要があるが、筆者のこれまでの経験では誤嚥を生じたことはない。

---

参考文献

[1] Flanders JA. : Problems and complications associated with esophageal surgery. *Probl Vet Med*. 1989 ; 1（2）: 183-194.

# 食道疾患

Esophageal Diseases

## 1 先天異常

### 1）胎生期の食道[1]

食道は、最初は短い管であるが、気管溝から原始胃である前腸の紡錘状膨大部まで伸びる。胚子の頸部の伸長とともに食道は伸長する。長軸に沿って、食道の内胚葉は横紋筋に分化する頭部の壁側中胚葉によって包まれている。犬の食道筋は横紋筋であり、猫では平滑筋が食道の後部3分の1にわたって存在する。発生初期段階で食道上皮は円柱上皮である。後に、この上皮は重層化かつ扁平化する。上皮から発生する食道腺は粘膜下層に位置する。

### 2）先天異常の分類

先天性食道疾患は、先天的な食道奇形であり、多くの場合気管との合併奇形である。人においては、上部食道が盲端に終わり、下部食道が気管と交通するものが多いとされるが、獣医科領域における報告は少ない。

#### ⅰ）病因・病態生理

上部消化管は、気管とともに胎生期咽頭の下端より発生し、その後、妊娠3.5～6週齢にかけて食道と気管が分離する。この時期の分離不全、内腔の形成不全が起こると、食道気管瘻、食道閉鎖、狭窄が起こる。食道の閉鎖、気管と食道の交通がある場合は、呼吸、摂食（哺乳）、嚥下などに種々の程度の障害がみられる。

- 食道欠損（食道閉鎖）
- 先天性食道気管瘻および食道閉鎖
- 周囲臓器の先天的異常による食道の圧迫狭窄
- 神経性異常

### 3）食道閉鎖と食道気管支瘻（気管支食道瘻）

#### ⅰ）定義

胎生期における器官形成時の異常により、食道が途中で離断している。気管との間に瘻孔があることが多く、その繋がり方によって3つの型に分類される（図Ⅲ-36）[2]。人においては、出生後48時間以内の対応が手術成績を左右するとの報告があり、ミルクだけでなく、水分すら口から摂取できず、気管との瘻孔を有する場合には肺合併症を併発する。そのため、本疾患は、出生後速やかな対応が必要とされる。人における小児医療と比較して獣医科領域においては、治療どころか発見すら困難なことが予想される。そのためこの疾患に関する報告は極めて少ないが、犬において、1例であるが先天的な食道気管支瘻の報告がある[3]。

#### ⅱ）病態

図Ⅲ-36に示す病型によって発現する症状は、多少異なってくるが、流涎、嚥下困難、嘔吐、チアノーゼおよび呼吸困難を主症状とする。

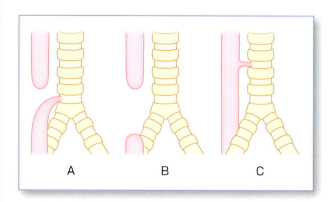

**図Ⅲ-36　食道閉鎖の3つの形**

A：上部食道は盲端になっており、下部食道は気管と瘻管を形成している。B：食道は完全に閉鎖しており、連続でない。上部食道と下部食道の間隔は様々とされる。C：食道気管瘻のみで食道の閉鎖を伴わないもの。

### iii）診断

人においては、胃チューブ挿入によって行われ、X線透視下にてカテーテルを挿入すると、食道盲端部で折れ曲がり、上に反転するコイルアップという所見がみられる。また、胃・腸にガスがみられない。

### iv）治療

人においては、気管との瘻孔を閉鎖して、上下の食道を吻合する。食道同士の間隙が大きく、一度に繋げない場合には補助的な手術を行い、段階的に修復している。犬の食道気管支瘻の症例においても同様に、瘻管を切除のうえ、食道は縫合して閉鎖している[3]。一度の手術で根治が望めず、段階的な修復を行う場合や術前の状態が悪い場合には、胃瘻を設置し、食道を介さない栄養供給路を確保すべきである。

## 4）先天性食道狭窄

先天的な食道壁、筋層、粘膜内の基質的変化による狭窄をさす。機能的狭窄であるアカラシアとは明確に区別される。病理学的に、(1)膜様狭窄（食道内に粘膜の膜があり、食物の通過を障害する）、(2)気管組織迷入による狭窄（食道の壁に軟骨の硬い組織があるもので、食物の通過を障害する）、(3)筋性ならびに線維性組織増生による狭窄（粘膜の下の組織が厚くなっているため、食物の通過が障害される）に分類される。人においては、食道閉鎖よりも発生頻度は低いとされており、獣医科領域における報告も極めて少ない。過去には、11週齢の柴犬において、膜様狭窄の報告がなされている[4]。

### i）病態

授乳期には症状がでないこともあるが、離乳が始まると固形物が通りにくいために嘔吐や吐出、食物が詰まったり、体重増加不良や体重減少の原因になる。

### ii）診断

人においては、食道バリウム造影や食道内視鏡検査により診断されており、機能的な食道狭窄であるアカラシアとの鑑別に食道内圧検査が用いられる。造影検査では、食道の狭窄部とそれより口側の拡張が描出され、内視鏡検査では、狭窄の程度や範囲を直接確認することができる。生後ある程度の授乳期間を経て受診することの多い動物においては、狭窄部における液体の通過については、問題のないことが予想されるため、バリウムを混ぜたフードによる食道造影によって診断を行っている。

### iii）治療

治療は、非観血的拡張術と観血的拡張術に分けられる。非観血的拡張術は、バルーンやブジーを食道狭窄部に挿入し、物理的に狭窄部を拡張させるもので、膜様狭窄において有効とされている。この治療は、筋性線維性肥厚性狭窄や気管組織迷入型においては有効でないとされる。

観血的拡張術は、非切除法と切除法に分類される。非切除法である粘膜外筋層縦切開法は、筋線維性肥厚性狭窄において狭窄の範囲が長い場合に適応され、狭窄部を含めた十分な長さと十分な深さの粘膜外筋層切開を長軸方向に行うことで狭窄の解除を行う（図Ⅲ-37）。狭窄部が限局したものであれば、狭窄部切除し、切除断端を吻合する。切除が胃食道接合部付近である場合には、接合部の機能温存が求められ、逆流性食道炎が懸念される場合には逆流防止術を施す必要がある。また、狭窄部切除による欠損領域が大きく、吻合が困難な場合には食道の再建が求められる。人においては、胃を細長い管状に形成したものを"胃管"と呼び、これを食道断端と吻合している。胃の切除を伴うなど、胃管を形成できない場合には、結腸や空腸を有茎分節として横隔膜を介して胸腔内にまで牽引し、食道に置換する方法もとられている。

## 5）先天性血管異常による食道圧迫狭窄
（図Ⅲ-12参照）

### i）定義

大動脈弓の発生異常によって、心底部で気管と食道の周りに部分的または完全血管輪を形成することがある。第4大動脈弓に由来する右大動脈弓が残存して左動脈管と結合したり、異常鎖骨下動脈、重複大動脈弓などで血管輪が形成される。

#### ①左動脈管を伴う右大動脈弓遺残

血管輪の多くは、右大動脈弓の遺残を伴うものである。大動脈弓の発生中に右第4大動脈弓が大動脈

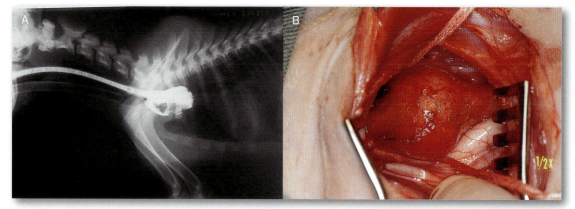

**図Ⅲ-37** 雑種、3ヵ月齢、雄、2.6kgが、2週間ほど前にフードを固形食のみにしたところ、食後1時間ほどして嘔吐がみられるようになった。吐物は、全く未消化で食べたときのままである。
（写真提供：山根義久先生）

A：バリウム造影で、前胸部よりわずかしか流れないので、カテーテルにて食道内に投与するも、前胸部で食道は大きく拡張し、造影剤は流出しないし、カテーテルもそれ以降挿入不可である。

B：先天性の食道狭窄と仮診断し、試験的開胸（第3肋骨）したところ、血管の走行異常は認められなかったが、触診にて食道狭窄部位は硬く棒状を呈していた。表面は、血管が非常に発達していた。まず、バルーンカテーテルをなんとか狭窄部位に挿入し、拡張後に筋層切開を実施し、切開後に何回にもわたりバルーンを拡張させ、手術終了とした。

この症例は、術後体重回復も順調に進み、長期生存した。

を形成し、右第6大動脈弓が動脈管を形成して背側大動脈の左側成分が退縮することで、正常な血管配列とは対照となる血管配列が形成され、正常な生理機能が保持される。しかし、大動脈弓が右第4大動脈弓から発育し、動脈管が左第6大動脈弓から形成され、背側大動脈の左側成分が残存すると、左動脈管、左背側大動脈および右大動脈弓によって食道と気管を囲む血管輪が形成される。いわゆる右大動脈弓遺残はこれにあたる[5]。

② 右鎖骨下動脈

右鎖骨下動脈は、正常発生では右第4大動脈弓と右第7節間動脈で血管輪が形成される。右背側大動脈の右第7節間動脈の起始部と共通背側大動脈（後部大動脈）の間の部分が残存し、右第4大動脈弓が退縮すると、右鎖骨下動脈は大動脈の後方の部位から起始する。その右鎖骨下動脈は、起始部から食道の右側を前走し、第1肋骨の周囲を走る。この右鎖骨下動脈の異常な走路は、食道の周囲で部分的な血管輪を形成する[6,7]。

③ 重複大動脈弓

右背側大動脈が退縮しないために、左右の第4大動脈弓と左右の背側大動脈による血管輪が形成される。この型の奇形は、小動物ではまれである[8,9]。

ⅱ）病態

血管輪による症状は、動物が離乳して固形食に移行する時期に明らかになる。血管輪による外部からの狭窄部は、母乳や流動食なら通過できても、固形食が通過できないため、食後時間をおかずに吐出が起こる。狭窄前部における固形食物の停滞は、二次的な食道拡張を来たし、心臓底部の吻側に特徴的な巨大食道が認められる。教科書において、血管輪はジャーマン・シェパード、ワイマラナー、およびアイリッシュ・セターで好発するとされるが[10]、比較的多くの犬種でみられている。また、繰り返す吐出のために誤嚥による誤嚥性肺炎を起こすと、呼吸困難を呈することになり、摂食が困難であれば発育不良や栄養失調も顕著になる。猫にも本症は発生する。

ⅲ）診断

飼い主からの凛告は、重要な診断のための情報源となる。血液学的には、多くの場合異常を認めないが、誤嚥性肺炎や食道炎を発症していると炎症を示唆する変化がみられる。一般的には、胸部の単純X線検査において明らかになる。心基底部より吻側に

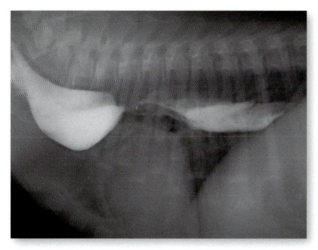

図Ⅲ-38 右大動脈弓遺残（PRAA）の食道造影写真
心基底部において食道は著しくくびれている。狭窄の吻側では二次性の拡張が確認される。拡張した食道に胃内容と同じような食滞がみられることもある。

おいて、ガスや食塊を内包し、拡張した食道が確認され、食道造影をすることで拡張した食道はさらに明確になる（図Ⅲ-38）。

#### ⅳ）治療

狭窄の原因となる血管輪による絞扼の解除が目的となる。左動脈管を伴う場合には、動脈管索の切離を行う。開胸方法としては、左側肋間、あるいは胸骨正中のいずれかが選択される。肋間開胸の場合は、切離するのが動脈管索であることもあり、動脈管開存症の手術法に準じる。胸骨正中開胸の場合は、術野中心に血管輪を確認できる（図Ⅲ-39）。食道の二次的な拡張が重度の場合、血管輪解除後も食滞が生じるため、拡張した食道の縫縮や切除による形成を施す。手術方法の詳細は右大動脈弓遺残の項に記す。

### 2 損傷および異物

口から摂取された異物や食物はしばしば食道内に停滞し、閉塞や狭窄を起こす。停滞する理由としては、そもそも異物が食道内を通過するには大きすぎる場合と、異物自体の特性によって食道壁に引っかかる場合がある。食道は、胸腔入口部、心基部、横隔膜上部の3ヵ所で解剖学的に狭くなっているため、ほとんどの食道内異物はこの部位で認められている（図Ⅲ-40）。

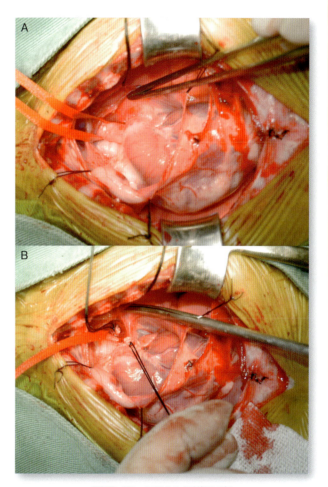

図Ⅲ-39 PRAA 手術写真
胸骨正中切開によって術野を確保したところ。A：ピンセットで示すのが異常血管輪である。B：動脈管索を切離のために両端を結紮し、切離したところ。

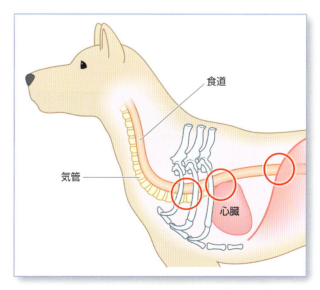

図Ⅲ-40 顔から胸にかけての図。○：食道の狭くなっている閉塞しやすい領域

## 1）病態

食道内異物は、異食癖のある動物に罹患率が高く、また若齢に多くみられるデータも示されている[11,12]。異物の大きさ、形状や閉塞期間、それによる損傷の程度によって臨床徴候は変わる。一般的には、異物による食道の閉塞によって、嚥下困難や吐出がみられ、その他には、流涎や食欲低下、呼吸困難なども発症する。部分的な閉塞や狭窄では、流動食や液体なら通過するが、固形食で吐出がみられるなどの状態が長期に持続する場合もある。このようなときには、食欲の低下や体重減少、削痩などが認められる。異物がなくても、食道の損傷が炎症や壊死を起こしている場合には、疼痛や感染による食欲不振、発熱などがみられる。また、鋭利な異物においては、食道壁を穿孔し、縦隔洞内や胸腔臓器への影響がみられる場合がある[13]。

## 2）診断

飼い主への問診の中で、周囲環境から突然消失した物がないかの確認は大切であり、異物摂取の目撃情報は診断根拠に値する。また、閉塞による疼痛に伴う急性の臨床症状は特徴的である。慢性経過を経た場合には、食道壁の損傷や感染の程度によって血液学的な変化がみられるが、急性の食道内異物による閉塞の場合には、身体検査上に異常はみられない。多くの場合、単純X線検査によって診断され、摂取異物がX線不透過性である場合、診断は容易である（図Ⅲ-41）。

異物がX線不透過性であった場合、異物はX線不透過性の陰影を示し、その吻側において食道には通常みられないガスが確認される。食道の損傷を疑う場合には、食道造影検査によって損傷部における造影剤の停滞が確認される。損傷がひどく、食道穿孔を疑う場合には、胸腔内への漏出を考慮してヨード系造影剤を使用するべきであるが、損傷が軽度の場合は、ヨード系造影剤では強調が不十分になる可能性を考える必要がある。いずれにせよ、損傷の程度や範囲、それによる炎症などは、治療を行ううえで重要な情報であるため、食道内視鏡検査が勧められる。

## 3）治療

食道内異物は、一般的に非外科的な手段によって除去される。つまり、内視鏡による除去を試みる場合には、把持用鉗子やバルーンなどのデバイスを用いて、引き出される。引き出すことが困難な場合には、胃内へ押し込む。胃へ押し込んだ異物が消化可能な物であれば、そのままで良いが、消化されないものや腸閉塞が予想されるような大きなものの場合には、胃切開によって除去される。また、異物が容易に動かせない場合には、食道内で細かく分割することも検討する。分割することで、それらを引き出すか、胃内へ押し込むことが可能になる場合がある。閉塞している異物を無理に動かすことは、食道への損傷を考えると推奨されない。特に、長時間同じ部位に閉塞している場合は、食道壁そのものが壊

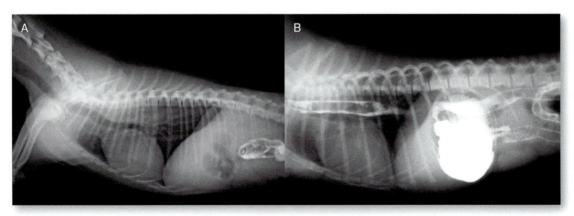

図Ⅲ-41 食道内異物のX線写真
症例は激しい痛みと吐出を主訴に来院した。A：食道内にX線不透過性の異物の存在が確認される。B：バリウムによる造影を行うと異物の存在は明瞭になる。異物は板状のガムで、内視鏡により胃内へ押し込まれた。

死していることがあるので要注意である。いずれにせよ、異物摘出後に食道壁の損傷程度を評価すべきである。

また、特殊な対応が求められる異物として、釣り針や骨のような穿孔性の異物に関する報告は多い。内視鏡下で胃内へ押し込み開腹して除去するものや、特殊な器具を用いて引き出すものなど、状況に応じて選択すべきであるが、いずれにせよ除去に際しての食道への損傷と侵襲の大きさが選択の根拠となる。

非外科的な対処が困難な場合には、外科的な対処を選択することになる。異物が、食道遠位、横隔膜の近くにある場合には胃切開によって摘出が可能である場合がある。つまり、切開した胃の噴門部に鉗子などの把持用の器具を挿入し、異物を把持したうえで噴門部から引き出す[14]。食道穿孔や重度の損傷が予想される場合や、縦隔洞炎や胸膜炎のような感染によって穿孔が疑われる場合、あるいは食道の壊死によって形成が必要と思われる場合には、食道切開による摘出が必要となる。

## ■ 3　炎症

### 1）定義

異物や損傷によって生じる炎症だけでなく、食道は胃からの消化液の逆流によっても炎症を生じる。本項目では、特発的ともいえるこの逆流性食道炎に関して述べる中で、食道炎症に対して説明する。胃食道逆流は、胃や十二指腸の内容物がげっぷや嘔吐とは無関係に食道内に逆流することで、消化液の逆流による粘膜の損傷は、持続的に胃酸、ペプシン、胆汁酸、トリプシンと接触することに起因し、その結果生じる食道の炎症を逆流性食道炎という。

### 2）原因

胃から食道への消化液の逆流は、正常では胃食道括約筋（Gastro-Esophangeal Sphineten：GES）によって止められており、この括約筋の収縮は、解剖学的、神経的、内分泌的要因によって複雑に支配されている。医学領域においては、突発的な胃食道逆流は日常的に認められており、短時間の消化液への曝露によって食道粘膜が傷害を受けることはないことが知られている。それについて追求した報告や検討はないものの、突発的、一過性の逆流は、犬や猫においても日常にみられると思われ、人と同じく効果的な食道のクリアランス・メカニズムが食道炎への進行を防いでいると考えられる。それでも、胃食道逆流による食道のダメージは、主に逆流した胃酸、ペプシン、胆汁酸、トリプシンなどが粘膜と接していた時間にかかっており、クリアランス・メカニズムを上回るダメージを受けた場合に食道炎に進行すると考えられる。よく手術時の全身麻酔は、逆流性食道炎に関係しているとされる[15]。麻酔前投薬、あるいは麻酔薬によるGESの弛緩が胃食道逆流を容易にする要因とされ、加えて嚥下反射の障害と続発的な蠕動、手術での取り扱いによる腹圧の上昇、頭を下げたポジショニングなどにより、覚醒時には起こりえない消化液への長時間の曝露が関係していると考えられる。

### 3）病態

嚥下困難、吐出、嚥下痛、反復嚥下、多量の流涎などがある。軽度な食道炎では、臨床症状はかすかであったり、欠如する。また、病態の評価基準がないために重症度を正確に分類することは困難であるが、食道粘膜表面のびらんがひどい場合には、食道壁同士が接着することで食道閉塞による吐出がみられることもある（図Ⅲ-42）。

### 4）診断

血液検査やX線検査においては通常、特異的な所見はみられない。逆流性食道炎を含む食道炎は、内視鏡検査による食道粘膜の評価によって診断される（図Ⅲ-43）。この炎症性病状の内視鏡所見には、粘膜の紅斑、出血、もろさ、不規則性、びらん、潰瘍偽粘膜、拡張不全、狭窄などがある。食道炎が疑われる場合には、GESの頭側2〜5cmの部位において生検を行い、粘膜材料の採取が勧められる。医学領域においては、GESのマノメーター測定とPHプローブによる遠位食道PHの連続的な測定を行うことによりGESの機能を評価し、胃食道逆流について評価するが、動物においてこの評価を行うことは困難である。実験的にGESの計測を行った報告は

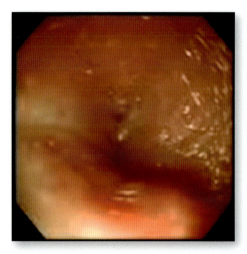

**図Ⅲ-42 食道炎による重度の粘膜のびらん**
症例は嚥下困難で来院した。食道内腔壁は激しい炎症によってびらんしており、壁同士が触れると接着するほどであった。エアを食道内に送り込むと拡張するが、エアを抜去すると壁同士が接着してしまう状態となる。

あるものの[16]、逆流性食道炎の診断を目的としてこれらの評価を行った報告はみられない。したがって、医学領域において GES の機能低下は逆流性食道炎を診断する指標ではあるが、小動物においては困難である。しかしながら、筆者はアカラシアにより恒常的に胃食道逆流を呈した犬において、重度の食道炎を発症するのを経験したことがあり、本症例は食道粘膜の消化液への長期にわたる曝露が食道炎に進行することを示していると考えている。

### 5）内科的治療

胃食道逆流の原因の除去が根本的な治療となる。逆流を抑えたうえでの治療は、食道炎の治療に準じることになる。つまり、食道炎が軽度の場合には、刺激となるような餌を控えるなどの食事管理以外の治療は必要ないと思われる。LES の緊張性を高め、かつ逆流を最小限度にとどめるために、低脂肪、高蛋白質な嚥下しやすい小さいサイズの餌を選択することが勧められる。また、食欲不振、体重減少、食事を摂取するのが困難な重篤な食道炎の場合には、薬物療法や胃瘻チューブ装着を考慮する必要がある。びらんした粘膜に結合し、逆流した胃内容物に対する保護効果によって作用する。LES の緊張を高め、胃食道逆流を抑制し、胃内容物の排出を促進するために、メトクロプラミド、またはシサプリドの投与が推奨される。胃酸の酸性度を減弱させ、胃酸分泌抑制剤として、ラニチジン、ファモチジン、オメプラゾールの投与が推奨される。投与期間については経験的で、臨床徴候や内視鏡所見の重篤度によって様々である。軽度の症例であれば、5～7日間、中等度から重度の症例であれば2～3週間の投薬が必要であり、適切な薬物治療を受けたほとんどの症例では予後は良好である。

### 6）外科的治療

胃食道逆流の原因が明らかでなく、食道炎の程度が軽度であれば、積極的な外科的治療は不要である。しかしながら、GES の機能低下が明らかな場合、胃‐食道の容易になった通過性に抵抗を加える処置が必要と考えられる。また、明らかな食道炎の原因が特定できない重度の食道炎の場合にも、逆流性食道炎を疑い積極的な処置が必要と考えられる。

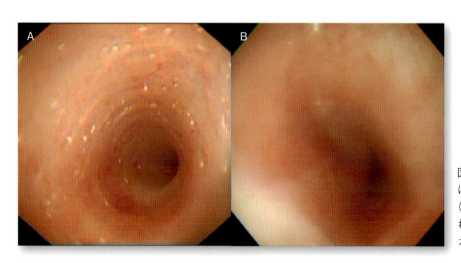

**図Ⅲ-43 食道炎の保存療法**
図Ⅲ-42の症例は立位給餌と保存療法により、治療前（A）と治療1ヵ月後（B）を比較すると顕著に改善がみられた。Bの時点では嚥下は問題なく行えるまで回復していた。

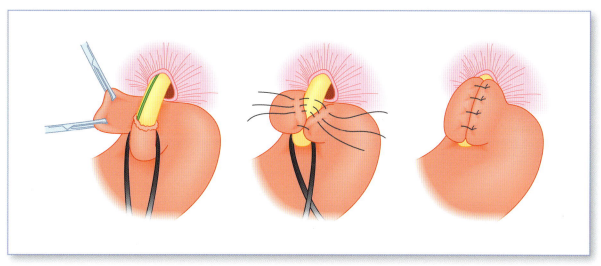

**図Ⅲ-44　Nissenの噴門形成術の図**
胃体の一部を牽引し、食道を周回させて胃体に縫合する。周回させることによる食道の締め付けが下部食道括約筋の役割を果たすが、その締め付けの程度は術者の経験に依存する。

筆者らは、このような症例に対してNissenの噴門形成術を選択している[17, 18]。本手術は、胃底部を牽引し、胃噴門周囲を周回させた後、胃体に逢着させるものである（図Ⅲ-44、45）。噴門の締め付けの程度が、本術式の成否を決めるが、具体的なガイドはなく、経験の占める部分の多い手術である。

## 7）予後

軽度、および中等度の食道炎の場合、保存療法により良好に改善する。このため、逆流の原因の解除が可能であれば予後は良好であるといえる。また、Nissenの噴門形成術に関しての予後成績には、まとまった報告がないため、はっきりとした成績は不明である。

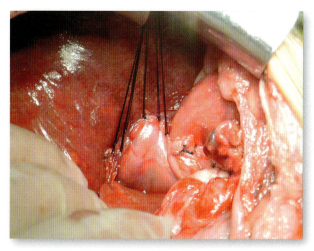

**図Ⅲ-45　Nissenの噴門形成術術中写真**

（島村俊介）

---

### 参考文献

[1] McGeady TA, FitzPatrick ES and Ryan MT.：獣医発生学（監訳／谷口和之，木曾康郎，佐藤英明）：学窓社；2005．東京．
[2] Spitz L. : Oesophageal atresia. *Orphanet J Rare Dis.* 2007 ; 11（2）: 24.
[3] Basher AW, Hogan PM, Hanna PE, Runyon CL, Shaw DH. : Surgical treatment of a congenital bronchoesophageal fistula in a dog. *J Am Vet Med Assoc.* 1991 ; 199（4）: 479-82.
[4] Fox E, Lee K, Lamb CR, Rest J, Baines SJ, Brockman D. : Congenital oesophageal stricture in a Japanese shiba inu. *J Small Anim Pract.* 2007 ; 48（12）: 709-12.
[5] Holmberg DL, Presnell KR. : Vascular ring anomalies : case report and brief review. *Can Vet J.* 1979 ; 20（3）: 78-81.
[6] Bottorff B, Sisson DD. : Hypoplastic aberrant left subclavian artery in a dog with a persistent right aortic arch. *J Vet Cardiol.* 2012 ; 14（2）: 381-5.
[7] Yoon HY, Jeong SW. : Surgical correction of an aberrant right subclavian artery in a dog. *Can Vet J.* 2011 ; 52（10）: 1115-8.
[8] Ferrigno CR, Ribeiro AA, Rahal SC, Orsi AM, Fioreto ET, Castro MF, Mchado MR, Singaretti F. : Double aortic arch in a dog（Canis familiaris）: a case report. *Anat Histol Embryol.* 2011 ; 30（6）: 379-81.
[9] Du Plessis CJ, Keller N, Joubert KE. : Symmetrical double aortic arch in a beagle puppy. *J Small Anim Pract.* 2006 ; 47（1）: 31-34.
[10] Matthiesen DT. 食道. In：スラッター小動物の外科手術 第2版（監訳／高橋 貢，佐々木伸雄）：文永堂出版；1993：581-614.
[11] Houlton JEF, Herrtage ME, Taylor PM, Watkins SB. : Thoracic esophageal foreign bodies in the dog : a review of ninety cases. *J Small Anim Pract.* 1985 ; 26 : 521-536.
[12] Spielman BL, Shaker EH, Garvey MS. : Esophageal foreign body in dogs : a retrospective study of 23 cases. *J Am Anim Hosp Assoc.* 1992 ; 28 : 570-574.

[13] Keir I, Woolford L, Hirst C, Adamantos S. : Fatal aortic oesophageal fistula following oesophageal foreign body removal in a dog. *J Small Anim Pract*. 2010 ; 51（12）: 657-660.
[14] Sale CS, Williams JM. : Results of transthoracic esophagotomy retrieval of esophageal foreign body obstructions in dogs : 14 cases (2000-2004). *J Am Anim Hosp Assoc*. 2006 ; 42（6）: 450-456.
[15] Zacuto AC, Marks SL, Osborn J, Douthitt KL, Hollingshead KL, Hayashi K, Kapatkin AS, Pypendop BH, Belafsky PC. : The influence of esomeprazole and cisapride on gastroesophageal reflux during anesthesia in dogs. *J Vet Intern Med*. 2012 ; 26（3）: 518-525.
[16] Zwick R, Bowes KL, Daniel EE, Sarna SK. : Mechanism of action of pentagastrin on the lower esophageal sphincter. *J Clin Invest*. 1976 ; 57（6）: 1644-1651.
[17] 朽名裕美，平尾秀博，島村俊介，清水美希，小林正行，田中　綾，山根義久．: 巨大食道を呈した犬に対しNissen噴門形成術を施した1治験例 : 動物臨床医学会年次大会プロシーディング．25 ; 2004 : 213-214.
[18] Clark GN, Spodnick GJ, Rush JE, Keyes ML. : Belt loop gastropexy in the management of gastroesophageal intussusception in a pup. *J Am Vet Med Assoc*. 1992 ; 201 : 739-742.

## 4　食道腫瘍

### 1）定義

　食道腫瘍とは、食道に発生する上皮性また非上皮性腫瘍であり、それぞれ悪性腫瘍と良性腫瘍に分類される。いわゆる食道癌とは上皮性悪性腫瘍を示し、組織学的には扁平上皮癌と腺癌が含まれ、本邦の人の全悪性腫瘍の3.4％を占めるとされる。本邦での人の食道癌は、90％以上が扁平上皮癌であるが、欧米では60～70％が腺癌であり、これには腺癌の発癌母地である逆流性食道炎（バレット食道）の罹患率が欧米で多いことと関連している[1]。
　一方、犬および猫の食道腫瘍の発生は極めてまれであり、報告によれば犬および猫に発生する全腫瘍性疾患の0.5％、全消化管腫瘍の5％を占めるに過ぎない[2,3]。

### 2）原因

　人では、扁平上皮癌発生の危険因子として喫煙、飲酒および刺激性の強い食事などがあげられている。また、腺癌の危険因子としては、逆流性食道炎（バレット食道）や肥満、特定の薬物の長期投与による薬剤性食道炎などがある。犬および猫の場合、その発生原因の多くは明らかにされていない。血色食道虫（*Spirocera lupi*）が発生する地域（アフリカ、イスラエル、アメリカ合衆国南東部）においては、この寄生虫が犬の食道の線維肉腫や骨肉腫などの非上皮性悪性腫瘍の発生原因となることが指摘されている[4,5]。また、イギリスにおいて猫の食道扁平上皮癌が都市部のロンドンで発生が多い傾向にあることから、グルーミングによる何らかの発癌性物質の摂取が、発症に関与していることを示唆する報告もある[6]。

### 3）組織学的分類

　犬および猫の原発性食道腫瘍は、ほとんどが悪性腫瘍であるといわれる。犬において最も頻度の高い上皮性腫瘍は扁平上皮癌であり、まれに腺癌の発生も報告されている[7-9]。これらの上皮性悪性腫瘍は、局所浸潤傾向が強く、周囲リンパ節へのリンパ管転移ならびに血行性遠隔転移を示す。非上皮性悪性腫瘍としては、平滑筋肉腫が一般的で[3]、その他線維肉腫[10]、骨肉腫[11]が報告されている。良性腫瘍としては、平滑筋腫[12]、プラズマ細胞腫[13]があり、これらの腫瘍は、特に食道終末部および噴門部に発生することが多い[3]。
　猫の原発性食道腫瘍は、扁平上皮癌の報告が多く[14,15]、その他の非上皮性腫瘍の発生は、極めてまれである[3]。猫の扁平上皮癌は、胸部食道の頭側部で発生することが多い[3]。
　非原発性食道腫瘍としては、肺腺癌、胸腺癌、心基底部腫瘍および甲状腺癌など食道周囲組織に発生した上皮性悪性腫瘍が二次的に食道へ浸潤する場合や、悪性リンパ腫が転移する場合などがあげられる[3]。

### 4）病態

　食道腫瘍では、一般的に食道内腔の狭窄が生じた結果、嚥下困難、未消化物の吐出といった典型的な臨床症状を示す。潰瘍化した腫瘍では吐血を呈する。それに伴って食欲不振、体重減少、元気消失などの全身症状を呈する。症例によっては二次的な誤嚥性肺炎を起こすこともある。胸腔内で巨大化した腫瘍は、呼吸器症状を惹起することもある。食道終末部に発生した平滑筋腫が後大静脈を圧迫し、二次的に肝うっ血を生じた症例も報告されている[16]。非常にまれではあるが、腫瘍随伴症候群として肺性

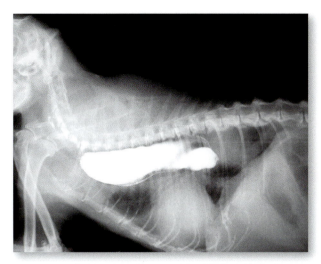

**図Ⅲ-46　食道閉塞を来たした猫の陽性X線造影写真**
スコティッシュ・フォールドの13歳齢、雄。本症は肺後葉に生じた肺腺癌の食道浸潤によって二次的に食道完全閉塞をきたしている。

肥大性骨症の併発例が報告されている[8]。悪性の食道腫瘍の特徴として、食道は他の消化管臓器と異なり漿膜を有していないため、発生した腫瘍が周囲組織に浸潤しやすいことがあげられる。したがって、症状を発症する診断時には、既に大部分の症例でリンパ節転移などの転移病巣を形成している。

### 5）診断

食道腫瘍の発生は老齢動物で多く、今のところ発生に性差や好発品種は認められていない[3]。通常、慢性的で内科的治療に反応しない嚥下困難や吐出といった上部消化管の完全あるいは部分閉塞に起因する臨床症状を呈する。頸部食道に発生した腫瘍では、触診で腫瘤の存在が明らかになることがある。単純X線検査では、食道領域に腫瘍陰影、気管の偏位、食道内ガス貯留像、食道拡張所見を認め、ときに肺に転移性病変を認めることがある。バリウムなどによる陽性X線造影検査では、食道に狭窄部位や腫瘤欠損像を認める（図Ⅲ-46）。X線透視を併用すれば食道の運動性を含め、より正確な病変部位の検出が可能となる。食道内視鏡検査では、病巣を直接みることが可能である。多くの場合、狭窄病変を認め、上皮性悪性腫瘍の場合は潰瘍化していることが多い。上皮性悪性腫瘍の表層部位は、壊死あるいは炎症を伴っていることが多いので、診断に有効な検体を採取するには、複数回の生検が必要となる場合もある。平滑筋肉腫などの非上皮性腫瘍では、一般的に粘膜下の腫瘤として認められ、内視鏡下の生検では検体採取が困難なことが多い。CT検査は、周囲組織への浸潤やリンパ節、遠隔臓器への転移の有無を診断することが可能で、腫瘍の進行度を判定するのに非常に有効である。特に、内視鏡検査において粘膜病巣が確認されないときにはその有効性が高い。最終確定診断は、病理組織検査が必要となるが、内視鏡的にサンプルが採取できない場合には、試験的開胸による生検が必要となる。

鑑別診断としては、異物、逆流性食道炎などによる瘢痕狭窄、食道外の腫瘤による絞扼、血管輪異常、巨大食道症などである。

### 6）内科的・外科的治療

犬および猫の悪性食道腫瘍の治療は、進行した状態で診断されることが多く、根治は困難な場合がほとんどである。人の早期癌では、内視鏡的粘膜切除術によって根治が可能であるが、犬および猫ではそのような早期に診断できる症例は、非常に少ないと思われる。

食道を含めた腫瘍の外科的摘出術は、侵襲性が非常に高い手術であり、手術死亡率、術後合併症の発生率が高い手術といわれている。特に胸部食道の切除は、その視野の確保が困難なこと、十分なマージンを確保した長い切除が困難なこと、吻合部に張力がかかること、さらに、食道には部位にもよるが、漿膜が欠除しており、胸部食道の独特な癒合機転のために、癒合不全などの合併症を生じやすい（図Ⅲ-47）。食道終末部あるいは噴門部の切除には、横隔膜を通して胃を前進させる方法が試みられる。また、空腸または結腸で切除部位を置換する手法も試みられている[17,18]。

これまで犬および猫の食道腫瘍に対して化学療法の有効性を示す報告はなされていない。人の食道癌に対しては、5-FU、タキサン系（パクリタキセル、ドセタキセル）、イリノテカン、シスプラチンなどの抗がん剤が用いられている。放射線療法は、頸部食道腫瘍に対しては有効であると考えられるが、胸部食道の腫瘍に対しては、周囲の肺あるいは

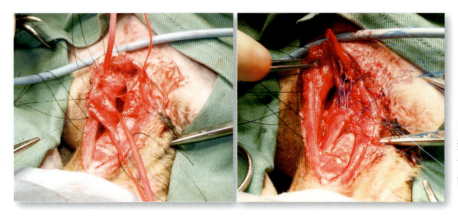

図Ⅲ-47　食道腫瘍の術中写真
頸部食道に生じた扁平上皮癌により食道狭窄をきたした猫（雑種、10歳齢の雄）に対して行った腫瘍摘出術および食道の端々吻合術。

心臓への放射線障害が予想されるため、高性能の放射線治療器でないとその実施は困難である。人では放射線療法と化学療法の併用によって、食道を温存し、外科的摘出と同等以上の治療成績が得られるといわれている[1]。特殊な治療法として、犬の食道扁平上皮癌に対して光線力学療法を実施し、局所的な制御によって9ヵ月間比較的良好なQOLを維持できた症例が報告されている[10]。

姑息的な治療手段ではあるが、腫瘍による狭窄部位に対してバルーンカテーテルを用いた拡張術によって、一時的な狭窄の解除が可能になることがある。胃造瘻術は、嚥下困難に陥った症例に対して、短期的な補助療法として有効である。

## 7）予後

人において食道癌は、胃癌や大腸癌を含むその他の消化器癌の中で、特に予後が悪く、5年生存率は20％以下であるといわれる[1]。食道癌は、リンパ節への転移が起こりやすいこと、食道が他の消化管と異なり漿膜を有していないため、比較的周囲に浸潤しやすいことが要因となっている。

犬および猫においては、予後に関する報告はなされていないが、扁平上皮癌に代表される上皮性悪性腫瘍の場合は、人と同様にその予後は極めて悪いことが予想される。一方で、血色食道虫に関連した食道原発肉腫に対して部分的な食道切除術を実施した犬の6症例の報告では、術後平均8.6ヵ月の生存期間が得られ、比較的良好な経過を取ることが示されている[5]。良性腫瘍の場合は、合併症がなく外科的切除に成功すれば、予後は良好であることが報告されている[10,13]。

（小林正行）

---

#### 参考文献

[1] Enzinger PE and Mayer RJ. : Esophageal Cancer. *N Engl J Med*. 2003；349：2241-2252.
[2] Ridgway RL, Suter PF. : Clinical and radiographic signs in primary and metastatic esophageal neoplasms of the dog. *J Am Vet Med Assoc*. 1979；174：700-704.
[3] Withrow SJ. : Esophageal cancer. In : Withrow SJ, MacEwen EG. (eds) : Small Animal Clinical Oncology : WB Saunders ; 1996 : 241-243. Philadelphia.
[4] Bailey WS. : Spirocerca-associated esophageal sarcomas. *J Am Vet Med Assoc*. 1979；175：148-150.
[5] Ranen E, Lavy E, Aizenberg I, Perl S, Harrus S. : Spirocercosis-associated esophageal sarcomas in dogs. A retrospective study of 17 cases (1997-2003). *Vet Parasitol*. 2004；119：209-221.
[6] Cotchin E. : Some aetiological aspects of tumours in domesticated animals. *Ann R Coll Surg Engl*. 1966；38：92-116.
[7] Carb AV, Goodman DG. : Oesophageal carcinoma in the dog. *J Small Anim Pract*. 1973；14：91-99.
[8] Randolph JF, Center SA, Flanders JA, Diters RW. : Hypertrophic osteopathy associated with adenocarcinoma of the esophageal glands in a dog. *J Am Vet Med Assoc*. 1984；184：98-99.
[9] Takiguchi M, Yasuda J, Hashimoto A, Ochiai K, Itakura C. : Esophageal/gastric adenocarcinoma in a dog. *J Am Anim Hosp Assoc*. 1997；33：42-44.
[10] Axiak SM, Carey S, Rosenstein D. : What is your diagnosis? Spindle cell sarcoma. *J Am Vet Med Assoc*. 2006；228：201-202.
[11] Turnwald GH, Smallwood JE, Helman RG. : Esophageal osteosarcoma in a dog. *J Am Vet Med Assoc*. 1979；174：1009-1011.
[12] Culbertson R, Branam JE, Rosenblatt LS. : Esophageal/gastric leiomyoma in the laboratory Beagle. *J Am Vet Med Assoc*. 1983；183：1168-1171.
[13] Hamilton TA, Carpenter JL. : Esophageal plasmacytoma in a dog. *J Am Vet Med Assoc*. 1994；204：1210-1211.
[14] Gualtieri M, Monzeglio MG, Di Giancamillo M. : Oesophageal squamous cell carcinoma in two cats. *J Small Anim Pract*. 1999；40：79-83.
[15] Shinozuka J, Nakayama H, Suzuki M, Ejiri N, Uetsuka K, Mochizuki M, Nishimura R, Sasaki N, Doi K. : Esophageal adenosquamous

carcinoma in a cat. *J Vet Med Sci*. 2001 ; 63 : 91-93.
[16] Rollois M, Ruel Y, Besso JG. : Passive liver congestion associated with caudal vena caval compression due to oesophageal leiomyoma. *J Small Anim Pract*. 2003 ; 44 : 460-463.
[17] Gregory CR, Gourley IM, Bruyette DS, Shultz BS. : Free jejunal segment for treatment of cervical oesophageal stricture in a dog. *J Am Vet Med Assoc*. 1988 ; 193 : 230-232.
[18] Kuzma AB, Holmberg DI, Miller CW. : Oesophageal replacement in the dog by microvascular colon transfer. *Vet Surg*. 1989 ; 18 : 439-445.
[19] Happe RP, van der Gaag I, Wolvekamp WT, Van Toorenburg J. : Esophageal squamous cell carcinoma in two cats. *Tijdschr Diergeneeskd*. 1978 ; 103 : 1080-1086.
[20] Jacobs TM, Rosen GM. : Photodynamic therapy as a treatment for esophageal squamous cell carcinoma in a dog. *J Am Anim Hosp Assoc*. 2000 ; 36 : 257-261.
[21] Ranen E, Shamir MH, Shahar R, Johnston DE. : Partial esophagectomy with single layer closure for treatment of esophageal sarcomas in 6 dogs. *Vet Surg*. 2004 ; 33 : 428-434.

## 5　食道アカラシア

人において、食道アカラシアは1672年に最初に報告された。それ以来300数年を経た今日まで、本症は特発性食道拡張症、巨大食道症、噴門無弛緩症、食道アカラジアなど多くの病名で呼ばれてきたが、多くの研究者の学説が生まれる背景には原因の複雑さが関係している。下部食道括約筋（Lower Esophageal Sphincter: LES）の弛緩は、迷走神経系の制御を受け、その最終段階は壁内神経叢の神経により制御されている。アカラシア発症の原因は、このLES弛緩に関する神経系のどこか、または複数ヵ所の障害により起こるとされている。神経障害の原因としてはウイルス説、免疫異常説、遺伝説、消化管ホルモンなどの関与も考えられているが明らかにされてない[1]。組織学的にはAuerbach神経叢の神経節細胞変性あるいは消失が認められる。LESの弛緩に関しては、抑制性のnon-cholinergic、non-adrenergic作動性神経の関与が薬理学的に示唆され、そのneuro-transmitterとして、VIP（vasoactive intestinal peptide）、NO（nitric oxide）が注目されている。アカラシア患者では、LES部のVIP含有神経の減少、VIPの組織内濃度の低下、LES部の筋層神経叢でのNO合成酵素の消失、NO合成酵素含有神経細胞の減少、消失も報告されている[2]。

小動物獣医科領域における食道アカラシアに関する報告は1970～80年代に多くみられているが[3-5]、発症原因について検討した報告は少なく、多くは人における知見を反映させたものである。同様に、疫学的なデータも少ない。

### 1）病態

食後の嘔吐、吐出が主症状であり、食物がそのまま吐き出される。食後でなくても、水様の吐物がみられる。摂食困難になるため、体重減少がみられ、先天的なものの場合、発育不良が生じる。

### 2）診断

人においては、X線検査、内視鏡検査、食道内圧検査によって診断を行う。X線食道造影検査において、下部食道の鳥の嘴状のスムーズな狭窄、バリウムの排出遅延、通過障害に伴う食道の拡張、および食道内のバリウム層上部の唾液が特徴的である。内視鏡検査において、食道内の拡張、液体・残渣の貯留、ペースト状の無数の泡が観察された場合には、アカラシアと診断される。アカラシアの病態の本質がLESの弛緩不全であることから、食道内圧検査において、LES弛緩を評価することが最も重要であるとされる。つまり、進行したアカラシアであれば前述の検査所見によって、食道造影、内視鏡検査による診断が可能であるが、早期または軽度なアカラシア症例では、食道内圧検査でなければ診断が困難となる。

小動物領域においては、食道内圧検査は一般的には実施されないため、過去の報告においては、そのほとんどに食道の拡張が認められている。診断は、主に食道造影によってくだされており、拡張した食道と下部食道括約筋における狭窄が確認される[3-5]（図Ⅲ-48）。また、透視下で餌にバリウムを混ぜて与えてみることで、より括約筋における通過障害が著明に確認される。

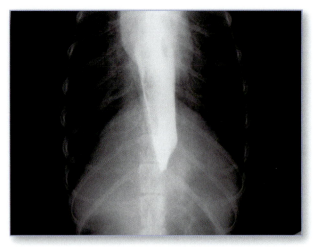

**図Ⅲ-48　食道アカラシアのX線診断写真**
下部食道括約筋が閉じているため、バリウム造影によって先細りの特徴的な陰影が認められる。

### 3）治療

　治療としては、薬物療法、バルーン拡張術と外科手術が選択される。薬物療法としては、カルシウム受容体拮抗薬やボツリヌス毒素の下部食道括約筋への局所注入などが人において用いられている。動物の食道アカラシアに対する薬物療法の有効性は明らかではなく、実際に筆者の経験した症例においてもカルシウム受容体拮抗薬で明らかな効果を得られていないが、得られたという報告もあり、その効果については議論のあるところである。バルーンやブジーによる物理的な拡張が人において用いられているが、獣医科領域においてもしばしば使用されている。まとまった成績については報告されていないが、時折遭遇する食道下部括約筋の狭窄に対してバルーンによる拡張術を施すと良好な経過を示すことがある（図Ⅲ-49）[6,7]。また、実験的に作出された下部食道括約筋狭窄モデル犬に対してステントによる拡張を施すことで狭窄が解除されることが示されてもおり、物理的な拡張は中期的には効果があるものと考えられる[8]。獣医科領域において、食道アカラシアに対する外科手術に関する報告では、粘膜外筋層切開法がある[9]。これは、人においても一般的に用いられる方法でもあり、手術の基本概念は、通過障害の解除術である。胃食道接合部を中心に口吻側へ食道筋層切開を行い、食道胃接合部から肛門側へ向けて、胃壁の筋層−漿膜層切開を行う。その結果、胃および食道粘膜が拡張できるスペースを確保するものである。人においては本術式に加え、胃底部を用いた逆流防止術を行うのが一般的である。通過障害解除のみでは、術後の長期予後において逆流性食道炎の発症がみられることがその理由であるが、獣医科領域においてそのような合併症の報告はみられない。

### ■ 6　胃食道重積症

　胃食道重積は、胃の全部あるいは一部が胸部食道に嵌入する非常にまれな疾患である。多くは若い大型犬でみられ、雄のジャーマン・シェパードにおける発症がよく報告されている[10,11]。猫でも比較的多く報告されている[12,13]。重篤な場合には、脾

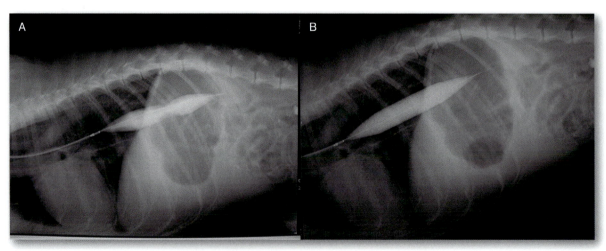

**図Ⅲ-49　食道アカラシアに対するバルーン拡張**
バルーンによる拡張は数回にわたって実施する。回数を重ねることで次第に食道括約筋は拡張していく。写真は1回目（A）と3回目（B）で、3回目の拡張ではバルーンが十分に膨らんでいるのがわかる。

臓、膵臓、十二指腸や大網が引き込まれることもある[14,15]。胃食道重積を食道裂孔ヘルニアに分類する場合もあるが、胃食道接合部の位置によって滑脱裂孔ヘルニアや食道の中の胃の位置によって傍食道型ヘルニアと鑑別される。文献において胃食道重積は2つのタイプに分類される：間欠的に消化器症状を認める再発性胃食道重積と急性に食道障害や呼吸器症状を呈する急性胃食道重積である。

急性胃食道重積は、若い犬と猫に多いとされ、急性の呼吸困難あるいはショックを呈する。呼吸困難とショックを軽減し、さらに嵌頓と梗塞による二次的な胃の壊死を防止するために救急処置が必要となる[16]。再発性食道重積は猫に多くみられ、慢性嘔吐を示すが、急性症状はみられない。食事後にみられる嘔吐の頻度が増加してくるのが特徴であり、体重減少や脱水が併せてみられる。原因の特定が困難な場合には立位給餌、流動食、頻回給餌などの保存療法で経過を観察するが、症状が持続する場合には外科的処置が求められる。

胃食道重積の素因についてはよくわかっていないが、食道裂孔の大きさ、下部食道括約筋の脆弱性や食道機能障害などの要素が関係していると考えられる。また、食道疾患の有無が強い関連性をもつことが過去の報告ではしばしば指摘されている。ある検討では23例の胃食道重積のうちの半分以上に巨大食道を初めとした食道疾患を有していたことが示されている[17,18]。人においては、腹圧上昇をきたす状況、つまり妊娠、肥満、激しい運動後の過食や慢性的な胃腸症も素因となりえると考えられている。

### 1）病態

嘔吐、逆流、呼吸困難、吐血や腹部の違和感が症状としてみられる。臨床症状は、たいていの場合、進行性であり、終末的にはショックや呼吸不全、あるいは循環不全によって斃死する。過去の報告によると予後は非常に悪く、中には27例中24例が死亡するか、合併症により安楽殺を選択したと報告されている[14]。

### 2）診断

診断は、主に胸部X線検査、造影X線検査、X線透視や食道内視鏡を用いて行う。胸部X線検査において、縦隔背尾側に軟部組織様の腫瘤陰影が認められ、大きさによっては気管や心陰影は変位し、腹腔内の胃の陰影が小さくみえる。食道造影検査では、食道内へ貫入した胃壁が造影剤によって強調され、皺壁がはっきりと描出される。X線透視では、食道の動的な評価が可能となるため単純撮影より有効な場合がある。特に、慢性的な嵌入をきたしていない症例において、嘔吐を誘発できれば有用である。食道内視鏡検査では、食道内腔に隆起した胃の皺壁が腫瘤状に確認される。

### 3）治療

急性症状を呈している場合には、適切な対症療法を施し、状態の安定をはかる。外科的処置の目的は、胃の変位による重積を防ぐことにあり、胃腹壁固定術が重積の再発防止に選択される[19]。もし、重積による血流障害の結果、胃に壊死領域が認められた場合には、壊死領域の切除を行う。また、裂孔部を触診にて確認し、脆弱性や欠損の有無を確認し、必要であれば裂孔部に対する改良を施す。また、過去には急性胃食道重積の若齢犬に対して、胃瘻チューブによる腹壁固定を行い、良好に経過した報告がある[20]。急性型においては、症例の状態の悪いことが予想され、なるべく侵襲を少なくするという意味では有効な手段であると思われる。

## 7 食道憩室

食道憩室は、先天性または後天性にまれに認められる食道壁の袋状小嚢である。先天性憩室は、胎生期の発育の異常によるもので、食道壁における筋肉の欠損部を通って粘膜がヘルニアを生じることによる。後天性憩室は、圧出型と牽引型の2つの型に分類される[21]。圧出型憩室は、狭窄や異物などの閉塞や運動性の変化によって管腔内圧力が上昇することによって、食道筋層が裂開し、その孔より粘膜が突出し、外部に嚢を形成する。過去の食道憩室の報告によると、憩室の発生部位は横隔膜近傍にみられている（図Ⅲ-50）。牽引型の憩室は、圧出型と異なり、その壁が外膜、筋層、粘膜下組織および粘膜の食道壁の全層によって構成される。食道周囲の炎症

によって生じる線維帯との癒着によって、食道壁が外側へ牽引される結果、小嚢が形成されると牽引性食道憩室が生じる。

### 1）病態

大型の憩室では、吐出、嚥下困難、嚥下痛、空吐、体重減少や食欲減退が認められる[22]。食後の吐出は、機械的閉塞や運動性障害に起因する。粘膜潰瘍を伴う重症例では最終的に穿孔を形成し、縦隔洞炎と呼吸困難を呈する。また、過去には憩室が気管との間に瘻孔を形成し、誤嚥性肺炎を生じた報告もある[23]。小型の憩室では臨床徴候を示さない場合もある。

### 2）診断

胸部X線検査において、食道部周辺のガスや軟部組織陰影が認められる。造影検査によって、部分的あるいは完全に造影剤が充満した食道部の部分拡張が認められ、X線透視では食道の運動障害について評価が可能である。食道内視鏡検査は最も有用な診断検査と考えられ、食道内腔に摂食物が充満し、局所的な食道炎を生じた囊状憩室が確認される。

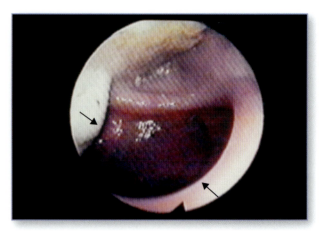

図Ⅲ-50　食道憩室

ポメラニアン、8歳齢、雌、3.3kgの症例。1週間前から食欲不振と間欠的嘔吐。噴門部直前の食道内に異物があり、内視鏡によって除去。異物直径は5mm、扁平状の牛の骨だった。約2ヵ月後に、5日前から食欲不振、元気消失で来院。症例は、削痩していた。X線検査で、胸部横隔膜前にゴムボール大の食道拡張部を確認。2ヵ月前に異物が詰まっていた箇所が憩室化したと思われる（矢印）。（写真提供：山根義久先生）

### 3）治療

憩室が小さい場合には、流動食や立位給餌による保存療法によって、憩室への食物貯留を防ぎながら経過を観察する。保存療法で奏功しない場合には、小嚢の切除と切除部の食道壁再建が必要となる[22]。

（島村俊介）

---

**参考文献**

[1] 幕内博康，内田雄三.：食道．アカラシアにおける治療最近の動向．日外会誌．2000；101（4）：325-326．
[2] Ghoshal UC, Daschakraborty SB, Singh R.：Pathogenesis of achalasia cardia. World J Gastroenterol. 2012；18（24）：3050-3057.
[3] Boothe Jr. HW.：Acquired achalasia（megaesophagus）in a dog：clinical features and response to therapy. J Am Vet Med Assoc. 1987；173：756-758.
[4] Ryer KA, Ryer J.：Acquired achalasia：a case report. Vet Med Small Anim Clin. 1980；75：1703-1704.
[5] Clifford DH, Waddell ED, Patterson DR, Wilson CF, Thompson HL. Management of esophageal achalasia in Miniature Schnauzers. J Am Vet Med Assoc. 1972；161：1012-1021.
[6] Adamama-Moraitou KK, Rallis TS, Prassinos NN, Galatos AD.：Benign esophageal stricture in the dog and cat：a retrospective study of 20 cases. Can J Vet Res. 2002；66（1）：55-59.
[7] Leib MS, Dinnel H, Ward DL, Reimer ME, Towell TL, Monroe WE.：Endoscopic balloon dilation of benign esophageal strictures in dogs and cats. J Vet Intern Med. 2001；15（6）：547-552.
[8] Zhu YQ, Cheng YS, Li MH, Zhao JG, Li F, Chen NW.：Temporary self-expanding cardia stents for the treatment of achalasia：an experimental study in dogs. Neurogastroenterol Motil. 2010；22, 1240-1247.
[9] Pedro A. Boria PA, Webster CRL, Berg J.：Esophageal achalasia and secondary megaesophagus in a dog. Can Vet J. 2003；44：232-234.
[10] von Werthern CJ, Montavon PM, Fluckiger MA.：Gastro-oesophageal intussusception in a young German shepherd dog. J Small Anim Pract. 1996；37：491-494.
[11] 山形静夫.：イヌの胃食道重積症の1例．第3回動物臨床医学会年次大会プロシーディング．1982；3：24．
[12] 佐藤典子，中ürk茂樹，松田和義，山根義久.：ネコの胃食道重積を伴う横隔膜ヘルニアの1症例．第5回動物臨床医学会年次大会プロシーディング．1984；5：118.
[13] 小出由紀子，小出和欣，山田フキ，霜野光興，上月茂和，岡本輝久，松岡和義，山根義久.：胃食道重積症の猫の1例．第9回動物臨床医学会年次大会プロシーディング．1988；9；122.
[14] Pietra M, Gentilini F, Pinna S, Fracassi F, Venturini A, Cipone M.：Intermittent Gastroesophageal Intussusception in a Dog：Clinical Features, Radiographic and Endoscopic Findings, and Surgical Management. Veterinary Research Communications. 2003；27：783-786.
[15] Leib MS, Blass CE.：Gastroesophageal intussusception in a dog：a review of the literature and a case report. J Am Anim Hosp As-

soc. 1984 ; 20 : 783-790.
[16] Rowland MG, Robinson M. : Gastro-oesophageal intussusception in an adult dog. J Small Anim Pract. 1987 ; 19 : 121-125.
[17] Masloski A, Besso J. : What is your diagnosis-Gastroesophageal intussusception with megaesophagus in a dog. J Am Vet Med Assoc. 1988 ; 212 : 23-24.
[18] Martinez NI, Cook W, Troy GC, Waldron D. : Intermittent gastroesophageal intussusception in a cat with idiopathic megaesophagus. J Am Anim Hosp Assoc. 2001 ; 37 : 234-237.
[19] Graham KL, Buss MS, Dhein CR, Barbee DD, Seitz SE. : Gastroesophageal intussusception in a Labrador retriever. Can Vet J. 1998 ; 39（11）: 709-711.
[20] McGill SE, Lenard ZM, See AM, Irwin PJ. : Nonsurgical Treatment of Gastroesophageal Intussusception in a Puppy. J Am Anim Hosp Assoc. 2009 ; 45 : 185-190.
[21] Matthiesen DT. : 食道. In：スラッター小動物の外科手術 第2版（監訳／高橋 貢，佐々木伸雄）：文英堂出版；2000：581-614.
[22] Hill FW, Christie BA, Reynolds WT, Lavelle RB. : An oesophageal diverticulum in a dog. Aust Vet J. 1979 ; 55（4）: 184-187.
[23] Nawrocki MA, Mackin AJ, McLaughlin R, Cantwell HD. : Fluoroscopic and endoscopic localization of an esophagobronchial fistula in a dog. J Am Anim Hosp Assoc. 2003 ; 39（3）: 257-261.

## 8　食道狭窄

### 1）定義

　食道狭窄とは、何らかの原因によって食道内腔に限局性の狭窄病変が生じ、食道壁の蠕動運動による食渣の通過が障害された状態をいう。先天的に食道内腔の連続性が絶たれている場合は食道閉鎖症、食道内に嚥下された固形物による物理的な狭窄や閉塞がある場合は食道内異物あるいは食道梗塞[1]、先天的な大血管発生異常による食道の絞扼は、血管輪（血管走行異常）[2]として別語に定義される。食道狭窄は、様々な程度で摂食障害や嚥下障害が生じるため、発育障害や呼吸器感染症などの原因となる。

### 2）分類と原因

　食道狭窄は、その発生原因によって先天性と後天性に大別される。先天性食道狭窄は、胎子期における食道原器の分化異常に起因して発生し、気管支食道瘻（食道気管支瘻）や食道閉鎖を合併することが多い[3,4]（p618「食道疾患」の先天異常を参照）。後天性食道狭窄は、食道粘膜の炎症治癒過程における食道全周性の瘢痕収縮[5]（図Ⅲ-51）、特定薬物の経口投与[6-8]、寄生虫感染による嚢疱形成[9,10]、食道内外からの圧迫などに起因して発生する[11]。食道炎は、胃液の慢性的な逆流、食道梗塞、刺激物の摂取、医原性（食道の縫合や内視鏡挿入、全身麻酔など）[12,13]、外傷などが原因となって発生し、時間の経過とともに内腔狭窄を生じる。食道狭窄は、食道のいずれの部位にも発生する可能性があり、犬や猫で報告が認められている[3-13]。

### 3）病態

　食道狭窄は、食渣が狭窄部で通過障害を起こして十分量の給餌あるいは給水ができないため、低蛋白血症、低アルブミン血症、低血糖症などの栄養障害あるいは脱水が主たる病態となる。これらの病態は、狭窄の程度や時間経過に左右され、重度の栄養不良は、長期的に放置すると悪液質に陥り死に至る。また、狭窄部より頭側の食道が嚢状に拡張して食渣を滞留し、頻繁に吐出が生じる。その際に誤嚥が生じ、誤嚥性肺炎や呼吸器感染症を引き起こすこ

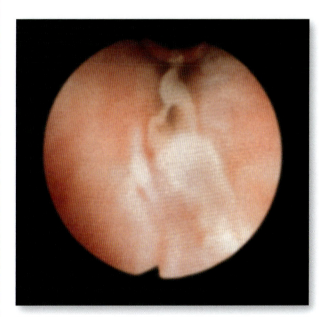

図Ⅲ-51　後天性（獲得性）食道狭窄、雑種犬、8.5歳齢、雌、10.0kg
1ヵ月半前に他院にて子宮蓄膿症の手術を受けた。手術後、徐々に食欲が低下し、少し食べてもすぐ嘔吐するとのことで受診。
内視鏡検査にて食道粘膜の重度な炎症と剥離が認められ、食道内腔も部分的に重度に狭窄していた。
（写真提供：山根義久先生）

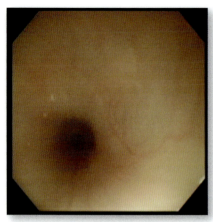

図Ⅲ-52 内視鏡で確認された食道の全周性狭窄像

粘膜面にびらんは認められないが、ピンホール状の重度の狭窄が確認できる。

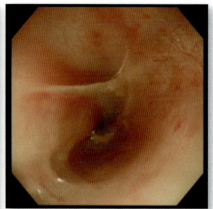

図Ⅲ-53 食道狭窄の頭側に認められた食道拡張像

粘膜面には出血やびらんが観察される。

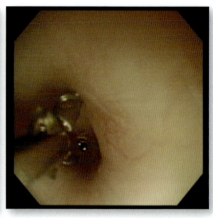

図Ⅲ-54 内視鏡下での食道壁の生検像（図Ⅲ-52と同症例）

生検に加え、生検鉗子の先端（2 mm）と比較することで狭窄部の内径も評価できる。

とで病態がさらに悪化する。囊状に拡張した食道は、筋肉が菲薄化しているため容易に穿孔し、膿胸や縦隔洞膿瘍などの感染症を生じる可能性がある。

### 4）鑑別診断

食道閉鎖症、食道内異物、食道梗塞、血管輪、アカラシア、巨大食道症、咽喉頭麻痺、食道炎、食道腫瘍、縦隔洞腫瘍、気管腫瘍、肺腫瘍、消化器系疾患などと鑑別する必要がある。

### 5）臨床症状

食道狭窄の症例に認められる臨床症状は、流涎、吐出、噯気、食欲亢進、発育不良、元気消失、削痩、脱水などである。先天性食道狭窄は、狭窄が重度の場合は授乳時より症状が出現するが、軽度の場合は離乳食あるいは固形食を採食する時期になってから出現する場合もある。後天性食道狭窄は、原因から数日～数週間経過した後に症状が現れることが多く、一般に進行性の病態を示す。呼吸器の二次感染に起因した症状として、発咳、発熱、呼吸困難、全身状態悪化など様々な臨床症状が認められ、動物の生命を脅かす。

### 6）診断

食道狭窄の診断は、原因である食道狭窄病変および狭窄前部拡張を画像診断学的に確認することによって行われる。小動物臨床では、内視鏡検査、X線検査およびCT検査などの画像診断が至適であるが、大動物の場合には臨床症状や病歴などによって診断されることも多い。

内視鏡検査では、全身麻酔下に口から食道内へ内視鏡を挿入して食道内腔の形態、粘膜面性状、通過性を肉眼的に確認するとともに、狭窄病変の生検による病理組織学的検索によって診断が行われる（図Ⅲ-52～54）。本症の診断においては、最も確実で多角的な診断が行える検査法である。

X線検査では、頸胸部の最大吸気時ラテラル像を中心に、時にVD像の撮影も加え評価を行う（図Ⅲ-55）。単純撮影では、食道狭窄による狭窄前部拡張部にガス貯留が認められると食道壁構造が可視化されて本症を疑うことが可能であるが、ガス貯留が認められない場合には診断は困難である（図Ⅲ-55）。硫酸バリウムなどの陽性造影剤を投与して経時的にX線撮影することで、食道形態や通過機能などを診断することができる（図Ⅲ-56）。吐出を伴う症例では、造影剤の誤嚥に細心の注意が必要である。

CT検査では、頸胸部撮影による評価（縦隔条件あるいは肺野条件）を行い、食道内腔の限局性狭窄病変、あるいは食道走行の著しい偏位に伴う内腔狭窄を確認することによって診断が行われる。同時に、造影CT検査や針生検を行うことによって、狭

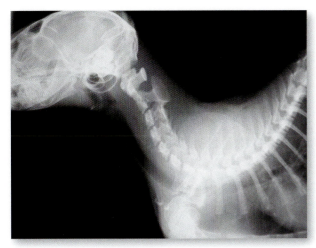

図Ⅲ-55 頸部食道狭窄を認めた猫の単純X線検査像
第3頸椎直下にわずかな食道内ガス貯留が認められることから、同部位での食道狭窄を疑う。

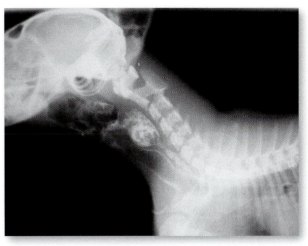

図Ⅲ-56 食道造影検査像（図Ⅲ-55と同一症例）
硫酸バリウムを加えた餌を食べさせることで食道狭窄および狭窄前拡張が明瞭に描出されている。

窄病変の腫瘍性変化、周囲組織への影響なども確認することができる。本検査は、内視鏡検査同様に全身麻酔下で行われるため、食道運動機能の評価が難しく、また罹患動物の全身状態や呼吸状態が劣悪な場合は実施できないこともあるが、腫瘍性病変による食道狭窄が疑われる場合には、確定診断を目的として実施されることが多い。

超音波検査では、頸部食道の圧迫原因となる甲状腺部の腫瘍性病変を、胸部食道では心基底部の腫瘍性病変を確認することができる。全身麻酔を必要としない長所があるが、食道内腔の病変を直接確認することは多くの場合、困難である。

### 7）治療

食道狭窄の治療は、食事療法、胃瘻チューブ装着、バルーン拡張術あるいは外科的切除術などによって行われる。狭窄の程度が軽度で採食に対する影響が少ない場合においても、狭窄病変の増大による影響が懸念される場合には、バルーン拡張術や外科的切除術などの積極的な治療が行われる場合もある。誤嚥性肺炎などの呼吸器感染症を合併している場合には、抗生物質、消炎薬などの内科的治療を同時に行うべきであるが、ここでは割愛する。

#### ⅰ）食事療法

食事療法は、食道狭窄によって摂食障害を来している動物の栄養状態を改善する目的で実施される。各材より狭窄部を通過しやすい食事形態を模索し、

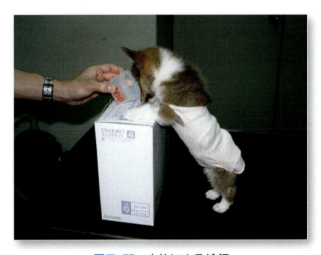

図Ⅲ-57 立位による給餌
食道狭窄の症例は、摂食した食事が食道狭窄部を通過しやすいように立位による給餌が推奨される。

十分な量を自発的に経口摂取させることで栄養状態を改善させる。嗜好性が高く、より小型の固形食、粥状食、流動食、液状食などを適宜選択するが、市販されている成分調整された高栄養流動食を用いると栄養管理が容易である。さらに、狭窄部を通過しやすいように立位による給餌あるいは摂食後の縦振りを習慣化させることで、摂食状況が良化することがある（図Ⅲ-57）。

#### ⅱ）胃瘻チューブ

食道狭窄により十分量の食事が採食できない場合には、胃瘻チューブによる栄養管理を検討する。全身麻酔下で一般的なWitzel法により開腹下で胃瘻チューブを取り付ける（図Ⅲ-58、59）。十分量の食

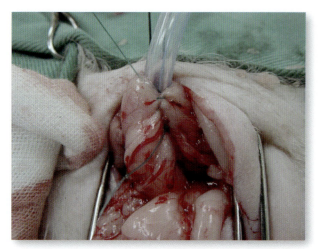

図Ⅲ-58　Witzel法による胃瘻チューブ装着
左側最後肋骨の尾側を開腹して胃にアプローチし、バルーンカテーテルを装着する一般的な方法である。

図Ⅲ-59　Witzel法では、やや太めのチューブを装着可能なため、流動食の投与が比較的容易である。

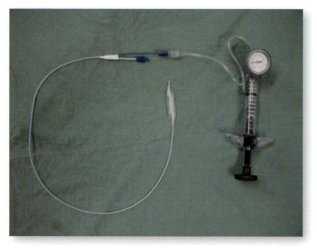

図Ⅲ-60　食道拡張用のバルーンカテーテル
バルーン径は各種サイズがあり、規程圧で持続的に拡張可能なインフレータを組み合わせて使用する。

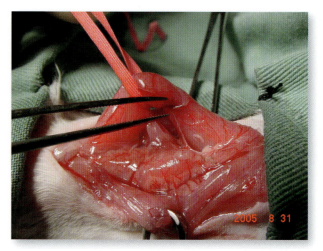

図Ⅲ-61　漿膜面より肉眼的に確認された食道狭窄
周辺の食道よりも充血して柔軟性に欠け、血管新生が亢進している。

事が速やかに長期的に投与できるよう、装着するチューブは太めを選択するとよい。装着後は、症例の体重より算出した安静時エネルギー(30×体重(kg)＋70 kcal)を基準に給餌量を求め、栄養状態の回復、維持に努める。本法は、長期的な管理は難しく、外科治療を行うまでの姑息的な治療法と理解すべきである。

### ⅲ）バルーン拡張術

食道粘膜の瘢痕収縮による狭窄は、バルーンカテーテルによって拡張させることで緩和することができる（図Ⅲ-60）。全身麻酔下で、経口的にバルーンカテーテルを狭窄部へ誘導し、バルーンを拡張させて狭窄を裂開させる。処置は、X線透視下で行うことが望ましく、造影剤を用いて複数回バルーンを拡張させて確実に狭窄を裂開する。使用するバルーンカテーテル径は、X線像における気管径の1〜1.5倍程度を目安とし、症例の体格に合わせて適宜選択する。裂開後は、短期的にプレドニゾロン（0.5mg/kg、sid）、スクラルファート（懸濁液適量内服）などを経口投与、あるいは局所投与して粘膜損傷による再狭窄を抑制するが[14]、時間の経過とともに再処置が必要となる場合が多く、1〜2週間間隔で数回処置が必要となることもある。口から比較的近い位置に狭窄病変がある場合には、拡張棒（ブジー）による拡張が行われる場合がある[8]。

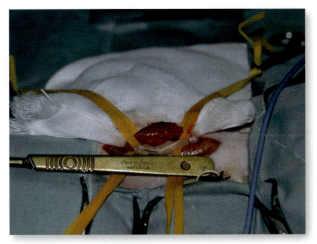

図Ⅲ-62　食道腫瘍により発生した食道狭窄
食道を周辺より分離したら、臍帯テープなどで愛護的に扱う。

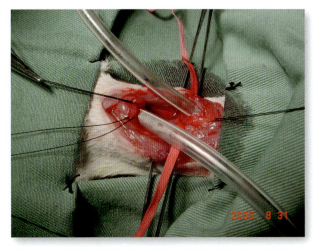

図Ⅲ-63　頸部食道狭窄の切除（図Ⅲ-61と同一症例）。
食道狭窄部を切除し、頭側および尾側へ気管チューブを挿入して通過性を確認している。

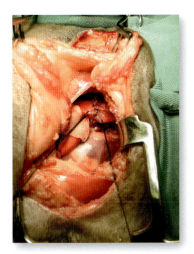

図Ⅲ-64　胸部食道狭窄の切除
右肋間開胸により胸部食道にアプローチして狭窄部を切除後、端端吻合により縫合した。

### ⅳ）外科的切除術

　食道狭窄の外科的切除術は、狭窄が重度で重篤な臨床症状を呈している場合や、上述の姑息的な治療法にて良好な結果が得られない場合に行われ、狭窄病変の切除が一般的である[4,15]。頸部食道では頸部腹側正中切開により、胸部食道では左側肋間開胸あるいは胸骨正中切開により食道にアプローチする。術野確保にあたり食道周辺を走行する反回神経を愛護的に確保、保護する。狭窄部の切除は、残存する食道に過剰な張力が掛からないように最小範囲で切除するよう心がける。食道確保後は、狭窄部を食道外側より探索する（図Ⅲ-61、62）。多くの場合、病変部は周辺と食道の色調が異なるため、あるいは柔軟性を欠くために目視は容易であるが、明確でない場合は、経口的に内視鏡や気管チューブなど硬い棒状のものを挿入すると、位置確認が容易となる。狭窄部を確保したら、術野汚染に留意して食道を切除する（図Ⅲ-63）。食道断端の吻合は、端端吻合により行う（図Ⅲ-64）。1層目の縫合糸の結紮を粘膜面で行うことで癒合不全を予防し、さらに筋層を縫合する（図Ⅲ-65）。縫合部からの漏れや縫合部の肉芽形成を抑制するために、食道粘膜面の丁寧な縫合が重要である（図Ⅲ-66）。胸部食道の処置においては、術後に膿胸や縦隔洞膿瘍を生じる可能性があるため、胸腔の持続的なドレナージを実施できるように胸腔チューブを装着することが望ましい。なお、動物が誤嚥性肺炎などの感染症を合併している場合には、緊急性を伴わない限り、内科的治療を行って感染を制御した後に外科的治療を行うことが望ましい。術後は、術創感染および栄養管理に最大の関心をおいて管理し、抗生物質、消炎薬投与を2〜4週間ほど実施する。また、縫合部の肉芽形成を抑制するために、副腎皮質ホルモン剤やスクラルファートを短期間用いることもある。なお、術後の栄養管理を目的に、胃瘻チューブの設置が推奨される。術後数日間は経口採食を避けて胃瘻チューブより給餌を行い、その後、水、流動食、粥状食などを経て、数週間かけて慎重にチューブフィーディングから経口採食に切り替える。

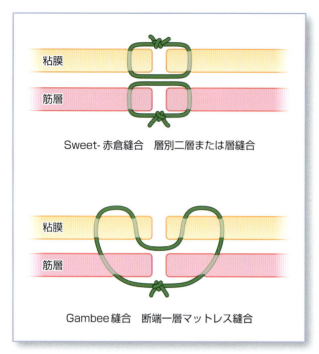

図Ⅲ-65　食道縫合法
一般的にはSweet-赤倉縫合にて閉鎖するが、時にはGambee縫合を用いることもある。

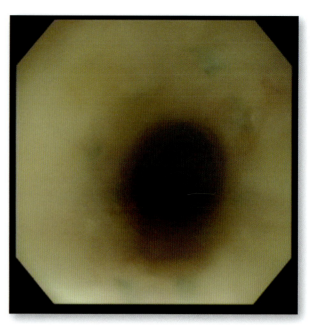

図Ⅲ-66　食道端端吻合術後、1ヵ月目の内視鏡像（図Ⅲ-61と同症例）
食道粘膜面に8ヵ所に施した吸収糸の縫合跡が確認できる。瘢痕化は認められず、狭窄は消失している。

## 8) 予後

内科的治療は、初期の病態には有効であるが、多くの症例において短期間で症状が再発し慢性化することがある。慢性化した病態では、内科的治療は効果が乏しいことが多く、長期的な予後が良いとはいえない。

一方、外科的治療は、二次感染を伴わず周辺組織への浸潤の少ない病態では速やかに改善し予後は良好である。しかし、術後の食道縫合部の癒合不全を合併すると感染の制御は困難となる。また、術前より重篤な二次感染を伴う病態では、外科療法に反応を示さず、一般に予後は不良である。現在のところ、予後を評価できる要因については報告されていないが、広範な組織浸潤を伴った食道腫瘍に起因した食道狭窄は予後不良である。

（柴﨑　哲）

---

参考文献

[1] Leib MS, Sartor LL. : Esophageal foreign body obstruction caused by a dental chew treat in 31 dogs (2000-2006). *J Am Vet Med Assoc*. 2008 ; 232 (7) : 1021-1025.
[2] Muldoon MM, Birchard SJ. : Ellison GW. Long-term results of surgical correction of persistent right aortic arch in dogs : 25 cases (1980-1995). *J Am Vet Med Assoc*. 1997 ; 210 (12) : 1761-1763.
[3] Basher AW, Hogan PM, Hanna PE, Runyon CL, Shaw DH. : Surgical treatment of a congenital bronchoesophageal fistula in a dog. *J Am Vet Med Assoc*. 1991 ; 199 (4) : 479-482.
[4] Fox E, Lee K, Lamb CR, Rest J, Baines SJ, Brockman D. : Congenital oesophageal stricture in a Japanese shiba inu. *J Small Anim Pract*. 2007 ; 48 (12) : 709-712.
[5] Harai BH, Johnson SE, Sherding RG. : Endoscopically guided balloon dilatation of benign esophageal strictures in 6 cats and 7 dogs. *J Vet Intern Med*. 1995 ; 9 (5) : 332-335.
[6] Beatty JA, Swift N, Foster DJ, Barrs VR. : Suspected clindamycin-associated oesophageal injury in cats : five cases, *J Feline Med Surg*. 2006 ; 8 (6) : 412-419.
[7] German AJ, Cannon MJ, Dye C, Booth MJ, Pearson GR, Reay CA, Gruffydd-Jones TJ. : Oesophageal strictures in cats associated with doxycycline therapy. *J Feline Med Surg*. 2005 ; 7 (1) : 33-41.
[8] Bissett SA, Davis J, Subler K, Degernes LA. : Risk factors and outcome of bougienage for treatment of benign esophageal strictures in dogs and cats : 28 cases (1995-2004). *J Am Vet Med Assoc*. 2009 ; 235 (7) : 844-850.
[9] 杉山公宏，阿部栄夫，石塚龍一，中野正和，橋爪昌美，磯田政恵.：動脈瘤破裂を伴った犬の血色食道虫症の1例．*日本獣医師会雑誌*. 1980 ; 33 (9) : 445-447.
[10] Ranen E, Lavy E, Aizenberg I, Perl S, Harrus S. : Spirocercosis-associated esophageal sarcomas in dogs. A retrospective study of 17 cases (1997-2003). *Vet Parasitol*. 2004 ; 119 (2-3) : 209-221.

[11] McNeil PH. : A thymoma as a cause of oesophageal obstruction in a dog. *N Z Vet J*. 1980 ; 28 (7) : 143-145.
[12] Harvey HJ. : Iatrogenic esophageal stricture in the dog. *J Am Vet Med Assoc*. 1975 ; 166 (11) : 1100-1102.
[13] Wilson DV, Walshaw R. : Postanesthetic esophageal dysfunction in 13 dogs. *J Am Anim Hosp Assoc*. 2004 ; 40 (6) : 455-460.
[14] Fraune C, Gaschen F, Ryan K. : Intralesional corticosteroid injection in addition to endoscopic balloon dilation in a dog with benign oesophageal strictures. *J Small Anim Pract*. 2009 ; 50 (10) : 550-553.
[15] Ranen E, Shamir MH, Shahar R, Johnston DE. : Partial esophagectomy with single layer closure for treatment of esophageal sarcomas in 6 dogs. *Vet Surg*. 2004 ; 33 (4) : 428-434.

# 第Ⅳ章
# 縦隔洞

- 縦隔洞の発生と解剖
  Anatomy and Embryology of the Pneumomediastinum
- 縦隔洞の検査と診断
  Diagnosis and Examination of the Pneumomediastinum
- 縦隔洞の基本的手術手技
  Basic Surgical Technique of the Pneumomediastinum
- 縦隔洞の疾患
  Diseases of the Pneumomediastinum

# 縦隔洞の発生と解剖

Anatomy and Embryology of the Pneumomediastinum

## ■1 縦隔の発生（胸腔の発生を含む）

　胚の造形運動によって体腔が形成され（「肺と気管の発生」図Ⅱ-1参照）、「心血管の発生」の項で述べたように、胸部には心膜腔が形成され（「心血管の発生」図Ⅰ-4C参照）、心臓は背側心間膜によって背壁と連絡する形になる。この背側心間膜の根本には前腸が存在することとなる。心臓の背部後位に心臓に流入する総主静脈を支えるヒダが存在するようになり、これを起源とし両側の体壁から側壁に沿

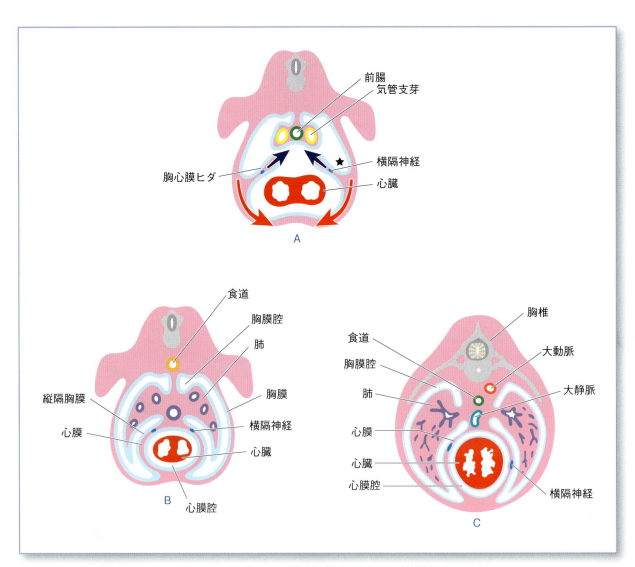

図Ⅳ-1　胸腔および縦隔の発生（胚子胸部横断面）
A：左右の側壁から胸心膜ヒダが背部正中に向かって伸長する（青矢印）。それとともに胸心膜ヒダの壁側付着部が次第に腹側正中へ移動する（赤矢印）。B：胸心膜ヒダが食道を支持する中胚葉組織と融合し、胸膜腔と心膜腔を形成。★部に注目。C：肺の発達によって縦隔（大動脈、食道、肺根、心臓を含む組織）が完成。

って冠状の胸心膜ヒダが出現してくる。このヒダは、心臓と肺の間を抜けて正中部に向けて伸張し、正中で食道（前腸）と気管支芽を支持する中胚葉（間充織）と融合し、胸膜腔と心膜腔が分離される（図Ⅳ-1A）。心膜腔が完全に閉鎖する頃までに、胸心膜ヒダの基部が左右外側から腹側正中へと移動する（図Ⅳ-1Aの赤い矢印）。その結果、最初は原始心膜腔の外側部に位置していた空間は、左右の胸膜腔の腹外側部となる（図Ⅳ-1A、Bの★部）。

別項で記載する横隔膜への神経である横隔神経はすでに分化し、胸心膜ヒダに支えられている。気管および肺が発達するにつれて、食道ならびに大動脈も腹方へ引き出されていく。前腸（食道）を支えている腸間膜がさらに発達して、腹方に押し出された大動脈などを支える膜として発達し、左右の胸腔を隔てる縦隔の基盤となる組織が形成される。また、肺がさらに発達して胸膜腔を拡張させながら、心臓の両側に広がる。結果として、胸心膜ヒダは心臓を包む心膜となり、成体でみられるような縦隔（大動脈、食道、肺根、心臓を含む組織）が完成し、胸腔が形成される（図Ⅳ-1C）。

(山本雅子)

---

**推奨図書**

[1] Hyttel P, Sinowatz F, Vejlsted M, Betteridge K.：カラーアトラス動物発生学．（監訳／山本雅子，谷口和美）：緑書房；2014．東京．
[2] Latshaw WK.：Veterinary Developmental Anatomy：BC Decker Inc.；1987．
[3] Evans HE.：Miller's Anatomy of the Dog, 3rd ed.：WB Saunders；1993．
[4] Schoenwolf GC, Bleyl SB, Brauer PR, Francid-West PH.：Larsen's Human Embryology, 5th ed.：Elsevier；2014. Churchill Livingstone.
[5] Carlson BM.：Patten's Foundations of Embryology, 6th ed.：McGraw-Hill Inc.；2003．

---

## ■ 2　縦隔の解剖

縦隔は、左右の胸壁を裏打ちしている壁側胸膜（肋骨胸膜）が正中で合流して、胸腔を左右二分する膜状構造物であり、両側の縦隔胸膜（漿膜）とその間の結合組織からなる[1,2]。心臓が位置している部位を縦隔中部、心臓より頭側を縦隔前部、心臓の尾側を縦隔後部と呼ぶ。縦隔前部（図Ⅳ-2A、図Ⅳ-3）の背側には気管、食道、前大静脈、腕頭動

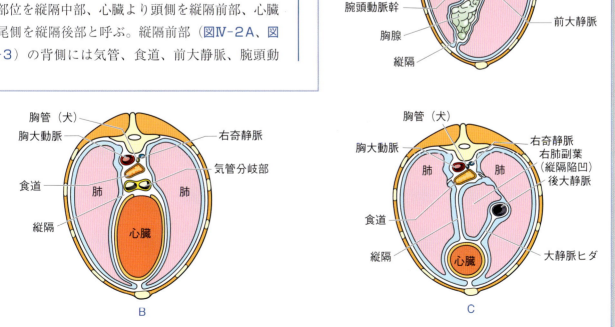

図Ⅳ-2　縦隔の構造の縦断面（A：縦隔前部、B：縦隔中部、C：縦隔後部）

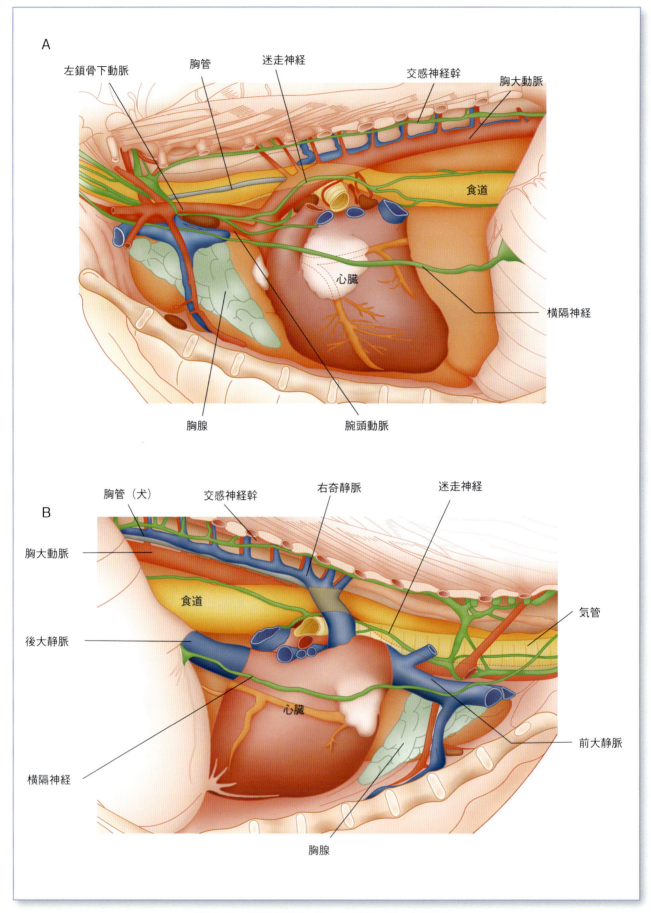

図Ⅳ-3　縦隔の構造（A：左側観、B：右側観）

って冠状の胸心膜ヒダが出現してくる。このヒダは、心臓と肺の間を抜けて正中部に向けて伸張し、正中で食道（前腸）と気管支芽を支持する中胚葉（間充織）と融合し、胸膜腔と心膜腔が分離される（図Ⅳ-1A）。心膜腔が完全に閉鎖する頃までに、胸心膜ヒダの基部が左右外側から腹側正中へと移動する（図Ⅳ-1Aの赤い矢印）。その結果、最初は原始心膜腔の外側部に位置していた空間は、左右の胸膜腔の腹外側部となる（図Ⅳ-1A、Bの★部）。

別項で記載する横隔膜への神経である横隔神経はすでに分化し、胸心膜ヒダに支えられている。気管および肺が発達するにつれて、食道ならびに大動脈も腹方へ引き出されていく。前腸（食道）を支えている腸間膜がさらに発達して、腹方に押し出された大動脈などを支える膜として発達し、左右の胸腔を隔てる縦隔の基盤となる組織が形成される。また、肺がさらに発達して胸膜腔を拡張させながら、心臓の両側に広がる。結果として、胸心膜ヒダは心臓を包む心膜となり、成体でみられるような縦隔（大動脈、食道、肺根、心臓を含む組織）が完成し、胸腔が形成される（図Ⅳ-1C）。

（山本雅子）

---

**推奨図書**

[1] Hyttel P, Sinowatz F, Vejlsted M, Betteridge K.：カラーアトラス動物発生学．（監訳／山本雅子，谷口和美）：緑書房；2014．東京．
[2] Latshaw WK.：Veterinary Developmental Anatomy：BC Decker Inc.；1987．
[3] Evans HE.：Miller's Anatomy of the Dog, 3rd ed.：WB Saunders；1993．
[4] Schoenwolf GC, Bleyl SB, Brauer PR, Francid-West PH.：Larsen's Human Embryology, 5th ed.：Elsevier；2014. Churchill Livingstone.
[5] Carlson BM.：Patten's Foundations of Embryology, 6th ed.：McGraw-Hill Inc.；2003.

## ■2　縦隔の解剖

縦隔は、左右の胸壁を裏打ちしている壁側胸膜（肋骨胸膜）が正中で合流して、胸腔を左右二分する膜状構造物であり、両側の縦隔胸膜（漿膜）とその間の結合組織からなる[1,2]。心臓が位置している部位を縦隔中部、心臓より頭側を縦隔前部、心臓の尾側を縦隔後部と呼ぶ。縦隔前部（図Ⅳ-2A、図Ⅳ-3）の背側には気管、食道、前大静脈、腕頭動

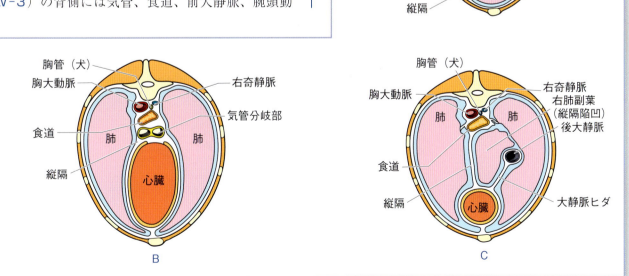

図Ⅳ-2　縦隔の構造の縦断面（A：縦隔前部、B：縦隔中部、C：縦隔後部）

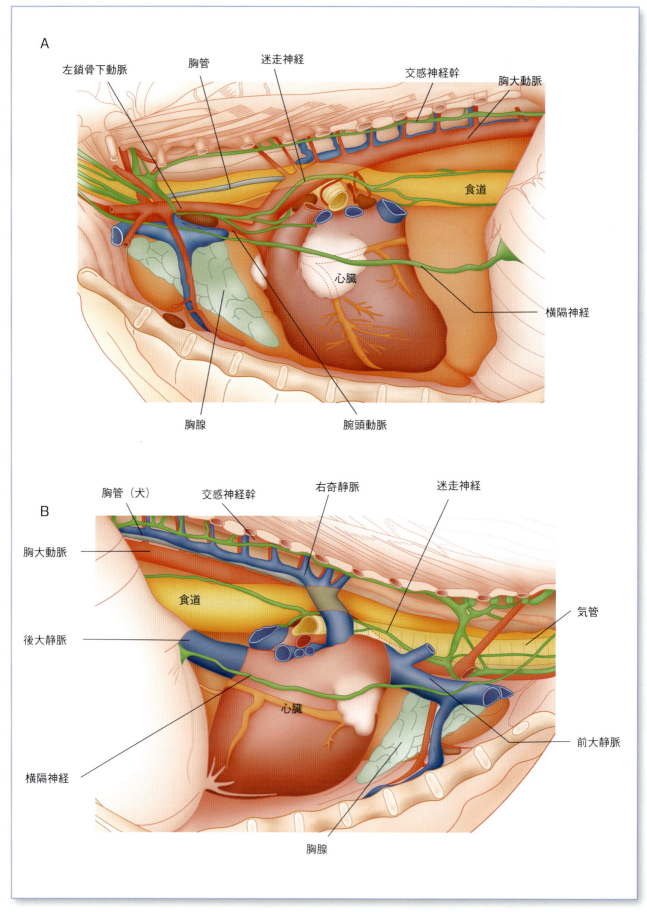

図Ⅳ-3　縦隔の構造（A：左側観、B：右側観）

脈、左鎖骨下動脈、胸管、前縦隔リンパ節などが脂肪とともに存在している。腹側部は、薄い中隔を形成するが、若い動物では胸腺が発達している。縦隔中部（図Ⅳ-2B、Ⅳ-3）は心臓を包んでおり、その背側には気管分岐部、食道、大動脈弓、気管気管支リンパ節、右奇静脈などを含む。縦隔後部（図Ⅳ-2C、Ⅳ-3）においては、背側に胸大動脈、右奇静脈、胸管、食道が位置し、左右の肺後葉に向かって縦隔から肺間膜が伸びている。腹側部は薄い中隔を形成し、心膜の後面から、やや左側に向かって横隔膜に付着している。迷走神経や横隔神経は縦隔内を横走する（図Ⅳ-3）。縦隔後部の右側には、後大静脈から腹側に伸びる大静脈ヒダとの間にポケット状の縦隔陥凹が形成される。このスペースには右肺副葉が収まる（図Ⅳ-2C）。

胸壁を裏打ちしている壁側胸膜（肋骨胸膜）ほどではないが、縦隔胸膜の漿膜下組織にも毛細血管や毛細リンパ管のネットワークが存在し、胸膜液（胸水）の分泌・吸収に関与している[1,3]。縦隔内のリンパは、胸腔内の4つの系、すなわち、背側胸リンパ中心、腹側胸リンパ中心、気管支リンパ中心、縦隔リンパ中心に流入し、その後、体循環に戻る[1,2]。

（大石元治）

---

#### 参考文献・図書

[1] Evans HE, de Lahunta A. : Miller's Anatomy of the Dog, 4th ed : WB Saunders ; 2013. London.
[2] Nickel R, Schummer A, Seiferle E. : The Circulatory System, the Skin, and Cutaneous Organs of the Domestic Mammals. In : The Anatomy of the Domestic Animals, Volume 3 : Verlag Paul Parey ; 1981. Berlin.
[3] Agostoni E. : Mechanics of the pleural space. *Physiological Reviews*. 1972 ; 57-128.

# 縦隔洞の検査と診断
Diagnosis and Examination of the Pneumomediastinum

## 1 縦隔洞疾患

　縦隔とは、胸膜によって左右の肺の間に隔てられた領域であり、心臓、大血管、気管、食道、胸腺、リンパ節、神経節などの臓器が存在する空間のことを指す。縦隔は、頭側では胸郭入口部において筋膜平面と連続しており、尾側では大動脈裂孔を通過し、腹膜後腔と連続しているため、胸膜腔とは異なり、閉鎖腔ではない。このため、縦隔洞疾患が頸部あるいは腹部に広がることもあり、その逆も生じることを意味している[1]。また、いくつかの臓器を内包する縦隔には、様々な疾患の発生が考えられるが、それらは大きく3つに分類される。(1)縦隔洞腫瘍、(2)縦隔洞炎、(3)縦隔洞気腫である。検査・診断はこれらを分類することを目的として進めるとよい。

(1) 縦隔に認められる腫瘍としては、リンパ腫、胸腺腫、甲状腺癌、上皮小体腫瘍、非クロム親和性傍神経節腫瘍などに加え、食道、気管や大血管由来のものがあげられる。縦隔洞腫瘍は比較的、臨床症状を呈することが少ないこともあり、初期の小さい段階で発見されることは少ないようである。スクリーニングにおけるX線検査や、経食道プローブによる超音波検査などによって発見され、CT検査や組織検査によって確定される。

(2) 縦隔洞炎に関する報告は、動物では縦隔洞膿瘍が多い。原因としては、肺炎からの合併や食道よりの異物穿孔が多く（図Ⅳ-4）、発咳や呼吸障害などが認められる。診断は、胸部X線検査

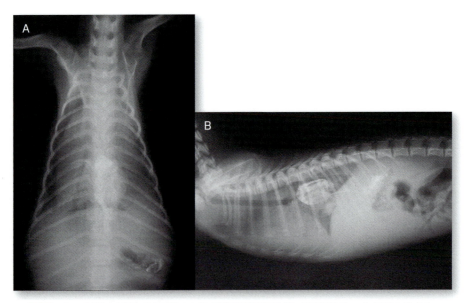

図Ⅳ-4　食道内異物の停滞により縦隔洞炎を併発（写真提供：山根義久先生）

症例は、ヨークシャー・テリア、3ヵ月齢、雌、1.1kgで、5日前より食欲不振で受診、来院時既に呼吸促迫。
A：単純胸部X線所見（DV像）で、食道末端に異物を確認。その後、バリウムを少量投与し、直後に撮影。異物の他に、既に周囲に炎症を伴うびまん性の滲出性陰影を確認。
B：Aのラテラル像の所見。食道内の異物（手術で魚の脊椎骨）は、極めて大きく、しかも数日間停滞したと思われ、既に縦隔洞炎より膿胸を合併。

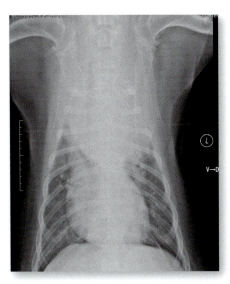

図Ⅳ-5　縦隔の腫瘤のX線 VD 像

症例は、ラブラドール・レトリーバー、13歳齢、避妊雌。正中の縦隔領域に不透過性の腫瘤陰影がみられ、気管が右側に偏位しているのがわかる。

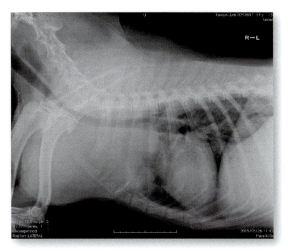

図Ⅳ-6　縦隔の腫瘤のX線ラテラル像

図Ⅳ-5と同症例。VD像よりも明瞭に不透過性の腫瘤陰影が心臓頭側に認められ、気管が背側に偏位しているのがわかる。

などにおける不透過性陰影によって発見されている[2-4]。先天性の食道気管支瘻による膿瘍形成の報告もある。縦隔領域におけるX線不透過性によって示される縦隔洞炎の所見は、びまん性の炎症と膿瘍を形成したものでは、その病態によって異なるため、診断はいくつかの検査を組み合わせて行う必要がある。

(3) 縦隔洞気腫は、X線検査によって縦隔内の遊離ガスの存在を確認すると同時に縦隔内の気管、食道、血管などの鮮明化などによって診断される。縦隔膜が破綻すると気胸に進行し、頭側へガスが移行した場合には皮下気腫、尾側へ移行した場合には、後腹膜気腫となる[5]。原因は、犬同士による咬傷や異物の刺入、交通事故などである。

## 1) 画像診断
### i) X線検査

腹背像において、正中で胸骨と重なる透過性の低い帯状の領域として認識されるが、ラテラル像においては透過性が高く、縦隔として認識されることはない。これは、縦隔に内包される大血管、気管、食道が正中において縦に配列しているためである。このため、このうちのいずれかが変位したり、リンパ節の腫脹などが生じることでVD像における縦隔の帯に拡大や変位がみられることになる（図Ⅳ-5）。逆に、腫瘤を形成するような疾患の場合には、これら変位を生じるDV像よりも、縦隔を横からみるラテラル像において、はっきりとした不透過性陰影を確認することができる（図Ⅳ-6）。縦隔の腫瘤の場合、症状を呈さない腫瘍径の小さな状態での発見は困難であり、腫瘍の周囲臓器への圧迫や浸潤によって生じた症状に対して、実施したスクリーニングにおいて明らかになることが多い。食道や気管などに生じた膿瘍や穿孔による炎症性変化も不透過性陰影となって明らかとなるが、小さい範囲に限られている場合には発見は困難である。

### ii) CT検査

X線検査と異なり胸部断層をみることができるCTは、X線では確認困難な病変も探査可能である。また、血管造影を組み合わせることで、大血管、気管、食道を分類することができ、解剖学的な位置関係から腫瘍性病変や膿瘍のような占有性病変を確認することができる（図Ⅳ-7）。しかし、組織分解能の限界から、同質組織の細かな差異は判別困難であるため限界はある。今後、組織分解能のより高いMRIによって胸部を撮影するようになれば、さらに詳細な診断ができるようになると思われる。

### iii) 超音波検査

胸壁からアプローチする超音波検査は、縦隔洞との間に肺を挟むことになるため、病変の描出は困難

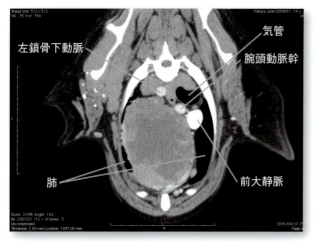

**図Ⅳ-7 縦隔洞腫瘍のCTによる胸部断層写真**
図Ⅳ-5と同症例。造影剤によって血管が強調され、腫瘍辺縁が明瞭になっている。

を伴うことが多い。しかしながら、経食道プローブを使用することで、縦隔を精査することが可能である。

### 2）生化学検査

　縦隔の異常によってみられる特異的な血液の性状変化ないが、縦隔にリンパ腫や胸腺腫がみられた場合には、しばしば高カルシウム血症を伴う。高カルシウム血症がみられた37頭の犬のリンパ腫のうち、前縦隔型が16頭を占めていたという報告がある[6]。胸腺腫の犬における高カルシウム血症は、副甲状腺ホルモン関連蛋白（RTH-rP）が関与するとされており、外科摘出後の再発に伴い、再上昇することが報告されている[7]。

### 3）組織学的検査

　縦隔は、左右両方の肺によって囲まれているため、正常な解剖学的構造が保たれている場合には、経皮的な組織採取は困難である。縦隔の腫瘍が著しく腫大し、胸壁へ接するか、肺を変位させている場合には、経皮的な組織採取が可能となる。針による穿刺、あるいはトゥルーカットによる採材が一般的であるが、穿刺を実施する前に、X線や超音波検査によって、適切な穿刺部位を確認することが大切である。全身麻酔を施し、超音波ガイド下で穿刺するのが理想であるが、保定が可能であれば必ずしも麻酔は必須ではない。穿刺は肋間より行い、肋骨尾側を走行する肋間動静脈や胸骨近傍を走行する内胸動脈には注意する必要がある。採材後は、出血の有無や気胸への注意が必要である。CT検査によって確認された病変が肺に囲まれており、経皮的なアプローチが困難な場合には、試験的な開胸術による組織採取を検討する。胸腔鏡などの設備があれば、低侵襲な採材が可能となる。また、胸水が存在していれば、採取することで診断の一助となることがある。

（島村俊介）

---

**参考文献**

[1] Donald ET. : 獣医臨床放射線学（監訳／菅沼常徳，中間寛徳，広瀬恒夫）：文永堂出版；1996. 東京.
[2] Franklin AD, Fearnside SM, Brain PH. : Omentalisation of a caudal mediastinal abscess in a dog. *Aust Vet J.* 2011；89（6）：217-220.
[3] Maceae AI, Bell GJ, Sargison ND, Scott PR. : Submandibular oedema associated with anterior mediastinal abscessation in a ram. *Vet Rec.* 2003；152（2）：369-370.
[4] Koutinas CK, Papazoglow LG, Saridomichelakis MN, Koutinas AF, Ptsikas MN. : Caudal mediastinal abscess due to a grass awn（Hordeum spp）in a cat. *J Feline Med Surg.* 2003；5（1）：43-46.
[5] Weller RE, Theilen GH, Madewell BR. : Chemotherapeutic responses in dogs with lymphosarcoma and hypercalcemia. *J Am Vet Med Assoc.* 1982；181（9）：891-893.
[6] Rosenberg MP, Matus RE, Patnaik AK. : Prognostic factors in dogs with lymphoma and associated hypercalcemia. *J Vet Intern Med.* 1991；5（5）：268-271.
[7] Zitz JC1, Birchard SJ, Couto GC, Samii VF, Weisbrode SE, Young GS. : Results of excision of thymoma in cats and dogs：20 cases（1984-2005）. *J Am Vet Med Assoc.* 2008；232（8）：1186-1192.

# 縦隔洞の基本的手術手技

Basic Surgical Technique of the Pneumomediastinum

基本的には、開胸術に準じる。開胸術では、胸腔内の陰圧が解除され、自発呼吸が不可能となるため、麻酔医による、あるいは人工呼吸器による補助呼吸を要する。胸腔内での手術操作は、呼吸による肺の拡張とタイミングを合わせて進める必要があり、人工呼吸器よりは麻酔医との連携をとりながらの補助呼吸の方が有利である。縦隔は、両肺に包まれた領域を指し、手術には湿らせたガーゼなどによって肺をよけての術野確保が必要となる。胸腔内における操作は、限られたスペースの中で行うことになる。組織の支持には、テープや糸を用いてスペースを有効に使い、指先での操作を心がける必要がある（図Ⅳ-8）。鑷子や鋏は、深部用の長柄の物を用意し、鉗子は尖端の曲がりの異なるものを用意すると組織の剥離や確保を容易にしてくれる。

## ■ 1 縦隔の手術

### 1）縦隔の到達法

臨床検査で確認した疾患部位によって、アプローチを決定する。縦隔へは、肋間開胸術あるいは胸骨正中切開術によってアプローチを行う。肋間開胸は胸郭前部から後部まで広い領域に近接することが可能であるが、肋間の拡張には、限度があるため、十分な広い術野の確保という点で難がある（図Ⅳ-9）。場合によっては、肋骨を切離することで術野を拡張することも可能である。胸骨切開は、胸腔内全体を視野におさめることができ、術野も広く確保することが可能である一方で、胸郭後部は術野の深部に位置し、胸郭の深い犬では手術操作が難しくなる。また、心臓基部は心臓をよけて操作をしなくてはならないため、さらに困難となる（図Ⅳ-10）。横隔膜近傍に目的部位が位置するのであれば、胸骨に加え、開腹を施すことで術野の拡大をはかる。

### i）肋間開胸術（図Ⅳ-11～14）

X線、あるいはCT検査によって病変部を確定し、左右、あるいは前後の位置関係から開胸する肋間を選択する。肋骨は後方よりも前方に拡張されることを念頭におく（図Ⅳ-11）。切皮は肋骨に沿って、開く肋間の直上で行う。広背筋は、尾側であれば術野に重なりが少ないため、背側へ牽引することで術野を確保できるが、頭側では術野への重なりが大きくなり、切開する必要がある（図Ⅳ-12）。胸腹鋸筋は、肋骨の起始部をよく確認して、開く肋間の前後の肋骨に対応する筋間を鈍性に分離する。斜角筋および外腹斜筋は、開く肋間の直上にて切開すると、肋間筋と肋骨が露出する（図Ⅳ-13）。外肋間筋、内肋間筋、胸膜の奥が胸腔になっており、陰圧に維持された胸腔の肺は胸壁に接しているため、肺

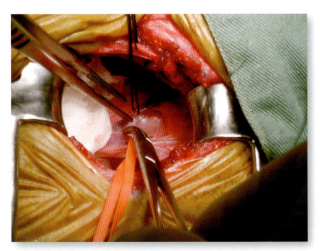

図Ⅳ-8　術中写真
狭く深い術野は操作領域を限定するため、支持糸による組織の牽引や確保によって、スペースを作りだす。

第Ⅳ章　縦隔洞

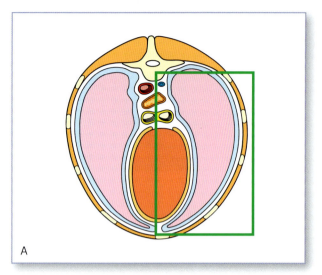 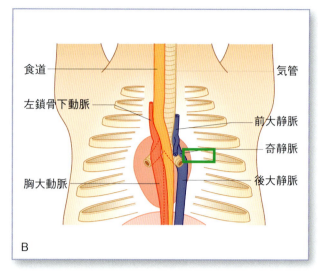

図Ⅳ-9　胸郭の横面と断面図：手術容易な領域を囲む
A：心臓の後背領域にもアプローチは容易である。一方、縦隔の反対側は処置できない。B：肋間からのアプローチになるため、スペースは限られる。

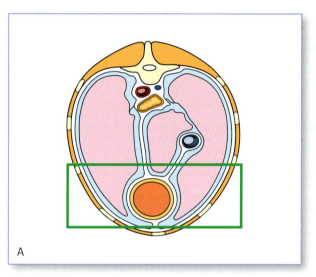 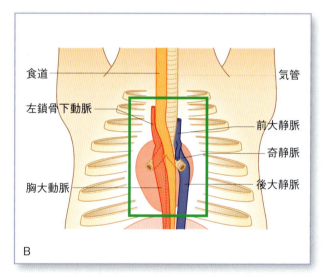

図Ⅳ-10　胸郭の正面と断面図：手術容易な領域を囲む
A：心臓の後部領域は操作が困難である。B：正面全域を術野におさめることができる。

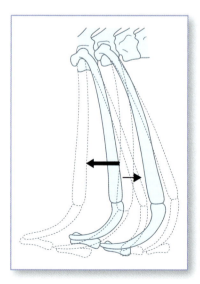

図Ⅳ-11　肋骨は後方の動きより前方へよく動く

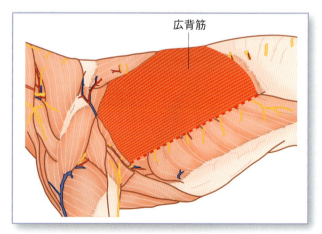

図Ⅳ-12　肋間開胸術
広背筋は術野と重なる場合には切開する。

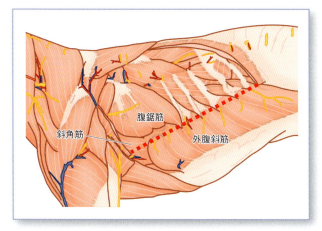

図Ⅳ-13　肋間開胸術
腹鋸筋は目的の肋間に対応する筋間を鈍性に分離。斜角筋・外腹斜筋を目的の肋間の直上で切開する。

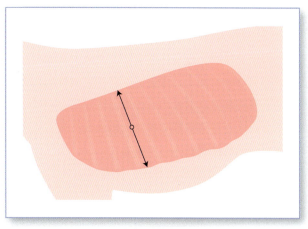

図Ⅳ-14　肋間開胸術
鉗子など先端の尖っていない器械で穿刺して（○印）胸腔の陰圧を解除する。その後、背側、腹側へ切り開く（矢印方向）。

の損傷を避ける必要がある。このため、鉗子で外肋間筋、内肋間筋および胸膜を同時に鈍性に穿孔し、いったん胸腔の陰圧を解除することで、肺を虚脱させた後、その孔より肋間筋の切開を伸展させる（図Ⅳ-14）。肋間筋の切開は、閉胸時に縫合するための縫いしろを残すイメージで、肋骨の中心で行う。開胸器を装着し、肋間を展開し、術野を確保する。また、術野に重なる肺葉は濡れたガーゼで包むことで拡張を防ぐ。

### ⅱ）胸骨正中切開術（図Ⅳ-15）

胸骨柄から剣状軟骨まで、胸部正中を切皮する（図Ⅳ-15）。皮下組織と胸骨直上から起始している深胸筋を鈍性、あるいは電気メスで分離を行い、胸骨を露出する。胸骨骨膜も剥離し、胸骨切開のための術野を確保する。電気鋸で胸骨を切開するが、胸骨の中心で切開すること、深く侵入することによって肺や心臓を損傷しないことに留意する。

保定の段階で体位を真っ直ぐにしておくことが、正確に正中を切開するために重要である。正中からそれることによって、肋骨の骨折や内胸動脈損傷による出血などが生じることになる。また、術野が頭側や尾側に限局しており、胸骨切開を完全に行わなくても術野の確保が可能な場合には、端の胸骨2、3個を切開せずに残すことで、術後における胸骨の変位のリスクを小さくできる。

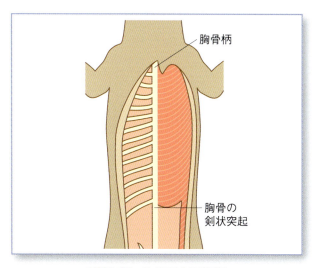

図Ⅳ-15　胸骨正中切開術
胸骨柄から剣状突起まで正中にて切皮する。胸骨筋を正中で分離して胸骨を露出する。

胸骨の切断面からの出血は、圧迫、電気メス、あるいは骨蝋などによって止血する。止血処置を行った後、開胸器にて胸骨を伸展し、術野を確保する。

### ⅲ）縦隔の整復

処置後は、整復が可能であれば、縦隔は吸収糸を用いて閉鎖する。しかしながら、縦隔は膜様構造であるため、複雑な処置を行う中で破綻してしまうことが多く、この場合は必ずしも整復する必要はない。術後の管理に関しては、胸腔内手術の常法に準じる。

### 2）縦隔洞腫瘍摘出の基本的手術手技

縦隔に認められる腫瘍としては、リンパ腫、胸腺腫、甲状腺癌、上皮小体腫瘍、非クロム親和性傍神経節腫瘍などに加え、食道、気管や大血管由来のものがあげられる。前者のものは、縦隔において孤立性に存在する付属臓器であり、悪性度にもよるが、周囲組織への浸潤がみられる場合には、摘出はその程度に比例して困難となる。後者は主要器官であり、腫瘍摘出の場合には、整復が必須であり、欠損が大きい場合には置換が必要となる。気管、食道や大血管へ操作を加える場合に関しては、各論をご参照いただきたい。

腫瘍の摘出を行う場合には、大きさと浸潤がポイントとなる。大きさは腫瘍の位置と同じくアプローチを決めるための判断材料である。肋間からの摘出が困難なほどに大きければ、肋骨切開を考えるか、胸骨正中切開を施す必要があるが、腫瘍の播種を考えなければ、胸腔内で腫瘍を分割摘出や超音波メスによる吸引なども選択可能である。縦隔には重要な器官が存在しており、それ自体の損傷を防ぐことはもとより、支配血管や神経などの操作にも慎重を要する。気管、食道や血管には触れないことが最もよいが、この近位で剥離のような手術操作を行う際には、1つずつ確保・支持しながら誤りのないように手術を進めて行くことが必要である。

（島村俊介）

---

推奨図書

[1] Done SH, Goody PC, Evans SA, Stickland NC : Color atlas of veterinary anatomy Vol.3. the dog and cat, 2nd ed. : Elsevier ; 2009.

# 縦隔洞の疾患

Diseases of the Pneumomediastinum

## 1 縦隔の損傷

### 1）縦隔洞気腫（気縦隔）

#### ⅰ）定義

縦隔洞気腫（気縦隔：mediastinal emphysema/pneumomediastinum）は、気管・気管支や食道の穿孔、肺胞破裂により漏出した空気が、縦隔内に貯留した状態である。

#### ⅱ）原因[1]

縦隔洞気腫の発生原因は、特発性、症候性、外傷性、中毒性の4つに分類される。

特発性縦隔洞気腫は、何らかの原因により、肺胞内圧が急激に上昇して肺胞が破裂することにより発生する。破裂部から漏出した空気は、血管周囲、間質、胸膜下を通り肺門から縦隔に到達して貯留する。

症候性縦隔洞気腫は、肺炎あるいは気道閉塞などによる発咳や努力性呼吸により、胸腔内圧が急激に変化して気管支や肺胞が損傷した場合、食道内異物による食道裂傷、気管・気管支、肺、食道に発生した腫瘍などにより発生する。

外傷性縦隔洞気腫は、交通事故や咬傷などによる気管・気管支[2]、食道の穿孔、肋骨骨折など肺に達するほどの外傷による肺内末梢気管支や肺胞の破裂により発生する（図Ⅳ-16）。

中毒性は、除草剤（パラコート［グラモキソン］）を摂取し、肺胞の破壊により発症するもので、一時、果樹園などにおいて撒布された地域において、多数の発生がみられている（図Ⅳ-17～20）[3-6]。

その他、気管内挿管、気管・気管支鏡検査、および気管支肺胞洗浄により気管・気管支を傷つけた場合[7]、調節呼吸時の過度の気道内圧[8]あるいは麻酔器の呼吸弁の閉鎖による気管支・肺胞損傷、気管切開術後の閉鎖不全や術後の哮開、経皮的中心静脈カテーテルの挿入失宜などの損傷により発生する[9]。また、腹部手術や内臓破裂後に縦隔洞気腫

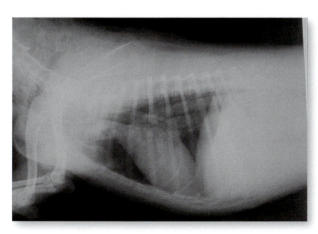

図Ⅳ-16 咬傷による縦隔洞気腫
（写真提供：山根義久先生）
症例は、マルチーズ、7歳齢、雌、3.0kg。1時間程前に、大きい犬に頸部を咬まれたとのこと。受診時の胸部X線所見で、縦隔洞気腫と胸部全域にわたる皮下気腫と診断。

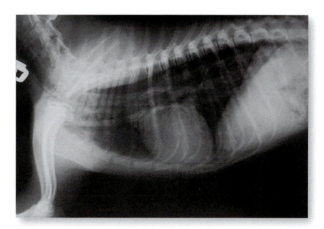

図Ⅳ-17 パラコート中毒の胸部X線所見（ラテラル像）
（写真提供：山根義久先生）
症例は、雑種犬、雌、4歳齢。縦隔洞気腫の典型的な所見（縦隔洞内の大動脈、大静脈、食道、気管支などの走行が確認できる）がみられ、各種検査でパラコート中毒が原因と判明。

## 第Ⅳ章 縦隔洞

図Ⅳ-18 急性パラコート中毒による口腔・舌の炎症
症例は、チンチラ、3歳齢の雄。3日前より元気消失、食欲廃絶。2回の嘔吐ありとの主訴で来院。胸部X線検査、尿検査、パラコート定性試験により、パラコート中毒と診断。(写真提供：山根義久先生)

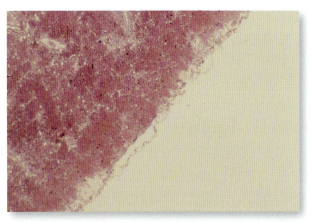

図Ⅳ-20 急性パラコート中毒の犬における肺の病理組織所見
症例は、セッター、2歳齢、雄、17.0kgで、パラコートの付着したパンを投与され、急性中毒を発症し、喀血で死亡。肺は、出血が重度で、臓側胸膜下に漏出した空気が貯留。(写真提供：山根義久先生)

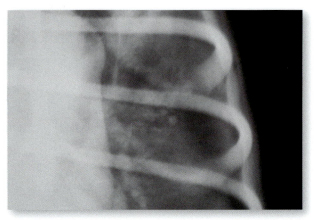

図Ⅳ-19 パラコート中毒の犬の胸部X線所見
雑種犬、1.5歳齢の雌。漏出した空気が気管支、肺動静脈を取り囲み、リング状を呈している。(写真提供：山根義久先生)

表Ⅳ-1 縦隔洞気腫の発生原因

| |
| --- |
| 特発性 |
| ・急激な肺胞内圧の上昇 |
| 症候性 |
| ・肺炎（感染性、刺激性薬剤の吸引など） |
| ・気道閉塞 |
| ・異物 |
| ・腫瘍 |
| 外傷性 |
| ・交通事故 |
| ・咬傷 |
| ・肋骨骨折 |
| ・気管内挿管、気管・気管支鏡検査、気管支肺胞洗浄、気管内洗浄における損傷 |
| ・調節呼吸時の失宜 |
| ・気管切開術後の閉鎖不全、哆開 |
| ・経皮的中心静脈カテーテルの挿入失宜 |
| 中毒性 |
| ・農薬摂取 |
| その他 |
| ・腹部手術や内臓破裂後 |
| ・破裂を伴わない腸閉塞 |

が発生したり、まれに破裂を伴わない腸閉塞に随伴して発生することもある。犬や猫で最も発生が多い原因は、気道あるいは肺胞破裂によるものである(表Ⅳ-1)。

ⅲ) 病態

漏出した空気は、種々の経路から縦隔内に侵入し貯留する。頸部、胸郭前部における穿通創の場合、空気は胸郭入り口から縦隔内に侵入する。肺内の末梢気管支および肺胞の破裂では、空気は細い気管支に沿って肺門部に達し、縦隔内に侵入する。腹腔や後腹膜腔からも空気が前方に移動し、縦隔内に貯留する。縦隔洞気腫は、単独でみられるほかに、皮下気腫、気胸、まれに心膜気腫などに併発、あるいは続発してみられることがある。気胸は、原発部位である肺からの空気の漏出や、縦隔胸膜の破裂の結果

発生する。縦隔内に貯留した空気により縦隔内圧が著しく上昇すると、前大静脈が圧迫され、静脈血の還流障害を起こす。その結果、心拍出量が低下し、低血圧や心拍数の増加、換気不全が起こる。

### iv) 診断

病歴聴取、臨床症状、身体検査、血液ガス検査、頸部から胸部のX線検査により診断する。特に、交通事故による外傷では、他の病変を併発している可能性があるため、全身的な評価が必要となる。臨床症状は、基礎的原因、縦隔内空気の量と圧、気胸や感染の併発の有無により異なる。多くの症例は、無症候性である。急性気胸は、緊張性である場合があり、呼吸困難やチアノーゼがみられることがある。食道穿孔と縦隔洞炎がある場合は、疼痛がみられる。その他、発咳、発熱、食欲不振、嘔吐、皮下気腫などがみられる。身体検査では、捻髪音（パチパチ音）の聴取、気胸による胸部打診時の反響音、頸静脈拡張などが認められる。胸部X線検査では、通常では明確でない縦隔内構造（前大静脈、奇静脈、大動脈、食道など）が描出される。皮下気腫が存在する場合は、頸部と前肢の筋膜面が確認できる。気管内挿管や調節呼吸時に気管が障害された場合、調節呼吸の吸気時に肺の膨張が低下し、呼気時における呼気排泄量が低下する。食道からの空気の漏出を確認するために食道造影検査が実施される場合がある（表Ⅳ-2）。

### v) 治療

症状や病態により、内科的あるいは外科的治療に分類される。

#### ①内科的治療

- **症状が軽度で、すでに空気の漏出が止まっていることが示唆される場合**

特別な治療は必要とせず、安静にしていれば回復する。一般に、縦隔や皮下に漏出した空気が自然に消失するまで、10～20日間を要する。

- **呼吸困難はみられないが、空気の漏出が疑われる場合**

厳重なケージレストにより裂傷部の自然閉鎖を促進させる。

- **重度な呼吸困難がみられる場合**

まず酸素吸入を行う。しかし、パラコート中毒の場合は、酸素投与は禁忌である。呼吸促迫により体温が増加している場合は体を冷やし、安静を保つ。著しい呼吸困難を示す動物の大部分は、気胸を併発している。

- **気胸併発時**

胸腔穿刺により、胸腔内の抜気を行う。抜気により一時的に呼吸困難が軽減する。気胸が繰り返しみられる場合は、胸部造瘻チューブを設置し、持続的あるいは間欠的なドレナージが必要となる。胸腔内の空気を吸引する場合、吸引圧が高いと、さらなる肺の損傷や漏出部位からの空気の漏出を助長するため、吸引圧をかけないようにゆっくり抜去する必要がある。しかし、大量の空気が持続的に抜去される場合は、外科的治療が必要となる。

**表Ⅳ-2　縦隔洞気腫の診断**

| 病歴聴取 |
|---|
| ・呼吸器疾患、刺激物質吸引の有無 |
| ・外傷 |
| ・手術歴 |
| **臨床症状** |
| ・無気力 |
| ・食欲低下 |
| ・発咳 |
| ・呼吸促迫、呼吸困難 |
| ・疼痛 |
| ・嘔吐 |
| ・創口が認められない皮下気腫 |
| **身体検査** |
| ・発熱 |
| ・頻脈 |
| ・呼吸数増加 |
| ・捻髪音聴取 |
| ・可視粘膜色蒼白 |
| ・頸静脈拡張 |
| **血液ガス検査** |
| ・低酸素血症 |
| ・高炭酸ガス血症 |
| **頸・胸部X線検査** |
| ・縦隔内構造の描出 |
| ・頸部、前肢の筋膜面の描出（皮下気腫併発時） |
| **胸部CT検査** |

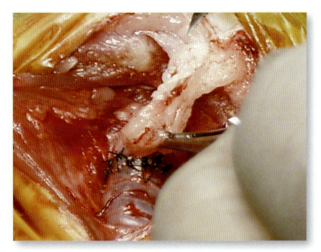

図Ⅳ-21　気管穿孔に対する処置の1例
気管穿孔部の閉鎖後、気管縫合部からの空気の漏出を防ぐため、頸部の皮下脂肪で縫合部を被覆する。

- 循環虚脱がみられる場合

輸液療法や昇圧剤の投与により、循環血液量を増加し、血圧を回復させる。

- 原因に対する治療

肺炎や気道閉塞により発咳が誘発されている場合は、これに対する治療を行い、病態の進行を防止する。

②外科的治療

- 空気の漏出が持続し呼吸困難がみられる場合、食道、気管・気管支の損傷では、外科的治療が適応となる。
- 気管穿孔に対する処置（図Ⅳ-21）

### 2）縦隔洞血腫

ⅰ）定義

縦隔洞血腫（mediastinal hematoma）は、縦隔内に血液が貯留した状態である。

ⅱ）原因

縦隔洞血腫は、外傷、血液凝固異常[10]、上行大動脈の解離性大動脈瘤[11]、あるいは胸部手術に続発してみられることがある。

ⅲ）診断

病歴聴取、臨床症状、身体検査、血液検査、血液凝固系検査、胸部X線検査、超音波検査により診断する（表Ⅳ-3）。

ⅳ）治療

血液が漏出した原因に対して治療を行う。

表Ⅳ-3　縦隔洞血腫の診断

| 症状 |
| --- |
| ・無気力 |
| ・食欲低下 |
| ・発咳 |
| 身体検査所見 |
| ・頻脈 |
| ・呼吸数増加 |
| ・可視粘膜色蒼白 |
| 血液検査 |
| ・貧血（正球性正色素性貧血） |
| ・血小板減少 |
| ・血液凝固系の異常 |
| 胸部X線検査所見 |
| ・前縦隔部の拡大、腫瘤陰影 |
| ・縦隔内の血管系および気管陰影の不鮮明化 |
| 超音波検査 |
| ・前縦隔腫瘤内における液体貯留 |
| 胸部CT検査 |

## ■2　縦隔の炎症

### 1）縦隔洞炎

ⅰ）定義

縦隔洞炎（mediastinitis）は、縦隔内に炎症が発生した状態である。

ii) 原因

縦隔洞炎は、急性、亜急性、慢性型の3つに分類される。一般に、細菌感染が原因である場合が多い。急性縦隔洞炎の最も多い原因は、気管あるいは食道の異物による穿孔や破裂である。急性縦隔洞炎の原因菌として、スタフィロコッカス属、ストレプトコッカス属、大腸菌、コリネバクテリウム属などが報告されている。口腔や咽頭の炎症、敗血症、肺炎、心膜炎、化膿性胸膜炎により縦隔洞炎が発生することもある。医学領域では、胸骨正中切開術後の合併症として報告されている[12]。犬において、アクチノマイセス(放線菌)とノカルジアによる縦隔肉芽腫が報告されている[13]。

iii) 病態

急性縦隔洞炎は、直ちに治療を実施しないと、膿瘍形成や膿胸、気胸に進行する。慢性縦隔洞炎では、心膜炎、心外膜炎、心筋炎、胸膜炎を併発することがある。

iv) 診断

病歴聴取、臨床症状、身体検査、血液検査、胸部X線検査、培養検査により診断する。臨床症状には、食欲不振、発熱、疼痛、咳、呼吸困難、喘鳴、食道の炎症や麻痺を併発した場合は、嚥下困難、吐き戻しなどがみられる。血液検査では、白血球の増加がみられる。胸部X線検査では、縦隔の拡張や気管の背側への偏位、胸水の貯留、食道異物などの病因を示唆する所見がみられることがある。肉芽腫性縦隔洞炎の病変は、孤立性の縦隔の腫瘤としてみられる傾向がある。

v) 治療

①急性縦隔洞炎

・食道穿孔に伴う急性縦隔洞炎は、直ちに外科的治療を実施する。
・気胸を併発している場合は、胸腔穿刺による抜気を行う。
・胸腔内に液体貯留がみられる場合は、貯留液の好気性菌、嫌気性菌、真菌の培養同定と薬剤感受性試験を実施する。

②慢性縦隔洞炎

・可能な限り、外科的治療(膿瘍の排液、肉芽腫の切除)を行う。
・感染物質の外科的切除後は、膿胸の併発を抑制するため胸腔ドレーンによるドレナージを数日間継続して行う。
・病原菌に応じて抗真菌剤あるいは抗菌剤療法を実施し、内科的な無菌化と治癒を目的として外科的切除後数ヵ月間実施する。

(清水美希)

---

参考文献

[1] Bauer T, Thomas WP. : Pulmonary diagnostic techniques. *Vet Clin North Am Small Anim Pract*. 1983 ; 13 (2) : 273-298.
[2] 米原公子, 武井栄子, 武井好三, 串間清隆, 松田和義, 山根義久, 野一色泰晴.:犬の気管支破裂による縦隔洞気腫の1治験例. *第6回小動物臨床研究会年次大会プロシーディング*. 1985 ; 160-161.
[3] 宇野雄博, 佐藤典子, 藤江延子, 仲庭茂樹, 松田和義, 山根義久.:イヌの縦隔気腫の2症例. *第3回小動物臨床研究会年次大会プロシーディング*; 1982 ; 15.
[4] 佐藤典子, 松田和義, 仲庭茂樹, 藤江延子, 橋本久典, 山根義久.:イヌのパラコート中毒—臨床例5例について—. *獣医畜産新報*. 1983 ; 20-21.
[5] 松田和義, 仲庭茂樹, 佐藤典子, 山根義久.:イヌの縦隔気腫の1例. *第5回小動物臨床研究会年次大会プロシーディング*. 1984 ; 136-137.
[6] 仲庭茂樹, 佐藤典子, 松本久典, 松田和義, 山根義久.:イヌの縦隔気腫の1例. *第5回小動物臨床研究会年次大会プロシーディング*. 1984 ; 138-139.
[7] Mitchell SL, McCarthy R, Rudloff E, Pernell RT. : Tracheal rupture associated with intubation in cats: 20 cases (1996-1998). *J Am Vet Med Assoc*. 2000 ; 216 (10) : 1592-1595.
[8] Brown DC, Holt D.: Subcutaneous emphysema, pneumothorax, pneumomediastinum, and pneumopericardium associated with positive-pressure ventilation in a cat. *J Am Vet Med Assoc*. 1995 ; 206 (7) : 997-999.
[9] Thrall DE. The mediastinum. In: Textbook of Veterinary Diagnostic Radiology, 6th ed. : WB Saunders ; 2012. Philadelphia.
[10] Gould SM, McInnes EL. : Immune-mediated thrombocytopenia associated with Angiostrongylus vasorum infection in a dog. *J Small Anim Pract*. 1999 ; 40 (5) : 227-232.
[11] Boulineau TM, Andrews-Jones L, Van Alstine W. : Spontaneous aortic dissecting hematoma in two dogs. *J Vet Diagn Invest*. 2005 ; 17 (5) : 492-497.
[12] Nishida H, Grooters RK, Merkley DF, Thieman KC, Soltanzadeh H. : Postoperative mediastinitis: a comparison of two electrocautery techniques on presternal soft tissues. *J Thorac Cardiovasc Surg*. 1990 ; 99 (6) : 969-976.
[13] Sivacolundhu RK, O'Hara AJ, Read RA. : Thoracic actinomycosis (arcanobacteriosis) or nocardiosis causing thoracic pyogranuloma formation in three dogs. *Aust Vet J*. 2001 ; 79 (6) : 398-402.

## 3 縦隔洞腫瘍

### 1）定義

　縦隔に発生する腫瘍には、縦隔内に存在する組織から発生する"原発性縦隔洞腫瘍"と他の臓器の腫瘍が縦隔に存在するリンパ節などに転移する"転移性縦隔洞腫瘍"とがある。一般に縦隔洞腫瘍とは"原発性縦隔洞腫瘍"のことを示す。縦隔は、解剖学的に前縦隔、中縦隔、後縦隔に分けられるが、犬と猫に発生する縦隔洞腫瘍のほとんどは、前縦隔部に発生する"前縦隔洞腫瘍"である。犬と猫の前縦隔洞腫瘍は、胸腺腫および前縦隔型（胸腺型）リンパ腫がその大半を占め、まれに異所性甲状腺癌、大動脈小体腫瘍などが発生する[1,2]。前縦隔型リンパ腫および転移性縦隔洞腫瘍は、原則的に外科適応とはならない。それ以外の前縦隔洞腫瘍の治療第一選択肢は外科的切除である。本稿では、臨床上最も遭遇する頻度が高く、外科適応疾患である胸腺腫を中心に解説する。

### 2）胸腺腫（第Ⅷ章も参照）

#### ⅰ）疫学

　犬での発生頻度はまれであり、猫ではさらにその発生頻度は低いとされる[1]。一般に、高齢の動物に発症し、平均発症年齢は犬で9歳齢、猫で10歳齢である[1]。好発品種は認められていないが、中型から大型犬、特にラブラドール・レトリーバー、ゴールデン・レトリーバー、ジャーマン・シェパードに多いとの報告もある[1,3,4]。発生に性差は認められていない[1,3,4]。

#### ⅱ）病態

　胸腺腫は、胸腺上皮由来の腫瘍であり、通常、肉眼的に明瞭な被膜に被われ、割面では結合組織によって分画された分葉状構造を呈する。組織学的には、腫瘍化した胸腺上皮細胞と様々な程度の成熟リンパ球から構成される。両者の割合によって、上皮型かリンパ球優勢型に分けられ、それ以外に淡明細胞型、紡錘細胞型などがある。今のところ、これらの組織型の違いが予後に及ぼす影響については明らかにされていない。低頻度ながら遭遇する、いわゆる"悪性胸腺腫"は、腫瘍細胞が被膜を突破し周囲組織である前大静脈、心膜、肺、気管、食道、肋骨などに浸潤性に増殖する。良性の胸腺腫と悪性胸腺腫とで組織学的な差異はなく、臨床的な所見（浸潤性）に基づいて区別されている[5]。良性、悪性の胸腺腫ともに他の臓器への転移は極めてまれである。ヒトでは、胸腺腫の臨床ステージ分類として、正岡分類が用いられており、予後との相関が認められている[6]（表Ⅳ-4）。

　なお、胸腺癌とは、胸腺に発生する明らかな細胞異型を示す上皮性悪性腫瘍であり、WHO分類において胸腺腫には含まれない。その多くは扁平上皮癌であり、胸腺腫と比較して転移率は高く生物学的挙動は極めて悪い[7]。

　胸腺腫は、特異的な腫瘍随伴症候群を認めることが多い腫瘍として有名である。犬では10〜40％の症例で重症筋無力症、すなわち筋の虚弱や食道拡張（巨大食道症）が認められる[1,3,4]。一方、猫の胸腺腫における重症筋無力症や巨大食道症の随伴はまれである[8]。また、胸腺腫に罹患した20〜40％の犬や猫では、胸腺腫以外の腫瘍、様々な自己免疫性疾患（免疫介在性貧血、多発性関節炎など）を随伴しているとの報告もある[1,3,4]。猫では、皮膚病（多形紅斑など）との関連が報告されている[9,10]。この随伴症候群の要因は明確にされていないが、胸腺の免疫機能に関連した異常な自己抗体の産生が一

表Ⅳ-4　人の胸腺腫の臨床ステージ分類（正岡分類）

| |
|---|
| ステージⅠ：完全に被膜に覆われているもの |
| ステージⅡ：腫瘍が被膜に浸潤あるいは被膜を越えて周囲脂肪組織に浸潤するもの |
| ステージⅢ：腫瘍が周囲組織（心膜、大血管、肺など）に浸潤するもの |
| ステージⅣa：腫瘍が胸膜や心膜に播種 |
| ステージⅣb：腫瘍がリンパ行性または血行性に転移 |

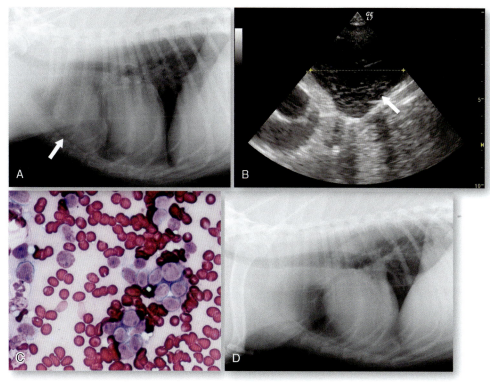

**図Ⅳ-22　前縦隔型リンパ腫**

ゴールデン・レトリーバー、4歳齢、去勢雄で、2週間前から元気食欲低下を認めた。血清Ca値：16mg/dL以上。
A：胸部X線検査。前縦隔に腫瘤状陰影を認める（矢印）。
B：腫瘤の超音波検査。腫瘤は充実性で内部は均一で低エコーを示す（矢印）。
C：FNA検査。大型のリンパ芽球が認められる。PCR検査でT細胞性リンパ腫と診断された。
D：CHOPによる化学療法を開始し、完全寛解が得られた。

因とされている[11]。胸腺腫に関連してリンパ球増多症が認められることもある[3]。また、犬の胸腺腫において、約30%の症例で高カルシウム血症が認められる。これは腫瘍から産生されるPTH関連蛋白（PTH-rP）が原因となる[12]。

### ⅲ）臨床症状

前縦隔部の占拠性病変による直接的な気道圧迫や二次的に生じる胸水貯留によって、発咳、多呼吸、呼吸困難などの呼吸器症状をきたす。一般に腫瘍が大型化するまで無症状であることが多いため、胸部X線検査によって偶発的に発見されることも多い。進行例では、腫瘍の静脈やリンパ管の圧迫または血管内伸展によって、前大静脈症候群（顔、頸部または前肢の浮腫）が生じることもある。また、腫瘍随伴症候群である重症筋無力症を併発している症例では、巨大食道症に伴う吐出や誤嚥性肺炎、全身性の筋の虚弱を認めることもある。また、高カルシウム血症を伴う場合は、多飲多尿や腎不全を認めることがある。

### ⅳ）診断

鑑別診断として特に重要なのは、胸腺腫と前縦隔型リンパ腫である。これはその治療法および予後が大きく異なるためである。その他、鑑別すべき疾患として、異所性甲状腺癌および嚢胞、大動脈小体腫瘍などの化学受容体腫瘍などがある。また、肋骨や胸骨由来の肉腫が胸腔内に進展し、前縦隔原発腫瘍と類似した所見を示すこともある。

発症年齢は、胸腺腫と前縦隔型リンパ腫を鑑別するうえで重要である。一般に、前縦隔型リンパ腫は胸腺腫と比較して、若〜中年齢での発症が多い（図Ⅳ-22）。特に、猫での前縦隔型リンパ腫の平均発症年齢は2歳齢で、猫白血病ウイルスの陽性率は80%といわれている[8]。また、前縦隔型リンパ腫では、詳細な全身のスクリーニング検査によって、多

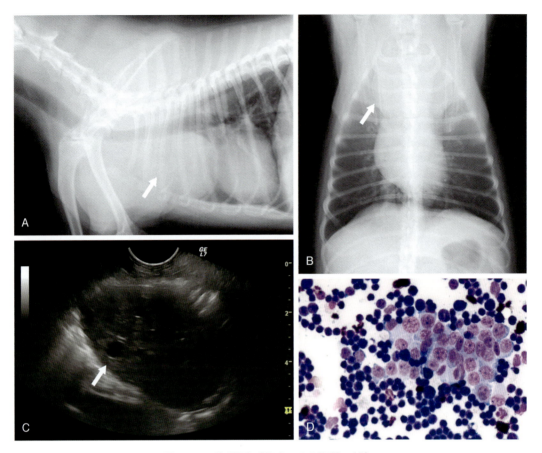

**図Ⅳ-23 胸腺腫（柴犬、12歳齢、雄）**
間歇的な発咳を認めた。血清 Ca 値：14.2mg/dL。
A：胸部 X 検査（ラテラル像）。前縦隔を占拠する腫瘤陰影を認める（矢印）。
B：胸部 X 検査（DV 像）。前縦隔を占拠する腫瘤陰影を認める（矢印）。
C：腫瘤の超音波検査。腫瘤は充実性であるが、内部は囊胞を認めモザイク状を示す（矢印）。
D：FNA 検査。成熟リンパ球が主体で、腫瘍性の胸腺上皮細胞の集塊を認める。

発性のリンパ節腫大や、末梢血への腫瘍性リンパ球の出現を認めることが多い。

腫瘍が大型な場合、胸部の聴診では、前胸部領域の肺音の減弱や心音の位置の偏位（背側や尾側方向）が認められる。また、前大静脈症候群がある場合、頭部、頸部または前肢に無痛性で対称性の浮腫が認められる。血液検査では、通常、特異的所見は認められないが、高カルシウム血症を伴うこともある。ただし、前縦隔型リンパ腫においても25～50％において高カルシウム血症を随伴するため鑑別の決め手とはならない。

胸部X線検査は、前縦隔洞腫瘍を最初に疑う検査であり、前縦隔部に腫瘤状の不透過像が検出される（図Ⅳ-23）。ただし胸水の貯留を伴っている場合は、胸水を抜去してからでないとその存在が明らかにならないこともある。重症筋無力症を随伴している場合は、胸部X線検査において食道拡張を認めることがあり、疑わしい場合は食道の陽性造影検査を実施する（図Ⅳ-24）。重症筋無力症の追加検査として、抗アセチルコリン受容体抗体検査やエドロホニウム検査が行われることもある。

前縦隔の腫瘤状病変に対する経胸壁的な細針吸引生検は、手技が比較的容易でかつ安全な鑑別方法である。胸腺腫の典型的な細胞診所見として、成熟リンパ球が主体で、その中に肥満細胞、リンパ芽球、マクロファージが混在し、少数の腫瘍性の胸腺上皮細胞が認められる（図Ⅳ-23D参照）。一方、前縦隔型リンパ腫では腫瘍性リンパ芽球が主体で、様々な成熟段階のリンパ球の多様性は一般にみられない（図Ⅳ-22C参照）。より確定的な診断のためには、経

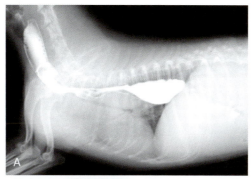
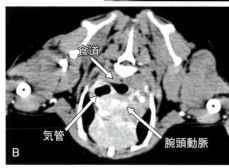
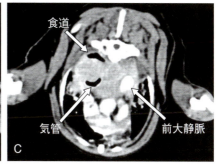

図Ⅳ-24 食道拡張を随伴した浸潤性（悪性）胸腺腫
雑種犬、10歳齢の雄。半年前から発咳、2ヵ月前から頻回の嘔吐を認めた。
A：バリウム造影X検査。前縦隔を占拠する病変が気管を圧迫。食道の拡張が認められる。
B、C：造影CT検査。前縦隔部の腫瘍（胸腺腫）は、気管、食道、大血管を巻き込んでおり、切除困難と判断された。

胸壁的コア生検が有用であるが、嚢胞や壊死部では診断に有用な組織が採取できず、確定に至らないこともある。フローサイトメトリーは、胸腺腫の非腫瘍性リンパ球と、リンパ腫の腫瘍性リンパ球を識別するのに有用であるとの報告もある[13]。

超音波検査では、胸腺腫の実質は通常、様々な大きさの嚢胞を伴った混合エコーパターンを示すのに対して、リンパ腫では均一な低エコーパターンを示すことが多い[14]（図Ⅳ-22B、23C参照）。造影CT検査などの高度画像検査を追加することによって、胸腺腫とその他の前縦隔洞腫瘍の鑑別の診断精度を上げることが可能であるとともに外科的切除の適否を推測することができる[15]（図Ⅳ-25）。前大静脈や気管、食道などを腫瘍内に巻き込んでいる場合は通常切除困難である（図Ⅳ-24参照）。ただし、CT検査によっても腫瘍による単なる圧迫と浸潤の差が判別できない場合、手術によって直視下で判断せざるを得ないこともある。

## ⅴ）治療

胸腺腫の治療原則は、外科的切除である。腫瘍が大型であるからといって必ずしも切除困難というわけではない。浸潤性の有無が切除するうえで重要である。腫瘍が比較的小さいときは、肋間開胸でアプローチすることもできるが、胸骨正中切開法にてアプローチする方が確実で安全性が高い。腫瘍が直視できたら、腫瘍と周囲組織の癒着や浸潤の程度を観察し、摘出可能かを判断する。特に、左右の横隔神経と、前大静脈と腫瘍が接する部位の確認が完全摘出する上で重要である（図Ⅳ-26）。約70％の胸腺腫は切除可能とされているが[3]、術者の経験に左右されるところが大きい[16]。

切除困難あるいは麻酔リスクの高い症例の胸腺腫に対する治療として、化学療法および放射線療法が試みられている。胸腺腫に対する化学療法として、これまでリンパ腫に準じるプロトコールが報告されているが、その反応はリンパ腫と比較して悪く、まれに部分寛解が得られる程度である[3,4]。胸腺腫

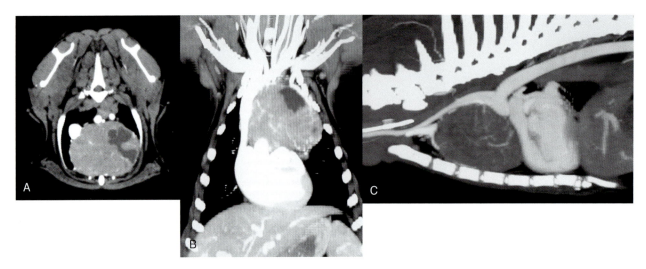

**図Ⅳ-25　図Ⅳ-23と同症例の造影CT検査**
腫瘤への前大静脈や腕頭動脈などの大血管の巻き込みは認められない。
A：前胸部の横断像
B：水平断像
C：矢状断像

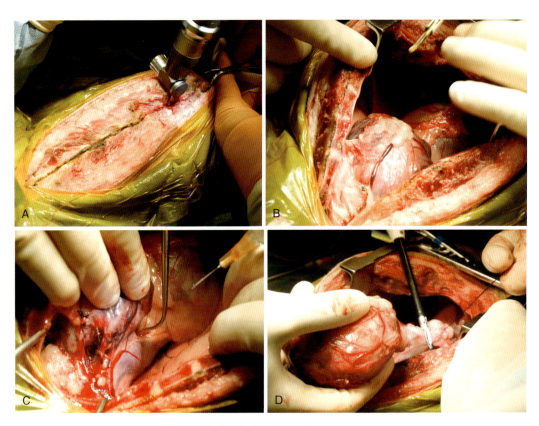

**図Ⅳ-26　図Ⅳ-23と同症例の術中所見**
A：胸骨正中切開にてアプローチ
B：開胸し腫瘤を確認。腫瘤に接する内胸動脈は左右とも結紮・離断する。
C：腫瘤と前大静脈との接点を剥離。この際、右横隔神経を損傷しないよう注意。また前大静脈から腫瘤へ数本の分枝があるので注意。
D：腫瘤を被膜ごと摘出する。

の犬17例、猫7例において放射線療法の効果が報告されている[17]。それによれば完全寛解は20％において認められ、生存期間中央値は犬で248日、猫で720日であった。その成績は外科手術には及ばないが、切除困難であった腫瘍が縮小し、切除可能となる例もあるため、外科不適応症例に対する治療選択肢として期待される。胸腺腫に随伴する重症筋無力症や巨大食道症は、術後改善したとの例も報告されているが[18]、通常は不可逆的であり長期にわたる内科的な管理が必要となることが多い。

vi) 予後

犬の胸腺腫において、外科的切除が成功した場合、根治に相当する長期寛解が得られることが明らかにされている。最近の報告では手術実施症例の生存期間中央値は635日であったのに対して、非手術症例のそれは76日であった[4]。外科的切除後の再発率は17％で、再発までの期間は平均518日と報告されている。過去の報告では、巨大食道症を随伴している例の術後の予後は不良とされてきたが[3]、近年の報告では巨大食道症の有無は予後に有意な差は認められていない[4]。これは周術期の管理が改善したためと考えられている。予後不良因子として、正岡分類に基づいたステージ分類、胸腺腫以外の腫瘍の存在が指摘されている[4]。猫においても外科的切除は有効で、12例の報告では2例は周術期に死亡したが、生存した10例では局所再発や転移は認められず、生存期間中央値は2年以上であった[19]。

(小林正行)

---
参考文献

[1] Aronsohn MG, Schunk KI, Carpenter JL, King NW.：Clinical and pathological features of thymoma in 15 dogs. *J Am Vet Med Assoc*. 1984 ; 184 : 1355-1362.
[2] Liu SK, Patnaik AK, Burk RL.：Thymic branchial cysts in the dog and cat. *J Am Vet Med Assoc*. 1983 ; 182 : 1095-1098.
[3] Atwater SW, Powers BE, Park RD, Straw RC, Ogilvie GK, Withrow SJ.：Canine thymoma : 23 cases (1980-1991). *J Am Vet Med Assoc*. 1994 ; 205 : 1007-1013.
[4] Robat CS, Cesario L, Gaeta R, Miller M, Schrempp D, Chun R.：Clinical features, treatment options, and outcome in dogs with thymoma : 116 cases (1999-2010). *J Am Vet Med Assoc*. 2013 ; 243 : 1448-1454.
[5] Day MJ.：Review of thymic pathology in 30 cats and 36 dogs. *J Small Anim Pract*. 1997 ; 38 : 393-403.
[6] Koga K, Matsumoto Y, Noguchi M. Mukai K, Asamura H, Goya T, Shimosato Y.：A review of 79 thymomas : modification of staging system and reappraisal of conventional division into invasive and non-invasive thymoma. *Pathol Int*. 1994 ; 44 : 359-367.
[7] Carpenter JL, Valentine BA.：Brief communications and case reports : squamous cell carcinoma arising in two feline thymomas. *Vet Pathol*. 1992 ; 29 : 541-543.
[8] Patnaik AK, Lieberman PH, Erlandson RA, Antonescu C.：Feline cystic thymoma : a clinicopathologic, immunohistologic, and electron microscopic study of 14 cases. *J Feline Med Surg*. 2003 ; 5 : 27-35.
[9] Smits B, Reid MM.：Feline paraneoplastic syndrome associated with thymoma. *New Zealand Vet J*. 2003 ; 51 : 244-247.
[10] Turek MM.：Invited review-cutaneous paraneoplastic syndromes in dogs and cats : a review of the literature. *Vet Darmatol*. 2003 ; 14 : 279-296.
[11] lewis RM. Immune-mediated muscle disease. *Vet Clin North Am Small Anim Pract*. 1994 ; 24 : 703-710.
[12] Foley P, Shaw D, Runyon C, McConkey S, Ikede B.：Serum parathyroid hormone-related protein concentration in a dog with thymoma and persistent hypercalcemia. *Can Vet J*. 2000 ; 41 : 867-870.
[13] Lasa S, Plaza S, Hampe K, Burnett R, Avery AC.：Diagnosis of mediastinal masses in dogs by flow cytometry. *J Vet Intern Med*. 2006 ; 20 : 1161-1165.
[14] Konde LJ, Spaulding K.：Sonographic evaluation of the cranial mediastinum in small animals. *Vet Radiol*. 1991 ; 32 : 178-184.
[15] Yoon J, Feeney DA, Cronk DE, Anderson KL, Ziegler LE.：Computed tomographic evaluation of canine and feline mediastinal masses in 14 patients. *Vet Radiol Ultrasound*. 2005 ; 45 : 542-546.
[16] Hunt GB, Churcher RK, Church DB, Mahoney P.：Excision of a locally invasive thymoma causing cranial vena cava syndrome in a dogs. *J Am Vet Med Assoc*. 1997 ; 210 : 1628-1630.
[17] Smith AN, Wright JC, Brawner Jr WR, LaRue SM, Fineman L, Hogge GS, Kitchell BE, Hohenhaus AE, Burk RL, Dhaliwal RS, Duda LE.：Radiation therapy in the treatment of canine and feline thymomas : a retrospective study (1985-1999). *J Am Anim Hosp Assoc*. 2001 ; 37 : 489-496.
[18] Rusbridge C, White RN, Elwood CM, Wheeler SJ.：Treatment of acquired myasthenia gravis associated with thymoma in two dogs. *J Small Anim Pract*. 1996 ; 36 : 376-380.
[19] Gores BR, Berg J, Carpenter JL, Aronsohn MG.：Surgical treatment of thymoma in cats : 12 cases (1987-1992). *J Am Vet Med Assoc*. 1994 ; 204 : 1782-1785.

# 第Ⅴ章
# 胸郭と胸腔

- **胸郭と胸腔の発生と解剖**
  Anatomy and Embryology of the Thoracic Cavity and Thorax

- **胸郭と胸腔の生理と病態生理**
  Pathophysiology and Physiology of the Thoracic Cavity and Thorax

- **胸郭疾患の検査と診断**
  Diagnosis and Examination of the Thoracic Diseases

- **胸郭の疾患**
  Diseases of the Thorax

- **胸腔の疾患**
  Diseases of the Thoracic Cavity

# 胸郭と胸腔の発生と解剖

Anatomy and Embryology of the Thoracic Cavity and Thorax

## ■ 1　胸郭と胸腔の発生

### 1）胸郭の発生

胸郭は、背部を胸椎、側壁を肋骨、そして底部を胸骨が囲んでできた空間であり、その中に円錐状の胸腔を有する。

#### ⅰ）胸椎

胚性中胚葉から体節ができ、体節はさらに皮筋板（さらに筋板［将来の骨格筋］と皮板［将来の真皮］に分化する）と椎板に分かれる。椎板細胞は軟骨芽細胞となり、脊索周囲に軟骨でできた椎骨を形成する。軟骨でできた椎骨はその後、軟骨内骨化によって順次骨化する。食肉類では、第8椎骨（第1胸椎）から13個の椎骨が胸椎となる。

#### ⅱ）肋骨

椎骨が発達する際、胸椎横突起の一部が肋骨突起となり伸張して肋骨となる。この肋骨は、椎骨横突起から離れ、横突起肋骨窩の部位で関節するだけとなる。

肋骨も最初はすべて軟骨組織で構成されているが、先端部分（肋軟骨部分に相当）を残して骨化が起きる。前位9個（犬）あるいは8個（猫）の肋骨は、その肋軟骨が胸骨に直接届くまで発達し、胸骨と関節する（真肋）。後位4個（犬）の肋骨は胸骨に

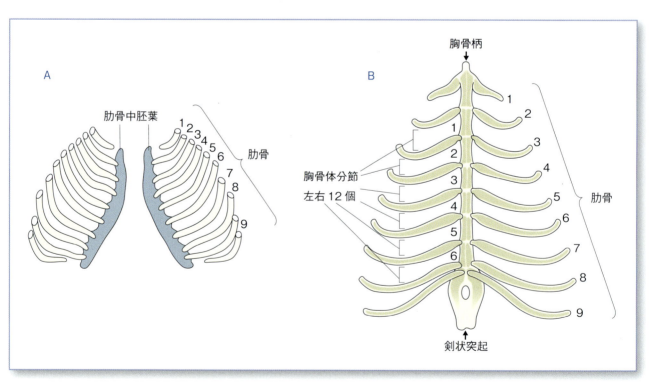

図Ⅴ-1　胸骨の発生（腹側図）

A：第1肋骨から第9肋骨の先端に胸骨中胚葉が付着し、肋骨が伸長するとともに左右のこの細胞集団が腹側正中で合体する。妊娠40日の犬（ビーグル犬）胎子の胸骨の発生模式図。B：胸骨体の中心に、左右および前後から分節状に発生した12個の胸骨分節が癒合するので、その痕跡が明瞭である。成体ビーグル犬の胸骨。

直接届かない（仮肋）。

### iii）胸骨

初期胚（犬：15mm）の時期に、中胚葉細胞の塊が長軸方向に発達中の肋骨遠位端の肋軟骨先端部に付着する（肋骨中胚葉：図V-1A）。肋骨が腹正中に向けて伸張すると、肋骨中胚葉もともに移動し、最終的に左右の中胚葉は正中で合体する（犬：妊娠25日）。その後、中胚葉組織から軟骨が形成され、引き続き軟骨内骨化していく。犬では、妊娠40日前後に骨化が開始する。骨化は分節的に進行し、分節的に発達した胸骨柄、胸骨体分節（左右合わせて12～14個）および剣状突起が左右および前後で融合して胸骨を作るので、胸骨体中心には融合した痕跡がみられる（図V-1B）。

注）軟骨内骨化

ほ乳類の骨組織は、頭蓋の一部を除いて軟骨内骨化によって形成される。つまり、中胚葉組織内で軟骨が作られ、次いで軟骨の内部および外部から骨化が起き、骨が形成される。成長ホルモンが下垂体から分泌されなくなるまで（成熟するまで）、軟骨が成長し、次いで骨化する、という一連の骨形成は継続する。この際、骨内部は出生前から骨髄腔が形成されて造血を行う。

### 2）胸腔の発生

「縦隔の発生」を参照。

(山本雅子)

---

**推奨図書**

[1] Hyttel P, Sinowatz F, Vejlsted M, Betteridge K.：カラーアトラス動物発生学．（監訳／山本雅子，谷口和美）：緑書房；2014．東京．
[2] Latshaw WK.：Veterinary Developmental Anatomy：BC Decker Inc.；1987.
[3] Evans HE.：Miller's Anatomy of the Dog, 3rd ed.：WB Saunders；1993.
[4] Schoenwolf GC, Bleyl SB, Brauer PR, Francid-West PH.：Larsen's Human Embryology, 5th ed.：Elsevier；2014. Churchill Livingstone.
[5] Carlson BM.：Patten's Foundations of Embryology, 6th ed.：McGraw-Hill Inc.；2003.

---

## ■ 2　胸郭と胸腔の解剖

胸郭とは、胸椎、肋骨、肋軟骨、胸骨によってできる骨性の胸のカゴのことである。胸郭は、左右に扁平な円錐を横に倒したような形状をしており、前から後ろに向かって大きく開いている。胸郭の入口（胸郭前口）を構成する左右の短い第1肋骨の隙間を、食道、気管、総頸動脈、迷走交感神経幹、横隔神経などが走行している。また、腕に栄養を送る鎖骨下動脈は、第1肋骨に前縁を沿うようにして胸腔から出て腋窩動脈となる。横隔膜は、胸郭のほぼ中央（第6～7肋骨）まで前方に張り出してきており、胸郭内には心臓や肺などを入れる胸腔と、肝臓、胆嚢、胃などを入れる腹腔（胸郭内腹腔）が存在している。

肋骨は、胸郭の外側壁を構成し、背側で胸椎と関節し、腹側では肋軟骨を介して胸骨と連結する。犬と猫は一般的に13対の肋骨をもち、そのうち前位9対が胸骨と関節し（真肋）、後位4対は、前位の肋軟骨と密着して肋骨弓を形成するか（仮肋）、筋間に浮いている（浮肋）（図V-2）。胸椎は、他の脊椎とは異なり、肋骨と関節するための構造を備えている。その中でも左右の肋骨を結んでいる肋骨頭間靭帯が前後の胸椎の間にある椎間板の上を走っており、左右の肋骨の位置を保持しつつ、胸椎における椎間板の逸脱を防いでいる[1]。この靭帯は、第1肋骨と後位数個の肋骨には存在しない[2]。胸骨は、8つの骨片（胸骨片）が軟骨によって連なったものである。高齢の動物では胸骨片間の軟骨が骨化していることもある。第1胸骨片は胸骨柄とも呼ばれ、前端が第1肋軟骨と連結するために拡張している。逆に、最後胸骨柄は背腹に扁平になり、末端には剣状軟骨が結合する。

胸壁の皮下には、薄い体幹皮筋が広背筋の表層に広がり、腹側には深胸筋や外腹斜筋が存在する（図V-3）。広背筋の深層には腹鋸筋、斜角筋などが認められ、肋骨の間には外肋間筋、内肋間筋が位置する。肋間筋は、横隔膜とともに呼吸運動に関与して

第V章　胸郭と胸腔

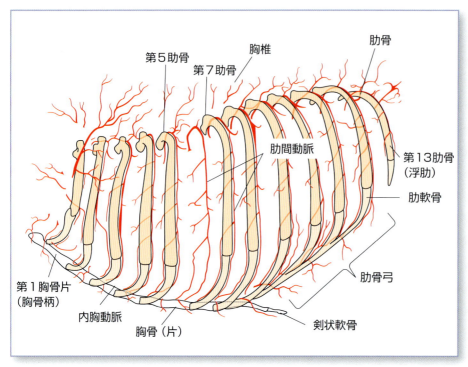

図V-2　胸郭と肋間動脈の走行（第6肋骨を除去）

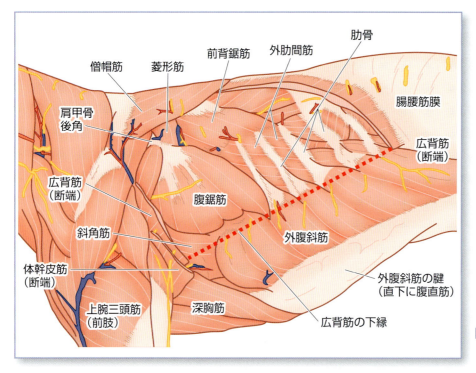

図V-3　胸壁の筋（左側観、広背筋を除去）

いる。さらに、胸壁の内側には頸長筋や胸横筋が存在する（図V-4）。

胸大動脈やその枝から分かれた肋間動脈は、肋間静脈や胸神経腹枝から分岐した肋間神経とともに肋骨の尾側縁に沿って下走する（図V-2、4、5）。途中、肋間動脈、肋間静脈、肋間神経は肋骨の頭側縁に枝を出し、腹側の枝は胸横筋の深層で内胸動脈、内胸静脈につながる。さらに、肋間動脈、肋間静脈、肋間神経は胸壁の筋や皮膚に分布する枝を出す。

胸壁内側のリンパは、背側胸リンパ中心や腹側胸リンパ中心に流入する。皮膚や乳腺を含む胸壁外側

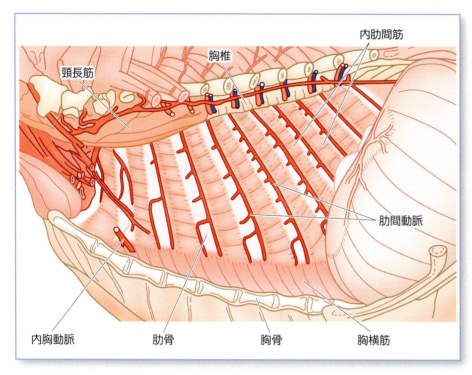

図Ⅴ-4　右側胸壁の内側観（左側からみた図）

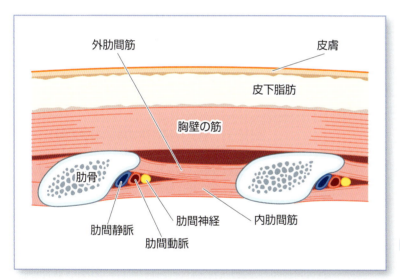

図Ⅴ-5　肋骨と肋間動脈、肋間静脈、肋間神経の走行

のリンパは、前肢からのリンパとともに主に腋窩リンパ中心に回収され、前背側の一部は浅頸リンパ中心に向かう。腋窩リンパ中心は、前肢の内側で腋窩動脈や前肢に向かう神経の周囲に位置する（固有）腋窩リンパ節からなる。さらに、副腋窩リンパ節が認められることがあり、このリンパ節は（固有）腋窩リンパ節の後方で、広背筋と深胸筋の間に位置する。また、猫では前肢の内側で第1肋骨の外側に、第1肋骨リンパ節が認められることがある[3]。

（大石元治）

― 参考図書 ―
[1] Slatter D.：Textbook of Small Animal Surgery. 3rd ed. Vol.1：WB Saunders；2013. Philadelphia, PA.
[2] Evans HE, de Lahunta A.：Miller's Anatomy of the Dog, 4th ed.：WB Saunders；2013. London.
[3] Nickel R, Schummer A, Seiferle E.：The Anatomy of the Domestic Animals, Volume 3. The Circulatory System, the Skin, and Cutaneous Organs of the Domestic Mammals：Verlag Paul Parey；1981. Berlin.

# 胸郭と胸腔の生理と病態生理
Pathophysiology and Physiology of the Thoracic Cavity and Thorax

## ■ 1　胸郭と胸腔の生理

### 1）胸郭の運動機能

　肺の肺胞は、自ら拡張することができない。したがって呼吸筋の力で胸腔容積を広げて胸膜腔内を陰圧にし、それにより肺胞を外側から引っ張り拡張させる。吸息は、横隔膜と外肋間筋が収縮することにより起こる。横隔膜は、収縮することで扁平になり、尾側へ移動する。それにより胸腔容積が広がり、陰圧になることで空気が肺胞内へ侵入する。呼息は横隔膜と外肋間筋が弛緩すると胸郭の自重や肺胞の弾力により受動的に発生する。外肋間筋による呼吸を胸式呼吸、横隔膜運動による呼吸を腹式呼吸という。通常は、両者併用の胸腹式呼吸が行われている（図V-6）。

### 2）胸膜の生理機構

　臓側胸膜（肺胸膜）と壁側胸膜により胸膜腔という袋を形成している。胸膜腔内には少量の漿液が存在するため、臓側胸膜（肺胸膜）と壁側胸膜は滑りあうことができる。また適度な漿液量により、肺が胸壁より離れるのを防いでいる。また胸膜は柔軟性があるため、呼吸運動に際して自由に大きさを変えることができる。

## ■ 2　胸郭と胸腔の病態生理

　通常、胸郭および胸腔は、肺が十分に機能できる構造となっている。しかし、胸腔内貯留液（胸水、

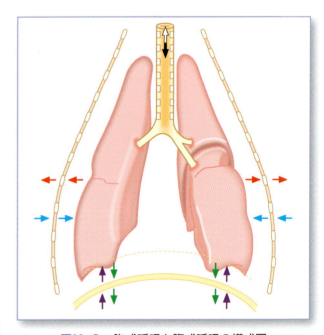

図V-6　胸式呼吸と腹式呼吸の模式図
白矢印：呼気、黒矢印＝吸気、赤矢印：吸気時に外肋間筋によって肋骨が動く方向、青矢印：呼気時に外肋間筋によって肋骨が動く方向、緑矢印：吸気時に横隔膜が動く方向、紫矢印：呼気時に横隔膜が動く方向。

膿、血液、乳び）の存在や気胸などにより、その機能を十分発揮することができない。胸腔内貯留液および気胸の存在により、胸腔容量は減少し、肺胞は拡張を妨げられ、空気の受動的肺胞内侵入ができなくなる。よって、動物は容易に呼吸困難を呈する。腹腔内の大量の液体貯留によっても横隔膜運動（腹式呼吸）ができなくなり、同様に動物は呼吸困難を呈するようになる。詳細は、各疾患を参照のこと。

（鯉江　洋）

---

推奨図書

[1] Barrett KE, Barman SM, Boitano S, Brooks HL.：ギャノング生理学（監訳／岡田泰伸）：丸善出版；2014．東京．
[2] 和泉博之，浅沼直和／編集．：ビジュアル生理学・口腔生理学 第2版：学建書院；2010．東京．
[3] 真島英信．：生理学：文光堂；1990．東京．
[4] 津田恒之，加藤和雄，小原嘉昭．：家畜生理学：養賢堂；2004．東京．

# 胸郭疾患の検査と診断

Diagnosis and Examination of the Thoracic Diseases

## ■ 1  診療（問診から聴診）

　胸郭の疾患は、胸椎や肋骨および胸骨などの骨折を除いて大きな腫瘤塊の存在や重度の胸水貯留、肺と壁側胸膜の癒着などが存在しない限り、臨床症状を呈することは少ない。問診時に注意する事柄は、疼痛の有無や呼吸状態であり、特に運動時もしくは平常時に呼吸困難症状を呈するかどうか十分に問診と観察視診を行うべきである。次いで、触診に移行するのであるが、胸部周囲を触ろうとしたり、触ると疼痛を示したり、嫌がって咬もうとする場合には、骨折の存在や胸膜炎を疑うべきである。

　聴診では、大量の胸水が貯留している場合の水胸、さらに膿胸、乳び胸、血胸、気胸などの胸腔内貯留性疾患や、胸腔内を占める新生物の存在時には、呼吸音や心音が聴取困難なことがある。

## ■ 2  検査

### 1）胸部X線検査

　胸椎、肋骨、胸骨の骨折や変形などはもちろんのこと、胸腔内液体貯留、気胸、新生物の存在などの確認に有用なスクリーニング検査である。

### 2）超音波診断法

　肺に含気された空気のため、心臓を除く胸腔内臓器の超音波検査は非常に困難であるが、縦郭内もしくは前胸部に存在する腫瘤などは、観察を行うことが比較的容易である。また、肺水腫や重度の肺炎を起こしている患者の場合、超音波検査で含気していない肺を観察することが可能である。また壁側胸膜に存在する腫瘤の観察も可能である。場合によっては超音波ガイド下で生検を行うこともできる。

### 3）CT検査法

　CT検査は、肺炎などの診断に威力を発揮し、胸郭内新生物の観察にも適している。また撮影時間がMRIに比べて非常に短くてすむため、リスクの高い患者に対しても比較的応用されやすい。また、壁側胸膜の腫瘤に対してCT観察を行いながら生検を行うことも可能である。

### 4）核磁気共鳴診断法（MRI）

　MRI検査は、前述の超音波検査と同様に、空気を含気している場所の観察は不向きである。胸郭内の腫瘤や液体貯留などの観察は行うことが可能であるが、撮影時間がかなり長いため、全身麻酔などのリスクを考えると選択が難しい検査である。

### 5）生検

　前胸部もしくは壁側胸膜に存在する腫瘤に対して、超音波検査下もしくはCT検査下で生検針を用いて行われる。また胸腔内貯留液に対しても穿刺、採取後液体内浮遊細胞の検査を実施する。

〔鯉江　洋〕

# 胸郭の疾患

Diseases of the Thorax

## ■ 1　胸椎の異常（先天性）

### 1）定義

　脊椎は、発生の段階で胚性中胚葉から形作られる。その分化の段階において、個々の椎骨にうまく分離することができなかったなどの原因から、異常な形態の椎骨ができあがる。その形態的特徴によって、二分脊椎、塊状椎骨、半側椎骨などに分類される。多くの場合、臨床症状を示すことはないが、椎体不安定症や脊柱管狭窄、神経根の圧迫を伴うこともあり、その場合には背部痛や後肢の不全麻痺を呈することもある。

### 2）原因・病態

　椎体は、体節の椎板部に由来する間葉細胞から発生する。以前は、分節再形成によって形成されると考えられていたが、現在は脊索を囲む未分節性の椎板由来の中胚葉を起源とする軟骨化中心から椎体が発生すると考えられている。椎板から移動してできた脊索周囲管は、細胞の緻密な領域とそうでない領域が交互に現れるようになる。緻密な領域からは椎間円板の線維輪ができあがり、それほど緻密でない領域からは椎体ができあがる。椎弓は、脊索周囲管両側に存在する椎板の緻密な部位の細胞が、神経管を取り囲むように移動し、背側で会合することで形成される。その後に椎体と椎弓は癒合し、椎骨が形成される。これらの分化の過程で何らかの異常が起こることで、椎骨の奇形が形成される[1]。

　椎骨の形成異常は犬でよくみられ、猫においても時折みられる[2-5]。神経管を取り囲むように移動して形成される左右の椎弓が背側で癒合しなかった場合には、二分脊椎と呼ばれる先天性奇形になる。髄膜瘤などを伴い髄膜や脊髄の突出を伴う場合には、開放性二分脊椎という。神経組織の突出がみられない場合を、潜在性二分脊椎という。イングリッシュ・ブルドッグとマンクスキャットで好発する[2]。マンクスでみられるこの奇形は、常染色体劣性遺伝であり、マンクスの尾無形性と関連がある[6]。生後間もないころから両後肢の不全麻痺や排尿の失調、便秘などを呈するが、症状は非進行性である。

　隣接する2個以上の椎骨の癒合が生じた場合には、塊状椎骨（塊椎）と呼ばれる。分化の過程で、個々の椎骨の分離がうまくできなかったことに由来する。癒合の程度は、椎体のみの癒合、椎弓の癒合、背側棘突起の癒合、椎骨の完全な癒合を呈するものなど、様々な程度がある。仙骨は、塊状椎骨の一種である。

　椎骨の半分だけが発生することもあり、これは半側椎骨（半椎）と呼ばれる。この奇形は、胸腰部に好発し、脊柱が弯曲する。発生途中で、片側は正常に発生するのに対して、対側の分化がうまくいかないために起こると考えられている[1]。この奇形は、ブルドッグやボストン・テリアなどの小型の短頭犬種に多発して、様々な形態の椎骨がみられる。半側椎骨は、脊髄を圧迫したり、偏移を起こす可能性がある。半側椎骨は、神経学的異常の最も多い原因になる先天性奇形である[3]。

　頸椎と胸椎の移行部、胸椎と腰椎の移行部などに、両方の形態的特徴を有する椎骨遷移がみられることがある。この奇形では、脊柱の湾曲を生じることがある。その湾曲の方向から腹側に脊柱が屈曲しているものを腹弯症、背側に沿っているものを背弯症、上方からみて脊柱が右や左に屈曲しているものを側弯症と呼ぶ。

　猫の脊柱の先天性異常を調べた報告では、200頭

中46頭で異常がみられている。そのうちで最も多かったものは椎骨遷移で、塊状椎骨は3頭のみであった。半側椎骨と二分脊椎はこの報告ではみられていない。そのうち、胸椎と関係がある奇形は、第7頸椎の胸椎化が1頭、第13胸椎の腰椎化が1頭、第1腰椎の胸椎化が18頭であった。胸椎が12個であった症例が1例であった。胸椎での塊状椎骨はみられなかった[7]。

### 3）診断

多くの場合は、単純X線検査で椎骨の形態的異常が確認できる。しかし、脊髄の圧迫を確認するには、脊髄造影検査やCT検査、MRI検査が必要になる[2]。また、動的圧迫がある場合には、腹側や背側に向かって負荷をかけた状態での脊髄造影検査が必要となる場合もある。脊髄の圧迫が重篤な場合には、脊髄造影を行うことで症状の悪化を招く恐れもある。

#### i）二分脊椎

X線検査のDV像で、1つの椎体に2つの棘突起がみられる。脊髄造影検査やMRI検査を行うと、髄膜瘤がみられることがある。軽症例では臨床症状を認めないことが多く、治療を必要とすることはない。

#### ii）塊状椎骨

複数個の椎体が癒合している像が観察される。椎間板脊椎炎などでも、形態的に脊椎が癒合しているようにX線検査で観察されることがあるので、炎症性疾患や変性性疾患と鑑別が必要である。塊状椎骨では炎症反応はみられず、神経学的異常もみられない。

#### iii）半側椎骨

X線検査のDV像で正中線上に位置する裂溝によって、椎体が"蝶様"を呈するものや、DV像または側面像で椎体が楔形を呈するものもある（図V-7～9）。半側椎骨に隣接する椎骨は、代償性に変形するが、炎症性変化は伴わず、椎間腔に歪みはみられるが保たれていることからも、椎体骨折とは鑑別可能である。臨床症状を示すことはまれであるが、若齢の重症例では障害を生じることがある。

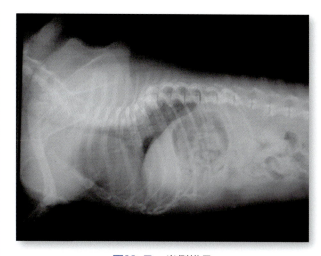

図V-7　半側椎骨
パグの胸椎でみられた半側椎骨のX線写真。数ヵ所の奇形により、椎柱が大きく折れ曲がっている。

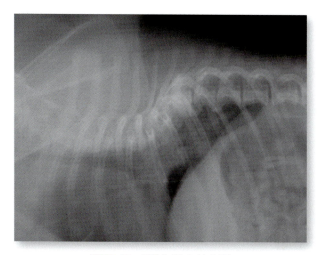

図V-8　図V-7の拡大図

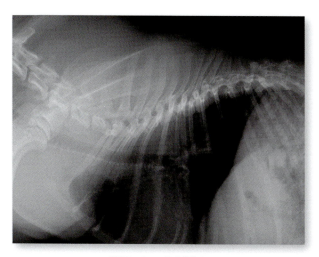

図V-9　半側椎骨
楔形の半側椎骨の他に、台形の椎骨などもみられる。

iv）椎骨遷移

頸椎と胸椎の移行部、胸椎と腰椎などの移行部に、両方の形態的特徴を有する椎骨がみられることがある。手術などの際には、位置を確認するときに注意が必要である。

### 4）内科的・外科的治療

ほとんどの場合は、臨床症状を呈することはない。しかし、まれに骨の形態的異常による脊柱管の狭窄や椎体の不安定性から、脊髄の圧迫をきたす。成長に伴い脊髄の圧迫が重度になり症状が悪化する例もある。症状としては、背部痛や後肢の不全麻痺といった神経症状である。

臨床症状のみられない症例では、無処置で経過観察を行う。半側椎体で背部痛などがみられる場合には、鎮痛剤の投与などが行われる。重度の脊髄圧迫の動物では外科的な減圧が必要になるが、その際には、椎弓切除術などの減圧術のみでは術後に症状の悪化がみられることが多いので、椎体の固定術を行うことが推奨されている。

## ■ 2　胸椎の骨折

椎体の骨折の最も多い原因は外傷（主に交通事故）によるものである。その他の原因として、腫瘍（原発性、転移性）や感染、栄養性骨疾患からの二次的な椎体骨折がある。

骨折に伴って、脊髄の圧迫や切断が起こることがある。脊髄の損傷の程度は、その後の機能回復と深く関係する。脊髄の損傷は、脊髄が圧迫されたときの速度、圧迫の程度、圧迫されていた時間によって重症度が変わってくる。椎体骨折の緊急治療の目的は、骨折した椎体のアライメントを整えること、脊髄の圧迫を解除すること、折れた椎体の固定をすることの3点である。これらの処置をすることで、神経機能を回復させ、筋萎縮などを防ぐことにもつながる。

### 1）検査

両側性の前十字靱帯断裂や多発性関節炎、心不全、副腎皮質機能低下症といった、代謝性疾患や心血管疾患、骨格筋疾患のいくつかは、神経学的異常と類似した症状を呈するので注意が必要である。外傷により神経学的異常を呈する症例では、他の臓器に深刻なダメージを受けていることがあるので見落とさないようにする[8]。椎体骨折が疑われる症例は、脊髄の障害の悪化を防ぐために固い材質の上に乗せて、横臥位を維持して来院するように指示する。その後の検査も極力そのまま行い、体が動かないように体を太いテープで固定することもある。必要があれば鎮静剤や鎮痛剤の投与を行う。

ⅰ）問診

飼い主から、どのような状況で、神経学的異常がいつから起こっているのかを聴取する。歩行が可能であるか、随意排尿ができるか、意識状態や反応性についても聴取する。同時に、心血管系、呼吸器系、整形外科疾患の有無もチェックする。また、来院までの間に何か治療を受けたかも聴取する。

ⅱ）身体検査

注意深く全身の身体検査を行う必要がある。生命を脅かすような出血、ショック状態、気道閉塞、気胸、不整脈の出現、膀胱破裂、頭部外傷がないかをくまなく検査する。もしも、これらの症状がみつかった場合には、速やかに必要な緊急処置を行う。筋骨格系の検査では、四肢や骨盤の骨折の疑いがないかも精査する。これらの骨折があった場合には、神経学的検査が実際以上に悪く判断されてしまう恐れがある。また、血圧が下がっていたり、意識状態が低下しているときには、深部痛覚などの反応が鈍くなっていることもある。

ⅲ）神経学的検査

明らかな神経学的異常のある部位だけを検査して、他の部位を検査しなかった場合には、他の異常を見落とす可能性があるので、必ず、注意深く、一通りの神経学的検査を行う必要がある。

脊髄損傷の患者では、随意運動の減弱や消失の有無、脊髄反射の変化、筋緊張の変化、脊髄損傷が慢性に経過した場合の筋萎縮の有無、感覚の障害の5点について重点的に検査する。これらの検査から、脊髄が損傷を受けている部位を絞り込むことができる。脊髄損傷の動物で、最も重要な予後因子は深部痛覚の有無である。そのため、深部痛覚の判定に影響を及ぼす恐れのある鎮痛剤は、必ず、深部痛覚の

検査を行った後に投与するべきである。痛覚の判定は、疼痛を加えたときに振り向く、悲鳴を上げるといった、動物の脳によって感知されて起きる反応で判断する。指に強い刺激を加えたときに起こる屈曲反射は、脊髄反射によって起こるため、これを深部痛覚があると誤って判断しないようにする。深部痛覚が明らかでなかった場合には、動物を落ち着かせてから再度、深部痛覚をチェックする。その際には、刺激を加える前に動物の心拍数や呼吸数、瞳孔のサイズをあらかじめチェックしておき、刺激を加えたときにそれらに変化がないかを確認する。それらに変化がみられた場合には、深部痛覚があると判断する。もしも、受傷部位よりも尾側で深部痛覚が存在しない場合には、予後は非常に厳しい。受傷後24時間以内の外傷性脊髄損傷で、明らかに深部痛覚がない場合の回復の可能性は20％以下、受傷後24時間以上経過している場合で、深部痛覚がない場合には機能回復は非常に厳しい[9]。

### iv）X線検査

X線検査は、椎体骨折の部位や状態を確認するためには必須の検査法である。X線検査から得られる情報をもとに、外科的整復の検討をすることができる。

しかし、神経学的検査上は異常があっても、X線検査で必ず異常がみつかるとは限らない。外傷を受けた際の強い外力で一時的な脱臼が起こり、脊髄に障害を受けても、その直後に椎骨が正常な位置に戻り、みかけ上、異常がみられなくなるようなことがあるからである。また、撮影する際には障害が疑われる部位の撮影だけではなく、すべての脊椎を撮影して、骨折や脱臼がないかを確認する必要がある。逆に、神経学的検査上は異常が疑われなくても、骨折や脱臼が生じていることもある。また、骨折や脱臼が複数の部位に起こっている例もある。

なお、X線検査を行う際には、脊髄の損傷を悪化させないように十分な注意が必要で、仰臥位での撮影は行わずに、ラテラル像のみの撮影をすることが推奨されている[9]。動物が横臥位の状態で水平ビームを用いてDV像を撮影する方法もある。

### v）脊髄造影検査

神経学的異常がみられる動物に対して用いられる検査法である。脊髄造影をすることにより、単純X線検査ではわからなかった脊髄の病変を描出することができる。

ただし、麻酔下で行われる検査であるので、動物の状態には十分注意が必要である。気管挿管する際には、脊髄の損傷を悪化させないように、注意して行う。穿刺する部位は、大槽と腰部の2ヵ所があるが、脊髄疾患の犬猫に対しては腰部の穿刺が多くの例で用いられる。斜位で撮影する必要がある場合には、脊髄の損傷を悪化させないように十分に注意をして行う。

### vi）CT検査

CT検査も麻酔下で行う検査法であるが、3次元画像を構築することができるので、単純X線検査では十分にわからなかった骨折を診断するのに有用である。また、造影を行わなくても脱出した髄核を確認できることも多い。

### vii）MRI検査

MRI検査は、軟部組織の描出に優れた検査であるので、脊髄や椎間板、靭帯といった組織の状態を把握するのに用いられる[10]。検査結果から、急性脊髄損傷の治療や予後に関して有用な情報が得られる[11]。

## 2）治療

脊髄損傷が疑われる症例に対しては、できるだけ早く治療を開始するのが望ましい。治療法には、大きく内科的治療と外科的治療があるが、両者を組み合わせて行うことも多い。治療の目的は、脊髄の浮腫の軽減、髄内・髄外出血のコントロール、脊髄への圧迫の軽減、骨折片の除去、脱出した椎間板物質の除去、椎柱のアライメントの整復と安定化である。外科的処置を行った方が効果的なことが多く、適切な外科的治療により最大限の神経学的改善が期待できる[12-14]。

### i）内科的治療

#### ①コハク酸メチルプレドニゾロン

急性脊髄損傷の治療に対して、コハク酸メチルプレドニゾロンの使用は議論のあるところである。人とラットと猫で、受傷後8時間以内の急性脊髄損傷の治療にコハク酸メチルプレドニゾロンを用いて軽

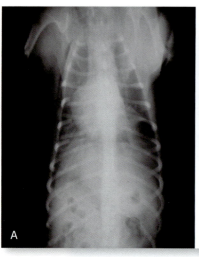 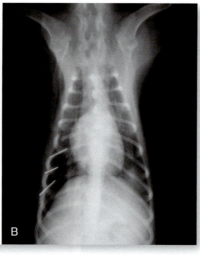

図V-12 髄内ピンによる固定を行った肋骨骨折（A：初診時、B：整復後）

アメリカン・コッカー・スパニエル、7ヵ月齢。交通事故により右第5〜8肋骨を骨折している。受傷部位に皮下気腫と肺挫傷を認めた。その他に骨盤骨折も併発していた。この症例は状態が安定した後に髄内ピンによる整復を行った。肋骨の癒合は良好で、2ヵ月半後に抜去した。その際のX線検査では、ピンニングを行わなかった第5肋骨の癒合も確認された。

通事故では肋骨以外の部位にも骨折が外傷を伴っていることもあるので、全身をくまなく調べることが重要である。

### 5）治療
#### ⅰ）内科的治療

他の合併症を伴わない単純な肋骨骨折の場合には、症例を安静に維持することで骨の癒合を待つ内科的な保存療法を行うことが多い。ただし、肋骨骨折に伴う疼痛が重度である場合や、複数の肋骨骨折がみられ胸壁の損傷が重度である場合、開放骨折で胸腔内の損傷も疑われる場合などには、外科的治法が適応になる（次ページの連枷様胸の項参照）。

骨折のずれが軽度であるときは、保存療法が取られる。胸部をバンテージで固定して肋骨の動揺を抑える処置を行うが、その際は、骨折の変位が起きていないか、バンテージで呼吸が悪化していないかを十分に注意する必要がある。外傷による感染の恐れがある場合には、抗生物質の投与を行う。肋骨骨折は、重度の疼痛を伴うので、疼痛管理も必要である。ブピバカインを用いての肋間神経ブロックによる疼痛管理が推奨されている[56]。

#### ⅱ）外科的治療

肋骨骨折の整復には、様々な方法が報告されている。骨折した肋骨への髄内ピンの挿入（図V-12）や、ワイヤーによる固定、クロスピンによる固定など（図V-13）の他、連枷様胸で用いる経皮的に縫合糸をかけて固定を行う方法もある。胸部外傷によって、肋骨骨折のみでなく肋間筋の裂傷を伴うことも

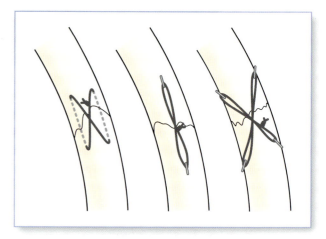

図V-13 肋骨骨折の外科的整復法
ピンとワイヤーを用いた肋骨の整復例。

あるため、手術をする場合には肋間筋の縫合も行う。

手術時に肋間筋の裂傷などを認めた場合には、裂けた肋間筋を縫合するのではなく、その頭側と尾側の肋骨を含めて縫合する。また、これらの手術時にはオープンチェストになる可能性が非常に高いため、必ず気管挿管を行い、いつでも陽圧換気を行える準備をしておく必要がある。オープンチェストした場合には、閉胸する前に胸腔ドレーンを留置し、胸腔内のエアーや滲出液や血液などを抜去する。

• 髄内ピンによる肋骨骨折の整復法

気管挿管した動物を全身麻酔下で横臥位に保定し、術野の毛刈りと消毒を行い、無菌手術の準備をする。骨折部位を切皮し、骨折端が確認できるように皮下や筋肉を剥離する。骨折部が確認され、髄内

ピンによる整復が可能な場合には、骨折の遠位側の肋骨に、断端から十分に離れた位置より小型の髄内ピンを肋骨に平行に髄腔内に挿入する。ピンを進めて断端まで到達した後は、解剖学的に正しい形態を維持するように近位の肋骨の髄腔内にピンを挿入する。ピンをさらに進めて、先端を骨折線からある程度離れた位置に出す。ピンは、両端にワイヤーを掛けられる程度の長さを残して切断する。ワイヤーをピンの両端に8の字に掛けて締結する。ピンの両端は、骨に接するように曲げておく。分離した皮下と筋肉を吸収糸で縫合した後に、皮膚を縫合する。髄内ピンを挿入するだけではなく、ワイヤーを用いて締結することで、骨折端の安定性を増すことができる[57]。

## 6) 疼痛管理

### i) 肋間神経ブロック

肋骨骨折に対して局所麻酔薬を用いて肋間神経ブロックを実施することは、他の疼痛管理と比べて、最大吸気量の増加と、優れた鎮痛効果をもたらす[58,59]。鎮痛効果の持続時間が6〜8時間と短いのが欠点である。肋間神経は、肋骨の後縁を肋間動静脈とともに走行している。神経の重複部分があるので、注射は損傷を受けている場所の少なくとも前後2肋間ずつに対して行う。注射は、椎間腔近くの肋骨後縁に行う。皮膚を消毒して注射針を無菌的に肋骨の尾側に刺入し、肋間筋まで進める。ブピバカインを注入する前に、シリンジの内筒を引いて血液の逆流がないことを確認してから、薬を注入する。一部位あたりの注入量は0.25〜0.5mLを目安にし、トータルで1.5mg/kgを超えないようにする。気胸、血管内への薬剤注入、肺損傷などの合併症に注意する。

### ii) ブピバカインの胸腔内投与

この局所麻酔法も、肋骨骨折などの胸部外傷や、開胸後の疼痛管理に用いられている方法である。チューブを通して胸腔内にブピバカインを投与することで、鎮痛効果を発揮する。この方法で得られる効果は、モルヒネの全身投与や肋間神経ブロックと同等といわれており、呼吸抑制の発生を減らすことができる[60-62]。胸腔ドレーンを設置して胸腔内を陰圧にした後に、ドレーンから1.5mg/kgのブピバカインを注入する。数mLの滅菌生理食塩液でフラッシュしてから、患側を下にして5〜10分間静置する。鎮痛効果は8時間持続する。

## 7) 予後

肋骨骨折の予後は、比較的良好である。肋骨骨折の数と予後は関係なかったとの報告がある[48]。しかし、フレイルチェストの猫ではフレイルチェストでなかったものより予後が悪かったとも報告している。また、胸水の貯留を認めた症例と横隔膜ヘルニアの症例も予後が悪かったとしている。

## ■ 4 連枷様胸、動揺胸郭 （Flail chest：フレイルチェスト）

### 1) 定義

胸部外傷などで強い力が加わり、1本の肋骨が数ヵ所骨折し、同時に隣接の肋骨も複数本骨折することで胸郭の安定性が低下し、発生する病態である。吸気時にはその部位（flail segment：フレイルセグメント）が陥凹し、呼気時には突出する奇異呼吸（paradoxical respiration）がみられる状態である。

### 2) 原因

フレイルチェストの発生で最も多い原因は、交通事故や落下、咬傷など胸部への鈍的外傷である[63-66]。45頭の胸部の咬傷犬のうち、26頭でフレイルチェストがみられたとの報告がある[67]。過去の報告では、フレイルチェストの動物の体重は、比較的大きなものが多いが、これは胸部に受けたダメージが非常に大きく、体格の小さな犬や猫にとってはこのダメージが致死的なことが多いためだといわれている[46]。

罹患する動物の性別は中性化していない動物で多いとの報告があり[46,68]、その理由として、避妊去勢していない動物は、周囲を歩き回る習性が強いため、事故に遭遇しやすいのではないかと考えられている[46]。罹患した年齢については、骨が脆弱になる高齢犬で多いとする報告や[69]、逆に若いもので多かったとするものもある[68]。

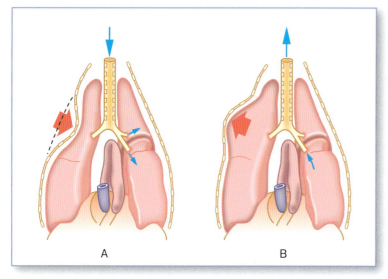

図V-14 フレイルチェストの模式図
A：吸気時は、胸郭が拡張しそれに伴い肺が拡張するが、フレイルチェストでは骨折により胸郭の連続性が失われた部位で、吸気時にもかかわらず胸壁が陥凹する（赤矢印）。
B：呼気時は、正常であれば縮小するはずの胸郭が、フレイルセグメントの部位で逆に外方に突出する（赤矢印）。

### 3）病態

胸郭は、通常ならば吸気時に拡張するが、骨折した部分の胸郭が内方に運動し、呼気時には逆に突出する（図V-14）。この状態は、フレイルセグメントの内側にある肺に含まれる空気が、吸気時に骨折のない反対側の肺に移動し、呼気時には逆に移動するためと考えられていたが、現在では胸腔内圧の低下と傍胸骨の肋間筋との力のバランスによって起きると考えられている[70-73]。

肺挫傷は、胸部外傷で最も一般的にみられる病態である。肋骨骨折やフレイルチェストを引き起こすような外傷を受けたときには、肺挫傷はほぼ避けられない。フレイルチェストの75％の症例で肺挫傷が診断されているが[68]、もし追加のX線検査が行われていれば、さらに多くの症例で肺挫傷がみつかると考えられている[52,74]。肺挫傷を検出する検査としては、X線検査が最も感度のよい検査の1つであるが、X線検査で肺挫傷が確認できるまでは4〜6時間掛かることが[46,54,74]、初診時に肺挫傷がみられない理由として考えられる。

フレイルチェストにみられる呼吸不全は、肺挫傷による低酸素血症と、疼痛などによる呼吸運動の低下による換気障害が関与している[75]。肺挫傷では、肺の実質や間質に血液や血漿蛋白が漏出し、これにより急性肺障害・急性呼吸促迫症候群（Acute Respiratory Distress Syndrome：ARDS）を引き起こすとされている[76]。また、DICを併発した場合には、それによる血管透過性の亢進や[77]、輸液に

表V-1 フレイルチェスト24例のX線検査上の異常所見

| 異常所見 | 頭数 | ％ |
|---|---|---|
| 肺挫傷 | 18 | 75% |
| 皮下気腫 | 16 | 67% |
| 気胸 | 14 | 58% |
| 縦隔洞気腫 | 4 | 17% |
| 胸水貯留 | 4 | 17% |
| 無気肺 | 2 | 8% |

参考文献[8]を一部改変

よる肺への負荷の増大も重要な因子になる。

疼痛も呼吸状態を悪化させる重要な要素であることがわかっている。疼痛のために十分に胸郭を拡張させることができず、低換気状態になり、それによって低酸素血症に進行し、無気肺を誘発する。また、咳反射を抑制するため、肺の分泌物の排泄も低下する。

フレイルチェストの症例では、気胸や皮下気腫などが同時にみられることが多い[68]（表V-1）。緊張性気胸は、折れた肋骨が肺実質や気道を引き裂き、そこから空気が漏出することによって発生する。また、事故などによる外力が胸部に加わることにより、気道内圧が急激に上昇し、肺の損傷が起きることによっても緊張性気胸は発生する。開放性気胸は、咬傷によって歯牙が胸郭を貫通した際に発生する。皮下気腫の発生についても、咬傷によるものが

最も多い。咬傷によって組織が損傷した部位に、外界から空気が侵入して皮下気腫が形成される。もしくは、縦隔洞気腫などで漏れ出た空気が、胸膜や肋間筋を通過して皮下気腫を形成することもある。

### 4）診断

視診で奇異呼吸や呼吸促迫、呼吸困難がみられることがある。また、重度の疼痛から胸腹部の筋緊張の亢進が確認されることもある。触診では、胸部の外傷や肋骨の動揺が確認される。聴診では、肺挫傷に伴う粗励な肺音の聴取や、気胸や胸腔内の液体貯留に伴う呼吸音の減弱などが聴取される可能性がある。

胸部X線検査においては、フレイルチェストでは連続する複数本の肋骨骨折がみられるが、胸骨や胸椎の異常の有無、また、前肢や骨盤など他の部位に異常がないかも併せて確認する。特に、肋骨は複数の骨が重なるうえ、変異がわずかな場合はわかりにくいこともあるので、読影は注意深く行う。また、初診時においても高い確率で肺損傷がみつかる。その他にも胸腔内液体貯留や気胸、血胸、無気肺、縦隔洞気腫がみられることもある。しかし、気管の損傷、心臓破裂、大血管の損傷はまれである[48,78]。胸部CT検査は、肋骨骨折や肺挫傷の状態などをより詳細に検討できる検査ではあるが、フレイルチェストの症例においては呼吸や全身状態が悪いことが多く、検査に伴う全身麻酔のリスクを考慮すると適していない[79]。

胸部外傷の症例では、不整脈を起こすことがあるので心電図をモニターすることが望ましい。特に、受傷後しばらくしてから不整脈が起きることもあるので注意が必要である。不整脈発現の機序として、心筋の挫傷や心筋の虚血、交感神経の亢進などが考えられている[56]。

血液検査では、胸部外傷やフレイルチェストに特異的な所見はないが、CKや白血球の上昇、胸腔内出血などが重度の場合にはPCVの低下がみられるかもしれない。また、血液ガス分析では換気不良による低酸素血症や呼吸性アシドーシスがみられるかもしれない。

### 5）治療

#### i）内科的治療

フレイルチェストによる異常は、奇異性呼吸によって引き起こされているわけではないので、その機械的な異常を重視するのではなく、肺挫傷などにより引き起こされている呼吸不全などを中心に治療を行うことが、近年推奨されている[66]。フレイルチェストの内科的治療は、十分な鎮痛と呼吸管理により胸郭の動揺を抑えることで、折れた肋骨の癒合を待つ方法が広く用いられている[80]。また、フレイルチェストで受診する動物は、交通事故や胸部の咬傷などでショック状態を呈していることが多いので、輸液療法も必要となる。肺挫傷を起こしている肺では、輸液により過水和になりやすいので、十分注意が必要である。ショックや肺水腫の治療のために、コルチコステロイドの投与やフロセミドの投与が行われることもある[63]。フレイルチェストでは、交通事故や咬傷がその原因になるため、また、肺挫傷が悪化して肺炎や肺膿瘍を起こすこともあるので、感染のコントロールのために、抗生物質の投与は必須である。

肺挫傷などが重度の場合には、肺胞でのガス交換が不良になるので、マスクや酵素室での酸素吸入が必要になる。

挿管して行う呼吸管理は、肺炎を併発する可能性が高くなること[81]、骨折した肋骨の癒合には長期間かかること、また、動物では長期にわたっての気管挿管の維持が困難であることから、気管挿管を行って呼吸管理をする必要があると判断した症例に関しては、症例の状態をよく検討したうえで、胸郭の安定化を目的に外科的処置を行うことが勧められている。また、外科的処置を行うことで疼痛が軽減され、呼吸状態の改善も見込める。

胸部の鈍的外傷は、重度の疼痛を生じる[82]。また、それにより呼吸が抑制されることから、疼痛管理は非常に重要な内科的治療であり[65,83]、早期に開始することが望ましい[84]。具体的には、局所麻酔の使用や、オピオイドの投与が行われている。骨折した肋骨とその前後の肋骨に対して、肋骨の尾側に局所麻酔を投与する肋間神経ブロックが報告されている[63]（肋間神経ブロックの方法については肋骨

骨折の項を参照)。また、局所麻酔と硬膜外麻酔の併用も非常に効果的である[85]。鎮痛薬の全身投与にはフェンタニルなどが使用されている。フェンタニルは、長期的な疼痛管理に有用である。オピオイドには強い呼吸抑制効果があるが、その鎮痛効果は呼吸抑制の欠点よりも利点が大きいため、フレイルチェストの疼痛管理に用いられている。

### ii) 外科的治療

多数の肋骨骨折がある場合や、胸郭の変形が重度である場合、胸腔内臓器へのさらなるダメージを減らすため、内科的管理では呼吸状態の改善がみられないなどの場合には、肋骨骨折の整復やデブリードマンなどの外科的処置が選択される[69,86]。犬の咬傷による胸部外傷の報告の中には、フレイルチェストの症例については、肺がダメージを受けている可能性が高いため、骨折の外科的整復と同時に胸腔内の探索を行うことを強く勧めている報告もある[67]。これらの外科的処置を必要とする症例は、一般状態が悪いことが多いため、麻酔には十分注意しなければならない。そのため、外固定の設置のみを行う場合には、気管挿管下で呼吸管理をしている間に、局所麻酔下で経皮的に行われることもある。

外固定の方法には、アルミニウム製の副木を胸郭に沿わせて、固定する方法や舌圧子を用いて固定する方法がある[87]。外固定をした場合は、バンテージによる呼吸状態のさらなる悪化を防ぐため、外固定と胸郭との強固な包帯による固定はできるだけ行わない。圧迫しすぎないように最小限にとどめる。固定は、骨折が治癒するまで継続する。

### 6) 予後

フレイルチェストの犬猫24頭の回顧的研究では、20頭(83.3%)は軽快したものの、4頭(16.7%)が死亡している。また、この報告ではフレイルセグメントの外科的固定の有無と予後に関して、統計的な有意差はみられなかったと報告している[68]。

## ■ 5 漏斗胸

### 1) 定義

先天的な胸骨や肋軟骨の胸腔内方向への陥没を漏斗胸という。

### 2) 原因

漏斗胸は、日常の診療において偶発的に診断されることが多いが、動物における発生率は不明である。人において、漏斗胸は常染色体の優性遺伝が原因であることがわかっており[88]、肋軟骨の発達速度の異常により発生する。動物においては近親交配などでの発生が知られているが[89]、詳細なことはまだわかっていない[90,91]。また、人と犬の両方で、漏斗胸とリソソーム蓄積病との関連も知られている[92]。犬においては、短頭種でみられることが多く、気管の低形成を併発していることも多い[93]。

### 3) 病態

動物での漏斗胸の原因は不明であるが、本疾患は短頭種に多いことから、慢性の上部気道閉塞による圧勾配が関与していると考えられてきた[93]。しかし、現在では、胸骨下靱帯の短縮や横隔膜腱中心の短縮などが原因として考えられており[90]、重度の漏斗胸の外科的整復術において、胸骨の牽引のみでは整復が困難な症例において、胸骨下靱帯の切開が必要になる[83]。

胸骨が胸腔内に陥凹することにより、胸腔内の臓器が障害されることがある。その結果、呼吸容積の減少による呼吸器症状や、背側へ偏位した胸骨などが大血管を圧迫することによる心臓への還流障害や、心臓自体への圧迫による心臓の位置の変化、心室容積の制限、不整脈の誘発がみられることもある。大静脈のねじれが、症状の発現に大きく関わっていると考えられている[94]。

### 4) 臨床症状

漏斗胸の動物の多くは、症状を示すことはないが、出生後間もないころから呼吸障害に関連する症状を呈するものもある。症状の程度は、軽度なものから重篤なものまで様々である。実際の症状としては、運動不耐性、体重減少、努力性呼吸などがみられることが多い。また、漏斗胸の動物は、他の同腹子に比べて成長が遅く虚弱なこともある。また、胸壁のコンプライアンス低下による肺の部分的な虚脱によって呼吸器感染を併発しやすく、再発性の肺炎を起こすことがある。

[3] Bailey CS, Morgan JP.：Congenital spinal malformations. *Vet Clin North Am.* 1992；22：985.
[4] Colter SB.：Congenital anomalies of the spine. In：Bojrab MJ.（ed）：Disease Mechanisms in Small Animal Surgery：Lea & Febiger；1993：950. Philadelphia.
[5] Coates JR, Kline KL.：Congenital and inherited neurologic disorders in dogs and cats. In：Bonagura JD, Kirk RW.（eds）：Kirk's Current Veterinary Therapy XII, Small Animal Practice：WB Saunders；1995：1111. Philadelphia.
[6] Nelson RW, Couto CG.：Small Animal Internal Medicine, 4th ed.：Mosby；2009. St.Louis.
[7] Newitt A, German AJ, Barr FJ.：Congenital abnormalities of the feline vertebral column. *Vet Radiol and Ultrasound.* 2008；49：35-41.
[8] Wheeler SJ, Sharp NJH.：Small animal spinal disorders：diagnosis and surgery：Mosby-Wolf；1994. London.
[9] Sturges BK, LeCouteur RA.：Vertebral fractures and luxations. In：Slatter D.（ed）：Textbook of Small Animal Surgery, 3rd ed.：Elsevier science；2003：1244-1260. Philadelphia.
[10] Levitski RE, Lipsitz D, Chauvet AE.：Mangetic resonance imaging of the cervical spine in 27 dogs. *Vet Radiol Ultrasound*；1999；40：332-41.
[11] Gopal MS, Jeffery ND.：Magnetic resonance imaging in the diagnosis and treatment of a canine spinal cord injury. *J Small Anim Pract.* 2001；42：29.
[12] Carlson GD, Minato Y, Okada A, Warden KE, Barbeau JM, Biro CL, Bahnuik E, Bohlman HH, Lamanna JC.：Early time-dependent decompression for spinal cord injury：vascular mechanisms of recovery. *J Neurotrauma.* 1997；14：951-962.
[13] Delamarter RB, Sherman J, Carr JB.：Pathophysiology of spinal cord injury. Recovery after immediate and delayed decompression. *J Bone Joint Sureg Am.* 1995；77：1042-1049.
[14] Rosenfeld JF, Vaccaro AR, Albert TJ, Klein GR, Cotler JM.：The benefits of early decompression in cervical spinal cord injury. *Am J Orthop*（Belle Mead NJ）. 1998；27：23-28.
[15] Olby N.：Current concepts in the management of acute spinal cord injury. *J Vet Intern Med.* 1999；13：399-407.
[16] Bracken MB, Shepard MJ, Collins WF, Holford TR, Young W, Baskin DS, Eisenberg HM, Flamm E, Leo-Summers L, Maroon J, et al.：A randomized, controlled trial of methylprednisolone or naloxione in the treatment of acute spinal-cord injury. Results of the Second National Acute Spinal Cord Injury Study. *N Engl J Med.* 1990；322（20）：1405-1411.
[17] Bracken MB, Shepard MJ, Holford TR, Leo-Summers L, Aldrich EF, Fazl M, Fehlings M, Herr DL, Hitchon PW, Marshall LF, Nockels RP, Pascale V, Perot PL Jr, Piepmeier J, Sonntag VK, Wagner F, Wilberger JE, Winn HR, Young W.：Administration of methylprednisolone for 24 or 48 hours or tirilazad mesylate for 48 hours in the treatment of acute spinal cord injury. Results of the Third National Acute Spinal Cord Injury Randomized Controlled Trial. National Acute Spinal Cord Injury Study. *JAMA.* 1997；277：1597-604.
[18] Braughler JM, Hall ED, Means ED, Waters TR, Anderson DK.：Evaluation of an intensive methylprednisolone sodium succinate dosing regimen in experimental spinal cord injury. *J Neurosurg.* 1987；67：102-105.
[19] Coates JR, Sorjonen DC, Simpson ST, Cox NR, Wright JC, Hudson JA, Finn-Bodner ST, Brown SA.：Clinicopathologic effects of a 21-aminosteroid compound（U74389G）and high-dose methylprednisolone on spinal cord function after simulated spinal cord trauma. *Vet Surg.* 1995；24：128-139.
[20] George ER, Scholten DJ, Buechler CM, Jordan-Tibbs J, Mattice C, Albrecht RM.：Failure of methylprednisolone to improve the outcome of spinal cord injuries. *Am Surg.* 1995；61：659-663；discussion 663-664.
[21] Hall ED, Yonkers PA, Taylor BM, Sun FF.：Lack of effect of postinjury treatment with methylprednisolone or tirilazad mesylate on the increase in eicosanoid levels in the acutely injured cat spinal cord. *J Neurotrauma.* 1995；12：245-256.
[22] Heary RF, Vaccaro AR, Mesa JJ, Northrup BE, Albert TJ, Balderston RA, Cotler JM.：Steroids and gunshot wounds to the spine. *Neurosurgery.* 1997；41：576-583；discussion 583-584.
[23] Hitchon PW, McKay TC, Wilkinson TT, Girton RA 3rd, Hansen T, Dyste GN.：Methylprednisolone in spinal cord compression. *Spine.* 1989；14：16-22.
[24] Nesathurai S.：Steroids and spinal cord injury：revisiting the NASCIS 2 and NASCIS 3 trials. *J Trauma.* 1998；45：1088-1093.
[25] Culbert LA, Marino DJ, Baule RM, Knox VW 3rd.：Complications associated with high-dose prednisolone sodium succinate therapy in dogs with neurological injury. *J Am Anim Hosp Assoc.* 1998；34：129-134.
[26] Gerndt SJ, Rodriguez JL, Pawlik JW, Taheri PA, Wahl WL, Micheals AJ, Papadopoulos SM.：Consequences of high-dose steroid therapy for acute spinal cord injury. *J Trauma.* 1997；42：279-284.
[27] Rohrer CR, Hill RC, Fischer A, Fox LE, Schaer M, Ginn PE, Casanova JM, Burrows CF.：Gastric hemorrhage in dogs given high doses of methylprednisolone sodium succinate. *Am J Vet Res.* 1999；60：977-981.
[28] Rohrer CR, Hill RC, Fischer A, Fox LE, Schaer M, Ginn PE, Preast VA, Burrows CF.：Efficacy of misoprostol in prevention of gastric hemorrhage in dogs treated with high doses of methylprednisolone sodium succinate. *Am J Vet Res.* 1990；60：982-985.
[29] Bracken MB.：Methylprednisolone and spinal cord injury. *J Neurosurg.* 2000；93（1 Suppl）：175-179.
[30] Bracken MB.：The use of methylprednisolone. *J Neurosurg.* 2000；93（2 Suppl）：340-341.
[31] Bracken MB.：High dose methylprednisolone must be given for 24 or 48 hours after acute spinal cord injury. *BMJ.* 2001；322：862-863.
[32] Meintjes E, Hosgood G, daniloff J.：Pharmaceutic treatment of acute spinal cord trauma. *Comp Cont Ed.* 1996；18：625.
[33] Brown SA, Hall ED.：Role of oxygen-derived free radicals in the pathogenesis of shock and trauma, with focus on central nervous system injuries. *J Am Vet Med Assoc.* 1992；200：1849-59.
[34] Carberry CA, et al.：Nonsurgical management of thoracic and lumbar spinal fractures and fracture/luxations in the dog and cat：A review of 17 cases. *J Am Anim Hosp Assoc.* 1989；25：43.
[35] McKee WM.：Spinal trauma in dogs and cats：a review of 51 cases. *Vet Rec.* 1990；126：285-289.
[36] Bagley RS, Harrington ML, Silver GM, Moore MP：Exogenous spinal trauma：Clinical assessment and initial management. *Comp Cont Ed.* 1999；21：1138.
[37] Bagley RS.：Spinal fracture or luxation. *Vet Clin North Am Small Anim Pract.* 2000；30：133-153.
[38] Patterson RH, Smith GK.：Backsprinting for treatment of thoracic and lumber fracture/luxation in the dog：Principles of application and case series. *Vet Clin Orthop Traumatol.* 1992；5：179.
[39] Seim HB.：Fundamentals of neurosurgery. In：Fossum TW.（ed）：Small Animal Surgery, 2nd ed.：Mosby-Year Book；2002. St Louis.
[40] Selcer RR, Bubb WJ, Walker TL.：Management of vertebral column fractures in dogs and cats：211 cases（1977-1985）. *J Am Vet Med Assoc.* 1991；198：1965-1968.
[41] Walker TM, Pierce WA, Welch RD.：External fixation of the lumbar spine in a canine model. *Vet Surg.* 2002；31：181-188.
[42] Wheeler JL, Cross AR, Rapoff AJ.：A comparision of the accuracy and safety of vertebral body pin placement using a fluoroscopi-

cally guided versus an open surgical approach : an in vivo study. *Vet Surg*. 2002 ; 31 : 468-474.
[43] Garcia JN, Milthorpe BK, Russell D, Johnson KA. : Biomechanical study of canine spinal fracture fixation using pins or bone screws with polymethylmethacrylate. *Vet Surg*. 1994 ; 23 : 322-329.
[44] Blass CE, Seim HB. : Spinal fixation in dogs using Steinmann pins and methylmethacrylate. *Vet Surg*. 1984 ; 13 : 203-210.
[45] Adams C, Streeter M, King R, Rozanski E. : Cause and clinical characteristics of rib fractures in cats : 33 cases (2000-2009). *Journal of Veterinary Emergency and Critical Care*. 2010 ; 20 : 436-440.
[46] Tamas PM, Paddleford RR, krahwinkel DJ. : Thoracic trauma in dogs and cats presented for limb fractures. *J Am Anim Hosp Assoc*. 1985 ; 21 : 161-166.
[47] Kolata J, Johnston DE. : Motor vehicle accidents in urban dogs : a study of 600 cases. *J Am Vet Med Assoc*. 1975 ; 167 : 938-941.
[48] Kraje BJ, Kraje AC, Rohrbach BW, Anderson KA, Marks SL, Macintire DK. : Intrathoracic and concurrent orthopedic injury associated with traumatic rib fracture in cats : 75 cases (1980-1998). *J Am Vet Med Assoc*. 2000 ; 216 : 51-54.
[49] Hardie EM, Ramirez O 3rd, Clary EM, Kornegay JN, Correa MT, Feimster RA, Robertson ER. : Abnormalities of the thoracic bellows : stress fractures of the ribs and hiatal hernia. *J Vet Intern Med*. 1998 ; 12 : 279-287.
[50] Engelking LR. : Mechanics of breathing, In : Engelking LR. (Ed) : Review of Veterinary Physiology. Jackson : Teton NewMedia ; 2002 : 133-136.
[51] Roenigk WJ. : Injuries to the thorax. *J Am Anim Hosp Assoc*. 1971 ; 7 : 266-289.
[52] Crowe DT. : Traumatic pulmonary contusions, hematomas, pseudocysts, and acute respiratory distress syndrome Part I. An update. *Compend Contin Educ Pract Vet*. 1983 ; 5 : 396-404.
[53] Spencer CP, Ackerman N. : Radiography. *Vet Clin North Am Small Anim Prac*. 1973 ; 3 : 3-15.
[54] Erickson DR, Sminozaki T, Beekman E, Davis JH. : Relationship of arterial blood gases and pulmonary radiography to the degree of pulmonary damage in experimental pulmonary contusion. *J Trauma*. 1971 ; 11 : 689-694.
[55] Reynolds J, Davis JT. : Injuries of the chest wall, pleural, pericardium, lungs, bronchi and esophagus. *Radiol Clin Nor Am*. 1966 ; 4 : 383.
[56] Slatter DH. : Textbook of small animal surgery : Elsevier Health Sciences ; 2003.
[57] Leighton RL. : 図説犬と猫の外科手術テクニック（監訳／安川明男）: メディカルサイエンス社 ; 1998. 東京.
[58] Bergh NP, Dottori O, Löf BA, Simonsson BG, Ygge H. : Effect of intercostal block on lung function after thoracotomy. *Acta Anaesthesiol Scand Suppl*. 1966 ; 24 : 85-95.
[59] Liu M, Rock P, Grass JA, Heitmiller RF, Parker SJ, Sakima NT, Webb MD, Gorman RB, Beattie C. : Double-blind randomized evaluation of intercostal nerve blocks as an adjuvant to subarachnoid administered morphine for post-thoracotomy analgesia. *Reg Anesth*. 1995 Sep-Oct ; 20 (5) : 418-25.
[60] Flecknell PA, Kirk AJ, Liles JH, Hayes PH, Dark JH. : Post-operative analgesia following thoracotomy in the dog : an evaluation of the effects of bupivacaine intercostal nerve block and nalbuphine on respiratory function. *Lab Anim*. 1991 Oct ; 25 (4) : 319-24.
[61] Kushner LI, Trim CM, Madhusudhan S, Boyle CR. : Evaluation of the hemodynamic effects of interpleural bupivacaine in dogs. *Vet Surg*. 1995 Mar-Apr ; 24 (2) : 180-7.
[62] Thompson SE, Johnson JM. : Analgesia in dogs after intercostal thoracotomy. A comparison of morphine, selective intercostal nerve block, and interpleural regional analgesia with bupivacaine. *Vet Surg*. 1991 Jan-Feb ; 20 (1) : 73-7.
[63] Anderson M, Payne JT, Mann FA, Constantinescu GM. : Flail chest : Pathophysiology, treatment, and prognosis, *Compend Contin Educ Pract Vet*. 1993 ; 15 : 65-74.
[64] Orton EC. : Thoracic wall. In : Slatter D. (ed) : Textbook of small animal surgery, 2nd ed. : WB Saunders ; 1993.
[65] Bjorling DE. : Management of thoracic trauma. In : Birchard SJ, Sherding RG. (ed) : Saunders manual of small animal practice, 2nd ed. : WB Saunders ; 2000. Philadelphia.
[66] Fossum TW. : Pleural and extrapleural diseases. In : Ettinger SJ, Feldman EC. (ed) : Textbook of veterinary internal medicine, 5th ed. : WB Saunders ; 2000. Philadelphia.
[67] Scheepens ETF, Peeters ME, L'Eplattenier HF, Kirpensteijin J. : Thoracic bite trauma in dogs : a comparison of clinical and radiological parameters with surgical results. *Journal of Small Animal Practice*. 2006 ; 47 : 721-726.
[68] Olsen D, Renberg W, Hauptman JG, Waldron DR, Monnet E. : Clinical management of flail chest in dogs and cats : a retrospective study of 24 cases (1989-1999). *J Am Anim Hosp Assoc*. 2002 ; 38 : 315-320.
[69] Bjorling DE, Kolata RJ, DeNovo RC. : Flail chest : review, clinical experience and new method of stabilization. *J Am Anim Hosp Assoc*. 1982 ; 18 : 269-276.
[70] Cappello M, Yuehra C, De Troyer A. : Rib cage distortion in a canine model of flail chest. *Am J Respir Crit Care Med*. 1995 ; 151 : 1481-1485.
[71] Cappello M, Yuehra C, De Troyer A. : Respiratory muscle response to flail chest. *Am J Respir Crit Care Med*. 1996 ; 153 : 1897-1901.
[72] Cappello M, De Troyer A. : Actions of the inspiratory intercostals muscles in flail chest. *Am J Respir Crit Care Med*. 1997 ; 155. 1085-1089.
[73] Cappello M, Legrand A, A De Troyer. : Determinants of rib motion in flail chest. *Am J Respir Crit Care Med*. 1999 ; 159 : 886-891.
[74] Hackner SG. : Emergency management of traumatic pulmonary contusions. *Comp Cont Ed Pract Vet*. 1995 ; 17 : 677-686.
[75] 日本外傷学会外傷研修コース開発委員会編. : 胸部外傷. In : 外傷初期診療ガイドライン（外傷初期診療ガイドライン 第3版 編集委員会）: へるす出版 ; 2008 : 71-94. 東京.
[76] 古川丸丸，譜井將満. : 外傷と呼吸管理. In : Intensivist.2.3. (編／日本集中治療教育研究会): メディカル・サイエンス・インターナショナル ; 2010 : 497-510. 東京.
[77] Gosling P, Sanghera K, Dickson G. : Generalized vascular permeabilityand pulmonary function in patients following serioustrauma. *J Trauma*. 1994 ; 36 : 477-81.
[78] Ciraulo DL, Ellliott D, Mitchell KA, Rodriguez A. : Flail chest as a marker for significant injuries. *J Am Coll Surg*. 1994 ; 178 : 466-470.
[79] Collins J. : Chest wall trauma. *J Thorac Imaging*. 2000 ; 15 : 112-119.
[80] Pettiford BL, Luketich JD, Landreneau RJ. : The managementof flail chest. *Thorac Surg Clin*. 2007 ; 17 : 25-33.
[81] Freedland M, Wilson RF, Bender JS, Levison MA. : The management of flail chest injury : factors affecting outcome. *J Trauma*. 1990 ; 30 : 1460-1468.
[82] Tod TRJ, Shamji F. : Pathophysiology of chest wall trauma. In : Roussos C, Macklem PT. (ed) : The thorax, part B : Marcel Dekker ; 1985 : 979-997. New York.
[83] King LG. : 犬と猫の呼吸器疾患（多川政弘，局 博一／監訳）: インターズー ; 2007. 東京.
[84] Miller HAB, Taylor GA. : Flail chest and pulmonary contusion. In : McMurtry RY, McLellan BA. (ed) : Management of blunt trauma : Williams & Wilkins ; 1990. Baltimore.

[85] Mandabach MG.: Intrathecal and epidural analgesia, *Crit Care Clin*. 1999 ; 15 : 105-118.
[86] Tanaka H, Yukioka T, Yamaguti Y, Shimizu S, Goto H, Matsuda H, Shimazaki S.: Surgical stabilization of internal pneumatic stabilization? A prospective randomizedstudy of management of severe flail chest patients. *J Trauma*. 2002 ; 52 : 727-732.
[87] McAnulty JF.: A simplified method for stabilization of flail chest injuries in small animals. *J Am Anim Hosp Assoc*. 1995 ; 31 : 137-141.
[88] Stoddard EJ.: The inheritance of hollow chest, cobbler's chest due to heredity-not occupational deformity. *J Heredity*. 1939 ; 30 (4), 139-141.
[89] Sedgwick CJ.: Pectus Excavatum in a Douc Langur (Pygathrix nemaeus): One Reason for Managing Genetic Variation in Zoo Animal Breeding Programs. *J Zoo Anim Med*. 1981 ; 2 : 124-127.
[90] Smallwood JE.: Congenital chondrosternal depression (pectus excavatum) in a cat. *J Am Vet Radiol Soc*. 1977 ; 18 : 141-146.
[91] Pearson JL.: Pectus excavatum in the dog. *VMSAC*. 1973 ; 68 : 125-128.
[92] Haskins ME, Jezyk PF, Desnick RJ, Patterson DF.: Animal model of human disease : Mucopolysaccharidosis VI Maroteaux-Lamy syndrome, Arylsulfatase B-deficient mucopolysaccharidosis in the Siamese cat. *Am J Pathol*. 1981 ; 105 : 191-193.
[93] Fossum TW.: Small animal surgery 3rd ed.: Mosby ; 2007.
[94] Diaz FV, Pelous AN, Valdes FG, Granados A.: Pectus excavatum. Hemodynamic and electrocardiographic considerations. *Am J Cardiol*. 1962 ; 10 : 272-277.
[95] Fossum TW, Boudrieau RJ, Hobson HP.: Pectus excavatum in eight dogs and six cats. *J Am Anim Hosp Assoc*. 1989 ; 25 : 595-605.
[96] Wachtel FW, Ravitch MM, Grishmam A.: The relation of pectus excavatum to heart disease. *Am Heart J*. 1956 ; 52 : 121-137.
[97] Guller B, Hable K.: Cardiac findings in pectus excavatum in children : review and differential diagnosis. *Chest*. 1974 ; 66 : 165-171.
[98] Udoshi MB, Shah A, Fisher VJ, Dolgin M.: Incidence of mitral valve prolapse in subjects with thoracic skeletal abnormalities-a prospective study. *Am Heart J*. 1979 ; 97 : 303-311.
[99] McAnulty JF, Harvey CE.: Repair of pectus excavatum by percutaneous suturing and temporary external coaptation in a kitten. *J Am Vet Med Assoc*. 1989 ; 194 : 1065-1067.
[100] Fossum TW, Boudrieau RJ, Hobson HP, Rudy RL.: Surgical correction of pectus excavatum, using external splintage in two dogs and a cat. *J Am Vet Med Assoc*. 1989 ; 195 : 91-97.
[101] Crigel MH, Moissonnier P.: Pectus excavatum surgically repaired using sternum realignment and splint techniques in a young cat. *J Small Anim Pract*. 2005 ; 46 : 352-356.
[102] Bennett D.: Successful surgical correction of pectus excavatum in a cat (letter). *Vet Med Small Anim Clin*. 1973 ; 68 : 936.
[103] Soderstrom MJ, Gilson SD, Gulbas N.: Fatal reexpansion pulmonary edema in a kitten following surgical correction of pectus excavatum. *J Am Anim Hosp Assoc*. 1995 ; 31 : 133-136.
[104] Ettinger SJ, Feldman EC.: Textbook of veterinary internal medicine, 6th ed.: Elsevier Saunders ; 2005. St. Louis.
[105] Trinkle JK, Richardson JD, Franz JL, Grover FL, Arom KV, Holmstrom FM.: Management of flailchest without mechanical ventilation. *AnnThorac Surg*. 1975 ; 19 (4): 355-363.
[106] 前中由巳ら.: 胸部外傷. *救急医学*. 1977 ; 1 : 55.
[107] Bastos R, Calhoon JH, Baisden CE.: Flailchest and pulmonary contusion. *SeminThorac Cardiovasc Surg* 2008 ; 20 : 39-45.
[108] The Acute Respiratory Distress Syndrome Network.: Ventilationwith lower tidal volumes as compared with traditionaltidal volumes for acute lung injury and the acute respiratory distress syndrome. *N Engl J Med*. 2000 ; 342 : 1301-1308.
[109] Walkey AJ, Nair S, Papadopoulos S, Agarwal S, Reardon CC.: Use of airway pressure release ventilation is associated with a reduced incidence of ventilator-associated pneumonia in patients with pulmonarycontusion. *J Trauma*. 2010 ; 70 : E42-7.
[110] Habashi NM.: Other approaches to open-lung ventilation : airwaypressure release ventilation. *Crit Care Med*. 2005 ; 33 (3Suppl): S228-40.

## ■ 6　胸壁の腫瘍

### 1）定義

　胸郭を形成している軟部組織や骨組織に由来する腫瘍で良性、悪性、様々な腫瘍がある。胸壁腫瘍は、主に原発性胸壁腫瘍、局所直接浸潤による腫瘍、および転移性腫瘍の3つに分類される。

　犬における原発性胸壁腫瘍の疫学的情報は少ない。そのうちLiptakらの報告では、39頭の原発性胸壁腫瘍の犬のうち、骨肉腫が25頭、軟骨肉腫が12頭、および血管肉腫が2頭であった。また、生存期間の中央値は、胸壁の骨肉腫全体では290日であった。しかし、ALPの上昇を示さない症例と示す症例とを比較した場合には、前者が675日であるのに対し、後者は210日と明らかに短いということがわかった[1]。一方、胸壁の軟骨肉腫では骨肉腫や血管肉腫と比較して予後がよかった。また、BainesらのGkiによると、46頭の原発性胸壁腫瘍の犬のうち43頭が悪性腫瘍であった。それらのうち5頭は、診断時に既に転移が認められ、別の5頭は周術期に転移が確認された。遠隔転移は特に肺であることが多く、その観察は重要であると述べられている。また、その報告における生存期間の中央値は、骨肉腫で17週、線維肉腫で26週、そして軟骨肉腫で250週であった[2]。

　一方、これまでに猫における原発性胸壁腫瘍の疫学的情報に関する報告は存在しない。過去、猫において多分葉状腫瘍が胸壁に発生した例が報告されている。

　犬猫の胸壁腫瘍のうち、原発性胸壁腫瘍とそれ以外の局所直接浸潤や転移性腫瘍の割合は明らかにされていない。人では胸壁の悪性腫瘍の場合、半数以

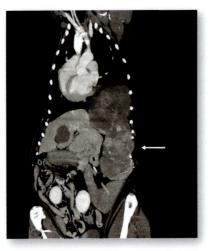

図V-16 矢印の部位から発生した滑膜肉腫の症例のCTの冠状断面（コロナル）像
ゴールデン・レトリーバー、5歳齢、去勢雄、体重33.5kg。食欲不振を主訴として来院し、組織学的診断で滑膜肉腫と確定診断された。腫瘍は胸腔内へと浸潤増殖している。

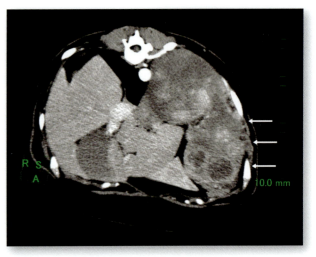

図V-17 図V-16と同症例
CTの体軸断面（アキシャル）像

上が遠隔臓器からの転移または隣接臓器（乳房、肺、胸膜あるいは縦隔など）からの直接的な浸潤であると考えられている。

### 2）症状

胸壁腫瘍は、しばしば他の症状を伴わない限局性の腫瘤として存在している。通常、これら胸壁に発生した軟部組織腫瘍の多くは、大きく進行しない限り疼痛を示さない。対照的に、原発性の軟骨腫瘍および骨腫瘍などは、しばしば疼痛を伴う。患者の中には発熱を示すものもいる。

### 3）診断

触診により、容易に診断は可能である。胸壁腫瘍を有する患者は、原発部位および腫瘍の広がり、ならびに腫瘍が原発性胸壁腫瘍か転移腫瘍かを判断するために、胸部X線検査、全身のCT検査（図V-16、V-17）および、時にMRIを必要とする。生検は、診断を確定することを可能にする。

### 4）治療

可能な限り外科的切除が望まれる。その際は、大きな範囲で切除すべきである。場合により、胸郭の再建術が必要となる。再建術では、しばしば筋皮弁と人工補綴材料を併用する。遠隔腫瘍からの胸壁転移の場合、緩和的な胸壁切除が推奨されるのは、手術以外の選択肢が症状を軽減しないときだけである。軟骨肉腫では外科的切除のみでも予後は比較的よいが、骨肉腫の場合には外科的切除と化学療法を組み合わせるべきである。

## 7 胸膜炎

### 1）定義

胸膜とは、肺の表面を被覆する臓側胸膜と、胸壁、横隔膜、縦隔を被覆する壁側胸膜からなっている。両胸膜に囲まれた部分が胸膜腔である。正常の胸膜腔には、ごく少量の胸水が存在しており、胸膜面を湿潤することで両胸膜間の摩擦による損傷を防いでいる。胸膜腔に何らかの原因で炎症がみられる病態を胸膜炎と呼ぶ。胸膜炎になると、胸膜面での毛細管透過性の亢進や、胸膜リンパ系の通過障害などの原因で、胸水の産生と吸収の均衡が破れ、通常より多くの胸水が貯留することになる。大部分は、肺、その他の近接臓器（膵臓、肝あるいは横隔膜など）の炎症が波及して起こる続発性胸膜炎で、原発性胸膜炎は少ない。原因としては、肺炎の原因であるウイルスや細菌などがあげられる（表V-4）。細菌感染により膿が胸腔に貯留した場合を膿胸（細菌性胸膜炎）と呼んでいる（図V-18）。また、全身性エリテマトーデスなど特定の自己免疫疾患も胸膜を

表V-4 胸膜炎の原因

| 感染 | 肺炎に付随するもので、病原体は細菌、ウイルス、マイコプラズマ、真菌、寄生虫など。これら病原体の感染によって、胸腔内に膿が貯留しているものを膿胸と呼ぶ。 |
|---|---|
| 悪性腫瘍 | 肺や他臓器に発生した癌の進展や転移で起こる。 |
| 肺循環障害 | 肺血栓塞栓症に付随してみられることがある。また、胸膜刺激性のある乳び貯留によるものもある。 |
| 自己免疫疾患 | 全身性エリテマトーデスや関節リウマチなど。 |
| 消化器疾患 | 横隔膜下膿瘍、肝膿瘍、膵炎など。 |
| その他 | 卵巣腫瘍（メイグス症候群）、サルコイドーシス、薬剤誘発性、異物の刺入など。種々の検査をしても原因を特定することのできない特発性胸膜炎もある。 |

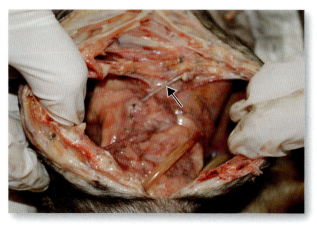

図V-18 胸膜炎症例の死亡直後の剖検写真

ミニチュア・ダックスフンド、12歳齢、雌、体重5.6kg。第3度房室ブロックに対して心外膜ペーシングを行っていたが、胸水（乳び）貯留、呼吸困難を示し、最終的に死亡した例。胸腔全体に激しい炎症が認められる（矢印は、ペースメーカーのリード）。

刺激することが知られている。そして、悪性腫瘍が肺または体の他の部分から胸膜へ広がると、それが刺激となることもある。癌性胸膜炎を引き起こす悪性腫瘍としては、肺癌が最も多い。また、リンパ腫、胃癌、乳腺癌、卵巣癌（メイグス症候群）、膵臓癌そして悪性中皮腫や外部や消化器からの異物刺入などでも認められる。さらに、アスベストの吸入や、まれにプロカインアミドなどの特定の薬剤の使用によっても胸膜炎が生じる。胸膜腔に胸水が貯留することもあれば、胸膜腔に胸水が貯留しない場合（乾性胸膜炎）もある。この病態は、胸膜炎により滲出した胸水が、発熱や時間の経過とともに吸収された状態である。胸膜炎による炎症が治まった後、胸膜は正常な状態に復帰することもあれば、胸膜層同士の癒着が生じることもある。

## 2）症状

胸膜炎で最もよくみられる症状に、突然起こる胸部の疼痛（胸膜炎痛）がある。疼痛の強度は、様々である。例えば、深呼吸時や発咳時のみに疼痛を示す場合もあれば、疼痛は持続しながら深呼吸や発咳でそれがさらに悪化する場合もある。疼痛は、外側の胸膜層の炎症が原因で生じ、通常は炎症を起こしている部分の直上部に位置する胸壁で疼痛を感じる。よって、片側のみに疼痛が認められることもある。深呼吸をすると疼痛が発現するため、呼吸様式は浅速呼吸となる。疼痛がある側の筋肉は、反対側よりも動きが少なくなる。一方、炎症に引き続き滲出性胸膜炎に移行すると大量の胸水が貯留することになる。そうなると壁側胸膜と臓側胸膜の2層の直接的な接触がなくなるため、胸部痛は軽減あるいは消失することがある。しかしながら、大量の胸水貯留は、肺の拡張を阻害するため呼吸困難が引き起こされる。胸膜炎の原因が感染症であれば発熱が認められる。そして、白血球数増加とCRP高値が認められる。この病態が膿胸（化膿性胸膜炎）である。

## 3）診断

最も簡易なものでは胸部疼痛の確認である。経験の多い獣医師による聴打診のみでも診断がつくことがある。疼痛が激しいステージでは、痛みのある胸壁側を壁に接触させたりして、できるだけ胸壁の動きを減じる行動をとる。胸水の貯留した部位が打診で濁音を示す。また、聴診では、呼吸とともに胸膜摩擦音（臓側胸膜と壁側胸膜がすれる音）が聴取される。胸部X線検査や胸部エコー検査において胸水の存在が確認できた場合には、胸水採取により炎症

の存在と原因を明確にする必要がある。また、胸膜炎の原因特定のために、胸部CT検査の実施が望まれる。

### 4）治療

　胸膜炎の治療は、その原因によって異なる。原因が細菌感染症であれば、感受性のある強力な抗生物質を投与する。ウイルス感染症が原因の場合は、対症療法になる。全身性エリテマトーデスなどの自己免疫疾患が原因の場合は、コルチコステロイド薬の投与が必要である。非ステロイド性抗炎症薬は、すべての胸膜炎による胸部疼痛を緩和できる。麻薬系薬剤は、強力に疼痛と発咳を抑制することが可能である。しかし、深呼吸や発咳は肺が潰れるのを防ぐ働きがあるため、麻薬系薬剤の投与は逆に病状を悪化させる可能性もある。激しい胸部の疼痛は、胸部全体を幅広い非粘着性の伸縮性のある包帯で巻くと緩和できることがある。しかし、胸部を固定して呼吸時の肺の拡張を妨げてしまうと、肺が潰れる無気肺や肺炎を起こすリスクが高くなるので注意が必要である。原因によらず、胸膜炎による多量の滲出液が生じる場合や、化膿が進み膿胸に移行した場合は、胸腔ドレーンによる排液（膿）処置が必要となることがある。人の癌性胸膜炎の場合、胸腔ドレナージにより胸水が減少した時点でアドリアマイシンやピシバニールを注入し、胸水の再貯留を予防する方法がとられている。また、同時にシスプラチンなどの抗がん薬の全身投与が行われている。しかし、多くの患者において、極めて予後不良のことが多い[3-5]。

（福島隆治）

---

参考文献

[1] Liptak JM, Kamstock DA, Dernell WS, Monteith GJ, Rizzo SA, Withrow SJ.：Oncologic outcome after curative-intent treatment in 39 dogs with primary chest wall tumors (1992-2005). *Vet surg*. 2008；37（5）：488-496.
[2] Baines SJ, Lewis S, White RA.：Primary thoracic wall tumours of mesenchymal origin in dogs：a retrospective study of 46 cases. *Vet Rec*. 2002；16；150（11）：335-339.
[3] Hojo S, Maeura Y, Fukunaga H, Yoshioka S, Ota H, Endo W, Yamazaki K.：Two patients of recurrent breast cancer with carcinomatous pleurisy well controlled pleural effusion. *Gan To Kagaku Ryoho*. 2005；32（11）：1795-1797.
[4] Fujii M, Kiura K, Okabe K, Toki H.：Intrapleural chemotherapy with cisplatin and Adriamycin in lung cancer with carcinomatous pleuritic. *Gan To Kagaku Ryoho*. 1986；13（11）：3203-3206.
[5] Kusama M, Kimura K, Aoki T, Suzuki K, Kakuta T, Ishikawa M, Yoshimatsu A.：Complete remission, obtained by multidisciplinary treatment of recurrent breast cancer with carcinomatous pleuritic, and cervical lymph node and diver metastasis. *Gan No Rinsho*. 1989；35（1）：93-99.

# 胸腔の疾患

Diseases of the Thoracic Cavity

　胸腔とは、壁側胸膜と臓側胸膜とに囲まれた領域である。胸腔には正常であれば少量の胸膜液が貯留しているのみであり、胸腔臓器が円滑に動くように潤滑油的な働きをしている。胸腔に過度な液体が貯留した場合に胸水（pleural effusion）となる。胸水貯留は、胸水の産生が吸収能を上回るとき、もしくはリンパ管などによる胸水除去能が低下した際に生じる。胸水は、壁側胸膜の毛細管、肺の間質から臓側胸膜を経て胸腔内に流入する。また、横隔膜を介して腹腔から胸腔に流入する場合もある。胸水は、様々な疾患の二次的な結果により胸腔内に液体が貯留した状態であり、胸水の性状により水胸、膿胸、血胸および乳び胸などに分類される。

　気胸とは、胸腔内に気体が存在する状態である。通常、胸腔内は陰圧に保たれており呼吸により肺は容易に拡張可能である。しかし、気胸の状態では胸腔内の陰圧が保てなくなるため、肺が十分に拡張せず呼吸困難が生じる。気胸は、気管、肺などの胸腔内器官からの気体の流出、あるいは胸壁からの気体の侵入により発生する。

　この章では、胸水（水胸、膿胸、血胸、乳び胸）ならびに気胸について解説する。

## ■ 1　水胸

### 1）定義
　水胸とは、胸腔内に蛋白濃度が低く、細胞成分の少ない漏出性胸水が貯留した状態である。

### 2）原因
　水胸の発生原因は多岐にわたる。うっ血性心不全、心タンポナーデ、血栓塞栓症、肺葉捻転などの静水圧の上昇をきたす疾患、あるいは肝不全、蛋白漏出性腎症、蛋白漏出性腸症などの血漿コロイド浸透圧の低下をきたす疾患が漏出性胸水の原因となりうる。

### 3）病態
　水胸の原因である漏出液貯留の最も一般的な原因としてあげられるのが、胸腔内への液体流入の増加である。胸腔内への流入量が、リンパ管などからの排出量を超えたときに、胸水が貯留する。流入量が増加する要因としては、静水圧の上昇、血漿コロイド浸透圧の低下があげられる。静水圧とは、末梢毛細血管を流れるときの血圧である。生体中で水分は細胞内液と細胞外液（組織間液および脈管液）に分布している。それらの水分は、静水圧とコロイド浸透圧のバランスにより細胞膜を介して絶えず行き来している。静水圧の上昇あるいはコロイド浸透圧が低下すると、水分は脈管から排出され胸水が貯留する（図Ⅴ-19）。

　血漿コロイド浸透圧の低下は、低蛋白血症に起因している。アルブミンは、その他の血漿蛋白の中で、最もコロイド浸透圧の維持に関与しており、血漿コロイド浸透圧の低下の原因としては、低アルブミン血症が最も多い。一般的には、血清アルブミン濃度が1.5g/dL未満あるいは血清総蛋白濃度が3.5g/dL未満になると胸水の貯留がみられる。

### 4）診断
　胸水疾患に共通して認められる臨床症状としては、元気・食欲の低下、運動不耐性、呼吸促拍、呼吸困難、チアノーゼなどがあげられる。また、胸水貯留の程度により、聴診時に心音が減弱・消失している場合もある。胸水の確定診断は、胸部X線検査ならびに超音波検査にて行う。胸部X線検査では、肺の葉間裂の明瞭化、肺野の不透過性亢進などの所

第Ⅴ章　胸郭と胸腔

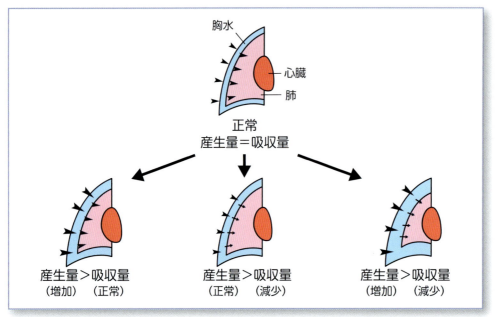

図Ⅴ-19　漏出性胸水の発生パターン

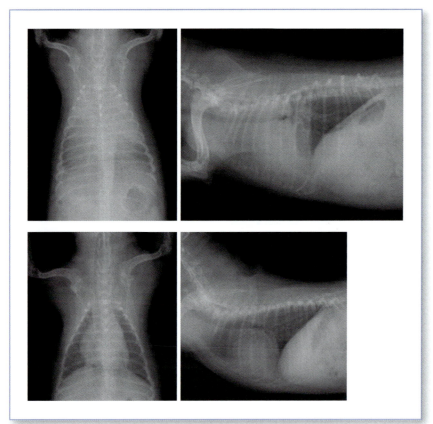

図Ⅴ-20　胸水のX線像
上段：DV像では、肺野のX線不透過性の亢進が認められ、心陰影も不明瞭となっている。ラテラル像では、胸水により葉間裂の明瞭化が認められる。
下段：胸腔穿刺による胸水抜去ならびに利尿薬、強心薬の投与により胸水は消失した。この症例の胸水は、漏出性胸水であり、心疾患に伴う水胸であった。

見が認められる（図Ⅴ-20）。超音波検査では、胸水は流動性のあるエコーフリー領域として観察される。

さらに、水胸の診断は、胸水の性状により行う。漏出液の性状は、透明性が高く、比重1.017以下、総蛋白2.5g/dL以下、有核細胞数1,000個/μL以下である。主に、観察される有核細胞としては、単球、小リンパ球、中皮細胞などである（図Ⅴ-21）。漏出液の貯留が慢性に経過した場合には、変性漏出液に変質することがある。変性漏出液は、慢性的な液体貯留により胸膜の炎症が惹起され、さらに水分が血管およびリンパ管により吸収されるため、漏出

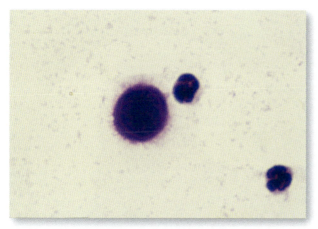

図V-21　漏出性胸水の沈査中の中皮細胞
（写真提供：山根義久先生）

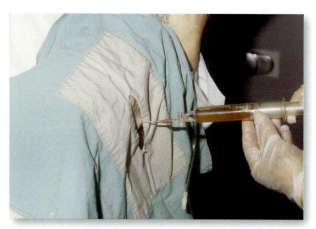

図V-22　漏出性胸水を胸腔穿刺にて除去しているところ
胸水は淡黄色透明。呼吸状態により立位で処置した。
（写真提供：山根義久先生）

液と比較し蛋白濃度の上昇および有核細胞数の増加がみられる。変性漏出液の性状は、比重1.017〜1.025、総蛋白2.5〜3.5g/dL、有核細胞数5,000個/μL以下であり、変性好中球などが認められる。

一方、滲出液の蛋白濃度は高く総蛋白3.0g/dL以上、有核細胞数も多く有核細胞数5,000個/μL以上である。

### 5）内科的治療

水胸により呼吸困難が生じている場合は、原因が何であれ胸腔穿刺により胸水抜去を実施する。その後、水胸の原因となっている疾患の治療を行う。原疾患に対する治療に速やかな反応がみられた場合は、単回もしくは数回の胸水抜去により、胸水の貯留は消失する。しかし、末期の心不全などの場合は、内科的治療に限界があり、定期的な胸水抜去が必要になることもある。

・胸腔穿刺術

胸腔穿刺を行う際は、可能であれば超音波検査により胸水の貯留を確認し、第6〜第8肋間の肋軟骨結合部付近から18〜23Gの留置針あるいは翼状針をやや傾けて刺入する。針を刺入する際に、皮膚を尾側に牽引しておくことで、穿刺後の気胸および胸水の漏出を避けることができる。また、肋骨の後縁には血管が走行しているため、肋骨前縁に沿わせるように針を刺入する。翼状針の場合は、穿刺前に三方活栓、シリンジを接続しておく。留置針の場合は、エクステンションチューブ、三方活栓、シリンジを接続しておき、穿刺後、速やかに留置針につなげる（図V-22）。胸水の急速な吸引は、循環動態に急激な変化をもたらすため、動物の状態を観察しながら注意深く抜去する。

### 6）外科的治療

頻回の胸腔穿刺が必要な場合は、胸腔ドレーンを設置することもあるが、長期間の胸腔ドレーンの留置は、感染あるいは医原性気胸などの合併症の危険性が高まるため注意が必要である。肺葉捻転、横隔膜ヘルニアなどの原疾患の外科的根治が可能な疾患により水胸が生じている場合は、速やかにそれらの疾患に対する外科的治療を実施する。

### 7）予後

水胸の原因により予後はまちまちである。原因疾患が根治可能な疾患であれば、予後は良好なことが多い。心疾患および悪性腫瘍による水胸の場合は、一時的な治療への反応がみられたとしても、長期予後は不良なことが多い。

## ■2　膿胸

### 1）定義

胸腔内に化膿性滲出液が貯留した状態を膿胸という。猫で最もよく認められるが、犬では比較的まれな疾患である。

## 2）原因

胸壁、食道、気管、肺などから胸腔内に細菌などが侵入し、化膿性胸膜炎が生じることにより発生する。胸壁の咬傷・刺傷、食道・気管損傷、肺感染症などからの主に細菌感染が原因としてあげられる。また、麻酔および胸部外科手術時の感染による医原性の膿胸も認められる[1,2]。膿胸の発生原因としては、胸壁の咬傷・刺傷によるものが最も多く、イネ科の植物が有する芒などによる胸腔内異物による膿胸も報告されている。猫などでは原因不明の膿胸もみられる。

## 3）病態

膿胸は、胸腔内の細菌感染により化膿性胸膜炎が生じるため発生する。膿胸の動物は、炎症による滲出液の増加、膿瘍形成に起因する臨床症状を呈する。胸水貯留ならびに感染の結果、呼吸困難、発熱、元気消失、食欲不振、体重減少などが一般的な臨床症状として認められる。咬傷による膿胸の場合、咬傷が治癒してからしばらくして膿胸が生じるため、胸壁への咬傷、外傷を受けた動物に対しては、傷の治癒後も経過に注意する必要がある。

また、慢性経過をたどった症例では、胸腔内の炎症により線維性胸膜炎が生じる場合がある。胸膜の肥厚ならびに線維形成により、心膜あるいは肺拘束が惹起される。このような症例では、膿胸の治癒後も呼吸困難が残存するため、外科的に胸膜を剥離する必要がある。

## 4）診断

水胸と同様に各種検査を行い、胸水の性状が化膿性滲出液であれば膿胸と診断できる。典型的な化膿性滲出液は悪臭が強く、混濁しており膿の小塊を含んでいる。細胞診では変性好中球が主体であり、マクロファージならびに細菌も認められる（図V-23）。しかし、抗生物質による治療を受けている動物では、細菌が確認されないこともある。

採取した胸水は、必ず細菌培養検査に供し、好気性ならびに嫌気性培養を行う。犬の膿胸の原因菌としては大腸菌、猫ではパスツレラが最も多く認められると報告されている[3,4]。

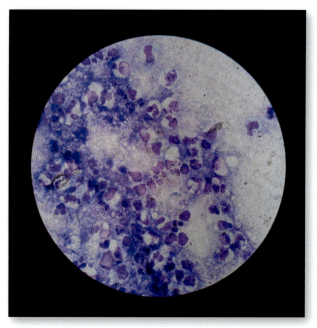

図V-23　膿胸の猫における胸水塗抹標本
細胞成分は好中球、マクロファージが主体であり、短桿菌も多数認められる。

## 5）内科的治療

膿胸の内科的治療は、抗生物質、胸腔ドレーンの留置および胸腔洗浄である。抗生物質のみの投与では、初期に一時的な改善が認められる場合もあるが、再発の可能性が高い。したがって、膿胸の場合は胸腔ドレーンの留置は必須である。胸腔洗浄は、温生理食塩液を用いて1日2回の洗浄を行う。フィブリン形成を抑制する目的で、生理食塩液にヘパリン（2500～5000U/L）を添加することもあるが、明らかな有効性は示されていない。また、全身的に消耗している個体も多いため、輸液療法なども実施する。胸腔ドレーンは、胸水の貯留が減少し（2mL/kg以下）、胸腔洗浄の回収液の濁りがほとんどみられなくなった場合に除去する。

抗生物質の選択は、感受性に基づいて行うことが望まれるが、感受性試験の結果が判明するまでは、ペニシリン系とニューキノロン系などの広域スペクトルの抗生物質を組み合わせて使用する。抗生物質は、胸腔ドレーンを除去した後も、4週間程度は継続投与する。

### 6）外科的治療

胸壁の損傷、胸腔内器官の損傷および異物などが認められる場合は、外科的治療が必要になる。Rooneyらは、胸部X線検査において縦隔もしくは肺に病変が認められる場合は、外科的治療の方が内科的治療と比較し予後が良いと報告している[3]。また、線維性胸膜炎により心膜拘束あるいは肺拘束が認められる場合は、開胸手術により肥厚した心膜あるいは肺胸膜を覆う被膜を剥離除去する必要がある。肺の胸膜剥離時の合併症としては、再拡張性肺水腫ならびに肺損傷による気胸があげられる。再拡張性肺水腫の予防には、術前・術中の利尿薬ならびにステロイド使用に加え、麻酔時に呼気終末陽圧（Positive End-Expiratory Pressure：PEEP）をかけることが有効である。

### 7）予後

早期に発見し積極的な治療を施せば、膿胸の予後は比較的良好である。

## 3 血胸

### 1）定義

胸腔内に血液成分を主体とした胸水が貯留した状態を血胸という。どのような胸水でも多かれ少なかれ血液成分は含まれているが、胸水中のヘマトクリット値（Ht値）が、末梢血のHt値の50％以上であれば血胸という。胸水中の血液成分が少ない場合は血性胸水と呼び、血胸とは異なる。外傷などでは気胸を伴うこともあり、その場合は、血気胸と呼ぶ。

### 2）原因

胸腔は、臓側胸膜、壁側胸膜、縦隔胸膜に囲まれた腔である。したがって、胸壁の血管、横隔膜、肺、縦隔臓器からの出血のみでは血胸にはならず、局所的な血腫となる。血胸は、胸膜などの破綻を伴って血液が胸腔内へと貯留した場合に生じる。原因としては、外傷、腫瘍などによるものが多い。また、胸腺退縮時の血管破綻や殺鼠剤中毒ならびに医原性にも生じる（図V-24～26）。

### 3）病態

血胸の病態は、出血部位の損傷の程度および出血の量により異なる。組織損傷の程度が軽く、少量の出血では明らかな臨床症状を伴わない場合もある。組織損傷が重度で出血量が多い場合は、血圧低下、呼吸困難などが生じショック状態に陥る。

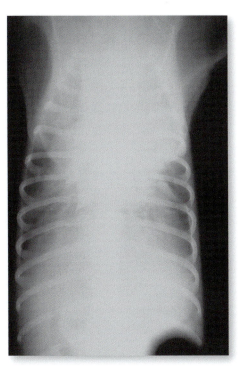

図V-24 クマリン系殺鼠剤（ダイナリン）の急性中毒により吐血と胸腔内出血（血胸）を併発したボーダー・コリー（6ヵ月齢、雄、9.5kg）の胸部X線所見（DV像）
心陰影は、不明瞭である。右側より500mLの血液を除去（そのときのPCV値：17％）。（写真提供：山根義久先生）

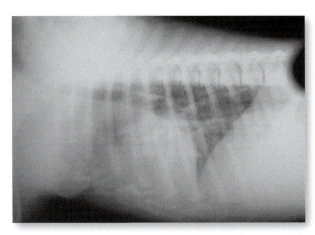

図V-25 図V-24と同症例の胸部X線所見（ラテラル像）
漏出性胸水と異なるところは、胸腔低部に血液が貯留するため、胸骨側が特に不明瞭である。（写真提供：山根義久先生）

図V-26　図V-24と同症例の吐血状態
口腔より大量の出血が確認される。本症例は、止血、輸血処置などの対応で3日目には元気回復する。（写真提供：山根義久先生）

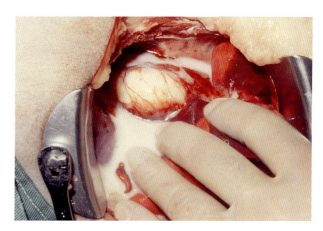

図V-27　乳び胸を呈するシェットランド・シープドッグの開胸時所見
右横隔膜より胸腔側の胸管が大きく拡張して、その表面より乳びが漏出している。（写真提供：山根義久先生）

### 4）診断

胸腔穿刺により胸水を採取し、胸水のヘマトクリット値（Ht値）の測定を行う。末梢血からも採血を行い、胸水中のHt値が末梢の50％以上であれば、原因が何であれ血胸である。

### 5）内科的治療

胸水貯留が少なく、出血の程度が軽度と予測される場合は、血胸に対しては止血剤、酸素室などの内科的治療で経過観察する。ただし、動物の状態（呼吸状態、粘膜色、Ht値など）を注意深く観察し、持続的な出血の有無を確認する。大量の出血が持続的に認められる場合や、もしくはHt値が20％を下回る際は、早急に輸血を行う。胸水貯留は、基本的に胸腔穿刺で可能な限り胸水を抜去するが、血胸の場合は抜去することでさらなる出血が惹起されることがあるので、多量の血胸貯留が認められる場合は外科的な止血を考慮する。

### 6）外科的治療

内科的治療を行っても血胸の持続的な貯留が認められる、もしくは多量の血液貯留が認められる場合は、輸血ならびに輸液を行い開胸手術による損傷部位の止血を考慮する。

### 7）予後

外傷による血胸の場合、出血が少なく、その他の組織損傷が致命的でなければ予後は良好である。しかし、中毒や腫瘍などの疾患により血胸が認められる場合は、一時的な回復は可能であっても長期予後は不良である。

## ■ 4　乳び胸

### 1）定義

乳び胸とは、何らかの原因によりリンパ液が胸腔に貯留した状態である。乳び胸は、特発性と続発性の大きく2つに分類される。特発性乳び胸とは、乳び胸の原因となる明らかな疾患が特定できないものであり、犬猫の乳び胸は特発性乳び胸が多くを占める（図V-27）。続発性乳び胸には、外傷性（医原性を含む）および非外傷性のものがある。

### 2）原因

腸管から吸収された乳びは、腸管膜リンパ節を経て、腹腔内の横隔膜付近にある乳び槽に集まる。そこから横隔膜を越えて胸腔に入り、胸管を経て胸腔頭側において静脈に流入する。乳び胸は、横隔膜から胸腔頭側の静脈までの胸管と呼ばれる部位からの乳びの漏出により生じる。

犬猫の乳び胸は、外傷による胸管破裂に伴い発生するものが多いと考えられていた。しかし、リンパ管造影を実施しても胸管破裂がみられないケースも多く、現在ではむしろ、外傷による胸管破裂に起因する乳び胸はまれであり、明らかな基礎疾患を認め

ない特発性乳び胸が多くを占めていると考えられている。

乳び胸を引き起こす疾患としては、外傷、胸腔内腫瘤、先天性心疾患、フィラリア症、心筋症、肺葉捻転、血栓症などがあげられるが[5-7]、原因が特定されるケースは少ない。

### 3）病態

乳びの貯留の程度により、様々な程度の呼吸困難が生じる。乳び胸は、外傷（医原性を含む）による胸管の破綻を除くと、胸管の閉塞あるいは静脈圧の上昇によるリンパ液のうっ滞に起因する。何らかの原因により、胸管の閉塞あるいは静脈圧が上昇する結果、胸管からの乳びの静脈への流入が妨げられ、乳びの胸腔への漏出が生じる。また、乳びによる胸膜刺激の結果、線維性胸膜炎が惹起され、肥厚した胸膜により心膜拘束ならびに肺拘束が生じる場合がある[8]（図V-28、29）。このような状況では、胸腔

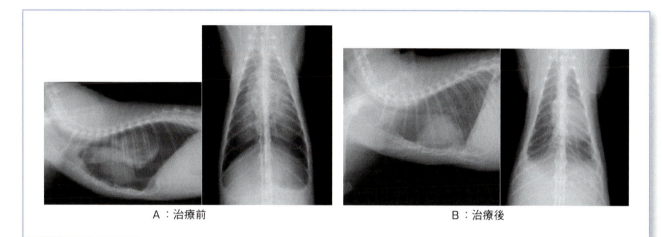

図V-28　胸水（乳び）抜去による気胸および肺拘束症例

A：他院にて乳び胸と診断され胸腔穿刺による胸水抜去を受けた5歳齢の雑種猫。胸水抜去後も呼吸困難の改善が認められないため、当院に紹介来院される。初診時の胸部X線検査では、気胸ならびに線維性胸膜炎によると思われる肺拘束が認められた。気胸に関しては、胸腔穿刺による医原性のものと考えられる。
B：心膜切除ならびに線維性胸膜の剥離を行った2ヵ月後。肺拘束はみられず、乳び胸の再発は認められない。

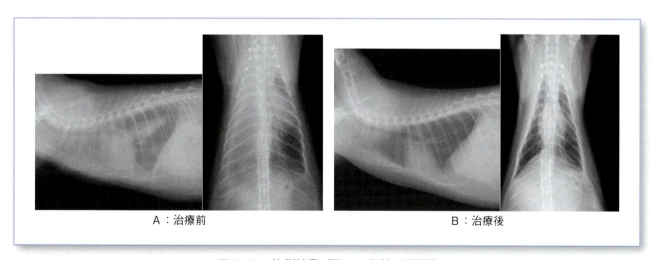

図V-29　片側性乳び胸の4歳齢の雑種猫

A：DV像では右側胸腔に顕著な胸水の貯留が認められ、心臓ならびに縦隔は左側に寄っている。ラテラル像では肺葉の虚脱が認められ、線維性胸膜炎による肺拘束が疑われた。
B：心膜切除ならびに線維性被膜の剥離を行った4ヵ月後。この症例は、若干の胸水貯留が残在したため、術後5ヵ月間ルチンを用いた内科的治療を行った。内服により胸水は消失し、無投薬でも胸水の再貯留は認められない。

穿刺により乳びを抜去しても呼吸困難が持続する。また、心臓ならびに肺の血液・リンパ液の循環が悪くなるため、さらなる乳びを引き起こすことになる。

### 4）診断

乳び胸の診断は、胸腔内貯留液が乳びであることを証明することで確定する。カイロミクロンはリポ蛋白であり、約90％がトリグリセリド、その他リン脂質、コレステロール、蛋白質で構成されている。脂質の大部分は、消化管から吸収される過程において、カイロミクロンとなってリンパ管に流入する。胸管が破綻して乳びが貯留した場合、カイロミクロンを豊富に含む胸水が貯留する。カイロミクロンは、トリグリセリドが主体で構成されているため、胸水中のトリグリセリド濃度は、血液中よりも高値を示す。血清に対する乳びのトリグリセリド濃度は、10倍以上であることが多い。一方、脂質の1つであるコレステロールはカイロミクロン中の含有率が低いため、胸水中のコレステロール濃度は血液中より低値を示す（図V-30）。腫瘍性疾患などでみられる仮性乳びは、細胞融解などにより細胞内のコレステロールが放出されることから、乳びとは異なり、一般的には血液中と比較しトリグリセリド濃度は低く、コレステロール濃度は高値を示す。

乳びの細胞学的検査では主にリンパ球、マクロファージが認められ、直接乳びを鏡検するとカイロミクロンを確認できる。また、慢性経過では炎症反応により好中球も認められるようになる。

### 5）内科的治療

乳び胸の第一の治療は、胸腔穿刺もしくは胸腔ドレーンの留置を行い、乳びを抜去することである。胸腔穿刺のみでの完治は期待できないが、まずは乳び液の抜去により動物の呼吸状態を改善することが重要である。

ルチンは、乳び胸の内科的治療に使用されている。乳び胸に対するルチンの有効性を示す学会ならびに文献報告も散見される[9-11]。ルチンは、ポリフェノール類、フラボノイド系の1つであり、蕎麦、アスパラガス、柑橘類の皮などに多く含まれている。ルチンには、抗酸化作用、抗炎症作用、血管強化作用、蛋白分解作用などが認められている。乳び胸に対する作用機序は不明であるが、これらの作用が組み合わさり乳びの減少効果が得られると考えられる。明確な投与量の基準はないが、文献的なルチンの投与量は1日3回、50～100mg/kgである[9]。

その他の薬物としては、医学領域において、ソマトスタチンの合成アナログであるオクトレオチドが、主に外傷性および医原性乳び胸の治療に用いられており、近年その有効性が多数報告されている[12,13]。犬にソマトスタチンを投与すると即効性に胸管のリンパ流量の減少がみられたとする報告や[14]、犬の胸管損傷モデルに対するオクトレオチド投与による乳びの減少効果の報告などが、この治療のベースになっている[15]。犬や猫の乳び胸においても有効性が期待されるが、治療効果に対する検討が必要である。

### 6）外科的治療

外科的治療は、基礎疾患の治療および内科的治療の反応が乏しい場合に実施する。1週間に1回以上の胸腔穿刺が必要な場合や、線維性胸膜炎などにより胸腔穿刺を行っても呼吸困難の改善が認められない場合などが適応となる。

乳び胸の外科的治療には、様々な方法が報告されている。以前から行われていた胸管結紮術では、あ

図V-30　雑種猫の乳び胸より回収した乳び
（写真提供：山根義久先生）

まり満足のいく治療成績は得られなかった。この理由としてはおそらく、乳び胸の原因が多岐にわたるため、単一の治療法ではすべてをカバーできないことに起因すると考えられる。近年、胸管結紮と他の治療法とを組み合わせて治療することで、乳び胸の治療成績は向上してきている。乳び胸の治療を行うにあたっては、症例に応じて内科的治療と外科的治療との併用、あるいは外科的治療を組み合わせて行うなどの検討が必要である。

### ⅰ）胸管造影法

胸管造影は、腸管膜リンパにヨード系造影剤を注入し、胸管の位置、分岐および漏出部位などを把握する目的で実施される。犬の胸管造影は、腸管膜リンパ管に留置針を挿入・留置し造影する（図Ⅴ-31）。しかし、小型犬や猫の腸管膜リンパ管に造影ルートを確保すること自体が困難であり、リンパ節あるいは乳び槽に直接留置針を挿入する場合もある。また、造影ルートの確保ができたとしても、リンパ組織が脆弱なため造影剤の注入によるリンパ管の破綻あるいはルートの脱落などの問題も生じる。

従来の胸管造影は、開腹手術により行っていたが、近年、胸管造影を低侵襲で行うための経皮的リンパ管造影法が報告されている[16]。この方法は、膝窩リンパ節に造影剤を経皮的に注入するため、低侵襲および麻酔時間の短縮などの利点があり、有用性が示されている。

術中に胸管を可視化するための方法としては、腸管膜リンパ管にメチレンブルーを注入する方法がある。しかし、メチレンブルーは腎不全やハインツ小体性貧血を引き起こす可能性があるため、注意が必要である。また、最も簡便な方法としてはコーン油などの食用油を術前に投与する方法がある。手術3～4時間前から1時間ごとに0.5～2 mL/kgのコーン油を投与することで、リンパ管や胸管が乳白色を呈し、容易に可視化することが可能である[17,18]。

### ⅱ）胸管結紮術

胸管結紮術は、古くから行われている乳び胸の治療法である。胸管結紮術は、胸管を結紮することにより、腹腔内におけるリンパ管の静脈への側副路の形成を促すことを目的としている。ただ、胸管結紮単独での治癒率は20〜60％と報告されており[19-22]、決して治療成績が優れた方法ではない。胸管結紮術は、猫では左側第8〜第10肋間開胸あるいは横隔膜を介して腹腔アプローチ、犬では同肋間における右側肋間開胸によりアプローチする。胸管結紮には、胸管を視認し、各分岐を結紮する方法、あるいは動脈の背側から交感神経鎖の腹側にある組織を一括で結紮する方法がある（図Ⅴ-32）。どちらの方法においても成功率に大差はないが、一括結紮の方が、手術時間を短縮できるなどの利点がある。

### ⅲ）乳び槽切除と胸管結紮

胸管結紮では、リンパ管と静脈との側副路の形成が、胸腔内で生じてしまう可能性がある。乳び槽切除は、腹腔内におけるリンパ管の静脈への側副路の形成をより確実にする目的で考案された。乳び槽切除は、腹部正中切開によりアプローチする。腸管膜リンパ節にメチレンブルーを注入することで、乳び槽を確認し、乳び槽の剥離、切除を行う。乳び槽の完全な剥離は困難であるが、可視化された乳び槽の大部分を切除すれば問題ないとされている。乳び槽切除と胸管結紮との併用による犬の特発性乳び胸の治療成績は80％以上と報告されており[23]、胸管結紮単独と比較して成功率が高い。

### ⅳ）心膜切除術

乳び胸の動物において、心膜の肥厚が認められる場合がある。心膜の肥厚は、慢性的な乳びによる刺激、あるいは膿胸などの胸腔内に炎症を生じる疾患に続発して生じると考えられている。心膜が肥厚すると心臓の拡張が制限され、全身静脈圧の上昇を引き起こし、リンパ液の静脈への排出が阻害される。

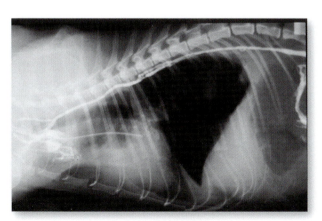

図Ⅴ-31　胸管造影
（写真提供：土井口 修先生）

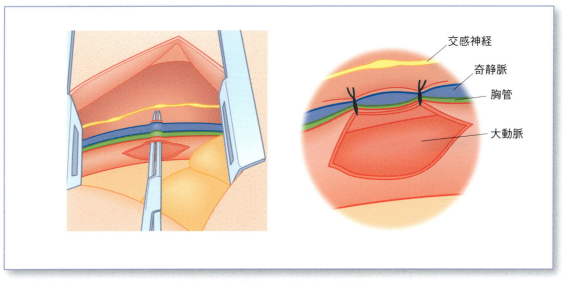

**図Ⅴ-32　胸管の一括結紮の模式図**
第9あるいは第10肋間よりアプローチし、胸部大動脈を露出する。大動脈背側から交感神経鎖腹側との間を鈍性剥離し、ここの組織を2、3ヵ所まとめて一括で結紮する。

心膜切除術は心膜を切除することで、静脈圧を低下させリンパ液の排出を促すことを目的に実施する（図Ⅴ-33）。

心膜の肥厚が認められた乳び胸の犬・猫20例に対し、胸管結紮術および心膜切除術の組み合わせ（17例）、または心膜切除術単独（3例）で治療したFossumらの報告では、犬で100％、猫で80％という良好な成績が得られている[17]。また、胸腔鏡を用いた胸管結紮術と心膜切除術による治療においても、有効性が報告されている[24]。筆者も乳び胸の猫2例において、心膜切除術単独の治療により良好な成績を得ている。この2例のうち1例においては明らかな心膜の肥厚が認められたが、もう1例は肉眼的な心膜肥厚はみられなかった。しかし、肉眼的に心膜肥厚がみられなかった症例においても、病理組織学検査では心膜に中等度の好中球、リンパ球、形質細胞などの炎症性細胞の浸潤が認められた。Fossumらの報告でも、20例全例において、心膜に中等度から重度のリンパ球形質細胞性浸潤がみられたとしている[17]。

心膜切除術単独による乳び胸の治療成績に関しては、さらなる検討が必要と考えられるが、他の外科的治療を実施する際に、心膜切除術を併用することで乳び胸の治療成績の向上が期待される。

### ⅴ）胸腔‐腹腔シャント形成術

胸腔‐腹腔シャント形成術は、シャントカテーテルを用いて、胸腔から腹腔へ乳びを排出させる方法である。カテーテルを外腹斜筋下に作製したトンネルを介し、第7肋間付近で胸腔側のカテーテルを胸腔内に挿入し、最後肋骨付近にて腹腔側のカテーテルを腹腔に挿入する。排出ポンプは、それらの中間に位置させる。しかし、この方法の欠点はカテーテルの閉塞であり、長期間の管理では凝固した滲出物により高率で閉塞が生じる。

### ⅵ）胸腔内大網転移術

胸腔内大網転移術は、腹腔に存在する大網を、肋骨付近の横隔膜を介し胸腔に転移する方法である。大網は、液体を吸収する能力に長けており、乳びを再吸収し胸水の貯留を減少させる。大網転移術による有効性の報告もあるが[25]、大網転移術と胸管結紮および心膜切除術の組み合わせによる成績では、大網転移術が特に優れているものではないとの報告もある[26]。

### ⅶ）胸膜癒着術

胸膜癒着術は、テトラサイクリン、タルク、OK-432などの薬物を胸腔内に注入し、胸腔内に癒着を生じさせ胸膜腔を減少させる方法である。犬における報告もあるが、有効性ならびに合併症などの問題があり、近年は乳び胸の治療法として用いられなく

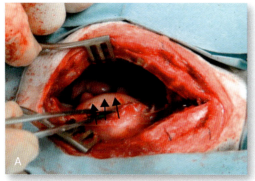
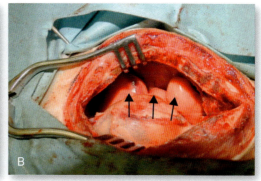
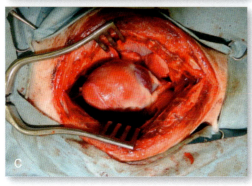

図V-33 図V-28の症例の術中所見（胸骨正中切開にてアプローチ）
A：肺は、線維性組織に覆われており、ほとんど含気は認められない（矢印）。
B：肺の線維性被膜を剥離した後の含気した肺（矢印）。
C：心膜切除の心臓。肥厚した心膜により心臓の拡張も制限されていたが、心膜切除後は拡張不全も認められなくなった。

なっている。

viii）肺被膜剥離術

　線維性胸膜炎により肺拘束が生じている場合、乳びの治療に加え肺被膜剥離術を行う（図V-33）。多くの場合、線維性皮膜は強固に癒着しておらず、丁寧な剥離を行うことで肺に損傷を与えず除去することが可能である。被膜剥離術の合併症としては、気胸があげられる。被膜剥離後には必ずリークテストを実施し、リークがあるならばプレジェット付き縫合糸にて閉鎖する。通常の縫合糸による閉鎖では、肺実質が裂けてさらなるリークを生じる可能性がある。また、肺拘束が広範囲の肺葉に認められる場合は、術中・術後の再拡張性肺水腫に注意が必要である。

7）予後

　治療により乳びの貯留が認められなくなれば、予後は一般的に良好である。しかし、線維性胸膜炎により肺拘束を生じている場合は、乳び胸が治癒したとしても呼吸困難が持続するため、被膜剥離術を考慮する必要がある。様々な治療を行っても反応がみられない難治性乳び胸では、予後不良となる場合もある。

## 5　気胸

### 1）定義

　気胸とは、胸腔内に気体が貯留している状態である。気胸は、閉鎖性気胸（closed pneumothorax）、開放性気胸（open pneumothorax）、さらに緊張性気胸（tension pneumothorax）の3つのタイプに分類される（図V-34）。また別に、原発性自然気胸、続発性自然気胸、外傷性気胸、緊張性気胸などに分類されることもある。肺表面のブラやブレブが自然に破裂することにより生じる気胸を原発性自然気胸、肺疾患などにより二次的に生じる気胸を続発性自然気胸と呼ぶ。また、気体の胸膜腔への流入が一方向性（気体が胸腔に流入するが、排出されない）であり、胸腔内圧が陽圧になる気胸を緊張性気胸という。

### 2）原因

　ブラとは、肺胞入口付近の炎症などにより肺胞内に空気が貯留することで、肺胞内圧の上昇が起こり、隣接する肺胞壁が破綻し風船状に膨らむことで

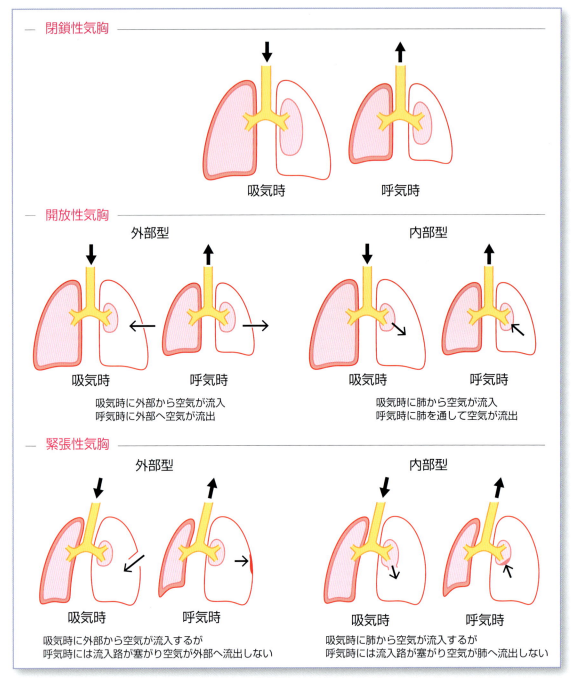

図V-34　気胸の3つのタイプ

生じると考えられている。ブラが臓側胸膜に達したものをブレブと呼び、原発性自然気胸は、主に肺の末端に生じるブレブの破裂により生じる。続発性自然気胸は、肺膿瘍、肺腫瘍、寄生虫などの基礎疾患に伴う二次的な空気の漏出によって生じる[27-29]。外傷性気胸の多くは、交通事故などによる胸壁の破綻により生じることが多く（図V-35、36）、医原性にもしばしば認められる。医原性気胸は、胸腔穿刺、胸腔ドレーン留置、胸部外科手術後の合併症としてだけでなく、気管チューブの挿管および麻酔時の過度な気道内圧によっても生じる。緊張性気胸は、空気の流入部位が一方向弁のような状態になることで生じる。空気の流入部位が流入の際には開放するが、排出の際には閉塞してしまうことにより、胸腔内圧の急激な上昇が生じる（図V-37）。

### 3）病態

通常、胸腔内は陰圧に維持されている。そのため

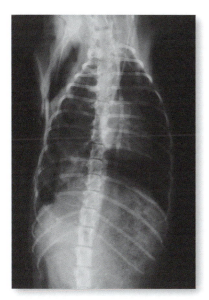

図Ⅴ-35 犬の交通事故により発症した外傷性気胸
右胸腔内の肺は虚脱し、重度な気胸を呈しているが、片側性であり、かつ開放性気胸のため、それほど呼吸障害は認められない。右側胸壁下にも皮下気腫を併発している。
（写真提供：山根義久先生）

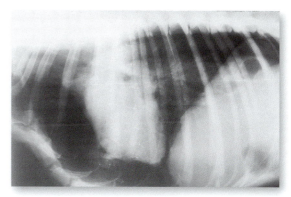

図Ⅴ-36 雑種犬、4歳齢、雌の肺疾患に引き続き二次的に発生した続発性気胸
胸腔穿刺を繰り返し実施し、抜気しても徐々に病態は悪化（緊張性気胸）したため、開胸下にて処置した。
（写真提供：山根義久先生）

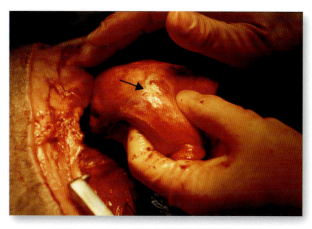

図Ⅴ-37 図Ⅴ-36と同症例の手術時所見
肺の病変部より大量の空気が胸腔内に漏出。しかし、病変部は弁状構造を呈しており、緊張性気胸となる。矢印は弁状構造を呈している空気の漏出孔。肺葉切除にて処置する。（写真提供：山根義久先生）

胸腔に外部との連絡路が形成されると空気は容易に胸腔内に流入する。空気が胸腔内に流入すると、胸腔内圧が上昇し肺の虚脱、1回換気量の減少および胸郭運動の制限などが起こり、動物は呼吸困難を示す。

緊張性気胸は、胸腔内に流入した空気が排出されず、呼吸運動により流入のみ継続することで、胸腔内圧の上昇を生じる。胸腔内圧の大気圧以上の上昇は、肺の拡張をさらに妨げ換気を高度に障害し、顕著な低酸素症が生じる。加えて縦隔が圧迫されるため、心拍出量および静脈環流量の減少が生じ、ショック状態を呈する。そのため緊張性気胸は、急速に生命を脅かす状態に進行する。

### 4）診断

気胸が疑われたならば、胸部X線検査を実施する。気胸が認められる場合は、肺と胸壁との間に気体貯留による透過性亢進領域が認められる。また、ラテラル像では心臓と胸骨との接地面が減少あるいは消失する場合もある。肺野は、気胸により含気量が減少するため、透過性は低下する（図Ⅴ-38）。犬猫の場合は、縦隔の構造が脆弱なため、通常は両側性気胸となるが、片側性気胸の場合は、気胸を生じている反対側に縦隔が変位している所見が得られる。

胸部X線検査によるブラおよびブレブの確認は困難であるが[30]、CT検査ではブラの位置、サイズの確認が可能であり、術前診断としての有効性も報告されている[28, 31]。

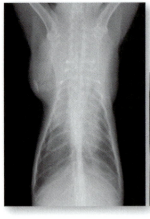
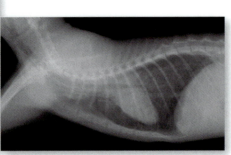

図V-38　交通事故による外傷性気胸の猫
DV像では、右側胸壁と肺葉との間に気体の存在が確認される。ラテラル像では心陰影が挙上し、胸骨と心尖部が開離している。また、気胸ならびに肺出血により肺野のX線不透過性が亢進している。

### 5）内科的治療

　気体の貯留量にもよるが、気胸により呼吸障害が認められる場合は、まず胸腔穿刺にて気体を除去する。非開放性の外傷性気胸は、多くが外科的治療を行わずとも保存療法に反応が認められるため、胸腔穿刺後は酸素室にて安静を保ち、気胸の原因疾患に対する治療を行う。その他の気胸の場合でも、緊張性気胸を除き、まずは保存療法にて状態の安定を図る。保存療法中は、呼吸状態、チアノーゼの有無などを頻回に注意深く観察し、気胸の改善が認められない場合は、外科的治療を考慮する。その他の内科的治療としては、自己血液を胸腔内に注入する方法がある。犬における報告では、8頭中5頭が1回の注入で、3頭が複数回の注入により気胸の改善がみられている[32]。

### 6）外科的治療

　保存治療を実施しても改善が認められない外傷性気胸、自然気胸および緊張性気胸の場合は、外科的治療を行う。肺からの空気の漏出が疑われる場合は、肺葉全体へのアプローチが可能なことから、一般的には胸骨正中切開にてアプローチする。部分的な肺の裂傷に伴う気胸の場合は、直接縫合により閉鎖する。縫合糸は5-0あるいは6-0の丸針付きナイロン糸を用い、マットレス縫合にて縫合する。肺実質は脆いため、縫合によりさらなる気胸を誘発するため、可能であればプレジェット付きの縫合糸を用いる。肺の損傷および病変が広範囲に認められる場合は、肺葉部分切除あるいは肺葉切除が適応となる。縫合ならびに切除が終了したならば、胸腔内に温生理食塩液を満たし、空気のリークの有無を確認する。その際、過度な気道内圧をかけすぎると気胸を誘発する場合があるため注意する。さらに、病巣が複数にわたり、開胸による治療が困難な症例や、原因不明で気胸が持続する場合には、ハイムリッヒのチェストドレーンバルブを使用することも1方法である。

### 7）予後

　外傷性気胸の予後は、気胸の存在より生体のダメージの程度が関与する。生命を脅かすほどのダメージがなければ、外傷性気胸の予後は良好である。自然気胸においては、内科的治療を受けた動物と比較して、外科的治療を受けた動物の方が再発率、死亡率ともかなり低いと報告されている[33]。緊張性気胸は、短時間に生命を脅かす状態になるため、早急に適切な治療を施さなければ予後は悪い。

（山根　剛）

---
参考文献

[1] Meakin LB, Salonen LK, Baines SJ, Brockman DJ, Gregory SP, Halfacree ZJ, Lipscomb VJ, Lee KC.：Prevalence, outcome and risk factors for postoperative pyothorax in 232 dogs undergoing thoracic surgery. *J Small Anim Pract*. 2013；54（6）：313-317.
[2] Adami C, Di Palma S, Gendron K, Sigrist N.：Severe esophageal injuries occurring after general anesthesia in two cats：case report and literature review. *J Am Anim Hosp Assoc*. 2011；47（6）：436-442.
[3] Rooney MB, Monnet E.：Medical and surgical treatment of pyothorax in dogs：26 cases（1991-2001）. *J Am Vet Med Assoc*. 2002；221：86-92.
[4] Walker AL, Jang SS, Hirsh DC.：Bacteria associated with pyothorax of dogs and cats：98 cases（1989-1998）. *J Am Vet Med Assoc*.

2000 ; 216 : 359-363.
[ 5 ] Neath PJ, Brockman DJ, King LG. : Lung lobe torsion in dogs : 22 cases (1981-1999). *J Am Vet Med Assoc.* 2000 ; 217 : 1041-1044.
[ 6 ] Tanaka R, Shimizu M, Hirao H, Kobayashi M, Nagashima Y, Machida N. Yamane Y. : Surgical management of a double-chambered right ventricle and chylothorax in a Labrador retriever. *J Small Anim Pract.* 2006 ; 47 : 405-408.
[ 7 ] Barbur L, Millard HT, Baker S, Klocke E. : Spontaneous resolution of postoperative chylothorax following surgery for persistent right aortic arch in two dogs. *J Am Anim Hosp Assoc.* 2014 ; 50 : 209-215.
[ 8 ] Fossum TW, Evering WN, Miller MW, Forrester SD, Palmer DR, Hodges CC. : Severe bilateral fibrosing pleuritis associated with chronic chylothorax in five cats and two dogs. *J Am Vet Med Assoc.* 1992 ; 201 (2) : 317-324.
[ 9 ] Thompson MS, Cohn LA, Jordan RC. : Use of rutin for medical management of idiopathic chylothorax in four cats. *J Am Vet Med Assoc.* 1999 ; 215 : 345-348.
[10] Gould L. : The medical management of idiopathic chylothorax in a domestic long-haired cat. *Can Vet J.* 2004 ; 45 : 51-54.
[11] Kopko SH. : The use of rutin in a cat with idiopathic chylothorax. *Can Vet J.* 2005 ; 46 : 729-731.
[12] Matsushita H, Hanayama N. : Successful treatment of a case of chylothorax, manifesting as a complication following surgical treatment of coarctation of the aorta, by using octreotide acetate ; report of a case. *Kyobu Geka.* 2014 ; 67 : 149-152.
[13] Sharkey AJ, Rao JN. : The successful use of octreotide in the treatment of traumatic chylothorax. *Tex Heart Inst J.* 2012 ; 39 : 428-430.
[14] Nakabayashi H, Sagara H, Usukura N. : Effect of somatostain on flow rate and triglyceride levels thoracic duct lymph in normal and vagotomized dogs. *Diabetes* ; 1981 ; 30 : 440-445.
[15] Markham KM, Glover JL, Welsh RJ, Lucas RJ, Bendick PJ. : Octreotide in the treatment of thoracic duct injuries. *Am Surg.* 2000 ; 66 (12) : 1165-1167.
[16] Naganobu K, Ohigashi Y, Akiyoshi T, Hagio M, Miyamoto T, Yamaguchi R. : Lymphography of the thoracic duct by percutaneous injection of iohexol into the popliteal lymph node of dogs : experimental study and clinical application. *Vet Surg.* 2006 ; 35 : 377-381.
[17] Fossum TW, Mertens MM, Miller MW, Peacock JT, Saunders A, Gordon S, Pahl G, Makarski LA, Bahr A, Hobson PH. : Thoracic duct ligation and pericardectomy for treatment of idiopathic chylothorax. *J Vet Intern Med.* 2004 ; 18 (3) : 307-310.
[18] Clendaniel DC, Weisse C, Culp WT, Berent A, Solomon JA. : Salvage cisterna chyli and thoracic duct glue embolization in 2 dogs with recurrent idiopathic chylothorax. *J Vet Intern Med.* 2014 ; 28 (2) : 672-677.
[19] Birchard SJ, Smeak DD, McLoughlin MA. : Treatment of idiopathic chylothorax in dogs and cats. *J Am Vet Med Assoc.* 1998 ; 212 : 652-657.
[20] Fossum TW, Forrester SD, Swenson CL, Miller MW, Cohen ND, Boothe HW, Birchard SJ. : Chylothorax in cats : 37 cases (1969-1989). *J Am Vet Med Assoc.* 1991 ; 198 (4) : 672-678.
[21] Kerpsack SJ, McLoughlin MA, Birchard SJ, Smeak DD, Biller DS. : Evaluation of mesenteric lymphangiography and thoracic duct ligation in cats with chylothorax : 19 cases (1987-1992). *J Am Vet Med Assoc.* 1994 ; 205 (5) : 711-715.
[22] Birchard SJ, Smeak DD, Fossum TW. : Results of thoracic duct ligation in dogs with chylothorax. *J Am Vet Med Assoc.* 1988 ; 193 : 68-71.
[23] Hayashi K, Sicard G, Gellasch K, Frank JD, Hardie RJ, McAnulty JF. : Cisterna chyli ablation with thoracic duct ligation for chylothorax : results in eight dogs. *Vet Surg.* 2005 ; 34 (5) : 519-523.
[24] Allman DA, Radlinsky MG, Ralph AG, Rowlings CA. : Thoracoscopic thoracic duct ligation and thoracoscopic pericardectomy for treatment of chylothorax in dogs. *Vet Surg.* 2010 ; 39 (1) : 21-27.
[25] Stewart K, Padgett S. : Chylothorax treated via thoracic duct ligation and omentalization. *J Am Anim Hosp Assoc.* 2010 ; 46 : 312-317.
[26] Bussadori R, Provera A, Martano M, Morello E, Gonzalo-Orden JM, La Rosa G, Stefano N, Maria RS, Sara Z, Buracco P. : Pleural omentalisation with en bloc ligation of the thoracic duct and pericardiectomy for idiopathic chylothorax in nine dogs and four cats. *Vet J.* 2011 ; 188 (2) : 234-236.
[27] Nakano N, Kirino Y, Uchida K, Nakamura-Uchiyama F, Nawa Y, Horii Y. : Large-group infection of boar-hunting dogs with paragonimus westermani in miyazaki prefecture, Japan, with special reference to a case of sudden death due to bilateral pneumothorax. *J Vet Med Sci.* 2009 ; 71 (5) : 657-660.
[28] Suran JN, Lo AJ, Reetz JA. : Computed tomographic features of pneumothorax secondary to a bronchopleural fistula in two dogs. *J Am Anim Hosp Assoc.* 2014 ; 50 : 284-290.
[29] Mooney ET, Rozanski EA, King RG, Sharp CR. : Spontaneous pneumothorax in 35 cats (2001-2010). *J Feline Med Surg.* 201 ; 14 (6) : 384-391.
[30] Lipscomb VJ, Hardie RJ, Dubielzig RR. : Spontaneous pneumothorax caused by pulmonary blebs and bullae in 12 dogs. *J Am Anim Hosp Assoc.* 2003 ; 39 : 435-445.
[31] Reetz JA, Caceres AV, Suran JN, Oura TJ, Zwingenberger AL, Mai W. : Sensitivity, positive predictive value, and interobserver variability of computed tomography in the diagnosis of bullae associated with spontaneous pneumothorax in dogs : 19 cases (2003-2012). *J Am Vet Med Assoc.* 2013 ; 243 (2) : 244-251.
[32] Oppenheimer N, Klainbart S, Merbl Y, Bruchim Y, Milgram J, Kelmer E. : Retrospective evaluation of the use of autologous blood-patch treatment for persistent pneumothorax in 8 dogs (2009-2012). *J Vet Emerg Crit Care.* 2014 ; 24 (2) : 215-220.
[33] Puerto DA, Brockman DJ, Lindquist C, Drobatz K. : Surgical and nonsurgical management of and selected risk factors for spontaneous pneumothorax in dogs : 64 cases (1986-1999). *J Am Vet Med Assoc.* 2002 ; 220 (11) : 1670-1674.

# 第Ⅵ章
# 横隔膜

- 横隔膜の発生と解剖
  Diaphragmatic Embryology and Anatomy
- 横隔膜の機能
  Function of the Diaphragm
- 横隔膜疾患の検査と診断
  Diagnosis and Examination of the Diaphragmatic Diseases
- 横隔膜の基本的手術手技
  Basic Surgical Technique of the Diaphragm
- 横隔膜の疾患
  Diseases of the Diaphragm

# 横隔膜の発生と解剖

Diaphragmatic Embryology and Anatomy

## ■ 1　横隔膜の発生

横隔膜は、単一の原基から発生するのではなく、複数の原基（横中隔、胸腹膜ヒダ、体壁由来の筋組織および食道周囲の中胚葉組織）から形成される。

胚子の造形運動が開始し、頭屈により臓側中胚葉の心臓形成領域が胚子の腹側にたたみ込まれ横中隔が出現する（「肺と気管支の発生」図Ⅱ-1A参照）。頭屈が進行するに従い、横中隔は頭側から腹側へと移動し（図Ⅵ-1A）、体腔を横断する隔壁となる（図Ⅵ-1B）。横中隔頭方に心膜腔、尾方に腹膜腔となる空間部分があり、両腔は心腹膜管によって交通している（図Ⅵ-1B）。発達中の横中隔組織内で筋芽細胞が分化し、後に横隔膜内の筋肉の一部となる。横中隔が頸部の高さに位置するとき、第3、4、5頸神経がこれら筋肉を支配するようになり、

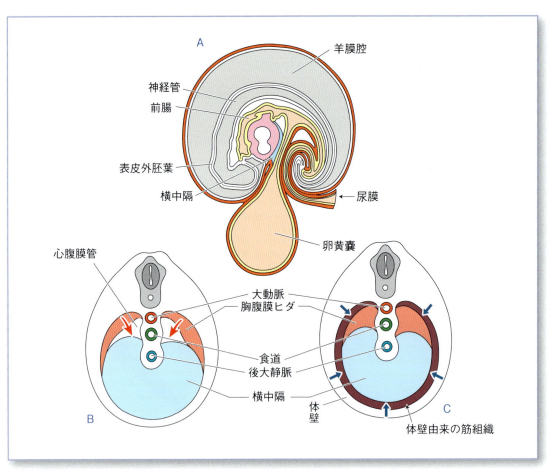

図Ⅵ-1　横隔膜の発生

A：初期胚正中断。頭屈が進行し（図Ⅱ-1A参照）、横中隔は頭部から腹部へと移動する。B：横隔膜形成部位の横断面。腹側から横中隔、両背壁から胸腹膜ヒダが発生。胸腔と腹腔の仕切りは不完全であり、背部に2ヵ所、両腔を連絡する心腹膜管が存在する（赤矢印）。C：完成した横隔膜形成部位の横断面。横隔膜は、横中隔、胸腹膜ヒダ、体壁由来の筋組織（青矢印）および食道周囲の中胚葉組織から構成される。

この神経が集合して横隔神経となる。横隔神経は、横中隔の移動とともに伸張する。

総主静脈を支えるヒダとして発達した胸心膜ヒダ（「縦隔の発生」参照）の後背側から体壁に沿って新しいヒダ、胸腹膜ヒダが発生して背側から冠状に伸展し、横隔膜後縁と融合する。結果として心腹膜管は閉鎖する（図Ⅵ-1C）。胸腹膜ヒダは、横隔膜の一部となり胸腹膜と呼ばれる。横中隔内に出現した中胚葉由来の筋芽細胞の多くは、胸腹膜へ移動して骨格筋となる。したがって、横中隔の大部分は横隔膜の腱中心（非筋組織）となり、横隔膜背部の胸腹膜内の筋肉は横隔神経によって支配される。

これとは別に、体壁の中胚葉細胞（体節が分化した筋板の細胞群）が横隔膜外周縁の骨格筋を形成する。これらの筋は、胸髄の脊髄神経（T7～T12）に支配される。

食道周囲の中胚葉組織（間充織）も横隔膜構成要素に数えるので、横隔膜は4つの原基から構成された膜とも考えられている。

（山本雅子）

―― 推奨図書 ――

[1] Hyttel P, Sinowatz F, Vejlsted M, Betteridge K.：カラーアトラス動物発生学．（監訳／山本雅子，谷口和美）：緑書房；2014．東京．
[2] Latshaw WK.：Veterinary Developmental Anatomy：BC Decker Inc.；1987．
[3] Evans HE.：Miller's Anatomy of the Dog, 3rd ed.：WB Saunders；1993．
[4] Schoenwolf GC, Bleyl SB, Brauer PR, Francid-West PH.：Larsen's Human Embryology, 5th ed.：Elsevier；2014. Churchill Livingstone.
[5] Carlson BM.：Patten's Foundations of Embryology, 6th ed.：McGraw-Hill Inc.；2003．

## ■ 2　横隔膜の解剖

横隔膜は、胸腔と腹腔を隔てており、中央の腱組織（腱中心）とその周囲の筋組織からなる。筋部は付着している部位により、腰椎部（背側部）、肋骨部（外側部）、胸骨部（腹側部）に分けられる（図Ⅵ-2）。犬の横隔膜において腱中心は、全体の約21％を占めるが、猫ではやや小さく腱中心は約10％ほどである[1]。

横隔膜は、胸郭内に大きく張り出し、腱中心のやや腹側の先端部は第6～第7肋骨に位置する（図Ⅵ-3）。横隔膜の前面は大部分が肺に覆われているが、腹側中央の横隔膜の先端部は心臓と接することがある。呼吸は横隔膜と胸郭の動きによって行われ（図Ⅵ-3）、横隔膜は、呼気時に前方に張り出すことによって心臓と重なるが、吸気時には横隔膜が後方に下がり、心臓と肺の間にある右肺副葉が膨れるので両者が重なることはない。横隔膜の後面は大部分が肝臓と接するが、左側背部には胃（胃底部）が面している。

腰椎部は厚く強靭で、前位3～4個の腰椎腹側から左脚と右脚として起始し、腱中心に移行する。両脚の縁は腰肋弓を形成し（図Ⅵ-2）、この背側を交感神経幹が通過する。右脚は左脚より大きい[2]。この左右に拡がる腰椎部は、横臥位において、下になる腰椎部が後方から腹腔臓器に押されることにより、2本の別々のラインとしてX線ラテラル像で確認されることがある。すなわち、左側横臥位では胃（胃底部）によって左側腰椎部のラインが右側よりも前方に押される。右側横臥位では肝臓に押されて右側腰椎部が左側より前方に位置する[3]。腰椎部と肋骨部の間には細い腱組織が走っており、その一端は三角形（腰肋三角）に拡大し、特に右側で顕著である[4]。肋骨部は胸郭後縁よりやや頭側に沿って付着しており、付着部前縁は第8肋軟骨に沿って胸骨から、第9肋軟骨の中央を横切り、湾曲しながら第11肋骨の肋骨肋軟骨結合から第13肋骨に伸びる

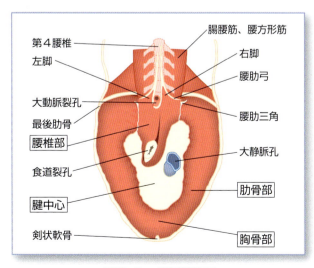

図Ⅵ-2　横隔膜後面

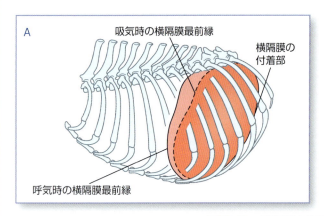
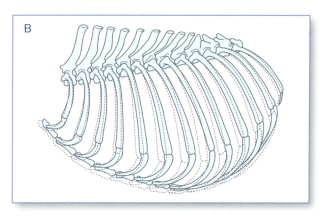

**図Ⅵ-3　横隔膜と胸郭の呼吸時における運動**
A　実線：呼気時の横隔膜の位置、点線：吸気時の横隔膜の位置、B　実線：吸気時の胸郭の位置、点線：呼気時の胸郭の位置

（図Ⅵ-3）[4]。このラインは、胸膜の反転部に相当する[3]。肋骨部と胸骨部の間には明瞭な境は認められない。

横隔膜には大動脈裂孔、食道裂孔、大静脈孔の3つの穴が存在する。大動脈裂孔は、正中の最背側に位置し、横隔膜腰椎部の左脚と右脚の腱組織、腰椎に囲まれ、大動脈、右奇静脈、胸管などが通過する。食道裂孔は、大動脈裂孔の腹側で、第10肋骨上部に位置する[3]。腰椎部の筋に囲まれ、食道、背側・腹側迷走神経幹、食道に分布する血管などが通る。さらに、発生過程で横隔膜が形成されるときに、腹膜が胸腔に取り残された部位（縦隔漿膜腔）が食道裂孔を介して胸部食道の脇に認められる[3]。大静脈孔は、食道裂孔のさらに腹側で、腱中心の右寄りに開口しており、後大静脈が通過する。大動脈や食道などは結合組織によってそれぞれの裂孔に結合しており、わずかな可動性を有するが、後大静脈はその壁の一部が大静脈孔周囲にある横隔膜の腱組織に強固に癒合している。すなわち、外傷性に大静脈孔にヘルニアが起こる場合は、後大静脈の破裂を伴うことが予想される。

横隔膜は、腹膜腔内のリンパ循環に関与しており、腹膜腔内の漿液（腹膜液、腹水）の一部は横隔膜腹腔面にある小孔から吸収され、胸骨リンパ節へと向かう。このリンパ排導路は、横隔膜の右側で優位であるといわれている[2,5]。

横隔膜は、第5頸神経から第7頸神経（時に第4頸神経からも）の腹枝の束である横隔神経によって支配されている。頸神経からの各枝は、腕神経叢の内側を後方に向かって走り、左右それぞれ1本にまとまり胸腔に入る。左横隔神経は、心臓の左側面を通って縦隔内を後走する。右横隔神経は、縦隔内を前大静脈、心臓、後大静脈の右側面を通って横隔膜に達する。横隔膜は吸気に重要な役割を果たしているが、もし横隔神経のみが麻痺したとしても肋間筋などの他の呼吸筋が正常であれば、予備的な能力が動員されて、安静時における呼吸とあまり変化がないという報告もある[6,7]。横隔膜への血液は、腹腔側からの後横隔動脈と後位の肋間動脈の横隔枝によって供給される[4]。

（大石元治）

---

**参考文献**

[1] Gordon DC, Hammond CG, Fisher JT, Richmond FJ.：Muscle-fiber architecture, innervation, and histochemistry in the diaphragm of the cat. *J Morphol.* 1989；201：131-143.
[2] Higgins GM, Graham AS.：Lymphatic drainage from the peritoneal cavity in the dog. *Arch Surg.* 1929；19：453-465.
[3] Dyce KM, Sack WO, Wensing CJG.：Textbook of Veterinary Anatomy, 4th ed.：WB Saunders：2010；Philadelphia.
[4] Evans HE, de Lahunta A.：Miller's Anatomy of the Dog, 4th ed.：WB Saunders：2013；London.
[5] Shibata S, Hiramatsu Y, Kaseda M, Chosa M, Ichihara N, Amasaki H, Hayakawa T, Asari M.：The time course of lymph drainage from the peritoneal cavity in beagle dogs. *J Vet Med Sci.* 2006；68：1143-1147.
[6] DiMarco AF, Kowalski KE.：High-frequency spinal cord stimulation of inspiratory muscles in dogs：a new method of inspiratory muscle pacing. *J Appl Physiol.* 2009；107：662-669.
[7] DiMarco AF, Altose MD, Cropp A, Durand D.：Activation of intercostal muscles by electrical stimulation of the spinal cord. *Am Rev Respir Dis.*；1987；136：1385-1390.

# 横隔膜の機能

Function of the Diaphragm

　横隔膜は、胸腔と腹腔を隔てる筋腱質の膜で胸腔に向かってドーム状に突出している。胸腔側では胸内筋膜により胸膜と、腹腔側では横筋筋膜により腹膜とに分離され、腰椎の腹側と肋骨および胸骨に付着している。

　横隔膜は、胸郭とともに呼吸運動に重要な役割を果たしている。また、横隔膜の呼吸運動以外の機能として、胸部と腹部の隔壁および胸腔内を陰圧に維持する役割と嚥下および胃からの逆流防止に関与している。この項では横隔膜の解剖学的機能と生理学的機能について述べる。

## ■ 1　解剖学的機能

### 1）横隔膜の解剖

　横隔膜は、2つの部分から構成されている。すなわち、胸腔内にドームを形成する中心部は腱性部または腱中心と呼ばれ、辺縁は筋性部または筋部と呼ばれている。筋部は、腰椎から起こる腰椎部、最後肋骨から起こる肋骨部および胸骨から起こる胸骨部に分けられる。

　犬と猫では、腱中心は比較的小さく、ドームの頂点は横隔膜頂と呼ばれ、第6肋骨付近となる。横隔膜の筋部は、腱中心を完全に囲み、その線維は腱中心に向かって放射状に伸びている。

　筋部は、腰椎部以外では大型犬で約3～4mmの均一な厚さである。腰椎部は、左右の脚からなり左右対称にみえるが、右脚のほうが左脚よりかなり大きい。背側の腰椎部と肋骨部の間に筋線維のない三角形の領域があり、これを腰肋三角と呼び神経が通る。

　横隔膜には、大動脈裂孔、食道裂孔、大静脈孔の3つの開口部が認められる。大動脈裂孔は、最も背側で左右脚の中央に開口し、大動脈、奇静脈、半奇静脈および胸管の腰部槽を包んでいる。食道裂孔は、大動脈裂孔の腹側にあって右脚の筋線維に囲まれ、食道と背側、腹側の迷走神経が通過している。また、右脚の筋線維は、食道の後部を取り巻くように走行しているので、ある種の括約筋として働き、胃からの逆流を防ぐ。大静脈孔は、腱中心の右側に位置し後大静脈が通過する[1]。

　横隔膜の運動を支配しているのは横隔神経であるが、この神経は後位頸神経（第5～7頸椎）の腹枝から起こる。左右の後位頸神経は、腕神経の内側を走行し胸腔内に進入し、心膜と縦隔の間を走行して横隔膜に達し、左右に分かれる。また、横隔膜の辺縁は、肋間神経および知覚神経の影響を受ける。

### 2）呼吸運動に関連する胸郭の筋肉

　安静時に吸気とともに胸腔が膨らみ、呼気において元に戻る運動が繰り返されている。この運動は一生継続されるものであるが、この呼吸運動は横隔膜の収縮と弛緩によって営まれている。一方、活動時の呼吸運動は、横隔膜の働きだけでは十分な空気を肺内に吸引することはできない。そのため、横隔膜の運動と連動して胸郭を拡張および収縮させなければならない。呼吸に関連する胸郭の筋肉は、肋間筋（外肋間筋・内肋間筋・肋軟骨間筋）、肋骨挙筋、肋骨後引筋、胸直筋、胸横筋、横隔膜である。これらの筋肉は、その作用により吸気性筋と呼気性筋に分類される。吸気性筋には、肋骨を前方に引いて胸郭を拡張させる外肋間筋、肋骨挙筋と肋軟骨を先方に引いて胸郭を拡張させる胸直筋とがある。呼気性筋には、外肋間筋と反対の作用を行う内肋間筋、最後肋骨を後方に引く肋骨後引筋、さらに胸腔を狭める胸横筋がある[1]。

## ■ 2　生理学的機能

### 1）横隔膜の呼吸運動への役割

　横隔膜の生理学的機能として重要なものは呼吸である。人では、安静時の胸郭容積の変化の75％は横隔膜の働きによるものである。特に、横隔膜は吸気に関連した働きに関与しており、人では吸気の約70％が横隔膜の働きにより吸入されているといわれている。おそらく、犬と猫でも同様であると考えられている。両側の横隔神経を切断しても呼吸に大きな影響を与えることはないとされているが、呼吸はあくまでも横隔膜の働きによって行われているものであり、横隔膜が呼吸に関与していないということにはならない。

　人では、呼吸するために胸郭は2つの方向に拡張・収縮運動を繰り返している。1つは横隔膜による上下運動（動物では前後）と、もう1つは肋骨を前後（動物では背腹）に移動させることで胸郭の前後径を増減させる運動である。激しい運動で酸素要求量が増した場合は、その他の筋肉を動員して吸気・呼気を増加させる。外肋間筋、胸鎖乳突筋、腹側の鋸状筋、斜角筋は吸気を増すために働く。また、内肋間筋と腹直筋の補助的な収縮は強力な呼息と努力呼吸に使用される。

　呼吸は、2つの神経支配を受ける。1つは自動的調節機構であり、もう1つは随意的調節機構である。自動的調節機構の中枢は延髄にあり、延髄の疑核（nucleus ambiguus）と外側網様核（lateral reticular nucleus）の間にある前Botzinger複合体（pre-Botzinger complex）に相互にシナプス結合した歩調とりニューロン群が延髄の両側に存在する。そして、この部位が周期的な呼吸を開始させている。これらのニューロンが、周期的に刺激を発射して横隔神経運動ニューロンの周期的活動を引き起こす。また、その他に延髄の背側および腹側に呼吸ニューロン群が存在する。自発的呼吸を引き起こす脳からの周期的インパルス発射は動脈血の$PO_2$、$PCO_2$、pHの変化によって制御されている。歩調とりインパルスは、吸息筋支配の頸髄と胸髄の運動ニューロンを活性化する。頸髄の運動ニューロンは横隔神経を介して横隔膜を、胸髄の運動ニューロンは外肋間筋を支配している。呼息筋への運動ニューロンは、吸息筋を支配する運動ニューロンが興奮するときに抑制される。また、この逆も成立する[2]。随意的調節機構の中枢は、大脳皮質にあり、インパルスが皮質脊髄路を経て呼吸の運動ニューロンに送っている。

　横隔膜機能を規定する因子は、以下の3つとなる。

(1) 骨格筋としての特徴である長さ－張力関係
(2) 横隔膜と下部胸郭との位置関係（zoneの広さ、張力の働く方向など）
(3) 横隔膜の形、半球体としての半径（Laplaceの法則を用いて説明される横隔膜張力の圧への変換）

　人の最近の報告では、健常人では吸気中の横隔膜ドームの形状が大きくは変化しないことから、(3)の寄与は従来考えられていたほどではないとされている。これらを考慮する際には、横隔膜の長さや面積、下部胸郭との形態上の関係などの解剖学的指標は、胸部X線写真、MRI、超音波などで計測されている。

### 2）横隔膜の嚥下に果たす役割

　横隔膜の食道裂孔部は、食道と胃の境界部にあたり、胃からの逆流を防ぐ機能が存在する。

　横隔膜脚部の筋線維は、食道の両側を通り、食道を挟むように存在し収縮すると食道を圧迫する[2]。肋骨部と脚部は、横隔神経の異なる部分により神経支配を受け、個々に収縮することが可能である。したがって、嘔吐の際は、肋骨部の筋線維は収縮し腹圧が上昇するが、脚部の筋線維は弛緩した状態にあるため、胃の内容物を食道に逆流させることが可能となる。

　胃食道接合部の筋肉（下部食道括約筋）は、食道の他の部分とは異なって通常は収縮しており、嚥下の際に弛緩する。人と犬では、胃食道接合部の位置が異なり、人では腹部食道がなく、横隔膜の食道裂孔部が胃食道接合部にあたる。犬では、胃食道接合部が胸腔内に存在する場合や、腹腔内に存在する場合がある。

　胃食道接合部の下部食道括約筋の緊張性収縮は、

胃内容物が食道に逆流するのを防いでいる。下部食道括約筋は、3つの筋線維により構成されている。内側括約筋は、食道の平滑筋が胃への移行部で発達し、外側括約筋（横隔膜の筋部）がその部位を囲んで食道の通過を調節する絞りの役割を果たしている。胃壁の斜めの筋線維は、食道移行部を閉鎖するようにバルブを形成し、胃内圧が上昇しても逆流が起こらないようにしている。このように、内側と外側の括約筋は、食物が胃に流入するのを助け、胃から食道内に逆流するのを防止している[2]。

下部食道括約筋の収縮は神経支配下にあり、迷走神経末からのアセチルコリンの放出は、内括約筋の収縮を引き起こし、他の迷走神経線維と結合している介在ニューロンから興奮性伝達物質である一酸化窒素（NO）と血管作動性腸ペプチド（Vasoactive Intenstinal Peptide：VIP）の放出が弛緩を引き起こす。横隔膜の脚部の収縮は、横隔神経の支配を受けるが呼吸や腹部の筋肉の収縮と協調している[2]。

（竹中雅彦）

---

参考文献

[1] 神谷新司．：横隔膜の発生過程と解剖学的特徴．*Surgeon*. 1999；13：4-7.
[2] Ganong WF.：Review of Medical Physiology. 22nd ed.：McGraw-Hill；2005.

# 横隔膜疾患の検査と診断
Diagnosis and Examination of the Diaphragmatic Diseases

## 1 はじめに

横隔膜疾患を診断する際は、横隔膜の解剖学的構造と機能を考慮しながら検査を進める必要がある。横隔膜は、胸郭を陰圧に保つ隔壁であり、呼吸運動を支える重要な器官でもある。また一方では、食事の嚥下および胃からの吐出をコントロールする役割を有している。このような理由から、横隔膜疾患は呼吸器と消化器に関連した症状を呈することになる。また、原因として先天性あるいは後天性の解剖学的異常により症状が発現する場合と、麻痺などによる機能障害によって発現する場合がある。一般に解剖学的異常によって症状が発現する疾患はX線検査、CT検査などの画像により診断は可能であるが、機能障害による疾患は、画像検査では診断することは困難である。そのため、機能障害を診断するには各種の呼吸器機能検査、および消化器機能検査が必要となる。

横隔膜疾患の診断にいたる手順として、基本的には稟告、臨床症状、身体検査、胸部X線検査、消化器造影検査などにより総合的に診断する。

## 2 検査方法

### 1）稟告

横隔膜疾患における稟告の重要性は高い。横隔膜疾患は、先天性、後天性、外傷性、非外傷性などに分けられる。先天性あるいは後天性の判定は、呼吸器症状あるいは消化器症状の発現時期により推定が可能である。また、外傷性と非外傷性の判定は、外傷性であれば事故歴などの問診から行う。問診では、呼吸器症状が現れた時期、期間や咳などの呼吸器症状、嘔吐などの消化器症状の有無、食事後の嘔吐の確認と発現時間、運動負荷後の様子、発育状態などを把握する必要がある。

### 2）臨床症状・身体検査

呼吸困難を呈している動物の取り扱いは、慎重に行うべきである。動物を保定する際には、興奮させることなく安静の状態に保ち、気管挿管が直ちに行えるように準備しておく。特に交通事故では、動物は呼吸困難と痛みのために興奮し、検査不可能な状態にあるかもしれない。その際には、酸素吸入下で適切な鎮痛・鎮静下において検査をする場合もある。全身状態を把握するため、視診にて呼吸状態の確認、外傷の有無と鼻腔、口腔からの出血の確認、喉頭は正常であるか、可視粘膜のチアノーゼなどの有無を確認する。さらに、聴診で呼吸音を聴取し、異常音の有無の確認と、吸気、呼気、あるいは両方いずれの相で異常音が発生しているかなど把握する。胸部を打診し、胸腔内に空気を貯留する際に聞かれる鼓音や、液体貯留の際に聞かれる濁音などの異常音を確認する。

### ⅰ）胸部X線検査

横隔膜の解剖学的異常が原因で呼吸器症状がみられる場合において、X線検査は最も有効な診断手段である。

通常は背腹（DV）像と側面（ラテラル）像の2方向からの撮影を行うが、重度呼吸困難がみられる場合には、ラテラル像撮影は動物に非常にストレスが加わり危険である。そのため、まず負担の少ないDV像を撮影し原因を明らかにし、胸水や気胸などが存在すれば緊急処置を実施し、状態の安定をみてラテラル像を撮影する。図Ⅵ-4、5は、X線検査で診断された外傷性横隔膜ヘルニアのDV像とラテラル像である。

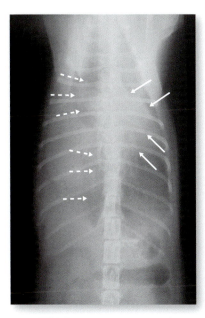

図VI-4 外傷性横隔膜ヘルニアのDV像

日本猫、4歳齢、雄で、外出後にうずくまっているとのこと。
横隔膜ラインは消失し心陰影（実線矢印）は左側に変位しているが左胸腔内の肺は拡張している。したがって左側の横隔膜および縦隔の破損はない。右胸腔の肺が虚脱している（点線矢印）ことから、右側の横隔膜裂傷がありそこから腹腔内臓器が進入していることが示唆される。

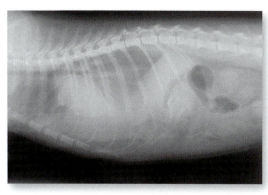

図VI-5 外傷性横隔膜ヘルニアのラテラル像

図IV-4と同症例。
背側の1/2から下部の横隔膜ラインは消失し、心陰影は挙上し、その下部の腹側から肝臓と腸管が胸腔内に侵入している。

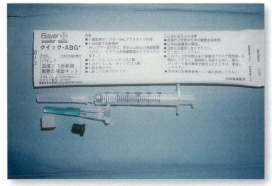

図VI-6 血液ガス採血キット

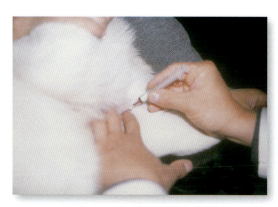

図VI-7 犬の股動脈より採血

## ii）血液ガス検査

呼吸障害を客観的に判断する手段として有効であり、画像に異常がみられない呼吸機能不全の原因特定の最も有効な検査方法である。

一般的に、犬は浅背側中手動脈、股動脈から採血が可能である（図VI-6、7）が、猫の場合は、股動脈が採血可能な部位になる。しかし、呼吸困難な動物から採血を実施するのは困難な場合が多く、その場合はパルスオキシメーターで動脈血酸素飽和度（$SpO_2$）を測定し、ヘモグロビンの酸素解離曲線から動脈血酸素分圧（$PaO_2$）を推定することが可能である。ヘモグロビンの酸素解離曲線について $SpO_2$ と $PaO_2$ には一定の関係がある。$PaO_2$ が30mmHgのとき $SpO_2$ は60％、$PaO_2$ が60mmHgのとき $SpO_2$ は90％となり、$SpO_2$ から $PaO_2$ が推定される。$PaO_2$ が60mmHg以上であれば $SpO_2$ は90％以上が確保されるが、$PaO_2$ が60mmHg以下の場合には、$SpO_2$ は急激に減少する。酸素吸入開始基準は、$SpO_2$ は90％以下、すなわち $PaO_2$ が60mmHg以下の場合となる[1]。

## iii）超音波検査

一般的に、呼吸器疾患では超音波検査は有用ではないが、胸腔内液体貯留や心タンポナーデ、心膜腹膜横隔膜ヘルニアなどの診断には有効である。

（竹中雅彦）

---
参考文献

[1] 工藤翔二.：酸素飽和度と酸素分圧との関係. In：血液ガステキスト：文光堂；1994：67-69. 東京.

# 横隔膜の基本的手術手技

Basic Surgical Technique of the Diaphragm

　横隔膜は、胸腔と腹腔を隔てる筋性の膜である。横隔膜は、生体を維持するうえで生理学的および解剖学的に重要な働きを担っており、生理学的機能として胸郭とともに呼吸運動に、解剖学的には胸腔内を陰圧に保持するための隔壁として重要である。したがって、先天性や後天性に限らず横隔膜に何らかの障害が発生した場合は、呼吸器および循環器障害として症状が現われることになる。我々が比較的よく遭遇する横隔膜疾患として外傷性横隔膜ヘルニアがある。

　猫の場合、横隔膜ヘルニアの原因として、外傷性横隔膜ヘルニアが77〜85％、先天性が5〜10％、その他が原因不明とされている[1]。外傷性横隔膜ヘルニアは、猫で最も多い。猫が犬に比べて外傷性横隔膜ヘルニアの発生頻度が高いのは、猫の横隔膜が犬と比べ薄く、胸郭との結合が弱いなどの解剖学的な特徴によるものと、猫特有の行動によるものと思われる。

　この項では、横隔膜へのアプローチに必要な術式について述べる。

## ■ 1　横隔膜への到達法

　横隔膜ヘルニアに対する外科的治療において、個々の症例により、ヘルニアの部位、大きさ、時間経過が異なるため、正確で適切な診断が要求される。そして、その診断結果より横隔膜へのアプローチとヘルニア輪の修復に、どのような方法が最適であるか選択することになる。横隔膜へのアプローチや手術方法においては、腹部正中切開法に限らず、どのような方法においても術前の検査では発見できなかった癒着や、選択した方法によっては脱出した臓器を腹腔側に戻すのが困難な場合など、想定外の事態に遭遇することがある。その場合は、必要であればヘルニア輪を広げて腹腔内に脱出臓器を戻しやすくするか、それでも困難である場合は、その他の手術方法を併用して横隔膜にアプローチするのが適切である。決して無理をして臓器に損傷を与えることがないようにしなければならない。1つのアプローチ法で手術部位や視野の確保が不十分である場合は、2つのアプローチ法を組み合わせることで比較的容易に整復が可能となる場合がある。例えば、腹部正中切開法と胸骨縦切開法を組み合わせることで、胸腔側から横隔膜にアプローチすることが可能となり、肝臓が邪魔にならず良好な視野が得られる。そして、腹腔側と胸腔側の両側から協力して脱出した臓器を腹腔内に戻すことが可能となる。

　横隔膜へのアプローチとして以下の方法がある。

### 1）腹部正中切開法

　腹部正中切開法は、横隔膜へのアプローチとして基本となる方法である（図Ⅵ-8〜14）。

　腹部正中切開法は、比較的アプローチが簡単で、術野も広く確保でき、様々なタイプの横隔膜ヘルニアに対応が可能である。また、本法とその他のアプローチ法と組み合わせることで複雑な形態をとる横隔膜ヘルニアに対して有効となる。しかし、本法単独では背側へのアプローチや胸腔内へ肝臓が脱出している場合、受傷から時間が経過してヘルニア輪が縮小し胸腔側へ脱出した臓器がうっ血腫大している場合や癒着がある場合などは、比較的困難を伴うことがある。

#### ⅰ）選択基準

(1)比較的小さなヘルニア輪。
(2)腱中心より腹側にヘルニア輪が存在する。
(3)肝臓が胸腔内に脱出していないか、脱出しても部分的である。

横隔膜の基本的手術手技

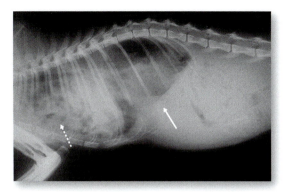

図Ⅵ-8 外傷性横隔膜ヘルニアのラテラル像：腹部正中切開例

シャム系雑種猫、6歳齢、雄。
横隔膜ラインは、背側から腹側まで認められるが、腹側から1/3の部位が不明瞭である（実線矢印）。肝臓は、胸腔内に侵入していない。胸腔内にはガス像（点線矢印）がみられ、主に腸管の侵入が疑われる。

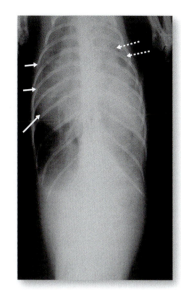

図Ⅵ-9 外傷性横隔膜ヘルニアのDV像

図Ⅳ-8と同症例。横隔膜ラインは不鮮明である。心陰影（実線矢印）は右側に変位し、右肺は拡張しているのが確認できる。右胸腔内には臓器は侵入しておらず、左側からの圧迫による変位であり、縦隔膜は破損していない。また、左側胸腔内にはガス像（点線矢印）がみられる

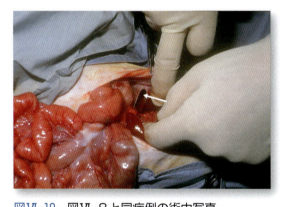

図Ⅵ-10 図Ⅵ-8と同症例の術中写真

腹部正中切開によりアプローチし、左側横隔膜の裂傷孔（矢印）より腸管を腹腔内に戻し整復する。

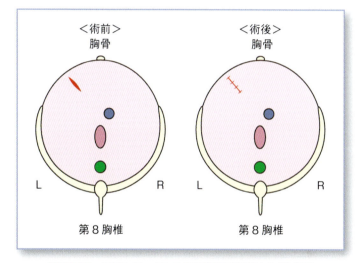

図Ⅵ-11 図Ⅵ-8〜10の横隔膜破綻部位の模式図
●：大動脈裂孔、●：食道裂孔、●：大静脈裂孔

図Ⅵ-8、9の所見から、ヘルニア孔は左側で腹側から1/3の部位に比較的小さな裂傷があり、主に腸管が胸腔内に侵入している。したがって、腹部正中切開からのアプローチで修復可能と思われる。

(4) 横隔膜の裂傷が周囲辺縁の1/2を超えない。
(5) 胸腔内の臓器に損傷がない場合。

ⅱ）アプローチ法

(1) 患者を仰臥位に保定する。
(2) 胸腔内に脱出した臓器が肺の拡張を妨げないよう術前に頭側を上げ、脱出臓器を可能な限り尾側に移動させておく。
(3) 胸部から腹部まで広い範囲を剪毛し消毒する（胸部縦切開法との併用を考慮して）。
(4) 剣状軟骨の後方から腹部正中線上を臍部に向けて大きく（長く）切開する。開腹して術野を確保するため腹壁を左右に牽引するが、切開が十分でないと術野が確保できない。
(5) 臍から頭側では正中がみえにくいため、臍部から尾側の白線上を切開して剣状軟骨に向けて頭側に切開するとよい。
(6) 胸骨下に付着する脂肪を切除すると視野が広がる。

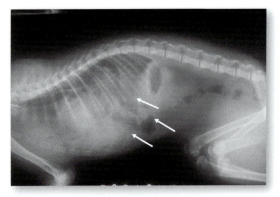

図Ⅵ-12　外傷性横隔膜ヘルニアのラテラル像：
　　　　腹部正中切開例

日本猫、8ヵ月齢、雌。
横隔膜ラインは、背側で認められるが1/2以下の腹側は認められない（矢印）。
肝臓は、腹腔内にはみられず、腹腔臓器の多くが胸腔内に侵入している。

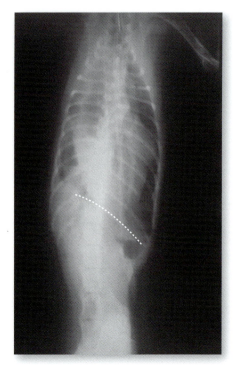

図Ⅵ-13　外傷性横隔膜ヘルニアのDV像：
　　　　腹部正中切開例

図Ⅵ-12と同症例。
右側では、横隔膜ラインは消滅しているが、左側では横隔膜ラインが左から右上方に牽引されている（点線）。心陰影は、左に変位しているが、縦隔は破損しておらず左肺は全葉の拡張が認められる。

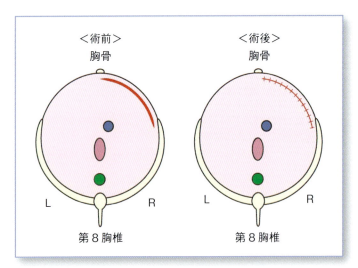

図Ⅵ-14　図Ⅵ-12、13の横隔膜破綻部位の模式図

●：大動脈裂孔、●：食道裂孔、●：大静脈裂孔

図Ⅵ-12、13の所見から、横隔膜は、右側腹側から1/2が裂傷し、肝臓、腸管、大網などが右胸腔内に侵入している。アプローチは腹部正中切開から実施。

### 2）肋間切開法

肋間切開法は、比較的狭い範囲の片側胸腔へアプローチする方法として用いられる（図Ⅵ-15～18）。

胸腔側から横隔膜にアプローチする利点は、胃や肝臓に視野を妨げられず良好な視野が確保できることである。しかし、本法では露出できる範囲が切開側の約1/3程度であるため、限られた部分にアプローチするにはよいが、広い範囲の視野が必要とされる場合や、反対側へのアプローチは困難である。また本法は、開胸法の中でも限局したアプローチ法であるため、十分な視野を確保するためには肋間を背側から腹側まで広く切開する必要がある。

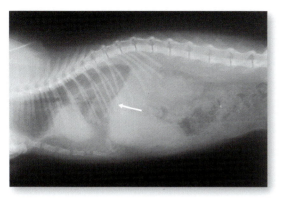

**図Ⅵ-15　傍肋骨ヘルニアと外傷性横隔膜ヘルニアの合併症のラテラル像**

日本猫、4歳齢、雄。
横隔膜ラインは、比較的しっかりしているが、ラインの1/2部分（矢印）がやや不鮮明である。心臓は挙上し、胸骨から肺後葉の陰影度が増加している。腹腔の肝臓は認められる。

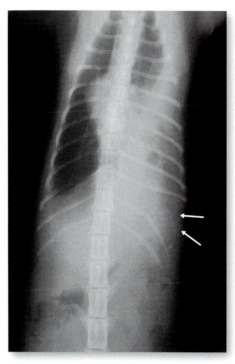

**図Ⅵ-16　傍肋骨ヘルニアと外傷性横隔膜ヘルニアの合併症DV像**

図Ⅵ-15と同症例。
横隔膜ラインは、右側で明瞭に認められるが、左側が不明瞭である。左側第11、12肋間が開き（矢印）、肋間裂傷が認められる。左胸腔の陰影度は増加し、ガス像も認められるが、心陰影の変位はない。この所見は重要で、胸腔内に腹腔臓器の侵入はないか、あっても少量であることが示唆される。

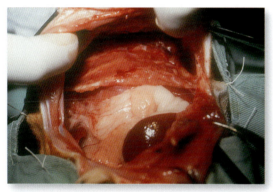

**図Ⅵ-17　傍肋骨ヘルニアと外傷性横隔膜ヘルニアの合併症：肋間切開例**

図Ⅵ-15と同症例。

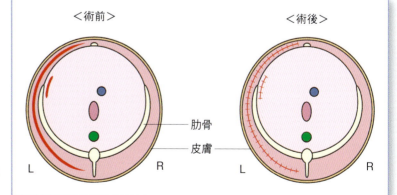

**図Ⅵ-18　図Ⅵ-15～17の横隔膜破綻部位の模式図**
●：大動脈裂孔、●：食道裂孔、●：大静脈裂孔

図Ⅵ-15、16の所見から左側第11と12肋間からの傍肋骨ヘルニア（胸部皮下と肋間裂傷のため腹腔臓器が皮下に侵入する）と診断し、図Ⅵ-17のように肋間切開によりアプローチした。この症例は、左側横隔膜中央部の肋骨との接合部に裂傷があり大網が少量胸腔内に侵入していた。

ⅰ）選択基準
(1)明らかに左右どちらかに限局したヘルニア輪が存在する。
(2)左右どちらかに限局するヘルニア輪が背側に認められる。
(3)片側の胸腔内に肝臓が脱出し、癒着が想定される。

ⅱ）アプローチ法
(1)患者の損傷側を上にした横臥位に保定する。
(2)毛刈は、損傷した胸部側を広範囲に刈り、さらに腹部正中線上も同様に刈っておく。これは肋間切開法だけで対処できない場合を想定して、あらかじめ剪毛し切開に備えるためである。
(3)あらかじめX線撮影にて第1腰椎に肋骨様のものがないことを確認し、第13肋骨から頭側へ肋骨を数え第9肋間に到達する。そして皮膚を肋椎関節付近から肋骨肋軟骨接合部を越えて肋骨と平行する位置の背側から腹側に向け大きく切開する。
(4)皮下組織と体幹皮筋を切開すると、背側の広背筋と腹側の外腹斜筋が認められる。筆者は、術後の疼痛を軽減するために、広背筋、外腹斜筋は切断せず、それぞれの筋肉を上下、左右に鈍性に剥離分離する。そしてそれらの筋をそれぞれ分離すると外肋間筋がみられる。
(5)この段階で再度肋間の切開部位を確認する。肋骨の後縁に沿って肋間動脈が走行するため、血管を避けて肋間の中央部を切開する。そうすると透明の壁側胸膜がみられる。先端が鈍性の鋏などを使用して胸膜を穿孔させ、その部位から肋間動脈に注意しながら、背側、腹側へ切開する。このとき麻酔医に肺を膨らませないように注意を促す。
(6)肺を挟まないように注意しながら、開胸器を肋骨に装着し左右に広げると胸腔内が直視下に観察され横隔膜が認められる。

### 3）胸骨正中切開法

胸骨正中切開法による横隔膜へのアプローチでは、広い術野が確保でき、横隔膜の縫合が容易となる。同時に胸腔臓器または器官に損傷がある場合に対応が可能となる。しかし、本法は術野が背側に向かうほど狭くなるため、背側の横隔膜へのアプローチに難があり、手術時間も少し長くなる。また、胸骨の左右には内胸動脈が走行しており、胸骨を縦に切開する際に損傷しないように注意しなければならず、胸骨の切開と整復に多少のテクニックが要求される。

本法は、腹部正中切開法と併用することが多い（図Ⅵ-19〜21）。

ⅰ）選択基準
(1)横隔膜の損傷が腹側で広範囲にあり、臓器脱出が左右の胸腔に広がっている。
(2)胸腔内に肝臓の大部分が脱出し、腹腔側から整復が困難な場合。
(3)胸腔臓器および器官に損傷が疑われ、処置が必要と思われる場合。

ⅱ）アプローチ法
(1)患者を仰臥位に保定する。
(2)多くの場合、腹部正中切開法と併用する場合が多いので、胸部から腹部の広い部分を剪毛し消毒する。
(3)予想される横隔膜の損傷部位と大きさにより、皮膚および胸骨切開の範囲を決定する。本法による開胸術が適用される例として胸腔内の腫瘍、肺葉切除、心臓外科などがある。一般的にそれらの手術を行う場合は、胸骨を胸骨柄から剣状軟骨まで切開し開胸するが、横隔膜へのアプローチに本法を用いる場合は、ほとんど胸骨柄まで切開する必要がない。
(4)切開は皮膚、皮下組織、筋肉を胸骨稜が露出するまで行い、胸骨の骨膜まで切開する。
(5)胸骨切開は、正中線を外さないように注意しなければならない。正中からずれると一方の骨片が細くなり、開胸または閉胸する際に胸骨の破損、肋軟骨付着部の離断を起こしてしまう可能性がある[2]。特に、猫においては注意が必要である。
(6)胸骨切開は、骨膜を胸骨から剥離し、電気鋸あるいはエアー鋸で切開する。切開部位が高熱になるため、生理食塩液を切開部位に滴下しながら切開し、骨組織の損傷を最小限に留めるよう

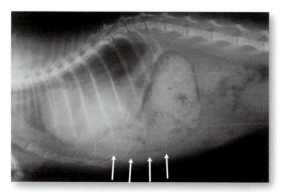

図Ⅵ-19　外傷性横隔膜ヘルニアのラテラル像：胸骨縦切開と腹部正中切開例

日本猫、5歳齢、雄。
横隔膜ラインは、背側1/3程度で認められるが、2/3は消失している。腹腔から肝臓や食塊を多く含んだ胃が、腹側から胸腔内に侵入している（矢印）。心陰影は、確認することができ、両側の肺は拡張しており、緊急性はさほどない。

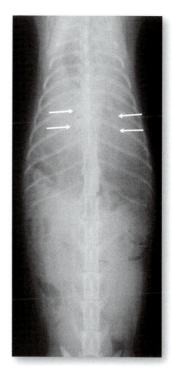

図Ⅵ-20　外傷性横隔膜ヘルニアのDV像：胸骨縦切開と腹部正中切開例

図Ⅵ-19と同症例。横隔膜ラインは、左右とも消失している。心陰影は、確認できないが左右の肺動脈および気管支（矢印）から心臓の変位はない。

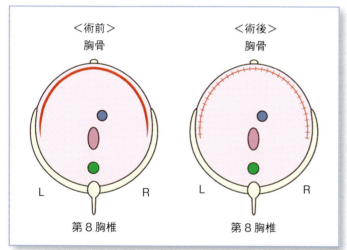

図Ⅵ-21　図Ⅵ-19、20の横隔膜破綻部位の模式図

●：大動脈裂孔、●：食道裂孔、●：大静脈裂孔

図Ⅵ-19、20の所見から、横隔膜は腱中心から腹側に約180°程度の裂傷がみられる。裂傷が広い範囲に及ぶことと、肝臓のすべてが胸腔内に侵入することから、広い術野を確保する必要があり、腹部正中切開と胸骨縦切開を組み合わせた。

に注意する。
(7)胸骨を離断する際に麻酔医と連携をとりながら、吸気時に鋸やメスで肺を損傷しないように注意する。
(8)切開部位からの出血は、できる限り電気メスでこまめに止血する。骨蝋による止血は感染の機会を高め、創傷治癒を遅延させ、蝋による肺栓塞を引き起こすことがあるため過剰に使用すべきでない[2]。
(9)開胸器は、横隔膜へのアプローチであるため第6〜7胸骨付近に装着するか、腹部正中切開を併用する場合は、第7〜剣状軟骨付近に装着し開胸すると直視下に横隔膜が観察される。

### 4）胸骨横切開法

胸骨横切開法の最も大きなメリットは、横隔膜全体を観察できる良好な視野を確保できることである。したがって、横隔膜のどの部位にヘルニア輪が存在しても対応が可能であり、広範囲に及ぶ横隔膜ヘルニアや、激しい横隔膜の損傷などにより修復に困難が予想される場合に最適である。欠点として

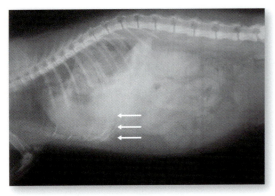

**図Ⅵ-22　外傷性横隔膜ヘルニアのラテラル像：胸骨横切開例**

ペルシャ系雑種猫、3歳齢、雄。
横隔膜ラインは背側1/4、腹側1/4で消失している（矢印）。肝臓の一部は胸腔内に侵入し背側から胃が進入している。両側の肺後葉には出血がみられる。

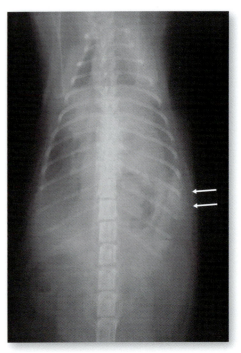

**図Ⅵ-23　外傷性横隔膜ヘルニアのDV像：胸骨横切開例**

図Ⅵ-22と同症例。
横隔膜ラインは消失している。心陰影は右に変位し右肺は全葉拡張が認められる。
左側から脾臓（矢印）の胸腔内への侵入がみられる。

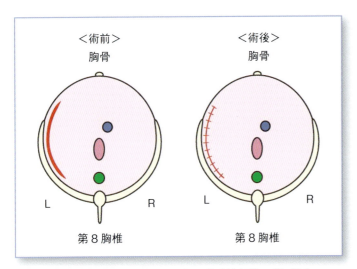

**図Ⅵ-24　図Ⅵ-22、23の横隔膜破綻部位の模式図**

● : 大動脈裂孔、● : 食道裂孔、● : 大静脈裂孔

図Ⅵ-22、23の所見から、左側背側の90°程度の裂傷と診断した。裂傷孔は比較的小さいが背側であり、腹腔臓器が整復の邪魔になるため胸骨横切開を選択した。

## ⅰ）アプローチ法

(1) 仰臥位に保定し、胸部全域および腹部の剪毛を行う。本法と腹部正中切開法を併用する場合があるため、胸部から腹部において広範囲に剪毛する必要がある。

(2) 剣状軟骨の1椎頭側の第7胸骨と肋間を切開しアプローチすることになる。

(3) 第7胸骨上の皮膚を横切開し、そのまま左右の第7肋間と平行に皮膚を背側に向けて切開する。

(4) 皮膚を横切開すると胸骨に沿って左右に浅胸筋と深胸筋がみられ、それを鈍性に胸骨から分離し切断する。そのまま肋間に沿って剥離すると外腹斜筋筋膜および外腹斜筋がみられる。それらの筋肉をできるだけ切断しないように前後に分離しながら背側に向けて筋肉を分離すると肋間筋がみられる。

(5) 胸骨および左右の肋間が筋肉から、分離されたら左右の内胸動脈を結紮する。椎体の頭側と尾側に針付きの5-0のナイロンもしくは

は、胸骨を切断し胸部を大きく開くため、上記のいずれの方法より時間を要することと、術後の痛みが他のアプローチ法よりも強いことである。そのため、術後から一定期間は疼痛に対する管理を十分に行う必要がある（図Ⅵ-22～28）。

横隔膜の基本的手術手技

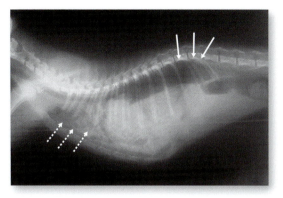

図Ⅵ-25　外傷性横隔膜ヘルニアのラテラル像：
　　　　胸骨横切開例

日本猫、7歳齢、雌。
横隔膜ラインはみられず、腹腔臓器はほとんど胸腔内に侵入し、頭側の胸腔内には腸管のガス像（点線矢印）がみられる。両側の肺後葉は、背側で拡張がみられ、一部腹腔内（実線矢印）に侵入している。

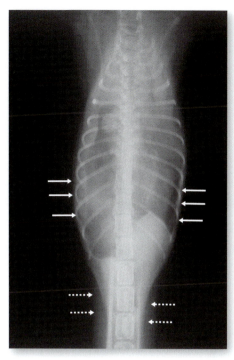

図Ⅵ-26　外傷性横隔膜ヘルニアのDV像：
　　　　胸骨横切開例

図Ⅵ-25と同症例。
横隔膜ラインは消失し、両側の肺が腹腔内まで広がり拡張している（実線矢印）。腹腔内にはほとんど臓器は認められない（点線矢印）。

図Ⅵ-27　胸骨横切開し、横隔膜を360°にわたり
　　　　胸腔内から整復

図Ⅵ-25と同症例。

モノフィラメントの非吸収縫合糸を椎体に沿って胸腔内に進入させ動脈を結紮する。内胸動脈を1ヵ所結紮しても肋間動脈とループを形成するため出血する。そのため必ず左右前後2ヵ所で結紮し、次いで両結紮間を切離し、胸骨を中央部で切断する。その際、麻酔医と連携して肺が虚脱した状態で胸骨を切断しないと肺を傷つける危険性がある。そして、肋間を肋間動脈に注意しながら背側に向けて切開する。

(6)開胸器を切断した胸骨に掛け広げると、直下に横隔膜が観察される。

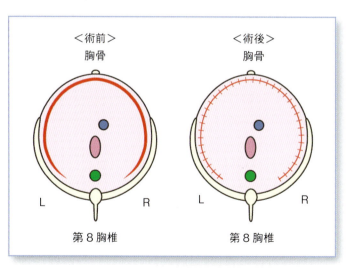

図Ⅵ-28　Ⅵ-25、27の横隔膜破綻部位の模式図
●：大動脈裂孔、●：食道裂孔、●：大静脈裂孔

図Ⅵ-25、26の所見から、横隔膜は360°にわたり裂傷しており、術野は広い範囲が必要となる。そのため、胸骨横切開により胸腔側から整復した。胸腔側から整復すると、肝臓などの臓器が邪魔にならず整復しやすくなる。

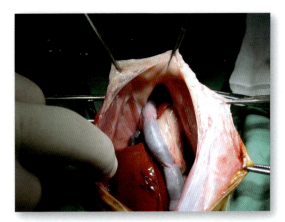

図Ⅵ-29 外傷性横隔膜ヘルニア：腹側から
日本猫、1歳齢、雌。
剣状軟骨部から辺縁に沿って左右に裂傷するが、辺縁は瘢痕化し滑らかなヘルニア孔がみられる。

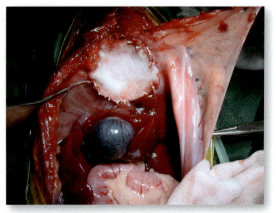

図Ⅵ-30 ポリエステルのパッチグラフト
図Ⅵ-29と同症例。
瘢痕収縮が強く、裂傷部を縫合すると横隔膜のゆるみが消失するためパッチグラフトを用いて閉鎖。

## 2 横隔膜に対する縫合の原則

　横隔膜は、2つの部分から構成されている。すなわち、胸腔内のドーム状の膜性部は、腱性部または腱中心と呼ばれ、筋肉質の辺縁は筋性部または筋部と呼ばれている。

　筋部は、腱中心から放射状に広がり、腰椎、肋骨、胸骨と結合している。横隔神経は、左右の後位頸神経（第5〜第7頸神経）の腹枝から発生し、腕神経叢の内側を尾方に走った後、胸腔に入り心膜と縦隔の間を走行し、横隔膜に達した後、左右の神経は筋肉に沿って分布する。また、辺縁部は肋間神経からの知覚神経の支配を受ける。したがって、横隔膜を切開する場合は、筋肉および神経の損傷を最小限にするように切断を避け、放射状に走行する筋肉に沿って切開する。

　横隔膜は、胸腔側にドーム状のいわゆる"ゆるみ"をもっている。この"ゆるみ"こそ呼吸運動に最も重要な部分である。胸郭が拡張し、横隔膜が尾側に牽引されることで胸腔は陰圧が増加し、肺を拡張させることができる。しかし、横隔膜が過度に弛緩すると、胸郭が拡張しても横隔膜は尾側に牽引されないので、肺は十分に拡張できない。逆に、横隔膜が緊張してドームが形成されず平坦であると胸郭は拡張できず、横隔膜も尾側に牽引されず肺は拡張できない。したがって、横隔膜の"ゆるみ"である胸腔内のドームは、呼吸運動に不可欠な部分であり、縫合によって横隔膜のたるみを消失させると呼吸機能を著しく低下させることになる。以上のような理由から、横隔膜縫合の際は"過度の緊張"と"ゆるみ"ができないように考慮する必要がある。理想的には、縫合による呼吸機能障害が生じないように最大吸気時に横隔膜が最大に拡張できるように、縫合するのが目標である。

　横隔膜の裂傷部位は、時間の経過とともに瘢痕収縮化する（図Ⅵ-29）。そのため、横隔膜ヘルニアの裂傷部位の縫合には、受傷からの時間経過を考慮する必要がある。受傷から数日程度の場合では、裂傷部位をそのまま縫合可能な場合が多いが、数週間以上の長期経過例では、裂傷部が瘢痕収縮化しており縫合が困難となる。無理に縫合すると横隔膜の"ゆるみ"を消失させる危険性があり、"ゆるみ"の保持のためにパッチグラフトで閉鎖する必要がある（図Ⅵ-30）。

　パッチグラフトの素材として自己の腹膜筋をフラップとして用いる場合と、ゴアテックスなどの人工素材、あるいは抗原性をなくした異種組織（デナコール処理心膜）などがある（図Ⅵ-31）。

　横隔膜縫合には、非吸収性の縫合糸を使用する。吸収糸は水分を吸収して膨化し、縫合糸のゆるみが生じやすい。また、横隔膜は呼吸とともに前後運動を絶えず繰り返すためゆるみを生じやすく、吸収糸は使用しないほうがよい。

図Ⅵ-31　パッチグラフトに用いたBard Polyester Felt

## 3　横隔膜疾患に対する術前・術中・術後の管理

### 1）術前管理

外傷性と非外傷性横隔膜ヘルニアでは、術前管理において対応が異なる。非外傷性の横隔膜ヘルニア（食道裂孔ヘルニア、腹膜心膜横隔膜ヘルニア、横隔膜欠損など）では、一般に緊急性は乏しく、手術に対する準備には時間的余裕がある。しかし、外傷性横隔膜ヘルニアでは、術前管理から手術、そして術後管理まで獣医師の的確な判断が要求される。

外傷性の場合には、前述したように損傷の程度、部位、時間的経過により症例ごとに症状が異なる。そのため、いつ手術を行うべきかが最も重要となる。血圧、脈拍、呼吸、体温などのバイタルサインとX線検査、血液検査などの各種検査から患者の全身状態を把握し、緊急に手術を実施するべきか、あるいは延期するか判断する。

一般に、受傷から時間が経過して慢性的な経過をとる動物では、血圧、脈拍、呼吸、体温などのバイタルサインは比較的安定している。特に猫においては、外傷もみつからず比較的元気で、臨床症状からは事故などを推測できない場合がある。

受傷直後に受診した急性例では、患者は程度の差はあれショック状態にあると思われ、最初にショックに対する治療を行うべきである。血管を確保し輸液などで血圧を安定させながら、必要に応じて酸素吸入、ステロイド剤投与などの対症療法を実施する。また、横隔膜ヘルニアを疑う場合は、ショックに対する治療と並行して、胸部X線検査を実施する。まず、DV像で撮影し状態を把握する。状態を観察しながらラテラル像で撮影する。呼吸困難を呈する動物に対していきなり横臥位で撮影することは、拡張可能な肺を虚脱させることになり、非常に危険である。したがって、チアノーゼや呼吸促迫などの症状が顕著な場合は、ラテラルでは撮影すべきではない。また、猫が開口呼吸をしている場合は、横隔膜ヘルニアに限らず重度の低酸素症状態であり、X線検査に優先して直ちに酸素吸入を実施しないと危険である。

人の場合、外傷性横隔膜ヘルニアでは重度外傷と同様に受傷後24時間以内に手術を行った場合に高い死亡率を示す[2,3]。したがって、ショック状態から離脱した場合でも、24時間は手術を延期すべきである。そして、肺出血、気胸、無気肺が認められる患者に対しても、可能であれば手術を延期すべきである。しかし、呼吸困難が改善しない場合や、胸腔内の多量の出血、緊張性気胸などが認められる場合は、緊急に手術を行うべきである。また、気胸や、液体貯留が認められる場合は、術前に胸腔穿刺により除去すべきである。外傷性横隔膜ヘルニアに対して、犬はショック状態に陥りやすく、猫は比較的耐える傾向がある。

### 2）手術前の検査

麻酔前に以下の検査を実施して術前の状態を把握し、麻酔のリスクを最小限に抑え、手術が安全に行われるように備えるべきである。

#### ⅰ）麻酔前評価

- 麻酔に先立ち血圧、脈拍、呼吸、体温などのバイタルサイン
- 胸部X線検査
- 心電図検査（ECG）
- 可能であれば動脈血ガス分析
- CBC、生化学、電解質

血液検査で貧血の有無、PCVやTP値により脱水の有無を検査する。PCV値は、術前で27～30％、術後で20％以上であることが望ましい。また、PCV値が60％の場合では、血液の粘稠度が2倍になり心拍出量は1/2に低下する。そのため脱水がみられたならば、術前に輸液で脱水の補正を行うべき

第Ⅵ章　横隔膜

表Ⅵ-1　ASAの全身疾患による重症度の分類

| Class Ⅰ （excellent） | 健康な動物 |
|---|---|
| Class Ⅱ （good） | 新生子や老齢の患者、軽度の全身疾患、軽度から中等度の肥満、代償されている心疾患を有する患者など |
| Class Ⅲ （fair） | 中等度の全身疾患、軽度から中等度の発熱、中等度の脱水、貧血、慢性心疾患、慢性腎疾患、複雑骨折、軽度から中等度の胸部外傷 |
| Class Ⅳ （poor） | 死に至る可能性のある重度の全身疾患を有する患者、ショック状態、発熱、尿毒症、重度の脱水、重度の貧血、衰弱、糖尿病、横隔膜ヘルニアなど |
| Class Ⅴ （guarded） | 24時間以内に死亡することが予測される患者、進行性の多臓器不全、重度のショック状態、DICの患者 |

である。

　呼吸器疾患では、術前術中を含めて動脈血のガスモニターが極めて有用な情報をもたらす。動脈血二酸化炭素分圧（$PaCO_2$）で、換気の状態を判断する。正常値は35〜45mmHgであり、増加は換気障害（呼吸器障害）を意味する。麻酔中の$PaCO_2$の上昇は換気不足を意味し、呼吸回数を増加する必要がある。呼吸器障害が認められる症例では、酸素分圧（$PaO_2$）は低下している。空気吸入時の正常値は$PaO_2$90〜100mmHgであり、手術時の$PaO_2$は、できれば95mmHgは確保したい。$PaO_2$<60mmHg以下では、手術を維持することは困難である。必要であれば術前から酸素を吸入させ酸素化し、$PaO_2$が上昇するか否か確認する。$PaO_2$が上昇し90〜100mmHgに近づけば手術は可能であるが、上昇しなければ手術は不可である。

　血液凝固系の検査では、手術中の出血傾向の有無を判定する。APTT（部分トロンボプラスチン時間）、PT（プロトロンビン時間）の2種類のスクリーニング検査の組み合わせを用いる。正常な犬および猫では、外因系の指標であるPTの正常値は7〜10秒で、内因系のAPTTは13〜19秒である。

　電解質では、特にカリウム値に注意を払うべきである。横隔膜ヘルニアの手術において、一般的に筋弛緩薬を投与するが、筋弛緩薬であるサクシニルコリンは細胞からカリウムの放出を引き起こす。そのため、高カリウム血症に対してサクシニルコリンを投与すると血清カリウム濃度を上昇させ、心停止あるいは心室細動を誘発する閾値（5.5〜6 mEq/L）

表Ⅵ-2　ASAの呼吸不全の麻酔時のリスクの分類

| カテゴリーⅠ | 動いても呼吸困難は起こらない。 |
|---|---|
| カテゴリーⅡ | 中等度の労働によって呼吸困難が起こる。 |
| カテゴリーⅢ | 軽度の労働によって呼吸困難が起こる。 |
| カテゴリーⅣ | 患者が休息した状態でも呼吸困難が起こる。 |

※カテゴリーⅢ・Ⅳの患者は麻酔リスクが高い。

まで上昇させる危険性がある。また、低カリウム血症では、筋弛緩薬の効果を増強あるいは延長させる。

### 3）麻酔管理

　アメリカ麻酔学会（American Society of Anesthesiologists：ASA）では、全身疾患の存在と重症度を5段階に分類し（表Ⅵ-1）、さらに呼吸不全を呈している患者は、麻酔時のリスクを4つのカテゴリーに分類している[4,5]（表Ⅵ-2）。

　横隔膜ヘルニアは、ASA Class Ⅳ、麻酔時のリスクがカテゴリーⅢに分類され、麻酔管理には非常に注意を要するランクとなる。そのため、麻酔前の検査は慎重に行うべきで、麻酔前投薬、麻酔薬、麻酔モニターや輸液などの選択が重要となる[3]。

#### 横隔膜ヘルニアの麻酔管理の目標
- 患者を術前に酸素化する。

- 麻酔導入後直ちに気道を確保する。
- 調節呼吸（陽圧呼吸）を実施する。
- 呼吸抑制作用をもつ麻酔前投与を避ける。
- 補助的な酸素吸入を術前・術後に実施する。

### ⅰ）麻酔前投薬

(1) 患者のストレスを軽減し、呼吸機能不全の悪化を引き起こさないために、軽い鎮静が必要となる場合がある。

(2) 呼吸抑制が非常に小さい以下の薬剤の使用を考慮すべきである。
- アセプロマジン0.11～0.22mg/kg（最大総用量1.0mg）の筋肉内投与
- ジアゼパム0.22～0.44mg/kg（最大総用量10mg）の筋肉内投与
- ジアゼパム（上記と同量）とアセプロマジン（上記と同量）、ブトルファノール0.22～0.44mg/kg（最大総用量20mg）の筋肉内投与または静脈内投与の組み合わせ

### ⅱ）麻酔の導入

麻酔導入前に100％酸素を少なくとも5～7分吸入させ酸素化すべきであり、術後も必要であれば酸素を吸入させるべきである。

イソフルランまたはセボフルランを用いた急速マスク導入が使用できる。しかし、患者の呼吸状態が悪く、換気能力の著しい低下がみられるときは、麻酔の導入が遅延する。

静脈内投与による急速麻酔導入は、チオペンタールあるいはプロポフォールを用いて効果が得られるまで投与する。あるいは、ケタミン2.2～4.4mg/kg、またはチレタミン（Telazol）の静脈内投与も可能である。

いずれの方法を用いた場合でも、気管挿管が可能な麻酔深度に達したときには、迅速で正確な挿管が必要である[4]。

### ⅲ）麻酔の維持

呼吸困難を呈する横隔膜ヘルニアの麻酔の維持では、イソフルランまたはセボフルランを用いた吸入麻酔に陽圧呼吸、または筋弛緩薬を用いた調節呼吸が最もよい方法である。

### ⅳ）麻酔時のモニター

横隔膜ヘルニアや胸部損傷のため肺の機能が低下しており酸素飽和度（$SpO_2$）を95mmHg以上に保つことが困難な場合がある。モニターを注視しながら陽圧呼吸数あるいは調節呼吸数を増やしながら$SpO_2$を90mmHg以上に維持する。

また受傷から長時間経過している場合には、腹腔内容積が減少しており、胸腔に脱出した臓器を腹腔に戻したときに静脈系を圧迫するため、心臓への還流血液量が減少し、心拍出量の減少や頻脈を招きやすいので、血圧の低下および心拍数の増加などに注意する。

## 4）術後管理

術後は、低換気状態に陥りやすく、低酸素血症、酸-塩基平衡の異常が生じる。そのため、術後は呼吸状態、可視粘膜の状態を観察しながら酸素ケージまたは経鼻カテーテルにて酸素吸入を行う必要がある。そして、経時的に血液ガスをモニターすることが望ましい。

特に、外傷性横隔膜ヘルニアの術後合併症として、肺水腫、気胸および胸骨切開による痛みに起因する換気不全が知られている。これらの合併症は、術後24時間以内に発生がみられることが多く、この間は管理を厳重にする必要がある。

横隔膜ヘルニアの術後にみられる肺水腫は、再拡張性肺水腫（Re-expantion Pulmonary Edema：RPE）といわれ、術後1～4時間以内に発生し、特に猫に多く認められる[6]。

RPEの原因は諸説あるが、肺毛細血管の透過性亢進による説が有力である。RPEの予防的処置として、術中の気道内圧を10～20cm$H_2O$に保持すること、あるいは呼気終末陽圧呼吸（Positive Endexpiratory Pressure：PEEP）が有効との報告や[7-9]、肺拡張時に急激に肺を拡張しないことである。治療としては、グルココルチコイド、利尿薬、抗ヒスタミン剤、塩酸ドパミンが使用されている。

気胸は、術後に発見される場合が多い。これは、胸腔内に脱出した臓器により損傷を受け、脆くなった肺が陽圧呼吸で拡張する際に破裂して生じる場合

や、手術操作の失宜、ドレーン抜去時の損傷、癒着を剥離する際の損傷などが主な原因で発生する。そのため、閉胸時に体温程度に加温した生理食塩液を肺に滴下して、肺からの空気の漏れがないことを確認して閉胸する。開胸を実施しない場合は、6 Fr.サイズの栄養カテーテルなどを用いてヘルニア輪から肺に生理食塩液を噴射して気泡を確認する。明らかな気泡を確認した場合は、開胸を必要とする。

ドレーンで急激に胸腔内を陰圧にするのは危険であり、RPEの予防のため、できれば低圧吸引機で徐々に胸腔内を陰圧にするのが安全である。胸腔内から空気および血液、洗浄液の吸引がなくなった時点でドレーンを抜去する。通常は、数時間〜1日で除去できる。

疼痛管理は、すべての外科手術において実施するべきである。術後の痛みは、呼吸抑制や不整脈の原因となる。特に、開胸法を用いて横隔膜ヘルニアの整復手術を実施した場合は、激しい痛みのため換気不全を引き起こす危険性があるため、痛みに対する術後管理が必要である。疼痛管理法として、切開部位への局所麻酔と非ステロイド性抗炎症薬(Non-Steroidal Anti-Inflammatory Drugs：NSAIDs)やオピオイドを併用することで良好な鎮痛効果が得られる。

局所麻酔薬を用いた疼痛管理として、リドカイン、ブピバカインが使用される。

リドカインは、作用発現時間が早いが、作用時間が1〜2時間と短い。術野に直接浸潤させるか噴霧する。用量は4〜7 mg/kgを超えないようにする。11mg/kgに達すると中毒が生じる可能性がある。

ブピバカインは、作用発現時間が遅いが作用時間は4〜6時間持続する。肋間神経ブロックに用いる場合(切開した肋間の前後肋間：総量で2.2mg/kgを超えてはならない)や閉胸後ブピバカインをドレーンチューブから直接注入(生理食塩液10mL以下で希釈)することが可能である。ブピバカインは4〜6時間ごとに繰り返し投与できるが、初回量として1.4〜2.2mg/kgを使用し、1日の累計量が、最初の日は8 mg/kg、その後は4 mg/kgを超えないようにする[4]。

NSAIDsとして、筆者は犬ではフィロコキシブ5 mg/kgの経口投与を実施している。

猫は、NSAIDsに非常に感受性が高いため、投与の際には注意を要する。

オピオイドであるブトルファノール(0.11〜0.44mg/kgの筋肉注射、または静脈注射)は、犬と猫に対して安全に投与できる[4]。

(竹中雅彦)

---

**参考文献・図書**

[1] 多川政弘.：外傷性横隔膜ヘルニアの整復術における合併症とその対策. *Surgeon*. 1999；13：32-37.
[2] Boudrieau SJ, Muir WW.：Pathophysiology of traumatic diaphragmatic hernia in dogs. *Compend Contin Educ Pract Vet*. 1987；9：379-386.
[3] Johnson KA.：Diaphragmatic, Pericardial, and Hital Hernia. I. In：Slatter DH. (ed)：Textbook of Small Animal Surgery 2nd ed：W B Saunders；1993：455-470. Philadelphia.
[4] Robert RP.：ASAの基準. In：小動物臨床麻酔マニュアル(監訳/多川政弘)：インターズー；2002：13. 東京.
[5] Robert RP.：呼吸器疾患を有する患者の麻酔前評. In：小動物臨床麻酔マニュアル(監訳/多川政弘)：インターズー；2002：329. 東京.
[6] 村山大介.：横隔膜ヘルニアの整復術後における再拡張性肺水腫について. *Srugeon*. 1999；13(1)：28-31.
[7] Fernandez ME, Vazquez Mata G, Cardenas A, Mansilla A, Cantalejo F, Rivera R.：Ventilation with positive end-expiratory pressure reduces extravascular lung water and increases lymphatic flow in hydrostatic pulmonary edema. *Crit Care Med*. 1996；24(9)：1562-1567.
[8] Hirakawa A, Sakamoto H, Shimizu R.：Effect of positive end-expiratory pressure on extravascular lung water and cardiopulmonary function in dogs with experimental severe hydrostatic pulmonary edema. *J Vet Med Sci*. 1996；58(4)：349-354.
[9] Kato M. Otsuki M, Wang LQ, Kawamae K, Tase C, Okuaki A.：Effect of positive end expiratory pressure on respiration and hemodynamics in dogs with pulmonary edema caused by increased membrane permeability. *Masui*. 1998；47(1)：2-21.

# 横隔膜の疾患

Diseases of the Diaphragm

## ■ 1 形態異常

横隔膜は、胸腔と腹腔を隔てる筋肉性の膜であるが、先天的または後天的に解剖学的異常が認められることがある。主に、先天性や後天性（外傷）によるヘルニア、横隔神経麻痺による横隔膜の弛緩症などである。その結果、呼吸機能や食道の運動機能障害が起こる。

### 1）横隔膜ヘルニア

横隔膜ヘルニア（diaphragmatic hernia）は、腹腔内の臓器あるいは組織が、何らかの原因で生じた横隔膜の間隙から胸腔内に脱出した状態をいう。原因により外傷性と非外傷性に分類できる。非外傷性横隔膜ヘルニアには、先天性と後天性がある。腹膜心膜横隔膜ヘルニアは、先天性横隔膜ヘルニアの代表的な疾患であり、食道裂孔ヘルニアには、先天性と後天性がある。動物および人において、外傷性ヘルニアは、ヘルニア嚢を有さないため脱出臓器が多く、胸部臓器を著しく圧迫するため、緊急性を要する疾患である。特に、犬に比べ猫に外傷性ヘルニアが多いのは、横隔膜と肋骨との結合が緩いという解剖学的な理由と、飼育環境において屋外での行動が比較的自由であるために、事故に遭う機会の多いことが原因と思われる。

予後は、先天性、後天性であれヘルニアが存在する状態で成長を続けることは難しく、外科的処置を施し整復する必要がある。

#### ｉ）外傷性横隔膜ヘルニア
①定義

外傷性横隔膜ヘルニア（traumatic diaphragmatic hernia）の診断の手助けとして、稟告が重要である。よくある飼い主からの主訴は、交通事故、高所からの転落、打撲、数日間の外出と帰宅時に発見される外傷などで、横隔膜が外部からの強い衝撃を受け、部分的あるいは全面的に裂傷し、大網や脂肪、肝臓、腸管などの組織や腹腔臓器が胸腔内に脱出した状態をいう。犬と猫において、横隔膜ヘルニアの90％以上が外傷性であり、横隔膜ヘルニアを発見したならば、まず外傷性横隔膜ヘルニアを疑うべきである。

②病態

臨床症状は、チアノーゼを伴う呼吸困難を呈する重症例から沈うつ程度の軽度例まで様々である。臨床症状の差異は、胸部臓器の損傷程度と進入した臓器による呼吸抑制の程度によって決まる。また、一般的に猫は呼吸困難によく耐えるが、犬は耐えられない傾向がある。

③診断

検査方法は、X線検査が最も有効である（Ⅵ-32、33）。DVおよびラテラルの2方向から撮影を実施して、肺の虚脱と変位、心陰影の確認と変位、胸腔内の液体貯留と気胸の有無、肺虚脱の有無などを確認する。X線検査で横隔膜が作り出す胸腔と腹腔の境界陰影を横隔膜ラインと呼ぶ。DVおよびラテラル像において、ラインの弛緩、変位、消失は横隔膜の裂傷を意味するため、横隔膜ラインを正確に確認する。そしてラインの変位と消失部位から、横隔膜の裂傷部位と範囲を推定することが可能である。また、肝臓と脾臓陰影の確認は非常に重要である。腹腔内で肝臓および脾臓陰影、特に肝臓陰影が確認できれば裂傷は小さく、確認できなければ肝臓は胸腔内に進入していると考えられるため、裂傷範囲が大きいと推察できる。これらの所見から、横隔膜ヘルニアの有無と裂傷部位と範囲を推測できる。

診断は、肺の虚脱と変位、心臓の変位、横隔膜の

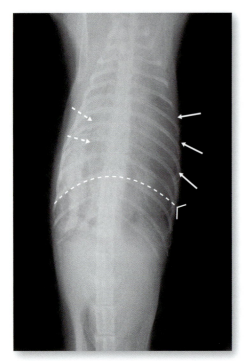

**図Ⅵ-32　外傷性横隔膜ヘルニアのDV像**
日本猫、3歳齢、雄で、外出後に呼吸促迫を示した。両側の横隔膜ライン（点線）と心陰影が消失するが、左胸腔には肺の拡張を認める（実線矢印）。主に右胸腔内にガス像が認められるため、腸管、大網などが広範囲に侵入していると思われる（点線矢印）。

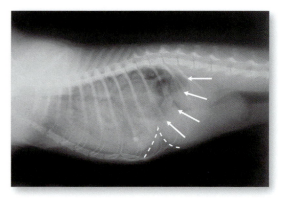

**図Ⅵ-33　外傷性横隔膜ヘルニアのラテラル像**
図Ⅵ-32と同症例。
背側の横隔膜ラインが消失（実線矢印）しているが、腹側の横隔膜ラインは認められ、肝臓は腹腔内に認められる（点線）。腹腔内の腸管の多くは胸腔内に移動している。

消失、胸腔内における腸管のガス像、肝、脾などを確認することで診断する。横隔膜ヘルニアと胸水の鑑別診断は、主にラテラル像で診断できる。

胸水の右ラテラル像では、横隔膜ラインは明瞭であり、腹側の横隔膜と肝臓の作り出すシルエットは明瞭である（図Ⅵ-34）。

図Ⅳ-32、33の所見から、横隔膜の裂傷部位は背側で左右両側に及ぶ。背側の横隔膜裂傷では、肝臓は胸腔内に侵入しにくい。腹腔からは腸管が多量に右胸腔内に侵入しているが、DV像で左肺は十分に拡張しているため緊急性ではない。

④治療

外傷性横隔膜ヘルニアは、損傷の程度にかかわらず、手術によって胸腔内に脱出した臓器や組織を腹腔内に戻し、呼吸および循環動態を正常に復帰させねばならない。

胸腔内に進入した臓器が多量であり、横隔膜裂傷が広い範囲に認められることから、腹部正中切開法と胸骨正中切開法を組み合わせたアプローチ方法を選択する。

麻酔管理は、鎮静・鎮痛を目的としてミダゾラム・ケトプロフェンによる前処置後、麻酔導入前に患者を十分に酸素化する。マスクでイソフルランにて導入し速やかに気管挿管後、筋弛緩薬のサクシニルコリンクロライドあるいはパンクロニウムにて調節呼吸に移行する。麻酔維持は低濃度のイソフルランと0.1%ケタミンの微量点滴にて維持した。

⑤術中所見

腹部正中からアプローチし（図Ⅵ-35）、胸骨下の脂肪を除去後、剣状軟骨から胸骨3椎に鋏を用いて縦切開し術野を広げた（猫であれば鋏で切開でき

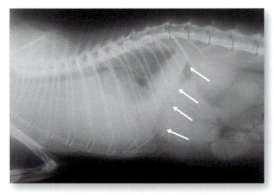

**図Ⅵ-34　胸水との鑑別診断：重度の胸水のラテラル像**
日本猫、8歳齢、雄で、胸腺型悪性リンパ腫の症例。横隔膜ライン（矢印）は明瞭で、胸腔と腹腔の境界が確認できる。

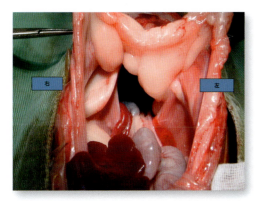

図Ⅵ-35　腹部正中切開によるヘルニア孔確認

日本猫、2歳齢、雌。

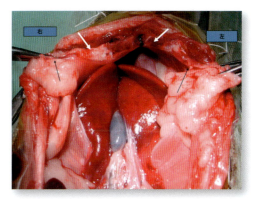

図Ⅵ-36　脂肪除去・胸骨縦切開

図Ⅵ-35と同症例。

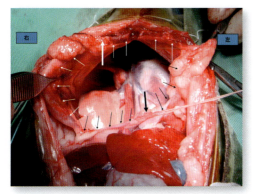

図Ⅵ-37　横隔膜剣状軟骨付着部に支持糸をかけて胸骨閉鎖後に胸骨側と縫合

図Ⅵ-35と同症例。細い白矢印（胸郭辺縁部）と細い黒矢印（横隔膜裂傷部を縫合）・太い白矢印（剣状軟骨部）と太い黒矢印（横隔膜剣状軟骨付着部）を縫合する。

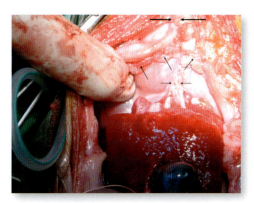

図Ⅵ-38　横隔膜と辺縁を縫合。ドレーン装着

図Ⅵ-35と同症例。

る）（図Ⅵ-36）。その際に胸骨の左右に内胸動脈が走行しているので注意しながら切開し、胸腔内に進入した腸管、大網、脾臓そして最後に肝臓を腹腔内に戻す。臓器を腹腔内にすべて戻し、胸腔内に異常がないことを確認後、虚脱した肺を気道内圧10～20cmH$_2$O程度で圧をかけながら徐々に拡張させる。このとき、虚脱した肺を無理やり拡張する必要はない。通常はドレーン装着して胸腔内が陰圧になれば徐々に拡張する（図Ⅵ-37、38）。横隔膜の裂傷部を縫合する（図Ⅵ-39、40）。

⑥予後

外傷性横隔膜ヘルニアの予後は、横隔膜の裂傷の大きさ、胸腔内臓器の損傷程度、整復までの時間などで決定されるが一般的に合併症がない横隔膜ヘルニアの予後はよい。

ⅱ）非外傷性ヘルニア
　　（先天性横隔膜ヘルニア）

①腹膜心膜横隔膜ヘルニア

・定義

腹膜心膜横隔膜ヘルニア（peritoneopericardial diaphragmatic hernia）は、腹腔と縦隔そして心膜の先天性閉鎖不全により生じた横隔膜の欠損孔が心膜と交通するため腹腔内容物が心膜腔内に進入するヘルニアである。

原因は、横隔膜の腹側原基である横中隔の肝臓からの分離に欠陥がある場合に生ずるものと考えられているが、正確な原因は不明である。犬と猫では、ヘルニア付近の被毛に異常な渦巻きがあるといわれている[1]。このタイプの横隔膜ヘルニアは、犬と猫の先天性横隔膜ヘルニアの代表的なものである。

第Ⅵ章　横隔膜

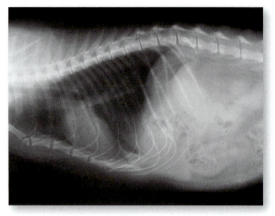

図Ⅵ-39　外傷性横隔膜ヘルニアの整復直後のラテラル像
図Ⅵ-35と同症例。

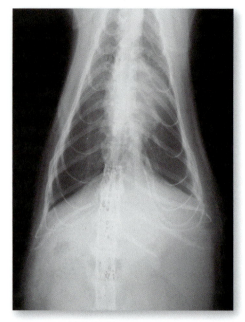

図Ⅵ-40　外傷性横隔膜ヘルニアの整復直後のDV像
図Ⅵ-35と同症例。

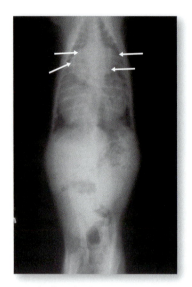

図Ⅵ-41　腹膜心膜横隔膜ヘルニアのDV像
日本猫、80日齢、雌。
横隔膜ラインは中央部で消失し、胸腔一杯に拡張した心嚢内には、左側にガス像がみられる。また、気管分岐部の位置から心臓（矢印）は頭側に押しやられているのが確認できる。

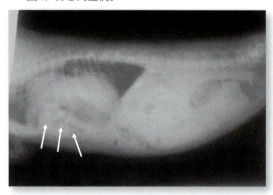

図Ⅵ-42　腹膜心膜横隔膜ヘルニアのラテラル像
図Ⅵ-41と同症例。
横隔膜ラインは背側から1/2で消失し、胸腔内には気管が胸椎と並行するまでに挙上し拡張した心嚢がみられる。心嚢内にはガス像（矢印）がみられる。

• 病態・診断

腹膜心膜横隔膜ヘルニアの臨床症状は、呼吸器・循環器・消化器疾患の症状が認められる。胸腔内を拡張した心嚢が占めるため呼吸を抑制する。また、心嚢内に脂肪や小腸などの消化器および二次的に貯留した心嚢水のため循環障害がみられ、嘔吐などの消化器症状も認められる。身体一般検査では、呼吸促迫、血圧の低下、心音の聴取困難などの所見が認められる。胸部X線検査では、特徴的な所見が得られる。DV像において、あたかも心タンポナーデを疑うような球形の拡張した心陰影が認められる（図Ⅵ-41）。またDV像では、横隔膜の中央部が胸腔内に突出する像が認められることもある。心膜腹膜管は、横隔膜の膜性部が関与する遺残であるため、背・腹の別はあるが基本的に正中線上にヘルニア孔は存在する。DV像では、正中の横隔膜ラインが不明瞭であるラテラル像も、同様に球形の心陰影がみられ、気管は胸椎と並行する所見が得られる。DVおよびラテラル像では横隔膜ラインに注目すると、一部欠落する部分を確認することができる。また、

横隔膜の疾患

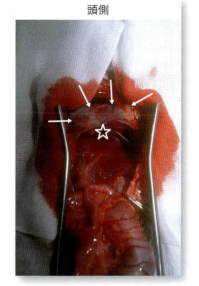

図Ⅵ-43　胸骨縦切開と腹部正中切開によるアプローチ

日本猫、80日齢、雌。
心嚢内（矢印）に肝臓（☆）がみられる。

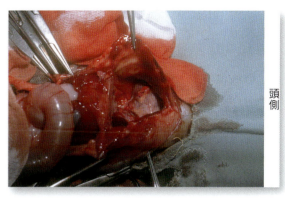

図Ⅵ-44　心膜縫合

図Ⅵ-43と同症例。
心膜を針付の5-0の吸収性縫合糸であるポリジオキサノン（PDS）縫合糸で結節縫合を実施し、横隔膜は3-0の非吸収糸で縫合した。胸骨はステンレスワイヤー糸で縫合した。

ラテラル像では腹側の剣状軟骨部の横隔膜ラインが不明瞭である（図Ⅵ-42）。

心タンポナーデでは、腹膜横隔膜ヘルニアの心陰影に類似した球状に拡張した心陰影が見られ、心嚢内にはガス像は認められない。肝臓が作り出す横隔膜ラインとの接触部分で心陰影の輪郭は明瞭である。ラテラル像では、横隔膜ラインは背側から腹側にかけて明瞭で、特に腹側の剣状軟骨部と肝臓の作り出す横隔膜ラインは明瞭である。

ヘルニアの開存が小さく、腹腔から腸管などの臓器の進入がみられない場合でも、同様の所見は得られる。

超音波検査では、拡張した心嚢内に心嚢水と脂肪・大網、さらに腸管や脾臓などを確認できることがある。

・治療

心膜内に進入した腹腔臓器を腹腔内に戻し、拡張した心膜と腹膜を離断し、さらに心膜を整復する必要がある。そのために、腹膜心膜横隔膜ヘルニアのアプローチは、胸骨横切開法をはじめ腹部正中切開法と胸骨正中切開法の組み合わせが最も合理的である（図Ⅵ-43、44）。特に、胸骨横切開法では、心膜と横隔膜の欠損部分の補修が容易である。

X線検査所見から胸骨の剣状軟骨直下にヘルニア孔が存在し、そのまま心膜に移行している。そのためアプローチは腹部正中切開と胸骨縦切開法を選択した。手術方法は、外傷性横隔膜ヘルニアの手術法と変わらない。患者を仰臥位に保定し、胸部から腹部にかけて広い範囲で剪毛し消毒する。第5～6胸骨付近から正中線を外さないように注意して臍部まで切開し、開胸および開腹する。そうすると、直視下に横隔膜とヘルニア孔が観察される。心膜内に進入していた臓器を腹腔内に戻し、腹膜と心膜を分離する。横隔膜の膜性部を非吸収糸で縫合しヘルニア孔を閉鎖する。そして拡張した心膜を5-0の吸収糸を用いて結節縫合する。術後に心嚢水が貯留する可能性があるため、連続縫合は行わない。胸腔内にドレーンを装着して閉胸および閉腹する。

・予後

術後には、X線写真で横隔膜ラインなどを確認する（図Ⅵ-45、46）。

一般的には術後の予後は良好である。

②食道裂孔ヘルニア

・定義

横隔膜の食道裂孔を通じて胸腔内に胃などの腹腔臓器が脱出する状態を食道裂孔ヘルニアと呼ぶ。人では、横隔膜ヘルニアの中で最も頻度が高く、先天性あるいは後天性にも発生し、3つのタイプに分け

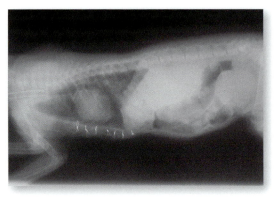

図Ⅵ-45　整復直後のラテラル像
図Ⅵ-43と同症例。

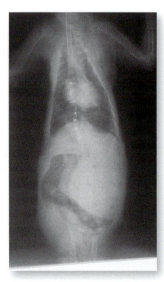

図Ⅵ-46　整復直後のDV像
図Ⅵ-43と同症例。

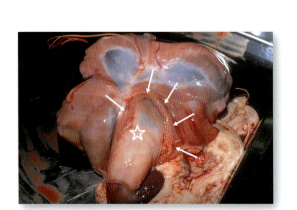

図Ⅵ-47　食道裂孔ヘルニア（滑脱型の極型）の剖検所見
食道裂孔（実線矢印）から胃体部が胸腔内に侵入し、幽門部（☆）だけが確認できる。

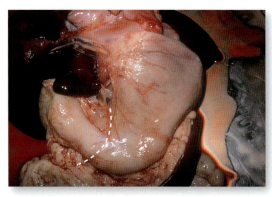

図Ⅵ-48　食道内に陥入していた胃の剖検所見
胸腔内に陥入した胃を整復したものである。幽門部（点線）以外はすべて胸腔内に侵入し、ショック状態となり急死した。

られる[2]（図Ⅲ-27参照）。

・滑脱型（軸性）：横隔膜と食道を固定する横隔膜食道靭帯が伸びることで食道胃接合部が食道裂孔より胸腔側へ移動する。そのため、胃の近胃部が釣鐘状に食道に引っ張られたように胸腔内に脱出する。最も多い型である（図Ⅵ-47、48）。

・傍食道型：食道胃接合部は正常で、食道裂孔に一致しており、食道裂孔を介して胃大弯側が胸腔内に脱出する状態を示す。比較的まれ。

・混合型（横隔膜）：滑脱型と傍食道型の両方の特徴を有するもので、食道胃接合部は食道裂孔より胸腔側に移動し、胃大彎部が食道裂孔を介して胸腔内に脱出する[2]。

胃と食道が並行であるため逆流した胃液は食道内にとどまる傾向にあり、そのため逆流性食道炎による嘔吐や慢性的な経過をとると食道拡張を併発する場合がある[3]。

• 治療

無症状な場合は、治療の必要はない。しかし、逆流性食道炎を併発している症例に対しては食事指導、薬物による内科的治療、外科的治療を実施する。

内科的治療に反応しない場合は、外科的に治療することになる。食道裂孔ヘルニアのアプローチとし

横隔膜の疾患

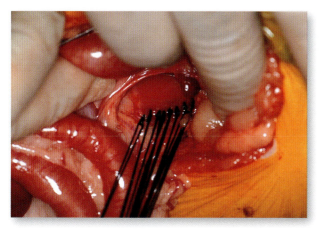

図Ⅵ-49　食道裂孔ヘルニアの術中写真
症例は、アメリカン・ショートヘア、4歳齢、雄、4.08kg。1ヵ月半くらい前より、嘔吐がみられるようになり、徐々に頻回になってきた。手術により、胃を正常位置に戻し、裂孔部を結節縫合で閉鎖する。（写真提供：山根義久先生）

て、腹腔側からと胸腔側からの方法があり、胸腔内に脱出した噴門部あるいは胃底部を腹腔に戻し、ヘルニア嚢の切除または縫縮、裂孔の縮小、逆流防止処置を実施する（図Ⅵ-49）。

• 予後

一般的には、予後は良いが、慢性化すると逆流性食道炎のため食道びらんや潰瘍を呈する場合がある。傍食道型、混合型の場合では胸腔内に脱出した胃が捻転する場合がある。

③胃食道重積症

• 定義

胃食道重積とは、胃の噴門と胃体部が食道遠位部に陥入した状態をいう。胃の他に、脾臓、肝臓、腸管などの腹腔内臓器が巻き込まれることもある[1,4]。

• 病態

食道内に、胃や他の臓器が陥入すると、肺や脈管が圧迫され、呼吸困難や還流静脈血液量の減少によりショック状態に陥ることが多い。

胃食道重積は、まれな疾患で、病因は未だ不明である。1歳齢以下の若齢犬に好発し、雄のジャーマン・シェパードはリスクが高い[3,5-7]。猫においても犬同様に遭遇する（図Ⅵ-50）。一般的には、急性の臨床症状（嘔吐、吐出、沈うつ、ショック症状）認められ、予後は不良のことが多い。実際、この疾患の95％は、外科的治療を受ける前に死亡するか安楽死となる[3,8]。

• 診断

診断方法として、胸部X線検査所見をもとに診断されることが多い[1,3,4]。

• 治療

治療法として、緊急外科手術が必要となる。食道に陥入した胃などの臓器を牽引してもとの位置に戻し、胃を左右両側の腹壁に固定する。

④横隔膜欠損

横隔膜は、主に横中隔、胸腹膜ヒダ、体壁の中胚葉、食道周囲の中胚葉組織の4つの原基から形成される。そして胎生期に対腔外に脱出していた腸管は、胎子が成長する段階で腹腔内に還納される。この時に横隔膜は、腹側では横中隔、背側では胸腹膜ヒダが中心になり融合し横隔膜は閉鎖する。

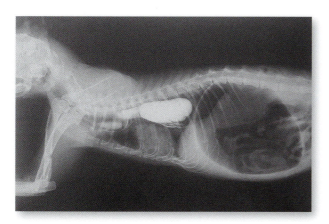
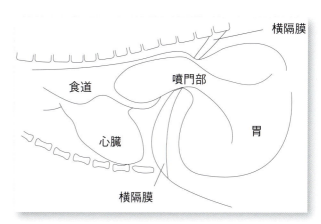

図Ⅵ-50　猫の胃食道重積症の消化管造影所見とそのシェーマ
手術時に胃の大弯部の一部が食道内に陥凹しているのが確認された（写真提供：山根義久先生）。

**図Ⅵ-51　雑種犬における横隔膜欠損症例**
心臓の後部に横隔膜欠損（薄膜で覆われた肝臓が透けてみえる）が確認できる。（写真提供：山根義久先生）

　横隔膜が完全に欠損する場合は、他の臓器発生も異常があると思われ、胎子は胎生期に死亡すると考えられる。また、仮に生まれても、出生直後から自発呼吸はできず死亡すると思われる。したがって、部分的な横隔膜欠損の一部を除いて（図Ⅵ-51）、臨床的に遭遇する先天性横隔膜ヘルニアは、横隔膜の部分欠損である腹膜心膜横隔膜ヘルニア、食道裂孔ヘルニアである。腹膜心膜横隔膜ヘルニアは、横中隔の不完全閉鎖であり、食道裂孔ヘルニアは、胸腹膜ヒダの不完全閉鎖と考えられる。
　したがって、種により横隔膜の閉鎖形態が若干異なるのかもしれない。

## ■ 2　機能異常

　横隔膜の原発性疾患のみならず、二次的に波及した病変により横隔膜機能が抑制される。人では、腫瘍あるいは手術後の影響によるものが多いが、動物の場合は外傷性によるものが圧倒的に多い。
　X線検査では、解剖学的異常は発見できない場合があるが、主に横隔膜位置異常として発見される。

### 1）横隔膜麻痺
#### ⅰ）定義
　横隔膜麻痺（diaphragmatic paralysis）は、一側または両側の横隔神経の刺激伝道障害により起こる横隔膜機能障害である。原因は、肺、縦隔の悪性腫瘍、頸部・胸部の手術時による二次的な損傷、神経炎などが考えられる。症状として、腹式呼吸、運動時の呼吸困難などが認められる。また、吸気では肋間筋や補助吸気筋が活動し、横隔膜は奇異運動を示し、腹部は吸気時に陥没する。

#### ⅱ）診断
　横隔神経電気刺激試験（phrenic nerve stimulation test）が診断に有用な場合もある。頸部の横隔神経を電気刺激し、それによって生じる同側の横隔膜活動電位を側胸部に置かれた表面電極を用いて記録し、横隔神経伝道時間を測定する。横隔神経が完全断裂されると横隔膜活動電位の消失または伝道遅延が起きる。

#### ⅲ）治療
　治療は、横隔神経障害を引き起こした原因を究明し、治療を考慮しなければならない。一側性の麻痺の場合は、治療の対象となる場合は少ないが、両側性の場合は積極的な治療が必要となる。
　人工呼吸療法が中心となるが横隔膜に電気的刺激を加える横隔膜ペーシングや外科的治療（横隔膜縫縮術）となる場合もある[3]。

### 2）横隔膜弛緩症
#### ⅰ）定義
　横隔膜の筋線維が消失し、薄い膜状の結合組織に置換され弛緩する。そのため横隔膜の機能障害を生じる。

#### ⅱ）診断・病態
　横隔膜弛緩症（eventration of diaphragm）のX線検査所見は、弛緩した横隔膜が胸腔内に大きく進入する（図Ⅵ-52、53）。そのため、吸気と呼気時における横隔膜の変動幅は少ない。横隔膜弛緩症と横隔膜麻痺の鑑別は、横隔膜弛緩症の方が横隔膜麻痺に比べて胸腔内に突出する[3]。

#### ⅲ）治療
　本症の治療法は、外科的に伸展弛緩した横隔膜を重層縫縮する[2,9]。

### 3）横隔膜炎
　横隔膜炎（infection of diaphragm）では、横隔膜付近の炎症が波及して炎症を起こす二次的な場合が多い。胸腔側と腹腔側からの炎症の波及により発生するが、ほとんどの場合が腹腔側からである。主な

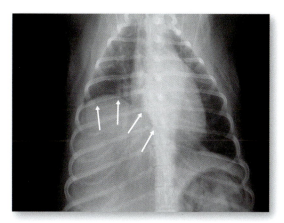

図Ⅵ-52　右横隔膜弛緩症。肝臓右葉嵌入（矢印）
（写真提供：藤原 明先生）

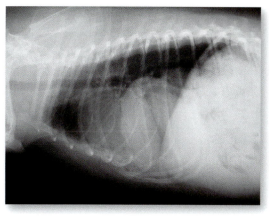

図Ⅵ-53　横隔膜弛緩症のラテラル像
肝右葉が陥入している（写真提供：藤原 明先生）

原因は、人では腹腔の炎症または横隔膜下膿瘍に続発する場合が多い。犬と猫では異物による胃穿孔により、直接異物が横隔膜を傷つけ発症する場合が多い。

人では特殊な横隔膜炎として旋毛虫（*Trichinella spiralis*）による旋毛虫病（trichiniasis）がみられる。本症は、旋毛虫の幼虫が寄生している豚肉で発生する。幼虫は、人でも全身の筋肉に寄生するが、特に横隔膜に好んで寄生する。そのため発熱、下痢に伴って胸痛などがみられる。

原因に対応した治療を実施する。旋毛虫病の治療ではメベンダゾールが用いられる[3]。

### 4）横隔膜下膿瘍

横隔膜下膿瘍（subphrenic abscess）は、横隔膜直下に形成される膿瘍であり、胸部、腹部、後腹膜の化膿性炎症に関連して認められる。通常膿瘍は、肝臓と右側横隔膜に挟まれた間隙に発生することが多いが、左側横隔膜と胃、脾臓間にも認められることはある。人では、原因として虫垂炎の穿孔、腹部手術、腸管穿孔による腹膜炎、胆嚢炎、腎周囲膿瘍、肺炎、肺膿瘍などが知られている。犬や猫では異物による胃穿孔、腸管穿孔が原因である場合が多い。

X線検査では、膿瘍形成による横隔膜挙上、膿瘍周辺のガス像、痛みによる横隔膜運動の抑制などがみられる。治療としては、広範な膿瘍の場合は超音波ガイドのもとでドレーン設置を行い抗生剤投与が基本となる[3]。

#### ⅰ）病態

横隔神経麻痺による横隔膜の機能障害が生じる。

（竹中雅彦）

---

**参考文献**

[1] Hedlund CS.: Surgery of the digestive system. In : Fossum TW. (ed): Small animal surgery 2nd ed.: Mosby ; 2002 : 330-331. St. Louis.
[2] 藤沢武彦.：横隔膜. In：標準外科学 第11版（監修／松野正紀）：医学書院；2007．東京.
[3] Roach W, Hecht S.: What is your diagnosis ? *J Am Vet Med Assoc.* 2007 ; 231 : 381-382.
[4] Masloski A, Besso J.: What is your diagnosis ? *J Am Vet Med Assoc.* 1998 ; 212 : 223-224.
[5] Leib MS. Blass CE.: Gastroesophageal intussusception in the dog: a review of the literature and a case report. *J Am Anim Hosp Assoc.* 1984 ; 20 : 783-790.
[6] Graham KL, Buss MS, Dhein CR, Barbee DD, Seitz SE.: Gastroesophageal intussusception in a Labrador retriever. *Can Vet J.* 1998 ; 39 (11) : 709-711.
[7] Van Geffen C, Saunders JH, Vandevelde B, Van Ham L, Hoybergs Y, Daminet S.: Idiopathic megaoesophagus and intermittent gastro-esophageal intussusception in a cat. *J Small Anim Pract.* 2006 ; 47 (8) : 471-475.
[8] Pietra M, Gentilini F, Pinna S, Fracassi F, Venturine A, Gipone M.: Intermittent gastroesophageal intussusception in a dog: clinical features, radiographic and endoscopic finding, and surgical management. *Vet Res Commun.* 2003 ; 27 : 783-786.
[9] 清水英治.：横隔膜位置異常. In：内科学 第9版Ⅱ（総編集／杉本恒明, 矢崎義雄）：朝倉書店；2007：770-771．東京.

# 第VII章
# リンパ管

- リンパ節とリンパ管の発生と解剖
  Lymph Node and Lymphangial Embryology and Anatomy
- リンパ形成とリンパ流の生理と病態生理
  Pathophysiology and Physiology of the Lymphization and Lymph Flow
- リンパ管造影検査
  Lymphangiography
- リンパ節とリンパ管の疾患
  Diseases of the Lymph Node and Lymphoduct

# リンパ節とリンパ管の発生と解剖
Lymph Node and Lymphangial Embryology and Anatomy

## ■ 1　リンパ節とリンパ管の発生

### 1）リンパ管の発生

　動物の種類によってリンパ系の仕組みは異なるので、発生についても一概に説明できない。まず静脈から出芽してリンパ嚢が形成される。リンパ嚢からリンパ管網が形成され、これらが連結してリンパ系を作る。リンパ嚢は、各領域のリンパ中心からの輸出管を形成し、それらが集約されて、大静脈と連結する。

#### ⅰ）左右頸リンパ嚢

　咽頭後リンパ中心、頸部リンパ中心からの輸出管を集約し、片側は乳び槽から伸張してくる胸管と連結し、反対側は前大静脈と連結する。最初は左右対称にリンパ網が形成されるが、次第に非対称となり、右側は胸管部分が消失し、右リンパ本幹となり、右側頭頸部および右前肢からのリンパ液を集め、頸静脈角（外頸静脈と内頸静脈の会合部）に流入する。左側は、左側頭頸部および左前肢からのリンパ液を集める左気管（頸）リンパ本幹となり、一端は胸管と連絡し、反対側は頸静脈角に流入する。

#### ⅱ）左右鎖骨下リンパ嚢

　前肢のリンパ網を形成し、右リンパ本幹および左頸（気管）リンパ本幹に連結して、前肢のリンパ液が流入する。

#### ⅲ）乳び槽

　腹腔内の横隔膜下に形成される。頭側へ2本の幹（主要な部分は胸管となる）を伸ばし、前大静脈へ連結する。2本の幹の間には、はしご状のリンパ管が形成され、2本を吻合させる。乳び槽は生後もその形態を残している。

#### ⅳ）腹膜後リンパ嚢

　腹腔内のリンパ網を発達させ、前腸間膜リンパ本幹と後腸間膜リンパ本幹が合流して腸リンパ本幹となり、さらに腹腔リンパ本幹と合流して内臓リンパ本幹となる。内臓リンパ本幹は、乳び槽へ流入する。

#### ⅴ）腸骨リンパ嚢

　腰部、後肢のリンパ網を発達させ、腰リンパ本幹となって乳び槽へ流入する。

#### ⅵ）鼠径リンパ嚢

　骨盤腔のリンパ網を発達させ、腰リンパ本幹へ合流する。

### 2）リンパ節の発生

　リンパ節は、小リンパ管あるいはリンパ嚢を区画することによって形成される。そのため、リンパ節はリンパ管の走行に沿って集団あるいは鎖状に存在している。

　間葉組織がリンパ管内へ進入して、リンパ管の管腔と連絡するリンパ洞のネットワークを作る。また、間葉組織は、リンパ節の骨組みとなる細網組織も作る。この時、毛細血管が進入し、この毛細血管が進入した部位がリンパ節の門となる。リンパ節周囲の間葉組織が密になって被膜を作る。この時、被膜直下のリンパ洞および輸入リンパ管も作られる。リンパ節の門では、リンパ節内のリンパ洞構造が外部へ成長することによって輸出リンパ管が形成され、他のリンパ管と連絡する。

　毛細血管が進入するとすぐに、血液によって運ばれてきたリンパ系の細胞が細網組織内に出現する。これらのうち、T細胞は、胸腺由来である。他のBリンパ球系細胞は、胎生期の造血組織である肝臓由来である。リンパ節内の胚中心でリンパ球の産生が始まるのは、胎性中期、食肉類では40〜48日であり、末梢のリンパ球産生機能は、出生前に確立している。

（山本雅子）

---推奨図書---

[1] Hyttel P, Sinowatz F, Vejlsted M, Betteridge K.：カラーアトラス動物発生学．（監訳／山本雅子，谷口和美）：緑書房；2014．東京．
[2] Latshaw WK.：Veterinary Developmental Anatomy：BC Decker Inc.；1987.
[3] Evans HE.：Miller's Anatomy of the Dog, 3rd ed.：WB Saunders；1993.
[4] Schoenwolf GC, Bleyl SB, Brauer PR, Francid-West PH.：Larsen's Human Embryology, 5th ed.：Elsevier；2014. Churchill Livingstone.
[5] Carlson BM.：Patten's Foundations of Embryology, 6th ed.：McGraw-Hill Inc.；2003.

## ■ 2　リンパ節とリンパ管の解剖

　リンパ系は、リンパ球を産生して維持し、これを分配することを主な役割としている。骨髄や胸腺は、一次リンパ器官と呼ばれ、Tリンパ球やBリンパ球など様々なリンパ球へ分化する幹細胞を含んでいる。リンパ節は、扁桃などとともに二次リンパ器官と呼ばれ、体内に侵入した細菌などの病原体に対して免疫応答が起こる場所であり、リンパ球が同じ型のリンパ球を産生するために分裂する。リンパ管は、盲端の毛細リンパ管から始まる（図Ⅶ-1）。毛細リンパ管には多数の穴が開いており、毛細血管から漏出した液体（間質液、組織液）を回収している。この液体のなかには、病原体や腫瘍細胞なども含まれており、リンパ管の途中に存在するリンパ節がフィルターの役割を果たし、これらの異物などを捕らえる。さらに、小腸には乳び管（中心リンパ管）と呼ばれる毛細リンパ管が存在し、脂質の一部が蛋白質で覆われた脂肪滴（カイロミクロン）を吸収している。リンパ管内の液体をリンパと呼び、無色透明であるが、小腸からリンパ管で運ばれるリンパは脂肪滴を含むので、乳白色を呈し乳びと呼ばれる。リンパ管にはところどころに弁があり、リンパの逆流を防いでいる。

　リンパ管のリンパは集まって、太いリンパ管（リンパ本幹）に流れ込む。左右の腹部、骨盤部、後肢からのリンパを受ける腰リンパ本幹や、消化管からの内臓リンパ本幹などが集合し、第2腰椎の腹側で袋状に拡張した乳び槽となる。横隔膜の左脚と右脚の間で乳び槽の前端は、胸管として1本の管、もしくは数本の管が1本の管となり、横隔膜の大動脈裂孔を通過して縦隔内に入る。犬と猫の胸管の縦隔中部から後部における走行には違いが認められ、犬の胸管は胸大動脈の右側で、右奇静脈の腹側を、猫では胸大動脈の左背側を前方に向かって走る（図Ⅶ-2、3）[1,2,3]。胸管は、胸腔を走行中に左胸腔からのリンパを受け、縦隔前部においては食道の左側面を走り、第一肋骨の前内側で、外頸静脈、左鎖骨下静脈、もしくはそれらの会合部で体循環に還流する。この部位には、弁が存在する[4]。静脈に戻る直前には、左側の頭頸部、前肢、胸壁からの気管リンパ本幹が胸管に合流する。縦隔内において胸管は脂肪に包まれており、直接視認することができない。発生過程では胸管は、胸大動脈や肋間動脈の周囲にある網目状に走るリンパ管が取捨選択されて、残ったものが胸管となる。最終的に残る経路によって、胸管の起始、走行、分岐、静脈への合流には

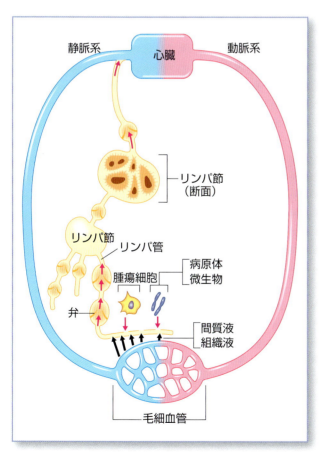

図Ⅶ-1　リンパ管とリンパ節

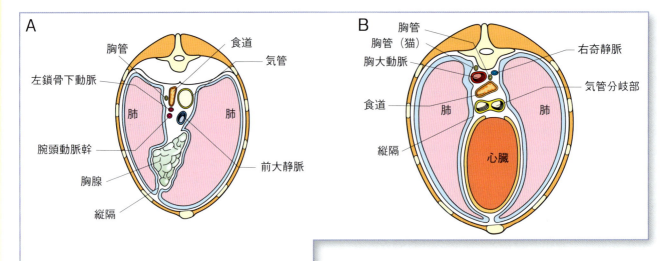

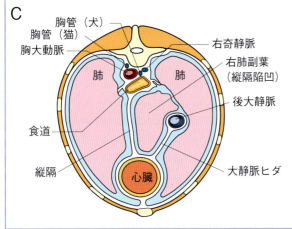

**図Ⅶ-2　胸管と周囲の構造（縦断面）**
A：縦隔前部、B：縦隔中部、C：縦隔後部

様々なパターンが存在するので注意が必要である[1,5]。胸管は、横隔膜より後方の後半身と、横隔膜より前方の左前半身からのリンパを集めているが、右前半身のリンパは右リンパ本幹に集まり、胸管と同様に右側の静脈に流入する。

個々のリンパ節は、特定の支配域からのリンパを回収しており、隣接するリンパ節群によって類似した特定域を支配するリンパ中心が形成される。胸腔には4つの系、すなわち、背側胸リンパ中心、腹側胸リンパ中心、気管支リンパ中心、縦隔リンパ中心が存在する（図Ⅶ-3）。犬と猫における各リンパ中心を構成するリンパ節とそれらの位置を表Ⅶ-1にまとめる。背側胸リンパ中心、腹側胸リンパ中心は主に胸壁からリンパを受ける。さらに、腹側胸リンパ中心は、横隔膜を介して腹膜腔内の漿液（腹膜液、腹水）の主要な排導路となる[6,7]。胸膜腔内にも少量の漿液が存在するが、これは主に胸膜腔を裏打ちしている胸膜（特に、左右の胸壁を裏打ちしている壁側胸膜［肋骨胸膜］）にあるリンパ網によって回収され、所属のリンパ中心に向かう[8]。気管支リンパ中心は、主に心臓や肺からのリンパを、縦隔リンパ中心は主に縦隔や縦隔内の臓器からのリンパを受ける[9,10]。各リンパ中心からのリンパは直接、または前縦隔リンパ節を経て、左側は胸管、右側は右リンパ本幹に流入し体循環に戻る。

―参考文献―

[1] Evans HE, de Lahunta A.：Miller's Anatomy of the Dog, 4th ed.：WB Saunders；2013. London.
[2] Hudson LC, Hamilton WP.：Atlas of Feline Anatomy for Veterinarians, 2nd ed.：Teton NewMedia；2010.
[3] Lindsay EFE.：The cisterna chyli and thoracic duct of the cat 1. An anatomical study. *J Anat*. 1974；117：403-412.
[4] Marais J, Fossum TW.：Ultrastructural Morphology of the Canine Thoracic Duct and Cisterna chili. *Acta Anat*. 1988；133：309-312.
[5] Kagan KG, Breznock EM.：Variations in the canine thoracic duct system and the effects of surgical occlusion demonstrated by rapid aqueous lymphography, using an intestinal lymphatic trunk. *Am J Vet Res*. 1979；40：948-958.
[6] Higgins GM, Graham AS.：Lymphatic drainage from the peritoneal cavity in the dog. *Arch Surg*. 1929；19：453-465.
[7] Shibata S, Hiramatsu Y, Kaseda M, Chosa M, Ichihara N, Amasaki H, Hayakawa T, Asari M.：The time course of lymph drainage from the peritoneal cavity in beagle dogs. *J Vet Med Sci*. 2006；68：1143-1147.
[8] Agostoni E.：Mechanics of the pleural space. *Physiol Rev*. 1972；52：57-128.
[9] Nickel R, Schummer A, Seiferle E.：The Anatomy of the Domestic Animals, Volume 3. The Circulatory System, the Skin, and Cutaneous Organs of the Domestic Mammals.：Verlag Paul Parey：1981. Berlin.
[10] Sugimura M, Kudo N, Takahata K.：Studies on the lymphonodi of cats IV.：Macroscopical observations on the lymphonodi in the thoracic cavity and supplemental observations on those in the head and neck. *Jpn J Vet Res*. 1959；7：27-51.

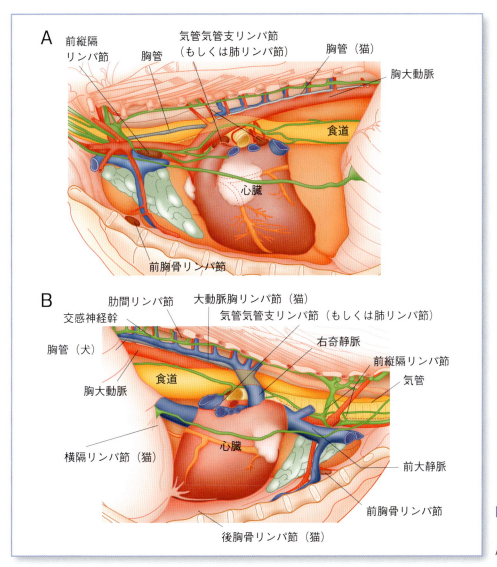

図Ⅶ-3 胸管、リンパ節と周囲の構造
A：左側観、B：右側観

表Ⅶ-1 リンパ中心とリンパ節の位置

|  | 犬 | 個数* | 猫 | 個数* | 位置 |
|---|---|---|---|---|---|
| 背側胸リンパ中心 | | | | | |
| 肋間リンパ節 | ▲ | 1（〜2） | ▲ | 1 | 交感神経幹の背側で、肋骨頭の近くに存在する。 |
| 大動脈胸リンパ節 | × | | △ | 1〜5 | 胸椎腹側に位置する。 |
| 腹側胸リンパ中心 | | | | | |
| 前胸骨リンパ節 | ○ | 1 | ○ | 1（〜5） | 第2肋間隙で、内胸動・静脈に沿って、胸骨背側に存在する。 |
| 後胸骨リンパ節 | × | | ▲ | 1（〜2） | 心臓の周囲で、内胸動・静脈に沿って、胸骨背側に存在する。 |
| 気管支リンパ中心 | | | | | |
| 気管気管支リンパ節 | ○ | 3（〜6） | ○ | 3（〜6） | 気管分岐部周囲に存在する。左、右、中気管気管支リンパ節からなる。 |
| 肺リンパ節 | ▲ | 1〜2 | ▲ | 1〜2 | 主気管支に沿って存在する。 |
| 縦隔リンパ中心 | | | | | |
| 前縦隔リンパ節 | ○ | 1〜6 | ○ | 2〜8 | 第1肋間隙から心臓前面にかけて、前大静脈に沿って存在する。 |
| 横隔リンパ節 | × | | ▲ | 1 | 約25％の猫で存在、大静脈孔の近くに位置する。 |

○：通常は存在する。△：50％以上の動物で存在する。▲：まれに存在する。×：通常は存在しない。＊：片側の個数

（大石元治）

# リンパ形成とリンパ流の生理と病態生理
Pathophysiology and Physiology of Lymphization and Lymph Flow

## ■ 1 リンパ形成

　リンパとは、間質液由来のリンパ管中を流れる液体である。したがって、リンパ組織から流れ出る際の成分は、間質液とほとんど同じである。毛細血管から漏出した血液中の水分、電解質、および少量の蛋白質などは間質液となって細胞をうるおす。間質液は、細胞から排出された代謝産物をも含め再び血液中に戻るが、その帰り道には2通りある。その1つは再吸収で、毛細血管の壁を内側に向かって通過し、血流に入る。もう1つは毛細リンパ管に入り、リンパ系を通って血流に戻る道である。リンパ系がもつ主要な機能は、間質腔における過剰な液体、蛋白、脂肪、および異物を除去することにある。

　正常の状態では、毛細血管膜でほぼ平衡状態が存在し、毛細血管から出て行く量と、他の毛細血管から吸収されて戻ってくる量はほぼ同量であるが、均衡が崩れると液体は間質に漏出し、リンパ系へ向かう。液体を外側へ移動させる力は、平均毛細管圧、陰性間質液圧そして間質液膠質浸透圧の和であり、約28.3mmHgである。反対に液体を内側へ移動させる力は、血漿膠質浸透圧であり、約28.0mmHgである。この若干の差（0.3mmHg）は、再吸収よりも間質への濾過がやや勝っていることを示す。全体としての濾過量は2mL/分のみである。もし平均毛細血管圧が17mmHgを超すと、液体を組織スペースへ濾過することになる。毛細血管圧が20mmHg上昇すると、濾過圧は0.3mmHgから20.03mmHgに上昇し、正常の68倍の濾過液が間質に移行する。これを防ぐには正常の68倍のリンパ系への流入が必要となるが、これはリンパ系が運搬できる量の2～3倍であり、その結果、間質に液体が貯留し始め浮腫が生じる。

　ほとんどの組織の間質液の蛋白濃度は、約2g/dLであり、これらの組織から流れるリンパの蛋白濃度はこれと同様である。一方、肝臓で生成されるリンパは、蛋白濃度が6g/dLと高く、腸管のリンパは3～4g/dLである。リンパ生成の速度は、臓器、組織により異なり、肝臓、腸管が多く、他の腹部臓器や四肢では少ない。犬では、胸管リンパの30～50％が肝臓、10～20％が腸管、2～3％が腎臓で、心臓からのリンパは0.5％を占めるに過ぎない。すべてのリンパの約3分の2は、肝臓と腸管由来なので、生体すべてのリンパの混合となる胸部リンパでは蛋白濃度は3～5g/dLである。

## ■ 2 リンパ流の生理と病態生理

　リンパ流は比較的遅く、人では時間あたり約100mLのリンパが胸管を流れ、さらに20mLが他のチャネルを介して循環系に流入する。総リンパ流量は、120mL/時となり、1日あたり2～3Lとなる。各臓器由来のリンパ流量は、かなり変動が激しく、リンゲル・ブドウ糖の静脈内投与や輸血などによっても増加する。例えば、腸管由来のリンパは高脂肪の食事を摂取すると、食後数時間にわたって安静時の数倍にまで増加する。リンパ管の閉塞やリンパ輸送不全によるリンパ性浮腫では、逆に減少する。リンパ流を規定する因子は、間質液圧とリンパポンプ機能の2つが重要である。

### 1）間質液圧

　生理的状態（－6mmHg付近）では、間質腔に自由水はほとんど存在せず、間質腔の液体流路は圧平されている。しかし、間質液圧がいったん上昇すると間質液容積は急激に増加する。この増加の一部には、ゲル成分の膨化も関与するが、そのほとんどは

自由水の増加で説明される。臨床的には浮腫の発生機序と関連する。間質液圧が大気圧（0 mmHg）をわずかでも超えると、リンパ流量は20倍以上に上昇する。つまり、間質液圧を上げる因子はいずれもリンパ流量を上昇させる。間質液圧を上げる病態は、細菌感染や組織損傷により毛細血管透過性が亢進した場合、静脈閉塞やうっ血性心不全などで毛細血管圧が上昇した場合、ネフローゼ症候群や肝硬変により血漿膠質浸透圧の低下した場合などでみられる。これらはすべて、液体が間質へ移動する方向に作用する。しかし、間質液圧が大気圧より1～2 mmHg大きくなると、リンパ流量はそれ以上上昇しなくなる。これは、間質液圧の上昇がリンパ毛細管への流入を増加させるのみならず、リンパ管の外表面を圧迫し、リンパ流を阻害するためと考えられる。

## 2）リンパポンプ機能

リンパポンプ機能は、外からの間欠的な圧迫によるポンプ機能、毛細リンパ管ポンプ機能、内因性ポンプ機能の3つの機能からなる。間欠的に外から加わる圧迫は、いずれもリンパ管のポンプ機能に関与する。周囲の筋肉の収縮や動脈の脈圧、生体の外側からの組織の圧迫などが重要な因子である。睡眠中や麻酔時には少なく、覚醒時や運動時に多くなる。

以前は、毛細リンパ管が機能・構造的にみて、完全に受動的なものと思われていたが、毛細リンパ管にもポンプ様の吸引作用が存在することがわかった。毛細リンパ管の壁は、周囲の組織とアンカーフィラメントと密に接しており、組織が腫脹すると、毛細リンパ管内皮細胞を周囲方向に引っ張るように作用する。そのため、毛細リンパ管壁の間隙は広がり、液体貯留により静水圧の上昇した周囲の間質腔から毛細リンパ管内に間質液が流れ込むことになる。

3つ目の機能である内因性ポンプ機能とは、集合リンパ管や大きなリンパ管が液体で伸展されると平滑筋が自動的に収縮することである。そのため、連続する弁の間のリンパ管は分離した自動ポンプとして機能する。すなわち、各区分の充満はその部分を収縮させ、中の液体は次の区分へと駆出される。この際、リンパ液中の高分子物質が周囲の間質腔に逆流することは通常起こらない。それは、内皮細胞相互の重なりが弁様に働いて、その内皮間隙を閉じる方向に働くからである。一方、水や電解質の低分子物質は、間質腔に逆流する場合もあるので、毛細リンパ管の内腔でリンパ液の濃縮が生じる。

現在では、リンパの主な推進力は壁の内因性ポンプ機能である能動的収縮にあるという考えが一般的になりつつある。Ohhashiらは、牛の腸間膜リンパ管を摘出し、in vitroの状態においても2～4回/分の自発性収縮の発生することを認め、この能動的収縮がリンパ輸送の推進力になっていることを明確にした[1]。このリンパ管の自発性収縮の頻度、振幅は壁平滑筋の緊張度によって調節されている。リンパ管平滑筋の内因性緊張変化は、リンパ輸送を制御する重要因子である。

（下田哲也）

### 参考文献
[1] Ohhashi T, Azuma T.：Variegated effects of prostaglandins on spontaneous activity in bovine mesenteric lymphatics. *Microvasc Res*. 1984；27（1）：71-80.

# リンパ管造影検査

Lymphangiography

リンパ管造影検査では、リンパ節、リンパ管などの評価を行うことができ、間接的リンパ管造影検査と直接的リンパ管造影検査の2通りの方法がある。これらの検査により、乳び胸、リンパ水腫、リンパ節への腫瘍の転移病変などを確認することが可能となる（図Ⅶ-4）。

## ■ 1　間接的リンパ管造影検査

間接的リンパ管造影検査は、造影剤を組織内に注入し、リンパ系に吸収、輸送されることを利用する方法である。

## ■ 2　直接的リンパ管造影検査

直接的リンパ管造影検査は、手技的には間接的リンパ管造影検査よりも煩雑であるが、より優れた画像を得ることができる。直接的リンパ管造影検査は、リンパ管へのカテーテル挿入が必要となり、挿入部位は腸間膜リンパ管、足根のリンパ管などがある。足根部のリンパ管の可視化は生体染色液（例：3％エバンスブルー染色液1mL）を第2、3指間もしくは第3、4指間に注射することにより可能となる。腸間膜リンパ管は、手術1時間前にコーンオイルを1mL/kg経口投与することにより、可視化できる（図Ⅶ-5）。

可視化されたリンパ管を露出し、27～30ゲージの留置針もしくは特殊なリンパ管専用カニューレを挿入する（図Ⅶ-6）。ヨード系造影剤をリンパ管内にゆっくりと注入する。造影剤はリンパ液内に拡散し、より迅速に注入でき、リンパ管内に充満するという点で油性造影剤よりも水性造影剤（例：イオヘキソール：オムニパーク®、第一三共）が好ましいとされている。しかし、水溶性造影剤はリンパ管壁を透過して周囲組織内へと拡散するため、造影剤注入後、即座にX線撮影を行わなければX線写真のディテールはぼやけたものとなる。

リンパ管造影検査では、乳び胸の症例は胸腔内への造影剤の漏出部位が特定でき、外科処置の指針となる（図Ⅶ-7）。リンパ水腫の症例においては拡張

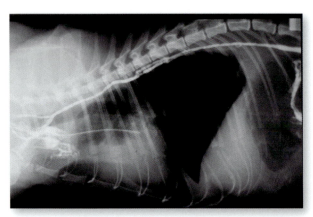

図Ⅶ-4　胸管造影によるリンパ管拡張が認められる。前方から右心房にみられるのはIVHカテーテル

（写真提供：土井口 修先生）

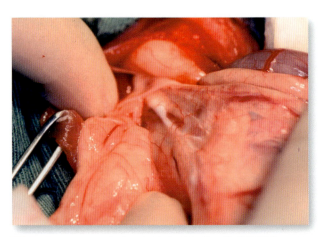

図Ⅶ-5　コーンオイルを飲ませた後、腹部切開してみられた白濁した乳び槽

（写真提供：土井口 修先生）

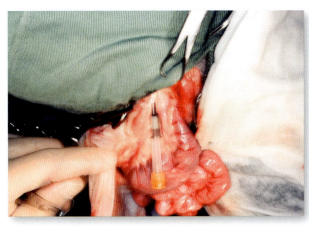

図Ⅶ-6　胸管造影のために乳び槽に22ゲージ留置針を挿入
（写真提供：土井口 修先生）

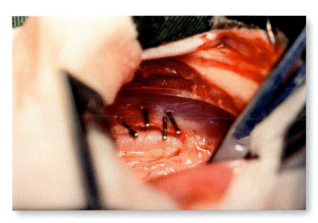

図Ⅶ-7　クリップによる胸管結紮
（写真提供：土井口 修先生）

し、蛇行したリンパ管がみられ、また、リンパ節へ転移がみられる腫瘍症例（もしくはリンパ節内の肉芽腫）では、リンパ節内に造影剤の充填欠損像がみられる。

近年、Naganobuらにより膝窩リンパ節に直接造影剤を注入し、即座に胸部X線撮影を行った実験において良好な胸管造影像が得られたと報告されている[1]。さらに、CTを用いることでより詳しく胸管の側枝を描出できるとの報告もなされている。

（下田哲也）

---

#### 参考文献・推奨図書

[1] Naganobu K. Ohigashi Y, Akiyoshi T, Hagio M, Miyamoto T, Yamaguchi R.：Lymphography of the thoracic duct by percutaneous injection of iohexol into the popliteal lymph node of dogs：experimental study and clinical application. *Vet Surg*. 2006；35：377-381.
[2] Hardie RJ, Petrus DJ.：In：Fossum TW. TEXTBOOK OF SMALL ANIMAL SURGERY, 3rd ed.：Mosby；2007：1067-1068.
[3] Fossum TW.：SMALL ANIMAL SURGERY, 3rd ed.：Mosby；2007：622-624.
[4] Fox PR.：TEXTBOOK of Veterinary Internal Medicine, 6th ed.：Sounders；2005：1146.
[5] Esterline ML, Radlinsky MG, Biller DS, Mason DE, Roush JK, Cash WC.：Comparison of radiographic and computed tomography lymphangiography for identification of the canine thoracic duct. *Vet Radiol Ultrasound*. 2005；46(5)：391-395.

# リンパ節とリンパ管の疾患

Diseases of the Lymph Node and Lymphoduct

## ■ 1　リンパ管の先天性異常

### 1）先天性リンパ水腫（リンパ浮腫）

　リンパ水腫は、リンパ管流路の障害に起因する間質への液体の蓄積と定義される。先天性リンパ水腫は、無形成（リンパ管やリンパ節の欠損）、低形成（リンパ管やリンパ節のサイズや数の不足）、過形成（サイズや数の増加）の3つの形態学的異常に起因して起こる。これらの形態異常は、真皮や皮下組織、さらに深部の組織にのみ局限して起こる。膝窩リンパ節の無形成や、形成不全によるリンパ水腫は、若齢の犬に最もよくみられる。浮腫は、一時的で幼年期に限りみられることもあるが、持続する場合もある。軽度な場合は、後肢のみにみられるが、重症例では全身の浮腫がみられる。浮腫は、一般的に左右対称である。ブルドッグやプードル、オールド・イングリッシュ・シープ・ドッグ、ラブラドール・レトリーバーなどに多くみられる。

#### ⅰ）症状

　症状の発現は、生後から慢性的に続いているものから高齢になって明らかになるものまで様々である。浮腫は、過度の熱感や冷感のない様々な大きさの圧痕性浮腫として認められ、多くは跛行や痛みを伴わない。患者の成長と活動性は一般的に正常であるが、運動制限やマッサージを行っても浮腫は改善しない。

#### ⅱ）診断

　通常、血清総蛋白や血清蛋白電気泳動、血液像、血液化学検査では、異常はみられない。原発性のリンパ浮腫の診断は、病歴（発病年齢、病気の進行度、罹患した肢、浮腫の分布）や臨床症状から行う。過去に手術や外傷、感染があったかどうかも重要である。確定診断を行うために、リンパ系造影法を用いたX線検査が必要となる場合もある。

#### ⅲ）予後

　症状がなくなった先天性リンパ水腫に対する予後判定は、慎重に行う。新生子の時期に前肢の浮腫が起こった犬では、自然に浮腫が改善することがよくある。また、同時期に後肢や胴体に重度の浮腫が起こった犬が、生後数週間で死亡することも多い。長期間治療されなかった場合、浮腫領域が長期にわたり硬結する。表皮剥離や感染などの合併症もよく起こる。

### 2）リンパ管拡張症

　リンパ管拡張症は、何らかの原因でリンパ管が通過障害を起こした結果、腸乳び管の拡張と破壊が発生し、そのためリンパ管内容物が腸管腔内に大量に漏出することによって、蛋白漏出性腸症となる疾患であり、腸リンパ管の拡張と、機能不全が特徴である。蛋白質に富んだリンパ液が腸管内に漏れ出すため、蛋白漏出量が再吸収能を上回り、低蛋白血症となる。

　リンパ管拡張症は、原発性と続発性に大別される。原発性のリンパ管拡張症は、全身的なリンパ系の形成異常である可能性が示唆されているが、その詳細は不明である。マルチーズやヨークシャー・テリアによくみられる。続発性のリンパ管拡張症の原因としては、炎症や小腸の線維化、腫瘍によるリンパ管の浸潤や閉塞、うっ血性の心不全などがあげられる。

#### ⅰ）症状

　本疾患の臨床症状は、リンパ液の腸管への喪失に起因するものである。下痢を伴わない低蛋白血症がみられることもあるが、典型的な症状としては下痢、脂肪便、激しい体重減少や食欲の増加などを呈

する。また、低カルシウム血症により筋痙攣や発作などの神経症状がみられる場合もある。血清アルブミン濃度が1.0g/dLに低下すると、腹水や全身性浮腫がみられるようになる。

#### ⅱ）診断

血液検査では、低蛋白血症、低コレステロール血症、リンパ球減少症、低カルシウム血症などが認められる。低カルシウム血症は、低アルブミン血症に加え、おそらくはビタミンDとカルシウムの吸収不良が原因であると考えられている。

画像診断は、胸水および腹水の貯留以外、本疾患の診断にはあまり有用ではないが、肝疾患や消化器型リンパ腫などの鑑別に腹部超音波検査が有用である。

内視鏡検査では、絨毛先端における乳びの貯留（白斑）、粘膜の水疱がみられる。内視鏡下での生検は診断価値があるが、確定診断には試験開腹による全層生検が必要である。リンパ管拡張症では粘膜のみならず粘膜下織のリンパ管にも著明な拡張が認められるため、この点が炎症性腸疾患（IBD：Inflammatory Bowel Disease）による二次的な乳び管の拡張との鑑別ポイントとなる。

#### ⅲ）治療

続発性リンパ管拡張症では、基礎疾患の治療が、一方原発性では腸管への蛋白質の漏出を減少させて腸管およびリンパ管の炎症を抑え、腹水や浮腫を抑制することが治療の目的となる。

長鎖トリグリセリドによってリンパ管の拡張が助長されるため、蛋白漏出を軽減させるためには長鎖トリグリセリドを制限した低脂肪食を与えることが推奨される。中鎖トリグリセリド（MCT：Medium-Chain Triglycerides）は、リンパ管に流入することなく門脈に直接流入するため、脂質としてMCTを投与することによって、食事に伴うリンパ管の拡張を緩和することができるといわれていたが、MCTも結局乳び管を拡張する作用があることがわかっている。慢性の場合、脂溶性ビタミンが喪失していることが多いので、これらのビタミン（A、D、E、K）を補充しておくことが望ましい。

本疾患に炎症が関与している場合や、IBDが蛋白漏出の原因である場合には、プレドニゾロン（1～2mg/kg、1日1回～1日2回）が有効な場合がある。メトロニダゾールは、リンパ管拡張症自体に明らかな効果を認めないものの、他の炎症性疾患の可能性を考慮して用いられることがある。腹水のコントロールには、利尿薬が用いられる。

#### ⅳ）予後

治療に対する反応は様々で、一時的に改善がみられ、数ヵ月～数年再発しない場合もあるが、一般的には予後不良である。

### ■ 2　リンパ節の異常

#### 1）リンパ節形成不全

リンパ節の先天的な形成不全や癌転移、外傷、感染症などによる後天的な機能障害、または、癌転移によるリンパ節の郭清手術や放射線療法などによる医原性のリンパ節の機能不全をいう。いずれにしてもリンパ液のうっ滞が起こり、その領域のリンパ管から組織間隙にリンパ液が流れ込んで浮腫を起こす。診断は病歴聴取、身体検査、X線検査、リンパ管造影法やリンパ管シンチグラフィを用いてリンパ流路の障害部位を特定する。

本疾患に特異的な治療法は報告されていない。予後も不明である。

### ■ 3　リンパ管とリンパ節の後天性異常

#### 1）リンパ管炎

リンパ管炎は、特に皮膚や粘膜、皮下組織の局所的な炎症や、細菌および真菌感染、腫瘍、炎症性疾患に起因してみられる。炎症反応の産物や、組織由来の副産物によりリンパ管が閉塞することもある。炎症が起こっている間、リンパ節は腫脹して熱感を帯び、痛みを伴う。

#### ⅰ）症状

一般的には発熱や食欲不振、沈うつなどがみられ、急性で重篤なリンパ管炎では白血球増加症もみられる。肢が罹患した場合、熱感と痛み、部分的な腫脹により跛行を伴うことがある。リンパ管炎は、肉芽腫や異物、治療反応の悪い急性のリンパ管炎など、長期にわたる障害により慢性化する場合がある。慢性化した場合、間葉細胞の増殖を招き次々に皮膚や皮下が肥厚する。

表Ⅶ-3 猫のリンパ腫の解剖学的分類[1]

| 解剖学的分類 | 頻度（%） | 平均年齢（y） | FeLV陽性率（%） |
|---|---|---|---|
| 縦隔型 | 20〜50 | 2〜3 | 80 |
| 多中心型 | 20〜40 | 4 | 80 |
| 中枢神経型 | 5〜10 | 3〜4 | 80 |
| 消化器型 | 15〜45 | 8 | 30 |
| 皮膚型 | <5 | 8〜10 | <10 |
| 腎孤立型 | 不明 | 7 | 50 |

表Ⅶ-4 犬と猫のリンパ腫のWHO臨床病期分類[4]

ステージⅠ：病変は単一のリンパ節または単一の臓器に局在
ステージⅡ：単一部位の複数のリンパ節に病変
ステージⅢ：全身性に複数の部位のリンパ節に病変
ステージⅣ：肝および／または脾に病変
ステージⅤ：末梢血中に腫瘍細胞が出現し、骨髄に腫瘍細胞が認められる
サブステージa：全身性徴候なし
サブステージb：全身性徴候あり

表Ⅶ-5 犬のリンパ腫の免疫フェノタイプ分類と新Kiel分類[2]

| 免疫フェノタイプ | | 新Kiel分類 | |
|---|---|---|---|
| B cell | 76% | B Cell Low Grade | 9% |
| T cell | 22% | B Cell High Grade | 59% |
| Non T non B | 2% | T Cell Low Grade | 12% |
| | | T Cell High Grade | 21% |

の感染が減少していることに関連していると考えられる。

②臨床病期分類

臨床病期分類（表Ⅶ-4）は、リンパ腫の浸潤程度を臨床的に評価でき、予後判定に有用である[4]。

③免疫学的表面形質分類

免疫学的表面形質分類（T/B分類）は、フローサイトメトリー法や免疫染色、PCR法によって腫瘍細胞をT細胞とB細胞に分類するもので、犬ではB細胞性が多く、B細胞型よりT細胞型の方が予後は悪いといわれている。

④悪性度分類

悪性度分類は、low grade（低悪性度、高分化型）、intermediate（中間型）、high grade（高悪性度、低分化型）に分けられ、タイプにより予後や治療法が異なる。T/B分類と悪性度分類を組み合わせた新Kiel分類が近年用いられている（表Ⅶ-5）[5,6]。

ⅱ）犬のリンパ腫

犬のリンパ腫は、全腫瘍中7〜24%、また犬の造血系悪性腫瘍の83%を占める疾患である。10歳齢以上の老齢犬の場合、10万頭あたり84頭の発生率ともいわれている。好発年齢中央値は、6〜9歳齢である。発生リスクの高い犬種としては、ボクサー、バセット・ハウンド、セント・バーナード、ブルドッグ、ゴールデン・レトリーバーなどとの報告があ

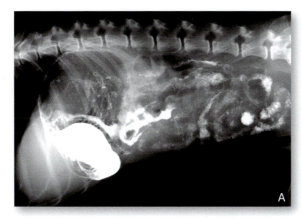
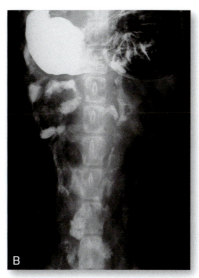

**図Ⅶ-8　犬の消化器型リンパ腫のバリウム造影検査所見ラテラル像（A）とVD像（B）**
小腸全般に粘膜面の不整が認められる。

る[3]。ダックスフンドは、発生リスクが低いとされていたが、最近本邦において若齢のミニチュア・ダックスフンドの消化器型リンパ腫が、比較的多く報告されている。

①症状

臨床所見は、病期進行や病変の解剖学的部位で異なる。一般的な徴候としては、食欲不振、体重減少、発熱、嘔吐、下痢、削痩、腹水、呼吸困難、多飲多尿などがある。

②多中心型リンパ腫

多中心型リンパ腫は、犬のリンパ腫で最もよくみられ（約80％）、1つあるいは複数の体表リンパ節の腫大を伴っていることが多い。腫大したリンパ節は、無痛性で可動性を示す。体重減少、発熱、元気消失、食欲不振などの全身症状を伴っているものがよくみられる。半数近くで肝・脾腫大、腰下リンパ節腫大などの腹腔内病変がみられる。また、眼、皮膚、腎臓、神経などの非リンパ節病変もみられる。多くがB cell high gradeタイプで、化学療法への反応は比較的良い。

③消化器型リンパ腫

消化器型リンパ腫は、犬のリンパ腫のなかでは比較的少ない（5～7％）[3]。食欲不振や難治性の下痢や嘔吐、進行性の体重減少、低蛋白血症などがみられる。病変の発生部位と形態により、胃や小腸、大腸の消化管壁に腫瘤を形成するタイプ、腫瘤を形成せず小腸壁にびまん性に浸潤するタイプ、腸間膜

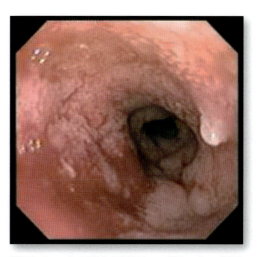

**図Ⅶ-9　犬の消化器型リンパ腫の十二指腸の内視鏡所見**
粘膜の不整が認められる。

リンパ節の腫大が中心のタイプ、肝臓病変が中心のタイプなどがある。B細胞由来が多いと考えられていたが、最近の研究では消化器型リンパ腫の78％がT細胞由来である。化学療法への反応は、多中心型と比較して悪く、生存期間も短い（図Ⅶ-8～10）。

④縦隔型リンパ腫

縦隔型リンパ腫は、犬のリンパ腫の5％と極めて少ない。呼吸困難や吐出、高カルシウム血症を伴うことが多いため多飲多尿がみられる。T細胞性が多く治療の反応性はよくわかっていない。

⑤皮膚型リンパ腫

皮膚型リンパ腫は、単独あるいは全身性の皮膚疾

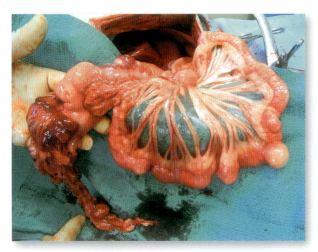

図Ⅶ-10　犬の消化器型リンパ腫の手術所見
小腸壁に大小の腫瘤形成がみられ、大きな腫瘤は自潰して、大網が癒着している。さらに腸間膜リンパ節の腫大がみられる。

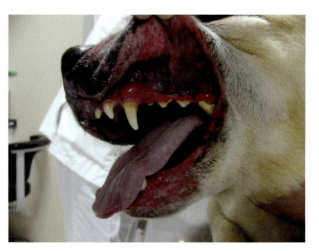

図Ⅶ-11　犬の皮膚型リンパ腫
（T細胞性上皮向性リンパ腫）
歯肉、頬粘膜、口唇周囲の皮膚に、びらん、紅斑が認められる。

患で、口腔粘膜に発生するものも含まれる。上皮向性と上皮非向性があり、前者はT細胞性、後者はB細胞性である。また、上皮向性の皮膚型リンパ腫は、菌状息肉腫と呼ばれる。さらに、このタイプで末梢血中に腫瘍細胞を認めるものをセザリー症候群と呼ぶ。臨床徴候と病変の特徴は多彩であり、様々な原発性あるいは二次性の皮膚病変に類似している。慢性脱毛や落屑、掻痒、紅斑、腫瘤形成などがみられる。全身的なリンパ節腫脹は初期には認められないこともある。平均生存期間は1～3ヵ月といわれ、化学療法への反応は極めて悪い（図Ⅶ-11）。

⑥その他

皮膚型以外の犬の節外型リンパ腫はまれであり、眼や中枢神経系、骨などに病変がみられる。臨床徴候は、腫瘤の存在部位に依存しており、極めて多彩である。

### ⅲ）猫のリンパ腫

猫の腫瘍の3分の1は、造血系に発生するが、そのうち50～90％がリンパ腫である。猫のリンパ腫の発生には、猫白血病ウイルス（FeLV）が大きくかかわっており、FeLV陰性かつ猫免疫不全ウイルス（FIV：Feline Immunodeficiency Virus）陰性の猫と比較して、FeLV陽性の猫のリンパ腫発症リスクは約60倍である。同様にFIVのみ陽性の猫は5倍、FeLVとFIV両方に陽性の猫では80倍の発症リスクであり、FIVの関与も示唆されている。年齢別の発生頻度には、FeLVが関与する若齢のものと、FeLVに無関係に発生する老齢のものと二相性のピークがある[7]。猫のリンパ腫の解剖学的分類と発生頻度、発生平均年齢、FeLV感染の頻度を表Ⅶ-3に示した[1,2]。縦隔型と多中心型リンパ腫は、FeLV感染猫にみられることが多く、若齢の雄猫に発症する。一方消化器型は、高齢のFeLV陰性猫に発生する傾向がある。

①縦隔型リンパ腫

縦隔型リンパ腫は、若齢（5歳齢以下）のFeLV陽性猫に多いとされている[2,7]。縦隔型リンパ腫の猫の75％が、FeLV陽性であったとの報告もある。また、シャム猫は発症リスクが高いといわれている。臨床症状は胸水、呼吸困難、吐出などがみられる（図Ⅶ-12）。

②多中心型リンパ腫

猫の多中心型リンパ腫は、体表リンパ節の腫大がみられるものは極めて少なく、非特異的徴候と肝脾腫大がみられる。FeLV感染に関連していることが多い。

③消化器型リンパ腫

猫の消化器型リンパ腫は、腸間膜リンパ節と腸管、胃が侵されるものであり、高齢（10～12歳齢）のFeLV陰性猫に多い[2,7]。慢性の嘔吐、下痢、食欲不振、体重減少を呈し、検査により腹腔内腫瘤が検出されることが多い。一般的に、リンパ芽球性の

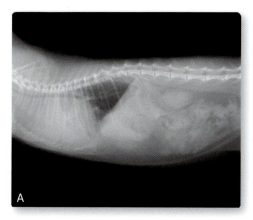
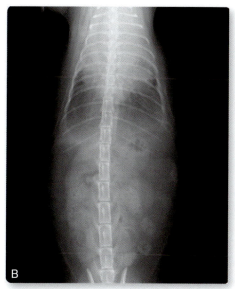

**図Ⅶ-12　猫の胸腺型リンパ腫のX線所見 ラテラル像（A）とDV像（B）**
前胸部に腫瘤陰影像が認められ、若干の胸水、気管の挙上が認められる。

消化器型リンパ腫の猫では、高分化型リンパ腫の猫と比べて腹部の腫瘤が触知できることが多く、高分化型のリンパ腫の猫では、肥厚した腸ループが触知されることが多い。炎症性腸疾患（IBD）に続発して高分化型リンパ腫が起こることがある。

④その他

猫の皮膚型や骨のリンパ腫は極めてまれである。これらはFeLV陰性であることが多い。

### ⅳ）診断

主訴や病歴、身体検査からリンパ腫が疑われる場合もあるが、症状が非特異的で病気が特定できない場合は、全身状態の把握のためCBC検査、尿検査、血液化学検査を行う。一般的にみられるCBCの異常には、貧血や白血球増加、好中球増加、単球増加、末梢血中への異常リンパ球の出現、血小板減少、1系統あるいは2系統以上の血球減少などがある。血液化学検査では、高カルシウム血症、肝酵素の上昇、腎障害、高蛋白血症などがみられる。また、X線検査や超音波検査を行い、腫大したリンパ節、あるいは肝・脾腫大、胸腹腔内腫瘤の有無を確認する。超音波検査では、一般的に低エコー性の腫瘤が確認される。胸水、腹水が認められる場合にはこれらの採取を行い、比重測定や細胞診を行う。確定診断には、病変のある臓器やリンパ節の針吸引生検による細胞診や、外科的切除による病理組織診断を行う。

診断基準は、分化程度が低いものでは、核小体が観察されるリンパ系芽細胞および、核小体が消失しているが、核クロマチン結節に乏しい中型の前リンパ球の比率が30％以上あればリンパ腫と診断する。最近では、リンパ球に含まれる蛋白をモノクローナル抗体により染色し、リンパ球の単クローン性の証明やT/B分類が行われている。単クローン性の証明により、診断困難であった高分化型のリンパ腫の診断が可能になり、T/B分類により予後判定と治療法の選択を行うことができる。

また、リンパ系腫瘍細胞の細胞学的特徴も明らかになっている。リンパ系腫瘍細胞には、胚中心芽細胞（centroblast）、胚中心細胞様細胞（centrocytoid cell）、免疫芽細胞（immunoblast）、リンパ芽球（lymphoblast）、大型未分化細胞（large anaplastic cell）などがある。犬のリンパ腫の多くはB cell high gradeタイプ（59％）であり、そのなかでも胚中心芽細胞性のリンパ腫が多い。T cell high gradeタイプは犬のリンパ腫の約20％を占める[5]。

### ⅴ）治療

リンパ腫の治療法には、化学療法、外科療法、放射線療法がある。通常、第一選択は化学療法であるが、消化器型リンパ腫や皮膚型リンパ腫で腫瘤の外科的切除を第一選択にすることもある。高カルシウム血症や貧血、播種性血管内凝固（DIC：Disseminated Intravascular Coagulation）、高γ-グ

ロブリン血症などの腫瘍随伴症候群がみられる症例では、それらの治療をリンパ腫の治療と並行して行う。

化学療法のプロトコールの選択においては、リンパ腫の分類やステージ、患者の年齢や病態を考慮する。また化学療法導入時には、多量の腫瘍細胞の急激な壊死により血中にリンやカリウムが大量に出現することがある（腫瘍溶解症候群）ため、数日間入院治療にてモニターを行う。抗癌剤の副作用として、消化器症状や骨髄抑制（好中球減少症）がみられるため、必要に応じて制吐薬などの対症療法と抗癌剤の休薬、あるいは減量を行う。

単剤による化学療法としてはドキソルビシン（アドリアマイシン）が最も有効で、約70％に完全寛解が得られ、寛解期間の中央値は165日である。プレドニゾロン単独では約50％の症例に部分寛解か完全寛解が得られ、寛解期間は14〜240日（平均53日）である。しかし、多剤併用化学療法実施前にプレドニゾロンを投与した場合、明らかに生存期間や寛解率が低下することが知られている。単剤による治療より多剤併用化学療法の方が生存率や寛解率が高いため、通常は多剤併用プロトコールが選択される。特にドキソルビシンを含んだプロトコールは、含んでいないプロトコールに比べて生存率や寛解率が高い。

多中心型リンパ腫の導入療法では、多くがB cell high grade でステージⅤであるため、強力なプロトコールが用いられる。猫のリンパ腫の化学療法でも、high grade では強力なプロトコールを用い、low grade では弱いプロトコールを用いるのは同じである。

猫の low grade の消化器型リンパ腫では、プレドニゾロンとクロラムブシルを用いたプロトコールの有効性が示されている。

ⅵ）予後

一般的に完治は望めない。生存期間は患者の年齢や一般状態、リンパ腫の解剖学分類や臨床ステージ、細胞表面形質、治療法などによって異なる。臨床ステージは、犬も猫もステージⅣ、Ⅴの方がステージⅠ、Ⅱ、Ⅲより生存期間が長い。さらに、サブステージa（臨床症状がない）の方がb（臨床症状がある）より予後が良い。解剖学的分類では、消化器型リンパ腫は予後が悪く、高カルシウム血症があり、前縦隔に腫瘤がある犬の生存期間は短い。また、犬ではT細胞型よりもB細胞型の方が明らかに予後が良く、猫ではFeLV抗原陽性よりも陰性の方が予後が良い[6]。

### 3）リンパ節の転移性腫瘍

リンパ行性あるいは血行性に腫瘍が転移した場合、リンパ節中に腫瘍細胞がみられる。転移性のリンパ節腫脹は通常、正常リンパ節構造が腫瘍細胞に置き換わることによって生じる。転移してきた腫瘍細胞の形態は、原発腫瘍の種類によって様々である。体表リンパ節や胸腔・腹腔内リンパ節に単一あるいは局所的に腫脹がみられることが多い。

ⅰ）診断

診断は、リンパ節の針吸引生検を行い、転移腫瘍の細胞学的評価を行う。腺癌、メラノーマ、肥満細胞腫などは、細胞診で比較的容易に診断が可能である。さらに身体検査、CBC検査、血液化学検査、尿検査、X線検査、超音波検査などを行い、原発腫瘍を検出する。

ⅱ）治療

リンパ節の転移性腫瘍に対する特異的治療は存在せず、原発腫瘍に対する治療が行われる。よって、原因となった腫瘍の種類やタイプによって治療法が様々であり、予後も大きく変わる。

〔下田哲也〕

---

参考文献・推奨図書

[1] 石田卓夫.：犬と猫のリンパ腫　診断と治療：小動物腫瘍臨床 Joncol. 2005；1（1）：8-19.
[2] Ogilvie GK, Moore AS.：Lymphoma. In：Feline Oncology：Veterinary Learning Systems；2001：191-219. Trenton, NJ.
[3] Vail DM, MacEwen EG, Young KM.：Canine Lymphoma and Lymphoid Leukemia. In：Withow SJ, MacEwen EG.（eds）：Small Animal Clinical Oncology：WB Saunders；2001：558-590. Philadelphia.
[4] Owen LN.：TNM classification of tumours in domestic animals：World Health Organization；1980：Geneva.
[5] Fournel-Fleury C, Magnol JP, Bricaire P, Marchal T, Chabanne L, Delverdier A, Bryon PA, Felman P.：Cytohistological and immu-

nological classification of canine malignant lymphomas : comparison with human non-Hodgkin's lymphomas. *J Comp Pathol.* 1997 ; 117 : 35-59.

[6] Ponce F, Magnol JP, Ledieu D, Marchal T, Turinelli V, Chalvet-Monfray K, Fournel-Fleury C. : Prognostic significance of morphological subtypes in canine malignant lymphomas during chemotherapy. *Vet J.* 2004 ; 167(2) : 158-166.

[7] Vail DM, MacEwen EG, Young KM. : Feline Lymphoma and Lymphoid Leukemia. In : Withow SJ, MacEwen EG. (eds): Small Animal Clinical Oncology : WB Saunders ; 2001 : 590-611. Philadelphia.

[8] Couto CG. : Lymphadenopathy and splenomegaly. In : Nelson RW, Couto CG. (eds): Small Animal Internal Medicine : Mosby ; 2003 : 1200-1209. St Louis.

[9] Ogilvie GK, Moore AS. : Lymphoma in dogs. In : Managing the Veterinary Cancer Patient : Veterinary Learning Systems ; 1995 : 229-249. Trenton, NJ.

# 第Ⅷ章
# 胸腺

- 胸腺の発生と解剖  
  Thymic Embryology and Anatomy

- 胸腺の生理と病態生理  
  Thymic Physiology and Pathophysiology

- 胸腺の関連疾患  
  Diseases of the Thymus

# 胸腺の発生と解剖

Thymic Embryology and Anatomy

## ■ 1　胸腺の発生

胸腺は、第三咽頭嚢を覆う内胚葉細胞に由来する（図Ⅷ-1A）。左右に咽頭嚢表面の内胚葉細胞が増殖し、腹側へ中空の管を伸ばす。この管は、すぐ下に存在する中胚葉の中へ進入し、腔所をもたない細胞塊となり、やがて分岐して索状構造を作る。この索状構造が多角形の胸腺原基となる。左右の胸腺原基は発達しながら下降し、さらに左右の原基は1つとなって、本来胸腺が存在する部位（胸骨背側）まで移動し（図Ⅷ-1B、C、D）、周囲の結合組織（縦隔内の）と連結する。この時点で、胸腺本体は内胚葉由来の上皮細胞で構成されているが、すぐに神経堤細胞（神経組織の前駆体である神経管由来の多分化

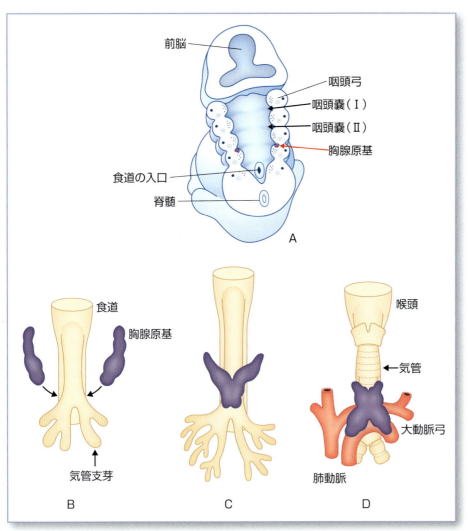

図Ⅷ-1　胸腺の発生

A：初期胚の頭部咽頭横断面。初期胚頭部には咽頭弓（鰓弓）が発生し、顔面・頸部を形成する。咽頭嚢内部のくぼみを咽頭嚢と呼び、第三咽頭嚢の上皮から胸腺が発生する。
B：前腸の腹側面。第三咽頭嚢の上皮を起源とする左右の胸腺原基は、肺芽に向かって下降する。
C：肺芽が区域気管支芽を形成する時期に、左右の胸腺原基は、気管の背側正中で合体する。
D：胸腺原基は、気管腹側で成熟する。

能を有する細胞集団）が進入して、皮質中隔と被膜を形成する。次いでリンパ球と樹状細胞が進入し、成熟した胸腺組織（皮質と髄質を備えた）を形成する。もともと存在していた内胚葉由来の細胞は、複数の長い突起をもった胸腺（上皮性）細網細胞に分化し、互いの突起を細胞間接着させて、胸腺の骨組みとなる粗い細網構造を形成する。

胸腺は、胎生期（犬は胎齢40日頃から）および生後思春期までの間に最も機能し、犬では生後3ヵ月で最大となる。それ以降は、急速に退縮する。

（山本雅子）

---

推奨図書

[1] Hyttel P, Sinowatz F, Vejlsted M, Betteridge K.：カラーアトラス動物発生学.（監訳／山本雅子，谷口和美）：緑書房；2014．東京．
[2] Latshaw WK.：Veterinary Developmental Anatomy：BC Decker Inc.；1987.
[3] Evans HE.：Miller's Anatomy of the Dog, 3rd ed.：WB Saunders；1993.
[4] Schoenwolf GC, Bleyl SB, Brauer PR, Francid-West PH.：Larsen's Human Embryology, 5th ed.：Elsevier；2014. Churchill Livingstone.
[5] Carlson BM.：Patten's Foundations of Embryology, 6th ed.：McGraw-Hill Inc.；2003.

## ■ 2　胸腺の解剖

胸腺は、縦隔前部の腹側部に位置するピンク色（図Ⅷ-2A、2Bには薄緑色で描出）の分葉状組織である（図Ⅷ-2A、2B、3）。成体の胸腺は、最大で胸郭の入口から心膜まで広がり、第5～第6胸椎に達する[1, 2]。胸腺は、左葉と右葉からなり、前方では互いに分離することは困難であるが、後方では、両葉が心臓の両側に広がる。胸腺の背側には前大静脈や食道が走行し（図Ⅷ-2A、2B、3）、胸腺が腫瘍化した際にはこれらの臓器を圧迫することがある。左葉は右葉よりもさらに後方に伸びて左胸腔に突出し、X線VD像で特異的な陰影（sail sign）として認められる[1]。性成熟後は、リンパ組織は消失して脂肪に置き換わり、わずかな胸腺細網細胞からなる組織塊となる。胸腺の萎縮は、副腎皮質ステロイドホルモンに対する感受性と関連があり、ステロイドホルモンが急増する妊娠やストレスなどで胸腺の萎縮が促進されることがある[3]。また、若齢動物における反復性の感染症では胸腺が萎縮することがあり、子猫における猫白血病ウイルス（Feline Leukemia Virus：FeLV）感染症では、胸腺

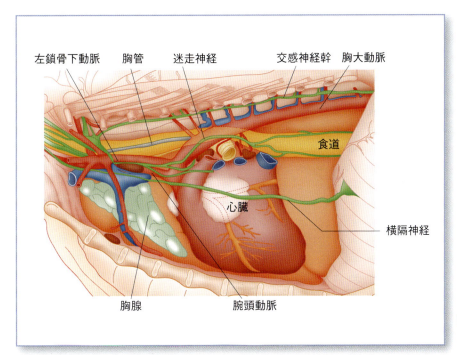

図Ⅷ-2A　胸腺と周囲の構造
左側観

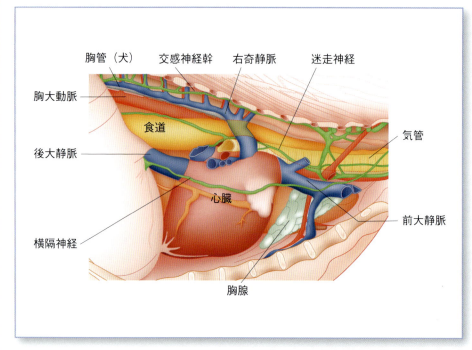

図Ⅷ-2B　胸腺と周囲の構造（右側観）

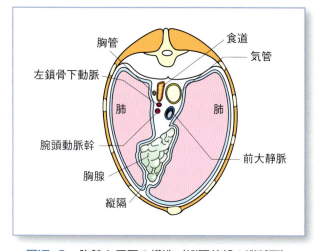

図Ⅷ-3　胸腺と周囲の構造（縦隔前部の縦断面）

が萎縮する。しかし、持続感染を呈し、成体になってリンパ腫を発症した猫では胸腺が腫大する[2]。

　胸腺は、T細胞の分化の場であり、胸腺皮質にある血液-胸腺関門によって、未熟なT細胞が非自己の抗原と接触しないようなバリアを形成し、外来抗原の侵入しない環境のなかで、自己抗原が提示され未熟なT細胞の教育が行われている[3]。

　胸腺は内胸動脈、腕頭動脈、鎖骨下動脈などの周囲の動脈からの枝を受け、静脈はそれぞれの動脈に伴行している。胸腺からのリンパ管は、前縦隔リンパ節や前胸骨リンパ節に向かう。

（大石元治）

---

参考図書

[1] Evans HE, de Lahunta A.：Miller's Anatomy of the Dog, 4th ed.：WB Saunders；2013. London.
[2] Hudson LC, Hamilton WP.：Atlas of Feline Anatomy for Veterinarians, 2nd ed.：Teton NewMedia；2010.
[3] 藤田尚男, 藤田恒夫.：標準組織学各論：医学書院；2010. 東京.
[4] 日本獣医解剖学会編.：獣医解剖学 第五版：学窓社；2011. 東京.

# 胸腺の生理と病態生理

Thymic Physiology and Pathophysiology

## ■ 1　胸腺の生理

　胸腺は、胸腔の前腹部に位置し、T細胞の分化成熟を司る器官である。出生後2～3ヵ月まで急速に発達して、サイズおよび機能が最大化するが、それ以降は加齢とともに徐々に退縮して脂肪組織に置換される。胸腺の機能の概要は、T細胞の分化を司る第一次リンパ性器官として胸腺因子を産生分泌することである。この因子は、T細胞の分化を促進し、免疫細胞を活性化する。胸腺におけるT細胞の分化は単なる成熟ではなく、自己抗原に反応するT細胞が排除されて（negative selection）寛容の状態を得ることや、自己の主要組織適合遺伝子複合体（MHC）とともに提示された抗原にのみ反応するT細胞が増殖・分化する（positive selection）過程が含まれる。これが免疫現象の本質的なことでもあるため深く研究されている。機能的には、positive selectionやnegative selectionによって淘汰された多くの細胞は、アポトーシス（apoptosis）により死滅する。さらに、T細胞の分化には胸腺上皮細胞や胸腺樹枝状細胞、胸腺ナース細胞などとのcell-cell contactや胸腺因子の関与が必要であることも明らかにされている。

## ■ 2　病態生理

　胸腺は、多くの免疫介在性疾患に関与しており、さらに炎症性、外傷性、先天性または腫瘍性疾患がみられる。これらの発症には、必ずしも免疫病理発生が関与しないことが知られている。胸腺の疾患を胸腺の縮小と増大に分けて考えてみると、胸腺の縮小を呈する疾患では免疫不全が関連していることが多い。発生時における胸腺異常は、離乳後の免疫不全疾患を引き起こす。また、自然発生の胸腺低形成が生後間もない子猫で起こることがある。胸腺異常は、X連鎖重症複合免疫不全症（X-Severe Combined Immunodeficiency：X-SCID）を呈する犬、ワイマラナーの子犬、メキシカン・ヘアレス・ドッグで発生することが知られている。また、猫免疫不全ウイルス（Feline Immunodeficiency Virus：FIV）や猫白血病ウイルス（Feline Leukemia Virus：FeLV）、犬ジステンパーなどのウイルス性疾患は、全身的なリンパ系細胞減少の一部として、胸腺の低形成および萎縮を引き起こす。これらの症例では、皮質辺縁の胸腺細胞の一部と主要なハッサル小体および支持組織を残し、胸腺細胞数の著しい減少がみられる。

　胸腺は、新生子期に急速に発達してサイズおよび機能が最大となり、それ以降は加齢とともに退縮し、脂肪組織に置換されるため、胸腺組織は成熟動物の病理解剖検査では不明瞭である。したがって、成熟動物で胸腺の増大が認められれば異常と考えられる。関連する疾患として胸腺嚢胞、胸腺過形成、胸腺肥大さらに胸腺腫やリンパ腫など胸腺の腫瘍があげられる。犬と猫では、鰓溝性嚢胞形成による胸腺腫大が報告されている[1]。また、結節性過形成が1つまたは複数の胸腺葉で発生することがあり、自己免疫性溶血性貧血（Autoimmune Hemolytic Anemia：AIHA）と全身性エリテマトーデス（Systemic Lupus Erythematosus：SLE）を呈する犬では濾胞過形成も報告されている[1]。胸腺の増大が認められる疾患の多くのものに、自己免疫疾患の併発が起こることが知られており、特に胸腺腫では重症筋無力症や赤芽球癆の発症がしばしば認められる。

（下田哲也）

---

参考文献・推奨図書

[1] Day MJ.：A review of thymic patholgy in 30 cats and 36 dogs. *J Small Anim Pract*. 1997；38：393-403.
[2] 桂 義元，広川勝昱.：胸腺とT細胞：医学書院；1998．東京．

# 胸腺の関連疾患

Diseases of the Thymus

## ■ 1 胸腺の縮小に関連する疾患

　小動物の胸腺は新生子期に最も大きくなり、性成熟の開始および乳歯の消失とともに退縮しはじめ、それは加齢とともに進行していく。胸腺組織は、徐々に結合組織・脂肪に置き換わっていくが、残存し続けることが知られている。病的な胸腺の縮小（低形成・萎縮）は、犬および猫において免疫不全症候群の一部、および胸腺の特発性出血の際に認められる。

### 1）免疫不全症候群

　免疫不全症候群とは、病原性微生物に対する正常な免疫機能が働かず、抵抗力が著しく低下した状態をいう。本症は、先天性（原発性）と後天性（続発性）とに大別される。先天性免疫不全症候群は、液性免疫および細胞性免疫のいずれか、または両方に何らかの一次的な異常がある状態であり、犬では珍しく、猫ではさらにまれな疾患である。原因はB細胞の異常、T細胞の異常、T・B両細胞の異常、貪食能異常、補体系の異常の5つに分類され、胸腺低形成では、T細胞もしくはT・B両細胞に異常が認められる。後天性免疫不全症候群は、感染性や腫瘍性、代謝性、さらに慢性炎症性疾患や薬剤投与などから二次的に起こる免疫機能不全であり、犬や猫では多く認められる。

　胸腺の縮小を伴う先天性免疫不全症候群には、犬では免疫不全性矮小症（ワイマラナー）、X染色体性重症複合型免疫不全症［X-Severe Combined Immunodeficiency：X-SCID］（バセット・ハウンド、ウェルシュ・コーギー）、重症複合型免疫不全症［Severe Combined Immunodeficiency：SCID］（ジャック・ラッセル・テリア）が知られており、猫では胸腺無形成・貧毛症（バーマン）がある。胸腺の萎縮を伴う後天性免疫不全症候群には、多くのウイルス感染症（犬ジステンパーウイルス、犬パルボウイルス、猫白血病ウイルス）と副腎皮質機能亢進症（下垂体腺腫、副腎腫瘍、医原性）があげられる。これらの症候群に共通して認められるのは、易感染性とその遷延化、重症化である。

#### ⅰ）病態

　先天性免疫不全症候群では、胸腺低形成により成熟T細胞が減少し、細胞性免疫能が低下することで易感染性を示す。重症複合型免疫不全症の場合は、液性免疫能も低下するためより重篤となる。

　後天性においては、犬ジステンパーウイルスや犬パルボウイルスの場合、感染初期にリンパ系組織でウイルス増殖が起こった結果、リンパ球数の減少を伴う胸腺萎縮がみられ、その結果、免疫不全状態となる。猫白血病ウイルスでは、ウイルスの骨髄感染による骨髄抑制ならびに胸腺萎縮を含むリンパ系組織の退行性変化により、免疫不全となる。

　副腎皮質機能亢進症では、コルチゾールの過剰産生による二次的な免疫抑制により胸腺が萎縮し、免疫不全となる。

#### ⅱ）診断

　本症ではまず、先天性と後天性の鑑別を行う。先天性免疫不全症候群は、品種特異的であり、典型的な発症年齢は若齢で、通常の治療に反応しないような再発性感染症を呈することが多い。胸腺低形成では、細胞性免疫能が低下しており、マイトジェンを用いたリンパ球幼若化試験、モノクローナル抗体を用いた免疫蛍光染色によるリンパ球分画の計測、バイオアッセイによるサイトカイン定量でTリンパ球の反応性の欠如、分画の欠損、活性化能の低下が認められる。重症複合型免疫不全症の場合、血清IgM

濃度は正常であるがIgGおよびIgA濃度が低下または検出されないため、血清免疫グロブリン定量が診断の補助となる。

#### iii）治療

先天性免疫不全症候群の場合、感染症治療のための支持療法を行う。致死的な感染症の制御のため、入院加療が必要となる場合もある。また、細菌感染の原因となる食物（生肉など）を避け、動物の栄養状態を良好に保つことも必要となる。犬の顆粒球コロニー刺激因子（Granulocyte-Colony Stimulating Factor：G-CSF）や幹細胞因子（Stem Cell Factor：SCF）の投与、骨髄移植が行われることもある。将来的には、遺伝子治療が応用できる可能性がある。後天性免疫不全症候群は、原疾患の治療が基本となる。

#### iv）予後

先天性免疫不全症候群は、欠損の重症度によって経過や予後が異なり、欠損症が軽度のものであればうまく管理することが可能とされている。一般的には、予後不良の経過をたどることが多い。後天性免疫不全症候群は、個々の疾患により異なる。

### 2）ワイマラナーの免疫不全性矮小症

あるワイマラナーの群に認められた先天性免疫不全症で、1980年に初めて報告され、成長ホルモン欠損、胸腺低形成、T細胞マイトジェンに対するリンパ球反応性の欠如などが認められた[1]。詳しい病態生理は、調査・解明されていないが、成長ホルモン欠損による胸腺低形成からTリンパ球の成熟が阻害され、免疫不全になるものと思われる。若齢で反復性の感染症（主に呼吸器および消化器）を呈することが多く、発育不全が大きな特徴である。

#### i）診断

成長ホルモン測定ならびに細胞免疫能を評価するための特異的検査（リンパ球幼若化試験、リンパ球分画の計測など）を行うことで診断が可能である。

#### ii）治療

先天性ゆえ根本的な治療は難しく、感染症治療のための抗菌薬の投与や対症療法が中心となり、一般的に予後は悪い。

### 3）胸腺の特発性出血

胸腺からの自然発生的な出血を認める病態。交通事故による外傷や殺鼠剤などの中毒でも同様の病態を示すことがある。まれな疾患であり、発生原因は解明されていないが、罹患動物のほとんどが2歳齢未満であることから、胸腺の萎縮に関連していると思われる。いわゆる、胸腺の退縮のスピードに血管の退縮が連動できず、突然、血管が破綻して大出血を起こす（図Ⅷ-4）。嗜眠、胸部疼痛、努力性呼吸、呼吸困難などの症状を示し、急性出血ならびに循環血液量減少により可視粘膜蒼白、CRT延長、頻拍、頻呼吸が認められ、血液、胸水が貯留している場合は、肺音が鈍化する。胸部X線検査では、縦隔腫瘤（出血・血腫）が明らかとなる（図Ⅷ-4、Ⅷ-5）。治療は、主に支持療法を行い、必要であれば輸液、輸血、胸腔穿刺を実施する。病態的に致死的ではないと思われるが、罹患した動物のほとんどは死亡している。

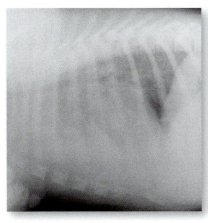 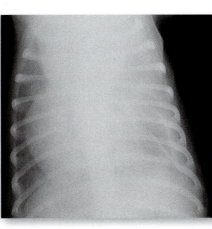

**図Ⅷ-4　胸腺からの出血が疑われる症例の初診時X線像**

80日齢、雌のビーグル。来院当日の朝より呼吸促迫、呼吸困難、元気消失、食欲廃絶、可視粘膜蒼白、PCV17%だった。X線像で胸腔内の液体貯留が確認された（左側のみ）。胸腔穿刺で回収された血様貯留物は、末梢血と類似した血様成分だった（写真提供：山根義久先生）。

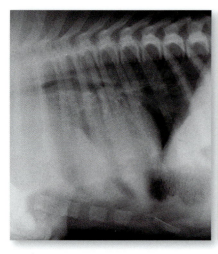
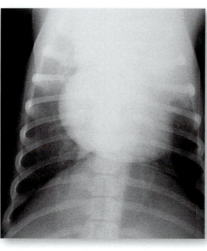

図Ⅷ-5　図Ⅷ-4の胸腔内貯留物抜去後のX線像
胸腔内貯留物を抜去した後も、左前胸部が不鮮明であるため、胸腺由来の出血が示唆された。（写真提供：山根義久先生）

## ■ 2　胸腺の増大に関連する疾患

　前縦隔洞部に腫瘍性病変が認められる疾患として最も多く発生するのはリンパ腫だが、その他に、胸腺腫、大動脈小体腫瘍（ケモデクトーマ）、異所性甲状腺腫瘍、上皮小体腫瘍、神経鞘腫などの腫瘍性疾患、また、まれではあるが膿瘍や肉芽腫、胸腺過形成、胸腺嚢胞などの非腫瘍性疾患などが発生する。

### ⅰ）症状
　腫瘍による気管や肺、食道、大静脈の物理的圧迫による臨床症状はこれらの疾患に共通してみられる可能性がある。

### ⅱ）診断
　X線検査では、ラテラル像において気管が背側に挙上し、心臓は尾側（後方）に変位している。DV像では、気管が側方へ変位している像が認められる。胸水の貯留が認められる場合もある。鑑別診断は、生検による細胞診や病理組織学的診断により行われる。

### 1）胸腺嚢胞（鰓性嚢胞）
　頸部や前胸部にみられる嚢胞で、大部分は胎生期に存在した胸腺咽頭嚢の遺残から発生する。嚢胞に慢性炎症が起こった場合、膿瘍を形成する場合もある。嚢胞壁は、扁平上皮や円柱上皮からなり、壁内に胸腺組織を認める。

#### ⅰ）症状
　通常無症状であるが、胸水の貯留や嚢胞が大きくなると物理的圧迫による呼吸障害や嚥下障害がみられる。

#### ⅱ）診断
　胸部単純X線検査では、浅頸部や前縦隔に腫瘍陰影がみられ、心エコー検査で小葉性嚢胞が多数認められる。細胞診では、胸腺腫と同様に成熟リンパ球、肥満細胞、上皮細胞がみられる。

#### ⅲ）治療・診断
　治療は、外科的切除術が適応され、予後は比較的良好である。

### 2）胸腺肥大と胸腺過形成
　胸腺肥大は、胸腺の正常な組織像を保ったまま腫大する病態を指し、機能異常は認められず、通常無症状である。それに対して胸腺過形成の多くは、結節性に胚中心を伴うリンパ濾胞が出現する濾胞過形成がみられるもので、機能亢進を伴う。人では、重症筋無力症の半数以上の例でみられ、その他甲状腺機能亢進症や副腎皮質機能低下症、全身性エリテマトーデス（Systemic Lupus Erythematosus：SLE）などの自己免疫疾患においても認められる。犬では免疫介在性溶血性貧血やSLEでみられる。人の重症筋無力症では、過形成した胸腺の摘出がある程度の治療効果が認められているが、他の自己免疫疾患に対しては無効といわれている。

### 3）胸腺腫瘍
　胸腺から発生する腫瘍性疾患としては、胸腺腫、胸腺癌（扁平上皮癌、腺癌、未分化癌）、胸腺カル

チノイドなどの上皮性腫瘍とリンパ腫、胚細胞腫瘍などの非上皮性腫瘍があげられる。犬では胸腺腫の発生が最も多く、2番目にリンパ腫である。猫ではリンパ腫が最も多く、胸腺腫が2番目に多く発生している。

#### ⅰ）胸腺腫

胸腺腫は、様々な程度のリンパ球浸潤を伴った胸腺上皮の腫瘍である。多くが良性であるが、悪性も報告されており、肺や心膜、局所リンパ節、横隔膜などへの転移が起こる。さらに、肝臓、脾臓、腎臓への遠隔転移もまれにみられる。通常、良性のものは被膜に包まれており、悪性のものは近接組織（前大静脈、肋骨、心膜など）に局所浸潤する。良性と悪性という用語は、組織学的所見よりもむしろ臨床的挙動から分類される。発生は、犬ではまれとされており、猫においても一般的ではない。一般的に高齢での発症が多く、好発種はわかっていない。

- **随伴症候群**

胸腺腫において、重症筋無力症は重要な腫瘍随伴症候群であり、犬の胸腺腫では40％以下、猫においてはまれにみられ、筋肉の衰弱や巨大食道症の発症が特徴である。重症筋無力症発現のメカニズムは、胸腺腫にアセチルコリン受容体様エピトープが発現することで、アセチルコリン受容体に対する自己抗体が産生されることなどが考えられている。また、犬の胸腺腫の20～40％に、胸腺以外の腫瘍や様々な自己免疫性疾患、多発性筋炎が合併していたと報告されている。人では、約10％で他の組織に腫瘍形成がみられており、その多くはリンパ腫か原発性肺腫瘍であった。犬では、リンパ腫や慢性リンパ球性白血病、肺癌、唾液腺癌、甲状腺癌、睾丸腫瘍、乳腺癌、星状細胞腫、クロム親和性細胞腫、骨肉腫、軟部組織肉腫、膀胱ポリープなどが胸腺腫と合併していたと報告されている[2]。猫においては、筋炎や急性湿性皮膚炎、落葉状天疱瘡、表層性壊死性皮膚炎、低γ-グロブリン血症などが胸腺腫に関連して発生するといわれている[3]。

#### ①臨床的特徴

胸腺腫は、胸部X線検査において偶発的にみつけられる場合もあるが、多くは食道や気管、肺、大静脈などが腫瘍により物理的に圧迫されることによる症状や、腫瘍随伴症候群に関連した症状により来院する。すなわち、発咳や頻呼吸、呼吸困難、吐出、前大静脈症候群による顔面や頸部・前肢の浮腫、重症筋無力症による衰弱、さらに巨大食道症に伴う吐出、食欲不振や体重減少などがみられる。

#### ②診断

胸腺腫の診断は、主訴、臨床徴候、胸部画像診断、胸腺腫瘍の針吸引生検もしくは組織生検の所見より行われる。また、腫瘍随伴症候群の特定も重要となる。

身体検査所見では、前大静脈症候群として、頸静脈の拍動がみられ、かつ拡張・蛇行しており、頭部、頸部もしくは前肢に疼痛を伴わない両側性の浮腫がみられることがある。胸部聴診では、前縦隔洞腫瘤や胸水の影響により、肺音が減弱している。心音は、心臓変位の結果として、正常よりも背尾側において聴取されることがある。血液検査においては、通常、異常はみられないことが多い。腫瘍随伴症候群による高カルシウム血症の報告は少ない。胸部画像検査はX線、超音波、もしくはCTやMRIにより行われる。胸部X線検査では、一般的に左側頭腹側に巨大な腫瘤陰影がみられ、DV像では気管は右側に変位し、ラテラル像では背側に挙上している。通常、非浸潤性の胸腺腫では胸水はほとんどなく、腫瘍は鮮明に写しだされるが、浸潤性胸腺腫では腫瘤陰影は胸水により不明瞭となる（図Ⅷ-6）。一方、猫では非浸潤性、浸潤性胸腺腫の両者において胸水が一般的にみられる。食道造影は、食道の圧迫や巨大食道症の有無を明らかにすることができ、静脈造影は大静脈狭窄や遮断の評価に使用される。胸腺腫の超音波所見は、一般的に嚢胞形成を伴った混合エコーパターンを示す。画像診断のみで胸腺に発生する他の腫瘍を鑑別することはできない（図Ⅷ-7）。

胸腺腫の確定診断には、経胸壁針吸引生検もしくは切除バイオプシーが必要となる。胸腺腫は、典型例では嚢胞性であり、診断的材料を得られないことがある。胸腺腫における細胞診所見は、胸腺上皮細胞よりもリンパ球が豊富に採取されることがある。また、肥満細胞の出現も一般的である（図Ⅷ-8）。胸腺腫は、縦隔型リンパ腫、胸腺癌、胸腺嚢胞、異

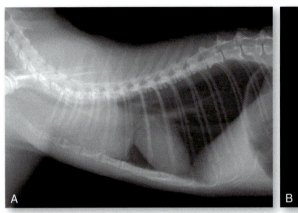
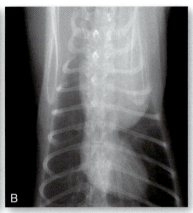

図Ⅷ-6　猫の胸腺腫のX線所見右下ラテラル像（A）とDV像（B）
前胸部に腫瘤陰影像が認められ、気管は挙上している。胸腺型リンパ腫との区別はつかない。

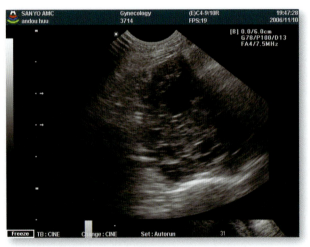

図Ⅷ-7　猫の胸腺腫のエコー所見
嚢胞形成を伴った、混合エコーパターンを示す。

所性甲状腺腫瘍や上皮小体腫瘍、大動脈体腫瘍、さらに転移性腫瘍などと鑑別しなければならない。

③治療

胸腺腫に対する治療の第一選択は、外科的切除である。犬では、肋間からのアプローチもしくは胸骨正中切開によるアプローチが選択される。大きな腫瘤の摘出には、胸骨正中切開によるアプローチが推奨されている。非浸潤性胸腺腫の多くは、胸腔内周囲組織に癒着しておらず、被膜に包まれている。一方、浸潤性胸腺腫は周囲組織、特に主要な神経、血管、気管、心膜、そして食道など切除困難な組織に癒着していることが多い。切除時は、腫瘤の頭背側において細心の注意を払う。この部位には前大静脈と横隔神経があり、もし腫瘤が1本の横隔神経を巻き込んでいた場合には切断しなければならないことがある。胸腺動脈とその側枝も同様の位置でみられ、切除時に結紮・切離する。浸潤性胸腺腫の減容積手術は、腫瘤による物理的症状を軽減させ、化学療法や放射線療法と組み合わせて行われる場合もある。

猫の胸腺腫に対しては、肋間開胸術により行われるが、腫瘤が大きければ肋骨切断が必要となる場合もある。犬と同様、正中胸骨切開も行われるが、猫の胸骨は細いため、正確に切開することは困難を伴うことがある。胸腺腫切除後の術後管理は創部の保護、疼痛管理、そして術後24時間の胸腔チューブの設置を行う。腫瘍再発、巨大食道症、誤嚥性肺炎の評価のために、3～6ヵ月間隔でX線検査を行うことは重要である。

胸腺腫の補助治療は、小動物においてあまり評価されていない。放射線治療は人において一般的に使用されているが、小動物に使用した報告は少ない。ある報告で、胸腺腫の17頭の犬と7頭の猫に放射線治療が行われた。完全寛解率は20％であった。犬における中央生存値は248日であり、猫においては720日であった[2,4]。しかし、放射線治療を受けた動物の多くは、外科手術もしくは化学療法を同時に行われているため、放射線治療単独の有用性は明らかではない。

胸腺腫に対する化学療法は、悪性上皮性腫瘍に対するものよりもリンパ腫のプロトコールが採用されている。リンパ腫のプロトコールと同様の化学療法

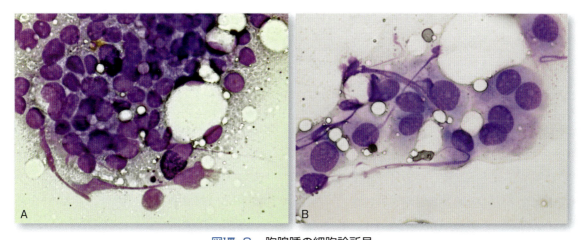

**図Ⅷ-8 胸腺腫の細胞診所見**
A：小リンパ球が中心で、肥満細胞が散見される。B：上皮系細胞も一部にみられる。

を胸腺腫に対して行った報告では、部分寛解もしくは完全寛解を得られる可能性はリンパ腫よりも確率が低いとされている。

　もし、重症筋無力症を合併しているのであれば、免疫抑制剤もしくは抗コリンエステラーゼ阻害薬による治療が必要となるが、可逆的ではない。巨大食道症に対する対症療法は、吐出や誤嚥性肺炎の発生率を減少させることが期待される。

#### ④予後

　巨大食道症を合併していない犬において、外科的に切除可能な非浸潤性胸腺腫の予後は良好である。長期寛解や治癒は、巨大食道症や誤嚥性肺炎を合併していない切除可能な腫瘍を有した犬において期待できる。これらの犬における1年生存率は83％であった[5]。化学療法および放射線療法の成績は、切除不可能な胸腺腫患者においては良好とはいえず、腫瘍が切除可能になった報告は数例しかない。巨大食道症は、胸腺の完全切除により、改善するとは限らず、改善したとしても数ヵ月を要する。

　12頭の猫における胸腺腫の外科的切除例では、良好な予後が示唆された。2頭の猫は術中に死亡し、残る10頭の猫においては局所再発もしくは転移した症例はなかった。中央生存期間はほぼ2年であった。巨大食道症は、2頭の猫において術後に発生した[4]。

### ⅱ）リンパ腫

　胸腺を原発とするリンパ腫は、発生部位による解剖学的分類で、かつては胸腺型リンパ腫（thymic lymphoma）と呼ばれていた。最近では（前）縦隔型リンパ腫（mediastinal lymphoma）と呼ばれている。このタイプの発生頻度は犬では低く、リンパ腫の約5％を占める程度である。しかし、多中心型に分類されるタイプにおいては、約20％の症例に前縦隔に異常がみられる。一方、猫における1970年代の報告では、全リンパ腫の20〜50％を占め、最も多いタイプであったが、近年減少傾向にあり全リンパ腫の15％以下である[6]。これは、猫白血病ウイルス（Feline Leukemia Virus：FeLV）の感染率が減少していることに関連していると考えられている。

#### ①臨床的特徴

　犬では、病型による発症傾向に差は認められず、発症年齢の中央値は他のタイプと同様6〜9歳齢で性差は認められていない。しかし、他のタイプに比べて高カルシウム血症を呈する確率が高いといわれている。猫の（前）縦隔型リンパ腫は、他のタイプに比べて若齢で発症することが知られており、平均発症年齢は2〜3歳齢である。FeLV陽性率が高く、全症例の約80％がFeLV陽性であるといわれている。犬でみられるような高カルシウム血症はまれである。このタイプのリンパ腫では、胸水の貯留を伴うことが多く、これは腫瘍塊のリンパ管の圧迫によるリンパ流障害の結果として起こる。犬猫ともに腫瘍細胞の免疫フェノタイプはT細胞型が多いといわれている。

#### ②臨床症状

　臨床症状としては、腫瘍の食道圧迫による吐出や

嚥下障害、気管の圧迫や胸水による呼吸困難、高カルシウム血症に伴う多飲多尿などがみられる。非特異的症状としては、食欲不振、体重減少、流涎、発咳、リンパ節腫大などがみられる。

③診断

胸部X線検査では、ラテラル像において気管が背側に挙上し、心臓は尾側（後方）に変位している。DV像では気管が側方へ変位している像が認められる。胸水の貯留が認められる場合が、特に猫では多い。胸水の貯留している症例では、胸腺腫、膿胸、心不全、低蛋白血症、血胸、さらに猫では猫伝染性腹膜炎（Feline Infectious Peritonitis：FIP）の鑑別が重要である。超音波検査では、前縦隔部に低エコーの腫瘤病変がみられる。胸腺腫に比べて囊胞形成は少ないが、超音波検査所見だけで鑑別はできない。確定診断は、胸水もしくは腫瘤の細胞診により行う。腫瘍細胞の多くは、未分化なリンパ芽球様細胞で、中～大型の細胞で細胞質は塩基性がやや強く、空胞がみられるものもある。核型は不整なものが多く、切れ込みや湾入傾向などT細胞の特徴を有するものもある。核小体は明瞭で、複数みられるものが多い。まれに分化型のリンパ腫がみられるが、この場合、成熟リンパ球と腫瘍性リンパ球の区別が困難であり、胸腺腫との鑑別が難しい。

④治療

リンパ腫の治療には、化学療法、外科療法、放射線療法があるが、縦隔型リンパ腫に対しては通常外科療法は適応されず、多剤併用化学療法が第一に選択される（第Ⅶ章 p787「治療」を参照）。呼吸困難が重度の症例では、胸水を可能な限り抜去し、酸素室でケージレストとする。

⑤予後

猫では、治療に対する反応性は他のタイプのリンパ腫に比べて良いとされており、寛解率は90％で、平均生存期間は6～7ヵ月といわれている。犬の縦隔型リンパ腫の予後はよくわかっていないが、筆者の経験では、治療に対する反応性は悪くないが、生存期間は多中心型より明らかに短い。

（下田哲也）

---

**参考文献・推奨図書**

[1] Roth JA, Lomax LG, Altszuler N, Hampshire J, Kaeberle ML, Shelton M, Draper DD, Ledet AE.：Thymic abnormalities and growth hormone deficiency in dogs. Am J Vet Res. 1980；41（8）：1256-1262.
[2] Atwater SW, Powers BE, Park RD, Straw RC, Ogilvie GK, Withrow SJ.：Thymoma in dogs：23 cases（1980-1991）. J Vet Med Assoc. 1994；205（7）：1007-1013.
[3] Parker GA, Casey HW.：Thymomas in domestic animals. Vet Pathol. 1976；13：353-364.
[4] Gores BR, Berg J, Carpenter JL, Aronsohn MG.：Surgical treatment of thymoma in cats：12 cases（1987-1992）. J Am Vet Med Assoc. 1994；204：1782-1785.
[5] Zitz JC, Birchard SJ, Couto GC, Samii VF, Weisbrode SE, Young GS.：Results of excision of thymoma in cats and dogs：20 cases（1984-2005）. J Am Vet Med Asoc. 2008；232：1186-1192.
[6] Ogilvie KG, Moore SA.：猫の腫瘍（監訳／桃井康行）：インターズー；2008：566-582. 東京.
[7] Day MJ.：A review of thymic pathology in 30 cats and dogs. J Small Anim Pract. 1997；38：393-403.

# 索 引

X線検査 造影のつづき
621, 622, 627, 629, 631, 632, 634, 649, 662, 663, 673, 675, 701, 716, 748, 751, 752, 769
透視装置 77
肺胞パターン 340, 526

## 欧 文

β遮断薬 108, 110, 171, 176, 196, 231, 262, 306, 315, 382, 383, 394, 395, 397, 400, 412, 413
ACE阻害薬：アンジオテンシン変換酵素阻害薬を参照
ANP製剤 110
AR：大動脈弁閉鎖不全症を参照
ARB 107
AS：大動脈弁狭窄症を参照
BAL：気管支肺胞洗浄検査を参照
BNP製剤 110
CRT延長 272, 767
CT検査 83-84, 222, 244, 275, 284, 359, 360, 486, 523, 525, 537, 540, 542, 544, 552, 553, 555, 556, 559, 560, 562, 563, 564, 566, 572, 588, 607, 627, 634, 647, 661, 671, 673, 675, 690, 692, 705
$H_2$ブロッカー 245, 447, 610
ISACHC分類 94, 95
Levine 43, 47, 111, 112, 259, 269
L-カルニチン：カルニチンを参照
MR：僧帽弁閉鎖不全症を参照
MRI検査 84, 222, 275, 284, 671, 673, 675, 690
MS：僧帽弁狭窄症を参照
NSAID：非ステロイド性抗炎症薬を参照
PDA：動脈管開存症を参照
PDE阻害薬 106, 577
PMI 42, 43, 483
PRAA 164：右大動脈弓遺残症も参照
PS：肺動脈狭窄症を参照
QT延長症候群 58, 412-413
QT間隔の異常 57
$SpO_2$ 148, 425, 426, 435, 436, 450, 504, 521, 576, 578, 587, 611, 717, 729
ST分節の異常 57
TR：三尖弁閉鎖不全症を参照
TS：三尖弁狭窄症を参照
T波の異常 57
to and fro 雑音 49
X線検査 59-66, 97, 157, 165, 169, 175, 179, 186, 195, 205, 217, 221, 225, 229, 236, 240, 243, 258, 273, 290, 291, 294, 300, 303, 305, 311, 317, 320, 322, 324, 326, 334, 341, 342, 343, 345, 352, 360, 436, 486, 503, 505, 508, 522, 525, 526, 531, 533, 534, 537, 538, 540, 542, 544, 545, 552, 555, 559, 560, 562, 564, 566, 570, 573, 576, 581, 605, 631, 632, 634, 646, 647, 655, 656, 657, 660, 671, 673, 675, 679, 683, 685, 690, 691, 693, 703, 716, 727, 731, 734, 735, 737, 738, 739, 750, 751, 752, 757, 758, 767, 768, 769, 770, 772
　エアーアルベオグラム 570, 576
　エアーブロンコグラム 345, 570, 576
　クロックフェイスアナロジー 62, 63
　正常 60
　造影 77, 79-81, 83, 84, 165, 170, 180, 188, 195, 207, 208, 210, 222, 225, 230, 231, 232, 239, 242, 245, 296, 320, 359, 360, 595, 605, 617, 619,

## 和 文

### ア 行

アイゼンメンジャー症候群
　心室中隔欠損症 185, 187
　心内膜床欠損症 224, 226
　動脈管開存症 41, 155, 156
悪性組織球腫 544
アザチオプリン 291, 341
アジスロマイシン 529, 535
アシドーシス 58, 235, 343, 398, 418, 421, 435, 437, 445, 447, 453, 454, 456, 458, 493, 505
　奇異性 445
　高塩素性 431
　呼吸性 445, 494, 585, 679, 683
　細胞 445
　代謝性 402, 416, 427, 430, 433, 434, 435, 437, 445, 446, 456, 460, 584
　乳酸 422, 434, 437
アセチルシステイン 553, 556, 563
アセプロマジン 139, 295, 318, 557, 563, 566, 729
アスピリン 295, 336, 338, 342, 345
圧負荷 86
アデノシン 395
アテノロール 108, 110, 231, 315, 382
アフォキソラネル 348
アミオダロン 108, 130, 381, 382, 383, 396, 453
アミノグリコシド 292, 529
アミノフィリン 390, 405, 412, 426, 553, 556, 563
アムリノン 304
アモキシシリン 529, 553, 556, 557, 563, 566, 567, 612
アラセプリル 197, 261
アレルギー性肺疾患 533
アンジオテンシンⅡ受容体拮抗薬 107
アンジオテンシン変換酵素阻害薬 107, 189, 208, 231, 261, 268, 293, 303, 304, 315, 326, 394, 396, 412
アンピシリン 245, 292, 529, 567, 612
異常心電図 54, 389-418
　ST分節・QT間隔・T波の異常 57
　心室間・心室内伝導障害 56
　心室早期興奮症候群 57
　心房・心室拡大 54
胃食道重積症 630, 737
イソソルビド 107, 112, 231, 262, 304, 393, 395, 406, 412, 442, 583
イソフルラン 140, 729
イソプロテレノール 130, 142, 385, 390, 405, 406, 413, 583
一般身体検査
　視診 39, 97, 483, 503, 580, 671, 683, 716
　触診 42, 97, 434, 483

ショック 434
心臓糸状虫症 352
心不全 97
打診 41, 97, 484, 503, 655, 691, 716
聴診 43, 97, 156, 229, 484, 671, 716：聴診も参照
遺伝性疾患
　気管低形成 522
　動脈管開存症 151
　肺動脈狭窄症 151
　肥大型心筋症 305
イトラコナゾール 533
犬心臓糸状虫症 329-350：心臓糸状虫症を参照
イベルメクチン 336, 346, 348, 357, 554
　中毒 347
イマチニブ 583
イミペネム 529
胃瘻チューブ 523, 608, 610, 624, 631, 635, 637
インターベンション 160, 181, 452
　コイルオクルージョン 161
　心室中隔欠損症 190
　心肺停止 452
　動脈管開存症 161
インフローオクルージョン 209, 211, 212, 214, 232
右脚ブロック 56, 80, 169, 187, 189, 217, 225, 326, 334, 359, 374, 375, 393, 394, 399, 408, 409
右室二腔症 228-235
右室流出路拡大形成術
　肺動脈（弁）狭窄症 172
　ファロー四徴症 201
右心室圧 81
右心室拡大 54, 169, 205, 217, 334, 343
右心室肥大 170, 187, 192, 193, 195, 202, 228, 229, 334
右心不全
　イソソルビド 231
　静脈系血管拡張薬 231
　心外膜炎 289
　肺動脈血栓塞栓症 345
　利尿薬 231
うっ血性心不全
　ISACH分類 94
　アンジオテンシン変換酵素阻害薬 208, 394
　強心薬 218, 226
　酸素療法 208
　心筋炎 289
　心筋膿瘍 289
　心臓糸状虫症 330
　心臓腫瘍 284
　心タンポナーデ 272
　無徴候期 94
　有徴候期 95
　利尿薬 208, 218, 226, 306, 394
右心房圧 81
右心房拡大 54
ウロキナーゼ 317, 364, 366, 589
運動不耐 38, 40, 93, 95, 96, 156, 174, 194, 204, 229, 258, 268, 272, 300, 303, 330, 332, 340, 378, 391, 396, 410,

# 索 引

運動不耐のつづき
  483, 484, 517, 533, 534, 536, 537, 538, 539, 543, 552, 555, 559, 562, 566, 571, 684, 693
栄養管理（経腸栄養）
 ショック 433
エスモロール 108, 130, 381, 383
エトミデート 137, 386
エナラプリル 112, 218, 261, 303, 304, 315, 319
エピネフリン 141, 390, 425, 426, 452, 453, 458, 478
エフェドリン 142
エプスタイン奇形 153, 204, 214-220
エプリノメクチン 357
エリスロマイシン 529
塩酸テモカプリル：テモカプリル参照
塩酸ベナゼプリル：ベナゼプリル参照
炎症（心不全）
 インターロイキン 92
 活性酸素種 92
 腫瘍壊死因子α 92
 心不全 91
エンロフロキサシン 292, 529, 553, 556, 557, 563, 566, 567

横隔膜 709-739
横隔膜炎 738
横隔膜下膿瘍 739
横隔膜欠損 737
横隔膜弛緩症 738
横隔膜ヘルニア 718-738
 外傷性 731
 胸骨横切開 723
 胸骨正中切開 722, 732, 735
 パッチグラフト 726
 非外傷性 733
 腹部正中切開 718, 732, 735
 肋間切開 720
横隔膜麻痺 738
嘔吐 35, 38, 39, 111, 335, 336, 352, 390, 415, 416, 418, 427, 428, 501, 530, 545, 564, 570, 603, 610, 616, 618, 619, 623, 629, 631, 655, 676, 714, 716, 734, 736, 737, 755, 756
オクトレオチド 700
オピオイド系薬剤
 クエン酸フェンタニル 138
 酒石酸ブトルファノール 138
 ブプレノルフィン 138
オフロキサシン 553, 556, 563
オメプラゾール 624
オルビフロキサシン 553, 556, 557, 563

## カ 行

開胸手術
 アプローチ 119, 613, 720, 722, 724
 胸骨横切開 126, 514, 723
 胸骨正中切開 122, 125, 126, 128, 129, 200, 232, 277, 513, 514, 515, 539, 545, 548, 554, 557, 637, 649, 651, 661, 662, 722
 胸部・腹部同時切開 128, 735
 術後管理 128
 麻酔 129, 728
 肋間切開 120, 145, 277, 514, 539, 554, 557, 565, 613, 637, 649, 720
 肋骨横切開 126
 肋骨切除 120, 124, 125
開口呼吸 36, 37, 38, 39, 317, 484, 503, 727
開口部拡大術
 三心房心 209, 210, 211
塊状椎骨 672, 673
外傷性肺血腫 566
開心術 143, 144
 右室二腔症 232
 心室中隔欠損症 189
 心臓腫瘍 285, 286
 心内膜床欠損症 226
 心房中隔欠損症 181
 大動脈弁狭窄症 176
 ファロー四徴症 200
解剖
 横隔膜 711-712
 気管支 468-470
 胸郭 667-669
 胸腺 763-764
 胸腔 667-669
 縦隔 643-645
 食道 595-600
 心血管系 11-18
 心膜 270
 肺 470-472
 リンパ管、リンパ節 743
化学療法 276, 284, 286, 425, 538, 541, 547, 628, 661, 690, 752, 755, 757, 758, 768, 770, 772
過換気
 呼吸性アルカローシス 584
喀痰 478, 479, 483, 496, 530, 552, 553, 557, 562, 563
拡張型心筋症 254, 298-304, 317-319
 遺伝 298
 犬 298, 400
 検査 300, 317, 318
 好発種 298
 左脚後肢ブロック 376
 ショック 429
 治療 302, 318
 猫 317
 病態 299, 317
 病理 301, 318
 麻酔 131
拡張期
 右心室圧 82
 左心室圧 82
拡張期性心雑音
 逆流性（早期） 48
 心室充満性（拡張中期） 49
拡張機能障害
 心不全 87
拡張末期圧 82
過呼吸 343, 500, 502, 584
過剰心音 236
過剰調節帯 325-326
喀血 36, 37, 330, 340, 345, 502, 509, 510, 523, 566, 572
カプトリル 303, 304
カリウム保持性利尿薬 109

カルシウムチャネル拮抗薬 306
カルシウムチャネルブロッカー 315, 374, 383, 394, 395, 396, 397, 404, 412, 414, 455
カルニチン 24, 110, 298, 299, 303
カルバゾクロム 566
カルプロフェン 556
カルベジロール 218, 262, 397
カルボプラチン 542, 548
簡易ベルヌーイ式 169, 175, 581
肝腫大 204, 205, 206, 216, 217, 273, 506
肝性脳症 242, 243, 245
冠動脈損傷 272
肝不全 204, 242, 243, 447
奇異性塞栓症 42, 152, 331
奇異脈 272, 273
気管・気管支内異物 523
気管狭窄 555-557
気管虚脱 557-562
気管骨軟骨腫 537
気管支
 解剖 468
 正常X線 62
 発生 468
気管支拡張症 562-564
気管支拡張薬 304, 342, 345, 355, 523, 530, 536, 537, 553, 556, 563, 573
 アミノフィリン 553, 556, 563
 テオフィリン 304, 556, 563
 テルブタリン 556, 563
気管支性肺嚢胞症 550
気管支内視鏡 523, 552, 553, 555, 556, 559, 560, 562, 563
気管支形成不全 523
気管支肺胞洗浄 340, 478, 480, 528, 534, 535, 553, 556, 563, 653
気管支パターン 60, 526, 533, 552, 566
気管支瘻（気管支食道瘻） 564-565, 618-619, 633, 647
気管造瘻術 517-521
気管損傷 507
気管低形成 484, 522-523
気管内異物 508
気管乳頭腫 536
気管・肺の損傷 524
気管輪全層切除 537
気胸 484, 485, 487, 493, 497, 504, 509, 510, 517, 521, 523, 524, 525, 526, 538, 540, 551, 554, 570, 647, 654, 655, 674, 677, 679, 683, 693, 695, 703-706, 716, 729
起坐呼吸 552, 566
キサンチン誘導体 385, 390
気縦隔：縦隔洞気腫を参照
気腫性肺嚢胞症 550
寄生虫性肺嚢胞症 551-555
脚ブロック
 右脚ブロック 56, 80, 169, 187, 189, 217, 225, 326, 334, 359, 374, 375, 393, 394, 399, 408, 409
 左脚ブロック 56, 311, 374, 375, 399, 408, 409
ギャロップリズム 47, 217, 225, 236, 294, 311, 326, 331, 332

吸引性肺炎　530, 531
吸入麻酔薬
　イソフルラン　140, 729, 732
　セボフルラン　140, 729
　デスフルラン　141
胸郭
　胸椎骨折　674
　胸壁腫瘍　689
　胸膜炎　690
　連枷様胸（動揺胸郭、フレイルチェスト）　681
　漏斗胸　684
　肋骨骨折　678
胸管結紮　508, 700, 701
胸管造影　701
胸腔
　気胸　703
　血胸　697
　水胸　693
　乳び胸　698
　膿胸　695
胸腔穿刺　290, 326, 497, 505, 508, 510, 533, 570, 573, 655, 657, 695, 698, 700, 704, 705, 706, 727, 767
胸腔内大網転移術　702
胸腔-腹腔シャント形成術　702
胸骨横切開　126-128, 514, 516, 723-725, 735
胸骨正中切開　122-128, 129, 144, 148, 200, 232, 277, 278, 513, 514, 515, 521, 539, 540, 545, 548, 554, 557, 621, 637, 649, 651, 652, 661, 706, 722, 735, 771
強心配糖体　104
　中毒　415
　不整脈　415
強心薬　103, 106, 189, 218, 222, 226, 262, 316, 318, 319, 322
　ジゴキシン　103, 189, 319
　ドパミン　149, 268, 316, 318
　ドブタミン　149, 268, 316, 318
　ピモベンダン　316, 319
　ミルリノン　149
胸水　37, 38, 40, 43, 47, 149, 218, 229, 231, 234, 271, 272, 273, 300, 311, 320, 322, 324, 326, 330, 332, 334, 340, 352, 360, 387, 484, 487, 493, 497, 508, 509, 521, 533, 535, 538, 543, 544, 545, 570, 587, 645, 648, 657, 659, 660, 670, 671, 690, 691, 692, 693, 694, 695, 696, 697, 698, 700, 702, 716, 732, 751, 756, 757, 767, 768, 769, 771, 772
胸腺　761-772
　腫瘍　768-772
　特発性出血　767
　囊胞（鰓性囊胞）　768
　肥大と過形成　768
　免疫不全症候群　766
　ワイマラナーの免疫不全性矮小症　767
胸腺腫　545, 646, 658, 769
胸腺腫瘍
　胸腺腫　769-771
　リンパ腫　771-772
胸腺囊胞（鰓性囊胞）　768

胸腺の特発性出血　767
胸腺肥大と胸腺過形成　768
胸椎異常（先天性）　672
胸椎骨折　674-678
胸壁腫瘍　689
胸部X線検査：X線検査を参照
胸部・腹部同時切開　128-129
　胸骨正中切開　735
　腹部正中切開　735
　麻酔管理　129
胸膜炎　690
胸膜癒着術　702
胸膜癒着剥離術
　胸膜外剥離　514
　胸膜内剥離　513
虚弱　194, 289, 394, 396, 483, 658, 659, 684
巨大食道症　530, 545, 546, 602, 606, 627, 629, 658, 659, 769, 770, 771
虚脱　94, 96, 272, 283, 289, 345, 374, 385, 413, 419, 420, 434, 436, 559
去痰薬　523, 530, 536, 537, 553, 556, 563
筋弛緩薬（神経筋遮断薬）
　サクシニルコリン　138, 728, 732
　パンクロニウム　138, 732

クエン酸フェンタニル：フェンタニルを参照
クラリスロマイシン　553, 556
グリコピロレート　135
クリンダマイシン　292, 529, 535
グルコース　445
グルココルチコイド　340, 341, 343, 344, 346, 418, 426, 444, 573, 729
グルコン酸カルシウム　417, 418
クロックフェイスアナロジー　62, 63
クロラムフェニコール　425, 553, 556, 557, 563
クロラムブシル　758

頸静脈怒張、拍動　40, 272, 273, 289
頸動脈怒張　217
経皮的酸素飽和度：SpO$_2$を参照
ケージレスト　338, 345, 394, 508, 517, 577, 655, 676, 772
外科的治療：治療も参照
　アプローチ　119, 613, 720, 722, 724
　インターベンション　160, 161, 181, 190, 452
　インフローオクルージョン　209, 211, 212, 214, 232
　右室流出路拡大形成術　172, 200, 201
　右房切開　181, 189, 226
　開胸器　116, 122, 124 125, 127, 159, 613, 651, 722, 723, 725
　開胸手術　120, 126, 128
　開口部拡大術　209, 210
　開心術　122, 124, 143, 144, 176, 181, 189, 200, 226, 232, 285, 286
　拡張型心筋症　131
　気管造瘻術　517-521
　気管輪全層切除　537
　器具・器械　116
　弓再建　237
　胸管結紮　701
　胸腔内大網転移術　702
　胸腔-腹腔シャント形成術　702

胸骨横切開：胸骨横切開を参照
胸骨正中切開：胸骨正中切開を参照
胸腺腫　661, 770
胸部・腹部同時切開　128-129
胸膜癒着術　702
胸膜癒着剥離術　512
血管縫合　119, 146, 147
血行再建　237
血栓摘出　295, 314, 366
腱索再建術　269
コイル塞栓術　245, 247, 572
姑息手術　197, 198, 201, 237
左室-大動脈間導管移植　176
左心房血栓摘出　293
術後管理　128, 129, 148, 387-388, 521, 616, 677, 729
食道再建術　614, 616
食道部分切除　165-166, 637
心外膜炎　57, 270, 271, 278, 289-291
人工腱索移植　264
心臓糸状虫体摘出　337, 344, 356
心膜滲出　270-279, 283, 284, 285, 286, 543
心膜切開　116, 278
心膜切除　277, 286, 290, 508, 630, 701, 711
ステント　222, 560, 561
線維筋性膜拡大除去術　212
先天性門脈体循環シャント　245-248
僧帽弁形成術　263
僧帽弁置換術　264
体外循環　143, 144-146, 160, 172, 176, 181, 199, 209, 212, 218, 226, 232, 233, 264, 285, 293
低体温麻酔　143, 189, 200, 209, 212
動脈管索切除　165
動脈管切離　159, 160
肺動脈-下行大動脈バイパス　237
肺動脈絞扼術　189, 237
肺被膜剥離術　703
肺部分切除　514-515, 572
肺葉切除：肺葉切除を参照
パッチグラフト　172, 189, 200, 201, 226, 232, 233, 285, 726
バルーン拡張術：バルーン拡張術を参照
バルーン弁拡大形成術　171, 172, 173
腹腔鏡手術　245
腹部正中切開　245, 701, 718, 722, 724, 732, 735
フレイルチェスト　684
プレジェット　117, 118, 189, 201, 226, 264, 703, 706
プロテーゼ　560, 561
噴門形成術　625
閉胸　125, 126, 127, 128, 148, 521
ペースメーカ　385-388, 406, 409, 412, 413, 415, 429
麻酔　129-143
肋間切開　120, 145, 277, 539, 565, 613, 649, 720
肋骨横切開　126
肋骨切除　120, 124, 125
ケタミン（解離性麻酔薬）　137, 386, 729, 732
血圧低下　107, 110, 123, 136, 140, 245, 260,

# 索 引

血圧低下のつづき
　　　272, 378, 383, 394, 409, 419, 424,
　　　425, 427, 429, 434, 441, 443, 697
血液ガス　77, 82, 98, 175, 188, 195, 208,
　　　231, 312, 345, 360, 435, 436, 437,
　　　438, 446, 456, 490, 501, 502, 503,
　　　504, 510, 517, 573, 576, 578, 581,
　　　584, 585, 587, 611, 655, 679, 683,
　　　717, 729
血液循環　19, 22, 23, 156, 361, 365, 420
　　胎子期　19
血液製剤
　　アルブミン製剤　425, 428, 432, 578, 611
　　全血　432
血液分布異常性ショック
　　アナフィラキシーショック　424
　　神経原性ショック　426
　　敗血症性ショック　422
血管拡張因子　88, 89
　　アドレノメデュリン　89, 90
　　一酸化窒素　89, 90
　　ナトリウム利尿ペプチドファミリー　89
血管拡張薬　107, 231, 262, 442, 577, 583
　　アンジオテンシンⅡ受容体拮抗薬　107
　　アンジオテンシン変換酵素阻害薬　107
　　硝酸薬　107, 262
　　ショック　442
　　ホスホジエステラーゼ5型（PDE-5）阻害
　　　薬　583
血管収縮因子　88, 89
　　エンドセリン　89
血管縫合　119, 146, 147
血管輪異常　164, 220, 603, 604, 606, 609,
　　　619, 627
血胸　697-698
血行再建
　　人工血管　237
血行動態　68, 98
　　エプスタイン奇形　216
　　ショック　423
　　心血管作動薬　141-142
　　不整脈　379
　　麻酔　129-134
血色素尿症　343
血栓塞栓症
　　高凝固状態　362
　　心臓糸状虫症　341, 342, 344, 586
　　蛋白喪失性腎症（犬）　363
　　治療　363
　　肺　585
　　肺動脈　361
　　播種性血管内凝固症候群（DIC）　362
　　肥大型心筋症　363
　　副腎皮質機能亢進症　363
　　ヘパリン　336, 364
　　免疫介在性溶血性貧血　363
血栓溶解薬
　　ウロキナーゼ　317, 364, 366, 589
ケトコナゾール　533
ケトプロエフェン　732
下痢　204, 390, 415, 416, 427, 428, 570, 676,
　　　750, 755, 756
原因不明の心筋疾患
　　過剰調節帯　325-326
　　心筋症　297-322
　　心内膜心筋線維症　322

心内膜線維弾性症　322-325
検査
　　CT：CT検査を参照
　　MRI：MRI検査を参照
　　X線：X線検査を参照
　　換気　487-490
　　気管吸引　496, 498
　　胸腔穿刺　497, 508, 570, 698
　　血液　97, 194, 291, 294, 311, 320, 359,
　　　528, 531, 533, 657, 727, 751
　　血液ガス：血液ガスを参照
　　血管造影　83, 98, 171, 195, 207, 208,
　　　222, 230, 231, 232, 294, 320, 359,
　　　486, 572, 647
　　呼吸器　482-499
　　細胞診：細胞診を参照
　　視診　39, 483
　　触診　42, 483
　　食道　603-607
　　心エコー：心エコー検査を参照
　　心音図：心音図検査を参照
　　神経学的検査　674
　　心血管　35-85
　　心（臓）カテーテル　77-83, 86, 96, 98,
　　　146, 147, 152, 158, 170, 175, 180,
　　　188, 195, 206, 207, 222, 225, 230,
　　　232, 236, 239, 312, 439, 582
　　心（臓）内圧　81-82, 207, 208, 230, 231,
　　　232
　　心電図：心電図を参照
　　心嚢穿刺　498
　　生化学　97, 311, 320, 648, 727
　　生検：生検を参照
　　打診：打診を参照
　　中心静脈圧　93, 96, 272, 439
　　聴診：聴診を参照
　　内視鏡：内視鏡を参照
　　尿検査　243, 291, 311, 436, 611, 757
　　肺気量　486
　　肺動脈カテーテル　439
　　非観血的血圧測定　97, 436
　　病理　280, 292, 301, 305, 318, 321, 495,
　　　499, 523, 535, 536, 537, 542, 544,
　　　545, 546, 572, 757, 768
　　腹部超音波　206, 751
　　問診　37, 482, 523, 603, 671, 674
腱索断裂　263, 264, 268-269
ゲンタマイシン　529

コイル塞栓術　245, 247, 572
高位心室中隔欠損　192
高カリウム血症　58, 404, 416-417, 445, 456
高カルシウム血症　418, 533, 539, 545, 546,
　　　648, 659, 660, 755, 757, 758, 771,
　　　772
　　心電図　418
交感神経作用薬
　　ドパミン　440
　　ドブタミン　440, 441
　　ノルエピネフリン　440, 441
抗コリン作動薬
　　グリコピロレート　135
　　硫酸アトロピン　134
好酸球性肉芽腫症
　　心臓糸状虫症　340

好酸球性肺炎：339, 526, 533
後肢麻痺　39, 41, 294, 317
拘束型心筋症　319-322
拘束性心外膜炎　278, 289, 290
高炭酸ガス血症　456, 493, 501, 509, 525,
　　　532, 581, 585, 655
後天性心血管疾患　253-296
　　腱索断裂　268
　　左心房血栓　293
　　左心房破裂　267
　　心外膜炎　289
　　心筋炎　253, 288
　　心筋症　254
　　心筋膿瘍　288
　　心臓腫瘍　280
　　心タンポナーデ　270
　　心内膜炎　291
　　心内膜断裂　267
　　心膜滲出　270
　　全身性高血圧　255
　　僧帽弁閉鎖不全症　257
　　肺高血圧　255
　　腹部大動脈血栓症　294
　　不整脈　254
　　弁膜症　253
好発種
　　アレルギー性肺疾患　534
　　胃食道重積症　630
　　拡張型心筋症　298
　　気管虚脱　558
　　血管輪異常　620
　　腱索断裂　268
　　心外膜炎　289
　　心室中隔欠損症　184
　　心臓血管肉腫　281
　　心タンポナーデ　271
　　心内膜線維弾性症　324
　　心房細動　395
　　心房中隔欠損症　152
　　心膜滲出　271, 283
　　心膜中皮腫　283
　　先天性胸椎異常　672
　　先天性僧帽弁狭窄症　239
　　先天性門脈体循環シャント　241
　　僧帽弁閉鎖不全症　257
　　第3度房室ブロック　374
　　大動脈弓分枝異常　165
　　大動脈小体腫瘍　282
　　洞不全症候群　254, 410
　　肺動脈（弁）狭窄症　151
　　肺葉捻転　569
　　肥大型心筋症　305
　　ファロー四徴症　193
　　弁膜症　253
　　右大動脈弓遺残症　165
　　リンパ腫　754
後負荷　97
　　心拍出量　103
抗不整脈薬　108, 303, 304, 381, 429, 454
抗プロスタグランジン剤　444
誤嚥性肺炎　530
呼吸管理
　　呼吸バッグ　142
　　食道疾患　611
　　ショック　430

人工呼吸　142
用手呼吸　142
呼吸器系疾患
　アレルギー性肺疾患(好酸球性肺疾患)　339, 533
　異物と損傷　523
　炎症と感染　526
　過換気　584
　検査　482-499
　気管・気管支内異物　523
　気管狭窄　555
　気管虚脱　557
　気管支拡張症　562
　気管支肺形成不全　523
　気管支瘻(気管支食道瘻)　564, 618
　気管低形成　522
　気管・肺の損傷　524
　腫瘍　536-549
　所見　500-506
　先天性異常　522
　低換気　584
　囊胞性肺疾患　549
　肺炎　526
　肺化膿症　530
　肺気腫　572
　肺寄生虫症　534
　肺血管性疾患(肺血栓塞栓症など)　585
　肺血腫　565
　肺高血圧症　578
　肺真菌症(真菌性肺炎)　532
　肺水腫　574
　肺動静脈瘻　571
　肺葉捻転　569
呼吸機能
　拡散　477
　換気　473
　換気-血流比　475
　肺循環　473
呼吸器の生理学　473-481
呼吸困難　37, 38, 39, 93, 96, 194, 204, 224, 253, 268, 273, 289, 294, 300, 309, 311, 317, 322, 324, 325, 335, 340, 345, 352, 361, 396, 405, 500, 502, 510, 522, 523, 524, 526, 531, 533, 534, 537, 538, 539, 543, 545, 552, 555, 562, 564, 566, 570, 580, 585, 618, 631, 634, 655, 657, 691, 693, 696, 697, 700, 716, 731, 755, 767, 769, 772
呼吸性アシドーシス　445, 494, 585, 679, 683
呼吸促迫　36, 93, 311, 317, 324, 325, 428, 500, 543, 555, 567, 570, 683, 727, 734
呼吸促迫症候群　571, 574, 682
呼吸不全　39, 40, 153, 235, 282, 420, 437, 446, 447, 493, 509, 525, 631, 679, 682, 683, 728
姑息手術　197, 198, 201, 237
コルチコステロイド
　アレルギー性肺疾患　534
　心臓糸状虫症　336, 345

## サ 行

サイアザイド系利尿薬　109, 262
細静脈　22, 420, 474, 574
細動脈　22, 23, 420, 427, 474, 574, 578
細胞診　276, 284, 333, 496, 499, 526, 528, 535, 570, 660, 696, 752, 757, 758, 768, 769, 772
左脚ブロック　56, 311, 374, 375, 399, 408, 409
酢酸リンゲル液　426, 428, 430, 566
サクシニルコリン　138, 728, 732
削痩　36, 39, 40, 47, 243, 258, 330, 562, 622, 634, 755
左室-大動脈間導管移植術
　大動脈弁狭窄症　176
左心室圧　81
左心室拡大　55, 175, 221
左心房拡大　37, 54, 175, 205, 259, 305, 326
左心房血栓　293-294
左心房破裂　267-268, 272
三心房心　153, 202-214
三尖弁異形成　153, 214, 216, 217, 218
三尖弁狭窄症(TS)　49, 132
三尖弁低形成　204
三尖弁閉鎖不全症(TR)　38, 40, 48, 132, 254, 263, 580
酸素吸入　95, 196, 342, 345, 355, 394, 430, 517, 525, 531, 536, 537, 553, 563, 566, 572, 578, 585, 611, 655, 683, 717, 727, 729
酸素療法
　うっ血性心不全　208
　拡張型心筋症(犬)　304
　気管支肺形成不全　523
　肺炎　530
　肺気腫　572
　肺水腫　208
ジアゼパム　245, 456, 557, 563, 566, 729
ジエチルカルバマジン　349
ジギタリス　104, 303, 304, 396, 405
　中毒　407, 416
シクロフォスファミド　284, 341, 538, 544
刺激伝導系　16
　特殊　368, 369
ジゴキシン　103, 104-106, 189, 196, 262, 293, 303, 304, 319, 385, 415
シサプリド　610, 624
四肢冷感
　心不全　94, 96
　末梢　94, 358
視診　39, 483
　運動不耐性　40
　頸静脈　40
　呼吸　39
　体重減少　40
　チアノーゼ　41
　末梢の浮腫　40
シスプラチン　284, 542, 544, 548
失神　36, 37, 38, 94, 174, 194, 229, 283, 300, 330, 335, 345, 352, 374, 378, 381, 385, 386, 390, 394, 396, 400, 404, 410, 411, 413, 483, 484, 559, 584, 587
自動能　16, 368, 369, 371

亢進　377, 394, 400, 401, 415
ジピリダモール　197
脂肪肉腫　546
嗜眠　340, 396, 538, 544, 587, 767
ジャクソン法の変法　158
　動脈管開存症　158
縦隔洞　641-663
縦隔洞炎　656
縦隔洞気腫　653
縦隔洞血腫　656
縦隔洞腫瘍
　胸腺腫　658
周期的活動
　拡張期　27
　収縮期　27
　静脈系　27
　心音　29
　心室　28
　心房　28
　動脈系　27
収縮期性雑音　43, 45, 49, 168, 217, 225, 317
収縮機能障害　27, 86, 96, 317
　心エコー検査　96
　心カテーテル検査　96
　心不全　86
重症筋無力症　487, 491, 505, 530, 545, 546, 584, 602, 603, 658, 659, 660, 663, 765, 768, 769, 771
重炭酸ナトリウム　402, 417, 445, 456
酒石酸ブトルファノール：ブトルファノールを参照
酒石酸メトプロロール：メトプロロールを参照
術後管理　128, 129, 148, 521
　横隔膜　727, 728
　胸腺腫　770
　胸椎骨折　677
　食道　616
　ドレーン　148, 149, 521, 730, 733, 735
　閉胸　148-149, 521
主肺動脈　60, 71, 83, 151, 167, 179, 187, 232, 237, 332, 334, 355, 581, 587
腫瘍
　気管　509, 536-538
　胸腺腫　545, 658-633, 769-771
　胸壁　689-690
　脂肪肉腫　546
　食道　626-628
　心臓　280-288
　肺　509, 538-545
　リンパ管腫　753
　リンパ管肉腫　753
　リンパ腫　537, 753-758
　リンパ節の転移性腫瘍　758
循環回路　22
循環血液量減少性ショック
　出血性ショック　427
　体液喪失性ショック　428
症候・症状・徴候
　CRT延長　272, 767
　異常心電図　54, 368, 376
　運動不耐性：運動不耐を参照
　嘔吐：嘔吐を参照
　開口呼吸　36, 37, 38, 39, 317, 484, 503, 727

# 索 引

喀痰　479, 483, 552, 562
過呼吸　343, 500, 502, 584
過剰心音　236
喀血：喀血を参照
肝腫大　204, 205, 206, 216, 217, 273
起坐呼吸　552, 566
ギャロップリズム：ギャロップリズムを参照
胸水　272, 300, 311, 322, 330, 332, 543, 693, 697, 767, 771
虚弱　194, 289, 394, 396, 483, 659, 684
虚脱：虚脱を参照
頸静脈怒張、拍動　40, 272, 273, 289
頸動脈怒張　217
血圧低下：血圧低下を参照
血色素尿症　343
下痢：下痢を参照
高血糖　294, 434, 480
後肢麻痺　317
呼吸困難：呼吸困難を参照
呼吸促迫：呼吸促迫を参照
削痩：削痩を参照
四肢冷感（末梢の冷感）　94, 358
失神：失神を参照
食欲不振：食欲不振を参照
嗜眠　340, 396, 538, 587, 767
心音減弱　272
心血管疾患　37-39
心雑音：心雑音を参照
衰弱　204, 345
喘鳴：喘鳴を参照
咳：咳を参照
体重減少：体重減少を参照
体重増加不良　224, 619
多呼吸　204, 273
チアノーゼ：チアノーゼを参照
沈うつ　325, 345, 434, 538, 570, 587, 731, 737, 751
低体温　325
疼痛　39, 294, 361, 538, 539, 657, 671, 691, 767
吐出　165, 166, 500, 564, 602, 619, 620, 622, 623, 626, 627, 629, 632, 634, 659, 737, 755, 756, 771
努力性呼吸：努力性呼吸を参照
乳び胸：乳び胸を参照
捻髪音　340, 345, 525, 526
粘膜蒼白：粘膜蒼白を参照
肺高血圧：肺高血圧を参照
バウンディングパルス　42, 112, 157, 347
跛行　36, 291, 294, 311, 331, 361, 483, 538, 539, 751, 753
発熱：発熱を参照
鼻汁　526, 534
貧血：貧血を参照
頻呼吸：頻呼吸を参照
頻脈：頻脈を参照
腹囲膨満　93, 204, 272
腹水：腹水を参照
浮腫：浮腫を参照
不整脈：不整脈を参照
哺乳困難　224
脈拍減弱　289
ラ音　258, 483, 485, 531, 534
硝酸イソソルビド：イソソルビドを参照
硝酸薬　107

上室期外収縮　334, 393-394
上室性不整脈
　　治療　383
症状：症候・症状・徴候を参照
触診　39, 42, 43, 97, 112, 159, 165, 175, 235, 358, 361, 434, 483, 484, 627, 631, 671, 683, 690, 752
食道
　　アカラシア　609, 629
　　圧迫狭窄　619
　　胃食道重積症　630, 737
　　異物　608, 621
　　炎症　610, 623
　　外傷　608
　　括約筋　596, 601, 602
　　狭窄　619, 633
　　血管異常　603-604, 619
　　憩室　609, 631-632
　　検査　605-607
　　腫瘍　626-629
　　食道気管支瘻（気管支食道瘻）　564, 618
　　先天異常　618-621
　　損傷　621
　　閉鎖　618
　　裂孔ヘルニア　610, 735
食道アカラシア　609, 629-630
食道圧迫狭窄　619
食道炎　610, 623
食道気管支瘻（気管支食道瘻）　564, 618
食道狭窄　619, 633-639
　　胃瘻チューブ　635
　　外科的切除術　637
　　食事療法　635
　　バルーン拡張術　636
食道憩室　609, 631
食道再建術　614
食道腫瘍　626-629
食道損傷　621
食道内異物　605, 607, 608, 621
食道部分切除
　　右大動脈弓離断症　165, 637
食道裂孔ヘルニア　610, 735
食欲不振　36, 325, 352, 526, 538, 562, 564, 570, 657, 696, 752, 755
除細動　383, 385, 388, 402, 413, 429, 450, 451, 457, 458, 459
ショック　419-463, 565, 574, 578, 586, 587, 588, 611, 631, 683, 697, 705, 727, 737
　　栄養管理（経腸栄養）　433
　　各臓器への影響　446
　　血液製剤　432
　　血液分布異常性ショック　422
　　呼吸管理（換気）　430
　　サイトカイン　421
　　循環血液量減少性ショック　427
　　心外閉塞・拘束性ショック　429
　　心原性ショック　272, 428
　　心肺・脳蘇生　448-460
　　病態生理　419
　　モニタリング　434
　　薬物治療　440-446
　　輸液　430-432
徐脈性不整脈　254, 381
　　ショック　429

　　治療　385-388, 412
　　薬剤　130
徐脈頻脈症候群　411
自律神経系（交感神経系）　88, 91
　　心不全　88
ジルチアゼム　108, 130, 303, 304, 315, 383, 396, 414, 583
シロスタゾール　390, 405, 412
心陰影　59
　　X線検査　59
　　クロックフェイスアナロジー　62
　　正常　60
心エコー検査　67-76, 97, 157, 169, 175, 180, 187, 195, 205, 217, 222, 225, 229, 236, 239, 240, 259, 268, 273, 284, 290, 291, 293, 294, 300, 322, 324, 326, 334, 355, 358, 436, 581
　　Mモード法　71
　　右側傍胸骨短軸像　69
　　右側傍胸骨長軸像　68
　　基本画像　68
　　胸骨下像　70
　　左側傍胸骨像　71
　　収縮機能　96
　　心筋ストレイン　74
　　ドップラー法　72, 581
　　モザイク血流　187, 206
心音　29, 43, 46
　　減弱　272
　　最強点　42, 43, 483
　　雑音　47-49
　　食道聴診器　46
　　聴診　43, 156, 168, 179, 217, 224, 229, 236, 258, 291, 294, 300, 305, 311, 317, 325, 396
　　聴診器　44-46
　　強さとリズム　47
　　電気（電子）聴診器　46
心音図検査　43, 49, 97, 157, 168, 195, 229, 300, 311, 312, 318, 321, 326
　　動脈管開存症　156, 157
　　ファロー四徴症　195
心外閉塞・拘束性ショック　429
心外膜炎　289-291
　　好発　289
　　心嚢水分析　290
心カテーテル：検査の心（臓）カテーテルも参照
　　X線透視装置　77
　　右心系　80, 582
　　ガイドワイヤー　79
　　グースネックサイン　225
　　血圧計　79
　　左心系　81, 225
　　三心房心　206
　　心室中隔欠損症　188
　　心臓内圧検査　81
　　心臓内血液ガス分析　82
　　心電計　80
　　心内膜床欠損症　225
　　心拍出量　83
　　心不全の検査　96
　　心房中隔欠損症　180
　　スワン・ガンツカテーテル　77, 78, 83, 96, 439, 582

造影　79, 83, 225
大動脈弓離断症　236
大動脈縮窄症　222
大動脈弁狭窄症　175
動脈圧　82
動脈管開存症　158
トランスデューサー　79
肺動脈(弁)狭窄症　170
ファロー四徴症　195
心基底部腫瘍　37, 271, 273, 276, 277, 280, 282, 283, 284, 285, 286
　異所性副甲状腺腫瘍　282
　好発種　282
　大動脈小体腫瘍　282
心筋炎　253, 288
心筋構造と代謝　20, 24
　アクチン細糸　25, 27
　サルコメア　25
　脂質代謝　24
　収縮機構　26
　収縮蛋白　26
　収縮力　96, 103
　代謝賦活剤　110
　炭水化物代謝　24
　微細構造　24
　不全　87
　ミオシン細糸　25, 27
　リモデリング　91
心筋疾患
　原因不明　297, 322-325
　心筋症(犬)　298
　心筋症(猫)　307
　心内膜心筋線維症　322
　心内膜線維弾性症　322
心筋症
　犬　298, 304, 306
　拡張型心筋症　254, 298, 317
　拘束型心筋症　319
　猫　307, 308, 317, 319
　肥大型心筋症　254, 304, 308
　不整脈源性右室心筋症　306
真菌性肺炎：肺真菌症を参照
心筋代謝賦活剤　110
　カルニチン　110, 303
　タウリン　110, 303
心筋膿瘍　288
心血管系疾患
　犬心臓糸状虫症　329-350
　外科的治療　116-149
　原因不明の心筋疾患　297-328
　検査　35-85
　後天性心血管疾患　253-296
　ショック　419-463
　心肺・脳蘇生　419-463
　心不全　86-101
　先天性心血管疾患　150-252
　内科的治療　102-115
　猫の心臓糸状虫症　351-357
　不整脈　368-418
　末梢血管疾患　358-367
心血管作動薬　129
　イソプロテレノール　142
　エフェドリン　142
　ドパミン　141
　ドブタミン　141

フェニルフレイン　142
ブクラデシナトリウム　141
心原性ショック　141, 272, 343, 428, 440, 441, 442, 446, 448
心腔
　CT検査　83
神経支配　17, 90, 166, 270, 468, 596, 597, 714, 715
心血管造影　83, 195
　右室二腔症　230, 231, 232
　拘束型心筋症(猫)　320
　三心房心　207, 208
人工腱索移植法　264
人工呼吸
　AMVモード　143
　CMVモード　143
　CPAPモード　143
　呼吸終末陽圧(PEEP)　143
　蘇生　450
人工心肺　144-149, 160, 189, 269
　体外循環　144, 176, 199, 201, 212, 232
心雑音　29, 47, 150, 194, 205, 217, 258, 261, 294, 300, 305, 311, 320, 325, 331, 332, 352, 685
　ISACHC分類　94
　拡張期逆流性(早期)　48
　収縮期逆流性　48, 224, 300
　収縮期駆出性　48, 229
　心室充満性　49
　心室中隔欠損症　186
　レバイン(Levine)分類　47
　連続性　49
心室　20
　拡大　54
　周期的活動　27
心室間伝導障害　56
　脚ブロック　56
心室期外収縮　189, 254, 300, 305, 317, 334, 397-400, 454
心室細動　402-403
心室早期興奮症候群　57, 376
心室中隔欠損症　152, 183-192
　X線検査　186
　アイゼンメンジャー症候群　185, 187
　アンジオテンシン変換酵素阻害薬　189
　インターベンション　190
　右脚ブロック　187
　疫学　183
　解剖　184
　好発種　184
　ジゴシン　189
　心エコー検査　187
　心雑音　186
　心室期外収縮　189
　心臓カテーテル検査　188
　心電図検査　187
　大動脈弁逆流　187
　チアノーゼ　186
　治療　188-190
　肺水腫　189
　肺動脈絞扼術　189
　パッチグラフト　189
　プレジェット　189
　モザイク血流　187
心室内変更伝導

脚ブロック　408
心室頻拍　306, 400-401
心室頻脈　305
心室不整脈
　治療　382
心周期　27
　心室　28
　心房　28
心臓
　CT検査　83, 84, 284
　MRI検査　84, 284
　X線検査　59-66
　一般身体検査　39-50
　解剖　11
　カテーテル検査　77-83
　クロックフェイスアナロジー　62, 63
　血管造影　77, 79, 83
　後負荷　30
　収縮　29
　循環器系調節機構　32
　心エコー検査　67-76
　神経　29
　心電図検査　51-58
　前負荷　30
　代償　90, 91
　中枢性調節機構　32
　内圧検査　81
　内血液ガス分析　82
　内分泌調節機構　33
　拍出量　83
　発生　2
　肥大　30
　フランク・スターリングの法則　29
心(臓)カテーテル検査：心カテーテルを参照
心臓血管：心血管を参照
心臓血管肉腫　281
心臓糸状虫症
　犬　329-350
　疫学　329, 351
　奇異性塞栓症　331
　好酸球性肉芽腫症　340
　好酸球性肺炎　339
　診断　333, 355
　成虫駆除　334
　成虫抗原検査　333
　大静脈症候群　331, 332, 343, 356
　虫体摘出　337, 342, 344
　ツルヌス　333
　猫　351-357
　肺動脈血栓塞栓症　344
　肺動脈増殖性病変　341
　病因　329
　病態　330, 332, 351
　ミクロフィラリア駆除　346
　ミクロフィラリアテスト　333, 352
　迷入　551
　薬物療法　334-337
　予防　347-349, 357
心臓腫瘍　280-288
心臓超音波検査：心エコー検査を参照
心臓内圧検査：心内圧検査を参照
心臓肥大：心肥大を参照
心臓リンパ腫　283-286
心タンポナーデ　270-279：心膜滲出も参照
　好発種　271

# 索引

　　心膜切除　277
　　心膜穿刺　275
心電図　51-58, 97, 157, 168, 187, 195, 205,
　　　217, 225, 229, 236, 240, 258, 273,
　　　290, 292, 300, 305, 311, 317, 320,
　　　324, 326, 334, 359, 377, 389-418,
　　　435, 450, 459, 683, 727
　　異常　54
　　右脚ブロック：右脚ブロックを参照
　　左脚ブロック：左脚ブロックを参照
　　正常　53
　　僧帽性P波　54
　　肺性P波　54
　　平均電気軸　53
　　ホルター心電図　51-52, 382, 407
浸透圧利尿薬　109
心内圧検査
　　右心室圧　81
　　右心房圧　81
　　左心室圧　81
　　三心房心 207, 208
　　動脈圧　82
心内膜炎　291-293
　　疣贅性心内膜炎　291
心内膜床欠損症　203, 223-228
　　X線検査　225
　　右房切開　226
　　形態学的分類　223
　　心エコー検査　225
　　心臓カテーテル検査　225
　　心電図検査　225
　　聴診　224
　　治療　226
　　病態　224
心内膜心筋線維症　322
心内膜線維弾性症
　　好発種　324
　　先天性僧帽弁狭窄症（合併症）　239
　　病態　323
心内膜断裂　267-268
心嚢水　38, 40, 47
　　心外膜炎　289, 290
　　心臓糸状虫症　330, 334
心肺停止　448-449
心肺・脳蘇生
　　心肺停止　448, 452
　　生命維持　450, 451
　　蘇生　448, 449, 452
心拍出量　83, 102
　　後負荷　103
　　収縮の協同性　104
　　心筋収縮力　96, 103
　　心拍数　102
　　スワン・ガンツカテーテル　83, 96
　　前負荷　103
　　変力作用　91
心拍数　102
心肥大　30
　　遠心性(拡張性)肥大　31
　　求心性　31
心不全　86
　　β遮断薬　110
　　ANP、BNP製剤　110
　　ISACHC分類　94
　　L-カルニチン　110

　　PDE阻害薬　106
　　X線検査　97
　　圧負荷　86
　　アンジオテンシンⅡ受容体拮抗薬　107
　　アンジオテンシン変換酵素阻害薬　107
　　一般身体検査　97
　　うっ血性　94
　　炎症　91
　　拡張機能障害　87
　　ギャロップリズム　217, 225
　　強心配糖体　104
　　血液検査　97
　　血管拡張因子　89
　　血管拡張薬　107
　　血管収縮因子　89
　　抗不整脈薬　108
　　ジギタリス　104
　　収縮機能障害　86
　　症例　111, 112
　　自律神経系(交感神経系)　88
　　心エコー検査　97
　　心音図検査　97
　　心カテーテル検査　98
　　心筋代謝賦活剤　110
　　心筋不全　87
　　神経内分泌系の亢進　88
　　進行性疾患　98
　　心電図検査　97
　　タウリン　110
　　短絡性心疾患　104
　　中枢系の代償　91
　　治療　102
　　ドパミン　106
　　ドブタミン　106
　　バソプレッシン　89
　　非観血的血圧測定　97
　　ピモベンダン　105
　　病態生理　86-101
　　不整脈　104
　　フランク・スターリングの法則　86, 102
　　末梢系の代償　90
　　容量負荷　86
　　利尿薬　109
　　臨床徴候　93
　　レニン・アンジオテンシン・アルドステロン
　　　系　88
心房　20
　　拡大　54
　　周期的活動　27
心房細動　254, 293, 299, 300, 303, 304, 311,
　　　317, 320, 359, 377, 383, 395-397,
　　　429, 457
　　好発種　395
　　治療　383, 396
　　リズムコントロール　383, 396
　　レートコントロール　383, 396
心房性ナトリウム利尿ペプチド　34, 89, 110,
　　　577
　　製剤：ANP製剤を参照
心房粗動　383, 397
　　治療　383
　　リズムコントロール　383
　　レートコントロール　383
心房中隔欠損症　151, 178-181
　　開心術　181

　　欠損型　151, 179
　　心エコー検査　180
　　心臓カテーテル検査　180
　　診断　179
　　治療　181
　　病態　179
心膜腔出血
　　外傷性　272
　　心タンポナーデ　272
心膜形成不全　204
心膜欠損症　250-252
心膜滲出：心タンポナーデも参照
　　犬　270
　　好発種　271
　　心臓中皮腫　283
　　心臓リンパ腫　283
　　猫　271
心膜切開　116, 278
心膜切除　277-286, 290, 508, 701
心膜穿刺　275-278, 284, 290
心膜中皮腫　283

水胸　693-695
衰弱　204, 345
スクラルファート　245, 636, 637
ステント
　　気管内　560, 561
　　血管内　159, 222
ストレプトキナーゼ　364
スピノサド　348
スピロノラクトン　109, 112, 262, 303, 315
スワン・ガンツカテーテル　77, 78, 83, 96,
　　　439, 582

生検　98, 283, 284, 289, 290, 340, 495, 496,
　　　497, 498, 499, 514, 556, 582, 607,
　　　623, 627, 634, 660, 671, 690, 751,
　　　752, 753, 757, 758, 768, 769
喘鳴　165, 340, 485, 500, 505, 526, 531, 534,
　　　552, 555, 559, 562, 657
生理学
　　横隔膜　714-715
　　胸郭と胸腔　670
　　胸腺　765
　　呼吸器　473-481
　　循環回路　22-24
　　食道　601
　　心血管系　22-34
　　心膜　270
　　リンパ形成とリンパ流　746
咳　37, 93, 204, 258, 330, 335, 340, 352, 396,
　　　480, 483, 501, 523, 526, 531, 533,
　　　534, 537, 538, 539, 543, 545, 550,
　　　552, 555, 558, 559, 562, 564, 566,
　　　570, 634, 646, 653, 655, 659, 691,
　　　769, 772
セファレキシン　245, 529, 553, 556, 557,
　　　563, 566, 612
セボフルラン　140, 729
セラメクチン　347, 348, 357
線維筋性膜拡大除去術
　　三心房心　212
全身性高血圧　255
先天性疾患
　　気管支肺形成不全　523

780

気管低形成　522
胸椎異常　672
呼吸器系　522-523
食道圧迫狭窄　619
心血管　150-252
非外傷性横隔膜ヘルニア　733
リンパ水腫　750
漏斗胸　684

**先天性心血管疾患**
右室二腔症　228-235
疫学　150
エプスタイン奇形　214-220
三心房心　153, 202-214
心室中隔欠損症　152, 183-191
心内膜床欠損症　223-227
心房中隔欠損症　151, 178-181
心膜欠損症　250-252
先天性僧帽弁狭窄症　239-241
先天性門脈体循環シャント　241-250
大動脈弓分枝異常　164-166
大動脈縮窄症　220-223
大動脈(弁)狭窄症　151, 173-178
大動脈弓離断症　235-238
動脈管開存症　150, 155-164
肺動脈(弁)狭窄症　151, 167-173
左前大静脈遺残症　238-239
ファロー四徴症　192-202
弁膜疾患　153
右大動脈弓遺残症　164-166

**先天性僧帽弁狭窄症**：僧帽弁狭窄症を参照　239

**先天性門脈体循環シャント**
CT　244
X線検査　243
合併症　247
肝性脳症　243
肝不全　243
血液検査　243
原因　241
好発種　241
診断　243
超音波検査　243
治療　245-248
尿検査　243
病態　242
門脈造影検査　244

**先天性リンパ水腫**　750

**前負荷**　96
心拍出量　103
中心静脈圧　96
肺動脈楔入圧　96

**造影検査**
胸管　701
食道　622, 627, 631, 632
心血管　79, 207, 208, 231, 239
門脈　244
リンパ管　748

**早期興奮症候群**　57, 368, 376, 413-415
**僧帽性P波**　54
**僧帽弁異形成**　153
**僧帽弁狭窄症(MS)**　131-132
X線検査　240
血行動態　132
好発種　239
心エコー検査　240
心電図検査　240
**僧帽弁形成術**　263
**僧帽弁置換術**　264
**僧帽弁閉鎖不全症(MR)**　111, 257-267
遺伝　257
血行動態　131
僧帽弁狭窄症　134
大動脈弁閉鎖不全症　134
弁膜症　253
**束枝ブロック**　376
**ソタロール**　108, 130, 372, 381, 382, 383

## タ 行

**第1度房室ブロック**　373, 404, 405, 407
**第2度房室ブロック**　374, 404, 405, 407
**第3度房室ブロック**　374, 405, 406, 407
**体外循環**
右房切開　181, 226
開心術　285
血液ポンプ　145
サクション(吸引)回路　144
心筋保護　146
人工心肺　144, 199, 200, 212
人工肺　145
脱血回路　144
注入回路　145
動脈管切離　160
熱交感器　146
ベント回路　145
リザーバー(貯血層)　145
**胎子循環**　9, 19
**代謝性アシドーシス**：アシドーシスを参照
**体重減少**　36, 39, 40, 272, 340, 538, 539, 544, 570, 619, 622, 624, 629, 631, 632, 684, 696, 750, 752, 755, 756, 769, 772
**体循環**　11, 12, 15, 19, 20, 22, 23
**大循環**　22, 474
**大静脈症候群**　331, 332, 343
血色素尿　332
心雑音　332
虫体摘出　337, 344
**大動脈**　8, 9, 22, 23
CT検査　83
**大動脈騎乗**　192, 195
**大動脈弓分枝異常**　164-166
好発種　165
**大動脈弓離断症**
X線検査　236
呼吸不全　235
三次元CT　236
心エコー検査　236
心臓カテーテル検査　236
診断　235
心不全　235
聴診　236
治療　236-238
分類　235
**大動脈狭窄症(AS)**　132, 151, 173
X線検査　175
血行動態　133
原因　173-174
左室-大動脈間導管移植術　176
心エコー検査　175
心カテーテル　175
診断　175
僧帽弁狭窄症　133
僧帽弁閉鎖不全症　133
大動脈弁閉鎖不全症　134
治療　176
病態　174
**大動脈血栓塞栓症**　294, 363
**大動脈縮窄症**　220-223
奇異性チアノーゼ　221
心エコー　222
心カテーテル　222
タイプ　220, 221
治療　222
**大動脈弁逆流**　72, 133, 185, 187
モザイク血流　187
**大動脈弁狭窄症(AS)**：大動脈狭窄症を参照
**大動脈弁閉鎖不全症(AR)**
血行動態　133
心雑音　48
僧帽弁閉鎖不全症　134
大動脈狭窄症　134
**胎盤循環**　19, 20
**タウリン**　110, 254, 298, 303, 317, 319
**打診**　41, 93, 97, 484, 498, 503, 655, 691, 716
**蛋白分解酵素阻害薬**　443, 455
**短絡性心疾患**　94, 104, 254

**チアセトラサマイド**　336
**チアノーゼ**　36, 37, 38, 41, 94, 156, 186, 194, 217, 221, 224, 258, 340, 358, 361, 483, 484, 492, 500, 503, 505, 506, 509, 531, 537, 552, 555, 559, 562, 566, 585, 587, 655, 693, 716, 731
**チオペンタール(バルビツレート)**　136, 456, 457, 729
**注射麻酔薬**　136
エトミデート　136
ケタミン(解離性麻酔薬)　137
チオペンタール(バルビツレート)　136, 729
プロポフォール　135, 729
**中心静脈圧**　96, 439
**中皮腫**
心膜　283
肺　542
**超音波検査**
胸部　67-77
心エコー検査　67, 436
腹部　243
**徴候**：症候・症状・徴候を参照
**聴診**　29, 39, 43-50, 156, 168, 179, 217, 224, 229, 236, 258, 294, 300, 305, 311, 317, 325, 340, 484, 485, 525, 531, 572, 660, 671, 691
過剰心音　236
ギャロップ：ギャロップリズムを参照
収縮期性雑音　43, 45, 49, 168, 217, 225, 317
心雑音：心雑音を参照
捻髪音　340, 345, 525, 526
ラ音：ラ音を参照
連続性雑音　45, 49, 155, 157, 194, 221,

# 索引

聴診　連続性雑音のつづき
　　　572
治療：内科的治療、外科的治療も参照
　　QT延長症候群　413
　　アレルギー性肺疾患　340, 534
　　胃瘻チューブ　523, 608, 610, 624, 631, 635
　　インターベンション　160, 161, 181, 190, 452
　　エプスタイン奇形　218
　　横隔膜ヘルニア　126, 128, 718-739
　　拡張型心筋症　302-304, 318-319
　　気管・気管支内異物　523-524
　　気管狭窄　556-557
　　気管虚脱　560-561
　　気管骨軟骨腫　537
　　気管支拡張症　563
　　気管支肺形成不全　523
　　気管支瘻（食道気管支瘻）　565, 619
　　気管低形成　523
　　気管乳頭腫　536
　　気管・肺の損傷　525
　　強心配糖体中毒　415
　　胸腺腫　545-546, 661-663, 770-771
　　胸椎骨折　675-678
　　胸壁腫瘍　690
　　胸膜炎　692
　　血栓　363-367
　　腱索断裂　268
　　原発性肺腫瘍　539
　　好酸球性肉芽腫症　341
　　好酸球性肺炎　340, 534
　　左心房血栓　293
　　左心房破裂　267
　　脂肪肉腫　547
　　ジャクソン法の変法　158-159
　　上室期外収縮　393-394
　　食道再建術　614-616
　　食道内異物　608, 622
　　心外膜炎　290
　　心室期外収縮　399-400
　　心室細動　402-403
　　心室内変更伝導　409
　　心室頻拍　400
　　心臓糸状虫症　334-338, 355, 356
　　心臓腫瘍　284-285
　　心タンポナーデ　275-278, 284
　　心内膜炎　292-293
　　心内膜床欠損症　226-227
　　心内膜断裂　267
　　心房細動　396-397
　　心房粗動　397
　　心膜滲出　275-278, 284
　　早期興奮症候群　414-415
　　僧帽弁閉鎖不全症　261-265
　　大静脈症候群　343-344, 356
　　大動脈血栓症　295
　　大動脈縮窄症　222
　　低換気　585
　　転移性肺腫瘍　545
　　電解質異常　416, 417, 418
　　洞徐脈　390
　　洞調律異常　390, 391, 392
　　洞停止　403
　　洞頻脈　391
　　洞不整脈　392

洞不全症候群　411-412
洞房ブロック　403
動脈管開存症　158-163
動脈管切離法　159-160
嚢胞性肺疾患　553-555
肺炎　528-530
肺化膿症　531-532
肺気腫　573
肺寄生虫症　535
肺血管性疾患　588-589
肺血腫　566-567
肺血栓塞栓症　588-589
肺高血圧症　162, 582-583
肺腫瘍　547-549
肺真菌症（真菌性肺炎）　533
肺水腫　577-578
肺腺癌　540-542
肺腺扁平上皮癌　542
肺動静脈瘻　572
肺動脈血栓塞栓症　345
肺動脈増殖性病変　342
肺動脈（弁）狭窄症　171-173
肺葉捻転　570-571
肺リンパ腫様肉芽腫症　544
バルーン拡張術　636
バルーン弁拡大形成術　171-172
肥大型心筋症　305-306, 314-317
頻拍性不整脈　414-415
ファロー四徴症　195-201
不整脈　377-388
フレイルチェスト　683-684
噴門形成術　625
房室解離　407
房室ブロック　405-407
発作性上室頻拍　394-395
右大動脈弓遺残症　165-166
リンパ腫　537-538, 757-758, 772
肋骨骨折　680-681
沈うつ　325, 345, 434, 538, 570, 587, 731, 737, 751
鎮咳薬　523, 553, 556, 561, 563

椎骨遷移　674

低カリウム血症　415
低カルシウム血症　417
低換気　584
　　呼吸性アシドーシス　585
低酸素血症　38, 93, 155, 193, 342, 436, 437, 446, 477, 491, 492, 493, 503, 505, 509, 523, 525, 528, 531, 570, 573, 574, 579, 580, 581, 582, 584, 585, 586, 679, 682, 683, 729
テオフィリン　107, 304, 553, 556, 563
デキサメタゾン　340, 444, 566
デキストロメトルファン　553, 556, 563
デスフルラン　140, 141
テトラサイクリン　425, 529, 533, 557, 563, 702
テモカプリル　261
テルブタリン　556, 563, 583
転移性肺腫瘍　544-545
電解質異常
　　高カリウム血症　416
　　高カルシウム血症　418

低カリウム血症　415
低カルシウム血症　417
洞徐脈　326, 389-390, 411
疼痛　39, 121, 135, 137, 247, 294, 334, 335, 358, 361, 390, 391, 393, 395, 426, 484, 506, 517, 538, 539, 541, 603, 616, 622, 655, 657, 671, 675, 679, 680, 682, 683, 690, 691, 692, 722, 767
疼痛管理　128, 149, 435, 521, 680, 681, 683, 684, 724, 730, 770
　　非ステロイド性抗炎症薬　692, 730
　　ビスホスフォネート　541
　　フェンタニル　684
　　ブピバカイン　680, 681, 730
　　リドカイン　730
　　肋間神経ブロック　680, 681
洞停止　80, 104, 373, 401, 403, 407, 411
洞頻脈　377, 390, 395
洞不整脈　391-392, 403, 411
洞不全症候群　410
　　好発種　410
　　ルーベンシュタイン分類　410, 411
洞房ブロック　80, 373, 403, 411
動脈圧　28, 33, 42, 82, 97, 436, 437
動脈管開存症　112, 150, 155-164
　　遺伝性　151
　　インターベンション　160-162
　　胸部X線検査　…　157
　　ジャクソン法の変法　…　158-159
　　心エコー検査　157
　　心音図検査　157
　　心カテーテル検査　158
　　心電図検査　157
　　チアノーゼ　38, 41, 156
　　聴診　156
　　治療　158-163
　　動脈管切離法　159, 160
　　肺高血圧症　162
　　バウンディングパルス　157
　　連続性雑音　49, 156
動脈管切離　159, 160, 165
　　体外循環下　160
　　動脈管開存症　159
　　右大動脈弓遺残症　165
動揺胸郭　681
ドキシサイクリン　345, 529, 553, 556, 557, 563
ドキソルビシン　284, 538, 542, 547, 758
突然死　31, 94, 174, 176, 177, 300, 304, 305, 306, 344, 351, 352, 374, 377, 378, 380, 381, 383, 385, 400, 401, 407, 412, 413, 415, 583
ドパミン　106, 130, 141, 149, 268, 318, 390, 427, 429, 440, 453, 577, 578, 729
ドブタミン　106, 130, 141, 149, 268, 304, 318, 390, 429, 441, 453, 577
トラネキサム酸　566
トランキライザー
　　アセプロマジン　139
　　ミダゾラム　139
努力性呼吸　37, 39, 93, 273, 352, 484, 503, 552, 555, 562, 563, 564, 566, 653, 684, 767

ドレーン　118, 125, 126, 128, 148, 210, 212, 234, 278, 498, 515, 517, 521, 570, 571, 657, 680, 681, 695, 696, 700, 704, 730, 735, 739
　術後管理　148, 149, 521
ドレナージ　554, 557, 637, 655, 657, 692

## ナ 行

内科的治療：治療も参照
　化学療法：化学療法を参照
　拡張型心筋症　303-304, 318-319
　気管支拡張薬：気管支拡張薬を参照
　抗凝固療法　366
　酸素吸入：酸素吸入を参照
　心疾患の薬物療法　104-110
　心肺蘇生　452-460
　線溶療法　366
内視鏡　608, 624, 633, 637
　気管支　496, 523, 552, 553, 555, 556, 559, 560, 562, 563
　検査　496, 508, 523, 524, 552, 553, 555, 556, 559, 560, 562, 563, 564, 595, 606, 607, 619, 622, 623, 627, 629, 631, 632, 634, 635, 676, 751
　食道　606, 619, 622, 627, 631, 632
ナトリウムチャネルブロッカー　415

二次性リンパ水腫　752
ニトログリセリン　107, 304, 442
ニトロプルシッド　442
ニフェジピン　583
二分脊椎　673
乳酸リンゲル液　428, 430, 432, 566
乳び胸　229, 508, 569, 671, 693, 698-703, 748
乳び槽切除　701
尿検査　243, 291, 311, 317, 320, 611, 612, 757, 758

猫の心臓糸状虫症　351-357：心臓糸状虫症も参照
捻髪音　340, 345, 485, 525, 526, 655
粘膜蒼白　272, 343, 345, 358, 552, 566, 767

膿胸　508, 695-697
脳性ナトリウム利尿ペプチド製剤：BNP製剤を参照
嚢胞性肺疾患　549-555
ノルエピネフリン　88, 142, 440, 441, 442, 446

## ハ 行

肺
　呼吸機能　473
　非呼吸性肺機能　477
肺炎　526-530
肺化膿症　530-532
肺気腫　484, 487, 488, 489, 490, 493, 497, 523, 572-573
肺寄生虫症
　トキソプラズマ症　534-535
肺血管系
　正常X線　62
肺血管性疾患（肺血栓塞栓症）　585-589
肺血腫　565-567

犬糸状虫症　567
外傷性肺血腫　566
血液凝固障害　567
レプトスピラ症　567
肺高血圧　40, 47, 77, 80, 82, 107, 142, 156, 158, 162, 179, 202, 205, 207, 224, 240, 254, 255, 330, 332, 342, 344, 578-583, 585, 587
　血栓性疾患　579
　呼吸器系関連　579
　直接障害　579
　低酸素血症関連　579
　肺静脈性　579
　肺動脈性　579
　慢性塞栓性　579
肺挫傷　509-510
肺指症候群（猫）　539
肺腫瘍　487, 490, 501, 507, 509, 514
　悪性組織球肉腫　544
　外科的治療　547
　原発性肺腫瘍　538
　中皮腫　542
　転移性肺腫瘍　544
　内科的治療　548
　肺腺癌　539
　肺腺扁平上皮癌　542
　肺リンパ腫様肉芽腫症　544
肺循環　7, 11, 12, 19, 20, 22, 23
肺真菌症（真菌性肺炎）　532-533
肺水腫　37, 39, 40, 80, 131, 132, 149, 294, 335, 429, 456, 480, 485, 487, 491, 493, 504, 507, 517, 523, 528, 531, 571, 574-578, 669, 681, 727
　アンジオテンシン変換酵素阻害薬　189, 208
　拡張型心筋症　300
　過剰調節帯　326
　血管透過性亢進型　574
　腱索断裂　268
　三心房心　153, 202, 205, 208
　ショック　429, 432, 446, 574
　心筋症　299, 300, 302, 303, 305, 306, 309, 311, 316
　神経原性　574
　心原性　574
　心室中隔欠損症　186, 189
　心臓糸状虫症　330, 334
　心内膜心筋線維症　322
　心内膜線維弾性症　324
　心膜滲出　273
　僧帽弁狭窄症　240
　僧帽弁閉鎖不全症　258, 259, 260, 262
　腹部大動脈血栓症　294
肺性P波　54
肺腺癌　539-542
肺腺扁平上皮癌　542
肺動静脈瘻　571-572
肺動脈狭窄症（PS）　133, 151, 167-173
　遺伝性　151, 167
　右脚ブロック　169
　右室流出路拡大形成術　172
　簡易ベルヌーイ式　169
　血行動態　133
　収縮期性雑音　168
　心エコー検査　169

心カテーテル　170
心電図　168
治療　171-173
パッチグラフト　172
バルーン拡大形成術　171
病態　168
ファロー四徴症　192
肺動脈絞扼術
　心室中隔欠損症　189
　大動脈弓離断症　237
肺動脈楔入圧　82, 90, 96, 207, 264, 439, 440, 441, 442, 495, 576, 577, 582
肺動脈（弁）狭窄症：肺動脈狭窄症を参照
肺膿瘍　508：肺化膿症も参照
肺被膜剥離術　703
肺部分切除　514-515, 572
肺胞パターン　205, 340, 526, 528, 531, 535, 552, 566
肺葉切除　123, 341, 516, 524, 539, 540, 541, 554, 563, 565, 571, 572
肺葉捻転　509, 569-571
肺リンパ腫様肉芽腫症　544
バウンディングパルス　42, 112, 157, 347
剥脱性皮膚炎（猫）　545
拍動　43
　心音　46
　心音最強点　42, 43, 483
バソプレッシン　32, 33, 34, 88, 98, 452, 453, 454, 455, 458
　ショック　441
　心不全　89
発咳：咳を参照
発生
　横隔膜　710-711
　気管支　466
　胸郭　666-667
　胸腺　762-763
　縦隔　642-643
　食道　594-595
　心血管系　2-11
　肺　466-467
　リンパ管　742
　リンパ節　742
パッチグラフト
　右室流出路拡大形成術　172, 201
　横隔膜ヘルニア　726
　心室中隔欠損症　189
　心臓血管肉腫　285
　ファロー四徴症　200, 201
発熱　253, 289, 291, 330, 335, 340, 342, 345, 434, 435, 444, 484, 493, 526, 531, 539, 552, 555, 562, 564, 570, 634, 655, 657, 691, 696, 751, 752, 755
パラコート中毒　653, 655
バルーン拡張術　119, 151, 176, 198, 209, 210, 212, 232, 241, 365, 508, 630, 635, 636
バルーン弁拡大形成術　171
バルビツレート：チオペンタールを参照
バレンタインハート　312, 317
パンクロニウム　138, 732
半側椎骨　673

非外傷性横隔膜ヘルニア
　胃食道重積症　630, 737

# 索 引

　　　横隔膜欠損　737
　　　食道裂孔ヘルニア　606, 610, 735-737
　　　腹膜心膜横隔膜ヘルニア　733
**非観血的血圧検査**
　　　ショック　436
　　　心不全　97
**非呼吸性肺機能**
　　　代謝機能　477-478
　　　防御機構　478-481
**鼻汁**　526, 534
**非ステロイド性抗炎症薬**　149, 425, 435, 445, 556, 692, 730
**肥大型心筋症**　254, 304-306, 308-317
　　　犬　304-306
　　　血行動態　131
　　　好発種　305
　　　心エコー検査　305, 312
　　　心電図検査　305-306, 311-317
　　　治療　305, 314
　　　猫　271, 308-317, 400
　　　病態　305, 309
　　　病理　305, 314
**肥大性骨症**　483, 539, 541
**左前大静脈遺残症**　238-239
**ヒドララジン**　262, 304, 583
**ヒドロキシエチルデンプン**　431, 566
**ピモベンダン**　103, 105, 106, 261, 262, 316, 385, 406, 583
**ビンクリスチン**　284, 348, 425, 538, 544
**貧血**　38, 40, 58, 243, 281, 286, 291, 311, 332, 333, 343, 361, 363, 398, 436, 502, 510, 533, 535, 565, 586, 611, 656, 658, 701, 727, 757, 765, 768
**頻呼吸**　93, 294, 300, 303, 311, 361, 437, 484, 502, 509, 526, 533, 538, 552, 570, 574, 576, 584, 587, 767, 769
**頻拍性不整脈**　130, 135, 142, 174, 175, 368, 393, 394, 395, 411, 412, 413, 416
**頻脈**　37, 47, 94, 253, 272, 289, 345, 427, 428, 503, 576, 584, 587
**頻脈性不整脈**　94, 254, 377-381

**ファモチジン**　426, 624
**ファロー四徴症**
　　　X線検査　195
　　　右室肥大　192
　　　胸骨正中切開　200
　　　高位心室中隔欠損　192
　　　好発種　193
　　　姑息手術　197, 201
　　　心エコー検査　195
　　　心音図検査　195
　　　心カテーテル検査　195
　　　心電図検査　195
　　　大動脈騎乗　192
　　　チアノーゼ　194, 196, 197
　　　治療　195-201
　　　肺動脈狭窄　192
　　　病態　193
　　　ファロー五徴症　193
　　　連続性雑音　194
**フェニルフレイン**　142
**フェノキシベンザミン**　583
**フェンタニル**　135, 138, 149, 295, 521, 684
**腹囲膨満**　93

　　　右側三心房心　204
　　　心血管疾患　37
　　　心タンポナーデ　272
　　　心不全　93
**副腎皮質ホルモン**　457
**腹水**　36, 37, 38, 39, 40, 41, 42, 93, 153, 204, 205, 217, 229, 272, 273, 289, 300, 322, 330, 332, 334, 396, 487, 580, 751, 755
**腹部正中切開**　128, 245, 701, 718, 722, 724, 732, 735
**腹部大動脈血栓症**　294
　　　猫の肥大型心筋症　309, 311
**腹膜心膜横隔膜ヘルニア**　733-735
**ブクラデシンナトリウム**　141
**浮腫**　36, 37, 38, 39, 40, 41, 42, 91, 93, 94, 217, 284, 315, 323, 329, 330, 332, 344, 430, 437, 446, 449, 456, 457, 485, 505, 531, 537, 575, 576, 578, 659, 660, 746, 750, 751, 752, 753, 769
**不整脈**　104, 129, 130, 217, 218, 254, 283, 299, 300, 305, 306, 325, 326, 334, 368-418
　　　QT延長症候群　412-413
　　　強心配糖体中毒　415
　　　上室期外収縮　393-394
　　　心室期外収縮　397-400
　　　心室細動　402-403
　　　心室内変更伝導　408-410
　　　心室頻拍　400-401
　　　心電図の見方　377
　　　心房細動　395-397
　　　心房粗動　397
　　　早期興奮症候群　413-415
　　　治療　377-388
　　　電解質異常　415-418
　　　洞調律異常　389-392
　　　洞停止　403
　　　洞不全症候群　410-412
　　　洞房ブロック　403
　　　特殊刺激伝導系　368-377
　　　房室解離　407-408
　　　房室ブロック　404-407
　　　発作性上室頻拍　394-395
　　　頻拍性不整脈　413-415
**不整脈源性右室心筋症**　306-307, 400
**ブドウ糖**　24, 96, 247, 416, 417, 418, 432, 441, 445, 746
**ブトルファノール**　135, 138, 296, 318, 553, 556, 557, 563, 566, 729, 730
**ブピバカイン**　681, 730
**ブプレノルフィン**　138
**ブラ**　550, 703, 704, 705
**プラゾシン**　583
**フランク・スターリングの法則**　29, 34, 86, 87, 102, 103
**プロテーゼ**　560, 561
**プロパンセリン**　385
**ブロムヘキシン**　553, 556, 563
**ブロメライン**　553, 556, 563
**フレイルチェスト**　493, 678, 681-684
**プレジェット**　117, 189, 264, 703, 706
**プレドニゾロン**　336, 340, 341, 342, 345, 346, 355, 534, 544, 636, 675, 751,

*プレドニゾロンのつづき*
　　　758
　　　パルス療法　394, 395, 405, 406, 412
**ブレブ**　550, 703, 704, 705
**プロカインアミド**　108, 130, 304, 372, 382, 396, 415
**プロスタグランジン**　20, 151, 222, 236, 444, 445, 456, 478, 583
**プロスタサイクリン**　89, 162, 583
**フロセミド**　109, 208, 218, 231, 234, 262, 263, 268, 293, 303, 318, 446, 456, 683
**プロテーゼ**　560, 561
**プロプラノロール**　108, 196, 231, 315
**プロポフォール**　135, 136, 457, 729
**噴門形成術**　625
**閉胸手術**　148, 521
　　　胸骨横切開　127
　　　胸骨正中切開　126
　　　ドレーン　125, 521
　　　肋間切開　125
　　　肋骨切除　125
**ペースメーカ**　239, 254, 306, 374, 381, 385-388, 390, 406, 409, 412, 413, 415, 429
　　　ワンダリングペースメーカ　377, 392
**ベナゼプリル**　106, 261, 319
**ヘパリン**　79, 147, 295, 317, 336, 343, 344, 345, 363, 364, 366, 432, 442, 455, 588, 589
**ベラパミル**　108, 315, 414, 583
**弁膜疾患**
　　　三尖弁異形成　153
　　　僧帽弁異形成　153
　　　僧帽弁狭窄症　153
**弁膜症**
　　　三尖弁逆流　254
　　　僧帽弁逆流　254
　　　僧帽弁閉鎖不全症　253
　　　大動脈逆流　254
　　　肺動脈逆流　254
**弁輪縫縮術**　264

**房室解離**　373, 377, 378, 400, 407
　　　補充収縮　407
**房室ブロック**　81, 104, 373, 374, 377, 404-406, 415, 455
　　　右脚ブロック　375：右脚ブロックも参照
　　　左脚ブロック　375：左脚ブロックも参照
　　　心室早期興奮症候群　57, 376
　　　束枝ブロック　376
　　　第1度　373, 404, 405, 407
　　　第2度　374, 404, 405, 407
　　　第3度　374, 405, 406, 407
**放射線療法**　507, 548, 628, 661, 752, 757, 770, 772
**ホスホジエステラーゼ阻害薬**：PDE 阻害薬を参照
**発作性上室頻拍**　394-395
**ホルター心電図**　51, 52, 382, 407

## マ 行

**麻酔**
　　　横隔膜ヘルニア　727-729, 732
　　　拡張型心筋症　131

吸入麻酔薬　139-141：吸入麻酔薬も参照
　　血行動態　129-134
　　呼吸管理　142-143
　　三尖弁狭窄症(TS)　132
　　三尖弁閉鎖不全症(TR)　132
　　心血管外科　129-143
　　僧帽弁狭窄症(MS)　131
　　僧帽弁閉鎖不全症(MR)　131
　　体外循環法　144-146
　　大動脈狭窄症(AS)　132
　　大動脈弁閉鎖不全症(AR)　133
　　低体温麻酔　143, 189, 209
　　トランキライザー　139
　　肺動脈狭窄症(PS)　133
　　肥大型心筋症　131
　　併発する弁疾患　133
　麻酔前投薬　134-139
　　アセプロマジン　139, 729
　　エトミデート　137
　　オピオイド系薬剤　137
　　筋弛緩薬(神経筋遮断薬)　138
　　クエン酸フェンタニル　138
　　グリコピロレート　135
　　ケタミン　137
　　抗コリン作動薬　134
　　サクシニルコリン　138
　　ジアゼパム　729
　　酒石酸ブトルファノール　138
　　チオペンタール　136
　　注射麻酔薬　135-137
　　トランキライザー　139
　　パンクロニウム　138
　　ブプレノルフィン　138
　　プロポフォール　135-136
　　ミダゾラム　139
　　硫酸アトロピン　134
末梢血管疾患　358-367
マルボフロキサシン　529
マレイン酸エナラプリル：エナラプリルを参照

右大動脈弓遺残症　164-166
ミクロフィラリア駆除　346
ミダゾラム　139, 386, 732
ミノサイクリン　529, 535
ミルベマイシン　346, 347, 348, 357

メキシレチン　108, 348, 382, 399, 400
メシル酸ガベキサート　443, 455
メトクロプラミド　142, 610, 624
メトプロロール　108, 110, 231, 262, 303
メトロニダゾール　245, 529, 612
メラルソミン　334, 338, 554
メロキシカム　556
免疫不全症候群　766-767
免疫療法　548-549

　毛細血管　2, 3, 4, 9, 22, 23, 94, 168, 202, 272, 333, 340, 346, 420, 430, 466, 470, 474, 475, 477, 478, 480, 490, 491, 492, 502, 505, 534, 565, 571, 574, 575, 578, 580, 645, 693, 742, 743, 746
　　圧　202, 204, 240
　　再充満時間(CRT)　42, 433, 434, 435, 459, 484, 578, 747
　　透過性亢進　443, 446, 457, 729
モキシデクチン　347, 348, 349, 357
モザイク血流
　　三心房心　207
　　心室中隔欠損症　187
　　大動脈弁逆流　187
　　動脈管開存症　158
モニタリング(ショック)
　　画像診断　436
　　観血的動脈圧測定(連続的)　437
　　経皮的酸素飽和度($SpO_2$)測定　435
　　血液ガス分析　436
　　呼気終末二酸化炭素分圧…　459
　　時間尿量測定　436
　　身体検査　434
　　心電図　459
　　中心静脈圧　439
　　乳酸値　437
　　肺動脈カテーテル(スワン・ガンツカテーテル)　439
　　非観血的血圧測定　436
モルヒネ　149, 304, 491, 521, 578
門脈造影検査　242, 244-246

### ヤ 行

輸液・補液
　　膠質液　566
　　高張生食液　431
　　晶質液　430, 566
　　ショック　430-432
　　代用膠質液　431

容量負荷　86

### ラ 行

ラ音　258, 483, 485, 531, 534
ラクチュロース　245
ラニチジン　624

リドカイン　130, 303, 304, 319, 382, 383, 396, 399, 400, 402, 452, 454, 730
利尿薬　109, 208, 231, 247, 262, 303, 304, 326, 394, 396, 577, 729, 751
　　うっ血性心不全　208, 218, 226, 306
　　カリウム保持性利尿薬　109
　　サイアザイド系利尿薬　109, 262
　　浸透圧利尿薬　109

　　スピロノラクトン　303
　　フロセミド　109, 208, 218, 231, 262, 263, 268, 293, 303, 304, 318, 446, 456, 683
　　ループ利尿薬　262, 418
　硫酸アトロピン　134, 390, 392, 405, 406, 407, 455
　硫酸マグネシウム　413, 455
　リンパ管　741-759
　リンパ管炎　751
　リンパ管拡張症　750
　リンパ管腫　753
　リンパ管性肺嚢胞症　550, 551
　リンパ管造影検査　748-749
　リンパ管肉腫　753
　リンパ管分布　17
　リンパ腫　753-758, 771-772
　　気管のリンパ腫　537
　　好発種　754
　　縦隔型リンパ腫　755, 756
　　消化器型リンパ腫　755, 756
　　心臓リンパ腫　283
　　多中心型リンパ腫　755, 756
　　肺リンパ腫様肉芽腫症　544
　リンパ水腫　752
　リンパ節過形成　752
　リンパ節形成不全　751

ループ利尿薬　109, 262, 418

レートコントロール　383, 385, 396, 429
レニン・アンジオテンシン系　33, 34
　　心不全　88
レミフェンタニル　521
蓮枷様胸　681-684
連続性心雑音　49
　　大動脈縮窄症　221
　　動脈管開存症　155, 157
　　肺動静脈瘻　572
　　ファロー四徴症　194

漏斗胸　684-686
肋間切開
　　開胸手術　120, 277, 539, 565, 649, 720
　　閉胸手術　125
肋骨骨折　678-680
肋骨切除
　　開胸手術　124
　　閉胸手術　125

### ワ 行

ワイマラナーの免疫不全性矮小症　767
ワルファリン　295, 364, 366, 588

### 獣医科領域における実際　小動物の胸部疾患

| 2016年11月19日　第1版 第1刷 | |
|---|---|
| 定　　　　価 | 本体価格 73,000円＋税 |
| 執筆・監修 | 山根義久 |
| 発 行 者 | 金山宗一 |
| 発　　　行 | 株式会社ファームプレス |
| | 〒169-0075 東京都新宿区高田馬場2-4-11　KSEビル2F |
| | TEL 03-5292-2723　　FAX 03-5292-2726　　http://www.pharm-p.com/ |

本書にある診断法、治療法、投与量、薬用量などについては、経験をもとに細心の注意をもって掲載しておりますが、実際の症例への適用にあたっては、各症例の状態・状況に応じ、臨床獣医師の自らの責任に基づいて決定してください。本書によって生じたいかなる損害に対しても、執筆者・監修者ならびに株式会社ファームプレスは責任を負うものではありません。

本書の著作権は執筆者が、出版権は株式会社ファームプレスが所有しており、本書からの無断複写・転載を禁じます。

落丁・乱丁本は、送料弊社負担にてお取り替えいたします。

© 2016 Yoshihisa YAMANE　　ISBN 978-4-86382-078-4　　Printed in Japan